有 机 化 学

（第二版）

主　编：李东风　　易　兵
副主编：薛　梅　　伍平凡　　聂长明
　　　　李占才　　朱　晔　　田光辉
参　编：尚雪亚　　夏　艳　　侯瑞斌
　　　　党丽敏　　杨清香　　张　洁
　　　　徐　亮　　韦　玉　　冯海燕

华中科技大学出版社
中国·武汉

内 容 提 要

本书是为普通工科高等院校编写的有机化学教科书。本书是根据教育部高等学校化学与化工学科教学指导委员会教学指导意见的要求编写的。

本教材按官能团体系讲授各类化合物的结构、性质和合成方法。全部教学内容分为三部分:第一部分为有机化学基本理论及烃类,包括化学键理论、立体化学基础、化合物命名、有机化合物的结构表征、烷烃、环烷烃、不饱和烃、芳香烃;第二部分为烃的衍生物,包括卤代烃、醇、酚、醚、醛、酮、羧酸及其衍生物,含氮化合物;第三部分为专论,包括杂环化合物、天然有机物(糖,氨基酸、蛋白质、核酸)、周环反应、有机合成等选学部分。

该教材主要针对学时数在 60～100 的普通工科高等院校的教学需要,供化工、生物工程、材料、食品、环境、高分子、制药等专业的本科生使用,也可作为其他相关专业的教学用书或学习参考书。

图书在版编目(CIP)数据

有机化学/李东风,易兵主编. —2 版. —武汉:华中科技大学出版社,2017.1(2021.2 重印)
全国普通高等院校工科化学规划精品教材
ISBN 978-7-5680-2456-3

Ⅰ.①有…　Ⅱ.①李…　②易…　Ⅲ.①有机化学-高等学校-教材　Ⅳ.①O62

中国版本图书馆 CIP 数据核字(2016)第 303599 号

有机化学(第二版)
Youji Huaxue

李东风　易　兵　主编

策划编辑:王新华
责任编辑:王新华
封面设计:原色设计
责任校对:何　欢
责任监印:周治超
出版发行:华中科技大学出版社(中国·武汉)　　电话:(027)81321913
　　　　武汉市东湖新技术开发区华工科技园　　邮编:430223
录　　排:武汉正风天下文化发展有限公司
印　　刷:武汉市籍缘印刷厂
开　　本:787mm×1092mm　1/16
印　　张:30.5
字　　数:776 千字
版　　次:2007 年 8 月第 1 版　2021 年 2 月第 2 版第 3 次印刷
定　　价:68.00 元

第二版前言

近几年来,国内出版的《有机化学》教材有多种,每种教材各有其特色和针对的学生,但适合一般工科院校的少学时教材还相对较少。基于这一点,华中科技大学出版社组织了一些工科院校的具有多年有机化学教学经验的教师编写了这本《有机化学》教材。本教材主要针对60~100学时的普通工科高等院校的教学需要。

本教材充分注意到普通工科高等院校学生的学习能力,并注意到化工、生物工程、材料、食品、环境、高分子、制药等专业的要求。在教材编写时注意知识由浅入深,通俗易懂,便于教师讲授与学生自学。注重教材编写的趣味性,充分调动学生学习的积极性和主动性。注重学生的能力培养,培养学生对知识的总结与归纳能力,努力培养学生的创新思维和创新能力。

本教材的编写力求体现以下特色:

(1) 以教育部化学与化工学科教学指导委员会提出的工科有机化学教学要求为指导原则,既保证有机化学基本理论体系的系统性和层次感,又突出适当精简的原则;

(2) 注意用有机化学理论去理解有机反应和有机化合物的性质,注意安排结构与化合物性质和反应之间的内在联系,建立构效关系;

(3) 在内容选取和形式安排上注意创新思维的培养(章节中安排思考题、讨论题等);

(4) 课后习题采取少而精的原则,不搞题海战术,适当增加查文献解题和非单一答案的习题,培养学生查阅文献的能力和求异创新思维能力;

(5) 增加立体化学内容和波谱内容篇幅,反映当代科技发展,适应后续学习、研究与工作需要;

(6) 增加专业术语与常用有机化学词汇的英文标注,提高学生专业英语能力,为学生查阅英文文献和双语教学打下一定的基础;

(7) 注意安排教师讲解部分和自学扩展部分(书中加灰底部分),以适合不同专业和不同学时的教学要求。注意反映科学进步与时代气息,举例时注意联系生产和生活实际。

全书分三部分,第一部分为有机化学基本理论及烃类(约30学时:化学键理论、立体化学基础、有机化合物命名基本规则、有机化合物的结构表征、烷烃、环烷烃、不饱和烃和芳香烃);第二部分为烃的衍生物(约40学时:卤代烃,醇、酚、醚,醛、酮,羧酸及其衍生物,含氮化合物);第三部分为专论,包括杂环化合物,糖,氨基酸、蛋白质、核酸,周环反应,有机合成等,此部分为选学部分,由各院校根据具体情况安排。

本书由李东风教授、易兵教授主编。参加编写工作的有:长春工业大学李东风、侯瑞斌、夏艳,湖南工程学院易兵、党丽敏,石河子大学薛梅、张洁、徐亮、韦玉,湖北工业大学伍平凡,郑州轻工业学院李占才、尚雪亚、杨清香,南华大学聂长明,石家庄学院朱晔、冯海燕,陕西理工大学田光辉。全书由李东风教授统稿,由长春工业大学吴臣教授审稿。华中科技大学龚跃法教授和张方林博士审读了教材并提出了宝贵意见。最后由龚跃法教授主审。

在本教材编写过程中,我们参阅了国内外一些比较好的教材,得到了各编委所在学校和华中科技大学出版社的大力支持,在此一并表示衷心的感谢。

由于编者水平有限,教材的特色还有待进一步完善,书中难免还有不足之处,希望各位专家及同行们批评指正。

编　者

目　　录

第1章 绪 论

1.1 有机化学和有机化合物概述

1.1.1 有机化合物和有机化学的概念

有机化合物(organic compound)指碳氢化合物及其衍生物。

有机化学(organic chemistry)是化学的一个分支,是研究有机化合物的组成、结构、性质、制备及变化规律的一门科学。

我们身边到处存在有机化合物,它与我们的生活息息相关,如粮、油、棉、麻、毛、丝、木材、糖、蛋白质、农药、塑料、染料、香料、医药、石油等主要是由有机化合物组成的。现代社会处处离不开有机化学。有机化学是核心的基础科学之一,是许多学科,如化学工程、高分子科学与工程、环境工程、生命科学、药物科学、材料科学、食品科学等的基础。没有有机化学基础知识,就很难学好后续的相关课程。

1.1.2 有机化学的发展史

人类对于有机化合物和有机化学的认识,与人类社会不同的发展阶段相对应,是随着科学和技术的进步逐渐发展而来的。

人类使用有机化合物的历史很悠久,世界上几个文明古国很早就掌握了酿酒、酿醋和制饴糖等技术。据记载,中国古代曾从天然产物中提取到一些较纯的有机物质,如没食子酸(982—992年)、乌头碱(1522年以前)、甘露醇(1037—1101年)等。

但有机化学作为一门科学,奠基于18世纪中叶。当时发现从一些动、植物体内得到的物质与发现于矿物中的物质在性质上有许多不同之处,如前者不易分离与纯化,得到的物质容易分解等。由于这些化合物都是直接或间接地来自动、植物体,因此,1777年瑞典化学家Bergman T. O. (1735—1784)将从动、植物体内得到的物质称为有机物(organic compound),以区别于矿物质的无机物(inorganic compound)。1806年瑞典化学家Berzelius首先使用了"有机化学(organic chemistry)"这个名词,之后"有机化学"被逐渐推广使用。

当时有机化合物都来自动、植物体,人们因此认为有机物只能在有生机的生物体中制造出来。生物是具有生命力的,因此生命力的存在是制造或产生有机物质的必要条件。这就是以瑞典化学家Berzelius为代表的"生命力"学说(vitalistic theory)的观点。

对于有机化合物与有机化学含义的不正确理解直到19世纪初才逐步改变。1828年,德国科学家魏勒(Wöhler F. ,1800—1882)合成出尿素,他给Berzelius的信中这样写道:"I can no longer, as it were, hold back my chemical urine; and I have to let out that I can make urea without needing a kidney, whether of man or dog; the ammonium salt of cyanic acid is urea."其反应式为

$$2KOCN + (NH_4)_2SO_4 \longrightarrow 2NH_4OCN + K_2SO_4 \xrightarrow{\triangle} H_2N-\overset{\overset{\displaystyle O}{\|}}{C}-NH_2 \quad 尿素$$

　　这项工作具有划时代的意义:它打破了不能从无机物人为制造有机物的定论,动摇了"生命力"学说,对科学与哲学的发展起到了巨大的推动作用。"有机化合物"不再具有传统的意义。

　　自从 Lavoisier A. L. (1743—1794)和 Von Liebig J. F. (1803—1873)创造了有机化合物分析方法之后,利用元素分析方法的研究发现有机化合物均含有碳元素,绝大多数还含有氢元素,此外,很多有机化合物含有氧、氮等元素,于是 Gmelin L. (1788—1853)、Kekulé F. A. (1829—1896)认为碳是构成有机化合物的基本元素,把碳化物称为有机化合物,把有机化学定义为碳化物化学。之后,许多科学家提出了相关的理论,如:

　　1858 年,Kekulé F. A. 和 Couper A. S. 分别独立地提出了碳四价理论;

　　1865 年,Kekulé F. A. 提出了苯的结构式;

　　1874 年,Van't Hoff J. H. 和 Lebel J. A. 分别提出了碳四面体结构学说;

　　1885 年,Von Baeyer 提出了张力学说。

　　Schorlemmer C. (1834—1892)发展了有机化学理论,提出碳的四个价键除自相连接外,其余的与氢结合,形成各种各样的烃,其他碳化物都是由别的元素取代烃中的氢衍生出来的,因此,将有机化学定义为研究烃及其衍生物的化学,建立了经典的有机结构理论。

　　20 世纪初,量子化学的引入、现代测试技术的不断进步使得人们对有机化学的认识进一步深入,建立了现代有机化学理论。

　　1931 年,德国化学家 Hückel 提出芳香结构理论;

　　1933 年,英国的 Ingold 提出化学动力学——饱和碳原子的亲核取代;

　　1962 年,日本的福井谦一提出前线轨道理论;

　　1965 年,Woodward、Hoffmann 提出分子轨道对称性守恒原理;

　　1967 年,Corey 提出逆合成分析原理;

　　1972 年,Olah 提出碳正离子的系统概念;

　　1978 年,Lehn 提出超分子化学(主客体化学)。

　　由于众多化学家的贡献,有机化学得到了不断的发展与完善,形成了完整的理论体系。

1.1.3　有机化合物的特点

　　有机化学作为一门独立的学科,其研究的对象即有机化合物,与无机化合物相比在性质上存在着一定的差异。有机化合物一般具有如下特性。

　　(1) 数量庞大。组成有机化合物的元素不多,只有 C、H、O、N、S、P、卤素等,但组成的有机化合物数量庞大。据报道,人类已知的化合物有 2340 万种(参见《化学通讯》2001 年第 5 期),其中有机化合物占 90% 以上,达 2000 多万种(现估计达 3000 多万种)。其原因是有机化合物既可以碳原子相互连接成开链化合物,又可形成环状化合物,碳原子还可与氢、氮、氧、硫、卤素、磷、金属等成键,形成各种各样的化合物。

　　(2) 易燃烧。除少数外,有机化合物一般含有碳和氢两种元素,因此容易燃烧,生成二氧化碳和水,同时放出大量的热量。有机化合物是重要的能源,如汽油、柴油、蜡、酒精、天然气等都是有机化合物。

　　(3) 熔点、沸点低。有机化合物分子之间靠分子间力作用,结合较弱,常温、常压下通常为气体、液体或低熔点的固体。大多数有机化合物的熔点在 400 ℃以下,而且它们的熔点、沸点随着相对分子质量的增加而逐渐增加。一般来说,纯粹的有机化合物都有固定的熔点和沸点。因此,熔点和沸点是有机化合物的重要物理参数,人们常利用熔点和沸点的测定来鉴定有机化合物。

(4) 难溶于水、易溶于有机溶剂。有机化合物一般是共价型化合物,极性很小或无极性,所以大多数有机化合物在水中的溶解度很小,但易溶于极性小的或非极性的有机溶剂(如乙醚、苯、烃、丙酮等)中。

(5) 反应速度(又叫反应速率)慢。有机反应大部分是分子间的反应,反应过程中包括共价键旧键的断裂和新键的形成,所以反应速度比较慢,一般需要几小时,甚至几十小时才能完成。为了加速有机反应的进行,常采用加热、光照、搅拌或加催化剂等措施。随着新的合成方法的出现,改善反应条件,促使有机反应速度的加快也取得了一些新进展。

(6) 副反应多,产物复杂。有机化合物的分子大多是由多个原子结合而成的复杂分子,所以在有机反应中,反应往往不局限于分子的某一固定部位,即可以在不同部位同时发生反应,得到多种产物。反应生成的初级产物还可继续发生反应,得到进一步的产物。因此在有机反应中,除了生成主要产物以外,还常常有副产物生成。

1.2 有机化合物的结构理论

化合物的结构决定化合物的性质,性质是结构在宏观方面的表现。理解化合物的结构特点,对推断和掌握化合物性质具有重要意义,是学好有机化学的基础。

1.2.1 原子轨道

原子由原子核与核外电子组成,电子在核外不同的原子轨道(atomic orbital)上做高速运动,如图 1-1 所示。化学反应主要涉及原子外层电子运动状态的改变。

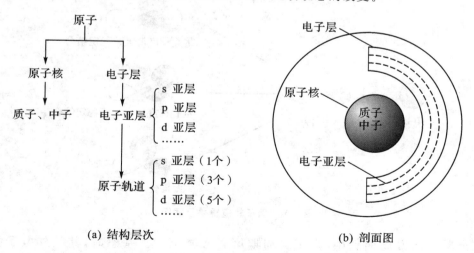

(a) 结构层次　　　　(b) 剖面图

图 1-1　原子结构示意图

s、p、d 电子的原子轨道的形状如图 1-2 所示。每个原子轨道可以容纳两个自旋方向相反的电子。

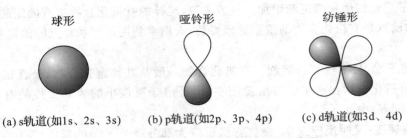

$$球形 \qquad 哑铃形 \qquad 纺锤形$$

(a) s轨道(如1s、2s、3s)　　(b) p轨道(如2p、3p、4p)　　(c) d轨道(如3d、4d)

图 1-2　s、p、d 电子的原子轨道的形状示意图

1.2.2　价键理论

1. 价键理论的基本内容

价键理论(VB, valence bond theory)认为,共价键的形成可以看成原子轨道的重叠或电子配对的结果。原子轨道重叠后,在两个原子核间电子云密度较大,因而降低了两核之间的正电排斥力,增加了两核对负电的吸引力,使整个体系的能量降低,形成稳定的共价键。成键的电子定域在两个成键原子之间。例如:

$$H : H + Cl \overset{\times}{\times} Cl \longrightarrow H \overset{\times}{\times} Cl$$

价键理论包含三个要点。

(1) 定域性:自旋反向平行的两个电子绕核做高速运动,属于成键原子共同所有。电子对在两核之间出现的概率最大。

(2) 饱和性:每个原子成键的总数(或以单键连接的原子数目)是一定的。原子中的成单电子数(激发后)决定成键总数。

(3) 方向性:原子轨道(p、d轨道)有一定的方向性,与相连原子轨道重叠成键要满足最大重叠条件,如图 1-3 所示。因此,一个原子与周围原子形成的共价键之间有一定的角度。

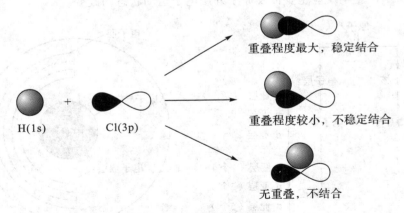

重叠程度最大，稳定结合

重叠程度较小，不稳定结合

H(1s)　　+　　Cl(3p)

无重叠，不结合

图 1-3　原子轨道重叠示意图

碳元素在元素周期表中,是第二周期第ⅣA族元素。基态时,其核外电子排布为 $1s^2 2s^2 2p_x^1 2p_y^1$。碳在周期表中的位置决定了它既不容易得到四个电子形成 C^{4-} 型化合物,也不容易失去四个电子形成 C^{4+} 型化合物。因此,碳原子之间相互结合或与其他原子结合时,都是通过共用电子对而结合成共价键。

2. 杂化轨道理论

碳原子在基态时,只有两个未成对电子。根据价键理论和分子轨道理论,碳原子应是二价的。但大量事实都证明,在有机化合物中碳原子都是四价的,而且在饱和化合物中,碳的四个价键都是等同的。为了解决这类矛盾,1931 年鲍林(Pauling L. ,1901—1994)提出了杂化轨道理论(hybrid orbital theory)。

杂化是指在形成分子时,由于原子间的相互影响,若干不同类型而能量相近的原子轨道混合起来,重新组合成一组新轨道的过程。杂化所形成的新轨道称为杂化轨道(hybrid orbital)。

杂化轨道理论认为:碳原子在成键的过程中首先要吸收一定的能量,使 2s 轨道的一个电子跃迁到 2p 空轨道中,形成激发态的碳原子。激发态的碳原子具有四个单电子,因此碳原子可以是四价的。

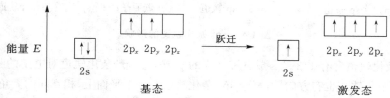

但这并不能解释甲烷的 4 个碳氢键是等同的。因此,杂化轨道理论又认为碳原子在成键时,四个原子轨道可以"杂化"形成四个能量等同的新轨道,即杂化轨道。杂化轨道的能量稍高于 2s 轨道而稍低于 2p 轨道。杂化轨道的数目等于参加组合的原子轨道的数目。

碳原子轨道的杂化有三种形式:sp^3 杂化、sp^2 杂化和 sp 杂化。

1) sp^3 杂化

由一个 2s 轨道和三个 2p 轨道杂化形成的四个能量相等的新轨道,叫做 sp^3 杂化轨道,这种杂化方式叫做 sp^3 杂化。例如:

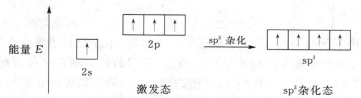

sp^3 杂化轨道的形状(见图 1-4)及能量既不同于 2s 轨道,又不同于 2p 轨道,它含有 1/4 的 s 成分和 3/4 的 p 成分。sp^3 杂化轨道是有方向性的,四个 sp^3 杂化轨道呈正四面体分布(见图 1-5),轨道对称轴之间的夹角均为 109°28′。

(a) 2s轨道　　(b) 1个2p轨道　　(c) 1个sp^3杂化轨道

图 1-4　sp^3 杂化轨道的形状

图 1-5　甲烷分子中碳、氢原子所处位置

2) sp^2 杂化

由一个 2s 轨道和两个 2p 轨道重新组合成三个能量等同的杂化轨道,称为 sp^2 杂化。

例如:

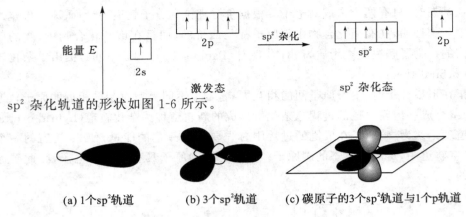

sp² 杂化轨道的形状如图 1-6 所示。

图 1-6　sp² 杂化轨道的形状

(a) 1个sp²轨道　　(b) 3个sp²轨道　　(c) 碳原子的3个sp²轨道与1个p轨道

每个 sp² 杂化轨道含有 1/3 的 s 成分和 2/3 的 p 成分。sp² 杂化轨道对电子的吸引力大于 sp³ 杂化轨道。sp² 杂化轨道也有方向性,三个 sp² 杂化轨道在一个平面上,相互间的夹角为 120°。余下一个未参加杂化的 2p 轨道垂直于三个 sp² 杂化轨道所在平面。乙烯中碳采取 sp² 杂化。

3) sp 杂化

由一个 2s 轨道和一个 2p 轨道重新组合成两个能量等同、方向相反的杂化轨道,称为 sp 杂化。如:

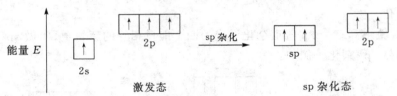

sp 杂化轨道的形状与 sp³、sp² 杂化轨道的形状相似,sp 杂化轨道含有 1/2 的 s 成分和1/2 的 p 成分,两个 sp 杂化轨道伸向碳原子核的两边,它们的对称轴在一条直线上,形成 180° 夹角。碳原子还余下两个未参与杂化的 2p 轨道,这两个 2p 轨道仍保持原来的形状,其对称轴不仅互相垂直,而且都垂直于 sp 杂化轨道对称轴所在的直线。为方便起见,将 sp 杂化轨道只看做一条直线,则两个 2p 轨道垂直于这条直线。

sp 杂化轨道的形状如图 1-7 所示。乙炔中碳采取 sp 杂化。

(a) 1个sp杂化轨道　　(b) 2个sp杂化轨道　　(c) 未参与杂化的p_y、p_z的轨道

图 1-7　sp 杂化轨道的形状

3. 共价键的类型

共价键具有方向性。按照成键的方式不同,共价键分为 σ 键和 π 键。σ 键和 π 键是两类重要的共价键。

1）σ 键

在甲烷分子中，存在四个等同的 C—H 键，碳原子采取 sp³ 杂化。

当氢原子的 1s 轨道沿着对称轴的方向与碳原子的 sp³ 杂化轨道重叠（见图 1-8（a））时，原子轨道重叠程度最大，形成的共价键最牢固。由于原子轨道是立体对称的，原子轨道绕轴的旋转不影响成键，因而，形成的键是可以自由旋转的。

这种沿着对称轴的方向以"头碰头"的方式相互重叠形成的键叫做 σ 键。构成 σ 键的电子称为 σ 电子。一个 σ 键可容纳两个 σ 电子。

甲烷分子中，四个 σ 键中每两者之间的夹角为 109°28′，分子构型为正四面体型。乙烷分子中，除 σ_{C-H} 外，还存在 σ_{C-C} 键（CH₃—CH₃），如图 1-8（b）所示。

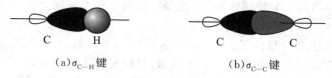

（a）σ_{C-H} 键　　　　　　　（b）σ_{C-C} 键

图 1-8　σ 键

σ 键的成键特点如下：

（1）"头碰头"成键，电子云近似圆柱形分布；

（2）σ 键可以旋转；

（3）σ 键较稳定，存在于一切含共价键的化合物之中。

因此，只含有 σ 键的化合物（如烷烃）性质是比较稳定的。

2）π 键

在乙烯分子中，碳原子采取 sp² 杂化。另有一个 p 轨道不参与杂化，而形成另一类型的共价键，即 π 键。如图 1-9 所示。

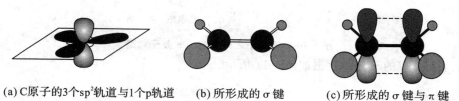

（a）C 原子的 3 个 sp² 轨道与 1 个 p 轨道　　（b）所形成的 σ 键　　（c）所形成的 σ 键与 π 键

图 1-9　乙烯分子中的共价键

未杂化的 p 轨道可以"肩并肩"平行重叠成键，形成 π 键。构成 π 键的电子叫做 π 电子。π 键的成键特点如下：

（1）"肩并肩"成键；

（2）电子云重叠程度不及 σ 键，较活泼；

（3）π 键必须与 σ 键共存；

（4）π 键不能自由旋转。

因此，具有 π 键的化合物（如烯烃、炔烃等）性质较活泼。

1.2.3　分子轨道理论

分子轨道理论（MO，molecular orbital theory）是从分子整体出发去研究分子中每一个电子的运动状态，认为原子组成分子后，电子不是只受某一个或两个原子核的约束，而是在参与组成分子的多个原子核形成的总力场中运动。其运动轨道(波函数)称为分子轨道(molecular orbital)。与原子轨道一样,分子轨道也有特定的空间大小、形状和能量。

分子轨道由原子轨道线性组合而成,有多少原子轨道就可以组成多少分子轨道。核间电子云密度增大的为成键(bonding)轨道,核间电子云密度减小的为反键(antibonding)轨道。成键轨道中的电子云在核间较多,对核有吸引力,使两个核接近而降低能量,因此成键轨道的能量较两个原子轨道为低。成键后,体系能量降低,形成稳定的分子,能量降低越多,形成的分子越稳定。相反,反键轨道中核间电子云密度低,而外侧对核的吸引力较大,使两个核远离,同时两核之间相互也有排斥力,因此反键轨道的能量比原子轨道的要高。

两个 s 轨道,或一个 s 轨道与一个 p 轨道,或两个 p 轨道头头重叠形成的键是 σ 键,此时成键轨道用 σ 表示。当两个 p 轨道彼此平行重叠时,两个原子核间无节面形成的键是 π 键,此时成键轨道用 π 表示。

分子轨道是原子轨道的线性组合,两个波函数相加得到的分子轨道,其能量低于原子轨道,为成键轨道;两个波函数相减得到的分子轨道,其能量高于原子轨道,为反键轨道。

成键轨道　　$\Psi_1 = \phi_1 + \phi_2$

反键轨道　　$\Psi_2 = \phi_1 - \phi_2$

以氢原子为例。两个氢原子的 1s 轨道可以组合成两个分子轨道。在基态下,氢分子的两个电子都在成键轨道中。如图 1-10 所示。

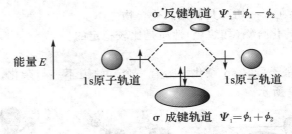

图 1-10　氢原子之间形成的 σ 分子轨道

碳原子间形成的 π 分子轨道如图 1-11 所示。

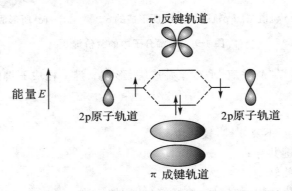

图 1-11　碳原子之间形成的 π 分子轨道

分子轨道理论还认为,原子轨道要组合形成分子轨道,必须具备能量相近、电子云重叠程度最大和对称性相同这三个条件。能量相近就是指组成分子轨道的原子轨道的能量应比较接近才能有效。当两个能量相差较大的原子轨道组合成分子轨道时,成键轨道的能量与能量较低的那个原子轨道能量非常接近,生成的分子轨道不够稳定;电子云重叠程度最大则要求要么"头碰头"重叠,要么"肩并肩"重叠,其他方向的重叠则是无效或很少有效的。对称性相同实际上是形成化学键最主要的条件:位相相同的原子轨道重叠时才能使核间的电子云密度变大。对称性不同,即位相不同的原子轨道重叠时反而使核间的电子云密度变小,自然不能成键。

分子轨道理论和价键理论都能定量处理问题,在许多问题上得出的结论也是相同的。价键理论是将电子对从属两个原子所有来加以处理的,称为定域的(located)。分子轨道理论则认为分子中的电子运动与所有的原子都有关,称为离域的(delocalized)。这两种理论都是行之有效的。相对而言,价键理论描述简洁,也较形象化,因而用得也更多。但在某些情况下,用分子轨道理论解释更为合理。

1.2.4 共价键的参数

表征化学键性质的物理量统称为键参数。

(1) 键长(bond length)指分子中两个原子核间的平均距离。一般来说,两个原子之间所形成的键越短,则键越强,越牢固。常见共价键的平均键长见表 1-1。

表 1-1　常见共价键的平均键长

键 型	键长/nm	键 型	键长/nm
C—C	0.154	C—F	0.142
C—H	0.110	C—Cl	0.178
C—N	0.147	C—Br	0.191
C—O	0.143	C—I	0.213
N—H	0.103	O—H	0.097

(2) 键角(bond angle)指分子中某一原子与另外两个原子形成的两个共价键在空间形成的夹角,即键轴之间的夹角。在不同化合物中由同样原子形成的键角不一定相同,这是由于分子中各原子或基团相互影响所致。

(3) 键能(bond energy)指在 101.3 kPa 和 298 K 下,使 1 mol 理想气体双原子分子(AB)离解成中性气态原子(A 和 B)所需要的能量,也叫离解能,其单位为 $kJ \cdot mol^{-1}$。常见共价键的平均键能见表 1-2。键能可表示化学键牢固的程度,相同类型的键中,键能越大,表明两个原子结合越牢固,即键越稳定。

表 1-2　常见共价键的平均键能

键 型	键能/($kJ \cdot mol^{-1}$)	键 型	键能/($kJ \cdot mol^{-1}$)
C—C	347.3	C—F	485.3
C—H	414.2	C—Cl	338.9
C—N	305.4	C—Br	284.5
C—O	359.8	C—I	217.6
N—H	464.4	O—H	389.1

对多原子分子来说,键能是指分子中几个同类型键的离解能的平均值。

(4) 键的极性(bond polarity)是衡量因成键的两个原子之间的电负性差异而产生的正、负电荷中心偏离程度的参数。一般来说,成键的电子对在电负性较强的原子周围出现的概率较大。键的极性以偶极矩(dipole moment,符号为 μ)表示,其单位为德拜(D),通常用 ⊢—→ 表示其方向,箭头指向的是负电荷中心。

偶极矩:$\mu = q \times d$
　　　　$=$(正或负电荷中心上的电荷值)×(正、负电荷中心之间的距离)
$1 D = 1.0 \times 10^{-18}$ esu·cm $= 3.336 \times 10^{-30}$ C·m　esu:电荷单位　C:库仑
如 Cl—H 键的极性表示为

$$\overset{\delta^+}{H} \longrightarrow \overset{\delta^-}{Cl} \qquad \underset{\longmapsto}{H—Cl}$$

箭头从部分正电荷指向部分负电荷。

键的极性是决定分子的物理及化学性质的重要因素之一。几种常见元素的电负性值列于表 1-3。

表 1-3　几种常见元素的电负性值(Pauling 值)

H(2.1)						
Li(1.0)	Be(1.6)	B(2.0)	C(2.5)	N(3.0)	O(3.5)	F(4.0)
Na(0.9)	Mg(1.2)	Al(1.5)	Si(1.8)	P(2.1)	S(2.5)	Cl(3.0)
K(0.8)	Ca(1.0)					Br(2.8)
						I(2.5)

(5) 分子的极性为分子中化学键极性的向量和。非极性键构成非极性分子;极性键可构成非极性分子(如甲烷、二氧化碳等对称分子),也可构成极性分子(如水、硫化氢等)。

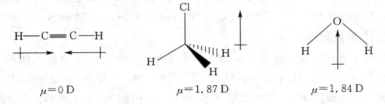

$$\mu = 0 D \qquad\qquad \mu = 1.87 D \qquad\qquad \mu = 1.84 D$$

1.2.5　共价键的均裂和异裂

化学反应的发生过程实际上就是旧键的断裂和新键的生成过程。根据化学键形成方式的不同,可将有机反应分为三种类型:①自由基反应(free radical reaction);②离子型反应(ionic reaction);③协同反应(concerted reaction)。

有机化合物绝大多数是共价化合物,以碳与其他非碳原子 Y 间共价键的断裂为例,共价键的断裂方式有两种。一种叫均裂(homolytic cleavage),也就是一个共价键断裂时,组成该键的一对电子由成键的两个原子各留一个,即

$$C:Y \longrightarrow C· + Y·$$

均裂产生的带单电子的原子或基团叫做自由基(或游离基),按均裂方式进行的反应叫做自由

基反应。自由基反应多在高温、光照或过氧化物存在的条件下进行。

另一种断裂方式是成键的一对电子保留在一个原子上,这叫异裂(heterolytic cleavage)。即

$$C:Y \longrightarrow C^+ + :Y^- \quad 或 \quad C:Y \longrightarrow C:^- + Y^+$$

异裂反应产生的则是正、负离子,按异裂方式进行的反应叫做离子型反应。它一般是在酸或碱的催化下,或在极性介质中,有机分子通过共价键的异裂形成一个离子型的活性中间体而完成。

离子型反应根据反应试剂的类型不同,又可分为亲电反应(electrophilic reaction)和亲核反应(nucleophilic reaction)两类。

亲电反应:反应试剂需要电子或"亲近"电子,与被反应的化合物中能提供电子的部位发生反应。例如:

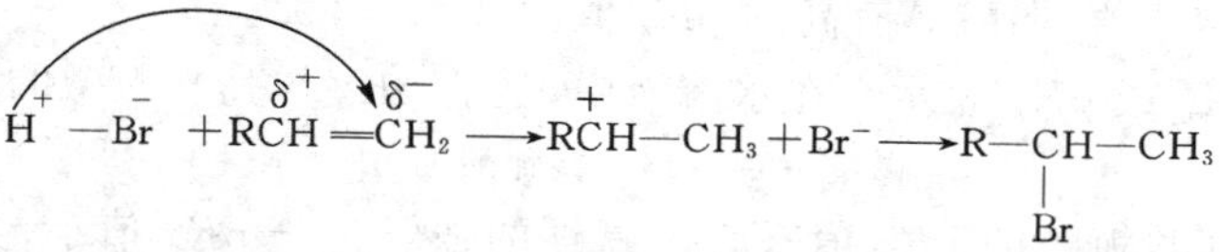

$$H^+ - Br^- + R\overset{\delta^+}{C}H \overset{\delta^-}{=} CH_2 \longrightarrow RCH - CH_3 + Br^- \longrightarrow R - \underset{\underset{Br}{|}}{CH} - CH_3$$

亲核反应:试剂能提供电子,与底物中正电性的部位发生反应。例如:

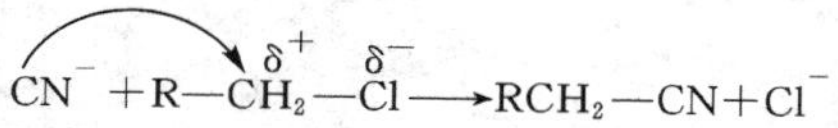

$$CN^- + R - \overset{\delta^+}{C}H_2 - \overset{\delta^-}{Cl} \longrightarrow RCH_2 - CN + Cl^-$$

协同反应不同于自由基反应与离子型反应,在反应过程中不生成活性中间体,其特点是,反应过程中旧键的断裂与新键的生成是同时发生的。例如:

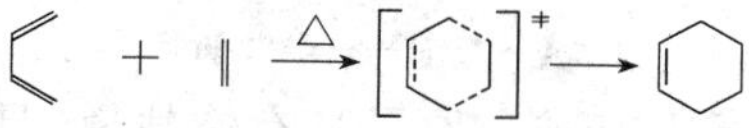

过渡态

1.3 有机化学中的酸和碱

有机化学中的酸碱理论是理解有机反应的最基本的概念之一,目前应用广泛的是布朗斯特(Brönsted J. N.)乙碱质子理论和路易斯(Lewis G. N.)酸碱电子理论。

1.3.1 布朗斯特酸碱质子理论

布朗斯特酸碱质子理论认为,凡是能给出质子的物质都是酸,凡是能与质子结合的物质都是碱。酸失去质子,生成的物质就是它的共轭碱;碱得到质子,生成的物质就是它的共轭酸。例如,乙酸溶于水的反应可表示如下:

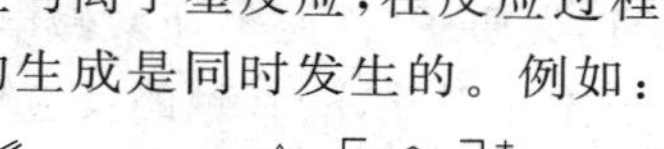

酸　　碱　　酸　　碱

$$CH_3COOH + H_2O \Longrightarrow H_3O^+ + CH_3COO^-$$

在正反应中,CH_3COOH 是酸,CH_3COO^- 是它的共轭碱;H_2O 是碱,H_3O^+ 是它的共轭酸。对逆反应来说,H_3O^+ 是酸,H_2O 是它的共轭碱;CH_3COO^- 是碱,CH_3COOH 是它的共轭酸。

在共轭酸碱中,一种酸的酸性愈强,其共轭碱的碱性就愈弱。另外,酸碱的概念是相对的,

某一物质在一个反应中是酸,而在另一反应中可以是碱。例如,H_2O 对 CH_3COO^- 来说是酸,而对 NH_4^+ 来说则是碱,其反应式为

$$H_2O + NH_4^+ \Longrightarrow NH_3 + H_3O^+$$

　　　　碱　　酸　　共轭碱 共轭酸

酸碱反应是可逆反应,可用平衡常数 K_{eq} 来描述反应的情况。例如:

$$HA + H_2O \Longrightarrow H_3O^+ + A^-$$

$$K_{eq} = \frac{[H_3O^+] \cdot [A^-]}{[HA] \cdot [H_2O]}$$

酸的强度通常用离解平衡常数 K_a 或离解平衡常数的负对数 pK_a 表示:

$$K_a = K_{eq} \cdot [H_2O] = \frac{[H_3O^+] \cdot [A^-]}{[HA]}$$

$$pK_a = -\lg K_a$$

强酸具有低的 pK_a 值,弱酸具有高的 pK_a 值。

碱的强度则用 K_b 或 pK_b 表示。在水溶液中,酸的 pK_a 与其共轭碱的 pK_b 之和为 14。即

　　　　碱的 $pK_b = 14 -$ 共轭酸的 pK_a

有机碱也常用其共轭酸的 pK_a 值来表示碱性的强弱。若 pK_a 值小,共轭酸是强酸,则该碱是弱碱。

1.3.2　路易斯酸碱电子理论

布朗斯特酸碱质子理论仅限于得失质子,而路易斯酸碱电子理论则着眼于电子对,认为酸是电子对的受体,碱是电子对的给予体。因此,酸和碱的反应可用下式表示:

$$A + :B \Longrightarrow A:B$$

上式中,A 是路易斯酸,它至少有一个原子具有空轨道,具有接受电子对的能力,在有机反应中常称为亲电试剂;B 是路易斯碱,它至少含有一对未共用电子,具有给予电子对的能力,在有机反应中常称为亲核试剂。

路易斯酸的概念要比布朗斯特酸的概念更广泛。例如,在 $AlCl_3$ 分子中,Al 的外层电子只有 3 个,它可以接受另一对电子。其反应式为

$$AlCl_3 + Cl^- \Longrightarrow AlCl_4^-$$

具有孤对电子的化合物,既是路易斯碱,也是布朗斯特碱。如 $H_2\ddot{O}:$,$\ddot{N}H_3$,$R\ddot{N}H_2$,$R\ddot{O}H$,$R\ddot{O}R'$,$R\ddot{S}H$ 等。

1.4　有机化合物的分类

有机化合物数量庞大,为了便于学习和研究,对有机化合物进行分类是十分必要的。分类方法一般有两种:一种是按碳骨架分类,另一种是按官能团分类。

1.4.1　按碳骨架分类

有机化合物按碳骨架分为开链化合物、碳环化合物和杂环化合物。

1. 开链化合物

这类化合物分子中,碳原子互相结合形成链状,这类化合物最初是从脂肪中得到的,所以

又称脂肪族化合物(aliphatic compound)。例如:

$CH_3CH_2CH_3$ $CH_3CH=CH_2$ $CH_2=CH-CH=CH_2$ CH_3CH_2OH $CH_3CH_2OCH_2CH_3$
丙烷   丙烯   1,3-丁二烯   乙醇   乙醚

2. 碳环化合物(carbocyclic compound)

这类化合物分子中含有完全由碳原子组成的环,根据环中碳原子的连接方式又可以分为以下两类。

(1) 脂环化合物(alicyclic compound)。它们的化学性质与脂肪族化合物相似,因此称脂环化合物。例如:

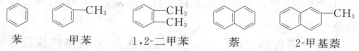

甲基环丙烷   环丁烷   环戊烷   环己烷   环戊二烯

(2) 芳香化合物(aromatic compound)。这类化合物大多数含有苯环,它们具有与开链化合物和脂环化合物不同的化学特性。例如:

苯   甲苯   1,2-二甲苯   萘   2-甲基萘

3. 杂环化合物(heterocyclic compound)

在这类化合物分子中,组成环的元素除碳原子以外还含有其他元素的原子(如氧、硫、氮),这些原子通常称为杂原子。

呋喃   噻吩   吡咯   吡啶   3-甲基吡啶

1.4.2 按官能团分类

官能团(functional group)是分子中比较活泼而又易起化学反应的原子或基团,它决定化合物的主要化学性质。含有相同官能团的化合物化学性质相似。因此,可将含有相同官能团的化合物归为一类。对于数量庞大的有机化合物,这样分类更加方便,更加系统。几种重要的有机化合物及其所含官能团列于表 1-4。

表 1-4　一些重要有机化合物官能团结构与名称

化合物类型	官能团结构	官能团名称	化合物类型	官能团结构	官能团名称
烷烃			醛或酮	$\overset{\text{O}}{\underset{\|}{-\text{C}-}}$	羰基
烯烃	$\text{C}=\text{C}$	双键	羧酸	—COOH	羧基
炔烃	$-\text{C}\equiv\text{C}-$	三键	磺酸	$-SO_3H$	磺酸基
芳烃		芳环	腈	$-\text{C}\equiv\text{N}$	氰基
卤代烃	—X	卤素	硝基化合物	$-NO_2$	硝基
醇或酚	—OH	羟基	胺	$-NH_2$	氨基
醚	C—O—C	醚键	硫醇或硫酚	—SH	巯基

1.4.3　同分异构

有机化合物主要是共价键连接而成,共价键具有饱和性和方向性。因此,有机化合物中的同分异构现象十分普遍。同分异构分为构造异构(constitutional isomerism)、构型异构(configurational isomerism,包括顺反异构和对映异构)和构象异构(conformational isomerism)。其中,构型异构和构象异构又称为立体异构。下面讨论构造异构,顺反异构、对映异构和构象异构将在以后的章节中讨论。

分子式相同,而原子的连接顺序不同所形成的不同的化合物互称构造异构体。它又分以下四种情况。

1. 碳架(碳链)异构

仅是碳原子的排列方式不同形成不同的碳链,这种具有不同碳链的异构体称为碳链异构体,这种现象称为碳架异构(skeletal isomerism)。烷烃的异构就属于此类。从丁烷(C_4H_{10})开始就有碳链异构,正丁烷(n-C_4H_{10},$CH_3CH_2CH_2CH_3$)的沸点为$-0.5\ ℃$,而异丁烷(i-C_4H_{10},$CH_3CH(CH_3)_2$)的沸点为$-10.2\ ℃$。

显然,烷烃分子中碳原子数越大,则连接方式也就越多,异构体的数量也随之增加。

下面以庚烷(C_7H_{16})为例介绍推算的基本步骤。

(1) 首先写出正庚烷的碳架①C—C—C—C—C—C—C。

(2) 剪下一个碳原子,剩下六个碳原子的主链 C—C—C—C—C—C。将剪下的碳原子分别连在主链上的可能的位置形成两种不同的取代己烷的碳架。即

$$
② \begin{array}{c} C-C-C-C-C \\ | \\ C \end{array} \quad 和 \quad ③ \begin{array}{c} C-C-C-C-C \\ | \\ C \end{array}
$$

(3) 再剪下一个碳原子,剩下两种五个碳原子的主链的甲基戊烷的碳架。即

$$
\begin{array}{c} C-C-C-C-C \\ | \\ C \end{array} \quad 和 \quad \begin{array}{c} C-C-C-C-C \\ | \\ C \end{array}
$$

将剪下的碳原子分别连在这两个碳链上的可能的位置形成五种不同的取代戊烷的碳骨架。即

$$
④ \begin{array}{c} C \\ | \\ C-C-C-C-C, \\ | \\ C \end{array} \quad ⑤ \begin{array}{c} C \\ | \\ C-C-C-C-C, \\ | \\ C \end{array} \quad ⑥ \begin{array}{c} C \\ | \\ C-C-C-C-C \\ | \\ C \end{array}
$$

$$
⑦ \begin{array}{c} C \\ | \\ C-C-C-C-C \\ | \\ C \end{array} \quad 和 \quad ⑧ \begin{array}{c} C-C-C-C-C \\ | \\ C \\ | \\ C \end{array}
$$

(4) 再剪下一个碳原子,剩下四个碳原子的主链的甲基戊烷的碳架 $\begin{array}{c} C \\ | \\ C-C-C-C \\ | \\ C \end{array}$,将剪下的碳原子连在这个碳链上的可能的位置形成一种不同的取代丁烷的碳架。即⑨$\begin{array}{c} C\ \ C \\ | \ \ | \\ C-C-C-C \\ | \ \ | \\ C\ \ C \end{array}$。

因此,庚烷可能的异构体有 9 个。即

①$CH_3(CH_2)_5CH_3$,   ②$(CH_3)_2CH(CH_2)_3CH_3$,

③$CH_3CH_2CH(CH_3)CH_2CH_2CH_3$,   ④$(CH_3)_3C(CH_2)_2CH_3$,

⑤$(CH_3)_2CH(CH_3)CHCH_2CH_3$,   ⑥$(CH_3)_2CHCH_2CH(CH_3)_2$,

⑦$CH_3CH_2C(CH_3)_2CH_2CH_3$,   ⑧$CH_3CH_2CH(CH_2CH_3)_2$,

⑨$(CH_3)_3CCH(CH_3)_2$。

照此方法推算出:戊烷有同分异构体 3 个,己烷有 5 个,而癸烷可能有 75 个,二十碳烷可能有 336319 个,三十碳烷可能有 4111647763 个。目前,分子中含 10 个以上碳原子的高级烷烃的异构体还未全部合成出来。

2. 官能团位置异构

当有机化合物含有非碳基团时,存在碳架相同而基团连在碳架上的位置不同的不同分子。这种异构现象称为官能团位置异构(positional isomerism)。例如,溴丙烷(C_3H_7Br)就有正丙基溴($CH_3CH_2CH_2Br$)和异丙基溴($(CH_3)_2CHBr$)两种异构体。下面以推导分子式为 $C_4H_{10}O$ 的各种醇的异构体为例进行介绍。

(1)推导出四个碳原子的碳架有两种:C—C—C—C 和 C(—C)$_3$。

(2)再在各个碳架上寻找羟基—OH 可能的位置。即

①C—C—C—C—OH、②C—C—C(OH)—C、③HOC(—C)$_3$ 和④(C—)$_2$C—COH。

(3)写出构造式。即

① $CH_3CH_2CH_2CH_2OH$、② CH_3CH_2CH(OH)CH_3、③ HOC(CH$_3$)$_3$ 和

④$(CH_3)_2CHCH_2OH$。

3. 官能团异构

分子式相同而官能团不同,分属于两个同系列的有机化合物之间的关系称为官能团异构(functional isomerism)。例如,分子式为 C_2H_6O 的化合物有乙醇(CH_3CH_2OH)和甲醚(CH_3OCH_3)两种官能团异构体。推导官能团异构体,也应在推导碳架的基础上进行。

4. 互变异构

两种相互转换的同分异构体称为互变异构体,这种现象称为互变异构(tautomerism)。例如,酮式与烯醇式互变异构。

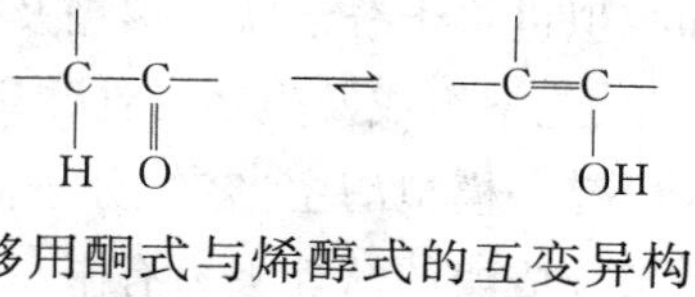

果糖能够发生银镜反应,能够用酮式与烯醇式的互变异构现象来解释。

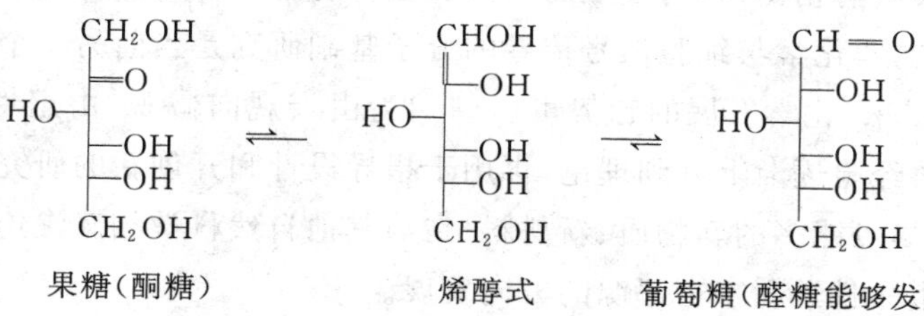

果糖(酮糖)   烯醇式   葡萄糖(醛糖能够发生银镜反应)

1.5　有机化学的现状与展望

化学是来自于实践的科学,实验是研究化学的重要手段。实验与理论一直是化学研究中相互依赖、彼此促进的两个方面。

进入 20 世纪以后,由于受到自然科学其他学科发展的影响,有机化学广泛地应用了当代科学的理论、技术和方法,在认识物质的组成、结构、合成和测试等方面都有了长足的进步,而且在理论方面取得了许多重要成果。

有机化学迅速发展,并和其他学科相互交叉,产生了多个分支学科,如元素有机化学、天然有机化学、物理有机化学、生物有机化学、有机催化化学、有机分析化学、有机立体化学等。

有机合成化学是研究有机化合物合成的一门艺术,是有机化学中最重要的基础学科之一,是创造新有机化合物分子的主要手段和工具。发现新反应、新试剂、新方法和新理论是有机合成的创新所在。

金属有机化学是 20 世纪最活跃的研究领域之一。特别是与有机催化联系在一起的研究,推动了化学工业的发展。金属有机化学是一个闪烁着诺贝尔奖光环的前沿领域。

天然有机化学是研究自然界动、植物的内源性有机化合物的化学,发掘和认识自然界的这一丰富资源,是世界发展和人类生存的需要,是有机化学的任务之一。通过天然产物的研究,发现新化合物;根据具有活性的天然产物的结构,开发新的衍生物或新化合物,制备新药等,为人类所用。

物理有机化学研究有机化合物分子结构与性能的关系,研究有机化学反应机理及用理论计算化学的方法来理解、预见和发现新的有机化学现象。过去 200 多年,实验化学是化学研究的主要手段,理论化学尚处于不断发展和完善阶段。随着计算机的应用与发展,理论化学将有更好的发展。

生物有机化学的研究对象是核酸、蛋白质和多糖,它研究生物大分子及参与生命过程的其他有机分子。这些是维持生命机器正常运转的最重要的基础物质。

核酸是信息分子,担负着遗传信息的存储、传递及表达功能,具有催化活性。许多疾病的病因与核酸相关。多肽具有信息传递和调控作用,模拟和改造天然活性肽的性能,有利于寻找高效专一的激动剂和拮抗剂。国际上正按化学、生物、催化等性质的需要,合成新的蛋白质分子。对酶蛋白和膜蛋白的研究和模拟也将十分活跃。多糖及糖缀合物是生物体内的重要信息物质,目前的研究侧重于分离、纯化、化学组成及生物活性测定等方面。多糖溶液的构象、空间结构与功能的关系尚未得到深入研究。模拟酶主、客体分子间的识别与相互作用的研究已取得可喜进展,但与天然酶相比,人工合成酶的活性极为有限。合成新型、高效、高选择性的酶催化剂十分重要。生物膜化学与细胞信号传导的分子基础研究是当前另一个重要的研究领域。

总之,20 世纪以来,化学发展的趋势可以归纳为由宏观向微观、由定性向定量、由稳定态向亚稳定态发展,由经验逐渐上升到理论,再用于指导设计和开创新的研究。现代化学将为生产和技术部门提供尽可能多的新物质、新材料;在与其他自然科学相互渗透的进程中不断产生新学科,并向探索生命科学和宇宙起源的方向发展。

1.6 如何学好有机化学

有机化学是一门核心学科,是学好其他学科的基础,同时也和我们的生活息息相关。有机化学是一门规律性很强的学科,掌握好的学习方法,对学习好有机化学至关重要。

学好有机化学要注意理解、记忆和应用。

1. 理解

学习过程中,要注意理解化合物结构、成键方式,从结构上理解、推断化合物性质。及时弄懂和掌握各章节的重点内容。

2. 记忆

在理解的基础上进行必要的记忆。注意掌握内在规律,并上升为理解记忆。要记住有关化学反应,尤其是各官能团的典型反应。

3. 应用

应用可从以下三个方面入手。

多思考:有机化学内容是前后连贯的,系统性很强,只有掌握了前面的知识,才能理解后面的内容。

勤练习:认真做练习题是学好有机化学的重要环节,不仅对理解和巩固所学知识是最有效的,同时也是检验是否完成学习任务的必要方法。

善总结:学会归纳总结,要总结化合物结构与性质的关系,以了解共性与个性。还要揭示各类化合物之间的内在联系与相互转化关系。某一类化合物的化学反应往往是另一类化合物的制法,熟练地掌握这些关系,才能设计各种特定化合物的合成路线。要对每一章进行小结,建议对烃类,芳香化合物,醇、酚、醛、酮,羧酸、羧酸衍生物及含氮化合物分类进行总结。总结时注意前后联系,使知识成为一个系统,最后达到应用自如的境界。

第2章 饱 和 烃

2.1 有机化合物的命名

有机化合物数量庞大,结构复杂。为了学习和交流,必须有一个科学的命名法,即用该命名法对一个有机化合物命名后,在全世界能够通用。最好是看到一个有机化合物的名称就能够写出它的结构式;反之,知道一个有机化合物的结构式就能够写出它的世界通用的名称。掌握有机化合物的命名法是学习有机化学的基础,书写名称时一定要严格和规范。

2.1.1 普通命名法名称和俗名

在对化合物的结构还不清楚的情况下,只能根据来源或性质来命名,这种名称称为俗名(trivial name)。例如,酒精、醋酸、蚁酸等。蚁酸(formic acid)来自拉丁文的蚂蚁(formica)。一些常见的俗名列举如下:

$$CH_4 \qquad CH_3CH_2OH \qquad CHCl_3 \qquad CH_3COOH \qquad HOOCCOOH$$
沼气　　　　酒精　　　　氯仿　　　　醋酸　　　　草酸

俗名不能反映结构特征。但是,许多俗名仍在使用,特别是复杂的化合物,如青霉素、紫杉醇、喜树碱等。

普通命名法(common nomenclature)是根据分子中所含碳原子的数目来命名的方法。表 2-1 所列为部分正烷烃的名称。碳原子数目在 10 以内的用天干字命名(甲、乙、丙、丁、戊、己、庚、辛、壬、癸),在 10 以上的,则用中文数字表示。例如,CH_4 叫甲烷,$CH_3CH_2CH_3$ 叫丙烷,$C_{11}H_{24}$ 叫十一烷。用正、异、新等字区别同分异构体。"正"表示直链化合物 $CH_3(CH_2)_nCH_3$,"异"表示具有

$$H_3C—CH—(CH_2)_nCH_3$$ 结构单元的化合物,"新"表示具有 $$H_3C—\overset{\overset{\displaystyle CH_3}{|}}{\underset{\underset{\displaystyle CH_3}{|}}{C}}—(CH_2)_nCH_3$$ 结构单

元的化合物。例如,$CH_3CH_2CH_2CH_2CH_3$ 叫正戊烷,$(CH_3)_2CHCH_2CH_3$ 叫异戊烷,$(CH_3)_4C$ 叫新戊烷,$CH_3(CH_2)_{16}COOH$ 叫十八酸。

表 2-1　正烷烃的名称

结 构 式	中 文 名	英 文 名
CH_4	甲烷	methane
CH_3CH_3	乙烷	ethane
$CH_3CH_2CH_3$	丙烷	propane
$CH_3(CH_2)_2CH_3$	(正)丁烷	*n*-butane
$CH_3(CH_2)_3CH_3$	(正)戊烷	*n*-pentane

续表

结 构 式	中 文 名	英 文 名
$CH_3(CH_2)_4CH_3$	（正）己烷	n-hexane
$CH_3(CH_2)_5CH_3$	（正）庚烷	n-heptane
$CH_3(CH_2)_6CH_3$	（正）辛烷	n-octane
$CH_3(CH_2)_7CH_3$	（正）壬烷	n-nonane
$CH_3(CH_2)_8CH_3$	（正）癸烷	n-decane
$CH_3(CH_2)_9CH_3$	（正）十一烷	n-undecane
$CH_3(CH_2)_{10}CH_3$	（正）十二烷	n-dodecane
$CH_3(CH_2)_{11}CH_3$	（正）十三烷	n-tridecane
$CH_3(CH_2)_{12}CH_3$	（正）十四烷	n-tetradecane
$CH_3(CH_2)_{13}CH_3$	（正）十五烷	n-pentadecane
$CH_3(CH_2)_{14}CH_3$	（正）十六烷	n-hexadecane
$CH_3(CH_2)_{15}CH_3$	（正）十七烷	n-heptadecane
$CH_3(CH_2)_{16}CH_3$	（正）十八烷	n-octadecane
$CH_3(CH_2)_{17}CH_3$	（正）十九烷	n-nonadecane
$CH_3(CH_2)_{18}CH_3$	（正）二十烷	n-ecosane
$CH_3(CH_2)_{19}CH_3$	（正）二十一烷	n-henicosane
$CH_3(CH_2)_{20}CH_3$	（正）二十二烷	n-docosane
$CH_3(CH_2)_{21}CH_3$	（正）二十三烷	n-tricosane
$CH_3(CH_2)_{28}CH_3$	（正）三十烷	n-triacontane
$CH_3(CH_2)_{29}CH_3$	（正）三十一烷	n-hentriacontane
$CH_3(CH_2)_{30}CH_3$	（正）三十二烷	n-dotriacontane
$CH_3(CH_2)_{31}CH_3$	（正）三十三烷	n-tritriacontane
$CH_3(CH_2)_{38}CH_3$	（正）四十烷	n-tetracontane
$CH_3(CH_2)_{48}CH_3$	（正）五十烷	n-pentacontane
$CH_3(CH_2)_{58}CH_3$	（正）六十烷	n-hexacontane
$CH_3(CH_2)_{68}CH_3$	（正）七十烷	n-heptacontane
$CH_3(CH_2)_{78}CH_3$	（正）八十烷	n-octacontane
$CH_3(CH_2)_{88}CH_3$	（正）九十烷	n-nonacontane
$CH_3(CH_2)_{98}CH_3$	（正）一百烷	n-hectane
$CH_3(CH_2)_{132}CH_3$	（正）一百三十四烷	n-tetratriacontanehectane

2.1.2　衍生物命名法

人们总是希望看到一个有机化合物的名称就能够写出它的结构式,知道一个有机化合物的结构式就能够写出它的世界通用的名称。衍生物命名法就是人们早期在这个方面的一种尝试。它是用每类化合物中最简单的化合物为母体,将其他化合物当做这个母体的衍生物来命名的方法。例如:

$$
\begin{array}{cccc}
& CH_3 & CH_3 & CH_3 \\
& | & | & | \\
CH_3-C-CH_3 & CH_3-C-H & C_6H_5-C-H & (C_6H_5)_3CH \\
& | & | & | \\
& CH_3 & CH_3 & CH_3 \\
\text{四甲基甲烷} & \text{三甲基甲烷} & \text{二甲基苯基甲烷} & \text{三苯甲烷}
\end{array}
$$

$CH_2=CH_2$　　$CH_2=C(CH_3)_2$　　$CH_3CH=CHCH_3$　　$CH_2=CHCH(CH_3)_2$

　乙烯　　　　1,1-二甲基乙烯　　　1,2-二甲基乙烯　　　　异丙基乙烯

$C_6H_5CH=CH_2$　　$(C_6H_5)_3COH$　　$C_6H_5COC_6H_5$　　$CH_3COC_2H_5$

苯(基)乙烯　　　三苯(基)甲醇　　　二苯甲酮　　甲(基)乙(基)(甲)酮

衍生物命名法的名称能反映结构,但是,不能用于复杂化合物的命名。有些衍生物命名法的名称至今还在使用。

2.1.3　系统命名法

为了解决有机化合物命名的困难,求得名词的统一,1892 年世界各国的化学家在日内瓦(Geneva)召开了国际化学会议,拟定了一种系统的有机化合物命名法,叫做日内瓦命名法。其基本精神是体现有机化合物的系列和结构的特点。后来又经国际纯粹与应用化学联合会(International Union of Pure and Applied Chemistry,简称 IUPAC)作了几次修改,最后一次修订是在 1993 年进行的。IUPAC系统命名法(IUPAC system,又称日内瓦系统命名法)的原则已普遍为各国所采用。我国所用的系统命名法是中国化学会(Chinese Chemical Society)根据 IUPAC 系统的原则,结合我国文字的特点制定的,也称CCS 系统命名法。(参见:中国化学会.有机化学命名原则(1980)[M].北京:科学出版社,1983.中国化学会有机化合物命名审定委员会.有机化合物命名原则[M].北京:科学出版社,2018.)

系统命名法是从有机化合物的结构出发,对有机化合物命名时,尽可能地规定一些可以共同遵循的原则,从而使有机化合物的名称和结构不致混淆,遵循这些原则得到的有机化合物名称能够代表它的组成和结构,并且具有系统性。

命名法研究的最终目标是实现一物一名。目前,从结构的观点出发,多数有机化合物可能有几个名称,命名原则要求选用较简便、明确的名称(包括习惯使用的俗名)。

1. 系统命名的方法和步骤

系统命名的基本方法是:

(1) 对有机化合物的母体制定系统名称或给予特定名称;

(2) 规定母体原子的位次编排法;

(3) 对连在母体化合物上的"基""亚基""次基"给出规定名称;

(4) 规定立体异构体的命名方法;

(5) 规定代表结构组分结合关系的化学介词和代表结构异构的形容词;

(6) 归纳天然化合物命名的基本原则。

具体命名步骤为:第一步,给出母体名;第二步,对母体链上原子进行编号;第三步,用编号数字注出取代基或官能团的位次,用介词连缀上取代基或官能团的名称,注明立体构型。从而得到化合物的名称。

下面化合物中含有四种不同碳原子:

$$
\begin{array}{cccc}
& \overset{(i)}{CH_3} & \overset{(i)}{CH_3} & H \\
& | & | & | \\
\overset{(i)}{CH_3}-\overset{(iv)}{C}- & \overset{(iii)}{C}- & \overset{(ii)}{C}- & \overset{(i)}{CH_3} \\
& | & | & | \\
& \underset{(i)}{CH_3} & H & H
\end{array}
$$

① 与一个碳相连的碳原子是一级碳原子,用 $1°C$ 表示(或称伯碳,primary carbon),$1°C$ 上的氢称为一级氢,用 $1°H$ 表示;

② 与两个碳相连的碳原子是二级碳原子,用 $2°C$ 表示(或称仲碳,secondary carbon),$2°C$ 上的氢称为二级氢,用 $2°H$ 表示;

③ 与三个碳相连的碳原子是三级碳原子,用 $3°C$ 表示(或称叔碳,tertiary carbon),$3°C$ 上的氢称为三级氢,用 $3°H$ 表示;

④ 与四个碳相连的碳原子是四级碳原子,用 $4°C$ 表示(或称季碳,quaternary carbon)。

2. 基的命名

1) 基

化合物分子去掉一个一价的原子或基团后剩下的部分称为基。表 2-2 列出了一些常见的基。必要时对去掉的原子或基团所连的原子加上定位数码,定位数码加到基团名称之前。

表 2-2　一些常见的基

结 构 式	中 文 名 称	英 文 名 称	英 文 缩 写
$-CH_3$	甲基	methyl	Me
$-CH_2CH_3$	乙基	ethyl	Et
$-CH_2CH_2CH_3$	正丙基	n-propyl	n-Pr
$-CH(CH_3)_2$	异丙基	i-propyl	i-Pr
$-CH_2CH_2CH_2CH_3$	正丁基	n-butyl	n-Bu
$-CH_2CH(CH_3)_2$	异丁基	i-butyl	i-Bu
$-CH(CH_3)CH_2CH_3$	仲丁基	sec-butyl	sec-Bu
$-C(CH_3)_3$	叔丁基	t-butyl	t-Bu
$-CH_2C(CH_3)_3$	新戊基	neo-pentyl	neo-Pent
$-C_6H_5$	苯基	phenyl	Ph
$-CH_2C_6H_5$	苄基(苯甲基)	benzyl	Bz
$-CH_2CH=CH_2$	烯丙基	allyl	
$-CH=CHCH_3$	丙烯基	1-propenyl	
$-CH_2COOH$	羧甲基	carboxymethyl	
$-COCH_3$	乙酰基	acetyl	Ac

续表

结构式	中文名称	英文名称	英文缩写
—N=NC$_6$H$_5$	苯偶氮基	phenylazo	
—NH$_2$	氨基	amino	
—NHNH$_2$	肼基	hydrazyl	
—SH	巯基或硫羟基	mercapto	
—CH$_2$CH$_2$OH	2-羟乙基	hydroxyethyl	

2) 亚基

化合物分子去掉两个一价的原子或基团,或一个二价的原子或基团后剩下的部分称为亚基。亚基有两种不同的结构。

(1) 两个价键集中在同一个原子上时,不需要对价键定位。但是,有时要用编号定位价键所连原子。

例如:

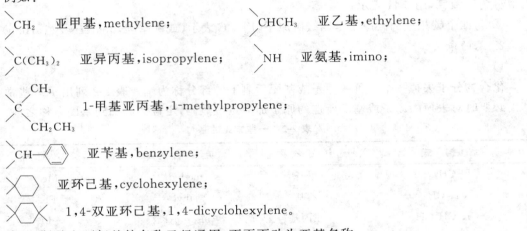

　　　　CH$_2$　亚甲基,methylene;　　　　　　CHCH$_3$　亚乙基,ethylene;

　　　　C(CH$_3$)$_2$　亚异丙基,isopropylene;　　　　NH　亚氨基,imino;

　　　　　CH$_3$
　　　　C　　　1-甲基亚丙基,1-methylpropylene;
　　　　CH$_2$CH$_3$

　　　　CH—〇　亚苄基,benzylene;

　　　　亚环己基,cyclohexylene;

　　　　1,4-双亚环己基,1,4-dicyclohexylene。

脒基、肟基和环氧基的名称已经通用,不再更动为亚基名称。

亚基的两个价键可以连在同一个原子上,也可以连在两个原子上。

(2) 两个价键分别在两个原子上时,一般要求对价键定位,定位数码放在基团名称之前。

例如:—CH$_2$CH$_2$—　　　　　　　　　　1,2-亚乙基,1,2-ethylene;

　　　—CH$_2$CH$_2$CH$_2$CH$_2$CH$_2$CH$_2$—　　　1,6-亚己基,1,6-hexylene;

　　　—OCH$_2$CH$_2$—　　　　　　　　　1,3-亚乙氧基,1,3-ethenoxyl;

　　　—OCOCH$_2$CH$_2$CH(COOH)—　　　1,5-亚(5-羧基)丁酰氧基,

　　　　　　　　　　　　　　　　　　　1,5-(5-carboxylbutyroxyl)ene。

3) 次基

一个有机化合物分子去掉三个一价的原子或基团后剩下的部分称为次基。次基在命名时,只限于用在三个价键集中在一个原子上的化合物。其余的情况分别用"基"和"亚基"来命名。次基相当于英语中的"-ylidine"或"-ylidyne"。常见的次基如下:

　　　—CH　次甲基,methylidine;　　　—CCH$_3$　次乙基,ethylidine;

—CC₆H₅ 次苄基,benzylidine。

4）自由基

一个有机化合物分子去掉一个单电子原子或基团后剩下的部分称为自由基（或游离基）。自由基带有一个单电子。

例如：CH₃· 甲基自由基,methyl radical；

（C₆H₅）₃C· 三苯甲基自由基,triphenylmethyl radical。

3. 名称中使用的符号

1）阿拉伯数字

阿拉伯数字 1,2,…用来给主链或母体环上的原子编号,同时也用来表示取代基或官能团连到主链上的位置。名称中位次数码和名称之间须加英文连接符"-"隔开。读做 1 位,2 位,…。

例如：ClCH₂CH₂Cl 1,2-二氯乙烷,1,2-dichloroethane,读做 1、2 位二氯乙烷；

HOCH₂CH₂COOH 3-羟基丙酸,3-hydroxypropanoic acid,读做 3 位羟基丙酸；

（CH₃）₂NCH₂CH₂OH 2-（二甲氨基）乙醇,2-(dimethylamino)ethanol,读做 2 位二甲氨基乙醇。

2）中文数字和天干

中文数字一、二、三等用来表示取代基的个数。天干甲、乙……癸,分别用来表示原子个数 1,2,…,10。

3）拉丁字母

拉丁字母 α,β,…主要在稠环化合物名称中用来表示并合的母体化合物的边的位置。

例如：

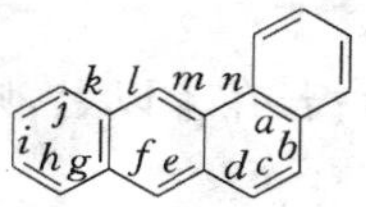

苯并[a]蒽,benzo[a]anthracene；

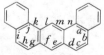

二苯并[a,j]蒽,dibenzo[a,j]anthracene。

4）希腊字母

希腊字母 α,β,…,ω,在有机化合物名称中有两种用法：①与阿拉伯数字相似,用来标明取代基的位次,但是,用于醛、酮、酸和杂环等的编号时,α-相当于 2-,β-相当于 3-,依此类推,而 ω-常用来表示端位；②立体化学中用来表示空间关系。

例如：CH₃CH（NH₂）COOH α-氨基丙酸,α-aminopropanoic acid 或 alanine；

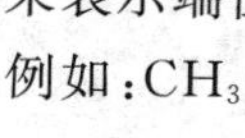

α-甲基呋喃,α-methylfuran；

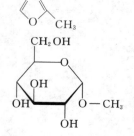

α-甲基葡萄糖苷,methyl α-D-glucoside。

5) 标点符号

名称中的标点符号有逗号","和圆点"."两种,用于阿拉伯数字的分隔。表示位次的阿拉伯数字之间用逗号分隔,表示原子数目的阿拉伯数字用圆点分隔。

例如:

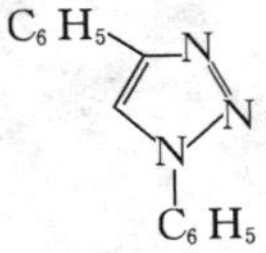

1,4-二苯基-1,2,3-三唑,1,4-diphenyl-1,2,3-triazole;

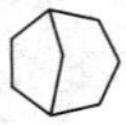

双环[3.2.1]辛烷,bicyclo[3.2.1]octane。

4. 取代基位次在名称中的位置

取代基的位次用阿拉伯数字标示在取代基或化合物名称之前,用连字符"-"与取代基或名称隔开。

例如:$CH_3CH_2COCH(CH_3)_2$　　2-甲基-3-戊酮,2-methyl-3-pentanone;

　　　　$CH_3CH=C(CH_3)_2$　　2-甲基-2-丁烯,2-methyl-2-butene。

5. 烷烃的系统命名

IUPAC 的命名方法:

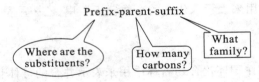

1) 碳原子数目的表示法

碳原子数目在十以内时,用天干表示;在十以上时,则用中文数字表示。

英文命名时,若碳原子数目在十以内,则用希腊词头或拉丁语词头表示;若在十以上,则用两个词头加合在一起表示。

2) 烷烃的词尾

饱和烃词尾用烷,英语用"-ane"。

(1) 直链烷烃命名(参见表 2-1)。

例如:CH_3CH_3 乙烷,ethane;CH_3Cl 一氯甲烷,chloromethane。

(2) 支链烷烃的命名。

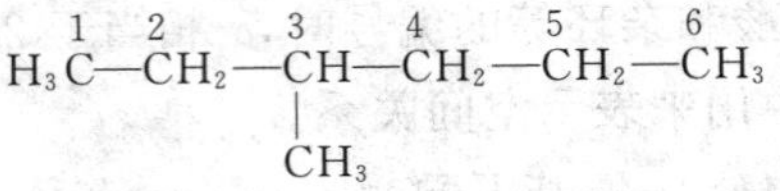

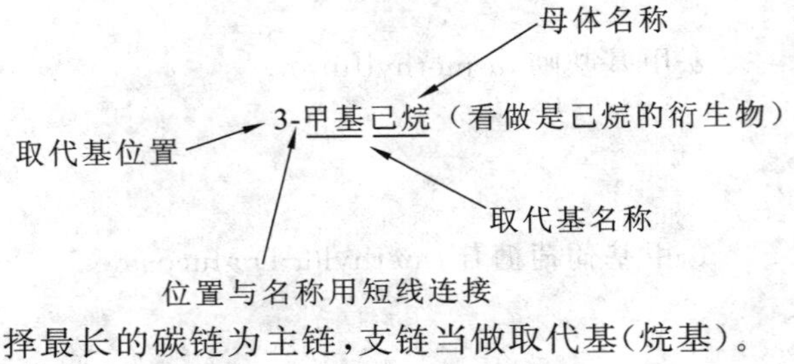

$$\overset{1}{H_3C}-\overset{2}{CH_2}-\overset{3}{CH}-\overset{4}{CH_2}-\overset{5}{CH_2}-\overset{6}{CH_3}$$
$$|$$
$$CH_3$$

母体名称

取代基位置 →　3-甲基己烷（看做是己烷的衍生物）

取代基名称

位置与名称用短线连接

① 选取主链。选择最长的碳链为主链,支链当做取代基(烷基)。

② 编号。从靠近支链的一端开始,编号时应尽可能使取代基具有最低编号。

$$\overset{1}{C}H_3\overset{2}{C}H\overset{}{C}H\overset{3}{C}H_2\overset{4}{C}H_2\overset{5}{C}H_2\overset{6}{C}H_2\overset{7}{C}H_2\overset{8}{C}H\overset{9}{C}HCH\overset{10}{C}H_3$$

2,7,8-三甲基癸烷,2,7,8-trimathyldecane(不叫 3,4,9-三甲基癸烷)

当有几种可能的编号方向时,应当选定使取代基具有"最低系列"的那种编号(即顺次逐项比较各系列的不同位次,最先遇到位次最小者定为最低系列)。

$$\overset{7}{C}H_3-\overset{6}{C}H-\overset{5}{C}HCH_2\overset{4}{C}H_2\overset{3}{C}\overset{\overset{CH_3}{|}}{\underset{|}{C}}\overset{\overset{|}{2}}{\underset{CH_3}{|}}\overset{1}{C}H_3$$

从右到左:2,2,5,6,为最低系列;从左到右:2,3,6,6。

两端一样长时,从小取代基一端开始编号。

$$CH_3CH_2\underset{\underset{CH_3}{|}}{C}HCH_2\underset{\underset{CH_2CH_3}{|}}{C}HCH_2CH_3$$ 3-甲基-5-乙基庚烷,5-ethyl-3-methylheptane

③ 取代基顺序:"先小后大,同基合并。"

有不同取代基时,把小取代基名称写在前面,大取代基名称写在后面。

相同取代基合并起来,取代基数目用二、三等表示。

烃基大小的次序(按"次序规则"决定):

甲基<乙基<丙基<丁基<戊基<己基<异戊基<异丁基<异丙基

书写:取代基位置编号-取代基名称+母体编号-母体名称

$$\overset{1}{C}H_3-\overset{2}{C}H-\overset{3}{\underset{\underset{CH_3}{|}}{C}}\overset{\overset{CH_2CH_3}{|}}{\underset{}{}}-\overset{4}{C}H_2\overset{5}{C}H_2\overset{6}{C}H_3$$ 2,3-二甲基-3-乙基己烷,3-ethyl-2,3-dimethylhexane

为了命名的需要,须将原子或基团排列成序。系统命名中的原子或基团排列顺序的规定称为次序规则(sequence rule,参见 3.1.1)。它的内容如下。

a. 按原子序数排列,大者为"优";原子序数相同的同位素,相对原子质量大的为"优"。

b. 若第一个原子相同,则比较与之直接相连的原子。若仍然相同,再比较与第二个原子相连的原子。依次比较大小,直到比出差别。

c. 双键和三键拆开来比较。例如:

—CH=CH—   当做   —CH—CH—   来比较;

—C≡C—   当做   —C—C—   来比较;

—CH=O   当做   —CH—O   来比较;

—C≡N   当做   —C—N   来比较。

　　d. 除氢原子外,若原子的键数不足四个,可以补加连接原子序数为零的假想原子来补足四个。

　　④ 有多种等长的最长碳链可供选择时,应选择取代基最多的碳链为主链。

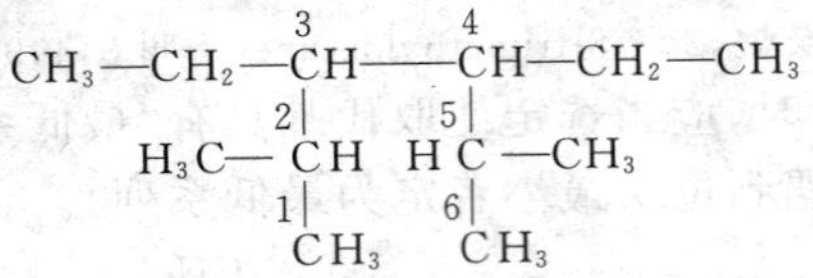

$$CH_3-CH_2-\overset{3}{CH}—\overset{4}{CH}-CH_2-CH_3$$

2,5-二甲基-3,4-二乙基己烷,3,4-diethyl-2,5-dimethylhexane

　　⑤ 复杂的取代基需要编号时,由与主链相连的碳原子开始编号。它们的全名可放在括号中(或用带撇号的数字来标明支链中的碳原子位置)。

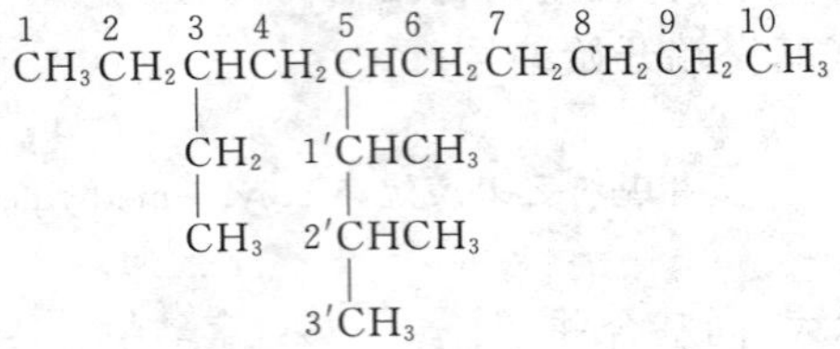

3-乙基-5-(1,2-二甲基丙基)癸烷　或　3-乙基-5-1′,2′-二甲基丙基癸烷

3-ethyl-5-(1,2-dimethylpropyl)decane

思考题 2-1　下列化合物的系统命名法中,哪些应予以改正?

① $CH_3CHCH_2CH_3$
　　　$|$
　　CH_2CH_3　　　　2-乙基丁烷

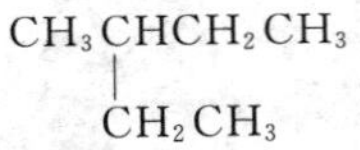

② $CH_3CHCH_2CHCH_3$
　　$|$　　　$|$
　CH_3　　CH_3　　　　2,4-2 甲基戊烷

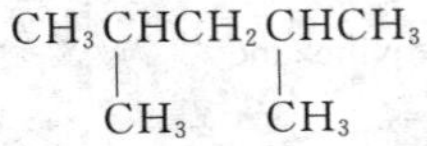

③ $CH_3CH_2CH(CH_3)_7CH_3$
　　　　$|$
　　　CH_3　　　　3-甲基 11 烷

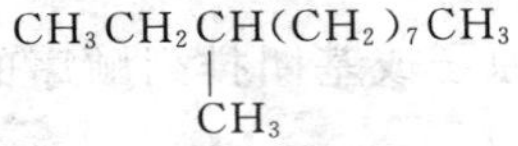

思考题 2-2　写出下列化合物的 CCS 和 IUPAC 名称。

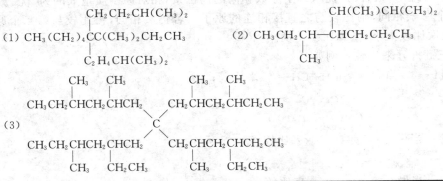

6. 桥环烃

两个环共用两个或两个以上的原子的多环化合物称为桥环化合物。

1) 简单的桥环化合物的命名

以环上原子总数为母体的原子数,在前冠以二环、三环等词头,随后在方括号中由大到小注明各桥上的原子数,各数字之间用圆点隔开。

2) 桥环化合物的编号

环上原子的编号顺序为:一个桥头(最长的桥两头中的一头)→长桥→另一个桥头→次长桥→…。非主要桥头之间的桥上原子数码右上方须注明桥头原子的编号。例如:

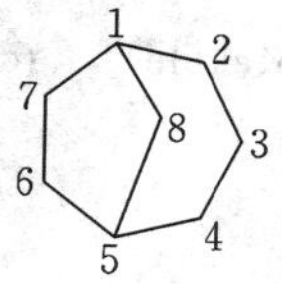

二环[3.2.1]辛烷

bicyclo[3.2.1]octane

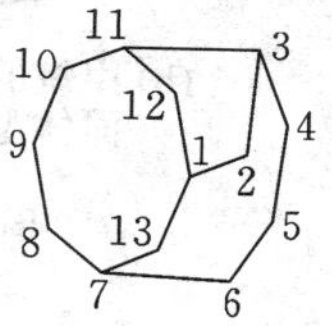

三环[5.5.1.0³,¹¹]十三烷

tricyclo[5.5.1.0^{3,11}]tridecane

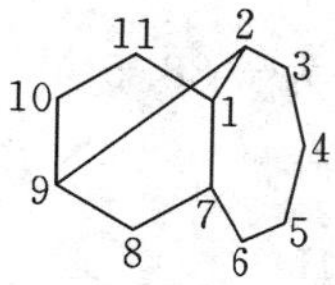

三环[5.4.0.0²,⁹]十一烷

tricyclo[5.4.0.0^{2,9}]undecane

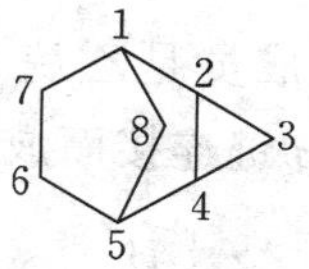

三环[3.2.1.0²,⁴]辛烷

tricyclo[3.2.1.0^{2,4}]octane

7. 螺环烃

两个环共用一个原子的化合物称为螺环化合物,共用的原子称为螺原子。

以环上原子总数为母体原子数,根据螺原子数目用螺、二螺、三螺等词头缀于前,随后在方括号中由小到大注明各桥上的原子数,各数字之间用圆点隔开。例如:

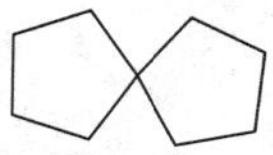

螺[4.4]壬烷

spiro[4.4]nonane

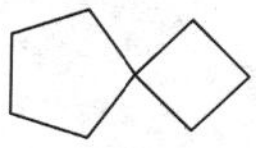

螺[3.4]辛烷

spiro[3.4]octane

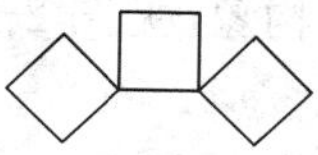

二螺[3.0.3.2]癸烷

bispiro[3.0.3.2]decane

编号从邻接于螺原子的原子开始,小环→螺原子→次小环→…,尽量给螺原子以最小的编号。例如:

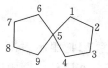
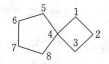
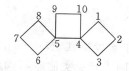

2.2 烷 烃

首先介绍最简单的有机化合物系列——烷烃,它们是完全由 C—H 和 C—C 键组成的有机化合物,是其他有机化合物的基本骨架。

2.2.1 烷烃的结构

最简单的烷烃是甲烷(CH_4),其沸点为 -161.7 ℃,常温常压下是气体,它是天然气和沼气的主要成分。范特荷夫(Van't Hoff)1874 年提出甲烷分子结构是正四面体型,如图 2-1 所示。

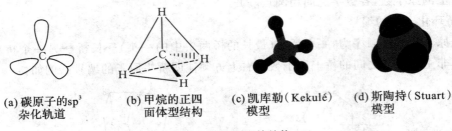

(a) 碳原子的sp³　(b) 甲烷的正四　(c) 凯库勒(Kekulé)　(d) 斯陶持(Stuart)
杂化轨道　　　　面体型结构　　　　模型　　　　　　模型

图 2-1　甲烷分子的结构

2.2.2　烷烃的构象

1. 乙烷的构象

烷烃系列中第二个成员是乙烷 $CH_3—CH_3$,其沸点为 $-88.5\ ℃$,常温常压下也是气体。它由两个甲基用 C—C σ 键连接而成,如图 2-2 所示。

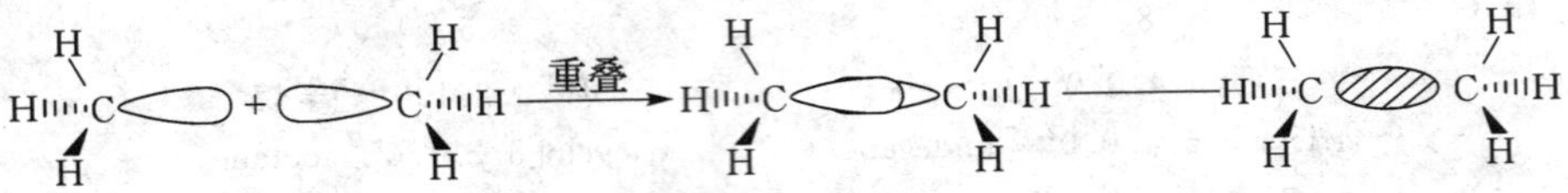

图 2-2　乙烷分子中 C—C σ 键的形成

在乙烷分子中,两个甲基仍然是四面体构型,C—C σ 键的电子云是以键轴为轴对称的。因此,两个甲基可以绕 C—C σ 键的键轴旋转,形成分子的许多形象,这些形象称为构象。下面讨论两种典型的构象(见图 2-3)。

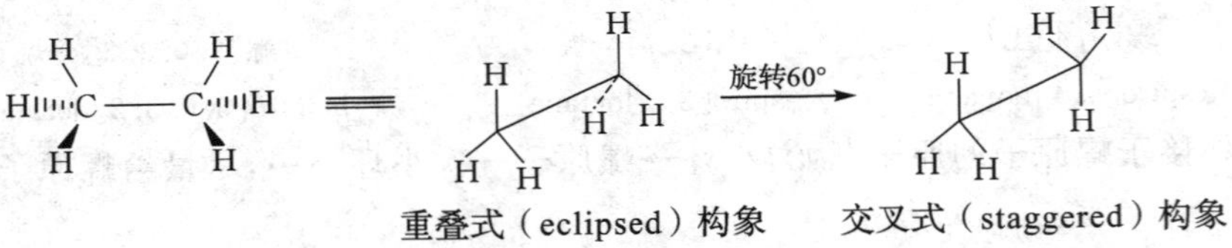

旋转60°

重叠式(eclipsed)构象　　交叉式(staggered)构象

图 2-3　乙烷的典型构象

常用纽曼投影式(Newman projection)来讨论构象,它的画法是,把眼睛对准 C—C 键轴的延长线,圆表示远离眼睛一端的碳原子,其上连接的三个氢原子画在圆外。圆中的三叉表示离眼睛较近的甲基。如图 2-4 所示。

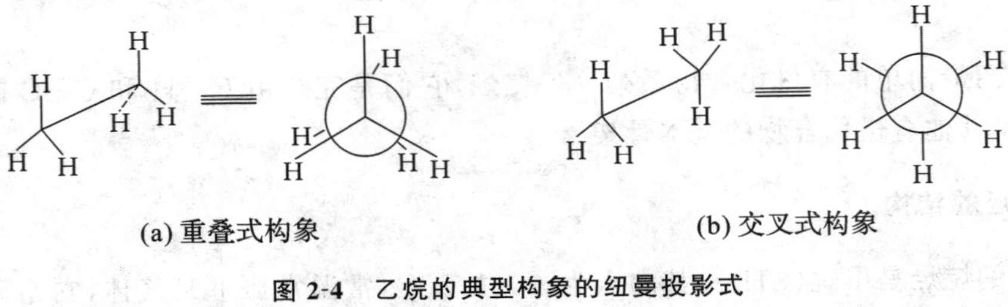

(a) 重叠式构象　　　　　　(b) 交叉式构象

图 2-4　乙烷的典型构象的纽曼投影式

在重叠式构象中,两个碳原子上的氢原子两两相对,相距(0.229 nm)最近,它们之间的相互排斥作用(对于非键合原子,当它们之间的距离小于两个原子的范德华半径之和时,存在范德华排斥力,距离愈近,斥力愈大。两个氢原子的范德华半径之和为 0.240 nm),使分子的内能最高,此构象不稳定。在交叉式构象中,两个碳原子上的氢原子相距(0.250 nm)最远,相互间的排斥力最小,此构象最稳定。交叉式与重叠式是乙烷的两种极端构象。介于这两者之间,还可以有无数种构象,称为扭曲式(skewed)。

乙烷分子的各种构象的能量关系如图 2-5 所示。图中曲线上任何一点代表一种构象及其相对应的内能。交叉式构象位于曲线中最低的一点,即谷底。只要稍离开谷底一点,就意味着内能的升高,分子的构象就变得不稳定,这种不稳定性使分子产生一种"张力"。这种张力是由键的扭转引起的,叫做扭转张力(torsional strain)。重叠式构象的扭转张力最大。交叉式与重叠式的内能虽然不同,但能量差不大,据推测只有 12 kJ·mol^{-1}。室温下分子的热运动可以产生 83.6 kJ·mol^{-1} 的动能,足以克服这种扭转张力造成的能垒,所以在常温下乙烷的各种构象之间可以迅速互变,分子在某一构象停留的时间很短。因此,不能把某一构象"分离"出来。当然,在某一瞬间,乙烷中交叉式构象所占的比例要比重叠式构象大得多(25 ℃时,交叉式与重叠式构象出现的概率比是 160∶1)。

图 2-5　乙烷的旋转势能图

从乙烷分子构象的分析得知,不同构象的内能不同,要想彼此互变,必须越过一定的能垒。因此,所谓绕单键的自由旋转并不是完全自由的。丙烷的构象与乙烷类似,也只有交叉式和重叠式两种极端构象。

2. 正丁烷的构象

正丁烷分子绕 C(2)—C(3)σ 键键轴旋转时,情况比乙烷要复杂,用纽曼投影式表示如下:

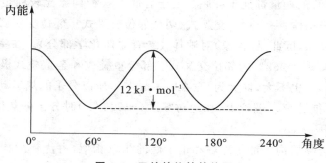

正丁烷绕 C(2)—C(3)σ 键键轴旋转的势能变化如图 2-6 所示。

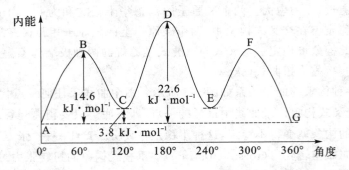

图 2-6　正丁烷绕 C(2)—C(3)σ 键键轴旋转势能图

从图 2-6 中的能量曲线可以看出,能量最低的构象为对位交叉式(A、G),能量最高的构象为全重叠式(D)。从能量上看 C 与 E 相同,B 与 F 相同。四种典型构象的能量高低顺序为:对位交叉式<邻位交叉式<部分重叠式<全重叠式。它们的稳定性顺序正好相反。从图中还可以看到构象 A、C 和 E 的能量都处于谷底。处于谷底的各种构象比较稳定。所以正丁烷有三个比较稳定的构象异构体:一个对位交叉式、两个邻位交叉式。邻位交叉式构象异构体 C 和 E 互为镜影和实物的关系,因此是(构象)对映体(参看立体化学部分)。在室温下,约 68% 的正丁烷分子为对位交叉式,约 32% 为邻位交叉式。部分重叠式和全重叠式极少。由于正丁烷各构象之间能量差(能垒)也不大,最大为 22.6 kJ·mol^{-1},所以分子的热运动可使各种构象迅速互变,这些异构体不能分离。理论上,在绝对零度(−273 ℃)时分子的热运动停止,将有可能将构象异构体分离开。

其他脂肪族化合物的构象都与乙烷和正丁烷的构象相似,占优势的构象通常是对位交叉式,即分子中两个最大的基团处于对位。

思考题 2-3　用纽曼投影式画出下列化合物的对位交叉式和全重叠式构象。

(1) 1-氯-2-溴乙烷　　　　　　　(2) 3-羟基丙酸

2.2.3　烷烃的物理性质

物理性质通常包括化合物的状态、熔点(melting point,m. p.)、沸点(boiling point,b. p.)、密度、溶解度、折光率等。纯物质的物理性质在一定条件下都是固定的数值,因此,常把这些数值称为物理常数。纯净化合物物理常数的测定,可用来鉴别有机化合物。表 2-3 所列为部分正构烷烃的物理常数。

1. 物质的状态

在室温和常压下,$C_1 \sim C_4$ 的烷烃为气体,$C_5 \sim C_{16}$ 的烷烃是液体,C_{17} 以上的烷烃是固体。

2. 熔点和沸点

熔点为一定压力下固、液两态共存时的温度。固体熔化时,其分子需要克服晶格间的引力,固体才能变成可以流动的液态。因此,晶格间的引力愈大,克服引力需要的分子的热运动动能愈大,即熔点愈高。

表 2-3　正构烷烃的物理常数

状态	中文名称	英文名称	相对分子质量	熔点/℃	沸点/℃	相对密度(d_4^{20})	折光率(n_D^{20})
气体	甲烷	methane	16.04	−182.5	−161.7	$0.466~0^{-164}$	
	乙烷	ethane	30.07	−183.3	−88.6	$0.572~0^{-103}$	
	丙烷	propane	44.10	−187.1	−42.2	$0.585^{-44.5}$	
	丁烷	butane	58.12	−138.3	−0.5	0.5788	1.3326(加压)
液体	戊烷	pentane	72.15	−128.7	36.1	0.6262	1.3575
	己烷	hexane	86.18	−94.0	68.7	0.6603	1.3751
	庚烷	heptane	100.21	−90.5	98.4	0.6838	1.3876
	辛烷	octane	114.23	−56.8	125.6	0.7025	1.3974
	壬烷	nonane	128.26	−53.7	150.7	0.7176	1.4054
	癸烷	decane	142.29	−29.7	174.0	0.7298	1.4119
	十一烷	undecane	156.31	−25.6	195.8	0.7402	1.4176
	十二烷	dodecane	170.34	−9.6	216.3	0.7487	1.4216
	十三烷	tridecane	184.37	−5.5	235.4	0.7564	1.4256
	十四烷	tetradecane	198.40	5.5	253.7	0.7628	1.4290
	十五烷	pentadecane	212.42	10	270.6	0.7685	1.4315
	十六烷	hexadecane	226.45	18.1	287	0.7733	1.4345
固体	十七烷	heptadecane	240.48	22	303	0.7767	1.4368(过冷)
	十八烷	octadecane	254.5	28	316	0.7770	1.4390(过冷)
	十九烷	nonadecane	258.5	32	330	0.7776	1.4409(过冷)
	二十烷	ecosane	282.56	36	343	0.7777	1.4425(过冷)
	三十烷	triacontane	422.83	66	450	0.7750^{78}	1.4536(过冷)
	四十烷	tetracontane	563.10	81			

沸点为物质蒸气压与外界气压相等时的温度。液体蒸发时,其分子需要克服相互间的吸引力,液体才能变成分子间距离很大的气体。因此,分子间的吸引力愈大,沸点就愈高。

烷烃的熔点和沸点都很低,如甲烷的熔点为−182.5 ℃,沸点为−161.7 ℃。这是因为烷烃是非极性分子,分子之间的吸引力主要是色散力。这种吸引力最弱,只需要在较低的温度下,分子热运动的动能就能克服它。烷烃的熔点和沸点都随相对分子质量的增大而升高,这是因为相对分子质量增大,电子数目增多,分子间接触面积增大,色散力也就增大。

相对分子质量相等的烷烃的熔点和沸点随着分支程度的增加而降低。这是因为分支程度增大,分子间接触面积减小,色散力就减小。

熔点除了受相对分子质量大小和分支程度的影响外,还与晶格间的距离有关。对分子中碳原子数相同的烷烃来说,分子结构对称的熔点高。例如:戊烷的熔点为−128.7 ℃,异戊烷

的熔点为 $-159.9\,^{\circ}\mathrm{C}$,而新戊烷的熔点为$-16.6\,^{\circ}\mathrm{C}$。新戊烷结构对称,在固体晶格中可以紧密排列,分子间的距离较近,分子间的色散力较大,故熔点较高。

乙烷的熔点($-183.3\,^{\circ}\mathrm{C}$)比丙烷($-187.1\,^{\circ}\mathrm{C}$)高。这是因为,正构烷烃的碳链在晶体中为锯齿形,奇数碳原子的丙烷链两端的甲基处在同一边,而偶数碳原子的乙烷链两端的甲基处于相反的位置,偶数碳原子的乙烷对称性比奇数碳原子的丙烷好。偶数碳原子的直链烷烃比奇数碳原子的直链烷烃在晶体中距离更近,色散力较大。

3. 密度、溶解度和折光率

1) 密度

密度的大小也与分子间的引力有关,相对分子质量越大,分子间引力也越大,分子越靠近,密度越大。故烷烃的密度随相对分子质量的增大而增大,最后接近$0.8\ \mathrm{g}\cdot\mathrm{cm}^{-3}$。

2) 溶解度

溶解度的大小与溶质和溶剂分子间的引力有关,溶质和溶剂分子间的引力的大小越接近,溶解度就越大。这就是所谓的"相似相溶"规律。烷烃不溶于水,能溶于非极性的有机溶剂。这是因为烷烃和非极性有机溶剂都是非极性分子,它们分子间的引力大小相近,故能很好地溶解;而水是极性分子,分子间的引力比烷烃分子间的引力大得多,当烷烃分子混入水中,立即就被水分子挤出来了,因此烷烃不溶于水。这是"相似相溶"经验规律的实例之一。

3) 折光率

折光现象是由于光照射物质时,和分子中的电子发生电磁感应,从而阻碍光波前进,减低光波在物质中传播的速度所致。折光率的定义式为

$$折光率(n)=\frac{光在真空中传播的速度(v_0)}{光在物质中传播的速度(v)}$$

因为在物质中光速总是减慢,所以折光率总是大于1。折光率与测定的光波的波长以及测定时的温度有关,文献上报道的数值一般是用钠光 D 线做测定光,在 $20\ ^{\circ}\mathrm{C}$ 的温度下测定的,用 n_D^{20} 来表示。

鉴定液体样品时,测定液体的折光率往往比测定沸点更为可靠。

2.2.4　烷烃的化学性质

烷烃的化学性质很不活泼。在常温常压下,烷烃不易与强酸、强碱、强氧化剂、强还原剂等反应。烷烃的稳定性是由于烷烃分子完全被氢原子所饱和,分子中 C—C 和 C—H σ 键比较牢固。此外,碳(电负性为 2.5)和氢(电负性为 2.1)原子的电负性差别很小,因而烃的 σ 键极性很小,故对亲核或亲电试剂,都没有亲和力。但烷烃的这种稳定性也是相对的,在适当的温度、压力或催化剂存在下,烷烃也可以与一些试剂起反应。

1. 卤代反应

烷烃在紫外光、热或催化剂(碘、铁粉等)的作用下,它的氢原子容易被卤素取代,这种反应叫做卤代(halogenation)反应。卤代反应往往释放出大量的热。例如:

$$\mathrm{CH_4+Cl_2}\xrightarrow[\text{或加热}]{h\nu}\mathrm{CH_3Cl+HCl}\qquad \Delta H=103\ \mathrm{kJ}\cdot\mathrm{mol}^{-1}$$

烷烃的卤代反应一般是指氯代和溴代。氟代反应非常激烈,往往需要惰性气体稀释,并在

低压下进行,否则会发生爆炸! 例如:

$$CH_4 + 2F_2 \longrightarrow C + 4HF$$

而碘化反应则很难直接发生,其原因一方面是 C—I 键能低,碘原子的活性低,另一方面是因为反应中产生的 HI 属强还原剂,可把生成的 RI 还原成原来的烷烃。例如:

$$RH + I_2 \Longleftrightarrow RI + HI$$

碳卤键的键能分别为 C—F 键 486 kJ・mol^{-1},C—Cl 键 339 kJ・mol^{-1},C—Br 键 283 kJ・mol^{-1},C—I 键 218 kJ・mol^{-1}。因此,卤素的反应活泼性为 $F_2 > Cl_2 > Br_2 > I_2$。此反应活性顺序也适用于卤素对大多数其他有机化合物的反应。

甲烷的氯代反应是工业上制备一氯甲烷和四氯化碳的重要反应。但作为实验室中的制备方法就不适用,这是因为反应不能停留在一氯代阶段,随着 CH_3Cl 的浓度加大,它可以继续氯代下去。

$$CH_4 + Cl_2 \longrightarrow CH_3Cl + HCl \qquad CH_3Cl + Cl_2 \longrightarrow CH_2Cl_2 + HCl$$
$$CH_2Cl_2 + Cl_2 \longrightarrow CHCl_3 + HCl \qquad CHCl_3 + Cl_2 \longrightarrow CCl_4 + HCl$$

因此,CH_4 和 Cl_2 反应的实际产物是一氯甲烷、二氯甲烷、三氯甲烷(氯仿)和四氯化碳的混合物。混合物的组成取决于使用原料的配料比和反应条件。如果使用大量的甲烷,则反应可以控制在一氯代阶段。如果反应温度在 100 ℃左右,CH_4、Cl_2 原料比为 0.263:1,则反应产物主要是 CCl_4。但是,分离提纯为较纯的化学试剂相当困难。

1) 甲烷氯代的反应历程

实验发现:①甲烷与氯在室温和暗处不发生反应;②在紫外光照射或温度高于 250 ℃时,反应立即发生;③反应一经光引发,在黑暗处也能进行,且体系每吸收一个光子,可以产生许多(几千个)氯甲烷分子;④有少量氧存在时会使反应推迟一段时间,这段时间过后,反应又正常进行;⑤ 产物中还有少量的乙烷和氯乙烷。怎样说明这些实验事实呢? 化学家根据这些实验事实提出了一些反应机理(reaction mechanism)。所谓反应机理(或称反应历程、反应机制)是对反应经历的详细过程的一种理论假设。目前,被普遍接受的甲烷氯代反应的自由基的链式反应(free radical chain reaction)历程如下。

首先,氯分子在光照或高温下,吸收能量,均裂为氯原子,这叫做链引发步骤(chain initiation step)。

$$Cl : Cl \xrightarrow[\text{或高温}]{h\nu} 2 \cdot Cl \qquad (1)$$

氯原子(自由基・Cl)非常活泼,和甲烷分子碰撞,使甲烷分子中的 C—H 键均裂,・Cl 和 H・结合生成 HCl,同时生成一个新的甲基自由基。活泼的甲基自由基很快地与氯分子作用,生成一氯甲烷,同时又产生一个新的氯原子。

$$CH_4 + Cl \cdot \longrightarrow \cdot CH_3 + HCl \quad (2) \qquad Cl_2 + \cdot CH_3 \longrightarrow CH_3Cl + \cdot Cl \quad (3)$$

随着一氯甲烷的出现,氯原子碰撞到一氯甲烷,将生成一氯甲基自由基;后者与氯气作用又生成氯原子。

$$CH_3Cl + \cdot Cl \longrightarrow \cdot CH_2Cl + HCl \quad (2) \qquad \cdot CH_2Cl + Cl_2 \longrightarrow CH_2Cl_2 + \cdot Cl \quad (3)$$

反应生成二氯甲烷,随着二氯甲烷的出现,氯原子碰撞到二氯甲烷,将发生下述反应:

$$CH_2Cl_2 + \cdot Cl \longrightarrow \cdot CHCl_2 + HCl \quad (2) \qquad \cdot CHCl_2 + Cl_2 \longrightarrow CHCl_3 + \cdot Cl \quad (3)$$

生成三氯甲烷,随着三氯甲烷的出现,氯原子碰撞到三氯甲烷,将发生下述反应:

$$CHCl_3 + \cdot Cl \longrightarrow \cdot CCl_3 + HCl \quad (2) \qquad \cdot CCl_3 + Cl_2 \longrightarrow CCl_4 + \cdot Cl \quad (3)$$

反应生成四氯化碳。

反应(2)和(3)的特点是,一个自由基反应能够生成另一个新的自由基,反应(2)和(3)能够循环进行(一个引发出来的氯原子 $\cdot$ Cl 平均可以使这两个反应进行 5000 次,一个光子的能量可分解一个氯分子为两个氯原子,因此一个光子可使这两个反应进行 10000 次)。我们称反应(2)和(3)这个过程为链增长步骤(chain propagation step)。

直到反应物之一完全耗尽,此时,自由基可能相互碰撞结合,也可能和体系中的杂质碰撞生成活性低的产物。例如:

$$Cl \cdot + \cdot Cl \longrightarrow Cl_2 \quad (4) \qquad \cdot CH_3 + \cdot CH_3 \longrightarrow CH_3CH_3 \quad (5)$$
$$2 \cdot CH_2Cl \longrightarrow ClCH_2CH_2Cl \quad (6)$$

此时链式反应结束。我们称反应(4)、(5)和(6)为链终止步骤(chain termination step)。

如果体系中有氧气,氧气和甲基自由基结合生成新的自由基。

$$\cdot CH_3 + O_2 \longrightarrow CH_3OO \cdot$$

$CH_3OO \cdot$ 活性很低,不能使链式反应继续下去。因此,发生一个这样的反应,就中断了一条反应链,使反应速度减慢,待氧气消耗完后,反应又可恢复正常。

这种只要少量存在就能减慢或停止反应的物质称为抑制剂(inhibitor)。抑制剂可以抑制自由基反应。因此,常用加入抑制剂看能否减慢反应,来判断反应是否是自由基反应。也可用电子顺磁共振谱(ESR)检测自由基的存在,来确定是否是自由基反应。常用的自由基抑制剂有对苯二酚和硝基甲烷。

下面以甲烷和氯气反应生成一氯甲烷为例,说明反应中的能量变化。反应(1)中氯分子的 Cl—Cl 键断裂,需要吸收的能量等于键能,即 $\Delta H_1 = 242.4 \ kJ \cdot mol^{-1}$。这些能量由外界提供,因此,必须引发。反应(2)中,需要断裂的键有 CH_3—H,新生成的键有 H—Cl。

反应热 $\Delta H_2 = \sum$ 断裂的键的键能 $- \sum$ 生成的键的键能 $= (434.7 - 430.5)kJ \cdot mol^{-1} = 4.2 \ kJ \cdot mol^{-1}$

反应(2)的反应热为 $4.2 \ kJ \cdot mol^{-1}$,就是说反应需要吸收 $4.2 \ kJ \cdot mol^{-1}$ 的热量,这是反应的热效应。实验证明,要进行反应(2),分子必须具有 $16.7 \ kJ \cdot mol^{-1}$ 的能量,这个能量是反应(2)的活化能(activation energy)。活化能等于过渡态和反应物的内能之差,数值由实验测定。过渡态(transition state)$[CH_3 \cdots H \cdots Cl]$ 是旧键部分断裂,新键部分生成的内能最大的中间状态。

反应(3)的反应热 $\Delta H_3 = (242.4 - 351.1)kJ \cdot mol^{-1} = -108.7 \ kJ \cdot mol^{-1}$,活化能为 $4.2 \ kJ \cdot mol^{-1}$。

这说明反应(2)是反应速度最慢的步骤。在多步反应中,反应的速度取决于速度最慢的步骤。这个速度最慢的步骤称为反应的速度决定步骤。即反应(2)是甲烷氯代反应的速度决定步骤。

图 2-7 为甲烷氯代生成一氯甲烷的反应势能变化图,可以清楚地说明反应中的能量变化情况。

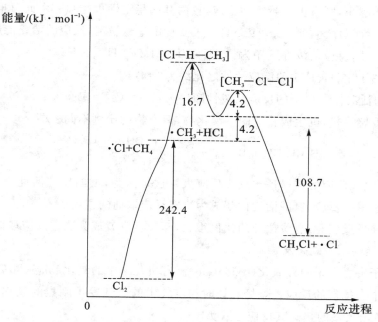

图 2-7　甲烷氯代生成一氯甲烷的反应势能变化图

思考题 2-4 利用键能数据的计算,判断下列 A 和 B 两种甲烷氯代的反应历程,哪个较合理?

A. $CH_4 + \cdot Cl \longrightarrow CH_3Cl + \cdot H$ 　　$\cdot H + Cl_2 \longrightarrow HCl + \cdot Cl$

B. $CH_4 + \cdot Cl \longrightarrow \cdot CH_3 + HCl$ 　　$Cl_2 + \cdot CH_3 \longrightarrow CH_3Cl + \cdot Cl$

---

2) 烷烃的卤代产物

乙烷的卤代反应和 CH_4 一样,因为只有一种氢原子,只能生成一种一氯乙烷。而丙烷的氯代,却能生成两种一氯代产物。

$$CH_3CH_2CH_3 + Cl_2 \xrightarrow[25\,℃]{h\nu} \begin{array}{ll} CH_3CH_2CH_2Cl & 45\% \\ (CH_3)_2CHCl & 55\% \end{array}$$

2-甲基丙烷在同样条件下氯代也生成两种一氯代产物。

$$\underset{\underset{CH_3}{|}}{CH_3-CH-CH_3} + Cl_2 \xrightarrow[25\,℃]{h\nu} \underset{64\%}{(CH_3)_2CHCH_2Cl} + \underset{36\%}{(CH_3)_3CCl}$$

如何解释上述现象呢? 一般来说,烷烃卤代时决定烷烃一卤代异构体产物的相对产率的因素有以下三个。

(1) 概率因素。在丙烷分子中有 1°H 6 个、2°H 2 个,碰撞的概率为 3 : 1;2-甲基丙烷分子中有 1°H 9 个、3°H 1 个,碰撞的概率为 9 : 1。

(2) 氢的反应活泼性。C—H 键的键能如下:

$$\underset{|}{-\overset{|}{C}-H} \quad 381 \text{ kJ} \cdot \text{mol}^{-1};\quad -CH-H \quad 398 \text{ kJ} \cdot \text{mol}^{-1};\quad -CH_2-H \quad 410 \text{ kJ} \cdot \text{mol}^{-1};$$

$$H_3C-H \quad 435 \text{ kJ} \cdot \text{mol}^{-1}$$

键的离解能越小,则自由基越容易生成,自由基的稳定性也越强。由此可推出几种不同类型自由基的稳定性顺序为:$3°>2°>1°>H_3C\cdot$。自由基越稳定,反应的活化能越低,反应的活泼性就越大。因此,反应活泼性顺序为:$3°H>2°H>1°H>H_3C—H$。

根据计算,$3°H$、$2°H$、$1°H$的反应活性之比约为 $5:4:1$。

（3）卤素的活泼性。卤素的反应活泼性顺序为:$F_2>Cl_2>Br_2>I_2$。

如果进行丙烷溴代,也生成相应的一溴化物,但产物的比例不同。即

$$CH_3CH_2CH_3+Br_2 \xrightarrow[127\ ℃]{h\nu} \begin{cases} CH_3CH_2CH_2Br & 3\% \\ (CH_3)_2CHBr & 97\% \end{cases}$$

可以看出,溴代反应的选择性比氯代反应大。这是因为,溴的反应活性小于氯,有效碰撞的比例也就小于氯代反应,氢的活泼性就成为决定反应取向的主要因素。

在高温条件下反应时,有效碰撞的比例很大,碰撞概率就成为决定反应取向的主要因素。

2. 烷烃的燃烧——氧化反应

原子或离子失去电子叫做氧化（oxidation）。有机化学中的氧化反应一般是指在分子中加入氧或从分子中去掉氢的反应。烷烃燃烧时和空气中的氧气发生剧烈的氧化反应,生成 CO_2 和 H_2O,同时放出大量的热。其反应通式为

$$C_nH_{2n+2}+\frac{3n+1}{2}O_2 \longrightarrow nCO_2+(n+1)H_2O$$

例如:$CH_4+2O_2 \xrightarrow{点火} CO_2+2H_2O \quad \Delta H=-891\ kJ\cdot mol^{-1}$

烷烃燃烧过程中产生的热量,可用于天然气燃料汽车的驱动、做饭等人类的生产和生活。

气体烷烃与空气或纯氧气混合,会形成爆炸性混合物,遇火花即发生爆炸。这是煤井和厨房发生爆炸事故的主要原因。

甲烷的不完全燃烧反应如下:

$$CH_4+1.5O_2 \xrightarrow{点火} CO+2H_2O$$

这是发生一氧化碳中毒事故的原因。

或

$$CH_4+O_2 \xrightarrow{点火} C(黑烟)+2H_2O$$

这是燃烧冒黑烟的原因。

* 燃烧热（heat of combustion）是指完全燃烧 1 mol 化合物生成 CO_2 和 H_2O 时所放出的热量。

如果控制在适当的条件下,烷烃可以与氧气发生部分氧化反应,生成各种含氧化合物——醇、醛、酮和羧酸。

3. 烷烃的裂解反应

烷烃在无氧气的条件下加热到 400 ℃以上,使 C—C 键和 C—H 键断裂,生成较小的分子的过程叫做热解（pyrolysis）反应,也叫裂解反应。由于 C—C 键键能（347.3 kJ·mol^{-1}）小于 C—H 键键能（414.2 kJ·mol^{-1}）。因此一般 C—C 键较 C—H 键易断裂。较高级烷烃一般在碳链的一端断裂,短的碎片成为烷烃,而较长的碎片成为烯烃。增加压力有利于在碳链中间断裂。例如:

$$C_{16}H_{34} \xrightarrow{\text{高温}} C_8H_{18} + C_8H_{16}$$

煤油组分 　　　辛烷　辛烯

这个反应在石油工业中非常重要。把石油裂解便可得到大量的有用燃料（如汽油）以及重要的化工原料（如乙烯、丙烯、丁烯等）。实际上,在石油工业中使用各种催化剂（如铂、硅酸铝、三氧化二铝等）来促使裂解反应在较低的温度和压力下进行,这种过程叫做催化重整(catalytic reforming)。铂是经常使用的催化剂,此时称为铂重整。催化重整可使汽油的产率提高,质量变好（即汽油中支链烷烃、环烷烃和芳烃的含量增多,辛烷值提高）。一般石油直接分馏只能得到 20% 的低牌号直馏汽油($C_7 \sim C_9$),经催化重整可使汽油产率提高到 60% 左右,辛烷值也比直馏汽油高。

汽油在汽车汽缸中燃烧时经常有爆震声（或称为"砰"声）。所谓"爆震",就是汽油在汽车汽缸内燃烧时,汽油和空气的混合物不是平稳地燃烧,而是在火焰前沿到达之前,就燃烧起来,发生爆炸性反应而发出声响。这种现象的发生会缩短发动机的寿命,降低发动机的效率。因此,用"辛烷值"作为汽油的牌号,来定量地表示汽油的爆震性质。辛烷值是指某燃料在标准发动机中燃烧时,该燃料相对于人为指定的标准燃料 2,2,4-三甲基戊烷（异辛烷）的效率。指定燃烧最好的标准燃料异辛烷的辛烷值为 100,最差的燃料正庚烷的辛烷值为 0。常用的 95 号汽油,表示它在标准发动机中的爆震程度等于含 95% 异辛烷和 5% 正庚烷的混合燃料的爆震程度。一些烃类的辛烷值列于表 2-4。

表 2-4　一些烃类的辛烷值

名　称	辛烷值	名　称	辛烷值
庚烷(heptane)	0	苯(benzene)	101
2-甲基庚烷(2-methylheptane)	24	甲苯(toluene)	110
2-甲基戊烷(2-methylpentane)	71	2,2,3-三甲基戊烷(2,2,3-trimethylpentane)	116
辛烷(octane)	−20	环戊烷(cyclopentane)	122
2-甲基丁烷(异戊烷,2-methylbutane)	90	对二甲苯(p-xylene)	128
2,2,4-三甲基戊烷(2,2,4-trimethylpentane)	100		

通过石油的重整和异构化等精炼加工,可使直链烷烃转化成支链烷烃、环烷烃和芳烃,提高汽油的辛烷值。以前还用添加抗震剂四乙基铅和四甲基铅的办法来提高辛烷值。目前,为了保护环境,大多数地方都在使用"无铅汽油"。

2.3　环　烷　烃

脂环烃(alicyclic hydrocarbons)是指具有环状碳架,而且性质和脂肪烃相似的烃类。它们在自然界中广泛存在。例如在石油中含有环己烷、环戊烷、甲基环戊烷等。植物香精油中也含有脂环化合物。它们大都具有生物活性。

饱和的脂环烃叫做环烷烃。

2.3.1　环烷烃的结构

除三元环外,四元环以上的脂环化合物的环上碳原子不在一个平面上。六元环以上（多至三十多个碳原子的碳环）的化合物都比较稳定。

1. 环丙烷的结构

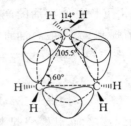

图 2-8　环丙烷的"香蕉"键

根据量子力学的计算,在环丙烷的环中,碳环键角为105.5°,H—C—H 键角为 114°,碳原子之间是弯曲的键,外形如香蕉,如图 2-8 所示。

由于相邻两个碳原子的 sp^3 杂化轨道的交叠形成了弯曲键,其杂化电子云的重叠程度较小,因而很不稳定。容易断裂而开环。其次是环丙烷的C—C—C键角约为 105.5°,碳原子的每个价键产生一定的角张力,其大小约为 $\frac{1}{2} \times (109°28' - 105°28') = 2°$。

由于环丙烷中 C—C 键的 p 电子成分很高,键的变形性相应较大。因此,环丙烷 C—C 键不稳定,容易断裂。

2. 环丁烷的结构

环丁烷的结构与环丙烷类似,分子中的原子轨道也是弯曲重叠,但弯曲程度不及环丙烷,其C—C—C键角约为 111.5°,碳原子的每个价键产生一定的角张力,其大小约为 $\frac{1}{2} \times (111°28' - 109°28') = 1°$。由于环丁烷中 C—C 键的 p 电子成分较高,键的变形性相应较大,因此,环丁烷 C—C 键不稳定,也容易断裂。这样其角张力比环丙烷稍小些,所以环丁烷比环丙烷稍稳定些。电子衍射证明,环丁烷的四个碳原子并不在同一平面上,而主要以蝴蝶式存在,两翼上下摆动,一个碳原子稍稍翘离其他三个碳原子所在的平面（约与平面成 30°角）,如图 2-9 所示。

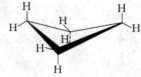

图 2-9　环丁烷的构象

3. 环戊烷的结构

电子衍射等研究表明,自环丁烷开始,由于成环的碳原子不在一个平面内,C—C 键间的夹角基本上可以保持正常的键角（109°28′,角张力很小）和最大限度的重叠。因此,五元环以上的大环都是稳定的。

环戊烷可以存在信封式和半椅式两种构象。前者有一个碳原子（它和平面的距离约为50 pm）位于其他环碳原子的平面之外,后者有两个碳原子位于其他环碳原子的平面之外,如图 2-10 所示。信封式的构象比半椅式的稳定。

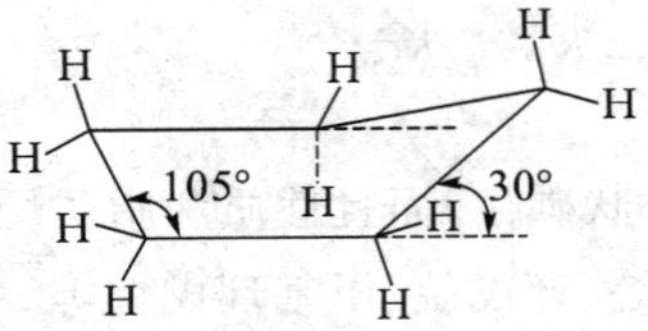

(a)信封式 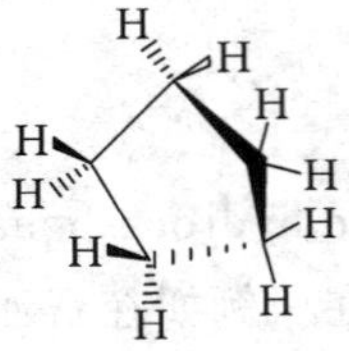　　　　　　(b)半椅式

图 2-10　环戊烷的构象

4. 环己烷的结构及取代环己烷的构象

六元环是最稳定的环,在自然界中存在最普遍。因此,对环己烷的构象研究得最多。

1) 环己烷的构象

环己烷有四种典型的构象,分别叫做椅式、半椅式、扭船式和船式,如图 2-11 所示。它们的稳定性顺序是:椅式>扭船式>船式>半椅式。

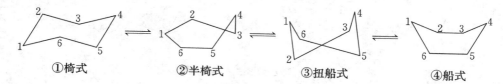

①椅式　②半椅式　③扭船式　④船式

图 2-11　环己烷的构象

在椅式构象中,C(2)、C(3)、C(5)和 C(6)四个碳原子在同一平面内,C(4)和 C(1)分别在这个平面的上边和下边。整个分子像一把椅子,所以叫做椅式构象(chair form)。在椅式构象中,相邻的碳原子上的 C—H 键都处于邻位交叉式,这是最稳定的构象。

如果将椅式构象的分子模型握住 C(1)向上抬,便得到半椅式构象(half-chair form)。它的 C(1)、C(2)、C(5)和 C(6)四个碳原子在同一平面内,C(4)和 C(3)分别在这个平面的上边和下边。整个分子像一把不完整的椅子,所以叫做半椅式构象。半椅式构象中 C(1)—C(2)、C(1)—C(6)和 C(5)—C(6)上的 C—H 键都是全重叠式,它们互相排斥而产生相当大的扭转张力,内能比椅式构象高出 46 kJ・mol^{-1}。

将半椅式构象的分子模型握住 C(1)继续向上抬,便得到扭船式构象(twist boat form)。它的 C(2)、C(3)、C(5)和 C(6)四个碳原子不在同一平面内,C(1)、C(4)两个碳原子都在它们的上面。整个分子像一个船底扭曲的船,所以叫做扭船式构象。在扭船式构象中,C(2)、C(3)、C(5)、C(6)不在同一平面上,所以彼此的 C—H 键也不是全重叠式,但是,C(1)和 C(4)上的两个"旗杆"氢原子相距较近,它们间的距离比它们的范德华半径之和小。由于"旗杆"氢原子之间的拥挤而产生互相排斥,这种斥力称为范德华张力。因此,扭船式构象的内能比椅式构象高出 23 kJ・mol^{-1}。

将半椅式构象的分子模型握住 C(1)继续向上抬,便得到船式构象(boat form)。在船式构象中,C(2)、C(3)、C(5)和 C(6)四个碳原子也是在同一平面内,C(1)、C(4)两个碳原子都在这一平面的上边,整个分子像一条小船,所以称它为船式构象。在船式构象中,C(1)和 C(4)上的两个"旗杆"氢原子相距很近,它们只间隔 0.183 nm(比它们的范德华半径之和 0.24 nm 小得多),范德华张力最大,C(2)—C(3)和 C(5)—C(6)上的 C—H 键都是全重叠式,它们互相排斥而产生较大的扭转张力。船式构象的内能比椅式构象高出 29 kJ・mol^{-1}。

椅式构象最稳定。所以在一般情况下环己烷主要以椅式构象存在(在室温下,椅式与扭船式之比为 10000:1),它的衍生物也几乎都是以椅式构象存在的。

在环己烷的椅式构象中,C(1)、C(3)和 C(5)形成一个平面,它位于 C(2)、C(4)和 C(6)形成的平面之上,这两个平面相互平行。12 个 C—H 键可以分为两类:有六个 C—H 键与上述平面垂直,称为直立键或 a 键(a 为 axial 的缩写);另外六个 C—H 键与直立键成 109°28′的角,即与上述平面成 19°28′的角,接近在平面内,称为平伏键或 e 键(e 为 equatorial 的缩写)。a 键和 e 键可以通过环的扭动翻转而互换,需要克服的能垒约为 46 kJ · mol^{-1},如图 2-12 所示。翻转以后,C(1)、C(3)、C(5)形成的平面转至 C(2)、C(4)、C(6)形成的平面之上,此时原来的 a 键变为 e 键,而原来的 e 键则变为 a 键;反之亦然。

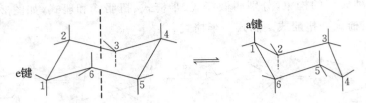

图 2-12　环己烷椅式构象的翻转

2) 取代环己烷的构象

(1) 甲基环己烷可以有两种椅式构象:一种是甲基在 a 键上,另一种是甲基在 e 键上。如图 2-13 中箭头所示,处于 a 键上的甲基与 C(3)、C(5)上的 a 键上的氢原子距离小于范德华半径,存在较大的范德华张力。甲基转变为 e 键后,与 C(3)、C(5)位上的氢原子距离增大,不存在范德华张力,比较稳定。因此,甲基环己烷主要以甲基在 e 键上的椅式构象存在。在室温下,平衡混合物中 e-甲基构象约占 95%。

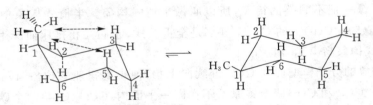

图 2-13　甲基环己烷椅式构象的翻转

(2) 叔丁基环己烷的两种椅式构象翻转而互换所需要克服的能垒高,叔丁基环己烷基本上以 e-叔丁基椅式构象存在,如图 2-14 所示。

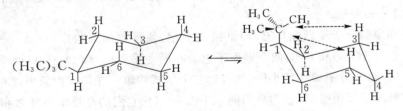

图 2-14　叔丁基环己烷椅式构象难以翻转

(3) 二元取代的环己烷以二甲基环己烷为例。反-1,2-二甲基环己烷有两种构象,一种是两个—CH₃ 都在 e 键上,为 ee 型,另一种是两个—CH₃ 都在 a 键上,为 aa 型;顺-1,2-二甲基环己烷的椅式构象中,两个—CH₃ 总是一个在 e 键上,另一个在 a 键上,为 ae 型。

椅式 1,2-二甲基环己烷构象的稳定性顺序是:反-ee＞顺-ae＞反-aa。

取代环己烷构象的规律为:①环己烷的多元取代物最稳定的构象是 e-取代基最多的构象;②环上有不同取代基时,大的取代基在 e 键上的构象最稳定。

5. 多脂环化合物的结构

含两个以上碳环的脂环化合物称为多脂环化合物。这类化合物广泛存在于自然界中,如樟脑、冰片及甾醇。这里只以十氢化萘为例简单介绍这类化合物的母体烃。

十氢化萘有两种顺反异构体,其中两个环己烷分别以顺式及反式相稠合。电子衍射研究证明这两个环都以椅式存在,如图 2-15 所示。

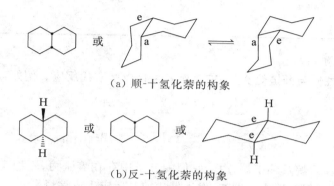

(a) 顺-十氢化萘的构象

(b) 反-十氢化萘的构象

图 2-15　顺-十氢化萘和反-十氢化萘的构象

十氢化萘分子中,一个环可以当做另一个环上的两个取代基。在反式十氢化萘中这两个取代基都是 e 型,而在顺式中,一个是 e 型,另一个是 a 型。因此,反式比顺式稳定(顺式的燃烧热比反式高 8.8 kJ・mol^{-1})。将顺-十氢化萘用 AlCl$_3$ 处理时,它定量地异构化为反式,与理论推测相符合。顺式十氢萘可以转环。

反式十氢化萘中,因为 ee 稠合,若其中一个环己烷发生转环作用,e 键变成 a 键,此时由于相邻两个碳原子上的 a 键空间取向相反并成 180°角,这必然导致另一环己烷的破坏,因此,反式十氢化萘的 a 键和 e 键是相对固定的,没有转环现象。

在多脂环化合物中,椅式环数目最多的构象也是最稳定的,根据椅式比船式稳定,e 取代基最多的构象最稳定这两个规律,可以推测多脂环化合物的稳定性。如在很多天然产物中可以找到全氢菲体系。例如,反,反,反($trans$,$anti$,$trans$)-全氢菲和顺,反,反(cis,$anti$,$trans$)-全氢菲的三个环都是椅式构象。

在多脂环化合物中,以椅式最多的构象较为稳定,但这也不是绝对的,如二环[2.2.1]庚烷中的六元环就是以船式构象存在的。

二环[2.2.1]庚烷

可以根据构象来分析一种化合物的物理性质和化学性质(稳定性、反应速度、历程等),这种分析方法叫做构象分析。

2.3.2　环烷烃的性质

1. 环烷烃的物理性质

环烷烃比相应的开链烃的对称性高(因而排列得紧密些),并且旋转受到较大限制,因此环烷烃比同碳原子数的开链烷烃有更高的熔点、沸点和更大的密度,参见表 2-5。

表 2-5　环烷烃和烷烃的物理参数

名　称	熔点/℃	沸点/℃	相对密度(d_4^{20})
环戊烷	−93.9	49.3	0.7457
正戊烷	−129.8	36.1	0.5572
环己烷	6.6	80.7	0.7786
正己烷	−95.3	68.7	0.6603

2. 环烷烃的化学性质

脂环烃的化学性质与开链烃类似,主要能发生自由基取代反应。例如:

$$\triangle + Cl_2 \xrightarrow{h\nu} \triangle\!-Cl + HCl$$

$$\pentagon + Br_2 \xrightarrow{300\,℃\,或\,h\nu} \pentagon\!-Br + HBr$$

小环烷烃——环丙烷及环丁烷,由于它们的分子中存在着张力,不稳定,容易开环起加成反应,表现出与烯烃相似的性质。例如,发生催化加氢反应生成烷烃。

$$\triangle + H_2 \xrightarrow[80\,℃]{Ni} CH_3\overset{1}{C}H_2\overset{2}{C}H_2\overset{3}{C}H_3$$

$$\square + H_2 \xrightarrow[120\,℃]{Ni} CH_3CH_2CH_2CH_3$$

$$\pentagon + H_2 \xrightarrow[300\,℃]{Pt} CH_3CH_2CH_2CH_2CH_3$$

从催化加氢反应的难易程度不同,也说明环的稳定性顺序是:五元环>四元环>三元环。

环丙烷的烷基衍生物还可以加卤素及卤化氢,生成卤代烷烃。

$$\triangle + Br_2 \xrightarrow[室温]{CCl_4} CH_3\overset{Br}{\underset{|}{C}}HCH_2CH_2Br$$

$$\triangle + HBr \xrightarrow{室温} CH_3\overset{Br}{\underset{|}{C}}HCH_2CH_3$$

环丙烷的烷基衍生物加成时,在环上取代最少和取代最多的 C—C 处开裂。与氢卤酸加成时,产物符合马氏规则(H 加在含 H 较多的 C 上,卤素加在含 H 较少的 C 上)。例如:

$$\triangle \xrightarrow{HBr} (CH_3)_2\overset{Br}{\underset{|}{C}}CHCH_3$$
$$\qquad\qquad CH_3$$

环丁烷在常温下和 X_2 或 HX 不起加成反应。

环丙烷不同于烯烃,不易发生氧化反应。如不与 $KMnO_4$ 稀溶液或臭氧作用,故可用 $KMnO_4$ 溶液来区别环丙烷和烯烃。例如:

$$\triangle\!\!=\!\!C \xrightarrow{KMnO_4} \triangle\!-COOH$$

也可用 $KMnO_4$ 稀溶液除去环丙烷中含有的微量丙烯。

2.4　烷烃和环烷烃的主要来源和用途

2.4.1　烷烃的主要来源

通常把获取有机化合物的方法分为两类：工业制法和实验室制备方法。工业制法要求成本低、批量大，往往对纯度要求不高；实验室的制备方法几乎总是要求得到纯度很高的化合物，而对成本的考虑常常居于次要的位置。

1. 烷烃的工业来源

甲烷主要存在于天然气、石油气、沼气和煤矿的坑气中。

废物和农业副产物（枯枝叶、垃圾、粪便、污泥等，富含有机物）经微生物发酵，可以得到含甲烷 $50\%\sim70\%$（体积分数）的沼气，剩余的渣还可用做肥料。煤矿的坑气中混有甲烷，当甲烷在空气中的含量达到 5% 时，遇火就会发生燃烧、爆炸，俗称瓦斯爆炸。

$C_1\sim C_4$ 的烷烃、正戊烷和异戊烷都可以从天然气和石油分馏得到纯的产品。新戊烷在自然界中不存在，戊烷以上的异构体沸点差别小，分馏提纯困难，只能靠化学方法合成。

2. 烷烃的制法

1）烯烃氢化得烷烃

$$C_nH_{2n}+H_2 \xrightarrow{\text{Pt、Pd 或 Ni 催化}} C_nH_{2n+2}$$

2）卤代烷还原得烷烃

（1）格氏试剂水解得烷烃。

$$RX+Mg \longrightarrow \underset{\text{格氏试剂}}{RMgX} \xrightarrow{H_2O} \underset{\text{烷烃}}{RH}$$

例如：$CH_3(CH_2)_{15}CH_2Br+Mg \xrightarrow{\text{无水乙醚}} CH_3(CH_2)_{15}CH_2MgBr \xrightarrow{H_2O} \underset{\text{正十七烷}}{CH_3(CH_2)_{15}CH_3}$

（2）用金属与酸反应产生的氢还原得烷烃。

例如：

$$CH_3(CH_2)_{15}CH_2Br \xrightarrow{Zn+H^+} CH_3(CH_2)_{15}CH_3$$

（3）卤代烷与有机金属化合物偶联得烷烃。

$$RX \xrightarrow{Li} RLi \xrightarrow{CuI} R_2CuLi \xrightarrow{R'X} R—R'$$

式中，$R'X$ 必须是 $1°$。

2.4.2　环烷烃的主要来源

1. 环烷烃的工业来源

五元环、六元环烷烃的衍生物可从石油中获得，三元环、四元环烷烃在自然界中含量不多，一般通过人工合成来制取。

环己烷及其衍生物也可由相应的芳烃经催化氢化还原制得。例如，现在工业上就用这种方法大规模生产环己烷和十氢化萘。

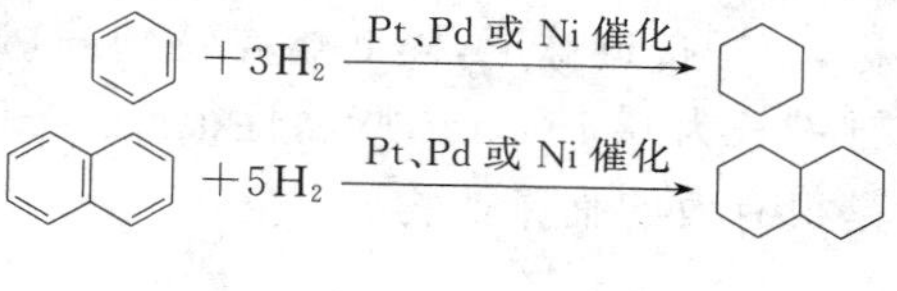

2. 环烷烃的制法

通常首先将开链化合物转变成环状化合物,这些反应称为闭环反应;然后,再合成需要的结构。常用的闭环反应有两种。

(1) 亚甲基(CH_2)插入法(Simmons-Smith reaction)。烯烃和碳烯反应生成环丙烷。

$$H_2C=CH_2 + CH_2I_2 + Zn(或\ Cu) \longrightarrow \triangle + ZnI_2(或\ CuI_2)$$

(2) Baeyer 闭环法。用金属锌或钠和二卤代物反应,生成环烷烃。

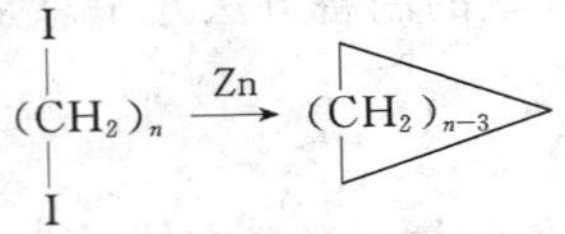

$$\text{I—}(CH_2)_n\text{—I} \xrightarrow{Zn} (CH_2)_{n-3}\triangleright$$

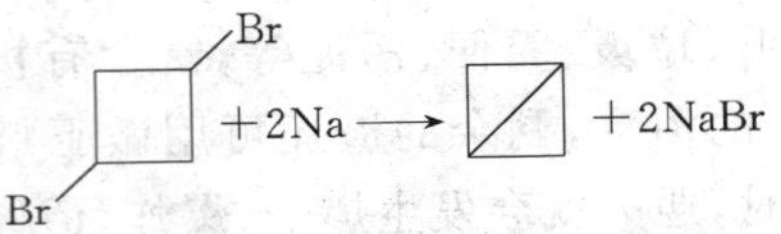

环丁烷和环己烷则可用环加成方法制备(详见第 15 章"周环反应")。例如:

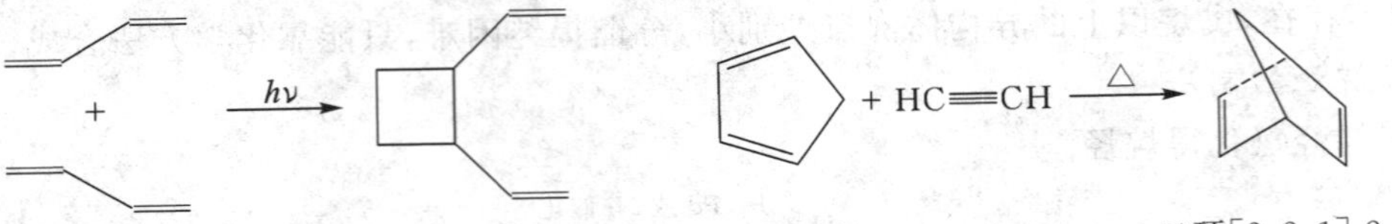

1,3-丁二烯　　　　1,2-二乙烯　　　　环戊二烯　　　　二环[2.2.1]-2,
　　　　　　　　基环丁烷　　　　　　　　　　　　5-庚二烯

2.4.3　烷烃和环烷烃的用途

1. 烷烃的用途

烷烃主要用做燃料。$C_1 \sim C_4$ 的烷烃称为"液化气";$C_6 \sim C_{12}$ 的烷烃称为汽油,可作为汽油机的燃料;$C_{12} \sim C_{16}$ 的烷烃称为煤油,可作为灯火和喷气式发动机的燃料;$C_{16} \sim C_{34}$ 的烷烃称为润滑油,可用于机器的润滑。

汽油完全燃烧的空气-汽油比为 15.1∶1。但是,空气-汽油比为 12.5∶1 时,发动机可以达到其最大功率。在加速时空气-汽油比低,会造成燃烧不完全。汽车启动时汽油燃烧也不完全。这些不完全的燃烧使得排放出的尾气中含有碳氢化合物、一氧化碳、碳粉,燃烧的高温使空气中的氮和氧反应生成氮氧化物,这些物质在太阳光的作用下形成光化学烟雾。当今,汽车尾气是城市空气的最主要的污染源。

石油目前作为化工原料的主要来源,除了裂解得到较小的烃类分子以外,还可经催化重整得到各种芳烃化合物。

烷烃还可以作为信息素(pheromone)。例如,2-甲基十七烷是雌虎蛾引诱雄虎蛾的性激素,可以人工合成 2-甲基十七烷等信息素,用它们选择性地将雄性昆虫引诱至捕集器中,将它们杀死。这种杀虫方法不伤害其他昆虫,在农业上具有重要意义,称为第三代农药。

2. 金刚烷的用途

金刚烷由于结构高度对称,分子接近球形,因此熔点特别高,达到 270 ℃。金刚烷在石油中含量达百万分之四,C—C 键键长为 0.154 nm,脂溶性很好。1-氨基金刚烷盐酸盐对 A 型感冒病毒和帕金森氏症等疾病是很有效的临床药物。

金刚烷
adamantane

1-氨基金刚烷
1-aminoadamantane

习　　题

1. 在标准状态下,37.0 g 由甲烷与另一种烷烃两种气态烷烃组成的混合物完全燃烧消耗 4.25 mol O_2,计算两种可能的混合物的组成(摩尔分数)。

2. 指出下列各化合物的伯、仲、叔碳原子,并予以命名。

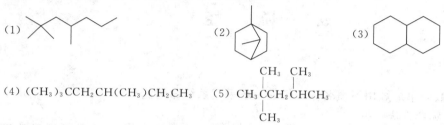

(4) $(CH_3)_3CCH_2CH(CH_3)CH_2CH_3$

(5) $\begin{matrix} & CH_3 & CH_3 \\ CH_3 & | & | \\ CH_3CCH_2CHCHCH_3 \\ & | \\ & CH_3 \end{matrix}$

3. 指出下列 4 种化合物的命名中不正确的地方,并予以重新命名。

(1) 2,4-二甲基-6-乙基庚烷　　　　(2) 4-乙基-5,5-二甲基戊烷

(3) 3-乙基-4,4-二甲基己烷　　　　(4) 5,5,6-三甲基辛烷

4. 画出 1,2-二溴乙烷绕 C—C 键轴旋转的能量曲线图,理论上何种构象最稳定? 它的偶极矩实测值为 1.0 D,从中可以得出什么结论?

5. 解释以下现象。

(1) 等物质的量的甲烷和乙烷混合进行一氯代反应,得到一氯甲烷和一氯乙烷的比例为 1∶400。

*(2)(R)或(S)-2-氯丁烷进行一氯代反应生成的 2,3-二氯丁烷中含 71% 的内消旋和 29% 的光活性化合物。

(3) 甲烷和氯气在光照下立即发生反应,光照停止后反应变慢但并未立刻停止。

(4) 水、甲烷、异己烷和新己烷的沸点高低。

(5) 水、甲烷、辛烷、十六烷的密度大小。

(6) 樟脑分子中有两个手性碳原子,但只有一对对映体;N-甲基哌啶的稳定构象式如下所示。

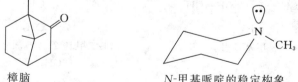

樟脑　　　　　　　　　　　N-甲基哌啶的稳定构象

(7) 反-1,2-二甲基环己烷中 90% 以 ee 型构象存在,而反-1,2-二溴环己烷却以等量的 ee 型和 aa 型构象存在。

(8) 一些 β-取代乙醇 RCH_2CH_2OH(R= F、Cl、OH、NH_2)的邻位交叉式构象最稳定。

6. 完成下列反应。

(1)　□—◁　$\xrightarrow[80\ ℃]{H_2/Ni}$

(2)　□—‖　$\xrightarrow{KMnO_4}$

(3)　△　$\xrightarrow{Br_2,CCl_4}$

(4)　△　$\xrightarrow{KMnO_4}$

第 3 章 不 饱 和 烃

有机化合物分子中含有碳碳双键(C=C)或碳碳三键(C≡C)的脂肪烃均称为不饱和烃。分子中只含有一个碳碳双键的不饱和烃称为烯烃,其通式为 C_nH_{2n},碳碳双键又称烯键,是烯烃的官能团;分子中含有两个碳碳双键的不饱和烃称为二烯烃,也称双烯烃;分子中含有碳碳三键的不饱和烃称为炔烃,碳碳三键又称炔键,是炔烃的官能团。双烯烃和炔烃的通式均为 C_nH_{2n-2}。

3.1 烯 烃

3.1.1 烯烃的命名

通常只有少数简单烯烃用习惯名称。烯烃一般采用系统命名法。

1. 烯烃的系统命名法

在烯烃的结构式中,选择含有 C=C 双键的最长碳链为主链,按主链中的碳原子数称为"某"烯;从靠近双键一端开始给主链编号;表示双键位次用阿拉伯数字,写在烯烃名称之前,并用连字符"-"隔开;把支链当作取代基,其表示方法与烷烃相同,且在使官能团碳碳双键编号最小的前提下,尽可能使取代基的编号最小。例如:

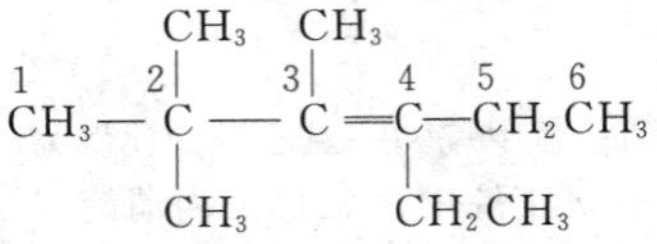

2,2,3-三甲基-4-乙基-3-己烯 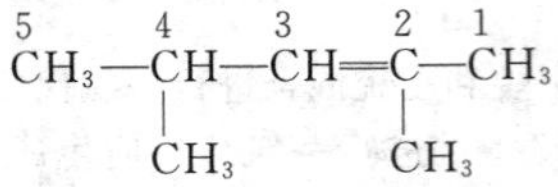　　　　2,4-二甲基-2-戊烯

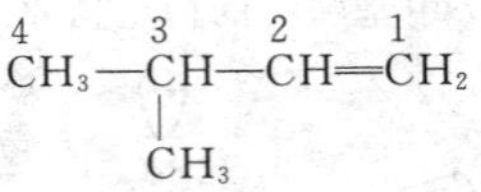

3-甲基-1-丁烯 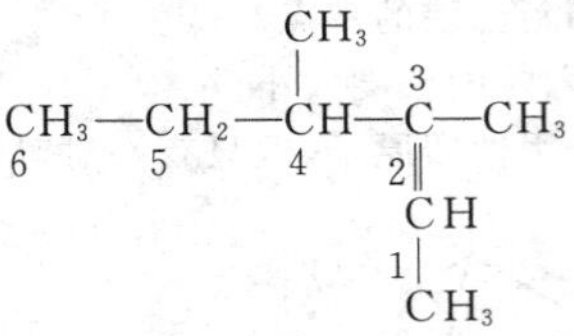　　　　3,4-二甲基-2-己烯

环戊烯 　　　　环己烯 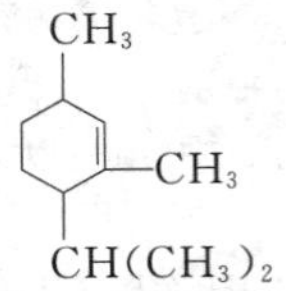　　　　1,3-二甲基-6-异丙基环己烯

烯烃分子中去掉一个氢原子后余下的基团称为烯基。例如:

$CH_2=CH-$　　　$CH_3-CH=CH-$　　　$CH_2=CH-CH_2-$

乙烯基　　　　　　丙烯基　　　　　　　烯丙基

$CH_2=C-$
　　|
　　CH_3

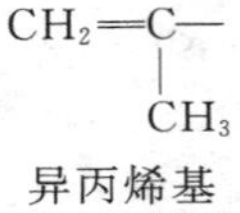

异丙烯基　　　　$CH_3CH_2CH=CH-$　　　$CH_3CH=CHCH_2-$

　　　　　　　　　　1-丁烯基　　　　　　　2-丁烯基

2. 烯烃的 Z-E 命名法

若烯烃分子中两个双键碳原子各自与不同的基团相连,则会产生两个立体异构体。对于存在立体异构体的烯烃分子,如果两个双键碳原子上连有相同的基团,规定两个相同基团处于双键同侧为顺式,处于双键异侧为反式。例如:

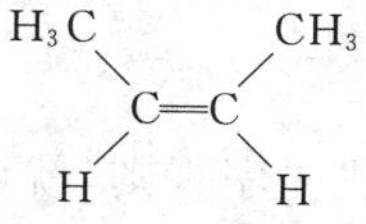

顺-2-丁烯 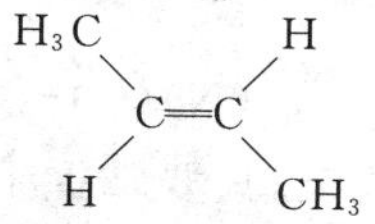　　反-2-丁烯 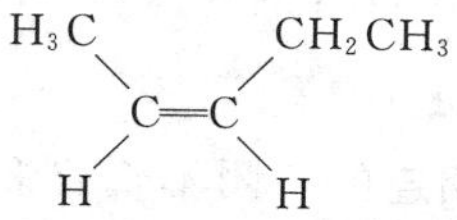　　顺-2-戊烯 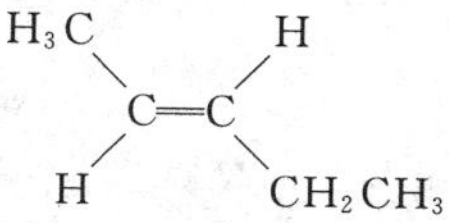　　反-2-戊烯

但对于双键两端碳原子上所连的四个原子或原子团不相同的烯烃,如下列烯烃:

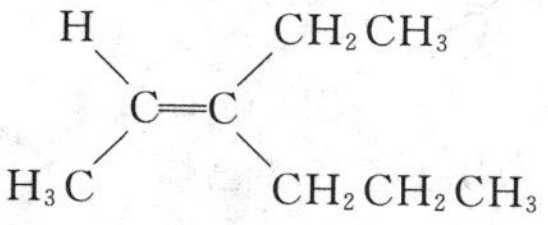

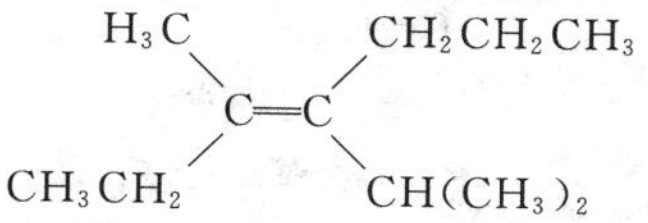

则不能用顺、反命名法标记它们的构型。于是,IUPAC 命名法规定用 Z、E 来标记异构体的构型。构型的 Z-E 命名法,要由与双键碳原子相连的原子或原子团的"次序规则"(sequence rule)来决定,即将双键碳上的两个原子或原子团按 Cahe-Ingold-Preolg(凯恩-英果尔-普雷洛格)次序排列,如果每一个双键碳原子上的原子序数较大的原子或原子团处于双键同一侧,则以字母 Z 标记,称 Z 构型(Z 是德文 Zusammen 的词首字母,是"相同"的意思),如果每一个双键碳原子上的原子序数较大的原子或原子团处于双键异侧,则以字母 E 标记,称为 E 构型(E 是德文 Entgegen 的词首字母,是"相反"的意思)。例如,在下式中,若原子序数 $a>b,d>e$,则 a、d 处于双键同侧的为 Z 构型,a、d 处于双键异侧的为 E 构型。

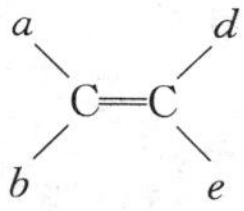

Z 构型 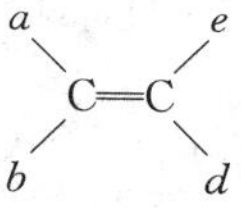　　　　E 构型

"次序规则"(参见第 25 面"次序规则")的要点如下:

将与双键碳原子相连的原子按其原子序数(或相对原子质量)大小排列,原子序数(或相对原子质量)大的在前,小的在后。几种常见原子的原子序数大小次序为

$$I>Br>Cl>S>P>F>O>N>C>D>H$$

与双键碳原子相连的为原子团时,则首先比较与双键碳原子直接相连的原子的原子序数,若与双键碳原子直接相连的原子的原子序数相同,则比较原子团中次相连的第二个,第三个,…原子的原子序数来确定原子团的大小次序。例如,—CH_3 和—CH_2CH_3 比较,与双键碳原子相连的第一个原子都是碳原子,但在甲基中与碳原子相连的都是氢原子(H、H、H),而在乙基中与第一个碳原子相连的是一个碳原子和两个氢原子(C、H、H),显然,乙基大于甲基。几种烷基的排列次序为

$$—C(CH_3)_3>—CH(CH_3)_2>—CH_2CH_2CH_3>—CH_2CH_3>—CH_3$$
$$—C(CH_3)_3>—CH(CH_3)CH_2CH_3>—CH_2CH(CH_3)_2>—CH_2CH_2CH_2CH_3$$

当与双键碳原子相连的基团中含有双键或三键时,则把双键或三键看做两个或三个单键。例如:

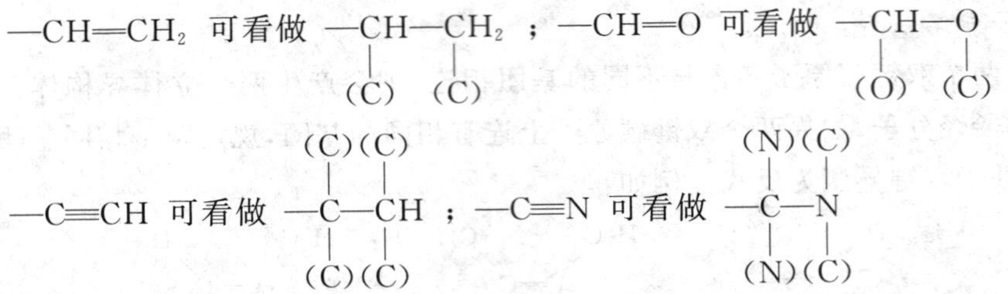

$$—CH\!\!=\!\!CH_2\ \text{可看做}\ \underset{(C)\ (C)}{—CH—CH_2}\ ;\ —CH\!\!=\!\!O\ \text{可看做}\ \underset{(O)\ (C)}{—CH—O}$$

$$\underset{(C)(C)}{—C\!\!\equiv\!\!CH}\ \text{可看做}\ \underset{(C)(C)}{—C—CH}\ ;\ \underset{(N)(C)}{—C\!\!\equiv\!\!N}\ \text{可看做}\ \underset{(N)(C)}{—C—N}$$

由此可见,与双键碳原子相连的基团不管有多复杂,只要掌握上述次序规则,就可以用 Z-E 命名法标记出异构体的构型。例如:

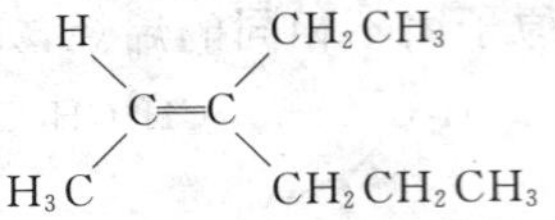

(Z)-3-乙基-2-己烯 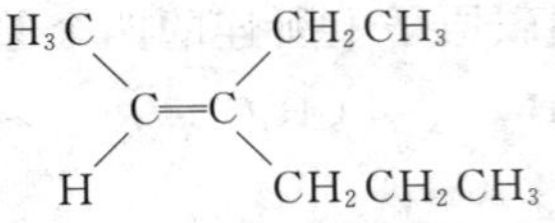　　　　　　(E)-3-乙基-2-己烯

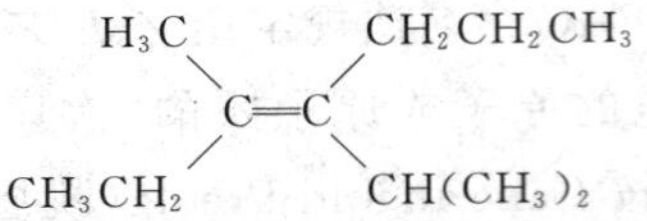

(Z)-3-甲基-4-异丙基-3-庚烯 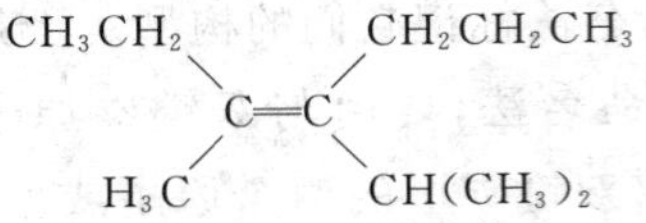　　　(E)-3-甲基-4-异丙基-3-庚烯

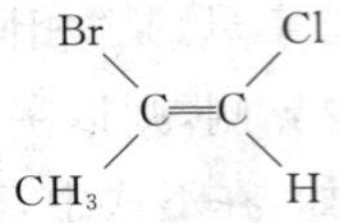

(Z)-1-氯-2-溴丙烯 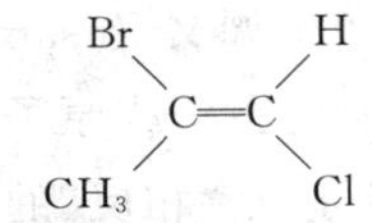　　　　　　(E)-1-氯-2-溴丙烯

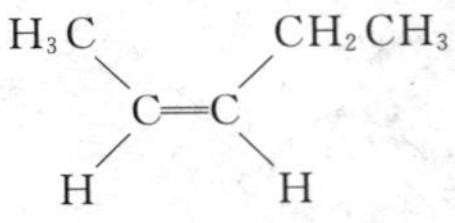

(Z)-2-戊烯 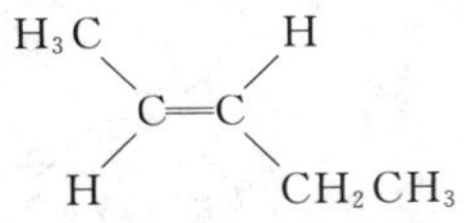　　　　　　　　　(E)-2-戊烯

值得注意的是,顺反命名和 Z-E 命名是两种不同的命名法则,前者是根据相同基团在双键同侧或异侧命名其为"顺"或"反",后者则是以基团"次序规则"大小为依据,两者各成体系,没有对应关系。因此,Z 构型不一定是顺式,E 构型不一定是反式。例如:

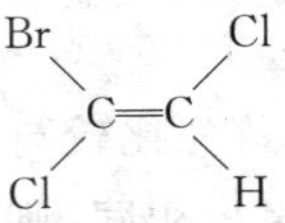

顺反命名法:反-1,2-二氯-1-溴乙烯
Z-E 命名法:(Z)-1,2-二氯-1-溴乙烯

3.1.2　烯烃的结构

乙烯是最简单的烯烃,其结构式为 $CH_2\!\!=\!\!CH_2$。现代物理方法证明,乙烯分子的所有原子处在同一平面内,其键角都接近 $120°$,碳碳双键的键长为 $0.134\ nm$,比乙烷中碳碳单键的键长($0.154\ nm$)短,碳氢键的键长为 $0.108\ nm$,也比乙烷中的碳氢键的键长($0.110\ nm$)短,碳碳双键的键能为 $610.9\ kJ \cdot mol^{-1}$,小于两个碳碳单键的键能之和($347.3\ kJ \cdot mol^{-1} \times 2 = 694.6\ kJ \cdot mol^{-1}$)。

对于上述事实,杂化轨道理论认为:乙烯分子中的碳原子在成键时,价电子层轨道采取一种与烷烃中的碳原子不同的杂化方式,即以一个 2s 轨道和两个 2p 轨道进行杂化,组成三个等价的 sp^2 杂化轨道,其对称轴都处于同一平面内,彼此成 120°夹角。未参加杂化的 2p 轨道则垂直于三个 sp^2 杂化轨道所在的平面。如图1-9(a)所示。

在乙烯分子中,两个成键碳原子各以一个 sp^2 杂化轨道沿着 x 轴相互重叠形成一个 C—C σ 键,以另外两个 sp^2 杂化轨道分别与四个氢原子的 1s 轨道相互重叠形成四个 C—H σ 键,两个碳原子中未参加杂化的 2p 轨道"肩并肩"地侧面重叠形成一个 π 轨道,π 轨道中的电子称为 π 电子,由 π 电子构成的共价键称为 π 键(见图3-1),这样就在碳、碳之间形成双键。五个 σ 键的对称轴均处在同一平面内。乙烯分子中的 C=C 双键由一个 σ 键和一个 π 键组成。为了书写方便,一般用两条短线表示双键。

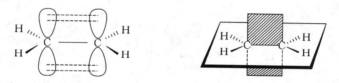

图 3-1　乙烯分子中的 π 键和 σ 键

C=C 双键比 C—C 单键多了一个 π 键,因而增加了两个碳原子核对电子的吸引力,使碳原子间结合得更紧密,表现在 C=C 双键键长比 C—C 单键键长短。但 π 键是由两个 p 轨道的侧向重叠而成,因而不如轴向重叠生成的 σ 键那样牢固,比较容易断裂,C=C 双键的键能为 610 kJ・mol^{-1},其中 π 键的键能可估算为(610-347.3)kJ・mol^{-1}=262.7 kJ・mol^{-1}。

π 键电子云不像 σ 键电子云那样集中在两个原子核的连线上,而是分布在 σ 键所在平面的上、下方,故与双键相连的两个碳原子不能自由旋转,否则会使 π 键断裂(见图3-2)。

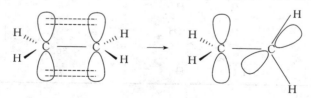

图 3-2　C=C 双键旋转示意图

π 键电子云离碳原子核较远,原子核对 π 电子云的束缚力较小,故 π 电子云具有较大的流动性,受外界电场(如进攻试剂等)影响时容易极化,所以 π 键比 σ 键容易发生反应。

3.1.3　烯烃的物理性质

在常温常压下,$C_2 \sim C_4$ 的烯烃为气体,$C_5 \sim C_{16}$ 的烯烃为液体,C_{17} 以上的烯烃为固体。烯烃不溶于水,易溶于非极性有机溶剂(如四氯化碳、苯等)。烯烃的密度比水小,但较相应的烷烃略高。烯烃的沸点和熔点随相对分子质量的增加而升高(见表 3-1)。在烯烃的顺、反异构体中,顺式异构体的极性比反式异构体的极性大,所以顺式异构体的沸点较反式高,但顺式异构体的对称性较差,故熔点较低。

$$
\begin{array}{cc}
\underset{H}{\overset{H_3C}{\diagdown}}C=C\underset{H}{\overset{CH_3}{\diagup}} & \underset{H_3C}{\overset{H}{\diagdown}}C=C\underset{H}{\overset{CH_3}{\diagup}}
\end{array}
$$

μ/D	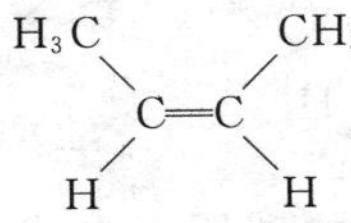 0.33	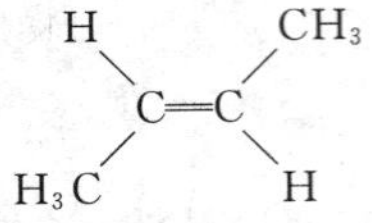 0
沸点/℃	+3.7	+0.9
熔点/℃	−138.9	−106.5

表 3-1　常见烯烃的物理性质

名　　称	结　构　式	沸点/℃	熔点/℃
乙烯	$CH_2=CH_2$	−103.7	−169
丙烯	$CH_3CH=CH_2$	−47.4	−185.2
1-丁烯	$CH_3CH_2CH=CH_2$	−6.3	−184.3
顺-2-丁烯	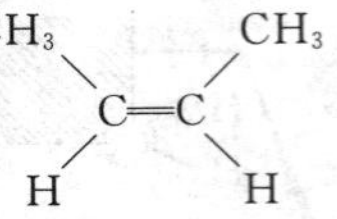 $\underset{H}{\overset{CH_3}{\diagdown}}C=C\underset{H}{\overset{CH_3}{\diagup}}$	3.7	−138.9
反-2-丁烯	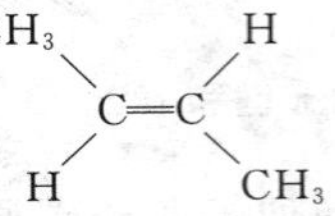 $\underset{H}{\overset{CH_3}{\diagdown}}C=C\underset{CH_3}{\overset{H}{\diagup}}$	0.9	−106.5
2-甲基丙烯	$(CH_3)_2C=CH_2$	−6.9	−140.3
1-戊烯	$CH_3CH_2CH_2CH=CH_2$	30	−138
顺-2-戊烯	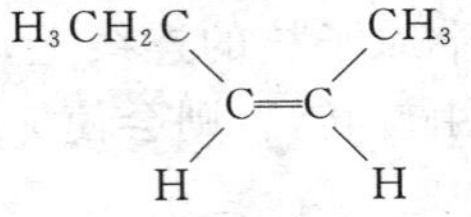 $\underset{H}{\overset{H_3CH_2C}{\diagdown}}C=C\underset{H}{\overset{CH_3}{\diagup}}$	36.9	−151.4
反-2-戊烯	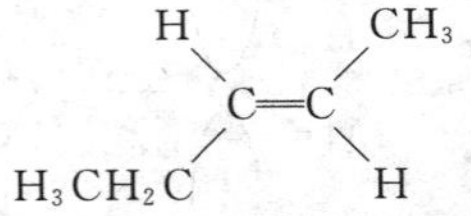 $\underset{H_3CH_2C}{\overset{H}{\diagdown}}C=C\underset{H}{\overset{CH_3}{\diagup}}$	36.4	−136

3.1.4　烯烃的化学性质

碳碳双键的存在使烯烃具有很大的化学活泼性。在通常情况下,烯烃能与许多试剂发生化学反应。

1. 烯烃的加成反应

烯烃在发生加成反应时,试剂加到双键的两个碳原子上,π键断裂,形成两个新的σ键,即在双键碳原子上各加上一个原子或基团,此反应称为烯烃的加成反应。

1) 烯烃的催化加氢

在催化剂的作用下,烯烃与氢发生加成反应生成烷烃,此反应称为催化加氢,也称催化氢化。例如：

$$H_3C \underset{H}{\overset{CH_3}{\diagdown}} C = C \underset{H}{\overset{}{\diagup}} + H_2 \xrightarrow{\text{Pt、Pd 或 Ni}} CH_3CH_2CH_2CH_3$$

常用的催化剂有铂、钯和镍。其中铂的催化性能最好,镍最差。但因铂较昂贵,一般采用镍催化剂,通常把镍制成骨架镍(又称雷尼(Raney)镍),以提高其催化能力。

在烯烃催化加氢过程中,烯烃和氢分子首先被吸附在催化剂表面上,双键中的 π 电子与金属原子的 d 轨道配位而使 π 键活化,同时占据金属原子 d 轨道的电子进入氢分子的 σ^* 反键轨道,导致氢分子离解为两个氢原子,并与金属原子相结合形成金属氢化物。然后,烯烃中的双键碳原子与离解的一个氢原子结合,生成吸附的半氢化态的中间体,此中间体再与另一个离解的氢原子结合生成烷烃。由于金属表面对烷烃的吸附能力小于烯烃,故烷烃一旦生成便立即从金属表面解吸下来。

金属催化剂在烯烃加氢过程中的作用是削弱烯烃中的 π 键及氢分子的共价键强度,从而活化反应物分子,降低反应的活化能,使反应在适当温度下能快速进行。

催化加氢在工业上应用广泛。例如,石油裂化后得到的汽油中常混有少量的烯烃,这些烯烃容易被氧化和发生聚合而影响汽油的质量,可以通过催化加氢把混杂在汽油中的烯烃转变成相应的烷烃,从而提高汽油的质量。

烯烃和氢分子被吸附在催化剂表面是释放能量的过程。在氢化反应中,1 mol 不饱和烃所释放出的净热量称为氢化热,用 ΔH 表示。

$$H_2C = CH_2 \quad + \quad H-H \xrightarrow{\text{Pd 或 Ni}} H_2\underset{}{\overset{H\ H}{\underset{|\ \ |}{C-CH_2}}}$$

$$264.4 \text{ kJ} \cdot \text{mol}^{-1} \quad 435.1 \text{ kJ} \cdot \text{mol}^{-1} \qquad 414.2 \text{ kJ} \cdot \text{mol}^{-1} \times 2 = 828.4 \text{ kJ} \cdot \text{mol}^{-1}$$

$$\Delta H = (264.4 + 435.1) \text{ kJ} \cdot \text{mol}^{-1} - 828.4 \text{ kJ} \cdot \text{mol}^{-1} = -128.9 \text{ kJ} \cdot \text{mol}^{-1}$$

氢化热是烯烃与加氢生成的烷烃之间的内能差,由于有能量放出,故烷烃的内能比烯烃的内能低,即生成的烷烃比较稳定。

表 3-2 中列举了一些烯烃的氢化热。从表中可以看出,乙烯分子中的一个氢原子被一个烷基取代后,其氢化热约降低 11.3 kJ·mol^{-1}。由此可见,随着烯烃双键上烷基取代基数目的增多,其稳定性增加。

2) 烯烃的离子型加成反应

烯烃的 C = C 双键容易被亲电试剂(一般为缺电子或带空轨道的原子或原子团)进攻而发生加成反应。由亲电试剂进攻而引起的加成反应称为亲电加成反应。

(1) 烯烃与卤化氢的加成——Markovnikov 规则。

烯烃很容易与卤化氢或浓的氢卤酸发生加成反应,生成相应的一卤代烷。

$$\underset{}{\overset{}{\diagdown}}C = C\underset{}{\overset{}{\diagup}} + HX \longrightarrow -\underset{}{\overset{}{\underset{|}{C}}}-\underset{H}{\overset{X}{\underset{|}{C}}}- \qquad HX = HCl、HBr、HI$$

烯烃   卤代烷

表 3-2　一些烯烃的氢化热

名　　称	结　构　式	$\Delta H/(kJ \cdot mol^{-1})$
乙烯	$CH_2\!=\!CH_2$	-128.9
丙烯	$CH_3CH\!=\!CH_2$	-125.9
1-丁烯	$CH_3CH_2CH\!=\!CH_2$	-126.8
顺-2-丁烯	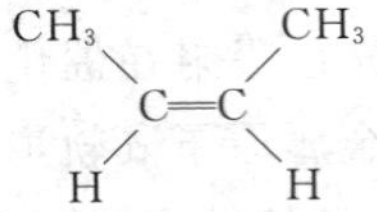	-119.7
反-2-丁烯	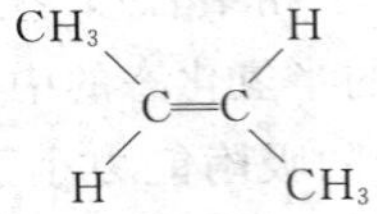	-115.5
2-甲基丙烯	$(CH_3)_2C\!=\!CH_2$	-118.8
1-戊烯	$CH_3CH_2CH_2CH\!=\!CH_2$	-125.9
顺-2-戊烯	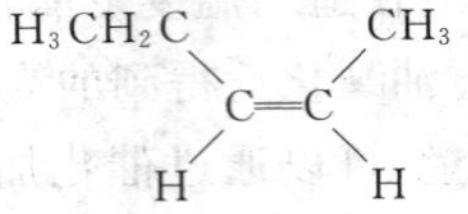	-119.7
反-2-戊烯	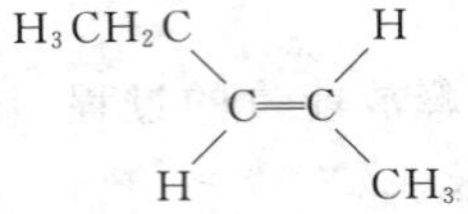	-115.5
2-甲基-1-丁烯	$CH_3CH_2(CH_3)C\!=\!CH_2$	-119.2
3-甲基-1-丁烯	$CH_3CH(CH_3)CH\!=\!CH_2$	-126.8
2-甲基-2-丁烯	$(CH_3)_2C\!=\!CHCH_3$	-112.5

在卤化氢中,加成反应的活性随卤化氢的键离解能递减而增大,即

$$HI > HBr > HCl$$

乙烯是一个对称的分子,当它与卤化氢进行加成时只能生成一种产物。当不对称的烯烃(如 R—$CH\!=\!CH_2$)与卤化氢加成时,可以有两种不同的方式,因而生成两种异构体产物。例如,丙烯与卤化氢加成可以生成 1-卤丙烷或 2-卤丙烷。

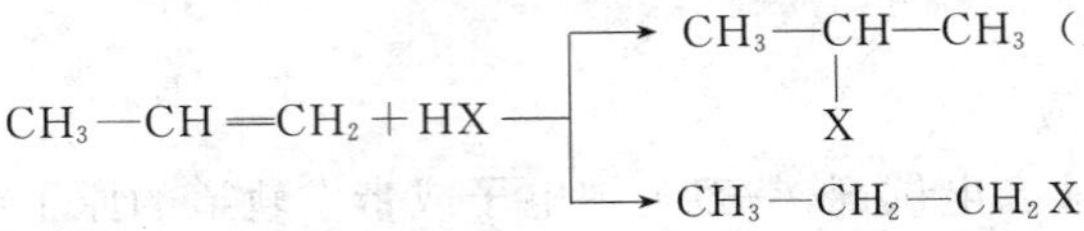

1869 年,俄国化学家马尔科夫尼科夫(Markovnikov K.)基于对烯烃加成反应实验结果的观察发现,在一个不对称的极性试剂(如卤化氢)与不对称烯烃的加成反应中,不对称极性试剂中正离子或带正电荷部分(如氢离子)总是加到含氢较多的双键碳原子上,而负离子或带负电荷部分(如卤离子)则加到含氢较少的双键碳原子上,通常称此为 Markovnikov 规则,简称马氏规则。例如:

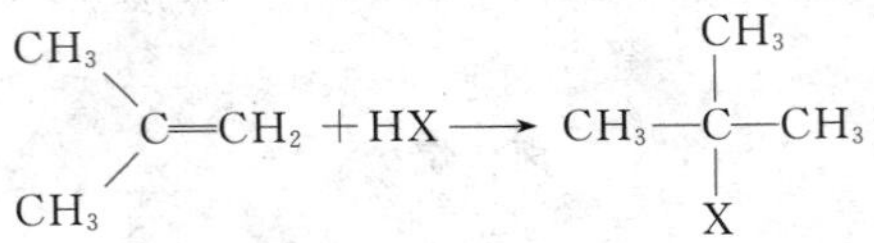

1-甲基环己烯与 HCl 加成时,同样遵循马氏规则。

$$\underset{\text{CH}_3}{\bigcirc} + \text{HCl} \longrightarrow \underset{\text{CH}_3}{\overset{\text{Cl}}{\bigcirc}}$$

在有机化学中,凡可能生成两种异构产物的反应中,只生成或主要生成一种产物者,称为区域选择性反应。

思考题 3-1 下列化合物与碘化氢发生加成反应时,主要产物是什么?

异丁烯、2,4-二甲基-2-戊烯、3-甲基-1-丁烯

（2）烯烃与硫酸的加成——烯烃的间接水合法。

烯烃与冷的浓硫酸能发生加成反应,生成硫酸氢烷酯(酸性酯),硫酸氢烷酯容易水解生成相应的醇。

$$\underset{\text{H}}{\overset{\text{H}}{>}}\text{C}=\text{C}\underset{\text{H}}{\overset{\text{H}}{<}} + \text{H}_2\text{SO}_4(98\%) \longrightarrow \text{CH}_3\text{CH}_2\text{OSO}_3\text{H} \xrightarrow[\triangle]{\text{H}_2\text{O}} \text{CH}_3\text{CH}_2\text{OH}$$

不对称烯烃,如丙烯和硫酸进行加成时与 HX 的加成相似,也遵循马氏规则,生成的产物水解时得到相应的醇。例如:

$$\text{CH}_3-\text{CH}=\text{CH}_2 + \text{H}_2\text{SO}_4 \longrightarrow \text{CH}_3-\underset{\text{OSO}_3\text{H}}{\text{CH}}-\text{CH}_3 \xrightarrow[\triangle]{\text{H}_2\text{O}} \text{CH}_3-\underset{\text{OH}}{\text{CH}}-\text{CH}_3$$

这是工业上从石油裂化气(乙烯、丙烯、异丁烯等)制取乙醇、异丙醇和叔丁醇的一种方法,称为烯烃的间接水合法。由于烯烃能溶于冷的浓硫酸中生成硫酸氢烷酯,而烷烃不能,因此可以利用浓硫酸来除去烷烃(或卤代烷)中含有的少量烯烃。

思考题 3-2 如何除去从石油得到的烷烃中含有的烯烃?举出两种方法。

（3）烯烃与水的加成——烯烃的直接水合法。

在硫酸或其他强酸存在的条件下,烯烃也可以与水直接加成,生成相应的醇。例如,硫酸催化乙烯与水的加成反应,生成乙醇。

$$\text{CH}_2=\text{CH}_2 + \text{H}_2\text{O} \xrightarrow{\text{H}_2\text{SO}_4} \text{CH}_3\text{CH}_2\text{OH}$$

不对称烯烃与水加成时,遵循马氏规则。例如:

$$\text{CH}_3-\text{CH}=\text{CH}_2 + \text{H}_2\text{O} \xrightarrow{\text{H}^+} \text{CH}_3-\underset{\text{OH}}{\text{CH}}-\text{CH}_3$$

这种方法称为烯烃的直接水合法。因为在反应中生成的碳正离子还可以与酸根发生反应,反应过程有副产物生成,所以在工业上用烯烃直接水合法制备醇没有实用价值。

（4）烯烃与卤素的加成。

烯烃与氯或溴加成不需要催化剂,反应在常温下就能进行,生成邻二卤代烷。

$$\underset{\diagdown}{\overset{\diagup}{}}\text{C}=\text{C}\underset{\diagup}{\overset{\diagdown}{}} + \text{X}_2 \longrightarrow -\underset{\text{X}}{\overset{\text{X}}{\text{C}}}-\underset{}{\text{C}}- \qquad \text{X}=\text{Cl、Br}$$

因氟与烯烃反应时强烈放热（$\Delta H = -552.29 \text{ kJ} \cdot \text{mol}^{-1}$），引起 C—C 键（$\Delta H = 345.6 \text{ kJ} \cdot \text{mol}^{-1}$）断裂，故得不到预想的加成产物；而碘难与烯烃加成。

烯烃与溴的四氯化碳溶液反应时，溶液中溴的颜色立即消失，实验室中常用溴的加成反应来检验有机化合物分子中是否含有 C＝C 双键。

$$H_2C{=}CH_2 + Br_2 \longrightarrow \underset{\underset{Br}{|}}{H_2C}{-}\underset{\underset{Br}{|}}{CH_2}$$

（5）烯烃与次卤酸的加成。

次卤酸是弱酸，很难离解出 H^+，在烯烃与次卤酸发生加成反应时，其加成方式和强酸与烯烃的加成方式不同。在次卤酸中，由于氧原子的电负性大于氯和溴，故反应是通过极化了的 $HO{\leftarrow}X$ 对双键加成。

$$H_2C{=}CH_2 + \overset{\delta^-}{H}\overset{\delta^+}{O}{-}X \longrightarrow \underset{\underset{OH}{|}}{CH_2}{-}\underset{\underset{X}{|}}{CH_2} \qquad X{=}Cl \text{、} Br$$

不对称烯烃与次卤酸加成时，按马氏规则进行，即次卤酸中带正电荷部分的卤原子加到含氢较多的双键碳原子上，羟基加到含氢较少的双键碳原子上。例如：

$$CH_3{-}CH{=}CH_2 + HO{-}X \longrightarrow CH_3{-}\underset{\underset{OH}{|}}{CH}{-}\underset{\underset{X}{|}}{CH_2}$$

工业上生产氯乙醇时，通常是用氯和水代替次氯酸与乙烯作用来实现的。

$$H_2C{=}CH_2 + H_2O + Cl_2 \longrightarrow \underset{\underset{OH}{|}}{CH_2}{-}\underset{\underset{Cl}{|}}{CH_2} + HCl$$

如将卤素的水溶液换成醇溶液，与烯烃加成，则可得到 β-卤代醚。类似次卤酸与烯烃加成的试剂还有 ICl、IBr、BrCl。

（6）烯烃的亲电加成反应历程。

烯烃的亲电加成反应的发生，通常是酸性试剂（带正电荷）或中性分子（偶极或诱导偶极的正端）首先进攻双键碳原子并与 π 电子形成配合物后，生成碳正离子中间体或环形锑离子中间体，然后存在于反应体系里的亲核组分（负离子）再与碳正离子或环形锑离子快速结合而形成产物。

实验证明，烯烃与亲电试剂的加成是分步进行的：

$$HZ \Longleftrightarrow H^+ + Z{:}^- \qquad HZ{=}HCl \text{、} HBr \text{、} HI \text{、} H_2SO_4 \text{ 等}$$

第一步

第二步

在第一步中,酸性试剂提供的质子与双键上的 π 电子结合,经 π 配合物产生碳正离子中间体;在第二步中,碳正离子中间体与 Z^- 结合形成加成产物。其中第一步是较慢的一步,即决定整个反应速度的步骤;因是由亲电试剂进攻而引起,所以称为亲电加成反应,又称离子型加成反应。

烯烃与卤素的加成也属于亲电加成反应。例如,烯烃与溴的加成:首先,被外界电场(如极性溶剂、玻璃容器、双键等)极化了的溴分子($Br—Br$),以带微正电荷的溴原子与双键上的 π 电子结合,经 π 配合物形成溴正离子与两个碳连接成环状的溴鎓离子中间体;然后,从 π 配合物中异裂出来的溴负离子从溴正离子的反面进攻溴鎓离子生成加成产物——邻二溴代烷。这种加成方式称为反式加成。

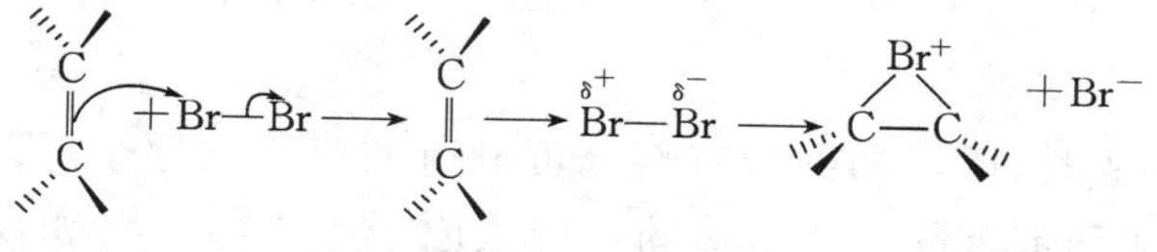

π 配合物   溴鎓离子

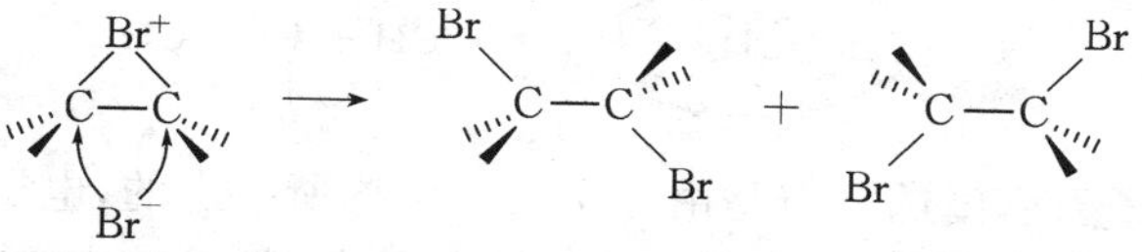

溴分子对烯烃亲电加成的上述历程,与实验事实完全相符。如将乙烯通入溴和氯化钠的水溶液中时,反应除了主要生成 1,2-二溴乙烷外,还有 2-溴乙醇及 1-氯-2-溴乙烷生成。例如:

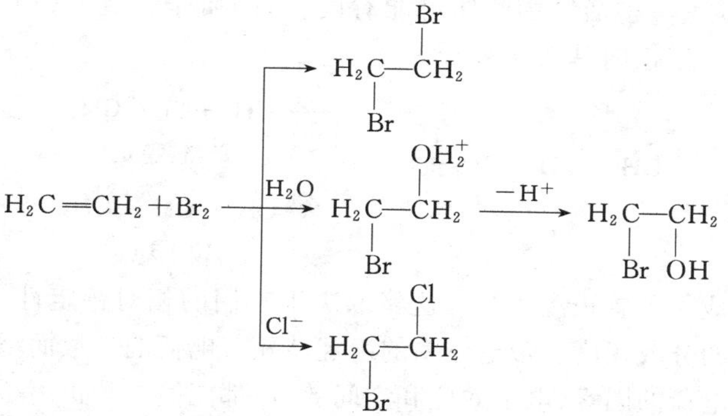

$$H_2C=CH_2 + Br_2 \longrightarrow$$

实验事实说明,乙烯与溴加成时,两个溴原子是分步加到双键上去的。若是一步加成的话,两个溴原子应该同时加到双键上,而 Cl^- 和 H_2O 是没有机会加上去,产物中就只能有 1,2-二溴乙烷一种,不可能有 2-溴乙醇和 1-氯-2-溴乙烷生成。

烯烃和次卤酸 HOX($X=Cl$ 或 Br)的亲电加成反应历程与烯烃和 HZ 的亲电加成反应历程不同。反应是通过 $HO—X$ 键的极化,$HO—X$ 与双键形成 π 配合物,后者随即转变为碳正离子($X=Cl$ 时)或卤鎓离子($X=Br$ 时),然后 HO^-(H_2O)与碳正离子(或卤鎓离子)结合,生成加成产物。例如:

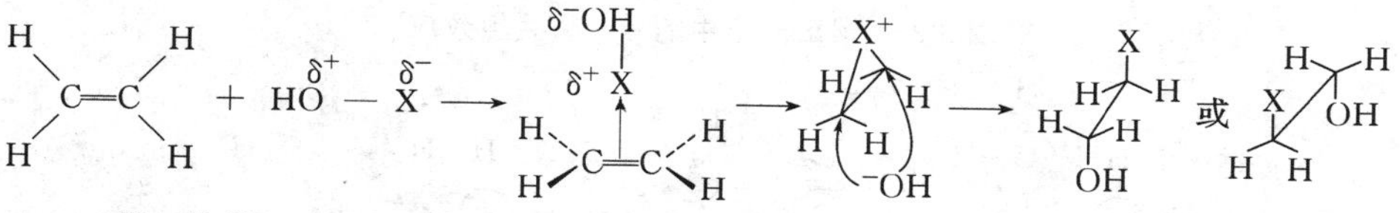

$$X=Cl、Br$$

(7)马氏规则的理论解释。

马氏规则是通过实验总结出来的经验规则,可利用诱导效应、共轭效应、σ-超共轭效应和碳正离子的稳定性对它加以解释。诱导效应是指由于原子的电负性不同，使分子中成键电子发生偏移，电子云密度发生变化的效应。例如，乙烯是一个对称分子，电子云密度的分布也是对称的。如果乙烯分子中的氢原子被甲基替代，就是丙烯。由于 sp^2 杂化碳原子的电负性比 sp^3 杂化碳原子的电负性大，所以使甲基碳原子上的电子云向 sp^2 杂化碳原子偏移，也就是与 sp^2 杂化碳原子相连的甲基相对于氢表现出供电子的诱导效应（+I），这种诱导效应可以沿着碳链传递下去，结果导致双键上的电子云向双键另一端偏移（用弧形箭头表示）而造成双键极化，即距甲基较远的双键碳原子带有部分负电荷，与甲基相连的双键碳原子则带有部分正电荷。

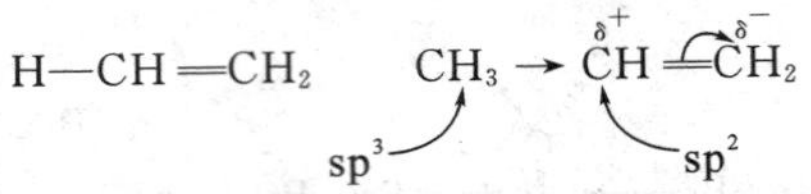

$$H-CH=CH_2 \quad CH_3 \rightarrow \overset{\delta^+}{CH} = \overset{\delta^-}{CH_2}$$

这样，当丙烯与 HX 加成时，质子加到带有部分负电荷的双键碳原子（即含氢较多的双键碳原子）上，而卤负离子则加到带有部分正电荷的双键碳原子（即含氢较少的双键碳原子）上。

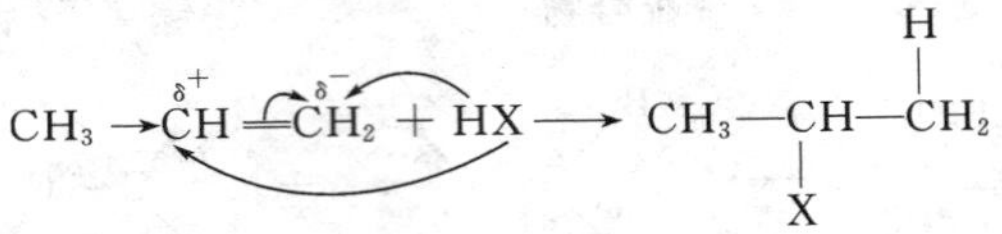

$$CH_3 \rightarrow \overset{\delta^+}{CH} = \overset{\delta^-}{CH_2} + HX \longrightarrow CH_3-CH-CH_3 \quad (X)$$

　　一般来说，双键电子云密度的分布是由分子本身结构所决定的，电子云密度大的部位易被亲电试剂进攻，引发化学反应，同时产生碳正离子活性中间体，亲电加成反应过程中碳正离子活性中间体的稳定性是决定反应进行的重要因素。以丙烯为例，当丙烯与 HX 进行亲电加成时，在第一步产生的碳正离子活性中间体可能有两种，即质子加到 C(1) 上产生异丙基碳正离子，质子加到 C(2) 上产生正丙基碳正离子。

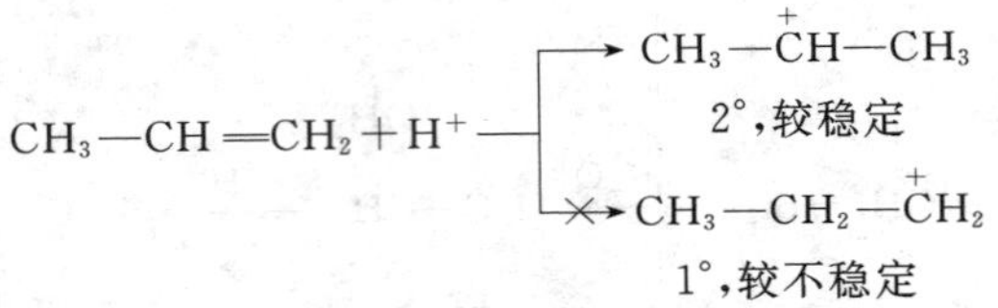

$$CH_3-CH=CH_2+H^+ \begin{cases} \longrightarrow CH_3-\overset{+}{CH}-CH_3 \quad 2°,较稳定 \\ \times CH_3-CH_2-\overset{+}{CH_2} \quad 1°,较不稳定 \end{cases}$$

　　反应究竟优先生成哪种碳正离子呢？这将取决于它们的相对稳定性，而碳正离子的稳定性又取决于它所带电荷的分散程度。带电体系的稳定性随着电荷的分散而增大，因此，任何有助于分散碳正离子上的正电荷的因素（电子效应和空间效应）都能使该碳正离子稳定。越是稳定的碳正离子，相应的过渡状态所需要的活化能越低，则越容易生成，反应也就越容易进行。由于甲基（或其他烷基）与 sp^2 杂化碳原子相连时具有供电子的诱导效应和 σ-p 超共轭效应（见图 3-3），所以中心碳原子上所连的甲基越多，正电荷就越能得到分散，该碳正离子也就越稳定。

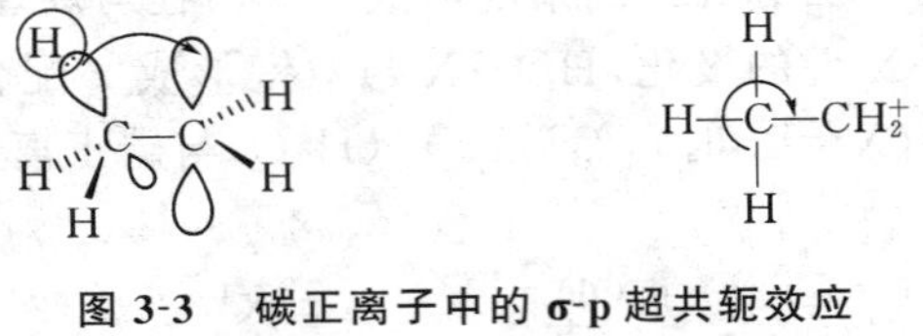

图 3-3　碳正离子中的 σ-p 超共轭效应

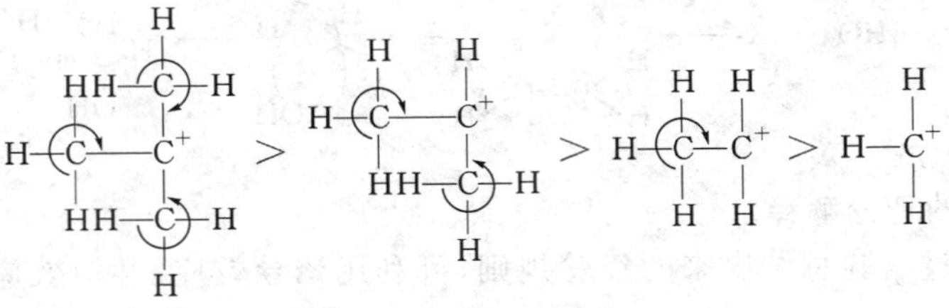

碳正离子气相生成热的实验值也证明了烷基碳正离子的稳定性次序(见表3-3)。

表 3-3 以乙基碳正离子为基准的一些碳正离子的稳定性

碳 正 离 子	气相生成热差值/(kJ・mol^{-1})
$CH_3CH_2^+$	0
$CH_3CH_2CH_2^+$	25.1
$(CH_3)_2CH^+$	92.0
$CH_3CH_2(CH_3)CH^+$	108.8
$(CH_3)_3C^+$	167.4

根据碳正离子稳定性次序,当丙烯与 HX 发生第一步反应时产生的两种可能的碳正离子中,由于异丙基碳正离子比正丙基碳正离子稳定,生成异丙基碳正离子所需活化能较低,故丙烯与 HX 亲电加成反应所取的途径主要是按产生较稳定的异丙基碳正离子的方向进行(见图3-4)。而异丙基碳正离子的生成,是氢加到含氢较多的双键碳原子上的结果,即

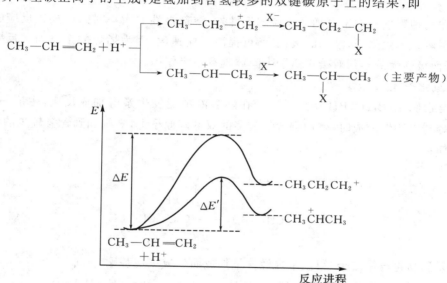

图 3-4 HX 对丙烯亲电加成反应的能量曲线

在亲电加成反应中,如果可能生成的两种碳正离子的稳定性相差不大,则得到混合加成产物。此外,在亲电加成反应过程中稳定性较差的碳正离子中间体易发生重排,形成较稳定的碳正离子。例如:

　　因此,马氏规则的本质可以表述为:不对称烯烃与不对称试剂的加成中,带正电的部分总是加在电子云密度大的碳原子或能形成较稳定碳正离子的那个双键碳原子上。

　　(8) 影响亲电加成反应活性的因素。

　　在烯烃的亲电加成反应中,凡具有供电子效应的取代基,使烯烃双键碳原子上的电子云密度增加,同时也稳定了反应中生成的碳正离子中间体,亲电加成反应活性增大。反之,凡是具有吸电子效应的取代基,使双键碳原子上的电子云密度降低,同时也使生成的碳正离子中间体不稳定,使其反应活性下降。

　　对于一个特定的烯烃,亲电试剂的活性随亲电性的增强而增大。例如,卤化氢的活性顺序是:$HI > HBr > HCl > HF$。

　　卤素的活性顺序与它们的电负性大小一致,即 $Cl_2 > Br_2 > I_2$。

　　对于卤素化合物,极性大的其活性也大。

$$ICl > IBr > I_2, \quad BrCl > Br_2$$

　　除上述两种因素影响亲电加成反应的活性外,溶剂极性的大小对亲电加成反应的活性也有一定的影响。一般来说,溶剂的极性大,可提高反应速度,因为烯烃的亲电加成反应为离子型反应,因而极性大的溶剂对碳正离子中间体具有稳定作用。

　　3) 硼氢化-氧化反应

　　烯烃与乙硼烷(B_2H_6,BH_3 的二聚体)在醚溶液中能发生亲电加成反应,生成一烷基硼。不对称烯烃与甲硼烷加成时,硼加到含氢较多的双键碳原子上,氢则加到含氢较少的双键碳原子上。例如:

　　一烷基硼易再与第二个、第三个烯烃分子加成而生成三烷基硼。

$$CH_3-CH_2CH_2BH_2 + CH_3-CH=CH_2 \longrightarrow (CH_3-CH_2CH_2)_2BH$$
$$(CH_3-CH_2CH_2)_2BH + CH_3-CH=CH_2 \longrightarrow (CH_3-CH_2CH_2)_3B$$

　　烷基硼用过氧化氢的碱溶液处理,可被氧化和水解生成相应的醇。

$$(CH_3-CH_2CH_2)_3B \xrightarrow[\text{NaOH}]{H_2O_2} 3CH_3-CH_2CH_2OH + H_3BO_3$$

　　烯烃的硼氢化和三烷基硼的氧化、水解合起来称为烯烃的硼氢化-氧化反应。

　　在烯烃的直接水合反应中,羟基连接到含氢较少的双键碳原子上,而在烯烃硼氢化-氧化反应的间接水合反应中,羟基则连接到含氢较多的双键碳原子上,最终产物表现为反马氏加成。因此,一些不能用水与烯烃按马氏规则加成得到的醇(伯醇)就可以用硼氢化-氧化反应法来制备。

　　硼氢化反应与普通的亲电加成反应方式不同,它在反应过程中不生成碳正离子中间体,而是经过一个四元环过渡状态。反应的发生是缺电子的硼作为亲电试剂(硼的电负性为2.0,氢的电负性为2.1)首先进攻双键的 π 电子,并与最能使 π 电子转移到它的空轨道中去的那个双键碳原子结合;与此同时,硼烷中的一个氢带着一对电子转移到另一个双键碳原子上。

$$\overset{\delta^-\ \ \delta^+}{H-BH_2}$$

R—HC=CH₂ ⟶ R—C—C— ⟶ R—C—C—H

这个反应是 H—B 键的两个原子同时向 C = C 键的两个碳原子进攻,是一个协同亲电加成反应,其中 B 加在空间位阻较小的一端。从立体化学上看,这是立体专一性的顺式加成。

4) 烯烃的自由基加成反应

HX 对烯烃的亲电加成是按马氏规则进行的。但是,在有过氧化物或光照存在时,HBr 对烯烃的加成取向正好与马氏规则相反。例如,HBr 对丙烯的加成:

$$CH_3-CH=CH_2 + HBr \begin{cases} \xrightarrow{\text{无过氧化物}} CH_3-\underset{\underset{Br}{|}}{CH}-CH_3 \quad \text{马氏加成} \\ \xrightarrow{\text{有过氧化物}} CH_3-CH_2-\underset{\underset{Br}{|}}{CH_2} \quad \text{反马氏加成} \end{cases}$$

在过氧化物(ROOR 型)存在时,HBr 对烯烃反马氏加成,其产物称为反马氏产物。

在有过氧化物时,HBr 对烯烃的加成反应按照自由基中间体的反应历程进行。首先通过加热或光照引发分解过氧化物,产生烷氧自由基 RO·,它进攻 HBr 分子,引发溴自由基的生成;虽然溴自由基不显电性,但其缺少一个配对电子,所以它也是一个亲电试剂,能与双键加成,使 π 键发生均裂并与其中的一个 π 电子结合而生成一个较稳定的溴代烷基自由基;溴代烷基自由基同另一分子 HBr 作用再生成一个新的溴自由基和反马氏产物溴代烷;生成的溴自由基又重复上面的过程,如此继续下去。其反应历程如下:

链引发　HBr + ·In ⟶ H—In + ·Br
　　　　引发剂自由基

链传递　CH₃—CH=CH₂ + ·Br ⟶ CH₃—ĊHCH₂Br 或　CH₃—CHĊH₂
　　　　　　　　　　　　　　　　　　　　2°,较稳定　　　　　　　　|
　　　　　　　　　　　　　　　　　　　　　　　　　　　　　　　　Br
　　　　　　　　　　　　　　　　　　　　　　　　　　　　　　1°,较不稳定

　　　　CH₃—ĊHCH₂Br + HBr ⟶ CH₃—CH₂CH₂Br + Br·

链终止　2CH₃—ĊHCH₂Br ⟶ CH₃—CHCH₂Br
　　　　　　　　　　　　　　　　　|
　　　　　　　　　　　　　　　　　CH₃—CHCH₂Br

　　　　CH₃—ĊHCH₂Br + Br· ⟶ CH₃—CHCH₂Br
　　　　　　　　　　　　　　　　　　　|
　　　　　　　　　　　　　　　　　　　Br

　　　　2Br· ⟶ Br₂

从上述反应可以看出,溴自由基加成时是加到 C(1)上,而不是 C(2)上,即不遵循马氏规则,这是由于溴自由基加到 C(1)上与加到 C(2)上时所生成的自由基是不相同的。如果加到 C(2)上,生成的是 2°自由基;如果加到 C(1)上,生成的是 1°自由基。由于 2°自由基比 1°自由基稳定,也容易生成,因此 HBr 对烯烃的加成在过氧化物存在时是反马氏规则的。

实验证明,在 HX 对烯烃的加成反应中,只有 HBr 在过氧化物存在时按反马氏规则,通过自由基中间体与烯烃加成,这可以用自由基加成反应中各链传递阶段的两步反应的能量变化(ΔH)来解释(见表 3-4)。

表 3-4　HX 对乙烯的自由基加成反应中键传播步骤的 ΔH　　　　　(单位:kJ·mol^{-1})

H—X	$X· + CH_2 = CH_2 \longrightarrow XCH_2CH_2·$	$XCH_2CH_2· + H-X \longrightarrow XCH_2CH_3 + X·$
H—F	−167.4	+154.8
H—Cl	−108.8	+20.9
H—Br	−20.9	−46.0
H—I	+29.3	−113.0

从表 3-4 中可以看出,只有 HBr 在链传递的两步反应中都是放热的,因此活化能较低,反应能自发地进行。氯原子和氟原子与乙烯加成反应虽然第一步是放热的,但不能使后面吸热的那一步顺利进行。碘原子与乙烯加成反应第一步是吸热反应,因此自由基反应不能发生。

2. 烯烃的聚合与共聚反应

由低相对分子质量的有机化合物在一定条件下相互作用而生成大分子化合物的反应称为聚合反应,参加聚合反应的低相对分子质量的化合物称为单体,生成的大分子化合物称为聚合物。乙烯及其衍生物如丁烯、异丁烯、氯乙烯和苯乙烯等都能通过聚合方式生成聚合物。例如,乙烯用 Ziegler-Natta(齐格勒-纳塔)催化剂($TiCl_4$-$Al(C_2H_5)_3$)可以在低压下聚合生成低压聚乙烯,或在高压下聚合生成高压聚乙烯。

$$n CH_2 = CH_2 \xrightarrow[\substack{0.1 \sim 1\ MPa \\ 60 \sim 75\ ℃}]{TiCl_4\text{-}Al(C_2H_5)_3} \text{---}(CH_2\text{---}CH_2)_n\text{---}$$

聚乙烯是无色、无味、无臭、无毒的蜡状固体,具有较好的化学稳定性和电绝缘性,是日常生活中广泛应用的一种热塑性塑料。

3. 烯烃的氧化反应

烯烃的氧化反应很复杂,随着氧化剂和反应条件的不同,得到的氧化产物也不同。

1)高锰酸钾氧化

烯烃很容易被高锰酸钾氧化,但在不同的介质中,可得到不同的氧化产物。例如,在低温下、弱碱性或中性水溶液中,用高锰酸钾作氧化剂时,生成邻二醇和褐色二氧化锰沉淀。

$$3H_2C = CH_2 + 2KMnO_4 + 4H_2O \xrightarrow[\text{中性介质}]{\text{弱碱性或}} 3H_2C\text{---}CH_2 + 2MnO_2 \downarrow + 2KOH$$
$$\qquad\qquad\qquad\qquad\qquad\qquad\qquad\quad | \quad\ | $$
$$\qquad\qquad\qquad\qquad\qquad\qquad\qquad OH\ OH$$

因为上述反应引起明显的颜色和物态的变化,该反应可用做 C = C 双键的鉴别实验,也称为 Baeyer(拜尔)不饱和实验。

如果在热、浓的高锰酸钾碱性溶液或在酸性介质中,则生成的邻二醇进一步被氧化,使原来的烯烃双键断裂,生成羧酸或酮,此反应可用于推测烯烃结构。

$$R\text{---}CH = CH_2 \xrightarrow[H_2SO_4]{KMnO_4} RCOOH + CO_2 \uparrow$$

$$\begin{array}{c} R \\ | \\ C = CHR'' \\ | \\ R' \end{array} \xrightarrow[H_2SO_4]{KMnO_4} \begin{array}{c} R \\ | \\ C = O \\ | \\ R' \end{array} + R''COOH$$

2）臭氧氧化

臭氧是一种氧化能力略强于氧气的氧化剂，如果将它通入烯烃中，臭氧分子很快地加到双键上，形成一个环状加成产物——臭氧化物。臭氧化物不稳定，能猛烈地发生爆炸性分解，通常不需要分离而直接用水分解，生成醛、酮。由于水解时同时产生的过氧化氢可将生成的部分醛氧化成酸，因而如果希望得到醛，则用锌粉在乙酸中或催化氢化（Pd-CaCO₃）将臭氧化物还原分解，以防止过氧化氢的生成。

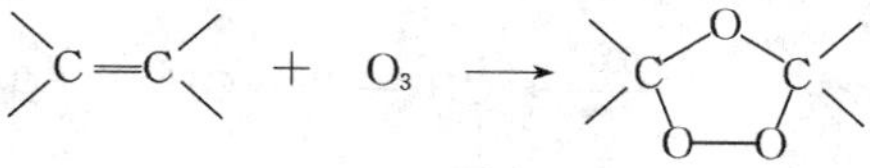

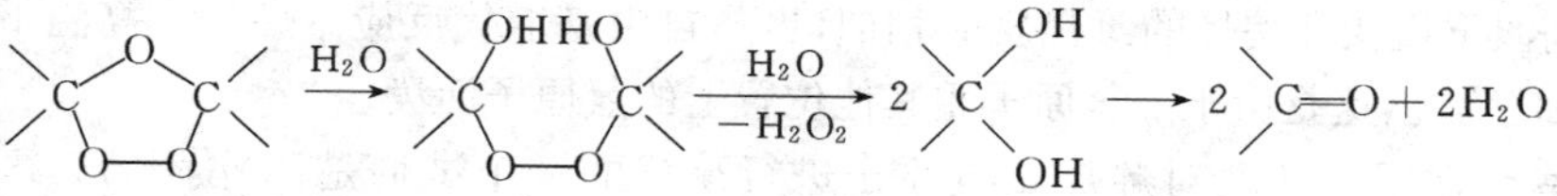

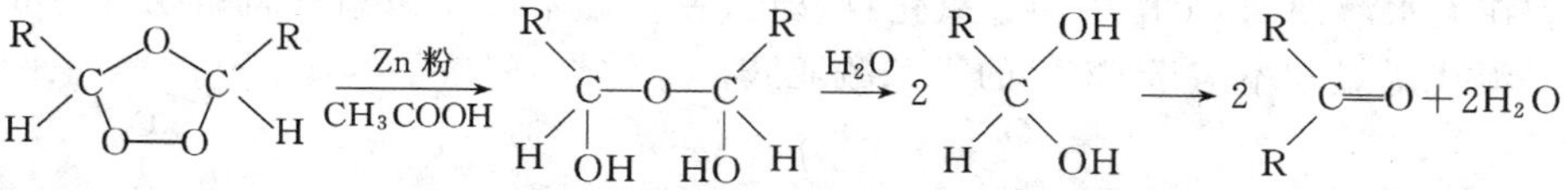

臭氧氧化分解是一个有价值的降解反应，可用以推测烯烃中双键的位置。

思考题 3-3 有一化合物 A，其分子式为 C_7H_{14}，一分子 A 经臭氧氧化还原水解后得到一分子醛和一分子酮，试推测化合物 A 的结构。

$$A \xrightarrow[(2)Zn/H_2O]{(1)O_3} CH_3CHO + (CH_3)_2CHC=O \atop CH_3$$

3）环氧化反应

在较温和的条件下，烯烃与过氧酸作用生成环氧乙烷类化合物的反应，称为环氧化反应。例如：

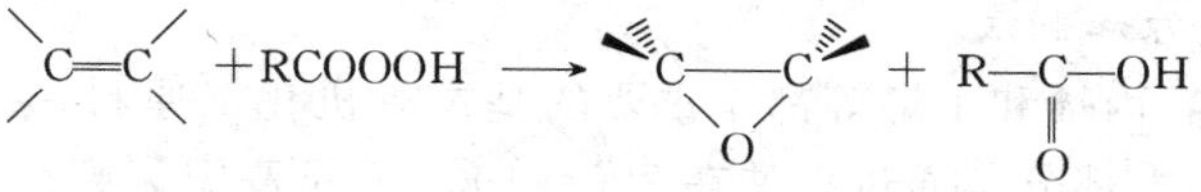

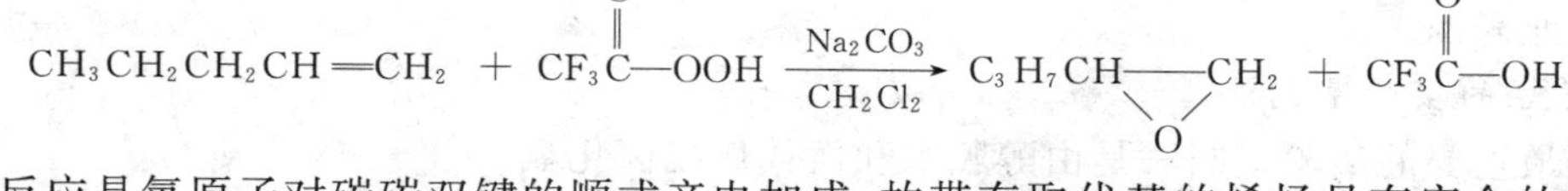

环氧化反应是氧原子对碳碳双键的顺式亲电加成，故带有取代基的烯烃具有完全的立体选择性。常用的过氧酸有过氧甲酸、过氧乙酸、过氧苯甲酸、过氧间氯苯甲酸、过氧三氟乙酸等。

4）催化氧化

在催化剂的存在下，用氧气或空气对有机化合物进行的氧化反应称为催化氧化反应。例如，在金属银或氧化银的存在下，乙烯可被空气中的氧气氧化，生成环氧乙烷。

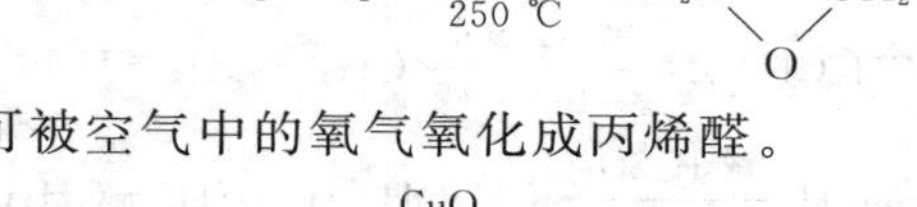

$$2CH_2=CH_2 + O_2 \xrightarrow[250\ ℃]{Ag} 2H_2C-CH_2 \atop O$$

丙烯在氧化铜催化下可被空气中的氧气氧化成丙烯醛。

$$CH_3-CH=CH_2 + O_2 \xrightarrow[400\sim500\ ℃]{CuO} H_2C=CH-CHO + H_2O$$

4. 烯烃的 α-氢原子的反应

在烯烃分子中，与 C＝C 双键直接相连的碳原子称为 α-碳原子，与 α-碳原子相连的氢原子称为 α-氢原子。α-氢原子由于受到双键的影响变得比较活泼。如果在高温下，把丙烯和氯气混合，气相中它们并不发生加成反应，而发生 α-氢原子取代反应，生成 3-氯丙烯。

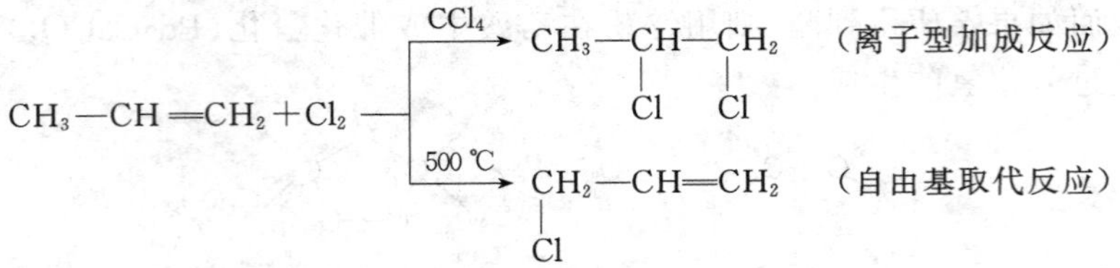

$$CH_3-CH=CH_2+Cl_2 \xrightarrow{CCl_4} CH_3-\underset{Cl}{CH}-\underset{Cl}{CH_2} \quad (离子型加成反应)$$

$$\xrightarrow{500\ ℃} \underset{Cl}{CH_2}-CH=CH_2 \quad (自由基取代反应)$$

烯烃在高温下氯代和烷烃的氯代反应相似，也是自由基取代反应。烯烃在高温下氯代反应以 α-氢原子被取代为主，这是由于 α-氢原子比其他位置上的氢原子活泼。

在实验室最常用来实现对烯烃 α-氢原子进行溴代的一个试剂是 N-溴代丁二酰亚胺，俗称"NBS"，它在无水溶剂如 CCl₄ 中用过氧化物催化，在低温下就可以取代烯烃分子中的 α-氢原子，生成 α-溴代烯烃和不溶于 CCl₄ 的丁二酰亚胺。

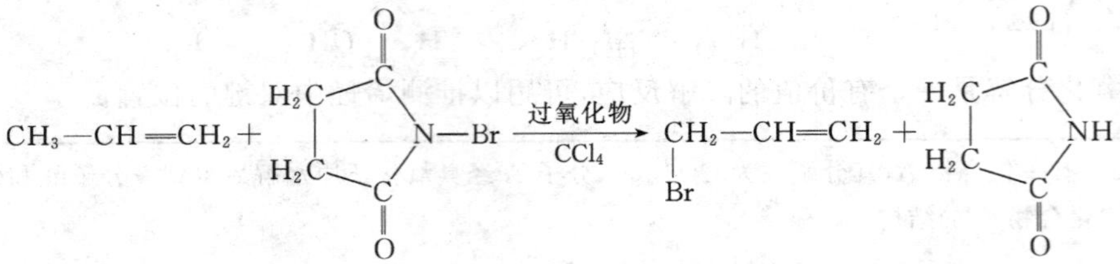

NBS

这个反应称为瓦尔-齐格勒（Wohl-Ziegler）烯丙基溴代反应。

环烯烃的化学性质与烯烃相似，碳碳双键能发生加成反应和氧化反应，α-氢原子也容易发生取代反应。

3.1.5　烯烃的制法

1. 烯烃的工业来源和制法

低级烯烃，如乙烯、丙烯和丁烯等都是重要的基本有机化工原料，它们除了少部分从炼厂气和油田气得到外，绝大部分是通过石油在 700～1000 ℃下高温裂解获得的，因此石油是烯烃重要的工业来源。

2. 烯烃的实验室制法

烯烃最重要的实验室制法是由醇脱水和卤代烷脱卤化氢。

1）醇脱水

醇在硫酸或磷酸催化下一起加热时，发生脱水反应，生成烯烃。

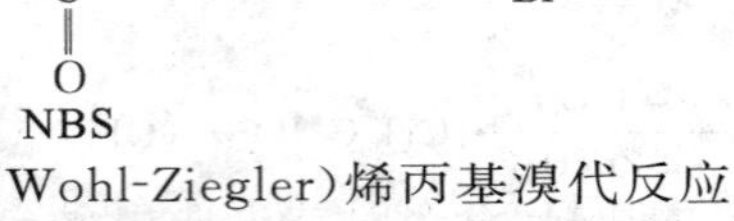

例如：

$$CH_3CH_2OH \xrightarrow[160\ ℃]{浓\ H_2SO_4} CH_2=CH_2+H_2O$$

$$CH_3CH_2CH_2CH_2OH \xrightarrow[140\ ℃]{浓\ H_2SO_4} CH_3CH=CHCH_3+CH_3CH_2CH=CH_2$$

主要产物　　　　　次要产物

2）卤代烷脱卤化氢

卤代烷与强碱如氢氧化钾的醇溶液共热时，一分子的卤代烷可脱去一分子的卤化氢而生成烯烃。

$$\underset{\underset{H}{|}\ \underset{X}{|}}{-C-C-} +KOH \xrightarrow{\text{醇}} \underset{|\quad|}{C=C} +KX+H_2O$$

$$CH_3CH_2\underset{\underset{Br}{|}}{CH}CH_3 \xrightarrow[KOH]{\text{醇}} CH_3CH=CHCH_3 + CH_3CH_2CH=CH_2$$

$$\qquad\qquad\qquad\qquad\qquad 81\% \qquad\qquad\qquad 19\%$$

3.2 炔 烃

3.2.1 炔烃的命名

普通命名法用于结构简单的炔烃的命名，命名时将乙炔作为母体，把被命名的化合物看做乙炔的一个或两个氢原子被烷基取代后的衍生物，如 $CH_3C\equiv CH$ 叫做甲基乙炔。

系统命名法用于结构比较复杂的炔烃，其规则与烯烃的命名相似，用"炔"代替母体烃中的"烯"。例如：

$$HC\equiv CCH_3 \qquad CH_3C\equiv CCH_2CH_3 \qquad CH_3\underset{\underset{CH_3}{|}}{CH}CH(Cl)C\equiv CCH_2CH(CH_3)CH_2CH_3$$

丙炔　　　　　　2-戊炔

2,7-二甲基-3-氯-4-壬炔

分子中同时含有 C=C 双键的炔烃，命名时首先选择含有双键和三键的最长碳链作为母体，给母体化合物编号时要以使双键和三键位次之和最小为原则，命名时先烯后炔。如果在母体化合物两端等距离处同时出现双键和三键，选择使双键具有最小的位次编号的命名。例如：

$$HC\equiv C\underset{\underset{CH_3}{|}}{CH}CH=CH_2 \qquad\qquad CH_3-CH=CH-C\equiv CH$$

3-甲基-1-戊烯-4-炔　　　　　　　　　　　3-戊烯-1-炔

3.2.2 炔烃的结构

乙炔的分子式为 C_2H_2，结构式为 $H-C\equiv C-H$。现代物理方法证实，乙炔是直线型分子，分子中的四个原子都排布在同一条直线上，$C\equiv C$ 键的键长为0.121 nm，C—H 键键长为 0.106 nm，键角为 $180°$。

$$\underset{\substack{\longleftarrow \\ 0.106\ mm}}{H-}\overset{\substack{0.121\ mm \\ \downarrow}}{C\equiv C}\underset{\substack{\nwarrow \\ 180°}}{-H}$$

杂化轨道理论认为，乙炔分子中的碳原子与其他原子结合成键时，采用一个 2s 轨道和一个 2p（如 $2p_x$）轨道重新组合形成两个等能量的、反方向的 sp 杂化轨道，而未参与杂化的另两个 2p 轨道则沿另一对称轴方向，彼此互相垂直，并与 sp 杂化轨道垂直（见图3-5）。

当两个 sp 杂化的碳原子各以一个 sp 杂化轨道彼此"头碰头"相互重叠时，就形成了一个 C—C σ键，如果每个碳原子余下的 sp 杂化轨道与氢原子的 1s 轨道相互重叠，就形成两个 C—H σ键，这三个 σ 键的对称轴在同一条直线上。此外，C—C键两个碳原子上未杂化的 p 轨道两两

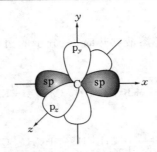

图 3-5　碳原子的两个 sp 杂化轨道和两个未杂化的 2p 原子轨道

对应平行发生侧面重叠，形成两个相互垂直的 π 键，其电子云围绕 C—C σ 键呈圆柱形对称分布，即炔烃分子中的 C≡C 三键是由一个 σ 键和两个 π 键构成的。

由于 C≡C 三键碳原子的 sp 杂化轨道中 s 轨道成分（$\frac{1}{2}$s 成分）比 sp^2 杂化轨道（$\frac{1}{3}$s 成分）和 sp^3 杂化轨道（$\frac{1}{4}$s 成分）都大，因而 sp 杂化轨道具有较强的电负性（见表 3-5），成键电子更靠近碳原子核而键长缩短，sp 杂化的碳原子结合电子能力比较强。

表 3-5　不同杂化状态的碳原子的电负性

碳原子的杂化状态	sp^3	sp^2	sp
电负性	2.48	2.75	3.29

3.2.3　炔烃的物理性质

常温常压下，$C_2 \sim C_4$ 的炔烃是气体，$C_5 \sim C_{15}$ 的炔烃是液体，C_{16} 以上的炔烃是固体。它们的沸点、熔点和密度等都随分子中碳原子数的增加而增高，并且比相应的烷烃和烯烃都高（见表 3-6）。三键位于碳链末端的炔烃的沸点低于三键位于碳链中间的异构体的沸点。炔烃难溶于水，但易溶于丙酮、石油醚、苯等有机溶剂。

表 3-6　一些炔烃、烯烃和烷烃的物理参数

名　　　称	结　构　式	沸点/℃	熔点/℃	相对密度（d_4^{20}）
乙炔	HC≡CH	−83	−82	0.618
乙烯	H_2C=CH_2	−103.7	−169	0.610
乙烷	CH_3—CH_3	−89	−172	0.546
丙炔	CH_3C≡CH	−23	−102	0.671
丙烯	CH_3CH=CH_2	−47.4	−185	0.610
丙烷	$CH_3CH_2CH_3$	−42	−187	0.582
1-丁炔	CH_3CH_2C≡CH	+9	−122	0.668
1-丁烯	CH_3CH_2CH=CH_2	6.3	−184.3	0.626
正丁烷	$CH_3CH_2CH_2CH_3$	−0.5	−135	0.579
2-丁炔	CH_3C≡CCH_3	+27	−24	0.694

3.2.4 炔烃的化学性质

炔烃的化学性质与烯烃类似,也能发生催化加氢、亲电加成、氧化和聚合等反应。但与烯烃不同的是,炔烃还能与某些试剂(如 CH_3OH、HCN、CH_3COOH 等)发生亲核加成反应,另外,由于 $C{\equiv}C$ 三键的影响,三键碳原子上的氢具有明显的酸性。

1. 亲电加成反应

1) 炔烃和卤素的加成

炔烃可以与卤素发生加成反应,但炔烃与卤素的加成反应活性小于烯烃,反应需要催化剂才能进行。但卤素的吸电子作用往往使第二步加成比第一步困难,如果控制反应条件,可以使反应停留在一分子加成产物的阶段。用溴加成能产生快速的颜色变化,可用于检验 $C{\equiv}C$ 三键的存在。炔烃与碘的加成比较困难,加成时只得到一分子加成产物。

$$R-C{\equiv}C-R \xrightarrow{+X_2} R-\underset{X}{\overset{X}{C}}=\underset{X}{\overset{}{C}}-R \xrightarrow{+X_2} R-\underset{X}{\overset{X}{C}}-\underset{X}{\overset{X}{C}}-R$$

低温下,分子中同时含有双键和三键的烯炔加成时,由于双键活性大于三键活性,卤素总是优先加成到双键上。

$$H_2C{=}CHCH_2C{\equiv}CH + Br_2 \longrightarrow H_2C-\underset{Br}{\overset{}{C}}HCH_2C{\equiv}CH$$
$$\underset{Br\ Br}{}$$

2) 炔烃和卤化氢的加成

不对称炔烃与卤化氢的加成是按照马氏规则进行的。

$$R-C{\equiv}C-H \xrightarrow{+HX} R-\overset{X}{\underset{}{C}}=CH_2 \xrightarrow{+HX} R-\underset{X}{\overset{X}{C}}-CH_3 \qquad HX=HCl、HBr、HI$$

上述反应可控制在一分子加成产物的阶段。

如果使用催化剂,可以加速反应的进行。例如,乙炔与氯化氢在亚汞盐的存在下加成,可以得到氯乙烯,继续加成可以生成同碳二氯化物。

$$HC{\equiv}CH \xrightarrow[150\sim160\ ℃]{HCl,HgCl} H_2C{=}CH-Cl \xrightarrow[HgCl]{HCl} CH_3-CHCl_2$$

这是工业上生产氯乙烯单体的重要反应。

需要指出的是,炔烃与溴化氢在过氧化物的存在下加成时,也有过氧化物效应,即加成的方式也是反马氏规则的。例如:

$$CH_3-C{\equiv}C-H + HBr \xrightarrow{过氧化物} CH_3-CH{=}CHBr$$

3) 炔烃与水的加成

炔烃与水的加成,需要在 $HgSO_4$-H_2SO_4 催化剂的存在下进行。例如,水对乙炔加成时,先形成一种不稳定的中间产物——乙烯醇,它很快就转化为较稳定的酮式产物——乙醛。因此,水和炔烃的加成涉及两个步骤,即水加到碳碳三键上,随即发生分子内重排。在一般条件下,两个构造异构体可以迅速地相互转变的现象称为互变异构现象。例如:

$$HC{\equiv}CH + H_2O \xrightarrow[HgSO_4]{H_2SO_4} \left[\underset{乙烯醇}{\overset{H}{\underset{H}{C}}{=}\overset{H}{\underset{OH}{C}}}\right] \underset{互变异构}{\rightleftharpoons} \underset{乙醛}{\overset{H}{\underset{H\ O}{\overset{}{C}}}-\overset{H}{\underset{}{C}}}$$

　　炔烃与水的加成遵循马氏规则。因此，除乙炔与水加成主要生成乙醛外，其他炔与水加成的主要产物都是酮。

　　4）硼氢化反应

　　炔烃较容易进行硼氢化反应。例如，炔烃硼氢化后再质子化可以得到顺式烯烃；一取代乙炔硼氢化后氧化水解，可以得到醛，二取代乙炔则得到酮。

$$CH_3CH_2C{\equiv}CCH_2CH_3 \xrightarrow[\text{二甘醇二甲醚}]{B_2H_6,\,0\,℃} \left[\begin{array}{c} CH_3CH_2 \quad\quad CH_2CH_3 \\ C{=}C \\ H \quad\quad\quad\quad H \end{array} \right]_3 B \xrightarrow[H_2O]{H_2O_2,\,OH^-}$$

$$\xrightarrow[25℃]{H^+(\text{乙酸})} \begin{array}{c} CH_3CH_2 \quad\quad CH_2CH_3 \\ C{=}C \\ H \quad\quad\quad\quad H \end{array} \qquad CH_3CH_2CH_2{-}C{-}CH_2CH_3 \atop \quad\quad\quad\quad\quad\quad \| \atop \quad\quad\quad\quad\quad\quad O$$

思考题 3-4　虽然炔烃的不饱和度比烯烃大，但炔烃的亲电加成反应为什么比烯烃难得多？

　　2．亲核加成反应

　　在碱的存在下，炔烃和醇发生加成反应。例如，乙炔和甲醇在下列条件发生加成反应，生成甲基乙烯基醚。

$$HC{\equiv}CH + CH_3OH \xrightarrow[\substack{160\sim165\,℃ \\ 2\sim2.2\,MPa}]{KOH(20\%)} H_2C{=}CH{-}OCH_3$$

　　甲基乙烯基醚是制造涂料、清漆、增塑剂和黏合剂的原料。

　　上述反应的发生，首先是甲醇在碱溶液中离解出的甲氧基负离子用一对电子与三键的一个碳原子共享，使三键碳上的一对 π 电子集中到另一个三键碳原子上，生成一个碳负离子中间体，然后碳负离子中间体再与另一分子甲醇作用获得一个质子而生成甲基乙烯基醚。

$$CH_3OH + KOH {\Longleftrightarrow} CH_3O^-K^+ + H_2O$$

$$HC{\equiv}CH + CH_3O^- {\longrightarrow} CH_3OCH{=}CH^- \xrightarrow{CH_3OH} CH_3OCH{=}CH_2 + CH_3O^-$$

　　反应表明，CH_3O^- 由于能供给电子，有亲近正电荷的倾向，所以具有亲核性能。由亲核试剂进攻而引起的加成反应称为亲核加成反应。虽然炔烃进行亲电加成比烯烃困难，但进行亲核加成比烯烃容易。这是由于亲核试剂加到三键碳原子上所生成的负离子（乙烯基负离子）要比亲核试剂加到双键碳原子上所生成的负离子（乙基负离子）稳定从而容易生成。

　　乙炔在 $CuCl_2$-NH_4Cl 的酸性溶液中与氢氰酸进行加成时，生成丙烯腈。

$$HC{\equiv}CH + HCN \xrightarrow[NH_4Cl]{CuCl_2} H_2C{=}CH{-}CN$$

　　丙烯腈是合成腈纶和塑料的重要原料。

　　3．催化加氢和还原反应

　　1）炔烃的催化加氢

　　在金属催化剂如铂、钯或镍的存在下炔烃与氢能发生加成反应。注意，这种条件下的加氢反应不能停留在生成烯烃的阶段，最终产物主要为烷烃。

$$R—C\equiv C—R \xrightarrow[Pt、Pd 或 Ni]{H_2} \left[\begin{array}{c} R \qquad R \\ C=C \\ H \qquad H \end{array} \right] \xrightarrow[Pt、Pd 或 Ni]{H_2} \begin{array}{c} H \quad H \\ R—C—C—R \\ H \quad H \end{array}$$

炔烃的部分催化加氢生成烯烃——立体选择性反应:若用活性较低的 Lindlar 催化剂(金属钯沉淀在 $BaSO_4$ 或 $CaCO_3$ 上,并用乙酸铅或喹啉使钯部分毒化以降低其活性),可使炔烃的催化加氢停留在生成烯烃的阶段。这种催化加氢的立体选择性很强,三键不在碳链末端的炔烃主要生成顺式的烯烃。

$$R—C\equiv C—R \xrightarrow[Lindlar 催化剂]{H_2} \begin{array}{c} R \qquad R \\ C=C \\ H \qquad H \end{array}$$
$$\text{顺式烯烃}$$

2) 炔烃的还原反应

三键不在碳链末端的炔烃如果在液态氨中用金属钠还原,则得到反式的烯烃。例如:

$$C_4H_9C\equiv CC_4H_9 \xrightarrow{Na+NH_3(液)} \begin{array}{c} C_4H_9 \qquad H \\ C=C \\ H \qquad C_4H_9 \end{array}$$
$$\text{反-5-癸烯}$$

炔烃的顺式还原是将两个氢原子加到三键同侧的结果,这种加成与前面烯烃中遇到的历程相同。反式加成的历程可能是通过生成自由基负离子(既带未配对电子,又带负电荷)中间体而进行的。

凡是在几种可能生成的立体异构体中,主要生成其中一种异构体的反应,称为立体选择性反应。炔烃用 Lindlar 催化剂催化氢化和在液氨中用金属钠还原就是立体选择性反应的例子。

4. 聚合反应、氧化反应

1) 炔烃的聚合反应

炔烃可发生聚合反应,但在不同的条件下,聚合生成的产物不同。例如:

$$2HC\equiv CH \xrightarrow[HCl]{Cu_2Cl_2,NH_4Cl} H_2C=CH—C\equiv CH$$

$$3HC\equiv CH \xrightarrow[500\ ℃]{Ni(CN)_2} \bigcirc$$

利用炔烃聚合反应制备苯没有应用价值。

2) 炔烃的氧化反应

炔烃与高锰酸钾、臭氧等能发生氧化反应。例如,把乙炔通入高锰酸钾溶液中时,碳碳三键发生断裂,乙炔被氧化成二氧化碳和水,同时高锰酸钾溶液的颜色褪去;在碱性介质中析出棕褐色的二氧化锰沉淀,在酸性介质中,溶液为肉色(Mn^{2+} 的颜色)或近于无色,因此这个反应常用来检验碳碳三键的存在。三键碳原子上不连有氢原子的炔烃,氧化时则得到羧酸。例如:

$$R—C\equiv C—R' \xrightarrow[OH^- 或 H^+]{KMnO_4} RCOOH+R'COOH$$

分子中同时含有双键和三键官能团的化合物遇氧化剂时,由于双键比三键易氧化,因此氧化反应首先发生在双键上。

$$HC\equiv C(CH_2)_7CH=C(CH_3)_2 \xrightarrow{CrO_3} HC\equiv C(CH_2)_7C=O + O=C\begin{matrix}CH_3\\CH_3\end{matrix}$$

炔烃若用臭氧氧化,则可生成两分子羧酸。例如:

$$RC\equiv CR' \xrightarrow[CCl_4]{O_3} \xrightarrow{H_2O} RCOOH+R'COOH$$

5. 端基炔的反应

乙炔以及单取代的乙炔R—C≡CH含有一个连在三键碳原子上的氢原子,这种氢原子具有一定的酸性($pK_a=25$),在适当条件下容易被某些金属原子取代,生成金属炔化物。例如:

$$HC\equiv CH + NaNH_2 \xrightarrow{液态氨} HC\equiv C^-Na^+ + NH_3$$

$$R-C\equiv CH + NaNH_2 \xrightarrow{液态氨} R-C\equiv C^-Na^+ + NH_3$$

炔化钠是一个很活泼的亲核试剂,它可以和伯卤代烷作用,生成高级炔烃。

$$R-C\equiv C^-Na^+ + R'CH_2X \longrightarrow R-C\equiv C-CH_2R' + NaX \qquad X=Cl、Br、I$$

此反应是制备高级炔烃的重要方法。

金属炔化物的形成说明与三键碳原子相连的氢原子具有的酸性强于双键碳原子或单键碳原子上相连的氢原子。这是因为炔键中的碳原子以 sp 杂化轨道与氢原子成键,sp 杂化轨道中的 s 成分要比 sp^2 和 sp^3 杂化轨道中的 s 成分大,因其有较强的电负性(见表 3-5),使电子云更靠近碳原子,这样就使 C—H 键的极性增大,容易离解出质子并形成相对稳定的碳负离子。

乙炔或单取代的乙炔与硝酸银或氯化亚铜的氨溶液反应,将快速生成不溶性的炔化物(AgC≡CAg 为白色,CuC≡CCu 为红棕色)。例如:

$$HC\equiv CH + 2Ag(NH_3)_2NO_3 \longrightarrow AgC\equiv CAg\downarrow + 2NH_4NO_3 + 2NH_3$$

$$RC\equiv CH + Ag(NH_3)_2NO_3 \longrightarrow R-C\equiv CAg\downarrow + NH_4NO_3 + NH_3$$

$$HC\equiv CH + 2Cu(NH_3)_2Cl \longrightarrow CuC\equiv CCu\downarrow + 2NH_4Cl + 2NH_3$$

$$RC\equiv CH + Cu(NH_3)_2Cl \longrightarrow R-C\equiv CCu\downarrow + NH_4Cl + NH_3$$

此反应可用以检验具有—C≡CH结构的炔烃的存在。

重金属炔化物干燥时很不稳定,常因撞击或受热而发生爆炸,所以反应后产物须用无机酸(HNO_3 或 HCl)处理,使之分解,以免发生危险。

3.2.5　炔烃的制法

1. 邻二卤代烷脱卤化氢

1,2-卤代烷用强碱(如 KOH)的醇溶液脱去一个分子的卤化氢比较容易,这是制备不饱和卤代烃的一种有用的方法。在温和条件下脱卤化氢的反应会停留在这一产物的阶段,所以常需要使用热的氢氧化钾或氢氧化钠的醇溶液,或用 $NaNH_2$ 处理才能形成炔烃。

$$R-\underset{Br}{CH}-\underset{Br}{CH_2} \xrightarrow{KOH}{醇} R-CH=CH-Br \xrightarrow{NaNH_2} R-C\equiv CH$$

2. 炔烃的烷基化

$$R-C\equiv CH \xrightarrow[液氨]{Na} R-C\equiv C^-Na^+ \xrightarrow{R'X} R-C\equiv C-R' + NaX$$

3.3 二 烯 烃

3.3.1 二烯烃的分类及命名

二烯烃是分子中含有两个 $C=C$ 双键的烯烃,根据分子中两个 $C=C$ 双键的相对位置的不同,可分为三类。

(1) 累积二烯烃:含有 $C=C=C$ 结构的二烯烃。

最简单的累积二烯烃是丙二烯($H_2C=C=CH_2$)。

(2) 共轭二烯烃:含有 $C=CH(R)-CH(R)=C$ 结构的二烯烃。

最简单的共轭二烯烃是 1,3-丁二烯($H_2C=CH-CH=CH_2$)。

(3) 孤立二烯烃:分子中的两个 $C=C$ 双键之间被亚甲基隔离 $C=CH-(CH_2)_n-CH=C$ ($n \geqslant 1$)的二烯烃。

最简单的孤立二烯烃是 1,4-戊二烯($CH_2=CH-CH_2-CH=CH_2$)。

二烯烃的命名与单烯烃相似,所不同的是在"烯"字的前面加个"二"字,并且标明两个双键的位次,双键位次以代数和最小为原则。例如:

$$H_2C=\underset{\underset{CH_3}{|}}{C}-CH=CH_2 \qquad H_2C=CH-CH=CH-CH=CH_2$$

2-甲基-1,3-丁二烯   1,3,5-己三烯

二烯烃的顺反异构体的构型用顺、反或 Z、E 表示。例如:

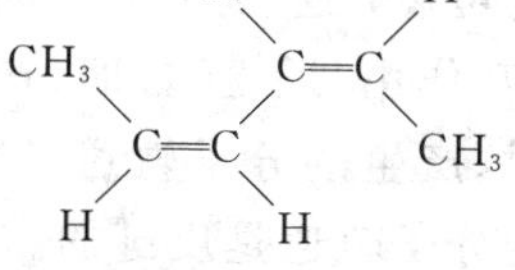

顺,顺-2,4-己二烯   顺,反-2,4-己二烯
或(Z,Z)-2,4-己二烯   或(Z,E)-2,4-己二烯

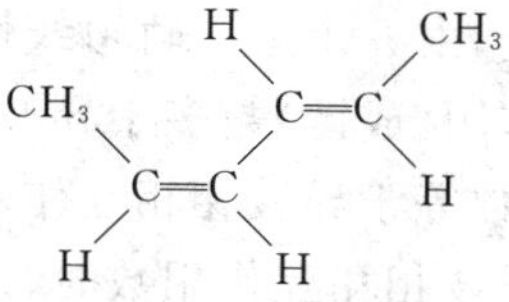

与烯烃一样,多烯烃本身有碳架、位置、顺反异构体,此外,因两个双键中的单键可以旋转,共轭烯烃有构象异构体。1,3-丁二烯有两种比较容易表示的构象,一种构象是分子中的两个碳碳双键位于 C(2)—C(3) 单键的同侧,用 s-顺或 s-(Z) 表示,另一种构象是分子中的两个双键位于 C(2)—C(3) 单键的异侧,用 s-反或 s-(E) 表示,这里 s 表示两个双键间的单键。通常,s-反型比 s-顺型稳定,它们的位能差为 10.5～13.0 kJ·mol^{-1}。由 s-顺型转变为 s-反型要跨越 26.8～29.3 kJ·mol^{-1} 的能垒,分子在室温时的热运动足以提供这些能量,因此 s-顺型构象和 s-反型构象能迅速互相转换。

s-顺-1,3-丁二烯 　　　　　　s-反-1,3-丁二烯

s-(Z)-1,3-丁二烯 　　　　　s-(E)-1,3-丁二烯

3.3.2　共轭体系及共轭效应

1. 共轭二烯烃的结构

最重要的共轭二烯烃是 1,3-丁二烯。在 1,3-丁二烯分子中,四个碳原子都是 sp^2 杂化的,碳、碳之间和碳、氢之间分别形成九个 σ 键,每个碳原子还有一个未杂化的 p 轨道,它们相互平行发生侧面重叠而构成 π 键,使四个碳原子的所有 σ 键都处在同一平面上。

从图 3-6 中可以看出,1,3-丁二烯分子中的 C(2) 和 C(3) 的 p 轨道不仅分别与 C(1) 和 C(4) 的 p 轨道发生侧面重叠,而且在它们之间也发生一定程度的侧面重叠,这就形成 1,3-丁二烯分子中的各个碳原子的 p 电子不是定域在两个碳核之间(定域分子轨道),而是可在四个碳原子的 p 轨道发生"运动",即发生电子离域,形成一种大 π 键,称为离域 π 键。1,3-丁二烯分子是由四个 p 轨道带有四个电子相互重叠而形成的大 π 键,即 π_4^4 体系。

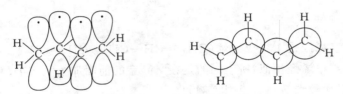

图 3-6　1,3-丁二烯分子中共轭体系和大 π 键的构成

由此可见,1,3-丁二烯分子中的 π 键与乙烯分子中的 π 键不同。乙烯分子中的 π 键只局限在成键的两个碳原子之间,称为定域 π 键,而 1,3-丁二烯分子中的两个 π 键上的 π 电子不局限于成键的两个碳原子之间,而是运动于整个碳链,这样,两个 π 键就连贯重叠在一起构成一个整体,称为共轭体系。

按照分子轨道理论,由 n 个原子轨道线性组合可以产生 n 个分子轨道。当相邻原子轨道波函数的同波相相互作用(成键)数多于异波相相互作用(反键)数时,产生的分子轨道是成键的;当同波相相互作用数等于异波相相互作用数时,产生的分子轨道是非键(不成键的);当同波相相互作用数小于异波相相互作用数时,产生的分子轨道是反键的。根据量子力学的计算,1,3-丁二烯分子中四个碳原子的 p 轨道可以组合成四个离域化的分子轨道(见图 3-7)。

图 3-7 中,ψ_1 中的 C(1) 与 C(2)、C(2) 与 C(3)、C(3) 与 C(4) 之间都成键,在键轴上没有节面,ψ_1 是能量最低的成键轨道。ψ_2 中有一个节面,它在 C(1) 与 C(2)、C(3) 与 C(4) 之间成键,但在 C(2) 与 C(3) 之间是反键的,成键数多于反键数,所以仍然有净的成键作用,ψ_2 是能量较低的成键轨道。ψ_3 中有两个节面,它在 C(2) 与 C(3) 之间成键,在 C(1) 与 C(2)、C(3) 与 C(4) 之间是反键的,成键数少于反键数,ψ_3 是能量较高的反键轨道。ψ_4 中有三个节面,它在 C(1) 与 C(2)、C(2) 与 C(3)、C(3) 与 C(4) 之间都是反键的,所以 ψ_4 是能量最高的反键轨道。在基态时,1,3-丁二烯分子中的四个 p 电子占据在能量较低的 ψ_1 和 ψ_2 成键轨道,并且每一个成键轨道中的 π 电子都不局限在 C(1) 与 C(2) 和 C(3) 与 C(4) 之间运动,而是离域到四个碳原子之

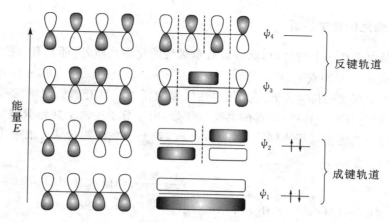

图 3-7　1,3-丁二烯的 π 分子轨道图形

间,因此使分子稳定。此外,在 ψ_1 中 C(2)与 C(3)轨道重叠较多,在 ψ_2 中 C(1)与 C(2)、C(3)与 C(4)轨道重叠较多,如果把 ψ_1 和 ψ_2 相叠加,C(2)与 C(3)间的电子云密度就有所增加。根据量子力学计算结果和 X 射线衍射的测定,1,3-丁二烯分子中 C(2)与 C(3)之间的键比"普通的"C—C 单键略短,键长为0.148 nm,C(1)与 C(2)或 C(3)与 C(4)之间的键比"普通"的 C=C 双键略长,键长为 0.137 nm,这说明 1,3-丁二烯分子中的 C=C 双键和C—C单键键长趋于平均化,因此,1,3-丁二烯中所有碳原子间的键都具有 π 键的性质,只是 C(2)与 C(3)之间的键具有的 π 键的性质要弱些。

$$\underset{0.137\,\text{nm}}{\overset{0.148\,\text{nm}}{H_2C=CH-CH=CH_2}}$$

由此可见,共轭体系具有如下特点:共平面性,键长趋于平均化,共轭体能量降低。

2. 1,3-丁二烯的共振结构式

经典的结构式(即 Lewis 结构式)不能很好地表示共轭分子(如 1,3-丁二烯)中 C=C 双键和 C—C 单键趋于平均化即电子离域化这一实际情况,通常倾向于用 20 世纪 30 年代 Pauling 提出来的一种分子结构理论——共振论来说明这样的事实,即以极限的方式用几种"极限结构"来描述它的实际状态。例如,1,3-丁二烯可以用下面的几种极限结构来表示:

$$CH_2=CH-CH=CH_2 \longleftrightarrow CH_2=CH-\overset{+}{C}H-\overset{-}{C}H_2 \longleftrightarrow CH_2=CH-\overset{-}{C}H-\overset{+}{C}H_2$$
(a)　　　　　　　　　　(b)　　　　　　　　　　(c)

$$\longleftrightarrow \overset{-}{C}H_2-\overset{+}{C}H-CH=CH_2 \longleftrightarrow \overset{+}{C}H_2-\overset{-}{C}H-CH=CH_2 \longleftrightarrow \overset{-}{C}H_2-CH=CH-\overset{+}{C}H_2$$
(d)　　　　　　　　　　(e)　　　　　　　　　　(f)

$$\longleftrightarrow \overset{-}{C}H_2-CH=CH-\overset{+}{C}H_2$$
(g)

共振论认为,1,3-丁二烯分子的真实结构介于上述几种极限结构之间,这种现象称为共振,这些式子称为 1,3-丁二烯的共振结构式,各共振结构式之间用双箭头连接。

应该指出的是,共振结构式都是"假想"出来的,并不真实存在,只是有助于表达分子实际状态即电子离域化的一种形式,不能认为分子的实际结构是通过各个极限结构的共振(参见6.2)而产生的,或者认为是通过双键从一个"极限位置"向另一个"极限位置""振荡"而产生的。

3.3.3　共轭二烯烃的化学性质

共轭二烯烃由于结构上的特点,除应具有单烯烃的化学性质外,还具有一些特殊的性质。

1. 1,2-加成和 1,4-加成反应

二烯烃分子中双键的排列方式对其化学性质影响很大。具有孤立双键的二烯烃,其化学性质与单烯烃相似;具有交替单、双键的共轭二烯烃,由于分子中两个共轭双键的相互影响,其化学性质通常与一般的单烯烃不同。例如,1,3-丁二烯与溴在四氯化碳溶液中进行加成,可生成两种二溴化物。

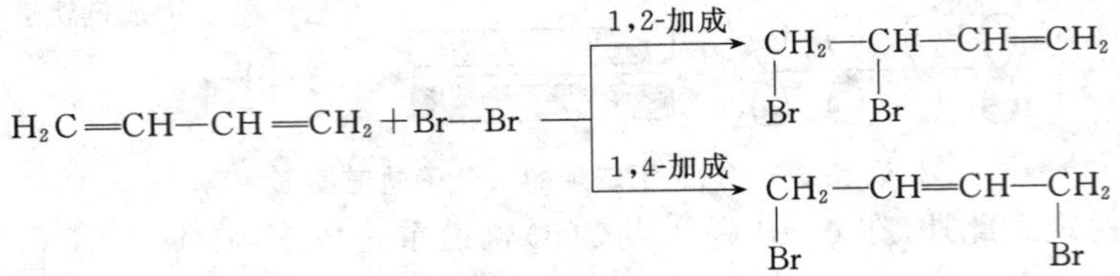

$$H_2C=CH-CH=CH_2 + Br-Br$$

1,2-加成 → $CH_2-CH-CH=CH_2$，Br　Br

1,4-加成 → $CH_2-CH=CH-CH_2$，Br　Br

当溴化氢与 1,3-丁二烯加成时,同时得到 3-溴-1-丁烯和 1-溴-2-丁烯。

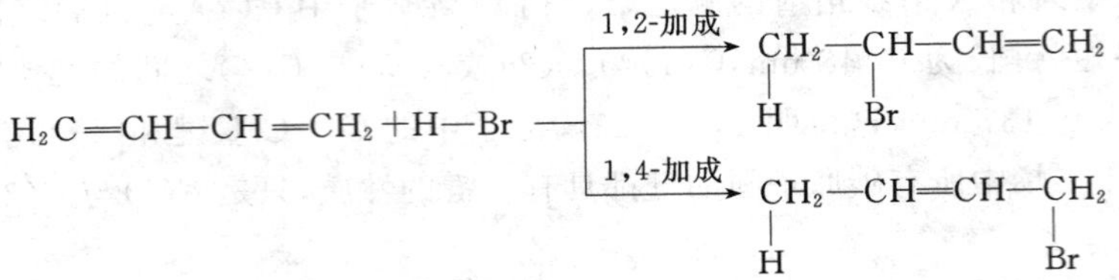

$$H_2C=CH-CH=CH_2 + H-Br$$

1,2-加成 → $CH_2-CH-CH=CH_2$，H　Br

1,4-加成 → $CH_2-CH=CH-CH_2$，H　Br

在通常情况下,共轭二烯烃与亲电试剂加成时可有两种方式:一种是试剂的两部分加到同一个双键的两个碳原子上(即 C(1) 和 C(2) 上),这样的加成方式叫做 1,2-加成;另一种是试剂的两部分加到共轭双键的两端碳原子上(即 C(1) 和 C(4) 上),这样的加成方式叫做 1,4-加成。

1,3-丁二烯与亲电试剂之所以按两种方式进行加成,可通过共振论来解释。烯烃的亲电加成反应是一个分步过程,第一步涉及生成最稳定的碳正离子中间体。在 1,3-丁二烯与溴化氢的加成反应中,也是分步进行的。当亲电试剂(H⁺)与 1,3-丁二烯加成时,理论上可以加到 C(1) 上,也可以加到 C(2) 上。如果加到 C(1) 上,生成的活性中间体是一个烯丙基型碳正离子;如果加到 C(2) 上,生成的活性中间体是一个伯碳正离子。

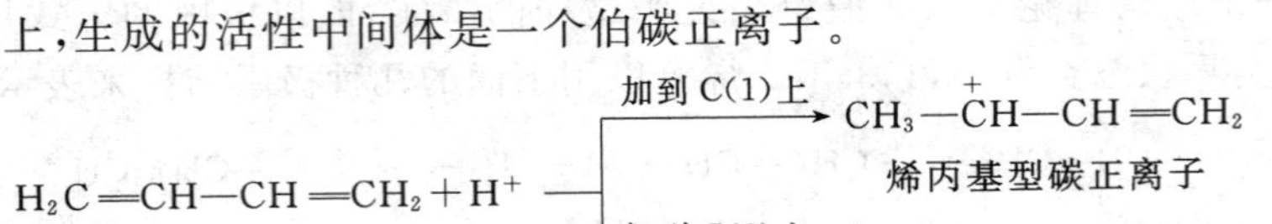

$$H_2C=CH-CH=CH_2 + H^+$$

加到 C(1) 上 → $CH_3-CH-CH=CH_2$（烯丙基型碳正离子）

加到 C(2) 上 → $CH_2-CH_2-CH=CH_2$（伯碳正离子）

在烯丙基型碳正离子中,缺电子的碳原子与双键碳原子直接相连,从而形成一个 p-π 共轭体系(见图 3-8),双键上的一对 π 电子向带正电荷的碳原子的空 p 轨道离域,使 C(2) 上的正电荷分散到 C(3) 和 C(4) 上,因此烯丙基型碳正离子是一类稳定性很好的碳正离子。

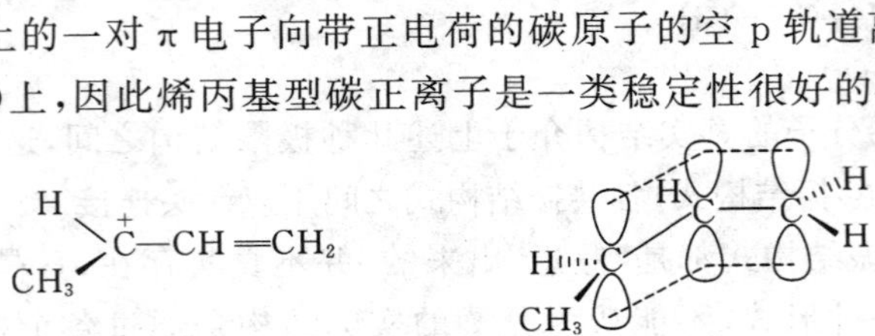

图 3-8　烯丙基型碳正离子中的 p-π 共轭效应

应用共振理论,烯丙基型碳正离子可用两种稳定的共振结构式表示如下:

$$CH_3-\overset{+}{C}H-CH=CH_2 \longleftrightarrow CH_3-CH=CH-\overset{+}{C}H_2$$

上述两种共振结构式中,原子核的排列完全相同,仅在电子的排列上有差别。

烯丙基型碳正离子也可以用下式表示:

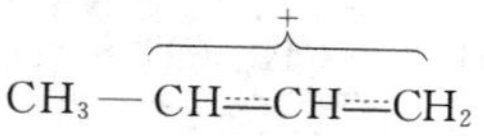

$$CH_3-\overset{\frown\,\,+}{CH\!=\!\!=\!\!=CH\!=\!\!=\!\!=CH_2}$$

相对电荷分布为

$$CH_3-\overset{\delta^+}{CH}\!=\!\!=\!\!=\overset{\delta^-}{CH}\!=\!\!=\!\!=\overset{\delta^+}{CH_2}$$

由于正电荷分布相对不匀,在加成的第二步时,亲核试剂又有两个位置选择,从而得到 1,2-加成产物和 1,4-加成产物。

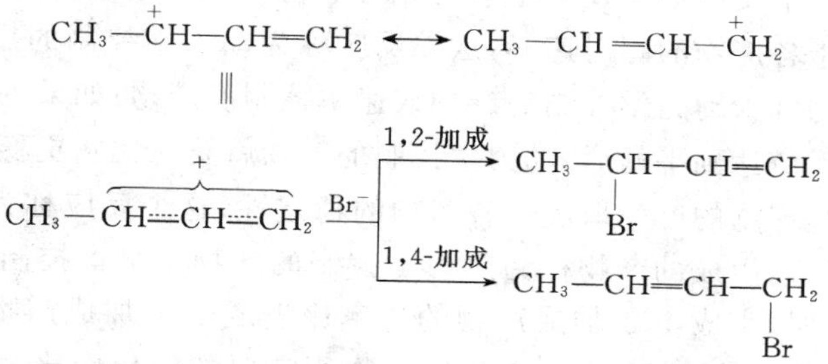

$$CH_3-\overset{+}{C}H-CH=CH_2 \longleftrightarrow CH_3-CH=CH-\overset{+}{C}H_2$$

$$\parallel$$

因此,HBr 向共轭二烯烃加成时,第一步得到的碳正离子通常是最稳定的烯丙基型碳正离子,第二步加成时,又有两个位置选择形成两种产物。

共轭二烯烃的 1,2-加成和 1,4-加成是同时发生的竞争反应,其产物的比例除与共轭二烯烃的结构有关外,还与溶剂的极性和反应的温度有关。一般来说,溶剂极性增加和反应温度升高,则导致 1,4-加成产物增加;溶剂极性减弱和反应温度降低,则导致 1,2-加成产物增加(见表 3-7)。

表 3-7　溶剂和温度对共轭二烯烃 1,2-加成和 1,4-加成的影响

溶　剂	反应温度/ ℃	1,2-加成产物所占比例/(%)	1,4-加成产物所占比例/(%)
正己烷	−15	62	38
氯　仿	−15	37	63
乙　酸	4	30	70

例如,1,3-丁二烯与溴化氢的加成,在较高的温度(如 40 ℃)时,得到 1,4-加成产物较多;在低温(如 −80 ℃)时,得到 1,2-加成产物较多;在中间温度(如 −20 ℃)时,得到中间组成的混合物。

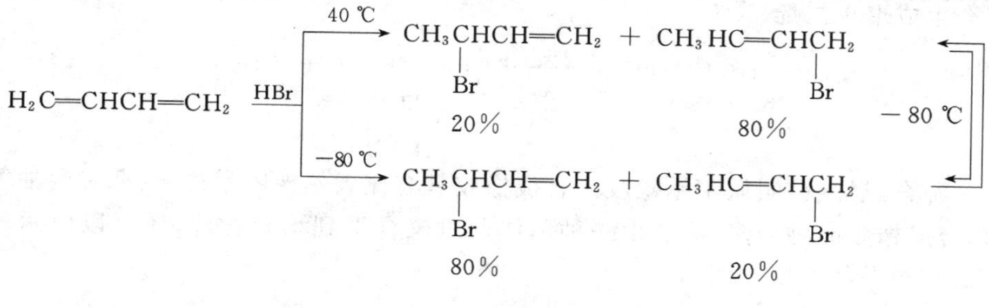

在−80 ℃时,生成的1,2-加成产物多于1,4-加成产物,这说明此时1,2-加成的反应速度比1,4-加成大;当反应的温度升高至40 ℃时,生成的1,4-加成产物多于1,2-加成产物,说明1,4-加成产物比1,2-加成产物更稳定,即在反应过程中生成的1,2-加成产物随着反应温度的升高而部分地转变为比它更稳定的1,4-加成产物,这是在较高温度下1,2-加成产物和1,4-加成产物之间的平衡移动的结果。

$$H_2C\!=\!CH\!-\!CH\!=\!CH_2$$
$$\big\downarrow HBr$$

$$\underset{\underset{Br}{|}}{CH_3CHCH\!=\!CH_2} \underset{Br^-}{\rightleftharpoons} \underset{\text{1,2-加成}}{CH_3\!-\!\overset{+}{CH}\!-\!CH\!=\!CH_2} \underset{\text{1,4-加成}}{\rightleftharpoons}\underset{\underset{Br}{|}}{CH_3CH\!=\!CHCH_2}$$

在有机反应中,一个反应物在发生竞争反应而生成不同产物时,如果反应物与产物尚未达到平衡,其产率取决于各产物的相对速率,这类反应称为动力学控制的反应,或称为受速率控制的反应,生成的产物称为动力学控制的产物或速率控制的产物;如果生成的产物在反应开始时是主要产物,而在反应达到平衡后,动力学控制的产物就要向比它更稳定的另一产物转化而变成次要产物,也就是产物的产率取决于各产物的稳定性,这个反应称为热力学控制的反应,或称为平衡控制的反应,生成的产物称为热力学控制的产物或平衡控制的产物。1,3-丁二烯与亲电试剂进行加成时,生成1,2-加成产物的速率比生成1,4-加成产物快,是由于在碳正离子与溴负离子作用的那一步中,生成1,2-加成产物所需的活化能比生成1,4-加成产物所需要的活化能低(见图3-9)。

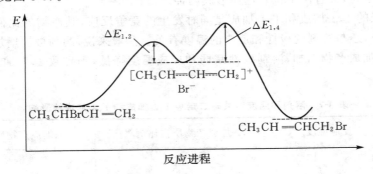

图 3-9　1,2-加成和1,4-加成的能量曲线

2. 聚合及共聚反应

共轭二烯烃同乙烯及其衍生物一样,在催化剂存在下也能发生聚合反应,生成含有多个双键的高分子化合物——聚烯烃或聚不饱和烃。例如,1,3-丁二烯在金属钠的催化下,通过1,4-加成方式聚合生成聚丁二烯。

$$\underset{\text{1,3-丁二烯}}{H_2C\!=\!CH\!-\!CH\!=\!CH_2} \xrightarrow{Na} \underset{\underset{\text{(丁钠橡胶)}}{\text{聚丁二烯}}}{\left.\!\!\!-\!CH_2\!-\!CH\!=\!CH\!-\!CH_2\!\right._n}$$

聚丁二烯是一种合成橡胶,叫做丁钠橡胶。合成橡胶具有比天然橡胶耐热、耐寒和耐油等特殊性能。目前,合成橡胶品种繁多,除了由一种单体通过聚合得到均聚物外,还可以由两种以上单体通过共聚而制得共聚物。例如:

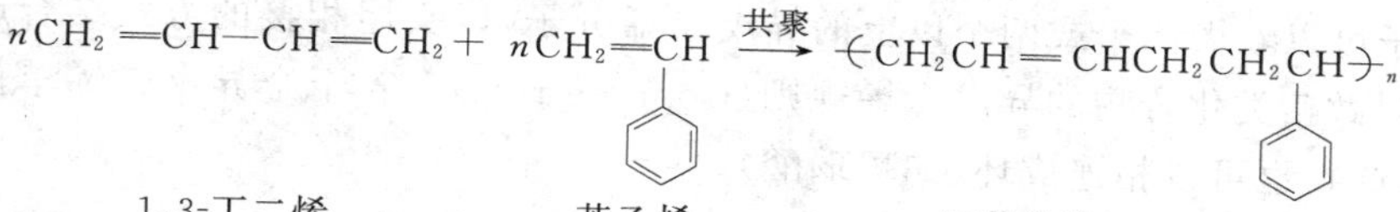

$$n\text{CH}_2=\text{CH}-\text{CH}=\text{CH}_2+n\text{CH}_2=\text{CH} \xrightarrow{\text{共聚}} \text{十CH}_2\text{CH}=\text{CHCH}_2\text{CH}_2\text{CH}\text{十}_n$$

　　　1,3-丁二烯　　　　　　苯乙烯　　　　　　　丁苯橡胶

3. 双烯合成反应

　　共轭二烯烃在光或热的作用下与含有 C=C 双键或 C≡C 三键的不饱和化合物发生 1,4-加成反应,生成环状化合物。这个反应是狄耳斯(Diels O.)和阿尔德(Alder K.)于 1928 年发现的,所以称为狄耳斯-阿尔德(Diels-Alder)反应,又称双烯合成反应。

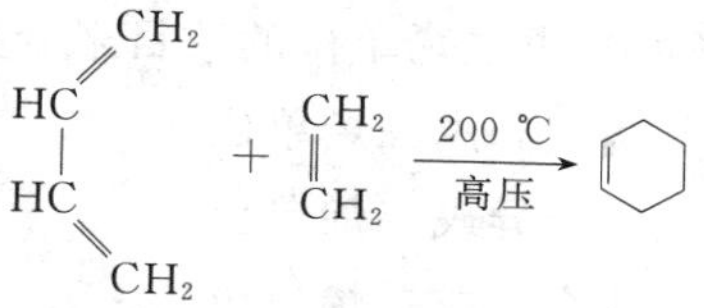

　　狄耳斯-阿尔德反应主要有两种反应物,即双烯体和亲双烯体,如上式中的1,3-丁二烯和乙烯。如果双烯体上连有给电子基团(如—R、—OR、—NHR 等),亲双烯体上连有吸电子基团(如—CHO、—COR、—COOR、—CN 和—NO$_2$ 等)时,有利于反应的进行。狄耳斯-阿尔德反应具有很强的区域选择性,当双烯体和亲双烯体上均有取代基时,两个取代基处于邻位或对位的产物占优势。例如:

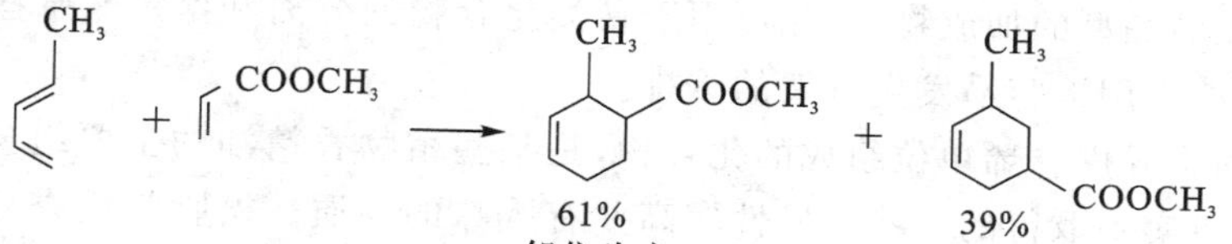

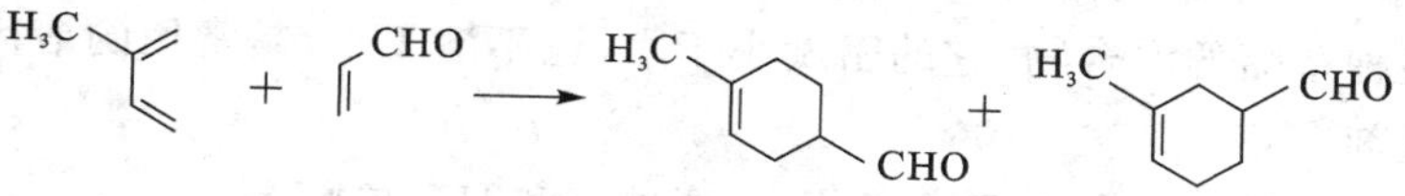

　　双烯合成不涉及碳正离子或自由基中间体,是不需要催化剂的一步协同反应。在这一过程中,双烯体与亲双烯体双键上的 π 电子同时发生转变,生成两个新的 σ 键并在双烯体的 C(2)、C(3)间形成 π 键。双烯合成反应是合成环状化合物的一种重要方法。

3.3.4　萜类化合物

　　萜类化合物广泛分布于动、植物界,如植物香精油中的某些组分、植物及动物中的某些色素等。其共同特点:分子中的碳原子数都是 5 的整数倍。例如,下列化合物都可被虚线分割成若干个五个碳原子的部分:

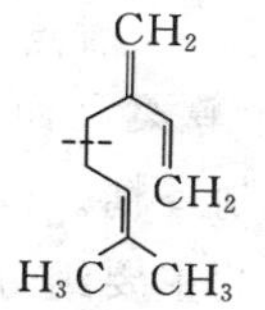

月桂烯(C$_{10}$)
(存在于月桂树果实中)

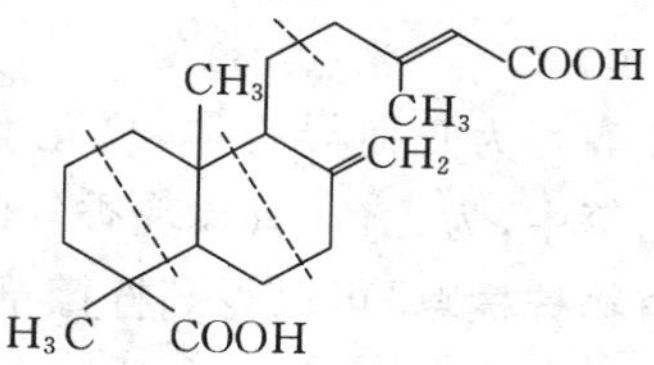

玛瑙酸(C$_{20}$)

　　这些分子可以看做两个或两个以上的异戊二烯分子,以头尾相接的方式结合起来的。这种结构特点叫做萜类化合物的异戊二烯规则(isoprene rule)。若干个异戊二烯单位可以相连成链(如月桂烯),也可以相连成环(如玛瑙酸)。

$$CH_2=\overset{\overset{\displaystyle CH_3}{|}}{C}-CH=CH_2 \qquad\qquad \underset{头}{C}-\overset{\overset{\displaystyle C}{|}}{C}-C-\underset{尾}{C}$$

异戊二烯　　　　　　　　　异戊二烯单位
isoprene

1. 萜类化合物的分类

萜类化合物常根据组成分子的异戊二烯单位的数目来分类。例如:

单萜(monoterpene)	两个异戊二烯单位	C_{10}
倍半萜(sesquiterpene)	三个异戊二烯单位	C_{15}
二萜(双萜)(diterpene)	四个异戊二烯单位	C_{20}
三萜(triterpene)	六个异戊二烯单位	C_{30}
四萜(tetraterpene)	八个异戊二烯单位	C_{40}

　　萜类化合物所包括的是异戊二烯的低聚体,而高聚体天然橡胶不属于萜类化合物。萜类化合物分子中常含有碳碳双键或羟基、羰基、羧基等官能团,许多萜类化合物能与亚硝酰氯、溴或氯化氢等生成结晶型的加成物,因此可用于萜类化合物的分离和鉴定。某些萜类化合物如双环萜等,在酸的作用下容易发生碳架的重排。

　　单萜是由两个异戊二烯单位组成的化合物,是某些植物香精油的主要组分。香精油是由植物的叶、花或果实中取得的一些挥发性较高并有香味的物质。松脂是松香和松节油构成的混合物,松脂经水蒸气蒸馏,挥发性的松节油即被蒸出,松节油是自然界存在最多的一种香精油。松节油是多种单萜的混合物,它的密度小于水,也不溶于水,是常用的溶剂,在医药上可用做扭伤时的擦拭剂。

　　单萜又根据它们的碳架分为开链单萜、单环单萜和双环单萜等。

2. 开链单萜类

开链单萜是由两个异戊二烯单位结合而成的开链化合物,它们具有如下的碳架:

开链单萜多是珍贵的香料,如橙花醇、香叶醇、柠檬醛等,都是含氧的化合物。

橙花醇	香叶醇	α-柠檬醛	β-柠檬醛
沸点:226~227 ℃	沸点:230 ℃	沸点:228 ℃	沸点(1596 Pa):103 ℃

　　橙花醇和香叶醇互为几何异构体,橙花醇的香气比香叶醇柔和而优雅,主要存在于玫瑰油、香茅油、橙花油等中,为无色、有玫瑰香气的液体,用于配制香精。

　　蒸馏香茅属植物柠檬草,可以得到柠檬草油。柠檬草油的主要组分是柠檬醛,柠檬醛是α-柠檬醛和β-柠檬醛两种几何异构体的混合物,有很强的柠檬香气,用于配制柠檬香精或用做合成维生素 A 的原料。

3. 单环单萜

开链单萜在一定条件下可以环化生成单环单萜。单环单萜分子中都含有一个六元碳环，其中比较重要的化合物是薄荷醇及苧烯。

薄荷醇
（薄荷油的主要成分）

苧烯

苧烯分子中含一个手性碳原子，有一对对映异构体，左旋体存在于松针油、薄荷油中，右旋体存在于柠檬油、橙皮油中，外消旋体则存在于香茅油中，它们都是有柠檬香气的无色液体，用做香料、溶剂或合成橡胶的原料。

薄荷醇俗称"薄荷脑"，是由薄荷的茎和叶经水蒸气蒸馏所得的薄荷油的主要成分，薄荷醇含量随薄荷产地而异，最高可达 90%。薄荷醇中有三个不相同的手性碳原子，有四对外消旋体，分别叫做（±）-薄荷醇、（±）-新薄荷醇、（±）-异薄荷醇及（±）-新异薄荷醇，它们的气味各异。自然界存在的是左旋薄荷醇，合成产品是几种异构体的混合物。

薄荷醇的构型及稳定构象为

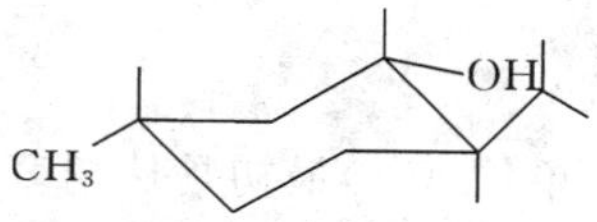

即三个较大的取代基都以 e 键与环相连，而在其他几对旋光异构体中，至少有一个较大的取代基以 a 键与环相连。

薄荷醇为低熔点固体，有芳香、清凉气味，有杀菌和防腐作用，有局部止痛、止痒的功效，用于制造医药、化妆品及食品工业中，如制清凉油、糖果等。

4. 双环单萜

双环单萜（或二环萜）的骨架是由一个六元环分别和三元环、四元环或五元环共用两个或两个以上碳原子构成的，这类化合物属于桥环化合物。

自然界存在较多、较重要的双环单萜是蒎烷和菠烷的衍生物。例如：

α-蒎烯　　　　　β-蒎烯　　　　　菠醇（2-莰醇）　　　　　樟脑（莰酮）

蒎烯有 α 和 β 两种异构体，共存于松节油中。α-蒎烯为松节油的主要成分，也是自然界存在最多的一个萜类化合物，在松节油中的含量可达 80%。α-蒎烯及 β-蒎烯均为不溶于水的油状液体，可用做漆、蜡等的溶剂。α-蒎烯也是合成冰片、樟脑及其他萜类化合物的重要原料。

菠醇又名"冰片"或"龙脑"，存在于多种植物精油中，为无色片状晶体，有清凉气味，难溶于水。菠醇用于医药、化妆品工业及配制香精。

菠醇氧化即得莰酮，莰酮俗称"樟脑"。樟脑主要存在于樟树中，我国台湾地区和日本是樟树的主要产地，将樟树的干、枝、叶等切碎后，用水蒸气蒸馏可得到樟脑原油，其中除含樟脑外，还含有黄樟素、桉树脑、樟脑烯以及丁香酚等。

樟脑有两个不相同的手性碳原子,理论上应有两对对映异构体,但由于碳桥只能在环的一侧,桥的存在限制了桥头两个碳原子的构型,因此,樟脑只有一对对映异构体。存在于樟树中的樟脑是右旋体,为无色、闪光晶体,易升华,有愉快香气,难溶于水而易溶于有机溶剂。樟脑的气味有驱虫的作用,可用做衣服的防蛀剂及医药等。樟脑也是制备无烟火药及赛璐珞的原料之一。

5. 维生素 A 及胡萝卜素

1) 维生素 A

维生素 A 属于二萜,维生素 A 有 A$_1$ 和 A$_2$ 两种,它们是生理作用相同、结构相似的物质,叫做同功物。A$_2$ 的生物活性只有 A$_1$ 的 40%。通常将 A$_1$ 称为维生素 A。

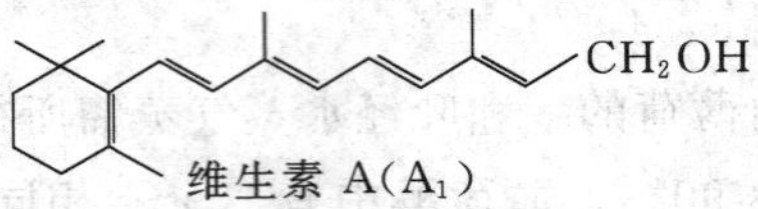

维生素 A(A$_1$)

维生素 A 是淡黄色晶体,不溶于水而易溶于有机溶剂,受紫外光照射后则失去活性,在空气中易被氧化。维生素 A 主要存在于奶油、蛋黄、鱼肝油等中。维生素 A 为哺乳动物正常生长和发育所必需的物质,体内缺乏维生素 A 则发育不健全,并能引起眼角膜硬化症,初期的症状就是夜盲。

2) 胡萝卜素

胡萝卜素(四萜,八个异戊二烯单位,C$_{40}$)最初是从胡萝卜中取得并因此定名,以后又发现了许多结构与胡萝卜素类似的物质,这一类物质称为类胡萝卜素。它们大多难溶于水,而易溶于有机溶剂,遇浓硫酸或三氯化锑的氯仿溶液都显深蓝色,其颜色反应常用来作为这类物质的定性检验方法。

思考题 3-5　维生素 A 与胡萝卜素有什么关系？它们各属哪一类萜？

胡萝卜素不仅含于胡萝卜中,也广泛存在于植物的叶、花、果实,以及动物的乳汁和脂肪中,有 α、β、γ 等异构体,以 β 异构体含量最高,α 异构体含量次之。

在动物体中,胡萝卜素可以转化为维生素 A,所以将胡萝卜素称为维生素 A 原,它的生理作用也与维生素 A 相同。作为维生素 A 原,α-胡萝卜素的活性只有 β 异构体的一半。胡萝卜素易被氧化而失去活性,光能催化氧化。有些事实表明,大量食用含 β-胡萝卜素的蔬菜等,可降低癌症的发病率。

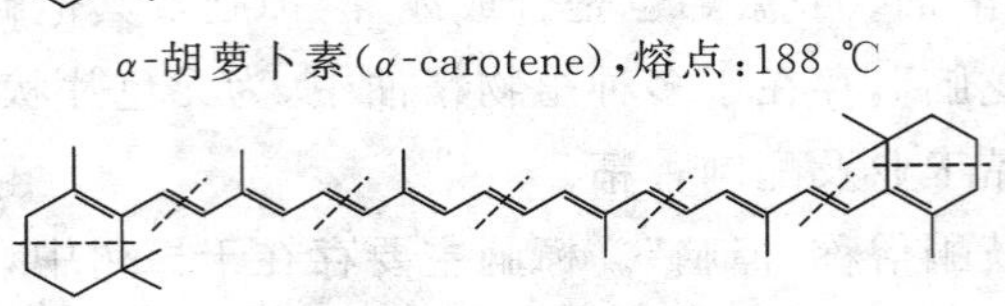

α-胡萝卜素(α-carotene),熔点:188 ℃

β-胡萝卜素(β-carotene),熔点:184 ℃

习　　题

1. 用系统命名法命名下列化合物。

(1) $CH_3CH_2CH{=}C(CH_3)_2$

(2) $CH_3CH(CH_2CH_3)CH{=}CHCH_3$

(3) $BrCH_2CH_2CH_2CH_2C{\equiv}CH$

(4) $C_6H_5C{\equiv}CCH_2C(CH_3)_3$

(5) $CH_3CH{=}CH{-}CH{=}CHCH_3$

(6) $CH_2{=}CHCH_2CH_2C{\equiv}CH$

2. 指出下列化合物的名称中哪一个是错误的,并写出正确的名称。

(1) 顺-2-甲基-3-戊烯　(2) 反-1-丁烯　(3) 1-溴异丁烯　(4) (E)-3-乙基-3-戊烯

3. 用 Z-E 命名法命名下列各化合物。

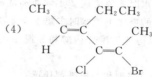

4. 写出 3-乙基-2-戊烯分别在下列条件下发生反应的主要产物的构造和名称。

(1) $H_2/Pd\text{-}C$　　　(2) $HOBr$　　　(3) $Cl_2/0\ ℃$　　(4) 冷、稀的 $KMnO_4$ 溶液

(5) ①B_2H_6/②$NaOH\text{-}H_2O_2$　(6) O_3,Zn、H_2O　(7) HBr　　(8) $HBr/$过氧化物

5. 试写出下列各反应的主要产物。

(1) $CH_3CH_2CH{=}CH_2 \xrightarrow{HBr}$

(2) $CH_3CH{=}C{-}CH_3 \xrightarrow{HI}$
　　　　　　　　$|$
　　　　　　　CH_3

(3) $CH_3{-}\triangle{-}CH{=}CH_2 + O_3 \xrightarrow[Zn]{H_2O}$

(4) 环己烯${-}CH_3 + NBS \longrightarrow$
　　$|$
　　CH_3

(5) $CH_3CH{=}CH_2 \xrightarrow[②H_2O]{①H_2SO_4}$

(6) $CH_3CH{=}CH_2 \xrightarrow{\text{热 }KMnO_4\text{ 水溶液}}$

6. 完成下列转变。

(1) $CH_2{=}CHCH_2CH_2CH_3 \longrightarrow CH{\equiv}CCH_2CH_2CH_3$

(2) $CH_3CH_2CH_2Br \longrightarrow CH_3C{\equiv}CCH_2CH_2CH_3$

(3) $CH{\equiv}CH \longrightarrow CH_3CH_2CH_2CH_2OH$

(4) $CH_3CH_2CH_2OH \longrightarrow CH_3COCH_3$

(5) $CH{\equiv}CH \longrightarrow CH_2{=}CH{-}Cl$

(6) 环戊烷 $\longrightarrow$ 环戊烷(Br, H, OCH3, H 取代)

(7) $\longrightarrow$

7. 一个烯烃的臭氧化还原水解产物经鉴定为丙酮和甲醛,试推测该烯烃的结构式。

8. 试写出下列反应的反应历程。

$$CH_3-\underset{\underset{CH_3}{|}}{\overset{\overset{CH_3}{|}}{C}}-CH=CH_2 + HCl \longrightarrow CH_3-\underset{\underset{Cl}{|}}{\overset{\overset{CH_3}{|}}{C}}-\underset{\underset{CH_3}{|}}{\overset{}{C}}H-CH_3 + CH_3-\underset{}{\overset{\overset{CH_3}{|}}{C}}-\underset{\underset{CH_2Cl}{|}}{\overset{}{C}}H-CH_3$$

9. 一分子某烃与一分子 HBr 反应只生成一种加成产物,一分子该烃经臭氧化再还原水解则生成一分子甲醛、一分子乙醛和一分子乙二醛。试写出该烃的结构式及各步反应式。

10. 在化合物 2-甲基丙烯和 2-丁烯分子中,双键碳原子上都分别连接两个甲基,但前者在发生亲电加成反应时较后者活泼,试解释之。

11. 如何解释以下事实?
   (1)正丁醇在硫酸催化下脱水时主要生成 2-丁烯而不是 1-丁烯;
   (2)3,3-二甲基-2-丁醇在硫酸催化下脱水时主要生成 2,3-二甲基-2-丁烯而不是 3,3-二甲基-1-丁烯。

12. 3-溴丙烯与硫酸加成时可以得到 1-溴-2-丙醇和 2-溴-1-丙醇的混合物,而 3-氯丙烯与硫酸加成时只得到 1-氯-2-丙醇,试解释之。

13. 由指定原料合成化合物(所需溶剂和无机试剂任选)。
   (1) $CH_3CH_2CH_2CH_2Br \longrightarrow CH_3CH_2CHBrCH_2Br$
   (2) $CH_3CH_2CH_2CH_2Br \longrightarrow CH_3CH_2CHICH_3$
   (3) $CH_3CH{=}CH_2 \longrightarrow CH_3CH_2CH_2CH_2CH_2CH_3$
   (4) $(CH_3)_2CHCH_3 \longrightarrow BrCH_2\underset{\underset{CH_3}{|}}{C}BrCH_3$
   (5) $CH_3CHBrCH_3 \longrightarrow CH_3CH_2CH_2Br$
   (6) $CH_3CH_2CH_2I \longrightarrow CH_3CHOHCH_2Cl$

14. 写出 1-丁炔与下列试剂作用的反应式。
   (1) 热的 $KMnO_4$ 水溶液　　　(2) 1 mol H_2/Pt　　　(3) 过量 Br_2/CCl_4,0 ℃
   (4) $AgNO_3$ 氨溶液　　　(5) H_2SO_4,H_2O,Hg^{2+}　　　(6) $CuCl_2$,NH_4Cl,HCN

15. 如何用简单的化学方法鉴别下列各化合物?
   (1) 、、$CH_3CH_2CH_2CH_2C{\equiv}CH$

   (2) $(CH_3)_2C{=}CH_2$、、

   (3) $CH_2{=}CHCH_2CH_3$、$CH{\equiv}CCH_2CH_3$
   (4) $CH{\equiv}CCH_2CH_2CH_3$、$CH_3C{\equiv}CCH_2CH_3$
   (5) CH_3CH_3、$H_2C{=}CH_2$、$HC{\equiv}CH$
   (6) $HC{\equiv}CH$、$CH_2{=}CH-CH{=}CH-CH_3$
   (7) $CH_2{=}CH-CH{=}CH_2$、$CH_2{=}CH-CH_2-CH_3$

16. 根据下列氧化产物的结构,写出原炔烃的构造。
   (1) $C_5H_8 \xrightarrow[H_2O]{KMnO_4} CH_3COOH + CH_3CH_2COOH$

   (2) $C_7H_{12} \xrightarrow[H_2O]{KMnO_4} CH_3CH_2\underset{\underset{CH_3}{|}}{C}HCOOH + CH_3COOH$

17. 试推测化合物 A、B、C、D 和 E 的构造。

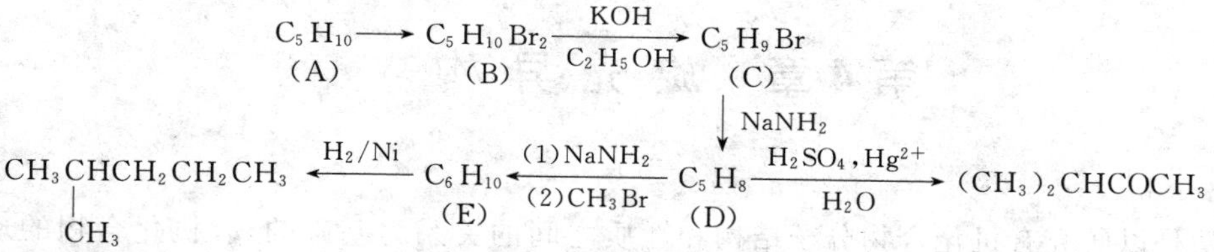

$$C_5H_{10} \longrightarrow C_5H_{10}Br_2 \xrightarrow[C_2H_5OH]{KOH} C_5H_9Br$$
$$\text{(A)} \qquad\qquad \text{(B)} \qquad\qquad \text{(C)}$$

$$\downarrow NaNH_2$$

$$CH_3CHCH_2CH_2CH_3 \xleftarrow{H_2/Ni} C_6H_{10} \xleftarrow[(2)CH_3Br]{(1)NaNH_2} C_5H_8 \xrightarrow[H_2O]{H_2SO_4,\ Hg^{2+}} (CH_3)_2CHCOCH_3$$
$$|\qquad\qquad\qquad\quad \text{(E)} \qquad\qquad\qquad \text{(D)}$$
$$CH_3$$

18. 在过氧化物存在下，HBr 与 1-己炔的加成开始是反马氏规则的。试写出这个反应的历程，并说明之。

$$C_4H_9C{\equiv}CH + HBr \xrightarrow{\text{过氧化物}} C_4H_9CH{=}CHBr \xrightarrow[\text{过氧化物}]{HBr} C_4H_9CH_2CHBr_2$$

19. 化合物 A 和 B 都含碳 88.9%、氢 11.1%，且都能使 Br_2/CCl_4 溶液褪色。A 与硝酸银氨溶液作用生成沉淀；A 经氧化最终得到 CO_2 和 CH_3CH_2COOH。B 不与硝酸银氨溶液作用，氧化 B 可得 CO_2 和 $HOOCCOOH$。写出 A 和 B 的结构式及各步反应式。

20. 某单萜 A，分子式为 $C_{10}H_{18}$，催化氢化后得分子式为 $C_{10}H_{22}$ 的化合物。用高锰酸钾氧化 A 后，得到 $CH_3COCH_2CH_2COOH$、CH_3COOH 及 CH_3COCH_3。试推测 A 的结构。

第4章 旋光异构

有机化学是以研究有机化合物分子结构和性质之间的关系为基础的,有机化合物的理化性质和生物活性与其分子结构,尤其是立体结构有着密切的关系。研究分子三维空间结构以及由此而引起的物理性质和化学性质变化的化学称为立体化学(stereochemistry)。

立体化学从三维空间揭示分子的结构和性能。立体异构现象是指分子中原子间的排列顺序和连接方式相同,但原子或基团在空间排列方式上彼此不同而产生的异构现象。

同分异构现象普遍存在于有机化合物中,它是造成有机化合物数量庞大的一个重要原因。按照结构的不同,同分异构现象分为两大类。一类是由于分子中原子或基团的连接次序不同而产生的异构,称为构造异构。构造异构包括碳链异构、官能团异构、官能团位置异构及互变异构等。另一类是由于分子中原子或基团在空间的排列位置不同而引起的异构,称为立体异构。立体异构分为构型异构和构象异构。构型是指分子中的原子或基团在空间的排列方式。构型异构又分为顺反异构和旋光异构,两者之间略有差异。旋光异构体的构型一般指手性碳原子(或手性中心)所连的四个不同原子或基团在空间的排列,而顺反异构体的构型是指分子中某些共价键的旋转受阻而导致分子中的原子或基团在空间的排列。构象异构是由于单键的旋转而使分子中的原子或基团在空间产生不同排列形式。

同分异构现象归纳如下:

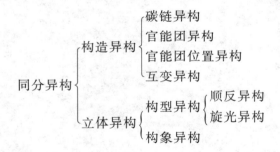

本章讨论立体异构中的旋光异构。

4.1 旋光异构的基本概念

4.1.1 偏光与旋光性

光是一种电磁波,光波振动的方向与其前进的方向垂直,如图 4-1(a)所示。在自然光线里,光波可在任何垂直于它前进方向的平面上振动,如图 4-1(b)所示,中心圆点 O 表示垂直于纸面的光的前进方向,双箭头如 AA'、BB'、CC'、DD' 表示光可能的振动方向。

如图 4-2 所示,尼科尔(Nicol)棱镜由方解石晶体经过特殊加工制成,它好像一个栅栏,只有与棱镜晶轴互相平行的平面上振动的光线(AA')透过棱镜,而其他平面上振动的光线(如

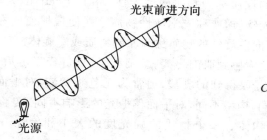

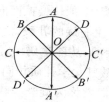

(a) 前进方向与振动方向垂直　　　　　　　(b) 普通光线的振动平面

图 4-1　光的传播

BB'、CC'、DD')则被阻挡住。这种只在一个平面上振动的光称为平面偏振光,简称偏振光或偏光。

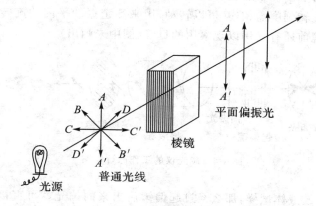

图 4-2　光的偏振

若把偏光透过一些物质(液体或溶液),有些物质(如水、乙醇等)对偏光不发生影响,偏光仍维持原来的振动面,如图 4-3(a)所示,但有些物质(如乳酸、葡萄糖等)能使偏光的振动平面旋转一定的角度(α),如图 4-3(b)所示。

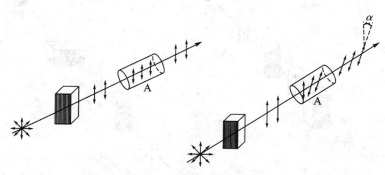

(a) 水等非旋光物质　　　　　　　　(b) 乳酸等旋光物质

图 4-3　物质的旋光性

A 为盛液管

这种能使偏光振动平面旋转的性质称为物质的旋光性(optical activity)。具有旋光性的物质(像上面所述的乳酸)称为旋光物质,或称光学活性物质。能使偏振面向右旋转的物质称为右旋物质或右旋体,能使偏振面向左旋转的物质称为左旋物质或左旋体。乳酸就有两种:人体剧烈运动后,产生右旋的乳酸,使人感到肌肉疼痛;葡萄糖、乳糖等经发酵后,提取到一种发酵乳酸,则是左旋的;从酸牛奶中提取得到的乳酸,通常为无色浆状液,对平面偏振光无旋光性。以上几种乳酸其化学性质相同,构型不同,对平面偏振光的影响不同,实验证明其生理功能也不相同。它们就称为旋光异构体。一个物质的旋光度的大小和旋光方向可用旋光仪测定。

4.1.2　旋光仪与比旋光度

旋光仪的主要组成部分包括两个棱镜和一个光源,在两个棱镜中间有一个盛放样品的管子,如图 4-4 所示。两个棱镜中起偏镜是固定不动的,其作用是把光源投入的光变成偏光,另一个是检偏镜,它与旋转刻度盘相连,可以转动,用来测定振动平面的旋转角度。盛液管用以盛放待测样品,检偏镜前还有一用以观察用的目镜(图中未画出)。

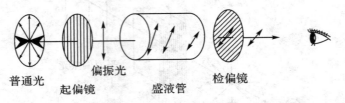

普通光　　起偏镜　　偏振光　　盛液管　　检偏镜

图 4-4　旋光仪的工作原理简图

如果盛液管中不放液体试样,那么经过起偏镜后出来的偏光就可直接射在检偏镜上。显然只有当检偏镜的晶轴和起偏镜的晶轴互相平行时,偏光才能通过,这时目镜处视野明亮,如图 4-5(a)所示;若两个棱镜的晶轴互相垂直,则偏光完全不能通过,视野黑暗,如图 4-5(b)所示。

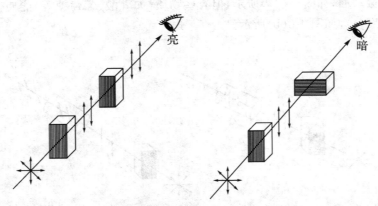

(a) 两个棱镜的晶轴相互平行,偏光可通过　　(b) 两个棱镜的晶轴相互垂直,偏光被阻挡

图 4-5　偏振光通过位置不同的检偏棱镜

在图 4-5(a)所示状态的基础上,如果在两个平行的棱镜之间放盛液管,盛液管里装上旋光性物质,则偏振光不能通过检偏镜,必须把检偏镜旋转一个角度(α)后才能完全通过,如图 4-4 所示。观察检偏镜上携带的刻度盘所显示的角度,即得该旋光性物质的旋光度。目前,在科研工作中广泛使用自动旋光仪,它可直接显示被测化合物的旋光度和旋光方向。

旋光度除与分子的结构有关外,还与测定时溶液的浓度、厚度(即盛液管的长度)、温度及光源的波长等因素有关。因此,为了统一标准,通常采用比旋光度(specific rotation)[α]来表示。旋光度和比旋光度之间的关系如下:

$$[\alpha]_{\lambda}^{t}=\frac{\alpha}{Cl}$$

式中,t 为测定时的温度,λ 为光源波长,α 为用旋光仪测得的旋光度,C 为溶液浓度(单位为 $g \cdot mL^{-1}$,纯液体可用密度),l 为溶液厚度(盛液管长度,单位为 dm),$[\alpha]$ 为比旋光度。当 $C=1\ g \cdot mL^{-1}$,$l=1$ dm 时,$[\alpha]=\alpha$。

因此,比旋光度是在一定温度、一定波长下,某种物质单位管长、单位浓度下的旋光度。比旋光度是衡量不同旋光性物质旋光能力大小的物理量,像熔点、沸点、密度、折光率等一样,比旋光度是旋光性物质的一个物理参数,可以定量地表示旋光物质的一个特性——旋光性。

比旋光度对于鉴定一个旋光性化合物或者判断它的纯度是很重要的,因此掌握比旋光度的表示方法及其含义是十分必要的。例如,葡萄糖的比旋光度值为 $[\alpha]_{D}^{20}=+52.5°$(水),它的含义即葡萄糖是一个光学活性化合物,右旋,以水为溶剂,在 20 ℃,用偏振的钠光测定的比旋光度为 $+52.5°$。式中的 D 表示光线中的 D 线,波长相当于 589.3 nm,即所用光源为钠光。

有些化合物使偏光的振动平面向右(顺时针方向)旋转,有些化合物则使偏光振动平面向左(逆时针方向)旋转,这些化合物分别称为右旋光化合物和左旋光化合物,旋光方向分别用"+""—"号表示(以前曾用小写字母"d""l"表示)。在表示比旋光度时,还要表示出使用的溶剂。

例如,在 20 ℃用钠光源的旋光仪测葡萄糖和果糖水溶液的比旋光度,结果分别为右旋 52.5°和左旋 93°,写做 $[\alpha]_{D}^{20}=+52.5°$(水)和 $[\alpha]_{D}^{20}=-93°$(水)。

思考题 4-1　将某葡萄糖的水溶液放在 1 dm 长的盛液管中,在 20°测得其旋光度为 $+4.6°$,求这个溶液的浓度。已知葡萄糖在水中的比旋光度为 $[\alpha]^{20}=+52.5°$。

思考题 4-2　某纯液体试样在 10 cm 的盛液管中测得其旋光度为 $+20°$,怎样用实验证明它的旋光度确是 $+20°$,而不是 $-340°$,也不是 $+380°$?

4.2　手性和对称性

4.2.1　手性与旋光性的关系

旋光异构现象与分子的结构有密切的关系,产生旋光异构现象的结构原因是手性。什么是手性? 如果把左手放到镜子前面,其镜像恰与右手相同,左、右手的关系是实物与镜像的关系,外貌极为相似(即互相对映)但又不能重合。物质的这种相对映但不能重合的特征称为物质的手性(chirality)或手征性。有些物质是能与其镜像重合的,这类物质不具有手性,为非手性物质。自然界中有许多手性物,如螺丝帽、剪刀等都是手性物。微观世界的分子同样存在着手性现象,有许多化合物分子具有手性。

从肌肉中得到的乳酸能使偏光向右旋转,称为右旋乳酸;葡萄糖在特种细菌作用下,发酵得到的乳酸能使偏光向左旋转,称为左旋乳酸。它们的比旋光度分别为$[\alpha]_D^{20}=+3.82°$(水)和$[\alpha]_D^{20}=-3.82°$(水)。两种乳酸的分子结构如图 4-6 所示。

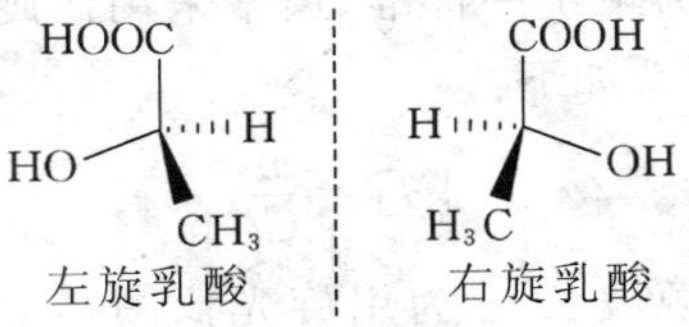

图 4-6　乳酸的对映异构体

两个乳酸分子的结构互为镜像,相对映而不能重合,即乳酸分子具有手性,是手性分子。乳酸分子的中心碳原子上连有四个不同的原子和基团(—COOH、—OH、—CH₃ 和—H),具有不对称性,称为不对称碳原子或手性碳原子,用"＊"标记,是分子的不对称中心或手性中心。

凡是手性分子都具有旋光性,旋光性分子具有手性的结构特征。判断分子是否有手性,是看分子与其镜像能否重合,能重合者为非手性分子,没有旋光性;不能重合者为手性分子,有旋光性。

思考题 4-3　将下列化合物中的手性碳原子用"＊"标出。

(1)$CH_3CH_2CHBrCH_3$　　(2)$C_6H_5CH(OH)COOH$

(3)$CHOCH(OH)CH(OH)CH_2OH$　　(4)

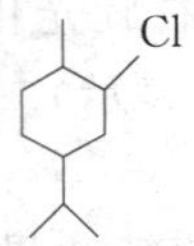

思考题 4-4　下列化合物中,哪些具有旋光异构体?

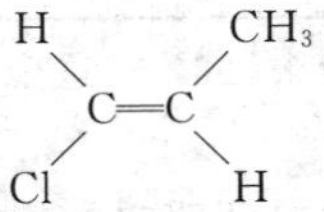

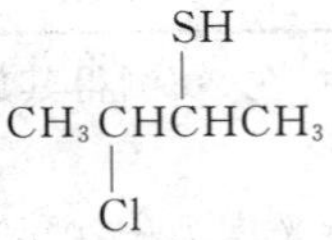

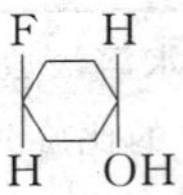

4.2.2　对映体和外消旋体

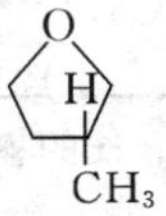

像左旋乳酸和右旋乳酸这样,构造相同、构型不同,两种分子结构互为镜像且不可重合的现象称为对映异构现象,或称旋光异构现象、光学异构现象,这种异构体称为对映异构体,或称旋光异构体、光学异构体,简称对映体(enantiomers,来自希腊文 enantios,"相反"的意思)。对映体是成对存在的,它们旋光能力相同,但旋光方向相反。若把等量的右旋乳酸和左旋乳酸混合,则混合的乳酸无旋光性,称为外消旋乳酸。从酸牛奶中得到的乳酸就是外消旋乳酸。等量的右旋体和左旋体混合后得到的混合物叫做外消旋体(racemate),外消旋体无旋光性,但可通过一定的方法拆分成具有旋光性的右旋体和左旋体。

在非手性环境中,对映体的性质没有区别,如熔点、沸点、在非手性溶剂中的溶解度及与非手性试剂反应的转化速率等都相同。而在手性环境中,对映体的性质不同,如与手性试剂的反应及在手性催化剂或手性溶剂中的转化速率都不相同。

在非手性条件(原料、试剂、溶剂、催化剂等都没有手性)下,合成手性化合物得到的产物往往是外消旋体。因为对映体分子的能量相同,用非手性原料和试剂进行合成时,生成右旋体和左旋体的过渡态能量相同,转化速率相同,转化成两个对映体产物的产量也应相同。

旋光性化合物在物理因素或化学试剂作用下变成两个对映体的平衡混合物,失去旋光性的过程称为外消旋化。

路易斯·巴斯德(Louis Pasteur,1822—1895)是伟大的法国化学家,一直被认为是"细菌学之父",他对这门科学的贡献是巨大的,尤其在细菌学形成的早期。

最初,他只是一名普通的艺术系学生,曾一度想成为一名专业画家。在听过 Dumas 和 Balard 的讲解之后,他开始转向化学研究,并最终成为这一领域最杰出的学者之一。他的化学研究使外消旋酒石酸的分离成为可能。他和 Biot 同时提出分子自身的不对称性是旋光性的形成原因,这一理论在范德霍夫(Van't Hoff)和勒贝尔(Lebel)的研究之后得到进一步的发展。巴斯德发现一种依赖酒石酸的植物霉菌只利用两种对映体之一,这在现在看来当然是一种普通的现象,在当时却是一个里程碑式的发现。

尽管他在化学上的成就巨大,但人们了解更多的是他在生物和医学领域的贡献。他首先提出了发酵作用需要微生物的参与才能发生,而不仅仅是一个自发的化学反应,在此理论的基础上他提出了巴氏消毒法。这些结果有着极其重要的生物学意义。巴斯德认识到生物体合成的分子有着特定的旋光性,然而化学方法合成的分子常常是左旋与右旋分子的混合物。更进一步说,生物体只能利用具有特定旋光性的物质。实际上,如果只供给非体内所需旋光性的糖,生物体将会被饿死,因为这些糖是不能被生物体所消化吸收的。

事实上,同一分子的各个对映体在性质上存在着很大的差异。例如,人造甜味剂天冬氨酰苯丙氨酸甲酯的重要成分之一苯丙氨酸,其一种异构体是甜的,而另一种是苦的。现在,研究人员发现,由一种曾用于防止孕妇恶心的药物酞胺哌啶酮所导致的产怪胎问题,是左旋体作用的结果。

另外,巴斯德还建议在丝绸业中采取杀灭传染性丝绸蠕虫的方法,由此挽救了面临困境的法国丝绸业。他将同样的理论应用于炭疽病,发明了一种疫苗来对付这种一直危害法国牲畜的疾病。他研究了狂犬病毒疫苗。1888 年,巴斯德研究所成立,如今它已成为世界上最好的生物研究中心之一,世界上第一例艾滋病病毒即在此被发现。

因此,巴斯德所研究的一个直观的化学问题有着远超出他想象的本质内涵。很难预言一项研究会导致什么结果,也很难预料一时看起来并不重要的观测结果会带来什么样的深远影响。

4.2.3 对称因素

分子与其镜像能否互相重合取决于分子本身是否具有对称性。下面先简单介绍有关分子对称的一些基本概念。

1. 对称面

如果一个平面能把一个分子切成两半,两边彼此间互为镜像的关系,这个平面就是这个分子的对称面。对称面通常用 σ 表示。例如,2-丙醇有一个过—OH 与 H 所在平面的对称面,1-氯-2-溴乙烯也有一个过分子所在平面的对称面,顺-1,3-二甲基环丁烷有两个对称面,即通过四边形对角线与四边形平面垂直的两个平面都是对称面,如图 4-7 所示。具有对称面的分子是非手性分子,其自身能与其镜像重合,这种分子无旋光性。

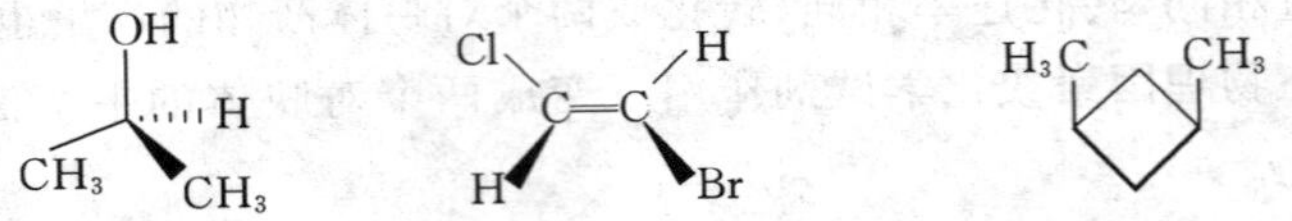

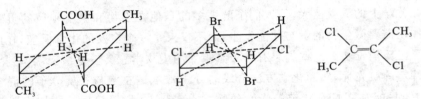

　　2-丙醇　　　　　　1-氯-2-溴乙烯　　　　　顺-1,3-二甲基环丁烷
（一个对称面）　　　（一个对称面）　　　　　　（两个对称面）

图 4-7　分子对称面示意图

2.对称中心

若分子中有一点 i,从分子中任何一个原子或基团向 i 连线,在其反向延长线的等距离处都能遇到相同原子或基团,则 i 点是该分子的对称中心。图 4-8 中列出的化合物均有一个对称中心。具有对称中心的分子不具有手性,因其自身能与其镜像重合,是非手性分子,故不具有旋光性。

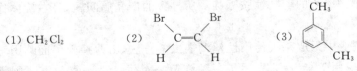

图 4-8　分子对称中心示意图

凡有对称面和对称中心的分子,一定是非手性的,无对映体,无旋光性。

思考题 4-5 下列分子的构型中各有哪些对称面?

(1) CH_2Cl_2　　　　(2) 　　　　　　　(3)

思考题 4-6 下列化合物中哪个具有对称中心?

(1) 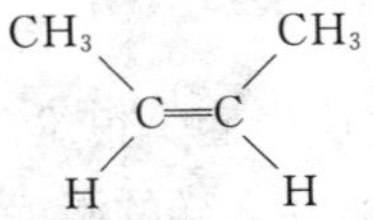　　　　　　　　(2) 　　　　　　　(3)

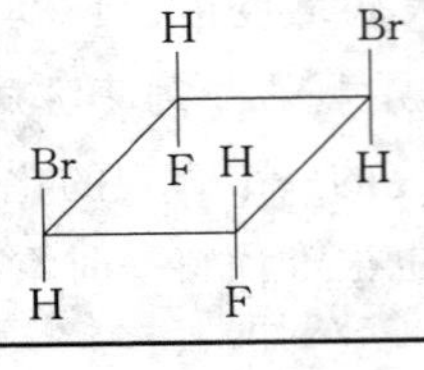

4.3　手性碳原子的构型表示式与标记

手性碳原子的构型表示式要求能把分子中原子或基团在空间的排列简捷而清楚地表示出来。通常用 R、S 标记构型,用(＋)、(－)分别表示旋光方向为右旋和左旋,用(±)表示外消旋。在命名时要把构型和旋光方向都标注出来。

4.3.1　构型的表示式

构型有三种表示式:球棍式、立体透视式和费歇尔(Fischer)投影式。图 4-9 所示的为乳酸分子的三种构型表示式。

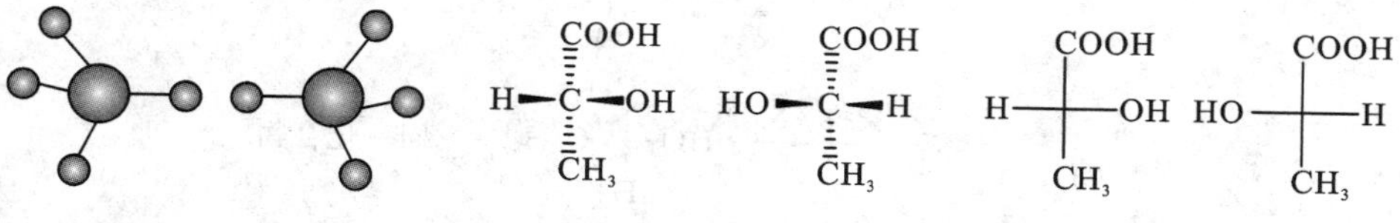

　　　　(a) 球棍式　　　　　　　(b) 立体透视式　　　　　　(c) 费歇尔投影式

图 4-9　乳酸分子的构型表示式

球棍式:把手性碳原子和与之相连的原子或基团画成球,并标出原子或基团的符号,用棍表示原子或基团与手性碳原子间的共价键,用立体关系表示出原子或基团在空间的排列关系。这种表示式清晰直观,但书写麻烦。

立体透视式:手性碳原子放在纸面上,与实楔相连的原子或基团表示在纸平面的前方,与虚楔相连的原子或基团表示在纸平面的后方。这种表示式也清晰直观,但书写也较麻烦。

1891 年,德国化学家费歇尔提出了表示连接手性碳原子的四个基团的空间排列方法。后来人们将此方法称为费歇尔投影式。费歇尔因确定了葡萄糖分子中四个手性碳原子的构型及在生命化学基础研究方面的杰出贡献,于 1902 年被授予诺贝尔化学奖。

费歇尔投影式是一种较简便的使用平面投影式表示三维空间分子结构的方法。把一种化合物的透视式写成费歇尔投影式时,须遵循下列规定:

(1) 将主碳链竖立,编号最小的碳原子放在上端;

(2) 用水平线和垂直线的交叉点代表手性碳原子;

(3) 横键所连的原子或基团表示伸向纸平面的前方,竖键所连的原子或基团表示伸向纸平面的后方,即"横前竖后"。

乳酸的一对对映体的费歇尔投影式通常写做:

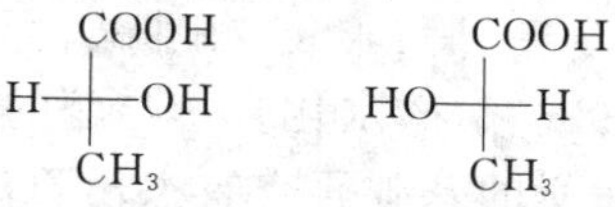

$$
\begin{array}{cc}
\text{COOH} & \text{COOH} \\
\text{H——OH} & \text{HO——H} \\
\text{CH}_3 & \text{CH}_3
\end{array}
$$

显然,费歇尔投影式书写起来比球棍式和立体透视式方便。

4.3.2　费歇尔投影式与分子构型

在使用费歇尔投影式时应注意遵循以下规则。

(1) 费歇尔投影式不能离开纸平面翻转,但可以在纸平面内旋转。

(2) 在纸平面内旋转 90°的偶数倍,即 $90° \times 2n$(n 为自然数),分子构型不变,仍表示原来的分子构型;在纸平面上旋转 90°的奇数倍,即 $90° \times (n+1)$(n 为自然数),则横键变竖键、竖键变横键,分子构型改变。

(3) 费歇尔投影式中,手性原子上的基团交换偶数次,分子构型不变;手性原子上的基团交换奇数次,分子构型改变。即"奇"变"偶"不变。

(4) 一个基团不动,其他三个基团按顺序交换,构型不变。

例如:

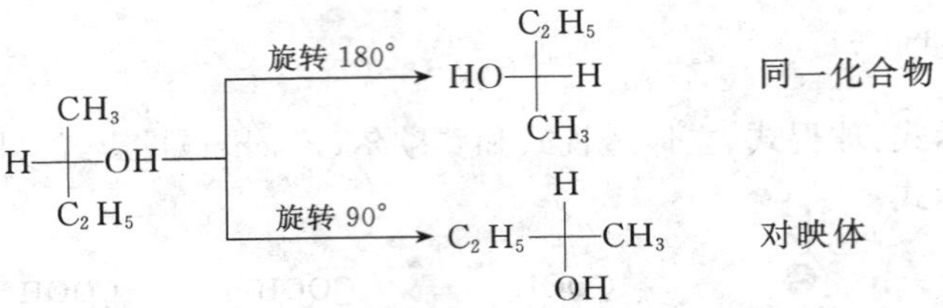

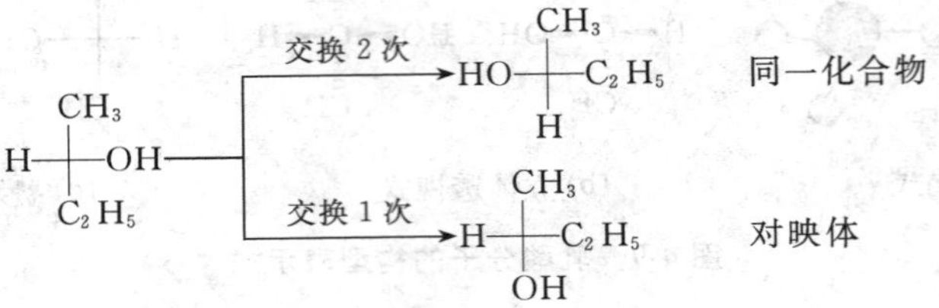

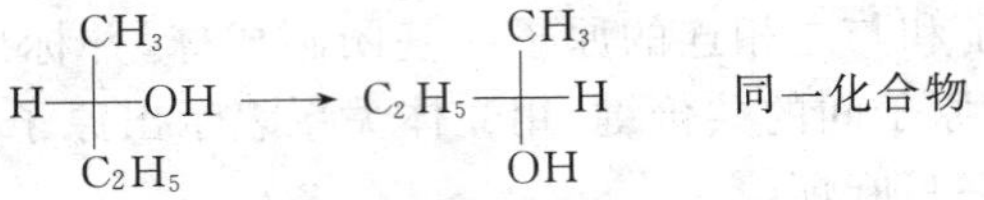

思考题 4-7　下列构型式中哪些是相同的,哪些是对映体?

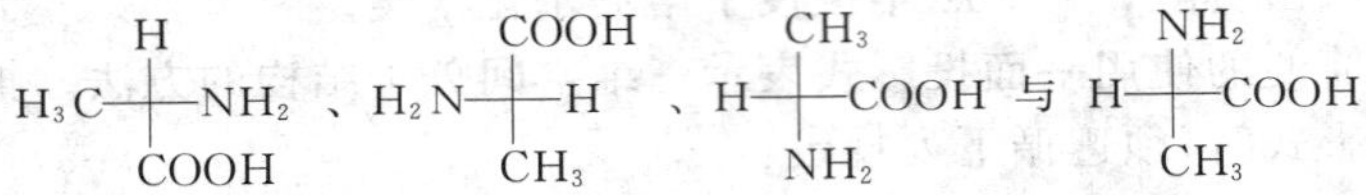

　　费歇尔(Fischer E. H.，1852—1919),德国著名有机化学家。1852 年 10 月 9 日他出生在德国莱茵河畔的富商家庭,开始身不由己地进入了商界,19 岁时他决心继续深造,成为拜尔(Baeyer A.)的学生,22 岁时获博士学位,并成为拜尔的助教。1892 年他应聘去柏林大学任化学系主任,致力于多糖结构的研究,成绩卓著。例如,己醛糖的 16 个旋光异构体中,有 12 个是他鉴定出来的。他一生从事嘌呤、多糖、酶、尿酸、咖啡碱、蛋白质等研究,并著有《氨基酸研究》(1906)、《有机试剂的制造概论》(1906)、《碳水化合物与酶的研究》(1909—1919)、《多肽和蛋白质》(1919)等不朽著作,他对生命化学的基础研究有杰出贡献,并因合成糖类和嘌呤衍生物而获得 1902 年度诺贝尔化学奖,1914 年获诺贝尔生理学或医学奖提名。

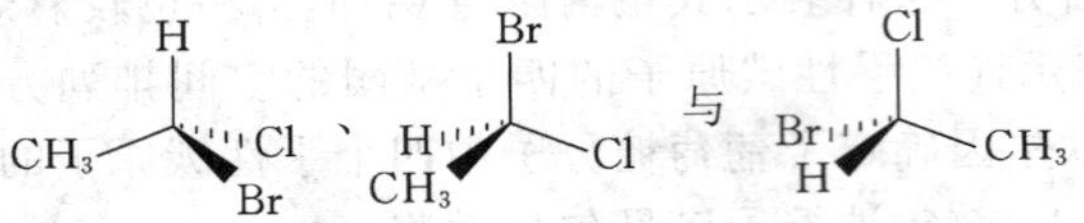

4.3.3　构型与旋光方向的标记

　　手性碳原子构型的三种表示式可用于书面表述,但还是无法用于口头表达,也不便于命名。因此必须规定构型的标记。手性碳原子构型标记法有两种——相对构型(D、L 命名法)和绝对构型(R、S 命名法)。

　　1. 相对构型——D、L 命名法

　　一种化合物的绝对构型通常指键合在手性中心上的四个原子或基团在空间的真实排列方式。1951 年前,人们还无法确定化合物的绝对构型。费歇尔人为地选定(＋)-甘油醛为标准物,并规定其碳原子处于竖直方向,醛基在投影式上端,C(2)上的羟基处于右侧的为 D 构型,其对映体(一)-甘油醛为 L 构型。两种构型分别如下:

$$
\begin{array}{ccc}
& \text{CHO} & \\
\text{H} & \!\!-\!\!\!\!-\!\! & \text{OH} \\
& \text{CH}_2\text{OH} & \\
& \text{D-（+）-甘油醛} &
\end{array}
\qquad
\begin{array}{ccc}
& \text{CHO} & \\
\text{HO} & \!\!-\!\!\!\!-\!\! & \text{H} \\
& \text{CH}_2\text{OH} & \\
& \text{L-（-）-甘油醛} &
\end{array}
$$

用 D、L 表示构型，（+）、（-）表示旋光方向，右旋甘油醛写为 D-（+）-甘油醛，左旋甘油醛写为 L-（-）-甘油醛。其他凡是可以由 D-（+）-甘油醛通过化学反应衍生得到的化合物，只要变化过程中不涉及手性碳原子的构型，都属于 D 构型的；反之，与 L-（-）-甘油醛具有相同构型的化合物，就是属于 L 构型的。例如：

$$
\underset{\text{D-（+）-甘油醛}}{
\begin{array}{c}
\text{CHO} \\
\text{H}\!-\!\text{OH} \\
\text{CH}_2\text{OH}
\end{array}}
\xrightarrow{[O]}
\underset{\text{D-（-）-甘油酸}}{
\begin{array}{c}
\text{COOH} \\
\text{H}\!-\!\text{OH} \\
\text{CH}_2\text{OH}
\end{array}}
\xleftarrow{\text{HNO}_2}
\underset{\text{D-（+）-异丝氨酸}}{
\begin{array}{c}
\text{COOH} \\
\text{H}\!-\!\text{OH} \\
\text{CH}_2\text{NH}_2
\end{array}}
$$

$$
\Big\downarrow \text{NaNO}_2+2\text{HBr}
$$

$$
\underset{\text{D-（-）-乳酸}}{
\begin{array}{c}
\text{COOH} \\
\text{H}\!-\!\text{OH} \\
\text{CH}_3
\end{array}}
\xleftarrow{\text{Na-Hg}}
\underset{\text{D-2-羟基-3-溴丙酸}}{
\begin{array}{c}
\text{COOH} \\
\text{H}\!-\!\text{OH} \\
\text{CH}_2\text{Br}
\end{array}}
$$

注意 D 构型的化合物不一定是右旋的。D 构型只是说明在这种化合物分子中，手性碳原子上原子和基团的空间排列与 D-（+）-甘油醛是同一类型的，至于它的旋光方向则是整个分子中原子间相互影响的结果，可能是左旋的，也可能是右旋的，构型与旋光方向是两个不同的概念，相互间无必然联系。旋光方向须用旋光仪测量才能确定。

D、L 命名法有一定的局限性，它只适用于与甘油醛结构类似的化合物。一般用于氨基酸和糖类的构型命名。

2.绝对构型——R、S 命名法

R、S 命名法（R 为拉丁文 rectus 的缩写，"右"的意思；S 为拉丁文 sinister 的缩写，"左"的意思）广泛应用于各种类型手性化合物构型的命名。1979 年 IUPAC 建议采用的 R、S 标记法如下。

（1）根据次序规则，将手性碳原子所连接的 4 个原子或基团排列成序：
$$a>b>c>d$$

（2）把最小的原子或基团（d）放在视线的最远端，其他原子或基团面向观察者。

（3）观察 $a\rightarrow b\rightarrow c$ 的排列顺序，若呈顺时针方向则为 R 构型，若呈逆时针方向则为 S 构型。如图 4-10、图 4-11 所示。

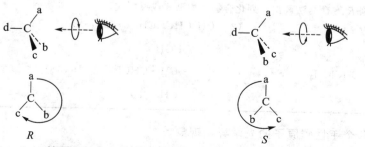

(a) R 构型 ($a\rightarrow b\rightarrow c$ 按顺时针方向排列)　　(b) S 构型 ($a\rightarrow b\rightarrow c$ 按逆时针方向排列)

图 4-10　确定 R、S 构型的方法

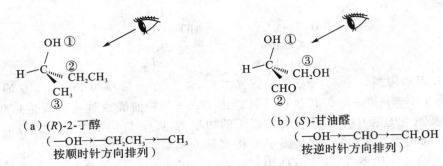

（a）(R)-2-丁醇
（—OH→—CH₂CH₃→—CH₃
按顺时针方向排列）

（b）(S)甘油醛
（—OH→—CHO→—CH₂OH
按逆时针方向排列）

图 4-11　次序规则和手性规则的应用实例

对费歇尔投影式可用下列方法直接判断其 R、S 型。

（1）当最小基团处于竖键时,若其他原子或基团由大到小按顺时针方向排列,则为 R 构型;反之,则为 S 构型。

（2）当最小基团处于横键时,若其他原子或基团由大到小按顺时针方向排列,则为 S 构型;反之,则为 R 构型。

例如：

$$
\begin{array}{ccc}
\underset{(R)}{Br-\overset{\displaystyle CH_3}{\underset{\displaystyle C_2H_5}{C}}-Cl} &
\underset{(S)}{H-\overset{\displaystyle CH_3}{\underset{\displaystyle C_2H_5}{C}}-Cl} &
(2S,3R)
\end{array}
$$

R、S 构型表示手性分子的绝对构型,不能表示分子的旋光方向。

D、L 型甘油醛手性碳原子的构型分别为 R 构型和 S 构型。需要注意的是,是 D 构型的不一定就是 R 构型,是 L 构型的也不一定就是 S 构型,反之亦然。它们是两套不同的构型命名法。

具有旋光性化合物的完整的系统命名应该标出构型、旋光方向和组成。例如,R 构型右旋光的甘油醛应写为 (R)-$(+)$-2,3-二羟基丙醛,S 构型左旋光的甘油醛应写为 (S)-$(-)$-2,3-二羟基丙醛,而外消旋体应写为 $(\pm)$-2,3-二羟基丙醛。

思考题 4-8　指出下列构型是 R 还是 S 构型。

(1) $\underset{CH_3}{\overset{CHO}{Br-C-NH_2}}$　　(2) $\underset{CONHCH_3}{\overset{CONH_2}{Br-C-Cl}}$　　(3) $\underset{CH_3}{\overset{CH_2NH_2}{H-C-COOH}}$　　(4) $\underset{CH_2OCH_3}{\overset{Cl}{H-C-CH_3}}$

思考题 4-9　根据 R、S 命名法画出下列化合物的构型式或投影式。

(1) CHClFBr 　(R)　　(2) $\underset{\quad OHOH}{CH_3CHCHCH_3}$ 　$(2S,3S)$

(3) ⬡—CHClCH₃　(S)　　(4) ⬡—$\underset{CH_3\ NO_2}{CH-CHCH_3}$ 　$(2R,3S)$

4.3.4　含有多个手性碳原子的光学异构现象

有机化合物随着分子中手性碳原子数目的增加,旋光异构现象变得复杂,光学异构体数目增多。分子中含有多个手性碳原子时,碳原子的手性可能相同,也可能不相同。现分别讨论如下。

1. 分子中含有多个不相同手性碳原子的化合物

分子中含有一个手性碳原子的化合物有两个旋光异构体(一对对映体)。分子中含有两个不相同手性碳原子的化合物有四个旋光异构体(两对对映体)。例如,2-羟基-3-氯丁二酸(氯代苹果酸)有四个异构体:

COOH	COOH	COOH	COOH
HO——H	H——OH	HO——H	H——OH
Cl——H	H——Cl	H——Cl	Cl——H
COOH	COOH	COOH	COOH
(1) (2R,3R)	(2) (2S,3S)	(3) (2R,3S)	(4) (2S,3R)

实验测得(1)、(2)、(3)和(4)的旋光方向分别为左旋、右旋、左旋和右旋。(1)和(2)、(3)和(4)互为对映体;等量的(1)和(2)、(3)和(4)混合后分别组成两种外消旋体;(1)与(3)或(4)、(2)与(3)或(4)也是光学异构体,但它们不呈实物与镜像关系,是非对映的,所以称为非对映异构体,简称非对映体(diastereomers)。

(1)、(2)、(3)和(4)分别命名为(2R,3R)-(−)-2-羟基-3-氯丁二酸、(2S,3S)-(＋)-2-羟基-3-氯丁二酸、(2R,3S)-(−)-2-羟基-3-氯丁二酸和(2S,3R)-(＋)-2-羟基-3-氯丁二酸。

在一般情况下,对映体除旋光方向相反外,其他理化性质都相同。但非对映体的旋光度不相同;旋光方向可能相同,也可能不同;其他物理性质,如熔点等也可能不同。氯代苹果酸的物理参数列于表 4-1。

表 4-1 氯代苹果酸的物理参数

异 构 体	构 型	$[\alpha]_D$		熔点/ ℃
(1)	(2R,3R)	−31.3°(乙酸乙酯)	173	外消旋体 146
(2)	(2S,3S)	＋31.3°(乙酸乙酯)	173	
(3)	(2R,3S)	−9.4°	167	外消旋体 153
(4)	(2S,3R)	＋9.4°	167	

分子中所含手性碳原子数越多,光学异构体数就越多。光学异构体数与分子中所含手性碳原子数有如下关系:

(1) 光学异构体数最多为 2^n,n 为不相同手性碳原子数;

(2) 外消旋体数为 2^{n-1}。

当 $n=3$ 时,用 C_A、C_B、C_D 表示三个不相同手性碳原子,可以按下法推导出共有 8 个旋光异构体(4 对对映体):

C_A R S R S R S R S
C_B R S R S S R S R
C_D R S S R S R R S
      └对映体┘ └对映体┘ └对映体┘ └对映体┘

思考题 4-10 画出 2-氯-3-溴丁烷的光学异构体的投影式,并指出它们组成的外消旋体。

2. 分子中含有两个相同手性碳原子的化合物

2,3-二羟基丁二酸(酒石酸,HOOC—CHOH—CHOH—COOH)分子中有两个手性碳原子,两个手性碳原子所连四个基团相同,都是—H、—OH、—COOH 和—CHOHCOOH,似乎应有四个光学异构体,即两对对映体。

对称面

```
      COOH            COOH            COOH              COOH
   H──┼──OH        HO──┼──H        H──┼──OH         HO──┼──H
  HO──┼──H          H──┼──OH       H──┼──OH    ≡    HO──┼──H
      COOH            COOH            COOH              COOH
   (1)(2R,3R)      (2)(2S,3S)      (3)(2R,3S)        (4)(2S,3R)
```

(1)与(2)互为对映体,其等量混合物为外消旋体。将(4)在纸平面上旋转 180° 就变成(3),即(3)与(4)是同一种化合物,在(3)、(4)中有一个对称面 σ,(3)为非手性化合物,无旋光性。习惯上称(3)为内消旋体(mesomer,简写为 meso- 或 m-,通常用 m-表示),写为 m-2,3-二羟基丁二酸。正像前面指出的那样,含有一个手性碳原子的分子必定是手性分子,有旋光性;含有多个手性碳原子的分子却不一定有手性,即不能说凡含有手性碳原子的分子都是手性分子,都有旋光性。酒石酸只有三个光学异构体,即一个左旋体、一个右旋体、一个内消旋体。内消旋体虽然无旋光性,习惯仍认为它是旋光异构体。内消旋体与外消旋体都无旋光性,但本质不同,前者是一种化合物,即纯净物;而后者是混合物,能分离出一对有旋光性的异构体。对映体、内消旋体和外消旋体的性质不同(见表 4-2)。

表 4-2　酒石酸各种光学异构体的性质

物　　　质	熔点/ ℃	$[\alpha]_D^{25}$	溶解度 /[g·(100 g H_2O)$^{-1}$]	相对密度(d_4^{20})	pK_{a1}	pK_{a2}
(R,R)-酒石酸	170	+12°	139	1.760	2.93	4.32
(S,S)-酒石酸	170	−12°	139	1.760	2.93	4.32
m-酒石酸	140	无	125	1.667	3.11	4.80
(±)-酒石酸	206	无	20.6	1.680	2.96	4.24

思考题 4-11　画出下列化合物所有可能的光学异构体的构型式,并指出哪些互为对映体,哪些是内消旋体。
(1)1,2-二氯丁烷　(2)2,3-二氯-2,3-二溴丁烷　(3)2,4-二溴戊烷

4.3.5　含手性轴及手性面的化合物的对映异构

有些化合物分子中没有手性中心,但可以有手性。这些分子中含有手性轴或手性面。

1. 含手性轴的化合物

1) 丙二烯型化合物

丙二烯型化合物的结构特点是与中心碳原子相连的两个 π 键所处的平面彼此相互垂直(中心碳原子为 sp 杂化)。当丙二烯双键两端的碳原子上各连有两个不同的取代基时,就产生

了手性因素,存在着对映体。例如:

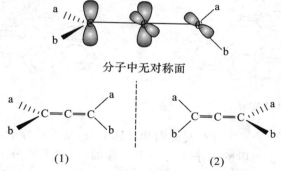

分子中无对称面

(1)　　　　　　　　　　　(2)

　　a 和 b 为不同原子或基团,(1)和(2)互为镜像,彼此不能重合,为一对对映体。例如:1-氯-3-溴丙二烯存在一根手性轴,即有一对对映体。

　　同理,在 2,6-二乙基螺[3.3]庚烷分子中,两个四元环是刚性的,所在平面是互相垂直的,与累积二烯烃结构相似,有一根手性轴,也有一对对映体。

2) 联苯型化合物

　　联苯型化合物分子中两个苯环在同一平面上时,分子是对称的。当每个苯环的邻位两个氢原子被两个不同的较大的基团(如—COOH,—NO₂等)取代时,若两个苯环继续处于同一个平面上,取代基空间位阻就很大,只有两个苯环处于互相垂直的位置,才能排除这种空间位阻,形成稳定的分子构象。但这种稳定的构象使分子失去了对称因素,从而产生了互不重合的一对对映体,所以分子有手性。例如:

有旋光性　　　　　　　　　　　　　　无旋光性

2.含手性面的化合物

　　含手性面的化合物分子中既无手性中心,也无手性轴,但有手性。例如,六螺并苯是苯用两个相邻碳原子互相稠合,六个苯环构成一个环状烃,两端的两个苯环上的四个氢拥挤,使两个苯环不能在一个平面内,一端在平面之上,另一端在平面之下,整个分子形成一个螺旋状物,构成含手性面的分子,具有一对对映体,一个左旋,一个右旋。这类光学异构体的旋光能力是惊人的,六螺并苯的[α]＝3700°,说明旋光与分子结构的密切关系。

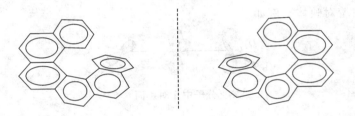

4.3.6 碳环化合物的对映异构

反-1,2-环丙烷二甲酸分子中没有对称面和对称中心,是手性分子,有一对对映体,可组成外消旋体。顺-1,2-环丙烷二甲酸分子中有一个对称面,是非手性分子,是内消旋体,无旋光性。顺式异构体与反式异构体互为非对映体。

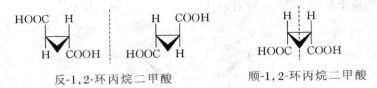

反-1,2-环丙烷二甲酸   顺-1,2-环丙烷二甲酸

同理,顺-1,2-二溴环己烷有对称面,无旋光性;反-1,2-二溴环己烷无对称面,也无对称中心,是手性分子,有对映体。

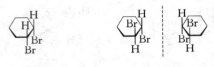

顺-1,2-二溴环己烷   反-1,2-二溴环己烷

4.3.7 以非碳原子为手性中心的光学活性化合物

前面讨论的都是以碳原子为手性中心的化合物。实际上,凡是连接四个不同的配体(基团、原子或电子对)的元素的原子都能构成手性中心。例如:

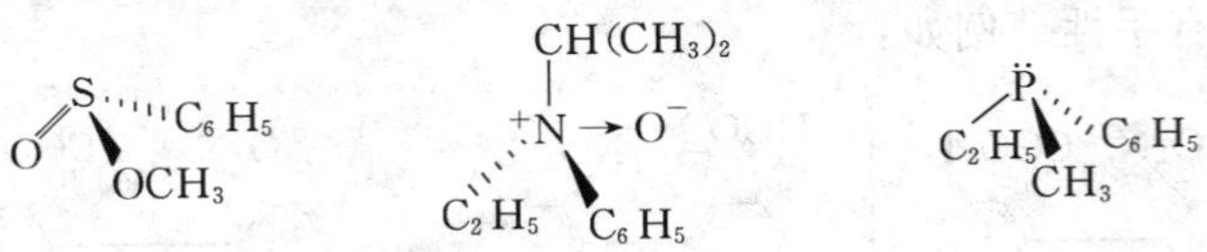

其他如 $R_1R_2R_3R_4N^+X^-$、$R_1R_2R_3R_4Si$、$R_1R_2R_3P\!=\!\!O$ 等都具有光学活性,有的在自然界有着重要作用。

4.3.8 外消旋体的拆分

在非手性条件下合成手性物质,得到的产物往往是外消旋体。例如,丙酸氯化得到的产物 α-氯丙酸是等量的左旋体和右旋体组成的外消旋体。

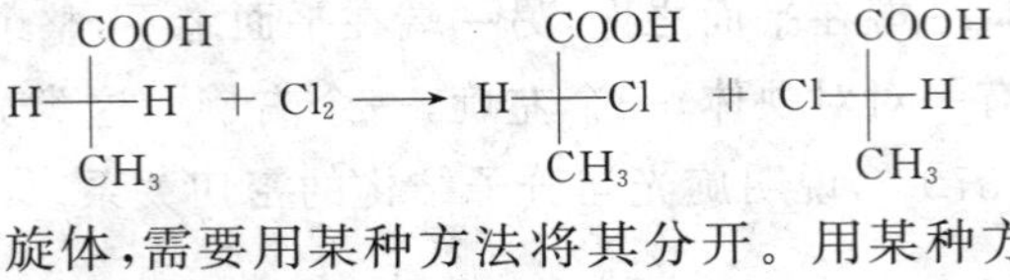

若要得到左旋体或右旋体,需要用某种方法将其分开。用某种方法将外消旋体分开成纯的左旋体和右旋体的过程称为外消旋体的拆分。

拆分的方法很多,有机械分离法、微生物分解法、柱层析分离法、诱导结晶法及化学反应法等。这里主要介绍化学反应法。

非对映体的物理、化学性质是不一样的,可用蒸馏、重结晶等物理过程将非对映体混合物分开。化学方法分离的原理是将外消旋体与一个纯的旋光体((+)或(−))反应生成非对映体混合物,再用物理方法分开非对映体,分开后的非对映体再经化学处理,即可分别得到原外消旋体中的两个异构体——左旋体和右旋体。使用的纯的旋光体称为拆分剂。化学方法拆分用得最成功的是(±)-酸或(±)-碱的拆分,其过程如下:

$$
\begin{array}{l}
(\pm)\text{-酸} + (-)\text{-碱} \longrightarrow \begin{array}{l}(+)\text{-酸}\cdot(-)\text{-碱盐} \\ (-)\text{-酸}\cdot(-)\text{-碱盐}\end{array} \xrightarrow{\text{分离}} \begin{array}{l}\longrightarrow \text{纯的}(+)\text{-酸}\cdot(-)\text{-碱盐} \\ \longrightarrow \text{纯的}(-)\text{-酸}\cdot(-)\text{-碱盐}\end{array}
\end{array}
$$

　　　外消旋体　　拆分剂　　　　　非对映体混合物

$$\text{纯的}(+)\text{-酸}\cdot(-)\text{-碱盐} \xrightarrow{HCl} \text{纯的}(+)\text{-酸}+(-)\text{-碱}\cdot HCl \longrightarrow \text{纯的}(+)\text{-酸}$$

$$\text{纯的}(-)\text{-酸}\cdot(-)\text{-碱盐} \xrightarrow{HCl} \text{纯的}(-)\text{-酸}+(-)\text{-碱}\cdot HCl \longrightarrow \text{纯的}(-)\text{-酸}$$

常用的碱性拆分剂包括:马钱子碱、麻黄碱、盖胺等天然存在的旋光性物质。同理,可用酸性拆分剂如酒石酸、苹果酸、樟脑磺酸等天然存在的旋光性物质分离(±)-碱。

如果外消旋体既不是酸也不是碱,可以先将其转变为酸或碱,再拆分。若拆分(±)-醇,可先与邻苯二甲酸酐反应得到外消旋酯,再用碱拆分剂处理,形成非对映体,最后进行水解分离。

$$(\pm)\text{-}CH_3CH_2CHCH_3 + \text{(邻苯二甲酸酐)} \longrightarrow (\pm)\text{-}CH_3CH_2\text{-}CH\text{-}O\text{-}C\text{-}(\text{苯环})\text{COOH}$$

（OH / CH_3 / O）

$$\xrightarrow{\text{碱拆分剂}} \xrightarrow{\text{分离}} \xrightarrow{\text{水解}} \longrightarrow (+)\text{-仲丁醇 及 }(-)\text{-仲丁醇}$$

拆分(±)-醛、酮化合物,可用有旋光活性的肼等作拆分剂。例如:

　　薄荷肼　　　　　　　盖基氨基脲　　　　　　　酒石酰胺酰肼

4.3.9　不对称合成

拆分可以得到纯度很高的光学异构体,但操作起来很麻烦。最好的办法是直接合成出所需要的旋光异构体,即不对称合成。反应物分子中一个对称的结构单元,用一个试剂转化为一个不对称的结构单元,产生不等量对映体的反应称为不对称合成,又称为手性合成。不对称合成的反应效率有两种表示法。

（1）用产物的对映体过量比例 ee 表示,即

$$ee = \frac{A_1 - A_2}{A_1 + A_2} \times 100\%$$

式中,A_1 为产物对映体中过量的一种异构体的量,A_2 为产物对映体中另一种少量的异构体的量。

(2) 用产物的光学纯度 OP 表示,即

$$OP = \frac{[\alpha]_{\text{实测}}}{[\alpha]_{\text{纯试样}}} \times 100\%$$

式中,$[\alpha]_{\text{实测}}$为反应得到的旋光产物的比旋光度,$[\alpha]_{\text{纯试样}}$为纯旋光体的比旋光度。

在实验误差范围内,两种表示法的结果相等。

不对称合成反应常使用纯手性化合物作为起始反应物之一。如果起始反应物是非手性的,可在这个反应物分子中引入一个手性中心使之成为手性物进入反应。也可以用手性试剂、手性溶剂、手性催化剂等促进不对称合成反应。丙酮酸用硼氢化钠还原得到 2-羟基丙酸的外消旋体,如果在丙酮酸分子中引入一个具有手性的胺,变成有手性的酰胺后,再用硼氢化钠还原,由于羰基已处于手性环境,硼氢化钠从羰基平面的两边进攻羰基的机会不相等,就得到不等量的非对映体混合物,分离后再水解掉引入的手性胺,就能得到以需要的对映体含量居多的产物。

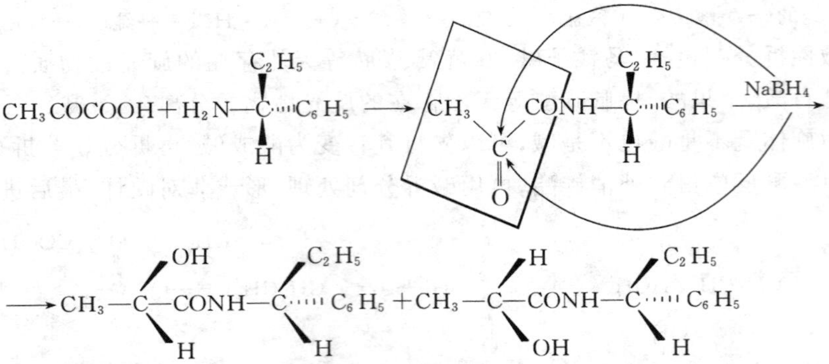

不对称合成反应中,使用合适的手性条件可使产物光学纯度达到 95% 以上。

不对称合成反应广泛用于有机化合物构型的测定、有机反应机理的探索,以及酶催化活性的研究等领域。

习　　题

1. 举例说明下列名词的意义。

(1) 旋光性　　　(2) 旋光性物质　　　(3) 右旋体　　　(4) 左旋体　　　(5) 旋光度

(6) 比旋光度　　(7) 对映异构体　　(8) 非对映异构体　(9) 外消旋体　　(10) 内消旋体

2. 下列分子是否具有对称面、对称中心?

(1) 反-1,2-二甲基环丙烷　　　(2) 1,2-二溴乙烷优势构象　　　(3) 顺-2-丁烯

3. 回答下列问题:

(1) 产生对映异构现象的充分必要条件是什么?

(2) 旋光方向与 R、S 构型之间有什么关系?

(3) 内消旋体和外消旋体之间有什么本质区别?

4. 指出下列化合物中手性碳原子的构型。

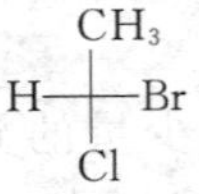

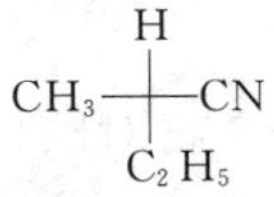

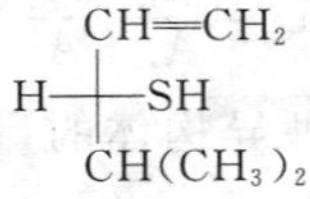

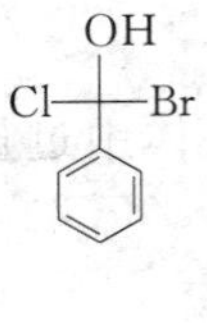

(5) HO—H CH₂Cl / CH₂OH (6) H₂N—C(≡CH)(CH₃)CHO (7) CH₃—C(COOH)(C₆H₅)C₂H₅ (8) HO—H, C(CH₃)₃ / C≡CH

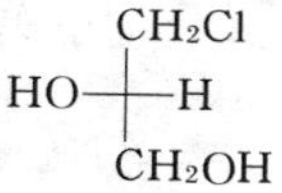

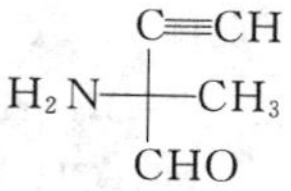

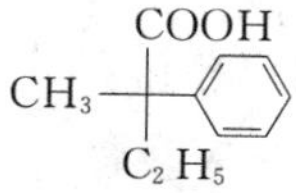

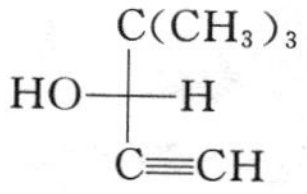

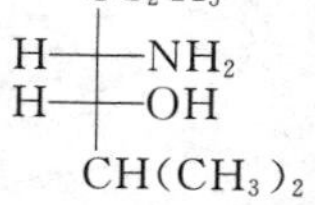

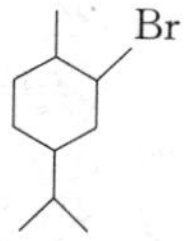

(9) H—NH₂, H—OH, OC₂H₅, CH(CH₃)₂ (10) 结构图 (11) 结构图

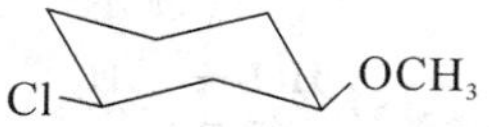

5. 下列化合物中哪些有手性？指出它们所含的手性碳原子（用"＊"表示）。

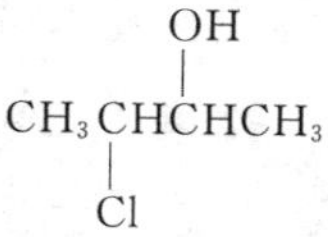

(1) 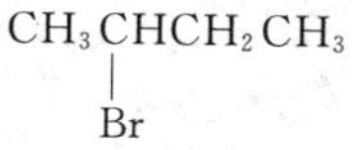 CH₃CHCH₂CH₃ / Br

(2) CH₃CHCHCH₃ / OH / Cl

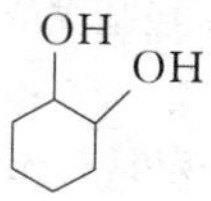

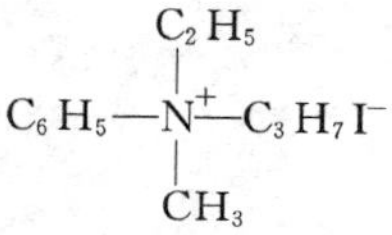

(3) CH₃CHCHCH₂CH₃ / Cl Cl

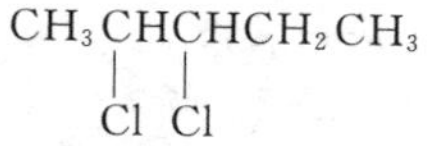

(4) C₆H₅CH=C=CHC₆H₅

(5) CH₃O—环己基—CH(CH₃)₂ / Cl

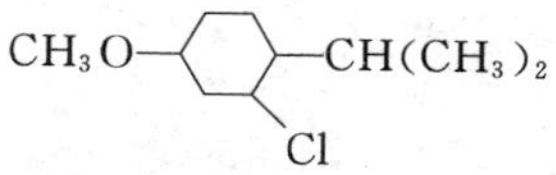

(6) 环己二醇 OH OH

(7) C₆H₅—N⁺(C₂H₅)(CH₃)C₃H₇ I⁻

(8) 联苯结构 HOOC OCH₃ / O₂N OCH₃

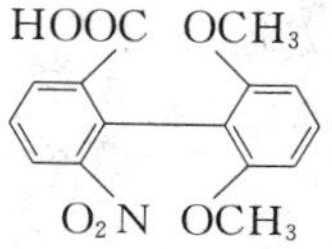

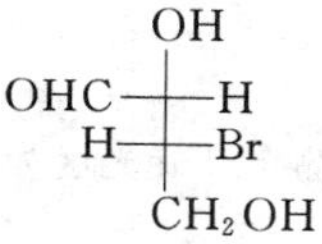

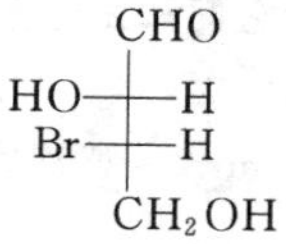

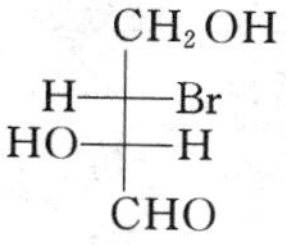

6. 指出下列各组化合物之间的相互关系（是否为同一化合物、对映体、非对映体）。

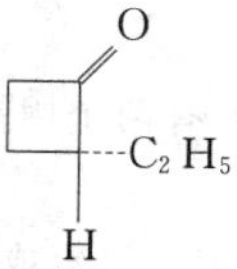

(1) 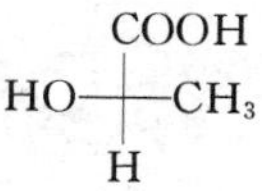 (a)(b)(c)(d) 结构图

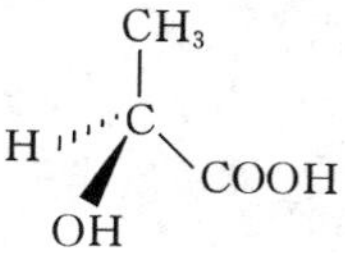

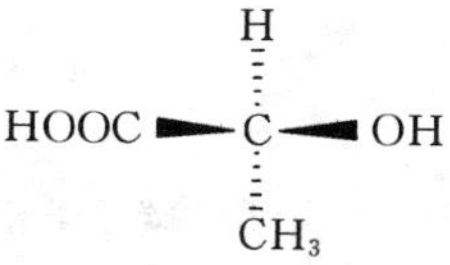

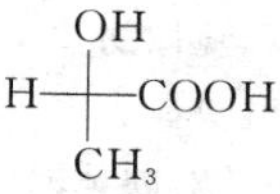

(2) 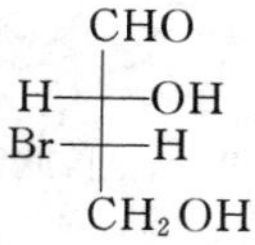 (a)(b)(c)(d) 结构图

(3) 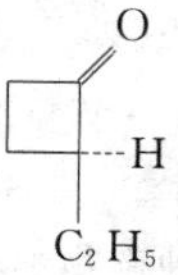 (a)(b) 结构图

7. 将下列各式改写成费歇尔投影式，并用 R、S 标记其构型。

(1)(2)(3) 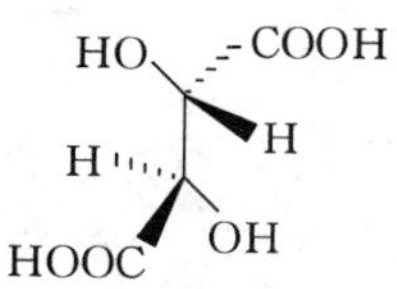 结构图

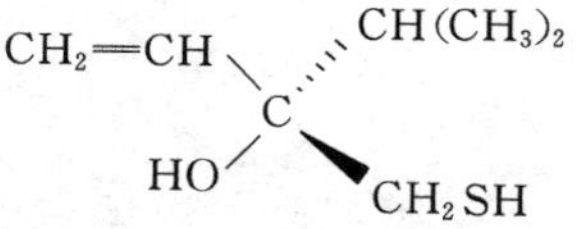

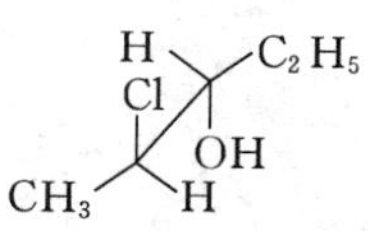

8. 用系统命名法命名下列化合物（有构型者须标明 R、S 构型）。

(1) 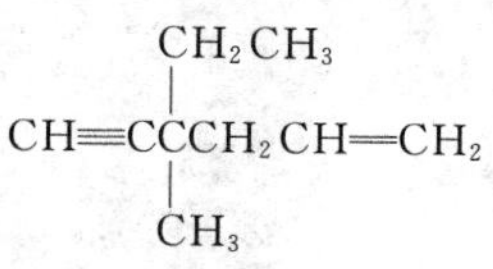 CH₂=C(CH₂CH₃)CH₂CH=CH₂ / CH₃

(2)(3) 结构图

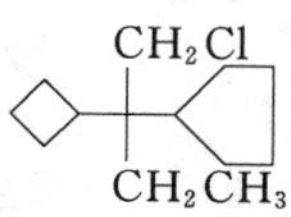

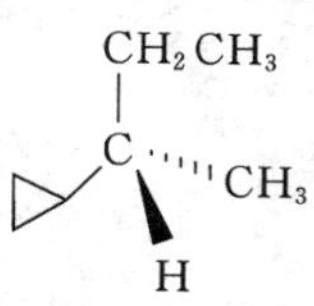

(4)
$$Cl-\overset{\overset{\displaystyle CHO}{|}}{\underset{\overset{\displaystyle |}{CH_2OH}}{C}}-H$$

(5)

(6)
$$Cl-\overset{\overset{\displaystyle H}{|}}{\underset{\overset{\displaystyle |}{CH(CH_3)_2}}{C}}-CH=CH_2$$

(7)
$$HO-\overset{\displaystyle COOH}{\underset{\displaystyle C}{|}}-H \quad H \\ \overset{\displaystyle |}{C}=\overset{\displaystyle |}{C} \\ CH_3 \quad CH_2CH_3$$

(8)
$$HO-\overset{\overset{\displaystyle COOH}{|}}{C}-CH_3 \\ Br-\overset{\displaystyle |}{C}-H \\ \overset{\displaystyle |}{COOH}$$

9. 写出下列化合物的立体结构式。

(1) (S)-3-甲基-1-戊炔

(2) (R)-3-乙基-1-己烯-5-炔

(3) (2E,4Z)-2,4-己二烯

(4) (2S,3R)-2,3-二甲氧基丁烷

(5) (2S,3R)-2-甲基-3-羟基戊醛

(6) (R)-2-氯-3-戊烯酸

10. 判断下列命题的正误。

(1) 有手性的化合物一定具有光学活性。

(2) 具 S 构型的手性化合物一定是左旋体。

(3) 具有 R 构型的手性化合物必定有右旋的旋光方向。

(4) 如果一种化合物有对称平面,它必然是非手性的。

(5) 非光学活性的物质一定是非手性化合物。

(6) 所有具有手性碳原子的化合物都是手性分子。

(7) 对映体可以通过单键旋转相互重合。

(8) 一对对映体总有实物和镜像的关系。

(9) 所有手性分子都有非对映体。

(10) 由一种异构体转变为其对映体时,必须断裂与手性碳原子相连的键。

(11) 如果一种化合物没有对称面,它必然有手性。

(12) 内消旋体和外消旋体都是非手性分子,因为它们都无旋光性。

(13) 构象异构体都没有光学活性。

11. (1) 取某光学物质 1 g,溶于 10 mL 氯仿后,在 5 cm 长的盛液管中测定其旋光度为 $-3.9°$,试问:此物质的比旋光度是多少?

(2) 比旋光度 $+40°$ 的上述物质,在 1 dm 长的盛液管中测得的旋光度值为 $+10°$,试问:此物质溶液的浓度是多少?

12. 某化合物的分子式是 $C_5H_{10}O$,没有旋光性,分子中有一个环丙烷环,在环上有两个甲基和一个羟基,试写出它的可能的构型式。

13. 某化合物 A 的分子式为 C_6H_{10},加氢后可生成甲基环戊烷。A 经臭氧化分解后仅生成一种产物 B,B 有旋光性。试推导出 A 和 B 的结构式。

第5章 有机化合物的波谱分析

5.1 概　　述

有机化合物分子结构的测定是研究有机化合物的重要组成部分。过去,确定一个有机化合物的结构主要依靠化学方法,即主要从有机化合物的化学性质和合成来获得对结构的认识。对于比较复杂的分子来说,需要通过多种化学反应,实验工作比较烦琐,分析样品的数量不能太少,往往需要较长的时间才能完成。

近年来,波谱分析方法已成为测定有机化合物结构的重要手段,极大地推动了有机化学以及分析化学的迅速发展。波谱分析的特点是一般只需微量样品,就可以很快地获得可靠的分析数据,这就弥补了化学方法烦琐、费时的不足之处。现在,许多波谱分析已成为研究有机化合物不可缺少的实验手段。波谱分析中,核磁共振谱(NMR)、红外光谱(IR)及质谱(MS)等是有机化学中应用最广泛的波谱分析方法。前二者为分子吸收光谱,而质谱是分子经高能粒子轰击形成的正电荷离子(或采用软电离技术形成的离子),在电场和磁场的作用下按质荷比大小排列而成的图谱,不是吸收光谱。

本章简要地介绍如何应用核磁共振谱、红外光谱及质谱来阐明有机化合物的某些结构特征。三者在有机化合物的结构鉴定中应用最多。

下面先介绍电磁波谱的一些基本概念。

光是由不同波长的射线组成的电磁波。光谱法研究的是电磁波对原子或分子的作用。红外光谱、紫外光谱、核磁共振所用的是电磁波中不同波长范围的辐射。

电磁波或称电磁辐射,包括了从波长极短的宇宙线到波长较长的无线电波的极为宽广的范围(见图 5-1)。电磁波的波长越短,则频率越高,具有的能量就越大。

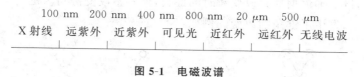

图 5-1　电磁波谱

可见光及其附近的电磁波(如紫外光、红外光等)的波长一般用 μm(微米)或 nm(纳米)作为单位,频率的大小则常用波数 σ(单位为 cm^{-1})来表示。

当电磁波照射物质时,物质可以吸收一部分辐射。吸收的辐射能量可以激发分子中的电子(主要是外层价电子),使电子跃迁到较高的能级或增加分子中原子的振动和转动能量。只有辐射光的能量正好等于电子的两个能级之差(即 $\Delta E = E' - E''$)时,辐射能才能被吸收,即分子吸收辐射能是量子化的。对某一分子来说,它只能吸收某些特定频率的辐射,因为只有这些特定频率辐射的能量才能引起分子中电子的跃迁或振动能量和转动能量的变化。因此一个分子对于不同波长辐射的吸收,也即对于具有不同频率,因而具有不同光量子能量辐射的吸收是不一样的。如果把某一有机化合物对不同波长辐射的吸收情况(以透射率或吸光度表示)记录下来,就成为这一化合物的吸收光谱,如红外光谱、紫外光谱等。吸收光谱与分子结构的关系是非常密切的,有机化合物有其特定的吸收光谱。和其他物理性质一样,吸收光谱也是有机化合物的固有性质,即有机化合物对光的吸收性质,因此吸收光谱可以作为鉴定有机化合物的重要依据。

5.2　红　外　光　谱

一定波长的电磁波代表一定的辐射能量。红外光的波长较长,它的频率和能量只能使分子发生振动及转动能级的变化,所以红外光谱主要反映了分子振动能级的变化。红外光可进一步划分为近红外($\lambda = 0.78 \sim 3 \ \mu m$,$\sigma = 12820 \sim 3333 \ cm^{-1}$)、中红外($\lambda = 3 \sim 30 \ \mu m$,$\sigma = 3333 \sim 333 \ cm^{-1}$)和远红外($\lambda = 30 \sim 300 \ \mu m$,$\sigma = 333 \sim 33 \ cm^{-1}$)。

一般的红外吸收光谱,主要是指中红外范围而言,波数一般在 $400 \sim 4000 \ cm^{-1}$(相当于 $4 \sim 42 \ kJ \cdot mol^{-1}$ 能量)。谱图是以波长及波数为横坐标,表示吸收带的位置,以透射率为纵坐标,表示光的吸收强度。整个吸收曲线反映了一种化合物在不同波长的光谱区域内吸收能力的分布情况。由于纵坐标是透射率,所以光被吸收愈多,透射率愈低,曲线的低谷表示它是一个强的吸收带。

5.2.1　分子振动、分子结构与红外光谱

由吸收红外光而引起的分子振动,包括键的伸缩振动和键的弯曲振动。下式表示键的两种伸缩振动。

对称伸缩振动　　　　不对称伸缩振动

一般用直线表示处在平面上的键(如上式中的两个 C—H 键),虚线表示指向纸面后的键,楔形线则表示指向纸面之上的键。这样的结构式表示了中间碳原子四个共价键的立体形式。由上式可以看出,键的伸缩振动只改变瞬时的键长,但并不改变键角。键的弯曲振动则是在不改变键长的情况下,发生了键角的改变。例如:

剪式振动　平面摇摆　　　非平面摇摆　扭曲振动
　　面内弯曲　　　　　　　面外弯曲

一个多原子的有机化合物分子可能存在很多振动方式,但并不是所有的分子振动都能吸收红外光。当分子的振动不改变分子的偶极矩时,它就不能吸收红外辐射,即它不具有红外活性,当然也就没有相应的吸收谱带。只有使分子的偶极矩发生变化的分子振动才具有红外活性。分子中极性基团的振动特别容易发生比较显著的红外吸收。由于多原子分子可能存在的分子振动方式很多,所以它的红外光谱总是非常复杂,要从理论上全面分析一个红外吸收光谱是比较困难的。但在大量研究有机化合物红外光谱的基础上,化学家可以识别在一定频率范

围内出现的谱带是由哪些化学键或基团的振动所产生的。相同的官能团或相同的键型往往具有相同的红外吸收特征频率。因此,一个有机化合物的红外吸收光谱对于有机化合物的结构测定可以有很大的帮助。表 5-1 列出了红外光谱中各种键吸收谱带的区域。表 5-2 列出了红外光谱中各种键由伸缩振动引起的特征频率。

表 5-1　红外光谱中各种键吸收谱带的区域

波数/cm^{-1}	3700	2800	2400	1900	1500	500
键型和振动类型	Y—H 键伸缩振动		Y≡Z 三键和累积双键伸缩振动	Y=Z 双键伸缩振动	单键和重键的弯曲振动,较重原子参与的共价键伸缩振动	

注:Y=C、O、N, Z=C、N。

表 5-2　红外吸收的特征伸缩频率

键　　型	化 合 物 类 型	σ/cm^{-1}
(1)　C—H		
(a) C_{sp3}—H	烷烃	2800~3100
(b) C_{sp2}—H	烯烃、芳烃	3000~3100
(c) C_{sp}—H	炔烃	3200~3350
(2)　C—C		
(a) C—C	烷烃	750~1200
(b) C≡C	烯烃、芳烃	1600~1680
(c) C≡C	炔烃	2050~2260
(3)　C—N		
(a) C—N	伯、仲、叔胺	1030~1230
(b) C=N	希夫碱	1640~1690
(c) C≡N	腈	2210~2260
(4)　C—O		
(a) C—O	醇	1020~1275
	醚	1020~1275
(b) C=O	醛	1690~1740
	酮	1650~1730
	羧酸	1710~1780
	羧酸酯	1710~1780
	酰胺	1650~1690
	酸酐	1760、1820
	酰卤	1800

键　　型	化　合　物　类　型	σ/cm^{-1}
(5)　C—X		
(a) C—F	氟化物	1000～1350
(b) C—Cl	氯化物	600～850
(c) C—Br	溴化物	500～680
(d) C—I	碘化物	200～500
(6)　N—H	伯胺	3400～3500
	仲胺	3400～3500
	伯、仲、叔胺盐	2250～3200
(7)　O—H	醇、酚	3400～3700
	氢键结合的醇、酚	3200～3400
	氢键结合的羧酸	2500～3300
(8)　N—O	硝基化合物	1350、1560
	硝酸酯	1620～1640、1270～1285
	亚硝酸酯	1610～1680、750～815

　　由表 5-2 可以看出，较多的特征吸收谱带集中在 1250～4000 cm^{-1} 区域之内，这个区域常称为化学键或官能团的特征频率区。一般来说，振动时偶极矩变化较大的振动产生较强的红外吸收。例如，—OH、>C=O 等极性基团都显示强的吸收峰。分子中的结构影响，如相邻重键的共轭、氢键以及其他分子内或分子间引力的影响，一般会使吸收谱带发生移动（向波数略低的方向移动）。分子结构的细微变化常引起 675～1250 cm^{-1} 区域谱带的变化，这个区域又叫做"指纹区"。和每个人都具有自己特征指纹的情况相似，结构相似的不同化合物可能在非指纹区具有极为相似的红外吸收谱带，但必然在指纹区表现出它们之间的不同点。由于指纹区的吸收谱带是许多复杂的分子转动和振动的总结果，很难从理论上加以分析，所以对化合物分子中官能团的鉴定来说，意义不大。但对于判断两个样品是不是同一化合物，比较它们的指纹区红外光谱是非常重要的。

5.2.2　脂肪族烃的红外光谱

　　烷烃的红外光谱可以用正辛烷的图谱（见图 5-2）作为例子来加以说明。由图 5-2 可以看出，烷烃的主要吸收峰为 2850～3000 cm^{-1} 区域的 C—H 伸缩振动，以及在 1500 cm^{-1} 以下的三个弯曲振动，即 1450～1470 cm^{-1} 的剪式弯曲振动（—CH$_2$— 及 —CH$_3$）、1370～1380 cm^{-1} 的平面摇摆弯曲振动（—CH$_3$）和 720～725 cm^{-1} 的平面摇摆弯曲振动（$n \geqslant 4$，—CH$_2$—）。由于烷烃一般都有这些谱带，所以从结构测定的角度出发，它们缺少"诊断"价值。虽然有关这方面的深入了解有助于对烷烃结构的判断，例如，如果在同一碳原子上连有两个甲基时，往往会在 1370～1380 cm^{-1} 处出现分裂的两条谱带，但一般来说，对烷烃结构的测定，需要其他波谱的配合。

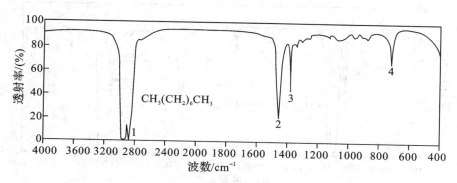

图 5-2　正辛烷的红外光谱

烯烃的 C_{sp2}—H 键比烷烃的 C_{sp3}—H 键强,即需要更多的能量才能激发伸缩振动,所以烯烃的 =C—H 键的吸收峰,和烷烃—C—H 键吸收峰相比较,出现在更高的波数区,一般在 3000～3100 cm^{-1} 区域。C =C 键的伸缩振动在 1600～1680 cm^{-1}。当双键碳原子上只有一个烷基时,此吸收峰强度最大。当双键碳原子上具有更多烷基时,强度即减弱,因为这时的 C =C 键伸缩振动引起的偶极矩变化不大。如果碳碳双键上连有四个烷基,这个伸缩振动就难于觉察。烯烃 =C—H 键的平面外弯曲振动位于 700～1000 cm^{-1}(见表 5-3)。表 5-3 中所列的一些数据,对于烯烃结构测定来说,都是非常有用的。

表 5-3　烯烃 C—H 键的平面外弯曲振动吸收频率

键	频率/cm^{-1}	键	频率/cm^{-1}	键	频率/cm^{-1}
R、H（C=C）H、H	910,990	R、R（C=C）H、H	790～840	R、H（C=C）H、R	970
R、R（C=C）H、H	675～725	R、R（C=C）R、H	890	R、R（C=C）R、R	无

图 5-3 为 1-辛烯的红外光谱图。由此图可以看出,与双键有关的几个吸收峰,如 3080 cm^{-1} 处为 =C—H 键的伸缩振动,1640 cm^{-1} 处为 C =C 键的伸缩振动,1820 cm^{-1}、995 cm^{-1} 和 915 cm^{-1} 处为 —CH =CH—H 的平面外摇摆弯曲振动。这三个弯曲振动吸收带是末端乙烯基(R—CH =CH$_2$)的特征频率。

炔烃中,末端炔烃的红外光谱与非末端炔烃有较多的不同。末端炔烃在 3300 cm^{-1} 附近有明显的 ≡C—H 键伸缩振动的吸收谱带,在 600～700 cm^{-1} 处有 C—H 键的弯曲振动的吸收谱带,C≡C 键伸缩振动则在 2100～2140 cm^{-1} 处。非末端炔烃的 C≡C 键伸缩振动则位于 2200～2260 cm^{-1} 处,且为一弱的吸收带,往往很难觉察。如果分子完全对称,由于伸缩振动并不导致偶极矩的改变,所以就不存在 C≡C 键伸缩振动的吸收带。图 5-4 和图 5-5 分别为 1-辛炔和

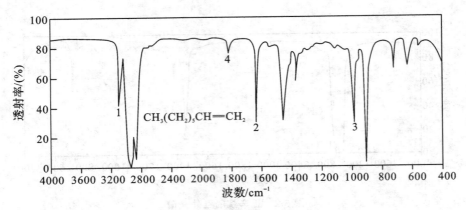

图 5-3　1-辛烯的红外光谱

2-辛炔的红外光谱图。1-辛炔的红外光谱中,3320 cm^{-1}处为≡C—H 键伸缩振动,2120 cm^{-1}处为C≡C键伸缩振动,638 cm^{-1}处为≡C—H 键的弯曲振动。在 2-辛炔的红外光谱中,由于非末端炔烃不存在≡C—H 键,所以不存在 3320 cm^{-1}和 638 cm^{-1}处的≡C—H键的伸缩振动和弯曲振动的吸收峰。C≡C 键的伸缩振动也不能察觉。由这两个图的比较可以看出末端炔烃和非末端炔烃的红外光谱的不同。

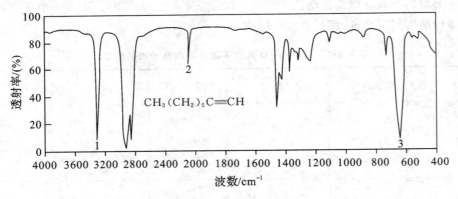

图 5-4　1-辛炔的红外光谱

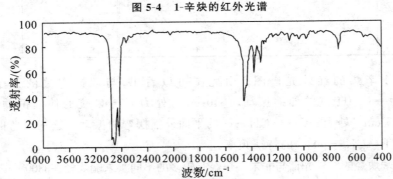

图 5-5　2-辛炔的红外光谱

5.2.3　芳香族烃的红外光谱

芳烃中,C—H 伸缩振动在 3000～3100 cm^{-1}处;单核芳环骨架 C═C 伸缩振动在

$1600\ cm^{-1}$、$1580\ cm^{-1}$、$1500\ cm^{-1}$、$1450\ cm^{-1}$处,强度与分子对称性有关;C—H面外弯曲振动在 $690 \sim 900\ cm^{-1}$ 处,其倍频峰的形状、位置与取代基位置有关。图 5-6、图 5-7 分别为二苯乙炔、甲苯的红外光谱图。

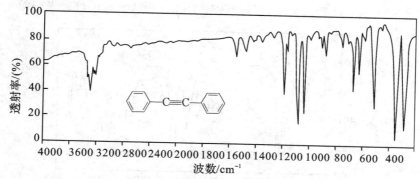

图 5-6　二苯乙炔的红外光谱

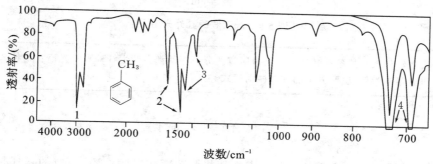

图 5-7　甲苯的红外光谱

1—Ar—H 的伸缩振动;2—芳环骨架的伸缩振动;3—≡C—H 的弯曲振动;4——取代苯的面外弯曲振动

5.2.4　醇、醚的红外光谱

醇类 O—H 伸缩振动:固态、液膜在 $3300 \sim 3400\ cm^{-1}$ 处,为宽带;非极性溶剂稀溶液在 $3600\ cm^{-1}$ 处,有时伴随缔合峰。醚类 C—O—C 伸缩振动在 $1100 \sim 1250\ cm^{-1}$ 处,不易辨识。图 5-8 为戊醚的红外光谱图。

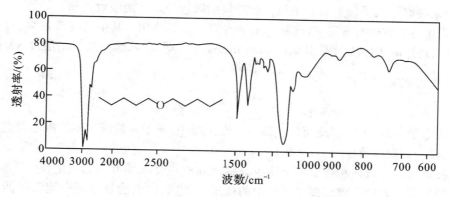

图 5-8　戊醚的红外光谱

5.2.5　胺的红外光谱

胺的 N—H 伸缩振动在 $3300\sim3500\ cm^{-1}$ 处,一般呈双峰,芳胺吸收强度较大。其他振动(如 C—N 伸缩振动、N—H 弯曲振动)不易判别。图 5-9 为苯乙胺的红外光谱图。

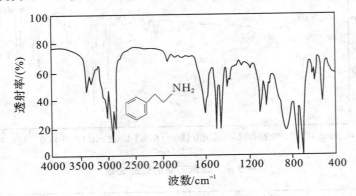

图 5-9　苯乙胺的红外光谱

思考题 5-1　产生红外吸收的条件是什么? 是否所有的分子振动都会产生红外吸收光谱? 为什么?
思考题 5-2　以亚甲基为例,说明分子的基本振动模式。

5.3　核磁共振谱

核磁共振波谱学是光谱学的一个分支。其共振频率在射频波段,相应的跃迁是原子核自旋在核能级上的跃迁。通常人们所说的核磁共振,指的是利用核磁共振现象获取分子结构、人体内部结构信息的技术。核磁共振的方法与技术作为分析物质的手段,由于其可深入物质内部而不破坏样品,并具有迅速、准确、分辨率高等优点而得以迅速发展和广泛应用,已经从物理学渗透到化学、生物、地质、医疗以及材料等学科,在科研和生产中发挥了巨大作用。

核磁共振(nuclear magnetic resonance,简称 NMR)是具有奇数序数或相对原子质量(或两者都有)的元素(如 ^1H、^{13}C、^{15}N、^{17}O、^{31}P 等)的原子核,由于其自旋而产生磁矩,在外加磁场中,具有磁矩的原子核受辐射而发生核自旋能级的跃迁所产生的吸收光谱。

在有机化合物结构的测定中,核磁共振谱有着广泛的应用。其中研究得最多、应用最广的是 ^1H 的核磁共振谱,叫做质子磁共振(proton magnetic resonance,简称 PMR,用 ^1H NMR 表示)。

5.3.1　核磁共振基本原理

1. 原子核的自旋与核磁共振

质子像电子一样,可以自旋而产生磁矩。在磁场中,质子自旋所产生的磁矩可以有两种取向:或者与磁场方向一致($\uparrow$),或者相反($\downarrow$)。

质子磁矩的两种取向相当于两个能级。磁矩方向与外磁场方向相同的质子能量较低,相反的则能量较高。若用电磁波照射磁场中的质子,当电磁波的能量与两个能级的能量差相等时,处于低能级的质子就可以吸收能量,跃迁到高能级(辐射能吸收呈量子化)。这种现象叫做核磁共振,如图 5-10 所示。

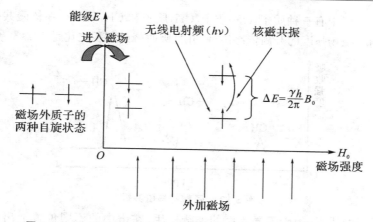

图 5-10　质子两种自旋态的能量与外磁场强度关系及核磁共振

假设射频的频率为 ν，则其能量为

$$E = h\nu = \gamma h B_0 / (2\pi)$$

所以 $\nu = \nu_0 = \gamma B_0 / (2\pi)$，这是产生 NMR 现象的条件。

不同原子核，磁旋比 γ 不同，需要的磁场强度 B_0 和射频频率 ν 不同。固定 B_0，改变 ν（扫频），不同原子核在不同频率处发生共振。也可固定 ν，改变 B_0（扫场）。扫场方式应用较多。

2. 化学位移

质子的能级差是一定的，因此有机分子中的所有质子似乎都应在同一磁场强度下吸收能量。这样，在核磁共振谱图中就应只有一个吸收峰。但有机化合物分子中，质子周围都是有电子的。在外加磁场的作用下，电子的运动能产生感应磁场。因此质子所感受到的磁场强度，并非就是外加磁场的强度。一般来说，质子周围的电子使质子实际感受到的磁场强度要比外加磁场的强度弱些。也就是说，电子对外加磁场有屏蔽作用，屏蔽作用的大小与质子周围电子云密度的高低有关。电子云密度愈高，屏蔽作用愈大，该质子的信号就要在愈高的磁场强度下才能获得。有机分子中与不同基团相连接的氢原子的周围电子云密度不一样，因此它们的信号就分别在谱的不同位置上出现。质子信号位置上的这种差异叫做化学位移。

例如，在氯乙烷分子中有两种质子：CH_2 质子和 CH_3 质子。它们的化学环境不同。CH_2 与氯原子相连，氯是电负性很强的元素，故这里 CH_2 周围的电子云密度比 CH_3 低。因此，在核磁共振谱（见图 5-11）中，随着磁场强度的升高，CH_2 质子的吸收峰先出现，CH_3 质子的吸收峰后出现。同时，吸收峰的相对强度与同一类质子的数目是相应的。CH_2 质子只有两个，而 CH_3 质子有三个，它们的吸收峰面积之比正是 $2:3$。

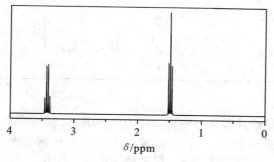

图 5-11　氯乙烷的核磁共振谱

又如,在乙醇分子中有三种质子:OH 质子、CH_2 质子和 CH_3 质子。在核磁共振谱中,这三种质子的吸收峰,随着磁场强度的升高依次出现,并且吸收峰的面积之比是 1∶2∶3(见图 5-12)。

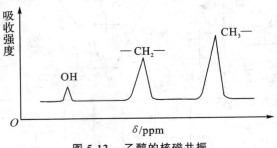

图 5-12　乙醇的核磁共振

化学环境不同的质子,因受不同程度的屏蔽作用,在谱中的不同位置上出现吸收峰,但这种位置上的差异是很小的,很难精确地测出化学位移的绝对数值。故通常是以四甲基硅烷($(CH_3)_4Si$,简写为 TMS)作为标准物质,以它的质子峰作为零点,其他化合物的质子峰的化学位移都是相对于这个零点而言的。

化学位移常以 δ 表示。δ 是样品质子吸收峰与 TMS 质子吸收峰频率之差与共振仪辐射频率之比。因为由此所得数值很小,故乘以 10^6,即以 ppm 表示。化学位移的计算公式如下:

$$\delta = \frac{\nu - \nu_{TMS}}{\nu_0} \times 10^6$$

式中,δ 为样品的化学位移,ν 为样品吸收峰的频率,ν_{TMS} 为四甲基硅烷的吸收峰的频率,ν_0 为核磁共振仪的频率。

各种有机物分子中与同一类基团相连的质子于核磁共振谱中,在差不多相同的位置出现(即具有相同的 δ 值)。表 5-4 列出的是常见基团中质子的化学位移。

表 5-4　常见基团中质子的化学位移

基　团	δ	基　团	δ	基　团	δ
—CH_3	0.9	—$COCH_3$	2.3	$\diagdown$C—CH_3	1.8
—CH_2	1.3	ArOH	7	ROH	5
—CH	2.0	—CH_2Cl	3.7	Ar—CH_3	2.3
=CH_2	5.0	—CH_2Br	3.5	—COOH	11
ArH	7~8	—CH_2I	3.2		
≡CH	2.5	—$CHCl_2$	5.8		
—C（=O）H	9.7	$(RO)_2CH_2$	5.3		
		—OCH_3	3.8		

3. 自旋偶合与自旋裂分

用分辨率比较高的核磁共振仪测定化合物的核磁共振谱时,所得到的谱图中有些质子的吸收峰不是单峰而是一组多重峰。例如,乙醇的高分辨率核磁共振谱(见图 5-13)中 CH_2 和 CH_3 质子的峰都是多重峰,前者是四重峰,后者是三重峰。

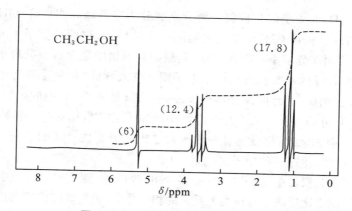

图 5-13　乙醇的高分辨率核磁共振谱

又如，1,1,2-三氯乙烷（$CHCl_2CH_2Cl$）的核磁共振谱（见图 5-14）中，CH 质子为三重峰，CH_2 质子为二重峰。

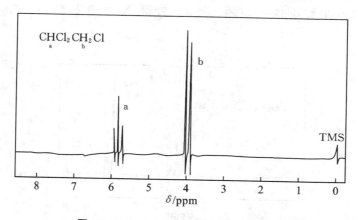

图 5-14　1,1,2-三氯乙烷的核磁共振谱

这种同一类质子吸收峰增多的现象叫做裂分。裂分是邻近质子的自旋相互干扰而引起的。这种相互干扰叫做自旋偶合，由此所引起的吸收峰的裂分叫做自旋裂分。在 1,1,2-三氯乙烷分子中，CH 质子除受外加磁场的影响外，还要受到相邻 CH_2 质子自旋的影响。CH_2 质子有两个，当它们在外加磁场中的自旋方向相同，且磁矩的取向与外加磁场一致（↑↑）时，增强了磁场强度，于是 CH 质子在较低的外加磁场中即可发生共振而出现吸收峰。当 CH_2 中两个质子自旋方向相同，但其磁矩取向与外加磁场相反（↓↑）时，削弱了磁场强度，于是 CH 质子就要在较高的外加磁场中才能发生共振。当 CH_2 中两个质子自旋方向相反（↑↓ 或 ↓↑）时，对磁场强度没有影响，对 CH 质子峰出现的位置也就没有影响。这样，CH 质子的共振吸收在图谱中就出现了三次，也就是说裂分为三重峰，而它们的相对强度与 CH_2 质子自旋组成的几种可能形式相对应，是 1∶2∶1。与此同时，CH_2 质子也要受到 CH 质子自旋的影响，它有两种自旋方向：一种自旋使外加磁场增强，另一种自旋使外加磁场减弱。故 CH_2 质子的吸收峰裂分为二重峰，且强度相等。一般来说，当质子相邻碳上有 n 个同类质子时，吸收峰裂分为 $n+1$ 个。

自旋偶合通常只在两个相邻碳原子上的质子之间发生。因此在乙醇的高分辨率核磁共振谱中,只是 CH_3 和 CH_2 的质子因自旋偶合而分别裂分为三重峰和四重峰,OH 质子仍为单峰。又如 $ClCH_2CCl_2CH_3$ 分子中,CH_2 和 CH_3 之间隔一个碳原子,这两种质子不发生自旋偶合,故 $ClCH_2CCl_2CH_3$ 既使用高分辨率核磁共振仪,其核磁共振谱中也没有裂分现象。

　　核磁共振谱中,各峰的峰面积现在可用电子积分仪来测量,并在谱图上自动以连续阶梯式积分曲线表示出来。例如,乙醇的高分辨率核磁共振谱(见图 5-13)中的虚线即是这种表示峰面积的积分曲线。积分曲线的总高度与化合物中的质子的总数相对应。各种质子的积分曲线高度之比,即各个峰面积之比,也就是各种质子数之比。图 5-13 中 OH、CH_2、CH_3 的积分曲线高度是 6∶12.4∶17.8,即这三种质子之比是 1∶2∶3。

　　综上所述,在核磁共振谱中,有多少个(或多少组)吸收峰,就反映出分子中有多少种不同类型的质子;吸收峰强度之比反映了各种类型质子的相对数目;吸收峰的位置则反映出质子所处的化学环境。核磁共振谱所提供的这些资料,可以用为鉴别和确定有机化合物分子结构的重要依据。例如,若有样品 A 和 B,已知它们都是戊酮,其中一个是 3-戊酮($CH_3CH_2COCH_2CH_3$),另一个是 3-甲基-2-丁酮($CH_3COCH(CH_3)_2$),但不知 A 和 B 分别是哪一种化合物。利用它们的核磁共振谱,不难解决这一问题。经测定,得 A 和 B 的核磁共振谱如图 5-15 和图5-16 所示。

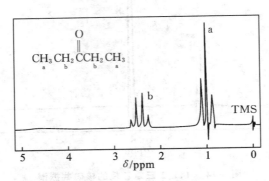

图 5-15　样品 A 的核磁共振谱

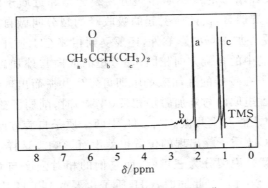

图 5-16　样品 B 的核磁共振谱

　　由图 5-15、图 5-16 可以推知 A 是 $CH_3CH_2COCH_2CH_3$,B 是$CH_3COCH(CH_3)_2$。因为 A 的图谱中有两组峰,即分子中有两种质子。对照化学位移表(见表 5-4)和谱中两组峰的相对强度,

可知它们分别是 $-\overset{O}{\underset{\|}{C}}-CH_2-$ 和 CH_3-R 的质子。CH_2 质子受 CH_3 影响分裂为四重峰，CH_3 受 CH_2 的影响分裂为三重峰。而 B 的图谱中有三组峰，即分子中有三种质子。异丙基中的 CH 质子受相邻的六个 CH_3 质子影响裂分为七重峰。与羰基相连的 CH_3 质子是个单峰，因为与这个 CH_3 相邻的碳原子上没有质子。异丙基中的 CH_3 受相邻 CH 质子影响裂分为二重峰。

思考题 5-3　为什么有时质子吸收峰会有裂分？裂分对推测化合物结构有何用途？

5.3.2　^{13}C-NMR 谱

^{13}C 与 ^1H 核一样自旋具有磁矩，能发生核磁共振。但 ^{13}C 的自然丰度仅为 1.1%，因此共振信号极弱，须多次扫描并积累其结果才能获得较好的核磁共振谱图。近年来随着电子技术和计算机技术的发展，采用带有傅里叶变换的核磁共振仪可以成功地对有机化合物进行常规测定，使 ^{13}C-NMR 在有机化合物结构测定上逐渐与 ^{13}H-NMR 占有同等重要的位置。

1. 碳谱的解析

核磁共振碳谱中，因 ^{13}C 的自然丰度仅为 1.1%，因而 ^{13}C 原子间的自旋偶合可以忽略，但有机物分子中的 ^1H 核会与 ^{13}C 发生自旋偶合，这样同样能导致峰分裂（见图 5-17）。现在的核磁共振技术已能通过多种方法对碳谱进行去偶处理，这样得到的核磁共振碳谱都是完全去偶的，谱图都是尖锐的谱线，而没有峰分裂（见图 5-18）。

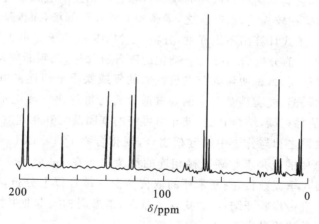

图 5-17　有质子偶合的碳谱

质子宽带去偶谱（proton broadband decoupling）也称为质子噪声去偶谱（ proton noise decoupling），是最常见的碳谱。它的实验方法是在测定碳谱时，以相当宽的频率（包括样品中所有氢核的共振频率）照射样品，由此去除 ^{13}C 和 ^1H 之间的全部偶合，使每种碳原子仅出一条共振谱线。偏共振去偶谱可用来决定各个信号的分裂程度。它的实验方法是将去偶器的频率设定在偏离质子共振频率的一定范围内，即将去偶器的频率设定在比作为内标准的四甲基硅烷信号高出 1 ppm 处，并用单一频率的电磁波对 ^1H 核进行照射，由此测得的既有 NOE 效应，又保留了 ^1H-^{13}C 剩余偶合的图谱。反转门控去偶是增加延迟时间，延长脉冲间隔，NOE 尚未达到较高值，即尽可能地抑制 NOE，使谱线强度能够代表碳数的多少的方法，而谱线又不偶合裂分，由此方法测得的碳谱称为反转门控去偶谱，也称为定量碳谱。

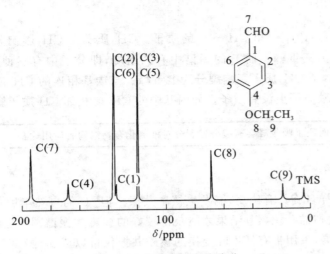

图 5-18　去质子偶合的碳谱

　　一般来说,碳谱中化学位移是研究碳谱最重要的参数。它直接反映了所观察核周围的基团、电子分布的情况,即核所受屏蔽作用的大小。碳谱的化学位移对核所受的化学环境是很敏感的,它的范围比氢谱宽得多,一般在 0～250 ppm。对于相对分子质量在 300～500 的化合物,碳谱几乎可以分辨每一个不同化学环境的碳原子,而氢谱有时却严重重叠。对于不同结构与化学环境的碳原子,它们从高场到低场的顺序与和它们相连的氢原子有一定的对应性,但并非完全相同。如饱和碳在较高场,炔碳次之,烯碳和芳碳在较低场,而羰基碳在更低场。

　　碳谱的解析:由分子式计算出不饱和度,分析 ^{13}C-NMR 的质子宽带去偶谱,识别杂质峰并排除其干扰,由各峰的 δ 值分析 sp^3、sp^2、sp 杂化的碳各有几种,此判断应与不饱和度相符。若苯环碳或烯碳低场位移较大,说明该碳与电负性大的氧或氮原子相连。由 C=O 的 δ 值判断为醛、酮类羰基还是酸、酯、酰类羰基。由偏共振谱分析与每种化学环境不同的碳直接相连的氢原子的数目,识别伯仲叔碳,结合 δ 值,推导出可能的基团及与其相连的可能的基团,若与碳直接相连的氢原子数目之和与分子中氢键相吻合,则化合物不含—OH、—COOH、—NH₂、—NH—等,因为这些基团的氢是不与碳直接相连的活泼氢。在 sp^2 杂化碳的共振吸收峰区,由苯环碳吸收峰的数目与季碳数目,判断苯环的取代情况。综合以上分析,推出可能的结构,进行必要的经验计算以进一步验证结构。(更深入学习,请参阅相关专业书籍。)

　　一些特征碳的化学位移见表 5-5。

表 5-5　一些特征碳的化学位移

碳 的 类 型	化学位移 δ/ppm	碳 的 类 型	化学位移 δ/ppm
CH₄	−2.68	一级 C	0～30
直链烷烃	0～70	CH₂=CH₂	123.3
四级 C	35～70	烯碳	100～150
三级 C	30～60	CH≡CH	71.9
二级 C	25～45	炔碳	65～90

续表

碳 的 类 型	化学位移 δ/ppm	碳 的 类 型	化学位移 δ/ppm
环丙烷的环碳	−2.8	RCOCl、RCONH$_2$	160～180
(CH$_2$)$_n$　n=4～7	22～27	酰亚胺的羰基碳	165～180
苯环上的碳	128.5	酸酐的羰基碳	150～175
芳烃、取代芳烃中的芳碳	120～160	取代尿素的羰基碳	150～175
芳香杂环上的碳	115～140	胺的 α-碳（三级）	65～75
—CHO	175～205	胺的 α-碳（二级）	50～70
C=C—CHO	175～195	胺的 α-碳（一级）	40～60
α-卤代醛的羰基碳	170～190	胺的 α-碳（甲基碳）	20～45
R$_2$C=O（包括环酮）的羰基碳	200～220	氰基上的碳	110～125
不饱和酮和芳酮的羰基碳	180～210	异氰基上的碳	155～165
α-卤代酮的羰基碳	160～200	R$_2$C=N—OH	145～165
醚的 α-碳（三级）	70～85	RNCO	118～132
醚的 α-碳（二级）	60～75	硫醚的 α-碳（三级）	55～70
醚的 α-碳（一级）	40～70	硫醚的 α-碳（二级）	40～55
醚的 α-碳（甲基碳）	40～60	硫醚的 α-碳（一级）	25～45
RCOOH、RCOOR	160～185	硫醚的 α-碳（甲基碳）	10～30

5.4 质　谱

　　质谱（mass spectroscopy，缩写为 MS）是近年来发展起来的一种快速、简捷、精确地测定相对分子质量的方法。高分辨率质谱仪使用几微克试样就可以精确地测定出有机化合物的相对分子质量和分子式。1 mol CO、N$_2$ 和 C$_2$H$_4$ 的质量都是 28 g，精确计算到十分位才有差别，用一般的测定方法很难把它们区分开，而用质谱仪很容易将它们区分。质谱不仅可以给出相对分子质量方面的信息，还可以给出分子结构方面的某些信息。如果用色谱仪和质谱仪联合使用，还可以测出混合物的组成及各组分的相对分子质量和分子结构。质谱已成为有机化学工作者了解有机分子结构的有力工具之一。

5.4.1　质谱的基本原理

　　与其他吸收光谱不同，质谱的基本原理如下：试样分子在高真空下，经高能（50～100 eV）电子束轰击时，化合物分子失去一个外层电子而变成分子离子，一般用 M·$^+$（"＋"表示正离子，"·"表示未成对电子）表示，实际是离子基。多数 M·$^+$ 是不稳定的，在这样高能量的电子束作用下，继续按着化合物的官能团和键合较弱处断裂成各种不同的碎片，这些碎片也带正电荷。M·$^+$ 以及碎片的质荷比，即质量与所带电荷之比（用 m/z 表示）不同，在电场、磁场作用下，可按 m/z 的大小分离得到质谱。M·$^+$ 的质量即为该化合物的相对分子质量。分析各种

不同 m/z 的碎片的种类、质量和强度,结合化合物化学键断裂规律,可以推断化合物的分子结构。

5.4.2　质谱仪和质谱图

普通质谱仪工作原理如图 5-19 所示。质谱仪主要由进样系统、离子化室、分析器和离子捕集器等部分组成。试样为气体或易挥发的液体时,在室温下直接进样测定。高沸点的液体或固体进样后,在高真空下加热气化,气体在离子化室内受到高能离子束轰击,有机分子失去一个电子生成 M·$^+$,M·$^+$ 可继续断裂成各种碎片,带电荷的 M·$^+$ 和碎片由离子加速盘加速后进入分析系统。在分析器中,不同 m/z 的正离子在磁场作用下按质量和所带电荷不同而产生偏离,进入不同弯曲轨道得以分离,不同 m/z 的离子按着质量大小的顺序通过狭缝进入离子捕集器,离子的电荷转变成电信号,经放大得质谱图。

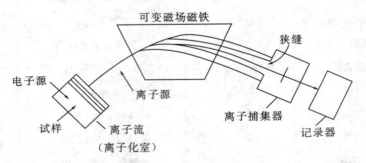

图 5-19　质谱仪的工作原理

质谱是一条条的线,谱线的长度与离子数量成比例。质谱图的横坐标是 m/z,纵坐标是相对强度,即各谱线与最长谱线的强度之比。图 5-20 是丁烷的质谱图。

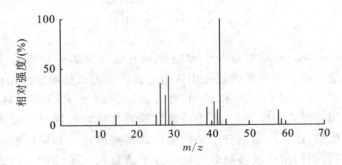

图 5-20　丁烷的质谱

5.4.3　质谱图的解析

质谱主要用来确定化合物的相对分子质量和判断可能的分子式。M·$^+$ 的 m/z 值等于相对分子质量,在解析谱图时,确定分子离子峰很重要。在谱图上,最强的峰不一定是 M·$^+$,有时 M·$^+$ 峰很弱,甚至不出现,这取决于 M·$^+$ 的稳定性和质谱仪的操作条件。各类化合物的 M·$^+$ 稳定顺序大致如下:芳烃＞共轭烯烃＞烯烃＞脂环烃＞羰基化合物＞直链烃＞醚＞酯＞胺＞羧酸＞醇。在用电子束轰击分子时,使用电子束的能量过大,形成的 M·$^+$ 会过多地继续断裂生成碎片,使 M·$^+$ 的数量很少或消失。如果 M·$^+$ 峰消失,就需要调整质谱仪的操作条件,减少电子束的能量。

在质谱图上,M·$^+$ 并不一定是 m/z 最大的峰。这是因为大多数天然存在的元素有几种同位素,M·$^+$ 峰只代表由元素的最普通的同位素所组成的 M,而在各种同位素中,最轻的同位素常常是最普通的同位素,这样在质谱图上可出现比分子离子峰的 m/z 大 1~2 个单位的峰,即 $M+1$ 或 $M+2$ 峰。表 5-6 列出了一些组成有机化合物元素的重同位素的天然丰度。

表 5-6 一些重同位素的天然丰度

重同位素	^{2}H	^{13}C	^{15}N	^{17}O	^{18}O	^{33}S	^{34}S	^{36}S	^{37}Cl	^{81}Br
丰度/(%)	0.015	1.107	0.366	0.037	0.204	0.76	4.22	0.014	24.47	49.46

$M+1$ 峰可以由分子中含有一个 ^{13}C、^{2}H、^{15}N、^{17}O 或 ^{33}S 原子而形成。$M+2$ 峰可由分子中同时含有上述两个重同位素的原子或一个 ^{18}O 原子而形成。除 ^{81}Br 以外,其他同位素的含量一般比普通同位素的含量低得多,所以形成的 $M+1$ 或 $M+2$ 峰的强度比一般分子离子峰弱得多。它们之间的强度关系有助于确定分子离子峰的分子式。在烃分子中只有 C 和 H 两种元素,^{13}C 的丰度为 1.1%,$M+1$ 峰的强度比 M·$^+$ 峰小得多,但 $M+1$ 峰与 M·$^+$ 峰强度比是一定的。若分子中含有 n 个碳原子,$M+1$ 峰的强度为 $n \times 1.1\%$,只是因为 2H 的丰度很小,为 0.015%,在低分辨率的质谱中可以忽略不计。测出 $M+1$ 峰与 M·$^+$ 峰的强度比,就可以求出 n,即烃分子中的碳原子数,由此可确定化合物的分子式。在溴代烃中,^{81}Br 的丰度为 49.5%,其 $M+2$ 峰与 M·$^+$ 峰的强度几乎相等,在谱图上容易识别。图 5-21 是 1-溴丙烷的质谱图,$M+2$($m/z=124$)和 M·$^+$ 峰($m/z=122$)的强度基本相等。

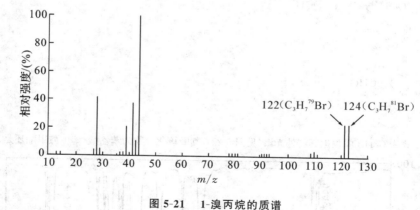

图 5-21 1-溴丙烷的质谱

以上仅讨论了质谱在测定相对分子质量方面的应用。从碎片离子的质谱图分析中还可以获得 M·$^+$ 是如何一步一步断裂的,从而给出分子结构方面的信息,作出对整个分子构造的推断。但由质谱图推断出来的分子构造,必须再用其他方法推断得到的分子构造进行验证。

思考题 5-4 如何利用质谱信息来判断化合物的相对分子质量?如何确定分子式?

习　　题

1. 简答题

(1) 如何利用质谱信息来判断化合物的相对分子质量以及分子式?

(2) 产生红外吸收的条件是什么? 是否所有的分子振动都会产生红外吸收光谱? 为什么?

(3) 以亚甲基为例,说明分子的基本振动模式。

(4) 什么是发色基团? 什么是助色基团? 举例说明它们具有什么样的结构或特征。

2. 在丁烷的质谱图中,$M\cdot^+$ 峰对 $M+1$ 峰的比例是(　　)。

a. $100:1.1$　　　　　b. $100:2.2$　　　　　c. $100:3.3$　　　　　d. $100:4.4$

3. 判断下列各分子的 C—C 对称伸缩振动在红外光谱中是活性还是非活性的。

(1) $CH_3—CH_3$　　　　　　(2) $CH_3—CCl_3$　　　　　　(3) $HC≡CH$

(4) 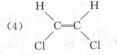　　　　　(5)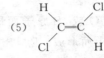

4. 下列 6 种化合物的分子式均为 $C_{10}H_{14}$,已知其中一种化合物在 268 nm 处有强吸收,请指出是哪一种化合物。

5. 试用红外光谱法区别下列异构体。

(1) $CH_3CH_2CH_2CH_2OH$ 与 $CH_3CH_2OCH_2CH_3$

(2) CH_3CH_2COOH 与 CH_3COOCH_3

(3)

(4)

(5)

6. 某化合物分子式为 $C_8H_8O_2$,根据其红外光谱(见图 5-22),判断该化合物为苯乙酸、苯甲酸甲酯还是乙酸苯酯。

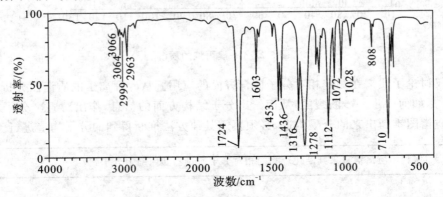

图 5-22　某化合物($C_8H_8O_2$)的红外光谱

7. 某化合物分子式为 C_9H_{12}，不与溴发生反应，根据其红外光谱（见图 5-23）推测其结构。

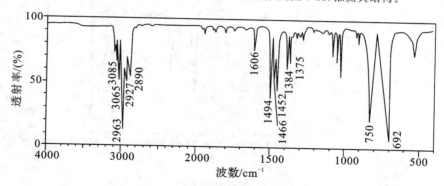

图 5-23　某化合物（C_9H_{12}）的红外光谱

8. 下列 4 种不饱和酮，已知它们 n→π* 跃迁的 K 吸收带波长分别为 225 nm、237 nm、349 nm、267 nm，指出它们对应的化合物的结构。

$$(1) \quad \underset{HO}{\overset{CH_3}{CH_3C=CCOCH_3}} \quad (2) \quad \text{[结构式]} \quad (3) \quad \underset{}{\overset{CH_2CH_3}{CH_2=CCOCH_3}} \quad (4) \quad \text{[环己烯]—COR}$$

9. 某分子式为 $C_5H_{12}O$ 的化合物，含有五组不等性质子（a～e），从 NMR 谱图中见到：

a 在 $\delta=0.9$ ppm 处有一个二重峰（6H）；

b 在 $\delta=1.6$ ppm 处有一个多重峰（1H），即 $(6+1)(1+1)=14$ 重峰；

c 在 $\delta=2.6$ ppm 处有一个八重峰（1H），即 $(3+1)(1+1)=8$ 重峰；

d 在 $\delta=3.6$ ppm 处有一个单峰（1H）；

e 在 $\delta=1.1$ ppm 处有一个二重峰（3H）。

试推定该化合物的结构。

10. 某有机化合物在 95％乙醇中测其紫外光谱得 λ_{max} 为 290 nm，它的质谱、红外光谱（液膜）和核磁共振谱如图 5-24 所示。试推定该化合物的结构，并对各谱数据作合理解释。

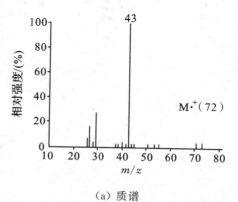

（a）质谱

图 5-24　某有机化合物在 95％乙醇中测得的质谱、红外光谱和核磁共振谱

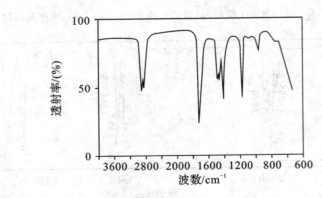

（b）红外光谱

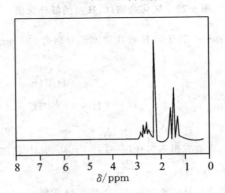

（c）核磁共振谱

续图 5-24

第6章 芳 香 烃

在化学发展初期,人们从天然的香树脂和香精油中提取出一类碳氢化合物,它们的组成和性质与一般的脂肪族化合物明显不同,由于都具有芳香气味,就把它们称为芳香烃(aromatic hydrocarbon),简称芳烃。后来又发现,这类化合物都含有苯环,因此,就把苯及其衍生物称为芳香化合物(aromatic compound)。

随着有机化学的发展,芳香性的概念也在不断地变化。研究发现,有些化合物虽然含有苯环,却没有芳香气味,有的甚至带有令人厌恶的气味;而有的化合物虽然不含有苯环,但具有含苯环化合物的共同特性。目前所称的芳香性(aromaticity)一般是指芳香化合物的分子结构具有环状平面闭合共轭结构、碳碳键键长趋于平均化而使分子具有特殊稳定性、易发生取代反应而难以发生加成反应和氧化反应等特性。

芳烃可以分为苯系芳烃和非苯系芳烃两大类。苯系芳烃是指分子结构中包含苯环结构单元的芳烃,非苯系芳烃是指分子结构中不包含苯环结构单元的芳烃。

苯系芳烃根据苯环的多少和连接方式不同可分为单环芳烃、多环芳烃和稠环芳烃。

单环芳烃:分子中只含有一个苯环的芳烃。例如:

苯 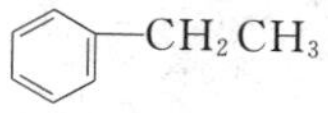　　　　　乙苯 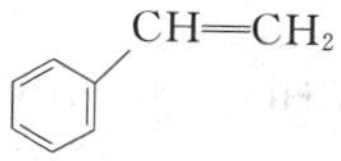　　　　　苯乙烯

多环芳烃:分子中含有两个或两个以上独立苯环的芳烃。例如:

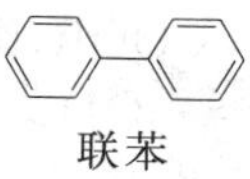

联苯 　　　　　三苯甲烷

稠环芳烃:分子中含有两个或两个以上苯环,苯环之间共用相邻两个碳原子的芳烃。例如:

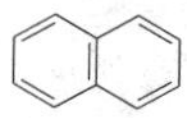

萘 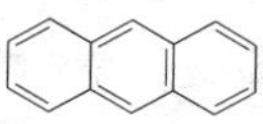　　　蒽

非苯系芳烃分子中不含苯环结构,但含有结构和性质与苯环相似的芳环,并具有芳香化合物的共同特性。例如:

环戊二烯　　环庚三烯　　䓬
负离子　　　正离子

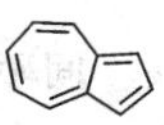

6.1　单环芳烃及其衍生物的命名

1.芳基的概念

芳烃分子去掉一个氢原子所剩下的基团称为芳基(aryl),用 Ar 表示。重要的芳基有:

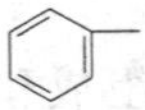

苯基,用 Ph 或 ϕ 表示; $\bigcirc$—CH$_2$— (C$_6$H$_5$CH$_2$—)苄基(苯甲基),用 Bz 表示。

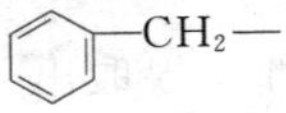

2.一元取代苯的命名

(1) 当苯环上连的是 R—(烷基)、—NO$_2$、—NO、—X等基团时,则以苯环为母体,称为某基苯。取代基优先顺序为—R＞—X＞—NO$_2$(—NO),命名时优先的基团与苯环一起作为母体。例如:

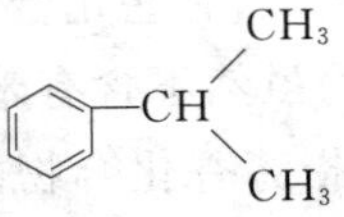

异丙基苯 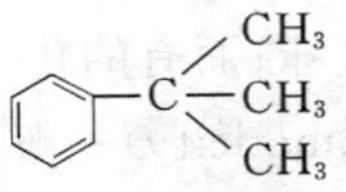　　　叔丁基苯 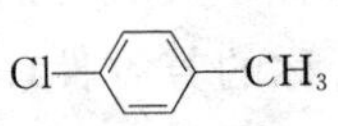　　　对氯甲苯 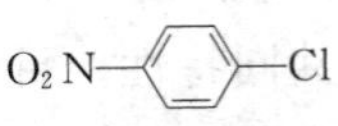　　　对硝基氯苯

(2) 当苯环上连有—COOH、—SO$_3$H、—NH$_2$、—OH、—CHO、—CH=CH$_2$ 或 R—(较复杂)时,则把苯环作为取代基。例如:

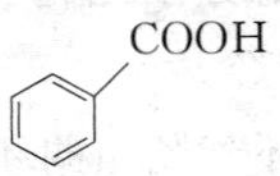

苯甲酸 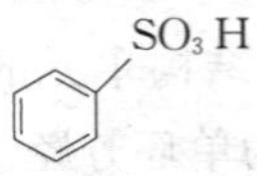　　　苯磺酸 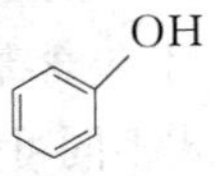　　　苯酚 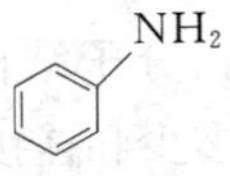　　　苯胺

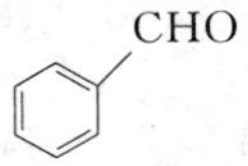

苯甲醛 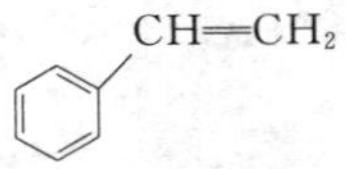　　　苯乙烯 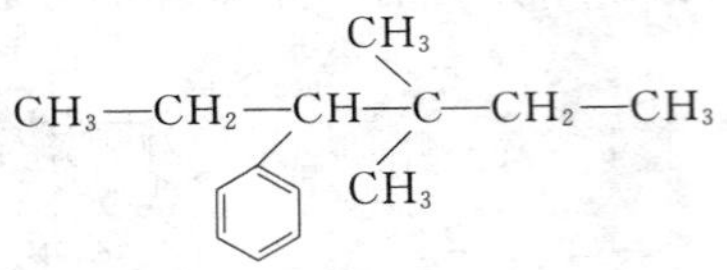　　　3,3-二甲基-4-苯基己烷

3.多取代苯的命名

(1) 取代基的位置用邻(o)、间(m)、对(p)或 2、3、4、5 等表示;

(2) 选择母体的顺序(遵循官能团优先顺序)如下:

—COOH＞—SO$_3$H＞—SO$_2$NH$_2$(磺酰胺)＞—COOR(酯)＞—COX(酰卤)＞—CONH$_2$(酰胺)＞—CN(腈)＞—CHO(醛)＞—COR(酮)＞—OH＞—SH＞—NH$_2$(—NHR、—NR)＞—OR＞—SR＞ C=C ＞—C≡C—＞—R＞—X＞—NO$_2$(—NO)。

多取代基分子命名时按上面顺序,通常由排在最前面的基团与苯环一起作为母体,其余基团均作为取代基按顺序命名。例如:

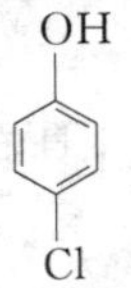

对氯苯酚 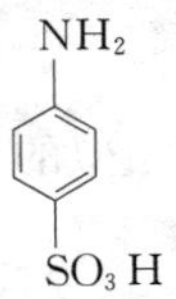　　对氨基苯磺酸 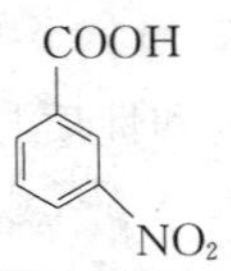　　间硝基苯甲酸 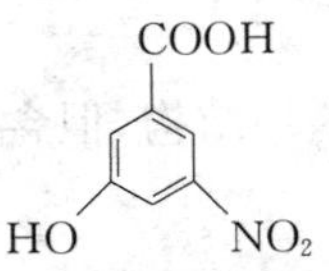　　3-硝基-5-羟基苯甲酸 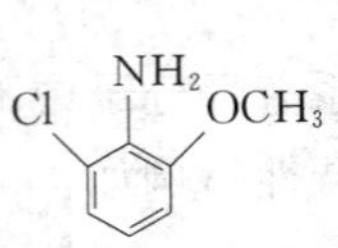　　2-甲氧基-6-氯苯胺

6.2　苯分子的结构

苯是芳香化合物中最基本的也是最简单的分子,然而人们对其分子结构的认识经历了一

个不断深化的过程。

6.2.1　苯分子的凯库勒结构及分子轨道

1. 苯分子的凯库勒结构

1865 年德国化学家凯库勒(Kekulé)从苯的分子式 C_6H_6 出发,根据苯的一元取代物只有一种(说明六个氢原子是等同的)的事实,提出了苯的环状结构式。他认为苯分子中的 6 个碳原子以单、双键交替形式互相连接,构成正六边形平面结构,内角为 120°。每个碳原子连接一个氢原子。该结构实际上是一个环己三烯的结构。

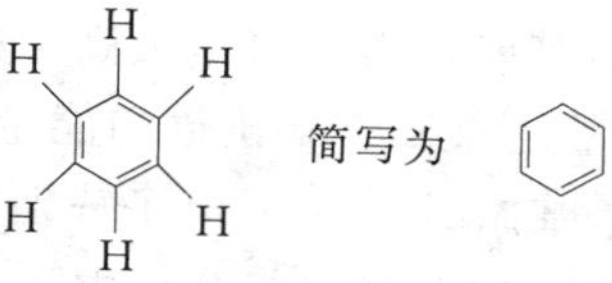

简写为

苯的凯库勒结构

根据该结构式,苯的邻位二元取代物应有两个异构体,因为双键两端的邻二取代物和单键两端的邻二取代物是不同的。但经过试验发现,苯的邻二取代物实际上只有一种。此外,苯具有特殊的稳定性,苯的氢化热比假想的 1,3,5-环己三烯小 152 $kJ \cdot mol^{-1}$。这些问题都是苯的凯库勒结构无法解释的。

2. 现代价键理论对苯分子结构的解释

经过现代物理方法(X 射线法、波谱法、偶极矩的测定等)的测试,结果表明,苯分子是一个平面正六边形的构型,键角都是 120°,碳碳键键长都是 0.1397 nm。其结构如下:

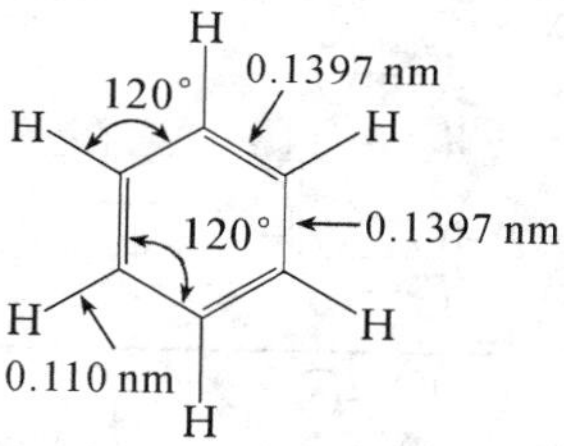

根据现代价键理论的杂化轨道理论,苯分子中的碳原子都是以 sp^2 杂化轨道成键的,故键角均为 120°,每一个碳原子的三个 sp^2 杂化轨道中的两个分别与相邻碳原子的 sp^2 杂化轨道重叠,形成 C—C σ 键,剩下一个 sp^2 杂化轨道与氢原子的 1s 轨道重叠形成 C—H σ 键,故所有原子均在同一平面上(见图 6-1)。未参与杂化的 p 轨道都垂直于碳环平面,彼此侧面重叠,形成一个封闭的环状共轭离域大 π 键,共轭体系能量降低使苯具有特殊的稳定性。由于共轭效应使 π 电子高度离域,电子云完全平均化,故苯环上的碳碳键无单、双键之分,所有的碳碳键都是相同的,故其邻位二元取代物只有一种。

3. 分子轨道理论对苯分子结构的解释

分子轨道理论将苯分子中的 σ 电子体系和 π 电子体系分开处理,认为苯分子的 6 个 π 分子轨道是由苯分子的 6 个碳原子上未参与杂化的 6 个 p 轨道线性组合形成的。6 个 π 分子轨道分别用 ψ_1、ψ_2、ψ_3、ψ_4、ψ_5、ψ_6 表示,这些分子轨道有一个共同的节面——碳原子所在面。除此之外,ψ_1 没有节面,能量为 $\alpha+2\beta$,最低。这里 α、β 是分子轨道理论计算的能量参数,均为负值。ψ_2 和 ψ_3 分别有一个节面,它们的能量相等,均为 $\alpha+\beta$,是简并轨道,其能量比 ψ_1 高,ψ_1、ψ_2、

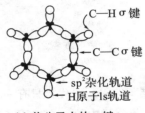

(a) 苯分子中的 σ 键

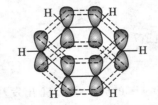

(b)碳原子p轨道的重叠方向

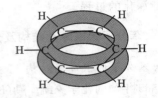

(c) 苯分子中的环状共轭离域大π键

图 6-1　现代价键理论表示的苯环结构示意图

ψ_3是成键轨道,能量比原来的 p 轨道能量低。与此对应,ψ_4、ψ_5各有两个节面,也是简并的,其能量为 $\alpha-\beta$,更高。ψ_6有三个节面,其能量为 $\alpha-2\beta$,最高。如图 6-2 所示。

ψ_4、ψ_5、ψ_6都是反键轨道,其能量比原来的 p 轨道的能量高。当电子填入反键轨道时会抵消相应成键轨道的作用。当苯处于基态时,6 个 p 电子分别填入成键轨道 ψ_1、ψ_2、ψ_3中,反键轨道 ψ_4、ψ_5、ψ_6全空,苯分子能量最低,所以苯分子十分稳定。

苯分子的大 π 键是三个成键轨道叠加的结果,由于 π 电子都是离域的,所以碳碳键键长完全相同。

根据以上理论对苯分子结构的解释,苯分子的结构除了用传统的凯库勒结构式表示之外,也常用下面的结构式表示,以象征大 π 键电子的离域情况。

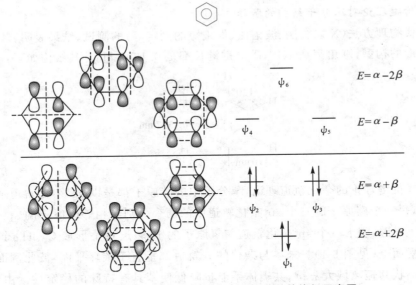

图 6-2　分子轨道理论表示的苯分子轨道及其能级示意图

4.共振论对苯分子结构的解释

共振论是美国化学家鲍林(Pauling)在 1933 年前后提出来的,该理论的基本要点如下。

(1) 当一个分子、离子或自由基按照价键理论可以写出两个或两个以上的经典结构式时,这些结构式相互叠加(共振)形成共振杂化体,共振杂化体接近实际分子。如苯分子可以看做由下列式子参加共振的:

这里的"⟷"为共振符号,与表示平衡的"⇌"不同。这些可能的经典结构式称为极限式(共振结构式),任何一个极限式都不足以反映该分子的真实结构。

(2) 书写极限式应注意以下一些规则。

① 必须遵守价键理论,氢原子的外层电子数不能超过 2 个,第二周期元素最外层电子数不能超过 8 个,碳原子为 4 价。

② 原子核的相对位置不能改变,只允许电子排布上有所差别。例如:

$$CH_2=CH-\overset{+}{C}H_2 \longleftrightarrow \overset{+}{C}H_2-CH=CH_2$$

不能写成环状结构:

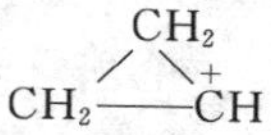

$$\underset{CH_2}{\overset{CH_2}{\diagup}} \overset{+}{\underset{CH}{\diagdown}}$$

否则改变了碳环骨架,不符合要求。

③ 在所有极限式中,未共用电子数必须相等。例如:

$$H_2C=CH-\dot{C}H_2 \longleftrightarrow H_2\dot{C}-CH=CH_2 \overset{\times}{\longleftrightarrow} H_2\dot{C}-\dot{C}H-\dot{C}H_2$$

最右边结构的未共用电子数为 3,不符合要求。

(3) 极限式对分子的贡献大小与它们的稳定性大小成正比。在判断关于离子和分子共振结构的相对稳定性时,可以应用下列的一些经验规则。

① 有较多共价键的结构通常比共价键少的结构更稳定。例如:

$$CH_2=CH-CH=CH_2 \longleftrightarrow \overset{+}{C}H_2-CH=CH-\overset{-}{C}H_2$$

前者比后者稳定。

② 负电荷在电负性较大的原子上的结构比负电荷在电负性较小的原子上的结构更稳定;同样,正电荷在电负性较小的原子上的结构比在电负性较大的原子上的结构更加稳定。例如:

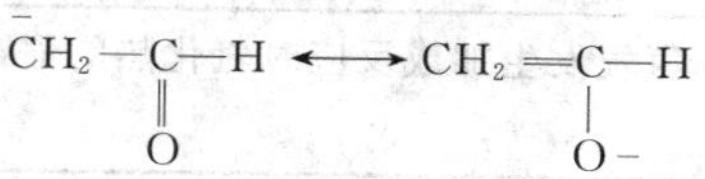

$$\overset{-}{C}H_2-\underset{O}{\overset{|}{C}}-H \longleftrightarrow CH_2=\underset{O^-}{\overset{|}{C}}-H$$

后者比前者稳定。

③ 键角和键长有改变的结构不稳定。例如:

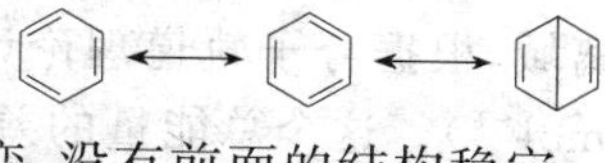

最后一个结构的键角和键长有改变,没有前面的结构稳定。

④ 在其他条件相同时,能够写出更多极限式的分子更稳定。

根据共振论理论,上述苯分子的五种极限式构成了苯的共振杂化体。苯的真实结构不是其中任何一种,而是它们的共振杂化体。在这些极限式中,后面三种能量高,参与共振贡献小,而前面两种是键长和键角完全相等的等价结构,能量低,参与共振贡献大。因此,苯的真实结构可以近似地看做前面两种极限结构的共振杂化体:

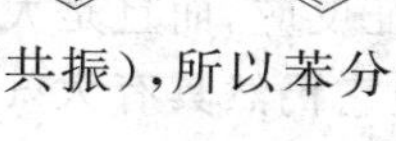

由于苯的结构是在两者之间振动变化(共振),所以苯分子中的碳碳键键长完全相等,其一元取代产物也只有一种。

需要指出的是,共振论还不能算一种通用的理论,目前国内外对该理论还存在争议。

思考题 6-1 将下列各组结构式用"⟷"或"⟹"关联起来,并说明理由。

(1) 　　　、　　　　(2) 　　　、　　　　(3) 　　　、

(4) $H_3C—C—CH_2$COCH$_2$CH$_3$ 、 $H_3C—C=CHCOCH_2CH_3$

思考题 6-2 请写出氯代苯的共振杂化体各种可能的带电荷的极限式。

6.2.2 苯环的稳定性

苯环的稳定性可以用其氢化热来衡量。氢化热越大,分子内能越高,越不稳定;氢化热越低,分子内能越低,分子越稳定。

环己烯、环己二烯和苯的氢化热如下。

$$+H_2 \longrightarrow \qquad \Delta H = -120 \ kJ \cdot mol^{-1}$$

$$+2H_2 \longrightarrow \qquad \Delta H = -232 \ kJ \cdot mol^{-1}$$

$$+3H_2 \longrightarrow \qquad \Delta H = -208 \ kJ \cdot mol^{-1}$$

如果苯的结构式用凯库勒式表示,把其中的每一个双键看成孤立的双键,则苯的氢化热应该是环己烯的三倍,即 $3 \times (-120 \ kJ \cdot mol^{-1}) = -360 \ kJ \cdot mol^{-1}$。但实际上苯的氢化热为 $-208 \ kJ \cdot mol^{-1}$,两者相差 $152 \ kJ \cdot mol^{-1}$。这是苯环中存在共轭体系,π 电子高度离域的结果。这部分氢化热的差值称为苯的共振能或离域能。共轭体系分子离域能的大小反映共轭体系分子稳定性的大小。离域能越大,分子越稳定。

思考题 6-3 请计算 1 mol 苯与 1 mol 氢气发生加成反应时氢化热的值,说明为什么苯被催化氢化时,不能生成环己二烯。

如果把苯分子中的 π 键看成共轭离域大 π 键,根据前面介绍的分子轨道理论的计算结果,6 个 π 电子的总能量为 $2 \times (\alpha + 2\beta) + 4 \times (\alpha + \beta) = 6\alpha + 8\beta$。如果把苯分子看成具有三个孤立双键的环己三烯分子,π 电子没有离域,根据分子轨道理论计算,它们的总能量为 $6\alpha + 6\beta$。两种总能量之差为 -2β(约 180 kJ·mol^{-1})。这个总能量的差值,称为稳定化能,与通过氢化热实验得到的离域能的值一样,可被用于衡量共轭体系分子的稳定性。

以上分析说明,苯分子中没有典型的双键,所以它难于和其他试剂发生加成反应,若强行加成,就会破坏苯的共轭体系,生成稳定性比苯小的化合物。但是,苯可以发生取代反应,因为取代反应只发生 C—H 键断裂,使苯环仍然能保持其闭合的共轭体系和分子的能量最低状态。由于环状大 π 键的电子云对称分布于苯环平面的上、下两侧,致使整个分子处于电子云的包围之中。因此,在取代反应中,苯环只允许带正电荷的离子或分子带正电性的一端接近它。也就是说,与苯环起取代反应的试剂必须是缺电子的亲电试剂。因此,苯环上的取代反应是亲电取代反应。亲电取代反应不仅是苯的特征反应,而且是大多数苯系或非苯系芳烃的特征反应。

苯分子中虽然没有典型的双键,但它仍然具有大 π 键,仍属于一种不饱和烃,所以在剧烈的反应条件下,它还是能发生大 π 键断裂,与氢气或卤素等发生加成反应,生成相应的脂环烃和卤代脂环烃。

6.3 芳烃的物理性质

6.3.1 芳烃的宏观物理性质

芳烃大多是有特殊气味的油状液体。苯及其同系物多数为液体,不溶于水,易溶于有机溶剂。特别是二甘醇、环丁砜、N-甲基吡咯烷-2-酮、N,N-二甲基甲酰胺等溶剂对芳烃有很好的选择性溶解,工业上常用能与芳烃互溶的溶剂从烃的混合物中萃取(抽提)芳烃。

单环芳烃的相对密度小于1,一般在0.8~0.9。单环芳烃有特殊的气味,其蒸气有毒,对呼吸道、中枢神经和造血器官产生损害,长期接触可能导致白血病。某些稠环芳烃对人体有致癌作用。由于苯及其同系物中含碳量比较高,燃烧时火焰明亮,若空气不足,则有大量黑烟(碳氢比高,燃烧不完全,有炭生成)。苯爆炸极限为1.5%~8.0%(体积分数),苯蒸气密度大于空气,易聚于地面附近,难扩散,遇火易燃烧或爆炸,危险性大。

苯的同系物中每增加一个CH_2单位,沸点平均增高约25 ℃,如苯、甲苯、乙苯、正丙苯和正丁苯的沸点分别为80.1 ℃、110.6 ℃、136.2 ℃、159.2 ℃和183 ℃(见表6-1)。分子中碳原子数相同的各种异构体的沸点很接近,如邻、间和对二甲苯的沸点分别为144.4 ℃、139.1 ℃和138.2 ℃,邻二甲苯的偶极矩比较大,所以沸点比较高。可以用高效精馏塔把邻二甲苯分离出来,但很难把间、对位异构体分开。

在同分异构体中,结构对称的异构体有利于形成规整的晶体结构,因而具有较高的熔点。如邻、间、对二甲苯的熔点分别为−25.5 ℃、−47.9 ℃和13.3 ℃。可用低温结晶的方法使对二甲苯分离出来。

思考题 6-4 二苯乙烯有几种异构体?请写出其结构式。已知其中一种为固体,其余为液体,请指出哪一种为固体。

思考题 6-5 二溴苯有几种异构体?试比较它们的熔点高低。

表 6-1 苯及其常见烃类衍生物的物理性质

化 合 物	熔点/ ℃	沸点/ ℃	密度(20 ℃)/(g·mL^{-1})	折光率 n_D^{20}
苯(benzene)	5.5	80.1	0.8786	1.5001
甲苯(toluene)	−95	110.6	0.8669	1.4961
邻-二甲苯(o-xylene)	−25.5	144.4	0.8802	1.5055
间-二甲苯(m-xylene)	−47.9	139.1	0.8642	1.4972
对-二甲苯(p-xylene)	13.3	138.2	0.8611	1.4958
1,2,3-三甲苯(1,2,3-trimethylbenzene)	−25.4	176.1	0.8944	
1,2,4-三甲苯(1,2,4-trimethylbenzene)	−43.8	169.4	0.8758	
1,3,5-三甲苯(1,3,5-trimethylbenzene)	−44.7	164.7	0.8652	
乙苯(ethylbenzene)	−95	136.2	0.8670	1.4959(10 ℃)

续表

化 合 物	熔点/℃	沸点/℃	密度(20 ℃)/(g·mL^{-1})	折光率 n_D^{20}
正丙苯(propylbenzene)	−99.5	159.2	0.8620	1.4920
异丙苯(isopropylbenzene)	−96	152.4	0.8618	1.4915
丁苯(butylbenzene)	−88	183	0.8610	
仲丁苯(*sec*-butylbenzene)	−75	173	0.8621	
叔丁苯(*tert*-butylbenzene)	−57.8	169	0.8665	
苯乙烯(styrene)	−30.6	145.2	0.9060	1.5468
苯乙炔(phenylacetylene)	−44.8	142.4	0.9281	1.5485

6.3.2　芳烃的波谱性质

1. 芳烃的红外光谱

芳烃的红外光谱(IR)以苯环结构振动的红外光谱为特征。苯环结构的振动在红外光谱图中可以体现为五种类型。

(1) 苯环的═C—H 伸缩振动,通常在红外光谱的 3030 cm^{-1} 波数附近,表现为中等强度的峰。

(2) 苯环的骨架振动通常在 1450～1650 cm^{-1} 范围内出现四重峰,其中以 1600 cm^{-1} 附近和 1500 cm^{-1} 附近的两个峰最重要,这两个峰也为中等强度,1500 cm^{-1} 峰比 1600 cm^{-1} 峰稍强些。这两个峰与苯环的═C—H 伸缩振动 3030 cm^{-1} 峰结合,可作为判断苯环存在的依据。这两个峰的强度可随取代基的不同而发生变化,当苯环不与其取代基共轭时,强度较小,当苯环与其取代基共轭时,这些峰强度大大增强。其他两个峰为很弱的 1580 cm^{-1} 峰和较弱的 1450 cm^{-1} 峰。前一个峰易与 1600 cm^{-1} 峰重叠,后一个峰易与烷基的弯曲振动 1450 cm^{-1} 峰重叠,有时不易识别,结构信息不明显,意义不大。

(3) 有取代基的苯环振动的泛频峰出现在 1666～2000 cm^{-1} 范围内,其强度很弱。但这一范围的吸收峰的形状和数目可以作为判断苯环取代类型的重要信息,它们与取代基的性质无关。在这个区域内,各种典型取代类型的峰的形状和数目见图 6-3 的左端。

(4) 苯环的═C—H 面内弯曲振动峰出现在 955～1225 cm^{-1} 范围内,该区域的吸收峰特征性较差,结构解析意义不大。

(5) 苯环的═C—H 面外弯曲振动在指纹区的 690～900 cm^{-1} 范围内出现强的吸收峰,它们是由苯环的相邻氢振动强烈偶合而产生的,因此它们的位置与形状由取代后剩余氢的相对位置与数量来决定,与取代基的性质基本无关。在这个区域内,各种典型取代类型的峰的形状和数目见图 6-3 的右端。

图 6-4 为甲苯的红外光谱图。从左往右看,3030 cm^{-1} 附近的峰为苯环的═C—H 伸缩振动特征峰,2970 cm^{-1} 峰和 2875 cm^{-1} 峰分别为甲基 CH$_3$ 的不对称伸缩振动峰和对称伸缩振动峰;1666～2000 cm^{-1} 范围内的四个峰为苯环的泛频峰,表明苯环为单取代;1600 cm^{-1} 和 1500 cm^{-1}

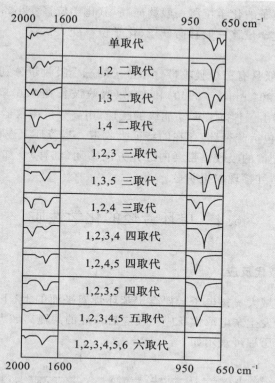

图 6-3 不同类型取代苯环的泛频峰和指纹区特征峰

两个峰为苯环的骨架振动特征峰,苯环骨架振动的 1580 cm^{-1} 峰和 1450 cm^{-1} 峰分别与 1600 cm^{-1} 峰和甲基—CH$_3$ 的面内弯曲振动峰 1450 cm^{-1} 重叠,看不出来;1380 cm^{-1} 峰为甲基 —CH$_3$ 的面内弯曲振动峰;915～1225 cm^{-1} 范围内的峰为苯环的=C—H 面内弯曲振动峰,因 特征性较差,结构解析意义不大;指纹区 740 cm^{-1} 峰和 690 cm^{-1} 峰为单取代苯环的特征峰。

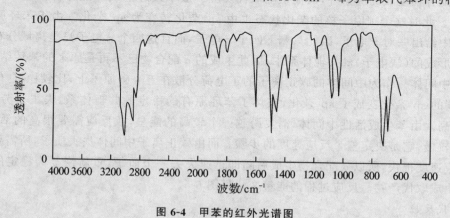

图 6-4 甲苯的红外光谱图

2.芳烃的质子磁共振谱

苯分子中的 6 个质子化学环境完全相同,在质子磁共振谱(^{1}H NMR)上表现为一个单峰。 苯分子的质子化学位移以四甲基硅烷(TMS)作参照标准时为 7.27×10^{-6}。若苯环上连有供电子取代基时,苯环上质子的化学位移一般移向高场(化学位移变小);若苯环上连有吸电子取代基时,苯环上质子的化学位移一般移向低场(化学位移变大)。

3. 芳烃的紫外光谱

芳烃的紫外光谱一般具有三个吸收带。苯分子的三个吸收带分别为 E_1 带($\lambda_{max}=184$ nm, $\varepsilon=47000$)、E_2 带($\lambda_{max}=204$ nm,$\varepsilon=6900$)和 B 带(吸收波长在 $230\sim270$ nm 之间,$\lambda_{max}=255$ nm,$\varepsilon=230$)。其中 B 带由于伴随着振动能级的跃迁,用高分辨率仪器测定时分裂为一系列的小峰,可作为识别芳环(包括芳杂环)存在的特征吸收带。当芳环上连有与之共轭的基团,使共轭体系变大时,其紫外光谱的吸收谱带会向红光方向移动(红移)。如稠环芳烃的紫外吸收谱带随着苯环数目的增加,红移现象很明显。

6.4　单环芳烃的化学性质

6.4.1　苯环上的亲电取代反应

由于苯环的共轭离域大 π 键电子云裸露于苯环骨架平面的上、下两侧,位阻比较小,容易受到亲电试剂的进攻而发生亲电取代反应。反应后苯环的共轭离域大 π 键保持不变。

苯环亲电取代反应历程可表示如下:

$$\bigcirc + E^+ \Longrightarrow \bigcirc \cdots E^+ \underset{慢}{\overset{}{\Longleftrightarrow}} \overset{E}{\underset{H}{\bigcirc^+}} \underset{-H^+}{\overset{快}{\longrightarrow}} \overset{E}{\bigcirc}$$

π 配合物　　　σ 配合物

从反应历程可以看出,首先是亲电试剂 E^+ 进攻苯环,并与苯环 π 电子相互作用形成 π 配合物,这种作用很弱,所以 π 配合物仍保持苯环的结构。然后 π 配合物中的亲电试剂 E^+ 从苯环上夺取一对 π 电子与苯环的一个碳原子结合形成 σ 键,生成 σ 配合物(实验证明,除了溴代反应有 π 配合物生成的迹象外,其他亲电取代反应一般不经过生成 π 配合物步骤而直接生成 σ 配合物)。此时这个碳原子核的杂化状态也由 sp^2 杂化转变为 sp^3 杂化。由于苯环原有的六个 π 电子中给出一对 π 电子,因此只剩下四个 π 电子,而且这四个 π 电子只是离域分布在五个碳原子所形成的(缺电子)π_5^4 共轭体系中,因此生成的 σ 配合物已不再是原来的苯环结构,而是碳正离子中间体。作为中间体的碳正离子的正电荷分散在五个碳原子上,比较稳定,但与苯相比,由于碳的 sp^2 杂化变成了 sp^3 杂化,破坏了苯环原有的稳定的共轭体系,失去了芳香性,因而能量升高。由苯生成活性中间体,需要跨越一个较高的能垒,故反应需要很高的活化能,反应速度比较慢,它是决定整个反应速度的步骤。而由碳正离子中间体失去质子,所需要的能量较低,反应速度很快,所以 σ 配合物生成后随即迅速失去一个质子,重新恢复为稳定的苯环结构,最后生成取代产物。反应过程的能量变化见图 6-5。

1. 卤代反应

单环芳烃的卤代反应(halogenation)即苯环上的氢原子被卤素原子取代的反应。卤素与苯环上的氢原子发生取代反应的活性按氟、氯、溴、碘的顺序依次降低。氟的亲电性很强,它与苯的反应难以控制,易生成非芳香性的氟化物和焦油的混合物,因此氟代苯一般用间接的方法合成,而不是用氟和苯直接作用来合成。

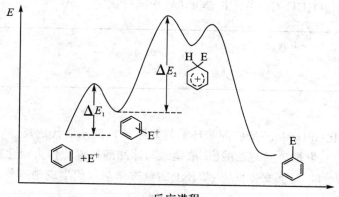

图 6-5 亲电取代反应过程的能量变化图

溴和氯在苯环上的取代反应,需要在相应的卤化铁或铁的催化作用下进行。其他一些 Lewis 酸(如 $AlCl_3$ 等)也能催化卤代反应。

$$+Br_2 \xrightarrow[55\sim60\ ℃]{Fe \text{ 或 } FeBr_3} \text{(含 Br)} +HBr$$

$$+Cl_2 \xrightarrow[\text{或 } FeCl_3,20\sim30\ ℃]{Fe \text{ 粉},40\sim60\ ℃} \text{(含 Cl)} +HCl$$

反应的机理如下:

$$\xrightarrow[FeBr_3]{Br_2} \underset{\pi \text{ 配合物}}{\text{(Br---Br---FeBr}_3\text{)}} \longrightarrow \underset{\sigma \text{ 配合物}}{\text{(}^{+}\text{ H Br)}} \xrightarrow{[FeBr_4]^-} \text{(含 Br)} +HBr+FeBr_3$$

铁作为催化剂,也是先和卤素反应生成三卤化铁以后才起作用。

在加热的条件下,卤苯可继续与卤素作用,主要生成邻位和对位二卤代苯。

$$+2Cl_2 \xrightarrow[\triangle]{Fe \text{ 或 } FeCl_3} \underset{50\%}{\text{(Cl Cl)}} + \underset{45\%}{\text{(Cl Cl)}} +2HCl$$

烷基苯的卤化比苯容易,也是生成邻位和对位卤代产物。例如:

$$\underset{\text{CH}_3}{\text{(苯)}} +Br_2 \xrightarrow{FeBr_3} \underset{\text{CH}_3}{\text{(含 Br)}} + Br-\text{(含)}-CH_3$$

用 I_2(或 ICl)进行碘代反应时,需要氧化剂的存在,所用的氧化剂可以是 HNO_3、HIO_3 等。例如,在硝酸存在下进行的反应:

$$+I_2 \text{(或 ICl)} \xrightarrow[\text{回流}]{HNO_3} \text{(含 I)}$$

氧化剂的作用是产生亲电的碘正离子:

$$I_2 \xrightarrow{-2e^-} 2I^+$$

此外,也可用 I_2+ HgO、CH_3COOI、CF_3COOI 等作碘代试剂。

思考题 6-6　用化学方法区分下列化合物。

(1) ⬡　　(2) ⬡(环己烯)　　(3) ⬡(苯)

2.硝化反应

单环芳烃的硝化(nitration)反应即苯环上的氢原子被硝基取代的反应。硝化反应常用浓硝酸与浓硫酸(1:2)、发烟硝酸与乙酸酐、浓硝酸与冰醋酸等混酸作为硝化剂。

苯与混酸在 50~60 ℃下发生反应,苯环上的氢被硝基取代生成硝基苯。

$$\text{⬡} \xrightarrow[50\sim60\ ℃]{\text{浓 HNO}_3\text{-浓 H}_2\text{SO}_4} \text{⬡-NO}_2 \qquad (75\%\sim80\%)$$

硝基苯为浅黄色油状液体,有苦杏仁味,能与血液中的血红素作用,毒性较大,应避免直接接触。

在硝化反应中,浓硫酸不仅是脱水剂,而且作为进攻离子的硝酰正离子 NO_2^+ 也是由它与硝酸作用产生的。NO_2^+ 是一种强的亲电试剂,它可以进攻苯环,先生成 σ 配合物,然后 σ 配合物再失去一个质子而生成硝基苯。硝化反应历程如下:

$$\text{HONO}_2 + 2\text{H}_2\text{SO}_4 \Longrightarrow \text{NO}_2^+ + \text{H}_3\text{O}^+ + 2\text{HSO}_4^-$$

$$\text{⬡} + \text{NO}_2^+ \xrightleftharpoons{\text{慢}} \left[\text{⬡}\genfrac{}{}{0pt}{}{H}{NO_2}\right]^+$$

$$\left[\text{⬡}\genfrac{}{}{0pt}{}{H}{NO_2}\right]^+ + \text{HSO}_4^- \xrightarrow{\text{快}} \text{⬡-NO}_2 + \text{H}_2\text{SO}_4$$

硝基苯不容易继续硝化,要在更高温度下或用浓硫酸和发烟硝酸的混合物作硝化试剂才能引入第二个硝基,且主要生成间二硝基苯。

$$\text{⬡-NO}_2 \xrightarrow[\text{浓 H}_2\text{SO}_4,\ 95\ ℃]{\text{发烟 HNO}_3} \text{⬡(NO}_2)(NO_2) \qquad (88\%)$$
间二硝基苯

烷基苯比苯容易硝化,产物主要为邻、对位产物。继续硝化,则主要产物是二取代产物,在较高温度下,最后可得到三取代产物。例如,三硝基甲苯(TNT 炸药)的合成:

$$\text{⬡-CH}_3 \xrightarrow[30\ ℃]{\text{浓 HNO}_3+\text{浓 H}_2\text{SO}_4} \text{邻硝基甲苯} + \text{对硝基甲苯} \xrightarrow[50\ ℃]{\text{浓 HNO}_3+\text{浓 H}_2\text{SO}_4}$$

58%　　　　38%

$$\text{二硝基甲苯混合物} \xrightarrow[>100\ ℃]{\text{浓 HNO}_3+\text{浓 H}_2\text{SO}_4} \text{三硝基甲苯}$$

硝化反应是一个放热反应,引进一个硝基,约放出 152.7 kJ·mol^{-1} 的热量。因此必须使硝化反应缓慢进行。

硝化工业中大量使用混酸,容易对环境造成污染,目前正在研究对环境污染较轻的负载型硝化剂,比如一种称为黏土铜(claycop,硝酸铜负载到蒙脱土上)的硝化剂的开发研究已取得一定成果。

3.磺化反应

单环芳烃的磺化(sulfonation)反应即苯环上的氢原子被磺酸基取代的反应。通常用浓硫酸、发烟硫酸作为磺化试剂,也可以用 SO_3、$ClSO_3H$ 等。

$$\text{苯} + H_2SO_4(\text{浓}) \overset{80\ ℃}{\rightleftharpoons} \text{苯}-SO_3H + H_2O$$

$$\text{苯} \xrightarrow[30\sim50\ ℃]{H_2SO_4, SO_3} \text{苯}-SO_3H$$

磺化反应是可逆的,如果将苯磺酸和稀硫酸或盐酸在压力下加热,或在磺化反应所得到的混合物中通入过热水蒸气,可以使苯磺酸发生水解反应又生成苯。

$$\text{苯}-SO_3H + H_2O \xrightarrow{180\ ℃} \text{苯} + H_2SO_4$$

磺化反应的这一性质,常被用于有机合成中的占位,反应完成后,再脱去磺酸基。例如,邻-溴苯酚的合成:

$$\text{苯酚} \xrightarrow{H_2SO_4} \text{(HO}_3\text{S-苯-OH-SO}_3\text{H)} \xrightarrow[Fe]{Br_2} \text{(Br-苯-OH-SO}_3\text{H)} \xrightarrow[\triangle]{H_2O} \text{(Br-苯-OH)}$$

苯磺酸盐是水溶性的,因此磺化反应也可用于不溶于水的有机化合物中所含芳烃类杂质的分离或鉴别。即先使芳烃类杂质通过磺化反应,变成磺酸盐溶于水,再经油水分离,把磺酸盐分离出来,最后再经酸化、加热脱去磺酸基,得到原来的芳烃。

由于磺化反应是可逆的,随着反应的进行,产物中水的含量增加会导致反应速度变慢,所以反应最好使用发烟硫酸。此外,制备苯磺酸时加入过量的苯,使反应生成的水与苯形成共沸液蒸出,也可促使反应朝生成产物方向移动。

磺化反应在不同的条件下进行时,进攻苯环的亲电试剂是不同的。实验表明,苯在非质子溶剂中与三氧化硫反应,进攻试剂是三氧化硫,在含水硫酸中进行磺化,反应试剂为 $H_3SO_4^+$($H_3O^+ + SO_3$),在发烟硫酸中反应,反应试剂为 $H_3S_2O_7^+$(质子化的焦硫酸)和 $H_2S_4O_{13}$($H_2SO_4 + 3SO_3$)。因此,在不同条件下磺化,其反应机理是有微小差别的。最常见的反应机理如下:

$$2H_2SO_4 \rightleftharpoons SO_3 + H_3O^+ + HSO_4^-$$

$$\text{苯} + \overset{\delta^+}{S}(\overset{\delta^-}{O})_{=O} \rightleftharpoons \text{(苯}^+\text{-H-SO}_3^-) \overset{-H^+}{\rightleftharpoons} \text{苯}-SO_3H$$

当用氯磺酸作磺化剂时,可生成苯磺酸,在氯磺酸过量时,也可生成苯磺酰氯。通常把这个反应称为氯磺化反应。

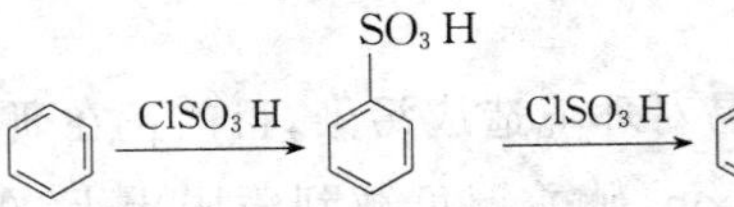

苯磺酰氯非常活泼,通过它可以制备苯磺酰胺、苯磺酸酯等苯磺酰基衍生物,在制备染料、农药、医药等方面有广泛用途。

烷基苯比苯易磺化,主要生成邻、对位取代物。反应温度不同,则产物间的比例不同。例如:

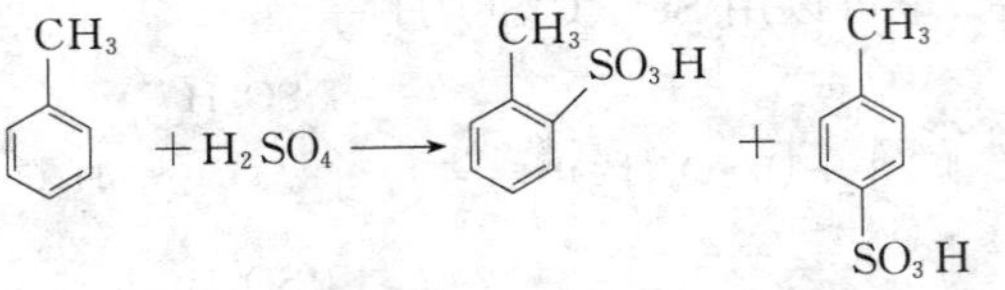

	邻甲基苯磺酸	对甲基苯磺酸
0 ℃	43%	53%
25 ℃	32%	62%
100 ℃	13%	79%

反应温度不同,邻、对位产物比例不同的现象也是由磺化反应的可逆性引起的。上述反应的邻位产物由于磺酸基和甲基之间的位阻作用,势能比较高,对位产物因没有位阻作用势能比较低。低温时逆反应速度比较慢,两种势能不同的产物发生逆反应的速度相差比较小,所以它们在总产物中所占的比例相差也不大。高温时逆反应速度加快,势能高的产物发生逆反应的速度比势能低的产物发生逆反应的速度快得更多,从而导致它们在总产物中所占的比例的差值也随之增大,致使高温时以对位产物为主。

4. 傅瑞德尔-克拉夫茨反应

1877 年法国化学家傅瑞德尔和美国化学家克拉夫茨发现了在催化剂作用下,苯环上的氢原子被烷基或酰基取代制备烷基苯或芳酮的反应,后将此反应称为傅瑞德尔-克拉夫茨(Friedel-Crafts)反应,简称为傅-克反应。制备烷基苯的反应称为傅-克烷基化反应,制备芳酮的反应称为傅-克酰基化反应。

(1) 傅-克烷基化(alkylation)反应。

傅-克烷基化反应一般是由芳烃与烷基化试剂在 Lewis 酸或质子型酸的催化下所发生的生成烷基苯的反应。

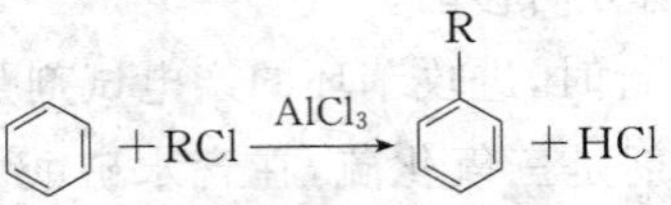

傅-克烷基化反应的机理,实质上是烷基化试剂在催化剂的作用下,先生成碳正离子,碳正离子再进攻苯环,最后生成烷基苯。所用的催化剂一般为 Lewis 酸或质子型酸。例如,上面反应的机理如下:

$$RCl + AlCl_3 \longrightarrow R^+ + AlCl_4^-$$

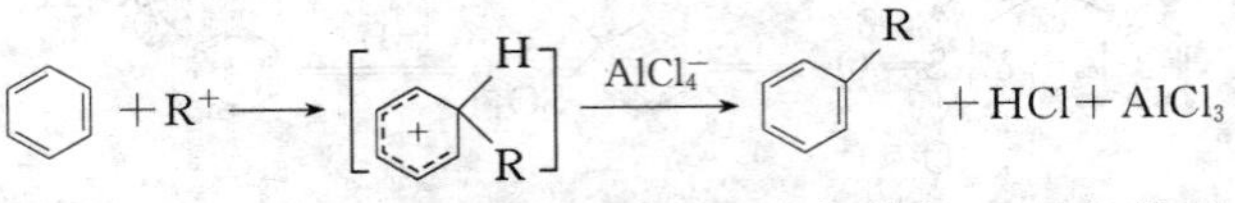

烷基化的难易取决于烷基的结构,其活泼顺序为:3°卤代烷＞2°卤代烷＞1°卤代烷。烷基相同时,活泼顺序取决于卤素基团:$RF < RCl < RBr < RI$。芳卤(Ar—X)不能作为烷基化试剂,因为

芳卤键难以断裂。除了 RX 外，ROH、ROR、RCH $=$ CH$_2$ 等也常被用做烷基化试剂。例如：

$$\text{C}_6\text{H}_6 + \text{CH}_3\text{CH}=\text{CH}_2 \xrightarrow{\text{H}^+} \text{C}_6\text{H}_5\text{CH}(\text{CH}_3)_2$$

$$\text{C}_6\text{H}_6 + \text{CH}_3\text{CH}_2\text{OH} \xrightarrow{\text{H}_2\text{SO}_4} \text{C}_6\text{H}_5\text{CH}_2\text{CH}_3$$

其机理分别如下：

$$\text{CH}_3\text{CH}=\text{CH}_2 + \text{H}^+ \longrightarrow \text{CH}_3\overset{+}{\text{C}}\text{HCH}_3$$

$$\text{C}_6\text{H}_6 + \text{CH}_3\overset{+}{\text{C}}\text{HCH}_3 \longrightarrow \text{C}_6\text{H}_5\text{CH}(\text{CH}_3)_2 + \text{H}^+$$

$$\text{CH}_3\text{CH}_2\text{OH} + \text{H}^+ \longrightarrow \text{CH}_3\text{CH}_2\overset{+}{\text{O}}\text{H}_2 \xrightarrow{-\text{H}_2\text{O}} \text{CH}_3\overset{+}{\text{C}}\text{H}_2$$

$$\text{C}_6\text{H}_6 + \text{CH}_3\overset{+}{\text{C}}\text{H}_2 \longrightarrow \text{C}_6\text{H}_5\text{CH}_2\text{CH}_3 + \text{H}^+$$

傅-克烷基化反应常用的催化剂有无水 AlCl$_3$、FeCl$_3$、SbCl$_5$、SnCl$_4$、TiCl$_4$、ZnCl$_2$、BF$_3$、无水 HF、H$_2$SO$_4$、P$_2$O$_5$、H$_3$PO$_4$ 和一些杂多酸、超强酸等。催化剂种类不同，催化活性就不同，常用 Lewis 酸催化剂活性顺序大致如下：AlCl$_3$＞FeCl$_3$＞SbCl$_5$＞SnCl$_4$＞TiCl$_4$＞ZnCl$_2$。

苯环上引入烷基后，生成的烷基苯比苯更容易进行亲电取代反应，因此傅-克烷基化反应中常有多烷基化产物生成，特别是体积较小的烷基基团像甲基、乙基等容易发生这种情况。

$$\text{C}_6\text{H}_6 + \text{CH}_3\text{Cl} \xrightarrow{\text{AlCl}_3} \text{(甲苯)} + \text{(邻二甲苯)} + \text{(对二甲苯)} + \text{(1,2,4-三甲苯)}$$

实践中是通过在反应原料中加入过量的苯来防止这种情况的发生。

反应的温度和催化剂对反应的产物也有影响。一般情况下，较高的温度和作用强的催化剂，有利于产生间位异构体；反之则生成邻、对位异构体。例如：

$$\text{C}_6\text{H}_6 + 3\text{CH}_3\text{Cl} \xrightarrow{\text{AlCl}_3} \begin{cases} \xrightarrow{0\,℃} \text{(1,2,4-三甲苯)} \\ \xrightarrow{100\,℃} \text{(1,3,5-三甲苯)} \end{cases}$$

使用三氟化硼作催化剂时，主要产物是对位产物。

$$\text{C}_6\text{H}_5\text{CH}_3 + \text{ROH} \xrightarrow{\text{BF}_3} \text{4-R-C}_6\text{H}_4\text{CH}_3 + \text{H}_2\text{O}$$

此外，烷基碳正离子亲电试剂 R$^+$ 容易发生重排，当所用的卤代烷具有三个碳原子以上的

直链烷基时,会得到由于碳正离子重排而生成的异构化产物。例如:

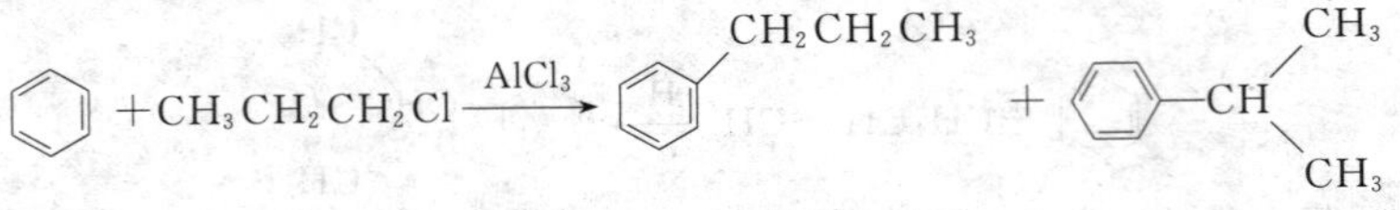

$$\text{苯} + CH_3CH_2CH_2Cl \xrightarrow{AlCl_3} \text{苯-}CH_2CH_2CH_3 + \text{苯-}CH(CH_3)_2$$

30%　　　　　　70%

伯碳正离子发生重排是因为生成的仲碳正离子比较稳定。其机理如下:

$$CH_3CH_2CH_2Cl \xrightarrow{AlCl_3} CH_3CH_2CH_2^+ \xrightarrow{1,2-\text{负 H 迁移}} CH_3\overset{+}{C}HCH_3$$

若换成较弱的催化剂 $FeCl_3$,则几乎没有重排物。

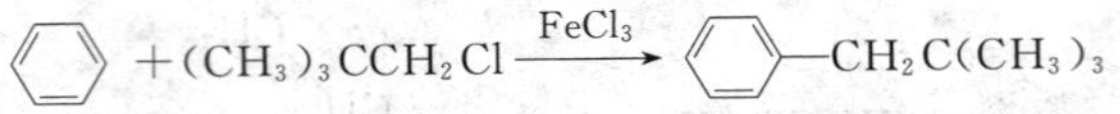

$$\text{苯} + (CH_3)_3CCH_2Cl \xrightarrow{FeCl_3} \text{苯-}CH_2C(CH_3)_3$$

当苯环上已有—NO_2、—SO_3H、—COOH、—COR 等强吸电子取代基时,傅-克烷基化反应不能进行。因这些取代基都是强吸电子基,降低了苯环上的电子云密度,使亲电取代不易发生。

傅-克烷基化反应是可逆反应,反应中常伴有歧化反应发生。工业上常利用甲苯歧化制备苯和二甲苯。

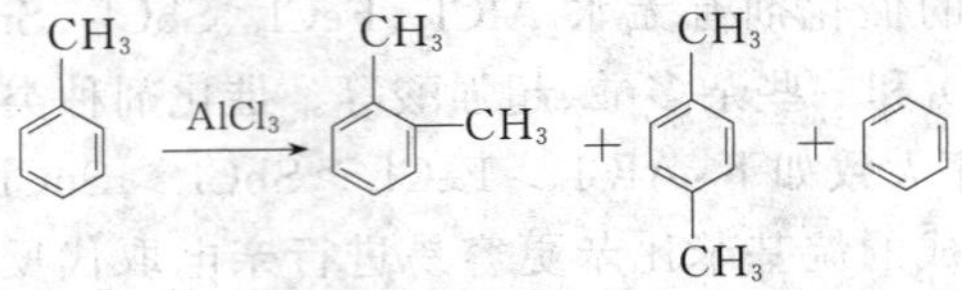

$$\text{甲苯} \xrightarrow{AlCl_3} \text{邻二甲苯} + \text{对二甲苯} + \text{苯}$$

将卤化氢通入热的烷基苯中,在三氯化铝的作用下发生逆向傅-克反应可得小分子卤代烃及苯。

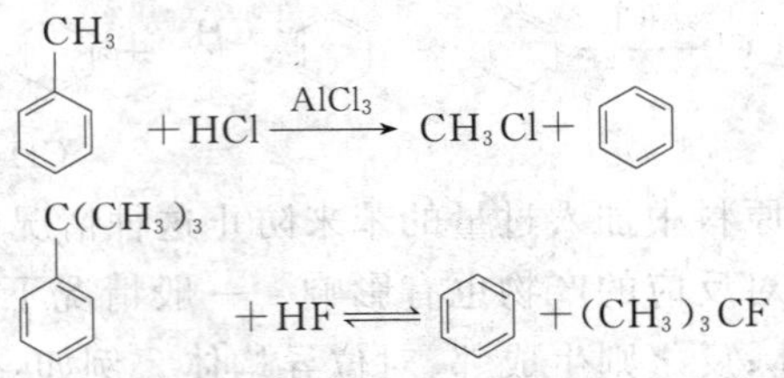

$$\text{甲苯} + HCl \xrightarrow{AlCl_3} CH_3Cl + \text{苯}$$

$$\text{叔丁基苯} + HF \rightleftharpoons \text{苯} + (CH_3)_3CF$$

芳烃还可以和多元卤代烷进行烷基化反应,得到多苯环取代的烷烃,但四氯化碳只能有三个氯被芳基取代,这可能是由于空间阻碍的关系。

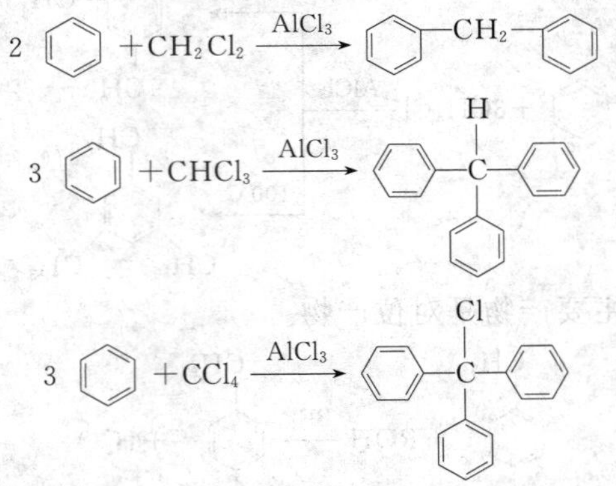

$$2\,\text{苯} + CH_2Cl_2 \xrightarrow{AlCl_3} \text{苯-}CH_2\text{-苯}$$

$$3\,\text{苯} + CHCl_3 \xrightarrow{AlCl_3} CH(\text{苯})_3$$

$$3\,\text{苯} + CCl_4 \xrightarrow{AlCl_3} CCl(\text{苯})_3$$

连有—NH_2、—NHR 或—NR_2 基团的芳香环不起傅-克烷基化反应。一方面,碱性的氨基能够中和作为催化剂的酸使之失去活性;另一方面,作为催化剂的酸与氨基结合后对芳环也产生钝化作用,使芳环失去活性。

(2) 傅-克酰基化(acylation)反应。

傅-克酰基化反应是由芳烃与酰基化试剂(酰卤或酸酐)在 Lewis 酸的催化下所发生的生成芳酮的反应。

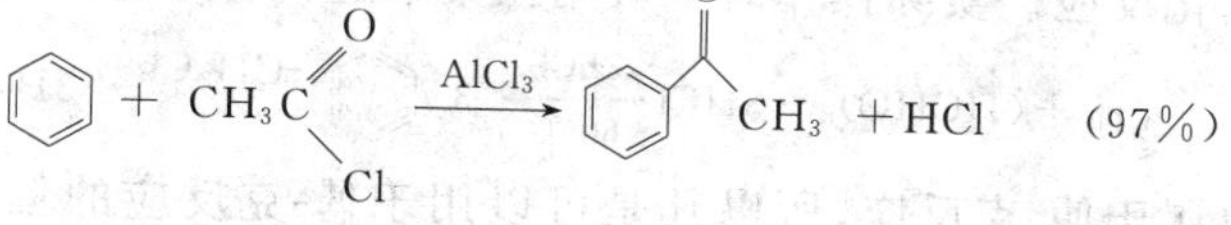

乙酰氯　　　　苯乙酮

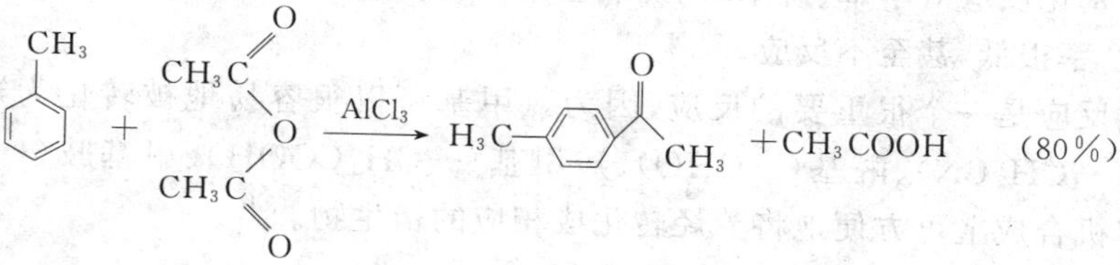

乙酸酐　　　　对甲基苯乙酮

反应的机理如下:

$$RCOCl + AlCl_3 \longrightarrow RCOCl \cdots AlCl_3 \longrightarrow RCO^+ + AlCl_4^-$$

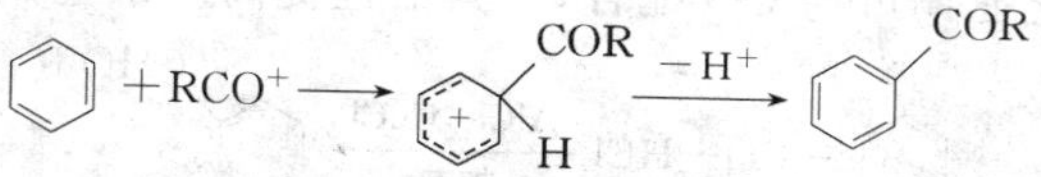

由于羰基能与 AlCl₃ 配合,故催化剂用量要比烷基化反应多。用酰卤作酰基化试剂时,催化剂用量要比烷基化反应时多出 1 mol,为 1.2~1.4 mol;若用酸酐作酰基化试剂,则多应出 2 mol,为 2.2~2.4 mol。

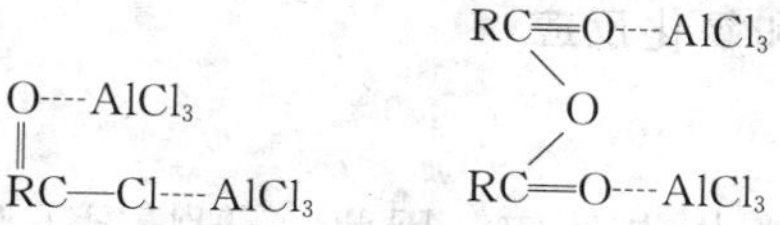

酰基化反应一般只得到单酰基取代产物,因为酰基是吸电子基,芳环上有一个酰基以后,降低了苯环上的电子云密度,不易继续发生亲电取代反应。

与烷基化反应不同,酰基化反应是不可逆的,不会发生取代基的转移反应。酰基化试剂分子内的碳原子数大于 3 时,也没有重排产物产生,而且酰化产率一般较高,因而傅-克酰基化反应在制备上很有价值。例如,工业和实验室中常采用先制备含有直链的芳酮,再还原羰基的方法来制备含直链的芳烃。

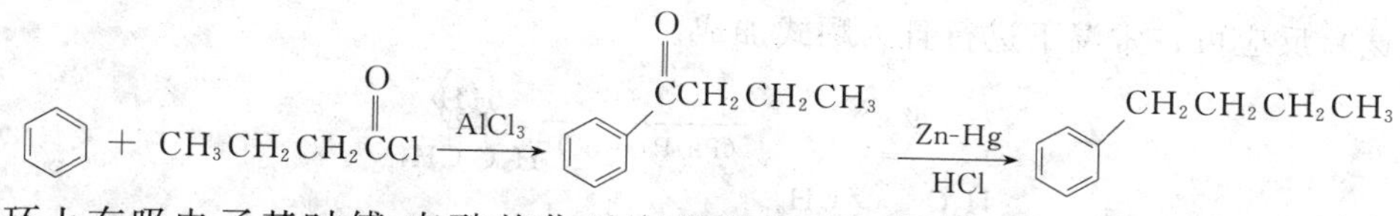

芳环上有吸电子基时傅-克酰基化反应难以发生。与傅-克烷基化反应一样,苯胺等化合物能与 AlCl₃ 等 Lewis 酸成盐,难以发生傅-克酰基化反应。芳环上有其他供电子的活化基团时,可选用较弱的催化剂,如 ZnCl₂、PPA(多聚磷酸)等。

用 AlCl₃ 作为傅-克反应的催化剂有两个缺点:一是反应后有大量的水合三氯化铝需要处理;二是反应选择性差,常常伴随着大量的二取代或多取代物生成,甚至产生焦油,需要分离、处理,产物难以纯化。因此,开发新的催化剂以克服上述缺点是目前研究傅-克反应的重要课题之一。

（3）氯甲基化(chloromethylation)反应。

芳烃在无水氯化锌催化下,与甲醛及氯化氢作用,芳环上的氢被氯甲基(—CH₂Cl)取代,这个反应称为氯甲基化反应。实际操作时一般用三聚甲醛代替甲醛。例如:

$$3\ \bigcirc\ +(HCHO)_3+3HCl\xrightarrow[60\ ℃]{ZnCl_2}3\ \bigcirc\!-CH_2Cl\ +3H_2O$$

氯甲基化反应也属于傅-克反应,所以凡是可以用于傅-克反应的催化剂均可用于氯甲基化反应。氯甲基化反应对于苯、烷基苯、烷氧基苯和稠环芳烃等都是成功的。但当环上有强吸电子基团时,产率很低,甚至不反应。

氯甲基化反应是一个很重要的反应,因为氯甲基可以很容易地被转化为羟甲基(—CH₂OH)、氰甲基(—CH₂CN)、醛基(—CHO)、羧甲基(—CH₂COOH)、甲基胺(—CH₂NH₂)等,从而使得在有机合成上可方便地将芳烃转化成相应的衍生物。

（4）盖特曼-科赫(Gattermann-Koch)反应。

盖特曼-科赫反应是指在 Lewis 酸催化和加压的条件下,芳烃与等分子数的 CO 和氯化氢混合气体发生作用生成相应的芳醛的反应。实验室中通常用加入氯化亚铜的方法来代替工业生产中的加压方法。氯化亚铜可与 CO 配合,使其活性提高。亲电试剂为$[HC^+\!=\!O]AlCl_4^-$。

$$\bigcirc\ +CO+HCl\xrightarrow{AlCl_3,CuCl}\bigcirc\!-CHO$$

盖特曼-科赫反应是甲酰化反应的一种。芳环上含有强吸电子基时不发生该反应;含有强活化基团时则容易发生副反应,也不宜进行此反应。

6.4.2 单环芳烃的加成反应和氧化反应

1.加成反应

苯环由于结构特殊,离域能大,较稳定。因此,一般情况下难以进行加成反应,只有在特殊条件下才发生加成反应。

（1）加氢反应。

在 Ni、Pt、Pd 等催化剂作用下,苯能够加氢生成环己烷。

$$\bigcirc\ +3H_2\xrightarrow[2.8\ MPa]{Ni,180\sim210\ ℃}\bigcirc$$

这些催化剂为非均相催化剂,反应通常需要加热、加压。若用均相配合催化剂(如三-(三苯基膦)氯化铑),反应可在常温下进行且为顺式加成。

$$\underset{H_3C\ \ CH_3}{\bigcirc}\xrightarrow[(Ph_3P)_3RhCl]{H_2}\underset{H_3C\ CH_3}{\bigcirc}$$

（2）伯奇(Birch)反应。

伯奇反应也称伯奇还原,指在醇的存在下,碱金属的液氨溶液使苯环发生 1,4-氢化,生成1,4-环己二烯类化合物的反应。

$$\bigcirc\xrightarrow[CH_3CH_2OH]{Na,NH_3}\bigcirc$$

吸电子基能加快反应速度。

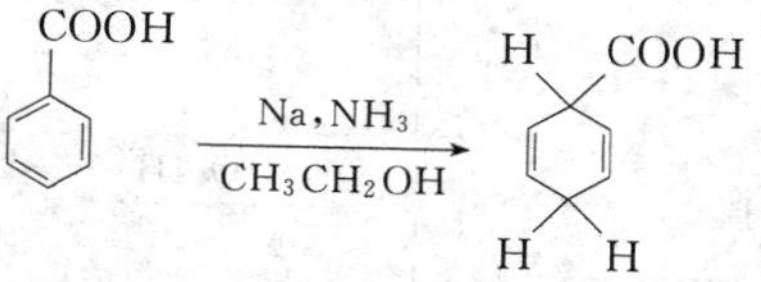

　　苯环上供电子基团使苯环电子云密度加大,使苯环不容易得到电子,反应速度减慢,氢加在 2、5 位上。

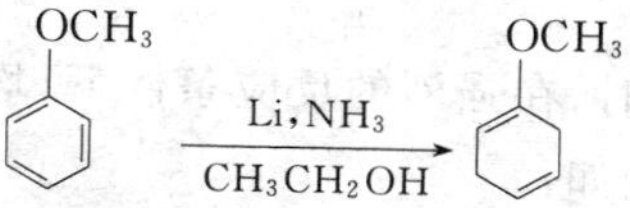

　　烷基减慢反应速度的次序是:甲基>乙基>异丙基>叔丁基。

　　伯奇还原实际上是一个电子参与的负离子过程,与普通的加成反应机理不同。钠与液氨作用生成溶剂化电子,得到蓝色溶液,苯环得到一个电子,生成环状共轭的过渡态,能量高的过渡态很容易从醇中夺取一个质子生成环状共轭自由基,再从体系中得到一个电子生成环状共轭负离子,强碱性的负离子从醇中再夺取一个质子生成 1,4-环己二烯。整个过程可以表示为

$$Na+NH_3 \Longrightarrow Na^+ + (e^-)NH_3$$

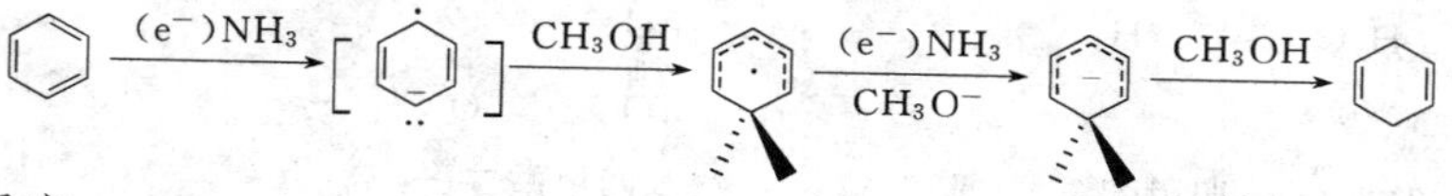

　　(3) 加卤反应。

　　光照条件下,苯与氯发生自由基加成生成六氯环己烷。

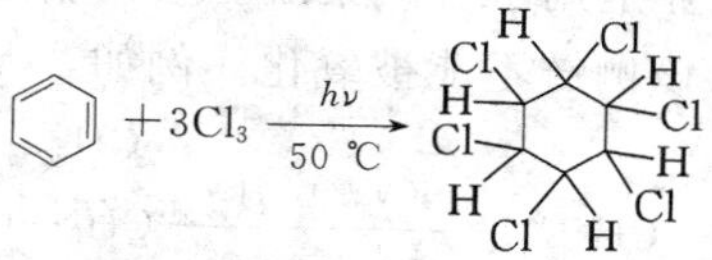

　　溴也能进行上述反应,生成六溴环己烷。

　　六氯环己烷俗称"六六六",曾被广泛用做广谱杀虫剂农药,但因其不易在环境中分解且能在动物体内蓄积,对健康造成严重损害,目前世界上大多数国家已经禁用,我国也从 1983 年开始禁用。"六六六"是目前农产品农药残留检测的主要对象之一。

　　2. 氧化反应

　　由于共轭离域大 π 键的存在,苯环表现得非常稳定,即使在高温下与 $KMnO_4$、铬酸等强氧化剂同煮,也不会被氧化。只有在高温和催化剂作用下,苯才可能被空气氧化生成顺丁烯二酸酐。

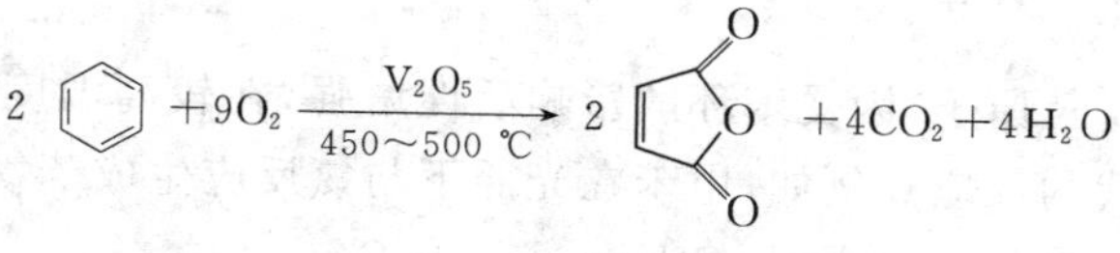

顺丁烯二酸酐

6.4.3　芳烃侧链上的反应

　　1. 氧化反应

　　苯环上的侧链,当有 α-氢原子时,很容易被氧化,而且无论侧链是什么烃基,都被氧化成羧基。

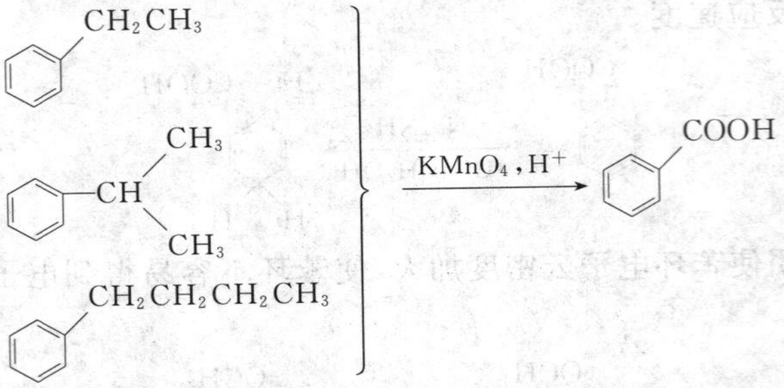

当苯环上有两个或多个烷基时,在强烈的反应条件下,均可被氧化成羧基。若两个烷基处于邻位,则可以被氧化为酸酐。例如:

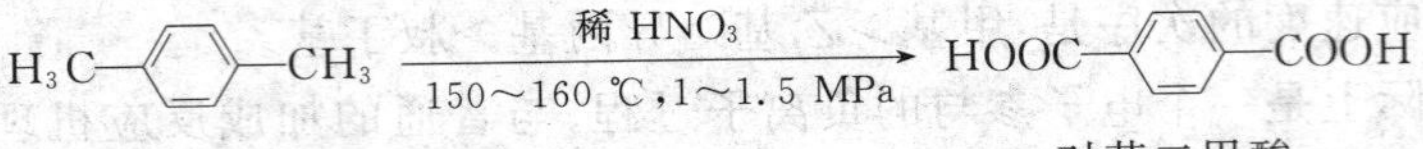

对苯二甲酸

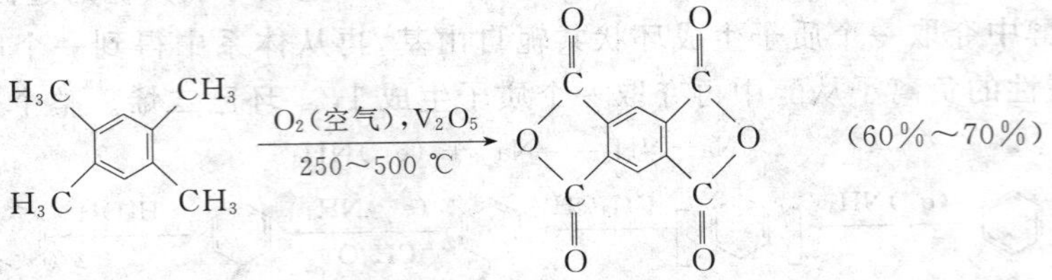

1,2,4,5-四甲苯　　　　　　均苯四甲酸二酐

这是工业上生产对苯二甲酸和均苯四甲酸二酐的方法。前者是制造高分子材料聚酯、涤纶(聚酯纤维)的原料,后者在工业上用于合成聚酰亚胺树脂或用做环氧树脂固化剂等。

若侧链碳上无 α-氢原子时,该侧链不能被氧化。例如:

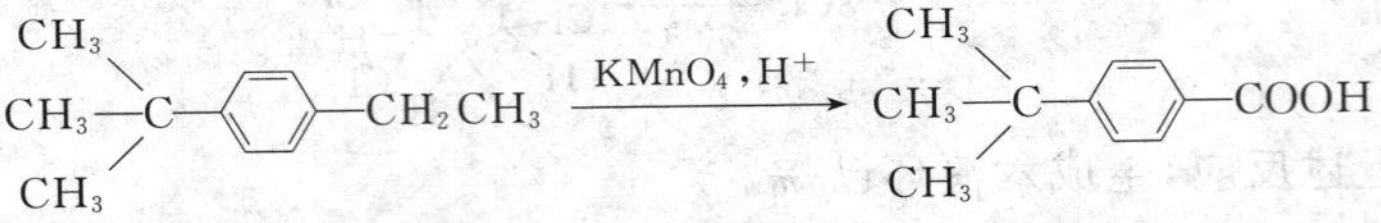

有 α-氢原子的芳环侧链,若用温和的氧化剂或在温和的条件下氧化,可得 α-氢原子的中间氧化产物——醛或酮。例如:

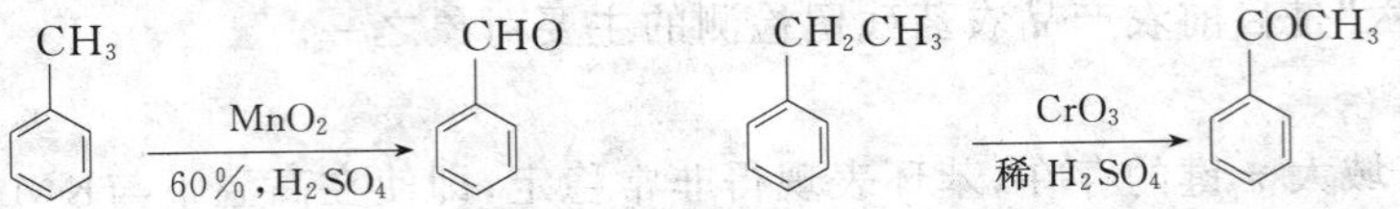

此外,异丙苯在碱性条件下,很容易被空气氧化生成氢过氧化异丙苯,后者在稀酸作用下,分解为苯酚和丙酮。这是生产苯酚(联产丙酮)的重要方法(见8.2.5)之一。

2. 卤代反应

烷基苯分子中的 α-氢原子,因受苯环的影响活性增强,在较高温度下或光照条件下,与卤素发生 α-氢原子被取代的反应。例如,甲苯在光照下与氯反应生成苄氯(也叫氯化苄)。

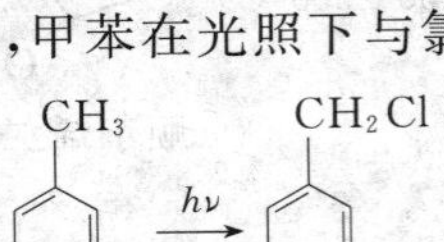

芳烃的侧链卤代反应为自由基机理,其过程如下:

$$Cl_2 \xrightarrow{h\nu} 2\,\dot{C}l$$

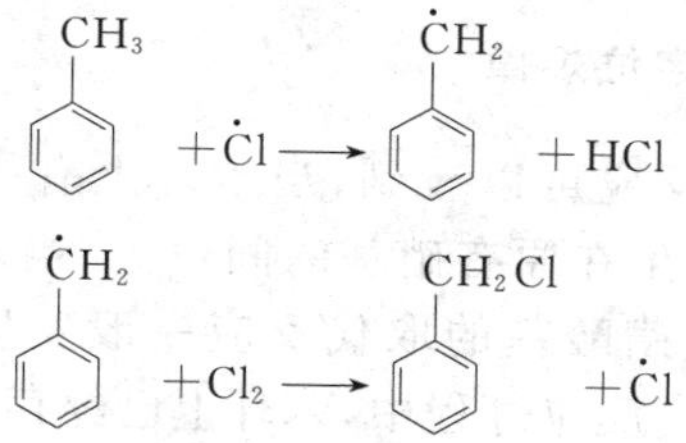

$$\overset{CH_3}{\bigcirc} + \dot{C}l \longrightarrow \overset{\dot{C}H_2}{\bigcirc} + HCl$$

$$\overset{\dot{C}H_2}{\bigcirc} + Cl_2 \longrightarrow \overset{CH_2Cl}{\bigcirc} + \dot{C}l$$

……

α-碳原子被夺去氢原子之后，由 sp^3 杂化变为 sp^2 杂化，苄基自由基的单电子位于 p 轨道上，该 p 轨道可与苯环上的共轭离域大 π 键产生共轭，电子发生离域，从而使苄基自由基比较稳定，所以苯环侧链上的 α-氢原子易发生自由基取代反应。

苄氯可以继续氯化，生成苯基二氯甲烷和苯基三氯甲烷。

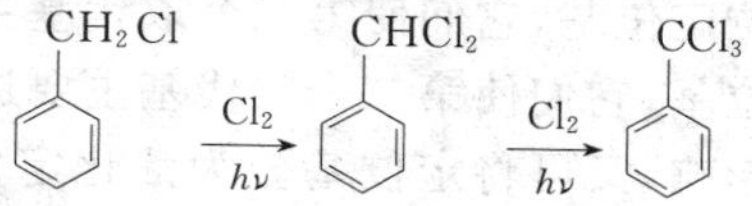

$$\overset{CH_2Cl}{\bigcirc} \xrightarrow[h\nu]{Cl_2} \overset{CHCl_2}{\bigcirc} \xrightarrow[h\nu]{Cl_2} \overset{CCl_3}{\bigcirc}$$

但控制氯气的用量可以使苄氯为主要产物。

其他烷基苯的自由基卤化也是在与苯环相连的 α-碳原子上进行的。例如：

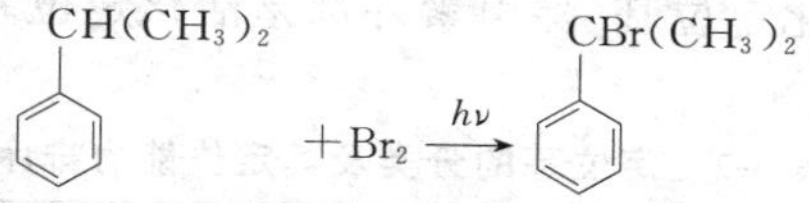

$$\overset{CH(CH_3)_2}{\bigcirc} + Br_2 \xrightarrow{h\nu} \overset{CBr(CH_3)_2}{\bigcirc}$$

N-溴代丁二酰亚胺（NBS）也常被用做芳烃侧链 α-氢原子的溴代试剂。

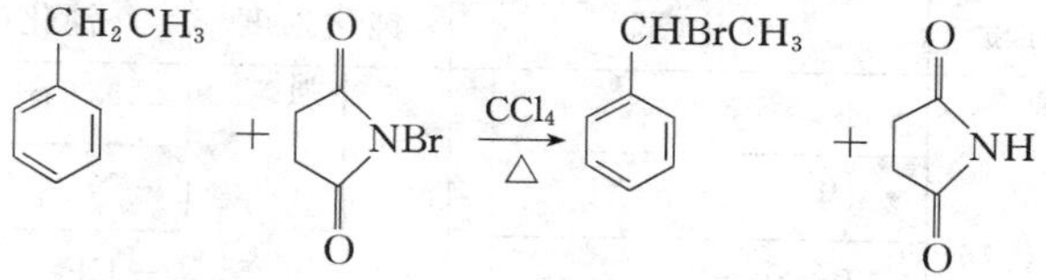

该反应也为自由基机理。

N-溴代丁二酰亚胺的溴代产物为单溴代产物，不会产生多溴代产物，在有机合成中非常有用。

3. 脱氢反应

烷基芳烃可以在催化剂作用下脱氢，在 α,β-碳原子之间形成烯键。例如：

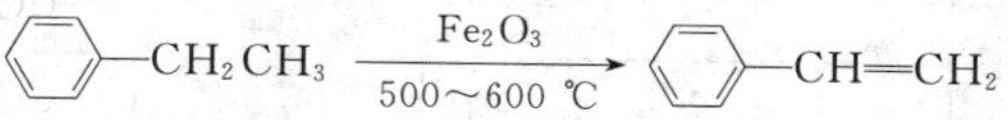

$$\bigcirc-CH_2CH_3 \xrightarrow[500\sim600\ ℃]{Fe_2O_3} \bigcirc-CH=CH_2$$

苯乙烯是合成丁苯橡胶和聚苯乙烯等高分子化合物的重要单体。

4. 聚合反应

芳烃侧链的烯键，用引发剂引发，可以发生聚合反应制得高分子聚合物。例如：

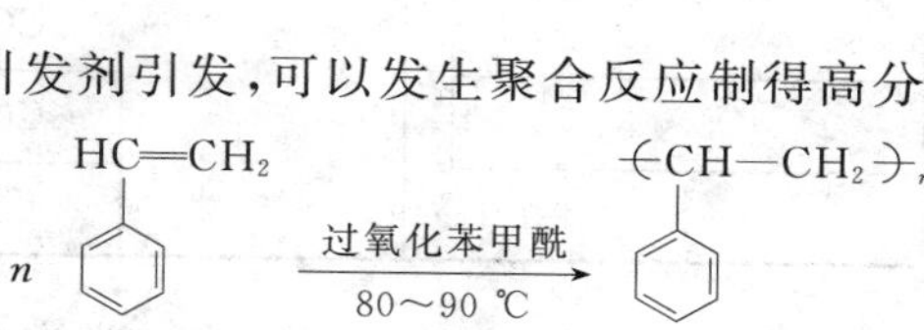

聚苯乙烯

6.4.4　苯环上亲电取代反应的定位规律

从前面的硝化反应和磺化反应可以看到,当苯环上有一个硝基时,若继续进行硝化反应,则第二个硝基的取代反应发生在原有硝基的间位上;当苯环上有一个甲基时,无论进行硝化反应还是磺化反应,硝基或磺酸基的取代反应一般发生在原有甲基的邻位或对位上。这表明在苯环上发生的亲电取代反应过程中,苯环上已经存在的取代基对反应将要引入的新取代基在苯环上的位置是有影响的,这种影响称为苯环上已存在的取代基对将要引入的新取代基的定位。苯环上已经存在的取代基称为定位基。大量的实验结果表明,这种定位现象是有一定规律可循的,这就是所谓的苯环上亲电取代反应的定位规律(rule on orientation)。

1. 定位基的分类

根据单取代苯进行亲电取代反应时所引入的新取代基在苯环上的位置,可以将定位基分为两类。第一类定位基为邻对位定位基,它们使第二个取代基主要进入它的邻位和对位(60%以上);第二类定位基为间位定位基,它们使第二个取代基主要进入它的间位(40%以上)。

根据定位基对反应速度的影响,又可将定位基分为活化定位基和钝化定位基。在相同条件下进行相同亲电取代反应时,若由于某基团的存在,能使反应速度比苯的反应速度快,那么该基团就为活化定位基;反之,使反应速度比苯的反应速度慢,就为钝化定位基。第一类定位基中既有活化定位基,又有钝化定位基(除卤素外都是活化定位基);第二类定位基则全为钝化定位基。具体的分类见表 6-2。

表 6-2　定位基的分类及其定位能力排序

邻对位定位基				间位定位基	
活化	活化强度	钝化(弱)	钝化强度	钝化(强)	钝化强度
—O^-	↑ 强	—F	↑ 强	—N^+R_3	↑ 强
—NR_2		—Cl		—NO_2	
—NHR		—Br		—CF_3	
—NH_2		—I		—CCl_3	
—OH		—CH_2Cl		—CN	
—OR		—CH=CHCOOH		—SO_3H	
—NHCOR		—CH=CHNO$_2$	↓ 弱	—CHO	
—NHCHO				—COR	
—OCOR				—COOH	
—C_6H_5				—COOR	
—CH=CH$_2$				—CONH$_2$	
—CH_3				—CONR$_2$	↓ 弱
—CR_3	↓ 弱				

从表 6-2 可以看出,除了—C_6H_5、—CH=CH$_2$之外,第一类定位基与苯环直接相连的原子一般是饱和的且多数有孤对电子或带负电荷。除卤素外,这类定位基均能通过供电子效应使苯环上电子云密度升高,从而使苯环活化。因此,这些定位基又称活化基。由这些基团取代

的苯(除卤苯外),亲电取代反应活性比苯高,反应速度比苯快。对于第二类定位基来说,除了—CF₃、—CCl₃ 之外,这些定位基与苯环直接相连的原子一般是不饱和的,而且重键的另一端是电负性大的元素,或是基团带正电荷,这类定位基均能使苯环上电子云密度降低,使苯环钝化。因此,这些定位基又称钝化基。由这些基团取代的苯,亲电取代反应活性比苯低,反应速度比苯慢。

卤代芳烃中卤原子的电负性比碳原子大,表现为吸电子诱导效应。但同时卤原子上带有孤对电子的 p 轨道又与苯环的 π 键之间存在供电子的 p-π 共轭效应。电子效应的总结果是吸电子诱导效应大于供电子的共轭效应,使苯环的电子云密度降低。因此,氯苯的亲电取代反应活性比苯低。但是,因为共轭效应使苯环上氯原子的邻位和对位上的电子云密度下降比间位少,所以氯原子是一个邻对位定位基。

当作为邻对位取代基的甲基上的 H 原子逐渐被吸电子的 Cl 原子所取代,成为—CH₂Cl、—CHCl₂、—CCl₃ 基团时,就由甲基的供电子效应转化为吸电子效应,基团也由原来的弱活化基团转为钝化基团。—CCl₃、—CF₃ 甚至转化为间位定位基。

当取代基是烯基或芳基,如—CH=CH₂、—CH=CHCOOH、—C₆H₅ 等时,由于取代基的双键或芳环与苯环的共轭作用对反应的中间体具有稳定作用,其定位作用是邻、对位的。

需要注意的是,定位基的定位作用不是绝对的,会有例外的情况。前面介绍的一氯甲烷 100 ℃时在 AlCl₃ 催化下进行烷基化反应,生成间-三甲基苯,就是一种例外。

思考题 6-7 比较下列碳正离子稳定性的大小,并说明理由。

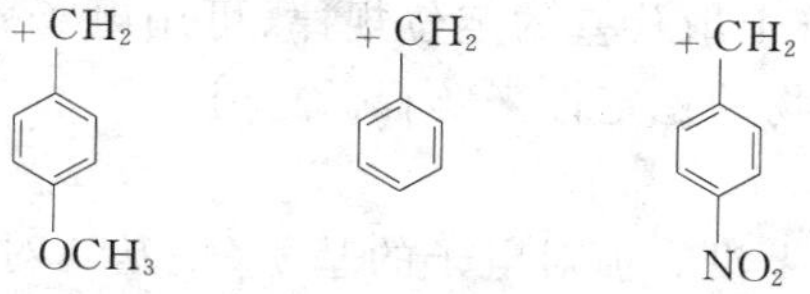

(a)　　　　(b)　　　　(c)

2.二元取代苯的定位规律

当苯环上已有两个取代基时,第三个取代基进入苯环的位置由苯环上原有的两个定位基共同决定。

(1)苯环上原有两个基团的定位作用一致,则新的基团就会被导入由两个定位基共同确定的位置上。例如:

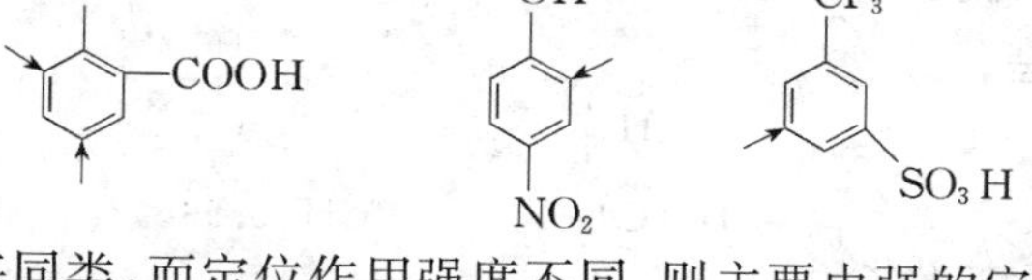

(2)原有两个取代基同类,而定位作用强度不同,则主要由强的定位基确定新导入基团进入苯环的位置。例如:

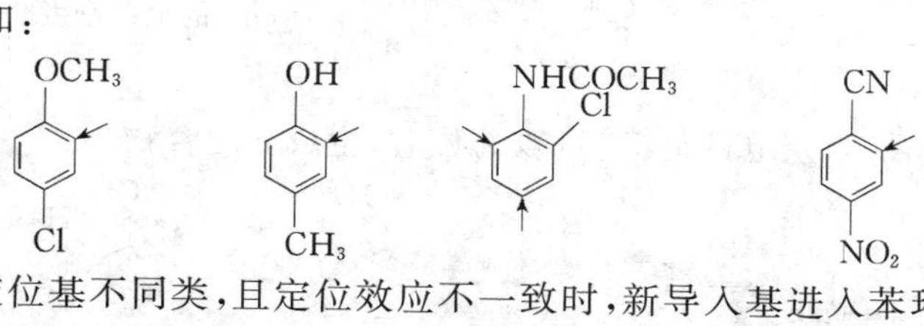

(3)原有两个定位基不同类,且定位效应不一致时,新导入基进入苯环的位置由邻对位定位基确定,因为邻对位定位基能够活化苯环或对苯环的钝化作用弱。例如:

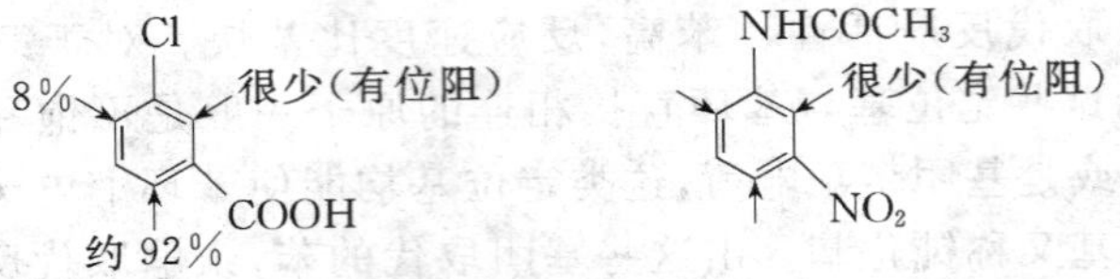

（4）原有两个定位基定位作用差不多时，得到混合产物。例如：

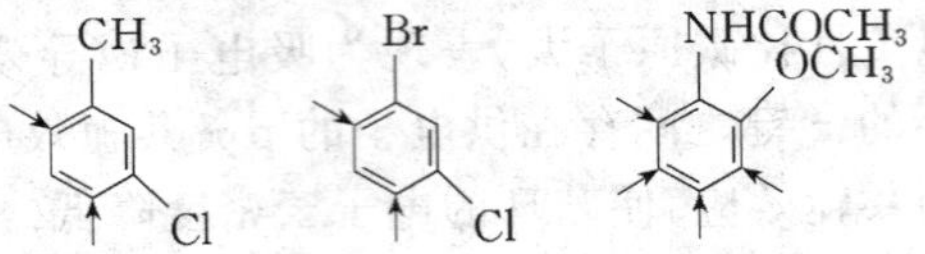

3. 空间效应

苯环上原有的定位基的空间位阻与新引入基团的空间位阻的相互作用，对新引入基团的位置也有一定的影响。例如，当苯环上的定位基是邻对位定位基时，实验结果表明随着定位基空间位阻的增大，空间效应也增大。产物的邻位异构体减少，对位异构体增加。

苯环上的定位基不变时，随着新引入基团的空间位阻的增大，空间效应增大，也导致产物的邻位异构体减少，对位异构体增加。

4. 定位规律的理论解释

苯分子是一个对称分子，由于苯环上 π 电子的高度离域，苯环上的电子云密度是完全平均分布的，但苯环上有一个取代基后，受取代基的影响，环上的电子云密度分布就会发生变化，出现苯环碳原子的电子云密度较大与较小交替的现象，于是，进行亲电取代反应的难易程度就不同，进入的位置也不同。苯环上取代基的定位规律，可用电子效应解释，也可从亲电取代反应过程中生成的中间体 σ 配合物的稳定性来解释。

1）邻对位定位基

与苯环直接相连的原子上没有孤对电子的基团（烷基），对苯环的影响是通过诱导效应和超共轭效应实现的。下面以甲基为例予以说明。

一方面，甲基上的碳原子为 sp^3 杂化，苯环上的碳原子为 sp^2 杂化，sp^2 杂化轨道的 s 成分较多。s 成分越多，电子云离核越近，核对电子的吸引力越大，轨道电负性越大。因此，苯环上的碳原子能吸引甲基电子偏向苯环，使苯环上的电荷密度增加，有利于亲电取代反应。另一方面，甲基对苯环具有 σ-π 共轭的超共轭效应，能使苯环上甲基邻、对位碳原子上的电荷密度增加，有利于亲电取代反应发生在甲基的邻、对位上。另外，量子化学计算的结果也表明，甲基邻、对位碳原子上的电荷密度比间位碳原子大（以苯的碳原子电荷密度为 1 作参照）。所以烷基是活化的邻对位定位基。

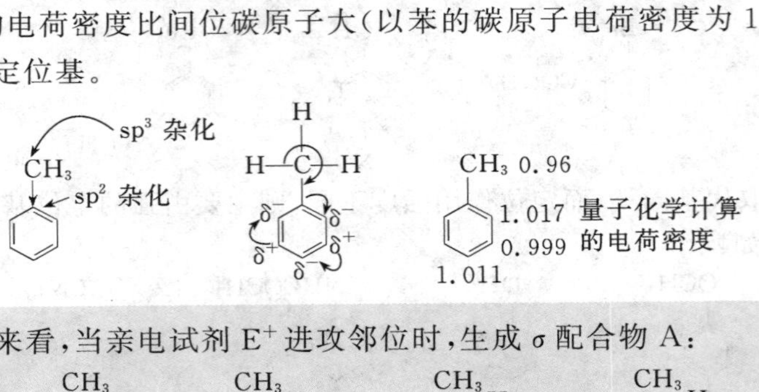

从共振论观点来看，当亲电试剂 E^+ 进攻邻位时，生成 σ 配合物 A：

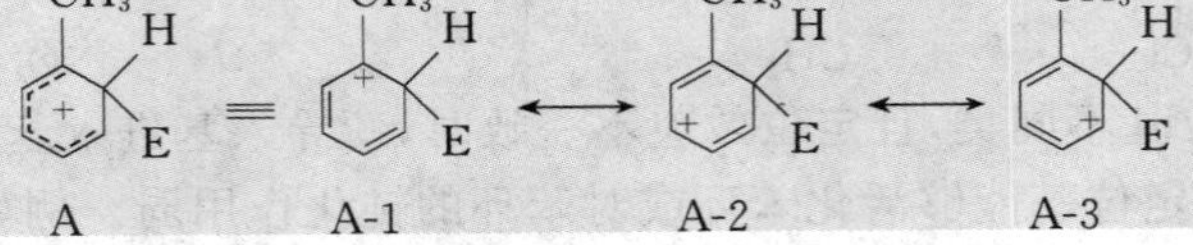

当亲电试剂 E^+ 进攻对位时，生成 σ 配合物 B：

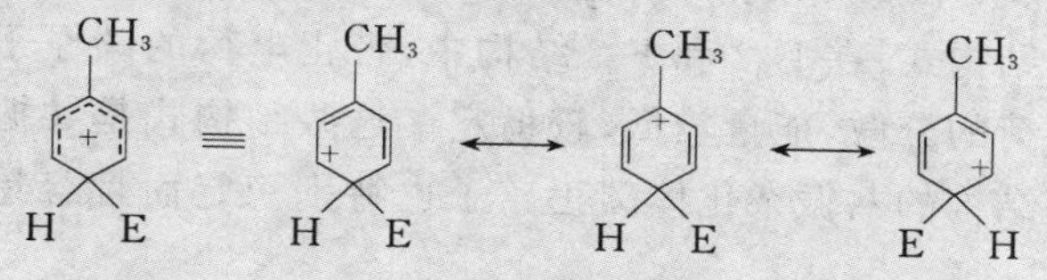

B　　B-1　　B-2　　B-3

当亲电试剂 E^+ 进攻间位时，生成 σ 配合物 C：

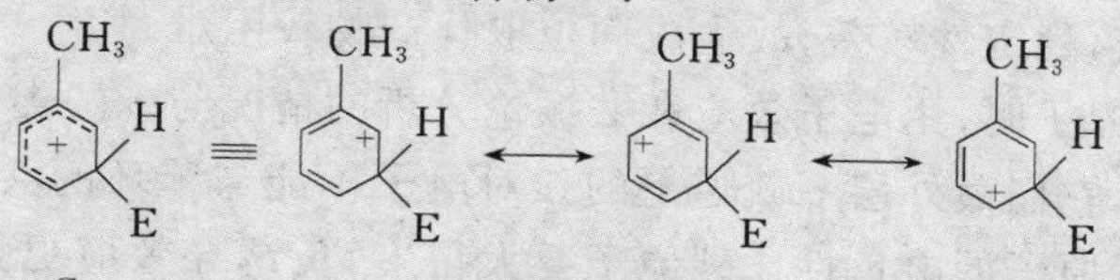

C　　C-1　　C-2　　C-3

其中 A-1 和 B-2 中带正电荷的碳原子与具有供电性的甲基直接相连，正电荷分散较好，能量较低，较稳定，是主要参与结构式，由此形成的共振杂化体碳正离子也较稳定。而 C 的三个共振结构式都是仲碳正离子，带正电荷的碳原子不与甲基直接相连，正电荷的分散不是很好，能量较高，稳定性较差。所以邻、对位取代产物较易形成而生成间位取代产物较困难。

与苯环直接相连的原子上有孤对电子的基团（如—O^-、—OH、—NH_2、—OR 等），对苯环的影响是诱导效应和共轭效应共同作用的结果。下面以苯酚为例予以说明。

虽然电负性大的氧原子对苯环有负的诱导效应，但氧原子上 p 轨道上的孤对电子能与苯环的共轭离域大 π 键产生共轭，对苯环产生供电子的正共轭效应，共轭效应的影响大于诱导效应的影响，总的影响结果使苯环上羟基邻、对位碳原子上的电荷密度增加，有利于亲电取代反应发生在羟基的邻、对位上。

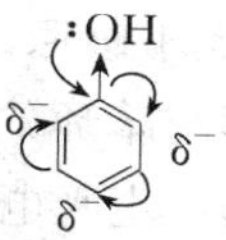

从共振论观点来看，当亲电试剂 E^+ 进攻邻位时，生成 σ 配合物 D：

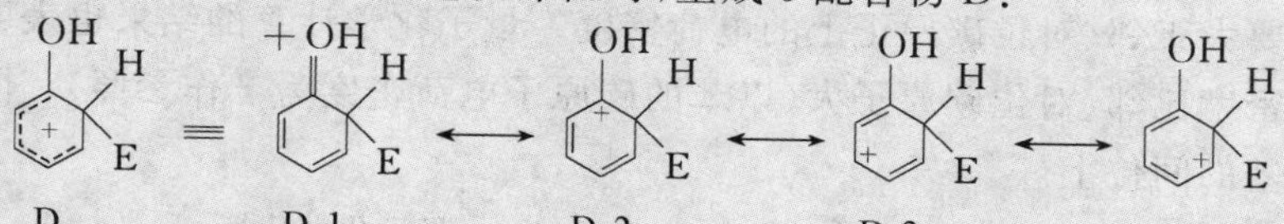

D　　D-1　　D-2　　D-3　　D-4

当亲电试剂 E^+ 进攻对位时，生成 σ 配合物 F：

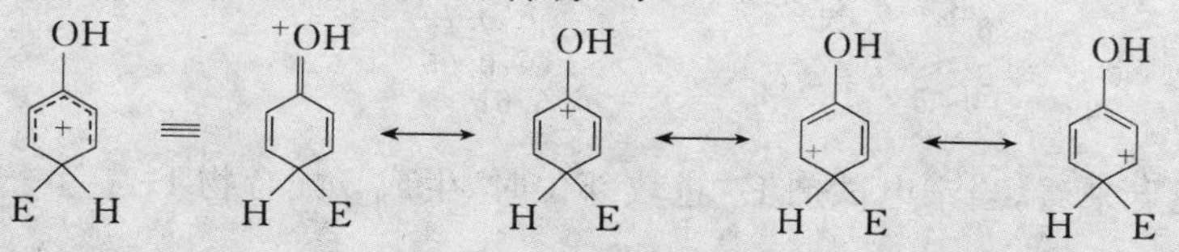

F　　F-1　　F-2　　F-3　　F-4

当亲电试剂 E^+ 进攻间位时，生成 σ 配合物 G：

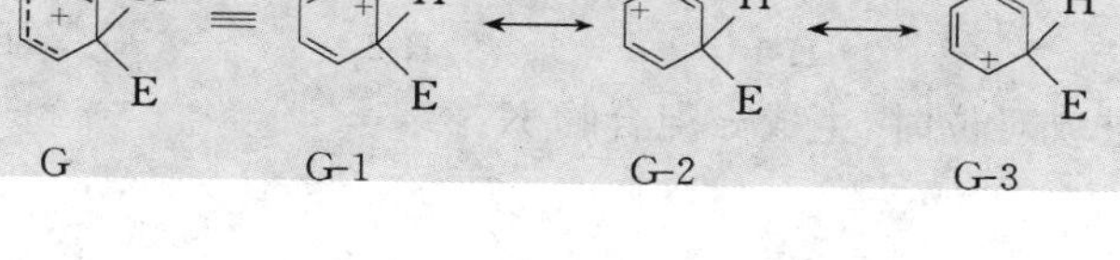

G　　G-1　　G-2　　G-3

根据共振论理论,D-1 和 F-1 结构中共价键较多,而且碳和氧原子的最外层都已满 8 个电子,属于最稳定的共振结构式;在 D-2 和 F-2 结构中,带正电荷的碳原子与具有供电性的羟基直接相连,有利于正电荷的分散,能量较低,较稳定。这些结构式是共振杂化体中的主要参与结构式,包含这些共振结构的共振杂化体碳正离子也特别稳定而且容易生成,所以邻、对位取代产物较易形成。

G 的三个共振结构式都是仲碳正离子,带正电荷的碳原子不与羟基直接相连,正电荷不能很好地分散,能量较高,稳定性较差,故生成间位取代产物较困难。

当取代基为卤素原子时,用电子效应和共振论分析的情况与苯酚类似。所不同的是,由于卤素原子半径比较大,它们最外层 p 轨道上的孤对电子不能与苯环的共轭离域大 π 键产生有效共轭,而且由于卤素原子的电负性比碳原子要大得多,负诱导效应更强烈,使诱导效应大于共轭效应,总的影响结果是使苯环钝化,参与亲电取代反应的活性降低。从共振论角度看,由于卤素原子的电负性大,分散正电荷的能力降低,不利于共振杂化体碳正离子的生成,对苯环上的亲电取代反应表现为钝化作用。

卤素原子的半径从氟到碘是递增的,电负性从氟到碘是递减的,共轭效应和诱导效应的综合结果,导致卤苯进行亲电取代反应速度为:$C_6H_5F > C_6H_5Cl \approx C_6H_5Br > C_6H_5I$。

2) 间位定位基

间位定位基一般对苯环具有较强的负诱导效应,导致苯环钝化。同时与碳原子直接相连的原子上的 π 键与苯环的共轭离域大 π 键产生共轭,产生吸电子共轭效应,使定位基邻、对位碳原子上的电荷密度小于间位碳原子上的电荷密度,导致亲电取代反应发生在定位基的间位上。下面以硝基苯为例予以说明。

由于硝基上的氧、氮原子的电负性都大于碳原子,所以硝基为强吸电子基,对苯环产生负诱导效应,使苯环钝化。同时,硝基的 π 键与苯环的共轭离域大 π 键形成 π-π 共轭,因硝基的强吸电子作用,使苯环 π 电子向硝基偏移,产生吸电子共轭效应。诱导效应和共轭效应总的结果,是硝基苯的苯环碳原子上的电荷密度小于苯的苯环碳原子上的电荷密度,但是间位碳原子上的电荷密度要大于邻、对位碳原子上的电荷密度。量子化学计算的结果也表明,硝基间位碳原子上的电荷密度比邻、对位碳原子大(以苯的碳原子电荷密度为 1 作参照)。因此,亲电取代反应发生在硝基的间位上。

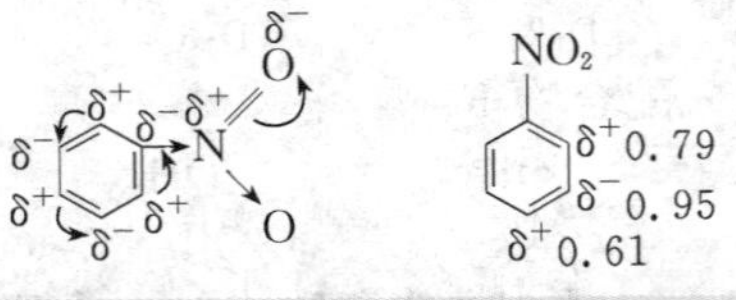

从共振论观点来看,当亲电试剂 E^+ 进攻邻位时,生成 σ 配合物 H:

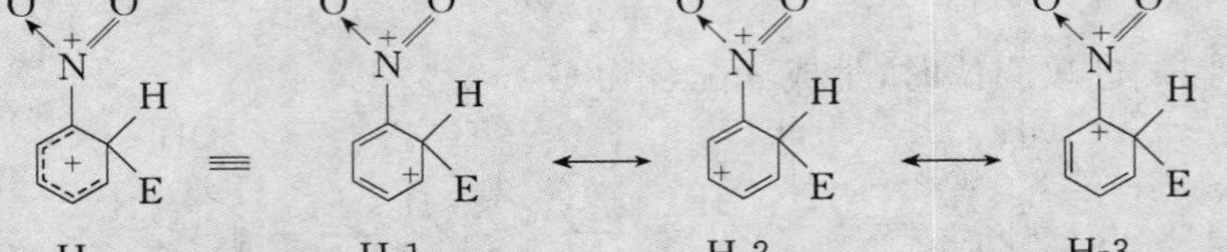

当亲电试剂 E^+ 进攻对位时,生成 σ 配合物 K:

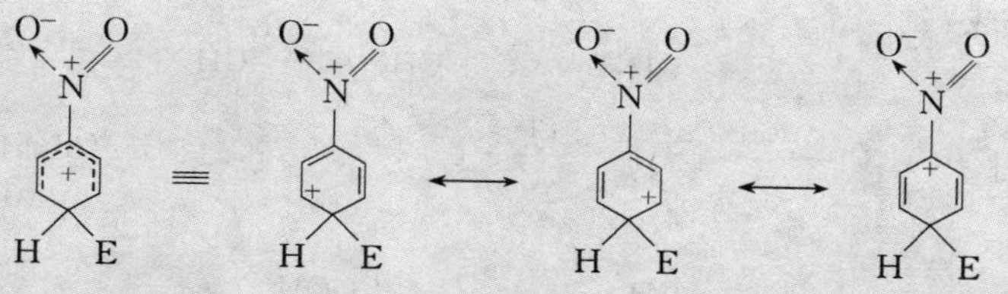

K　K-1　K-2　K-3

当亲电试剂 E^+ 进攻间位时，生成 σ 配合物 L：

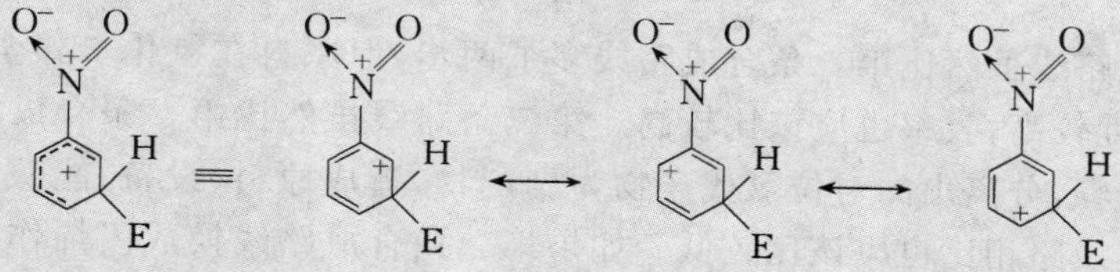

L　L-1　L-2　L-3

亲电试剂进攻硝基的邻位和对位所生成的碳正离子共振杂化体 H、K 中，存在着带正电荷的硝基氮原子和带正电荷的碳原子直接相连的共振结构式，这种结构式能量特别高，因而 H、K 共振杂化体都是不稳定的共振杂化体。而亲电试剂进攻硝基的间位所生成的碳正离子共振杂化体 L 中，不存在硝基和带正电荷碳原子相连的结构式。因此进攻硝基间位生成的碳正离子中间体要比进攻硝基的邻位和对位生成的碳正离子中间体能量低、稳定些，所以硝基苯的亲电取代反应以间位产物为主。磺酸基、羧基、氰基、羰基等与硝基类似。

5. 定位规律的应用

1）预测反应的主要产物

当苯环上只有一个定位基时，根据定位基的性质，可以很方便地预测出反应的主要产物。若苯环上有两个或两个以上的定位基时，根据定位基的活性和强弱，也可以预测一些反应的主要产物。

2）指导选择合成路线

有机合成工作中希望以高的收率得到单一、纯净的化合物。因此，运用定位规律，有助于合理地确定取代基进入苯环的先后顺序和基团转变的时机，可以有效地减少反应步骤，减小副反应发生的概率，简化产物的分离步骤，提高反应的收率。例如，由苯开始合成邻-氯苯甲酸，可以采取下列两种路线。

第一条合成路线：

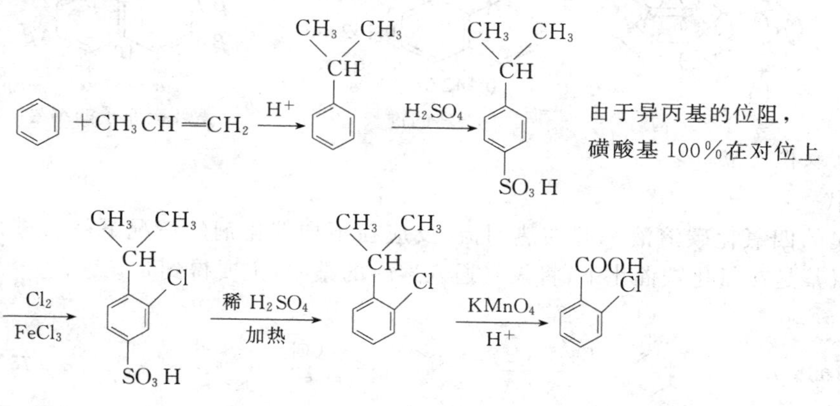

第二条合成路线:

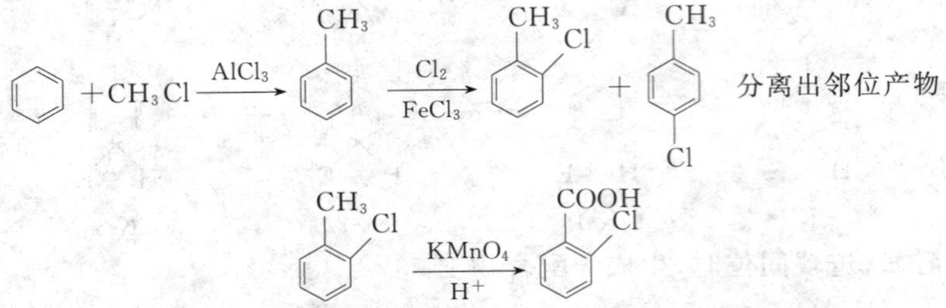

第一条合成路线虽然比第二条合成路线多了两步,但原料在氯化步骤全部以邻位方式转化,所得产物纯度较高,收率也应该比较高。第二条路线虽然比第一条合成路线少了两步,但多了一个分离步骤,分离出的对位氯代产物为副产物,造成原料、设备、能源和工时的浪费,收率与第一条合成线路相比也应该比较低。如果第二条合成路线换成丙烯作烷基化试剂,存在空间位阻,邻氯代产物的收率会更低。因此,第一条合成路线比较合理。

6.5　稠环芳烃

多环芳烃中的联苯类芳烃和多苯代脂烃(三苯甲烷等)的化学性质与苯相似,不再讨论。下面讨论一些重要的稠环芳烃。

6.5.1　萘

萘(naphthalene)是最简单的稠环芳烃,是重要的化工原料之一,主要存在于煤焦油中,含量可达6%。常温常压下,萘为白色闪光晶体,熔点为80.6 ℃,沸点为218 ℃,易升华,不溶于水,易溶于一些有机溶剂。

萘的分子结构与苯类似,10个碳原子的轨道也是 sp^2 杂化形式,每个碳原子的杂化轨道分别与相邻碳原子的杂化轨道或氢原子的1s轨道重叠形成 σ 键,构成一个平面的双环结构,每一个碳原子中没有参与杂化的 p 轨道与平面结构相垂直,从侧面重叠形成一个闭合共轭离域大 π 键。但是萘环的键长没有完全平均化,因此没有苯环稳定,比苯环容易发生加成反应和氧化反应。萘环 α-碳原子上的电子云密度比 β-碳原子上的大,因此萘环上的亲电取代反应多发生在 α 位上。

萘分子结构　　　　　萘环的键长　　　　　萘环碳原子的编号

0.141 nm
0.136 nm
0.142 nm
0.136 nm
0.142 nm

1. 亲电取代反应

1) 卤代

萘与溴的四氯化碳溶液一起加热回流,反应在不加催化剂的情况下就可进行,得到 α-溴萘。制备氯萘是在氯化铁催化下,将氯气通入熔融的萘中,主要得到 α-氯萘。

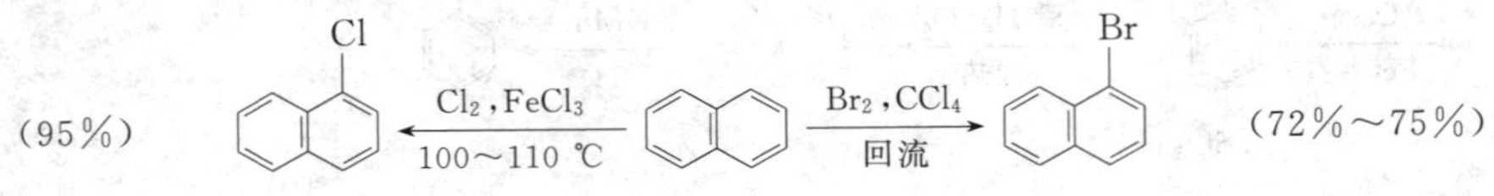

(95%)　　　Cl　　$\xleftarrow[100\sim110\ ℃]{Cl_2,FeCl_3}$　　$\xrightarrow[回流]{Br_2,CCl_4}$　　Br　　(72%～75%)

2) 硝化

萘用混酸硝化,在常温下即可进行,产物几乎全是 α-硝基萘。

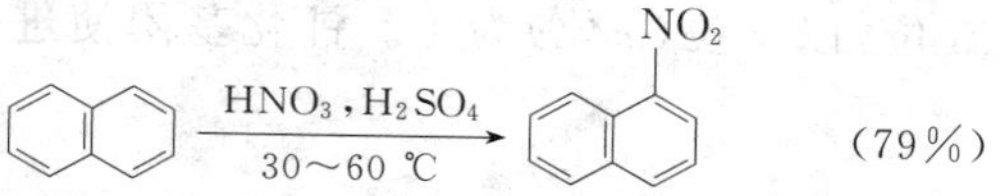

(79%)

α-硝基萘是黄色针状晶体,熔点为 61 ℃,不溶于水而溶于有机溶剂。它常用于制备 α-萘胺、α-萘酚等染料中间体。

3) 磺化

萘的磺化反应与苯的磺化反应一样是可逆反应。因为 α 位比 β 位活泼,所以当用浓硫酸磺化时,在 80 ℃以下则生成 α-萘磺酸,而在较高的温度(165 ℃)时则主要生成 β-萘磺酸。若把 α-萘磺酸与硫酸共热至 165 ℃时,也能转变为 β-萘磺酸。

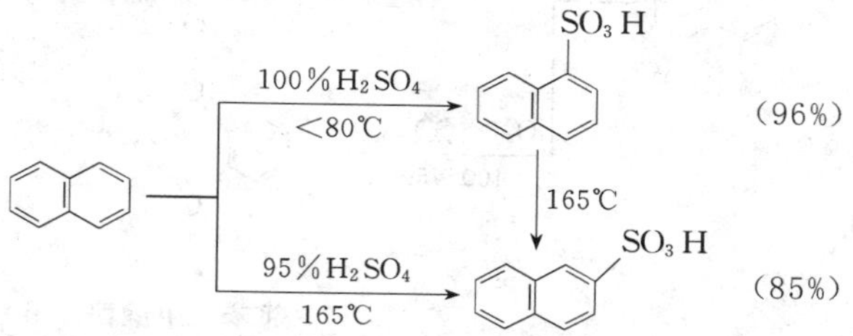

由于萘的 α 位活性比 β 位大,萘在较低温度下磺化时,反应产物主要是 α-萘磺酸,但由于磺酸基的体积比较大,处在异环相邻 α 位(8 位)上的氢原子的范德华半径之内,由于空间位阻,α-萘磺酸比较不稳定。在较低的磺化温度下,α-萘磺酸的生成速度快,而且在低温时逆反应并不显著,α-萘磺酸生成后不易逆向转变,所以可以得到 α 位取代产物。当在较高温度下磺化时,先生成的 α-萘磺酸会发生显著的逆反应而转变为萘。β-萘磺酸没有位阻,稳定性较大,逆反应很小。高温下因 α-萘磺酸逆反应而生成的萘,就会被转化成 β-萘磺酸。因此,高温下磺化时主要得到 β-萘磺酸。萘环上的其他 β 位取代物(如 β-萘酚和 β-萘胺),不易通过亲电取代反应直接得到,往往通过 β-萘磺酸转化制得。

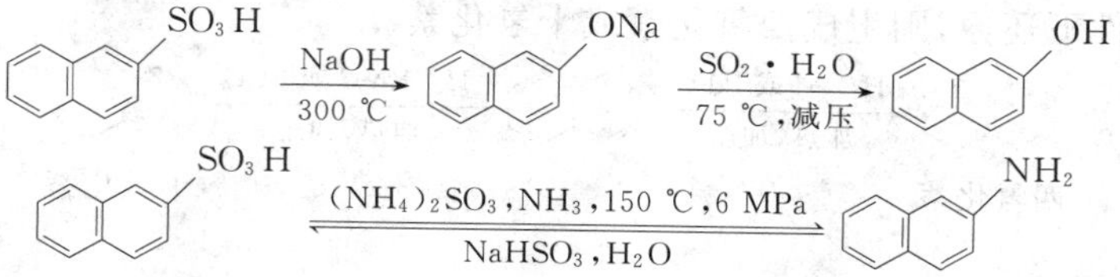

4) 傅-克酰基化反应

萘环上的烷基化反应,往往生成多取代产物,实用价值不大。酰基化产物可以控制为单取代产物。傅-克酰基化反应在非极性溶剂中进行,产物以 α 位取代产物为主,但难以与 β 位取代产物分离。

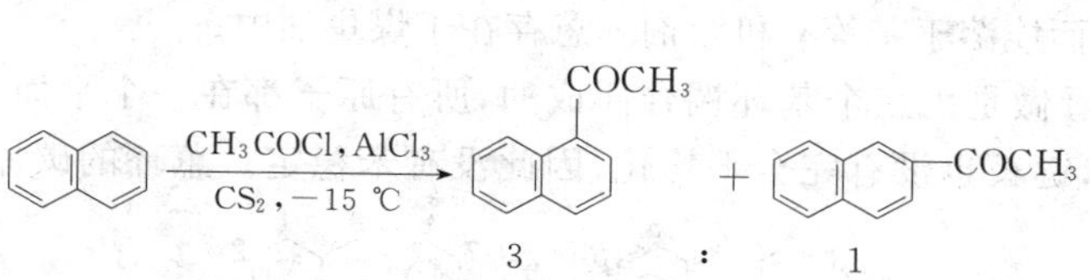

3 : 1

在极性溶剂中,产物以 β 位取代产物为主。

(90%)

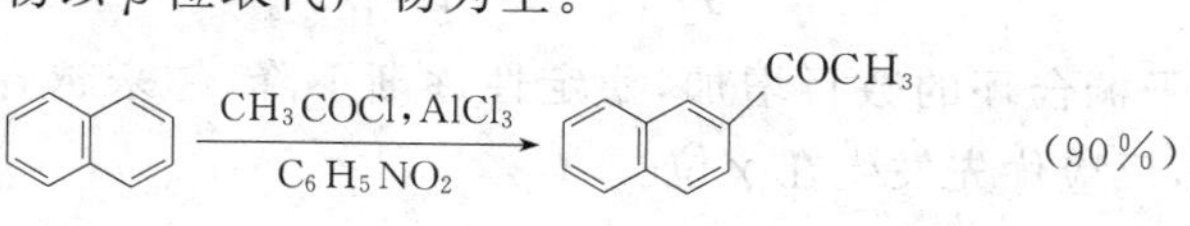

萘环上的取代基也有定位效应。除卤素以外的第一类定位基使环活化,位于 1 位的第一类定位基一般使进一步的亲电取代发生在 2、4 位,以 4 位(α 位)为主;2 位取代基使进一步的亲电取代发生在其邻位 1、3 位,以 1 位(α 位)为主。钝化基团使进一步的亲电取代主要发生在异环的 α 位。

2. 氧化反应

萘比苯容易被氧化,氧化条件不同则产物也不相同。例如:

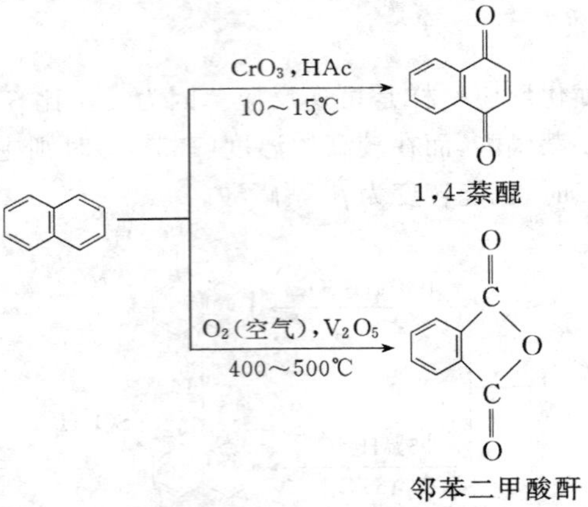

萘环上的烷基不能被氧化成羧基,而是烷基所在萘环被氧化成萘醌或酸酐。

3. 加成反应(还原反应)

萘的加成反应比苯容易,但比烯烃困难。用金属钠和溶解在乙醇中的萘反应时,萘被还原成 1,4-二氢化萘。1,4-二氢化萘不稳定,在乙醇钠的乙醇溶液中加热后生成 1,2-二氢化萘。例如:

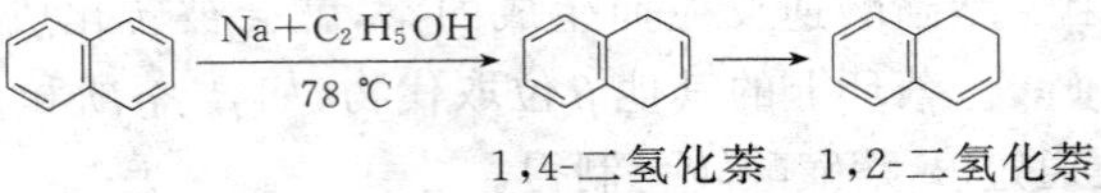

若在强烈条件下还原,则生成四氢化萘或十氢化萘。

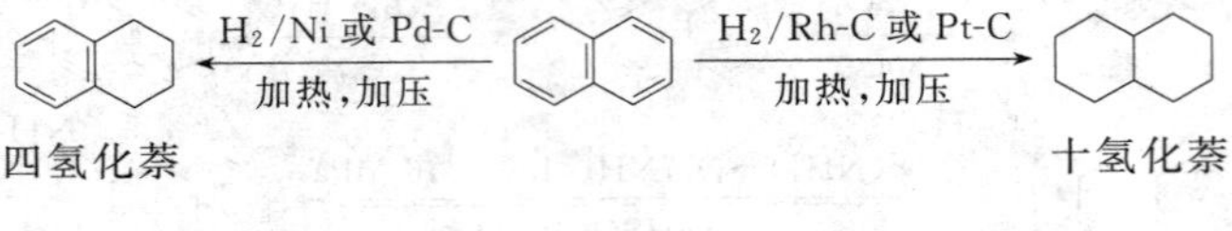

6.5.2 其他稠环芳烃

1. 蒽

蒽(anthracene)是白色片状晶体,具有蓝色荧光,其熔点为 216 ℃,沸点为 340 ℃,不溶于水,难溶于乙醇和乙醚,而能溶于苯等有机溶剂。蒽存在于煤焦油中。

蒽分子可以被看做是由三个苯环稠合而成的,所有原子都在一个平面上,分子中也存在闭合共轭离域大 π 键,键长也没有完全平均化,因此没有苯稳定。蒽环的碳原子编号如下:

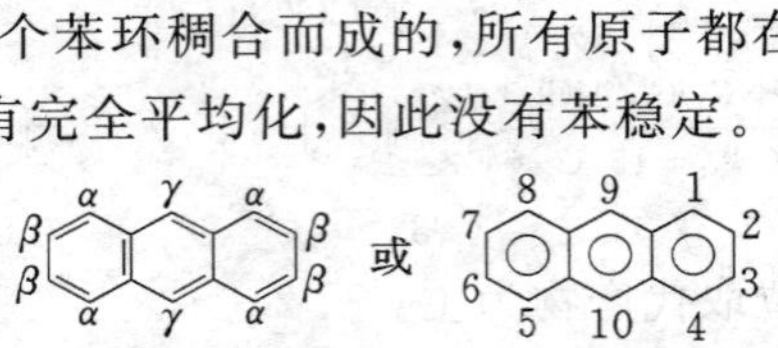

稠环芳烃随着分子稠合环的数目增加,稳定性逐渐下降,越来越容易进行氧化和加成反应。蒽的 γ 位最活泼,反应优先发生在 γ 位。

蒽容易在 γ 位上起加成反应。例如,蒽催化加氢或化学还原($Na+C_2H_5OH$)生成 9,10-二氢化蒽。

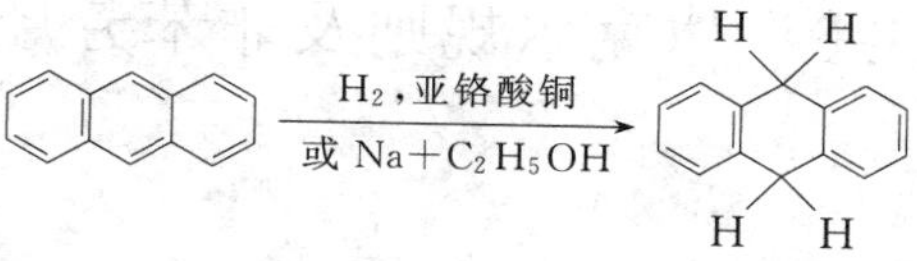

9,10-二氢化蒽

蒽可作为双烯体发生狄耳斯-阿尔德反应。例如:

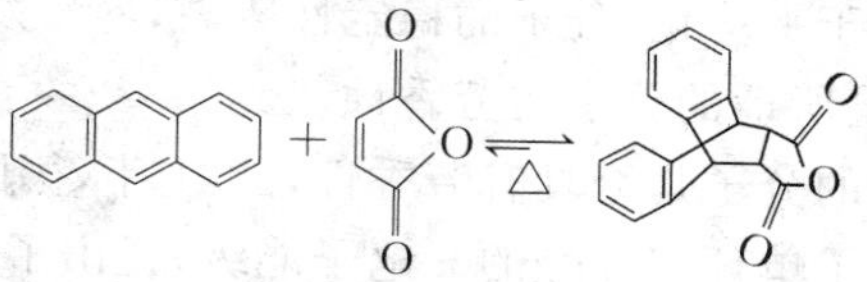

蒽的其他反应也往往发生在 γ 位。例如,重铬酸钾加硫酸可使蒽氧化为蒽醌。

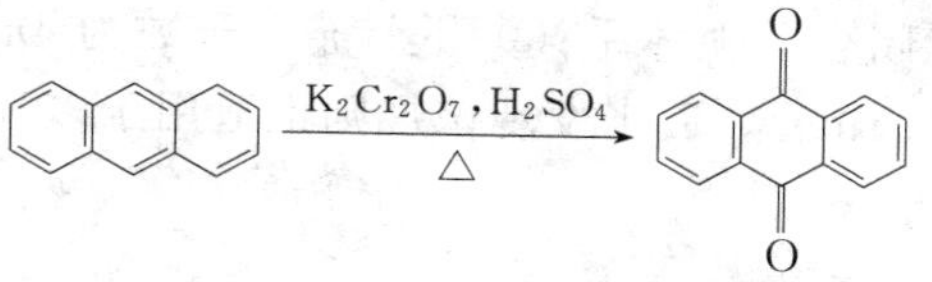

(约 90%)

9,10-蒽醌

蒽醌在常温常压下是浅黄色晶体,其熔点为 275 ℃,不溶于水,也难溶于多数有机溶剂,但易溶于浓硫酸。蒽醌及其衍生物是合成许多蒽醌类染料的重要原料。

2. 菲

菲(phenanthrene)为白色片状晶体,有荧光,其熔点为 101 ℃,沸点为 340 ℃。菲不溶于水,易溶于苯和乙醚等有机溶剂,溶液呈蓝色荧光。菲存在于煤焦油的蒽油馏分中。

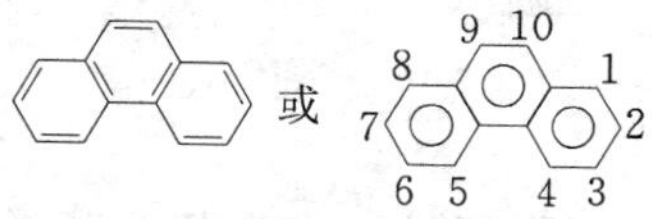

菲的芳香性与稳定性皆比蒽强,化学活性比蒽弱,性质与蒽相似,也可发生加成、氧化和取代等反应,并首先发生在 9、10 位。

芳烃中稠环芳烃很多,其他一些比较重要的稠环芳烃还有茚(indene)、芴(fluorene)、苊(acenaphthene)、芘(pyrene)等。

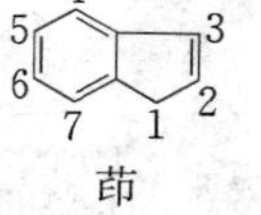

茚 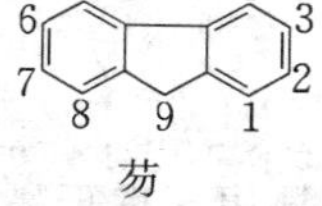　　　芴 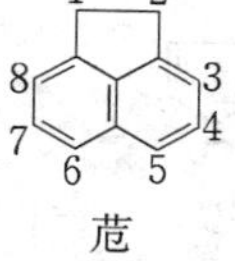　　　苊 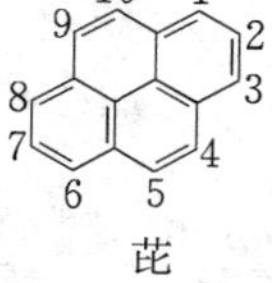　　　芘

稠环芳烃大量存在于煤焦油中,现在已从煤焦油中分离出几百种稠环芳烃。许多稠环芳烃有致癌性,称致癌芳烃。例如:

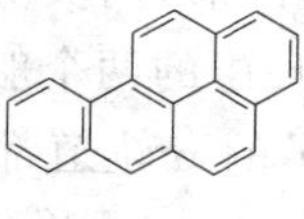

3,4-苯并芘 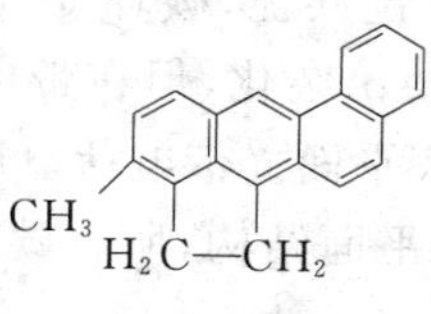　　甲基苯并苊 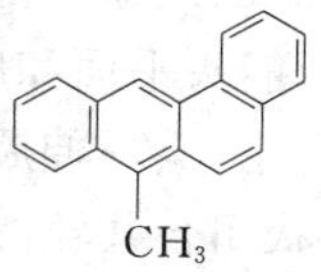　　10-甲基-1,2-苯并蒽 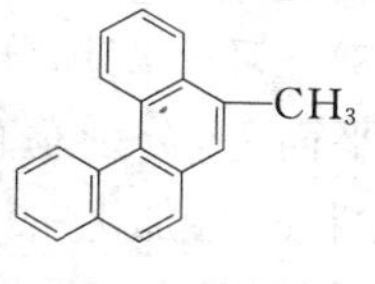　2-甲基-3,4-苯并菲

其中以甲基苯并芘的致癌作用最强,最典型的是 3,4-苯并芘。

6.6 休克尔规则及非苯芳烃

6.6.1 休克尔规则

从前面讨论的芳烃可以看到,这些分子都具有环状平面结构和闭合共轭离域大 π 键,构成环状结构的化学键的键长趋于平均化,分子的稳定性较高,容易发生亲电取代反应而难以发生氧化反应和加成反应,这就是所谓的分子的芳香性。

为了判断具有环状结构的分子是否具有芳香性,1931 年,德国化学家休克尔(Hückel E.)用简化的分子轨道理论计算了单环多烯烃的 π 电子能级,提出了一个判断芳香性体系的规则。休克尔提出,单环多烯烃要有芳香性,必须满足三个条件:① 成环原子共平面或接近于平面,平面扭转不大于 0.1 nm;② 环状闭合共轭体系;③ 环上 π 电子数为 $4n+2$ ($n=0,1,2,\cdots$)。这就是所谓的休克尔规则(Hückel rule)。后来发现该规则也适用于多环共轭多烯烃。例如:

6 个 π 电子   10 个 π 电子
$n=1$ $n=2$

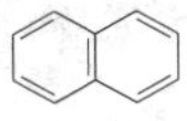

根据休克尔规则,环丁二烯有 4 个 π 电子、环辛四烯有 8 个 π 电子,都不具有芳香性。环丁二烯结构目前尚未弄清,环辛四烯实际上是一个船式结构而非平面结构。

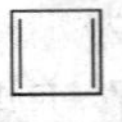

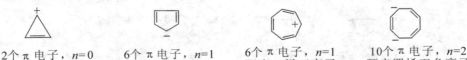

环丁二烯    环辛四烯

6.6.2 非苯芳烃

前面讨论过的芳烃都是含有苯环的芳烃,称为苯系芳烃。后来经过实验和量子化学计算发现,有一些构造上不含苯环结构的环状烃,也具有芳香性。这些构造上不含苯环结构,但又具有芳香性的环状烃类称为非苯芳烃。它们通常是一些环状多烯,或者是具有环状多烯结构的离子。非苯芳烃也可以根据休克尔规则判断是否具有芳香性。下列化合物或离子都是具有芳香性的非苯芳烃:

2 个 π 电子, $n=0$ 6 个 π 电子, $n=1$ 6 个 π 电子, $n=1$ 10 个 π 电子, $n=2$
环丙烯正离子   环戊二烯负离子   环庚三烯正离子   环辛四烯双负离子

其中前三种离子的带电荷碳原子都是在原来该碳原子上的 C—H σ 键断裂后,杂化形式由 sp³ 变为 sp²,新转化成的 p 轨道与其他碳原子的 π 键共轭,碳环变为平面结构,形成环状闭合共轭离域大 π 键。环辛四烯分子中的碳原子都为 sp² 杂化,但在带电荷以前,船头 π 键和船底 π 键不在一个平面上,分别垂直于船头平面和船底平面。带电荷以后,环中的两个船头 π 键或两个船底 π 键断裂,各加上一个电子,碳环伸展为平面结构,所有碳原子的 p 轨道都垂直于碳环平面,从侧面相互重叠,形成环状闭合共轭离域大 π 键。

多环共轭多烯也有非苯芳烃。例如:

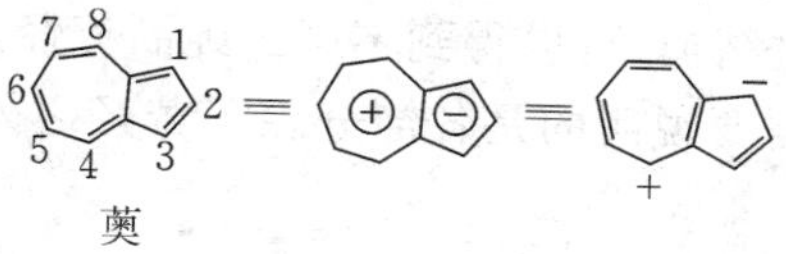

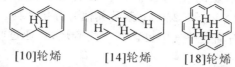

薁的 10 个碳原子都在一个平面上,有 10 个 π 电子,存在环状闭合共轭离域大 π 键,符合休克尔规则,具有芳香性。薁环上能发生亲电取代反应也证明了这一点。实验表明,薁有明显的极性,其中五元环是负电性的,七元环是正电性的,在两个环上的 π 电子数也都符合休克尔规则。亲代取代反应往往发生在五元环上。

如果环上有空间位阻,影响环的平面结构,即使 π 电子数符合休克尔规则,分子也可能没有芳香性。轮烯分子就存在这种情况。

碳原子数等于或大于 10 的具有单、双键交替的环状多烯烃,统称为轮烯。轮烯的分子式为 $(CH)_x(x \geqslant 10)$。命名是将碳原子数放在方括号中,称为某轮烯。例如,$x = 10$ 的叫[10]轮烯。

[10]轮烯　　　　[14]轮烯　　　　[18]轮烯

[10]轮烯和[14]轮烯由于轮内氢原子间的斥力大,使环发生扭转,不能共平面,因而不具有芳香性。[18]轮烯轮内氢原子之间的斥力微弱,轮环接近于平面,所以具有芳香性。[22]轮烯和[26]轮烯也有芳香性。

芳香性的概念和判断化合物是否具有芳香性的规则还在不断发展之中。同芳香性就是新的芳香性概念之一。所谓同芳香性,是指某些含有共轭双键的环被一个或两个亚甲基所间隔,但亚甲基在环平面之外,当 π 电子数符合 $4n+2$ 规则时,也具有芳香性。例如:

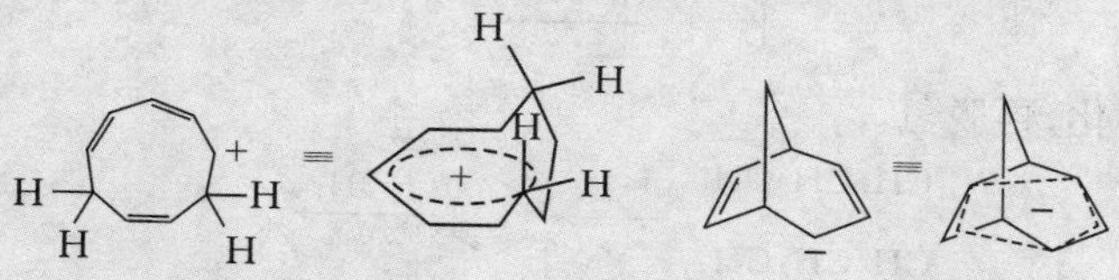

此外还发现,一些分子不是环状结构,而是 Y 形结构,当 π 电子数符合 $4n+2$ 规则时,也具有芳香性。这种芳香性称为 Y 芳香性。例如:

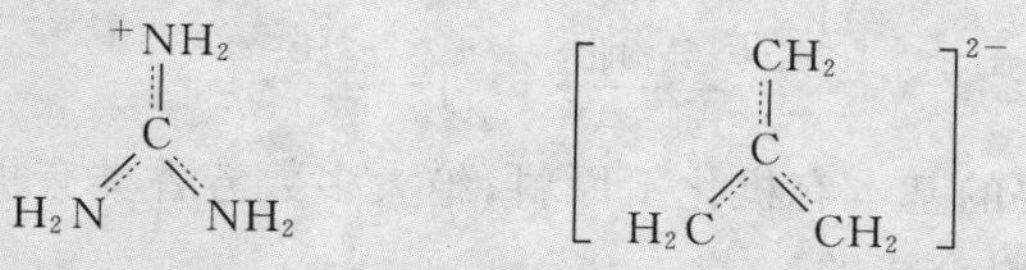

从芳香性的概念出发,还引入了反芳香性和非芳香性的概念。一般情况下,当环状交替多烯烃的 π 电子数为 $4n$,环上碳原子不在一个平面上,共轭多烯的离域能小于零,热稳定性小于非环状共轭多烯时,就称其为具有反芳香性。如环丁二烯和环辛四烯就具有反芳香性。当环状共轭多烯的离域能接近于零,热稳定性接近于非环状共轭多烯时,就称其为具有非芳香性。

6.7　芳烃的来源、制法与应用

芳烃主要存在于煤焦油中,煤焦油是从煤的干馏过程中得到的。通过对煤焦油的分馏,收集不同温度区间的馏分,再经过精馏,可以得到不同的纯品芳烃。不同温度区间的煤焦油馏分所含芳烃的种类列于表 6-3。需要说明的是各馏分除了芳烃之外,还包含其他化合物,如酚油中主要含有苯酚、甲酚等。

表 6-3　煤焦油馏分中所含芳烃种类

馏分名称	沸点范围/℃	所含芳烃种类
轻油	<170	苯、甲苯、二甲苯等
酚油	170~210	异丙苯、均三甲苯等
萘油	210~230	萘、甲基萘、二甲基萘等
洗油	230~300	联苯、苊、芴等
蒽油	300~360	蒽、菲及其衍生物、苊等

煤焦油的产率只相当于煤的 3%,煤焦油内各种芳香化合物的粗制品仅相当于煤的 0.3%。从 1 t 煤中只能得到 1 kg 苯、2.5 kg 萘及其他芳香化合物。这远远不能满足化工生产的需要。除了煤焦油之外,石油裂解气中也含有一些芳烃,可通过收集、分馏、提纯得到,但含量也很少。

为了满足化工生产的需要,大量的芳烃主要通过石油重整得到。石油重整主要是将轻汽油馏分中含 6~8 个碳原子的烃类,在铂或钯等催化剂的存在下,于 450~500 ℃、约 22.5 MPa 压力下进行脱氢、环化和异构化等一系列复杂的化学反应而转变为芳烃,工业上将这一过程称为铂重整,在铂重整中所发生的化学变化叫做芳构化。芳构化主要有下列几种反应。

(1) 环烷烃催化脱氢。

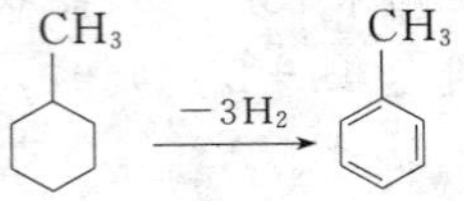

(2) 烷烃脱氢环化,再脱氢。

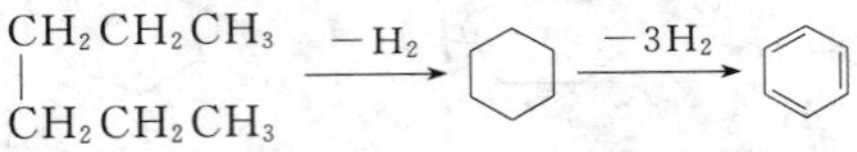

(3) 环烷烃异构化,再脱氢。

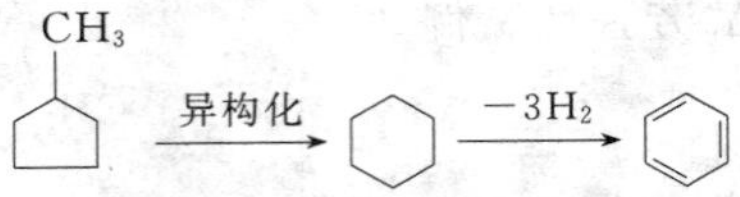

芳烃类化合物是重要的基本有机化工原料,绝大多数芳香类有机化合物,包括芳香类高分子材料,都是以芳烃为原料合成的。

苯是化学工业和医药工业的重要基本原料,可用来制备医药、染料、塑料、树脂、农药、合成药物、合成橡胶、合成纤维、合成洗涤剂等。甲苯是制造三硝基甲苯、对苯二甲酸、防腐剂、染料、塑料、合成纤维等的重要原料。邻二甲苯可作为制备邻苯二甲酸酐、染料、药物、增塑剂等的原料。间二甲苯可用于染料及香料工业。对二甲苯是生产聚酯纤维(涤纶)的原料。由苯乙烯聚合制得的聚苯乙烯是一种很好的塑料,具有绝缘性、耐水性、耐腐蚀性,又具有良好的透光性和成型性能,可用于制造高频绝缘材料、光学器材、日用品等。苯乙烯还大量用于与其他单体共聚。例如,与 1,3-丁二烯共聚,合成丁苯橡胶;与二乙烯苯共聚、磺化,生产离子交换树脂等。

萘曾被用做防蛀剂,但由于它对化纤类织物有溶解性,容易对衣料造成损害,现在已经不用了。萘在苯酐、染料、农药等化学工业中也有很广泛的用途。以萘为原料生产的 α-萘乙酸是一种植物生长激素,能促使植物生根、开花、早熟、多产,且对人畜无害。四氢化萘又叫"萘满",常温下为液体,沸点为 270.2 ℃;十氢化萘又叫萘烷,常温下也为液体,沸点为 191.7 ℃,都是良好的高沸点溶剂。蒽是蒽醌类染料的原料。以菲为原料制得的菲醌可用做农药。将菲醌作为杀菌拌种剂,可防治小麦莠病、红薯黑斑病等。

此外,苯和甲苯类芳烃还在化工产品中被广泛地用做溶剂。在化工产品生产和使用过程中应注意,尽量避免使用毒性较大的苯,可以选用毒性较小的甲苯代替。2000 年媒体曾广泛报道过福建省泉州市的一些鞋厂,使用苯作溶剂的黏合剂,导致大量制鞋女工因苯累积中毒而患上白血病或恶性贫血等造血系统疾病。因此,从事相关产业的工作人员,要强化自我保护意识,以免受到有毒芳烃的伤害。

习　题

1. 下面是一张分子式为 C_8H_{10} 的芳烃的红外光谱图,请据图推断出该芳烃的分子结构式,并指出标有数字的峰的归属。

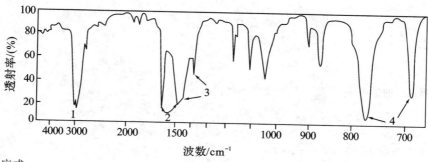

2. 完成下列反应式。

(9)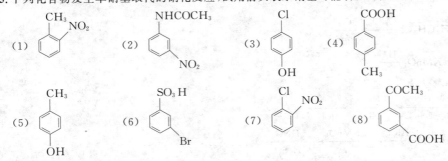

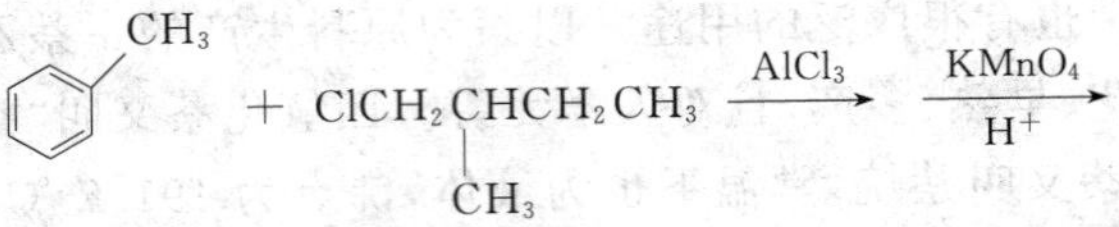

$\begin{array}{c}CH_3\\ \bigcirc\end{array}$ + ClCH₂CHCH₂CH₃ $\xrightarrow{AlCl_3}$ $\xrightarrow[H^+]{KMnO_4}$
　　　　　　　　　　　|
　　　　　　　　　　CH₃

(10) 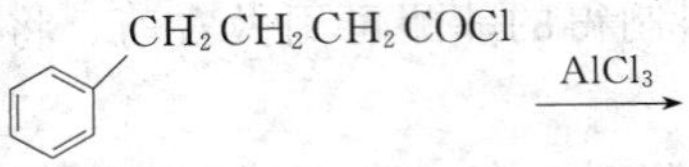 CH₂CH₂CH₂COCl
$\xrightarrow{AlCl_3}$

(11) 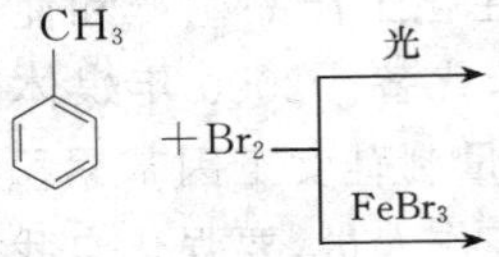 $\begin{array}{c}CH_3\\ \bigcirc\end{array}$ + Br₂ $\xrightarrow{光}$
　　　　　　　$\xrightarrow{FeBr_3}$

(12) 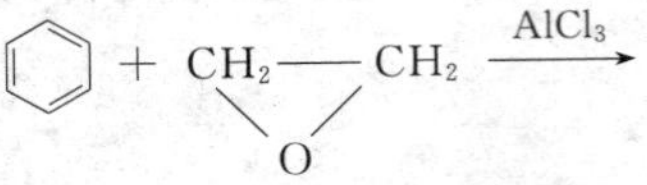 ◯ + CH₂—CH₂ (环氧) $\xrightarrow{AlCl_3}$

(13) 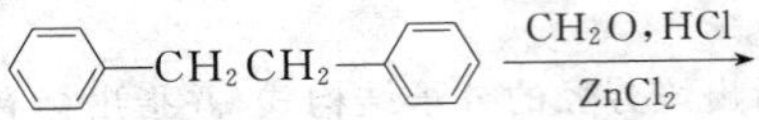 ◯—CH₂CH₂—◯ $\xrightarrow[ZnCl_2]{CH_2O,HCl}$

(14) 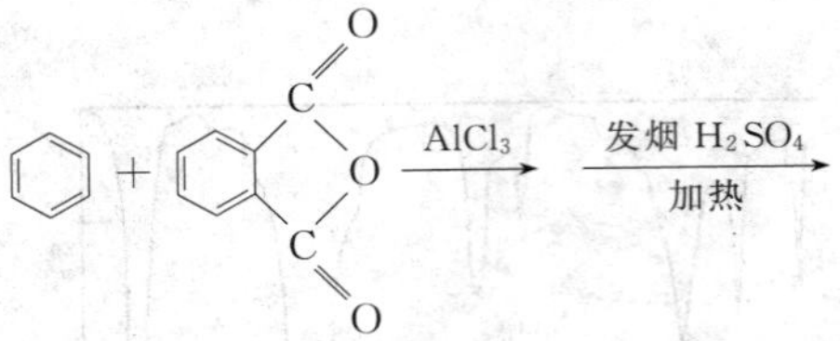 ◯ + (邻苯二甲酸酐) $\xrightarrow{AlCl_3}$ $\xrightarrow[加热]{发烟\ H_2SO_4}$

3. 试写出下列反应的机理。

(1) 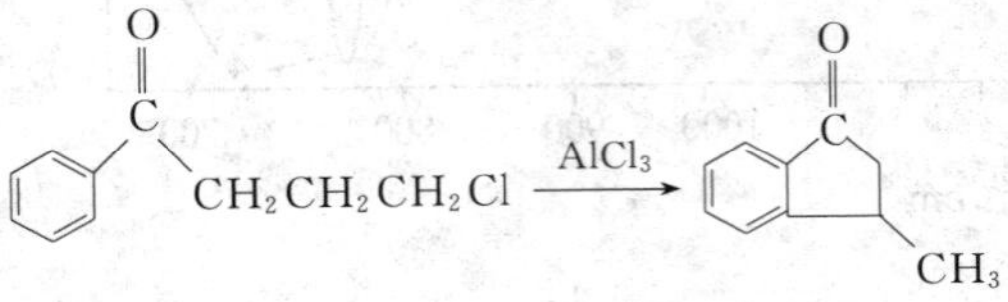 ◯—C(=O)—CH₂CH₂CH₂Cl $\xrightarrow{AlCl_3}$ (3-甲基-1-茚酮类结构) CH₃

(2) 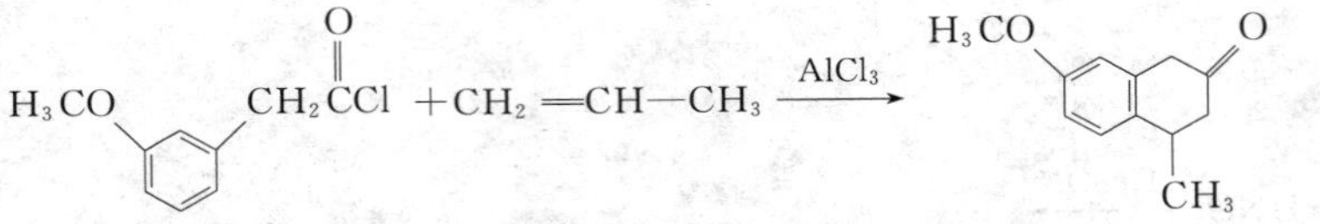 H₃CO—◯—CH₂CCl(=O) + CH₂=CH—CH₃ $\xrightarrow{AlCl_3}$ (H₃CO取代的四氢萘酮) CH₃

4. 将下列各组化合物按亲电取代反应活性由大到小的顺序排列。

(1) 苯、甲苯、氯苯、硝基苯

(2) 苯、苯胺、苯乙酮、乙酰苯胺

(3) 苯甲酸、对苯二甲酸、对二甲苯、对甲苯甲酸

(4) 苯、甲苯、间二甲苯、对二甲苯

5. 下列化合物发生单硝基取代的硝化反应,试用箭头表示硝基可能引入的位置。

(1) 邻硝基甲苯 (CH₃, NO₂)

(2) NHCOCH₃, NO₂

(3) 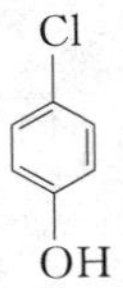 Cl, OH (对氯苯酚)

(4) COOH, CH₃ (对甲基苯甲酸)

(5) CH₃, OH (对甲基苯酚)

(6) SO₃H, Br

(7) Cl, NO₂

(8) COCH₃, COOH

6. 完成下列反应式（导入一个取代基）。

（1） 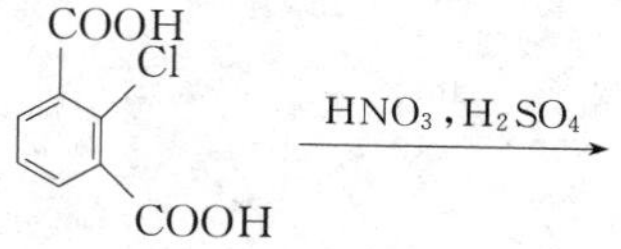
$\xrightarrow{HNO_3,H_2SO_4}$

（2）
$\xrightarrow{Br_2,CH_3COOH}$

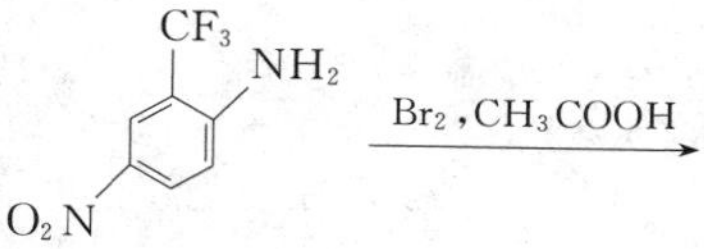

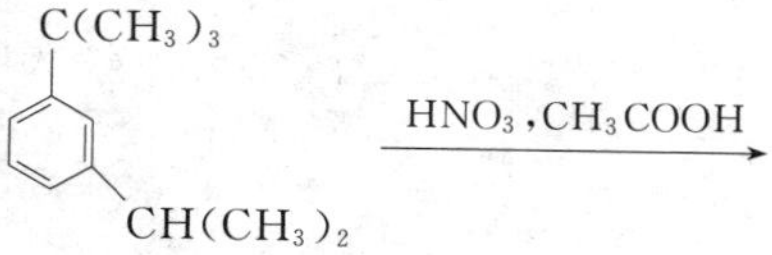

（3）
$\xrightarrow{HNO_3,CH_3COOH}$

（4）
$\xrightarrow{(CH_3CO)_2O,AlCl_3}$

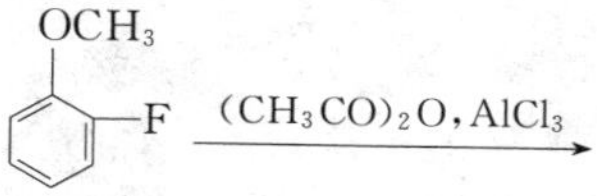

（5） 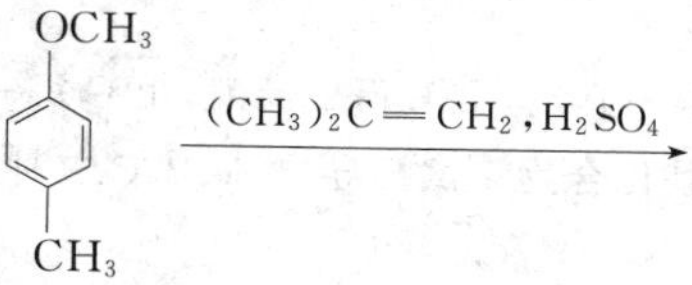
$\xrightarrow{(CH_3)_2C=CH_2,H_2SO_4}$

（6） 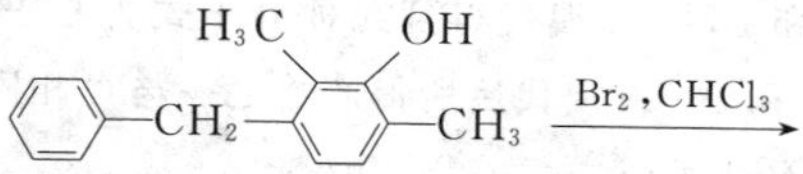
$\xrightarrow{Br_2,CHCl_3}$

7. 以苯或甲苯为原料合成下列化合物，其他试剂可任意选用。

（1）$ClH_2C-\!\!\!\!\bigcirc\!\!\!\!-Cl$ （2） 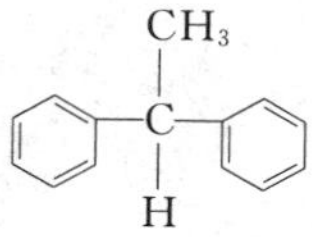 （3）$H_3C-\!\!\bigcirc\!\!-CH_2-\!\!\bigcirc\!\!-CH_3$

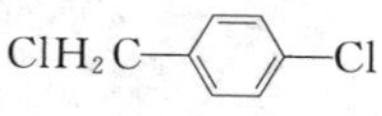

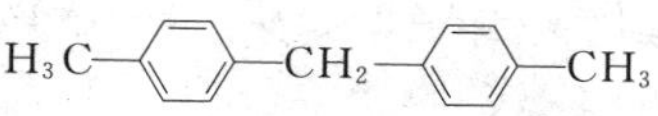

（4） 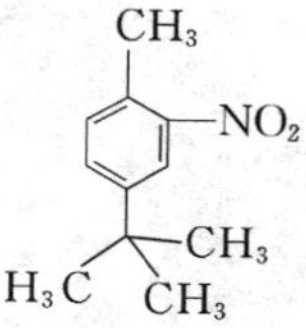 （5） 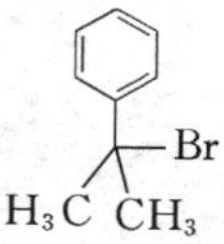 （6）

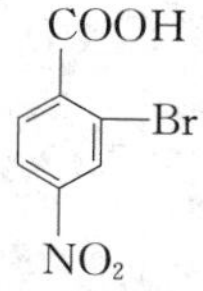

（7）$C_6H_5CH_2CH=\!CH_2$ （8） 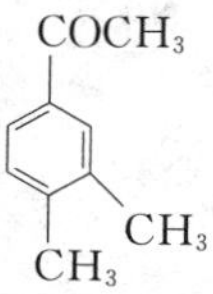 （9）

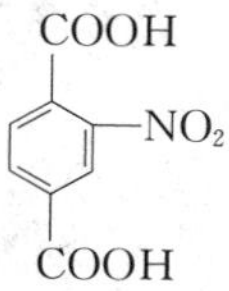

8. 用箭头表示下列化合物进行一硝化反应的主要产物中，硝基引入的位置。

（1） 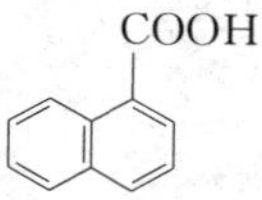 （2）

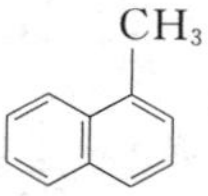

（3） 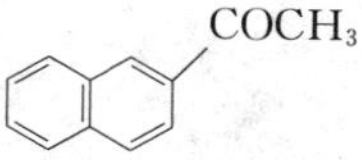 （4）

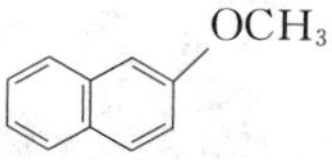

9. 完成下列反应式。

(1) 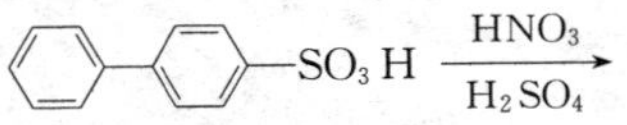 ［联苯-SO₃H 结构］ $\xrightarrow[\text{H}_2\text{SO}_4]{\text{HNO}_3}$

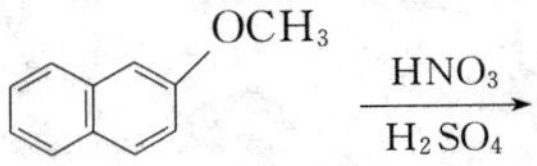

(2) ［2-甲氧基萘 OCH₃］ $\xrightarrow[\text{H}_2\text{SO}_4]{\text{HNO}_3}$

(3) ［2-氰基萘 CN］ $\xrightarrow[\text{H}_2\text{SO}_4]{\text{HNO}_3}$

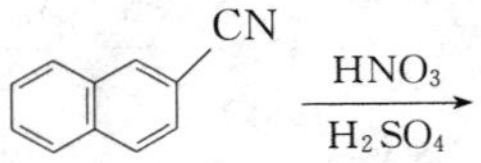

(4) 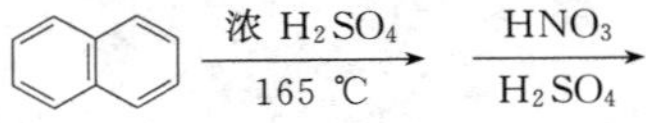 ［萘］ $\xrightarrow[165\ ^{\circ}\text{C}]{\text{浓 H}_2\text{SO}_4}$ $\xrightarrow[\text{H}_2\text{SO}_4]{\text{HNO}_3}$

(5) ［1-硝基萘 NO₂］ $\xrightarrow[\text{O}_2]{\text{V}_2\text{O}_5}$

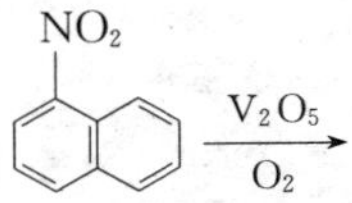

(6) 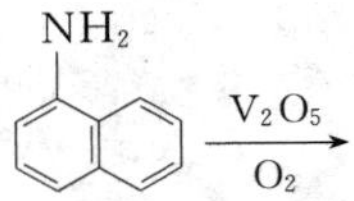 ［1-氨基萘 NH₂］ $\xrightarrow[\text{O}_2]{\text{V}_2\text{O}_5}$

10. A、B、C 三种芳烃的分子式同为 C_9H_{12}。把三种烃氧化时,由 A 得一元酸,由 B 得二元酸,由 C 得三元酸。但硝化时,A 和 B 都得两种一硝基化合物,而 C 只得到一种一硝基化合物。试推导出 A、B、C 三种化合物的结构式。

11. 溴苯氯代后分离得到两个分子式为 C_6H_4ClBr 的异构体 A 和 B,将 A 溴代得到几种分子式为 $C_6H_3ClBr_2$ 的产物,而 B 经溴代得到两种分子式为 $C_6H_3ClBr_2$ 的产物 C 和 D。A 溴代后所得产物之一与 C 相同,但没有任何一种与 D 相同。推测 A、B、C、D 的结构式,写出上述各步的反应式。

12. 判断下列结构中,哪些具有芳香性。

(1) 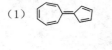　　(2)  　　(3)  ［三元环 ⁻］

(4) 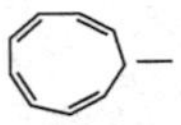 ［八元环 ⁻］　　(5) 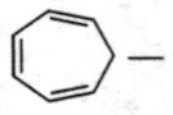 　　(6) 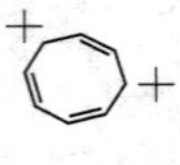 ［八元环 ⁺］

第7章 卤 代 烃

烃分子中一个或几个氢原子被卤素原子取代后的生成物称为卤代烃(halohydrocarbon)。卤代烃为合成化合物,一般不存在于自然界中。

虽然卤素包括 F、Cl、Br、I、At 几种元素,但常见的卤代烃只有氯代烃、溴代烃和碘代烃,氟代烃因制法和性质都比较特殊,这里不作重点讨论。

卤代烃包括烃基和卤素两部分,它的分类也是根据烃基和卤素的不同来进行的。卤代烃的具体分类如下:

(1) 根据卤素的不同分为氯代烃、溴代烃、碘代烃和氟代烃;

(2) 根据烃基的不同分为饱和卤代烃(又称卤代烷烃)、不饱和卤代烃和卤代芳烃;

(3) 根据卤素所连碳原子的种类不同分为伯卤代烃、仲卤代烃、叔卤代烃;

$$RCH_2X \qquad R_2CHX \qquad R_3CX$$
伯卤代烃 　　　仲卤代烃 　　　叔卤代烃

(4) 根据分子中所含卤素的个数不同分为一卤代烃和多卤代烃。

7.1 卤代烃的命名

卤代烃的命名有习惯命名法和系统命名法。

7.1.1 卤代烃的习惯命名法

卤代烃的习惯命名法是以卤素为母体,烃为取代基。要求烃基能用习惯命名法命名,只适用于简单卤代烃的命名。例如:

$$CH_3CH_2CH_2CH_2Br \quad (CH_3)_3CCl \quad CH_2{=\!\!=}CHCH_2Br$$
正丁基溴 　　　　　叔丁基氯 　　　　烯丙基溴 　　　　　苄基溴（$-CH_2Br$）

7.1.2 卤代烃的系统命名法

卤代烃的系统命名法是把烃看做母体,卤素看做取代基。其规则如下。

(1) 选主链:选连有卤素的最长碳链作主链,卤素和支链看做取代基。

(2) 编号:应遵循最低系列规则。相同时,烃基优先于卤素。

(3) 处理取代基:在次序规则中,优先的放后面,同类合并。

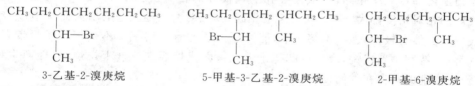

3-乙基-2-溴庚烷 　　　　　5-甲基-3-乙基-2-溴庚烷 　　　　　2-甲基-6-溴庚烷

(4) 不饱和卤代烃命名时,应选含有不饱和键的最长碳链作主链,并从靠近不饱和键的一端开始编号。

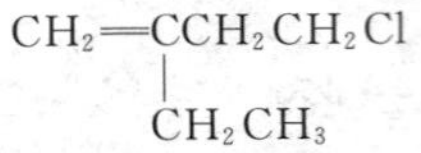

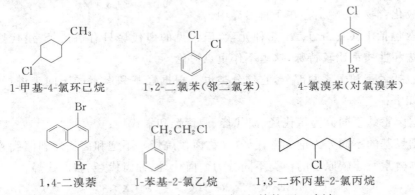

2-乙基-4-氯-1-丁烯 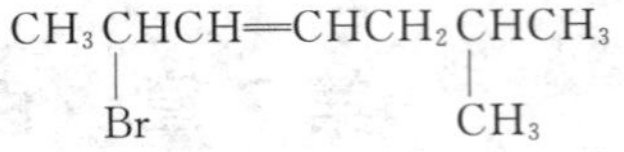　　　　　　　6-甲基-2-溴-3-庚烯

（5）在卤代脂环烃和卤代芳烃中，常以脂环烃或芳环为母体，卤素为取代基。但如果侧链复杂，卤素又连在侧链上，也可以侧链烃为母体。例如：

1-甲基-4-氯环己烷　　　　1,2-二氯苯（邻二氯苯）　　　4-氯溴苯（对氯溴苯）

1,4-二溴萘　　　　1-苯基-2-氯乙烷　　　　1,3-二环丙基-2-氯丙烷

多取代的卤代脂环烃常有立体构型，命名时要标出其构型。例如：

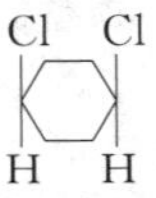

（顺）-1,4-二氯环己烷 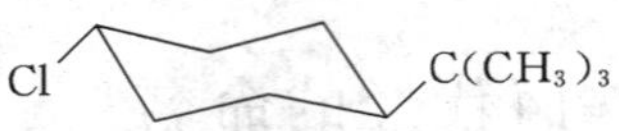　　　（反）-1-叔丁基-4-氯环己烷　　　（1R,2S）-1-甲基-1-氯-3-溴环己烷

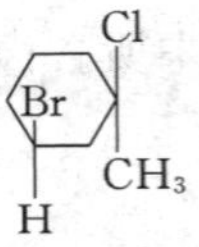

某些卤代烃还有其俗名。如 $CHCl_3$、$CHBr_3$、CHI_3 分别称为氯仿、溴仿、碘仿。

7.2　卤代烃的物理性质

在常温常压下，除氯甲烷、氯乙烷、溴甲烷是气体外，其他常见的一元卤代烷均为液体，C_{15}以上的卤代烷烃是固体。纯净的卤代烷烃都是无色的；碘代烷不稳定，分解产生的游离碘，使碘代烷呈红棕色。

因为卤代烷烃的相对分子质量比同碳原子数的烷烃大，又具有极性，所以具有较高的沸点。一元卤代烷烃的沸点随碳原子数的增加而升高。对于相同烷基、不同卤素的卤代烃来说，它们的沸点由低到高的顺序如下：

烷烃＜氟代烷＜氯代烷＜溴代烷＜碘代烷

在卤代烷烃的同分异构体中，直链异构体沸点最高，支链越多，沸点越低。

一元卤代烷烃的相对密度大于同碳原子数的烷烃。相同烷基、不同卤素的卤代烃其相对密度大小与上述沸点顺序相同，一氟代烃和一氯代烃的相对密度小于1，一溴代烃、一碘代烃和多卤代烃的相对密度都大于1。如果卤素相同，其相对密度随烃基的增大而减小。

卤代烷烃虽然有极性，但都不溶于水，能溶于一般的有机溶剂。不少卤代烷烃带有香味，但其蒸气有毒，特别是碘代烷，应尽可能防止吸入。卤代烷烃在铜丝上燃烧时，能产生绿色火焰，这可作为鉴别卤素存在的简便方法。

一些卤代烷烃的物理常数列于表7-1。

表 7-1 卤代烷烃的物理常数

烷基或卤代烷烃名称	氟化物		氯化物		溴化物		碘化物	
	沸点/℃	相对密度 (d_4^{20})	沸点/℃	相对密度 (d_4^{20})	沸点/℃	相对密度 (d_4^{20})	沸点/℃	相对密度 (d_4^{20})
甲基	−78.4		−24.2	0.916	3.5	1.676	42.4	2.279
乙基	−37.7		12.3	0.898	38.4	1.460	72.3	1.936
正丙基	−2.5		46.6	0.981	71.0	1.354	102.5	1.749
异丙基	−9.4		35.7	0.862	59.4	1.314	89.5	1.703
正丁基	32.5	0.779	78.5	0.886	101.6	1.276	130.5	1.615
仲丁基	25.3	0.766	68.3	0.873	91.2	1.259	120.0	1.592
异丁基	25.1		68.9	0.875	91.5	1.264	120.4	1.605
叔丁基	12.1		52.0	0.842	73.3	1.221	100.0	1.545
环己基			142.5	1.000	165.8	1.320	180.0	1.626
二卤甲烷	−52		40.0	0.335	97.0	2.492	181.0	3.325
1,2-二卤乙烷			83.5	1.256	131.0	2.180	分解	2.130
三卤甲烷	−83		61.2	1.483	149.5	2.890	升华	4.008
四卤甲烷	−128		76.8	1.594	189.5	3.270	升华	4.500

在卤代烃的红外光谱中,其 C—X 键的伸缩振动吸收频率随卤素相对原子质量的增加而减小。

C—F　$1000 \sim 1400 \ cm^{-1}$　　　　C—Cl　$600 \sim 800 \ cm^{-1}$

C—Br　$500 \sim 600 \ cm^{-1}$　　　　C—I　$200 \sim 500 \ cm^{-1}$

但是,由于 C—X 键的吸收频率处于指纹区,一般不好辨认,尤其是 C—Br 键和 C—I 键在一般的红外光谱中不易检测出来,所以不能以红外光谱作为判断是否存在 C—X 键的唯一依据。1-氯己烷的红外光谱如图 7-1 所示。

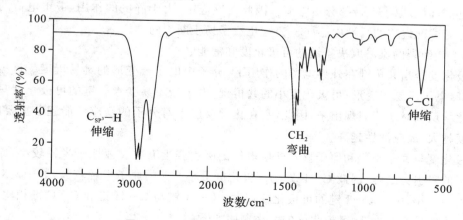

图 7-1　1-氯己烷的红外光谱(CCl₄ 溶液)

在卤素原子的氢核磁共振谱中,卤素原子电负性较大,具有吸电子诱导效应,对与之相连的碳原子上的质子起到去屏蔽作用,质子的化学位移(δ 值)向低场方向移动。在卤代烷烃中,与卤素相连 α-碳原子上质子的 δ 值分别为:

$$F-CH \quad 4.0\sim4.6 \qquad Cl-CH \quad 3.0\sim4.5$$
$$Br-CH \quad 2.5\sim3.0 \qquad I-CH \quad 2.0\sim3.0$$

图 7-2 为 2-氯丙烷的核磁共振谱图。H_a 和 H_b 的化学位移(δ 值)分别为 4.14 和 1.55,但 H_b 受 H_a 的影响裂分成双峰,H_a 受 H_b 的影响裂分成多重峰。

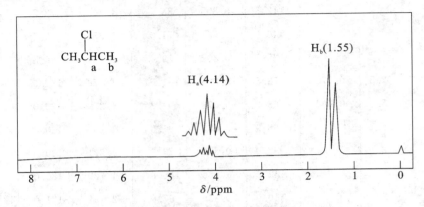

图 7-2　2-氯丙烷的核磁共振谱

7.3　卤代烃的化学性质

卤代烃的官能团是卤素原子,所以卤代烃的化学性质与卤素原子和 C—X 的性质直接相关。

$$\overset{\delta^+}{C} \longrightarrow \overset{\delta^-}{X}$$

在卤代烷烃中,由于卤素原子的电负性大于碳原子,C—X 键是极性共价键,碳原子上带部分正电荷,卤素原子上带部分负电荷。因此在反应中,由于静电的作用,带正电荷的碳原子就成了易受试剂进攻的活性中心,C—X 键也成了易于断裂的键。

C—X 键断裂的难易取决于键的可极化度和键能。

可极化度是指共价键在外界电场的作用下,分子中电子云变形的难易程度。可极化度大的共价键,电子云易于变形;可极化度小的共价键,电子云不易变形。键的可极化度只有在分子进行化学反应时才能表现出来,因此,它在化学反应中对分子的反应性能起着重要的作用。可极化度越大,反应活性越高。

可极化度与原子半径和原子核对外层电子的吸引强度有关。氟原子半径较小,原子核对外层电子的吸引力最强,因此 C—F 键的可极化度最小。碘的原子半径较大,原子核对外层电子的吸引力较小,因此 C—I 键的可极化度较大。C—X 键与 C—H 键和 C—C 键相比,可极化度较大。不同的 C—X 键,可极化度的大小顺序如下:

$$C-I>C-Br>C-Cl>C-F$$

从键能的大小也能看出 C—X 键是易于断裂的化学键。

	C—H	C—C	C—Cl	C—Br	C—I
键能/(kJ・mol^{-1})	414.2	437.3	338.9	284.5	217.6

可以看出:C—X 键键能较小,易于断裂,带部分正电荷的碳原子又是易受试剂进攻的反应活性中心,所以卤代烷烃的化学性质比较活泼,能发生多种化学反应,生成各类有机化合物。在有机合成中,卤代烃起着桥梁作用。

7.3.1 亲核取代反应

在卤代烷烃中,C—X 键是极性共价键,碳原子上带部分正电荷,卤原子上带部分负电荷。在反应体系中,C—X 键受进攻试剂和溶剂的作用,会进一步极化,最后断裂,卤原子带着一对成键电子以负离子的形式离去,而进攻试剂则提供一对电子与带正电荷的碳原子形成新的 σ键,结果是卤素原子被进攻试剂所取代,因此称为取代反应。

$$:Nu^- + RCH_2 \overset{\delta^+}{-} \overset{\delta^-}{X} \longrightarrow RCH_2Nu + :X^-$$

式中,:Nu$^-$ 代表进攻试剂,通常是一些带负电荷的离子或是具有孤对电子的中性分子,如 HO$^-$、CN$^-$、RO$^-$、NO$_3^-$、H$_2$O、NH$_3$ 等。这些试剂都具有较高的电子云密度,对带正电荷的活性中心碳原子具有亲和性,常把这种亲正电性的试剂叫做亲核试剂(nucleophile)。而由亲核试剂进攻带正电荷的碳原子所引起的取代反应叫做亲核取代反应(nucleophilic substitution reaction)。

亲核取代反应是卤代烃的特征反应之一。通过这类反应,卤素原子可转化为其他多种官能团,所以在有机合成中得到广泛的应用。

1. 水解

卤代烃与水共热,卤素原子可被羟基取代,生成相应的醇,该反应称为卤代烃的水解反应。

$$R—X + H_2O \rightleftharpoons ROH + HX$$

卤代烃的水解反应是一个可逆反应。卤代烷水解一般进行得很慢,为了加快反应速度,使反应向生成醇的方向进行,通常用强碱(NaOH 或 KOH)水溶液,活泼的卤代烃可用弱碱(K$_2$CO$_3$ 或 Na$_2$CO$_3$)水溶液。一方面 OH$^-$ 是一个比水更强的亲核试剂,可使反应容易进行;另一方面,反应生成的 HX 可被碱中和,打破平衡,使反应趋于完全。

$$R—X + NaOH \longrightarrow ROH + NaX$$

由于一般的醇比卤代烃更容易制得,价格更便宜,卤代烃一般由相应的醇制得,因此,上述反应似乎没有什么合成价值。但实际上,在一些结构比较特殊或复杂的分子中,要引入一个羟基常比引入一个卤素原子困难得多,这时就有合成意义了。例如:

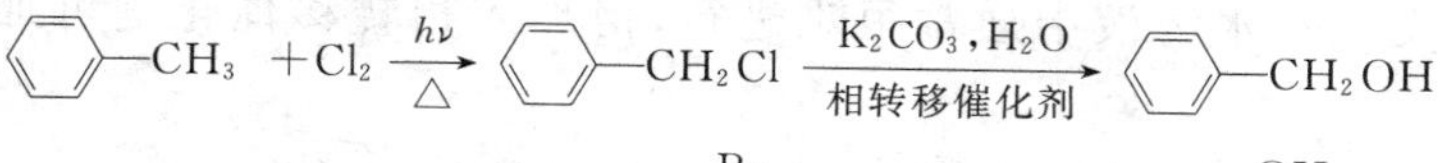

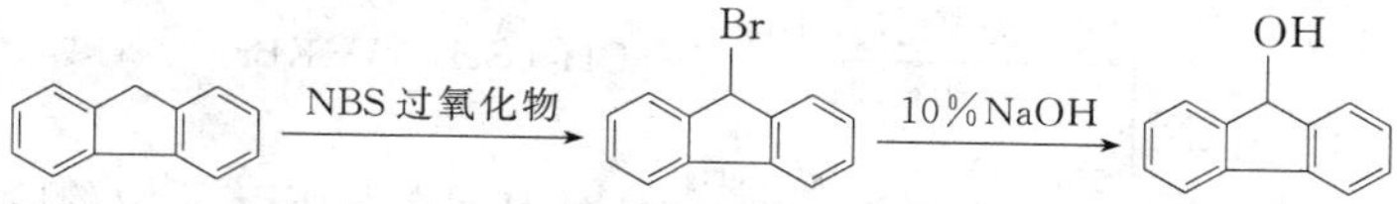

卤代烷的水解反应速度与卤代烷的结构、使用的溶剂和反应条件等因素有关。卤代烷的水解反应在理论上为取代反应的反应历程研究提供了很多重要依据。

与卤代烃的碱性水解相似,卤代烃与硫氢化钠反应则生成硫醇。

$$R—X + NaSH \longrightarrow RSH + NaX$$

2. 与醇钠反应

醇的亲核性较弱,通常用醇钠与卤代烷反应,卤素原子被烷氧基取代,生成醚。该反应是制备醚的重要方法,称为威廉逊(Williamson)合成法(详见 8.3.5)。

$$R—X+NaOR' \longrightarrow ROR'+NaX$$

上述反应中,R 和 R′可以相同,也可以不同,分别制备出相应的单醚和混醚。但 R 一般应是伯卤代烃,如果是叔卤代烃与醇钠作用,则主要产物往往是烯烃。

与醇钠反应相似,卤代烃与硫醇钠反应,则生成硫醚,这也是制备硫醚的重要方法。

$$R—X+NaSR' \longrightarrow RSR'+NaX$$

3. 与氰化钠反应

卤代烃与氰化钠(或氰化钾)在醇溶液中加热回流反应,则生成腈。

$$R—X+NaCN \longrightarrow RCN+NaX$$

这个反应也不适用于叔卤代烃,叔卤代烃与氰化钠的醇溶液加热时,主要产物也是烯烃。

氰基(—CN)是腈类化合物的官能团,通过上述反应,可使分子中增加一个碳原子,在有机合成中,常作为增长碳链的方法之一。此外,通过氰基还可转变成其他官能团,如水解成羧基(—COOH)、部分水解成酰胺基(—CONH$_2$)、还原生成氨甲基(—CH$_2$NH$_2$)。

4. 与氨或胺反应

卤代烷与氨作用,卤素原子被氨基(—NH$_2$)取代,生成有机胺,称为氨解反应。氨比水或醇具有更强的亲核性,1 mol 卤代烷与 1 mol 氨作用后生成铵盐,需要再用 1 mol 氨中和生成的 HX 才能游离出有机胺。

$$R—X+NH_3 \longrightarrow R\overset{+}{N}H_3X^- \xrightarrow{NH_3} RNH_2+NH_4X$$

生成的有机胺仍然是一个亲核试剂,还可与卤代烷作用生成铵盐,所以卤代烃的氨解反应是一连串反应,往往得到的是各种胺的混合物。

$$RNH_2 \xrightarrow{RX} R_2NH \xrightarrow{RX} R_3N \xrightarrow{RX} R_4\overset{+}{N}X^-$$

当氨大大过量时,则主要生成伯胺(RNH$_2$)。

5. 卤素的交换反应

氯代烃或溴代烃可与碘化钠在丙酮中反应,生成相应的碘代烃和氯(溴)化钠。

$$R—Cl(Br)+NaI \xrightarrow{丙酮} R—I+NaCl(Br)\downarrow$$

这里氯(或溴)原子被碘取代,发生了两种卤素原子的交换,因此称为卤素的交换反应。交换反应在丙酮溶液中进行时,由于 NaI 在丙酮中溶解度较大,生成的 NaCl(或 NaBr)不溶于丙酮而沉淀出来,反应不可逆,可向右进行。

卤素的交换反应在水溶液中通常很难进行,但加入相转移催化剂可加速反应的进行。例如:

$$CH_3(CH_2)_7Br \xrightarrow{KI} \begin{cases} \xrightarrow[80℃,24\ h]{无催化剂,H_2O} CH_3(CH_2)_7I+KBr \quad (<4\%) \\ \xrightarrow[80℃,3\ h]{二环己烷并-18-冠-6,H_2O} CH_3(CH_2)_7I+KBr \quad (约100\%) \end{cases}$$

相转移催化卤素的交换反应已应用到工业生产中。

卤素的交换反应是由比较便宜的氯代烃或溴代烃制备碘代烃的常用方法,该法操作方便,产率高。

6. 与炔钠反应

伯卤代烃与炔钠反应生成碳链更长的炔烃(见 3.2.4)。

$$R—X+NaC\equiv CR' \longrightarrow RC\equiv CR'+NaX$$

这是由低级炔烃制备高级炔烃的重要方法。与前述几个取代反应一样,所用的 RX 必须是伯卤代烃,叔卤代烃主要生成消除反应产物。

7. 与羧酸盐反应

羧酸根负离子也有亲核性,当它与活泼的卤代烃作用时,卤素原子被羧酸根(RCOO⁻)取代生成羧酸酯。例如,乙酸苄酯的合成:

$$C_6H_5CH_2Cl+CH_3COONa \longrightarrow C_6H_5CH_2OOCCH_3+NaCl$$

8. 与硝酸银的醇溶液反应

卤代烃与硝酸银的乙醇溶液反应,生成硝酸酯和卤化银沉淀。

$$R—X+AgONO_2 \xrightarrow{C_2H_5OH} RONO_2+AgX\downarrow$$

该反应可用来鉴别卤代烃。一方面,可以鉴别不同卤素的卤代烃,因 AgCl 为白色沉淀,AgBr 为淡黄色沉淀,AgI 为黄色沉淀,可根据沉淀颜色的不同来区别是何种卤素组成的卤代烃;另一方面,可鉴别不同烃基结构的卤代烃,因烃基结构不同,反应活性有明显的差异,可根据沉淀的难易来区别是什么烃基的卤代烃(详见 7.6.2)。

将上述各种取代反应归纳起来,可表示如下:

试剂		取代产物	
	Na⁺ ⁻OH	ROH	醇
	Na⁺ ⁻SH	RSH	硫醇
	Na⁺ ⁻OR′	ROR′	醚
	Na⁺ ⁻SR′	RSR′	硫醚
	Na⁺ ⁻CN	RCN	腈
R—X +	H—NH₂ →	RNH₂	胺
	Na⁺ ⁻I	RI	碘代烃
	Na⁺ ⁻C≡CR′	RC≡CR′	炔
	Na⁺ ⁻OOCR′	ROOCR′	酯
	Ag⁺ ⁻ONO₂	RONO₂	硝酸酯

思考题 7-1 试写出苄基氯与 KOH-H₂O、(CH₃)₃COK、苯酚钠、NH(CH₃)₂、NaCN-醇、CH₃C≡CNa、CH₃COOAg、NaI-丙酮、AgNO₃-醇反应的产物。

7.3.2 消除反应

卤代烷与强碱(NaOH 或 KOH)的醇溶液共热时,主要产物不是醇,而是卤代烷脱去一分子 HX,生成不饱和的烯烃。

$$RCH_2CH_2X+NaOH \begin{cases} \xrightarrow[\text{取代}]{H_2O} RCH_2CH_2OH+NaX \\ \xrightarrow[\text{消除}]{C_2H_5OH} RCH=CH_2+H_2O+NaX \end{cases}$$

$$R—\overset{\beta}{C}H—\overset{\alpha}{C}H_2 \xrightarrow{KOH \atop C_2H_5OH} RCH=CH_2+HX$$
$$|\;|$$
$$H\;\;X$$

这种从分子中脱去一个简单分子(如 HX、H₂O 等)形成不饱和键的反应称为消除

(elimination)反应,用 E 表示,因为消除的氢原子在 β-碳原子上,所以这种消除反应属于 β-消除反应。

邻二卤代烃和同碳二卤代烃在碱的醇溶液作用下,加热可脱掉两分子卤化氢,生成炔烃。例如:

$$CH_3CH_2\underset{\underset{X}{|}}{C}H-\underset{\underset{X}{|}}{C}H_2 \xrightarrow[C_2H_5OH]{KOH} CH_3CH_2C{\equiv}CH+2HX$$

$$R-CH_2-\underset{\underset{X}{|}}{C}H-X \xrightarrow[C_2H_5OH]{KOH} R-C{\equiv}CH+2HX$$

但脂环邻二卤代烃在许可的情况下,主要生成共轭二烯烃。例如:

$$\underset{X}{\overset{X}{\bigcirc}} \xrightarrow[C_2H_5OH]{KOH} \bigcirc +2HX$$

消除反应在有机合成上,常作为在分子中引入碳碳双键和碳碳三键结构的方法之一。

在消除反应中,如果 β-碳原子上只有一种氢原子,则消除产物只有一种。

$$(CH_3)_3CX+KOH \xrightarrow{C_2H_5OH} CH_2{=}C(CH_3)_2$$

但是,如果有不同的 β-氢原子,则消除产物就可能不止一种。例如:

$$CH_3-\overset{\beta}{\underset{\underset{H}{|}}{C}}H-\overset{\alpha}{\underset{\underset{Br}{|}}{C}}H-\overset{\beta'}{\underset{\underset{H}{|}}{C}}H_2 +KOH \xrightarrow{C_2H_5OH} \underset{81\%}{CH_3CH{=}CHCH_3} + \underset{19\%}{CH_3CH_2CH{=}CH_2}$$

究竟哪种烯烃是主要产物,俄国化学家查依切夫(Saytzeff)于 1875 年通过研究最早指出,卤素原子总是优先与含氢较少的 β-碳原子上的氢原子一起脱去,主要产物是双键两端碳原子上带有较多取代基的烯烃。这是一条经验规则,称为查依切夫规则。再如:

$$CH_3CH_2CH_2\underset{\underset{Br}{|}}{C}HCH_3 \xrightarrow{KOH,乙醇} \underset{69\%}{CH_3CH_2CH{=}CHCH_3} + \underset{31\%}{CH_3CH_2CH_2CH{=}CH_2}$$

$$CH_3CH_2-\overset{\overset{CH_3}{|}}{\underset{\underset{Br}{|}}{C}}-CH_3 \xrightarrow{KOH,乙醇} \underset{71\%}{CH_3CH{=}\overset{\overset{CH_3}{|}}{C}CH_3} + \underset{29\%}{CH_3CH_2\overset{\overset{CH_3}{|}}{C}{=}CH_2}$$

在大多数情况下,卤代烷的消除反应常和取代反应同时进行,而且相互竞争,究竟哪一种反应占优势,则与分子结构和其他反应条件有关(详见 7.4)。

思考题 7-2　写出下列卤代烃发生消除反应的主要产物。

(1)2-氯-2,3-二甲基丁烷　(2)2-溴-3-乙基戊烷　(3)2-碘-1-甲基环己烷　(4)1-苯基-2-溴丁烷

7.3.3　与活泼金属反应

卤代烃能与某些活泼金属直接发生反应,生成金属原子直接与碳原子相连接的化合物,即有机金属化合物(organometallic compound)。有机金属化合物在结构和反应方面有许多特

点,引起了人们的广泛关注,近年来发展很快,已成为化学中的一个重要分支,是有机化学和无机化学之间的边缘学科。这里只讨论几种常见的反应。

1. 与金属钠的反应

卤代烷在无水乙醚等惰性溶剂中与金属钠反应,先生成烷基钠,烷基钠很活泼,会继续与卤代烷作用,生成比原来碳原子数多一倍的烃。

$$RX + 2Na \longrightarrow RNa + NaX$$
$$RNa + RX \longrightarrow R—R + NaX$$

这个反应称为武兹(Wurtz)反应,是制备复杂烃的一种方法。但一般只适用于制备 R 相同的卤代烃,否则产物复杂,不易分离提纯。武兹反应对伯卤代烃(一般为溴代烃或碘代烃)产率较高,仲卤代烃和叔卤代烃往往伴随着消除反应,有较多的烯烃生成,无制备意义。

2. 与金属锂反应

卤代烃与金属锂在非质子溶剂(无水乙醚、石油醚、苯和 THF 等惰性溶剂)中作用生成有机锂化合物。例如:

$$CH_3CH_2CH_2CH_2Br + 2Li \xrightarrow[-10\ ℃]{\text{无水乙醚}} CH_3CH_2CH_2CH_2Li + LiBr \qquad (80\% \sim 90\%)$$

$$\text{《》}—Cl + 2Li \xrightarrow{\text{无水乙醚}} \text{《》}—Li + LiCl$$

烃基锂和卤化锂一般溶于反应溶剂中,通常无须分离即可用于合成反应。

在有机锂试剂中,C—Li 键是强极性共价键,烃基是强碱,也是强的亲核试剂,可以与极性双键、卤代烃、活泼氢、金属卤化物等进行反应。由于它遇水、醇、酸等会迅速分解成烷烃,故在制备和使用时,必须用彻底干燥的惰性溶剂,最好在氮气或氩气的保护下进行。

在烷基锂反应中,比较重要的是和 CuI 反应,生成二烃基铜锂。

$$2RLi + CuI \longrightarrow R_2CuLi + LiI$$

R 可以是烷基、烯基、烯丙基或芳基。二烃基铜锂是一个非常有用的试剂,可以和不同的卤代烃合成结构更复杂的烃类化合物。用通式表示为

$$R_2CuLi + R'X \longrightarrow R—R' + RCu + LiX$$

这里,R'X 最好是伯卤代烃,也可以是不活泼的乙烯型卤代烃,但叔卤代烃几乎不发生上述反应。另外,分子中含有羰基、酯基、羟基、氰基和孤立双键不受影响,也能发生此反应。例如:

$$(CH_3)_2CuLi + CH_3(CH_2)_4I \longrightarrow CH_3(CH_2)_4CH_3 + CH_3Cu + LiI \qquad (98\%)$$

$$(CH_3)_2CuLi + I—\text{《》} \longrightarrow CH_3—\text{《》} + CH_3Cu + LiI \qquad (90\%)$$

此反应叫做科瑞-豪斯(Corey-House)合成法。该反应产率较高,甚至还能保持反应物原来的几何构型。

3. 与金属镁反应

卤代烃与金属镁在无水乙醚(也称干醚)中反应,生成烷基卤化镁。

$$R—X + Mg \xrightarrow[\text{回流}]{\text{干醚}} RMgX$$

例如:

$$\text{《》}—Cl + Mg \xrightarrow{\text{THF}} \text{《》}—MgCl$$

该反应是由法国化学家格利雅(Grignard V.)首先实现的,并成功地用于有机化合物的合成上。因此,烃基卤化镁通常称为格利雅试剂,简称格氏试剂。格氏试剂在有机合成中是最有用和最多能的试剂之一。格利雅也因为这一项发明而获得了 1912 年度诺贝尔化学奖。

格氏试剂的结构至今还不完全清楚，一般认为是由 R_2Mg、MgX_2、$RMgX$ 等多种成分形成的平衡体系混合物，常用 $RMgX$ 表示。

卤代烷烃在制备格氏试剂时，活性高低的顺序是：碘代烷＞溴代烷＞氯代烷。其中碘代烷因太贵而不常用。所用的溶剂除无水乙醚外，还有四氢呋喃、苯和其他醚，其中以乙醚和四氢呋喃最佳，因为格氏试剂能和乙醚形成稳定的配合物，并溶于乙醚中。

$$
\begin{array}{c}
H_5C_2 \quad\quad C_2H_5 \\
\diagdown\quad\diagup \\
\ddot{O} \\
| \\
R-Mg-X \\
| \\
\ddot{O} \\
\diagup\quad\diagdown \\
H_5C_2 \quad\quad C_2H_5
\end{array}
$$

格氏试剂生成后不用分离提纯，可直接用于下一步反应。

格氏试剂和有机锂试剂相似，C—Mg 键是强极性的共价键，烷基碳具有显著的碳负离子的性质，所以非常活泼，能起多种化学反应。

格氏试剂暴露在空气中，能慢慢地吸收氧气而被氧化，生成烷氧基卤化镁，此产物遇水则分解成醇。

$$
RMgX+\frac{1}{2}O_2 \longrightarrow ROMgX \xrightarrow{H_2O} ROH+Mg(OH)X
$$

格氏试剂还能与空气中的二氧化碳作用，酸性水解后生成羧酸。

$$
RMgX+O=C=O \longrightarrow R-\overset{\displaystyle O}{\overset{\|}{C}}-OMgX \xrightarrow{H_3O^+} R-\overset{\displaystyle O}{\overset{\|}{C}}-OH
$$

因此，格氏试剂在制备和使用时，应尽量避免与空气接触，常要通惰性气体（如纯氮气）来隔绝空气。但也可用格氏试剂与干冰反应后，再水解，制备多一个碳原子的羧酸。

格氏试剂的烃基又是一个强碱，能与许多含有"活泼氢"的化合物发生酸碱反应。

$$
RMgX +
\begin{array}{l}
H\!-\!X \\
H\!-\!OH \\
H\!-\!OR \\
H\!-\!OOCR' \\
H\!-\!NH_2 \\
H\!-\!C\equiv CR'
\end{array}
\longrightarrow RH +
\begin{array}{l}
MgX_2 \\
Mg(OH)X \\
ROMgX \\
R'COOMgX \\
Mg(NH_2)X \\
R'C\equiv CMgX
\end{array}
$$

最后一个反应是制备炔基格氏试剂的方法。

格氏试剂与含有活泼氢化合物的反应是定量进行的，因此，在有机分析中可将含有活泼氢的化合物与甲基碘化镁作用，通过生成甲烷的体积，可计算出化合物中所含活泼氢的数目。但是，在其他场合下，如制备和作为亲核试剂与其他物质反应时，应避免混入含有活泼氢的化合物，并且必须用无水的惰性溶剂和干燥的容器。

格氏试剂作为亲核试剂还可与醛、酮、酯、环氧乙烷等多种化合物反应，生成有用的化合物，因此，在有机合成上具有广泛的用途。将在后续各章节中讨论。

思考题 7-3　用反应方程式表示 1-溴丁烷与下列化合物反应的主要产物。

(1)KOH，CH_3CH_2OH　(2)①Mg(乙醚)；②D_2O　(3)$(CH_3)_2CuLi$　(4)Na，C_6H_5Br(乙醚)

7.4 亲核取代反应历程及影响因素

亲核取代反应是卤代烃的一类重要反应,对其反应机理也研究得比较透彻。在卤代烃的亲核取代反应中,从表面上看,都是亲核试剂进攻活性中心碳原子,把卤素取代掉。但是,大量研究表明,不同的卤代烃进行水解时,在动力学上有不同的表现。有些卤代烃的水解反应速度只与卤代烃本身的浓度有关,而另一些卤代烃的水解速度则不仅与卤代烃的浓度有关,还和进攻试剂(如 OH$^-$)的浓度有关。这说明卤代烃的亲核取代反应历程不止一种。

典型的反应历程有两种,即双分子亲核取代反应和单分子亲核取代反应。

7.4.1 双分子亲核取代(S_N2)反应

在研究卤代烃的碱性水解时发现,溴甲烷很容易碱性水解;动力学实验发现,溴甲烷的水解速度与溴甲烷的浓度和碱的浓度之积成正比。

$$CH_3Br + OH^- \longrightarrow CH_3OH + Br^-$$
$$v = k_2[CH_3Br][OH^-], \quad k_2 \text{ 为速度常数}$$

据此,人们普遍认为,溴甲烷的碱性水解应按下面历程进行:

$$HO^- + \overset{H}{\underset{H}{C}} - Br \longrightarrow HO \cdots \overset{\delta -}{\underset{H}{C}} \cdots Br \longrightarrow HO - \overset{H}{\underset{H}{C}} H + Br^-$$

1. OH$^-$ 的进攻方向

中心碳原子为 sp^3 杂化,结构为四面体型。由于诱导作用,溴原子上带部分负电荷,碳原子上带部分正电荷。可以看出,OH$^-$ 只有沿着 C—Br 键的方向,从背面进攻中心碳原子最有利。因为这样离带负电荷的 Br$^-$ 最远,斥力最小,所需的活化能也最小。

2. 形成过渡态

按照上述方向,当 OH$^-$ 和中心碳原子接近到一定程度时,就会部分成键,OH$^-$ 上的电子云部分向中心碳原子偏移,本身负电荷减弱。与此同时,C—Br 键上的成键电子对受 OH$^-$ 的斥力作用,向溴原子偏移,溴原子上的负电荷逐渐增加,C—Br 键也逐渐变长、减弱。这种 OH$^-$ 的逐渐靠近、成键与溴原子的逐渐远离、断键是同时进行的。

从体系能量上看,由于碳原子上增加了一个基团,拥挤程度和斥力增加,体系内能逐渐上升,当 OH$^-$ 靠近到一定程度,体系内能达到最大值(见图 7-3),这时的状态称为过渡态。过渡态常用其英文(transition state)的缩写[T. S]表示。

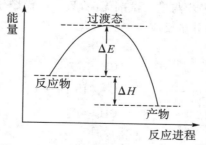

图 7-3 溴甲烷水解反应的能量曲线

从构型上看，在 CH_3Br 中，三个氢原子呈伞形偏向左边。随着 OH^- 的靠近，由于斥力作用，三个氢原子不断张开。当达到[T.S]时，三个氢原子和中心碳原子处于同一平面上，碳原子变成 sp^2 杂化，OH 和溴原子与碳原子处于同一直线上，与碳上 2p 轨道的两端相连。

3. 形成产物

反应继续进行，OH 与碳原子逐渐成键，最后形成 C—O 键；C—Br 键则逐渐减弱，最后离去 Br^-；三个氢原子则由平面构型逐渐向右倾斜，重新形成伞形；碳原子也由 sp^2 杂化变为 sp^3 杂化；体系内能逐渐下降到最低点，形成产物。

4. 瓦尔登转化

从整个反应过程看，三个氢原子由反应物到产物，从一侧的伞形偏向另一侧的伞形，就像一把雨伞在大风中被吹翻过来一样，结果产物中的 OH 不是连在溴原子原来的位置上，而是连在它的反面，甲醇的构型与溴甲烷的构型正好相反。这种由反应物到产物，构型发生了翻转的反应称为构型转化，又叫瓦尔登（Walden）转化。构型转化是 S_N2（bimolecular nucleophilic substitution）反应的重要标志。

5. S_N2 反应的特点

S_N2 反应的特点如下：

(1) 整个反应是连续进行、不分阶段的，旧键断裂和新键形成同时进行，中间经历[T.S]；

(2) [T.S]为能量曲线的最高点，整个反应的速度取决于[T.S]形成的难易，而[T.S]是由溴甲烷和亲核试剂两种分子参与形成，因此，$v = k_2[CH_3Br] \cdot [OH^-]$，该反应为双分子亲核取代反应；

(3) 由反应物到产物，分子发生了构型转化。

7.4.2　单分子亲核取代（S_N1）反应

如果按照 S_N2 历程考虑，卤代烃中 α-碳原子上取代基越多、越大，对亲核试剂靠近 α-碳原子形成过渡态的空间阻力就越大，反应就越难。由此推测，卤代烷的碱性水解速度大小顺序应为：

$$CH_3X > CH_3CH_2X > (CH_3)_2CHX > (CH_3)_3CX$$

但实验发现，叔丁基溴的碱性水解速度仅次于溴甲烷，而不是最慢，这说明叔丁基溴的碱性水解速度不是按 S_N2 历程进行的。而且动力学实验发现，反应速度只与叔丁基溴的浓度成正比。

$$(CH_3)_3CBr + OH^- \longrightarrow (CH_3)_3COH + Br^-$$
$$v_1 = k_1[(CH_3)_3CBr], \quad k_1 \text{ 为速度常数}$$

这表明，决定反应速度的一步与进攻试剂无关，只与卤代烃分子中 C—X 键断裂的难易和数量有关，由此推断，该反应是分步反应。

第一步：

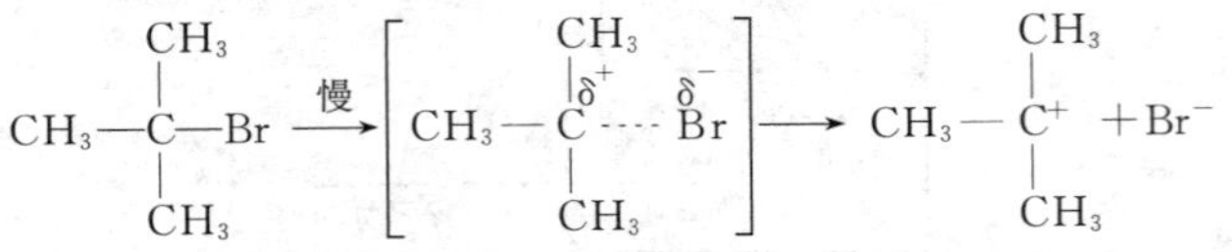

在试剂场和溶剂场的作用下，叔丁基溴吸收能量，C—Br 键逐渐拉开、减弱，当吸收能量达

到最高峰时,就是第一步反应的[T.S]₁。然后,随着试剂场的作用,溴原子逐渐离去,最后形成叔丁基碳正离子和 Br⁻。这一步因要吸收能量断开C—Br键,所以活化能较大,是个慢步骤。

第二步:

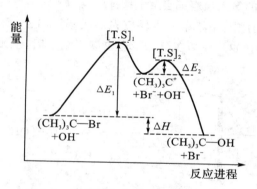

第一步生成的叔丁基碳正离子是个活性中间体,活性很高,一生成就会与进攻试剂 OH⁻或水作用,经由[T.S]₂生成水解产物——叔丁醇。

第二步由于叔丁基碳正离子本身活性很高,形成过渡态所需的能量很小,因此是个快步骤。整个反应的能量变化如图 7-4 所示。

图 7-4 叔丁基溴水解反应的能量曲线

图中[T.S]₁和[T.S]₂分别代表两步反应的过渡态,它们都处于能量曲线的最高点——峰顶。反应活性中间体叔丁基碳正离子的能量低于两个过渡态的能量,处于一个峰谷,但又高于反应物和产物的能量,所以反应活性很高。由于活化能 $\Delta E_1 > \Delta E_2$,所以第一步反应较慢,是决定整个反应速度的步骤。从活化能的大小可以估计反应的难易。

对于一个多步反应来说,整个反应的速度由速度最慢的一步来决定。因此,叔丁基溴碱性水解的反应速度由第一步决定,而第一步反应的过渡态只有叔丁基溴参与,所以整个反应的速度也只与叔丁基溴的浓度有关,而与进攻试剂的浓度无关。即

$$v = v_1 = k_1[(CH_3)_3CBr]$$

由于在决定反应速度的步骤中,发生共价键变化、参与过渡态形成的只有一种分子,所以称为单分子反应历程。

在 S$_N$1(unimolecular nucleophilic substitution)反应中,第一步形成了碳正离子中间体,由于碳正离子的特性,不稳定的碳正离子总是倾向于变成较稳定的碳正离子,所以可能发生碳正离子重排。例如新戊基溴和乙醇反应,几乎全部得到重排产物。

　　该反应是按 S_N1 历程进行的,新戊基溴首先离去溴负离子生成伯碳正离子,伯碳正离子不稳定,很容易重排为较稳定的叔碳正离子,后者再与亲核试剂(C_2H_5OH)结合,失去质子后形成重排产物。

$$CH_3-\overset{\overset{\displaystyle CH_3}{|}}{\underset{\underset{\displaystyle CH_3}{|}}{C}}-CH_2Br \rightleftharpoons \xrightarrow{-Br^-} CH_3-\overset{\overset{\displaystyle CH_3}{|}}{\underset{\underset{\displaystyle CH_3}{|}}{\overset{+}{C}}}-CH_2 \longrightarrow CH_3-\overset{\overset{\displaystyle CH_3}{|}}{\underset{+}{C}}-CH_2CH_3$$

$$\xrightarrow{C_2H_5OH} CH_3-\overset{\overset{\displaystyle CH_3}{|}}{\underset{\underset{\displaystyle HOC_2H_5}{|}}{C}}-CH_2CH_3 \xrightarrow{-H^+} CH_3-\overset{\overset{\displaystyle CH_3}{|}}{\underset{\underset{\displaystyle OC_2H_5}{|}}{C}}-CH_2CH_3$$

　　碳正离子重排是 S_N1 反应的重要标志。如果一个亲核取代反应中有重排现象,那么这个取代反应就一定是 S_N1 反应。但是,如果一个亲核取代反应中没有重排,则不能说一定不是 S_N1 反应,因为并不是所有的 S_N1 反应都会发生重排反应。

　　在 S_N1 反应的立体化学中,由于第一步反应先形成碳正离子,而碳正离子是 sp^2 杂化,呈平面构型,所以当亲核试剂(如 OH^-)在第二步进攻碳正离子时,从平面两边进攻的概率几乎是均等的。

$$HOOC\overset{\cdots}{\underset{H_3C}{}}C-Br \xrightarrow{-Br^-} \overset{COOH}{\underset{H_3C\quad H}{C^+}} \longrightarrow H\overset{HOOC}{\underset{H_3C}{}}C-OH + HO-C\overset{COOH}{\underset{CH_3}{}}H$$
$$(S) \qquad\qquad (R)$$

　　因此,如果卤素原子连在手性碳原子上,在发生 S_N1 反应时,理论上就会得到"构型保持"和"构型转化"几乎等量的两种化合物,即外消旋体混合物。但实际上往往只能得到部分外消旋化产物。

　　S_N1 反应的特点如下:

　　(1) 反应分步进行,不但经历过渡态,而且还经历碳正离子中间体;

　　(2) 整个反应的速度取决于第一步过渡态形成的难易,因此,反应速度只与卤代烃浓度有关;

　　(3) 由于经历碳正离子中间体,有可能发生重排反应;

　　(4) 如果碳正离子连接三个不同的基团,产物是外消旋体。

7.4.3　影响亲核取代反应的因素

　　一个卤代烃的亲核取代反应究竟是按 S_N1 历程还是 S_N2 历程进行,影响因素很多,情况比较复杂,主要从烃基的结构、亲核试剂的性质、离去基团的性质和溶剂的极性等因素的影响来考虑。

　　1. 烃基结构的影响

　　卤代烃烃基的影响主要从其电子效应和空间效应两个方面来考虑。

　　1) 对 S_N1 反应的影响

　　如果按 S_N1 历程反应,决定整个反应速度的是第一步碳正离子形成的难易。碳正离子越稳定，越易形成，反应速度就越快。

从反应物的空间效应看，α-碳原子上连的基团越多、越大，空间拥挤程度越大，对卤素原子的排斥力就越大，就越容易离去 X^- 形成碳正离子。

从反应物的电子效应看，烷基一般为供电子基，α-碳原子上连的供电子基越多，卤代烃中 α-碳原子上的电子云密度就越高，卤素原子就越容易带着一对成键电子离去。

从形成碳正离子后的稳定性看，由于烷基的供电子作用，α-碳原子上连的供电子基越多，使 α-碳原子上的正电荷分散得越多，就越稳定。即有：

$$(CH_3)_3C^+ > (CH_3)_2\overset{+}{C}H > CH_3\overset{+}{C}H_2 > {}^+CH_3$$

综上所述，如果按 S_N1 历程进行，反应的速度大小顺序应为：

$$(CH_3)_3CX > (CH_3)_2CHX > CH_3CH_2X > CH_3X$$

实验测定，溴代烃在较强的极性溶剂（如甲酸水溶液）中水解，主要按 S_N1 历程进行，其反应的相对速度大小顺序如下：

$$R-Br + H_2O \xrightarrow{\text{甲酸}} ROH + HBr$$

RX	$(CH_3)_3CX$	>	$(CH_3)_2CHX$	>	CH_3CH_2X	>	CH_3X
相对速度	10^8		45		1.7		1.0

理论推测与实验结果一致。

2）对 S_N2 历程的影响

如果按 S_N2 历程反应，决定整个反应速度的是过渡态形成的难易，过渡态越容易形成，反应速度就越快。

从反应物的空间效应看，α-碳原子上连的基团越多、越大，拥挤程度越大，对亲核试剂进攻 α-碳原子的空间阻力就越大，形成过渡态所需的活化能就越大，反应就越难进行。

从反应物的电子效应看，α-碳原子上连的供电子基团越多，α-碳原子上所带的正电荷就被分散得越多，正电性降低，对亲核试剂（如 I^-）的静电吸引力就变小，形成过渡态就变得越难。因此，如果按 S_N2 历程进行，其反应速度顺序正好与 S_N1 历程相反。

实验测定，在较弱的极性溶剂（如无水丙酮）中，溴代烃与碘化钾的交换反应主要按 S_N2 历程进行，其反应的相对速度大小顺序如下：

$$R-Br + KI \xrightarrow{\text{丙酮}} RI + KBr$$

RX	$(CH_3)_3CX$	<	$(CH_3)_2CHX$	<	CH_3CH_2X	<	CH_3X
相对速度	1.0		10		1000		1.5×10^5

综上所述，烃基对两种反应历程的反应速度影响如下：

$$S_N1 \xleftarrow[\text{强极性溶剂中}]{} \quad (CH_3)_3CBr \quad (CH_3)_2CHBr \quad CH_3CH_2Br \quad CH_3Br \quad \xrightarrow{\text{弱极性溶剂中}} S_N2$$

实际上，S_N1 和 S_N2 反应总是相互并存、相互竞争的。究竟哪个反应占主导地位，除了取决于烃基结构外，还受反应条件的影响。一般情况下，易失去卤素原子形成稳定碳正离子的叔卤代烃主要按 S_N1 历程进行；不易形成稳定碳正离子的甲基卤代烃和伯卤代烃主要按 S_N2 历程进行；对仲卤代烃的亲核取代反应来说，则两种历程同时进行。

但也有与上述不符的特殊情况。例如对伯卤代烃来说，如果 β-碳原子上的氢原子被烷基取代，也能阻碍亲核试剂的进攻，不利于过渡态的形成。下列伯溴代烃与乙醇钠的乙醇溶液在 55 ℃反应，主要按 S_N2 历程进行，生成醚的相对速度如下：

$$R—Br+C_2H_5O^- \xrightarrow{C_2H_5OH} ROC_2H_5+Br^-$$

RX	CH_3CH_2Br	$CH_3—CH_2CH_2Br$	$CH_3-\overset{CH_3}{\underset{}{CH}}CH_2Br$	$CH_3-\overset{CH_3}{\underset{CH_3}{\overset{|}{C}}}CH_2Br$
相对速度	100	28	3	0.00042

对于空间位阻较大，又不易形成碳正离子的卤代烃，既不易发生 S_N1 反应，又不易发生 S_N2 反应。例如，在桥环化合物的桥头碳原子上进行的亲核取代反应就是如此。

$$\xrightarrow[\text{回流 48 h}]{AgNO_3,醇} \text{无氯原子被取代}$$
$$\xrightarrow[\text{回流 21 h}]{KOH,醇} \text{无氯原子被取代}$$

若按 S_N2 历程进行，亲核试剂从背面进攻中心碳原子，由于氯的背面是一个环，空间位阻较大，亲核试剂不能从背面进攻，所以很难按 S_N2 反应进行。

若按 S_N1 历程进行，首先要离去氯负离子形成碳正离子，但由于受桥环系统牵制，桥头碳正离子不能伸展为平面构型，因此阻碍了氯的离解，取代反应也很难进行。

即使生成碳正离子，由于不能伸展成平面构型，存在着较大的张力，该桥头碳正离子也是很不稳定的碳正离子，虽然它是叔碳正离子，但其稳定性比甲基碳正离子还小。

2. 离去基团的影响

亲核取代反应无论按哪种历程进行，离去基团总是带着电子对离开中心碳原子。因此，无论是 S_N1 还是 S_N2 反应，都是离去基团越容易离去，取代反应就越容易进行。

对于卤代烃的亲核取代反应来说，C—X 键断裂的难易取决于 C—X 键的键能和可极化度。

从 C—X 键的键能看，其大小顺序是：C—F＞C—Cl＞C—Br＞C—I。键能越大，断裂所需的活化能就越高，越不容易断键，反应就越不容易进行。

从键的可极化度看，C—X 键的可极化度大小顺序为：C—I＞C—Br＞C—Cl＞C—F。可极化度越大，在外界条件影响下就越易极化变形，化学键就越易断裂。

综上所述，当烃基相同时，卤代烃发生亲核取代反应的活性强弱顺序为：R—I＞R—Br＞R—Cl＞R—F。

从酸碱理论看：离去基团 I^- 是一个弱碱，而 F^- 是一个相对较强的碱。因此，可以得出的规律是：离去基团的碱性越弱，就越容易带着一对电子离开中心碳原子。一些常见基团离去的难易顺序为：

$$\text{C}_6\text{H}_5—SO_3^- > CH_3-\text{C}_6\text{H}_4—SO_3^- > I^- > Br^- \approx H_2O > Cl^- > F^-$$

其中苯磺酸根和对甲苯磺酸根是很好的离去基团。至于碱性更强的碱，如 R_3C^-、R_2N^-、RO^-、HO^- 就不能作为离去基团发生亲核取代反应，除非在酸中质子化后才能离去，如 $R—OH_2^+$。

3. 亲核试剂的影响

亲核试剂的亲核能力又称亲核性，是指对带正电荷的中心碳原子的亲和力。一般来说，亲核能力越强，越有利于 S_N2 反应，因有利于过渡态的形成。而对 S_N1 反应来说，决定整个反应速度的步骤与亲核试剂无关，所以相对而言，弱亲核试剂对 S_N1 反应有利。有关进攻试剂亲核性的强弱,在后面还要专门讨论。

4. 溶剂的影响

溶剂分子对反应物分子或离子的影响作用称为溶剂化效应。溶剂的极性对反应历程影响较大,通常分子或离子极性越大,越容易被极性溶剂溶剂化,体系就越稳定。

对 S_N1 历程:

$$R—X \longrightarrow [\overset{\delta^+}{R} \cdots\cdots \overset{\delta^-}{X}] \longrightarrow R^+ + X^-$$

过渡态的极性大于反应物,因此,增加溶剂的极性,过渡态比反应物更容易溶剂化,溶剂化越好,释放的能量越大,形成过渡态所需的活化能越小,离解就越容易进行。因此,增加溶剂的极性有利于碳正离子和卤负离子的形成和稳定存在,有利于 S_N1 反应的进行。

对 S_N2 历程:

$$:\overset{-}{Nu} + R—X \longrightarrow [\overset{\delta^-}{Nu} \cdots\cdots R \cdots\cdots \overset{\delta^-}{X}] \longrightarrow NuR + X^-$$

亲核试剂电荷比较集中,而过渡态的电荷比较分散,即过渡态的极性没有亲核试剂大。因此,增加溶剂的极性,反而使极性较大的亲核试剂溶剂化,这样必须付出更多的能量,先在亲核试剂周围除掉部分溶剂分子,才能使亲核试剂与中心碳原子形成过渡态,这对 S_N2 过渡态的形成不利。因此,极性小的溶剂对 S_N2 反应有利。

一般来说,改变溶剂的极性和溶剂化的能力,常可改变反应历程。在极性很大的溶剂(如甲酸水溶液)中,伯卤代烷也能按 S_N1 进行。在极性小的非质子溶剂(如无水丙酮)中,叔卤代烷也可按 S_N2 进行。例如,$C_6H_5CH_2Cl$ 的水解反应,在水中按 S_N1 历程进行,在极性较小的丙酮中则按 S_N2 历程进行。

思考题 7-4 将下列各组化合物按指定的反应机理,排列速度大小顺序。

(1) S_N1

① $CH_3CH_2CHBrCH_3$、$(CH_3)_3CBr$、$CH_3CH_2CH_2CH_2Br$

② $CH_3CH=CHCl$、$CH_2=CHCH_2Cl$、$CH_2=CHCH_2CH_2Cl$

(2) S_N2

① $CH_3CH_2CH_2Br$、$(CH_3)_2CHCH_2Br$、$(CH_3)_3CCH_2Br$

②

思考题 7-5 卤代烃与 NaOH 在水和乙醇溶液中进行反应,指出哪些属于 S_N1 反应,哪些属于 S_N2 反应。

(1) 产物的构型完全转化 　　　　　　(2) 有重排产物

(3) 碱浓度增加,反应速度加快 　　　(4) 叔卤代烷速度大于仲卤代烷

(5) 增加溶剂的含水量,反应速度明显加快 　(6) 反应不分阶段,一步完成

(7) 试剂亲核性愈强,反应速度愈快 　(8) 卤素连在手性碳原子上,产物为外消旋体

7.5　消除反应历程及影响因素

在卤代烃与亲核试剂反应时,如果进攻试剂进攻的是 α-碳原子,则发生亲核取代反应;如果进攻的是 β-氢原子,则会发生消除反应,生成烯烃。

$$\text{RCH}-\text{CH}_2 + \text{OH}^- \begin{cases} \xrightarrow{\text{取代}} \text{RCH}_2\text{CH}_2\text{OH} + \text{X}^- \\ \xrightarrow{\text{消除}} \text{RCH}=\text{CH}_2 + \text{H}_2\text{O} + \text{X}^- \end{cases}$$

可见,卤代烃的亲核取代反应和消除反应相似,反应物都是一样的,差别是试剂进攻的方向不同,所以两者总是同时进行,相互竞争,此消彼长。究竟哪一种反应占优势,这要视反应物的结构和反应条件而定。消除反应也存在着单分子消除反应和双分子消除反应。

7.5.1　双分子消除(E2)反应

动力学实验表明,伯卤代烃(如溴丙烷)在乙醇溶液中与强碱(如 KOH)进行消除反应时,其反应速度与伯卤代烷和碱的浓度之积成正比。

$$\text{CH}_3\text{CH}_2\text{CH}_2\text{Br} + \text{OH}^- \xrightarrow{\text{CH}_3\text{CH}_2\text{OH}} \text{CH}_3\text{CH}=\text{CH}_2 + \text{H}_2\text{O} + \text{Br}^-$$

$$v = k_2[\text{CH}_3\text{CH}_2\text{CH}_2\text{Br}][\text{OH}^-], \quad k_2 \text{ 为速度常数}$$

与 $S_N 2$ 反应相似,人们推测该反应的历程如下:

$$\text{OH}^- + \text{H}-\underset{\overset{|}{\text{CH}_3}}{\overset{\beta}{\text{CH}}}-\overset{\alpha}{\text{CH}_2}\text{Br} \longrightarrow \left[\overset{\delta^-}{\text{H O}}\cdots\cdots\text{H}\cdots\cdots\underset{\overset{|}{\text{CH}_3}}{\overset{\beta}{\text{CH}}}=\overset{\alpha}{\text{CH}_2}\cdots\cdots\overset{\delta^-}{\text{Br}}\right] \longrightarrow \text{H}_2\text{O} + \text{CH}=\text{CH}_2 + \text{Br}^-$$

$$[\text{T. S}]$$

在碱性试剂(OH^-)进攻 β-氢原子时,当靠近到一定程度,就会部分成键;同时 β-氢原子和 β-碳原子之间的成键电子受 OH^- 电荷的排斥,开始向 β-碳原子和 α-碳原子之间转移,使碳碳之间开始形成部分 π 键;而 C—X 键的成键电子开始向卤原子偏移,卤原子逐渐远离 α-碳原子。当 OH^- 与 β-氢原子接近到一定程度,反应达到能量最高的过渡态。随着反应的继续进行,最后 β-C—H 键断裂,H 以质子的形式与 OH^- 结合生成 H_2O,而 C—X 键也完全断裂,形成 X^-,β-碳原子和 α-碳原子之间形成双键。

E2(bimolecular elimination)反应的能量曲线如图 7-5 所示。

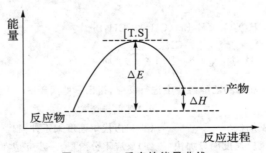

图 7-5　E2 反应的能量曲线

E2 反应和 $S_N 2$ 反应相似,同时进行,相互竞争。

E2 反应的特点如下:

(1) 整个反应是连续进行、不分阶段的,旧键断裂和新键形成同时进行,中间经历[T. S];

(2) [T. S]为能量曲线的最高点,整个反应的速度取决于[T. S]形成的难易,而[T. S]是由溴甲烷和碱性试剂两种分子参与形成的,因此,$v = k_2[\text{CH}_3\text{CH}_2\text{CH}_2\text{Br}] \cdot [\text{OH}^-]$,为双分子消除反应;

（3）整个反应过程中要断裂两个化学键，所需活化能较高，反应速度较慢。

7.5.2 单分子消除（E1）反应

实验发现，叔卤代烃与 KOH-乙醇溶液共热时，也容易消除一分子 HX，生成烯烃。例如：

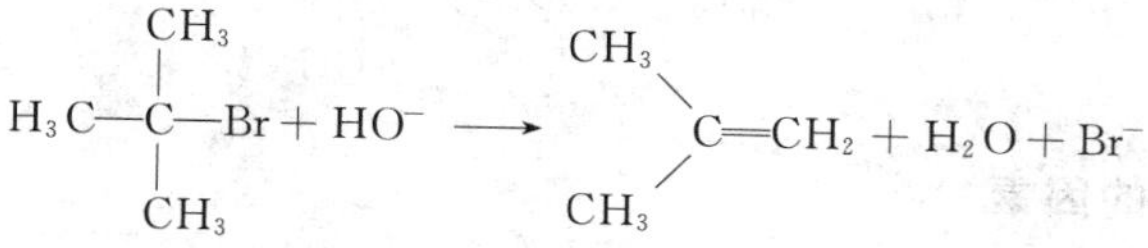

$$v_1 = k_1[(CH_3)_3CBr], \quad k_1 \text{ 为速度常数}$$

但是，动力学研究表明，其反应速度只与叔卤代烃的浓度成正比，而与碱的浓度无关。与 S_N1 反应相似，人们认为，其反应历程应为分步反应。

第一步：

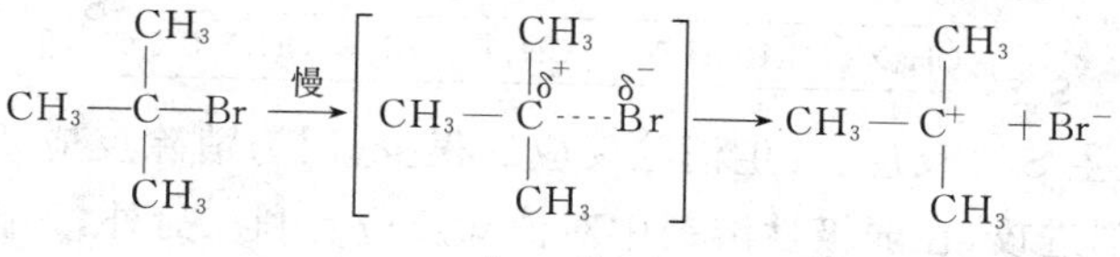

$$[T.S]_1$$

第二步：

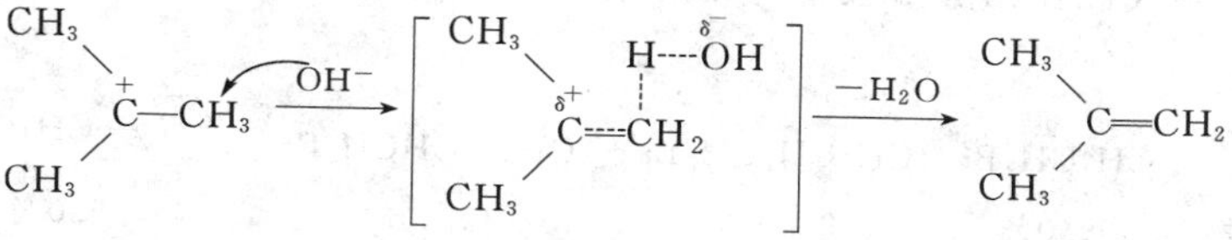

$$[T.S]_2$$
$$[T.S]_2$$

首先，叔卤代烃在溶剂的作用下，离解成碳正离子，因该步要断裂 $C-X$ 键，需要吸收较多的能量，反应速度比较慢，是个慢步骤。

接着，碱性试剂进攻碳正离子的 β-氢原子，脱去一分子水，形成烯烃。这一步虽然也要断裂一个 $C-H$ 键，但由于碳正离子活性较高，同时又形成两个化学键，所以该步反应的活化能较小，反应速度较快。

很显然，E1 与 S_N1 反应也是同时发生、相互竞争的。

E1 反应的特点如下：

（1）反应分两步进行，中间经历过渡态和碳正离子；

（2）整个反应的速度取决于第一步过渡态形成的难易，因此，反应速度只与卤代烃的浓度有关；

（3）由于经历碳正离子中间体，有可能发生重排反应。这是 E1 和 S_N1 反应的重要标志。

仍以新戊基溴为例：

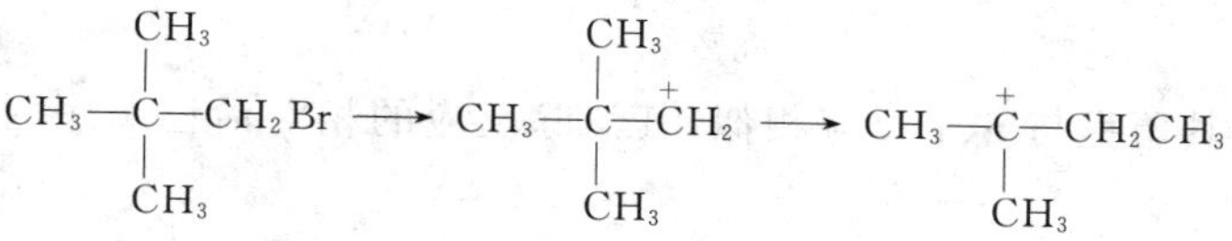

$$CH_3\text{—}\overset{\overset{\displaystyle OH}{|}}{\underset{\underset{\displaystyle CH_3}{|}}{C}}\text{—}CH_2CH_3 \quad \xleftarrow[S_N1]{OH^-+H_2O}$$

$$\xrightarrow[E1]{OH^-+CH_3CH_2OH} CH_3\text{—}\overset{\overset{\displaystyle }{}}{\underset{\underset{\displaystyle CH_3}{|}}{C}}\text{=}CHCH_3$$

7.5.3　影响消除反应的因素

由于消除反应和取代反应总是同时进行,相互竞争,所以把四种反应历程放在一起来考虑,究竟哪个反应占主导地位,这与卤代烃的结构、试剂的性质、溶剂和温度等因素有关。

1. 烃基结构的影响

前面已经讨论过,对 S_N1 和 S_N2 反应来说,烃基的影响如下:

$$\xrightarrow{\hspace{4cm}} S_N1$$
$$S_N2 \xleftarrow{\hspace{1cm}} CH_3X \quad CH_3CH_2X \quad (CH_3)_2CHX \quad (CH_3)_3CX$$

伯卤代烃主要发生 S_N2 反应,发生消除反应的很少,因为消除反应要断裂两个键,活化能较高。但是,强碱试剂进攻,在弱极性溶剂中对消除反应有利。另外,β-碳原子上支链增多,从空间效应和电子效应看,都不利于 S_N2 反应,而有利于 E2 反应。

例如,下列伯溴代烃在乙醇溶液中与乙醇钠在 55 ℃反应,其取代产物和消除产物所占的比例如下:

	CH_3CH_2Br	$CH_3CH_2CH_2Br$	$(CH_3)_2CHCH_2Br$	⟨C₆H₅⟩—CH_2CH_2Br
S_N2 产物	99.0%	91.0%	40.4%	5.0%
E2 产物	1.0%	9.0%	59.6%	95.0%

β-苯基卤代烃因消除产物为共轭烯烃,较稳定,所以消除反应的产物产率较高。

对于叔卤代烃来说,主要倾向于发生消除反应,即使在弱碱中(如 Na_2CO_3 水溶液),也以消除为主。

$$(CH_3)_3CCl \xrightarrow[H_2O]{Na_2CO_3} CH_2\text{=}C(CH_3)_2 \text{（消除为主）}$$

只有在没有碱性试剂的纯水或纯乙醇中与溶剂反应,才以取代反应为主。

$$(CH_3)_3CCl \xrightarrow[\triangle]{H_2O} (CH_3)_3C\text{—}OH \text{（取代为主）}$$

同样,当 β-碳原子上取代基增多,变大,从空间效应上看,不利于 S_N1 反应,而有利于消除反应。如下列叔卤代烃在 25 ℃时与 80% 的乙醇作用,得到消除产物和取代产物的产率如下:

	$CH_3\text{—}\overset{\overset{\displaystyle CH_3}{|}}{\underset{\underset{\displaystyle CH_3}{|}}{C}}\text{—}Cl$	$CH_3CH_2\text{—}\overset{\overset{\displaystyle CH_3}{|}}{\underset{\underset{\displaystyle CH_3}{|}}{C}}\text{—}Cl$	$(CH_3)_2CH\text{—}\overset{\overset{\displaystyle CH_3}{|}}{\underset{\underset{\displaystyle CH_3}{|}}{C}}\text{—}Cl$	$(CH_3)_3C\text{—}\overset{\overset{\displaystyle CH_3}{|}}{\underset{\underset{\displaystyle CH_3}{|}}{C}}\text{—}Cl$
消除产物	16%	34%	62%	78%
取代产物	84%	66%	38%	22%

对于 E1 反应,其历程与 S_N1 反应相似,其消除反应的相对活性顺序为:叔卤代烃>仲卤代烃>伯卤代烃。

对 E2 反应,其历程与 S_N2 相似,但其相对反应活性也是:叔卤代烃＞仲卤代烃＞伯卤代烃。这是为什么?

因为在 S_N2 中,亲核试剂是进攻 α-碳原子,空间因素对反应速度有明显的影响,因此叔卤代烃活性最低。而在 E2 反应中,碱试剂进攻的是 β-氢原子,基本不受 α-碳原子上所连基团空间障碍的影响。相反,α-碳原子上连的烃基越多,β-氢原子的数目就越多,它们被碱试剂进攻的机会就越多,反应就越快。

此外,在叔卤代烃消除的产物中,双键碳上所连的烃基也比仲卤代烃和伯卤代烃多,产物更稳定,这是叔卤代烃按 E2 历程进行活性较大的另一个原因。

因此,不管是 E1 还是 E2 反应,其相对反应活性都是:叔卤代烃＞仲卤代烃＞伯卤代烃。

对于仲卤代烃来说,情况就复杂些,一般四种反应同时都有,至于哪个是主要的,要看其他条件才能决定。由上述可知,烃基对四种反应的影响如下:

$$E2 \longleftarrow \qquad\qquad\qquad\qquad \longrightarrow E1$$
$$\qquad\qquad\qquad\qquad\qquad\qquad\qquad S_N1$$
$$S_N2 \longleftarrow CH_3X \quad CH_3CH_2X \quad (CH_3)_2CHX \quad (CH_3)_3CX$$

2. 进攻试剂的影响

首先要弄清什么是试剂的碱性和亲核性。所谓碱性,是指试剂对质子的亲和能力。碱性越强,对质子的亲和能力就越强,发生 β-消除反应就越容易。而亲核性是指试剂对带正电荷中心碳原子的亲和能力。亲核性越强,越有利于 S_N2 反应;亲核性较弱,则越有利于 S_N1 反应和消除反应。

可见试剂的碱性和亲核性是两个不同的概念。

一般来说,强碱、弱亲核试剂有利于消除反应,弱碱、强亲核试剂有利于取代反应。

可实际上,强碱试剂也可能就是强的亲核试剂,如 OH^-。因此,用 NaOH 来水解卤代烃,往往得到醇和烯烃的混合物。那么,如何判断进攻试剂的碱性和亲核性的大小呢? 可从以下几个方面来考虑。

(1) 当试剂的碱性和亲核性一致时,其大小可由其共轭酸的酸性强弱来比较,共轭酸的酸性越弱,进攻试剂的碱性和亲核性就越强。例如:

$$^-NH_2 > RO^- > OH^- > PhO^- > RCOO^- > X^-, \quad NH_3 > ROH > H_2O$$

(2) 中性分子的碱性和亲核性弱于其共轭碱。例如:

$$^-NH_2 > NH_3, \quad OH^- > H_2O, \quad RO^- > ROH$$

(3) 试剂的碱性与亲核性强弱相反时,从试剂的可极化度和空间位阻大小考虑。

① 试剂的可极化度越大,亲核性越强,但碱性越弱(指在质子极性溶剂中)。例如:

$$\text{亲核性} \quad RS^- > RO^-, \quad I^- > Br^- > Cl^- > F^-$$
$$\text{碱性} \quad RS^- < RO^-, \quad I^- < Br^- < Cl^- < F^-$$

② 试剂的空间位阻越大,亲核性越弱,但碱性越强。例如:

$$\text{亲核性} \quad CH_3O^- > CH_3CH_2O^- > (CH_3)_2CHO^- > (CH_3)_3CO^-$$
$$\text{碱性} \quad CH_3O^- < CH_3CH_2O^- < (CH_3)_2CHO^- < (CH_3)_3CO^-$$

综合上述几个方面的因素,在质子溶剂中,一些常见试剂的亲核能力大小顺序如下:

$$RS^- > ArS^- > CN^- \approx I^- > NH_3(RNH_2) > RO^- > HO^- > Br^- > PhO^- > Cl^- > H_2O > F^-$$

(4) 溶剂对试剂亲核性的影响。

试剂的亲核性与溶剂的性质有关,这主要是溶剂化效应的影响。

卤代烃不溶于水,而亲核试剂往往是无机盐,又不溶于卤代烃。要使亲核取代反应正常进行,常要选用使两者都能溶解的物质作溶剂。溶剂根据极性大小分为非极性、弱极性和强极性溶剂。极性溶剂根据是否含有活泼氢又分为质子极性溶剂(如水、乙醇和乙酸等)和非质子极性溶剂(如丙酮、THF、DMF、DMSO等),亲核试剂在两类溶剂中的溶剂化是不同的。

在醇和水这样的质子溶剂中,亲核试剂与溶剂之间可以形成氢键,即能发生溶剂化作用。带相同电荷的原子,体积小的亲核试剂(如 F^-)形成氢键的能力强,溶剂化作用大,被较多的溶剂分子所包围(见图 7-6),这样就削弱了亲核试剂与中心碳原子之间的作用,使其亲核性大大降低。相反,体积较大、电荷分散的亲核试剂(如 I^-)被溶剂化程度较小,故表现出强的亲核性。所以在质子极性溶剂中,卤负离子的亲核性强弱与其碱性强弱相反,即亲核性强弱顺序如下:

$$F^- < Cl^- < Br^- < I^-$$

在非质子极性溶剂中,由于偶极子的正电荷处于中间,被掩蔽起来了,而它的负电荷处于外侧(见图 7-7),所以它易溶剂化正离子,而不易溶剂化亲核试剂负离子。这样在非质子极性溶剂中,负离子是“赤裸裸”的,有较大的亲核性。并且亲核试剂的体积越小、电荷越集中,对中心碳原子的结合能力就越强,故在非质子极性溶剂中,卤负离子的亲核性与其碱性大小一致,即亲核性强弱顺序如下:

$$F^- > Cl^- > Br^- > I^-$$

图 7-6　质子极性溶剂的溶剂化效应　　图 7-7　非质子极性溶剂的电荷分布

3. 溶剂的影响

一般来说,增加溶剂的极性有利于取代反应,但更有利于 S_N1 反应,所以卤代烃在 KOH-H_2O 体系中,主要是生成取代产物。如果溶剂极性更强,如在甲酸水溶液中,则主要发生 S_N1 反应。相反,弱极性溶剂有利于消除反应,所以在 KOH-乙醇体系中,主要发生消除反应。

在非质子极性溶剂中,由于进攻试剂的亲核性更强,所以对 S_N2 反应有利。

4. 温度影响

因为消除反应除了断裂 C—X 键外,还要断裂一个 C—H 键,而取代反应只需要断裂一个C—X 键,显然,消除反应所需的活化能较高,因此,相对来说,低温有利于亲核取代反应,升高温度有利于消除反应。

综上所述,有如下结论:

空间位阻大的卤代烃、强碱弱亲核试剂、弱极性溶剂、升高温度,有利于消除反应。

空间位阻小的卤代烃、弱碱强亲核试剂、强极性溶剂、降低温度,有利于取代反应。

思考题 7-6 将下列化合物按消除反应的难易排序。

(1)E1 反应：

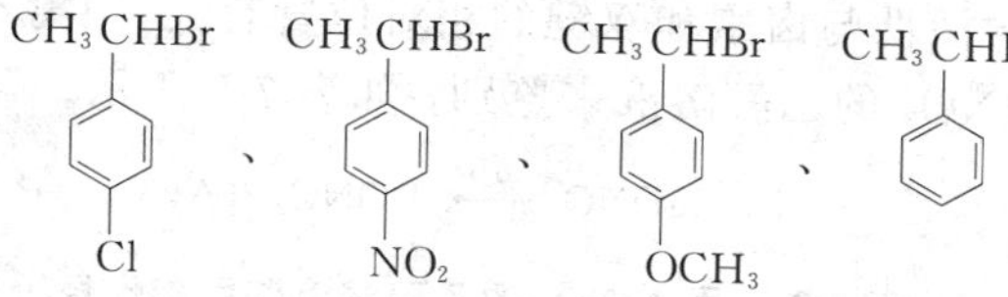

(2)按 E2 历程消除 HBr：

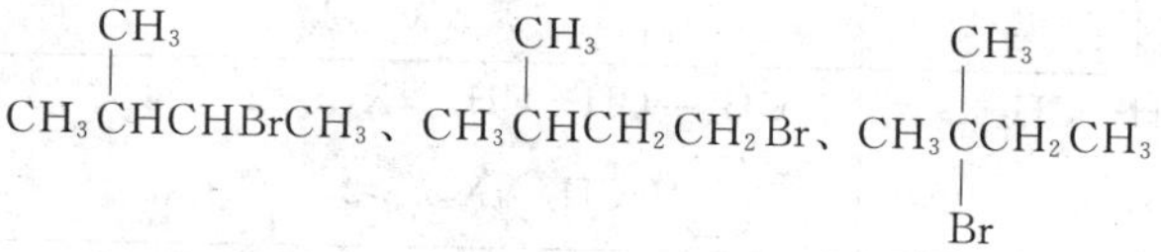

$$CH_3CHCHBrCH_3 、 CH_3CHCH_2CH_2Br 、 CH_3CCH_2CH_3$$

（结构式中含 CH_3 支链及 Br）

思考题 7-7 预测下列各对反应中哪个较快，并说明理由。

(1)

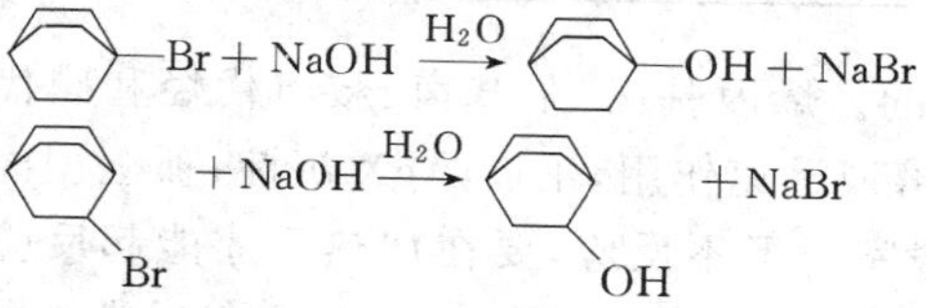

(2) $CH_3CH_2I + NaOH \xrightarrow{H_2O} CH_3CH_2OH + NaI$

$CH_3CH_2I + NaSH \xrightarrow{H_2O} CH_3CH_2SH + NaI$

(3) $(CH_3)_3CBr \xrightarrow[\triangle]{H_2O} (CH_3)_3COH + HBr$

$(CH_3)_2CHBr \xrightarrow[\triangle]{H_2O} (CH_3)_2CHOH + HBr$

7.6 不饱和卤代烃和卤代芳烃

不饱和卤代烃是一个双官能团化合物，即卤素和不饱和键。因此，不饱和卤代烃的结构和性质与这两个官能团的相对位置有关，相对位置不同，结构和性质会有明显的差异。芳环可看做一个不饱和官能团，因此，把卤代芳烃和卤代烯烃放在一起讨论。

7.6.1 分类

不饱和卤代烃根据卤素和双键的相对位置不同，可分为三类。

(1)乙烯型卤代烃：卤原子直接与双键碳相连的卤代烃。其通式为：

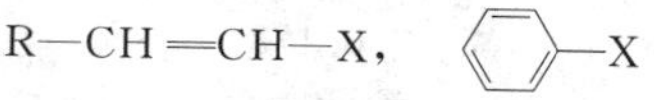

$$R-CH=CH-X, \quad \text{（芳基）}-X$$

(2)烯丙型卤代烃：卤原子与双键碳相隔一个饱和碳原子的卤代烃。其通式为：

$$RCH=CH-CH_2-X, \quad \text{（芳基）}-CH_2-X$$

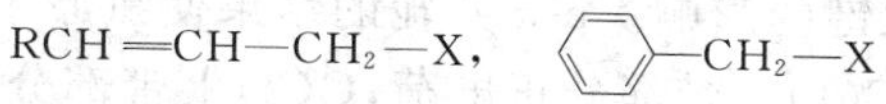

(3)孤立型卤代烯烃：卤原子与双键碳相隔两个或两个以上饱和碳原子的卤代烃。其通式为：

$$R-CH=CH(-CH_2\underset{n}{)}X, \quad \text{（芳基）}(-CH_2\underset{n}{)}X, \quad n \geqslant 2$$

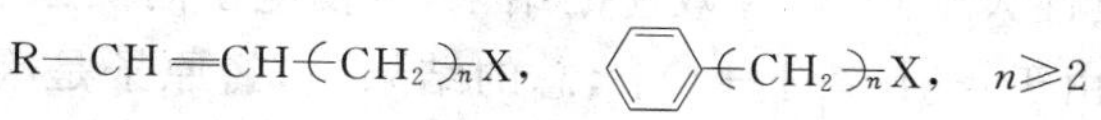

7.6.2　不饱和卤代烃的化学活性

不饱和卤代烃的化学活性与卤素和双键的相对位置有关,距离不同,化学活性也有很大差异。其活性强弱可用 $AgNO_3$ 的乙醇溶液来鉴别,如表 7-2 所示。

$$R-X + AgONO_2 \xrightarrow{\text{乙醇}} RONO_2 + AgX\downarrow$$

表 7-2　用 $AgNO_3$ 的乙醇溶液鉴别卤代烃

类　型	烯　丙　型	孤　立　型	乙　烯　型
结构式	$CH_2{=}CH{-}CH_2X$ 〇$-CH_2X$	$CH_2{=}CH\!\!\left(CH_2\right)_{\overline{n}}X, n{\geqslant}2$ 〇$\left(CH_2\right)_{\overline{n}}X, n{\geqslant}2$	$CH_2{=}CH{-}X$ 〇$-X$
实验现象	室温下立即出现沉淀	室温下不出现沉淀,加热才出现沉淀	加热也不出现沉淀

可见,不同卤代烃出现沉淀的快慢是不同的。烯丙基卤、苄基卤、叔卤代烃和碘代烃中的卤素最活泼,在室温下就能和 $AgNO_3$ 的乙醇溶液迅速作用,生成 AgX 沉淀;孤立型卤代烃和伯卤代烷烃、仲卤代烷烃的活泼程度相似,一般室温下不反应,要在加热下才能起反应生成沉淀;而乙烯型卤代烃、卤代芳烃和桥头碳上的卤素最不活泼,即使加热,也不起反应。据此现象可判断是什么类型的卤代烃。

7.6.3　不饱和卤代烃的结构对化学活性的影响

不饱和卤代烃化学活性的差异是由其结构决定的。

1. 乙烯型卤代烃

1) 氯乙烯的结构与活性

在氯乙烯中,氯原子与碳原子按 σ 键成键,氯原子上还有未成键的孤对电子的 p 轨道,当它与 π 键平行时,就会发生 p-π 共轭效应。共轭的结果,使键长平均化,体系内能降低。

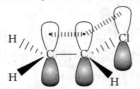

（1）p-π 共轭对 C—Cl 键的影响。由于 p-π 共轭,C—Cl 键上具有 π 键的成分,电子云密度增加,键能加强,键长缩短,反应活性减弱,因此,氯原子不易被取代。

实验测得饱和碳氯键与不饱和碳氯键的键长和分子偶极矩如下:

	$CH_3CH_2{-}Cl$	$CH_2{=}CH{-}Cl$
C—Cl 键键长/nm	0.178	0.172
偶极矩/D	2.05	1.45

（2）p-π 共轭对 C=C 双键的影响。p-π 共轭的结果使氯原子上 p 轨道的电子云向 π 键上流动,π 键也随之极化,使 C(1)上带部分正电荷,C(2)上带部分负电荷,亲电加成反应遵循马氏规则。

但是,由于氯的电负性大于碳,诱导效应的结果,又使电子向氯原子一端偏移,即共轭效应与诱导效应方向相反。由于 $|-I| > |+C|$,总的结果是,氯原子是吸电子基,使 π 键上电子

云密度降低,钝化 π 键,双键键长增加,亲电加成活性减弱(与乙烯相比)。

实验测得,乙烯和氯乙烯的碳碳双键键长如下:

	$CH_2\!=\!CH_2$	$CH_2\!=\!CH\!-\!Cl$
$C\!=\!C$ 键键长/nm	0.134	0.138

2)氯苯的结构与活性

氯苯的结构与氯乙烯相似,在第 6 章已讨论过。它也存在着 p-π 共轭。p-π 共轭的结果使 C—Cl 键上具有 π 键的成分,电子云密度增加,键能加强,键长缩短,反应活性减弱。氯原子一般不易被取代掉。如果要取代,需要高温、高压、用 Cu 作催化剂才能实现。

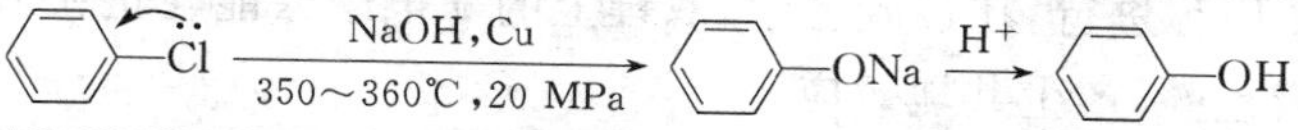

氯苯与氨基钠在液氨中反应,可以生成苯胺。但是,这个反应不是一个简单的取代反应,实际上是经历了先消除,后加成的反应历程。

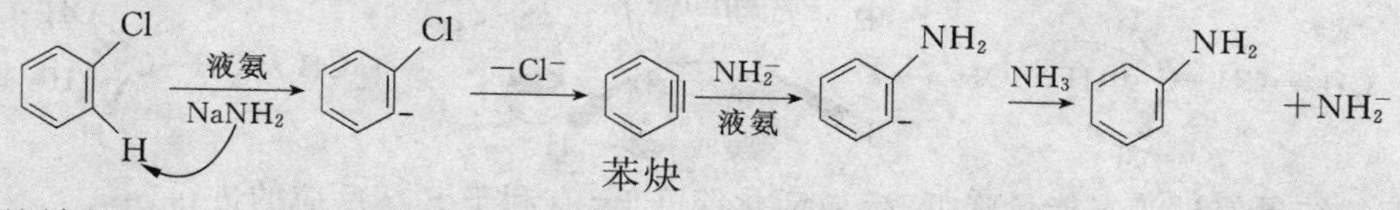

氨基钠是一个强碱,它能与氯原子邻位上的质子结合成氨分子,使氯苯转变成氯苯负离子;后者再脱去氯负离子形成苯炔中间体;然后,氨分子再与苯炔进行加成生成苯胺。

在 NH_2^- 进攻苯炔时,由于进攻两个炔碳原子的概率是均等的,所以如果用同位素 ^{14}C 标记氯原子所连的碳原子后,就能得到几乎等量的两种苯胺。(由于有部分直接取代产物,同位素上产物往往多一点。)

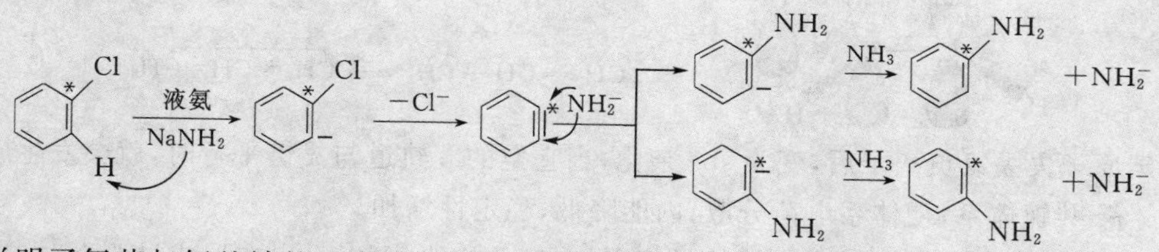

这就说明了氯苯与氨基钠的反应是通过生成活性中间体苯炔而发生的先消除,后加成历程。

苯炔是一个高度不稳定的活性中间体,对它的结构目前尚有争论。一般认为苯炔中的炔碳是 sp^2 杂化,除了形成正常的 C—C σ 键和大 π 键外,它的第三个键不是由相互平行的 p 轨道侧面重叠形成的,而是由两个不平行的 sp^2 杂化轨道侧面重叠而成,且处于芳环所在的平面上,与大 π 键无关,是个孤立的键,因此重叠程度较小,有较大的张力,化学活性很强。

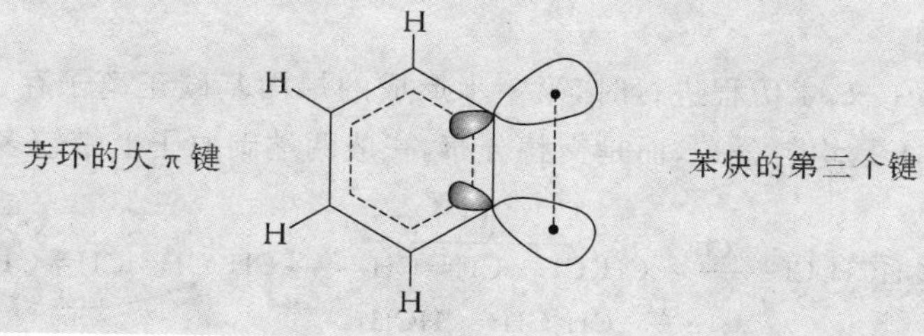

芳环的大 π 键　　　　　　　苯炔的第三个键

p-π 共轭对苯环的影响:在氯苯中同样存在着 p-π 共轭和诱导效应,两者作用方向相反,而且 $|-I|>|+C|$,结果使苯环上电子云密度降低,钝化芳环,亲电取代反应比苯难。但是,由于 p-π 共轭的结果,芳环上氯原子的邻、对位电子云密度降低得较少,所以亲电取代反应

仍然发生在氯原子的邻、对位。

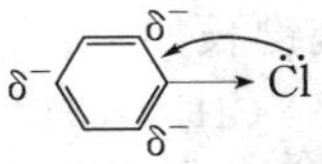

氟苯、溴苯和碘苯具有与氯苯类似的结构和性质。

2. 烯丙型卤代烃

烯丙型卤代烃的化学性质比较活泼,很容易发生化学反应。这可从产物和过渡态的稳定性得到解释。

(1) 如果按 S_N2 历程进行,在过渡态中,双键上的 π 电子云能与正在形成的键和正在断裂的键之间发生电子云重叠,产生共轭效应。

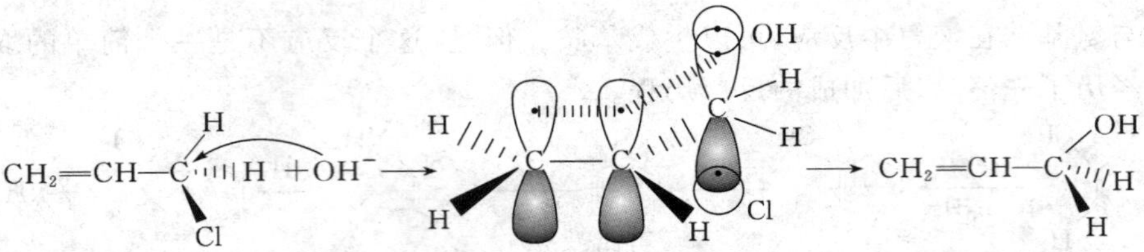

共轭的结果使过渡态能量降低,反应活化能降低,有利于 S_N2 反应的进行。

(2) 如果按 S_N1 历程进行,决定整个反应速度的是第一步,即碳正离子的形成。

$$CH_2{=}CHCH_2Cl \longrightarrow [\overbrace{CH_2{\cdots}CH{\cdots}CH_2}^{\delta^+}\cdots\overset{\delta^-}{Cl}] \longrightarrow CH_2{=}CH{-}\overset{+}{C}H_2 + Cl^-$$

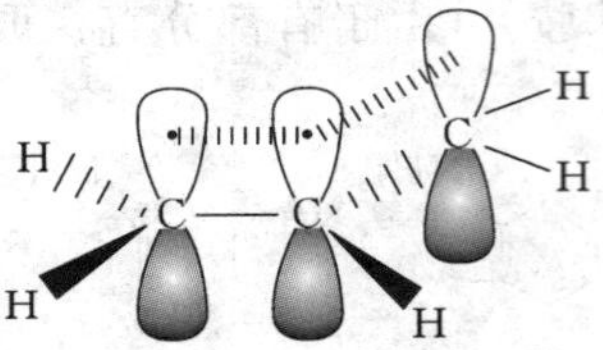

$$CH_2{=}CH{-}\overset{+}{C}H_2 \longleftrightarrow \overbrace{CH_2{\cdots}CH{\cdots}CH_2}^{\oplus}\ (\pi_3^2)$$

α-碳原子失去氯负离子后,变为 sp^2 杂化,当它空的 p 轨道与 π 键平行时,就会发生 p-π 共轭,形成 π_3^2 共轭体系,使体系电荷分散,内能降低,稳定性增加。

根据"能使产物稳定的因素也能使过渡态稳定"的规律,可以看出在形成过渡态时,也已经有共轭效应存在,因而使过渡态能量降低,反应活化能减小,有利于 S_N1 反应的进行。

综上所述,烯丙型卤代烃无论是按 S_N1 历程进行,还是按 S_N2 历程进行,都是有利的。所以烯丙型卤代烃化学反应活性较强。

苄基氯在结构和性质上也具有和烯丙基氯相似的情况。

(3) 烯丙位重排。

在烯丙型卤代烃按 S_N1 历程进行时,第一步形成的烯丙基碳正离子存在着p-π共轭,在这个共轭体系中,电荷不是均匀分布,而是交替分布,一般两端碳原子上带较多的正电荷。

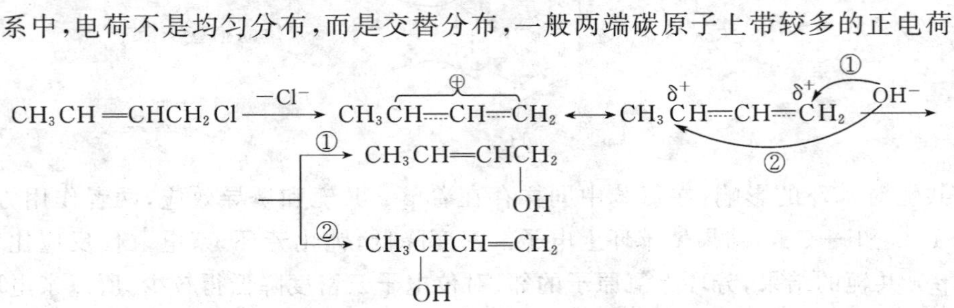

这样,当亲核试剂(OH^-)进攻时,就有两种可能,结果生成两种异构体。在这两种异构体之间,就好像羟基和双键发生了重排一样,这种现象称为烯丙位重排。

烯丙位重排是有机化学反应中一种常见的现象。人们发现,单独加热烯丙型卤代烃(或烯丙醇)也能发生烯丙位重排。例如:

$$CH_3CH = CHCH_2 \underset{+Br^-}{\overset{-Br^-}{\rightleftharpoons}} CH_3 \overset{\delta^+}{CH} = CH \overset{\delta^+}{=} CH_2 \underset{-Br^-}{\overset{+Br^-}{\rightleftharpoons}} CH_3CHCH = CH_2$$

（CH₃CH=CHCH₂ 带 Br，右侧 CH₃CHCH=CH₂ 带 Br）

3. 孤立型卤代烃

在孤立型卤代烃中,卤素与双键相隔较远,两者之间相互影响不大,它们的化学性质与一般的卤代烷烃和烯烃相似,不再赘述。

思考题 7-8 完成下列反应,并说明原因。

$$ClCH = CHCH_2Cl + CH_3COONa \xrightarrow{CH_3COOH}$$

思考题 7-9 开链化合物 $A(C_4H_7Br)$没有旋光性,但能使溴的四氯化碳溶液褪色,与 $AgNO_3$ 的醇溶液室温下就能产生沉淀。A 很容易与 NaOH 的水溶液作用生成互为异构体的 B 和 C,B 和 C 催化加氢后生成 D 和 E。其中 D 具有旋光性,脱水后能生成两种化合物;而 E 没有旋光性,在 Al_2O_3 催化下脱水,只生成一种化合物,这些脱水产物都能被还原成正丁烷。试写出化合物 A~E 的结构式及各步反应式。

7.7 卤代烃的制备

1. 烷烃直接氯化

烷烃在光照或高温下发生卤代反应,可以得到一卤代烷和多卤代烷的混合物。由于不易分离,多数烷烃不能用于卤代烷的制备,只有少数烷烃有制备意义。例如:

$$CH_4 \xrightarrow[\text{或高温}]{h\nu} CH_3Cl + CH_2Cl_2 + CHCl_3 + CCl_4$$

$$\bighexagon \xrightarrow[\text{或高温}]{h\nu} \bighexagon\!-\!Cl$$

由于甲烷卤代产物不太复杂,通过分馏可以得到不同的馏分。在反应过程中,若调节原料的配比和反应条件,可使其中某种卤代烷为主要产物。

由于卤素的反应活性随原子序数增加而减弱,因此,烷烃的碘代比较困难,通常不能用烷烃的碘代制备碘代烷,碘代反应中生成的碘化氢为强还原剂,能使反应逆向进行,影响产率。但若在反应过程中加入一些氧化剂(如碘酸、硝酸、氧化汞等)使碘化氢氧化,则碘代反应能顺利进行。

$$CH_4 + I_2 \rightleftharpoons CH_3I + HI$$

$$5HI + HIO_3 \longrightarrow 3H_2O + 3I_2$$

2. 不饱和烃的卤代与加成

不饱和烃与卤化氢、卤素的加成及其 α-氢原子的取代反应见第 3 章。

$$CH_3-CH=CH_2 \begin{cases} \xrightarrow[h\nu或高温]{Cl_2} & CH_2-CH=CH_2 \\ & \quad\ \ \ | \\ & \quad\ \ Cl \\ \xrightarrow[低温]{Cl_2,FeCl_3} & CH_3-CH-CH_2 \\ & \qquad\quad | \quad\ \ | \\ & \qquad\ Cl \quad Cl \\ \xrightarrow{HBr} & CH_3-CH-CH_3 \\ & \qquad\quad | \\ & \qquad\ Br \\ \xrightarrow[过氧化物]{HBr} & CH_3-CH_2-CH_2 \\ & \qquad\qquad\quad | \\ & \qquad\qquad Br \end{cases}$$

3. 由醇制备

醇分子中的羟基可被卤素原子取代生成相应的卤代烃。常用的试剂是氢卤酸、三卤化磷、五氯化磷或亚硫酰氯(又名氯化亚砜)。

$$ROH \underset{}{\overset{HX}{\rightleftharpoons}} RX+H_2O$$

$$ROH \begin{cases} \xrightarrow{PX_3} & RX+P(OH)_3 \\ \xrightarrow{PCl_5} & RCl+POCl_3 \\ \xrightarrow{SOCl_2} & RCl+SO_2\uparrow+HCl\uparrow \end{cases}$$

醇与氢卤酸的反应是可逆反应,在制备时,通常让某一反应物过量或除去某一生成物,使平衡向生成卤代烃的方向移动,以提高产率。无论在实验室还是在工业上,这都是制备卤代烃最常用的方法。

因为氢卤酸的反应活性强弱顺序是 $HI>HBr>HCl$,所以制备三种卤代烃的方法也有所不同。在制备氯代烃时,一般是用浓盐酸和醇在无水氯化锌催化下制得。制备溴代烃时,常是将醇与氢溴酸在浓硫酸催化下(或溴化钠与浓硫酸)共热。制备碘代烃则可将恒沸氢碘酸(57%)与醇一起回流反应制得。

PX_3 与醇的反应只适应于三碘化磷和三溴化磷,这也是制备溴代烃和碘代烃常用的方法。通常所用的 PBr_3、PI_3 可不必事先制备,只要将溴或碘与赤磷加到醇中共热,卤素与赤磷先作用生成 PX_3,后者立即与醇作用。这样制得的碘代烃,产率一般可达90%左右。

$$2P+3I_2 \longrightarrow 2PI_3$$
$$3C_2H_5OH+PI_3 \longrightarrow 3C_2H_5I+P(OH)_3$$

伯醇与 PCl_3 作用时,常因副反应生成亚磷酸酯而使氯代烃的产率不高,一般不超过50%。

$$3ROH+PCl_3 \longrightarrow P(OR)_3+3HCl$$

因此,一般不用 PCl_3 与伯醇制备氯代烃,而是用 PCl_5 和 $SOCl_2$。亚硫酰氯与醇作用,反应速度快,产率高(90%左右),副产物二氧化硫和氯化氢都是气体,容易和氯代烃分离,因此是实验室制备氯代烃的常用方法之一,但亚硫酰氯价格较高,影响了其工业应用。

4. 卤素的置换反应

将氯代烃或溴代烃的丙酮溶液与碘化钠(或碘化钾)共热,氯代烃或溴代烃中的氯或溴可被碘置换,由于反应生成的 NaCl(或 NaBr)在丙酮中溶解度很小,沉淀出来,使反应向右进行,有利于碘代烃的生成。

$$RCl(Br)+NaI \xrightarrow{丙酮} RI+NaCl(Br)\downarrow$$

这是制备碘代烃的常用方法之一,且产率很高。

5. 芳烃卤化

芳烃与卤素在 FeX_3 催化下,可在芳环上发生亲电取代反应,生成卤代芳烃;如果芳环的侧链上有 α-氢原子,在光照或高温下,卤素与芳烃能发生侧链上的自由基取代反应,详见第 6 章。

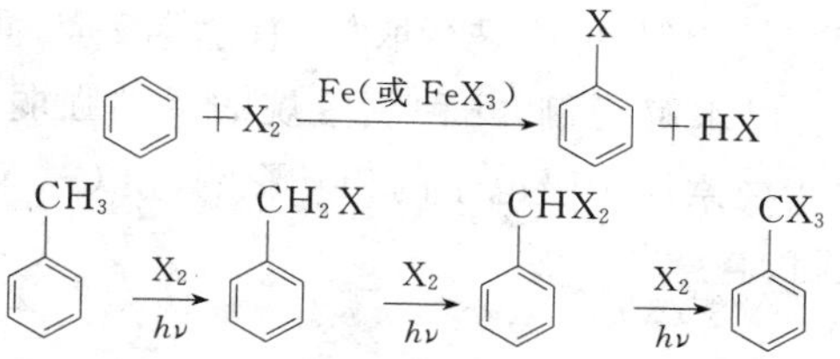

$$\text{（苯环）} + X_2 \xrightarrow{\text{Fe(或 FeX}_3)} \text{（苯环-X）} + HX$$

$$\text{（苯-CH}_3) \xrightarrow[h\nu]{X_2} \text{（苯-CH}_2X) \xrightarrow[h\nu]{X_2} \text{（苯-CHX}_2) \xrightarrow[h\nu]{X_2} \text{（苯-CX}_3)$$

6. 氯甲基化反应

在无水氯化锌催化下,将干燥氯化氢通入芳烃和三聚甲醛的悬浮液中,加热,可在芳环上引入氯甲基。例如:

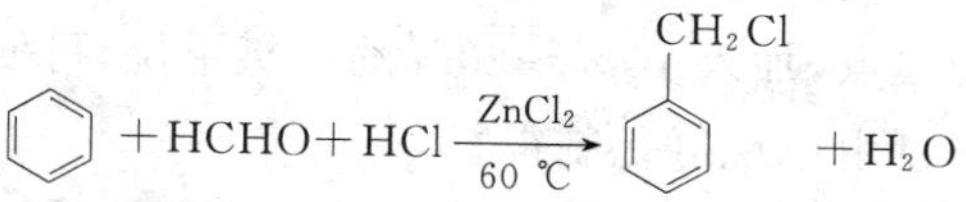

$$\text{（苯环）} + HCHO + HCl \xrightarrow[60\ ℃]{ZnCl_2} \text{（苯-CH}_2Cl) + H_2O$$

氯甲基化反应适用于苯、烷基苯、烷氧基苯和稠环芳烃,但当芳环上有强吸电子基时,反应产率很低,甚至不发生反应。

7.8　重要的卤代烃

7.8.1　一卤代烷

一卤代烷主要用做烷基化试剂,在特殊情况下也可用做溶剂。

1. 氯甲烷

氯甲烷室温下为无色气体,有类似乙醚的气味,与空气能形成爆炸性混合物,爆炸极限为 $8.1\% \sim 17.2\%$。它能溶于常用的有机溶剂,微溶于水。其主要用途是作为甲基化试剂、冷冻剂、麻醉剂和制备有机硅化合物的原料。

工业上,氯甲烷主要是由甲烷氯化或甲醇与氯化氢在加压下反应制得。

$$CH_3OH + HCl \xrightarrow[\text{加压}]{ZnCl_2} CH_3Cl + H_2O$$

2. 氯乙烷

氯乙烷室温下为无色气体,也能与空气形成爆炸性混合物。当喷在皮肤表面时,迅速汽化,并吸收大量热量,会引起皮肤急剧冷却而使神经末梢暂时处于麻醉状态,因此,可用做局部麻醉剂。在有机合成上主要用做乙基化试剂,可以合成乙基纤维素、四乙基铝、农药杀虫剂等。

工业上氯乙烷是由乙烯和氯化氢加成制得,也可由乙醇和盐酸在无水氯化锌催化下反应得到。

3. 溴甲烷

溴甲烷室温下为气体,可用做熏蒸杀虫剂,也可用做甲基化试剂。

4. 碘甲烷

碘甲烷室温下为无色液体,沸点为 42.5 ℃,但暴露于空气中因析出游离碘而逐渐变成黄色或褐色。由于它是唯一的室温下呈液体的一卤代甲烷,所以它是实验室里常用的甲基化试剂,但由于价格较贵,在工业上很少使用。

碘甲烷由甲醇、碘和红磷作用制得。

7.8.2　多卤代烷

多卤代烷的性质和一卤代烷相似,可以进行取代、消除等反应,同一个碳原子上所连的卤素原子越多,其反应活性越弱。以水解为例,几种氯甲烷的活性强弱顺序为:$CH_3Cl > CH_2Cl_2 > CHCl_3 > CCl_4$。这可能是由于卤素原子吸电子的相互影响,使 C—X 键极性变小,另外,卤素原子半径较大,增加了空间位阻。

1. 二氯甲烷

二氯甲烷为无色液体,沸点为 40.1 ℃,在水中溶解度(15 ℃时)为 2.50%。二氯甲烷有溶解能力强、毒性小、不燃烧、对金属稳定等优点,是常用的有机溶剂和萃取剂,也可作局部麻醉剂、冷冻剂和灭火剂等,是层析分离的常用洗脱剂。在一些易燃溶剂(如汽油、苯、酯等)中加入少量二氯甲烷,可提高其着火点,加入 10%～30% 的二氯甲烷,可使其不易燃。

工业上,二氯甲烷主要是由甲烷氯化制得。

2. 三氯甲烷

三氯甲烷俗称氯仿,是一种无色、有甜味的液体,具有麻醉作用,沸点为 61.2 ℃,相对密度为 1.4832,微溶于水,是良好的不燃性有机溶剂。它能溶解碘、硫以及油脂、蜡、有机玻璃、橡胶、沥青等,常用来提取中草药的有效成分、精制抗生素,还广泛用做合成原料。

在三氯甲烷中,由于三个氯原子的强吸电子作用,它的氢原子变得活泼起来,并具有一定的酸性。因此,它可与强碱作用发生 α-消除反应,生成活泼的中间体——二氯卡宾。

$$CHCl_3 + NaOH \longrightarrow\ :CCl_2 + NaCl + H_2O$$

有关二氯卡宾的结构和反应将在后续章节中详细介绍。

三氯甲烷在室温、光照下能被空气中的氧气所氧化,并分解产生剧毒的光气。

$$2CHCl_3 + O_2 \xrightarrow{h\nu} 2\left[H-O-\overset{\displaystyle Cl}{\underset{\displaystyle Cl}{\overset{|}{\underset{|}{C}}}}-Cl \right] \longrightarrow 2Cl-\overset{\displaystyle O}{\overset{\|}{C}}-Cl + 2HCl$$

因此,三氯甲烷要保存在棕色的瓶子中,并装满、加以密封,以防止和空气接触,通常还要加入 1‰ 的乙醇来破坏可能生成的光气。

三氯甲烷与碱金属或一些碱土金属在一起容易发生爆炸。

工业上,三氯甲烷由甲烷氯化或四氯化碳还原法生产。

$$CCl_4 + H_2 \xrightarrow{Fe} CHCl_3 + HCl$$

$$3CCl_4 + CH_4 \xrightarrow{400～650\ ℃} 4CHCl_3$$

此外,还由乙醇、乙醛或丙酮与次氯酸盐发生氯仿反应(见第 9 章)制得。

3. 四氯化碳

四氯化碳为无色液体,沸点为 76.8 ℃,相对密度为 1.5940,几乎不溶于水。四氯化碳不能燃烧,在常温下对空气和光相当稳定,是一种良好的有机溶剂和常用的灭火剂,因其蒸气比空气重,不导电,可把燃烧的物体覆盖,使之与空气隔绝而达到灭火的效果,适用于扑灭油类和电源附近的火源。

但是,四氯化碳在 500 ℃ 以上的高温时,能发生水解而生成少量的光气,故灭火时要注意保持空气流通,以防中毒。

$$CCl_4 + H_2O \xrightarrow{\text{高温}} COCl_2 + 2HCl$$

四氯化碳除了用做灭火剂外,还常用做干洗剂,但它有一定的毒性,若长期接触会损坏肝脏,所以在许多国家已不再将其用做溶剂和灭火剂。

四氯化碳与碱金属或碱土金属接触也容易发生爆炸。

四氯化碳是甲烷氯化的最终产物,工业上用甲烷与氯按 1∶4(物质的量比)混合,在 440 ℃ 下反应,四氯化碳的产率可达 96%。

7.8.3　有机氟化物

氟代烃与其他卤代烃相比,性质独特,制备比较困难。由于烃直接氟代反应剧烈,产物复杂,因此,通常氟代烃是由其他卤代烃与无机氟化物进行置换反应得到的。

一氟代烃不太稳定,容易脱去 HF 而生成烯烃。

$$CH_3-\underset{\underset{F}{|}}{CH}-CH_3 \longrightarrow CH_3-CH=CH_2 + HF$$

若烃分子中含有多个氟原子(特别是同一碳原子上连有多个氟原子),则变得比较稳定,由于某些多氟代烃具有极好的耐热性、耐腐蚀性和优良的电绝缘性,所以它们越来越引起人们的注意,现在已成为发展尖端科学不可缺少的物质。

1. 二氟二氯甲烷

二氟二氯甲烷是无色、无臭、无毒、无腐蚀性、化学性质稳定的气体,沸点为 −29.8 ℃,易压缩成不燃性液体,当解除压力后,立即汽化,同时吸收大量的热,因此广泛地用做制冷剂、喷雾剂、灭火剂等。它的商品名称叫氟利昂-12 或 F_{12}。

氟利昂(freon)原为杜邦公司生产的专用商品名称,但现已成为通用名称,实际上是一些氟氯烷的总称。许多氟氯烷都有良好的制冷作用,但又有各自不同的特性。商业上不同的氟利昂常用 F_{abc} 来表示它的结构。其中 F 表示它是一个氟代烃,在 F 右下角的数字中,c 代表分子中的氟原子数,b 代表分子中的氢原子数加 1,a 代表分子中的碳原子数减 1,如果为 0,可以省去不写。例如:

$$CCl_2F_2 \qquad ClF_2C-CF_2Cl \qquad CFCl_2CF_2Cl \qquad CCl_3F \qquad CHClF_2$$

简称　　　F_{12} 　　　　　　F_{114} 　　　　　　　　F_{113} 　　　　　F_{11} 　　　　F_{22}

氟利昂性质极为稳定,在大气中可长期存在而不发生化学反应,但在大气高空积聚后,可通过一系列的光化学降解反应产生氯自由基,而一个氯自由基就可破坏成千上万个臭氧分子。因此,氟利昂和其他含氯化合物包括氯气,是地球臭氧层的最大破坏者。高空臭氧层具有保护地球免受宇宙强烈紫外线侵害的作用,臭氧层一旦被破坏,将丧失其原来的保护作用,不但会导致人类免疫系统失调,造成白内障、产生皮肤癌,而且还会使地球的气候乃至整个环境发生巨大的变化。因此,现在世界各国已纷纷立法禁止使用氟利昂。

2. 四氟乙烯

四氟乙烯为无色气体,沸点为 $-76.3\ ℃$,不溶于水,溶于有机溶剂。

工业上,四氟乙烯的生产是采用氯仿与干燥氟化氢,在五氯化锑($SbCl_5$)催化下反应,先制得二氟一氯甲烷(F_{22}),后者再经高温分解而生成四氟乙烯。

$$CHCl_3 + 2HF \xrightarrow{SbCl_5} CHClF_2 + 2HCl$$

$$2CHClF_2 \xrightarrow{600\sim800\ ℃} F_2C{=}CF_2 + 2HCl$$

四氟乙烯是生产聚四氟乙烯(teflon)的单体,在过氧化物引发、加压条件下,四氟乙烯可聚合成聚四氟乙烯。

$$nF_2C{=}CF_2 \xrightarrow[50\ ℃,490.5\ kPa]{(NH_4)_2S_2O_8,\ H_2O,\ HCl} \left[CF_2{-}CF_2\right]_n$$

聚四氟乙烯是白色或淡灰色固体,其平均相对分子质量在 400 万～1000 万,具有很好的耐热、耐寒性,可在 $-269\ ℃\sim+250\ ℃$ 范围内使用,$400\ ℃$ 以下不分解。它的化学性质非常稳定,与发烟硫酸、浓碱、氢氟酸等均不反应,甚至在"王水"中煮沸也无变化,抗腐蚀性非常突出,故有"塑料王"之称。它是化工设备理想的耐腐蚀材料,也可作家庭炊食用具的"不粘"内衬,在国防工业、电器工业、航空工业、尖端科学技术等行业得到广泛使用。但其缺点是成本高,成型加工困难。

7.8.4　其他重要的卤代烃

1. 二对氯苯基三氯乙烷

二对氯苯基三氯乙烷又名滴滴涕(DDT),是一种不溶于水的白色晶体,熔点为 $108\ ℃\sim109\ ℃$。

二对氯苯基三氯乙烷早在 1873 年就被人工合成出来了,后来,瑞士化学家米勒(P. H. Muller)在寻找杀虫药物时,经过大量实验发现它具有良好的杀虫效果,并于 1942 年将其投入市场。由于 DDT 能杀灭多种害虫,迅速、有效,同时还有效力持久、无刺激性气味、稳定性好、价格便宜等优点,从而在世界各国得到迅速推广,成为第一代有机农药的典型代表(第一代是有机含氯和有机磷农药,第二代是拟除虫菊酯农药)。米勒也因此获得了 1948 年度诺贝尔生理学或医学奖。

但是,后来人们逐渐发现,正是因为 DDT 具有很高的稳定性,不易被生物分解,容易残留下来,造成积累,污染环境,可以在人和动物的肝脏内积累,天长日久,就会损害生命体的健康,甚至进入人和动物的生殖细胞里,逐渐地破坏或者改变着决定未来形态的遗传物质——DNA。而且 DDT 的扩散范围极广,就连北极的海豹和南极的企鹅体内也发现了 DDT 的踪迹。因此,在 20 世纪 70 年代前后,DDT 被世界各国禁止使用。可是,要消除世界上现有的 DDT 的不良影响,恐怕还要相当长的一段时间。

2. 六六六

六六六是分子式中含有六个碳、六个氢、六个氯的六氯环己烷($C_6H_6Cl_6$),所以简称为"六六六"。六六六有多种异构体,其中只有 γ-异构体(又称丙体)有较强的杀虫效果,但是,在普通的六六六粉中,γ-异构体只占 $8\%\sim15\%$。其他均为无效或低效的异构体。

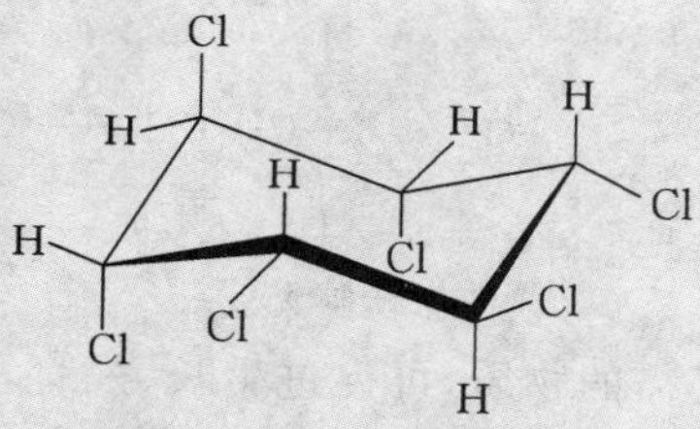

六六六的 γ-异构体

六六六是法拉第于 1825 年首先合成的,它是一种广谱的有机氯杀虫剂,也是第一代有机农药的典型代表。它具有胃毒、触杀和熏蒸三种作用方式,效力强而持久,对农业上的一些主要害虫,如蝗虫、稻螟、棉蚜、小麦吸浆虫、玉米螟以及地下害虫等都可以防治,应用范围广泛。它的缺点和 DDT 类似,因此,现在也被世界各国禁止使用。

3. 含卤菊酯

目前,第一代农药已有很多产品被世界各国禁止生产和使用,作为第二代杀虫剂的菊酯类农药,因其高效低毒、残留期短等优点,正在广泛使用。而这些菊酯类杀虫剂,如二氯苯醚菊酯、氯氰菊酯、溴氰菊酯、氟氯氰菊酯、三氟氯菊酯、氯烯炔菊酯、戊烯氰氯菊酯等,很多仍含有卤素原子。

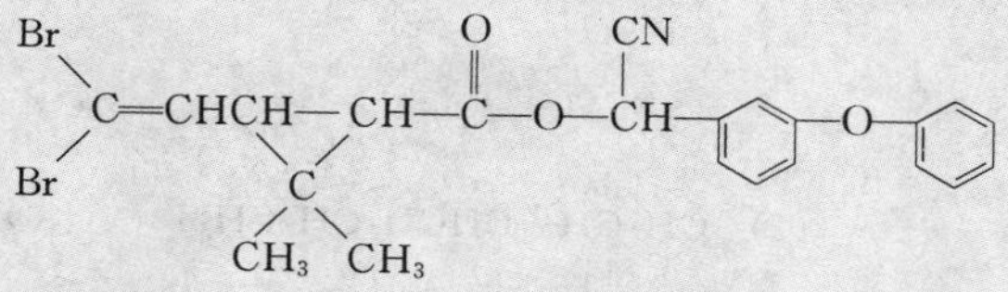

溴氰菊酯

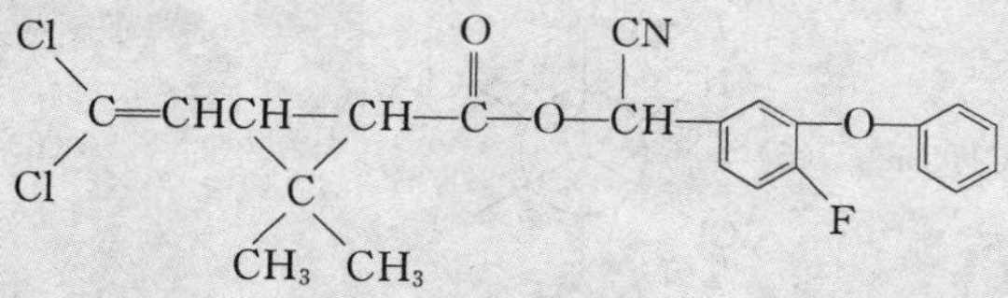

氟氯氰菊酯

由于菊酯类农药具有使害虫产生抗药性、杀伤天敌和对家蚕、水生物的危害极大等诸多弊端,其应用也受到了限制。为此,人们期望第三代农药能尽早大量开发和推广使用。第三代农药的主要特征就是利用各种生物自然存在的抗菌、抗虫性及其基因产生或表达的各种生物活性成分,制备出用于防治植物病虫害、环卫昆虫、杂草、鼠害以及调节植物生长的制剂。这一类农药被统称为生物农药。生物农药具有以下优点:①对病虫害防治效果好,对人畜安全无毒,不污染环境,无残留;②对病虫的杀伤特异性强,不伤害天敌和有益生物,能保持生态自然平衡;③生产原料和有效成分属天然产物,它可回归自然,保证可持续发展;④可用生物技术和基因工程的方法对微生物进行改造,不断提高性能和质量;⑤多种因素和成分发挥作用,害虫和病原菌难以产生抗药性。

4. 甲状腺素

在高等动物的代谢中,有重要作用的卤代烃是不多的,虽然氯离子对生命是必需的,但它在有机体内并不转化为氯代烃。只有碘,当由摄取的食物进入体内后,便在甲状腺中积存下来,并通过一系列化学反应形成甲状腺素。甲状腺素是控制许多代谢速度的一种重要激素。

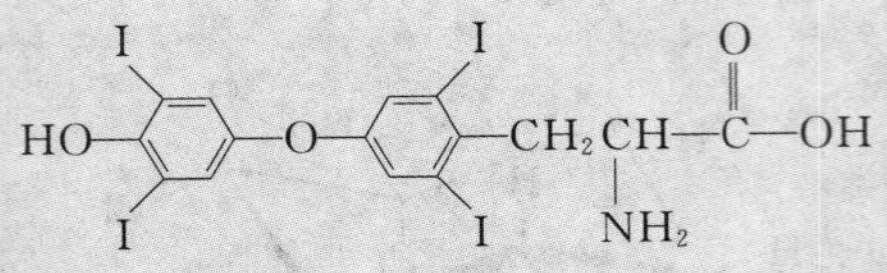

甲状腺素

　　甲状腺素是人类生长发育必需的物质,可促进生长、发育及成熟。动物实验表明:切除蝌蚪甲状腺,则发育停止,不能变成青蛙;如果在水中加入适量的甲状腺素,则这些蝌蚪又可恢复生长并变成青蛙。对人类,甲状腺素不仅能促进生长发育,还能促进生长激素的分泌,并增强生长激素对组织的效应,两者之间存在着协同作用。

　　甲状腺素能使细胞内氧化速度提高,耗氧量增加,产热增多,这种作用称为甲状腺素"生热效应"。这种生热效应的生理意义在于使人体的能量代谢维持在一定水平,调节体温使之恒定。甲状腺功能亢进时产热增加,患者喜凉怕热,而甲状腺功能低下时产热减少,患者喜热恶寒,均不能很好地适应环境温度变化。

习　　题

1. 命名下列化合物。

(1) 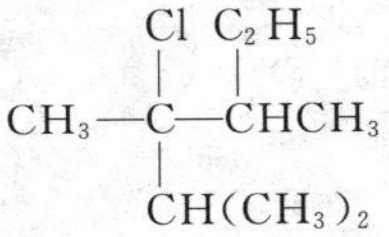 CH_3—$\overset{\overset{\displaystyle Cl}{|}}{\underset{\underset{\displaystyle CH(CH_3)_2}{|}}{C}}$—$CHCH_3$　　(2) CH_3CH—$CHCH_2CH_2CH_3$　　(3)

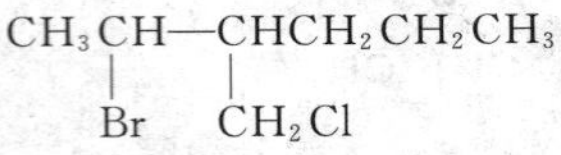

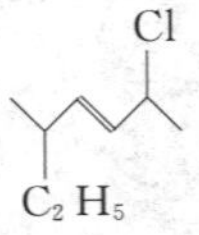

(4) 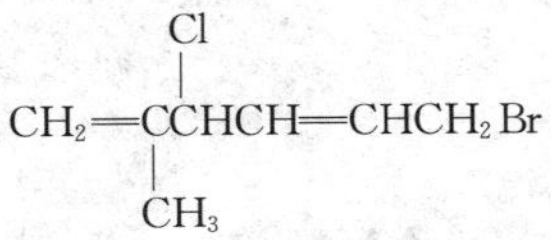 CH_2=CCH=$CHCH_2Br$　　(5) 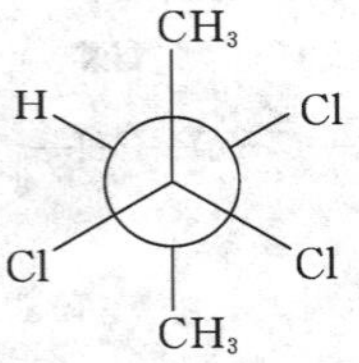　　(6)

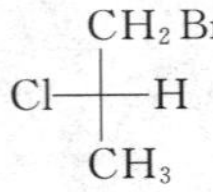

(7) 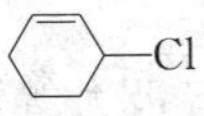　　(8) 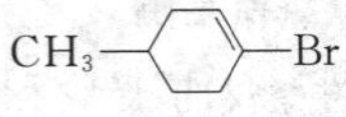 CH_3——Br

2. 写出下列化合物的结构式。

(1) 烯丙基氯　　　　(2) 叔丁基溴　　　　(3) 3-甲基-4-溴环戊烯

(4) (1R,2R)-1-甲基-1-氯-2-溴环戊烷　　　　(5) 苄基溴化镁

(6) 1-苯基-2-溴乙烷　　　　(7) 4-甲基-5-氯-2-戊炔

3. 完成下列反应式。

(1) CH_3CH=$CH_2 + HBr \longrightarrow$ (　　) $\xrightarrow{NaCN}$ (　　)

(2) CH_3CH=$CH_2 + HBr \xrightarrow{ROOR}$ (　　) $\xrightarrow{NaOH-H_2O}$ (　　)

(3) CH_3CH=$CH_2 + Cl_2 \xrightarrow{500\ ℃}$ (　　) $\xrightarrow{Br_2-H_2O}$ (　　)

(4) 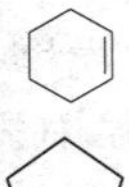 　　$+ Cl_2 \longrightarrow$ (　　) $\xrightarrow{2KOH,醇}$ (　　)

(5) 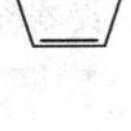 　　$+ NBS \xrightarrow{ROOR}$ (　　) $\xrightarrow{C_6H_5ONa}$ (　　)

$$(6)\ \underset{\underset{CH_3}{|}}{\overset{\overset{CH_3}{|}}{CH_3-C-CHCH_3}}\overset{|}{OH}\ \begin{array}{c}\xrightarrow{PCl_5}\ (\qquad)\\ \xrightarrow{HCl}\ (\qquad)\end{array}$$

$$(7)\ \boxed{\bigcirc}\ \xrightarrow{(\qquad)}\ \boxed{\bigcirc}-CH_2Cl\ \xrightarrow[\text{干醚}]{Mg}\ (\qquad)\ \xrightarrow[\text{②}H_2O]{\text{①}CO_2}\ (\qquad)$$

$$(8)\ (CH_3)_3CBr+NaCN\ \xrightarrow{C_2H_5OH}\ (\qquad)$$

$$(9)\ \underset{OH}{CH_3CHCH_3}\ \xrightarrow[H_2SO_4]{NaBr}\ (\qquad)\ \xrightarrow{(\qquad)}\ \underset{I}{CH_3CHCH_3}$$

$$(10)\ BrCH_2CH_2CH_2CH_2Br\ \xrightarrow[1\ mol]{NH_3}\ (\qquad)\ \xrightarrow{BrCH_2CH_2CH_2CH_2Br}\ (\qquad)$$

4. 用化学方法区别下列各组化合物。

(1) $CH_3CH=CHCl$、$CH_2=CHCH_2Cl$、$CH_3CH_2CH_2Cl$

(2) 苄基氯、对氯甲苯、环己基氯、1-氯环己烯

(3) 1-氯戊烷、2-溴丁烷、1-碘丙烷、1-氯双环[2.2.1]庚烷

5. 下列各步反应中有无错误(孤立地看)？如果有的话,错在哪里？写出正确的反应式。

$$(1)\ CH_3-CH=CH_2\ \xrightarrow[(A)]{HOBr}\ \underset{\underset{Br}{|}\quad\underset{OH}{|}}{CH_3-CH-CH_2}\ \xrightarrow[(B)]{Mg,\text{干醚}}\ \underset{\underset{MgBr}{|}\quad\underset{OH}{|}}{CH_3-CH-CH_2}$$

$$(2)\ (CH_3)_2C=CH_2+HCl\ \xrightarrow[(A)]{\text{过氧化物}}\ (CH_3)_3CCl\ \xrightarrow[(B)]{NaCN,CH_3CH_2OH}\ (CH_3)_3CCN$$

$$(3)\ \underset{Br}{\overset{CH_3}{\boxed{\bigcirc}}}\ \xrightarrow[(A)]{NBS}\ \underset{Br}{\overset{CH_2Br}{\boxed{\bigcirc}}}\ \xrightarrow[(B)]{NaOH,H_2O}\ \underset{OH}{\overset{CH_2OH}{\boxed{\bigcirc}}}$$

$$(4)\ \underset{Br}{\overset{}{\boxed{\bigcirc}}-CH_2-CH-CH_2-CH_3}\ \xrightarrow{KOH-CH_3CH_2OH}\ \boxed{\bigcirc}-CH_2-CH=CH-CH_3$$

6. 以指定的原料合成目标化合物。

$$(1)\ \underset{Br}{CH_3CHCH_3}\ \longrightarrow\ CH_3CH_2CH_2Br$$

$$(2)\ \underset{Cl}{CH_3CHCH_3}\ \longrightarrow\ CH_3CH_2CH_2Cl$$

$$(3)\ CH_2=CH_2\ \longrightarrow\ CH_2=CH-Cl\quad 和\quad Cl_2C=CHCl$$

$$(4)\ CH\equiv CH\ \longrightarrow\ \underset{Cl}{CH_3CH_2CHCH_3}\quad 和\quad \underset{Cl}{CH_3CH_2CH_2CHCH_2CH_3}$$

$$(5)\ CH_2=CH-CH=CH_2\ \longrightarrow\ \underset{CN}{CH_2CH_2CH_2CH_2}\overset{}{\underset{CN}{}}$$

$$(6)\ \boxed{\bigcirc}\ \longrightarrow\ \boxed{\bigcirc}-OH$$

$$(7)\ \underset{}{\overset{CH_3}{\boxed{\bigcirc}}-CH_3}\ \longrightarrow\ CH_3-\underset{}{\overset{CH_3}{\boxed{\bigcirc}}-CH_2OH}$$

(8) $CH_3CH_2CH_2Br \longrightarrow CH_3C{\equiv}CCH_2CH_2CH_3$

(9) 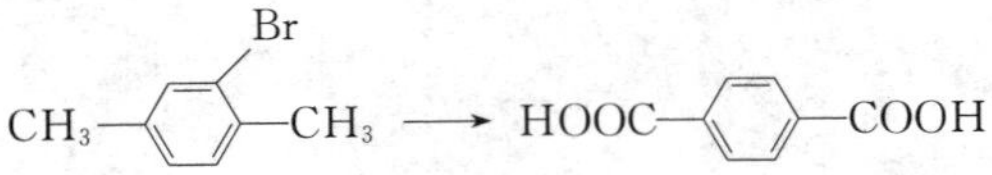 $\longrightarrow$ HOOC—⬡—COOH

7. 写出下列反应可能的历程(用反应式表示)。

(1)

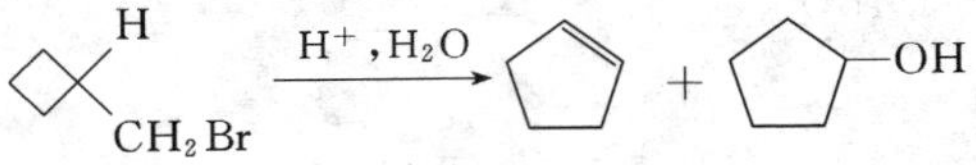

(2)

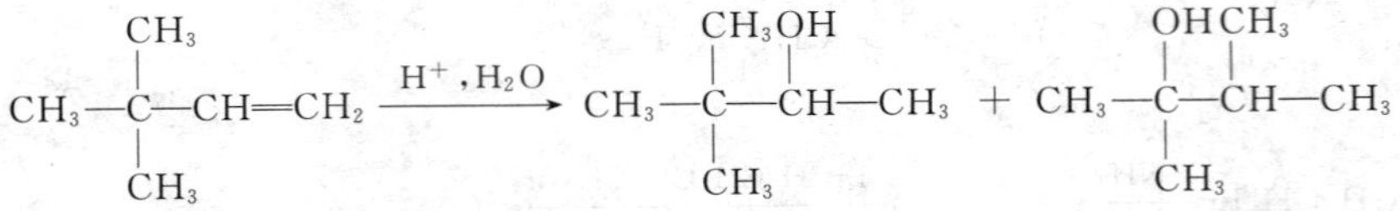

(3)

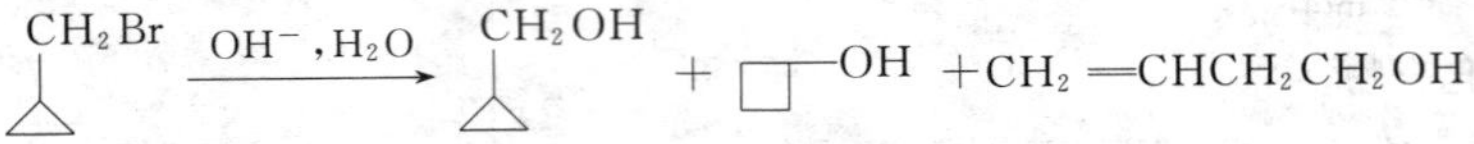

8. 化合物 A(C_5H_{10})不能使溴的四氯化碳溶液褪色,在紫外光照射下与溴反应只得到一种一溴代产物 B(C_5H_9Br)。将 B 与 KOH 的醇溶液作用得到 C(C_5H_8),C 经臭氧氧化再还原水解得到戊二醛。试推测化合物 A、B、C 的结构式,并写出各步反应式。

9. 某开链烃 A 的分子式为 C_6H_{12},具有旋光性,但催化加氢后生成没有旋光性的 B。A 与 HBr 反应生成 C,C 再与 KOH 的醇溶液作用生成 D,D 与 A 是同分异构体。试写出化合物 A、B、C、D 的结构式,并指出 C 和 D 是否有旋光性。

10. 化合物 A(C_7H_{12})没有旋光性,经臭氧氧化再还原水解只生成一种产物$CH_3CO(CH_2)_4CHO$。A 能使溴的四氯化碳溶液褪色,并生成有旋光性的化合物 B,B 与过量的 KOH 的醇溶液作用生成 C,C 与顺丁烯二酸酐共热生成化合物 D。试写出化合物 A、B、C、D 的结构式,并写出各步反应式。

第8章 醇、酚、醚

醇、酚、醚都是重要的含氧有机化合物，它们都可以看做水分子中的氢原子被烃基取代的衍生物。

$$H-O-H \begin{cases} \longrightarrow R-OH & \text{醇} \\ \longrightarrow Ar-OH & \text{酚} \\ \longrightarrow Ar(R)-O-(R')Ar' & \text{醚}(R=R' \text{或} R\neq R', Ar=Ar' \text{或} Ar\neq Ar') \end{cases}$$

8.1 醇

8.1.1 醇的命名

醇的命名方法有四种，即俗名、衍生物命名法、习惯命名法和系统命名法。

1. 俗名

俗名往往是根据某些醇的来源或性质特点而来的。例如：甲醇最初是从木材干馏得到的，俗称为木醇；乙醇是酒的主要成分，俗称为酒精。常用俗名命名的醇如下：

$$CH_3OH \qquad CH_3CH_2OH \qquad HOCH_2CH_2OH \qquad CH_3CH=CHCH_2OH$$
　　　木醇　　　　　酒精　　　　　　甘醇　　　　　　　　巴豆醇

2. 衍生物命名法

醇的衍生物命名法是把其他醇看做甲醇的衍生物。对于含有多芳基的醇，用衍生物命名法比较方便。例如：

$$(C_2H_5)_3COH \qquad (C_6H_5)_2CHOH \qquad (C_6H_5)_3COH$$
　　　三乙基甲醇　　　　二苯基甲醇　　　　三苯基甲醇

3. 习惯命名法

习惯命名法是对于烃基能用习惯命名法命名的醇，先用习惯命名法命名出与羟基相连的烃基，再加上"醇"字。例如：

$$\underset{\text{异丁醇}}{H_3C-\overset{\overset{\displaystyle CH_3}{|}}{C}HCH_2OH} \qquad \underset{\text{烯丙醇}}{CH_2=CHCH_2OH} \qquad \underset{\text{苄醇}}{}$$

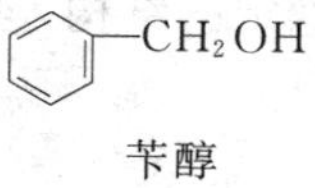

4. 系统命名法

脂肪族饱和醇的命名法与卤代烃相似，但醇羟基是较优先的官能团，应以醇为母体，编号应从靠近羟基一端开始。例如：

$$\underset{\text{4-甲基-2-戊醇}}{CH_3\overset{\overset{\displaystyle CH_3}{|}}{C}HCH_2\overset{\overset{\displaystyle }{|}}{C}HCH_3}{} \qquad \underset{\text{5-甲基-1-氯-2-己醇}}{ClCH_2\overset{\overset{\displaystyle }{|}}{C}HCH_2CH_2\overset{\overset{\displaystyle CH_3}{|}}{C}HCH_3}$$

脂肪族不饱和醇称为"某烯醇",羟基优先于双键,编号仍从靠近羟基一端开始。例如:

$$CH_2\!=\!CHCH_2OH$$

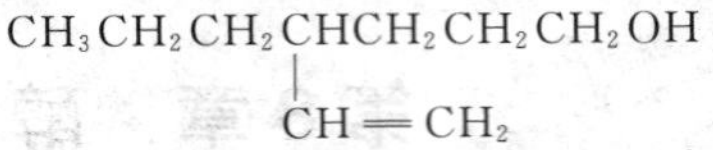

$$CH_3CH_2CH_2CHCH_2CH_2CH_2OH$$
$$\underset{CH\!=\!CH_2}{|}$$

2-丙烯-1-醇　　　　　　　　　4-正丙基-5-己烯-1-醇

羟基连在环上的脂环醇,称为"环某醇";若羟基连在脂环醇和芳醇支链上,命名时通常把脂环基和芳基看做取代基。例如:

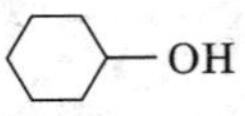

环己醇 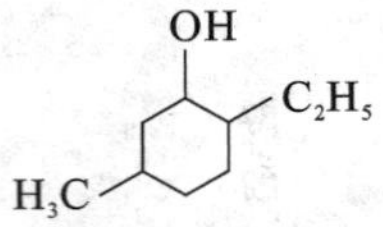　　　　5-甲基-2-乙基环己醇 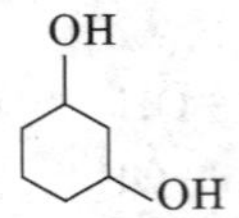　　　　1,3-环己二醇

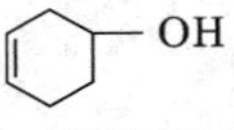

3-环己烯-1-醇 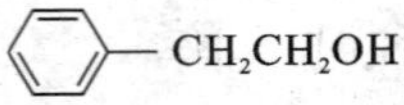　　　2-苯基乙醇（β-苯乙醇） 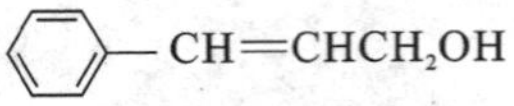　　　3-苯基-2-丙烯醇

多元醇命名时应选择包含多个羟基的最长碳链做主链,有立体构型的醇需标记顺/反或 R/S 构型。例如:

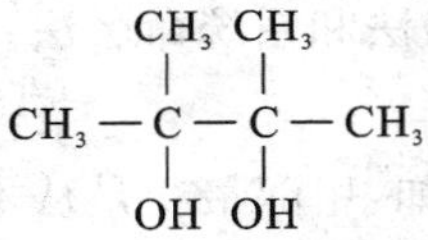

2,3-二甲基-2,3-丁二醇 　　　顺-1,2-环戊二醇 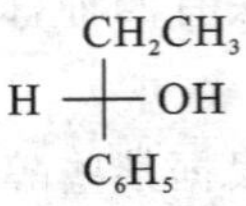　　　(S)-1-苯基-1-丙醇

8.1.2　醇的分类

烃分子中碳原子上连有羟基的化合物叫做醇(alcohol)。醇的官能团是羟基(hydroxyl group)—OH。根据分子中所含羟基的数目,可以将醇分为一元醇、二元醇、三元醇等,含两个以上羟基的醇称为多元醇。例如:

CH_3CH_2OH　　乙二醇 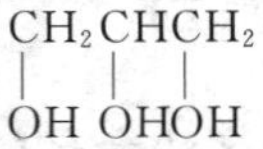　　丙三醇 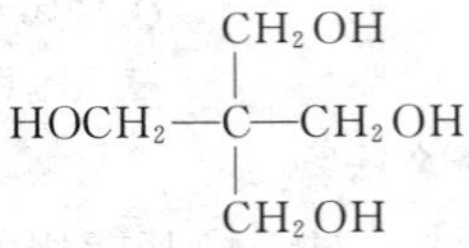　　季戊四醇(新戊四醇)

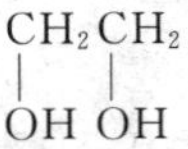

乙醇

多元醇分子中的羟基一般连接在不同的碳原子上,当两个或三个羟基连在同一个碳原子上时是一种不稳定的结构,容易脱水生成醛、酮或羧酸。

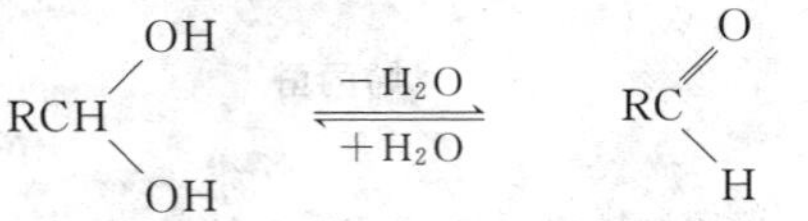

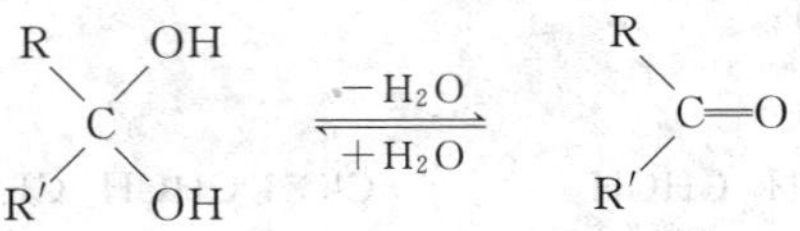

$$\underset{\overset{\displaystyle OH}{\displaystyle |}}{R-\overset{\displaystyle |}{\underset{\displaystyle OH}{C}}-OH} \ \underset{+H_2O}{\overset{-H_2O}{\rightleftharpoons}} \ \underset{\text{羧酸}}{R-\overset{\displaystyle O}{\overset{\|}{C}}-OH}$$

根据与羟基相连的碳原子类型,可以将醇分为伯醇、仲醇和叔醇。例如:

$$\underset{\text{伯醇}}{CH_3CH_2OH} \qquad \underset{\text{仲醇}}{(CH_3)_2CHOH} \qquad \underset{\text{叔醇}}{(CH_3)_3COH}$$

根据醇分子中烃基的类型,可以将醇分为脂肪醇和芳香醇。例如:

$$\underset{\text{脂肪醇}}{CH_3CH_2CH_2CH_2OH} \qquad \underset{\text{芳香醇}}{\text{⟨⟩}-CH_2OH}$$

脂肪醇又分为饱和醇和不饱和醇,不饱和醇是指烃基中含不饱和键的醇。例如:

$$\underset{\text{烯丙基醇}}{CH_2=CHCH_2OH} \qquad \underset{\text{4-戊烯-1-醇}}{CH_2=CH(CH_2)_3OH} \qquad \underset{\text{乙烯醇}}{CH_2=CHOH}$$

羟基连在双键碳上的醇叫做烯醇。烯醇不稳定,互变异构为羰基化合物。

8.1.3 醇的结构

在醇分子中,氧原子为 sp^3 杂化。碳原子以一个 sp^3 杂化轨道与氧原子的一个 sp^3 杂化轨道相互重叠形成 C—O σ 键,氧原子以一个 sp^3 轨道与氢原子的 1s 轨道相互重叠形成 O—H σ 键,两者都是极性共价键。氧原子的另外两个 sp^3 杂化轨道分别被氧的两对未共用电子对占据。甲醇分子的成键情况如图 8-1 所示,键的有关参数列于表 8-1。

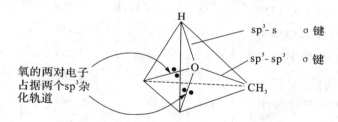

图 8-1 甲醇分子中氧原子的四面体结构

表 8-1 甲醇分子中的键长、键角

键	键长/nm	键角	键角值
C—H	0.109	∠COH	108.9°
C—O	0.143	∠HCH	109°
O—H	0.096	∠HCO	110°

醇的偶极矩与水相近,在 2 D 左右。

$$\underset{\mu=1.7\ D}{H_3C \quad H} \qquad \underset{\mu=1.8\ D}{H \quad H}$$

8.1.4　醇的物理性质

饱和的一元醇是无色的。常温常压下,低级醇($C_1 \sim C_3$)是有刺激性气味的液体,$C_4 \sim C_{11}$ 的醇是黏度较大的液体,高级醇(C_{12}以上)是固体。由于醇分子中的羟基是极性很强的基团, 一般低级醇分子极性较强,常用做质子型极性溶剂。常见各类醇的物理常数列于表 8-2。

表 8-2　常见各类醇的物理常数

名　称	结　构　式	熔点 / ℃	沸点/ ℃	密度(20 ℃) /(g·cm^{-3})	溶解度 /[g·(100 g(H_2O))$^{-1}$]
甲醇	CH_3OH	−97	64	0.793	∞
乙醇	CH_3CH_2OH	−115	78	0.789	∞
正丙醇	$CH_3CH_2CH_2OH$	−126	97	0.804	∞
正丁醇	$CH_3(CH_2)_2CH_2OH$	−90	118	0.810	7.8
正戊醇	$CH_3(CH_2)_3CH_2OH$	−78	138	0.817	2.3
正己醇	$CH_3(CH_2)_4CH_2OH$	−52	156	0.819	0.6
正庚醇	$CH_3(CH_2)_5CH_2OH$	−34	176	0.822	0.2
正辛醇	$CH_3(CH_2)_6CH_2OH$	−15	195	0.825	0.052
正癸醇	$CH_3(CH_2)_8CH_2OH$	6	228	0.829	
正十二醇	$CH_3(CH_2)_{10}CH_2OH$	24	257	0.831(在熔点时)	
正十四醇	$CH_3(CH_2)_{12}CH_2OH$	38	160(1330 Pa)	0.824	
正十六醇	$CH_3(CH_2)_{14}CH_2OH$	49	170(1330 Pa)	0.818	
正十八醇	$CH_3(CH_2)_{16}CH_2OH$	58	210(1330 Pa)	0.812	不溶
异丙醇	$CH_3CHOHCH_3$	−88	82	0.789	∞
异丁醇	$(CH_3)_2CHCH_2OH$	−108	108	0.802	10.0
2-丁醇	$CH_3CH_2CHOHCH_3$	−114	99	0.806	
叔丁醇	$(CH_3)_3COH$	25	83	0.789	∞
异戊醇	$(CH_3)_2CHCH_2CH_2OH$	−117	132	0.813	3
环戊醇	环-C_5H_9OH		140	0.949	微溶
环己醇	环-$C_6H_{11}OH$	24	161	0.962	3.8
烯丙醇	$CH_2{=}CHCH_2OH$	−129	97	0.855	∞
丙烯基甲醇	$CH_3CH{=}CHCH_2OH$		118	0.853	
甲基乙烯基甲醇	$CH_2{=}CHCHOHCH_3$		97	0.836	
苯甲醇	$C_6H_5CH_2OH$	−15	205	1.046	4
α-苯基乙醇	$C_6H_5CHOHCH_3$		205	1.013	
β-苯基乙醇	$C_6H_5CH_2CH_2OH$	−27	221	1.020	
二苯甲醇	$(C_6H_5)_2CHOH$	69	298		0.05

续表

名　称	结　构　式	熔点 /℃	沸点/℃	密度(20 ℃) /(g·cm⁻³)	溶解度 /[g·(100 g(H₂O))⁻¹]
三苯甲醇	$(C_6H_5)_3COH$	162		1.199	
桂皮醇	$C_6H_5CH=CHCH_2OH$	33	257	1.057	
乙二醇	CH_2OHCH_2OH	−16	197	1.113	∞
1,2-丙二醇	$CH_3CHOHCH_2OH$		187	1.040	∞
1,3-丙二醇	$HOCH_2CH_2CH_2OH$		215	1.060	∞
丙三醇	$HOCH_2CHOHCH_2OH$	18	290	1.261	∞
季戊四醇	$C(CH_2OH)_4$	260	276(3999.6 Pa)	1.050(15 ℃时)	

醇表现出的物理性质上的差异主要是由羟基引起的。由于氧的电负性大于碳、氢,所以碳氧键、氧氢键都是极性键($R—\overset{\delta^+}{CH_2}\to\overset{\delta^-}{O}\leftarrow\overset{\delta^+}{H}$)。一个醇分子羟基中的氧原子容易与另一个醇分子羟基中的氢原子相互吸引,形成氢键。因为形成了氢键,分子以缔合体的形式存在,要将液态的醇转变为气态的醇,不仅要克服分子间的范德华作用力,还需要提供较多的能量(16～33 kJ·mol⁻¹)使氢键断裂,故醇的沸点比相应的烃高。

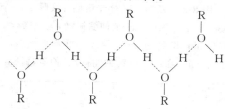

醇分子间的氢键

随着碳链增长,R 基团增大,空间位阻作用使醇分子间形成氢键的能力下降,它们的沸点也与相应的烃越来越接近。在各种醇的异构体中,直链伯醇的沸点最高;带支链的醇的沸点要低一些,支链越多,沸点越低。随着醇分子中羟基增多,形成氢键的能力增大,沸点比相对分子质量相等的饱和一元醇高得多。例如,丙三醇的沸点(290 ℃)比正戊醇(138 ℃)高。

醇的熔点比相应的烷烃高。因为醇分子间能形成氢键,而烷烃不能,因此克服醇分子间的作用力所需的能量比相应的烷烃高。

醇分子中的氢键对溶解度也有很大的影响。低级醇因为烷基在醇分子中所占的比例较小,与水分子有很好的相似性,醇分子可以取代水分子的位置,与水形成氢键,因此在水中的溶解度较大。随着醇分子中碳原子数增加,羟基在分子中的比例变小,分子类似于烷烃,不能形成氢键,故在水中的溶解度下降,相反其脂溶性增大。例如,正丁醇溶解度为 7.9 g·(100 g(H₂O))⁻¹,十二醇不溶解于水。多元醇由于分子中羟基增多,与水形成氢键的能力增强,故可以与水混溶。例如,丙三醇有三个羟基,可以与水混溶。在丁醇的四个异构体中,α-碳原子上的支链越多,烷基的供电子使羟基的氧原子上电子云密度增加,有利于与水形成氢键,故溶解度增大。

在醇的红外光谱(IR)中,主要有 C—O 及 C—H 两种化学键的特征伸缩振动吸收峰。当醇处于蒸气相或在非极性溶剂(如 CCl₄)中时,游离的醇羟基 O—H 键在 3500～3650 cm⁻¹处出现窄的强伸缩振动吸收峰;而处于液态或固态的醇,因为分子间氢键的形成,缔合的醇羟基在 3200～3400 cm^{-1} 处出现宽的强伸缩振动吸收峰；分子内缔合羟基在 3000～3500 cm^{-1} 处有伸缩振动吸收峰。这是醇的特征峰。醇分子中的 C—O 键的伸缩振动一般在 1050～1200 cm^{-1} 处有吸收峰。该峰处于指纹区，常用来区别伯、仲、叔醇。例如，伯醇的 C—O 键伸缩振动峰在 1050 cm^{-1} 附近，仲醇在 1100 cm^{-1} 附近，叔醇在 1150 cm^{-1} 附近。

在醇的核磁共振谱（^{1}H NMR）中，羟基上氢的化学位移值出现在较低场处（0.5～5.5）。这是因为羟基之间能形成氢键，缔合作用减少了羟基质子周围的电子云密度，故化学位移向低场移动。

图 8-2 与图 8-3 分别为乙醇的红外光谱图和核磁共振谱图。

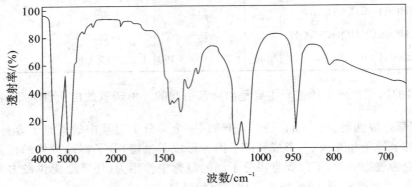

图 8-2　乙醇的红外光谱图（液膜法）

3333 cm^{-1} 峰：O—H 键伸缩振动，氢键缔合；

2994 cm^{-1} 和 2924 cm^{-1} 峰：C—H 键伸缩振动；

1052 cm^{-1} 峰：C—O 键伸缩振动，伯醇特征峰

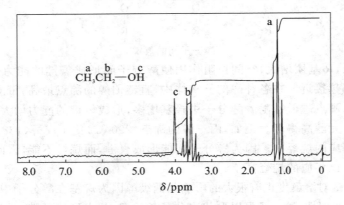

图 8-3　乙醇的核磁共振谱图

思考题 8-1　不查表，将下列化合物按沸点由高到低排序。

(1) 正丁醇、丁烷、1,2-丁二醇、1,2,3-丁三醇

(2) 正己烷、3-己醇、二甲基正丙基甲醇、正辛醇、正己醇

思考题 8-2　将下列化合物按在水中的溶解度由大到小排序，并说明理由。

(1) CH$_3$CH$_2$CH$_2$OH　　(2) CH$_2$CH$_2$CH$_2$　　(3) CH$_2$—CH—CH$_2$
　　　　　　　　　　　　　　　　｜　　｜　　　　　　｜　　｜　　｜
　　　　　　　　　　　　　　　OH　OH　　　　　OH　OH　OH

(4) CH$_3$OCH$_2$CH$_3$　　(5) CH$_3$CH$_2$CH$_3$

8.1.5　醇的化学性质

醇的化学性质与它的官能团羟基有关。由于氧的电负性较大,使得 C—O 键和 O—H 键都是极性键,易发生取代、氧化等反应。

1. 弱酸性和弱碱性

低级醇的结构与水分子很相似,它们也能和碱金属、碱土金属反应生成氢气。可以利用该反应中有气体生成来检验醇。例如,乙醇和金属钠反应有氢气生成,但反应比水缓和,反应中无燃烧现象。

$$2CH_3CH_2OH + 2Na \longrightarrow 2Na^+ + 2CH_3CH_2O^- + H_2 \uparrow$$

$$2ROH + Mg \longrightarrow (RO)_2Mg + H_2 \uparrow$$

上述反应说明醇有酸性,但酸性比水弱。几种常见醇的 pK_a 值如下:

$$CH_3OH \qquad CH_3CH_2OH \qquad (CH_3)_2CHOH \qquad (CH_3)_3COH$$

$$pK_a \qquad 15.5 \qquad\quad 15.9 \qquad\qquad 18.0 \qquad\qquad 19.2$$

除甲醇外,其他醇的酸性小于水(pK_a 为 15.7)。不同结构的醇其酸性由强到弱的顺序如下:

$$CH_3OH > 1°ROH > 2°ROH > 3°ROH$$

利用醇和金属钠的反应,可以除去未反应的残余金属钠。也可以用来制备无水乙醇,因为少量的水优先与金属钠反应生成氢氧化钠和氢气而被除去。

醇在溶液中可以离解。

$$ROH \Longrightarrow RO^- + H^+$$

烷氧基负离子的稳定性影响该离解平衡。烷基是供电子基团,当 α-碳原子上的烷基增多,供电子能力增强,烷氧基的氧原子上负电荷增多,醇的离解难,酸性弱;另一方面,烷基越多,烷氧负离子的空间障碍越大,在水中的溶剂化作用越小,稳定性也减弱,醇的酸性也下降。

根据酸碱理论,弱酸的共轭碱是强碱,因此共轭碱烷氧基负离子的碱性由强到弱顺序如下:

$$CH_3O^- < RCH_2O^- < R_2CHO^- < R_3CO^-$$

醇钠的碱性比氢氧化钠强,遇水几乎完全水解。例如:

$$CH_3CH_2ONa + H_2O \Longrightarrow CH_3CH_2OH + NaOH$$

醇的弱碱性表现在醇羟基氧原子上有未共用电子对,是一个路易斯碱,它能与质子或路易斯酸结合形成鲜盐:

$$CH_3CH_2\overset{..}{\underset{..}{O}}H + H_2SO_4 \Longrightarrow CH_3CH_2\overset{+}{\underset{..}{O}}H_2\bar{S}O_4H$$

$$CH_3CH_2\overset{..}{\underset{..}{O}}H + ZnCl_2 \Longrightarrow CH_3CH_2\underset{\underset{H}{|}}{\overset{\delta^+}{O}}\overset{\delta^-}{-ZnCl_2}$$

低级醇能和 $MgCl_2$、$CaCl_2$、$CuSO_4$ 等无机盐生成配合物,如 $MgCl_2 \cdot 6CH_3OH$、$CaCl_2 \cdot 4C_2H_5OH$,因此这些盐不能作为醇的干燥剂,但可以用来除去杂质醇。例如,由环己醇制备环己烯的实验中,用 $CaCl_2$ 干燥的目的就是除去未反应的环己醇。

思考题 8-3 比较下列化合物与金属钠反应的活性,再将三种醇钠按碱性强弱排序。

1-丁醇、2-丁醇、2-甲基-2-丙醇

2. 与氢卤酸的反应

醇与氢卤酸反应,可以生成相应的卤代烃,这是制备卤代烷的方法之一。

$$ROH + HX \rightleftharpoons RX + H_2O$$

实验证明醇和氢卤酸反应的速率与氢卤酸的种类和醇的结构都有关系,不同卤化氢的反应活性顺序如下:

$$HI > HBr > HCl \gg HF$$

不同结构醇的反应活性顺序如下:

$$苄基醇或烯丙基醇 > R_3COH > R_2CHOH > RCH_2OH > CH_3OH$$

例如:

$$CH_3CH_2CH_2OH \xrightarrow[\triangle]{浓\ HI} CH_3CH_2CH_2I + H_2O$$

$$CH_3CH_2CH_2CH_2OH \xrightarrow[回流]{NaBr, H_2SO_4} CH_3CH_2CH_2CH_2Br + H_2O$$

$$\underset{}{\bigcirc}\text{—}CH_2OH \xrightarrow[\triangle]{浓\ HCl} \underset{}{\bigcirc}\text{—}CH_2Cl + H_2O$$

用浓盐酸与无水氯化锌配制成的试剂称为卢卡斯(Lucas)试剂,在室温下它与不多于六个碳原子的饱和脂肪醇作用,根据反应速度不同,可以鉴别伯、仲、叔醇。当醇的 β-C 上有双键等不饱和键(如苄醇)时,与氢卤酸反应过程中形成稳定的烯丙型碳正离子,反应易发生,从而可通过卢卡斯试剂鉴别。

$$\bigcirc\text{—}CH_2OH \xrightarrow[室温]{HCl,无水\ ZnCl_2} \bigcirc\text{—}CH_2Cl \qquad 立即混浊$$

$$H_2C=CHCH_2OH \xrightarrow[室温]{HCl,无水\ ZnCl_2} H_2C=CHCH_2Cl \qquad 立即混浊$$

$$R_3COH \xrightarrow[室温]{HCl,无水\ ZnCl_2} R_3CCl + H_2O \qquad 立即混浊$$

$$R_2CHOH \xrightarrow[室温]{HCl,无水\ ZnCl_2} R_2CHCl + H_2O \qquad 几分钟后混浊$$

$$RCH_2OH \xrightarrow[室温]{HCl,无水\ ZnCl_2} RCH_2Cl + H_2O \qquad 不混浊,加热后混浊$$

低级醇能溶解于卢卡斯试剂中,生成的卤代烷不溶,故一旦反应生成了卤代烷,反应液就会出现混浊或分层。

醇与氢卤酸的反应主要有两种反应机理,即单分子亲核取代机理(S_N1)和双分子亲核取代机理(S_N2)。大多数伯醇是按 S_N2 机理进行的,仲醇和叔醇主要按 S_N1 机理进行。

S_N2 机理:

$$RCH_2OH + H^+ \rightleftharpoons RCH_2\overset{+}{O}H_2 \qquad (醇的质子化)$$

$$X^- + \underset{R}{\overset{}{CH_2}}\text{—}\overset{+}{O}H_2 \longrightarrow \left[\overset{\delta^-}{X}\cdots\underset{R}{CH_2}\cdots\overset{\delta^+}{O}H_2\right] \longrightarrow X\text{—}CH_2R + H_2O$$

$$过渡态$$

质子化的醇羟基是较好的离去基团,受到亲核试剂卤原子的作用而离去,反应是一步完成的,没有重排产物。

S_N1 机理:

$$R_3C-OH+H^+ \Longleftrightarrow R_3\overset{+}{C}-OH_2 \xrightarrow[\text{慢}]{-H_2O} R_3\overset{+}{C}$$

$$R_3\overset{+}{C}+X^- \xrightarrow{\text{快}} R_3C-X$$

生成质子化的羟基后很容易脱去一分子水,形成较稳定的仲碳正离子或叔碳正离子,酸起催化作用。因为有碳正离子生成,所以伴有重排产物。例如:

$$\underset{\underset{\text{OH}}{|}}{CH_3CHCHCH_3}(CH_3) \xrightarrow[\text{回流}]{\text{浓 HBr}} \underset{\underset{\text{Br}}{|}}{CH_3CHCHCH_3}(CH_3) + \underset{\underset{\text{Br}}{|}}{CH_3CCH_2CH_3}(CH_3)$$

重排产物

其反应机理如下:

$$\underset{\underset{\text{OH}}{|}}{CH_3CHCHCH_3}(CH_3) \xrightarrow{H^+} \underset{\underset{\overset{+}{OH_2}}{|}}{CH_3CHCHCH_3}(CH_3) \xrightarrow{-H_2O} CH_3\overset{+}{C}HCHCH_3(CH_3) \xrightarrow{Br^-} \underset{\underset{\text{Br}}{|}}{CH_3CHCHCH_3}(CH_3)$$

重排
(H 邻位迁移)

$$CH_3\overset{+}{C}CH_2CH_3(CH_3) \xrightarrow{Br^-} \underset{\underset{\text{Br}}{|}}{CH_3CCH_2CH_3}(CH_3)$$

碳正离子的 H 邻位迁移后,仲碳正离子转变为叔碳正离子,稳定性增加,所以反应更有利于重排产物的生成。

新戊醇虽然是伯醇,但因空间障碍较大,不利于 S_N2 反应的进行。形成碳正离子的速度相对较快,故新戊醇与 HCl 反应一般按 S_N1 机理进行,以重排产物为主。

$$\underset{\underset{CH_3}{|}}{\overset{\overset{CH_3}{|}}{CH_3-C-CH_2OH}} \xrightarrow[-H_2O]{H^+} \underset{\underset{CH_3}{|}}{\overset{\overset{CH_3}{|}}{CH_3-C-\overset{+}{C}H_2}} \xrightarrow{\text{重排}(-CH_3 \text{邻位迁移})} CH_3-\overset{+}{\underset{|}{C}}-CH_2CH_3(CH_3)$$

$$\downarrow Cl^-$$

$$\underset{\underset{Cl}{|}}{\overset{\overset{CH_3}{|}}{CH_3-C-CH_2CH_3}}$$

思考题 8-4 将下列各组醇按与 HBr 水溶液反应的相对活性排列成序。

(1) ⬡—CH₂OH、 CH₃—⬡—CH₂OH、 NO₂—⬡—CH₂OH

(2) ⬡—CH₂OH、 ⬡—CHOH(CH₃)、 ⬡—CH₂CH₂OH

3. 脱水反应

醇在不同的反应条件下,可以进行分子内脱水得到烯烃,也可以发生分子间脱水得到醚。醇的结构和反应条件(如温度等)是决定产物的主要因素。

1) 分子内脱水

醇在硫酸或磷酸等存在时,在较高的温度下发生分子内脱水,生成烯烃。

$$CH_3CH_2OH \xrightarrow[170\,℃]{浓\ H_2SO_4} CH_2{=}CH_2 + H_2O$$

不同结构的醇反应活性有较大的差异。例如:

$$CH_3CH_2CH_2CH_2OH \xrightarrow[140\,℃]{75\%H_2SO_4} CH_3CH{=}CHCH_3 + CH_3CH_2CH{=}CH_2$$ 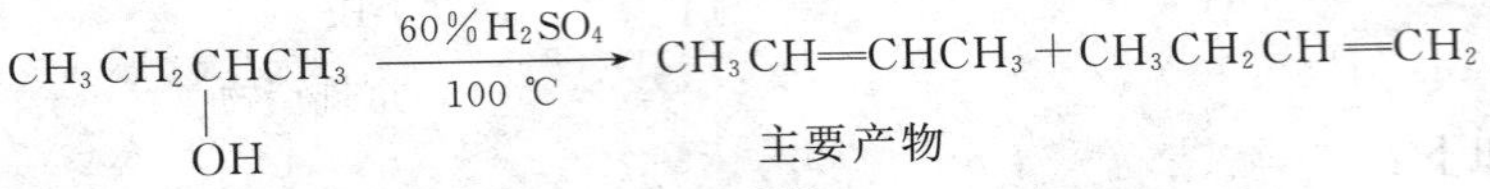
主要产物

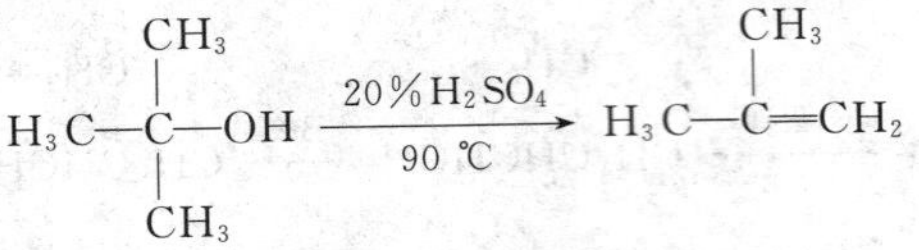

$$CH_3CH_2CHCH_3 \xrightarrow[100\,℃]{60\%H_2SO_4} CH_3CH{=}CHCH_3 + CH_3CH_2CH{=}CH_2$$
$$\overset{|}{OH}$$
主要产物

$$H_3C\overset{\overset{CH_3}{|}}{\underset{\underset{CH_3}{|}}{C}}OH \xrightarrow[90\,℃]{20\%H_2SO_4} H_3C\overset{\overset{CH_3}{|}}{C}{=}CH_2$$

由此得到不同结构的醇脱水生成烯烃的难易顺序如下:
叔醇＞仲醇＞伯醇

醇在酸存在下的脱水反应一般按 E1 机理进行,有重排产物生成。脱水取向遵守查依切夫规则,即产物是以生成支链较多的烯烃为主。例如:

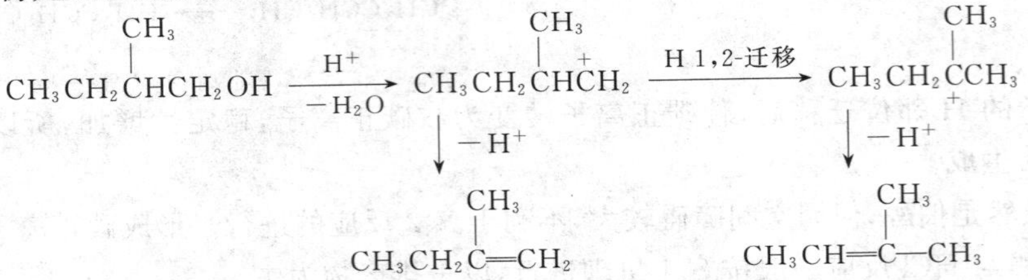

$$CH_3CH_2CHCH_2OH \xrightarrow[-H_2O]{H^+} CH_3CH_2\overset{+}{CH}CH_2 \xrightarrow{H\,1,2\text{-}迁移} CH_3CH_2\overset{+}{C}CH_3$$

若脱水后能形成共轭体系时,则优先形成共轭体系。例如:

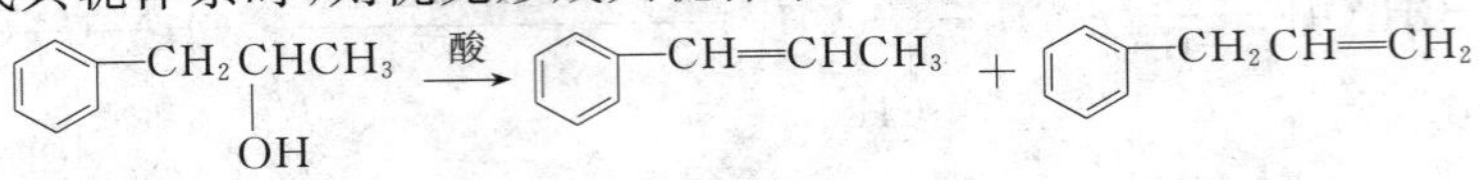

若是环烷基醇化合物,经碳正离子重排,可以得到扩环的产物。例如:

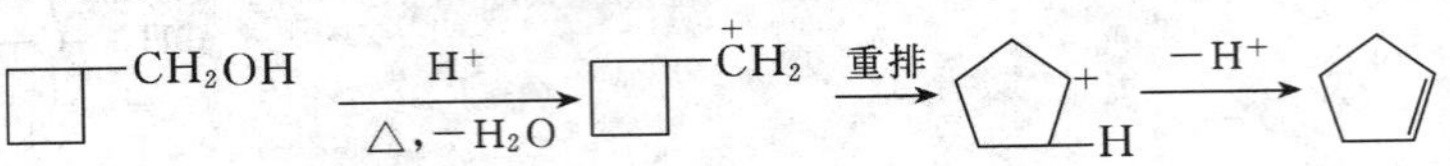

2) 分子间脱水

在酸催化、一定的反应温度下,伯醇可以发生分子间脱水,生成醚,反应按 S_N2 机理进行。例如:

$$2CH_3CH_2OH \xrightarrow[140\,℃]{浓\ H_2SO_4} CH_3CH_2OCH_2CH_3 + H_2O$$

其反应机理如下:

$$CH_3CH_2OH \overset{H^+}{\rightleftharpoons} CH_3CH_2\overset{+}{O}H_2$$

$$CH_3CH_2\overset{..}{O}H + \overset{+}{C}H_2 - \overset{+}{O}H_2 \longrightarrow \left[CH_3CH_2\overset{\delta^+}{O} \cdots CH_2 \cdots \overset{\delta^+}{O}H_2 \right] \xrightarrow{-H_2O} CH_3CH_2\overset{+}{O}CH_2CH_3$$

过渡态

$$\xrightarrow{-H^+} CH_3CH_2OCH_2CH_3$$

　　一般来说，叔醇和仲醇有利于分子内脱水（消除反应），伯醇有利于分子间脱水（取代反应）。

思考题 8-5　将下列各醇按脱水的活性大小排序。

(1) 苯基—$\underset{\underset{OH}{|}}{\overset{\overset{CH_3}{|}}{C}}CH_2CH_3$　　　(2) 苯基—$CH_3CH_2\underset{\underset{OH}{|}}{CH}CH_3$　　　(3) 苯基—$CH_2\underset{\underset{OH}{|}}{\overset{\overset{CH_3}{|}}{C}}CH_3$

(4) 苯基—$CH_2\underset{\underset{OH}{|}}{CH}CH_3$　　　(5) 苯基—$CH_2CH_2CH_2OH$

思考题 8-6　写出下列化合物脱水的产物。

(1) $CH_3CH_2\underset{\underset{OH}{|}}{C}(CH_3)_2 \xrightarrow[\triangle]{Al_2O_3}$　　　(2) $(CH_3)_2CCH_2\underset{\underset{OH}{|}}{CH_2}OH \xrightarrow[脱一分子水]{H_2SO_4,\triangle}$

(3) 苯基—$CH_2\underset{\underset{OH}{|}}{CH}CH_3 \xrightarrow[\triangle]{H^+}$　　　(4) 苯基—$CH_2\underset{\underset{OH}{|}}{CH}CH(CH_3)_2 \xrightarrow[\triangle]{H^+}$

---

4. 与含氧无机酸反应

醇与含氧的无机酸（如硫酸、硝酸、磷酸等）反应生成酯。其机理和醇与氢卤酸的反应相似。

1）与硫酸的反应

醇与硫酸反应可以生成酸性硫酸酯和中性硫酸酯。例如：

$$CH_3CH_2OH + H_2SO_4 \rightleftharpoons CH_3CH_2OSO_3H + H_2O$$

硫酸氢乙酯

在减压下蒸馏得硫酸二乙酯。

$$2CH_3CH_2OSO_3H \xrightarrow{减压蒸馏} CH_3CH_2OSO_2OCH_2CH_3 + H_2SO_4$$

硫酸二乙酯

硫酸二乙酯是有机合成中常用的乙基化试剂，有毒，使用时要注意安全。十二烷基磺酸钠是一种优良的阴离子表面活性剂，常用于乳化剂的配制，它就是利用该反应合成的。

$$C_{12}H_{25}OH \xrightarrow{H_2SO_4}_{40\sim55\ ℃} C_{12}H_{25}OSO_3H \xrightarrow{NaOH} C_{12}H_{25}OSO_3Na$$

2）与硝酸反应

醇与硝酸反应生成硝酸酯。最重要的硝酸酯是甘油三硝酸酯（硝化甘油）。

$$\begin{array}{l}CH_2OH\\|\\CHOH\\|\\CH_2OH\end{array} +3HNO_3 \longrightarrow \begin{array}{l}CH_2ONO_2\\|\\CHONO_2\\|\\CH_2ONO_2\end{array} +3H_2O$$

甘油三硝酸酯

硝酸酯不稳定,受热易分解。多元醇的硝酸酯是烈性炸药。甘油三硝酸酯可以作为冠状动脉扩张药治疗心绞痛,是冠心病患者的急救药物之一。

3）与磷酸反应

醇与磷酸或三氯氧磷反应生成磷酸酯。

$$3n\text{-}C_4H_9OH+POCl_3 \longrightarrow (n\text{-}C_4H_9O)_3PO+3HCl$$

磷酸三丁酯

磷酸三丁酯是无色液体,溶于有机溶剂,稍溶于水,是塑料的增塑剂和稀有金属的萃取剂。磷酸三丁酯也被用于制取农药。

5. 氧化和脱氢

伯醇和仲醇分子中 α-氢原子因受相邻羟基的影响,比较活泼,容易被氧化。叔醇不含 α-氢原子,一般情况下不易被氧化。

$$RCH_2OH \xrightarrow{[O]} RC\overset{O}{-}H \xrightarrow{[O]} RCOOH$$

$$\begin{array}{c}R\\ \quad \diagdown\\ \quad CHOH\\ \quad \diagup\\ R'\end{array} \xrightarrow{[O]} R-\overset{O}{\overset{\|}{C}}-R'$$

$$R_3COH \xrightarrow{[O]} 不反应$$

伯醇被氧化先生成醛,因为醛的还原性比醇更强,因此反应很难停留在该步,继续被氧化生成羧酸。若要使反应停留在生成醛的阶段,可以采用两种方法:一是从反应体系中移出生成的醛,防止进一步氧化;二是选择合适的氧化剂,只氧化醇而不氧化醛。

$$CH_3(CH_2)_3CH_2OH \xrightarrow[H^+,\triangle]{Na_2Cr_2O_7} CH_3(CH_2)_3CHO \xrightarrow[H^+]{Na_2Cr_2O_7} CH_3(CH_2)_3COOH$$

1-戊醇　　　　　　　　　　　　　　　　正戊酸

铬酐的吡啶溶液或新制得的 MnO_2 可以将伯醇氧化为醛而不继续氧化,同时分子中存在的 C＝C、C＝O 等不饱和键不被破坏。

$$CH_3(CH_2)_6CH_2OH \xrightarrow{CrO_3,吡啶} CH_3(CH_2)_6CHO$$

仲醇氧化生成的酮难以继续被氧化,所用的氧化剂是 $K_2Cr_2O_7\text{-}H_2SO_4$、$KMnO_4$、$CrO_3$-稀 H_2SO_4、异丙醇铝-丙酮溶液。

$$CH_3(CH_2)_4\underset{\overset{|}{OH}}{CH}CH_3 \xrightarrow[\triangle]{K_2CrO_7,H_2SO_4} CH_3(CH_2)_4\overset{O}{\overset{\|}{C}}CH_3$$

2-庚酮

$$\text{环己醇} \xrightarrow[NaOH,H_2O]{KMnO_4} \text{环己酮}$$

环己酮

在异丙醇铝的存在下,仲醇与丙酮一起加热反应,仲醇被氧化为酮,而丙酮被还原为醇,此方法称为欧芬脑尔(Oppenauer)氧化。氧化过程中醇分子中的不饱和键不受影响。

$$\underset{R'}{\overset{R}{\big|}}CHOH + CH_3\overset{\overset{O}{\|}}{C}CH_3 \underset{}{\overset{Al[OCH(CH_3)_2]_3}{\rightleftharpoons}} \underset{R'}{\overset{R}{\big|}}C{=}O + \underset{CH_3}{\overset{CH_3}{\big|}}CHOH$$

在催化剂的作用下,脱去伯醇、仲醇羟基上的氢原子和 α-碳原子上的氢原子,得到相应的醛和酮的反应称为醇的脱氢反应。工业生产上常用铜作催化剂,在气相中进行脱氢。

$$RCH_2OH \xrightarrow[200\sim300\ ℃]{Cu} RCHO + H_2$$

$$\underset{R'}{\overset{R}{\big|}}CHOH \xrightarrow[200\sim300\ ℃]{Cu} \underset{R'}{\overset{R}{\big|}}C{=}O + H_2$$

8.1.6　多元醇

多元醇可以分为二元醇、三元醇、四元醇等,由于分子内含有多个羟基,可以形成多个氢键,所以它们的沸点和在水中的溶解度都比相对分子质量相近的一元醇高。例如,乙二醇的沸点为 197 ℃,而乙醇的沸点仅为 78.5 ℃;乙二醇易溶于极性溶剂,而难溶于醚。

二元醇除具有普通醇的一般化学性质外,由于分子内羟基的相互影响,还具有某些特殊的化学性质。

1. 1,2-二醇的高碘酸氧化

两个羟基连在相邻的碳原子上的二元醇叫做 1,2-二醇或 α-二醇,可以被高碘酸氧化,相邻的两个羟基所连碳原子之间的碳碳键断裂,生成两个相应的羰基化合物。

$$\underset{OH}{\overset{CH_2}{\big|}}{-}\underset{OH}{\overset{CH_2}{\big|}} \xrightarrow[H_2SO_4]{KIO_4} 2CH_2O$$

$$CH_3CH_2\underset{OH}{\overset{|}{C}}H{-}\underset{OH}{\overset{|}{C}}(CH_3)_2 \xrightarrow[H_2SO_4]{KIO_4} CH_3CH_2CHO + CH_3\overset{\overset{O}{\|}}{C}CH_3$$

该反应是定量进行的,可以用于 1,2-二醇的结构鉴定和定量分析。在反应过程中,HIO_4 被还原成 HIO_3,如果在反应混合物中加入 $AgNO_3$,则可以看到 $AgIO_3$ 白色沉淀的生成,由此判断发生了氧化反应。

1,3-二醇(β-二醇)和 1,4-二醇(γ-二醇)不发生该反应。

四乙酸铅在冰醋酸溶液中也可以氧化 α-二醇生成羰基化合物,其作用和高碘酸相似。

$$R{-}\underset{OH}{\overset{|}{C}}H{-}\underset{OH}{\overset{|}{C}}H{-}R + Pb(CH_3COO)_4 \xrightarrow{CH_3COOH} 2RCHO + Pb(CH_3COO)_2 + 2CH_3COOH$$

思考题 8-7　将下列化合物用 HIO_4 处理,产物分别是什么?

(1) $CH_3{-}\underset{OH}{\overset{\overset{CH_3}{|}}{C}}{-}\underset{OH}{\overset{\overset{CH_3}{|}}{C}}{-}CH_3$　　　　(2) $CH_3{-}\underset{OH}{\overset{\overset{CH_3}{|}}{C}}{-}\underset{OH}{\overset{|}{C}}H_2$

2. 邻二叔醇的频哪醇重排

　　邻二叔醇在酸催化下发生分子内重排,生成酮的反应称为频哪醇重排(Pinacol rearrangement)反应,可以用来制备特殊结构的酮。

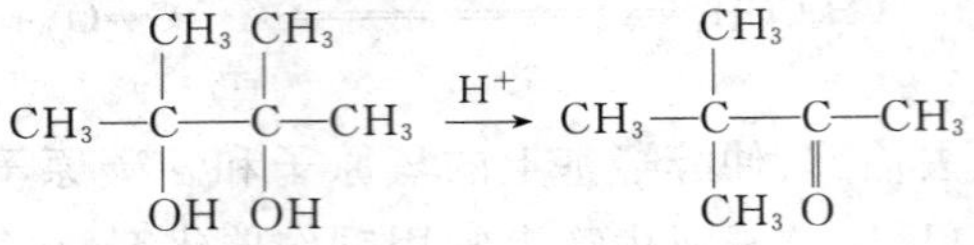

频哪醇　　　　　　　　　频哪酮

其反应机理如下:

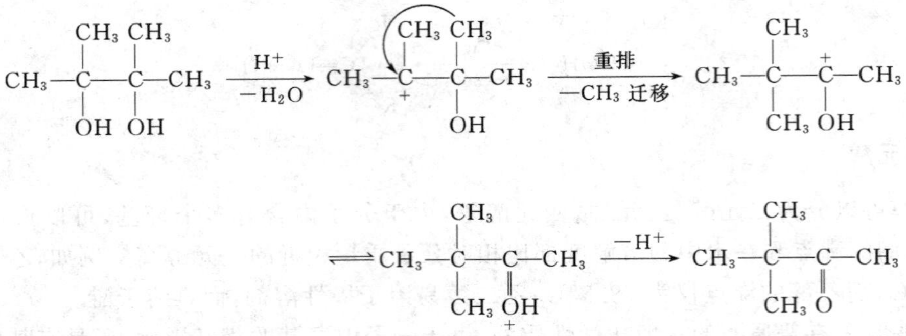

生成更稳定的正离子是重排的推动力。又如:

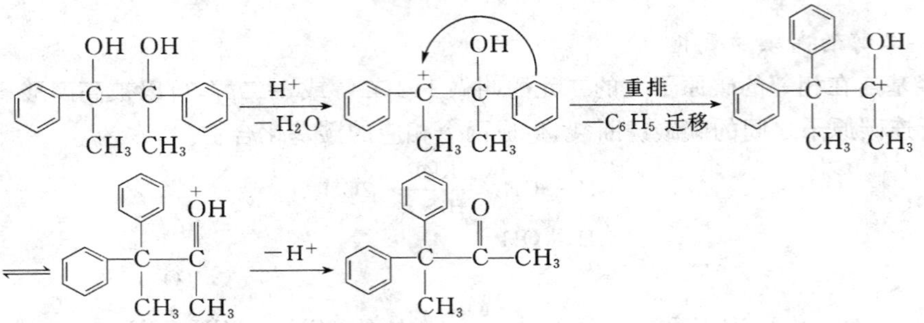

　　重排顺序为

芳基>3° 烷基>2° 烷基>1° 烷基>CH₃>H

思考题 8-8　写出下列反应的产物。

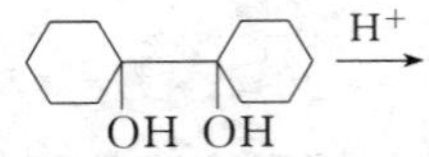

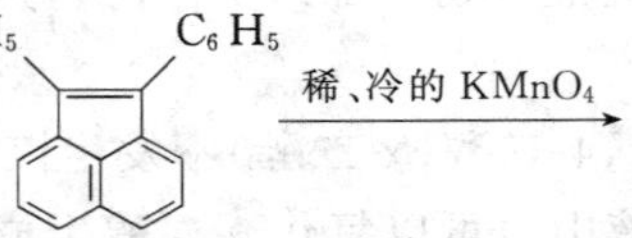

8.1.7　醇的制法

1. 直接水合法

　　简单的醇(如乙醇、异丙醇等)可以在酸催化下,用烯烃直接水合制备。例如:

$$CH_2{=\!=}CH_2 + H_2O \xrightarrow[\text{300 ℃,7～8 MPa}]{\text{磷酸、硅藻土}} CH_3CH_2OH$$

$$CH_3CH{=\!=}CH_2 + H_2O \xrightarrow[\text{195 ℃,2 MPa}]{\text{磷酸、硅藻土}} CH_3\underset{\underset{OH}{|}}{C}HCH_3$$

2. 间接水合法

烯烃与硫酸反应生成硫酸氢酯,然后水解得到醇。例如:

$$CH_2=CH_2 \xrightarrow[60\sim90\ ℃,1.7\sim3.5\ MPa]{H_2SO_4} CH_3CH_2OSO_3H \xrightarrow[\triangle,-H_2SO_4]{H_2O} CH_3CH_2OH$$

3. 羟汞化-脱汞反应

烯烃与乙酸汞在水溶液中反应,生成羟汞化合物,后者用硼氢化钠还原得到醇。

该反应是经过两步完成的,第一步称为羟汞化(oxymercuration),第二步称为脱汞(demercuration),最终的结果是在双键上加入了一分子水。例如:

$$CH_3CH=CH_2+Hg(CH_3COO)_2+H_2O \xrightarrow[25\ ℃]{H_2O,THF} CH_3\underset{OH}{C}H-\underset{HgOOCCH_3}{C}H_2 \quad +CH_3COOH$$

$$CH_3\underset{OH}{C}H-\underset{HgOOCCH_3}{C}H_2 \xrightarrow{NaBH_4,OH^-} CH_3\underset{OH}{C}H-\underset{H}{C}H_2 \ +Hg$$

这种方法操作简单,将烯烃加入乙酸汞的四氢呋喃溶液中,很快就生成羟汞化合物,再加入硼氢化钠碱溶液还原即得醇。该方法常用于实验室制备醇。其优点是:第一,反应条件温和,使用方便;第二,加成符合马氏规则,一般不发生重排;第三,反应时间短、产率高。例如:

$$CH_3(CH_2)_3CH=CH_2 \xrightarrow[THF]{Hg(CH_3COO)_2,H_2O} CH_3(CH_2)_3\underset{OH}{C}H-\underset{HgOOCCH_3}{C}H_2 \xrightarrow[OH^-]{NaBH_4}$$

$$CH_3(CH_2)_3\underset{OH}{C}H-CH_3$$

94%

$$CH_3CH_2-\underset{\underset{CH_3}{|}}{C}=CH_2 \xrightarrow[THF]{Hg(CH_3COO)_2,H_2O} CH_3CH_2-\underset{OH}{\overset{CH_3}{\underset{|}{C}}}-\underset{HgOOCCH_3}{C}H_2 \xrightarrow[OH^-]{NaBH_4}$$

$$CH_3CH_2-\underset{OH}{\overset{CH_3}{\underset{|}{C}}}-CH_3$$

90%

4. 烯烃硼氢化-氧化反应

烯烃硼氢化-氧化反应是实验室制备伯醇的方法,反应符合反马氏规则,立体化学上为顺式加成,无重排产物生成。例如:

$$CH_3CH_2CH=CH_2 \xrightarrow[(2)H_2O_2,OH^-]{(1)B_2H_6} CH_3CH_2CH_2CH_2OH$$

（顺式加成）

5. 卤代烃水解

从卤代烃水解可以得到醇，但是由于卤代烃比醇更难得到，一般是通过醇合成卤代烃；另外卤代烃按 S_N2 历程水解时，有消除反应的竞争，产生副产物烯烃，因此该方法的使用受到一定限制。对容易得到的卤代烃，若水解不存在消除反应，可以用此方法合成醇。例如：用烯丙基卤代烃和苄基卤代物的水解反应制备相应的醇。

$$CH_2\!=\!CHCH_2Cl + H_2O \xrightarrow{Na_2CO_3} CH_2\!=\!CHCH_2OH$$

$$\text{⬡}-CH_2Cl + H_2O \xrightarrow{Na_2CO_3} \text{⬡}-CH_2OH$$

6. 从格氏试剂制备

格氏试剂与甲醛、醛、酮反应，水解后分别得到碳链增长的伯醇、仲醇和叔醇。

$$CH_2O + RMgX \xrightarrow{\text{醚}} RCH_2OMgX \xrightarrow{H_3O^+} RCH_2OH$$

$$R'CHO + RMgX \xrightarrow{\text{醚}} \overset{R'}{\underset{R}{\underset{|}{\overset{|}{CHOMgX}}}} \xrightarrow{H_3O^+} \overset{R'}{\underset{R}{\underset{|}{\overset{|}{CH_2OH}}}}$$

$$\overset{O}{\overset{\|}{R'CR''}} + RMgX \xrightarrow{\text{醚}} \overset{R'}{\underset{R}{\underset{|}{\overset{|}{R''COMgX}}}} \xrightarrow{H_3O^+} \overset{R'}{\underset{R}{\underset{|}{\overset{|}{R''COH}}}}$$

格氏试剂和环氧乙烷反应可以得到增加了两个碳原子的伯醇。

$$RMgX + \overset{\diagup O \diagdown}{CH_2\!-\!CH_2} \xrightarrow{\text{醚}} RCH_2CH_2OMgX \xrightarrow{H_3O^+} RCH_2CH_2OH$$

7. 醛、酮、羧酸和羧酸酯的还原反应

醛、酮、羧酸和羧酸酯分子中都含有羰基，可以用催化氢化、金属氢化物或溶解金属还原。醛和羧酸还原得伯醇，酮还原得仲醇。

催化加氢所用的催化剂常常是 Pt、Pd、Ni 等，醛、酮、羧酸酯催化加氢得醇，若分子中含有其他不饱和键，往往也同时被还原。羧酸较难被催化加氢。例如：

$$\text{(环己烯-CHO)} \xrightarrow[Pd]{H_2} \text{(环己烷-CH_2OH)}$$

$$\text{(环戊酮)} \xrightarrow[CH_3CH_2OH]{H_2,Pt} \text{(环戊醇-OH)}$$

用金属氢化物还原的产物与催化加氢相同。常用的有 $LiAlH_4$、$NaBH_4$ 等。$LiAlH_4$ 的反应活性比 $NaBH_4$ 大，它能将羧酸还原，而 $NaBH_4$ 和一般的还原剂不能使羧酸还原。若分子中有 $C\!=\!C$、NO_2 等不饱和基团，一般不受影响。

$$(CH_3)_2C\!=\!CHCH_2CH_2\overset{O}{\overset{\|}{C}}CH_3 \xrightarrow[(2)H_2O]{(1)LiAlH_4,(CH_3CH_2)_2O} (CH_3)_2C\!=\!CHCH_2CH_2\overset{OH}{\overset{|}{C}}HCH_3$$

$$\text{(间硝基苯甲醛 CHO/NO_2)} \xrightarrow[CH_3OH]{NaBH_4} \text{(间硝基苄醇 CH_2OH/NO_2)}$$

$$(CH_3)_3CCOOH \xrightarrow[\text{(2)}H_2O,H^+]{\text{(1)}LiAlH_4,(CH_3CH_2)_2O} (CH_3)_3CCH_2OH$$

8.1.8　重要的醇

1. 甲醇

甲醇最初是由木材干馏得到的,故称为木醇。现在工业上生产甲醇是用一氧化碳和氢气,或天然气为原料,在高温、高压、催化剂存在下直接合成。

$$CO + H_2 \xrightarrow[300\sim410\ ℃,20\sim30\ MPa]{CuO\text{-}ZnO\text{-}Cr_2O_3} CH_3OH$$

$$CH_4 + \frac{1}{2}O_2 \xrightarrow[\text{铜管}]{200\ ℃,10\ MPa} CH_3OH$$

甲醇为无色易燃液体,能与水混溶。用金属镁处理甲醇,可以除去甲醇中微量水得无水甲醇。

甲醇有毒,少量饮用会使人失明,量多时甚至导致死亡。这是因为甲醇在体内被氧化成甲醛,甲醛损坏视网膜,进一步被氧化成甲酸后导致酸中毒。

甲醇的用途很多,主要用来合成甲醛、农药,用做溶剂和甲基化试剂,用做制造有机玻璃、涤纶纤维的原料。它还可以单独或混入汽油中作汽车或喷气式飞机的燃料。

2. 乙醇

乙醇是酒的主要成分,俗称酒精。我国古代用粮食酿酒实际上就是用微生物发酵的方法制备乙醇。现在工业上生产乙醇主要以石油裂解产物乙烯为原料,用间接水合法或直接水合法得到。

$$CH_2{=\!=}CH_2 + H_2SO_4 \longrightarrow CH_3CH_2OSO_3H \xrightarrow{H_2O} CH_3CH_2OH \quad \text{(间接水合法)}$$

$$CH_2{=\!=}CH_2 + H_2O \xrightarrow[300\ ℃,压力]{H_3PO_4} CH_3CH_2OH \quad \text{(直接水合法)}$$

工业酒精是含 95.6% 乙醇与 4.4% 水的恒沸混合物,沸点为 78.15 ℃,不能用直接蒸馏的方法除去所含水分。实验室中通常用生石灰与乙醇共热,吸收水分后蒸馏得到 99.5% 的乙醇。欲使含水量进一步降低,则在无水乙醇中加入镁,除去微量水分后蒸馏,可得到 99.95% 的乙醇。

纯乙醇为无色液体,沸点为 78.3 ℃,易燃。乙醇的用途很广,它是重要的化工原料,可以合成许多有机化合物。75% 的乙醇在医药上用做消毒剂、防腐剂,也是常用的溶剂。为防止廉价的工业乙醇被用于制备酒类,常加入少量有毒、有臭味或有颜色的物质(如甲醇、吡啶染料),这种酒精称为变性酒精。在汽油中加入乙醇用做燃料,即乙醇汽油。

3. 异丙醇

异丙醇是无色透明液体,有类似乙醇的气味,沸点为 82.5 ℃,溶于水、乙醇和乙醚。工业上由丙烯的水合反应生产。以石油裂解产物丙烯为原料,与硫酸反应后水解,经蒸馏得异丙醇。

异丙醇主要用于制备丙酮、二异丙醚、乙酸异丙酯和麝香草酸等。其次是用做溶剂,代替乙醇用做洗涤剂和用于消毒。

4. 苯甲醇

苯甲醇又称苄醇,是有芳香气味的无色液体,沸点为 205.3 ℃,微溶于水,能与乙醇、乙醚、苯等混溶,存在于植物的香精油中。工业上由苄基氯与碳酸钠、碳酸钾的水溶液经水解反应制备。

苯甲醇用于制备花香油和药物等,也用做香料的溶剂和定香剂。苯甲醇有微弱的麻醉作用,在青霉素钾盐注射液中,加入适量的苯甲醇可以减轻注射时的疼痛感。

5. 乙二醇

乙二醇是有甜味的无色黏稠液体,又称甘醇。其沸点为 197.3 ℃,很易吸湿,能与水、乙醇和丙酮混溶,不溶于乙醚。

一般以乙烯为原料,用乙烯次氯酸法和乙烯氧化法制备乙二醇。

$$CH_2{=}CH_2 \xrightarrow[70\sim80\,℃]{Cl_2,H_2O} \underset{\underset{Cl\ \ \ \ OH}{|\ \ \ \ |}}{CH_2{-}CH_2} \xrightarrow[105\sim110\,℃,0.1\,MPa]{H_2O,Na_2CO_3} \underset{\underset{OH\ OH}{|\ \ \ |}}{CH_2CH_2} \qquad (乙烯次氯酸法)$$

$$CH_2{=}CH_2 \xrightarrow[250\,℃,0.1\,MPa]{O_2,Ag} \underset{O}{CH_2{-}CH_2} \xrightarrow[190\,℃,0.22\,MPa]{H_2O} \underset{\underset{OH\ OH}{|\ \ \ |}}{CH_2CH_2} \qquad (乙烯氧化法)$$

乙二醇可作为高沸点溶剂,用于合成树脂、增塑剂、合成纤维、化妆品和炸药等。60%乙二醇水溶液的凝固点为 −49 ℃,是较好的防冻剂。

6. 丙三醇

丙三醇是无色无臭、具有甜味的黏稠液体,又称甘油。其沸点为 290 ℃,能与水以任何比例混溶,有很大的吸湿性,不溶于乙醚、氯仿等有机溶剂。

用油脂经水解反应制肥皂的副产物是甘油。工业上以丙烯为原料用氯丙烯法和丙烯氧化法直接合成甘油。例如,用氯丙烯法:

$$CH_3CH{=}CH_2 \xrightarrow[550\,℃]{Cl_2} \underset{\underset{Cl}{|}}{CH_2CH{=}CH_2} \xrightarrow[]{Cl_2,H_2O} \underset{\underset{Cl\ \ OHCl}{|\ \ \ |\ |}}{CH_2CHCH_2} \xrightarrow[60\,℃]{Ca(OH)_2} \underset{O}{CH_2{-}CHCH_2Cl}$$

$$\xrightarrow[150\,℃]{10\%NaOH} \underset{\underset{OH\ OHOH}{|\ \ \ |\ \ |}}{CH_2CHCH_2}$$

甘油主要用于制硝化甘油、醇酸树脂,用做化妆品、皮革、烟草、食品及纺织品的吸湿剂。一定比例的甘油水溶液对皮肤有润滑作用,可用做药剂的溶剂,如甘油栓剂、酚甘油剂等。

8.2　酚

8.2.1　酚的命名和分类

羟基直接与芳环相连的化合物叫做酚(phenol),其通式为 ArOH。酚的命名中,当芳环上连有烷基、卤素和硝基时,以酚作为母体,烷基、卤素和硝基作为取代基,在芳环的名称后加"酚"字,从羟基开始编号。当芳环上有多个官能团时,以优先选择的官能团为母体(见 6.1),

由它决定母体名称,其他官能团作为取代基。根据情况羟基可作为取代基。

根据酚羟基的数目,可以将酚分为一元酚、二元酚和多元酚。例如:

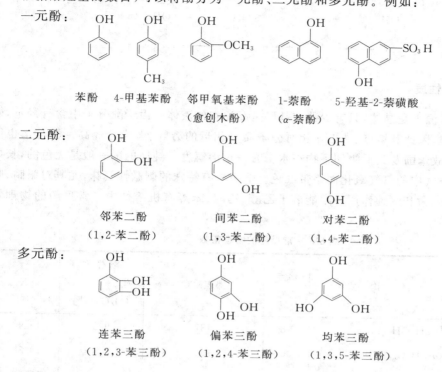

一元酚:

苯酚　　4-甲基苯酚　　邻甲氧基苯酚　　1-萘酚　　5-羟基-2-萘磺酸

　　　　　　　　　　　　（愈创木酚）　　（α-萘酚）

二元酚:

邻苯二酚　　　　间苯二酚　　　　对苯二酚

（1,2-苯二酚）　（1,3-苯二酚）　（1,4-苯二酚）

多元酚:

连苯三酚　　　　　偏苯三酚　　　　　均苯三酚

（1,2,3-苯三酚）　（1,2,4-苯三酚）　（1,3,5-苯三酚）

8.2.2　酚的结构

在酚分子中,氧原子是 sp^2 杂化的,氧原子上的一对未共用电子对所在的 p 轨道和芳环上碳原子的 p 轨道是平行的,它们侧面重叠,形成 p-π 共轭体系(见图8-4),氧原子上的 p 电子向芳环转移,使 C—O 键键能增大,因此其性质和醇有很大的差别。例如,苯酚和醇的偶极矩相反。

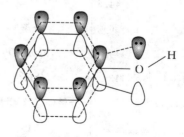

图 8-4　苯酚 p-π 共轭示意图

$$CH_3—OH$$

$\longrightarrow$

$\mu = 1.7\,D$

甲醇

$$—OH$$

$\longleftarrow$

$\mu = 1.6\,D$

苯酚

因为 O—H 键的极性增加,酚羟基中的氢原子容易离解成氢离子,酚表现出弱酸性。

苯酚的结构也可以用下列共振式表示:

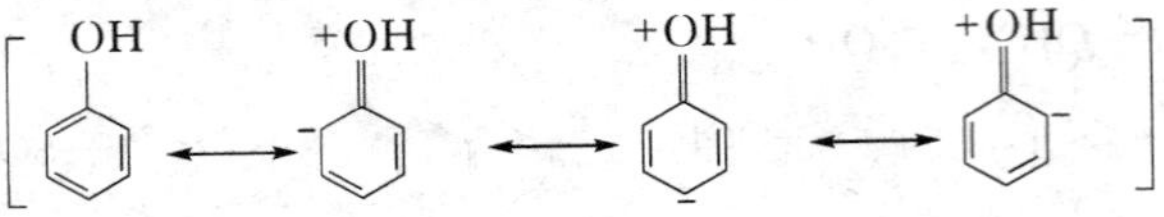

8.2.3　酚的物理性质

大多数酚在常温下是晶体,只有少数烷基酚是高沸点的液体。由于酚分子中含有羟基,能在分子间形成氢键,因此其熔点、沸点比相对分子质量相近的芳烃、卤代芳烃高。酚与水也能形成分子间氢键,故苯酚及其低级同系物在水中有一定溶解度。纯净的酚一般是无色的,长期放置的酚由于被空气中的氧气氧化而略带红色。低级酚有特殊的刺激性气味,尤其对眼睛、呼吸道黏膜、皮肤有刺激和腐蚀作用。酚能溶于乙醇、乙醚、苯等有机溶剂中。常见酚的物理常数列于表 8-3。

表 8-3　常见酚的物理常数

名　称	结　构　式	熔点/ ℃	沸点/ ℃	溶解度/[g·(100 g (H₂O))⁻¹]	pK_a
苯酚	C_6H_5OH	43	181	9.3	9.98
邻甲苯酚	$o\text{-}CH_3C_6H_4OH$	30	191	2.5	10.28
间甲苯酚	$m\text{-}CH_3C_6H_4OH$	11	201	2.5	10.08
对甲苯酚	$p\text{-}CH_3C_6H_4OH$	35.5	201	2.3	10.14
邻氯苯酚	$o\text{-}ClC_6H_4OH$	8	176	2.8	8.48
间氯苯酚	$m\text{-}ClC_6H_4OH$	29	214	2.6	9.02
对氯苯酚	$p\text{-}ClC_6H_4OH$	37	217	2.8	9.38
邻硝基苯酚	$o\text{-}NO_2C_6H_4OH$	44.5	214	0.2	7.23
间硝基苯酚	$m\text{-}NO_2C_6H_4OH$	96	分解	1.4	8.40
对硝基苯酚	$p\text{-}NO_2C_6H_4OH$	114	279(分解)	1.7	7.15
2,4-二硝基苯酚	$2,4\text{-}(NO_2)_2C_6H_3OH$	113	分解	0.56	4.00
2,4,6-三硝基苯酚	$2,4,6\text{-}(NO_2)_3C_6H_2OH$	122	分解(300 ℃爆炸)	1.4	0.71
邻苯二酚	$1,2\text{-}(OH)_2C_6H_4$	105	245	45	9.48
间苯二酚	$1,3\text{-}(OH)_2C_6H_4$	110	281	123	9.44
对苯二酚	$1,4\text{-}(OH)_2C_6H_4$	170	286	8	9.96
α-萘酚	$\alpha\text{-}C_{10}H_7OH$	94	279	难溶	9.31
β-萘酚	$\beta\text{-}C_{10}H_7OH$	123	286	0.1	9.55

由表 8-3 可以看出,某些酚的异构体由于形成氢键的方式不同,在物理性质上有明显差异。例如:硝基苯酚的三个异构体中,间位和对位硝基苯酚能形成分子间氢键使其熔点和沸点较高,能与水分子形成氢键使其在水中微溶;而邻位硝基苯酚能形成分子内氢键使其熔点和沸点都较低,也是因为形成分子内氢键,使其与水形成氢键的能力下降,而难溶于水。

酚的红外光谱与醇类似,酚的 O—H 伸缩振动吸收峰在 $3200\sim3650$ cm^{-1} 区域,显示一个强而宽的吸收峰。酚的 C—O 伸缩振动吸收峰出现在 1230 cm^{-1} 左右,是一个宽而强的吸收峰。而醇的 C—O 伸缩振动吸收峰在 $1050\sim1200$ cm^{-1} 区域。

在酚的核磁共振谱中,酚羟基质子的化学位移一般为 $4\sim9$ ppm。

图 8-5 是苯酚的红外光谱图,图 8-6 是对乙基苯酚的核磁共振谱图。

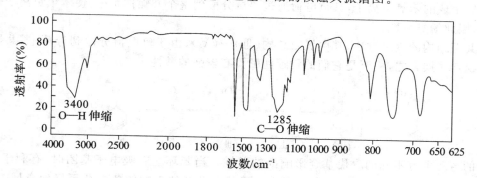

图 8-5　苯酚的红外光谱图

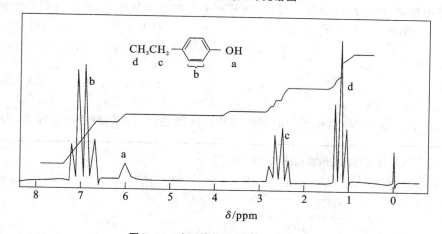

图 8-6　对乙基苯酚的核磁共振谱图

8.2.4　酚的化学性质

酚的化学性质主要是由酚羟基和芳环的相互作用引起的,由于酚羟基直接与芳环相连,所以酚的大多数性质和芳环有关。酚的反应既可以发生在羟基上,又可以发生在芳环上。

1. 酚羟基的反应

1) 酸性

酚的酸性比醇强。例如,苯酚的 $pK_a=10$,而环己醇的 $pK_a=18$。在苯酚和水形成的混浊液中,滴加 5%NaOH 溶液,苯酚和 NaOH 发生中和反应,生成溶于水的苯酚钠,混浊液变成澄清透明溶液。如果在该溶液中通入 CO_2 或加入乙酸,又重新析出苯酚,体系又变混浊。这说明苯酚有酸性,但酸性比碳酸和乙酸弱。利用该反应可以分离、提纯酚,工业上也常用来回收酚和处理含酚的污水。

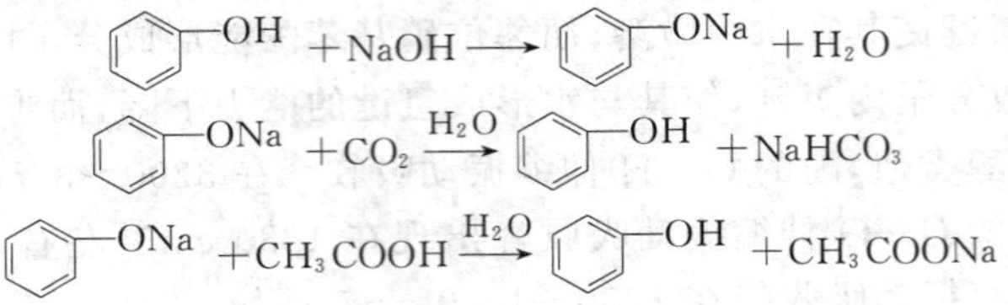

酚的酸性除了与酚羟基上 O—H 键减弱,容易离解出质子有关之外,更重要的是酚离解出质子后生成的苯氧负离子,其负电荷通过离域分散到整个共轭体系中,使苯氧负离子比苯酚更稳定,因此酚显酸性。

按共振结构的表示方法,其中极限结构(Ⅲ)~(Ⅴ),由于负电荷分散到芳环上,共振杂化体得到稳定。换言之,主要是它们的贡献使酚具有较强的酸性。

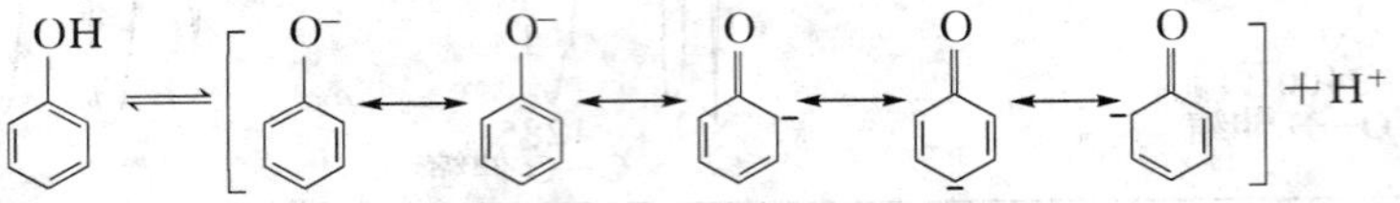

酚的芳环上有不同的取代基会影响酚的酸性。当苯环上有吸电子基团时,有利于 O—H 键减弱,质子易离去;生成的酚氧负离子也由于吸电子基的影响使负电荷更好地离域,从而使酚氧负离子更稳定,所以酸性增强。反之,当苯环上有供电子基团时,酸性减弱。例如:

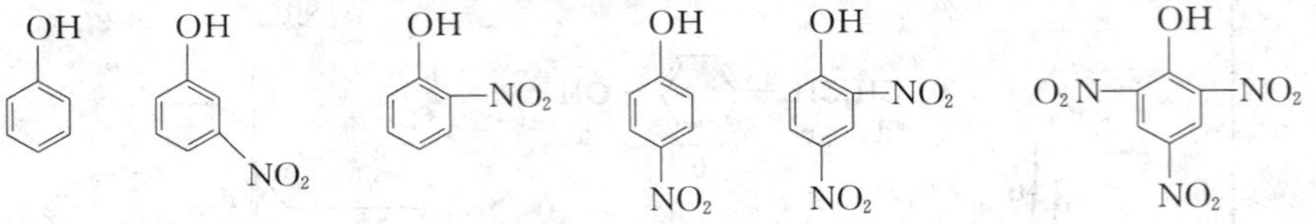

| pK_a | 10 | 8.40 | 7.23 | 7.15 | 4.00 | 0.71 |

比较以上 pK_a 值可知:硝基苯酚的酸性比苯酚的酸性强,且邻、对位硝基越多,酸性越强。

思考题 8-9 将下列各组化合物按酸性由强到弱排序。

(1)

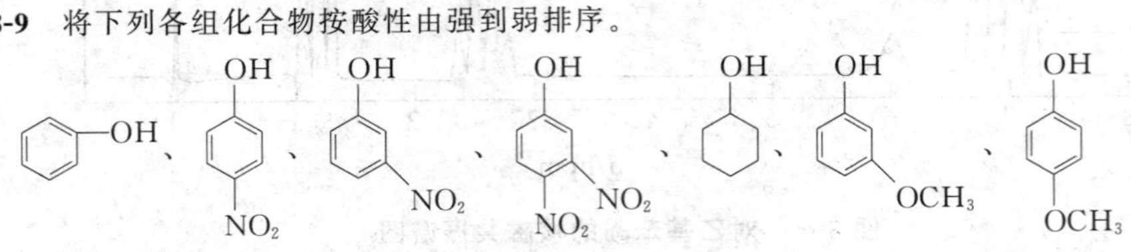

(2)

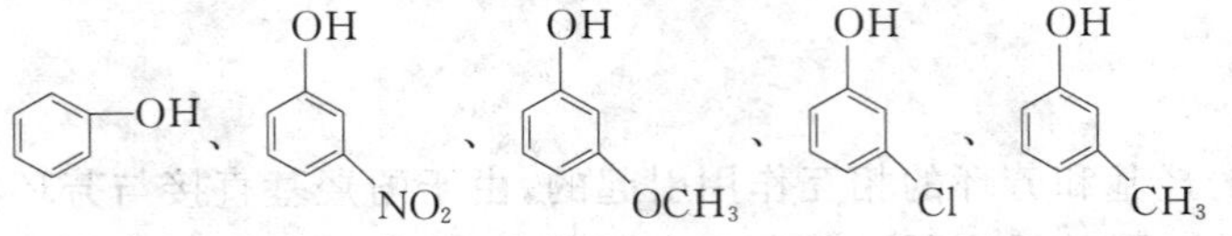

---

2) 醚的生成

酚和醇相似,也能生成醚,但酚不能分子间脱水生成醚。一般是在碱性条件下,用酚金属盐与烷基化试剂(如伯卤代烷)作用制备,这一反应也称为 Willimson 合成法。

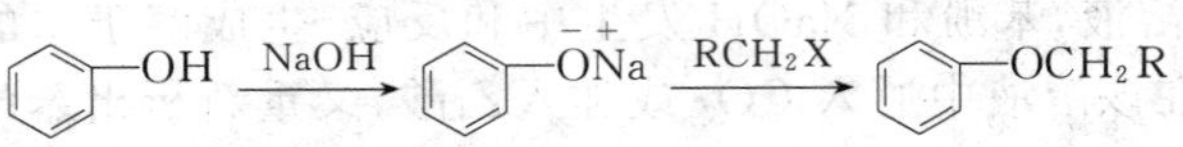

　　该反应为亲核取代历程,亲核试剂是苯氧负离子,与伯卤代烷反应主要按 S_N2 进行,与仲卤代烷反应则有部分消除产物,与叔卤代烷反应主要得到消除产物——烯烃。也常用硫酸二甲酯作烷基化试剂制芳醚。例如:

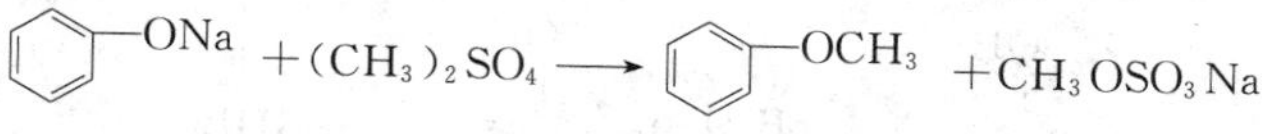

$$\text{C}_6\text{H}_5\text{—ONa} + (\text{CH}_3)_2\text{SO}_4 \longrightarrow \text{C}_6\text{H}_5\text{—OCH}_3 + \text{CH}_3\text{OSO}_3\text{Na}$$

苯甲醚(茴香醚)

　　二芳基醚可用酚钠和卤苯,在铜催化下加热制备。

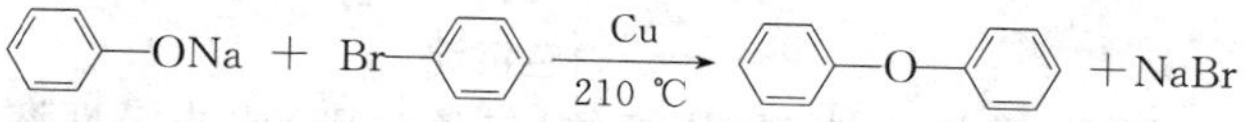

$$\text{C}_6\text{H}_5\text{—ONa} + \text{Br—C}_6\text{H}_5 \xrightarrow[210\,℃]{\text{Cu}} \text{C}_6\text{H}_5\text{—O—C}_6\text{H}_5 + \text{NaBr}$$

　　酚醚的化学性质比酚稳定,不易被氧化。酚醚与氢碘酸作用会分解,得原来的酚。

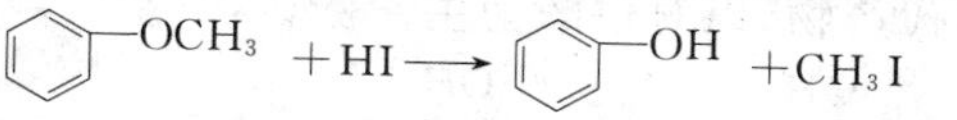

$$\text{C}_6\text{H}_5\text{—OCH}_3 + \text{HI} \longrightarrow \text{C}_6\text{H}_5\text{—OH} + \text{CH}_3\text{I}$$

　　在有机合成中常利用这一特性,将酚转化成酚醚保护起来,在反应中不被氧化,待反应结束后,再用酸将酚醚分解得到酚。例如:

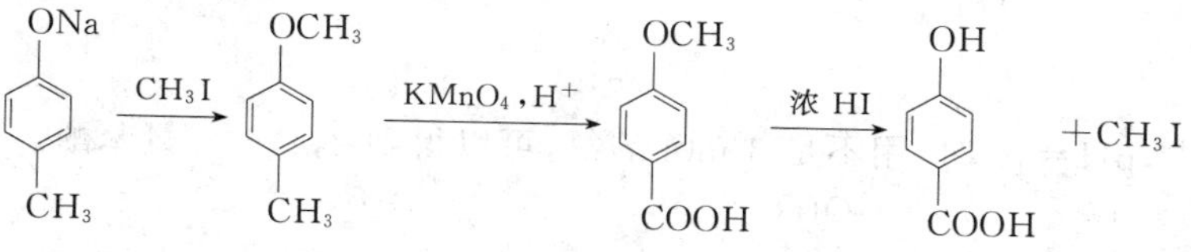

思考题 8-10　在叔丁醇中加入金属钠,当钠被消耗后,在反应混合物中加入溴乙烷,这时可以得到 $C_6H_{14}O$;如在乙醇与金属钠反应的混合物中加入叔丁基溴,则有气体产生,在留下的混合物中仅有乙醇一种有机物。试写出有关反应式,并说明这两个实验的产物为什么不同。

　　3）酯的生成

　　用酚与羧酸反应制备酯是比较困难的,酚酯一般用酰氯或酸酐与酚或酚盐作用获得。例如:

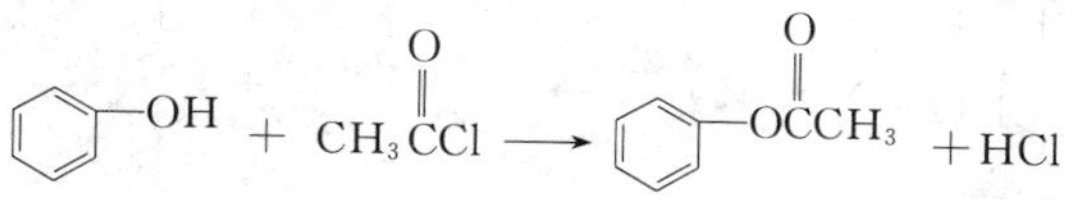

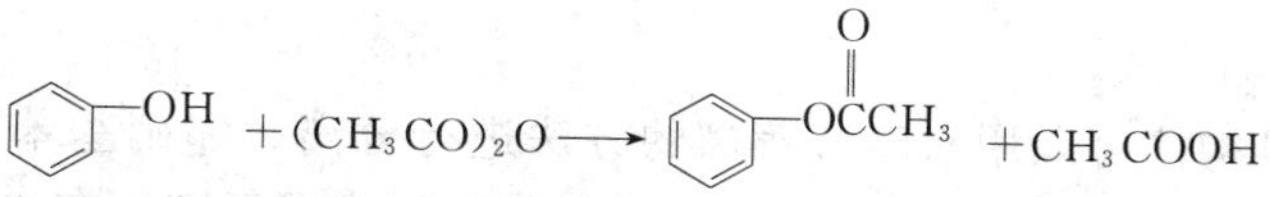

　　4）与三氯化铁溶液的显色反应

　　酚分子中的羟基直接连在芳环上,属于烯醇式化合物,因此能与三氯化铁溶液发生显色反应,一般认为颜色是由酚氧负离子和三价铁离子形成的配合物显示出来的。不同的酚呈现不同的颜色,可以用来鉴别酚的存在。

$$6\text{C}_6\text{H}_5\text{OH} + \text{Fe}^{3+} \longrightarrow [\text{Fe}(\text{OC}_6\text{H}_5)_6]^{3-} + 6\text{H}^+$$

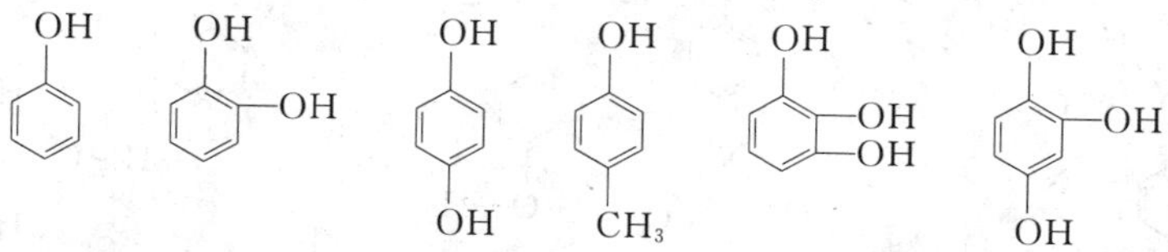

反应显示的颜色　　蓝紫色　　　　深绿色　　　　暗绿色　　　蓝色　　　　浅棕色　　　　蓝绿色

　　2. 酚芳环上的反应

　　羟基是很强的邻、对位定位基,它使芳环的电子云密度增大,因此酚容易发生亲电取代反应。

1）卤代反应

酚很容易卤化。例如，苯酚与溴水作用立即生成 2,4,6-三溴苯酚白色沉淀，该反应比苯与溴的反应快 10^{11} 倍，且可以定量完成，因此可用于苯酚的定性、定量分析。

白色沉淀

苯酚的溴化若是在低温、弱极性溶剂（如氯仿、二硫化碳）或非极性溶剂（如四氯化碳）中进行，可以得到邻、对位一溴代产物，以对位酚为主。例如：

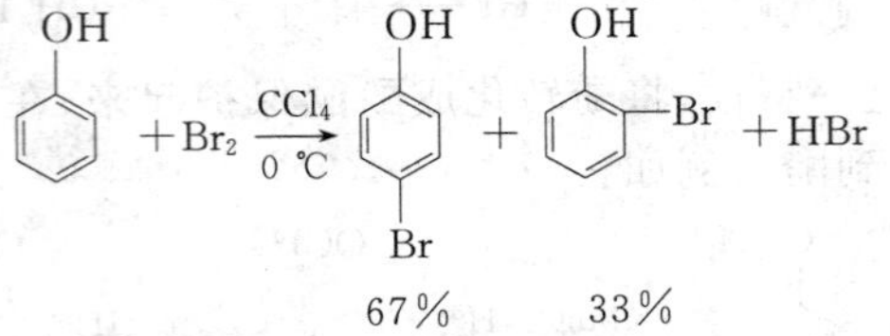

67%　　　33%

在水溶液中，pH＝10 时，用不足 3 mol 的氯，可以得到 2,4,6-三氯苯酚。

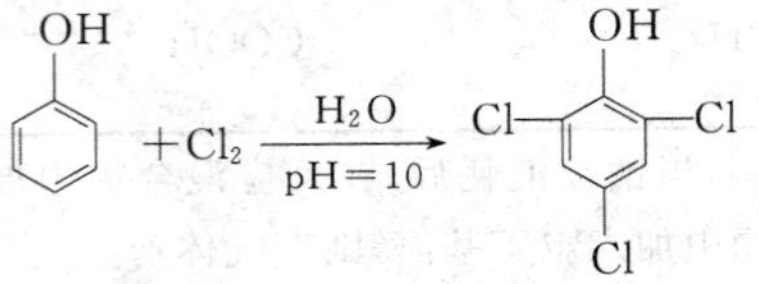

2）硝化反应

苯酚很容易硝化，在室温下用稀硝酸硝化，生成邻硝基苯酚和对硝基苯酚。由于苯酚易被氧化，所以产率较低。

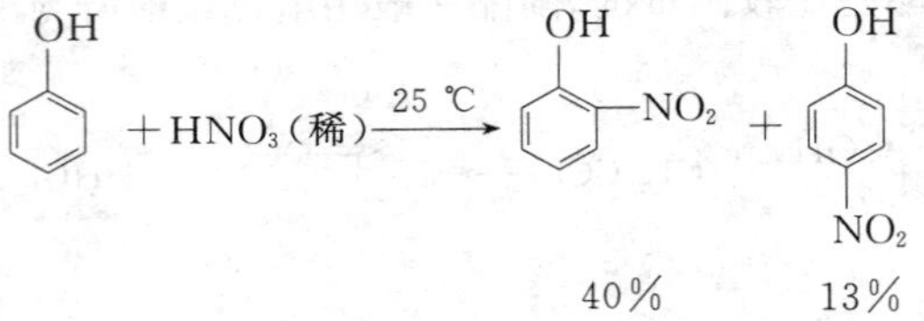

40%　　　13%

上面的两种异构体可以用水蒸气蒸馏的方法进行分离。邻硝基苯酚能形成分子内氢键，而对硝基苯酚由于羟基和硝基处在对位，只能在分子间形成氢键。在水溶液中，前者不能和水分子形成氢键，而后者能与水分子形成氢键。

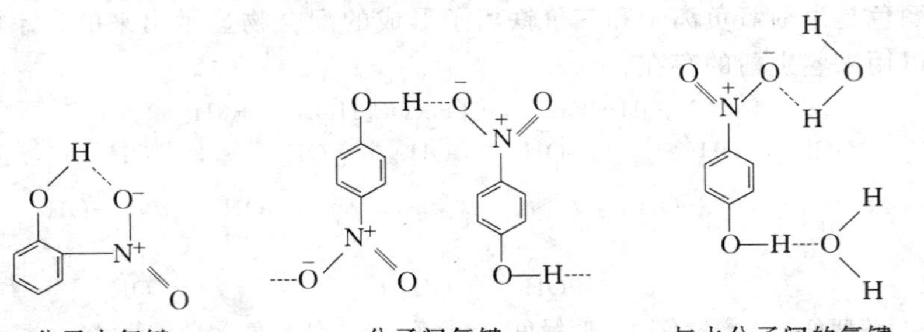

分子内氢键　　　　　分子间氢键　　　　与水分子间的氢键

上述差异导致邻硝基苯酚的沸点（216 ℃）比对硝基苯酚的沸点（297 ℃）低；在水中的溶解度（0.2 g·(100 g(H$_2$O))$^{-1}$）比对硝基苯酚的溶解度（1.7 g·(100 g(H$_2$O))$^{-1}$）小。当进行水蒸气蒸馏时,邻硝基苯酚因水溶性较小,挥发性较大随水蒸气蒸出;对硝基苯酚因水溶性较大,挥发性较小,不能随水蒸气蒸出。

苯酚如果用浓硝酸硝化,因为氧化反应占主导,只能得少量的 2,4,6-三硝基苯酚(苦味酸),一般采用间接方法制备。

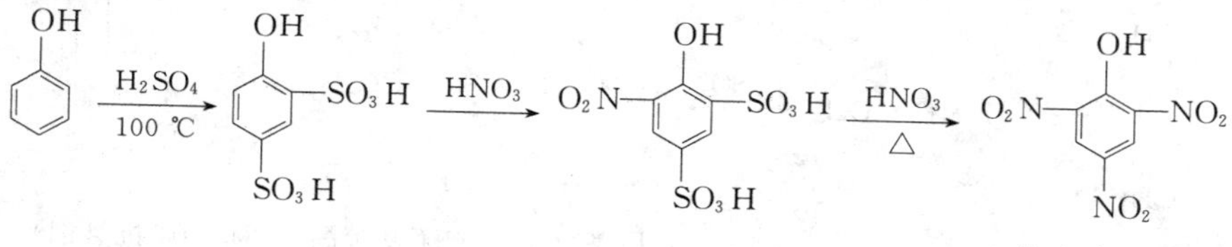

苦味酸,90%

思考题 8-11 下列化合物中,哪些能形成分子间氢键?哪些能形成分子内氢键?

(1) 对羟基苯乙酮　　(2) 邻羟基苯乙酮　　(3) 对硝基苯酚　　(4) 邻硝基苯酚

(5) 邻甲苯酚　　(6) 邻氟苯酚　　(7) 对苯二酚

---

3) 亚硝化反应

苯酚和亚硝酸作用生成对亚硝基苯酚。

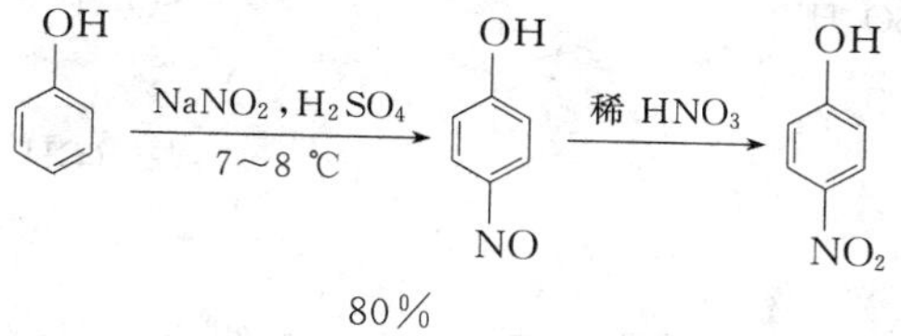

80%

$\overset{+}{N}O$ 的亲电性较弱,因此它的选择性较高,只有活化的芳环(酚、芳胺、酚醚等)才能进行亚硝化,而且主要产物是对位亚硝化产物。对亚硝基酚可以用稀硝酸顺利地氧化为对硝基苯酚,通过亚硝化-氧化能得到不含邻位异构体的对硝基苯酚。

4) 磺化反应

苯酚与浓硫酸发生磺化反应生成羟基苯磺酸,随反应温度不同可以得到不同的产物。在室温主要得动力学控制的邻位产物,当升高温度时,稳定的对位异构体增多,主要得热力学控制的产物,继续磺化可得 4-羟基-1,3-苯二磺酸。

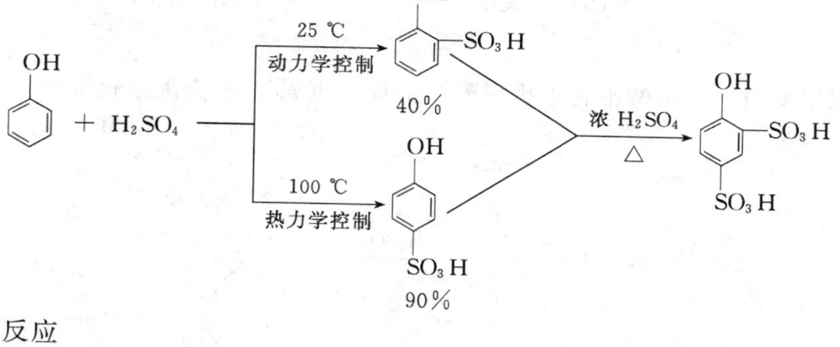

5) 傅-克反应

由于酚羟基的供电子影响,酚很容易进行傅-克反应,产物主要为对位异构体。若对位有取代基,则得邻位异构体。例如:

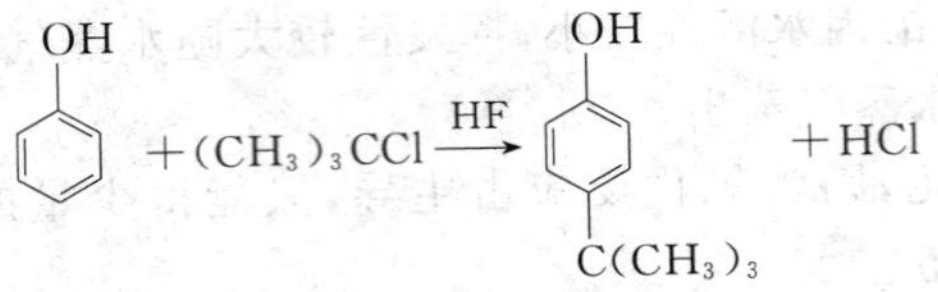

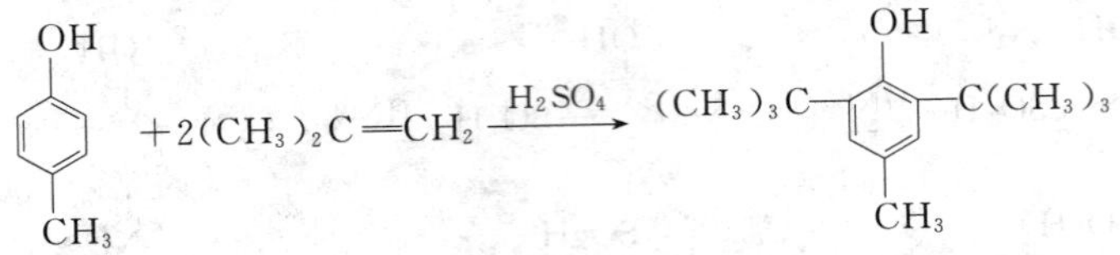

4-甲基-2,6-二叔丁基苯酚(简称:264 抗氧剂)

264 抗氧剂是白色晶体,熔点为 70 ℃,可用做有机物的抗氧剂和食品防腐剂。与芳烃的傅-克反应不同,酚的此类反应一般不用 $AlCl_3$ 作催化剂,而用 H_2SO_4、H_3PO_4、HF 等,这是因为酚能和 $AlCl_3$ 作用生成配合物,使它失去催化活性而影响产率。

一种新的全身麻醉药丙泊酚(propofol)的合成也应用了酚的傅-克烷基化反应。

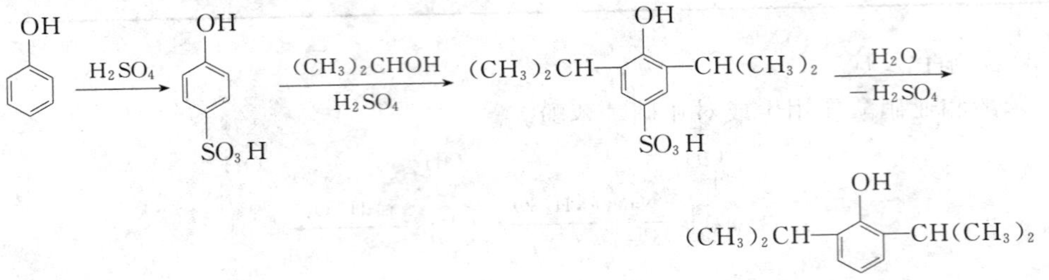

丙泊酚

酚也能进行傅-克酰基化反应。当用 BF_3、$ZnCl_2$ 作催化剂时,酰化剂不必用酰氯,可以直接用羧酸。例如:

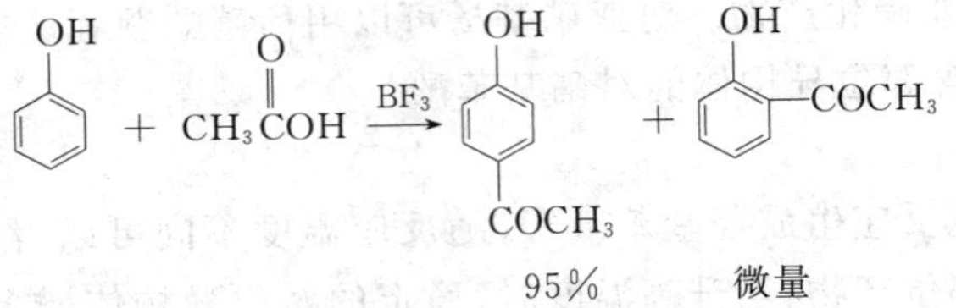

95%　　　微量

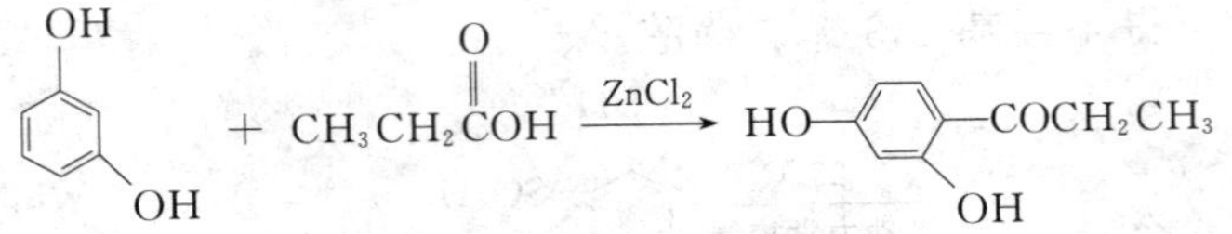

苯酚与邻苯二甲酸酐在浓硫酸催化下生成酚酞的反应也属于傅-克酰基化反应。

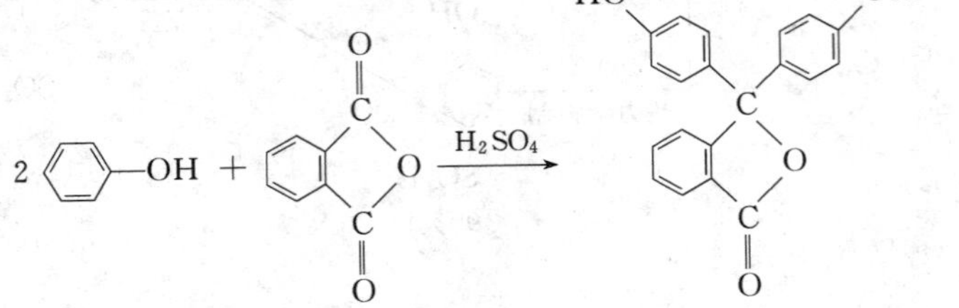

酚酞

6) 傅瑞斯重排

酚酯在 AlCl$_3$ 的作用下,酰基从氧原子上转移到苯环的邻位或对位,生成酚酮的反应称为傅瑞斯(Fries)重排。得到的两种异构体可以用水蒸气蒸馏的方法分离。

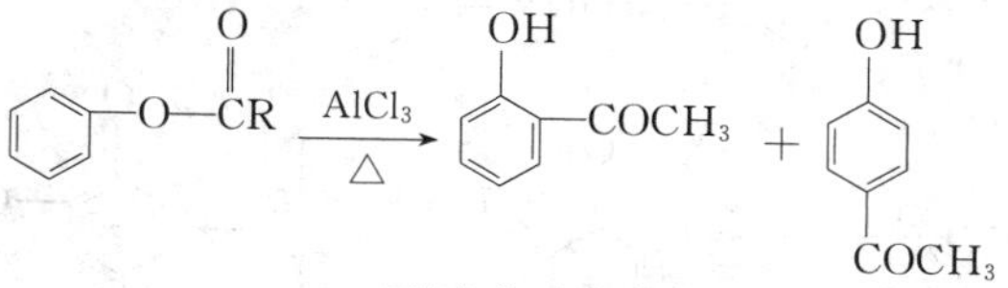

形成分子内氢键,
随水蒸气蒸出

反应温度对该反应影响较大。温度较低时,主要生成对位异构体;温度较高时,主要生成邻位异构体。

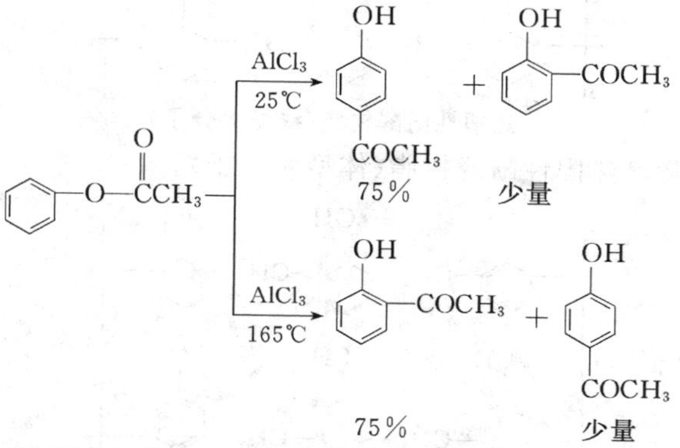

有的情况下也可以得到较高收率的单一产物。例如:

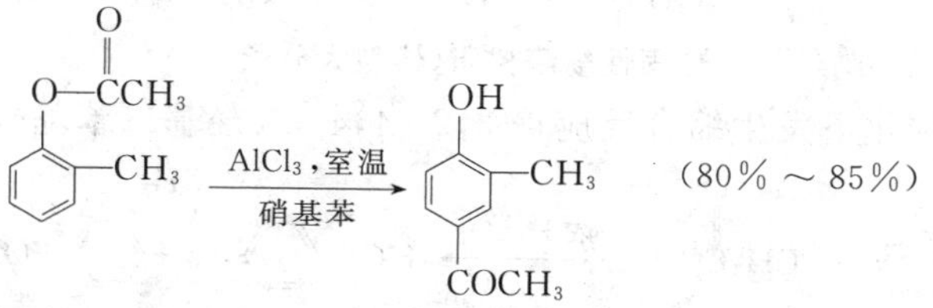

如前所述,在 AlCl$_3$ 的催化下,酚进行酰化反应效果不好,若用其他催化剂使用又不方便。如果将酚变成酯,再进行傅瑞斯重排,则可以代替酚直接酰化合成酚酮。该方法的优点是邻、对位异构体分离较方便,总收率较高。

7) 与甲醛、丙酮的缩合反应

由于酚羟基的影响,酚的邻、对位电子云密度较大,在酸或碱的催化下能与甲醛发生缩合反应。

在酸催化下,甲醛先质子化,质子化后的甲醛其亲电性能明显提高,有利于对芳环发生亲电取代反应,得到邻羟甲基苯酚或对羟甲基苯酚。

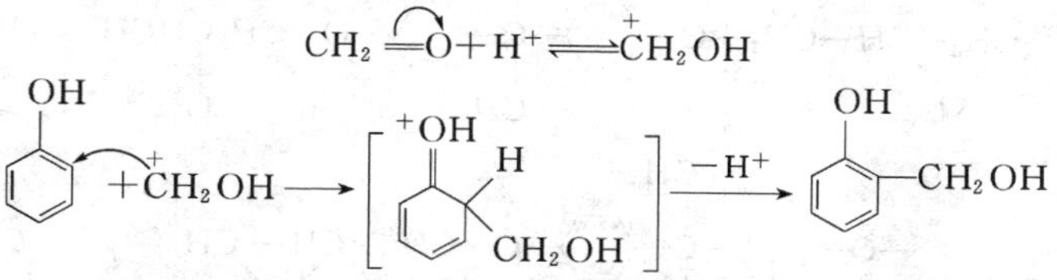

在碱催化下,苯酚先生成酚氧负离子,酚氧负离子的电子离域使羟基的邻、对位带有较多

的负电荷,有利于对甲醛进行亲核加成,得到邻羟甲基苯酚或对羟甲基苯酚。

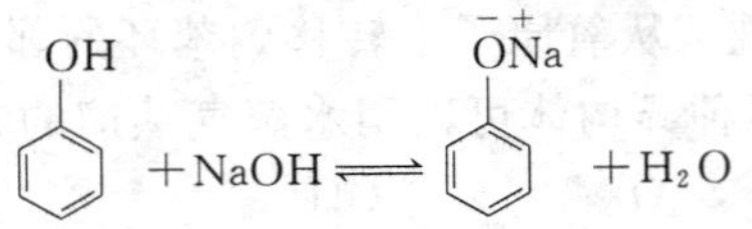

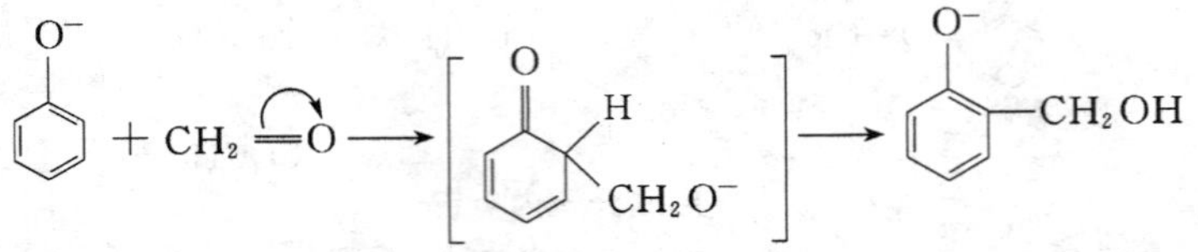

$$\text{C}_6\text{H}_5\text{OH} + \text{NaOH} \rightleftharpoons \text{C}_6\text{H}_5\text{O}^-\text{Na}^+ + \text{H}_2\text{O}$$

$$\text{C}_6\text{H}_5\text{O}^- + \text{CH}_2{=}\text{O} \longrightarrow \left[\ \right] \longrightarrow \text{邻羟甲基苯酚}\ (\text{CH}_2\text{OH})$$

　　苯酚与甲醛的缩合反应得到的缩合产物称为酚醛树脂,它具有良好的绝缘性能,常用来制作绝缘材料。若使用甲醛的量与苯酚相当,产物是热塑性酚醛树脂(线型大分子)。

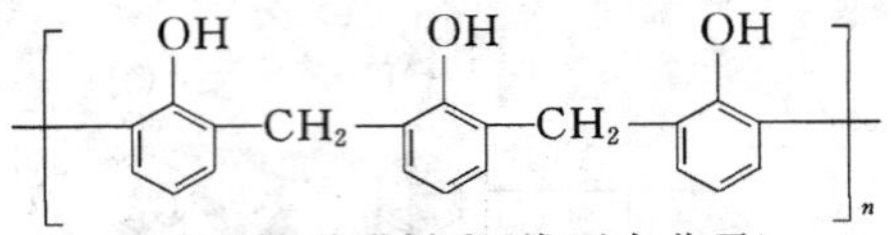

热塑性酚醛树脂(线型大分子)

若甲醛过量,则产物是热固性酚醛树脂(体型大分子)。

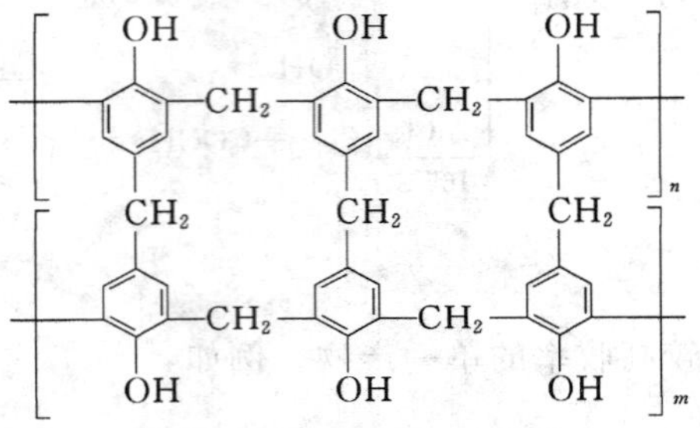

热固性酚醛树脂(体型大分子)

苯酚与丙酮在酸催化下发生缩合反应得 2,2-(4,4′-二羟基二苯基)丙烷,简称双酚 A。

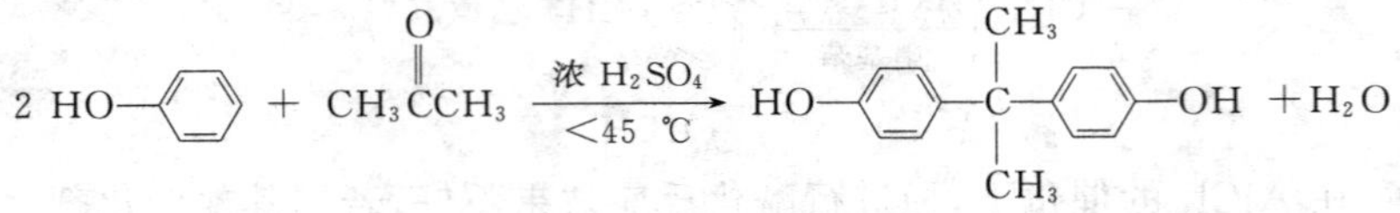

$$2\ \text{HO–C}_6\text{H}_5 + \text{CH}_3\text{COCH}_3 \xrightarrow[<45\ ℃]{\text{浓 H}_2\text{SO}_4} \text{双酚 A} + \text{H}_2\text{O}$$

双酚 A

　　双酚 A 是制备环氧树脂的重要原料,用双酚 A 与环氧氯丙烷反应得到不同聚合度的环氧树脂。

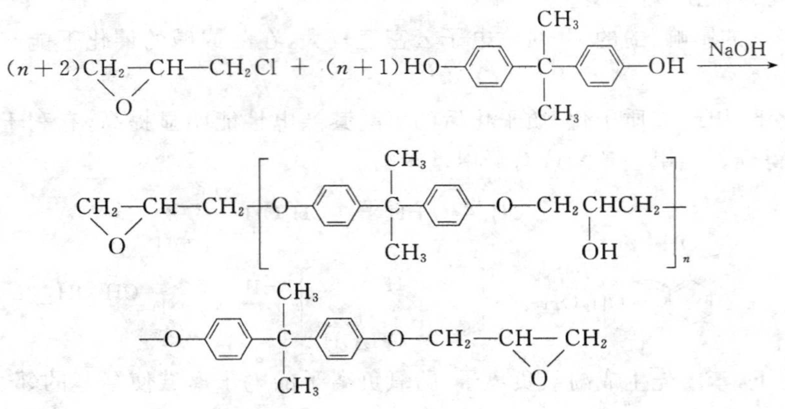

$$(n{+}2)\text{CH}_2\text{–CH–CH}_2\text{Cl} + (n{+}1)\text{HO–}\cdots\text{–OH} \xrightarrow{\text{NaOH}}$$

线型的环氧树脂再与固化剂作用,就可以形成体型网状结构。

环氧树脂具有极强的黏结力,可以牢固地黏合多种材料(如金属、陶瓷、玻璃、木材等),俗称"万能胶"。该黏结剂的热稳定好,吸湿性很小,即使在潮湿的环境中黏接面也可以保持较高的机械强度和绝缘性。酚醛泡沫材料作为"第三代"保温材料,越来越多地应用于住宅、船舶、空调、冷库等的保温。

3. 酚的氧化和还原

1) 氧化反应

酚很容易被氧化,随氧化剂和反应条件的不同,氧化产物也不同。

酚或取代酚最常见的氧化产物是 1,4-苯醌(对苯醌)。

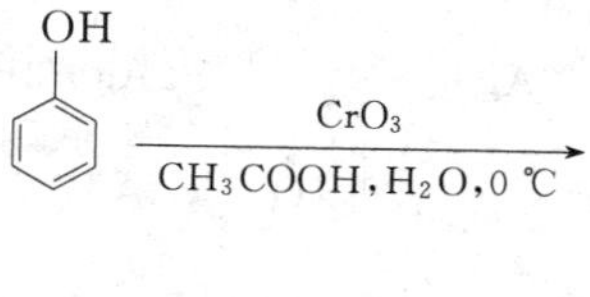

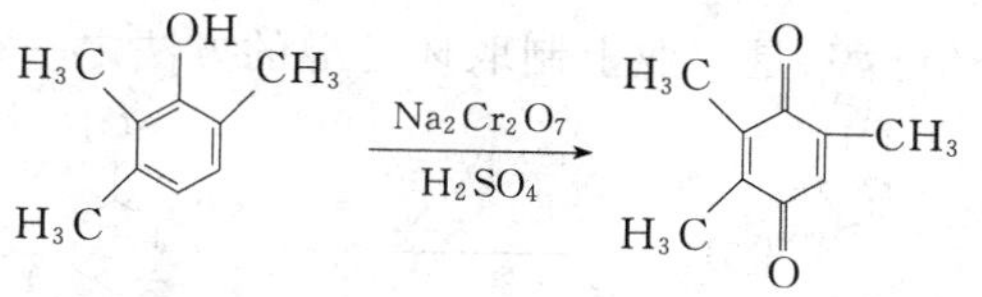

当酚的芳环上有强的供电子基团时,氧化反应更容易进行。例如,对氨基苯酚由于氨基的存在,只需用三价铁离子就能将其氧化。

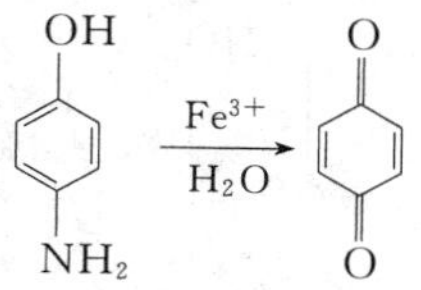

在不同的条件下,邻苯二酚、对苯二酚可以分别被氧化成邻苯醌、对苯醌。

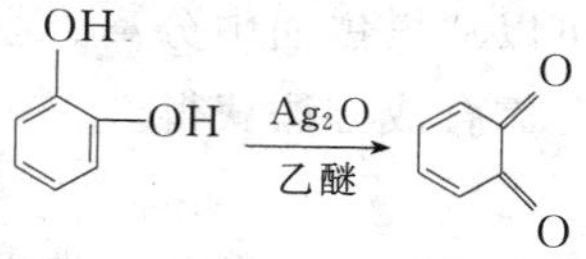

邻苯醌

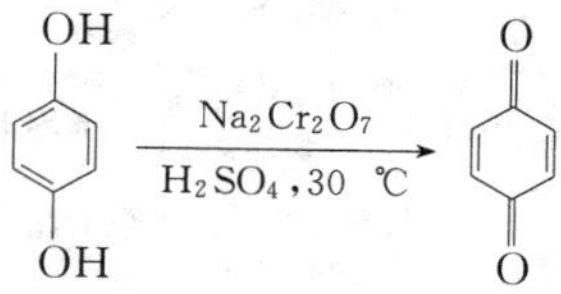

对苯醌

在过氧化氢的作用下,间苯二酚被氧化成连苯三酚(焦没食子酸)。

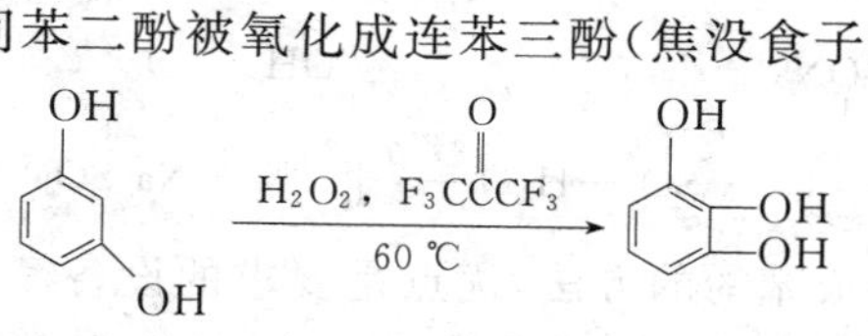

连苯三酚(焦没食子酸)

使用过氧化氢作氧化剂的好处是反应中生成的副产物是水,对环境无污染,因此是具有良好前景的氧化新工艺。又如:

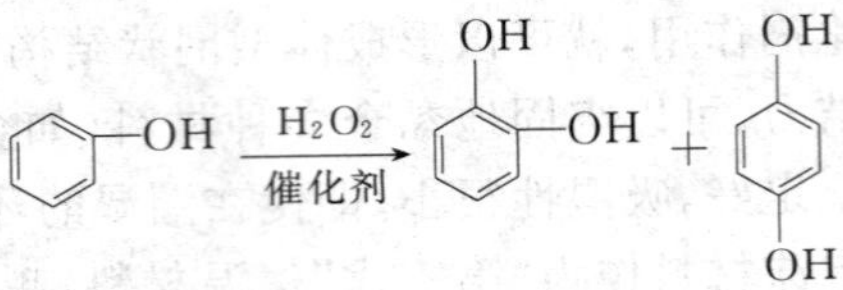

$$\text{苯酚} \xrightarrow[\text{催化剂}]{H_2O_2} \text{邻苯二酚} + \text{对苯二酚}$$

邻苯二酚是生产香兰素的原料。

利用酚类化合物容易被氧化的性质,常将酚用做抗氧剂或去氧剂。例如,前面所讲的 264 抗氧剂和焦没食子酸都是常用的抗氧剂。照相行业中用做显影剂的对苯二酚,被氧化的同时将底片中被感光活化的银离子还原为金属银粒。

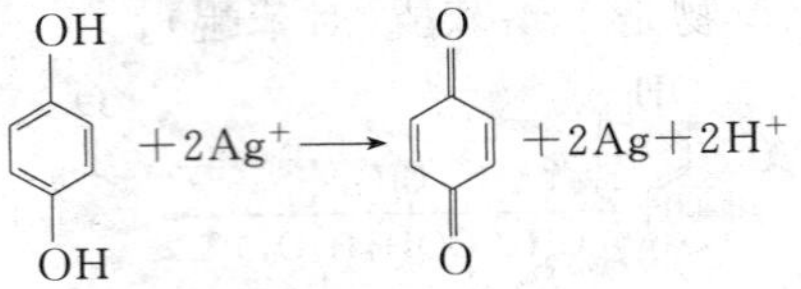

$$\text{对苯二酚} + 2Ag^+ \longrightarrow \text{对苯醌} + 2Ag + 2H^+$$

2) 还原反应

酚通过催化加氢生成环己醇,是工业上制取环己醇的方法之一。

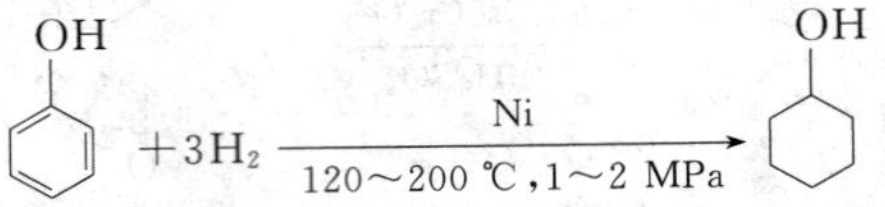

$$\text{苯酚} + 3H_2 \xrightarrow[120\sim200\ ℃,1\sim2\ MPa]{Ni} \text{环己醇}$$

在催化剂作用下,1 mol 间苯二酚加 1 mol 氢得 1,3-环己二酮。

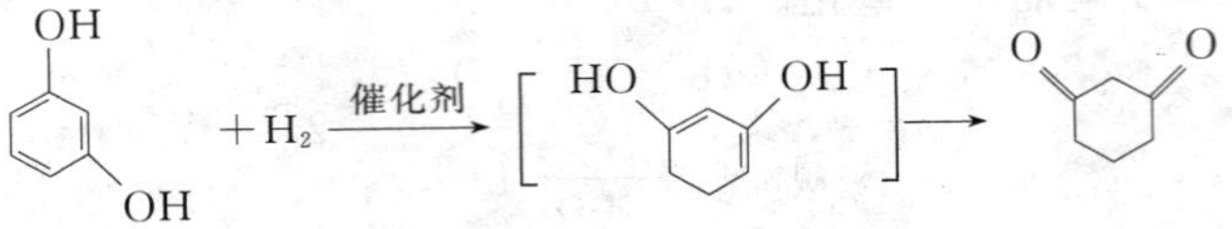

$$\text{间苯二酚} + H_2 \xrightarrow{\text{催化剂}} [\ \ ] \longrightarrow \text{1,3-环己二酮}$$

8.2.5 酚的制法

酚类化合物存在于自然界中,可以从煤焦油中分离、提取,但是产量有限。由于工业上对酚的需求量很大,所以大多数酚主要靠合成方法获得。

1. 磺化碱熔法

将芳磺酸盐与氢氧化钠共熔得到酚钠,再经酸化得相应的酚。

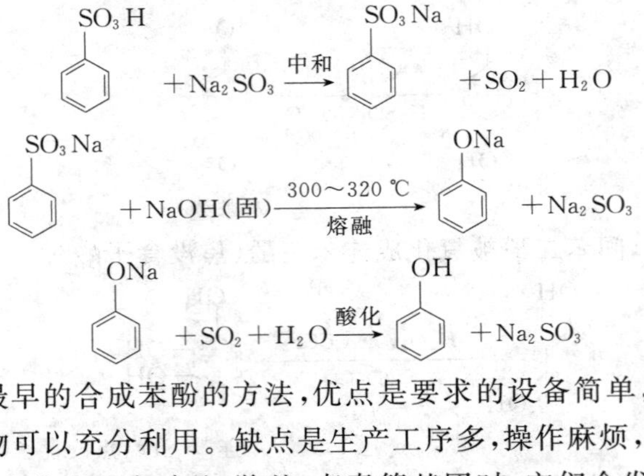

$$\text{苯磺酸}(SO_3H) + Na_2SO_3 \xrightarrow{\text{中和}} \text{苯磺酸钠}(SO_3Na) + SO_2 + H_2O$$

$$\text{苯磺酸钠}(SO_3Na) + NaOH(\text{固}) \xrightarrow[\text{熔融}]{300\sim320\ ℃} \text{苯酚钠}(ONa) + Na_2SO_3$$

$$\text{苯酚钠}(ONa) + SO_2 + H_2O \xrightarrow{\text{酸化}} \text{苯酚}(OH) + Na_2SO_3$$

磺化碱熔法是最早的合成苯酚的方法,优点是要求的设备简单,产量较高,在中和、碱熔、酸化中产生的副产物可以充分利用。缺点是生产工序多,操作麻烦,生产难以连续化。同时因为反应的温度较高,当芳环上有硝基、羧基、卤素等基团时,它们会发生变化,所以使用该方法有一定的限制。

磺化碱熔法也可以用于合成苯二酚、烷基酚、萘酚等。

2. 氯苯水解法

卤苯的卤素很不活泼，一般条件下很难水解。例如，由氯苯的水解反应制备苯酚，需要在 350～400 ℃、20 MPa、铜催化的条件下，氯苯才能被氢氧化钠水解成酚钠，经酸化得到苯酚。

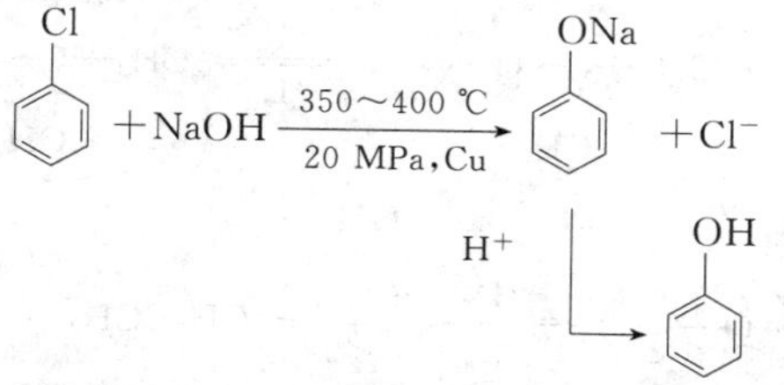

但是当卤原子的邻位或对位有强的吸电子基团时，水解反应变得比较容易，而且吸电子基团越多，水解反应越容易。

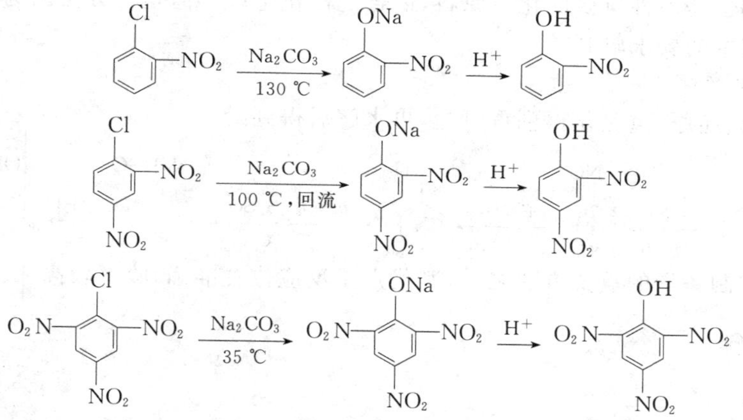

此类反应是按亲核取代反应机理进行的。硝基对芳香族亲核取代反应是活化基，它的存在降低了反应过程中形成的中间体（迈森海默配合物）的能量，有利于水解反应的进行。

3. 异丙苯氧化法

异丙苯在 100～120 ℃温度下通入空气，经催化氧化生成过氧化氢异丙苯，后者与稀硫酸作用，经重排后分解成苯酚和丙酮。

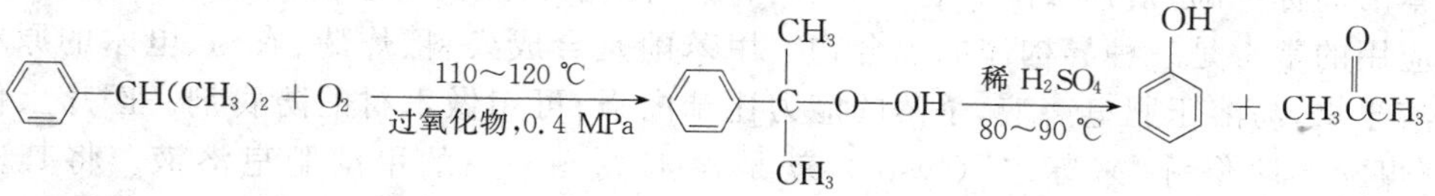

这里的氧化反应是自由基反应，反应的过程如下：

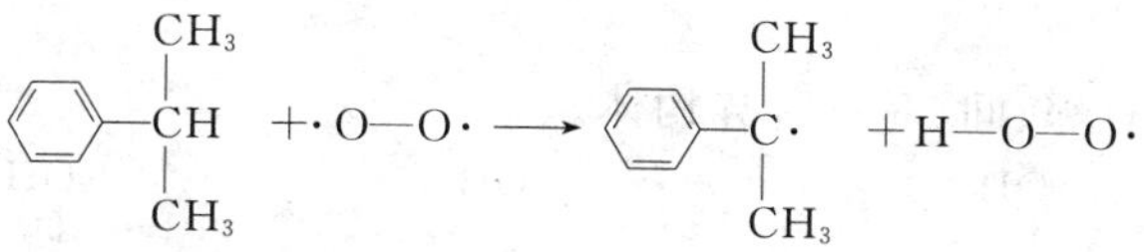

双自由基

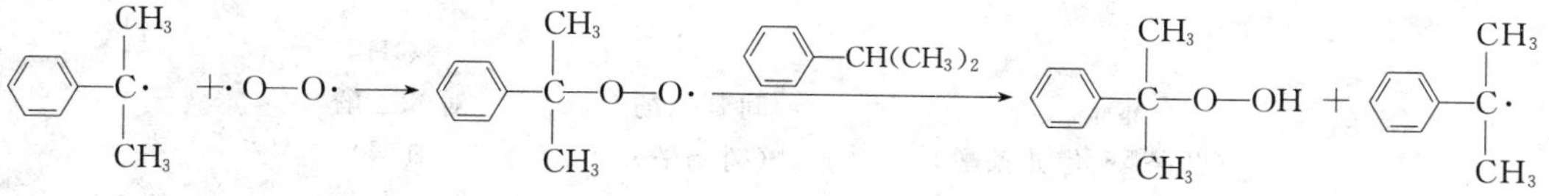

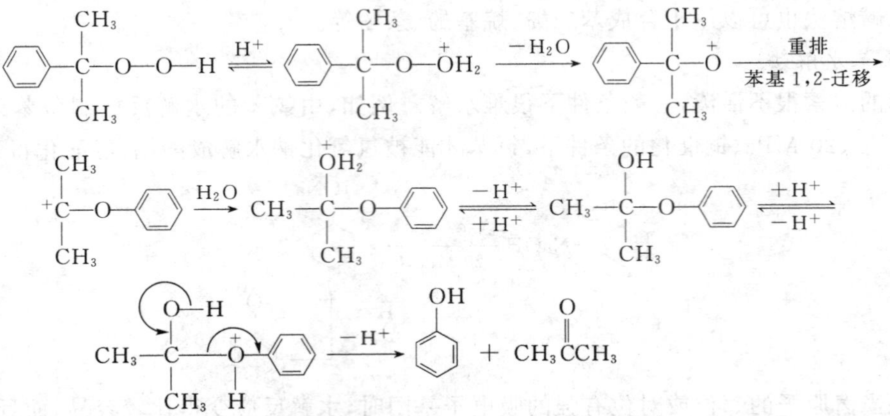

这是目前最主要和最好的生产苯酚的方法。优点是原料易得(苯和丙烯是石油化工产品),副产物丙酮也是一种重要的化工原料,适合规模化生产。但是该方法因为涉及过氧化物,所以对设备和技术的要求较高。

4. 重氮盐水解法

芳烃经硝化、还原、重氮化得到重氮盐,再水解后得到酚。

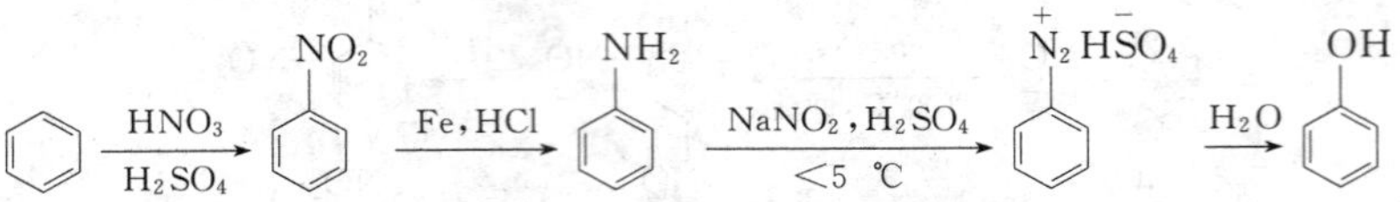

这是实验室制备酚的重要方法之一,其优点是反应位置准确,收率较高。

8.2.6　重要的酚

1. 苯酚

苯酚俗称石炭酸。它是有特殊气味的无色晶体,有毒,熔点为 43 ℃,在空气中放置易被氧化而成微红色。室温下苯酚微溶于水,易溶于乙醇、乙醚、丙酮等有机溶剂。苯酚是重要的有机合成原料,大量用于制酚醛树脂、药物、染料、炸药等。苯酚因能凝固蛋白质而具有杀菌能力,3%～5%的苯酚水溶液用做外科手术的消毒剂。

2. 甲苯酚

甲苯酚简称甲酚,俗称煤酚。它有邻、间、对三种异构体,由于它们的沸点相近,分离较难,工业上应用的常常是三种异构体的混合物。甲苯酚是合成染料、炸药、农药、电木的原料。甲苯酚难溶于水,易溶于肥皂溶液,杀菌的能力比苯酚强,可用做木材的防腐剂。医疗上使用的消毒剂"煤酚皂",俗称"来苏尔"(lysol),就是含 47%～53% 的甲酚肥皂溶液。将其稀释至3%～5%可供家庭等外用消毒。

3. 苯二酚

苯二酚是二元酚,有邻、间、对三种异构体。

邻苯二酚　　　　　　　　间苯二酚　　　　　　　　对苯二酚
(儿茶酚、焦儿茶酚)　　　　(树脂酚)　　　　　　　　(氢醌)

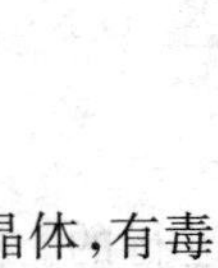

邻苯二酚是白色晶体,在空气和光中因被氧化而变色,有毒。其熔点为 105 ℃,沸点为 240 ℃,溶于水、乙醇、乙醚和氯仿。它是强还原剂,用于合成药物、染料等,也是生产香兰素的原料。

邻苯二酚的重要衍生物有丁香酚(存在于丁香花蕾、肉桂皮、肉豆蔻中)、愈创木酚(存在于愈创木树脂内)、漆汁酚(存在于生漆中)等。

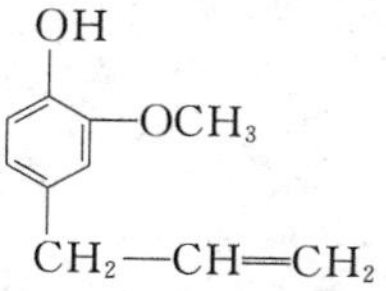

丁香酚 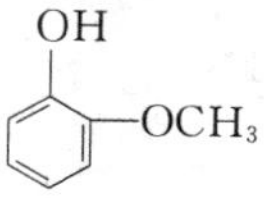　　　　　　　　　　愈创木酚 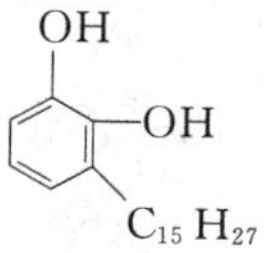　　　　　　　　　　漆汁酚

间苯二酚的俗名为"雷锁辛"(resorcinol)。它是无色晶体,在光和潮湿空气的作用下变为红色。其熔点为 109～111 ℃,沸点为 280～281 ℃。它易溶于水、乙醇和乙醚,几乎不溶于氯仿。用于合成燃料、塑料、合成纤维等。医学上常配成洗涤剂或软膏,用于治疗皮肤病。

对苯二酚是无色晶体,熔点为 170.5 ℃,沸点为 286.2 ℃,能溶于水、乙醇和乙醚。它用做显影剂,用于合成染料、药物等。对苯二酚的醇溶液与苯醌的醇溶液混合,可以得到暗绿色晶体——醌氢醌。

4. 苯三酚

常见的苯三酚有两种异构体:1,2,3-苯三酚和 1,3,5-苯三酚。

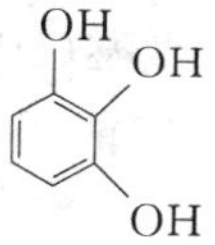

1,2,3-苯三酚(焦没食子酸) 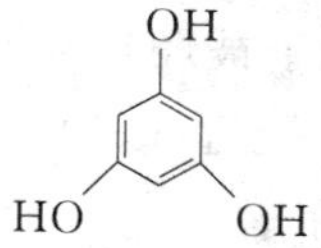　　　　　　1,3,5-苯三酚(根皮酚)

焦没食子酸是白色晶体,在空气和光中被氧化呈棕色,有毒。其熔点为 133 ℃,沸点为 309 ℃(分解),易溶于水,溶于乙醇、乙醚。它用于合成染料、药物。因为极易吸收氧气,故常用于混合物中氧气的含量分析。

根皮酚是白色至淡黄色晶体,在光中颜色变深,有甜味。从水中结晶时带有二分子结晶水。根皮酚微溶于水,溶于乙醇、乙醚、吡啶和碱溶液。用于合成染料、药物、树脂,还可用于晒图纸的显色剂。

5. 萘酚

萘酚有 α-萘酚和 β-萘酚两种异构体。α-萘酚是黄色针状晶体,熔点为 96 ℃。微溶于水,易溶于乙醇、乙醚、苯、氯仿和碱溶液。β-萘酚是无色片状晶体,熔点为 122 ℃,微溶于水,溶于乙醚、乙醇、氯仿和碱溶液。萘酚的化学性质与苯酚相似,也呈弱酸性。与三氯化铁溶液发生颜色反应,α-萘酚生成紫色絮状沉淀,而 β-萘酚生成绿色沉淀,因此可用颜色的不同加以区别。萘酚的化学性质比苯酚活泼,广泛用于合成偶氮染料,是一类重要的染料中间体,还用于合成香料。β-萘酚具有抗细菌、梅毒和寄生虫的作用,因此用做杀菌剂,还用做抗氧剂。

6. 苦味酸

苦味酸即 2,4,6-三硝基苯酚。$pK_a=0.25$,酸性很强,与无机酸相当。苦味酸是黄色固体,味苦,有毒,熔点为 123 ℃,300 ℃以上发生爆炸,是烈性炸药。苦味酸能用做蛋白质、生物碱的沉淀剂。苦味酸本身是一种酸性染料,也用于合成其他染料。苦味酸的水溶液或含苦味酸的油膏在医学上用做收敛剂,用于治疗皮肤烫伤。

7. 维生素 E

维生素 E 是天然的酚类化合物,与动物的生殖功能有关,故又称生育酚。生育酚有多种,其中 α-生育酚(维生素 E)生物活性最高。

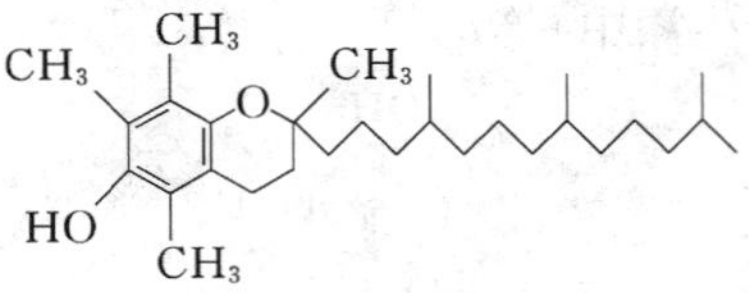

α-生育酚(维生素 E)

维生素 E 广泛存在于绿色植物中,在植物油(如小麦胚芽油)中含量最高。它是浅黄色黏稠状液体,无臭、无味,熔点为 2.5～3.5 ℃。它不溶于水,易溶于乙醇、乙醚、丙酮、氯仿和油脂中。维生素 E 可以治疗习惯性流产和痔疮、冻疮、胃及十二指肠溃疡。维生素 E 也是体内自由基清除剂,具有抗衰老、延年益寿的作用。

8.3　醚

8.3.1　醚的分类、构造异构和命名

水分子中的两个氢原子被烃基取代后得到的化合物叫做醚(ether),其通式为 R—O—R′、Ar—O—R、Ar—O—Ar。醚键(C—O—C)是醚类化合物的官能团,按所连接的烃基的结构和方式不同,醚可以分类如下。

醚
- 饱和醚
  - 单醚:两个烃基相同的醚。例如:$CH_3—O—CH_3$
  - 混醚:两个烃基不同的醚。例如:$CH_3—O—C_2H_5$
- 不饱和醚:烃基是不饱和的。例如:$CH_3—O—CH═CH_2$
- 芳醚:醚键和芳基相连接。例如: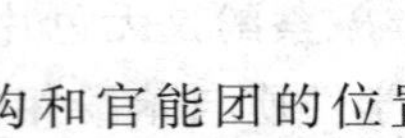、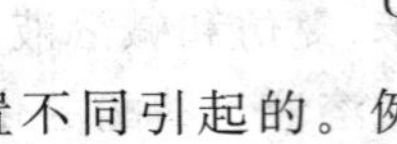
- 环醚:二价烃基的两端和醚键相连接。例如: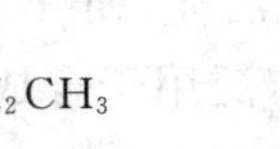、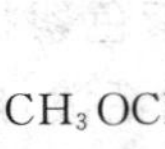
- 冠醚:分子中含有多个 $+OCH_2CH_2+$ 重复单元的大环多醚。例如: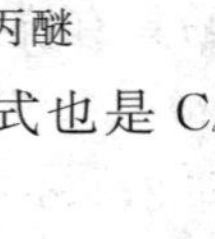

醚的构造异构现象是由烃基的异构和官能团的位置不同引起的。例如,符合分子式为 $C_4H_{10}O$ 的醚有三种构造异构体。

$CH_3OCH_2CH_2CH_3$	$CH_3CH_2OCH_2CH_3$	$CH_3OCH(CH_3)_2$
甲正丙醚	乙醚	甲异丙醚

分子中碳原子数相同的醇和醚也互为构造异构。例如,丁醇的分子式也是 $C_4H_{10}O$,显然醇和醚互为异构体是由于官能团不同而引起的官能团异构。

醚的命名方法有习惯命名法和系统命名法。简单的醚常用习惯命名法。单醚,叫"二某基醚",有时"二"和"基"可以省略。例如:

$$CH_3CH_2OCH_2CH_3$$

二乙基醚（乙醚）

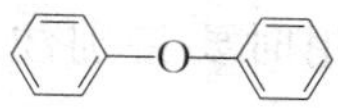

二苯基醚（二苯醚）

$$CH_2=CH-O-CH=CH_2$$

二乙烯基醚

混醚命名时，将两个烃基按先简单后复杂的顺序排在"醚"之前，但芳基应放在烷基之前。

$$CH_3OCH_2CH_3$$

甲基乙基醚（甲乙醚）

$$CH_3CH_2-O-CH=CH_2$$

乙基乙烯基醚

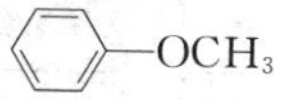

$$\bigcirc-OCH_3$$

苯基甲基醚（苯甲醚）

对于结构复杂的醚，可以用系统命名法，以复杂的烃作为母体，烷氧基作为取代基。例如：

$$H_3CO-HC=CHCH_2CH_3$$

1-甲氧基-1-丁烯

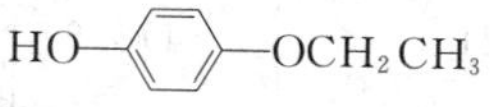

$$HO-\bigcirc-OCH_2CH_3$$

对乙氧基苯酚

$$CH_3CHCH_2CH_2CH_3 \atop OCH_3$$

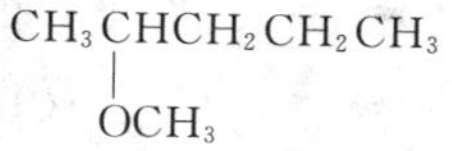

2-甲氧基戊烷

8.3.2　醚的结构

在脂肪醚分子中，氧原子是以 sp³ 杂化状态分别与两个烃基的碳原子形成两个 σ 键，氧原子上两对孤对电子处于两个 sp³ 杂化轨道中。一般的脂肪醚的醚键，其键角∠COC 在 111°左右。例如，二甲醚中∠COC=111.7°，大于水和甲醇分子中的键角，C—O 键键长为 0.141 nm，与醇接近。

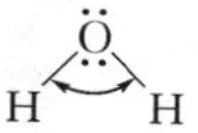

∠HOH=105° 　　　　　∠COH=108.9° 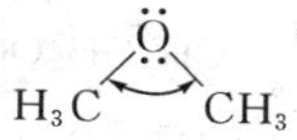　　　　　∠COC=111.7°

键长：C—O=0.141nm

最简单的芳醚是苯甲醚，其∠C环 OC=121°，C环—O 键的键长为 0.136 nm，可以认为芳醚中的氧是 sp² 杂化的，氧原子与芳环的 p-π 共轭作用使 C环—O 键键长变短，也使芳醚的化学性质与饱和醚有所不同。

8.3.3　醚的物理性质

常温下除甲醚、甲乙醚是气体外，其他醚大多数为无色液体。醚有特殊气味，相对密度小于 1，比水轻。由于醚的氧原子上没有氢，分子之间不能形成氢键缔合，所以醚的沸点与相对分子质量相近的醇比要低得多。例如，乙醚的沸点为34.5 ℃，而丁醇的沸点高达 117.7 ℃。但是醚分子中氧原子可以和水分子中的氢原子形成氢键，所以醚在水中的溶解度比烃大。

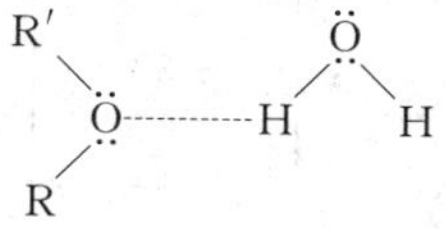

醚与水分子形成氢键

随着分子中醚键的增多，醚在水中的溶解度增大。例如，乙二醇二甲醚 $\left(\begin{array}{c}CH_2-CH_2\\OCH_3\ OCH_3\end{array}\right)$、丙三醇三甲醚 $\left(\begin{array}{c}CH_2-CH-CH_2\\OCH_3\ OCH_3OCH_3\end{array}\right)$ 能与水互溶。高级醚一般难溶于水。

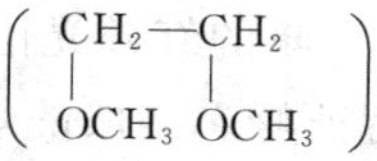

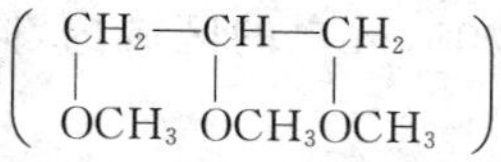

醚易溶于有机溶剂，而且醚本身能溶解很多有机物，因此醚是优良的有机溶剂。低级醚具有高度挥发性，易着火。尤其是乙醚，其蒸气与空气能形成爆炸混合物，爆炸极限

为 $1.85\%\sim36.5\%$(体积分数),因此使用时要特别注意安全。

常见各类醚的物理常数列于表 8-4。

表 8-4　常见各类醚的物理常数

名　称	结　构　式	熔点/℃	沸点/℃	密度(20℃)/(g·cm^{-3})
甲醚	CH_3OCH_3	−138.5	−24.9	0.661
甲乙醚	$CH_3OC_2H_5$		7.9	0.725
乙醚	$C_2H_5OC_2H_5$	−116.6	34.5	0.714
正丙醚	$(CH_3CH_2CH_2)_2O$	−122	90.1	0.736
异丙醚	$\left(\genfrac{}{}{0pt}{}{CH_3}{CH_3}CH\right)_2O$	−60	68	0.735
正丁醚	$(CH_3CH_2CH_2CH_2)_2O$	−95	141	0.768
甲丁醚	$CH_3O(CH_2)_3CH_3$		70	0.744
乙丁醚	$CH_3CH_2O(CH_2)_3CH_3$		92	0.752
乙二醇二甲醚	$CH_3OCH_2CH_2OCH_3$		83	0.863
乙基乙烯基醚	$CH_3CH_2OCH=CH_2$		36	0.763
二乙烯基醚	$CH_2=CHOCH=CH_2$		39	0.773
二烯丙基醚	$(CH_2=CHCH_2)_2O$		94	0.826
环氧乙烷	结构式(环氧乙烷)	−108	10.7	0.8969(d_9^4)
四氢呋喃	结构式(四氢呋喃)	−67	65.4	0.888
1,4-二氧六环（二噁烷）	结构式(二噁烷)	−11	101	1.034
苯甲醚	结构式—OCH$_3$	−37	154	0.994
苯乙醚	结构式—OC$_2$H$_5$	−33	172	0.970
二苯醚	结构式 苯—O—苯	27	259	1.072

醚的红外光谱在 $1060\sim1300$ cm^{-1} 范围内有较强的 C—O 伸缩振动吸收峰,是比较显著的特征峰。一般的烷基醚 C—O 伸缩振动在 $1060\sim1150$ cm^{-1} 范围有强而宽的吸收峰;芳基醚和烯基醚因 p-π 共轭作用使 C—O 键增强,其吸收峰在大于 1200 cm^{-1} 的区域内,同时在 $1020\sim1075$ cm^{-1} 范围也有一个较弱的 C—O 的对称振动吸收峰。

醚的红外光谱吸收峰特征并不十分明显,一方面因为 C—C 伸缩振动频率与 C—O 接近,另一方面因为任何含 C—O 键的分子如醇、酚、羧酸、酯对醚的吸收峰都会产生干扰。

在醚的质子核磁共振谱中,醚键中的氧原子对 α-碳原子上的氢原子有显著的去屏蔽作用,
$ROCH_3$ 的 CH_3 上的质子其 δ_H 在 3.5ppm 左右。

图 8-7 和图 8-8 分别为正丙醚的红外光谱图和质子核磁共振谱图。

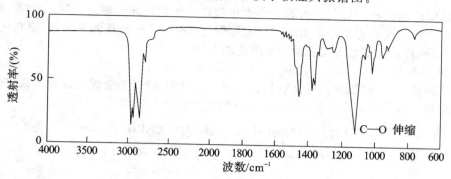

图 8-7　正丙醚的红外光谱图

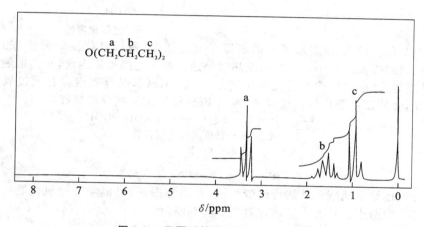

图 8-8　正丙醚的质子核磁共振谱图

思考题 8-12　不查表,将下列化合物按沸点由高到低排序,并说明理由。

$$(1)\ \begin{array}{c} CH_2OH \\ | \\ CH_2OH \end{array} \qquad (2)\ \begin{array}{c} CH_2OH \\ | \\ CH_2OCH_3 \end{array} \qquad (3)\ \begin{array}{c} CH_2OCH_3 \\ | \\ CH_2OCH_3 \end{array}$$

8.3.4　醚的化学性质

醚分子中氧原子与两个烃基相连接,分子的极性较小。一般情况下,醚对氧化剂、还原剂、
碱和金属钠都很稳定,是一类不活泼的化合物,因此常用做有机反应的溶剂。但醚中氧原子上
未共用电子对具有一定的碱性,可以与强酸成盐,醚键也可以发生断裂。

1. 醚的碱性

醚的氧原子上有未共用电子对,它作为一种路易斯碱,能与强质子酸(如浓盐酸、浓硫酸
等)作用形成𬮿盐,和缺电子的路易斯酸(如 BF_3、$AlCl_3$ 等)作用形成稳定的配合物。

$$R\overset{\cdot\cdot}{\underset{\cdot\cdot}{O}}R + HCl \rightleftharpoons \underset{+}{R\overset{\overset{H}{|}}{O}R} + Cl^-$$

$$R-\overset{\cdot\cdot}{\underset{\cdot\cdot}{O}}-R + BF_3 \rightleftharpoons \overset{R}{\underset{R}{\overset{|}{\underset{|}{O^+}}}}\!-\!\overset{-}{B}F_3$$

　　锌盐是弱碱强酸盐,很不稳定,置于冰水中很快分解出原来的醚。利用此性质,可以将醚从烷烃或卤代烃的混合物中分离出来。三氟化硼是有机反应中常用的催化剂,但它是气体,直接使用不方便,将它与醚形成配合物后使用更加方便。

　　2. 生成过氧化物

　　醚虽然对氧化剂是稳定的,但是将其长期置于空气中,经光照会缓慢地发生氧化反应生成醚的过氧化物。该反应是发生在醚的 α-C—H 键上的自由基反应。

$$CH_3CH_2OCH_2CH_3 \xrightarrow{O_2} CH_3CH_2O\underset{\underset{O-O-H}{|}}{C}HCH_3$$

氢过氧化乙醚

$$n\,CH_3CH_2O\underset{\underset{O-O-H}{|}}{C}HCH_3 \xrightarrow{-nCH_3CH_2OH} \left[n\underset{\underset{OO\cdot}{|}}{\overset{CH_3}{C}}H \right] \rightarrow \left[\underset{\underset{CH_3}{|}}{C}H-O-O \right]_n \quad (n=1\sim8)$$

过氧化聚醚

　　由于氧的电负性较大,α-碳原子上的氢原子变得活泼,所以氧化反应发生在 α-C—H 键。生成的过氧化聚醚挥发性极小,不稳定,受热时迅速分解引起爆炸。因此,在蒸馏醚类溶剂(如乙醚、四氢呋喃等)之前要用碘化钾淀粉试纸或 $FeSO_4$-KSCN 混合液检验有无过氧化物,如有过氧化物存在,会使试纸变成紫色或蓝色,或使 $FeSO_4$-KSCN 混合液显红色。

$$R-O-O-R + KI + H_2O \longrightarrow I_2 + ROH + KOH$$

$$I_2 + 淀粉 \longrightarrow 紫色或蓝色配合物$$

$$Fe^{2+} \xrightarrow{R-O-O-R} Fe^{3+}$$

$$Fe^{3+} + SCN^- \longrightarrow [Fe(SCN)_6]^{3-}(红色)$$

　　在醚中加入还原剂硫酸亚铁的稀硫酸溶液,并激烈振荡,可以除去过氧化物。为了安全,蒸馏醚时切记不能蒸干。醚类也应该在避光、阴凉处存放。

　　3. 醚键的断裂

　　醚与质子形成锌盐后,碳氧键变弱,在氢卤酸的作用下加热,醚键发生断裂生成醇和卤代烷。若氢卤酸过量,则生成的醇进一步反应也得到卤代烷。

$$R-\overset{\cdot\cdot}{\underset{\cdot\cdot}{O}}-R + HX \longrightarrow R-\overset{+}{\underset{\underset{H}{|}}{O}}-R \xrightarrow[X^-]{\triangle} ROH + RX$$
$$\xrightarrow{HX} RX + H_2O$$

　　这是一种亲核取代反应。锌盐的形成,使离去倾向小的 RO^- 变成 ROH 离去,亲核试剂 X^- 进攻锌盐的 α-碳原子使醚键断裂。因为 X^- 的亲核性顺序是 $I^- > Br^- > Cl^-$,所以 HX 的活性顺序是 $HI > HBr > HCl$。HI 是常用的醚键断裂试剂。

　　一般来说,当 R 是伯烃基时,X^- 与锌盐按 S_N2 机理反应,亲核试剂优先进攻空间位阻较小的 α-碳原子,醚键优先在较小烃基的一边断裂。例如:

$$CH_3CH_2CH_2OCH_3 \xrightarrow{H^+} CH_3CH_2CH_2\overset{+}{\underset{\underset{H}{|}}{O}}CH_3 \xrightarrow[S_N2]{I^-} \left[CH_3CH_2CH_2\overset{+}{\underset{\underset{H}{|}}{O}}\cdots\overset{\delta^+}{\underset{\underset{H}{|}}{C}}\cdots\overset{\delta^-}{I} \right]$$

$$\longrightarrow CH_3CH_2CH_2OH + CH_3I$$
$$\xrightarrow{HI} CH_3CH_2CH_2I + H_2O$$

该反应可以用来测定分子中甲氧基的含量,称为蔡塞尔(Zeisel)测定法。将含甲氧基的醚与 HI 反应生成定量的碘甲烷,把反应混合物中的碘甲烷蒸馏出来,通入硝酸银的醇溶液中,根据生成碘化银的量换算出分子中甲氧基的含量。

当 R 是叔烃基时,X^- 与锌盐按 S_N1 机理反应。例如:

$$CH_3-\underset{\underset{CH_3}{|}}{\overset{\overset{CH_3}{|}}{C}}-O-CH_3 \underset{}{\overset{H^+}{\rightleftharpoons}} CH_3-\underset{\underset{CH_3}{|}}{\overset{\overset{CH_3}{|}}{C}}-\overset{+}{\underset{\underset{H}{|}}{O}}-CH_3 \longrightarrow CH_3-\overset{\overset{CH_3}{|}}{\underset{\underset{CH_3}{|}}{C}}{}^+ + CH_3OH$$

$$CH_3-\overset{\overset{CH_3}{|}}{\underset{\underset{CH_3}{|}}{C}}{}^+ + Br^- \longrightarrow CH_3-\overset{\overset{CH_3}{|}}{\underset{\underset{CH_3}{|}}{C}}-Br$$

生成的碳正离子也可以脱去质子形成烯烃。

$$CH_3-\overset{\overset{CH_3}{|}}{\underset{+}{C}}-CH_2-H \longrightarrow \overset{\overset{CH_3}{|}}{\underset{\underset{CH_3}{|}}{C}}=CH_2 + H^+$$

叔丁基醚比较活泼,浓硫酸即可使其醚键断裂,常常利用这一性质来保护醇羟基。例如:

$$HOCH_2CH_2CH_2Br + \overset{\overset{CH_3}{|}}{\underset{\underset{CH_3}{|}}{C}}=CH_2 \overset{H_2SO_4}{\longrightarrow} BrCH_2CH_2CH_2O-\overset{\overset{CH_3}{|}}{\underset{\underset{CH_3}{|}}{C}}-CH_3 \overset{Mg}{\underset{干醚}{\longrightarrow}}$$

$$BrMgCH_2CH_2CH_2O-\overset{\overset{CH_3}{|}}{\underset{\underset{CH_3}{|}}{C}}-CH_3 \overset{HCHO}{\longrightarrow} \overset{H_3O^+}{\longrightarrow} HOCH_2CH_2CH_2CH_2-O-\overset{\overset{CH_3}{|}}{\underset{\underset{CH_3}{|}}{C}}-CH_3$$

$$\overset{浓\ H_2SO_4}{\underset{\triangle}{\longrightarrow}} HOCH_2CH_2CH_2CH_2OH + \overset{\overset{CH_3}{|}}{\underset{\underset{CH_3}{|}}{C}}=CH_2$$

在上述反应中,用异丁烯与醇反应生成叔丁基醚把羟基保护起来,避免了羟基对下一步格氏试剂的制备产生干扰,最后利用醚键的断裂使异丁烯从被保护分子中分离出来。

烷基芳基醚和 HI 一起加热,因为 p-π 共轭,芳基的 C—O 键非常牢固,所以醚键总是在烷基一边断裂,得到酚和碘代烷。例如:

$$\text{C}_6\text{H}_5-OCH_3 + HI \longrightarrow \text{C}_6\text{H}_5-OH + CH_3I$$

2-乙氧基萘 $\overset{KI,H_3PO_4}{\longrightarrow}$ 2-萘酚,95%

碘乙烷,78%

二芳基醚在 HI 作用下,不发生醚键断裂的反应。例如:

$$\text{C}_6\text{H}_5-O-\text{C}_6\text{H}_5 + HI \overset{\triangle}{\longrightarrow} 不反应$$

4. 苯基烯丙基醚重排(克莱森重排)

苯基烯丙基醚在加热时,烯丙基迁移到邻位碳原子上,称为克莱森(Claisen)重排。

O—CH₂CH=CH₂ $\overset{200\ ℃}{\longrightarrow}$ OH CH₂CH=CH₂　　　(73%)

苯基烯丙基醚　　　　　　　　2-烯丙基苯酚

如果两个邻位都被占据，则烯丙基迁移到对位。若邻、对位都被占据，则不发生克莱森重排。例如：

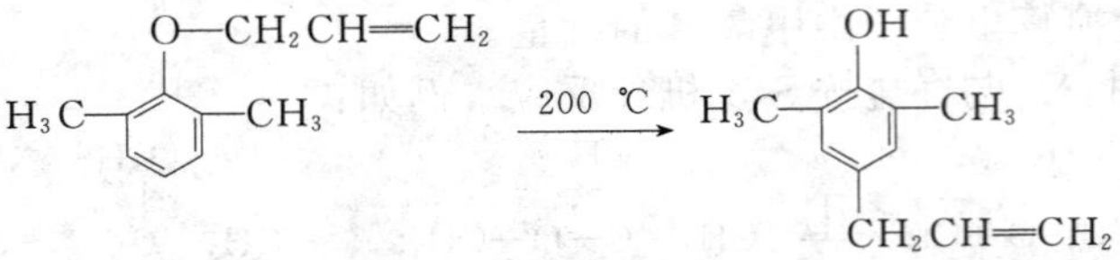

实验指出：如果烯丙基的 γ-碳原子上有一个氢原子被烷基取代，重排后烯丙基以 γ-碳原子与苯环的邻位相连接。例如：

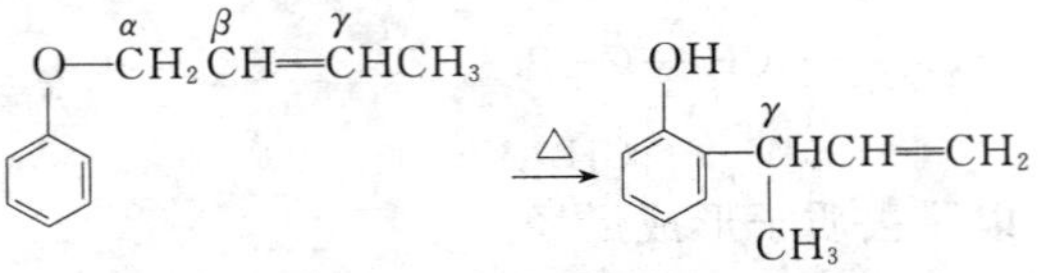

如果烯丙基迁移到对位，则烯丙基以 α-碳原子与苯环的对位相连接。例如：

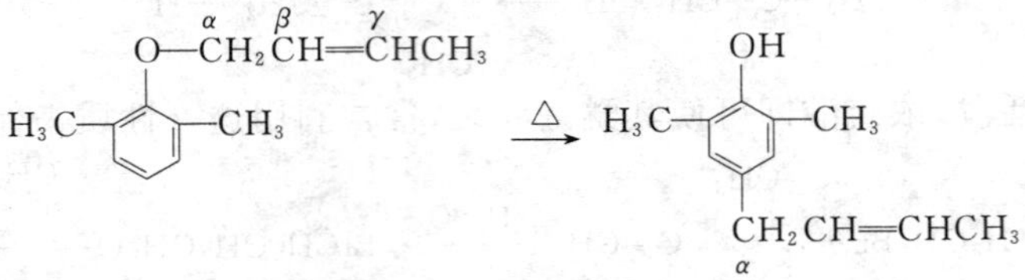

克莱森重排的机理已经研究得比较清楚(详见“周环反应”部分)。

5. 苄基醚的催化氢化

一般结构的醚是不发生氢解反应的，但是苄基醚在催化加氢的条件下可以发生氢解反应，生成甲苯和醇，且产率高。例如：

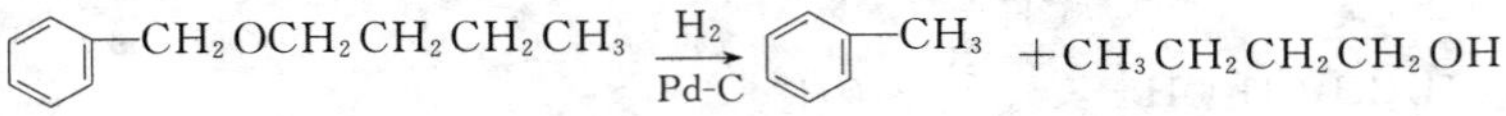　(约 100%)

8.3.5　醚的制法

1. 由醇脱水制备

在酸催化下两分子醇分子间脱水生成醚，这是制备简单醚的一般方法。控制合适的反应温度，以防止分子内脱水生成烯是很重要的。

$$CH_3CH_2\boxed{OH+H}OCH_2CH_3 \xrightarrow[140\ ℃]{浓\ H_2SO_4} CH_3CH_2OCH_2CH_3+H_2O$$

该方法主要用于由低级伯醇制备单醚。仲醇也能用于制备，但产率较低。叔醇一般得到烯烃。如果要制备混合醚，而且混合醚中一个 R 基是伯烷基，另一个是叔烷基或能生成较稳定碳正离子的烃基，也可以用该方法制备，但是伯醇应该过量。例如：

$$(CH_3)_3C{-}OH + CH_3CH_2OH(过量) \xrightarrow{稀\ H_2SO_4} (CH_3)_3C{-}O{-}CH_2CH_3 + H_2O$$

2. 威廉逊合成法

用威廉逊(Williamson)合成法来制备单醚或混醚，是常用的一种方法。例如：

$$CH_3CH_2CH_2CH_2ONa+CH_3CH_2I \longrightarrow \underset{乙基丁基醚}{CH_3CH_2CH_2CH_2OCH_2CH_3}+NaI \qquad (70\%)$$

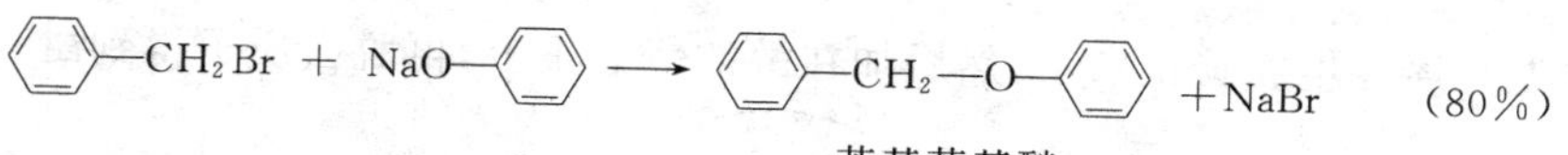

苯基苄基醚

威廉逊合成法一般是按 S_N2 机理进行的，RO^- 既是亲核试剂，又是强碱。亲核取代反应和消除反应是相互竞争的。为了避免消除产物即烯烃的生成，要选择合理的合成路线及原料。例如，制备乙基叔丁基醚时，有两条路线：

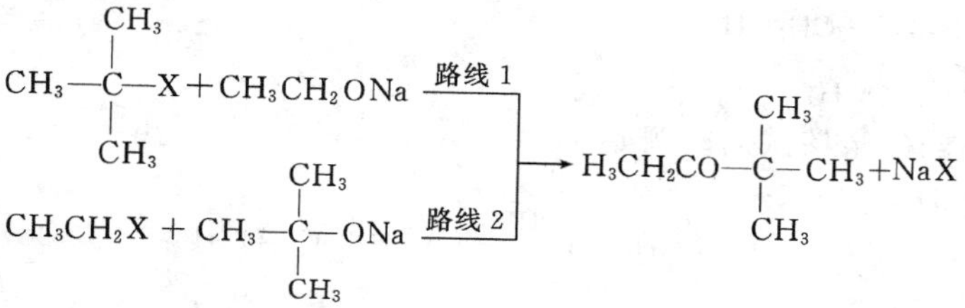

很明显，路线 1 是不合理的，因为叔卤代烷在强碱的作用下主要发生消除反应，生成烯烃。

制备芳基醚时，一般用酚钠和卤代脂肪烃反应。例如：

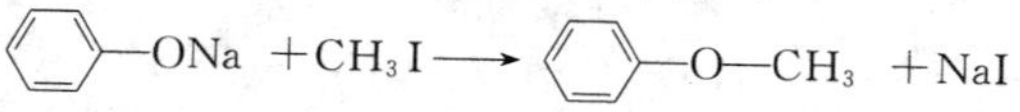

卤代芳烃的芳环上有强吸电子基团时，也能与酚钠作用生成醚。例如：

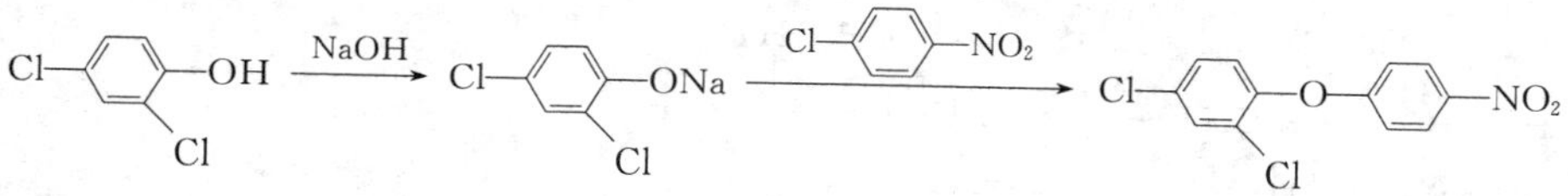

除草醚

除卤代烃外，磺酸酯和硫酸酯也常用于威廉逊合成法中。例如：

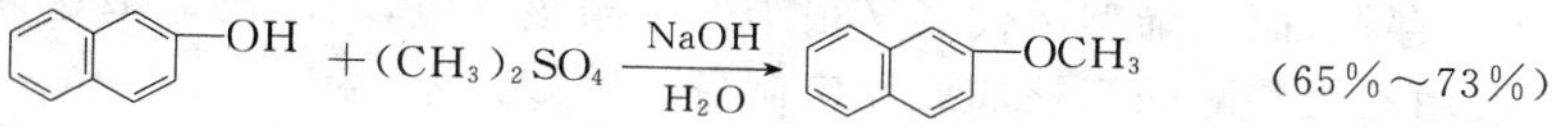

硫酸二甲酯　　2-萘甲醚

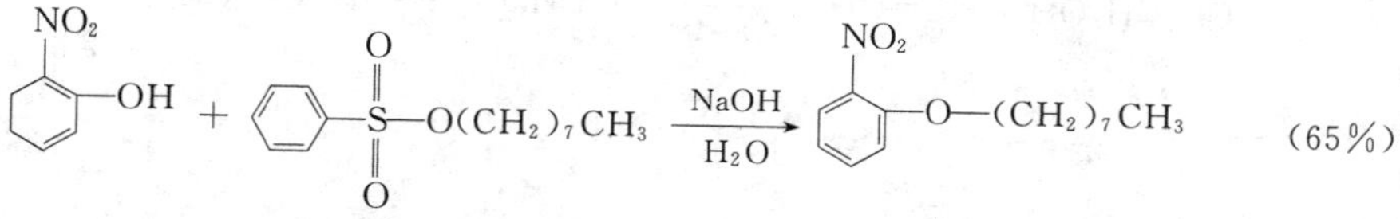

苯磺酸辛酯　　邻硝基苯辛醚

将酚钠与溴代或碘代芳烃在铜粉催化下加热，合成二芳醚的方法叫做乌尔曼(Ullmann)合成法。例如：

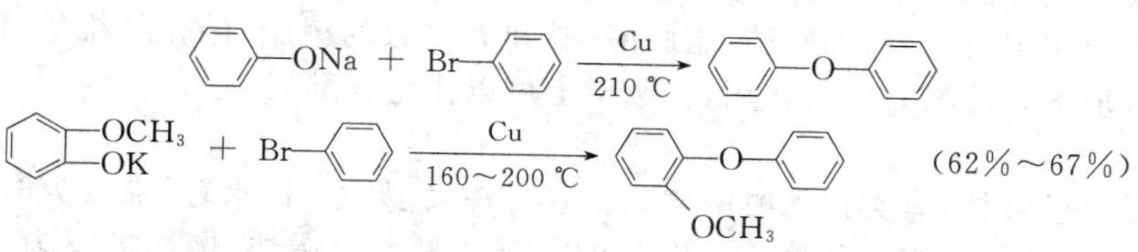

2-甲氧基二苯醚

乌尔曼合成法的特点是可以用不同的酚盐和不同的卤代芳烃合成醚。

3. 醇与烯烃的加成

醇与烯烃在酸性催化剂存在的条件下发生反应生成醚。例如：

$$(CH_3)_2C{=}CHCH_3 + CH_3OH \xrightarrow[H_2O]{H_2SO_4} (CH_3)_2C(OCH_3){-}CH_2CH_3 \qquad (50\%)$$

反应中酸首先与烯烃生成碳正离子,然后加在醇的氧原子上,再脱去质子得到醚。

$$(CH_3)_2C=CHCH_3 \xrightarrow{H^+} (CH_3)_2\overset{+}{C}-CH_2CH_3 \xrightarrow{CH_3OH} (CH_3)_2C-CH_2CH_3 \xrightarrow{-H^+}$$
$$\underset{\underset{+}{H}OCH_3}{|}$$

$$(CH_3)_2C-CH_2CH_3$$
$$\underset{OCH_3}{|}$$

所用的酸根必须是弱的亲核试剂。例如:

$$\underset{H_3C}{\overset{H_3C}{>}}C=CH_2 + CH_3OH \xrightarrow{HBF_4} (CH_3)_3C-OCH_3 \quad (86\%)$$

当生成的碳正离子容易发生重排反应时,得到的是重排的产物。例如:

$$H_3C-\underset{\underset{CH_3}{|}}{\overset{\overset{CH_3}{|}}{C}}-CH=CH_2 \xrightarrow{H_2SO_4} H_3C-\underset{\underset{CH_3}{|}}{\overset{\overset{CH_3}{|}}{C}}-\overset{+}{C}H-CH_3 \xrightarrow{\text{重排}} H_3C-\underset{\underset{+}{|}}{\overset{\overset{CH_3}{|}}{C}}-\underset{\underset{CH_3}{|}}{\overset{H}{C}}-CH_3 \xrightarrow{CH_3OH}$$

$$H_3C-\underset{\underset{HOCH_3}{|}}{\overset{\overset{CH_3}{|}}{C}}-\underset{\underset{CH_3}{|}}{\overset{H}{C}}-CH_3 \xrightarrow{-H^+} H_3C-\underset{\underset{OCH_3}{|}}{\overset{\overset{CH_3}{|}}{C}}-\underset{\underset{CH_3}{|}}{\overset{H}{C}}-CH_3$$

4. 乙烯基醚的合成

由于乙烯醇不存在,而乙烯型卤代烃又很难发生亲核反应,所以乙烯基醚不能用威廉逊合成法制备,而一般用乙炔和醇的亲核加成反应制备。例如:

$$CH_3CH_2OH + HC\equiv CH \xrightarrow[160\sim180℃]{KOH} CH_2=CH-O-CH_2CH_3$$

8.3.6 重要的醚

1. 乙醚

乙醚是易挥发的无色透明液体,有特殊的气味。其沸点是 34.5 ℃,微溶于水,易溶于乙醇和氯仿等。乙醚蒸气与空气的混合物易发生爆炸,爆炸极限为 1.85%~36.5%(体积分数),因此使用时要特别注意安全,尤其是要远离火源。

乙醚能溶解很多有机物,如脂肪、脂肪酸、蜡和大多数的树脂、硝化纤维等,因此是良好的有机溶剂和萃取剂。乙醚有麻醉作用,在医学上可以作为麻醉剂。

2. 异丙醚

异丙醚是无色液体,有类似乙醚的气味。它易挥发、易燃,比水轻,沸点为67.5 ℃,微溶于水,能与许多有机溶剂混溶。其蒸气与空气的混合物易发生爆炸,爆炸极限为 1.1%~4.5%(体积分数)。异丙醚是动、植物油脂,矿物油,蜡,树脂等的良好溶剂,与异丙醇的混合物一起用于油的脱蜡和蜡的脱油等。

3. 除草醚

除草醚即 2,4-二氯苯基-4′-硝基苯基醚或 2,4-二氯-4′-硝基二苯醚,是浅黄色针状晶体。其熔点为 70~71 ℃,难溶于水,易溶于乙醇等有机溶剂。除草醚是一种常用的稻田除草剂,对刚萌芽的稗草、鸭舌草、牛毛草等有触杀毒性。其特点是在空气中稳定,对金属无腐蚀性,对人、畜是安全的,同时它适用于各种土质和气候。

8.4 环　　醚

脂环烃的环上碳原子被一个或多个氧原子取代后生成的化合物叫做环醚。环醚的命名常采用俗名,没有俗名的称为"氧杂某烷"。其中,三元环醚是最重要的环醚,中文命名时被看做烷烃的氧化物,叫做"环氧某烷"。例如:

$$CH_2—CH_2 \quad 环氧乙烷$$

$$CH_3—CH—CH_2 \quad 环氧丙烷$$

$$Cl—CH_2—CH—CH_2 \quad 1,2-环氧-3-氯丙烷$$

$$CH_3—CH_2—CH—CH_2 \quad 1,2-环氧丁烷$$

四氢呋喃

1,4-二氧六环(二噁烷)

五元环、六元环的环醚,性质比较稳定。分子中含 $\overset{C—C}{O}$ 结构的环醚,又称为环氧化合物(epoxide)。环氧乙烷是最简单、最重要的环醚,其结构如下:

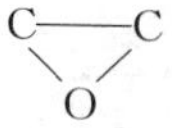

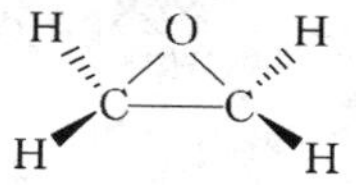

环氧乙烷分子中键的参数列于表 8-5。

表 8-5　环氧乙烷分子中键的参数

键	键长/nm	键角	键角值
C—O	0.149	∠OCC	59.2°
C—C	0.147	∠COC	61.6°
		∠HCH	116°

环氧乙烷的环张力很大,只有通过开环才能解除这种张力,它的化学活泼性主要表现在易发生开环反应。开环反应既可以在酸性条件下进行,也可以在碱性条件下进行。

8.4.1　酸催化下的开环反应

在酸催化下,环氧乙烷与 H_2O 、HX 、ROH 、酚等发生反应,生成相应的产物。

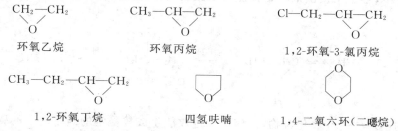

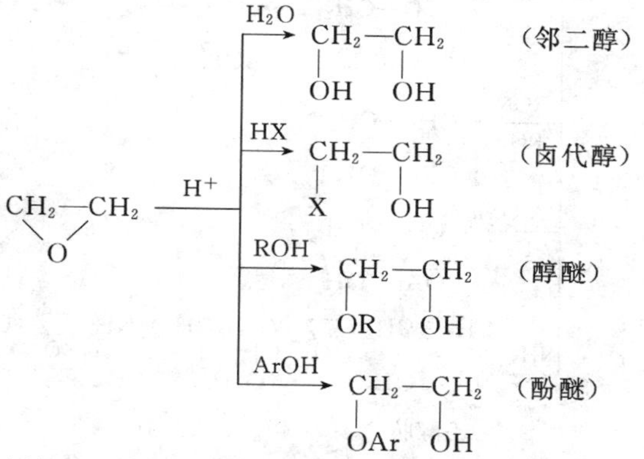

环氧乙烷在酸催化下的开环反应是单分子亲核取代反应。其反应机理是:环氧乙烷与

H⁺作用生成锌盐(即质子化的环氧乙烷),使 C—O 键减弱;亲核试剂(Nu:)进攻中心碳原子,使 C—O 键断裂环打开。

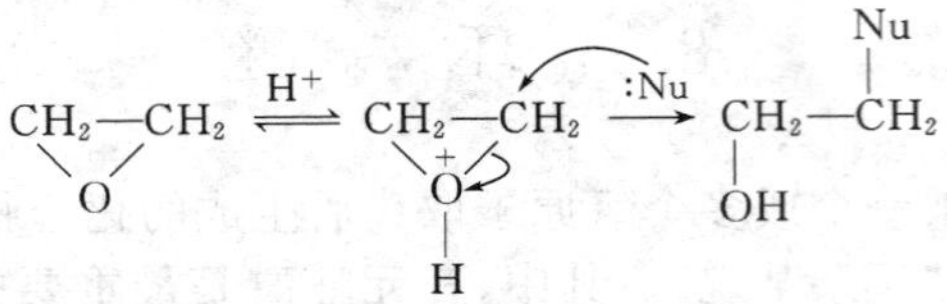

$$\text{CH}_2\text{—CH}_2 \xrightarrow{\text{H}^+} \text{CH}_2\text{—CH}_2 \xrightarrow{\text{:Nu}} \text{CH}_2\text{—CH}_2$$

此类反应中,由于亲核试剂的亲核能力是较弱的,所以开环的动力主要来自三元环巨大的张力。例如:

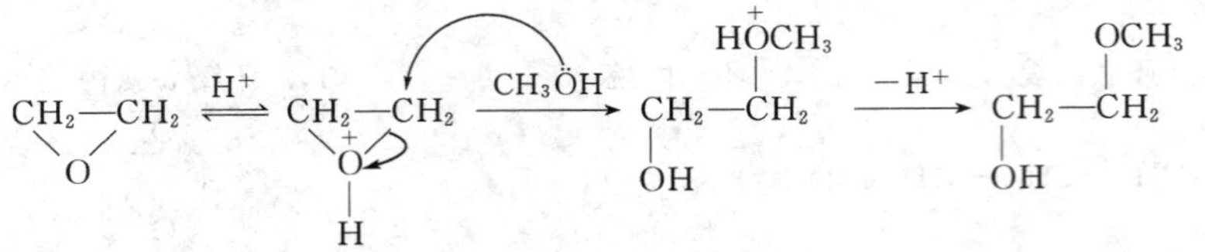

$$\text{CH}_2\text{—CH}_2 \xrightarrow{\text{H}^+} \text{CH}_2\text{—CH}_2 \xrightarrow{\text{CH}_3\overset{\cdot\cdot}{\text{O}}\text{H}} \text{CH}_2\text{—CH}_2 \xrightarrow{-\text{H}^+} \text{CH}_2\text{—CH}_2$$

对于结构不对称的环氧化合物,亲核试剂进攻能生成较稳定的碳正离子的碳原子,即烃基取代较多的碳原子。例如:

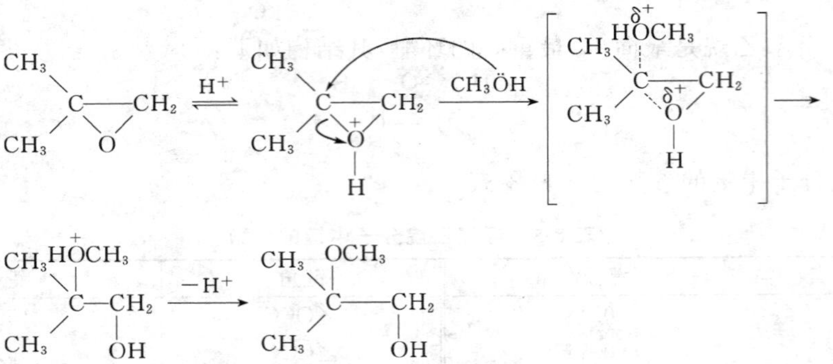

（环氧丙烷酸催化开环反应机理示意）

8.4.2　碱催化下的开环反应

在碱催化下,环氧乙烷与 NaOH、RONa、ArONa、NH₃ 等发生反应,生成相应的化合物。

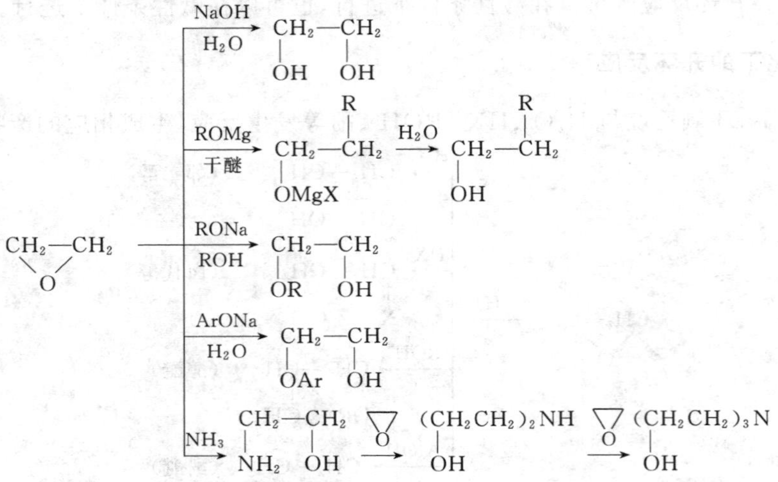

（环氧乙烷在碱催化下与 NaOH/H₂O、ROMg/干醚、RONa/ROH、ArONa/H₂O、NH₃ 反应生成相应产物的反应网络，产物依次为乙二醇、RCH₂CH₂OH、ROCH₂CH₂OH、ArOCH₂CH₂OH，以及乙醇胺、二乙醇胺、三乙醇胺）

乙醇胺　　　　　　二乙醇胺　　　　　　三乙醇胺

环氧乙烷在碱催化下的开环反应是双分子亲核取代反应。其反应机理是亲核试剂首先进攻中心碳原子,新键的形成和旧键的断裂是同时进行的,经历了过渡态。

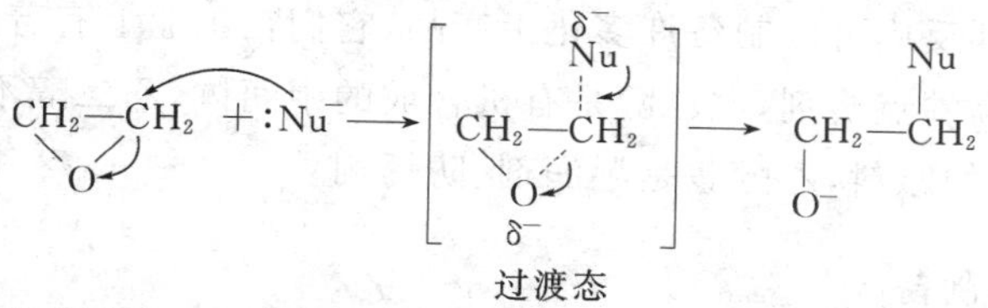

$$过渡态$$

在这类反应中,因为环氧乙烷不能被质子化,C—O 键比较牢固,离去基团(烷氧负离子)的离去能力较差,但是试剂的亲核能力较强,所以开环的动力主要来自亲核试剂的亲核能力和三元环巨大的张力。例如:

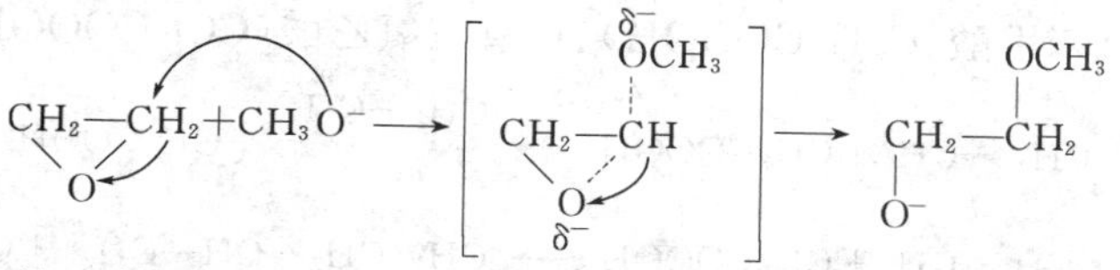

对于结构不对称的环氧化合物,亲核试剂优先进攻空间位阻小的碳原子,即烃基取代较少的碳原子。例如:

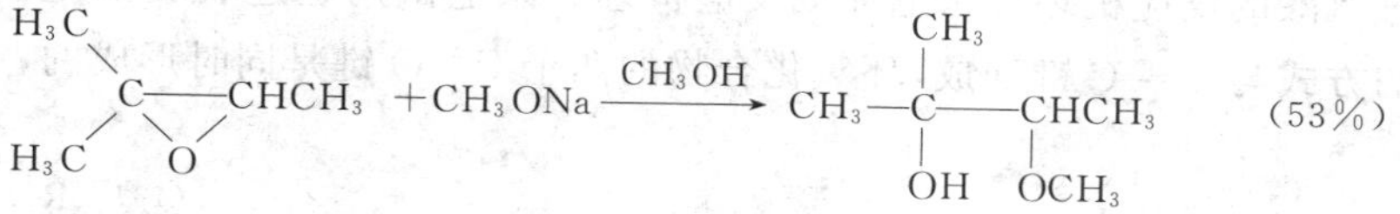

8.4.3　开环反应的立体化学

在环氧乙烷的开环反应中,无论是酸催化还是碱催化,都存在环氧原子的空间位阻,所以亲核试剂只能从环氧原子的背面进攻中心碳原子,得到反式开环产物。

酸催化下的开环:

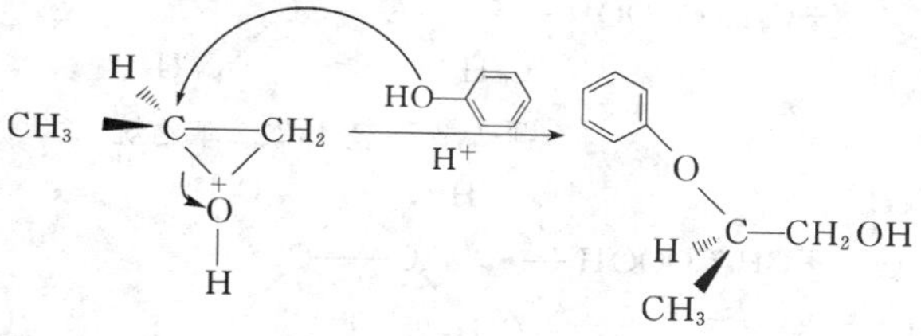

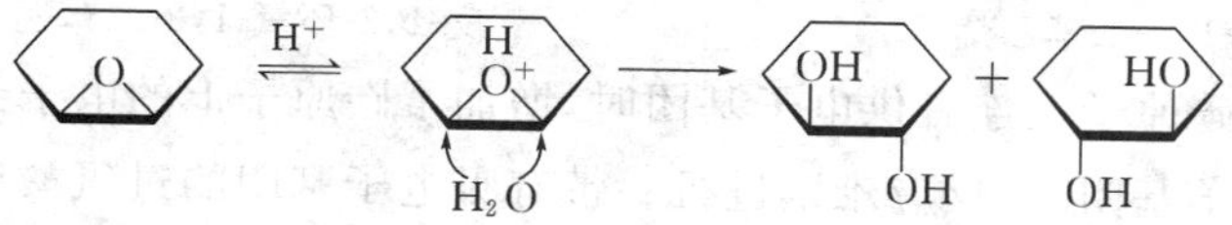

1,2-环氧己烷　　　　　　　　　　　　反-1,2-环己二醇

碱催化下的开环:

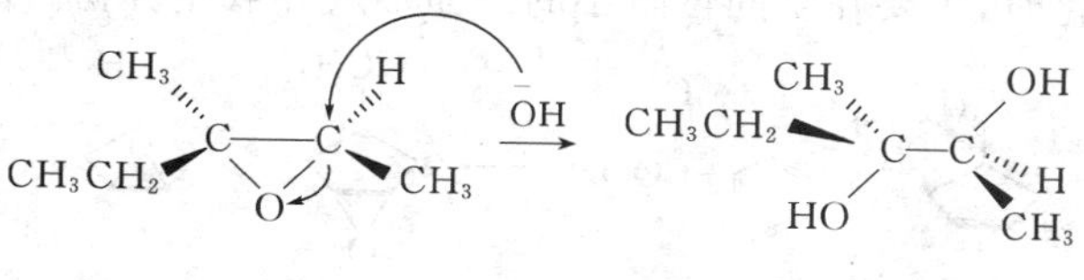

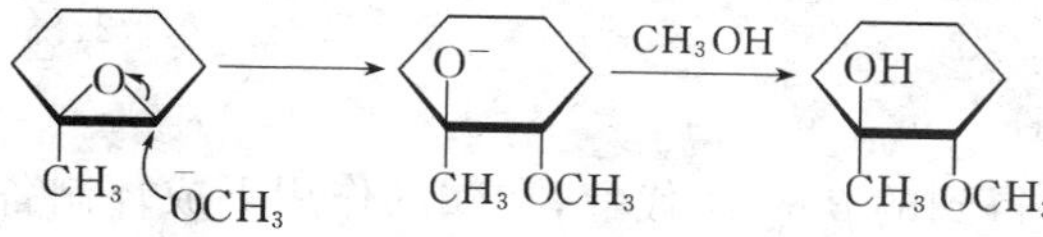

　　环氧化合物是一类非常重要的化合物,尤其是环氧乙烷在有机合成中是一种基本的原料。通过环氧化合物的开环反应可以制备许多化工产品,它们在工业上有着广泛的用途。例如,乙二醇单乙醚是常用的高沸点溶剂,氯乙醇是有机合成的中间体,乙二醇不但可以作为防冻剂和溶剂,还是合成"涤纶"的原料,乙醇胺是湿润剂、防锈剂。

8.4.4　环氧化合物的制备

　　1. 烯烃与过氧酸反应

　　烯烃与过氧酸反应被氧化生成环氧乙烷及其同系物。常用的过氧酸有过氧乙酸(CH_3COOOH)、过氧苯甲酸(C_6H_5COOOH)、过氧三氯乙酸(CCl_3COOOH)等。例如:

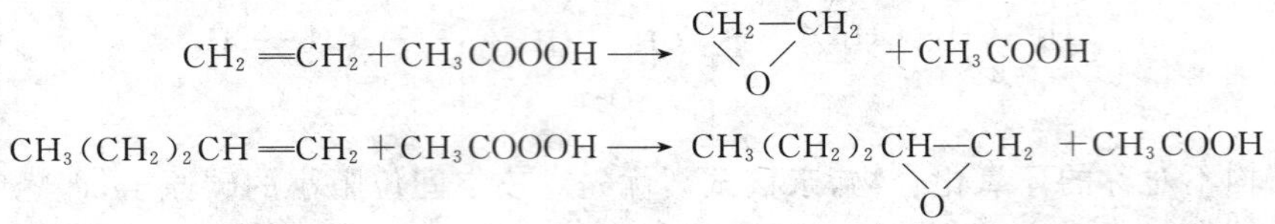

$$CH_2=CH_2 + CH_3COOOH \longrightarrow \underset{O}{CH_2-CH_2} + CH_3COOH$$

$$CH_3(CH_2)_2CH=CH_2 + CH_3COOOH \longrightarrow \underset{O}{CH_3(CH_2)_2CH-CH_2} + CH_3COOH$$

　　烯烃与过氧酸的反应机理是亲电加成反应机理。亲电试剂是过氧酸,反应中亲电试剂采取顺式加成的方式与 C=C 键加成,环氧化合物的两个 C—O 键是同时形成的,产物保持原来烯烃的构型。

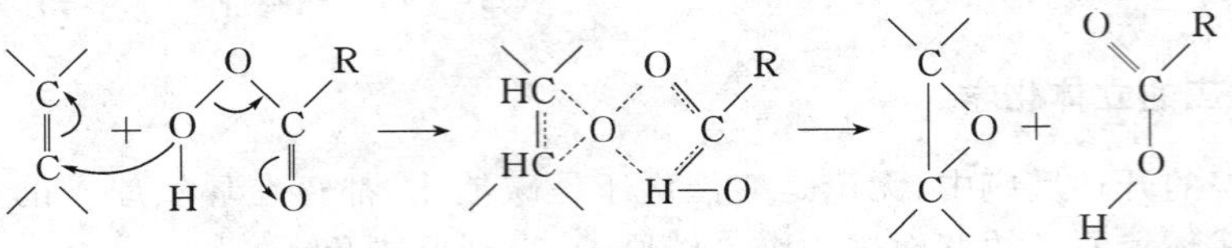

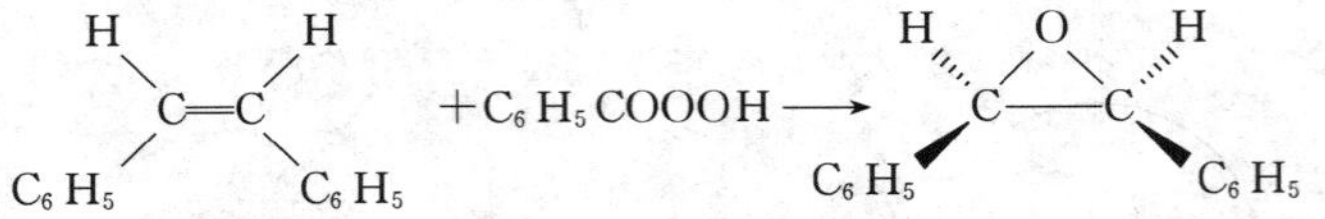

顺-1,2-二苯乙烯　　　　　　　　顺-1,2-环氧-1,2-二苯乙烷

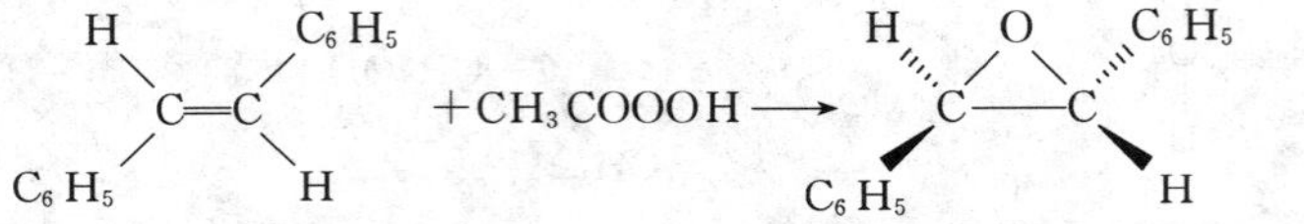

反-1,2-二苯乙烯　　　　　　　　反-1,2-环氧-1,2-二苯乙烷

　　烯烃的双键碳原子上连有供电子基团时,增加了碳原子上的电子云密度,亲电加成容易进行;反之,有吸电子基团时,反应难以进行。带有吸电子基团的过氧酸反应快,所以常常用三氯过氧乙酸作氧化剂。

　　取代的环烯烃氧化时,主要在空间位阻小的一面形成环氧化合物。例如:

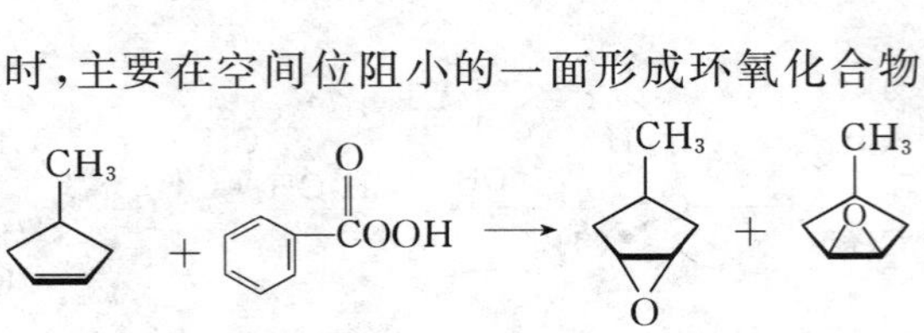

75%　　　21%

　　2. 由卤代醇成环制备

　　由乙烯与次卤酸反应得到的 β-—卤代醇,在碱的作用下成环制备环氧乙烷。

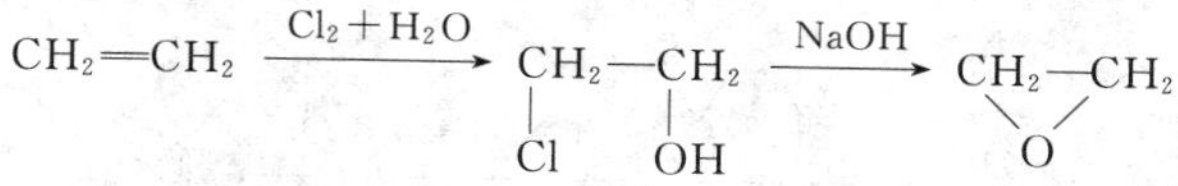

$$CH_2{=}CH_2 \xrightarrow{Cl_2+H_2O} \underset{\underset{OH}{|}}{\underset{\underset{Cl}{|}}{CH_2{-}CH_2}} \xrightarrow{NaOH} \underset{O}{CH_2{-}CH_2}$$

成环反应与威廉逊合成法类似。又如：

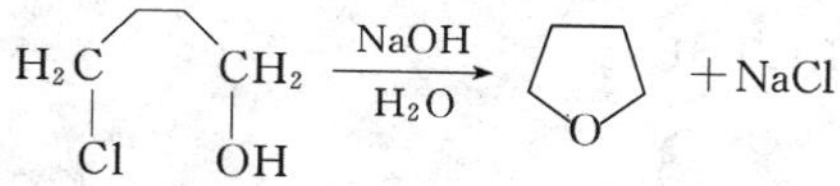

$$\underset{\underset{Cl}{|}}{H_2C}{-}\underset{\underset{OH}{|}}{CH_2} \xrightarrow[H_2O]{NaOH} \text{（四氢呋喃）} + NaCl$$

如果是取代的乙烯与次卤酸加成后，再成环生成环氧化合物，其构型不变。例如：

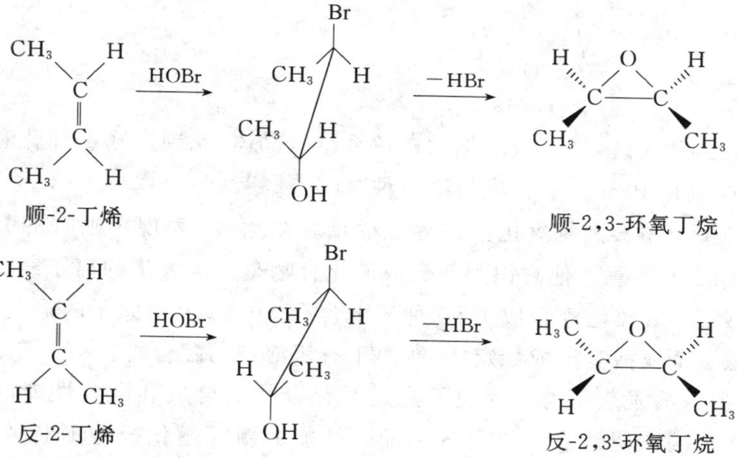

成环反应图（顺-2-丁烯 → 顺-2,3-环氧丁烷）

成环反应图（反-2-丁烯 → 反-2,3-环氧丁烷）

3. 由乙烯氧化制备环氧乙烷

在银或氧化银的催化下，乙烯可以被空气催化氧化生成环氧乙烷。这是工业上制备环氧乙烷的方法之一。

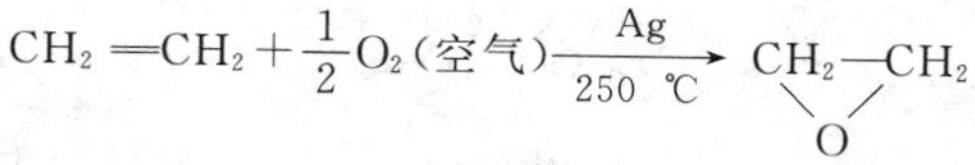

$$CH_2{=}CH_2 + \frac{1}{2}O_2\text{（空气）} \xrightarrow[250\ ℃]{Ag} \underset{O}{CH_2{-}CH_2}$$

8.5 冠 醚

8.5.1 冠醚概述

冠醚是一种大环多醚，分子中含有多个$\left(OCH_2CH_2\right)$重复单位，由于最简单的冠醚的构象外形与西方式王冠相似，所以称它们为冠醚（crown ether）。例如：

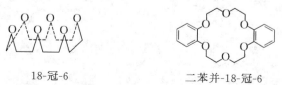

18-冠-6　　　　　　　　　　　二苯并-18-冠-6

二苯并-18-冠-6 是第一种人工合成的冠醚。20 世纪 60 年代初，美国杜邦化学公司的研究人员 Pedersen C. J. 在寻找用于烯烃聚合的新的含钒催化剂时，要通过以下反应合成化合物 A：

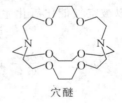

结果发现除了化合物 A 外,还有极少量的白色纤维状晶体,此副产物经纯化和结构分析,证明是大环多醚 B,这就是 Pedersen 合成的第一种冠醚。

化合物 B 在甲醇中会因氢氧化钠的存在而增大溶解度,表现了独特的配位性能,这一特性引起了 Pedersen 的注意。他意识到他合成的化合物是一类人工的离子载体,于是加快了研究工作的进度,到 1968 年已经合成了 60 种环中含有 4～20 个氧原子的冠醚。它们的特性是能与碱金属及碱土金属盐类形成稳定的、能溶于有机溶剂的配合物。

1967 年 Pedersen 发表了著名的关于冠醚类化合物的合成和配合性能的文章以后,冠醚引起了化学工作者的广泛注意。具有各种配合性能的新冠醚化合物不断被合成出来。1969年法国化学家 Lehn J. M. 首先合成了穴醚:

穴醚

"穴"就是洞穴的意思,由于穴醚是三维结构,它的配位性能比冠醚更强。

因为在大环多醚方面作出了杰出的贡献,1987 年 Pedersen C. J.、Cram C. J. (美国化学家)和 Lehn J. M. 共同获得诺贝尔化学奖。

8.5.2　冠醚的命名和合成

一般用简单的方法对冠醚进行命名,即在"冠"字前面用阿拉伯数字标出成环原子总数(包括碳原子和氧原子),在"冠"字后面标出环上氧原子数,中间用短线分开。例如:

15-冠-5　　　　　　　　　　18-冠-6

冠醚主要用威廉逊合成法制备。例如,将三甘醇和相应的多甘醇二氯化合物在 KOH 存在的条件下反应,可以得到 18-冠-6。

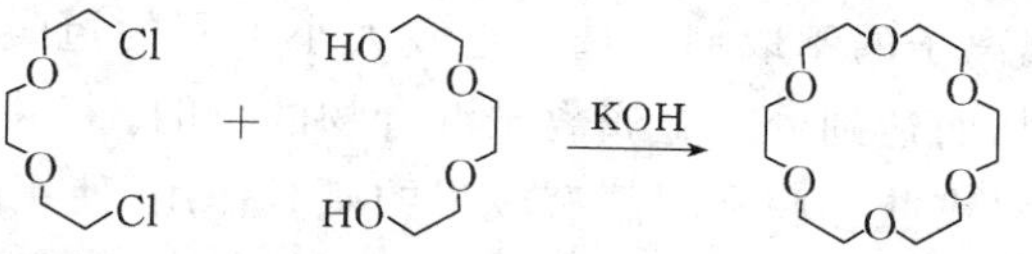

三甘醇和二氯化合物经过两次 S_N2 反应得到 18-冠-6 。第一次 S_N2 反应后，钾离子与中间产物中的 6 个氧原子通过离子-偶极作用力配位，使长链两端的氯原子和羟基靠近，促使第二次 S_N2 反应进行。

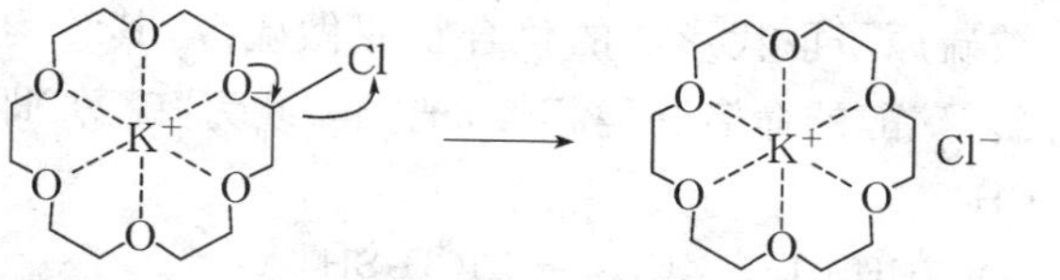

　　通常情况下，大环化合物的合成是比较困难的，往往需要在高度稀释的条件下进行，以减少长链两端分子间发生的生成线性聚合物的反应，从而有利于分子内的环化反应的进行。但是在上述反应中，反应物的浓度不是太大就可以得到较好的产率，这是由钾离子的模板效应所致。

8.5.3　冠醚的性质

　　从结构可以看出，冠醚分子中有多个醚键，分子中能够形成空穴，空穴的大小随 $+CH_2CH_2O+$ 单元的多少而发生变化。环上的氧原子上未共用电子对向着环的内侧，当不同大小的金属离子进入空穴后，通过偶极-离子作用，形成配合物。例如：K^+ 的半径为 0.133 nm，18-冠-6 的空穴直径为 0.26～0.32 nm，K^+ 可以进入 18-冠-6 的空穴形成配合物。而 12-冠-4 的空穴较小，只能与半径较小的 Li^+ 结合。

　　环中的氧原子还可以通过氢键与水分子结合，所以冠醚有亲水性。冠醚分子的外围都是亚甲基，它们是具有亲油性的，因此冠醚在有机溶剂中有良好的溶解性。由于冠醚既能配位金属离子，又能溶解在有机溶剂中，故在有机合成中冠醚常常用做相转移催化剂。即冠醚与金属离子配位后生成的配合物溶于有机溶剂中，阴离子以裸露状态存在，活性因此增大。例如，用高锰酸钾氧化环己烯，由于烯烃在水中的溶解度很小，高锰酸钾和水在烯烃中溶解度也很小，使反应在非均相体系中进行，产率较低；如果在反应体系中加入 18-冠-6，K^+ 与其配位，使高锰酸钾以配合盐的形式溶入烯烃中，反应在均相中进行，裸露的 MnO_4^- 氧化性能更强，与烯烃能更充分地接触，因此加快了反应，提高了产率。

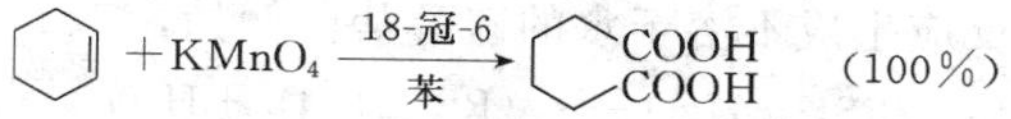

18-冠-6 携带着高锰酸钾从水相转移到有机相，故是相转移催化剂。在某些亲核取代反应中也广泛地应用相转移催化，例如：

$$CH_3(CH_2)_6CH_2Br+KF \xrightarrow[\text{室温}]{\text{18-冠-6,苯}} CH_3(CH_2)_6CH_2F \quad (92\%)$$

冠醚也可以作为金属离子的萃取剂。选用空穴大小不同的冠醚作为萃取剂,使水相中某种金属离子进入有机相,从而达到分离金属离子混合物的目的。

冠醚有一定的毒性,对皮肤黏膜和眼睛有较强的刺激作用,使用时应注意防护。

8.6　硫　　醇

醇分子中的氧原子被硫原子取代形成的化合物叫做硫醇,其结构通式为 RSH。—SH 叫做巯基,是硫醇的官能团。硫醇的命名和醇相似,把"醇"改为"硫醇"即可。例如:

$$CH_3CH_2SH \qquad \begin{matrix} CH_3 \\ | \\ CHSH \\ | \\ CH_3 \end{matrix} \qquad CH_2{=}CHCH_2SH \qquad \begin{matrix} CH_2SH \end{matrix}$$

乙硫醇　　　　　　异丙硫醇　　　　　烯丙硫醇　　　　3,7-二甲基-2,6-辛二烯-1-硫醇

硫与氧是同族不同周期的元素,因此硫醇与醇在结构和性质上既有相似之处,也有差异。硫的电负性比氧的电负性小,硫醇与水分子形成氢键的能力很弱,所以在水中的溶解度比醇小得多;因为分子之间很难形成氢键,不能形成缔合状态,所以硫醇的沸点比醇低。例如,乙醇能与水混溶,沸点为 78.3 ℃,而乙硫醇室温下在水中的溶解度仅为 1.5 g/(100 g),沸点为 37 ℃。

室温下除甲硫醇是气体外,其他硫醇都是液体或固体。低级硫醇有恶臭味,当空气中含有 5×10^{10} 分之一时,人即可闻到,因此可以用做臭味剂检查管道是否漏气。

在许多动、植物中含有一定量的低级硫醇。例如,甲硫醇存在于胡萝卜、牛奶、洋葱中,丁硫醇存在于黄鼠狼的臭味中,烯丙硫醇存在于大葱中。它们在这些物质中的含量虽然不大,但赋予这些物质以特殊的气味。

8.6.1　硫醇的化学性质

1. 酸性

硫醇的酸性比醇强。例如,乙硫醇的 $pK_a = 10.6$,乙醇的 $pK_a = 15.9$,这可能是因为硫原子的半径比氧原子大,容易极化,使 S—H 键比 O—H 键更容易离解出质子。硫醇能溶于氢氧化钠的稀溶液,生成比较稳定的盐(硫醇钠)。向该盐中通入二氧化碳,硫醇又可以游离出来。

$$RSH + NaOH \rightleftharpoons RSNa + H_2O$$
$$\downarrow\begin{smallmatrix}CO_2\\H_2O\end{smallmatrix} RSH + NaHCO_3$$

在石油的炼制过程中,用氢氧化钠溶液洗涤就是利用该反应以除去粗产品中的硫醇。

硫醇还可以与重金属反应生成不溶于水的硫醇盐。例如:

$$2RSH + HgO \longrightarrow (RS)_2Hg\downarrow + H_2O$$

硫醇汞(白色)

$$2RSH + (CH_3COO)_2Pb \longrightarrow (RS)_2Pb\downarrow + 2CH_3COOH$$

硫醇铅(黄色)

许多重金属离子能与生物体内的酶的巯基结合,使酶失去活性而中毒。可以利用上述反

应让硫醇与重金属作用生成盐,通过尿液排出体外,达到排毒的目的。例如:

$$2CH_2-CH-CH_2+Hg^{2+}\longrightarrow HOCH_2-CH-S\diagdown{Hg\downarrow}$$
$$\quad\ \ |\ \ \ \ |\ \ \ \ |\qquad\qquad\qquad\qquad\qquad |$$
$$\quad\ \ OH\ \ SH\ \ SH\qquad\qquad\qquad CH_2-S\diagup$$

2,3-二巯基-1-丙醇

所以硫醇是常用的重金属中毒的解毒剂。

2. 氧化

硫醇很容易被氧化,弱氧化剂也能将硫醇氧化成二硫化物。例如:

$$2RSH\xrightarrow{\text{空气}}R-S-S-R+H_2O$$

$$2RSH+I_2+2NaOH\longrightarrow R-S-S-R+2NaI+2H_2O$$

$$2RSH+H_2O_2\longrightarrow R-S-S-R+2H_2O$$

强氧化剂(如 HNO_3、$KMnO_4$ 等)可将硫醇被氧化成磺酸。例如:

$$CH_3CH_2SH\xrightarrow{KMnO_4,H^+}CH_3CH_2SO_3H$$

石油中含有硫醇及其他含硫化合物,它们腐蚀设备并且散发出恶臭气味。利用催化氧化法形成无酸性的二硫化物,可以达到减少腐蚀、除臭的目的。

$$2RSH+\frac{1}{2}O_2\xrightarrow{\text{磺化酞菁钴}}R-S-S-R+H_2O$$

8.6.2　硫醇的制备

卤代烷与硫氢化钠或硫氢化钾作用生成硫醇。

$$RX+NaSH\xrightarrow{C_2H_5OH}RSH+NaX$$

为了避免生成硫醚,必须使用过量的硫氢化钠或硫氢化钾。

实验室制备硫醇常用的方法,是让卤代烷与硫脲作用生成 S-烷基异硫脲盐,再经过水解得到硫醇和尿素。该方法的产率高。

$$\qquad\qquad\qquad\qquad S\qquad\qquad\qquad\qquad \overset{+}{N}H_2\bar{X}$$
$$\qquad\qquad\qquad\qquad \|\qquad\qquad\qquad\qquad \|$$
$$RX+NH_2-C-NH_2\longrightarrow R-S-C-NH_2$$

$$\ \ \overset{+}{N}H_2\bar{X}\qquad\qquad\qquad\qquad\qquad\qquad\qquad O$$
$$\quad \|\qquad\qquad\qquad\qquad\qquad\qquad\qquad\qquad \|$$
$$R-S-C-NH_2+H_2O\xrightarrow{NaOH}RSH+\ \ NH_2-C-NH_2$$

8.7　硫　　醚

醚分子中的氧原子被硫原子取代形成的化合物叫做硫醚,其结构通式为 R—S—R、R—S—Ar。硫醚的命名和醚的命名很相似,把"醚"改为"硫醚"即可。例如:

CH_3-S-CH_3　　　　$CH_3CH_2-S-CH(CH_3)_2$　　　　$(CH_2\!=\!CHCH_2)_2S$

二甲硫醚　　　　　　　　乙基异丙基硫醚　　　　　　　　二烯丙基硫醚

低级的硫醚是无色液体,臭味不如硫醇强烈,沸点比相应的醚高。例如,CH_3SCH_3 的沸点为 37.6 ℃,而 CH_3OCH_3 沸点为 -25 ℃。硫醚不能与水分子形成氢键,在水中的溶解度比醚小得多,几乎不溶于水,溶于乙醇和醚。

8.7.1　硫醚的化学性质

硫醚与醚相似,其化学性质比较稳定。由于硫的原子半径比较大,原子核对外层价电子的束缚力比氧原子小,因此硫原子给电子的能力比氧原子强,硫醚表现明显的碱性和亲核性,以及易于氧化的特点。

1. 锍盐的生成

硫醚是弱碱,可以与强酸作用生成锍盐。

$$R—S—R + H_2SO_4 \rightleftharpoons R_2\overset{+}{S}H\ \overset{-}{S}O_4H$$

硫醚与卤代烷发生亲核反应生成卤化三烷基锍盐。

$$R—S—R + R'X \rightleftharpoons R_2\overset{+}{S}R'\overset{-}{X}$$

锍盐是比较稳定的晶体,易溶于水,其水溶液导电。锍盐在水中离解成 R_3S^+ 和 X^-。锍盐遇热可分解成硫醚和卤代烷。

2. 氧化反应

常温下用浓硝酸、三氧化铬、过氧化氢等都可以将硫醚氧化成亚砜。在强烈的氧化条件下,如用发烟硝酸、高锰酸钾、过氧羧酸氧化则生成砜。

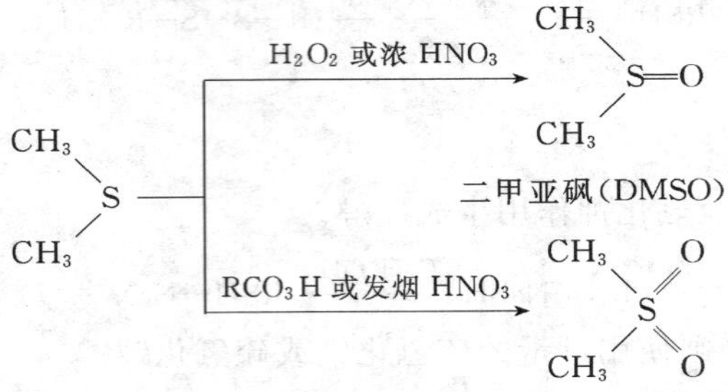

二甲亚砜是无色液体,熔点为 18.5 ℃,沸点为 189 ℃,可与水混溶。许多无机盐和有机化合物可溶于二甲亚砜,因此二甲亚砜是一种常用的非质子溶剂。

3. 脱硫反应

硫醚可以发生氢解反应和热解反应,工业上用此反应进行脱硫。

$$C_2H_5—S—C_2H_5 + 2H_2 \xrightarrow[340\sim400\ ℃]{钼酸钴} 2C_2H_6 + H_2S$$

$$C_2H_5—S—C_2H_5 \xrightarrow{400\ ℃} 2CH_2{=\!\!=}CH_2 + H_2S$$

8.7.2　硫醚的制备

硫醚的制备和醚相似。

1. 单硫醚的制备

单硫醚用硫化钾与卤代烷或其他烷基化试剂(如烷基硫酸酯)制备。

$$2CH_3I + K_2S \longrightarrow CH_3—S—CH_3 + 2KI$$

$$2CH_3—O—\overset{\displaystyle O}{\underset{\displaystyle O}{\overset{\|}{\underset{\|}{S}}}}—O—CH_3 + K_2S \longrightarrow CH_3—S—CH_3 + 2CH_3OSO_3K$$

2. 混硫醚的制备

混硫醚一般用威廉逊合成法制备。例如：

$$CH_3CH_2SH \xrightarrow[-H_2O]{OH^-} CH_3CH_2\overset{-}{S} \xrightarrow[-Br^-]{BrCH_2CH(CH_3)_2} CH_3CH_2-S-CH_2CH(CH_3)_2$$

3. 芥子气的制备

芥子气是二-(2-氯乙基)硫醚的俗名。其制备方法如下：

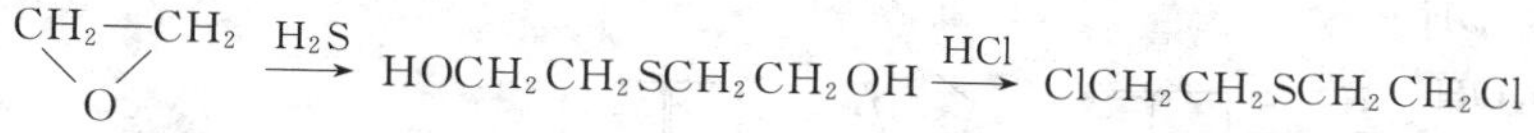

$$CH_2\!-\!CH_2 \overset{\underset{O}{}}{} \xrightarrow{H_2S} HOCH_2CH_2SCH_2CH_2OH \xrightarrow{HCl} ClCH_2CH_2SCH_2CH_2Cl$$

芥子气

芥子气是无色油状液体,沸点为 215～217 ℃,不溶于水,溶于有机溶剂,因有芥末的气味而得名。芥子气是一种极毒的化合物,对人体呼吸系统的黏膜有强烈的腐蚀作用,因在战争中被用做化学武器而臭名昭著。用漂白粉的氧化作用,可将其氧化为毒性较小的砜类。

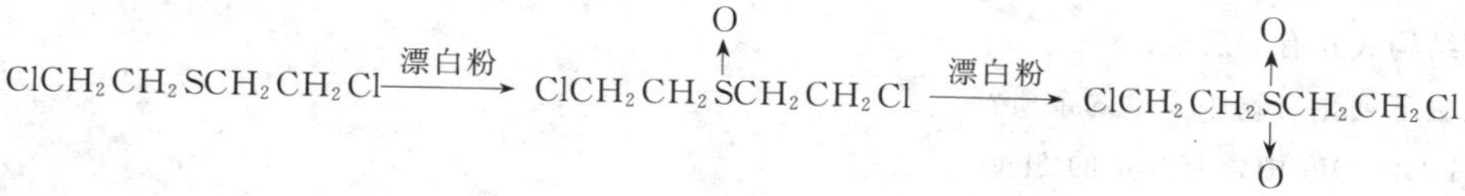

$$ClCH_2CH_2SCH_2CH_2Cl \xrightarrow{漂白粉} ClCH_2CH_2\overset{O}{\overset{\uparrow}{S}}CH_2CH_2Cl \xrightarrow{漂白粉} ClCH_2CH_2\overset{O}{\underset{\underset{O}{\downarrow}}{\overset{\uparrow}{S}}}CH_2CH_2Cl$$

亚砜　　　　　　　　　砜

习　题

1. 写出下列化合物的名称。

(1) 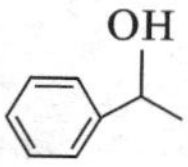 　　(2) 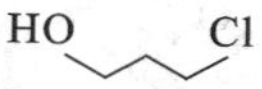 HO—Cl　　(3)

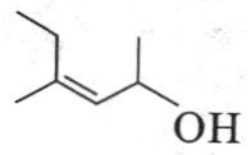

(4) 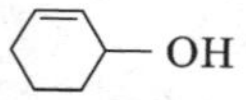 —OH　　(5) 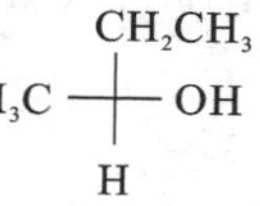 H_3C—$\overset{CH_2CH_3}{\underset{H}{C}}$—OH　　(6) 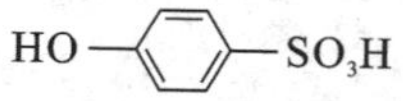 HO—$\bigcirc$—SO_3H

(7) 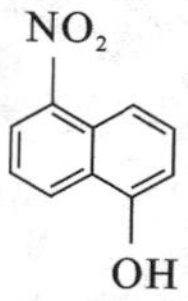　　(8) 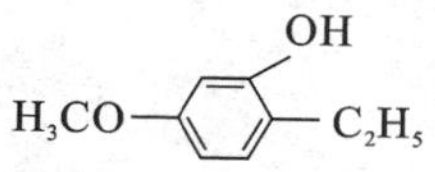 H_3CO—$\bigcirc$—C_2H_5 (OH)　　(9) 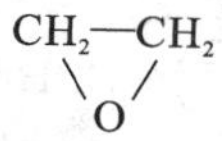 CH_2—CH_2 (O)

2. 鉴别下列各组化合物。

(1) 2-甲基-2-丙醇、2-丁醇、1-丁醇、CH_2=CHCH_2OH

(2) 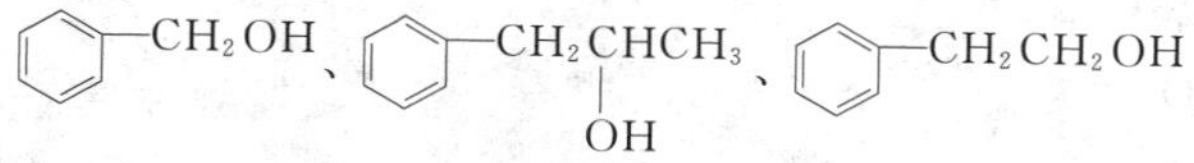 —CH_2OH 、 —CH(OH)CH_3 、 —CH_2CH_2OH

(3) —OH、CH_2=CHCH_2Br、CH_3—CH(OH)—CH_2(OH)、(CH_3)_3CBr、C_2H_5OC_2H_5、n-C_4H_{10}

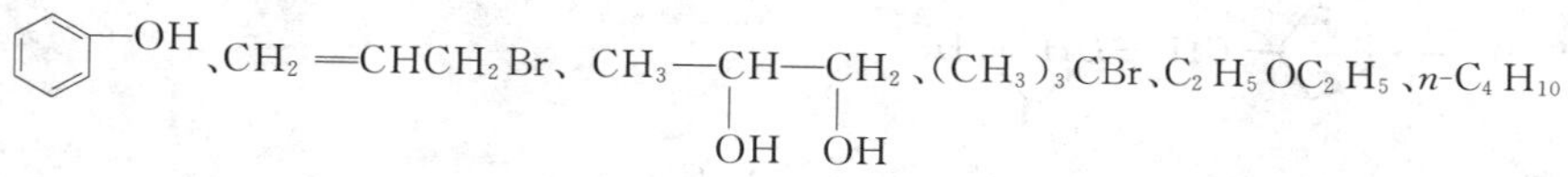

(4) 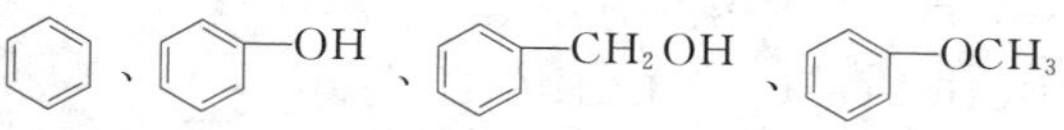 、 —OH 、 —CH_2OH 、 —OCH_3

(5) 苯酚、邻苯二酚、1,2,3-苯三酚、对甲苯酚

3. 用反应历程解释下列反应事实。

(1) $CH_3CH=CHCH\underset{OH}{\overset{\displaystyle|}{{}}}\text{—}\bigcirc \xrightarrow{HBr} CH_3CH=CHCH\underset{Br}{\overset{\displaystyle|}{{}}}\text{—}\bigcirc + CH_3\underset{Br}{\overset{\displaystyle|}{CH}}CH=CH\text{—}\bigcirc$

(2) $CH_3\underset{CH_3}{\overset{\displaystyle|}{CH}}\text{—}CHCH_3\underset{OH}{\overset{\displaystyle|}{{}}} \xrightarrow{HBr} CH_3\overset{\displaystyle CH_3}{\underset{\displaystyle Br}{\overset{\displaystyle|}{\underset{\displaystyle|}{C}}}}CH_2CH_3$

(3) $\Box\text{—}CH_2OH \xrightarrow[\triangle]{H^+} \Box= + \bigcirc + \Box\text{—}$

4. 选用适当的醛、酮和格氏试剂合成下列化合物。

　　(1) 3-苯基-1-丙醇　　　(2) 1-苯基-2-丙醇　　　(3) 2-苯基-2-丙醇　　　(4) 1-甲基环己烯

5. 化合物 A($C_5H_{11}Br$)与 NaOH 水溶液共热后生成 B($C_5H_{12}O$)。B 具有旋光性,能和金属 Na 作用放出氢气,和浓硫酸共热生成 C(C_5H_{10})。C 经臭氧化和在还原剂的存在下水解则生成丙酮和乙醛。试写出 A、B、C 的结构式和有关反应式。

6. 如何除去下列化合物中少量的杂质?

　　(1) CH_3CH_2OH 中含有少量的 H_2O

　　(2) $(C_2H_5)_2O$ 中含有少量的 H_2O 和 CH_3CH_2OH

　　(3) CH_3CH_2Br 中含有少量的 CH_3CH_2OH

　　(4) $n\text{-}C_6H_{14}$ 含有少量的$(C_2H_5)_2O$

7. 完成下列反应。

(1) $\bigcirc\text{—}OCH_3 + HI \longrightarrow$

(2) $CH_3\text{—}\underset{O}{\overset{\displaystyle}{CH\text{—}CH_2}} + HBr \longrightarrow$

(3) $CH_3\text{—}\underset{O}{\overset{\displaystyle}{CH\text{—}CH_2}} + CH_3OH \xrightarrow{CH_3ONa}$

(4) $CH_3CH_2Br + CH_3CH_2\underset{}{\overset{\displaystyle CH_3}{\overset{\displaystyle|}{CH}}ONa} \longrightarrow$

(5) $\bigcirc\overset{OC_2H_5}{} + HNO_3 \xrightarrow{H_2SO_4}$

(6) $CH_3CH_2OCH_2CH(CH_3)_2 + HI \xrightarrow{\triangle}$

8. 设计合成路径,写出有关反应式。

(1) $\bigcirc , (CH_3)_3COH \longrightarrow \bigcirc\text{—}OCH(CH_3)_2$

(2) $CH_2=CH_2, HC\equiv CH \longrightarrow \underset{H}{\overset{C_2H_5}{C}}=\underset{H}{\overset{CH_2CH_2OH}{C}}$

(3) $\bigcirc\text{—}Br \longrightarrow Cl\text{—}\bigcirc\text{—}CH_2CHO$

(4) $\bigcirc\text{—}CH_2Br \longrightarrow \bigcirc\text{—}CH_2\text{—}\underset{O}{\overset{\displaystyle}{CH\text{—}CH_2}}$

(5) $CH_2=CHCH_3 , CH_3\overset{O}{\overset{\displaystyle\|}{C}}CH_3 \longrightarrow CH_2=CHCH_2\text{—}O\text{—}\overset{\displaystyle CH_3}{\underset{\displaystyle CH_3}{\overset{\displaystyle|}{\underset{\displaystyle|}{C}}}}CH_2CH_2CH_3$

（6）乙醇 $\longrightarrow$ 正丁醇

（7）苯，甲醇 $\longrightarrow$ 2,4-二硝基苯甲醚

（8）

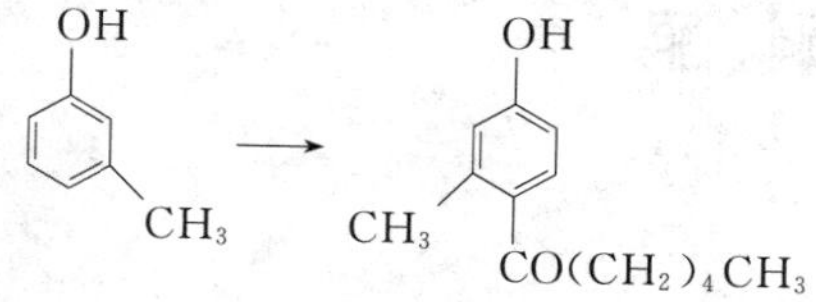

9. 芳香化合物 A（C_7H_8O）不与金属钠反应，但与浓 HI 作用生成 B 和 C 两种化合物。B 能溶于 NaOH 溶液，并与 $FeCl_3$ 溶液作用显紫色。C 能与 $AgNO_3$ 溶液作用生成 AgI 沉淀。试写出 A、B、C 的结构式。

10. 化合物 A（$C_5H_{12}O$）在室温下不与金属钠反应，A 与过量的热 HBr 作用生成 B 和 C。B 与湿的 Ag_2O 作用生成 D，D 与卢卡斯试剂难以起反应。C 与湿的 Ag_2O 作用生成 E，E 与卢卡斯试剂放置一段时间有混浊现象，E 的分子式是 C_3H_8O。D、E 与 CrO_3 反应分别得到醛 F 和酮 G。试写出 A～G 的结构式及相关反应式。

11. 化合物 A（$C_8H_{16}O$）不与金属钠、NaOH 和 $KMnO_4$ 反应，而能与浓 HI 作用生成化合物 B（$C_7H_{14}O$）。B 与浓硫酸共热生成 C（C_7H_{12}），C 经臭氧化、水解后得到化合物 D（$C_7H_{12}O_2$）。D 的 IR 谱图上，在 1700～1750 cm^{-1} 处有强吸收峰，^1H NMR 谱图中有两组峰，具有如下特征：一组为（1H）的三重峰（δ 值为 10ppm），另一组是（3H）的单峰（δ 值为 2ppm）。C 在过氧化物存在下与 HBr 作用得到化合物 E（$C_7H_{13}Br$），E 经水解得到 B。试写出 A 的结构式及相关反应式。

12. 以苯及其他必要的有机试剂、无机试剂为原料合成下列化合物。

（1）4-甲基-2-溴苯酚　　（2）2,6-二氯苯酚（昆虫性引诱剂）　　（3）苯乙醚

13. 化合物 A（C_7H_8O）不溶于水、稀盐酸和 $NaHCO_3$ 水溶液，但可溶于 NaOH 水溶液。A 与溴水迅速反应生成化合物 B（$C_7H_5OBr_3$）。在碱性溶液中，A 与甲醛作用生成化合物 C，与苄氯作用生成化合物 D。试写出 A、B、C、D 的结构式。

第9章 醛、酮、醌

9.1 醛、酮的结构和命名

醛和酮都含有羰基(C═O),总称为羰基官能团。由于都含有羰基,醛和酮在大多数性质上是很相似的。不过,在醛的羰基上连有一个氢原子,在酮的羰基上连有两个烃基。这种结构上的不同造成二者性质的差异:醛容易被氧化,而酮难以被氧化;醛比酮更容易发生亲核加成反应。

羰基(见图 9-1)的几何构型是平面型的,碳原子和氧原子都是 sp^2 杂化状态,碳原子以三个 sp^2 杂化轨道与其他原子形成三个 σ 键;在垂直于分子的平面上是碳原子和氧原子的两个 p 轨道,它们彼此平行从侧面重叠形成 π 键。因此羰基是由一个强的 σ 键和一个较弱的 π 键组成的碳氧双键,键角接近 120°。羰基的键长(0.122 nm)比 C—O 单键(0.143 nm)短,由于是双键,键能(723 kJ·mol^{-1})比单键(359.8 kJ·mol^{-1})大。由于存在一个比较弱的 π 键,故羰基的反应性比C—O单键强得多。

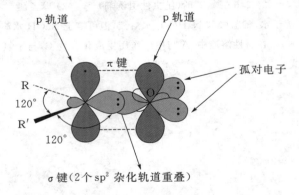

图 9-1 羰基的结构

羰基的碳氧双键与碳碳双键不同,氧原子的电负性大于碳原子,使得氧原子带部分负电荷,而碳原子带部分正电荷,因此羰基是个极性基团。

羰基的极化作用可以用共振结构式表示(见图 9-2),碳原子呈亲电性,氧原子呈亲核性并呈碱性。

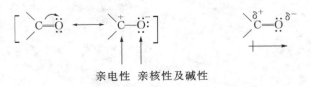

图 9-2 羰基的共振结构式与极性

羰基的极性和较弱 π 键的存在可以解释醛和酮的很多理化性质。键的极性也意味着羰基具有偶极矩。

醛、酮命名原则与醇相似,主体为醛、酮,选择含羰基最长碳链为主体,碳链编号从靠近羰基的一端开始,由于醛基在链端,位次可省略,而酮羰基则需标明位次,支链作为取代基表示在名称之前。碳链编号除用数字外,也常用希腊字母 $\alpha,\beta,\cdots$ 表示。例如:

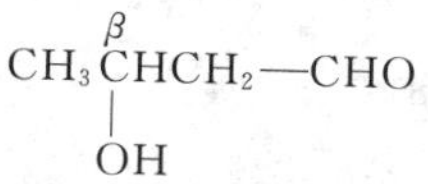

$$CH_3\overset{\beta}{C}HCH_2-CHO$$
$$\underset{OH}{|}$$
β-羟基丁醛

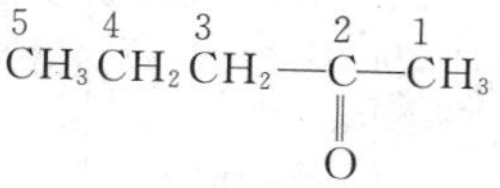

$$\overset{5}{C}H_3\overset{4}{C}H_2\overset{3}{C}H_2-\overset{2}{C}-\overset{1}{C}H_3$$
2-戊酮

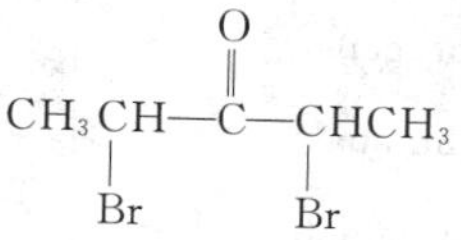

$$CH_3CH-C-CHCH_3$$
$$\underset{Br}{|}\quad\underset{Br}{|}$$
α,α'-二溴-3-戊酮

芳香族以及环烷烃的醛酮命名时,一般把脂肪链作为主链,芳环或者环烷基作为取代基。例如:

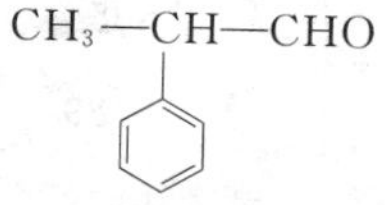

$$CH_3-CH-CHO$$
2-苯丙醛

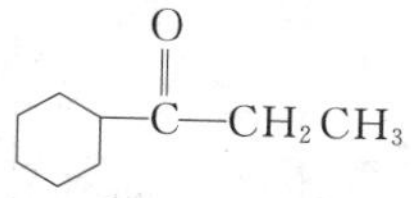

$$C-CH_2CH_3$$
1-环己基-1-丙酮

简单的酮还可以用羰基旁边的烃基名称来命名,原则是"简单在前,复杂在后"。例如:

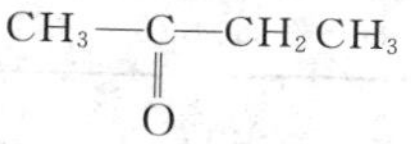

$$CH_3-C-CH_2CH_3$$
甲乙酮(简称丁酮)

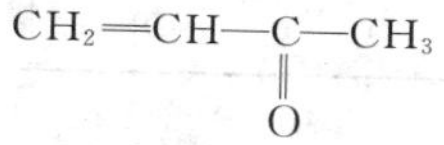

$$CH_2=CH-C-CH_3$$
甲基乙烯基酮(简称丁烯酮)

如含有两个以上羰基的化合物,可用"二醛""二酮"等。醛作为取代基时,可用词头"甲酰基"或"氧代"表示;酮作为取代基时,用词头"氧代"表示。两个羰基的位置可用数字标明外,也可用 $\alpha,\beta,\cdots$ 表示它们的相对位置。例如:

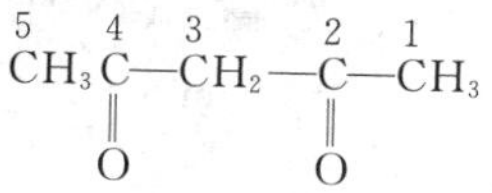

$$\overset{5}{C}H_3\overset{4}{C}-\overset{3}{C}H_2-\overset{2}{C}-\overset{1}{C}H_3$$
2,4-戊二酮(β-戊二酮)

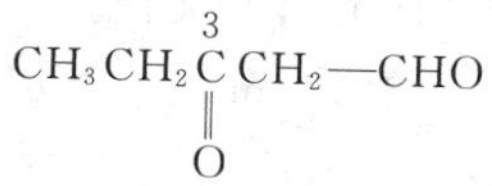

$$CH_3CH_2\overset{3}{C}CH_2-CHO$$
3-氧代戊醛

9.2　醛、酮的物理性质

由于羰基具有极性,增加了分子间的吸引力,所以醛和酮的沸点比相对分子质量相同的烷烃高。但由于羰基之间不能形成氢键,因此它们的沸点比相对分子质量相同的醇或羧酸要低。

羰基中的氧原子可以与水分子形成分子间氢键,所以低级醛、酮可以与水混溶。随着相对分子质量的增加,所连烷基的疏水性逐渐超过羰基的亲水性,因此相对分子质量较大的醛、酮不溶于水。芳香族醛、酮由于芳环的疏水性而不溶于水。

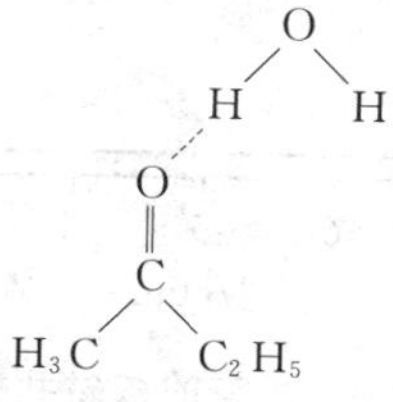

一些常见醛、酮的物理常数列于表 9-1。

表 9-1　　常见醛、酮的物理常数

化　合　物	熔点/℃	沸点/℃	相对密度 (d_4^{20})	溶解度/ $[g \cdot (100 \, g(H_2O))^{-1}]$
甲醛(formaldehyde)	−92	−21	0.815	易溶
乙醛(acetaldehyde)	−125	21	0.0795(10℃)	16
丙醛(propanal)	−81	49	0.8058	7
丁醛(butanal)	−99	76	0.8170	微溶
丙烯醛(acrylaldehyde)	−87	52	0.8410	30
苯甲醛(benzaldehyde)	−26	178	1.046	0.3
丙酮(propanone)	−95	56	0.7899	∞
丁酮(butanone)	−86	80	0.8054	26
2-戊酮(2-pentanone)	−78	102	0.8089	6.3
3-戊酮(3-pentanone)	−39	102	0.9478	5
苯乙酮(acetophenone)	21	202	1.024	不溶
二苯甲酮(diphenyl methanone)	48	306	1.083	不溶

　　醛、酮的红外光谱在 1680~1850 cm^{-1} 有一个非常强的伸缩振动吸收峰，这是鉴别羰基最迅速的一个方法。醛羰基伸缩振动吸收峰在 1700~1750 cm^{-1}，醛基 C—H 在 2720~2820 cm^{-1}，低于脂肪烃的 C—H 伸缩频率。酮羰基约在 1715 cm^{-1} 处。羰基与芳环或烯键共轭，吸收峰向低波数位移。例如：

$$(CH_3)_2CHCOCH_3 \qquad\qquad (CH_3)_2C{=\!=}CHCOCH_3$$
$$1717 \, cm^{-1} \qquad\qquad\qquad 1690 \, cm^{-1}$$

　　醛、酮的核磁共振谱：

$$RCHO \qquad\qquad\qquad \delta_H = 9ppm{\sim}10ppm$$

$$\overset{\displaystyle O}{RCH_2{-}\!\!{\overset{\|}{C}}R'} \qquad\qquad \delta_H = 2ppm{\sim}2.7ppm$$

图 9-3 为丙醛的核磁共振谱图。

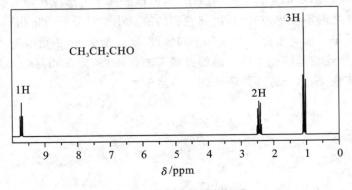

图 9-3　丙醛的核磁共振谱

9.3　醛、酮的化学性质

羰基（ $\diagdown$ C=O ）是醛、酮中的官能团,羰基是怎样发生化学反应的呢？ 正如烯烃中的 π 键一样,醛酮中的羰基也是一个平面三角形的结构。这意味着羰基的平面上、下是很"开阔"的——容易受到外来试剂的进攻。

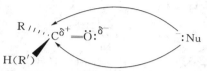

羰基中的氧原子的电负性比碳原子大,π 电子云偏向氧原子一边,使得羰基成为一个极性很高的基团。高度极化的结果是羰基官能团中的碳原子倾向于受亲核试剂的进攻,而氧原子易受亲电试剂的进攻。此外,受羰基的影响,与羰基直接相连的 α-碳原子上的氢原子(α-H)较活泼,能发生一系列反应。

醛、酮的结构决定了醛、酮分子有三个区域容易发生化学反应:路易斯碱的氧原子、具有亲电性的羰基碳原子以及与羰基相邻碳的氢原子。 如图 9-4 所示。

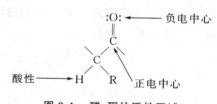

图 9-4　醛、酮的活性区域

9.3.1　醛、酮的加成反应

醛、酮最典型的反应是加成反应。当醛、酮进行加成反应时,第一步是带有负电荷的离子或具有孤对电子的原子或分子(亲核试剂)先进攻羰基的正电中心碳原子,第二步是带正电荷的部分(亲电试剂)加到羰基氧原子上。整个反应的速率由第一步亲核试剂的进攻反应决定,因此该反应称为亲核加成反应。

亲核试剂可以是带负电的离子(如碳负离子),也可以是中性分子(如水、醇等)。亲核加成反应进行的难易取决于羰基碳原子正电性的强弱、亲核试剂亲核性的强弱,以及空间位阻等因素。但总的来说,醛的活性强于酮,这是因为酮与两个烷基相连,而烷基具有给电子的作用,降低了羰基碳上的正电性;另外酮比醛多一个烷基,具有更大的空间位阻,阻碍了亲核试剂去接近羰基的碳原子。因此,在亲核加成反应中醛比酮表现得更为活泼。

亲核加成反应一般按两种方式进行。当亲核试剂(Nu:⁻)很强时,加成反应以下面的方式进行:

（反应式）

三角形平面　　　　　　四面体中间体　　　　　　四面体产物

还有另一种亲核加成方式——酸催化的机制。

第一步：羰基中的氧原子上的一对孤对电子获取酸（或路易斯酸）中的一个质子，生成烯醇正离子。烯醇正离子中的碳原子比起始状态的羰基碳原子更易受到亲核试剂的进攻。

$$
\overset{R}{\underset{H(R')}{C}}=\overset{..}{\underset{\delta^-}{O}}:+H\!-\!A \Longleftrightarrow \left[\ \overset{R}{\underset{H(R')}{C}}=\overset{..}{\underset{+}{O}}H \longleftrightarrow \overset{R}{\underset{H(R')}{C}}\overset{+}{-}\overset{..}{O}H\ \right]+A^-
$$

第二步：烯醇正离子接受亲核试剂上的孤对电子。在第一步中产生的碱（A:⁻）再移去带正电荷的质子，从而再生成酸（H—A）。

$$
\overset{R}{\underset{H(R')}{C}}\overset{+}{=}\overset{..}{O}H+:Nu\!-\!H \Longleftrightarrow \overset{+Nu}{\underset{R,H(R')}{C}}\overset{..}{O}\!-\!H \Longleftrightarrow \overset{Nu:}{\underset{R,H(R')}{C}}\overset{..}{O}\!-\!H+H\!-\!A
$$

以上两步反应是当亲核试剂比较弱但存在强酸时的反应机制。反应的第一步是酸产生一个质子加到羰基氧原子的孤对电子上，形成质子化的羰基，即氧鎓离子，氧鎓离子在受到亲核试剂进攻时表现出高度的活性，因为质子化的羰基比没有质子化的羰基带有更多的正电荷。

1. 与醇的加成

在无水酸催化下，醛、酮与两分子的醇反应生成缩醛或缩酮。该反应涉及一分子醇的加成、水分子的消除和第二分子醇的加入。此反应是可逆的，其中缩醛和缩酮的生成是在无水酸的条件下进行，而逆反应需要在酸性水溶液中进行。

$$
\overset{R}{\underset{H(R)}{C}}=O+R'\overset{..}{O}H \Longleftrightarrow \overset{R\quad OH}{\underset{H(R)\ \ OR'}{C}} \underset{R'\overset{..}{O}H}{\rightleftharpoons} \overset{R\quad OR'}{\underset{H(R)\ \ OR'}{C}}
$$

半缩醛(酮)　　　　　缩醛(酮)

醇是中性分子，亲核性较弱，要使这个反应发生，就必须提高羰基的活性。对羰基上的氧原子进行质子化，从而使羰基上的碳原子正电性增强，因此质子化的羰基具有更高的亲电活性。

醇的酸催化加成反应机理：醇的亲核性较弱，首先须加酸活化羰基。

第一步，羰基的质子化：

$$
\underset{CH_3CH_2\quad H(CH_3)}{\overset{..}{O}:\overset{H^+}{}\underset{}{C}} \Longleftrightarrow \left[\ \underset{CH_3CH_2\quad H(CH_3)}{\overset{+}{\overset{..}{O}}\underset{}{C}} \longleftrightarrow \underset{CH_3CH_2\quad H(CH_3)}{\overset{..}{O}\underset{}{C^+}}\ \right]\ \text{提高亲电性}
$$

第二步，生成半缩醛(酮)：

$$
\underset{CH_3CH_2\quad H(CH_3)}{\overset{+\overset{..}{O}H}{\underset{\overset{..}{O}\ H\ CH_3}{C}}} \Longleftrightarrow \underset{CH_3CH_2\ \overset{..}{O}\ H(CH_3)}{\underset{\overset{+}{O}\ H\ CH_3}{C}} \underset{-H^+}{\rightleftharpoons} \underset{CH_3CH_2\ \overset{..}{O}\ H(CH_3)}{\underset{\overset{..}{O}:\ CH_3}{C}}
$$

半缩醛(酮)形成

半缩醛、半缩酮很不稳定，不能分离出来。

半缩醛、半缩酮在酸性催化剂的作用下,与另一分子醇继续作用,失去一分子水生成缩醛、缩酮。

第三步,生成缩醛(酮):

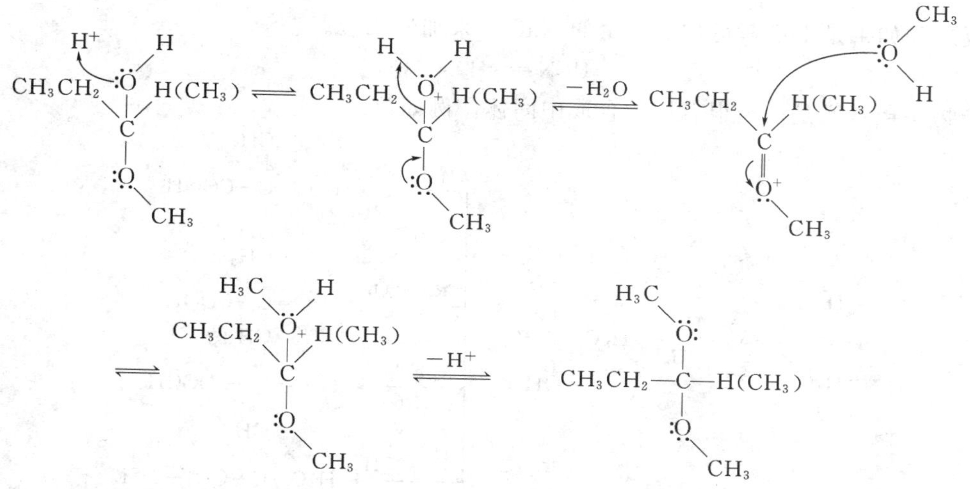

缩醛(酮)形成

思考题 9-1 既然形成缩醛、缩酮的所有过程都是可逆的,采用什么样的措施可以提高缩醛、缩酮的产率?

在无水状态下,缩醛和缩酮是非常稳定的。从结构上看,缩醛和缩酮可以看做同碳二元醇的醚(胞二醚),因此性质与醚相似,对碱、亲核试剂、氧化剂和还原剂都相当稳定,使得羰基被"掩蔽"起来而不与这些试剂反应。由于缩醛和缩酮的合成和水解都可以高产率进行,因此这样的官能团可以作为醛和酮的非常好的保护基。

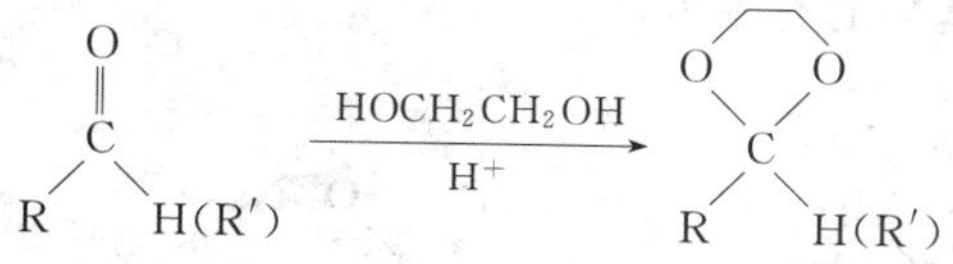

环缩醛(酮)

酮和二醇(diol)的缩合反应在工业上占有很重要的位置。例如,聚乙烯醇是一个溶于水的高分子化合物,当然不能作为纤维使用,但在硫酸催化下和 10% 的甲醛溶液反应,生成缩醛后,就变成了不溶于水、性能优良的纤维——维尼纶。

在保护醛和酮方面,环缩醛和环缩酮的效果更好,它们可由二醇合成。二醇(如 1,2-乙二醇)与醛、酮反应时是按 1:1 的分子数比进行的,而且比相应的普通的醇所形成的缩醛和缩酮更稳定。

2. 与氰化物的加成

醛或酮与 HCN 或 KCN 反应可生成氰醇。⁻CN 是强的亲核试剂。

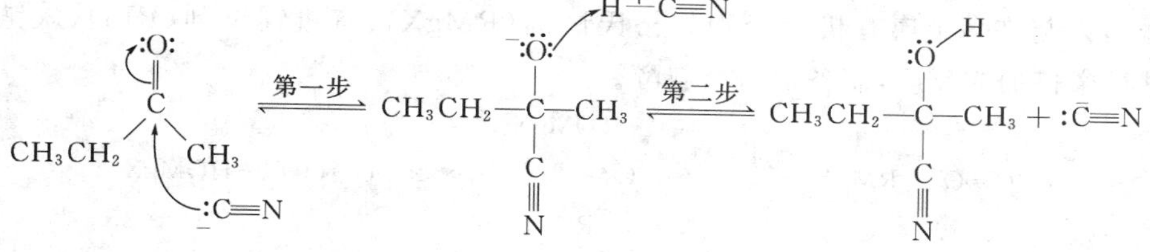

注意:反应开始时需要⁻C≡N 来启动反应,反应的第二步又再生了一个⁻C≡N,因此只需要少量的氰基负离子来启动这个反应,一旦反应启动,氰基负离子可再生并与其他酮分子继续反应。

反应物如果是 HCN,可加入少量的 NaOH 来加速反应。

$$HCN \Longleftrightarrow H^+ + {}^-CN$$

产物 α-羟基氰是一类很有用的合成中间体。例如:

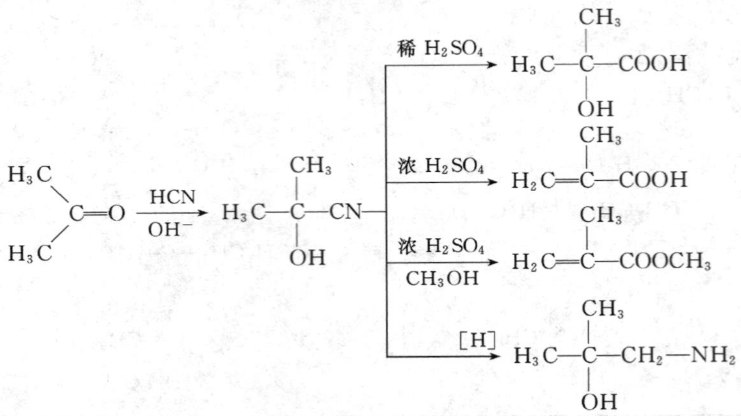

3. 与亚硫酸氢钠的加成

醛和甲基酮与亚硫酸氢钠($NaHSO_3$)反应生成水溶性的盐。

与其他带电荷的亲核试剂相比,亚硫酸氢根负离子是一个比较弱的亲核试剂,只能与较活泼的羰基化合物反应。较大的酮由于烷基体积大,阻碍进攻因而无法参与反应。因此,只有甲基酮以及八个碳以下的环酮可以发生反应,芳酮均不能反应。该反应是可逆的,因而是一种从其他有机物中分离醛和甲基酮的有效方法。

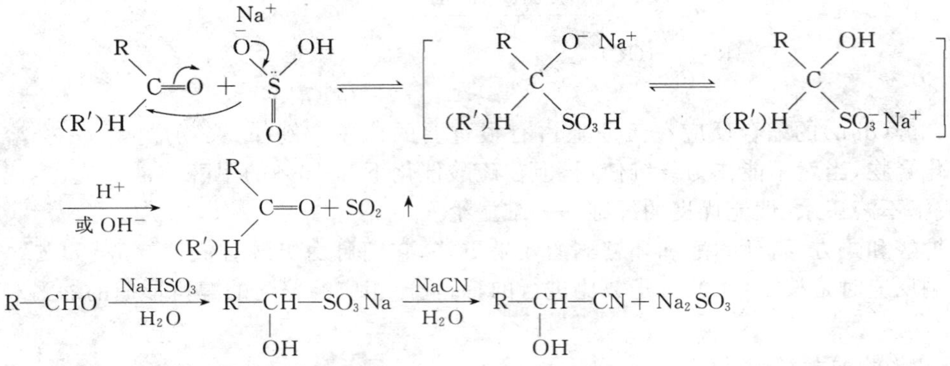

这是避免使用剧毒的氰化氢来制备腈的好方法。

4. 与金属有机化合物的加成

醛、酮可以与许多金属有机化合物如格氏试剂($RMgX$)、有机锂试剂(RLi)、炔钠($RC≡CNa$)等进行亲核加成反应,制备伯、仲、叔醇。

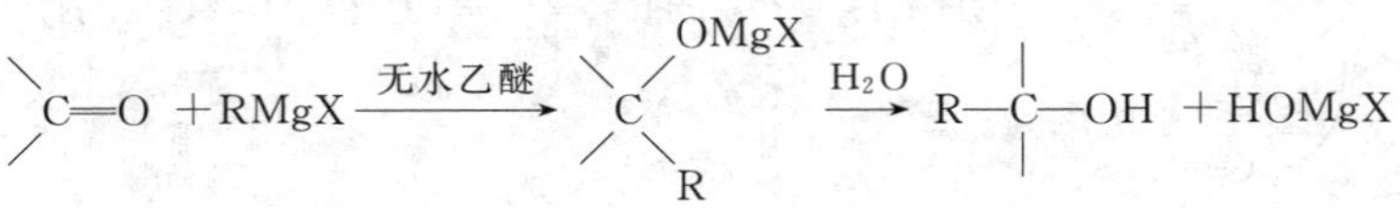

由于金属有机化合物中的碳-金属键是高度极化的,碳原子带部分负电荷,金属原子带部分正电荷(C^{δ^-} M^{δ^+}),这样金属有机化合物在反应中相当于提供碳负离子,而碳负离子是非常强的亲核试剂。例如:

$$RMgX \longrightarrow MgX^+ \quad ^-:CH_2R$$

C^-根本无法以一个孤立的离子形式存在,但通常认为反应按其孤立形式进行。

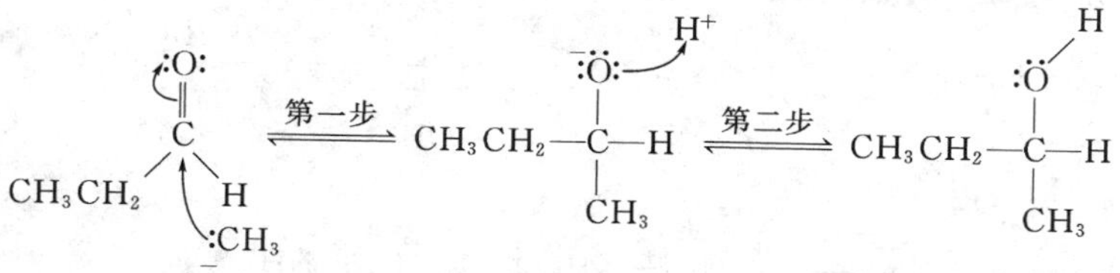

选用不同的羰基化合物就可以得到不同的醇,该反应在有机合成上有重要用途。

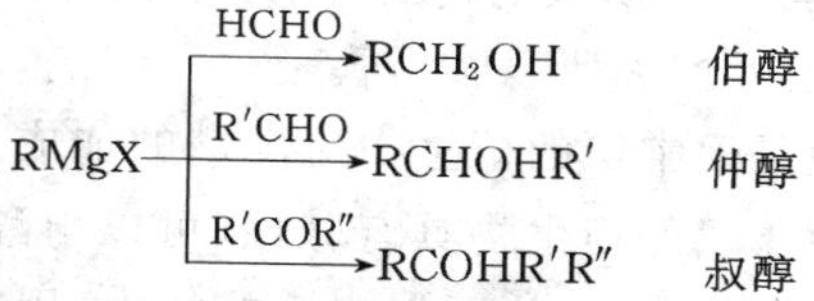

格氏试剂的亲核性很强,大多数的醛、酮都能与之反应。但当酮基上连有两个大的烃基时,反应比较困难,这时通常采用体积小的有机锂试剂。例如:

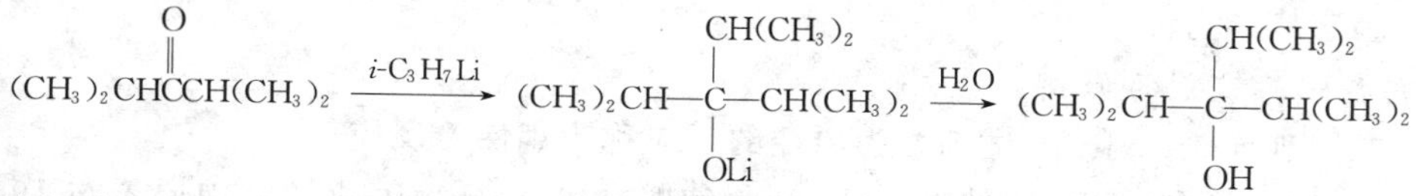

炔钠与醛、酮反应,经水解生成炔醇。例如:

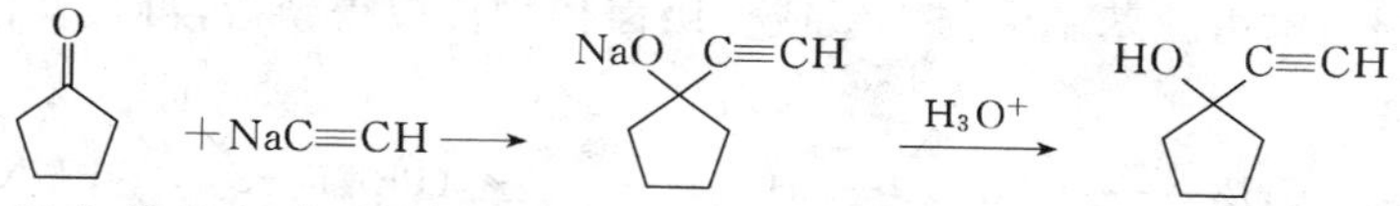

5. 与氨及其衍生物的加成-消除反应

醛、酮能与氨及其衍生物反应,生成一系列的化合物。

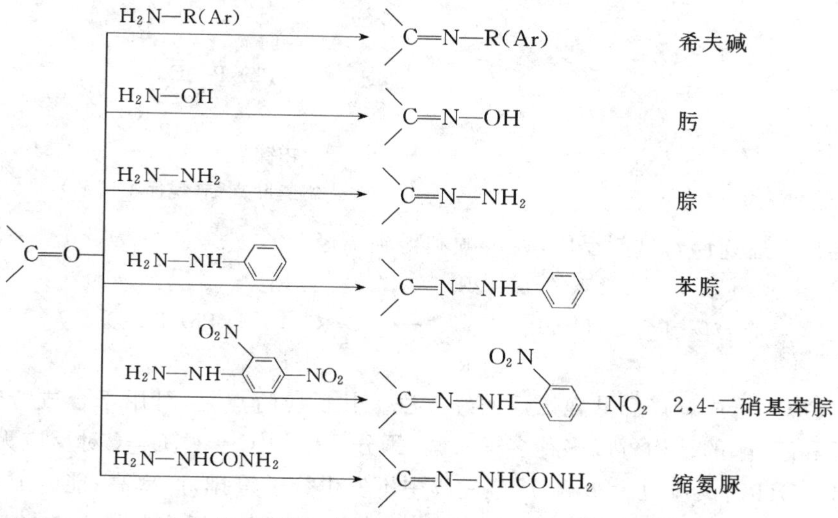

肟、缩氨脲和 2,4-二硝基苯腙等衍生物都是具有一定熔点、不溶于水的晶体,通过核对熔

点数据,可以指认原始的醛、酮。醛、酮与氨衍生物的反应是可逆的,所得产物在稀酸水溶液中能水解生成原来的醛、酮,因此,这类反应又可用于醛、酮的分离和精制。

从总的反应结果来看,这些反应都可以看做缩合反应。反应的第一步是氮原子作为亲核试剂进攻羰基的亲核加成,但产物不稳定,随即失去一分子水,生成具有 $\diagdown C=N-$ 结构的产物。整个反应可以用如下的通式表示:

$$\diagdown C=O + H_2N-Y \rightleftharpoons \underset{\overset{|}{O^-}}{\diagdown C}-\overset{+}{N}H_2-Y \rightleftharpoons \underset{\overset{|}{OH}}{\diagdown C}-NH-Y \xrightarrow{-H_2O} \diagdown C=N-Y$$

$$Y=OH、-NH\text{—}\underset{O_2N}{\underset{}{\bigcirc}}NO_2、H_2N-NHCONH_2、H_2N-NH_2 \text{ 等}$$

一般来说,中性基团是较弱的亲核试剂,但因氮原子上有孤对电子,是较好的亲核试剂。反应中存在酸催化剂,但不是必需的。所以胺尽管是中性试剂,却有足够强的亲核性,在不需要酸催化下就可进攻羰基。但是通常氨的衍生物对羰基的加成反应在弱酸催化下进行,其历程与醇对羰基的加成类似。由于氨的衍生物具有碱性,可以与酸成盐,如盐酸肼($NH_2NH_2 \cdot HCl$),由于盐中的氮原子已与质子结合,从而失去亲核能力,因此要对溶液的酸度进行调节,一般控制在 $pH=5\sim6$,此时溶液的酸度既能使部分羰基质子化,又不至于使全部的氨衍生物成盐而失去亲核能力。

6. 与魏悌希试剂的加成

把羰基用魏悌希(Wittig)试剂变为烯烃的反应称为魏悌希反应。

魏悌希试剂为膦的内鎓盐,又音译为"叶立德"(Ylide),是德国化学家魏悌希在1953年发现的。魏悌希试剂通常由三苯基膦与1级或2级卤代物反应得鏻盐,再与碱作用而生成。

$$(Ph)_3P+ \underset{R_2}{\overset{R_1}{\diagdown}}CHX \longrightarrow (Ph)_3\overset{+}{P}{}^{X^-}-\underset{R_2}{\overset{R_1}{\diagdown}}CH \xrightarrow[LiC_4H_9]{强碱} (Ph)_3P=\underset{R_2}{\overset{R_1}{\diagdown}}C +LiX+C_4H_{10}$$

$$\updownarrow$$

$$(Ph)_3\overset{+}{P}-\underset{R_2}{\overset{R_1}{\diagdown}}\bar{C}$$

内鎓盐
膦叶立德(魏悌希试剂)

醛、酮再与上述魏悌希试剂反应,便可顺利得到烯烃。

$$\diagdown C=O + (Ph)_3P=\underset{R_2}{\overset{R_1}{\diagdown}}C \longrightarrow \diagdown C=\underset{R_2}{\overset{R_1}{\diagdown}}C +(Ph)_3P=O$$

魏悌希反应是合成烯烃和共轭烯烃的好方法。其反应特点是:可用于合成特定结构的烯烃(因卤代烃和醛、酮的结构可以多种多样);醛、酮分子中的 $C=C$、$C\equiv C$对反应无影响,分子中若含有—COOH 对反应也无影响;反应过程中不发生分子重排,产率高;能合成指定位置的双键化合物。这一反应因此具有相当广泛的用途,魏悌希因这一反应获得1979年度诺贝尔化学奖。

9.3.2　α-氢原子的反应

醛、酮分子中与羰基相邻的碳原子上的氢原子，即 α-氢原子，因受羰基的影响变得活泼，酸性增强，易在碱的作用下作为质子而离去，所以带有 α-氢原子的醛、酮具有如下的性质。

1. 酸性及互变异构

在溶液中有 α-氢原子的醛、酮是以酮式和烯醇式互变平衡而存在的。

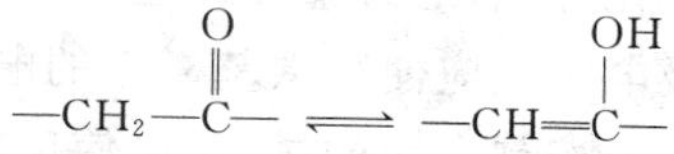

酮式　　　　烯醇式

在烯醇式中，α-氢原子与氧原子相连，而不是与碳原子相连。醛、酮式和烯醇式这两种异构体称为互变异构体，它们相互变化的过程称为醛、酮-烯醇式互变异构。通常情况下，平衡中醛、酮式异构体是主要的，烯醇异构体只占很小一部分。酮或二酮的平衡体系中，烯醇式能被其他基团稳定化，烯醇式所占比例会增加。例如：

酮式　　　　烯醇式　　　　烯醇式所占比例/(%)

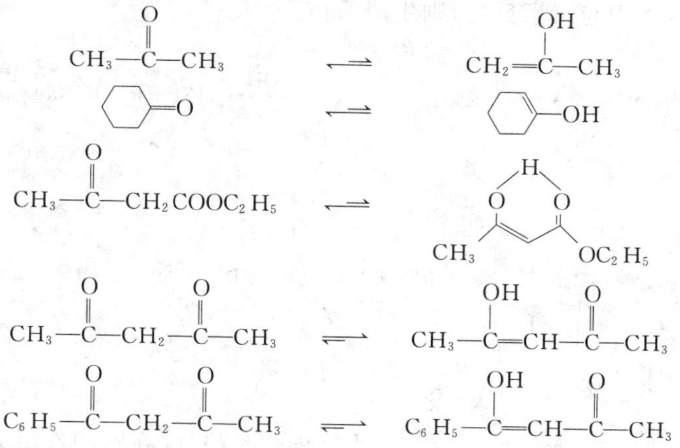

2.4×10^{-4}

2.0×10^{-2}

7.5

80

99

2. 卤代反应

卤素可以使醛、酮的 α 位卤化，生成 α-卤代醛、酮。

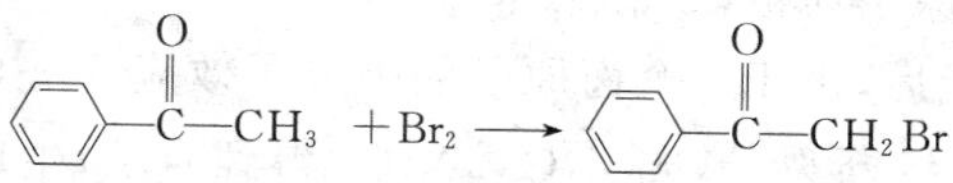

由于卤素的吸电子效应使得产物的酸性比原始的醛、酮更强，反应很难停止在单一卤代阶段，因此，很容易导致进一步卤代。

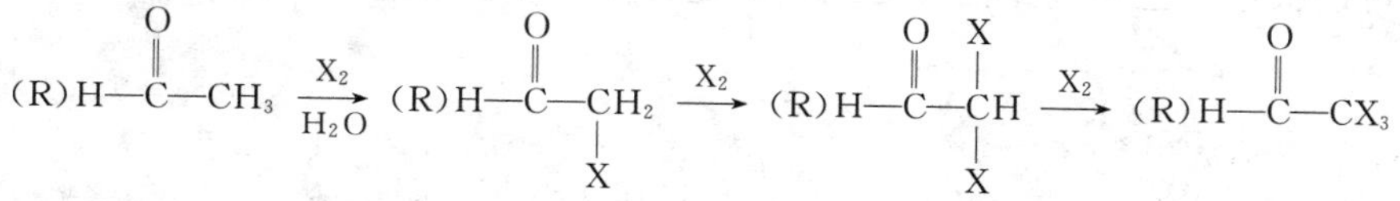

卤代反应可以被酸或碱催化。

(1) 酸催化卤化：

$$CH_3COCH_3 + Br_2 \xrightarrow{H_2O,CH_3COOH} BrCH_2COCH_3 + HBr \quad (44\%)$$

其反应机理如下：

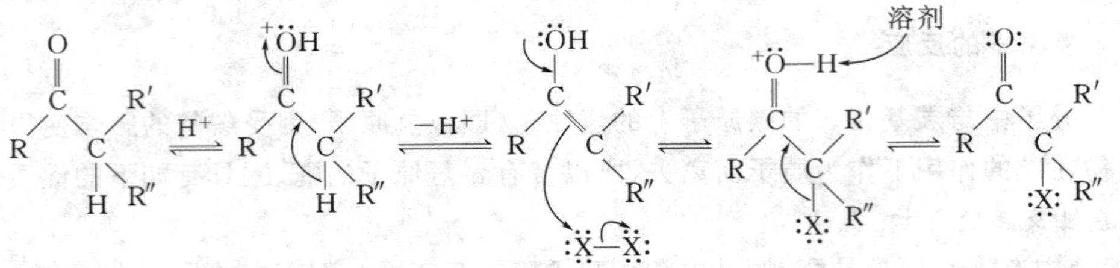

酸催化是醛、酮首先羰基质子化，然后通过烯醇式进行卤化的。

由于一元卤代后，卤原子的吸电子效应使得羰基氧上的电子云密度降低，再质子化形成烯醇要比未卤代时困难一些，因此小心控制卤素的量，可以使反应控制在一元阶段。

（2）碱催化卤化：常用试剂为次卤酸钠和卤素的碱溶液。

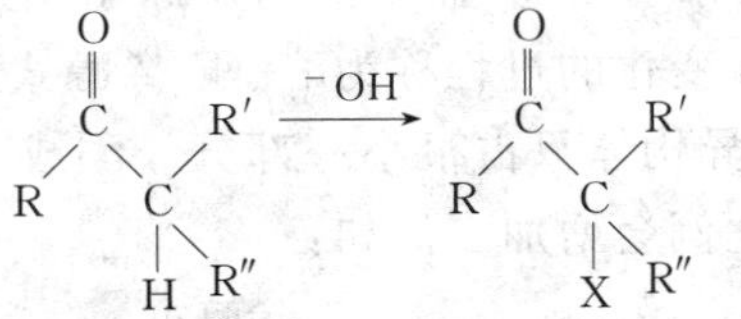

含有 α-甲基的醛、酮在碱溶液中与卤素反应，则生成卤仿。

$$(R)H{-}\overset{O}{\overset{\|}{C}}{-}CH_3 + NaOH + X_2 \longrightarrow (R)H{-}\overset{O}{\overset{\|}{C}}{-}CX_3 \xrightarrow{\ ^-OH\ } CHX_3 + RCOONa$$
$$(NaOX)$$

其反应机理如下：

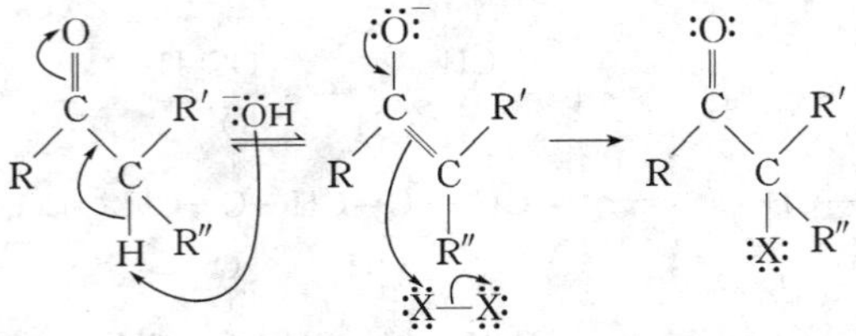

碱催化情况下，反应很难控制在一元卤代阶段。因为碱催化是醛、酮在碱的作用下形成烯醇负离子，然后与卤素作用生成卤代物。一卤代后，由于卤原子的吸电子效应使得再次形成烯醇负离子的稳定性增加，氢原子易被取代。

当 α-氢原子全部被取代后，由于 3 个卤原子的吸电子效应，C—C 键电子云密度降低，羰基碳易受 OH$^-$ 进攻，使 C—C 键断裂，形成 X_3C^-，X_3C^- 得到质子，生成卤仿，此为卤仿反应。

如果在卤仿反应中所用卤素为碘，则反应得到的产物为碘仿（CHI_3），碘仿为特殊气味的黄色沉淀，可以根据颜色和气味很方便地识别是否发生碘仿反应。因此碘仿反应常用于甲基酮的鉴别。

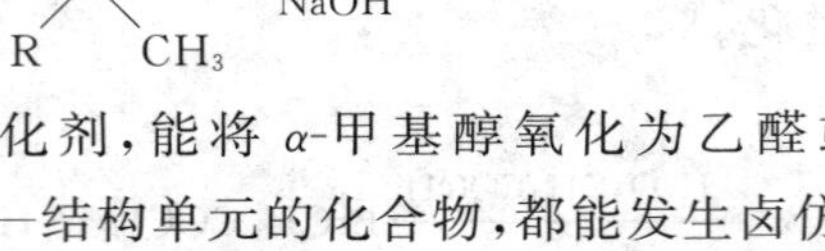

$$\overset{O}{\overset{\|}{R{-}C{-}CH_3}} \xrightarrow[NaOH]{I_2} CHI_3 \downarrow + RCOONa$$

由于 NaOX 也是一种氧化剂，能将 α-甲基醇氧化为乙醛或 α-甲基酮，因此凡是具有 CH_3—CO— 和 $CH_3CH(OH)$—结构单元的化合物，都能发生卤仿反应。

$$CH_3CH_2OH \xrightarrow[NaOH]{I_2} CH_3CHO \xrightarrow[NaOH]{I_2} CHI_3 \downarrow + HCOONa$$

$$CH_3\underset{OH}{CH}CH_3 \xrightarrow[NaOH]{I_2} CH_3\underset{O}{C}CH_3 \xrightarrow[NaOH]{I_2} CHI_3 \downarrow + CH_3COONa$$

氯仿反应和溴仿反应也是制备羧酸的一种方法,常常用于制备其他方法难以制得的羧酸,并且是比原料少一个碳原子的羧酸。

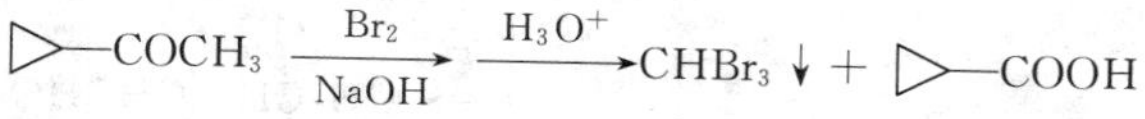

$$\triangleright\!\!-COCH_3 \xrightarrow[NaOH]{Br_2} \xrightarrow{H_3O^+} CHBr_3 \downarrow + \triangleright\!\!-COOH$$

3. 缩合反应

1) 羟醛缩合反应

羟醛缩合(aldol condensation) 反应是两分子醛或酮的二聚反应。用碱处理醛或酮产生烯醇负离子,反应要求 α-碳原子上必须有质子。烯醇负离子作为亲核试剂进攻"游离"的醛或酮,生成 β-羟基醛或 β-羟基酮。在这个反应中醛的反应活性比酮高。

(1) 有 α-氢原子的醛在稀碱溶液中能和另一分子醛相互作用,生成 β-羟基醛,称为羟醛缩合反应。

$$CH_3CHO + CH_3CHO \xrightarrow{OH^-} CH_3\underset{OH}{CH}-CH_2CHO \xrightarrow{\triangle} CH_3CH\!=\!CHCHO$$

羟醛缩合反应历程如下。

第一步,在碱作用下,用一分子的乙醛生成烯醇负离子。

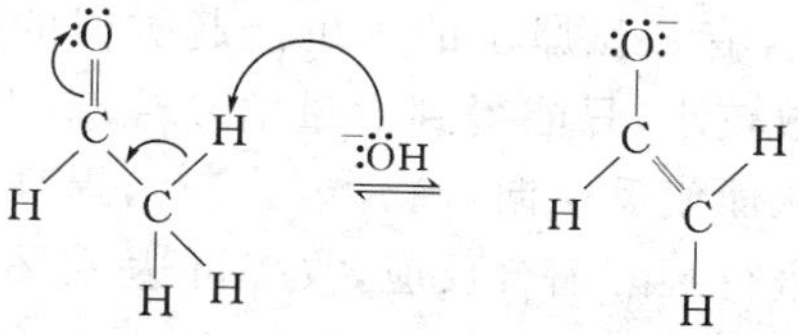

第二步,烯醇负离子作为亲核试剂与另一分子乙醛发生亲核加成,生成烷氧负离子。烷氧负离子再获取水中的氢,生成 β-羟基醛。

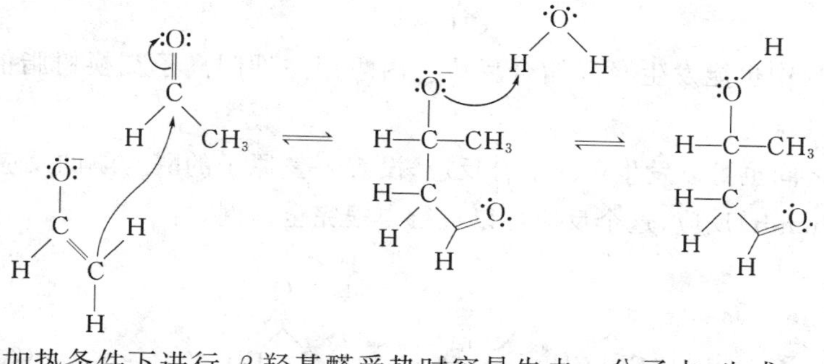

如果反应在加热条件下进行, β-羟基醛受热时容易失去一分子水,生成 α,β-不饱和醛。

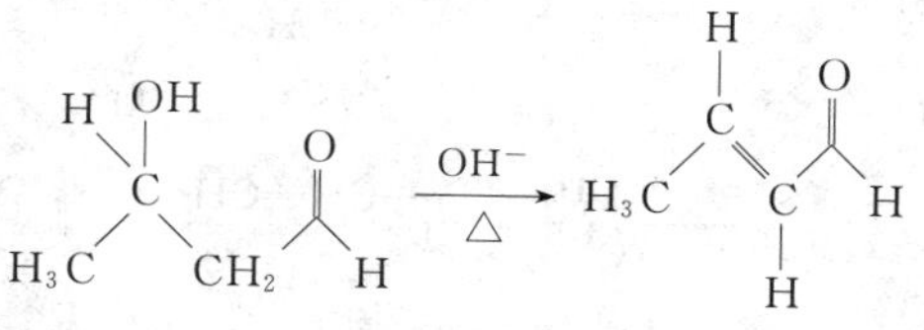

凡 α-碳原子上有氢原子的 β-羟基醛都容易失去一分子水,生成烯醛。

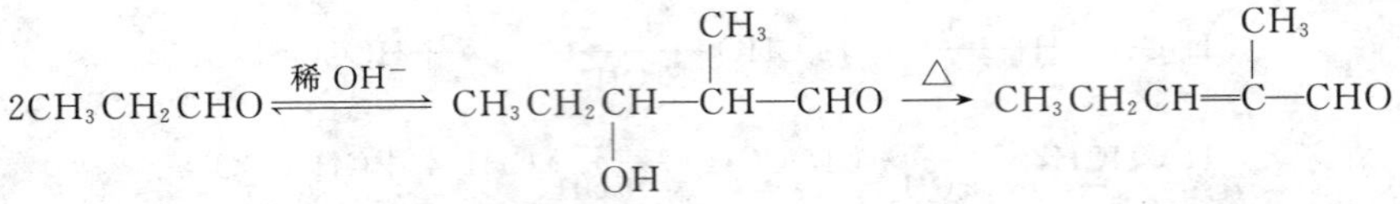

$$2CH_3CH_2CHO \xrightarrow{\text{稀 } OH^-} CH_3CH_2\underset{\underset{OH}{|}}{CH}-\underset{\underset{CH_3}{|}}{CH}-CHO \xrightarrow{\triangle} CH_3CH_2\underset{\underset{CH_3}{|}}{C}=C-CHO$$

(2)交叉羟醛缩合反应。若用两种不同的有 α-氢原子的醛进行羟醛缩合,则可能发生交叉缩合,最少生成四种产物。例如:

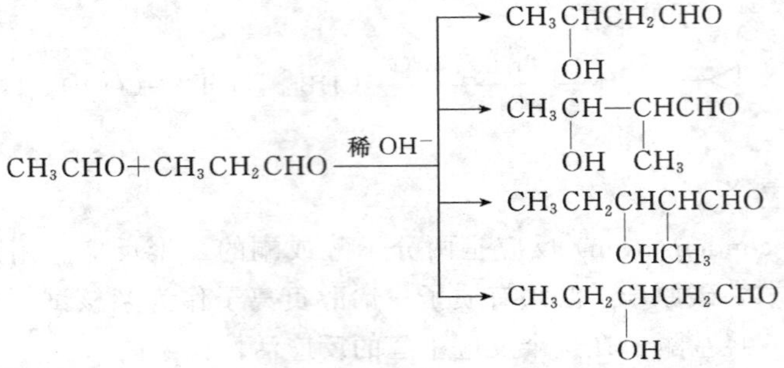

$$CH_3CHO + CH_3CH_2CHO \xrightarrow{\text{稀 } OH^-} \begin{cases} CH_3\underset{\underset{OH}{|}}{CH}CH_2CHO \\ CH_3\underset{\underset{OH}{|}}{CH}-\underset{\underset{CH_3}{|}}{CH}CHO \\ CH_3CH_2\underset{\underset{OHCH_3}{|}}{CH}CHCHO \\ CH_3CH_2\underset{\underset{OH}{|}}{CH}CH_2CHO \end{cases}$$

因此,为了使羟醛缩合反应具有合成价值,一般采用一种不含 α-氢原子的醛与另一种含 α-氢原子的醛进行反应,因为不含 α-氢原子的醛不能形成烯醇负离子而成为亲核试剂。例如:

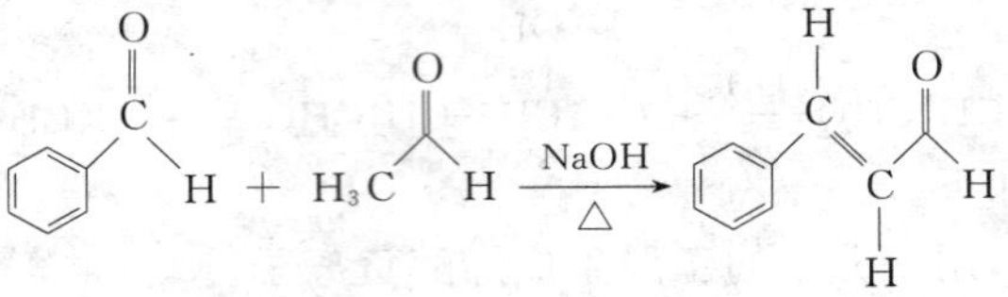

(3)酮与酮的缩合反应。含有 α-氢原子的酮也能起类似的缩合反应,但只是建立起产物和原料的平衡,反应的平衡常数较小,只能得到少量的 β-羟基酮。为了使反应进行完全,必须在反应过程中不断移走产物,从而使反应向产物方向移动,提高产率。例如,丙酮可以在索氏提取器中用不溶性的碱催化,进行羟醛缩合反应,收率可达 70%。

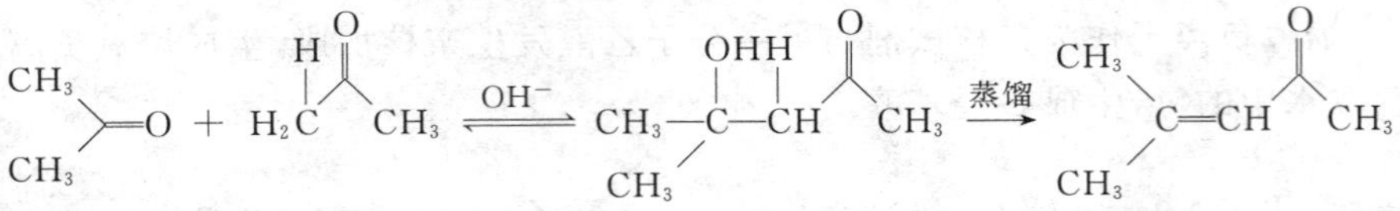

酮在酸性介质中也能发生羟醛缩合反应。丙酮用酸性阳离子交换树脂催化羟醛缩合反应,产率可达 87.4%。

(4)醛和酮之间也可以发生羟醛缩合反应,没有 α-氢原子的醛与酮的反应又称克莱森-斯密特(Claisen-Schmidt)反应,这个反应可以进行得很完全。例如:

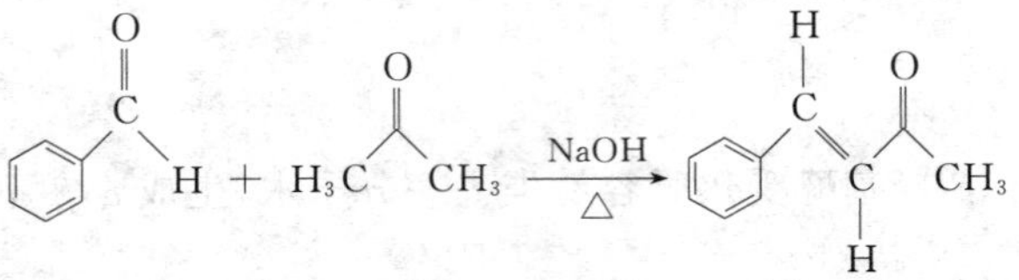

　　　　(70%)

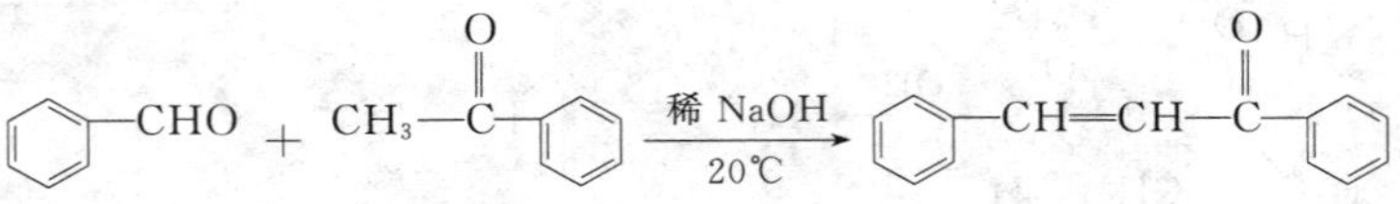

　　　　(85%)

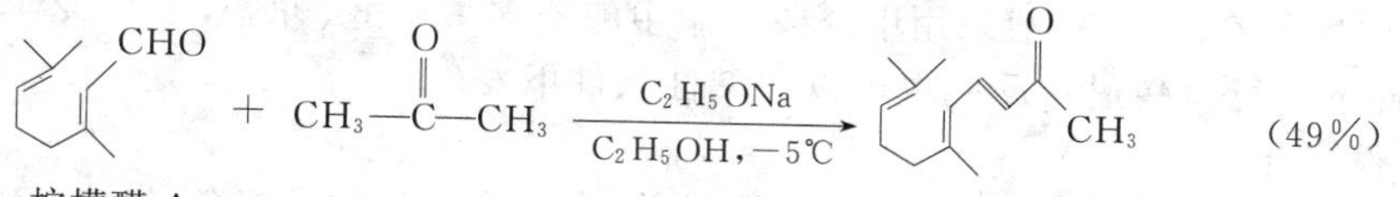

柠檬醛 A　　　　　　　　　　　　　　　　　　　　假紫罗兰酮

（5）分子内羟醛缩合。

二羰基化合物分子内缩合能生成环状化合物，可用于五、六、七元环化合物的合成。它比分子间的缩合反应容易，而且产率高。

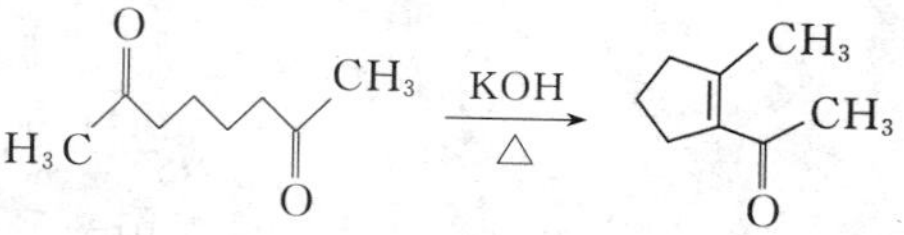

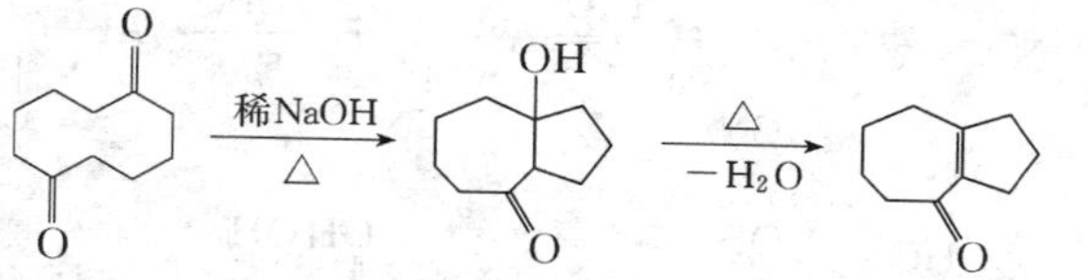

如果有多种成环选择，则一般形成五、六元环。

2）柏琴反应

芳醛与脂肪族酸酐在相应酸的碱金属盐存在下共热，发生缩合反应，称为柏琴（Perkin）反应。例如，用芳香醛和乙酸酐反应合成肉桂酸。

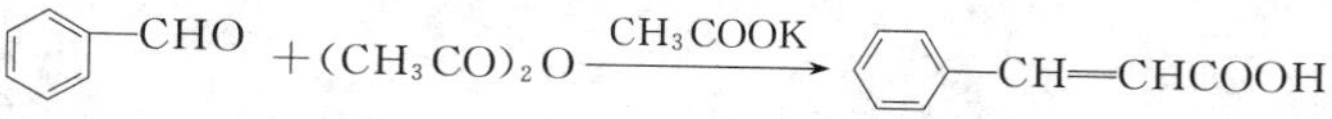

其反应机理如下：

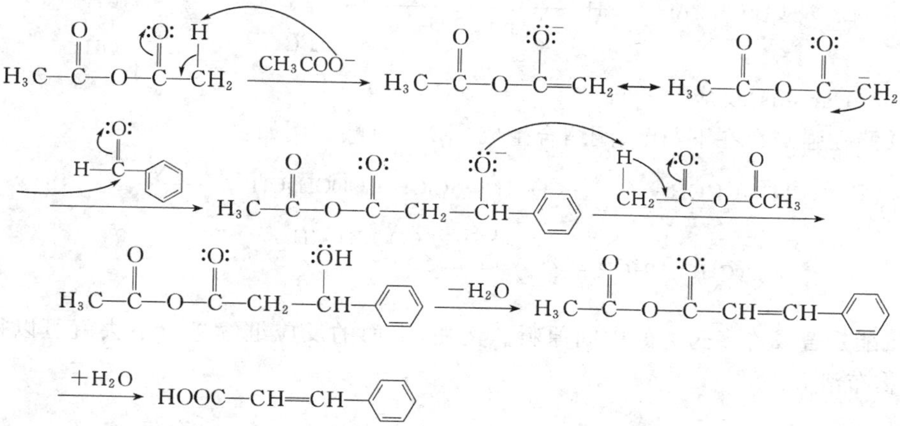

3）曼尼希反应

含有 α-氢原子的醛、酮与伯胺或仲胺之间也能发生缩合反应，此缩合反应称为曼尼希（Mannich）反应。例如：

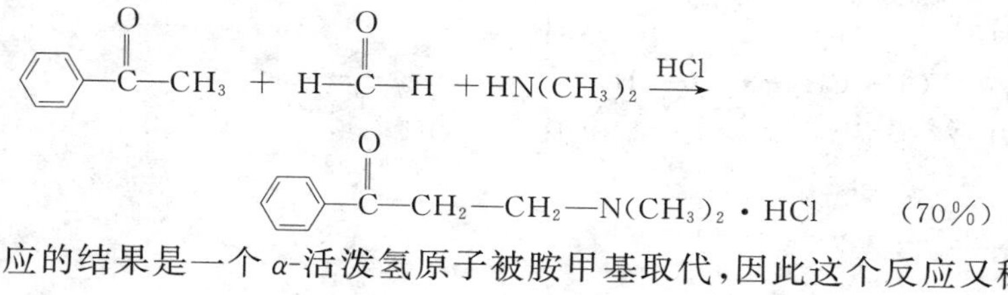

反应的结果是一个 α-活泼氢原子被胺甲基取代，因此这个反应又称胺甲基化反应，产物是

β-氨基酮(又称曼尼希碱)。一般采用甲醛或三聚甲醛或多聚甲醛、仲胺,以水、乙醇等作溶剂,在弱酸性条件下进行。曼尼希反应也可以在碱性条件下发生。

4) 安息香缩合

芳醛在含水乙醇中,以氰化钠(钾)为催化剂,加热后发生双分子缩合,生成α-羟基酮。

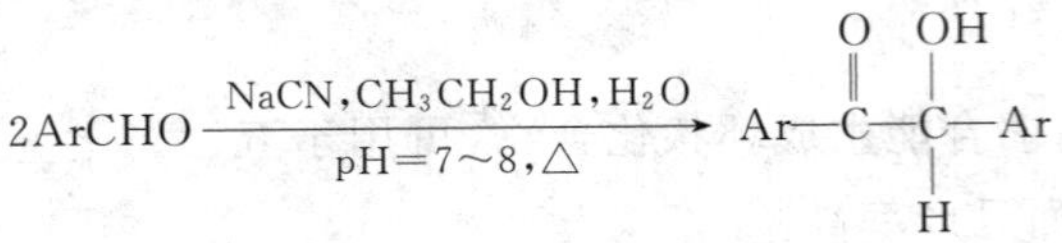

$$2ArCHO \xrightarrow[pH=7\sim8,\triangle]{NaCN,CH_3CH_2OH,H_2O} Ar-\overset{O}{\overset{\|}{C}}-\overset{OH}{\underset{H}{\overset{|}{\underset{|}{C}}}}-Ar$$

其反应机理如下:

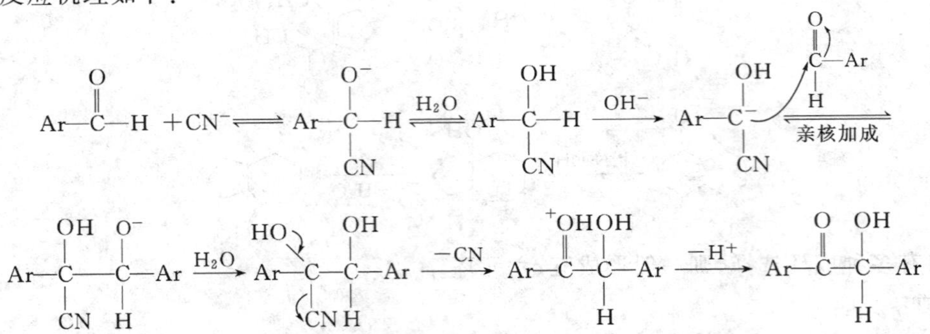

当苯环上有推电子基时,不能发生安息香缩合;含吸电子基团时有利于反应进行,也不能生成对称的α-羟基酮,但能与苯甲醛发生混合安息香缩合反应,生成不对称的α-羟基酮。例如:

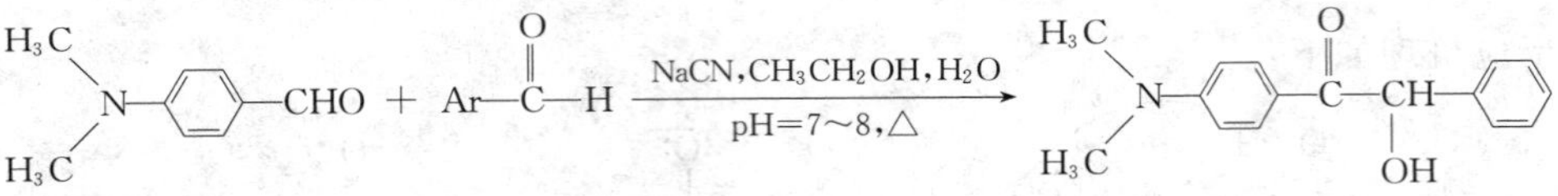

5) 达尔森(Darzens)反应

α-卤代酸酯在强碱存在下与醛、酮缩合生成α,β-环氧酯。例如:

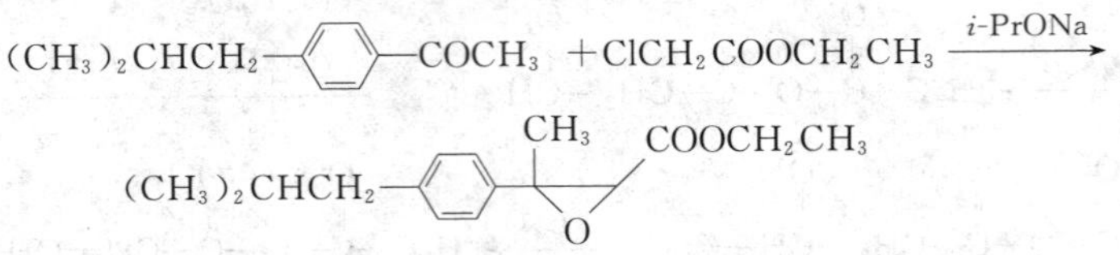

α,β-环氧酯是合成许多药物的中间原料。例如,上面的反应继续进行下去就可以得到治疗风湿的药物布洛芬。

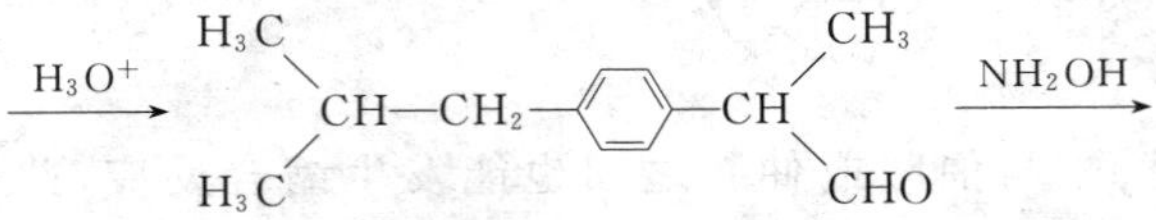

布洛芬的中间体

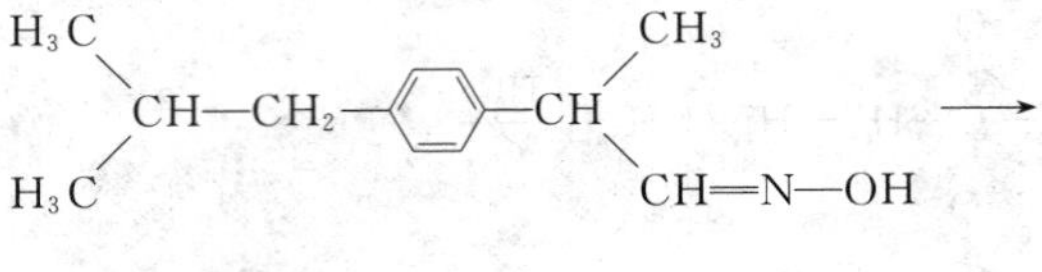

$$\text{(CH}_3\text{)}_2\text{CH—CH}_2\text{—C}_6\text{H}_4\text{—CH(CH}_3\text{)CN} \xrightarrow{\text{H}_2\text{O}} \text{(CH}_3\text{)}_2\text{CH—CH}_2\text{—C}_6\text{H}_4\text{—CH(CH}_3\text{)COOH}$$

布洛芬

缩合反应在有机合成中是增长碳链的重要方法,可以合成各种结构的羟醛类化合物、α, β-不饱和羰基化合物以及醇类。

9.3.3 醛、酮的氧化和还原

1. 醛、酮的氧化

因为醛的羰基碳上有一个氢原子,所以醛比酮容易氧化,使用弱的氧化剂都能使醛氧化成同碳数的羧酸。而弱的氧化剂不能使酮氧化。

(1) 费林(Fehling)试剂(以酒石酸盐为配位剂的碱性氢氧化铜溶液)能与醛作用,二价铜离子被还原成红色的氧化亚铜沉淀。

$$\text{R—CHO} + 2\text{Cu(OH)}_2 + \text{NaOH} \xrightarrow{\triangle} \text{R—COONa} + \text{Cu}_2\text{O}\downarrow + 3\text{H}_2\text{O}$$

费林试剂   红色沉淀

费林试剂:

$$\begin{array}{c}\text{HO—CHCOONa} \\ | \\ \text{HO—CHCOOK}\end{array} \xrightarrow{\text{Cu}^{2+}} \left[\begin{array}{c}\text{H} \\ | \\ \text{O—CHCOONa} \\ \text{Cu} \\ \text{O—CHCOOK} \\ | \\ \text{H}\end{array}\right]^{2+}$$

费林试剂不能与芳香醛反应,因此还可用费林试剂来区别脂肪醛和芳香醛。

(2) 醛与托伦斯(Tollens)试剂(硝酸银的氨溶液)反应,形成银镜,所以这个反应常称为银镜反应。酮一般不发生银镜反应,因此用此反应可以鉴别醛与酮。

$$\text{RCHO} + 2\text{Ag(NH}_3\text{)}_2\text{OH} \xrightarrow{\triangle} 2\text{Ag}\downarrow + \text{RCOONH}_4 + 3\text{NH}_3 + \text{H}_2\text{O}$$

托伦斯试剂   银镜

托伦斯试剂与醛作用,醛被氧化,在无色的托伦斯试剂中析出黑色沉淀,这是银离子被还原成了金属银,这些黑色沉淀附着在器壁上形成银镜。需要注意的是,银镜反应完成后,要及时用稀硝酸对反应液进行处理,以免产生易爆的雷酸银(AgOCN)和叠氮化银(AgN$_3$)。

费林试剂和托伦斯试剂都只氧化醛基而不氧化双键,在有机合成中可用于选择性氧化。例如,可使用这些弱氧化剂制备 α, β-不饱和酸。

$$\text{CH}_3\text{—CH=CH—CHO} \xrightarrow[\text{或 Cu}^{2+}]{\text{Ag(NH}_3\text{)}_2\text{OH}} \text{CH}_3\text{—CH=CH—COOH}$$

酮不易发生氧化,但在强氧化剂作用下,发生羰基和 α-碳原子之间的碳碳键断裂,生成低级羧酸混合物,由于生成的氧化产物复杂,此类反应一般没有合成价值。

$$\text{RCH}_2\text{—}\overset{\overset{\text{O}}{\|}}{\text{C}}\text{—CH}_2\text{R}' \xrightarrow{\text{[O]}} \begin{array}{l} ① \rightarrow \text{RCOOH} + \text{HOOCCH}_2\text{R}' \\ ② \rightarrow \text{RCH}_2\text{COOH} + \text{HOOCR}' \end{array}$$

只有个别例外,环酮的氧化可得单一产物,具有制备价值。例如,环己酮在硝酸或高锰酸钾氧化作用下生成己二酸,是工业上制备己二酸的方法。己二酸是生产尼龙-66 的基本原料。

$$\text{环己酮} \xrightarrow[\text{铜钒催化剂}]{\text{HNO}_3} \begin{array}{l} \text{CH}_2\text{CH}_2\text{COOH} \\ | \\ \text{CH}_2\text{CH}_2\text{COOH} \end{array}$$

酮在过氧酸的存在下，经过氧化重排生成酯，这也是个重要的反应，叫做拜尔-维利格（Baeyer-Villiger）反应。

$$\text{RCOR}' + \text{R}''\text{C}\!\!\begin{array}{c} \text{O} \\ \diagup \\ \diagdown \\ \text{O—OH} \end{array} \longrightarrow \text{R—C—O—R}' + \text{R}''\text{COOH}$$

$$\xrightarrow{\text{C}_6\text{H}_5\text{CO}_3\text{H}}$$

用过氧酸氧化的是酮基，不影响其碳干，因此具有合成价值。

$$\text{R—C—R}' \xrightarrow{\text{H}^+} \left[\text{R—C—R}' \leftrightarrow \text{R—C—R}' \right] \xrightarrow[-\text{H}^+]{\text{R}''\text{CO—O—H}} \text{R—C—R}'$$

$$\longrightarrow \xrightarrow[-\text{R}''\text{COO}^-, -\text{H}^+]{\text{R}'\text{迁移，O—O 键断裂}} \text{R—C—OR}' + \text{HO—C—R}''$$

对于不对称的酮，迁移的一般规则是最富电子的烷基（更多取代的碳）优先迁移，迁移的次序如下：

$$\text{R}_3\text{C}^- > \text{R}_2\text{CH}^- > \text{环己基} > \text{苄基} > \text{苯基} > \text{RCH}_2^- > \text{CH}_3^-$$

2. 坎尼扎罗反应

没有 α-活泼氢原子的醛在强碱作用下，发生分子间的氧化还原而生成相应醇和相应酸的反应，称为坎尼扎罗（Cannizzaro）反应，又叫歧化反应（disproportionation），是 Cannizzaro（1826—1910）于 1853 年首先发现的，并由此而得名。

$$2\text{HCHO} \xrightarrow{\text{浓 NaOH}} \text{CH}_3\text{OH} + \text{HCOONa}$$

$$2\,\text{C}_6\text{H}_5\text{CHO} \xrightarrow{\text{浓 NaOH}} \text{C}_6\text{H}_5\text{CH}_2\text{OH} + \text{C}_6\text{H}_5\text{COONa}$$

其反应机理（以苯甲醛为例）如下：

$$\text{Ph—CH=O} + \text{OH}^- \rightleftharpoons \text{Ph—C—O}^- \xrightarrow{\text{Ph—CH=O}} \text{PhCH}_2\text{O}^- + \text{PhC=O}$$

$$\longrightarrow \text{PhCH}_2\text{OH} + \text{PhC=O}$$

两种不同的不含 α-氢原子的醛在浓碱存在下可以发生交叉歧化反应，产物复杂（两个酸和两个醇）。如果甲醛与另一种无 α-氢原子的醛在强的浓碱催化下加热，由于甲醛还原性强，反应结果总是另一种醛被还原成醇，而甲醛被氧化成酸，这类反应称为"交叉"坎尼扎罗反应。例如，用甲醛和乙醛制备季戊四醇，反应包括交叉的羟醛缩合和交叉的坎尼扎罗反应。

$$3HCHO + CH_3CHO \xrightarrow[\triangle]{Ca(OH)_2} HOCH_2-\overset{\overset{\displaystyle CH_2OH}{|}}{\underset{\underset{\displaystyle CH_2OH}{|}}{C}}-CHO$$

$$HOCH_2-\overset{\overset{\displaystyle CH_2OH}{|}}{\underset{\underset{\displaystyle CH_2OH}{|}}{C}}-CHO + \overset{\overset{\displaystyle O}{\|}}{H-C-H} \xrightarrow{Ca(OH)_2} HOCH_2-\overset{\overset{\displaystyle CH_2OH}{|}}{\underset{\underset{\displaystyle CH_2OH}{|}}{C}}-CH_2OH + HCOO^-$$

季戊四醇

季戊四醇是重要的化工原料,它的硝酸酯是心血管扩张药物。

分子内也能发生坎尼扎罗反应。例如:

$$C_2H_5\overset{CHO}{\underset{CHO}{\diagdown}} \xrightarrow[(2)H^+]{(1)NaOH} C_2H_5\overset{COOH}{\underset{CH_2OH}{\diagdown}} \xrightarrow{-H_2O} C_2H_5 \text{(内酯)}$$

羟基酸   内酯

$$Ph-\overset{\overset{\displaystyle O}{\|}}{C}-CHO \xrightarrow{浓 NaOH} Ph-\overset{\overset{\displaystyle +OH}{\|}}{CH}-COO^-$$

3. 醛、酮的还原

醛、酮能够被还原,一类是将羰基还原成羟基,另一类是将羰基还原成烃基。

1) 还原成羟基

将醛酮还原成醇,可以采用催化氢化的方式或者使用硼氢化钠($NaBH_4$)、氢化铝锂($LiAlH_4$)、异丙醇铝-异丙醇($Al(O\text{-}i\text{-}Pr)_3 + i\text{-}PrOH$)等还原剂。

催化氢化:

$$\overset{R}{\underset{(R')H}{\diagup}}C=O + H_2 \xrightarrow[热,加压]{Ni} \overset{R}{\underset{(R')H}{\diagup}}CH-OH$$

催化氢化产率(90%~100%)高,但是催化剂昂贵,并且分子中的不饱和基团也将同时被还原。例如:

$$\text{环己酮} + H_2 \xrightarrow[50℃,6.5\ MPa]{Ni} \text{环己醇}$$

$$CH_3CH=CHCH_2CHO + 2H_2 \xrightarrow[250℃,加压]{Ni} CH_3CH_2CH_2CH_2CH_2OH \quad (C=C、C=O 均被还原)$$

所以常常使用具有选择性的还原剂对羰基进行还原。

$$CH_3CH=CHCH_2CHO \xrightarrow[\triangle]{LiAlH_4,干乙醚} CH_3CH=CHCH_2CH_2OH \quad (不还原 C=C)$$

$LiAlH_4$ 是强还原剂,除不还原 C=C、C≡C 外,其他不饱和键都可被其还原;$LiAlH_4$ 不稳定,遇水剧烈反应,通常只能在无水醚或 THF 中使用。

$$CH_3CH=CHCH_2CHO \xrightarrow[(2)水或醇]{(1)NaBH_4} CH_3CH=CHCH_2CH_2OH \quad (只还原 C=O)$$

$NaBH_4$ 是一种温和的还原剂,只还原醛、酮、酰卤中的羰基,不还原其他基团,也不受水、醇的影响,可在水或醇中使用。

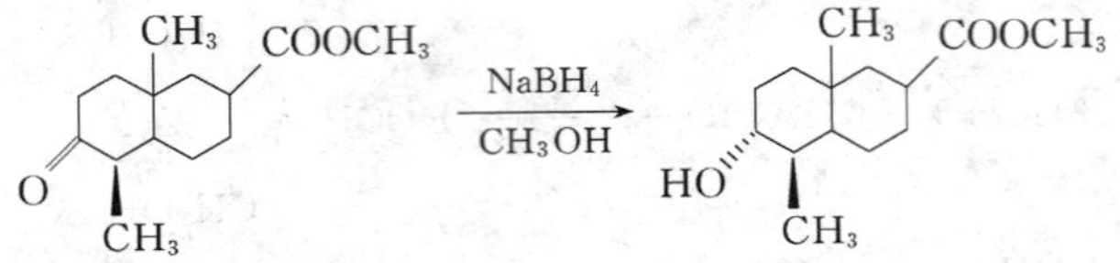

异丙醇铝作为还原剂时反应的专一性高,只还原醛、酮的羰基。此反应是可逆反应,又称麦尔外因-庞道夫(Meerwein-Ponndorf)还原法。其逆反应称为欧芬脑尔(Oppenauer)氧化反应。

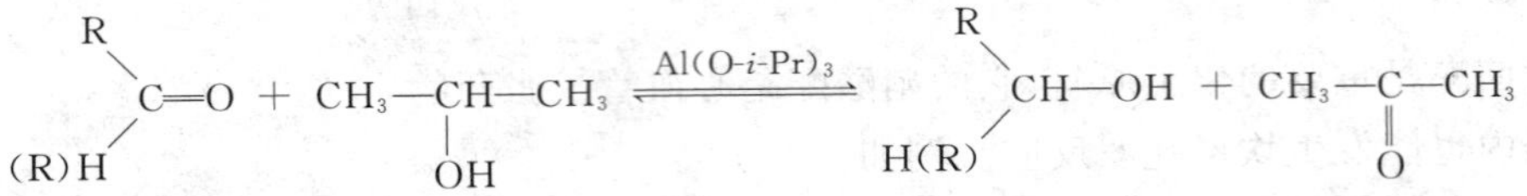

2)还原为烃基

把醛、酮还原成烃,较常用的还原方法有两种。

(1)克莱门森(Clemmensen)还原法——酸性还原:

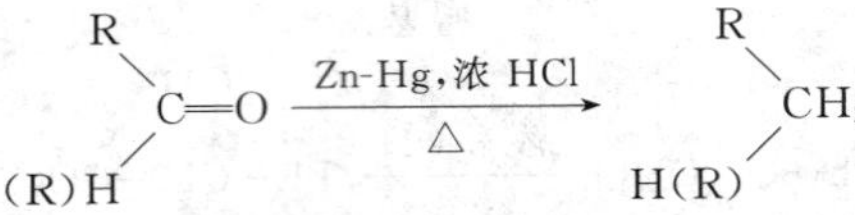

此法适用于还原芳香酮,是间接在芳环上引入直链烃基的方法。

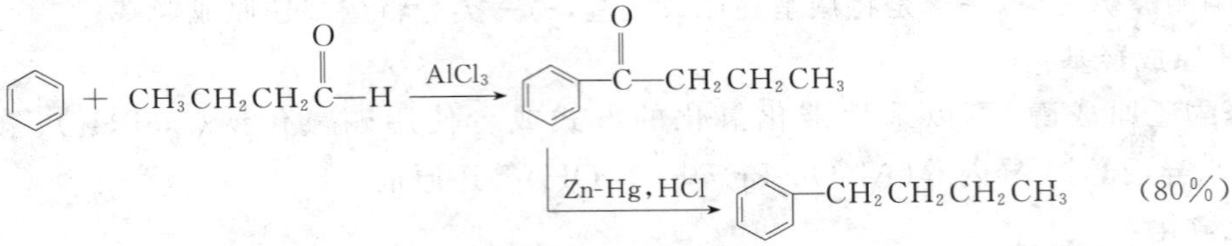

对酸敏感的醛、酮不能使用此法还原。如醇羟基可能失去水,形成烯烃等副反应。

(2)沃尔夫-凯惜纳-黄鸣龙(Wolff-Kishner-黄鸣龙)还原法——碱性还原:醛、酮在碱性及高温、高压下与肼作用,羰基被还原成亚甲基的反应。此反应是 Kishner 和 Wolff 分别于 1911年、1912 年发现的。

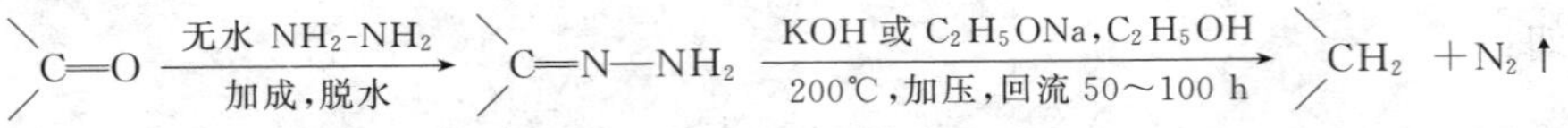

该方法的缺点是需要高压釜和无水肼,反应时间长,产率不高。1946 年我国化学家黄鸣龙改进了这个方法。他将无水肼改用水合肼,碱采用 NaOH,以高沸点的缩乙二醇为溶剂一起加热。加热完成后,先蒸去水和过量的肼,再升温分解腙。改进后反应时间大大缩短,只需3~5 h,并且产率很高。

$$C_6H_5COCH_2CH_2CH_3 \xrightarrow[\text{O(CH}_2\text{CH}_2\text{OH)}_2,200℃,3\sim5\text{ h}]{\text{NH}_2\text{NH}_2,\text{NaOH}} C_6H_5CH_2CH_2CH_2CH_3 \quad (82\%)$$

克莱门森还原法和沃尔夫-凯惜纳-黄鸣龙还原法这两种方法分别在酸和碱介质中反应,两种方法可以互相补充,广泛应用于有机合成。需要注意的是这两种方法都不适用于 α,β 不饱和羰基化合物的还原,原因是克莱门森还原法会将 α,β 不饱和羰基化合物的 C=C 双键一起还原,而在沃尔夫-凯惜纳-黄鸣龙还原法中除了生成还原产物,还会生成杂环化合物。

9.4　醛、酮的制备

醛、酮可以通过三种途径制备：官能团转化——在不影响分子的碳链骨架的情况下，把分子中某个官能团转化成羰基；C—C 键的形成——由简单的原料构造成复杂碳链骨架的醛、酮；C—C 键的断裂——把适当的取代烯烃臭氧化成醛、酮。

1. 醇的氧化和脱氢

伯醇和仲醇可以通过氧化和脱氢反应制备醛和酮。常用的氧化剂有 $K_2Cr_2O_7$ 加稀 H_2SO_4、CrO_3-CH_3COOH 等。例如：

$$CH_3CH_2CH_2OH \xrightarrow[\triangle]{K_2Cr_2O_7,稀 H_2SO_4} CH_3CH_2CHO$$

1°醇

$$CH_3\underset{\underset{OH}{|}}{C}HCH_2CH_3 \xrightarrow[\triangle]{K_2Cr_2O_7,稀 H_2SO_4} CH_3\underset{\underset{O}{\|}}{C}CH_2CH_3$$

2°醇

由伯醇制备的醛还会继续氧化成羧酸。为防止醛的进一步氧化，可采用较弱的氧化剂或特殊的氧化剂，如 CrO_3-吡啶等。例如：

$$CH_3CH_2\underset{\underset{CH_3}{|}}{C}H(CH_2)_4CH_2OH \xrightarrow[CH_2Cl_2]{CrO_3\text{-}吡啶} CH_3CH_2\underset{\underset{CH_3}{|}}{C}H(CH_2)_4CHO$$

伯醇和仲醇在活性 Cu 或 Ag、Ni 等催化剂表面进行气相脱氢反应可以分别制备醛和酮。例如：

$$CH_3CH_2OH \underset{300℃}{\overset{Cu}{\rightleftharpoons}} CH_3CHO$$

1°醇

$$CH_3\underset{\underset{OH}{|}}{C}HCH_3 \underset{500℃}{\overset{Cu}{\rightleftharpoons}} CH_3\underset{\underset{O}{\|}}{C}CH_3$$

2°醇

从理论上讲，可以把羧酸还原成醛，实际上却不太可能。因为通常用的还原剂是氢化铝锂，由于氢化铝锂是个非常强的还原剂，而醛又很容易被还原，它能把羧酸还原过程中形成的醛还原到一级醇。

$$\underset{羧酸}{\underset{R\quad OH}{\overset{O}{\overset{\|}{C}}}} \xrightarrow{LiAlH_4} \left[\underset{醛}{\underset{R\quad H}{\overset{O}{\overset{\|}{C}}}}\right] \xrightarrow{LiAlH_4} \underset{1°醇}{R\text{—}CH_2OH}$$

因此，一般不直接用羧酸还原，而是采用更容易被还原的羧酸衍生物和活性比氢化铝锂稍低的氢化铝的衍生物（如氢化三叔丁氧基铝锂、氢化二异丁基铝）作还原剂。例如：

$$\underset{酰氯}{\underset{R\quad Cl}{\overset{O}{\overset{\|}{C}}}} \xrightarrow[(2)H_2O]{(1)LiAlH(O\text{-}t\text{-}Bu)_3,\ -78℃} \underset{R\quad H}{\overset{O}{\overset{\|}{C}}}$$

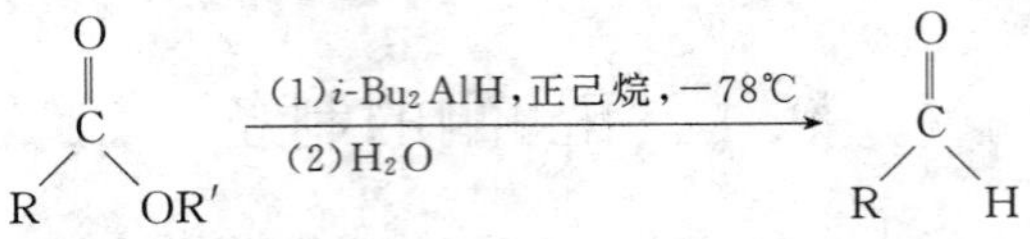

$$\underset{\text{酯}}{\underset{R}{\overset{O}{\underset{|}{\overset{\|}{C}}}}\text{—OR}'} \xrightarrow[\text{(2)}H_2O]{\text{(1)}i\text{-}Bu_2AlH,\text{正己烷},-78℃} \underset{R}{\overset{O}{\underset{|}{\overset{\|}{C}}}\text{—H}}$$

反应中通常需要控制低温来避免过度还原。

2. 偕二卤代物水解法制备醛、酮

在酸或碱的催化下,偕二卤代物水解生成醛、酮。由于脂肪族偕二卤代物的制备较难,故一般不用此法制备脂肪族醛、酮。例如:

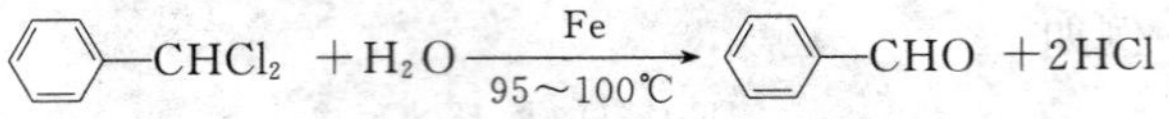

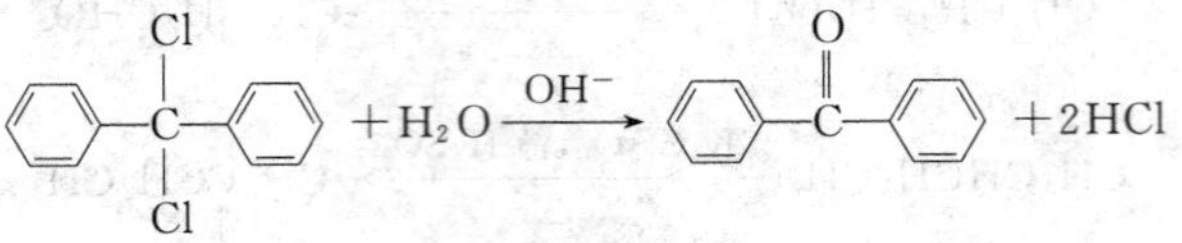

$$\langle\!\!\langle\ \rangle\!\!\rangle\text{—CHCl}_2 + H_2O \xrightarrow[95\sim100℃]{Fe} \langle\!\!\langle\ \rangle\!\!\rangle\text{—CHO} + 2HCl$$

$$\langle\!\!\langle\ \rangle\!\!\rangle\underset{\underset{Cl}{|}}{\overset{\overset{Cl}{|}}{C}}\langle\!\!\langle\ \rangle\!\!\rangle + H_2O \xrightarrow{OH^-} \langle\!\!\langle\ \rangle\!\!\rangle\overset{O}{\overset{\|}{C}}\langle\!\!\langle\ \rangle\!\!\rangle + 2HCl$$

3. 炔烃水合制备乙醛和甲基酮

乙炔水合是工业上制备乙醛的方法。在汞盐的存在下,炔烃与水化合生成乙醛或甲基酮。例如:

$$CH\!\equiv\!CH + H_2O \xrightarrow[H_2SO_4]{HgSO_4} CH_3CHO$$

$$RC\!\equiv\!CH + H_2O \xrightarrow[H_2SO_4]{HgSO_4} \overset{O}{\overset{\|}{RCCH_3}}$$

4. 盖特曼-柯赫(Gattermann-Koch)甲酰化反应制备醛

CO 和 HCl 在 AlCl$_3$ 催化、高压条件下在芳环上发生甲酰化反应,生成醛。例如:

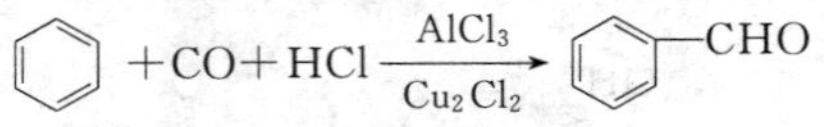

$$\langle\!\!\langle\ \rangle\!\!\rangle + CO + HCl \xrightarrow[Cu_2Cl_2]{AlCl_3} \langle\!\!\langle\ \rangle\!\!\rangle\text{—CHO}$$

其反应机理如下:

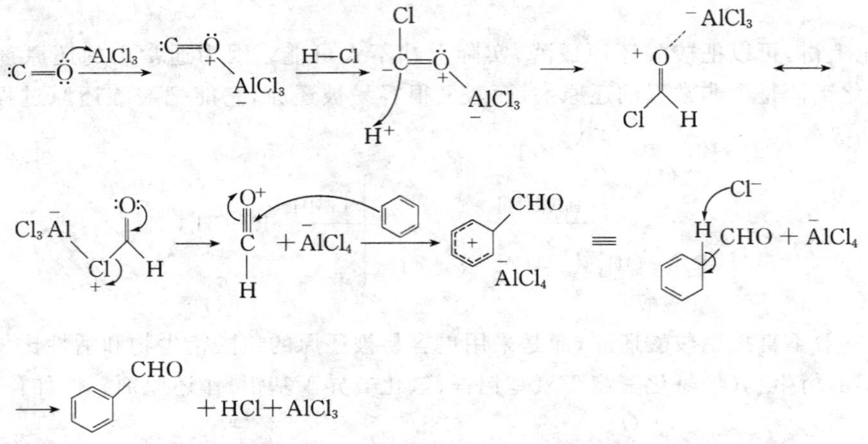

此反应可看成傅-克反应的一种特殊形式。若芳环上有烃基、烷氧基,则醛基主要在对位。当芳环上带有羟基时,反应效果不好;当芳环上连有吸电子基时,反应不能发生。盖特曼-柯赫反应常用于由烷基苯制备相应的芳醛。例如:

$$CH_3-\!\!\!\!\bigcirc\!\!\!\!- \xrightarrow[AlCl_3-Cu_2Cl_2]{CO+HCl} CH_3-\!\!\!\!\bigcirc\!\!\!\!-CHO$$

5. 二烃基铜锂还原制备酮

二烃基铜锂与酰氯在低温下作用可以制备酮,酯、腈、卤代烷不反应。例如:

$$\underset{R}{\overset{O}{\underset{\|}{C}}}\overset{}{}\text{Cl} \xrightarrow{R_2CuLi,\,-78℃} \underset{CH_3}{\overset{O}{\underset{\|}{C}}}R$$

$$\underset{}{\overset{O}{\underset{\|}{C}}}\text{Cl} \xrightarrow[(CH_3CH_2)_2O]{(CH_3)_2CuLi,\,-78℃} \underset{}{\overset{O}{\underset{\|}{C}}}CH_3$$

此反应停留在酮阶段,是自由基机理而非亲核取代机理。

6. 腈和格氏试剂或有机锂试剂反应可制得酮

$$R-C\!\!\equiv\!\!N \xrightarrow[(2)H_3O^+]{(1)CH_3MgI\ 或\ CH_3Li} \underset{R}{\overset{O}{\underset{\|}{C}}}CH_3$$

7. 芳香环的傅-克酰基化反应制备芳香醛、酮

在路易斯酸的作用下,芳烃与酰卤进行傅-克酰基化反应,是制备芳酮的重要方法,该反应的优点是不发生重排,产物单一,产率高。

$$\underset{R}{\overset{O}{\underset{\|}{C}}}\text{Cl} + ArH \xrightarrow[或别的路易斯酸]{AlCl_3} \underset{R}{\overset{O}{\underset{\|}{C}}}Ar$$

$$\bigcirc + \begin{matrix}O\\ \|\\ O\end{matrix} \xrightarrow{AlCl_3} \xrightarrow{} \xrightarrow[浓\ HCl]{Zn-Hg} \xrightarrow{} \xrightarrow{H_2SO_4}$$

91%

8. 芳烃侧链的控制氧化制备芳醛、芳酮

芳环侧链上含有 α-氢原子的碳原子容易被氧化。控制反应条件,可以使反应停留在醛或酮的阶段,从而制备相应的芳醛、芳酮。例如:

$$\underset{}{\overset{CH_3}{\bigcirc}} \xrightarrow{MnO_2,\,H^+} \underset{}{\overset{CHO}{\bigcirc}} \quad (MnO_2+H^+ 称为活性\ MnO_2)$$

$$\underset{}{\overset{CH_2CH_3}{\bigcirc}} \xrightarrow{硬脂酸钴} \underset{}{\overset{COCH_3}{\bigcirc}}$$

9. 罗森孟德(Rosenmund)还原制备醛

用毒化了(降低了活性)的钯催化剂对酰氯进行催化氢化,可以制备醛。

$$RCOCl+H_2 \xrightarrow{Pd-BaSO_4} RCHO+HCl$$

该反应产率高,具有很高的合成价值。

10. 烯烃臭氧化制备醛、酮

醛、酮还可由适当的取代烯烃进行臭氧化反应而制备。烯烃与臭氧反应,双键断裂,得到两种羰基化合物,具体是醛还是酮,由双键两端的取代基决定。

$$\diagdown C = C \diagup \xrightarrow{O_3} \diagdown C \overset{O—O}{\underset{O}{\diagdown\diagup}} C \diagup \xrightarrow[\text{或 } H_2/\text{Pd-BaSO}_4]{\text{Zn}/\text{H}_2\text{O}} \diagdown C=O + O=C \diagup$$

该法只在个别情况下具有制备意义。

11. 羰基合成制备醛

烯烃与一氧化碳和氢气在高压和催化剂 $Co_2(CO)_8$ 的作用下,可生成比原烯烃多一个碳原子的醛。该法称为羰基合成。例如:

$$CH_3CH{=}CH_2 + CO + H_2 \xrightarrow[100℃,20\sim30\text{ MPa}]{\text{Co}_2(\text{CO})_8} \begin{cases} CH_3CH_2CH_2CHO & (75\%) \\ \underset{CH_3CHCHO}{\overset{CH_3}{|}} & (25\%) \end{cases}$$

$$CH_3CH{=}CH_2 + CO + H_2 \xrightarrow[160℃,5\sim6\text{ MPa}]{\text{Co}(\text{CO})_6[\text{P}(n\text{-C}_4\text{H}_9)]_2} \begin{cases} CH_3CH_2CH_2CHO & (83.3\%) \\ \underset{CH_3CHCHO}{\overset{CH_3}{|}} & (16.7\%) \end{cases}$$

9.5　α,β-不饱和醛、酮及取代醛、酮

9.5.1　α,β-不饱和醛、酮

1. α,β-不饱和醛、酮的结构

在分子中既含有羰基又含有碳碳双键的化合物称为不饱和羰基化合物。根据双键与羰基所处的位置可以把不饱和羰基化合物分为三类:烯酮($RCH{=}C{=}O$),α,β-不饱和醛、酮($RCH{=}CHCHO$),孤立不饱和醛、酮($RCH{=}CH(CH_2)_nCHO, n \geqslant 1$)。当碳碳双键与羰基处于共轭的位置时,称这类化合物为 α,β-不饱和醛、酮。

α,β-不饱和醛、酮的羰基由亲核的氧原子和亲电的碳原子组成,同时电负性较大的氧原子通过共振效应对 β-碳原子产生影响,因此在分子中还有另外一个亲电的碳原子——β-碳原子。从下面的共振结构中可以看出 α,β-不饱和羰基化合物存在两个亲电中心和一个亲核中心。

2. α,β-不饱和醛、酮的反应

由于含有两类官能团,α,β-不饱和醛、酮不仅具有两类官能团各自的性质,而且具有独特的包含两类官能团的性质。这个共轭的羰基官能团进行加成反应有两种类型。一种是只对共轭体系中的某个 π 键的加成,称为1,2-加成,比如 Br_2 对碳碳双键的加成和 NH_2OH 对碳氧双键的加成。

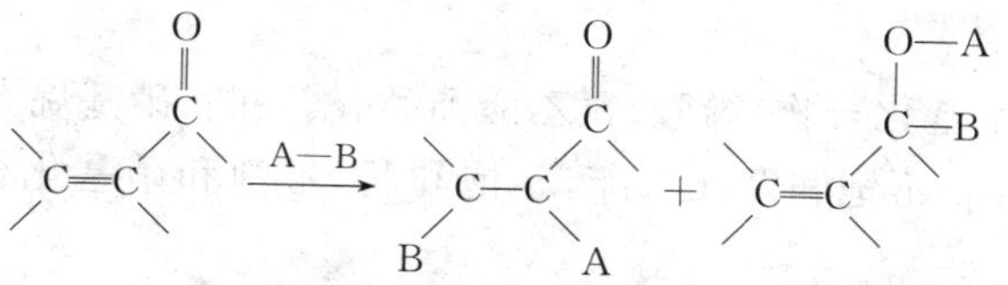

另一种是对整个共轭 π 体系的加成,称为 1,4-加成或共轭加成。在这类加成反应中,极性试剂的亲核部分加到 β-碳原子上,而亲电部分加到羰基的氧原子上。当亲电部分是氢原子的时候,初产物为不稳定的烯醇,然后重排为稳定的醛、酮式结构,因此反应的结果也表现为对碳碳双键的 1,2-加成。

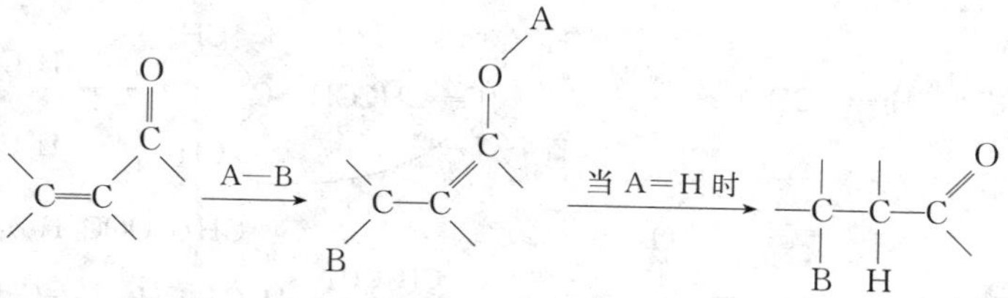

1) 有机金属化合物的加成反应

有机金属化合物与 α,β-不饱和醛、酮有 1,2-和 1,4-两种加成方式。具体以哪种方式进行,依据不同的反应条件和进攻试剂。

格氏试剂和有机锂试剂以 1,2-加成的方式对羰基进行亲核加成反应。

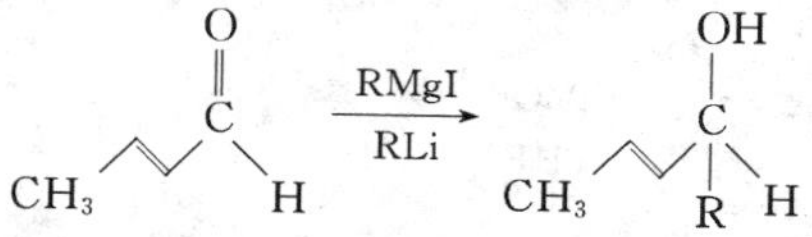

有机铜试剂(R_2CuLi)与 α,β-不饱和醛、酮主要发生 1,4-加成反应。

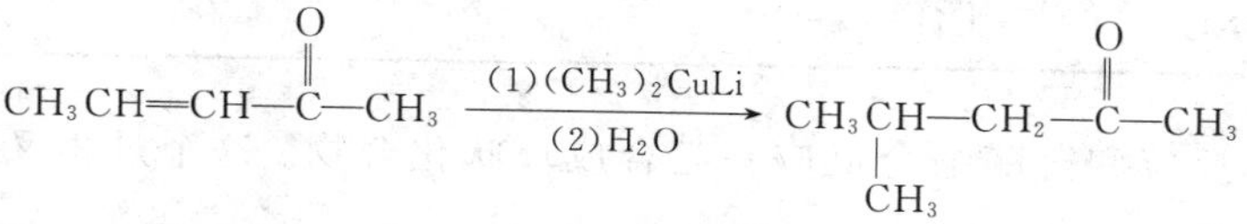

利用有机铜试剂可在 β 位引入烷基。由于可以制备各种有机铜试剂,所以可以在 β 位引入一级、二级、三级烷基,芳基和烯基等基团。

2) 迈克尔反应及其合成上的应用

α,β-不饱和醛、酮与含有活泼亚甲基化合物的共轭加成反应称为迈克尔(Michael)反应,其通式如下:

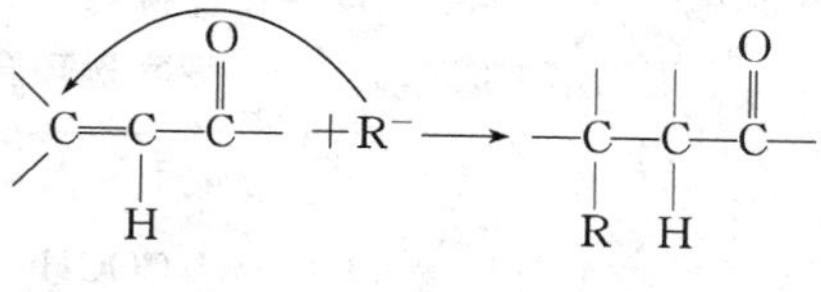

例如:

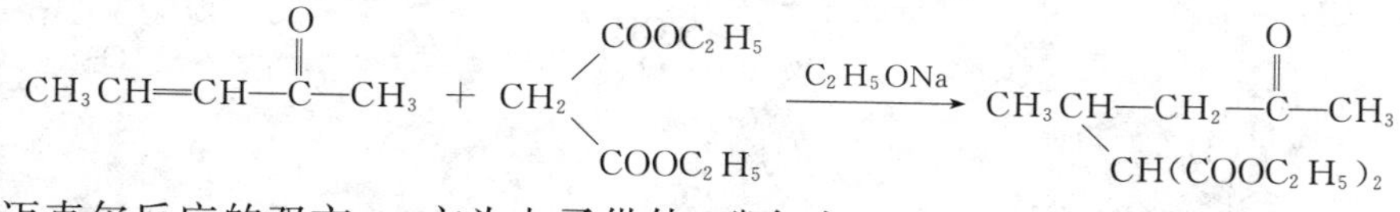

参与迈克尔反应的双方,一方为电子供体(碳负离子),一方为碳负离子接受体(α,β-不饱和醛、酮)。因此,凡是能提供电子供体和碳负离子接受体的两种物质均能发生迈克尔加成

反应。

电子供体：活泼亚甲基化合物、烯胺、氰乙酸酯类、酮酸酯、硝基烷类、砜类等。

碳负离子接受体：α,β-不饱和醛、酮、酯，不饱和腈，不饱和硝基化合物以及易于消除的曼尼希碱。

一般来说，迈克尔反应需要在碱性条件下进行，醇钠(钾)、氨基钠、吡啶、三乙胺、季铵碱等均可作为催化剂。

因此，迈克尔反应在有机合成上有着极其重要的应用价值。

(1) 合成1,5-二羰基化合物。

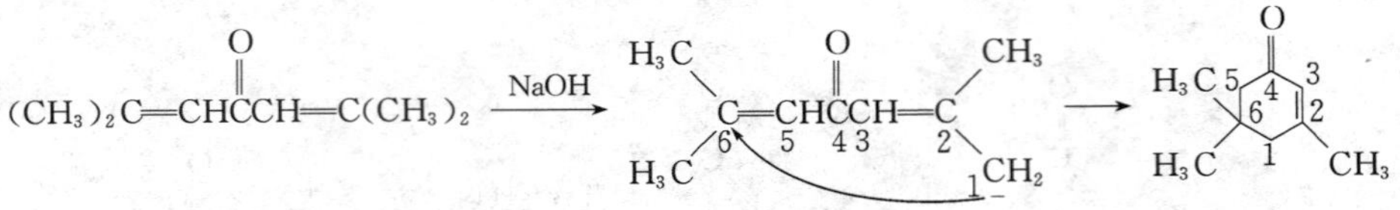

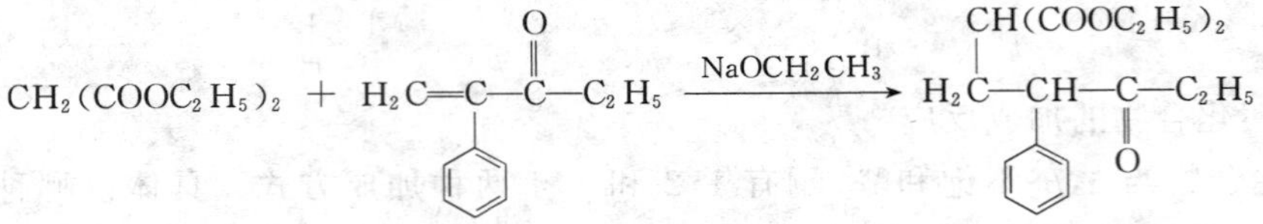

思考题 9-2　完成下列反应式。

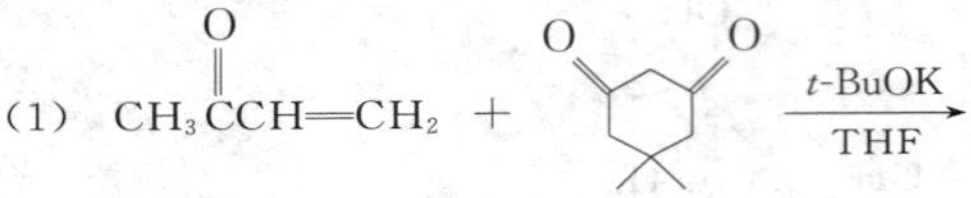

(2) $(CH_3)_2CHNO_2 + CH_2{=}CH{-}\overset{O}{\overset{\|}{C}}{-}CH_3 \xrightarrow{OH^-}$

(2) 用迈克尔反应和羟醛缩合反应一起合成环状化合物。这个过程又称为罗宾逊环合(Robinson annulation)。

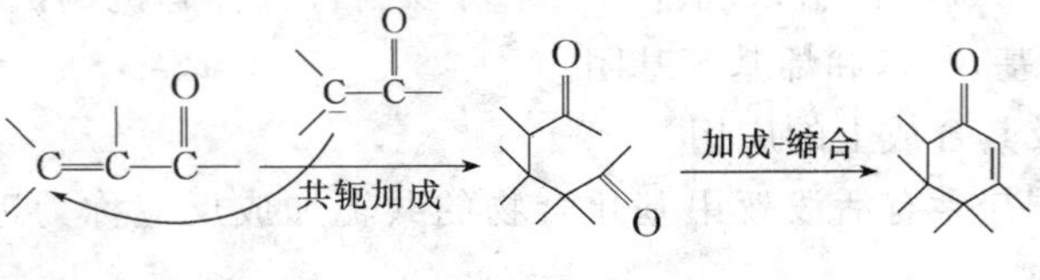

α,β-不饱和醛、酮　　　1,5-二羰基化合物

迈克尔加成　　　　罗宾逊环合

例如：

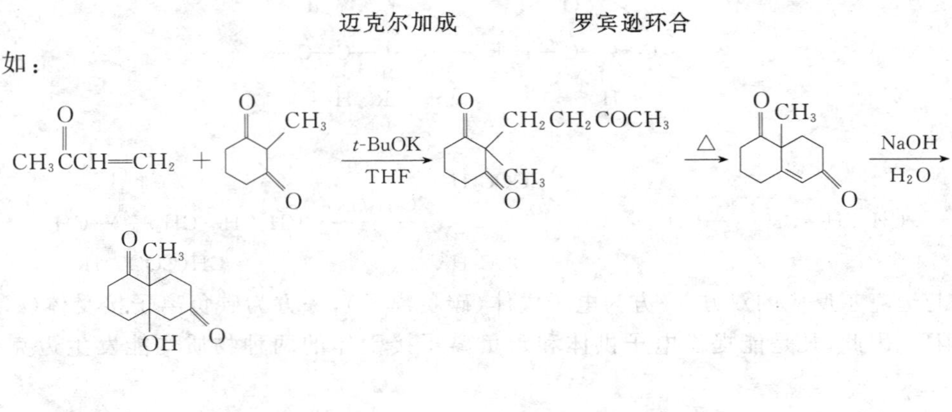

9.5.2　取代醛、酮——羟基醛、酮

根据羟基与羰基的位置，可将羟基醛（酮）分为 α-羟基醛（酮）、β-羟基醛（酮）、γ-羟基醛（酮）、δ-羟基醛（酮）等。

1. 羟基醛、酮的反应

1）α-羟基醛、酮

（1）α-羟基醛、酮在碱性条件下存在以下转换：

$$
\underset{\substack{| \\ OH}}{R-CH}-\overset{\overset{O}{\|}}{C}-H \underset{}{\overset{OH^-}{\rightleftharpoons}} \underset{\substack{| \\ OH}}{R-C}=\underset{}{\overset{OH}{\overset{|}{C}}}-H \underset{}{\overset{OH^-}{\rightleftharpoons}} \underset{\substack{| \\ O}}{R-C}-\overset{OH}{\overset{|}{CH}}-H
$$

$$\text{α-羟基醛} \qquad \text{烯二醇} \qquad \text{α-羟基酮}$$

烯二醇同时是 α-羟基醛和 α-羟基酮的烯醇，因此，α-羟基醛和 α-羟基酮可以互变。

（2）α-羟基醛、酮与 3 分子苯肼反应，生成脎（osazone）。例如：

$$
CH_3\overset{\overset{O}{\|}}{C}CH_2OH + 3C_6H_5NHNH_2 \longrightarrow \left[\begin{array}{c} CH=NNHC_6H_5 \\ | \\ C=NNHC_6H_5 \\ | \\ CH_3 \end{array} \right] \longrightarrow
$$

脎　　　　$+ \;\text{（苯胺）}NH_2 \; + H_2O$

（3）HIO_4 的氧化反应。

$$
R'-\underset{\substack{| \\ OH}}{CH}-\overset{\overset{O}{\|}}{C}-R \xrightarrow{HIO_4} R'CHO + RCOOH
$$

2）β-羟基醛、酮

一般的醇在碱性溶液中是稳定的，但 β-羟基醛、酮易脱水，而且 β-羟基醛、酮的脱水反应可以被酸或碱催化。

$$
CH_3CH(OH)CH_2COCH_3 \left\{ \begin{array}{l} \xrightarrow{H_2SO_4} CH_3CH=CHCOCH_3 \quad\text{（比一元醇快）} \\ \xrightarrow{OH^-} CH_3CH=CHCOCH_3 \end{array} \right.
$$

相对速率

$$
\underset{\substack{| \\ OH}}{CH_3CH}CH_2CH_2CH_3 \xrightarrow{H_2SO_4} \text{戊烯混合物} \qquad\qquad 1
$$

$$
\underset{\substack{| \\ OH}}{CH_3CH}CH_2COCH_3 \xrightarrow{H_2SO_4} CH_3CH=CHCOCH_3 \qquad > 10^6
$$

原因：脱水机理不同，β-羟基醛、酮是通过烯醇脱水。

其反应机理如下：

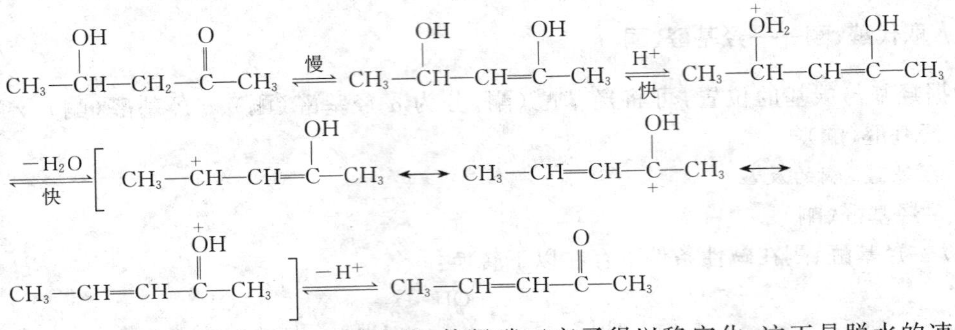

碳正离子可以与烯醇化后的双键共轭,使得碳正离子得以稳定化,这正是脱水的速度相当快的原因。

β-羟基醛、酮在碱性条件下也容易脱水,不同的是在碱性条件下形成的是烯醇盐。碱催化机理如下:

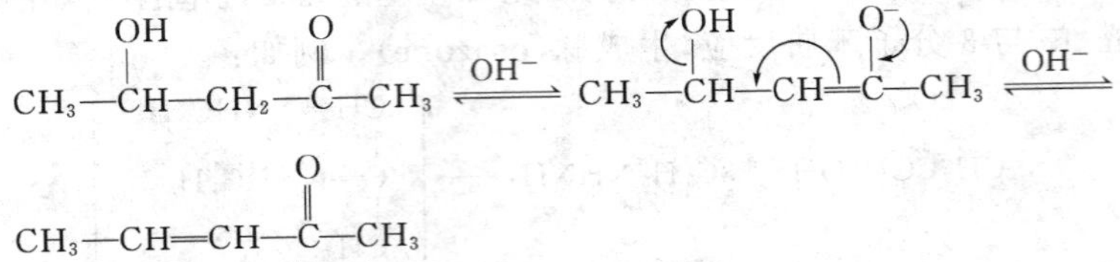

3) γ-羟基醛、酮和 δ-羟基醛、酮

γ-羟基醛、酮和 δ-羟基醛、酮能与环状半缩醛形成动态平衡。

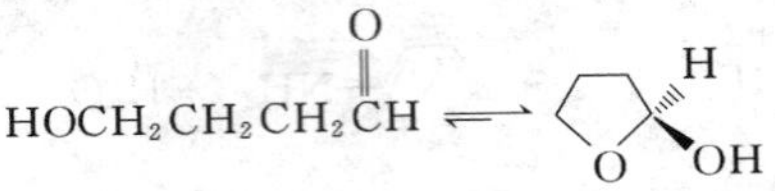

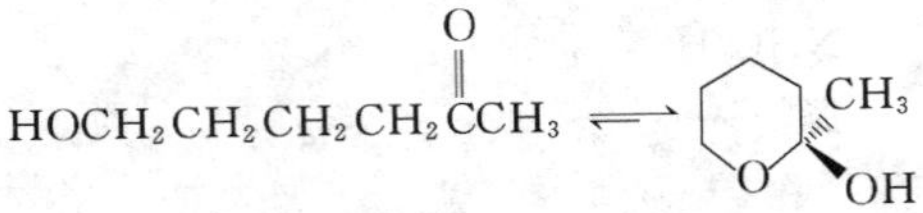

γ-羟基醛、酮和 δ-羟基醛、酮形成的是五元和六元环状半缩醛,既能发生羟基醛、酮的反应,又能发生环状半缩醛的反应。

2. 羟基醛、酮的制备

1) 1,2-二醇氧化——制备 α-羟基醛、酮

1,2-二醇在亚铁盐的催化下用过氧化氢氧化成 α-羟基醛、酮。

$$HOCH_2CH_2OH + H_2O_2 \xrightarrow{Fe^{2+}} HOCH_2CH + 2H_2O$$

2) 安息香缩合——制备 α-羟基醛、酮

在氰离子的催化作用下,两分子苯甲醛缩合生成二苯羟乙酮(安息香)。这个反应称为安息香缩合(benzoin condensation)反应。其反应机理如下:

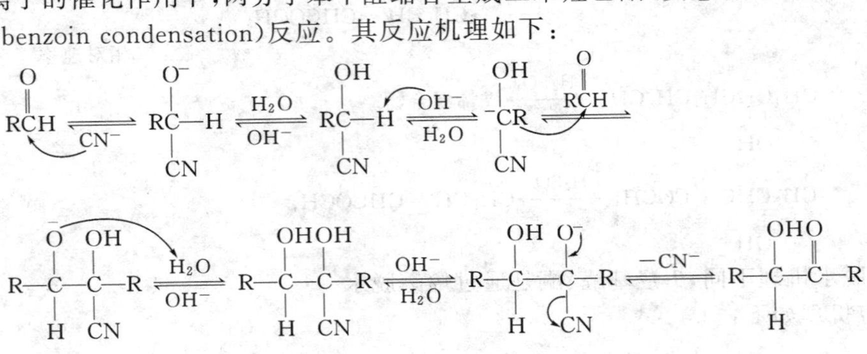

从反应机理可知,当苯环上带有强的供电子基,如对二甲氨苯甲醛,或强的吸电子基,如对硝基苯甲醛等均很难发生安息香缩合反应。因为供电子基降低了羰基的正电性不利于亲核加成,而吸电子基则降低了碳负离子的亲核性同样不利于亲核加成。但分别带有供电子基和吸电子基的两种不同芳香醛之间则可以顺利地发生混合的安息香缩合反应,并得到一种主要产物,即羟基连在含有活泼羰基的芳香醛一端。

传统的操作方法如下:在 90℃ 的温度下、95％ 的乙醇中,让苯甲醛与氰化钾或氰化钠作用。除氰离子外,噻唑生成的季铵盐也可对安息香缩合反应起催化作用。20 世纪 70 年代末化学家发现维生素 B_1 可以代替 CN^- 作为安息香缩合反应的催化剂,采用有生物活性的维生素 B_1 的盐酸盐代替氰化物催化安息香缩合反应,反应条件温和、无毒且产率高,更符合绿色化学的要求。

3)酮醇缩合——制备 α-羟基酮

羧酸酯在苯、乙醚等惰性溶剂中与金属钠一起回流,生成烯二醇的二钠盐,水解后生成羟基酮。这个反应称为酮醇缩合(acyloin condensation)反应,又称为酯的还原偶联反应。

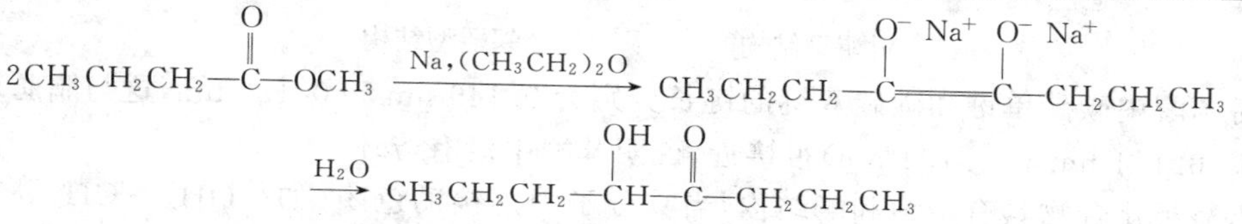

5-羟基-4-辛酮

其反应机理如下:

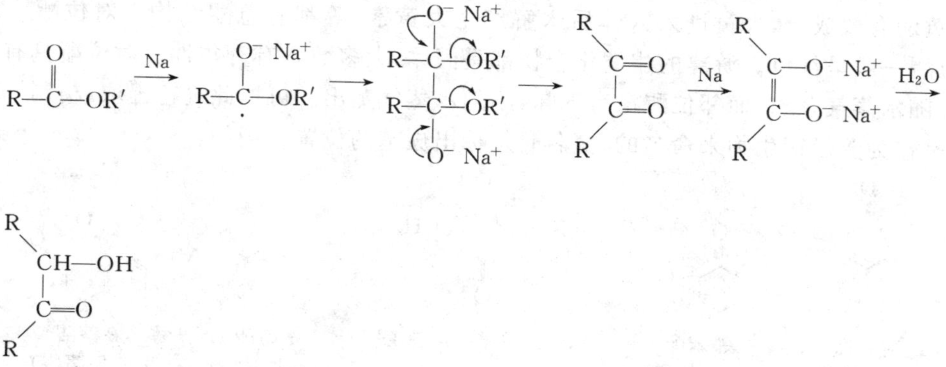

由于金属钠有强烈的给电子倾向,酯得到电子形成负离子的自由基,两个负离子的自由基结合,脱去两个醇钠,生成 α-二酮。α-二酮再接受金属钠的两个电子转化成烯二醇的钠盐,最后再水解生成 α-羟基酮。

用二元酸酯进行酮醇缩合反应还可以合成环状的 α-羟基酮。例如:

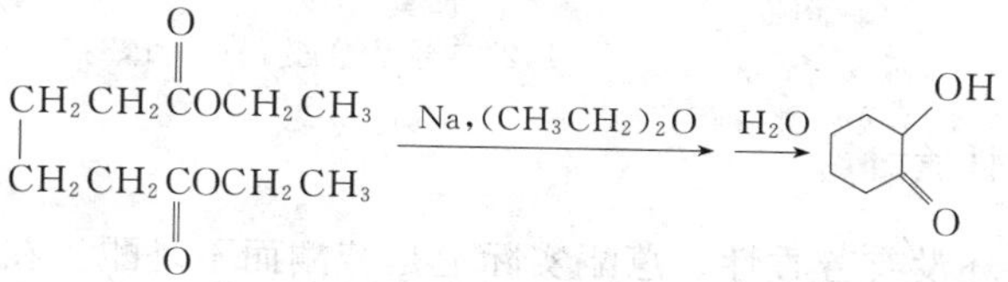

4)烯醇盐与醛缩合——制备 β-羟基酮

酮的烯醇盐与醛的缩合可以很方便地制备 β-羟基酮。烯醇盐可用强碱与酮反应制备。

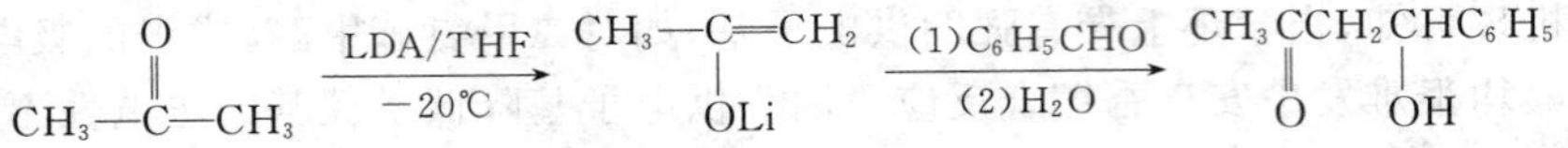

$$CH_3-\overset{\displaystyle O}{\overset{\|}{C}}-CH_3 \xrightarrow[-20℃]{LDA/THF} CH_3-\underset{OLi}{\overset{\displaystyle}{C}}=CH_2 \xrightarrow[(2)H_2O]{(1)C_6H_5CHO} CH_3\overset{\displaystyle O}{\overset{\|}{C}}CH_2\underset{OH}{\overset{\displaystyle}{C}}HC_6H_5$$

9.6　醌类化合物简介

9.6.1　醌类化合物的结构和命名

醌(quinone)类化合物指环状的共轭不饱和二酮,在醌分子中存在环己二烯二酮的特殊结构。醌是一类特殊的环酮,可由芳香化合物制备。醌主要分为苯醌、萘醌、蒽醌、菲醌四大类,虽然是共轭环状化合物,但醌环没有芳香化合物的特性。

醌型结构主要有对位和邻位两种,不存在间位的醌型结构。

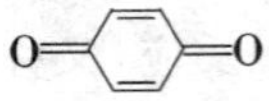

对醌型结构 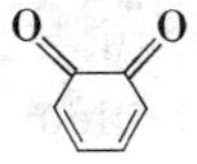　　　　　　邻醌型结构

在对苯醌中碳碳单键和碳碳双键的键长分别为 0.149 nm 和 0.132 nm,这与脂肪族的单、双键键长(0.154 nm 和 0.134 nm)很接近,说明苯醌中没有芳环。

由于醌类化合物具有不饱和酮结构,当其分子中连接助色团(如—OH、—CH$_3$等)后多有颜色,故常作为动植物、微生物的色素而存在于自然界中,如植物中的茜素(存在于茜草中,最初是从茜草根中分离得到的,红色的茜素是第一个人工合成的天然染料)和大黄素(大黄素是中药大黄的有效成分,大黄进入人体后水解产生大黄素)等都有蒽醌结构。对位醌一般呈黄色,邻位醌一般呈红色。游离的醌类化合物都是固体,大多数具有升华性。对位醌具有刺激性气味,并随水蒸气蒸出,而邻位醌没有气味,不随水蒸气蒸出。可据此进行提取、精制。

醌是作为芳烃衍生物来命名的,命名时须标出羰基的位置。例如:

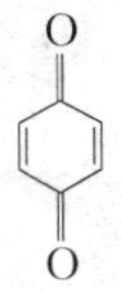

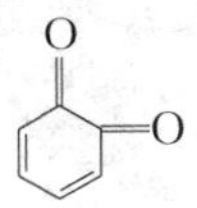

对苯醌　　　　邻苯醌　　　2,5-二甲基-1,4-苯醌 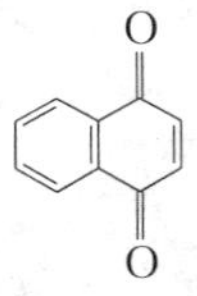　　　α-萘醌　　　　β-萘醌
(1,4-苯醌)　　(1,2-苯醌)　　　　　　　　　　　　　(1,4-萘醌)　　(1,2-萘醌)

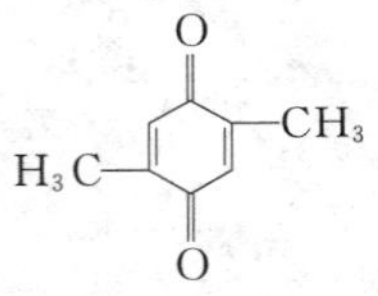

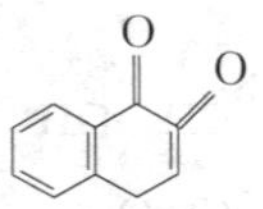

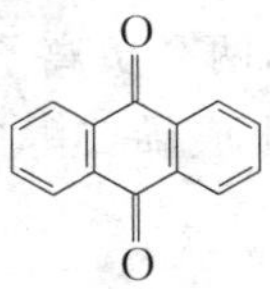

蒽醌 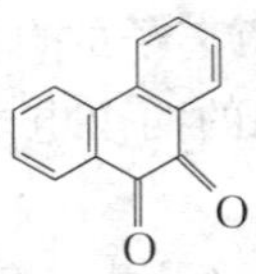　　　　菲醌 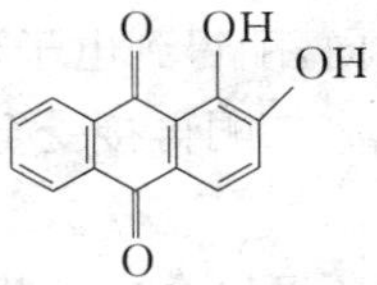　　　　　茜素　　　　　　　大黄素
　　　　　　　　　　　1,2-二羟基蒽醌　　　1,8-二羟基-3-甲基蒽醌

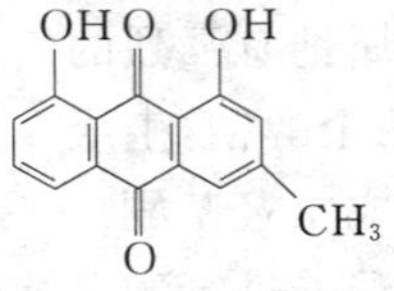

9.6.2　醌类化合物的性质

醌环不是芳环,醌环没有芳香性。蒽醌实际上是芳酮而不是醌。在醌分子中,由于两个羰基共同存在于一个不饱和的共轭环上,醌类化合物的热稳定性较差。醌环上的化学性质与 α,β-不饱和醛、酮相似。

1. 苯醌

苯醌有两种异构体——邻位和对位。苯醌分子中具有两个羰基和两个碳碳双键,因此它既能发生羰基的反应,又能发生碳碳双键的反应;它还具有共轭结构,因此也可以发生 1,4-共轭加成反应。苯醌是醌类化合物中热稳定性最小的化合物。

1) 碳碳双键加成

苯醌与溴发生亲电加成反应,生成二溴化物和四溴化物。

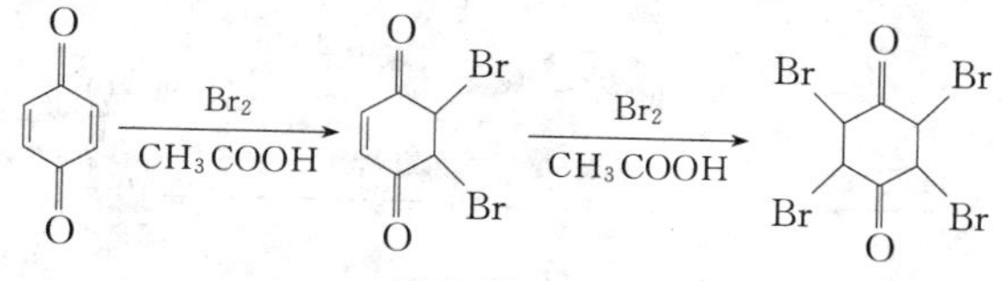

二溴化醌　　　　四溴化醌

2) 羰基的亲核加成

苯醌能与羟胺、格氏试剂等亲核试剂发生典型的 1,2-亲核加成反应。

（1）对苯醌与羟胺作用生成单肟或双肟。

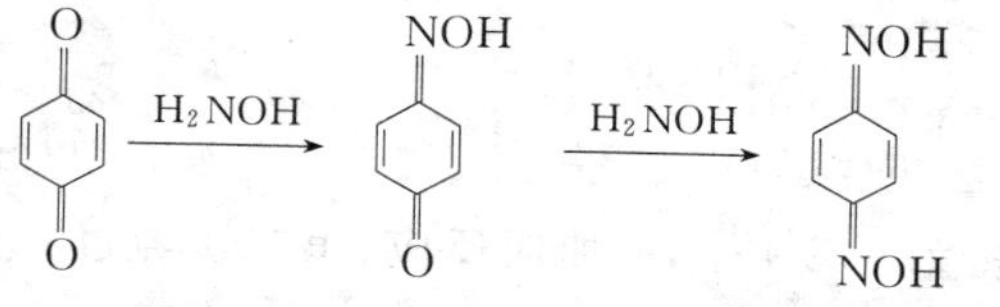

对苯醌单肟　　　对苯醌双肟

　　该反应必须在酸性溶液中进行,因为在碱性溶液中苯醌可以使羟胺氧化。

（2）与格氏试剂反应,生成醇。

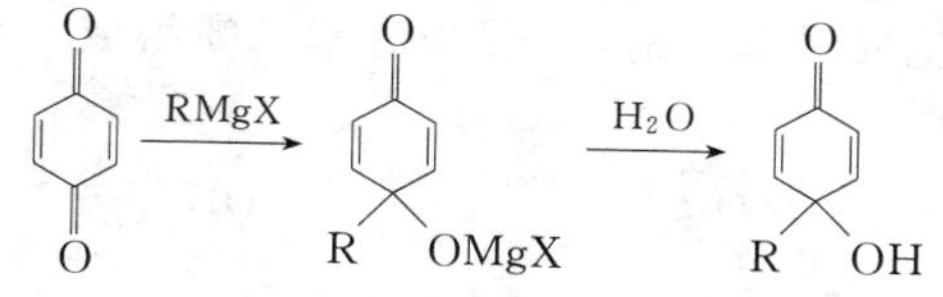

醌醇

这个反应还可以继续进行下去:

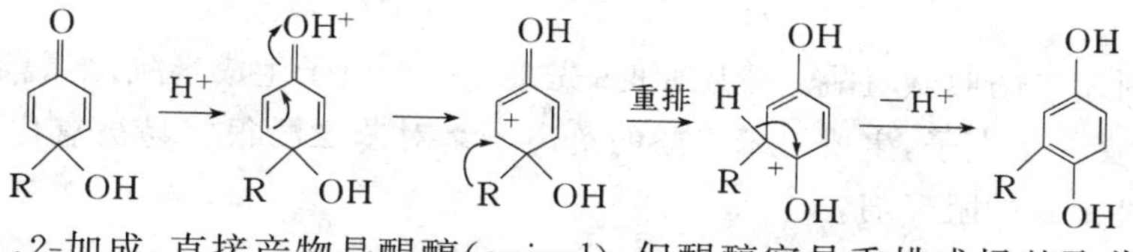

首先发生 1,2-加成,直接产物是醌醇(quinol),但醌醇容易重排成烃基取代的苯二酚。从上面可以看出,醌类化合物与苯型化合物可以互相转变。

3) 共轭加成

苯醌与 α,β-不饱和醛、酮的结构相似,因此能发生 1,4-共轭加成反应。加成试剂既有亲核试剂 HCN、ROH 等,也有亲电试剂 HX。

（1）与卤化氢:

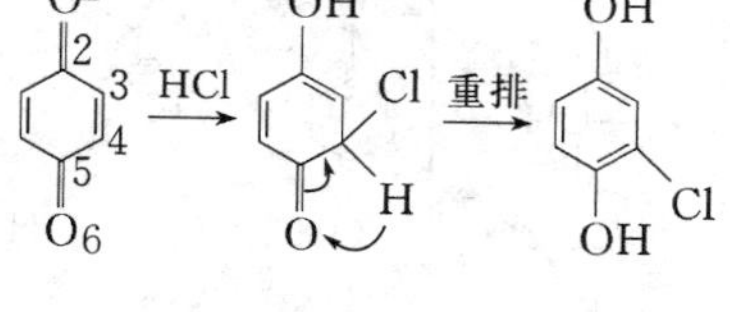

（2）与 HCN：

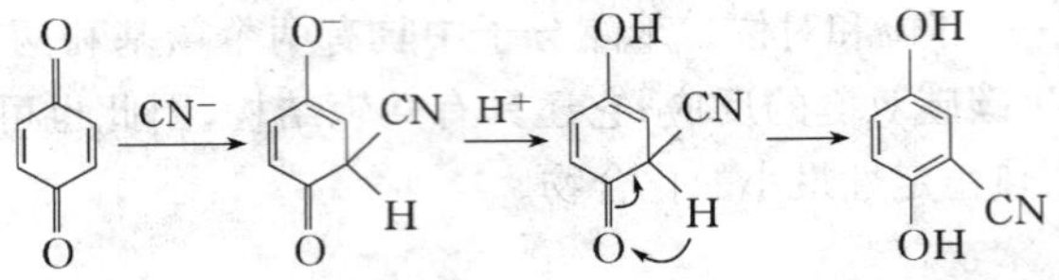

2-氰基-1,4-苯二酚

（3）与醇：

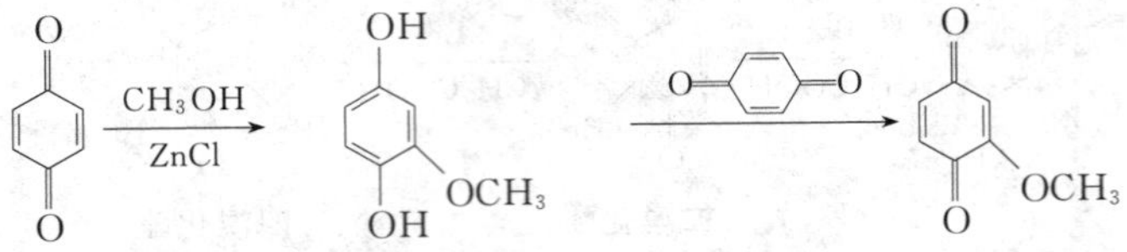

2-甲氧基-1,4-苯二酚

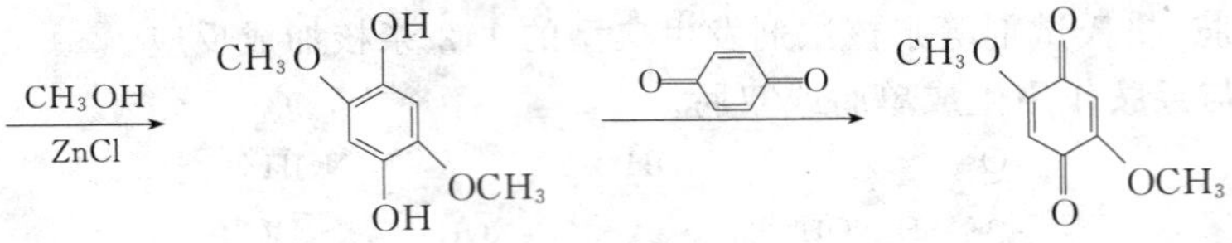

2,5-二甲氧基-1,4-苯二酚　　　　　2,5-二甲氧基-1,4-苯醌

以上反应的模式都是：第一步是 1,4-加成反应，第二步经过一个互变异构。恢复苯环的稳定结构可能是互变异构的驱动力。甲氧基上去后 2-甲氧基-1,4-苯二酚的活性更大（更富电子），因此被对苯醌氧化，从而再加一分子甲醇上去，最后的产物是 2,5-二甲氧基-1,4-苯醌。

4）还原反应

苯醌是氧化剂，还原时生成对苯二酚，苯醌和对苯二酚组成一个可逆的电化学氧化-还原体系。

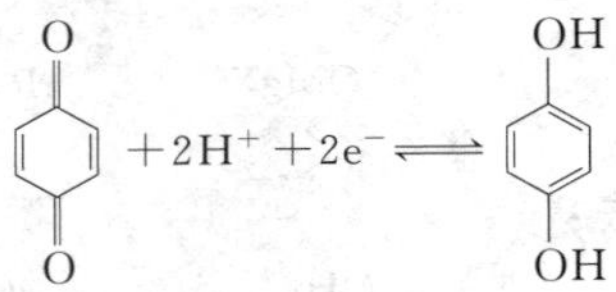

习惯上把对苯二酚叫做氢醌。醌还原时，先接受一个电子生成半醌，半醌是一种负离子自由基，半醌再接受一个电子，生成对苯二酚的负离子。对苯二酚很容易被氧化，可以用做抗氧剂和阻止自由基聚合的阻聚剂。

其反应机理如下：

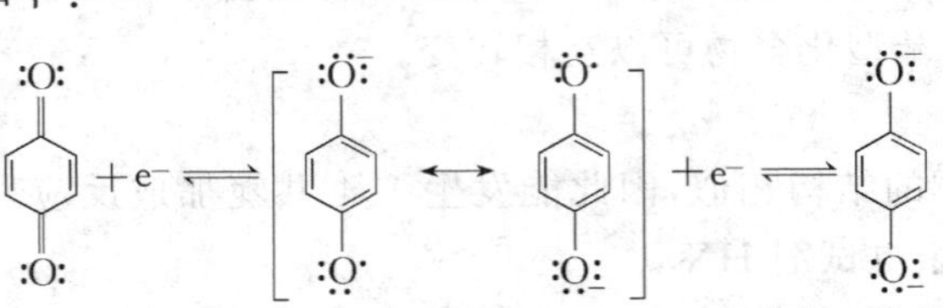

半醌　　　　　对苯二酚的负离子

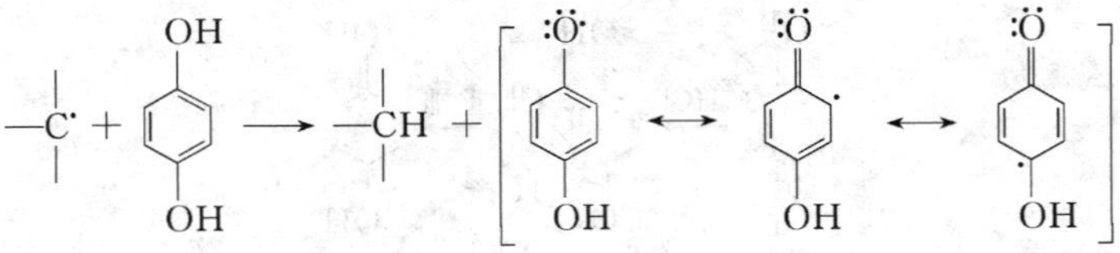

半醌自由基可以歧化成醌和氢醌,醌和氢醌可以形成电荷转移配合物,因此终止了连锁反应。

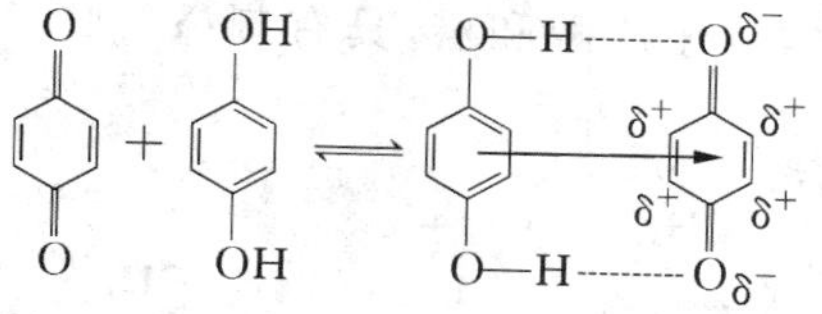

醌氢醌分子中的氢键并不是它们形成加合分子的主要力量,因为苯二酚成醚后也可以形成加合物,实际上主要是苯二酚中的 π 电子向醌环转移,即 π 电子的离域起了主要作用,因此这类分子也称为传荷配合物。

5）狄耳斯-阿尔德反应

对苯醌中的双键由于受两个羰基的活化而成为一个典型的亲双烯体。例如：

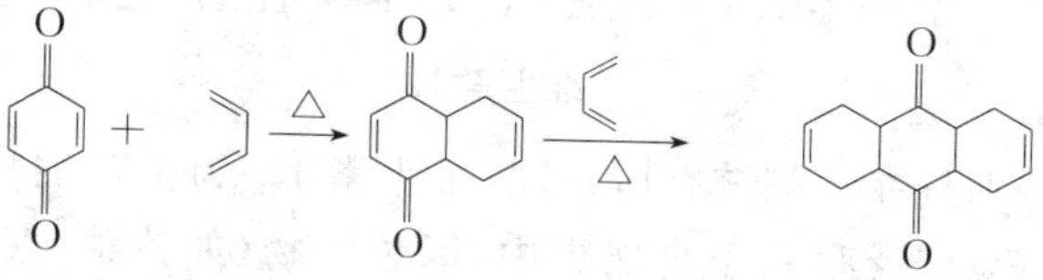

1,4,5,8-四氢-9,10-蒽醌

辅酶 Q_{10}（cozyme Q_{10}）是一种含有苯醌结构的生物活性酶,其化学式为 2,3-二甲氧基-5-甲基-6-十异戊二烯基苯醌,又称泛醌、癸烯醌。在我们的身体里面有超氧阴离子自由基、羟自由基、脂氧自由基、二氧化氮和一氧化氮自由基等,通称为活性氧自由基。这些活性氧自由基具有一定的功能,如免疫和信号传导过程,但过多的活性氧自由基就会有破坏行为,导致人体正常细胞和组织的损坏,从而引起多种疾病,如心脏病、阿尔茨海默病（俗称老年痴呆症）和肿瘤等。此外,外界环境中的阳光辐射、空气污染、吸烟、农药等都会使人体产生更多活性氧自由基,使核酸突变,成为人类衰老和患病的根源。我们的身体本身被一支强大的生化酶所保护,它们能够清理掉“自由基”,将潜在危害减至最低程度而抵抗衰老,它们统称为抗氧化酶,每种都针对特定的某一类自由基。比如吸收超氧根催化剂和谷胱酞氧化酶的超氧化物歧化酶（SOD）。Q_{10} 即是其中一种,它是一种脂溶性醌,有抗氧化作用。皱纹的增加、皮肤的老化与人体内 Q_{10} 含量有关,含量越低,皮肤越易老化,面部的皱纹也越多。

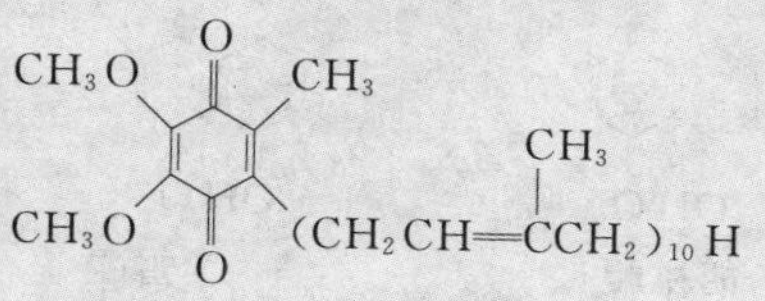

辅酶 Q_{10}
（2,3-二甲氧基-5-甲基-6-十异戊二烯基苯醌）

2. 萘醌

萘醌有三种异构体,分别是 $\alpha(1,4)$、$\beta(1,2)$ 及 $amphi(2,6)$。

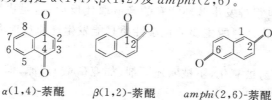

$\alpha(1,4)$-萘醌　　　$\beta(1,2)$-萘醌　　　$amphi(2,6)$-萘醌

迄今为止，从自然界中得到的萘醌几乎均为 α-萘醌，α-萘醌又叫 1,4-萘醌，是黄色晶体，熔点为 125 ℃，可升华，微溶于水，溶于乙醇和醚，具有刺鼻气味。许多天然色素中含 α-萘醌结构。如维生素 K_1 和 K_2。

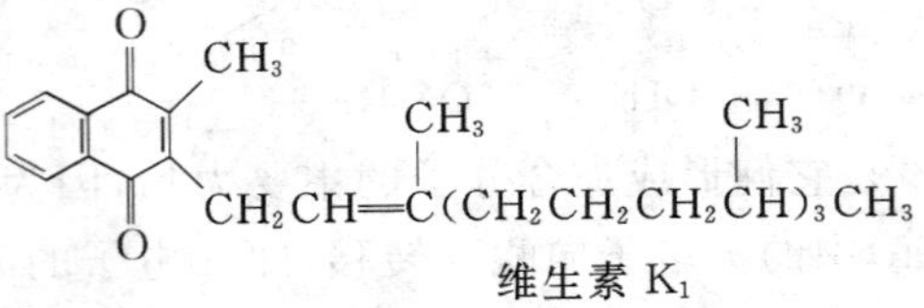

维生素 K_1

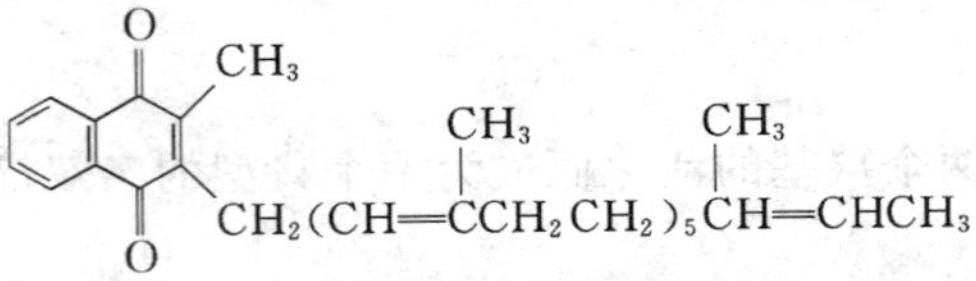

维生素 K_2

维生素 K_1 和 K_2 的差别只在于侧链有所不同，维生素 K_1 为黄色油状液体，维生素 K_2 为黄色晶体。维生素 K_1 和 K_2 广泛存在于自然界中，绿色植物（如苜蓿、菠菜等）、蛋黄、肝脏等含量丰富。维生素 K_1 和 K_2 的主要作用是促进血液的凝固，所以可用做止血剂。

在研究维生素 K_1 和 K_2 及其衍生物的化学结构与凝血作用的关系时，发现 2-甲基-1,4-萘醌具有更强的凝血能力，称为维生素 K_3，可由合成方法制得。

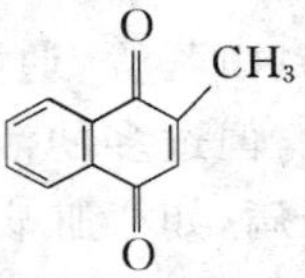

维生素 K_3

胡桃醌(juglon)也是 α-萘醌类化合物，存在于胡桃的叶及未成熟的果实中。其熔点为159℃，常温下为橙色针状晶体，具有抗菌、抗癌及中枢神经镇静作用。兰雪醌(plumbagin)是一种从白雪花全草等植物中提取的橙色晶体，具有生物活性，在医药上具有抗菌、止咳、祛痰的作用。

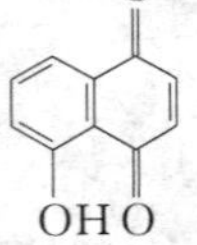

胡桃醌 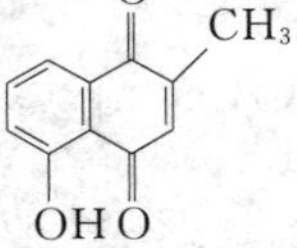　　　　　　兰雪醌

3. 蒽醌

蒽醌可有九种异构体，但自然界中存在的只有 1,2-蒽醌、1,4-蒽醌和 9,10-蒽醌三种。9,10-蒽醌是最重要的蒽醌，它不溶于水，微溶于乙醚、氯仿、乙醇等有机溶剂，可溶于浓硫酸。由于 9,10-蒽醌分子中有很对称的两个苯环，因此热力学的稳定性很好。蒽醌虽然分子中含有两个苯环，但并不活泼，也很难发生苯环特有的亲电取代反应，这是由于蒽醌分子中有两个羰基，使相邻的两个苯环钝化。蒽醌主要的化学性质是能发生还原反应和磺化反应。

1) 还原反应

蒽醌性质很稳定，不易被氧化，不被弱还原剂（如亚硫酸）还原，但在保险粉的碱溶液中可被还原。

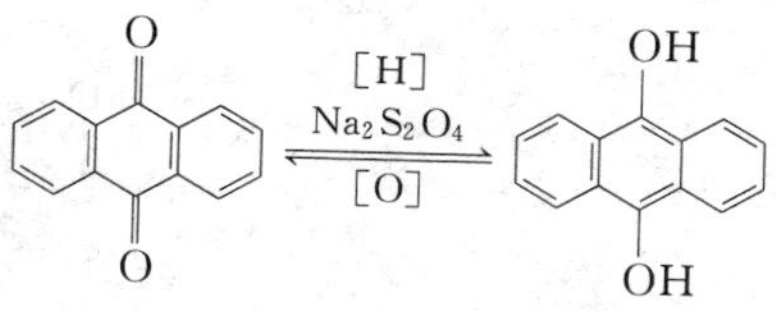

9,10-二羟基蒽

溶液呈血红色,产物为 9,10-二羟基蒽,本反应可以用来检验蒽醌的存在。

2) 磺化反应

在发烟硫酸中加热时可磺化生成 β-蒽醌磺酸,继续磺化得到等量的 2,6-和 2,7-蒽醌二磺酸(ADA)。

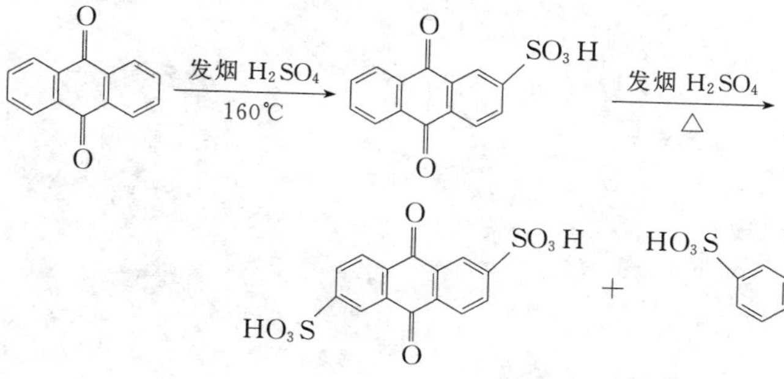

2,6-和 2,7-蒽醌二磺酸

在汞盐的存在下,则生成 α-蒽醌磺酸,以及 1,5-和 1,8-蒽醌二磺酸。

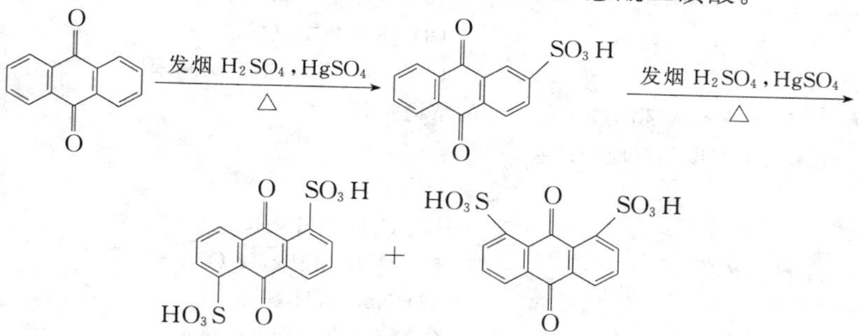

1,5-和 1,8-蒽醌二磺酸

习　题

1. 用系统命名法命名下列化合物。

(1) 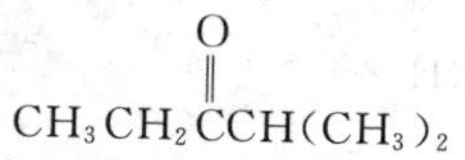
$$CH_3CH_2CCH(CH_3)_2$$
（上方有 O，连在第三个C上）

(2)
$$CH_3CH_2CHCH_2CHCH_2CHO$$
（第一个CH 上接 CH_3，第二个 CH 上接 CH_3）

(3)
$$CH_3\text{—}H$$
$$H\text{—}CH_2CH_2CHO$$
（顺式双键结构）

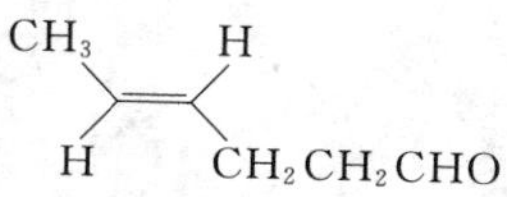

(4) 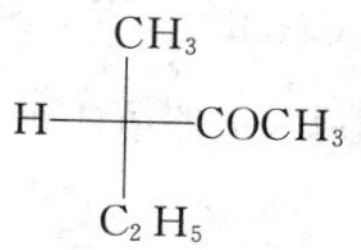
$$H\text{—}\underset{C_2H_5}{\overset{CH_3}{\underset{|}{\overset{|}{C}}}}\text{—}COCH_3$$

(5)
$$CH_3CH_2CHCHO$$
（CH 上接 Cl）

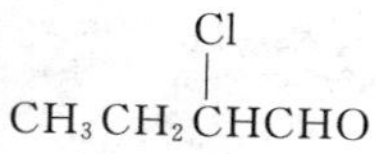

(6) 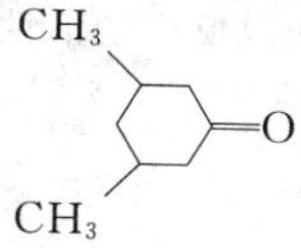
（3,5-二甲基环己酮结构，环上两个 CH_3 和一个 =O）

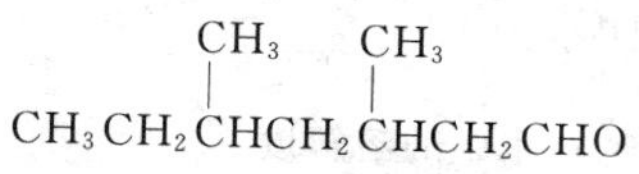

(7) 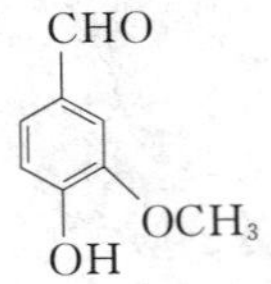 结构式：苯环上 CHO、OH、OCH₃

(8) 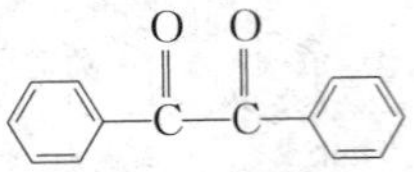 结构式：二苯基乙二酮

(9) 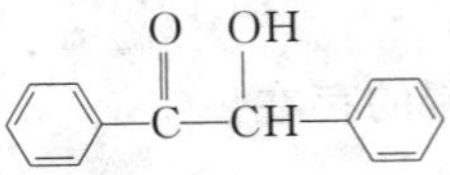 结构式

(10) 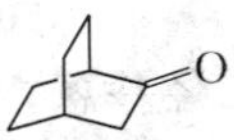 结构式

(11) 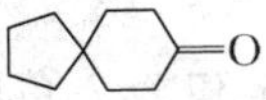 结构式

(12) 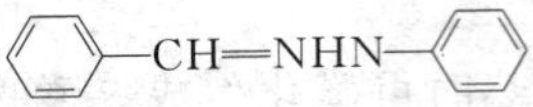 结构式

(13) 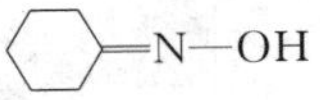 结构式

(14) 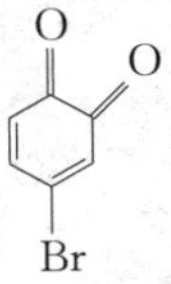 结构式

(15) 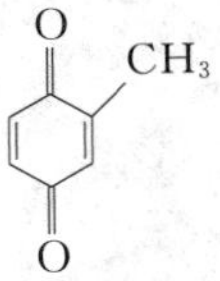 结构式

2. 写出下列化合物的结构式。

(1) 2-甲基丙醛　　　　　　　　　　(2) 乙烯酮

(3) 乙二醇缩甲醛　　　　　　　　　(4) (*E*)-3-苯基丙烯醛

(5) (*R*)-3-氯-2-丁酮　　　　　　　(6) 苯乙酮

(7) 5,6-二氯-2-环己烯-1,4-二酮　　(8) 环己酮缩氨脲

(9) 三聚乙醛　　　　　　　　　　　(10) 苯甲醛-2,4-二硝基苯腙

3. 写出分子式为 C_8H_8O、含有苯环的羰基化合物的结构式和名称。

4. 写出 2-甲基环戊酮与下列试剂反应的产物。

(1) $LiAlH_4$　　　　　　　　　　　(2) $NaBH_4$

(3) NH_2NH_2　　　　　　　　　　(4) $C_6H_5NHNH_2$

(5) (a)NH_2OH；(b)HCl　　　　(6) C_2H_5MgBr, H_2O

(7) $Zn-Hg/HCl$　　　　　　　　　(8) $NaCN, H_2SO_4$

(9) $HOCH_2CH_2OH, 干 HCl$　　　(10) CH_3COOOH

5. 理化性质比较。

(1) 比较下列各组化合物的沸点。

　　A：$CH_3CH_2CH_2CH_3$、$CH_3CH_2CH_2CH_2OH$、$CH_3CH_2CH_2CHO$

　　B：苯甲醛、HO-对位-CHO、间羟基苯甲醛、邻羟基苯甲醛(CHO、OH)

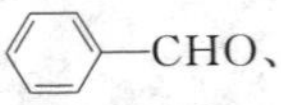

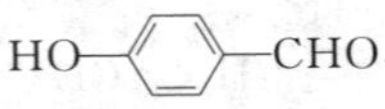

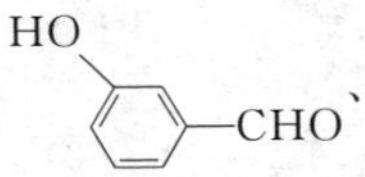

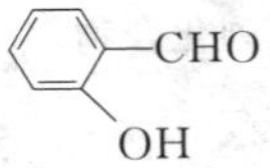

(2) 比较下列化合物在水中的溶解度。

　　$CH_3CH_2CH_2CHO$、CH_3CH_2CHO、苯甲醛(CHO)

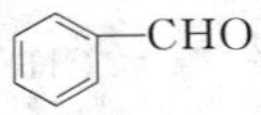

(3) 比较下列化合物与 HCN 加成反应的活性。

　　CH_3CHO、$C_6H_5COCH_3$、CH_3COCH_3、$C_6H_5COC_6H_5$

(4) 比较下列化合物与 $NaHSO_3$ 加成反应的活性。

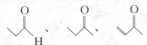

（5）比较下列化合物的稳定性。

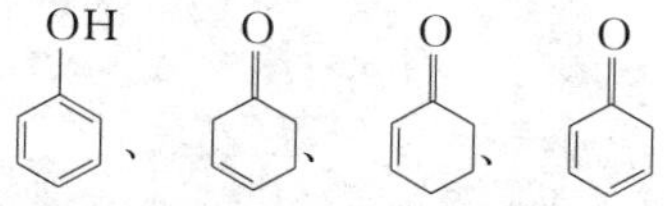

（6）比较下列负离子的稳定性。

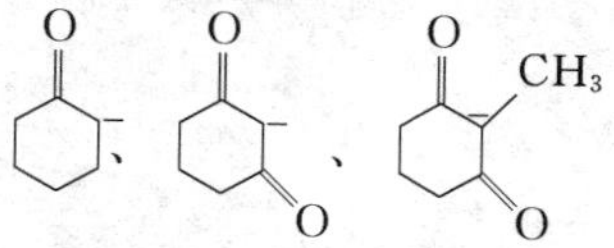

（7）比较下列化合物 pK_a 的大小。

$$CH_3CHO、CH_3COCH_3、C_6H_5COCH_3、C_6H_5\overset{O}{\underset{}{C}}C_6H_5$$

6. 完成下列反应。

（1）$CH_3CH_2COCH_3 \xrightarrow[OH^-]{HCN} \xrightarrow{稀 H_2SO_4}$

（2）$CH_3COCH_3 \xrightarrow[H_2O]{NaHSO_3} \xrightarrow{OH^-}$

（3）$CH_3\overset{O}{\underset{}{C}}CH_2CH_3 \xrightarrow{CH_3MgBr} \xrightarrow{H_2O}$

（4）  $\xrightarrow{Br_2/Fe} \xrightarrow[无水乙醚]{Mg} \xrightarrow{CH_3CHO} \xrightarrow{H_2O,H^+}$

（5） $+CH\equiv CNa \longrightarrow \xrightarrow{H_3O^+}$

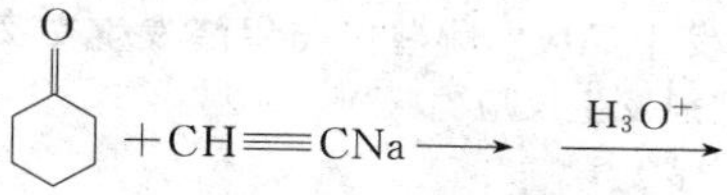

（6）$C_6H_5\overset{O}{\underset{}{C}}CH_3 \xrightarrow{NH_2OH} \xrightarrow{HCl}$

（7） 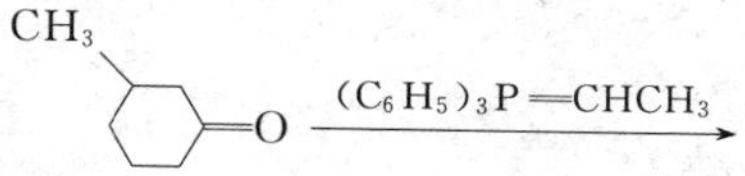 $\xrightarrow{(C_6H_5)_3P=CHCH_3}$

（8） $+(1\ mol)Br_2 \xrightarrow{H_2O,CH_3COOH}$

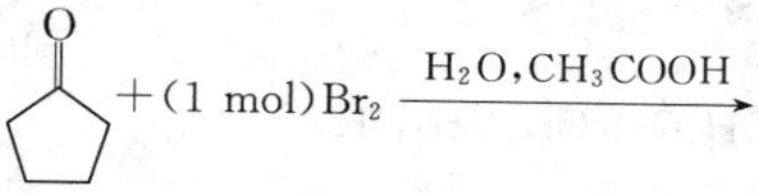

（9）$CH_3-\overset{CH_3}{\underset{CH_3}{\overset{|}{\underset{|}{C}}}}-\overset{O}{\underset{}{C}}-CH_3 \xrightarrow[NaOH]{I_2} \xrightarrow{H_3O^+}$

（10）$CH_3O-\overset{O}{\underset{}{C}}-$$=O \xrightarrow{NaBH_4}$

（11）$CH_3O-$$-\overset{O}{\underset{}{C}}-H + CH_3-\overset{O}{\underset{}{C}}-CH_3 \xrightarrow[\triangle]{NaOH,H_2O}$

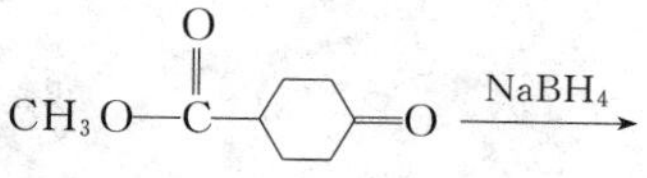

（12） $+HCHO+(CH_3)_2NH \xrightarrow{HCl}$

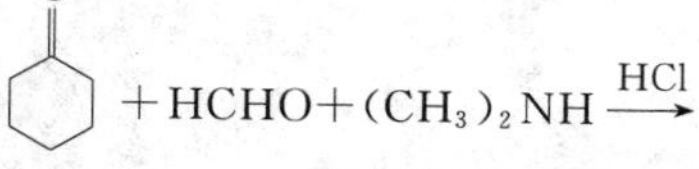

（13）$-CHO \xrightarrow[\triangle]{NaCN,CH_3CH_2OH,H_2O}$

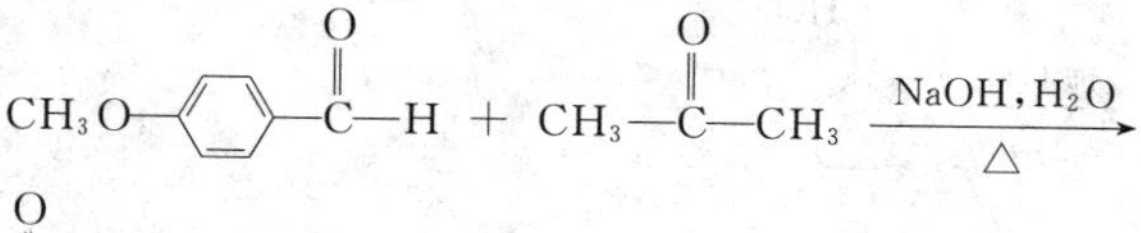

(14) +ClCH₂COOC₂H₅ $\xrightarrow{NaOC(CH_3)_3}$

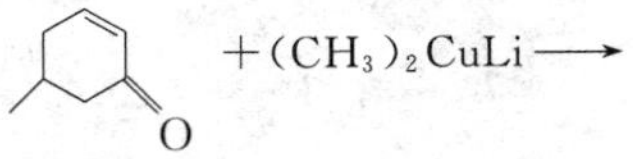

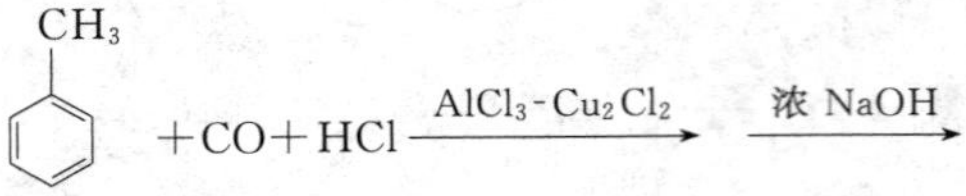

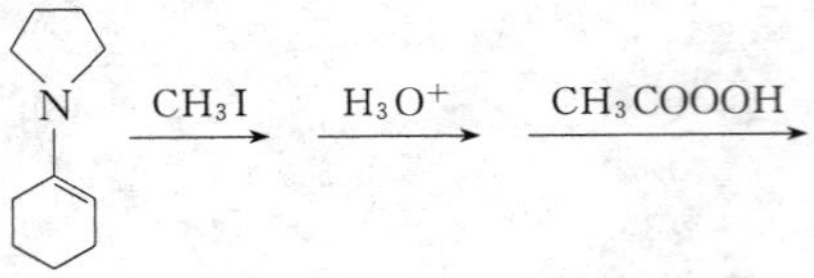

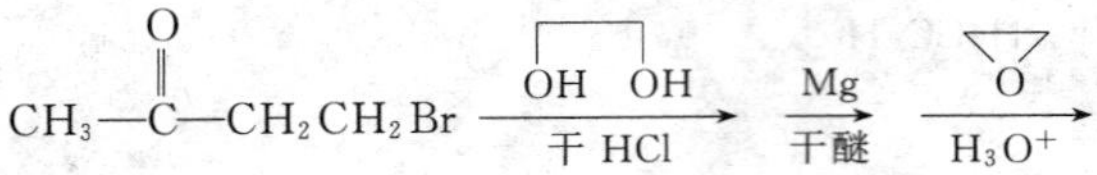

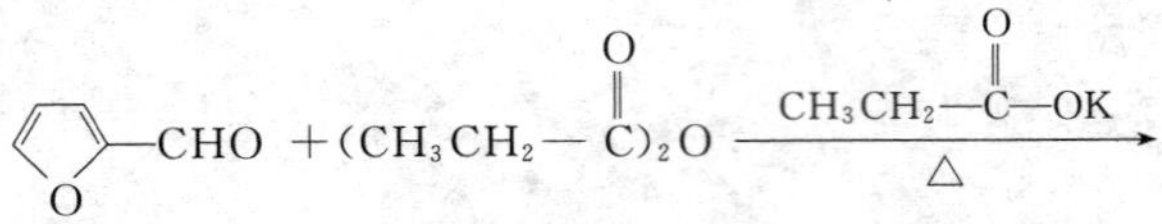

(15) +(CH₃)₂CuLi ⟶

(16) +CO+HCl $\xrightarrow{AlCl_3 \cdot Cu_2Cl_2}$ $\xrightarrow{浓\ NaOH}$

(17) $\xrightarrow{CH_3I}$ $\xrightarrow{H_3O^+}$ $\xrightarrow{CH_3COOOH}$

(18) CH₃—$\overset{O}{\overset{\|}{C}}$—CH₂CH₂Br $\xrightarrow[\text{干 HCl}]{OH\quad OH}$ $\xrightarrow[\text{干醚}]{Mg}$ $\xrightarrow[H_3O^+]{\overset{O}{\triangle}}$

(19) —CHO +(CH₃CH₂—$\overset{O}{\overset{\|}{C}}$)₂O $\xrightarrow[\triangle]{CH_3CH_2-\overset{O}{\overset{\|}{C}}-OK}$

(20) $\xrightarrow[\triangle]{AlCl_3}$ + ?

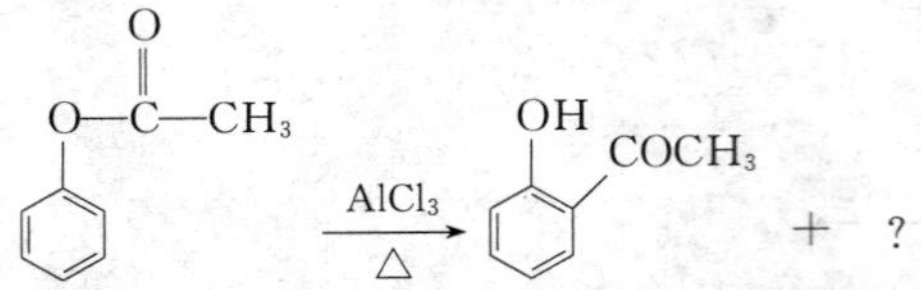

7. 下列化合物中,哪些能够发生碘仿反应？哪些能与亚硫酸氢钠发生反应？哪些能与甲醛发生交叉坎尼扎罗反应？哪些能够与托伦斯试剂发生反应？哪些能够与费林试剂发生反应？

(1) CH₃CHO

(2) CH₃CH₂COCH₂CH₃

(3) (CH₃)₂CHOH

(4)

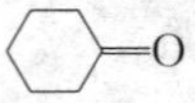

(5) (CH₃)₂CHCHO

(6) C₆H₅CHO

(7) C₆H₅COCH₃

(8) —CHO

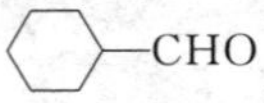

8. 鉴别下列各组化合物。

(1) CH₃CH₂CH₂CHO、CH₃COCH₂CH₃、CH₃$\overset{OH}{\overset{|}{CH}}$CH₂CH₃、CH₃CH₂CH₂CH₂OH

(2) —CHO、—COCH₃、—CH=CH₂、—C≡CH

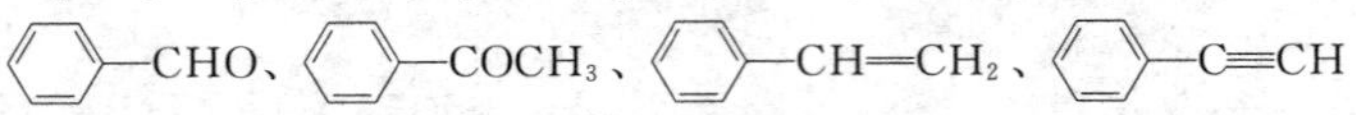

(3) 正戊醛、苯甲醛、2-戊酮、3-戊酮、2-戊醇、3-戊醇

(4) 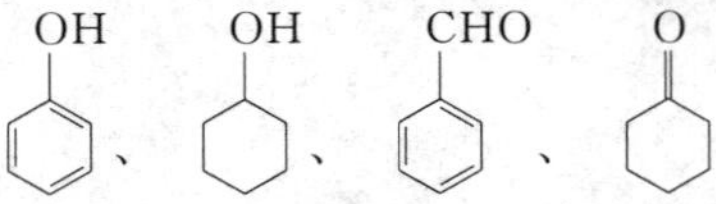 、、、

9. 解释下列反应的机理。

(1) 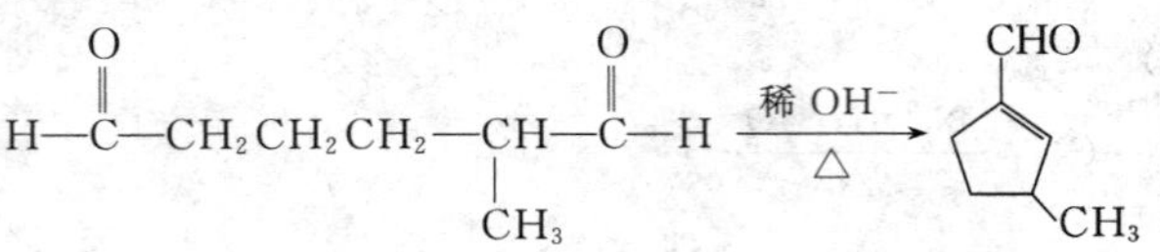 H—$\overset{O}{\overset{\|}{C}}$—CH₂CH₂CH₂—$\overset{CH_3}{\overset{|}{CH}}$—$\overset{O}{\overset{\|}{C}}$—H $\xrightarrow[\triangle]{稀\ OH^-}$

(2) $\xrightarrow{H_3O^+}$

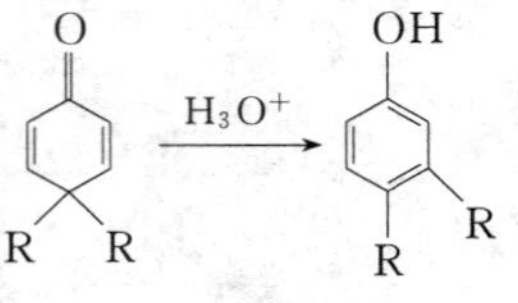

（3）二苯基乙二酮在 NaOH 的作用下发生重排,生成二苯基羟乙酸钠,酸化后得到二苯基羟乙酸,如果用 CH₃ONa 代替 NaOH,则可以得到二苯基羟乙酸甲酯。

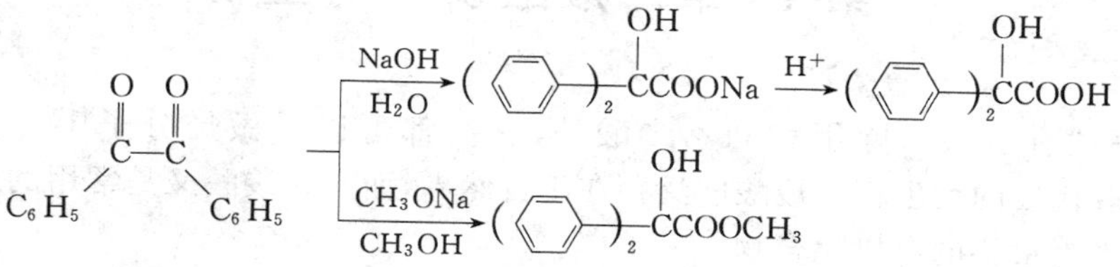

试用反应机理说明重排过程。

（4）

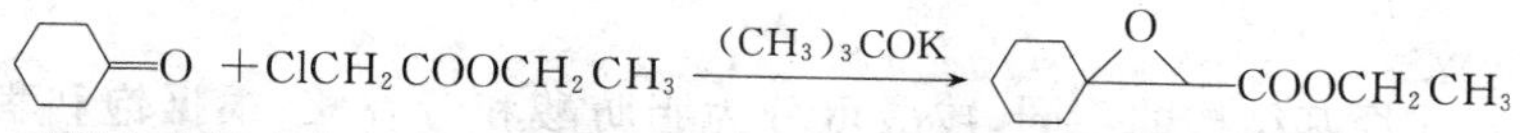

10.（1）用苯和分子中含 1 个或 2 个碳原子的有机化合物合成 C₆H₅C(CH₃)₂OH。

（2）由 CH₂=CHCH₂OH 合成 。

（3）由 合成 (CH₃)₃CCH₂COOH。

11. 现有化合物 A(C₁₂H₁₈O₂),不与苯肼作用。将 A 用稀酸处理得到 B(C₁₀H₁₂O),B 与苯肼作用生成黄色沉淀。B 用 I₂/NaOH 处理,酸化后得 C(C₉H₁₀O₂)和 CHI₃。B 用 Zn-Hg、浓盐酸加热处理得 D(C₁₀H₁₄)。A、B、C、D 用 KMnO₄ 氧化都得到邻苯二甲酸。试推测 A~D 可能的结构。

12. 现有化合物 A(C₆H₁₄O),¹H NMR 数据如下:δ=0.9ppm(9H,单峰),1.10ppm(3H,单峰),3.40ppm(1H,四重峰),4.40ppm(1H,单峰)。A 与酸共热生成 B(C₆H₁₂),B 经臭氧化和还原水解生成 C(C₃H₆O),C 的 ¹H NMR 只有一个信号:δ=2.1ppm,单峰。请推断 A、B、C 的结构。

13. 化合物 A 的分子式为 C₆H₁₂O₃,IR 谱在 1710 cm⁻¹ 处有强吸收峰,用碘的氢氧化钠溶液处理 A 时,得到黄色沉淀,但不能与托伦斯试剂生成银镜,然而将 A 先用稀硫酸处理后,再与托伦斯试剂作用,有银镜生成。A 的 ¹H NMR 数据如下:δ=2.1ppm(3H,单峰),2.6ppm(2H,双峰),3.2ppm(6H,单峰),4.7ppm(1H,三重峰)。试推测 A 的结构。

第10章　羧酸及其衍生物

羧酸也称"有机酸",除甲酸和乙二酸外,它们都可以看做烃分子中的氢原子被羧基(—COOH)取代后的衍生物。羧酸广泛存在于自然界,而有些羧酸又是常用的工业原料,因此羧酸是一类极为重要的有机化合物。

10.1　羧酸及其衍生物的分类和命名

根据分子中与羧基相连烃基结构的不同,羧酸可分为脂肪酸和芳香酸;根据饱和程度,羧酸可分为饱和羧酸和不饱和羧酸;根据羧基数目的不同,羧酸又可分为一元羧酸、二元羧酸和多元羧酸。

羧酸的命名有俗名和系统命名。俗名通常根据其来源而得,如蚁酸(HCOOH)最初来自于蚂蚁,醋酸(CH₃COOH)来自于食醋等。相当一部分羧酸和取代羧酸有其俗名。

羧酸的系统命名法用相应最长碳原子链的烷烃来命名,烷烃结尾的"烷"字被"酸"代替。从羧基的碳原子开始给主链上的碳原子编号,取代基的位次用阿拉伯数字标明。在命名方面,羧基优先于先前讨论过的任何一种官能团。

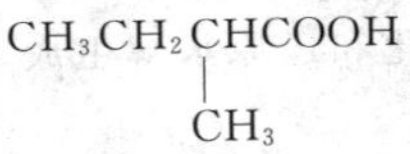

$$CH_3CH_2CHCOOH$$
$$|$$
$$CH_3$$
2-甲基丁酸

$$CH_3CH =CHCOOH$$
2-丁烯酸(巴豆酸)

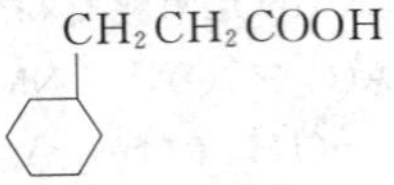

3-环己基丙酸

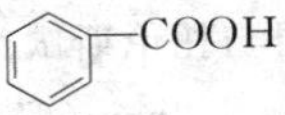

苯甲酸

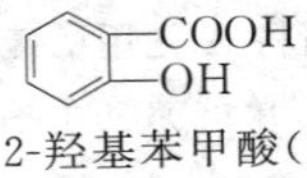

2-羟基苯甲酸(水杨酸)

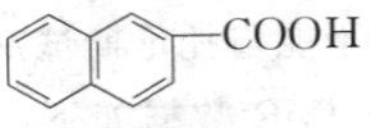

β-萘甲酸

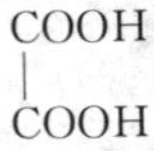

乙二酸

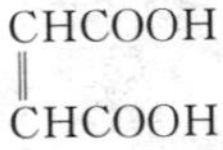

顺丁烯二酸(马来酸)

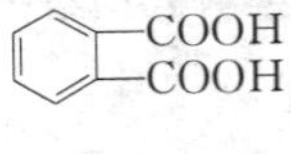

邻苯二甲酸

羧酸分子中羧基上的羟基被其他原子或原子团取代后的生成物称为羧酸衍生物。重要的羧酸衍生物有酰卤、酸酐、酯和酰胺。

酰卤根据它们所含的酰基来命名。例如:

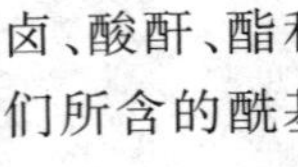

乙酰氯

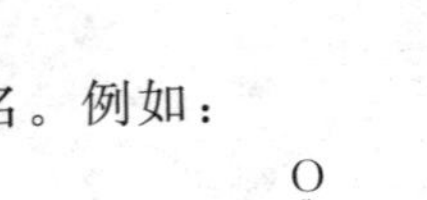

对硝基苯甲酰溴

苯甲酰氯

酸酐根据相应的酸来命名。例如:

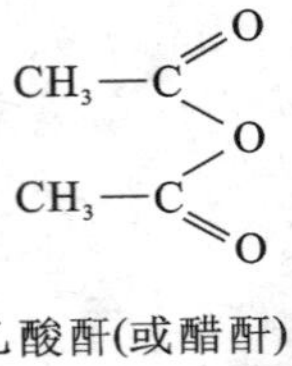

乙酸酐(或醋酐)

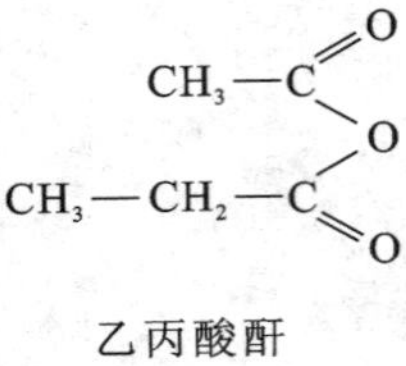

乙丙酸酐

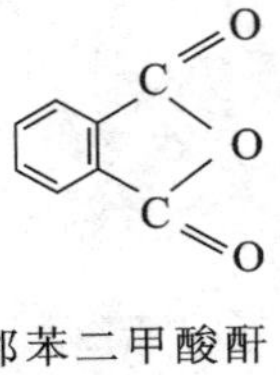

邻苯二甲酸酐

酯根据形成它的酸和醇(或酚)来命名。例如:

$$CH_3-\overset{\displaystyle O}{\overset{\|}{C}}-OCH_2CH_3$$
乙酸乙酯

$$HO-\!\!\!\!\bigcirc\!\!\!\!-\overset{\displaystyle O}{\overset{\|}{C}}-OCH_3$$
对羟基苯甲酸甲酯

$$(CH_3)_2CH-\overset{\displaystyle O}{\overset{\|}{C}}-OCH(CH_3)_2$$
异丁酸异丙酯

酰胺的命名与酰卤相似,也是根据它们所含的酰基命名。例如:

$$CH_3-\overset{\displaystyle O}{\overset{\|}{C}}-NH_2$$
乙酰胺

$$H-\overset{\displaystyle O}{\overset{\|}{C}}-N(CH_3)_2$$
N,N-二甲基甲酰胺(DMF)

$$\bigcirc\!\!\!\!-NH-\overset{\displaystyle O}{\overset{\|}{C}}-CH_3$$
乙酰苯胺

邻苯二甲酰亚胺

10.2 羧酸的结构与羧酸及其衍生物的物理性质

1. 羧酸的结构

以一元脂肪酸为例,其结构通式(甲酸除外)如下:

$$R-\overset{H}{\underset{H}{\overset{|}{\underset{|}{C^\alpha}}}}-\overset{\displaystyle O}{\overset{\|}{C}}-\overset{..}{\overset{..}{O}}\!-H$$ R 为氢或烃基

羧基是羧酸的官能团,它决定着羧酸的主要性质。

从形式上看,羧基是由羰基和羟基组成的,似乎羧酸应具有酮和醇的典型性质。但实际上羰基和羟基之间相互影响和制约,羧基的性质并不是它们性质的简单加合。用物理方法测定甲酸中 C═O 键和 C—OH 键的键长表明,羧酸的C═O键长为 0.123 nm,比普通羰基的键长 (0.122 nm)略长,C—OH 键的键长为0.131 nm,比醇 C—OH 键的键长(0.143 nm)略短,表明羧酸分子中羰基和羟基不同于酮中的羰基和醇中的羟基。

在羧基中,碳原子轨道为 sp² 杂化,它的三个 sp² 杂化轨道分别同 α-碳原子和两个氧原子形成了三个共平面的 σ 键,未参与杂化的 p 轨道与一个氧原子的 p 轨道重叠形成 C═O 双键中的 π 键。同时,羧基中羟基的氧原子发生了不等性的 sp² 杂化,其未杂化的 p 轨道上未共用电子对与 C═O 双键中的 π 键重叠形成了p-π共轭体系,如图 10-1 所示。

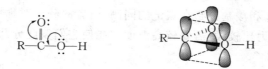

图 10-1 羧基上 p-π 共轭体系示意图

p-π 共轭体系产生的共轭效应使羟基氧原子上的电子云向羰基方向转移,导致 O—C 键的极性减弱,H—O 键的极性增强,C═O 双键中碳原子上的电子云密度增大。因此,羧酸的酸性比水和醇强得多,它能同金属活动顺序表中氢以前的所有金属反应,能同金属氧化物和氢氧化物起成盐反应。p-π 共轭效应降低了 O—C 键的活性,致使羧基中的羟基难以发生类似醇的亲核取代反应,但在一定的条件下,它能同某些亲核试剂发生取代反应(加成-消除历程),生成酰卤、酰胺、酯和酸酐等羧酸的衍生物。p-π 共轭效应降低了 C ＝O 双键中碳原子上的正电性,不利于亲核试剂对碳原子的进攻,所以 C ＝O 双键难以发生类似醛、酮的大多数亲核加成反应。

　　羧酸分子之间或羧酸和水分子之间极易通过氢键发生缔合,甚至在气相,羧酸的低级同系物(如甲酸、乙酸)仍以双分子缔合状态存在。因此,氢键对羧酸的沸点和在水中的溶解度都有很大的影响。

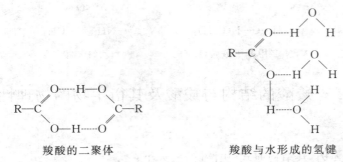

羧酸的二聚体　　　　　　　　　　羧酸与水形成的氢键

2. 羧酸的物理性质

　　10 个碳原子以下的饱和一元羧酸是具有刺激性或腐败气味的液体,甲酸、乙酸有刺激性酸味,丁酸、戊酸和己酸有不愉快气味;高级脂肪酸是无味蜡状固体;二元羧酸和芳香酸都是晶体。

　　从羧酸的结构可以推测出羧酸是极性分子,能在分子之间或与其他类型的分子间形成氢键,因此,脂肪酸有类似醇的溶解性,低级脂肪酸易溶于水,但随着相对分子质量增大脂肪酸在水中的溶解度迅速减小。甲酸、乙酸、丙酸、丁酸可与水混溶,戊酸、己酸稍能溶于水,高级酸几乎与水不溶。最简单的芳香酸——苯甲酸,由于分子中所含的碳原子太多,没有明显的水溶解性。羧酸能溶于极性较小的溶剂,如醚、醇、苯等。

　　由于氢键的存在,羧酸的沸点比相对分子质量相近的醇沸点高。例如,甲酸与乙醇的相对分子质量相同,但乙醇的沸点为 78.5 ℃,而甲酸为 100.7 ℃;乙酸与正丙醇的相对分子质量都是 60,正丙醇的沸点为 97.2 ℃,而乙酸的沸点是 118.1 ℃;丙酸(沸点为 141 ℃)比相对分子质量相近的正丁醇(沸点为 118 ℃)的沸点高。

　　直链饱和一元酸和二元酸的熔点随分子中碳原子数的增加而呈锯齿形变化,即具有偶数碳原子羧酸的熔点比其相邻的两个具有奇数碳原子羧酸的熔点都高,这与分子的对称性有关,在含偶数碳原子的羧酸中,链端甲基和羧基(在二元酸中是两个羧基)分布在碳链异侧,而含奇数碳原子的羧酸链端甲基和羧基分布在碳链的同侧,前者的分子对称性较好,分子在晶体中排列较紧密,分子间的作用力比较大,需要较高温度才能使它们彼此分开,故熔点较高。

己酸(熔点为 −4 ℃)　　　　　　　庚酸(熔点为 −7.5 ℃)

　　表 10-1 列出了一些常见羧酸的物理常数。

表 10-1 常见羧酸的物理常数

名 称	俗 名	熔点/℃	沸点/℃	溶解度 /[g·(100 g(H₂O))⁻¹]	pK$_{a1}$ (25 ℃)
甲酸	蚁酸	8.4	100.8	∞	3.75
乙酸	醋酸	16.6	118.1	∞	4.76
丙酸	初油酸	−20.8	141.4	∞	4.87
丁酸	酪酸	−5.5	164.1	∞	4.82
戊酸	缬草酸	−34.5	186.4	3.3(16 ℃)	4.84
己酸	羊油酸	−4.0	205.4	1.10	4.88
庚酸	毒水芹酸	−7.5	223.0	0.25(15 ℃)	4.89
辛酸	羊脂酸	16	239	0.25(15 ℃)	4.89
壬酸	天竺葵酸	12.5	253~254	微溶	4.95
癸酸	羊蜡酸	31.4	268.7	不溶	—
十六碳酸	软脂酸	62.8	271.5(13.3kPa)	不溶	—
十八碳酸	硬脂酸	69.6	291(14.6 kPa)	不溶	—
乙二酸	草酸	186~187(分解)	>100(升华)	10	1.27
丙二酸	缩苹果酸	130~135(分解)	—	138(16 ℃)	2.86
丁二酸	琥珀酸	189~190	235(分解)	6.8	4.21
戊二酸	胶酸	97.5	200(2.66 kPa)	63.9	4.34
己二酸	肥酸	151~153	265(1.33 kPa)	1.4(15 ℃)	4.43
庚二酸	蒲桃酸	103~105	272(13.3 kPa)	2.5(14 ℃)	4.50
辛二酸	软木酸	140~144	279(13.3 kPa)	0.14(16 ℃)	4.52
壬二酸	杜鹃花酸	106.5	286.5(13.3 kPa)	0.20	4.53
癸二酸	皮脂酸	134.5	294.5(13.3 kPa)	0.10	4.55
顺-丁烯二酸	马来酸	130.5	135(分解)	79	1.94
反-丁烯二酸	延胡索酸	286~287*	200(升华)	0.7(17 ℃)	3.02
苯甲酸	安息香酸	122.4	250.0	0.21(17.5 ℃)	4.21
苯乙酸	苯醋酸	—	265.5	加热可溶	4.31
邻苯二甲酸	酞酸	213	>191(分解)	0.54(14 ℃)	2.95

* 封管和急剧加热。

思考题 10-1 试比较下列化合物沸点的高低。

丁烷、丁醇、丁酸、乙醚

思考题 10-2 影响有机化合物在水中溶解度的因素有哪些？试比较下列化合物在水中的溶解度。

甲酸、乙酸、丙酮、苯甲酸、丙醛、氯丙烷

3. 羧酸衍生物的物理性质

酰卤中以酰氯最重要，应用也最广泛。酰氯为无色液体或低熔点的固体，具有强烈的刺激性，在空气中水解放出氯化氢。酰氯的沸点比相对分子质量相近的羧酸要低得多，这是因为酰氯中的氯不能形成氢键，分子之间的作用小于相应的羧酸。

低级酸酐为无色的液体，有刺激性酸味，高级酸酐为固体。酸酐的沸点比相对分子质量相近的酰卤略高,但低于相对分子质量相近的羧酸。例如,乙酸酐的沸点为 140 ℃,而乙酸的沸点为 118 ℃。酸酐与冷水作用很慢,在冷水中分层而不溶,而溶于一般的有机溶剂中。

低级酯为具有水果香味的无色液体,如乙酸异戊酯有香蕉香味,正戊酸异戊酯有苹果香味。水果的香味是由于酯类的存在。酯的沸点低于和它相对分子质量相近的羧酸;虽然羧酸甲酯或乙酯的相对分子质量高于相应的羧酸,但它们的沸点比相应的羧酸低。这是由于酯分子间不能发生氢键缔合。酯较难溶于水,易溶于有机溶剂。

酰胺除甲酰胺外,大部分是白色晶体。通常情况下取代酰胺为液体,酰胺的沸点、熔点均比相应的羧酸高,这是因为氨基上的氢原子可在分子间形成氢键,当酰胺分子中氨基上的氢被烃基取代后,缔合作用减小,沸点会降低,当两个氢原子被烃基取代后,沸点降低更多。低级的酰胺能溶于水,随着相对分子质量的增大而溶解度逐渐减小。液体的酰胺是有机物及无机物的优良溶剂。例如,N,N-二甲基甲酰胺,简称 DMF,它不但可以溶解有机物,还可以溶解某些无机物,是一种性能优良的溶剂。

大多数酯的相对密度小于 1,而酰氯、酸酐和酰胺的相对密度几乎都大于 1。

表 10-2 列出了常见羧酸衍生物的某些物理常数。

表 10-2　常见羧酸衍生物的物理常数

名　称	熔点/℃	沸点/℃	相对密度(d_4^{20})
乙酰氯	-112.0	51~52	1.105
乙酰溴	-96.5	76 (99750 Pa)	1.663 $\left(\dfrac{16\ ℃}{4\ ℃}\right)$
丁酰氯	-89	101~102	1.028
苯甲酰氯	-0.6	197.9	1.212
甲酸乙酯	-79.4	54.2	0.923
乙酸甲酯	-98.7	57.3	0.933
乙酸乙酯	-83.6	77.2	0.901
乙酸丁酯	-73.5	126.1	0.882
乙酸异戊酯		142 (100681 Pa)	0.876 $\left(\dfrac{15\ ℃}{4\ ℃}\right)$
苯甲酸乙酯	-34.7	212.4	1.052 $\left(\dfrac{15\ ℃}{15\ ℃}\right)$
乙酸酐	-73	140.0	1.081
丁二酸酐	119.6	261	1.503
顺丁烯二酸酐	52.8	202(升华)	1.500
苯甲酸酐	42	360	1.999 $\left(\dfrac{15\ ℃}{4\ ℃}\right)$
邻苯二甲酸酐	131.5~132	284.5	1.527 $\left(\dfrac{4\ ℃}{4\ ℃}\right)$
N,N-二甲基甲酰胺	-61	153	0.9445
乙酰胺	81	221.2	1.159
乙酰苯胺	113~114	305	1.21 $\left(\dfrac{4\ ℃}{4\ ℃}\right)$
苯甲酰胺	130	290	1.341
邻苯二甲酰亚胺	238	升华	

思考题 10-3　乙酸和乙酰胺的相对分子质量比乙酰氯和乙酸乙酯小,而它们的沸点却较高,为什么?
思考题 10-4　试比较下列化合物在水中的溶解度。

丁酰胺、N,N-二甲基乙酰胺、乙酸酐、乙酸乙酯

10.3　羧酸的化学性质

羧酸 RCOOH 中,除 R 本身具有的化学反应外,羧基(—COOH)是羧酸的官能团,表现出羧基官能团的特征化学反应。羧基中羰基碳原子上所带正电荷要比醛、酮的羰基碳原子上带的正电荷少,因此羧酸中羰基碳原子的亲核加成反应活性远比醛、酮低;同时,羧酸中羟基被取代的反应活性也不如醇,羧酸 α-氢原子的活性比醛、酮分子中 α-氢原子的活性低,但羧基中 O—H 键的极性比醇中 O—H 键的极性大得多,羧基中 O—H 键容易离解,因而羧酸具有明显的酸性。这也是乙酸不能发生卤仿反应的原因。

羧酸分子中因键的断裂方式不同,可发生不同的反应。羧酸的化学性质主要表现在官能团羧基以及受羧基影响的 α-碳原子上。其化学性质可简要表示如下:

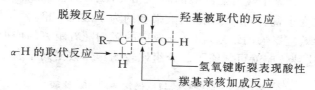

1. 羧酸的酸性

羧酸在水溶液中能离解成氢离子和羧酸根离子,所以其水溶液显酸性。

$$\underset{O}{R-\overset{\displaystyle O}{\overset{\|}{C}}-O-H} \rightleftharpoons R\overset{\displaystyle O}{\overset{\|}{C}}-O^- + H^+$$

羧酸一般是弱酸,大多数羧酸的 pK_a 值在 2.5~5。例如,甲酸的 pK_a 为 3.75,乙酸的 pK_a 为 4.76,其他饱和一元酸的 pK_a 均在 4.76~5,比碳酸的酸性($pK_a=7$)强。

由于羧酸的酸性比碳酸强,所以它们能与碳酸盐(或碳酸氢盐)作用,生成羧酸盐并放出二氧化碳。

$$2ROOH + Na_2CO_3 \longrightarrow \underset{\text{羧酸钠}}{2RCOONa} + CO_2\uparrow + H_2O$$

羧酸同其他物质的酸性强弱比较如下:

$$RCOOH > ArOH > HOH > ROH \ > HC \equiv CH \ > NH_3 > RH$$

羧酸也能同金属氧化物和氢氧化物反应,生成盐和水。

$$2RCOOH + CaO \longrightarrow \underset{\text{羧酸钙}}{(RCOO)_2Ca} + H_2O$$

$$RCOOH + NaOH \longrightarrow RCOONa + H_2O$$

高级脂肪酸的钠盐和钾盐是肥皂的主要成分,镁盐用于医药工业,钙盐用于油墨工业。羧酸的碱金属盐(如钠盐和钾盐等)都能溶于水,所以对于不溶于水的羧酸,将其转化为碱金属盐后便可溶于水。利用这个性质可将羧酸从一些混合物中分离出来。例如,在苯甲酸和苯酚的混合物中加入碳酸氢钠的饱和水溶液,振荡后分离,不溶固体为苯酚;苯甲酸转化成苯甲酸钠而进入水层,酸化水层便得到苯甲酸。

二元羧酸和无机二元酸相同,能分两步离解,第二步离解比第一步要难,因此,二元羧酸能

分别生成酸式盐与中性盐。例如：

$$\underset{\text{COOH}}{\overset{\text{COOH}}{|}} \xrightarrow[-H_2O]{NaOH} \underset{\text{COONa}}{\overset{\text{COOH}}{|}} \xrightarrow[-H_2O]{NaOH} \underset{\text{COONa}}{\overset{\text{COONa}}{|}}$$
$$\text{草酸氢钠} \qquad \text{草酸钠}$$

1）取代基对脂肪酸的酸性影响

取代基的存在影响羧酸的酸性强弱。从羧酸和羧酸根离子的结构可知，若 RCOOH 中 R 为吸电子基，则使羧基中 O—H 极性增加，有利于质子离解，使羧酸的酸性增强；若 R 为推电子基，则使羧基中 O—H 极性减小，不利于质子离解，使羧酸的酸性减弱。羧基一旦离解出氢离子形成 $RCOO^-$ 负离子，任何能使负离子更加稳定的因素都有利于羧酸质子离解，使酸性增强。因此，吸电子取代基将分散负电荷，使负离子稳定，酸性增强。基团吸电子效应越强或烃基上取代的吸电性基团越多，酸性愈强；推电子取代基将增强负电荷，使负离子不稳定，酸性减弱。由于羧基是强吸电子基，所以对于两个羧基距离较近的二元酸来说，其酸性都比碳原子数相同的一元酸大，若两个羧基相距较远，则酸性显著减小（见表 11-1）。对于脂肪酸，含吸电子的卤素增强酸性，氯代乙酸的酸性是乙酸的 100 倍，二氯乙酸则更强，三氯乙酸的酸性是未取代酸的 10000 倍以上。α-氯丁酸与氯乙酸的酸性相当，然而，随着氯原子与羧基的距离增加，氯原子对羧基的影响变小，例如 β-氯丁酸的酸强度约为丁酸的 6 倍，γ-氯丁酸的酸强度仅是丁酸的 2 倍。这是诱导效应影响的结果，但诱导效应的影响随着距离的增加而迅速减弱，当超过四个以上的原子时，这种效应就可忽略了。分组比较的具体数据列于表 10-3。

表 10-3　某些羧酸与取代羧酸的 pK_a 比较

比较组	羧酸	结构式	pK_a	比较组	羧酸	结构式	pK_a
1	甲酸	HCOOH	3.75	3	乙酸	CH_3COOH	4.76
	乙酸	CH_3COOH	4.76		氯乙酸	$ClCH_2COOH$	2.86
	丙酸	CH_3CH_2COOH	4.87		二氯乙酸	$Cl_2CHCOOH$	1.26
	丁酸	$CH_3CH_2CH_2COOH$	4.82		三氯乙酸	Cl_3CCOOH	0.64
2	丁酸	$CH_3CH_2CH_2COOH$	4.82	4	氟乙酸	FCH_2COOH	2.59
	α-氯代丁酸	$CH_3CH_2CHClCOOH$	2.84		氯乙酸	$ClCH_2COOH$	2.86
	β-氯代丁酸	$CH_3CHClCH_2COOH$	4.06		溴乙酸	$BrCH_2COOH$	2.90
	γ-氯代丁酸	$CH_2ClCH_2CH_2COOH$	4.52		碘乙酸	ICH_2COOH	3.12

2）取代基对芳香酸的酸性影响

取代苯甲酸的酸性不仅与取代基的种类有关，而且与取代基在苯环上的位置有关（见表 10-4）。在对位取代的苯甲酸中，使苯环致活的给电子取代基不利于 H—O 键的离解，使酸性减弱；反之，酸性增强。例如：

pK_a　　4.89　　　　　　4.38　　　　　　4.21　　　　　　3.97　　　　　　3.42

表 10-4　某些取代苯甲酸($Y—C_6H_4—COOH$)的 pK_a 值(25 ℃)

基团 Y	邻位取代时	间位取代时	对位取代时
CH_3	3.91	4.27	4.38
C_2H_5	3.79	4.27	4.35
F	3.27	3.86	4.14
Cl	2.92	3.83	3.97
Br	2.85	3.81	3.97
I	2.86	3.85	4.02
CN	3.44	3.64	3.55
CF_3		3.77	3.66
OH	2.98	4.08	4.57
OCH_3	4.09	4.09	4.47
C_6H_5	3.46	4.14	4.21
NO_2	2.21	3.49	3.42

　　邻位取代基对取代苯甲酸的酸性影响,除了有基团的电子效应外,还有基团的场效应(field effect)、立体效应(steric effect)、氢键的形成等因素,总称为邻位效应(ortho effect)。例如,邻位的—CH_3、—C_2H_5 由于空间的拥挤,取代基破坏了羧基与苯环的共平面性,苯环对羧基的+C 效应减弱甚至消失,这种立体效应使其酸性比间位或对位取代的苯甲酸强。另外,具有强吸电子作用的邻位取代基(如 F、NO_2 等),由于可在空间上对羧酸根施加空间诱导作用(通称场效应),使羧酸根上的负电荷通过空间场直接分散到邻位的吸电子基上,结果使羧酸根的稳定性增加,因此使该取代酸的酸性比其间位和对位异构体的强。例如,硝基苯甲酸的邻、间、对三种异构体中,其 pK_a 分别为 2.21、3.49、3.42,就是邻位效应的影响所致。

　　有的邻位取代苯甲酸,如邻羟基苯甲酸(水杨酸),由于羧酸根负离子与相邻的羟基可以通过形成氢键而使其稳定性增加,因此邻羟基苯甲酸的酸性也比其间位和对位异构体的都强。

思考题 10-5　按酸性增强的顺序排列下列化合物。

(1) α-氯代丙酸、α-氟代丙酸、α-溴代丙酸、α-碘代丙酸

(2) 苯甲酸、邻羟基苯甲酸、对羟基苯甲酸、间羟基苯甲酸

(3) 　COOH　　　　COOH　　　COOH　　　COOH

　　　　　　　　　、　　　　　、　　　　　、

　　NH_2　　　　Br　　　　OCH_3　　　　CH_3

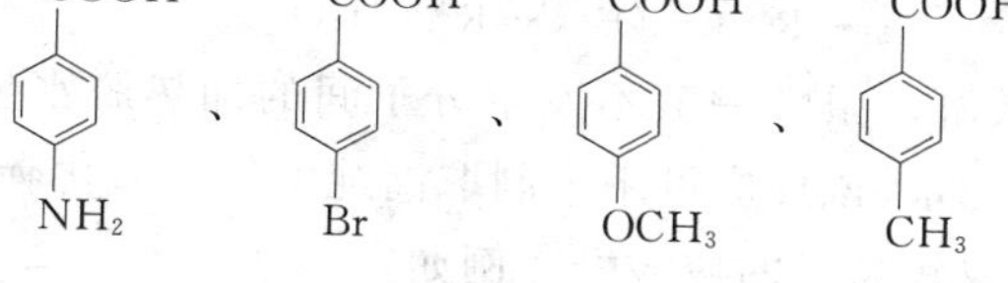

2. 羧酸衍生物的生成

　　羧酸的羧基中的羟基可被卤素(X)、酰氧基$\left(\begin{array}{c} O \\ \parallel \\ —O—C—R \end{array}\right)$、烃氧基(—OR)、氨基

(—NH₂)等基团取代,所生成的化合物分别是酰卤、酸酐、酯和酰胺,它们统称羧酸衍生物。

1) 酰卤的生成

最常见的酰卤是酰氯,它是由羧酸与三氯化磷、五氯化磷或亚硫酰氯等氯化剂作用制得的。

$$3R{-}\overset{\overset{\displaystyle O}{\|}}{C}{-}OH + PCl_3 \xrightarrow{\triangle} 3R{-}\overset{\overset{\displaystyle O}{\|}}{C}{-}Cl + H_3PO_3$$

酰氯

$$R{-}\overset{\overset{\displaystyle O}{\|}}{C}{-}OH + PCl_5 \xrightarrow{\triangle} R{-}\overset{\overset{\displaystyle O}{\|}}{C}{-}Cl + POCl_3 + HCl\uparrow$$

$$R{-}\overset{\overset{\displaystyle O}{\|}}{C}{-}OH + SOCl_2 \xrightarrow{\triangle} R{-}\overset{\overset{\displaystyle O}{\|}}{C}{-}Cl + SO_2\uparrow + HCl\uparrow$$

通常根据原料和产物的沸点差别来选择氯化剂,常用三氯化磷制备沸点较低的酰氯,用五氯化磷制备沸点较高的酰氯,产物可用蒸馏方法来提纯。

亚硫酰氯在实验室中常用来制备酰氯(也用于制备氯代烷),由于生成的 HCl 和 SO₂ 可从反应体系中移出,所以反应的转化率很高,酰氯的产率高达 90% 以上。由于使用 SOCl₂ 过量,应当在制备与它有较大沸点差别的酰氯中使用,以便于蒸馏分离。例如:

$$CH_3(CH_2)_4COOH + SOCl_2 \longrightarrow CH_3(CH_2)_4COCl + HCl\uparrow + SO_2\uparrow$$

沸点　　　205 ℃　　　　　76 ℃　　　　　153 ℃

反应中生成的酸性气体 HCl 和 SO₂ 要回收或吸收,以避免造成对环境的污染。

芳香族酰氯一般由五氯化磷或亚硫酰氯与芳酸作用制取。苯甲酰氯是常用的苯甲酰化试剂。

酰氯是很活泼的试剂,遇水很容易水解,使用要求较严格。甲酰氯很不稳定,但芳香族酰氯的稳定性较好,在水中发生水解反应缓慢。

羧酸分子中羧基上去掉羟基后所剩余的原子团 $R{-}\overset{\overset{\displaystyle O}{\|}}{C}{-}$ 称为酰基。例如, $CH_3{-}\overset{\overset{\displaystyle O}{\|}}{C}{-}$ 称为乙酰基, $HOOC{-}\overset{\overset{\displaystyle O}{\|}}{C}{-}$ 称为草酰基,因此 $CH_3{-}\overset{\overset{\displaystyle O}{\|}}{C}{-}Cl$ 称为乙酰氯, $\overset{\overset{\displaystyle O}{\|}}{\underset{\bigcirc}{C}}{-}Cl$ 称为苯甲酰氯。

2) 酸酐的生成

羧酸在脱水剂(如五氧化二磷)的作用下加热失水,生成酸酐。

$$R{-}\overset{\overset{\displaystyle O}{\|}}{C}{-}OH + HO{-}\overset{\overset{\displaystyle O}{\|}}{C}{-}R \xrightarrow{P_2O_5} R{-}\overset{\overset{\displaystyle O}{\|}}{C}{-}O{-}\overset{\overset{\displaystyle O}{\|}}{C}{-}R + H_2O$$

酸酐中最重要的是乙酸酐和邻苯二甲酸酐。甲酸一般不发生分子间的加热脱水生成酐,但在浓硫酸中受热时,甲酸分解成一氧化碳和水,该反应可用来制取高纯度的一氧化碳。

乙酸酐常用做脱水剂,从低级羧酸酐制取较高级的羧酸酐。例如:

$$2C_6H_{13}COOH + (CH_3CO)_2O \underset{\triangle}{\overset{\triangle}{\rightleftharpoons}} (C_6H_{13}CO)_2O + 2CH_3COOH$$

某些二元酸羧基之间脱水形成五元或六元环状的酸酐。例如:

混合酸酐可由酰卤与羧酸盐作用制备，也可以由乙烯酮与羧酸作用得到。

$$RCOONa + R'COCl \longrightarrow R-\overset{\overset{\displaystyle O}{\|}}{C}-O-\overset{\overset{\displaystyle O}{\|}}{C}-R' + NaCl$$
酰氯

$$RCOOH + CH_2=C=O \longrightarrow CH_3-\overset{\overset{\displaystyle O}{\|}}{C}-\overset{\overset{\displaystyle O}{\|}}{C}-R$$
乙烯酮

反式丁烯二酸在 300 ℃ 以上的温度下可转变为顺式丁烯二酸，然后分子内脱水生成顺酐。目前工业上顺酐主要由苯或 2-丁烯经催化氧化得到，苯酐主要由萘或邻二甲苯催化氧化制得。

酸酐是较活泼的一类化合物，在水中较易水解成相应的羧酸，无催化剂时酯在水中很难水解，因此，将它们分别加入热水中，酸酐很快水解成羧酸而溶于水中，酸酐有机相消失，而酯则在水上形成互不相溶的两相，不消失。这是区别酸酐和酯的一种简单方法。

3）酯的生成

在酸催化下，羧酸与醇作用生成酯，这种反应叫做酯化反应。

$$R-\overset{\overset{\displaystyle O}{\|}}{C}-OH + H-OR' \underset{\triangle}{\overset{H_2SO_4}{\rightleftharpoons}} R-\overset{\overset{\displaystyle O}{\|}}{C}-OR' + H_2O$$

酯化反应是可逆反应，其逆反应叫做水解反应。酯化反应速度极为缓慢，必须在加热和催化剂作用下进行。通常使用的催化剂是浓硫酸、氯化氢或三氟化硼等。目前工业上已逐渐使用阳离子交换树脂代替上述催化剂。

由于酯化反应是可逆的，所以为了提高酯的产量，一般采用增加反应物（酸或醇）的浓度或不断除去生成的酯或水，使平衡向右移动。

在酸催化下，一般酯化反应是羧酸分子中羧基上的 OH 和醇分子中羟基上的 H 脱水生成酯，即羧酸通常是按酰氧键断裂的方式进行。所谓酰氧键断裂方式，是指羧酸分子中羧基上羟基和羰基之间的 C—O 键在反应中发生了断裂。双分子酯化反应的机理属于加成-消除机理。首先氢离子和羧基上羰基的氧结合：

$$R-\overset{\overset{\displaystyle O}{\|}}{C}-OH + H^+ \rightleftharpoons R-\overset{\overset{\displaystyle \overset{+}{O}H}{\|}}{C}-OH \longleftrightarrow R-\overset{\overset{\displaystyle OH}{\|}}{\underset{+}{C}}-OH$$

接着醇向正电性的羰基碳原子进攻，发生亲核加成，生成一个正离子中间体：

$$R'\text{—O—H} + R\underset{+}{\overset{OH}{\underset{|}{\overset{|}{C}}}}OH \underset{\text{慢}}{\rightleftharpoons} R\overset{OH}{\underset{\underset{+}{H}\text{—O—}R'}{\underset{|}{\overset{|}{C}}}}OH$$

正离子中间体

然后这个正离子中间体发生分子内质子转移,并很快失去一分子水和一个质子,而生成酯:

$$R\underset{H\text{—O—}R'}{\overset{OH}{\underset{|}{\overset{|}{C}}}}OH \underset{\text{快}}{\rightleftharpoons} R\underset{\text{O—}R'}{\overset{OH}{\underset{|}{\overset{|}{C}}}}\overset{+}{O}H_2 \underset{-H_2O}{\overset{\text{快}}{\rightleftharpoons}} R\underset{\text{O—}R}{\overset{\overset{+}{O}H}{\underset{|}{\overset{|}{C}}}} \underset{}{\overset{-H^+}{\rightleftharpoons}} R\overset{O}{\overset{\|}{C}}\text{—O—}R'$$

酯

羧酸与伯醇、仲醇酯化时,绝大多数属于这种反应机理。对于酸和醇而言,R 和 R′空间位阻增大均不利于酯化反应。相同的羧酸和不同的醇按上述机理进行酯化反应的活性一般有如下顺序:

$$CH_3OH > RCH_2OH > R_2CHOH > R_3COH$$

同理,羧酸烃基上支链愈多,酯化速率愈慢。因为含支链多的烃基空间体积大,阻碍了亲核试剂(醇)进攻羧基碳原子,从而影响酯化速率。相同的醇与不同结构的羧酸发生酯化反应时一般的活性顺序如下:

$$HCOOH > CH_3COOH > RCH_2COOH > R_2CHCOOH > R_3CCOOH$$

醇的烃基上支链增多,有时会影响酯化机理。例如在酸催化下,叔醇容易形成碳正离子,因而叔醇和羧酸发生酯化是按烷氧键断裂方式进行的,即酸去质子,醇去羟基。叔醇形成碳正离子,碳正离子再与羧酸生成盐,脱去质子生成酯。

$$R\overset{O}{\overset{\|}{C}}\text{—OH} + H^{18}O\text{—}CR'_3 \rightleftharpoons R\overset{O}{\overset{\|}{C}}\text{—O—}CR'_3 + H_2{}^{18}O$$

其反应历程可表示如下:

$$R'_3COH + H^+ \rightleftharpoons R'_3CO\overset{+}{H}_2 \rightleftharpoons R'_3\overset{+}{C} \rightleftharpoons$$

$$R\underset{\overset{+}{O}\text{—}CR'_3}{\overset{O}{\underset{H}{\overset{\|}{C}}}} \rightleftharpoons R\overset{O}{\overset{\|}{C}}\text{—O—}CR'_3 + H^+$$

由于碳正离子很容易脱水生成烯烃,因此羧酸与叔醇的酯化反应产率一般很低,叔醇的酯一般用别的方法制备。例如:

$$R\overset{O}{\overset{\|}{C}}\text{—X} + R'_3COH \longrightarrow R\overset{O}{\overset{\|}{C}}\text{—O}CR'_3 + HX$$

芳香族羧酸的酯化反应要比脂肪族的难一些。对苯二甲酸与乙二醇或环氧乙烷作用可生成对苯二甲酸二羟乙酯,它是合成纤维(涤纶)的中间体。

$$HOOC\text{—}\langle\bigcirc\rangle\text{—}COOH + 2 \underset{O}{\overset{CH_2-CH_2}{\diagdown\diagup}} \longrightarrow HOCH_2CH_2O\overset{O}{\overset{\|}{C}}\text{—}\langle\bigcirc\rangle\text{—}\overset{O}{\overset{\|}{C}}\text{—OCH}_2CH_2OH$$

酯还可通过醇与乙烯酮的反应得到,活泼的卤代烃与羧酸根的反应也得到酯。

$$ROH + CH_2=C=O \longrightarrow CH_3-\overset{\overset{\displaystyle O}{\|}}{C}-OR$$

$$RCOONa + C_6H_5CH_2Br \longrightarrow RCOOCH_2C_6H_5 + NaBr$$

多元酸与多元醇之间发生缩聚反应,生成大分子聚酯,这是重要的高分子材料。

4) 酰胺的生成

羧酸同氨或碳酸铵作用得到羧酸铵,将羧酸铵加强热,生成酰胺;如果继续加热,则可进一步失水变成腈。

$$R-\overset{\overset{\displaystyle O}{\|}}{C}-OH + NH_3 \longrightarrow R-\overset{\overset{\displaystyle O}{\|}}{C}-ONH_4 \xrightarrow[-H_2O]{\triangle} R-\overset{\overset{\displaystyle O}{\|}}{C}-NH_2 \xrightarrow[-H_2O]{\triangle} RCN$$

　　　　　　　　　　　　　　　　羧酸铵　　　　　　　　　酰胺　　　　　　　腈

二元羧酸的二铵盐在受热时发生分子内的脱水、脱氨反应,生成五元或六元环状酰亚胺。例如:

$$\begin{array}{c}CH_2COONH_4 \\ | \\ CH_2COONH_4\end{array} \xrightarrow{300\ ℃} \quad + NH_3 + H_2O$$

丁二酰亚胺

己二酸与己二胺缩聚生成聚酰胺纤维——"尼龙-66"(又称"锦纶-66")。

$$nH_2N(CH_2)_6NH_2 + nHOOC(CH_2)_4COOH \xrightarrow{250\ ℃} \left[NH(CH_2)_6-NH-\overset{\overset{\displaystyle O}{\|}}{C}-(CH_2)_4-\overset{\overset{\displaystyle O}{\|}}{C}\right]_n$$

由羧酸直接制备酰胺是困难的,一般从酰氯、酸酐和酯与氨或胺反应来制备酰胺。例如:

$$CH_3CH_2-\overset{\overset{\displaystyle O}{\|}}{C}-Cl + 2NH_3 \longrightarrow CH_3CH_2-\overset{\overset{\displaystyle O}{\|}}{C}-NH_2 + NH_4Cl$$

丙酰胺

N-苯基苯甲酰胺

3. 还原反应

羧酸不容易被还原,但在氢化铝锂($LiAlH_4$)的作用下,羧基可以被还原成羟甲基,在实验室中可用此反应制备结构特殊的伯醇。例如:

$$CH_2=CHCH_2COOH \xrightarrow[(2)H_2O]{(1)LiAlH_4} CH_2=CHCH_2CH_2OH$$

氢化铝锂是一种强还原剂,能还原具有羰基结构的化合物,并且产率较高,但一般不能还原碳碳双键。

4. 脱羧反应

羧酸分子脱去二氧化碳(CO_2)的反应叫做脱羧反应。羧酸的羧基通常比较稳定,只有在特殊条件下才发生脱羧反应,而且不同的羧酸脱羧生成不同的产物。

饱和一元羧酸的钠盐与强碱或碱石灰共熔,可脱羧,生成少一个碳原子的烷烃。

$$R\!-\!\overset{\displaystyle O}{\overset{\|}{C}}\!-\!ONa \xrightarrow[\text{共熔}]{NaOH\text{-}CaO} R\!-\!H + Na_2CO_3$$

这是实验室中制取少量甲烷的方法。

某些铜的化合物常用于催化脂肪族羧酸和芳香族羧酸的脱羧反应。例如:

$$(C_6H_5)_2C\!=\!CHCOOH \xrightarrow[\text{喹啉},\triangle]{\text{亚铬酸铜}} (C_6H_5)_2C\!=\!CH_2 + CO_2\uparrow$$

3,3-二苯基-2-丙烯酸 　　　　　　　　1,1-二苯乙烯

羧酸的 α-碳原子上连有强吸电子基时,容易脱羧。例如:

$$CCl_3\!-\!COOH \xrightarrow{\triangle} CHCl_3 + CO_2\uparrow$$

由于羧基是强吸电子基,所以二元羧酸(如草酸、丙二酸)受热后较易脱羧。

$$\begin{matrix}COOH\\|\\COOH\end{matrix} \xrightarrow{\triangle} HCOOH + CO_2\uparrow$$

$$HOOC\!-\!CH_2\!-\!COOH \xrightarrow{\triangle} CH_3COOH + CO_2\uparrow$$

丁二酸和戊二酸加热时不脱羧,而是分子内失水,生成稳定的环状酸酐。

$$\begin{matrix}H_2C\!-\!COOH\\H_2C\!-\!COOH\end{matrix} \xrightarrow{\triangle} \begin{matrix}CH_2\!-\!C\\ \\CH_2\!-\!C\end{matrix}\!\!\overset{O}{\underset{O}{\Big\rangle}}\!O + H_2O$$

丁二酸酐

$$\begin{matrix}CH_2\!-\!COOH\\H_2C\\CH_2\!-\!COOH\end{matrix} \xrightarrow{\triangle} H_2C\!\begin{matrix}CH_2\!-\!C\\ \\CH_2\!-\!C\end{matrix}\!\!\overset{O}{\underset{O}{\Big\rangle}}\!O + H_2O$$

戊二酸酐

己二酸和庚二酸在氢氧化钡的存在下发生脱羧的同时,还脱去一分子水,最后生成环酮。

$$\begin{matrix}H_2C\!-\!CH_2\!-\!COOH\\H_2C\!-\!CH_2\!-\!COOH\end{matrix} \xrightarrow{Ba(OH)_2,\ \triangle} \bigpentagon\!\!=\!O + H_2O + CO_2\uparrow$$

$$\begin{matrix}CH_2\!-\!CH_2\!-\!COOH\\H_2C\\CH_2\!-\!CH_2\!-\!COOH\end{matrix} \xrightarrow{Ba(OH)_2,\ \triangle} \bighexagon\!\!=\!O + H_2O + CO_2\uparrow$$

这是工业上合成环戊酮和环己酮的重要方法之一。

5. α-氢原子的卤代反应

脂肪族羧酸的 α-氢原子由于受羧基的影响比较活泼,在光照或红磷的催化下,它们能被氯或溴(氟和碘除外)逐步取代,这个反应称为海尔-沃尔哈德-泽林斯基(Hell-Volhard-Zelinsky)反应。例如:

$$CH_3COOH \xrightarrow[P]{Cl_2} CH_2ClCOOH \xrightarrow[P]{Cl_2} CHCl_2COOH \xrightarrow[P]{Cl_2} CCl_3COOH$$

一氯乙酸　　　　　　二氯乙酸　　　　　三氯乙酸

磷的作用主要是变少量的酸为酰卤。酰卤再发生 α-卤代反应。

$$P + X_2 \longrightarrow PX_3$$
$$RCH_2COOH + PX_3 \longrightarrow RCH_2COX$$
$$RCH_2COX + X_2 \longrightarrow RCHXCOX + HCl$$
$$RCHXCOX + RCH_2COOH \longrightarrow RCHXCOOH + RCH_2COX$$

　　氯代酸在有机合成中是重要的原料。一氯乙酸是医药、农药、染料及其他有机合成的重要中间体。三氯乙酸不但是合成农药的原料,还用做生化药品的提取剂。

　　卤代酸的 C—X 键容易发生亲核取代反应和消除反应,卤素可以被氨基或羟基取代,生成 α-氨基酸或 α-羟基酸,也可以脱去 HX 生成 α,β-不饱和酸,这些新的取代基又能发生它们自己的特性反应,因此,在合成中占有相当重要的位置。α-氢原子的碘代困难,要通过相应的氯代化合物与 KI 在丙酮溶液中卤交换间接制备。

思考题 10-6　按酯化反应速度由快到慢的顺序排列下列化合物。

（1）乙醇分别和乙酸、丙酸、2-甲基丙酸、苯甲酸反应

（2）丙酸分别和乙醇、丙醇、2-丙醇、苯甲醇反应

思考题 10-7　按要求合成下列化合物（无机试剂任选）。

（1）由乙醇合成 α-氯代丁酸

（2）由乙醛→2-丁烯酸→2-丁烯醇

（3）由苯酚和乙酸合成 2,4-二氯苯氧乙酸

10.4　取　代　羧　酸

　　羧酸分子中烃基上的氢原子被其他原子或原子团取代后的生成物称为取代羧酸。根据取代基的不同,取代羧酸可分为卤代酸、羟基酸、羰基酸和氨基酸等。它们都具有两种以上的官能团,故称为复官能团化合物。这里主要讨论羟基酸和羰基酸。

10.4.1　羟基酸

　　分子内同时含有羟基和羧基的化合物叫做羟基酸。羟基酸分为醇酸和酚酸两类,它们分别是脂肪族羧酸烃基上的氢原子、芳香族羧酸中芳香环上的氢原子被羟基取代后的生成物。

　　羟基酸多为白色晶体或黏稠状液体。由于它们分子中含有羟基和羧基,能与水形成氢键,所以它们都易溶于水,熔点比相应的脂肪酸高。许多醇酸的分子中含有手性碳原子,故有旋光性。

　　羟基酸除了具有羧酸和醇（或酚）的典型反应外,由于羧基和羟基的相互影响而产生一些特有的性质。这些特性常常因羟基和羧基的相对位置不同而有差异。

　　1. 脱水反应

　　醇酸受热容易发生脱水反应,其产物依羟基与羧基的相对位置而定。α-醇酸加热时发生双分子脱水反应,生成交酯。例如:

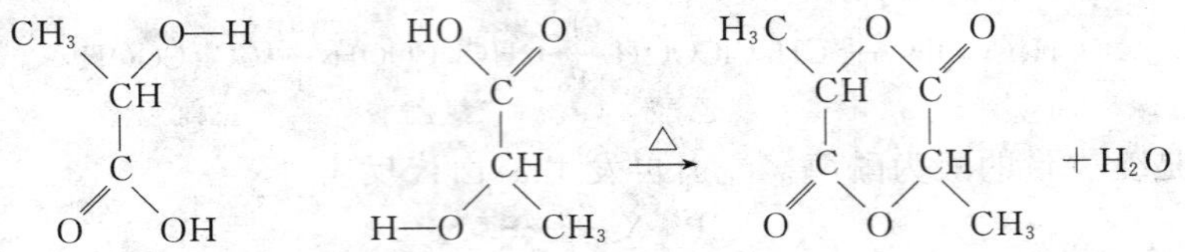

$$\text{α-羟基丙酸} \longrightarrow^{\triangle} \text{丙交酯} + H_2O$$

β-醇酸加热时发生分子内脱水,生成 α,β-不饱和酸。例如:

$$CH_3-CH-CH_2-COOH \xrightarrow{\triangle} CH_3CH=CHCOOH + H_2O$$
$$\underset{OH\quad H}{}$$

β-羟基丁酸   2-丁烯酸(巴豆酸)

γ-醇酸和 δ-醇酸在加热时易发生分子内酯化反应,生成环状内酯。例如:

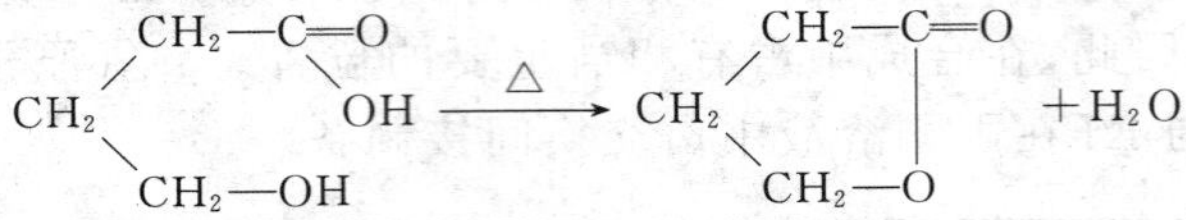

γ-羟基丁酸   γ-丁内酯

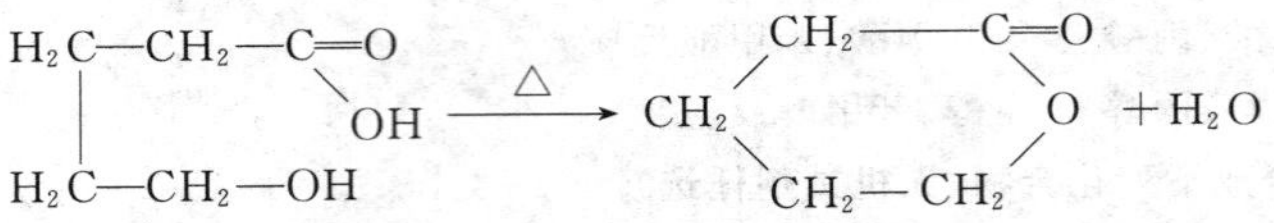

δ-羟基戊酸   δ-戊内酯

交酯、内酯和其他酯类一样,在中性溶液中较稳定,在酸或碱性溶液中则水解生成原来的羟基酸或它们的盐。

2. 氧化和分解反应

由于 α-醇酸中的羟基受羧基的影响,故它比醇中的羟基容易氧化。在托伦斯试剂的作用下即可把 α-醇酸氧化成酮酸。例如:

$$CH_3-CH-COOH \xrightarrow{[O]} CH_3-C-COOH$$
$$\underset{OH}{} \qquad\qquad \underset{O}{}$$

丙酮酸

α-醇酸和稀硫酸一起加热时发生分解反应,生成一分子甲酸和一分子醛或酮。

$$R-CH-COOH \xrightarrow{稀\ H_2SO_4,\triangle} HCOOH + RCHO$$
$$\underset{OH}{}$$

邻位和对位酚酸受热时易发生脱羧反应。例如:

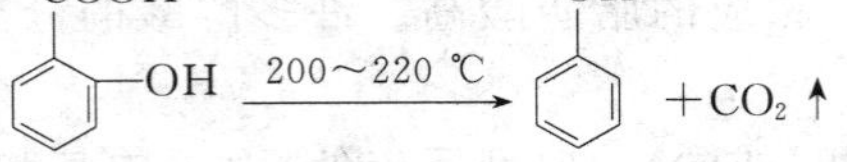

$$\xrightarrow{200\sim220\ ℃} 苯酚 + CO_2 \uparrow$$

水杨酸   苯酚

$$\xrightarrow{200\ ℃} + CO_2 \uparrow$$

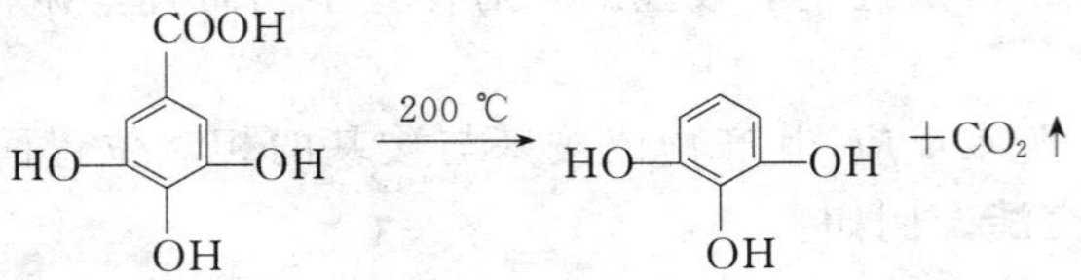

没食子酸(五倍子酸)   没食子酚

10.4.2 羰基酸

羰基酸分为醛酸和酮酸两类：烃基上含有醛基的是醛酸，烃基上含有羰基的是酮酸。例如：

$$H\text{-}\overset{O}{\underset{\underset{3}{}}{C}}\text{-}\underset{2}{CH_2}\text{-}\underset{1}{COOH}$$

丙醛酸（3-氧丙酸，甲酰乙酸）

$$H_3C\text{-}\overset{O}{C}\text{-}CH_2\text{-}COOH$$

3-丁酮酸（3-氧丁酸，乙酰乙酸）

$$HOOC\text{-}\overset{O}{C}\text{-}CH_2\text{-}COOH$$

丁酮二酸（草酰乙酸）

$$HOOC\text{-}\overset{O}{C}\text{-}\underset{\alpha}{CH_2}\text{-}\underset{\beta}{CH_2}\text{-}\underset{\gamma}{COOH}$$

2-戊酮二酸（α-戊酮二酸）

羰基酸除了具有羰基化合物和羧酸的典型性质外，还具有自己的特殊性质。

1. 氧化反应

酮和羧酸都不易被氧化，但丙酮酸极易被氧化，弱氧化剂（如二价铁和过氧化氢）就能把它氧化成乙酸，并放出二氧化碳。

$$CH_3\text{-}\overset{O}{C}\text{-}COOH \xrightarrow{Fe^{2+},H_2O_2} CH_3COOH + CO_2\uparrow$$

2. 脱羧反应

在一定条件下，α-酮酸能脱羧生成醛。例如：

$$CH_3\text{-}\overset{O}{C}\text{-}COOH \xrightarrow[\triangle]{稀\ H_2SO_4} CH_3\text{-}\overset{O}{C}\text{-}H + CO_2\uparrow$$

β-酮酸比 α-酮酸更易脱羧，如乙酰乙酸在室温下就发生脱羧，生成丙酮。

$$CH_3\text{-}\overset{O}{C}\text{-}CH_2\text{-}COOH \longrightarrow CH_3\text{-}\overset{O}{C}\text{-}CH_3 + CO_2\uparrow$$

思考题 10-8 试完成由丙酸→α-氯代丙酸→α-羟基丙酸的转化。

思考题 10-9 写出下列化合物加热后生成的主要产物。

(1) α-羟基丙酸　　(2) β-羟基丁酸　　(3) β-甲基-γ-羟基戊酸

(4) 丙酮酸　　(5) 水杨酸　　(6) 己二酸

10.5　羧酸衍生物的化学性质

1. 水解反应

酰卤、酸酐、酯和酰胺水解反应的主要产物是相应的羧酸。

$$R\text{-}\overset{O}{C}\text{-}Cl + H\text{-}OH \longrightarrow R\text{-}\overset{O}{C}\text{-}OH + HCl$$

$$R\text{-}\overset{O}{C}\text{-}O\text{-}\overset{O}{C}\text{-}R' + H\text{-}OH \xrightarrow{\triangle} R\text{-}\overset{O}{C}\text{-}OH + R'\text{-}\overset{O}{C}\text{-}OH$$

$$\underset{\overset{\displaystyle \|}{\text{O}}}{\text{R—C}}\text{—OR}' + \text{H—OH} \xrightarrow[\triangle]{\text{H}^+ \text{或 OH}^-} \underset{\overset{\displaystyle \|}{\text{O}}}{\text{R—C}}\text{—OH} + \text{R}'\text{OH}$$

$$\underset{\overset{\displaystyle \|}{\text{O}}}{\text{R—C}}\text{—NH}_2 + \text{H—OH} \xrightarrow[\triangle]{\text{H}^+ \text{或 OH}^-} \underset{\overset{\displaystyle \|}{\text{O}}}{\text{R—C}}\text{—OH} + \text{NH}_3$$

它们水解的难易程度不同。酰氯极易水解,且反应猛烈;酸酐一般需要加热才能水解;酯和酰胺水解不仅需要长时间加热回流,还需要加入无机酸(或碱)作为催化剂。它们水解的活性大小顺序如下:

酰卤＞酸酐＞酯＞酰胺

酯的水解在理论上和生产实践上都有重要的意义。酸和碱都能催化酯的水解。酸催化的酯水解反应是酯化反应的逆反应,按照微观可逆性原则,在相同的条件下,正反应和逆反应的途径相同,所以酯水解反应的机理是酸同醇反应机理的逆过程,中间生成相同的中间体。不同的是中间体最后消去醇而不是水。

$$\underset{\overset{\displaystyle \|}{\text{O}}}{\text{R—C}}\text{—OR}' \xrightarrow{\text{H}^+} \underset{\overset{\displaystyle \|}{\overset{\displaystyle +}{\text{OH}}}}{\text{R—C}}\text{—OR}' \xrightarrow{\text{H}_2\text{O},慢} \underset{\overset{\displaystyle |}{\underset{\overset{\displaystyle |}{\text{OH}_2}}{\text{OH}}}}{\text{R—C}}\text{—OR}'$$

$$\underset{\overset{\displaystyle |}{\underset{\overset{\displaystyle |}{\text{OH}}}{\text{OH}}}}{\text{R—C}}\text{—OR}' \xrightarrow{\text{快}} \underset{\overset{\displaystyle \|}{\text{O}}}{\text{R—C}}\text{—OH} + \text{R}'\text{OH} + \text{H}^+$$

碱催化的酯双分子水解反应一般也是按酰氧键断裂的方式进行的。其反应分为两步:首先亲核试剂(OH^-)向羰基碳原子进攻,形成一个氧负离子中间体;接着这个中间体消去烷氧负离子($\text{R}'\text{O}^-$),生成羧酸。由于 RCOO^- 的碱性小于 $\text{R}'\text{O}^-$,所以羧酸把质子转移给烷氧负离子,最后得到醇和羧酸根负离子(RCOO^-)。

$$\text{OH}^- + \underset{\overset{\displaystyle \|}{\text{O}}}{\text{R—C}}\text{—OR}' \xrightarrow{\text{慢}} \underset{\overset{\displaystyle |}{\text{OH}}}{\text{R—C}}\text{—OR}' \xrightarrow{\text{快}} \underset{\overset{\displaystyle \|}{\text{O}}}{\text{R—C}}\text{—OH} + \text{R}'\text{O}^-$$

中间体

$$\underset{\overset{\displaystyle \|}{\text{O}}}{\text{R—C}}\text{—OH} + \text{R}'\text{O}^- \longrightarrow \text{RCOO}^- + \text{R}'\text{OH}$$

由此可见,酯的水解表面上看是羰基碳原子上的亲核取代反应,实际上是一个加成-消除过程。值得注意的是,在上述反应中,由于 RCOO^- 不可能夺取醇中的氢(质子),因而使整个反应变为不可逆,得到的最终产物是羧酸盐,酯的碱性水解可以进行到底。

酰卤、酸酐和酰胺的水解都属于加成-消除机理,故可用通式表示如下:

$$\underset{\overset{\displaystyle \|}{\text{O}}}{\text{R—C}}\text{—Y} + \text{OH}^- \xrightarrow{\text{加成}} \underset{\overset{\displaystyle |}{\text{Y}}}{\text{R—C}}\text{—OH} \xrightarrow{\text{消除}} \underset{\overset{\displaystyle \|}{\text{O}}}{\text{R—C}}\text{—OH} + \text{Y}^-$$

$$\text{Y} = \text{X}、\underset{\overset{\displaystyle \|}{\text{O}}}{\text{O—C}}\text{—R}'、\text{OR}'、\text{NH}_2$$

从上述机理可以看出,羧基碳原子的正电性越强,水解反应时,OH^- 向羰基进攻越容易。如果羧酸衍生物的 R 相同,则 Y 的 $-I$ 效应越强,p-π 的 $+C$ 共轭效应越弱,羰基碳原子的正电性就越强,其水解反应的活泼性就越大。基团 Y 的 $-I$ 效应和 p-π 共轭效应大小顺序如下:

$$-I\,效应\quad -Cl> -O\overset{\overset{\displaystyle O}{\|}}{C}-R' > -OR' > -NH_2$$

$$p\text{-}\pi\,共轭效应\quad -\ddot{C}l < -\ddot{O}\overset{\overset{\displaystyle O}{\|}}{C}-R' < -\ddot{O}R' < -\ddot{N}H_2$$

总的结果是,氯使羧基碳原子的正电性增加,故酰氯最容易发生水解,而 $-NH_2$ 恰恰相反,使羧基碳原子的正电性减少,所以酰胺最难水解。酸酐和酯的水解活性居中。

2. 醇解反应

酰卤、酸酐和酯都能发生醇解反应,生成酯。

$$R-\overset{\overset{\displaystyle O}{\|}}{C}-Cl + H-OR' \longrightarrow R-\overset{\overset{\displaystyle O}{\|}}{C}-OR' + HCl$$

$$R-\overset{\overset{\displaystyle O}{\|}}{C}-O-\overset{\overset{\displaystyle O}{\|}}{C}-R'' + HOR' \xrightarrow{\triangle} R-\overset{\overset{\displaystyle O}{\|}}{C}-OR' + R''-\overset{\overset{\displaystyle O}{\|}}{C}-OH$$

$$R-\overset{\overset{\displaystyle O}{\|}}{C}-OR'' + H-OR' \underset{回流}{\overset{H_2SO_4}{\rightleftharpoons}} R-\overset{\overset{\displaystyle O}{\|}}{C}-OR' + R''OH$$

它们进行醇解反应的活性顺序与水解反应相同。

酰卤和酸酐与醇的作用虽然没有水解反应快,但是也很容易进行,这是一种制备酯的方法。特别是酸酐,因为它较酰卤容易制备和保存,所以用得比较广。例如:

邻羟基苯甲酸(水杨酸)　　　　　　　　乙酰水杨酸(阿司匹林),92%

邻羟基苯甲酸又称水杨酸,具有杀菌能力。乙酰化后的水杨酸称为乙酰水杨酸,商品名为阿司匹林(aspirin),具有退热和止痛作用。复方阿司匹林一般是阿司匹林、咖啡因、扑热息痛和非那西丁的复合物。

环状酸酐醇解后生成二元酸的单酯,这是制取二元酸单酯的常用方法。在过量醇的作用下,单醇将转化成二酯。

（97%）

酯和醇的反应比较难。需要在酸或碱催化下进行。酰胺不能进行醇解。腈在酸催化下能进行醇解,生成亚胺盐,该盐和水作用生成酯,丙二酸二乙酯就是采用这一反应制得的,甲基丙烯酸甲酯也是用这一方法制取的。

$$R-CN + R'OH \xrightarrow{H^+} R-\overset{\overset{\displaystyle \overset{+}{N}H_2}{\|}}{C}-O-R' \xrightarrow{H_3O^+} R-\overset{\overset{\displaystyle O}{\|}}{C}-O-R'$$

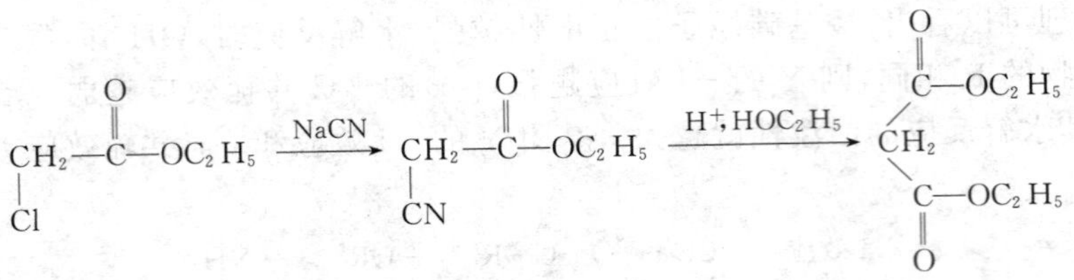

丙二酸二乙酯

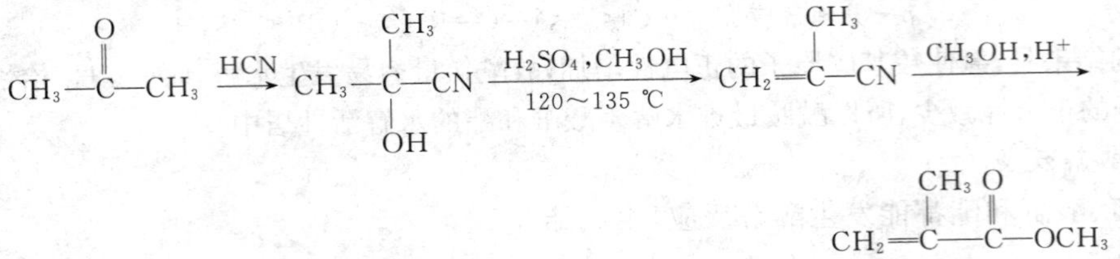

丙二酸二乙酯是很重要的有机合成试剂,在有机合成中有着广泛的用途。甲基丙烯酸甲酯的聚合体是一种无色透明的固体,其光学性能好,俗称有机玻璃。

酯的醇解又叫酯交换反应,即酯分子中的烷氧基被另一种醇的烷氧基所取代,结果生成了新的酯和新的醇。酯交换反应不但需要催化剂,而且反应是可逆的。反应中一般采用小分子醇置换大分子醇或者大分子醇置换小分子醇,便于在反应过程中蒸出被置换的醇或相应酯,从而使平衡移动反应趋于完全。利用酯交换反应可从油脂或蜡制备高级醇。

工业生产涤纶的原料对苯二甲酸二乙二醇酯即是通过酯交换反应合成的。

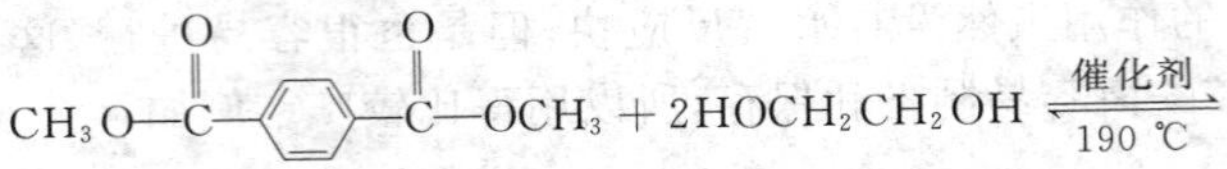

对苯二甲酸二甲酯　　　　　　　乙二醇

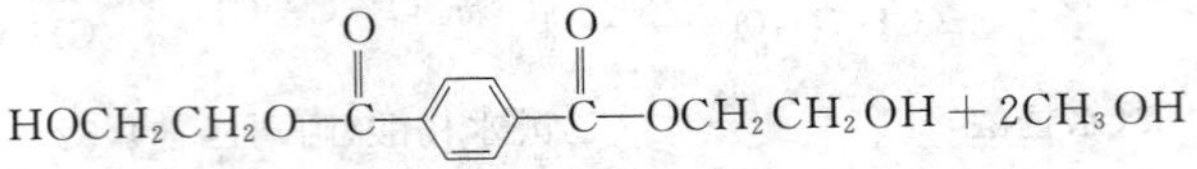

对苯二甲酸二乙二醇酯

产生的甲醇可以利用其易挥发性分离出来。

3. 氨解反应

羧酸衍生物和氨反应生成酰胺,该反应称为羧酸衍生物的氨解反应。酰卤、酸酐和酯都能进行氨解反应,生成酰胺。

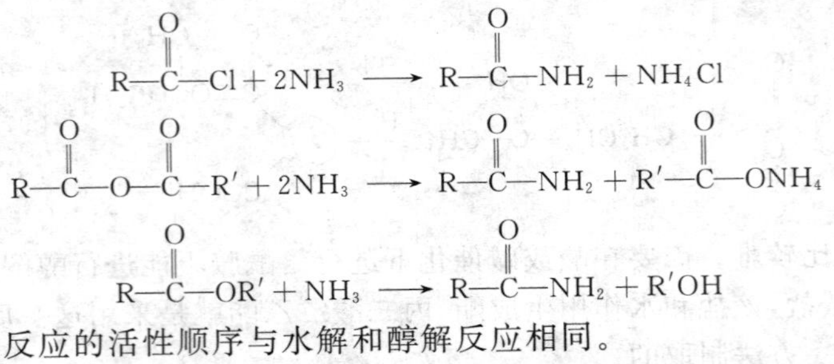

它们进行氨解反应的活性顺序与水解和醇解反应相同。

酰卤和酸酐与氨反应相当快,因此,制备酰胺常用酰卤和酸酐作为原料。例如:

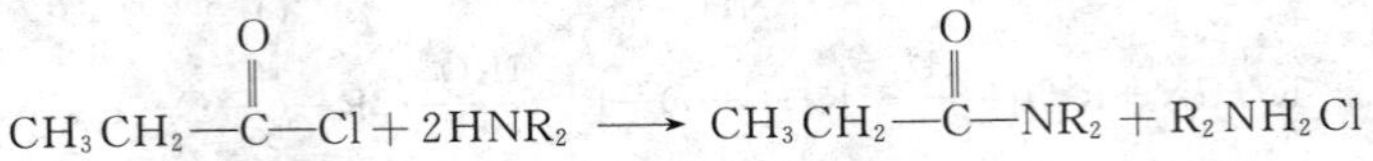

$$CH_3CH \xrightarrow[\text{吡啶}]{(CH_3CO)_2O} (\text{环己基})NH-C-CH_3$$

酯在无水条件下,用过量氨处理可得到酰胺。酯的氨解反应不需要加酸或碱催化剂,并且在室温下就可进行。这是与酯的水解、醇解反应不同之处。

$$RCOOR' + NH_3 \longrightarrow RCONH_2 + R'OH$$

$$CH_3-\overset{OH}{\underset{|}{CH}}-\overset{O}{\underset{\parallel}{C}}-OC_2H_5 + NH_3 \xrightarrow[2\text{ h}]{25\ ℃} CH_3-\overset{OH}{\underset{|}{CH}}-\overset{O}{\underset{\parallel}{C}}-NH_2 + C_2H_5OH$$

在上面三类反应中,水、醇和氨分子的氢原子被酰基取代了,这种在化合物分子中引入酰基的反应称为酰基化反应。而能使其他分子引入酰基的试剂称为酰基化试剂。乙酰氯和乙酸酐是常用的乙酰化试剂。

4. 酰胺的霍夫曼降解反应

酰胺同次溴酸钠或次氯酸钠的碱性溶液作用,失去羰基变成伯胺,此反应称为霍夫曼 (Hoffmann A. W.)降解(或重排)反应。例如:

$$R-\overset{O}{\underset{\parallel}{C}}-NH_2 + NaOBr \xrightarrow{NaOH} R-NH_2 + NaBr + Na_2CO_3 + H_2O$$
$$\text{酰胺} \qquad\qquad\qquad\qquad \text{伯胺}$$

上述反应的机理可能是氮原子上的氢原子首先被溴取代,生成 N-溴代酰胺,然后在强碱作用下,脱去一分子溴化氢,生成含有六个电子的酰基氮烯中间体。这个中间体很不稳定,立即发生重排,烃基带着一对电子转移到缺电子的氮原子上,生成异氰酸酯。后者再发生水解,生成胺和二氧化碳。

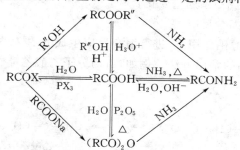

利用这个反应可以制备比原来酰胺少一个碳原子的伯胺。含 8 个碳以下的酰胺,采用此法制备产率较高。

5. 衍生物之间的相互转化关系及机理

从上述反应可以看出,羧酸和各种衍生物之间可通过一定的试剂相互转化。可用下式表示:

前面分析了酯的碱性水解反应是通过加成-消除历程来完成的,实际上,羧酸衍生物酰卤、酸酐、酯、酰胺的水解、醇解、氨解反应等都是属于这种历程。可用一通式表示如下:

$$R-\overset{\overset{O}{\parallel}}{\underset{L}{C}} + Nu^- \rightleftharpoons R-\overset{\overset{O^-}{|}}{\underset{L}{C}}-Nu \rightleftharpoons R-\overset{\overset{O}{\parallel}}{\underset{Nu}{C}} + L^-$$

$$L = X、OCOR、OR、NH_2$$

$$Nu^- = OH^-、H_2O、NH_3、ROH 等亲核试剂$$

从上述历程可以看出,反应的难易主要取决于羰基碳原子与亲核试剂的反应能力,以及离去基团 L 的稳定性。不难理解,L 的吸电子效应越大,中心碳原子正电荷密度就越大,分子就越不稳定,活性高,亲核试剂(Nu^-)就越容易加成,反应就越快。另一方面,离去基团 L 越稳定,在反应过程中就越容易离去,越有利于反应进行。不同离去基团 L 对反应性能的影响列于表 10-5。

表 10-5 羧酸衍生物中离去基团 L 对反应性能的影响

L	诱导效应 ($-I$)	p-π 共轭 效应($+C$)	L^- 的稳定性	反应活性
Cl 或 OCOR	大	小	大	大
OR	中	中	中	中
NR$_2$	小	大	小	小

羧酸衍生物取代反应的活性顺序为:酰卤＞酸酐＞酯＞酰胺。

另外,由于在加成反应过程中,羰基碳原子由 sp^2 杂化变成 sp^3 杂化,即反应物由平面结构变为四面体中间体,中心碳原子空间位阻明显增大,体系能量升高,反应速度减小,所以位阻效应也明显地影响着反应速度。

10.6 乙酰乙酸乙酯和丙二酸二乙酯

10.6.1 乙酰乙酸乙酯

1. 酯缩合反应

酯分子的 α-氢原子在乙醇钠或其他强碱作用下易形成碳负离子,作为亲核试剂与含羰基的化合物发生缩合反应,生成一系列重要化合物。

1) 克莱森(Claisen)酯缩合反应

具有 α-氢原子的酯在醇钠作用下,进行缩合反应生成 β-酮酸酯,此反应称为克莱森酯缩合反应,它是制取 β-酮酸酯的常用方法。例如,将两分子乙酸乙酯在乙醇钠作用下缩合,可制备乙酰乙酸乙酯。

$$CH_3-\overset{\overset{O}{\parallel}}{C}-OC_2H_5 + H-CH_2-\overset{\overset{O}{\parallel}}{C}-OC_2H_5 \xrightarrow{C_2H_5ONa} CH_3-\overset{\overset{O}{\parallel}}{C}-CH_2-\overset{\overset{O}{\parallel}}{C}-OC_2H_5 + C_2H_5OH$$
$$\text{乙酰乙酸乙酯}$$

乙酰乙酸乙酯是很重要的有机合成试剂,其工业制法是用二乙烯酮和乙醇反应获得。

$$CH_2=C-CH_2 \quad +C_2H_5\overset{..}{O}H \xrightarrow{H^+} CH_2=C-CH_2 \longrightarrow CH_2=C-CH_2$$

二乙烯酮　　　　　　　　　　　半缩酮结构不稳定

$$\xrightarrow{\text{烯醇式重排}} CH_2=C-CH_2-C-OC_2H_5 \rightleftharpoons H_3C-C-CH_2-C-OC_2H_5$$

其他含有 α-氢原子的酯也可以发生克莱森酯缩合反应,如果酯分子中只有一个 α-氢原子,其酸性减弱,发生酯缩合反应时须使用更强的碱。例如:

$$2(CH_3)_2CHCOOC_2H_5 \xrightarrow[\text{}]{Ph_3CNa} \xrightarrow{H_3O^+} (CH_3)_2CHC-C(CH_3)_2COC_2H_5 + C_2H_5OH$$

具有 α-氢原子的单一酯进行缩合得到的产物较单一。若用两个都具有 α-氢原子的酯进行缩合反应,将得到四种缩合产物,这在合成上和工业生产中都没有应用价值。但一个有 α-氢原子的酯和另一个没有 α-氢原子的酯进行交叉缩合,能较好地得到一个产物。

$$C_2H_5O-CH +CH_3COOC_2H_5 \xrightarrow{NaOC_2H_5} \xrightarrow{H_3O^+} HC-CH_2COOC_2H_5 + C_2H_5OH$$

在上述反应式中,由于甲酸乙酯的空间位阻小,所以以交叉缩合为主,而乙酸乙酯的自身缩合空间位阻大,中间体拥挤,能量高,不利于反应进行。对无 α-氢原子的酯应尽可能选择空间位阻小,有利于产物生成的酯。

酯与适当的醛、酮也发生类似的交叉缩合反应。例如:

$$C_6H_5CHO+H-CH_2COOC_2H_5 \xrightarrow[HOC_2H_5]{NaOC_2H_5} \xrightarrow{H_3O^+} C_6H_5CH=CHCOOC_2H_5 + H_2O$$

$$C_6H_5COOC_2H_5+CH_3COC_6H_5 \xrightarrow[HOC_2H_5]{NaOC_2H_5} \xrightarrow{H_3O^+} C_6H_5CCH_2CC_6H_5 + C_2H_5OH$$

如果醛(酮)、酯均含有 α-氢原子,由于醛、酮 α-氢原子的酸性较酯的强,所以在反应中一般是醛、酮的 α-氢原子离解,形成具有较强亲核能力的碳负离子,进攻酯羰基发生缩合反应。例如:

$$CH_3-C-CH_3 + CH_3-C-OC_2H_5 \xrightarrow[NaH]{\text{乙醚}} \xrightarrow{H_3O^+} CH_3-C-CH_2-C-CH_3 \quad (85\%)$$

2) 狄克曼酯缩合反应

己二酸酯和庚二酸酯在醇钠作用下,主要是发生分子内的酯缩合反应,称为狄克曼(Dieckmann)酯缩合反应,生成的是环状的 β-酮酸酯。例如:

$$\begin{array}{c} CH_2-CH_2-COOC_2H_5 \\ CH_2 \\ CH_2-C-OC_2H_5 \\ O \end{array} \xrightarrow{NaOC_2H_5} \xrightarrow{H_3O^+} \begin{array}{c} CH_2-CH \\ CH_2-CH_2 \end{array}\begin{array}{c} COOC_2H_5 \\ C=O \end{array} +C_2H_5OH$$

通过狄克曼酯缩合反应合成五元环和六元环的化合物，产物水解脱羧得到环酮，因而可在环状化合物中引入羰基，在有机合成上具有重要价值。

2. 乙酰乙酸乙酯的性质

乙酰乙酸乙酯比乙酰乙酸稳定得多。在常温下，它是无色液体，有令人愉快的香味，微溶于水，易溶于乙醇、乙醚等有机溶剂。

1）乙酰乙酸乙酯的互变异构现象

乙酰乙酸乙酯是 β-酮酸酯，它除了具有酮和酯的典型反应外，还具有酮和酯所没有的特殊性质。例如，能使溴的四氯化碳溶液褪色，能同金属钠反应放出氢气，能与三氯化铁溶液发生颜色反应等。物质的性质是由其结构决定的。乙酰乙酸乙酯的上述性质也必然由它的特殊结构所决定。通过物理和化学方法证明，乙酰乙酸乙酯是由酮式和烯醇式两种异构体组成的平衡混合物：

$$CH_3-\overset{O}{\underset{}{C}}-CH_2-\overset{O}{\underset{}{C}}-OC_2H_5 \underset{室温}{\rightleftharpoons} CH_3-\overset{OH}{\underset{}{C}}=CH-\overset{O}{\underset{}{C}}-OC_2H_5$$

酮式，92.5%　　　　　　　　　　　烯醇式，7.5%

因此，乙酰乙酸乙酯具有酮和烯醇的双重反应性能。由于室温下两种异构体互变速率极快，所以不能将它们分离开来。

酮式和烯醇式两种异构体在室温下的相互转化，可用以下实验证明：在乙酰乙酸乙酯溶液中加入几滴三氯化铁溶液，即出现紫红色，这说明它的烯醇式与三氯化铁生成了配合物；如果再向紫红色溶液滴加溴，紫红色消失，这说明溴与烯醇式中的双键发生了加成，烯醇式异构体已被消耗掉。但过一段时间后，紫红色又慢慢出现，这是由于酮式-烯醇式平衡又向生成烯醇式的方向发生了移动，重新建立了新的平衡体系。这种平衡移动可以表示如下：

$$CH_3-\overset{O}{\underset{}{C}}-CH_2-\overset{O}{\underset{}{C}}-OC_2H_5 \rightleftharpoons CH_3-\overset{OH}{\underset{}{C}}=CH-\overset{O}{\underset{}{C}}-OC_2H_5 \xrightarrow{FeCl_3} 紫红色配合物$$

$$\downarrow Br_2(CCl_4)$$

$$CH_3-\overset{O}{\underset{}{C}}-\overset{}{\underset{Br}{C}}H-\overset{O}{\underset{}{C}}-OC_2H_5 + HBr \longleftarrow CH_3-\overset{OH}{\underset{}{C}}-\overset{}{\underset{Br}{C}}H-\overset{O}{\underset{}{C}}-OC_2H_5$$

一般来说，烯醇式结构是不稳定的，它总是趋向于变为酮式。乙酰乙酸乙酯的烯醇式结构之所以比较稳定，其原因有三个：一是在酮式结构中，由于羰基和酯基的双重影响，亚甲基上的氢原子变得很活泼，从而容易生成烯醇式异构体；二是在烯醇式异构体中，碳碳双键与酯基的大 π 键形成了 π-π 共轭体系，降低了体系的能量；三是烯醇式羟基上的氢原子与酯基上的氧原子形成了分子内的氢键，使体系的能量得到了进一步降低。

$$CH_3-\overset{O}{\underset{}{C}}-CH_2-\overset{O}{\underset{}{C}}-OC_2H_5 \rightleftharpoons CH_3-C\underset{\underset{H}{\parallel}}{\overset{H\cdots O}{\diagdown}}C-OC_2H_5$$

烯醇式分子内的氢键

除乙酰乙酸乙酯外,凡分子中含有"$-\overset{O}{\overset{\|}{C}}-CH_2-G$"(G 为 $-\overset{O}{\overset{\|}{C}}-R$、$-\overset{O}{\overset{\|}{C}}-OR$、$-CN$、$-\overset{O}{\overset{\|}{C}}-H$、$-NO_2$ 等吸电子原子团)结构的化合物都能发生酮式-烯醇式互变异构。亚甲基上的氢原子愈活泼,在平衡点时,烯醇式异构体所占比例愈高。

生物体内的一些物质,如丙酮酸、草酰乙酸、嘧啶和嘌呤的某些衍生物等,都能发生互变异构现象。

2) 乙酰乙酸乙酯成酮分解和成酸分解

乙酰乙酸乙酯具有特殊的化学性质,能发生多种反应,是一种十分重要的有机合成原料。

在乙酰乙酸乙酯分子中,由于相邻两个羰基的影响,亚甲基碳原子与相邻两个碳原子间的碳碳键容易断裂,故在不同条件下能发生不同类型的分解反应。

(1) 酮式分解。乙酰乙酸乙酯在稀碱或稀酸作用下,发生水解,然后脱羧生成酮,这种过程叫做酮式分解。

$$CH_3COCH_2COOC_2H_5 \xrightarrow[-C_2H_5OH]{\text{稀碱或稀酸}} CH_3COCH_2-\overset{O}{\overset{\|}{C}}-OH \xrightarrow[\text{脱羧}]{\triangle} CH_3-\overset{O}{\overset{\|}{C}}-CH_3 + CO_2\uparrow$$

(2) 酸式分解。乙酰乙酸乙酯在浓碱作用下,α-碳原子与 β-碳原子间的键发生断裂,生成两分子羧酸,这种过程叫做酸式分解。

$$CH_3COCH_2COOC_2H_5 \xrightarrow[\triangle]{\text{浓碱}} 2CH_3COONa + C_2H_5OH$$

除乙酰乙酸乙酯外,其他 β-酮酸酯也都能发生上述反应。油脂代谢或酸败中产生的小分子酮和羧酸就是由此而来的。

3) 乙酰乙酸乙酯亚甲基上氢原子的酸性

在乙酰乙酸乙酯分子中,亚甲基上的两个氢原子受到相邻两个吸电子基的影响,性质变得很活泼,在醇钠的作用下生成碳负离子,碳负离子具有强亲核性能,与卤代烃或酰卤等发生亲核取代反应,生成烃基(或酰基)取代的乙酰乙酸乙酯。例如:

$$CH_3COCH_2COOC_2H_5 \xrightarrow{C_2H_5ONa} CH_3CO\overset{-}{C}H\underset{Na^+}{COOC_2H_5} \xrightarrow{RX} CH_3COCH\underset{R}{COOC_2H_5}$$

一烃基取代乙酰乙酸乙酯

一烷基取代的乙酰乙酸乙酯中亚甲基上还有一个氢原子,它的酸性比乙酰乙酸乙酯弱,在更强的碱作用下可以发生第二次烷基化。

$$CH_3\overset{O}{\overset{\|}{C}}-\underset{R}{CH}-\overset{O}{\overset{\|}{C}}OC_2H_5 \xrightarrow[(CH_3)_3COH]{(CH_3)_3COK} CH_3\overset{O}{\overset{\|}{C}}-\underset{R}{\overset{-}{C}}-\overset{O}{\overset{\|}{C}}OC_2H_5 \xrightarrow[-NaX]{R'-X} CH_3\overset{O}{\overset{\|}{C}}-\underset{R}{\overset{R'}{C}}-\overset{O}{\overset{\|}{C}}OC_2H_5$$

乙酰乙酸乙酯进行烷基化反应是 S_N2 反应。卤代烷、烯丙基卤、苄基卤产率较高,仲卤代烷产率较低,叔卤代烷发生消除反应得到烯烃。当 R'、R 为不同的取代基时,应先引入空间位阻小、对碳负离子稳定性较强的基团。

乙酰乙酸乙酯负离子与酰卤反应时,得到酰基化产物。为避免酰卤被醇解,这个反应一般是用非质子极性物质(如 DMF、DMSO)作溶剂,而不用醇,强碱用 NaH 而不是用醇钠。

$$CH_3\overset{O}{\overset{\|}{C}}-CH_2-\overset{O}{\overset{\|}{C}}OC_2H_5 \xrightarrow[DMF]{NaH} CH_3\overset{O}{\overset{\|}{C}}-\overset{-}{C}H-\overset{O}{\overset{\|}{C}}OC_2H_5 \xrightarrow{RCOCl} CH_3\overset{O}{\overset{\|}{C}}-\underset{COR}{CH}-\overset{O}{\overset{\|}{C}}OC_2H_5$$

如果酰卤过量,亚甲基上的两个氢原子可以被逐步取代,生成二取代物。上述取代的乙酰乙酸乙酯都可以发生相应的酮式分解和酸式分解,以制取不同结构的酮、二酮、羧酸等。这是有机合成上制备酮和羧酸的最重要方法之一。

乙酰乙酸乙酯负离子可与 α,β-不饱和羰基化合物发生迈克尔反应。

$$CH_3COCH_2COOC_2H_5 \xrightarrow{C_2H_5ONa} CH_3CO\overset{-}{C}HCOOC_2H_5$$
$$\xrightarrow{CH_2=CHCOCH_3} CH_3COCH(CH_2CH_2COCH_3)COOC_2H_5$$

3. 乙酰乙酸乙酯在合成上的应用

乙酰乙酸乙酯依次进行烷基化或酰基化、酮式分解或酸式分解等一系列反应,在合成上的应用称为乙酰乙酸乙酯合成法。乙酰乙酸乙酯是合成取代丙酮最常用的试剂。

1) 制备甲基酮

乙酰乙酸乙酯进行一次烷基化反应得到一烷基取代的乙酰乙酸乙酯,然后用稀 NaOH 溶液水解,酸化反应混合物,加热脱羧得到一取代丙酮。

$$CH_3\overset{O}{\overset{\|}{C}}-CH_2-\overset{O}{\overset{\|}{C}}OC_2H_5 \xrightarrow[(2)\ R-X]{(1)\ C_2H_5ONa,C_2H_5OH} CH_3\overset{O}{\overset{\|}{C}}-\underset{R}{CH}-\overset{O}{\overset{\|}{C}}OC_2H_5 \xrightarrow[H_2O]{NaOH}$$

$$CH_3\overset{O}{\overset{\|}{C}}-\underset{R}{CH}-\overset{O}{\overset{\|}{C}}O^- \xrightarrow{H^+} CH_3\overset{O}{\overset{\|}{C}}-\underset{R}{CH}-\overset{O}{\overset{\|}{C}}OH \xrightarrow[\triangle]{-CO_2} CH_3\overset{O}{\overset{\|}{C}}CH_2-R$$

二次烷基化的乙酰乙酸乙酯,经酮式分解得到 α,α-二烷基取代丙酮。

$$CH_3COCH_2COOC_2H_5 \xrightarrow[(2)\ RX]{(1)\ C_2H_5ONa,C_2H_5OH} CH_3COCHRCOOC_2H_5 \xrightarrow[(2)\ R'X]{(1)\ (CH_3)_3COK,(CH_3)_3COH}$$

$$CH_3COCRR'COOC_2H_5 \xrightarrow[(2)\ H^+;(3)\ -CO_2,\triangle]{(1)\ 稀\ NaOH,H_2O} CH_3COC\underset{R'}{\overset{R}{|}}H-R'$$

2) 制备甲基二酮

酰基化的乙酰乙酸乙酯经酮式分解,得到 β-二酮。

$$CH_3\overset{O}{\overset{\|}{C}}-CH_2-\overset{O}{\overset{\|}{C}}OC_2H_5 \xrightarrow[DMF]{NaH} CH_3\overset{O}{\overset{\|}{C}}-\underset{Na^+}{\overset{-}{C}H}-\overset{O}{\overset{\|}{C}}OC_2H_5 \xrightarrow{RCOCl}$$

$$CH_3\overset{O}{\overset{\|}{C}}-\underset{COR}{CH}-\overset{O}{\overset{\|}{C}}OC_2H_5 \xrightarrow[(2)\ H^+;(3)\ -CO_2,\triangle]{(1)\ 稀\ NaOH,H_2O} CH_3\overset{O}{\overset{\|}{C}}CH_2-COR$$

乙酰乙酸乙酯钠($[CH_3COCHCOOC_2H_5]^- Na^+$)与碘作用,然后进行酮式分解得 γ-二酮,如以多亚甲基二卤化物 $X(CH_2)_nX$ 代替碘进行相似的反应,则可得到两个羰基相距更远的二酮。

$$2[CH_3COCHCOOC_2H_5]^-Na^+ + I_2 \longrightarrow \begin{array}{c} CH_3COCHCOOC_2H_5 \\ | \\ CH_3COCHCOOC_2H_5 \end{array} \xrightarrow{\text{稀 NaOH}}$$

$$\begin{array}{c} CH_3COCHCOO^- \\ | \\ CH_3COCHCOO^- \end{array} \xrightarrow[(2) \triangle, -CO_2]{(1) H^+} CH_3COCH_2CH_2COCH_3$$

如果以 α-卤代酮来进行乙酰乙酸乙酯的烷基化反应,产物经酮式分解也可得到 γ-二酮。例如:

$$CH_3\overset{O}{\overset{\|}{C}}-CH_2-\overset{O}{\overset{\|}{C}}OC_2H_5 \xrightarrow{C_2H_5ONa, C_2H_5OH} CH_3\overset{O}{\overset{\|}{C}}-\overset{-}{C}H-\overset{O}{\overset{\|}{C}}OC_2H_5 \xrightarrow{BrCH_2COR}$$
$$\phantom{CH_3\overset{O}{\overset{\|}{C}}-CH_2-\overset{O}{\overset{\|}{C}}OC_2H_5 \xrightarrow{C_2H_5ONa} } \underset{Na^+}{}$$

$$\begin{array}{c} CH_3\overset{O}{\overset{\|}{C}}-CH-\overset{O}{\overset{\|}{C}}OC_2H_5 \\ | \\ CH_2COR \end{array} \xrightarrow[(2) H^+;(3) -CO_2, \triangle]{(1) 稀 NaOH, H_2O} CH_3\overset{O}{\overset{\|}{C}}CH_2-CH_2COR$$

3) 制备 γ-酮酸

如果用 α-卤代羧酸酯进行乙酰乙酸乙酯的烷基化反应,产物再经酮式分解得到 γ-酮酸。这是合成 γ-酮酸的一种方法。例如:

$$CH_3\overset{O}{\overset{\|}{C}}-CH_2-\overset{O}{\overset{\|}{C}}OC_2H_5 \xrightarrow{C_2H_5ONa, C_2H_5OH} CH_3\overset{O}{\overset{\|}{C}}-\overset{-}{C}H-\overset{O}{\overset{\|}{C}}OC_2H_5 \xrightarrow{BrCH_2COOC_2H_5}$$
$$ \underset{Na^+}{}$$

$$\begin{array}{c} CH_3\overset{O}{\overset{\|}{C}}-CH-\overset{O}{\overset{\|}{C}}OC_2H_5 \\ | \\ CH_2COOC_2H_5 \end{array} \xrightarrow[(2) H^+;(3) -CO_2, \triangle]{(1) 稀 NaOH, H_2O} CH_3\overset{O}{\overset{\|}{C}}CH_2-CH_2COOH$$

在制备过程中,选用的卤代烃只能为伯、仲卤代烃,不能使用叔卤代烃和乙烯型卤代烃。

思考题 10-10 乙酰丙酸乙酯能否发生互变异构现象?为什么?

思考题 10-11 用简单原料合成 2,4-戊二酮。

思考题 10-12 写出乙酰乙酸乙酯钠盐与下列化合物的反应产物。

(1) 烯丙基溴   (2) 溴乙酸甲酯   (3) 溴代丙酮

(4) 丙酰氯   (5) 1,2-二溴乙烷   (6) α-溴代丁二酸二甲酯

思考题 10-13 用乙酰乙酸乙酯合成下列化合物。

(1) 2-庚酮   (2) 2,7-辛二酮   (3) 3-甲基-4-戊丁酮酸

10.6.2 丙二酸二乙酯

1. 丙二酸二乙酯的制备

以氯乙酸为原料,经过氰解、酯化反应,得到丙二酸二乙酯。

$$\begin{array}{c} CH_2COOH \\ | \\ Cl \end{array} \xrightarrow[NaOH]{NaCN} \begin{array}{c} CH_2COONa \\ | \\ CN \end{array} \xrightarrow{C_2H_5OH, H^+} CH_2 \begin{array}{c} COOC_2H_5 \\ \diagup \\ \diagdown \\ COOC_2H_5 \end{array}$$

丙二酸二乙酯

丙二酸二乙酯为无色液体,有芳香气味,沸点为 199.3 ℃,不溶于水,易溶于乙醇、乙醚等

有机溶剂。

2．丙二酸二乙酯的化学性质

丙二酸二乙酯在结构上类似于乙酰乙酸乙酯，具有与乙酰乙酸乙酯相似的化学性质。丙二酸二乙酯分子中亚甲基上的质子具有酸性，但比乙酰乙酸乙酯中亚甲基质子酸性弱，与强碱作用形成碳负离子，碳负离子作为强亲核试剂和卤代烃发生亲核取代反应，生成取代的丙二酸二乙酯，水解后脱羧，得到羧酸。例如：

$$R{-}X+CH_2(COOC_2H_5)_2 \xrightarrow{C_2H_5ONa} RCH(COOC_2H_5)_2$$

$$\xrightarrow{NaOH} RCH(COONa)_2 \xrightarrow[\triangle]{H^+} RCH_2COOH$$

丙二酸二乙酯中有两个活泼氢原子，因此也可进行二次取代反应，生成二取代羧酸。例如：

$$CH_2(COOC_2H_5)_2 \xrightarrow{NaOC_2H_5} \xrightarrow{R'{-}X} R'CH(COOC_2H_5)_2 \xrightarrow{NaOC_2H_5} \xrightarrow{R''{-}X}$$

$$\underset{R''}{\overset{R'}{C}}{\Big\langle}\!\!\begin{array}{c}COOC_2H_5\\COOC_2H_5\end{array} \xrightarrow{OH^-,H_2O} \xrightarrow[\triangle]{H^+} R'{-}\underset{R''}{\overset{|}{CH}}{-}\overset{\overset{O}{\|}}{C}{-}OH$$

所用卤代烃最好是伯卤代烃。用仲卤代烃时，反应过渡态拥挤程度大，活化能高，不利于反应，同时伴有一定的消除反应，收率低；叔卤代烃在碱性溶液中发生消除而不能使用；乙烯型卤代烃中卤原子不活泼，不能反应。另外，由于空间位阻的影响，二元取代反应难度较大，因此在考虑连接不同烃基时，第二次所用的卤代烃应该比第一次所用的卤代烃活性高、体积小，这样有利于反应的进行。例如：

$$CH_2(COOC_2H_5)_2 \xrightarrow{NaOC_2H_5} \xrightarrow{(CH_3)_2CHBr} (CH_3)_2CH{-}CH(COOC_2H_5)_2$$

$$\xrightarrow{NaOC_2H_5} \xrightarrow{CH_3I} \xrightarrow[(2)\ H_3O^+,\triangle]{(1)\ OH^-,H_2O} CH_3{-}\underset{CH_3}{\overset{CH_3}{CH}}{-}\underset{}{\overset{|}{CH}}{-}COOH$$

丙二酸二乙酯也可以在胺或吡啶等催化下同醛、酮发生缩合反应，生成各种 α,β-不饱和羧酸，这个反应叫做克脑文盖-德布罗（Knoevenagel-Doebner）反应。例如：

$$RCHO+CH_2(COOC_2H_5)_2 \xrightarrow{\text{吡啶}} RCH{=}C(COOC_2H_5)_2 \xrightarrow{KOH}$$

$$RCH{=}C(COOK)_2 \xrightarrow[\triangle]{H^+} RCH{=}CHCOOH$$

3．丙二酸二乙酯在合成上的应用

丙二酸二乙酯能发生乙酰乙酸乙酯类似的反应，进行烃基化或酰基化、水解、脱羧等一系列反应，在有机合成中常用来合成羧酸，这种方法称为丙二酸二乙酯合成法。其他丙二酸酯类化合物也有类似的反应性能，因此丙二酸酯类化合物在有机合成上有较广泛的应用。

1）制备取代乙酸

$$CH_2(COOC_2H_5)_2 \xrightarrow{C_2H_5ONa} Na[\overset{+}{CH}(COOC_2H_5)_2]^- \xrightarrow{RX} RCH(COOC_2H_5)_2$$

$$RCH(COOC_2H_5)_2 \xrightarrow{H^+,H_2O} RCH(COOH)_2 \xrightarrow[\triangle]{-CO_2} RCH_2COOH$$

$$RCH(COOC_2H_5)_2 \xrightarrow[R'-X]{C_2H_5ONa, C_2H_5OH} \overset{R}{\underset{R'}{C}}(COOC_2H_5)_2$$

$$\xrightarrow{H^+, H_2O} \overset{R}{\underset{R'}{C}}(COOH)_2 \xrightarrow[\triangle]{-CO_2} \overset{R}{\underset{R'}{CH}}COOH$$

2）制备二元酸

控制反应物的物质的量之比,使二卤代烷与丙二酸二乙酯之比为 1∶2（物质的量）,反应产物经水解、脱羧,就能得到二元酸。

$$2[CH(COOC_2H_5)_2]^- + X_2(CH_2)_n \longrightarrow \begin{matrix} CH(COOC_2H_5)_2 \\ (CH_2)_n \\ CH(COOC_2H_5)_2 \end{matrix} \xrightarrow[(2)\ \triangle]{(1)\ H^+,H_2O} \begin{matrix} CH_2COOH \\ (CH_2)_n \\ CH_2COOH \end{matrix}$$

n=0 时,X=I；n=1,2,…时,X=Cl、Br、I

如果用卤代羧酸酯作为烃基化试剂和丙二酸二乙酯的碳负离子反应,产物再经皂化、酸化、脱羧,也可以合成二元酸。例如：

$$[CH(COOC_2H_5)_2]^- \xrightarrow{RX} RCH(COOC_2H_5)_2 \xrightarrow[BrCHR'COOC_2H_5]{(1)\ C_2H_5ONa}$$

$$\begin{matrix} RC(COOC_2H_5)_2 \\ R'CHCOOC_2H_5 \end{matrix} \xrightarrow[(2)\ H^+]{(1)\ OH^-,H_2O} \begin{matrix} RC(COOH)_2 \\ R'CHCOOH \end{matrix} \xrightarrow[\triangle]{-CO_2} \begin{matrix} RCHCOOH \\ R'CHCOOH \end{matrix}$$

3）制备环烷酸

1 mol 丙二酸二乙酯和 1 mol 二卤代烷 X(CH_2)_nX（n=2,3,4,5,X=Cl、Br、I）反应,先得到卤代烷基丙二酸二乙酯,接着再用相等物质的量的强碱处理,使分子内发生烷基化反应,成环得到三元、四元、五元和六元脂环化合物。例如：

$$CH_2(COOC_2H_5)_2 \xrightarrow{2NaOC_2H_5} \xrightarrow{Br(CH_2)_3Cl} \square\!\!\!<\!\!\begin{matrix} COOC_2H_5 \\ COOC_2H_5 \end{matrix} \xrightarrow{KOH} \xrightarrow[\triangle]{H_3O^+} \square\!\!\!-COOH$$

42%～44%

4）合成 β-酮酯或酮

酰基取代的丙二酸二乙酯用酸水解,并使之仅水解一个酯基,脱羧后就可得到 β-酮酯；若两个酯基都水解,经脱羧后就得到酮。

$$RCOCH(COOC_2H_5)_2 \xrightarrow{H^+, H_2O} \underset{\underset{COOC_2H_5}{|}}{RCOCHCOOH} \xrightarrow[\triangle]{-CO_2} RCOCH_2COOC_2H_5$$

$$\downarrow H^+, H_2O$$

$$RCOCH(COOH)_2 \xrightarrow[\triangle]{-CO_2} RCOCH_3$$

思考题 10-14 列表说明乙酰乙酸乙酯和丙二酸二乙酯的化学性质及应用于有机合成时的异同点。

思考题 10-15 用丙二酸二乙酯为原料合成下列化合物。

（1）2-甲基戊酸　　　（2）戊二酸　　　（3）γ-戊酮酸

10.7　其他活泼亚甲基化合物的反应

乙酰乙酸乙酯和丙二酸二乙酯在有机合成中得到广泛应用是基于结构中都含有活泼亚甲基。一般来说,只要亚甲基上连有两个吸电子基团,符合结构通式 X—CH$_2$—Y(X、Y 为酰基、醛基、羧基、酯基、氰基、硝基等),这个亚甲基上的氢原子就具有强的活性,能发生与碳负离子的缩合反应。

1. 克脑文盖反应

具有活性的亚甲基在弱碱作用下,和醛、酮的缩合反应,称为克脑文盖(Knoevenagel)反应,其生成物为 α,β-不饱和酯。例如:

$$R—CHO + CH_2(COOC_2H_5)_2 \xrightarrow{\underset{N}{\overset{}{\bigcirc}} H} RCH=C(COOC_2H_5)_2$$

$$\bigcirc\!\!=\!\!O + NC—CH_2COOC_2H_5 \xrightarrow{CH_3—\overset{O}{\overset{\|}{C}}—ONH_4} \bigcirc\!\!=\!\!\overset{COOC_2H_5}{\underset{CN}{C}}$$

2. 瑞福马斯基反应

α-溴代乙酸酯和锌粉作用后,再和醛、酮中羰基进行缩合,生成 β-羟基酯的反应,称为瑞福马斯基(Reformastsky)反应。例如:

$$R—\overset{O}{\overset{\|}{C}}—R'(H) + BrCH_2—\overset{O}{\overset{\|}{C}}—OC_2H_5 \xrightarrow[\text{(2)}H_2O,H^+]{\text{(1) Zn,苯}} R—\overset{OH}{\underset{R'(H)}{C}}—CH_2—COOC_2H_5$$

溴代乙酸乙酯和锌粉作用生成有机锌化合物,然后对羰基进行亲核加成,反应和格氏试剂对羰基化合物的亲核加成相似,只是有机锌化合物活性差,一般不与酯羰基加成,故得到 β-羟基酯。

3. 珀金反应

在脂肪酸盐作用下,芳香醛和相应的含有 α-亚甲基的酸酐反应生成 α,β-不饱和芳香酸的反应,称为珀金(Perkin)反应,这是制备肉桂酸的常用方法。例如:

$$\bigcirc\!\!—CHO + (CH_3CO)_2O \xrightarrow[\triangle]{CH_3COONa} \bigcirc\!\!—CH=CH—COOH$$

4. 迈克尔加成反应

具有 α-氢原子的羰基化合物在碱作用下生成 α-羰基碳负离子,再和 α,β-不饱和羰基化合物进行 1,4-加成反应,生成 1,5-二羰基化合物,这也是制备 1,5-二羰基化合物的重要方法。例如:

$$\bigcirc\!\!=\!\!O + CH_2(COOC_2H_5)_2 \xrightarrow[C_2H_5OH]{C_2H_5ONa} \bigcirc\!\!—CH(COOC_2H_5)_2$$

$$\bigcirc\!\!=\!\!O + CH_2=\overset{O}{\overset{\|}{C}}—OC_2H_5 \xrightarrow{C_2H_5ONa} \bigcirc\!\!—CH_2CH_2—\overset{O}{\overset{\|}{C}}—OC_2H_5$$

迈克尔加成反应与克莱森缩合反应以及羟醛缩合反应联用，可合成环状化合物，这种合环反应称为 Robinson 缩合反应。例如：

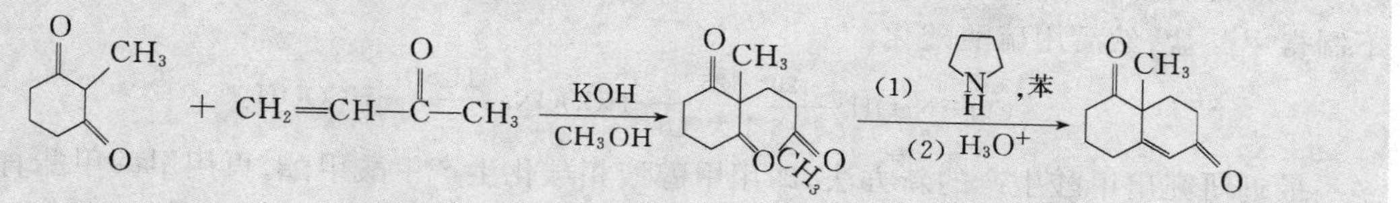

5. 法沃斯基(Favorskii)反应

α-卤代酮在碱作用下，发生分子内亲核取代反应，生成三元环酮中间体，然后在碱作用下开环，生成羧酸衍生物。该反应多用于环状化合物的缩环制备。例如：

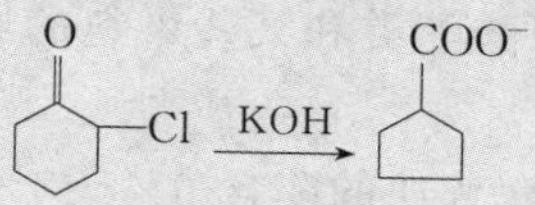

其反应历程如下：

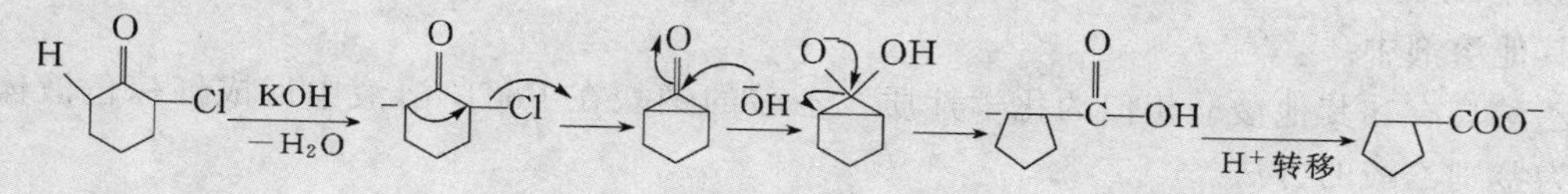

10.8　重要的羧酸及羧酸衍生物

10.8.1　重要的羧酸类化合物

1. 甲酸

甲酸俗称蚁酸，是无色、有刺激性气味的液体，沸点为 100.5 ℃，熔点为 8.4 ℃，可与水、乙醇、乙醚等混溶。在饱和一元羧酸中，甲酸的酸性最强，并具有极强的腐蚀性。

甲酸的结构比较特殊，分子中的羧基和氢原子直接相连，因此，它既有羧基的结构，又具有醛基的结构。

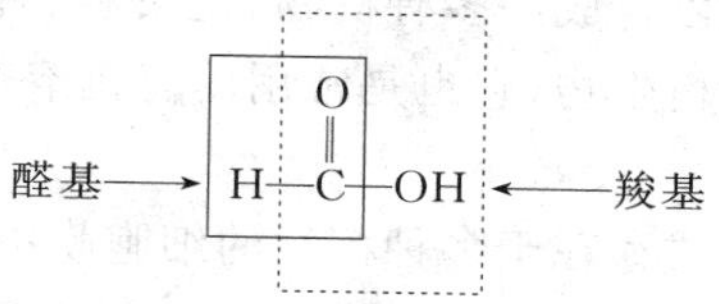

甲酸

甲酸的特殊结构决定了它具有一些特殊的性质。例如，甲酸具有还原性，能和托伦斯试剂及费林试剂发生反应，能使高锰酸钾溶液褪色，它本身则被氧化成二氧化碳和水。

$$H-\overset{\overset{O}{\|}}{C}-OH + [O] \longrightarrow \left[HO-\overset{\overset{O}{\|}}{C}-OH \right] \longrightarrow CO_2\uparrow + H_2O$$

甲酸与浓硫酸共热则分解生成一氧化碳和水，这是实验室制备少量一氧化碳的方法。

$$HCOOH \xrightarrow[60\sim80\ ℃]{浓\ H_2SO_4} CO\uparrow + H_2O$$

甲酸传统的生产方法是用一氧化碳和粉状氢氧化钠在 120～125 ℃、6～8 个大气压作用下制得甲酸盐，然后用硫酸酸化。

$$CO + NaOH \xrightarrow[6\sim8\ 个大气压]{120\sim125\ ℃} HCOONa \xrightarrow{H_2SO_4} HCOOH$$

最近研究出甲酸生产的新方法，即用甲醇液相羰化生产甲酸甲酯，再用甲酸甲酯直接水解分离制取甲酸。新工艺与传统的甲酸钠酸解法比较，技术路线先进，工艺流程合理。用该法制取甲酸，耗碱量少，生产成本约为甲酸钠酸解法的二分之一。该法有较大经济竞争优势，是目前世界上先进的生产方法之一。

甲酸在工业上用做橡胶的凝聚剂和印染时的酸性还原剂，在医药上因甲酸有杀菌能力还可用做消毒剂或防腐剂，也是合成甲酸酯类和某些染料的原料。

2. 乙酸

乙酸俗名醋酸，是食醋中的成分，普通的醋含 6%～8% 的乙酸。乙酸为无色、有刺激性气味的液体，熔点为 16.6 ℃，易冻结成冰状固体，俗称冰醋酸。乙酸与水能按任何比例混溶，也溶于其他溶剂中。

乙酸具有和其他羧酸相似的化学性质。乙酸的钠盐在 $FeCl_3$ 溶液中形成红棕色液体，这可作为鉴别乙酸的方法。

乙酸是人类最早使用的酸，可通过发酵法，利用空气中的氧氧化乙醇而制取。

$$CH_3CH_2OH + O_2 \xrightarrow{氧化酶} CH_3COOH$$

工业上是用乙醛氧化法和甲醇羰化法制乙酸。乙醛一般先由乙烯或乙醇氧化，也可由电石制得，再用空气中的氧在催化剂作用下将乙醛氧化成乙酸。

$$CH_3CHO \xrightarrow{O_2,\ (CH_3COO)_2Mn} CH_3COOH$$

甲醇和一氧化碳在金属催化剂作用下，可直接化合为乙酸。这种方法也叫孟山都（Monsanto）制乙酸法，它是美国孟山都公司发明的。可以看到，在这个反应中所有的反应物完全转化成产物，没有浪费掉一个原子。这种反应称为原子经济性反应（atom economy reaction）。

$$CH_3OH + CO \xrightarrow{Rh（催化剂）} CH_3COOH$$

乙酸是重要的化工原料，可以合成许多有机物，是染料、香料、塑料、医药等工业不可缺少的原料，同时也用于合成乙酸的衍生物，它也是常用的有机溶剂。

3. 乙二酸

乙二酸俗称草酸，以盐的形式存在于多种植物的细胞膜中，最常见的为钾盐和钙盐。纯净的乙二酸为无色晶体，常含两分子结晶水，加热至 100 ℃ 即可失水而得无水乙二酸，熔点为 187 ℃（分解），易溶于水，难溶于乙醚等非极性溶剂中。

乙二酸是酸性最强的二元羧酸。其钙盐溶解度极小，故常利用这一性质来检验钙离子或乙二酸。乙二酸易被氧化，在定量分析中常用它来标定高锰酸钾。

$$5\underset{\substack{\| \\ O}}{HO—C}—\underset{\substack{\| \\ O}}{C}—OH + 2KMnO_4 + 3H_2SO_4 \longrightarrow 2MnSO_4 + K_2SO_4 + 10CO_2\uparrow + 8H_2O$$

此外，乙二酸还有很强的配位能力，能同许多金属离子形成可溶性的配离子。例如：

$$Fe^{3+} + 3H_2C_2O_4 \Longrightarrow [Fe(C_2O_4)_3]^{3-} + 6H^+$$

因此,乙二酸可用来除去铁锈或蓝墨水的污迹,同时也常用来抽提稀有元素。在工业上,乙二酸用做媒染剂和漂白剂。

4. 苯甲酸

苯甲酸俗称安息香酸,是白色晶体,熔点为 122.4 ℃,难溶于冷水,易溶于沸水、乙醇、氯仿和乙醚中。它有抑制霉菌的作用,故苯甲酸及其钠盐常用做食物和某些药物制剂的防腐剂,但现在逐渐为山梨酸钾所替代。

5. 邻苯二甲酸

邻苯二甲酸为白色晶体,易溶于乙醇,微溶于水和乙醚。加热至 200~230 ℃失水,生成邻苯二甲酸酐。

邻苯二甲酸及其酸酐是制造染料、合成树脂和增塑剂的原料。它的二甲酯和二丁酯还可用做避蚊油。

6. 乳酸

乳酸即 2-羟基丙酸,最初发现于酸牛奶中。它广泛存在于自然界,牛奶变酸、肌糖无氧酵解和蔗糖经左旋乳酸杆菌发酵都能产生乳酸。

乳酸通常为无色或微黄色的糖浆状液体,溶于水、乙醇、乙醚和甘油,不溶于氯仿等极性小的有机溶剂。它的钙盐不溶于水,所以工业上常用乳酸作除钙剂,乳酸在印染上常用做媒染剂,医药上则用做腐蚀剂。乳酸的酯类主要用做溶剂、增塑剂和香料的原料。聚乳酸为可降解高分子,是当前研究与开发的热点。

7. 苹果酸

苹果酸最初从苹果中获得,其系统名称为 2-羟基丁二酸。它多存在于未成熟的果实内,在山楂内含量特别丰富,是存在于植物中的重要有机酸之一。

苹果酸有两种旋光异构体,两者都是无色晶体,易溶于水和乙醇,微溶于乙醚。天然的苹果酸为左旋体,是生物体内糖代谢的中间物质。

8. 酒石酸

酒石酸(HOOC—CH—CH—COOH)以酸性钾盐的形式存在于葡萄中,这种盐难溶于水和
　　　　　　　　　 |　　|
　　　　　　　　　 OH　OH

乙醇,在用葡萄酿酒的过程中,它以晶体析出,故名“吐酒石”。

酒石酸有三种旋光异构体,天然产生的为右旋酒石酸。它是无色、半透明晶体或粉末,熔点为 170 ℃。

酒石酸主要用做食品的酸味剂,纺织工业中用做媒染剂,制革工业中用做鞣剂,也用于制药。

9. 柠檬酸

柠檬酸(HOOCCH$_2$—C—CH$_2$COOH)又名枸橼酸,存在于多种植物的果实中,柠檬和柑橘
　　　　　　　　　　　|
　　　　　　　　OH(上)
　　　　　　　COOH(下)

类的果实中含量较多。柠檬酸是无色晶体,熔点为 135 ℃,易溶于水和乙醇。

柠檬酸在食品工业上用做调味剂。在医药上,其钠盐为抗凝血剂,镁盐为温和的泻剂,钾盐为祛痰剂和利尿剂,铁铵盐为补血剂。在化学实验室中常用柠檬酸及其盐作缓冲剂。

10. 水杨酸

水杨酸(　　　COOH　OH　)又称柳酸,系统名称为邻羟基苯甲酸。纯净的水杨酸为无色针状晶体,熔点为 158.3 ℃(升华),微溶于冷水,易溶于乙醇、乙醚、氯仿和沸水中。

水杨酸具有酚和酸的特性,例如,遇三氯化铁呈紫红色。

水杨酸具有杀菌能力,其乙醇溶液可以治疗由霉菌引起的皮肤病。它的钠盐可用做食品的防腐剂,同时也是治疗风湿性关节炎的药物。

水杨酸的某些衍生物如水杨酸甲酯是冬青油的主要成分,用做扭伤的外擦药。乙酰水杨酸俗称阿司匹林,是常用的解热止痛药,小剂量服用时,可减少心血管疾病发生。

　　　　水杨酸甲酯(冬青油)　　　　　　乙酰水杨酸(阿司匹林)

10.8.2　其他重要羧酸衍生物

1. 光气和双光气

光气(COCl_2, phosgene)是由一氧化碳和氯气在光照下合成的,故名光气。

$$CO + Cl_2 \xrightarrow[200\ \text{℃}]{h\nu} Cl\text{—}\overset{\displaystyle O}{\overset{\|}{C}}\text{—}Cl$$

光气是一种无色气体,密度为空气的 2.3 倍,沸点为 8.2 ℃,微溶于水,易溶于有机溶剂(如汽油、苯等)中。光气具有烂水果的气味,能压缩为液体,是暂时性的窒息性化学毒剂,吸入光气可使肺部受到损害,甚至发生糜烂。

光气是碳酸的二酰氯,与其他酰卤的化学性质相似,能发生水解、氨解、醇解反应,温度升高时,分解速率加快。

$$Cl\text{—}\overset{\displaystyle O}{\overset{\|}{C}}\text{—}Cl + H_2O \longrightarrow CO_2\uparrow + 2HCl$$

$$Cl\text{—}\overset{\displaystyle O}{\overset{\|}{C}}\text{—}Cl + NH_3 \longrightarrow H_2N\text{—}\overset{\displaystyle O}{\overset{\|}{C}}\text{—}Cl \longrightarrow H_2N\text{—}\overset{\displaystyle O}{\overset{\|}{C}}\text{—}NH_2$$
　　　　　　　　　　　　　　　氯代甲酰胺　　　　　　尿素

$$Cl\text{—}\overset{\displaystyle O}{\overset{\|}{C}}\text{—}Cl + C_2H_5OH \longrightarrow Cl\text{—}\overset{\displaystyle O}{\overset{\|}{C}}\text{—}OC_2H_5 \xrightarrow{C_2H_5OH} C_2H_5O\text{—}\overset{\displaystyle O}{\overset{\|}{C}}\text{—}OC_2H_5$$
　　　　　　　　　　　　　　　　　　　　　　　　　　碳酸二乙酯

三氯甲烷在光照下与空气接触能产生少量光气,四氯化碳在高温下与水作用也能生成光气,因此在储存三氯甲烷时必须闭光,使用四氯化碳灭火时人必须站在上风方向以防中毒。

双光气(氯甲酸三氯甲酯)可以从光气经部分醇解后,再氯化而成。

$$\overset{\displaystyle O}{\overset{\|}{\underset{Cl\quad Cl}{C}}} + CH_3OH \longrightarrow \overset{\displaystyle O}{\overset{\|}{\underset{Cl\quad OCH_3}{C}}} \xrightarrow{3Cl_2} \overset{\displaystyle O}{\overset{\|}{\underset{Cl\quad OCCl_3}{C}}}$$
　　　　　　　　　　　　　　　　　　　　　　氯甲酸三氯甲酯(双光气)

双光气分子中的各原子数是光气分子的 2 倍，能分解为两分子光气，故名双光气。

纯净的双光气是无色透明液体，沸点为 127 ℃，含杂质时常呈黄色；难溶于水，易溶于苯-四氯化碳及其他有机溶剂，气味似光气。双光气的性质与光气相似，但比光气稳定。两者在第一次世界大战时都曾被用做窒息性毒剂。

2. 尿素

尿素（$\underset{\text{H}_2\text{N}-\overset{\displaystyle \text{O}}{\overset{\|}{\text{C}}}-\text{NH}_2}{}$）又称脲，是哺乳动物体内蛋白质代谢的最终产物，成年人每日排出的尿中约含 30 g 尿素。它是白色晶体，熔点为 132.7 ℃，易溶于水和乙醇，不溶于乙醚。除了用做肥料外，也是合成药物、农药和塑料等的原料。

尿素是碳酸的二酰胺，由于含有两个氨基，所以显碱性，但碱性很弱，故不能用石蕊试纸检验。它能与硝酸、草酸等形成不溶性的盐 $\text{CO(NH}_2)_2 \cdot \text{HNO}_3$ 和 $2\text{CO(NH}_2)_2 \cdot \text{(COOH)}_2$，常利用这种性质从尿中分离尿素。

尿素的化学性质与酰胺相似，能发生以下反应。

1）水解反应

尿素在酸或碱的作用下发生水解。

$$\text{H}_2\text{N}-\overset{\displaystyle \text{O}}{\overset{\|}{\text{C}}}-\text{NH}_2 + \text{H}_2\text{O} \xrightarrow{\text{H}^+} 2\text{NH}_4^+ + \text{CO}_2\uparrow$$

$$\text{H}_2\text{N}-\overset{\displaystyle \text{O}}{\overset{\|}{\text{C}}}-\text{NH}_2 + \text{H}_2\text{O} \xrightarrow{\text{OH}^-} 2\text{NH}_3 + \text{CO}_3^{2-}$$

在土壤中，尿素受脲酶的作用水解成铵离子而被植物吸收利用。

2）放氮反应

尿素与亚硝酸反应放出氮气。

$$\text{H}_2\text{N}-\overset{\displaystyle \text{O}}{\overset{\|}{\text{C}}}-\text{NH}_2 + 2\text{HNO}_2 \longrightarrow \text{CO}_2\uparrow + 2\text{N}_2\uparrow + \text{H}_2\text{O}$$

这个反应是定量完成的，可用来测定尿素的含量。

3）生成二缩脲的反应和二缩脲反应

将尿素加热至熔点以上时，两分子尿素脱去一分子氨，缩合成二缩脲。

$$\text{H}_2\text{N}-\overset{\displaystyle \text{O}}{\overset{\|}{\text{C}}}-\text{NH}_2 + \text{H}-\text{NH}-\overset{\displaystyle \text{O}}{\overset{\|}{\text{C}}}-\text{NH}_2 \xrightarrow{\triangle} \text{H}_2\text{N}-\overset{\displaystyle \text{O}}{\overset{\|}{\text{C}}}-\text{NH}-\overset{\displaystyle \text{O}}{\overset{\|}{\text{C}}}-\text{NH}_2 + \text{NH}_3\uparrow$$
$$\text{二缩脲}$$

二缩脲在碱性溶液中与稀硫酸铜溶液作用产生紫红色，这个反应称为二缩脲反应。凡含有两个以上酰胺键（$-\overset{\displaystyle \text{O}}{\overset{\|}{\text{C}}}-\text{NH}-$）的化合物（如多肽、蛋白质）都能在稀硫酸铜的碱性溶液中发生这种颜色反应。因此，这个反应常用来鉴定多肽和蛋白质。

3. 氨基甲酸酯类化合物

这类化合物可以看做碳酸分子中两个羟基分别被氨基（或取代的氨基）和烃氧基取代后生成的化合物。

$$\underset{\text{碳酸}}{\text{HO}-\overset{\displaystyle \text{O}}{\overset{\|}{\text{C}}}-\text{OH}} \qquad \underset{\text{氨基甲酸酯}}{\text{H}_2\text{N}-\overset{\displaystyle \text{O}}{\overset{\|}{\text{C}}}-\text{OR}} \qquad \underset{N\text{-烃基氨基甲酸酯}}{\text{R}'-\text{HN}-\overset{\displaystyle \text{O}}{\overset{\|}{\text{C}}}-\text{OR}}$$

氨基甲酸酯类是一类高效、低毒的新型农药,可用做杀虫剂、杀菌剂和除草剂,总称为有机氮农药。例如:

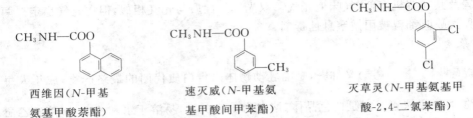

西维因(N-甲基　　　　　　速灭威(N-甲基氨　　　　　灭草灵(N-甲基氨基甲

　氨基甲酸萘酯)　　　　　基甲酸间甲苯酯)　　　　酸-2,4-二氯苯酯)

西维因是应用较早的氨基甲酸酯杀虫剂。它是白色晶体,熔点为 142 ℃,难溶于水和乙醇,对光、热、酸稳定,在碱性条件下容易水解。

习　题

1. 命名下列化合物。

(1) 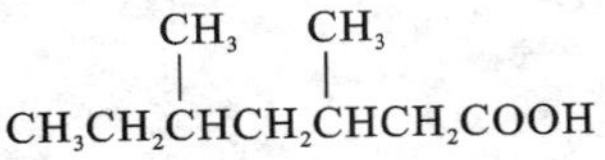 $CH_3CH_2CH\underset{\underset{CH_3}{|}}{}CH_2CH\underset{\underset{CH_3}{|}}{}CH_2COOH$

(2) ＝＝—COOH

(3) $\underset{Br}{\overset{H_3C}{\diagup}}C=C\underset{C_2H_5}{\overset{COOH}{\diagdown}}$

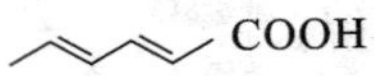

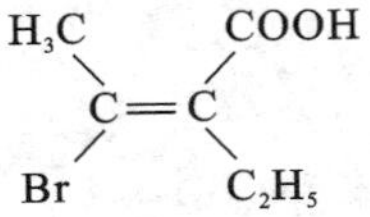

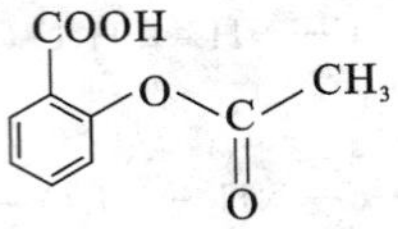

(4) COOH / O—C(=O)CH₃

(5) H₃C—C(=O)—O—CH₂CH₂CH(CH₃)₂

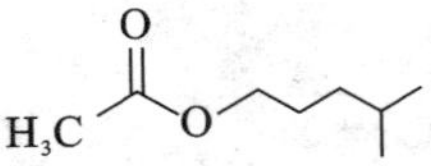

(6) 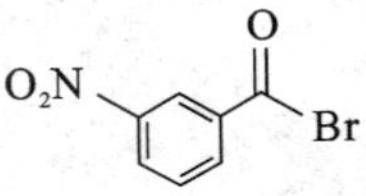 O₂N—C₆H₄—C(=O)Br

(7) 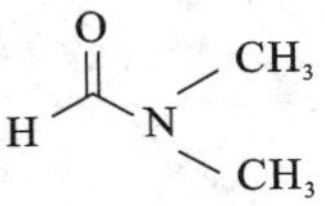 H—C(=O)—N(CH₃)₂

(8) 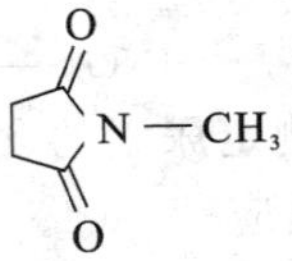 环状酰亚胺 N—CH₃

2. 将下列化合物按酸性由强到弱排序。

　(1) 乙酸、三氯乙酸、苯酚、碳酸

　(2) 氨、乙酰胺、尿素、邻苯二甲酰亚胺

　(3) 甲酸、苯甲酸、苯酚、环己醇、水

　(4) 苯甲酸、邻硝基苯甲酸、间硝基苯甲酸、对硝基苯甲酸、对甲氧基苯甲酸

3. 写出丙酸与下列试剂反应的主要产物。

　(1) NaHCO₃　　　　　　　　　　　(2) SOCl₂

　(3) CH₃CH₂OH ,浓 H₂SO₄　　　　(4) LiAlH₄

　(5) Br₂ ,P　　　　　　　　　　　　(6) NH₃ ,△

4. 写出乙酰氯与下列试剂反应的主要产物。

　(1) 水　　　　　　　(2) 氨　　　　　　　(3) 乙醇

　(4) 苯胺　　　　　　(5) CH₃COONa　　　(6) 甲苯,无水三氯化铝

5. 写出邻苯二甲酸酐与下列试剂反应的主要产物。

　(1) 水　　　　　　(2) 氨　　　　　　(3) 乙醇　　　(4) 甲苯,无水三氯化铝

6. 写出乙酸苯酯与下列试剂反应的主要产物。

(1) 水，△　　　　　　　(2) 氨，△　　　　　　(3) 甲酸乙酯，乙醇钠　　　(4) 钠，乙醇

7. 写出丁酰胺与下列试剂反应的主要产物。

(1) 水，OH^-，△　　　　(2) Br_2，NaOH　　　　(3) 甲胺，△

8. 用化学方法鉴别下列各组化合物。

(1) 甲酸、乙酸、草酸

(2) 苯酚、乙酰乙酸乙酯、乙酰丙酸乙酯

(3) 草酸、丙二酸、水杨酸、阿司匹林

(4) 乙酰氯、乙酸酐、乙酸乙酯、乙酰胺

9. 用化学方法分离下列化合物。

(1) 苯甲醇、苯甲酸、苯酚

(2) 戊醛、戊酸、3-戊酮

10. 完成下列转化(无机试剂任选)。

(1) $CH_3CH_2CH_2OH \longrightarrow CH_3CH_2CHCOOH$

$\qquad\qquad\qquad\qquad\qquad\qquad\quad OH$

(2) 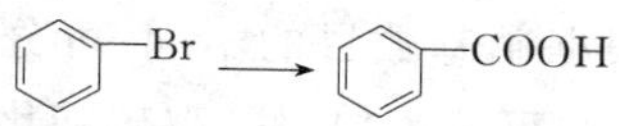 —Br $\longrightarrow$ —COOH

(3) 甲酸乙酯 $\longrightarrow$ 3-戊醇

(4) 乙醇 $\longrightarrow$ 丙二酸二乙酯

11. 由乙酰乙酸乙酯合成下列化合物。

(1) 2-丁酮　　　　　　　(2) 2,4-戊二酮

12. 由丙二酸二乙酯合成下列化合物。

(1) 2-甲基丁酸　　　　　(2) 环丙基甲酸

13. 某化合物 A 的分子式为 $C_5H_6O_3$，它能与乙醇作用得到两个互为异构体的化合物 B 和 C，B 和 C 分别与 $SOCl_2$ 作用后，再加入乙醇，得到同一化合物 D，试写出 A、B、C、D 的结构式和有关反应式。

14. 一个有机酸 A，分子式为 $C_5H_6O_4$，无旋光性，当加 1 mol H_2 时，被还原为具有旋光性的 B，分子式为 $C_5H_8O_4$。A 加热容易失去 1 mol H_2O 变为分子式为 $C_5H_4O_3$ 的 C，而 C 与乙醇作用得到两种互为异构体的化合物。试写出 A、B、C 的结构式。

15. 今有化合物 E，分子式为 $C_{10}H_{12}O_3$，不溶于水、稀硫酸及稀 $NaHCO_3$ 水溶液。E 与稀 NaOH 溶液共热后，在碱性介质中进行水蒸气蒸馏，所得馏出液成分可发生碘仿反应。把水蒸气蒸馏后剩下的溶液进行酸化，得到一个沉淀 F，分子式为 $C_7H_6O_3$，F 溶于 $NaHCO_3$ 水溶液，并放出气体，F 与 $FeCl_3$ 溶液作用有显色反应，F 在酸性介质中可进行水蒸气蒸馏。试写出 E、F 的结构式和有关反应式。

第 11 章　有机含氮化合物

有机含氮化合物的范围很广。这里只讨论硝基化合物、胺、重氮及偶氮化合物等。

11.1　硝基化合物

11.1.1　硝基化合物的结构与物理性质

1. 结　构

烃分子中的氢原子被硝基取代后所形成的化合物称为硝基化合物(nitro compound)。一元硝基化合物的通式为 $R—NO_2$(或 $Ar—NO_2$)。

硝基化合物包括脂肪族、脂环族及芳香族硝基化合物;根据硝基数目的不同,可分为一硝基化合物和多硝基化合物;根据硝基所连的饱和碳原子的类型,可分为伯、仲、叔硝基化合物。

硝基化合物与亚硝酸酯(nitrous acid ester)是同分异构体。

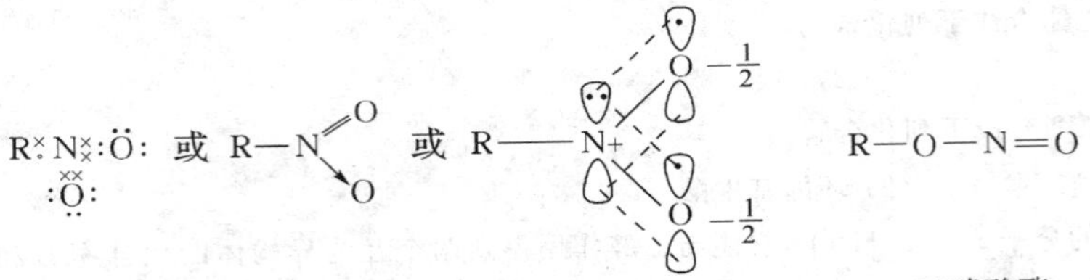

硝基化合物　　　　　　　　　　　　　　　　　　　亚硝酸酯

在硝基甲烷中,两个氮氧键的键长都是 0.122 nm,而在亚硝酸甲酯中,则分别为 0.137 nm($N—O$)及 0.114 nm($N=O$)。这说明硝基中的氮氧键既不是一般的氮氧单键,也不是一般的氮氧双键。硝基氮原子以 sp^2 杂化,形成三个共平面的 σ 键,未参加杂化的具有一对孤对电子的 p 轨道与两个氧原子上的 p 轨道形成 π_3^4 共轭体系,两个 $N=O$ 键是等价的,硝基氮带正电荷,负电荷则平均分配在两个氧原子上。

硝基的结构也可以用共振结构式表示:

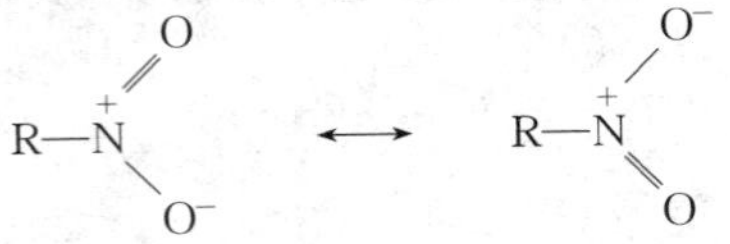

2. 物理性质

硝基是强极性基团,所以硝基化合物的沸点比相对分子质量相等的亚硝酸酯要高得多。例如,硝基乙烷($C_2H_5—NO_2$)的沸点高达 115 ℃,而亚硝酸乙酯($C_2H_5—O—NO$)的沸点仅为 17 ℃。

脂肪族硝基化合物为无色、有香味的液体;芳香族硝基化合物,除了一硝基化合物为高沸点的液体外,一般为晶体,无色或黄色,受热时易分解而发生爆炸,可用做炸药,如 2,4,6-三硝基甲苯（2,4,6-trinitrotoluene，TNT）；有的多硝基化合物有香味，可用做香料，如 2,6-二甲基-4-叔丁基-3,5-二硝基苯乙酮（俗称"酮麝香"）。硝基化合物难溶于水，易溶于有机溶剂，液体的硝基化合物能溶解大多数有机物，常被用做一些有机反应的溶剂。但硝基化合物有毒，它的蒸气能透过皮肤被肌体吸收而中毒，故生产上应尽可能不用它作溶剂。

常见硝基化合物的物理常数列于表 11-1。

表 11-1　常见硝基化合物的物理常数

中文名称	英文名称	熔点 / ℃	沸点 / ℃
硝基甲烷	nitromethane	−28.5	100.8
硝基乙烷	nitroethane	−50	115
1-硝基丙烷	1-nitropropane	−108	131.5
2-硝基丙烷	2-nitropropane	−93	120
硝基苯	nitrobenzene	5.7	210.8
间二硝基苯	1,3-dinitrobenzene	89.8	303(102658 Pa)
1,3,5-三硝基苯	1,3,5-trinitrobenzene	122	315
邻硝基甲苯	o-nitrotoluene	−4	222.3
对硝基甲苯	p-nitrotoluene	54.5	238.3
2,4-二硝基甲苯	2,4-dinitrotoluene	71	300
2,4,6-三硝基甲苯	2,4,6-trinitrotoluene	82	分解

在红外光谱中，硝基有很强的吸收峰，脂肪族伯和仲硝基化合物的 N—O 伸缩振动在 $1545 \sim 1565$ cm^{-1} 和 $1360 \sim 1385$ cm^{-1}，叔硝基化合物在 $1530 \sim 1545$ cm^{-1} 和 $1340 \sim 1360$ cm^{-1}。芳香族硝基化合物的 N—O 伸缩振动在 $1510 \sim 1550$ cm^{-1} 和 $1335 \sim 1365$ cm^{-1}。硝基乙烷的红外光谱如图 11-1 所示，硝基苯的红外光谱如图 11-2 所示。

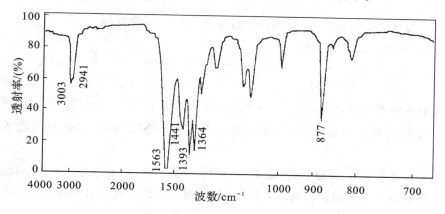

图 11-1　硝基乙烷的红外光谱

1563 cm^{-1} 和 1393 cm^{-1} 峰：N—O 伸缩振动；877 cm^{-1} 峰：NO$_2$ 弯曲振动；3003 cm^{-1} 和 2941 cm^{-1} 峰：C—H 伸缩振动；1441 cm^{-1} 峰：C—H 弯曲振动（甲基或亚甲基）；1364 cm^{-1} 峰：C—H 弯曲振动（甲基）

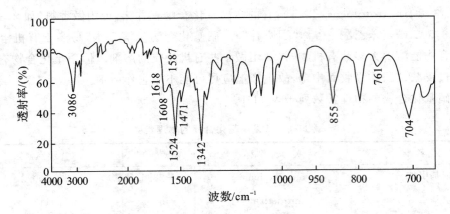

图 11-2　硝基苯的红外光谱

1618 cm^{-1}、1608 cm^{-1}、1587 cm^{-1} 和 1471 cm^{-1} 峰：C═C 伸缩振动(芳环)；3086 cm^{-1} 峰：═C—H 伸缩振动(芳香碳氢键)；1524 cm^{-1} 和 1342 cm^{-1} 峰：N—O 伸缩振动(芳硝基化合物)；855 cm^{-1} 峰：NO$_2$ 弯曲振动；761 cm^{-1} 和 704 cm^{-1} 峰：单取代苯 C—H 弯曲振动

在核磁共振谱中，直接与硝基相连的亚甲基上的氢(α-H)，因受硝基强吸电子作用，化学位移出现在较低场，一般 δ 值为 4.3 ppm～4.6 ppm，β-H 的 δ 值为 1.3 ppm～1.4 ppm。

11.1.2　硝基化合物的化学性质

1. α-氢原子的活泼性

具有 α-氢原子的硝基化合物能逐渐溶解于强碱溶液而生成盐，因为 α-氢原子受硝基的影响能发生下列互变异构现象：

$$R-CH_2-N\overset{O}{\underset{O}{}} \Longleftrightarrow R-CH=N\overset{OH}{\underset{O}{}}$$

硝基式　　　　　　　假酸式

假酸式中与氧原子相连的氢原子有酸性，能与 NaOH 发生反应。

$$R-CH=N\overset{OH}{\underset{O}{}} +NaOH \longrightarrow \left[R-CH=N\overset{O}{\underset{O}{}}\right]Na^+ +H_2O$$

假酸式有烯醇式特征，如与 FeCl$_3$ 溶液发生显色反应，也能与 Br$_2$ 的 CCl$_4$ 溶液加成。硝基化合物中假酸式的含量通常很少，如 p-NO$_2$C$_6$H$_5$CH$_2$NO$_2$ 在乙醇中的假酸式含量只有 0.18%。

叔硝基化合物没有 α-氢原子，因此不能异构化成假酸式，也就不能与碱发生反应。

与羟醛缩合及克莱森缩合等反应类似，含有 α-氢原子的硝基化合物能与羰基化合物发生缩合反应。例如：

$$\text{⌬}-CHO+CH_3-NO_2 \xrightarrow{OH^-} \text{⌬}-\underset{OH}{CH}-CH_2-NO_2 \xrightarrow[\triangle]{-H_2O} \text{⌬}-CH=CH-NO_2$$

$$\text{(图) } \text{C}_6\text{H}_5\text{—C(=O)—OC}_2\text{H}_5 + \text{CH}_3\text{—NO}_2 \xrightarrow{\text{C}_2\text{H}_5\text{ONa}} \text{C}_6\text{H}_5\text{—C(=O)—CH}_2\text{—NO}_2 + \text{C}_2\text{H}_5\text{OH}$$

$$\text{CH}_3\text{NO}_2 + 3\text{H—C(=O)—H} \xrightarrow{\text{OH}^-} \text{HOCH}_2\text{—C(CH}_2\text{OH)(CH}_2\text{OH)—NO}_2$$

三羟甲基硝基甲烷

三羟甲基硝基甲烷经还原生成相应的三羟甲基氨基甲烷（trihydroxymethylaminomethane, Tris），后者在生物化学中被广泛用做缓冲剂。

思考题 11-1 2,4-二硝基甲苯也能发生类似的克莱森缩合反应。举例说明并加以解释。

---

2. 还原反应

硝基容易被还原，反应条件对还原反应影响很大。下面以硝基苯为例说明。

1）酸性还原

硝基苯在 Fe、Zn、Sn 等金属和盐酸的存在下被还原为苯胺。

$$\text{C}_6\text{H}_5\text{—NO}_2 \xrightarrow{\text{Fe, HCl}} \text{C}_6\text{H}_5\text{—NH}_2 + 2\text{H}_2\text{O}$$

此还原过程可以表示如下：

$$\text{C}_6\text{H}_5\text{—NO}_2 \xrightarrow[-\text{H}_2\text{O}]{2\text{e}^-, 2\text{H}^+} \text{C}_6\text{H}_5\text{—NO} \xrightarrow{2\text{e}^-, 2\text{H}^+} \text{C}_6\text{H}_5\text{—NHOH} \xrightarrow[-\text{H}_2\text{O}]{2\text{e}^-, 2\text{H}^+} \text{C}_6\text{H}_5\text{—NH}_2$$

中间产物亚硝基苯及苯基羟胺比硝基苯更容易还原，所以不易将反应控制在中间阶段。

2）中性还原

硝基苯在中性介质中还原生成苯基羟胺。由苯基羟胺氧化可以制得亚硝基苯。

$$\text{C}_6\text{H}_5\text{—NO}_2 \xrightarrow[\text{H}_2\text{O, 60 ℃}]{\text{Zn, NH}_4\text{Cl}} \text{C}_6\text{H}_5\text{—NHOH} \xrightarrow{[\text{O}]} \text{C}_6\text{H}_5\text{—NO}$$

3）碱性还原

在碱性介质中还原时，硝基苯被还原成两分子缩合产物。碱性介质不同，还原产物就不同，可分别得到氧化偶氮苯、偶氮苯和氢化偶氮苯。这三种还原产物在酸性条件下都可被还原成苯胺。

氢化偶氮苯在稀酸中于较低温度下可以发生重排，生成联苯胺。

$$\text{C}_6\text{H}_5\text{—NH—NH—C}_6\text{H}_5 \xrightarrow[5\sim10 ℃]{\text{H}_3\text{O}^+} \text{H}_2\text{N—C}_6\text{H}_4\text{—C}_6\text{H}_4\text{—NH}_2$$

联苯胺

联苯胺是染料工业的重要原料，也是一种致癌物。

4）部分还原

多硝基芳烃在 Na_2S_x、NH_4HS、$(NH_4)_2S$、$(NH_4)_2S_x$ 等硫化物还原剂作用下，可以进行部分还原，即还原一个硝基为氨基。例如：

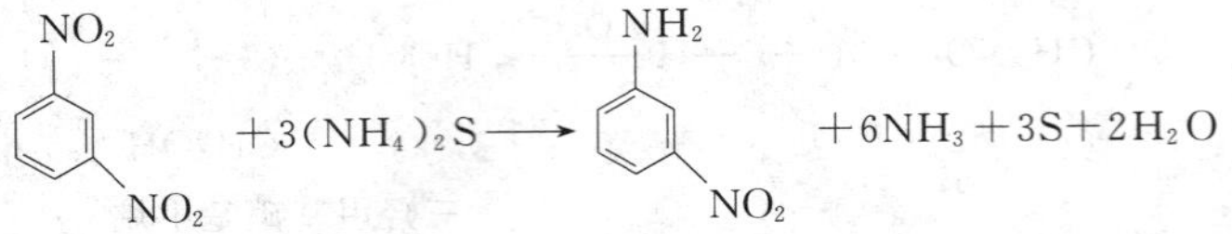

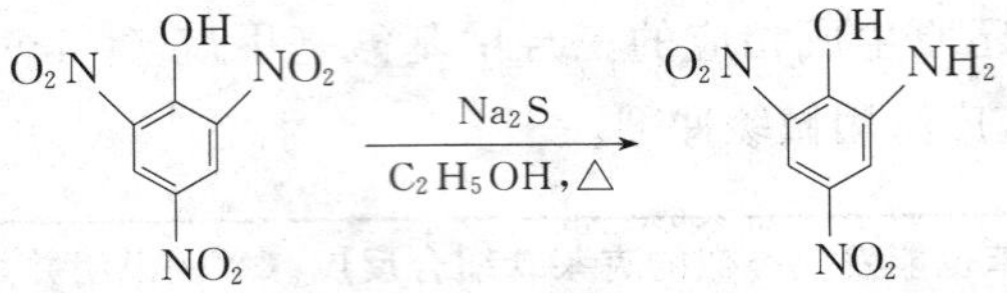

$$\text{（间二硝基苯）} + 3(NH_4)_2S \longrightarrow \text{（间硝基苯胺）} + 6NH_3 + 3S + 2H_2O$$

$$\xrightarrow[C_2H_5OH,\triangle]{Na_2S}$$

此反应的机理还不清楚，但这类还原反应在有机合成和工业生产上都有重要应用。

5）催化加氢还原

工业生产上常利用催化加氢（Cu、Ni、Pt 等作为催化剂）还原硝基化合物。例如：

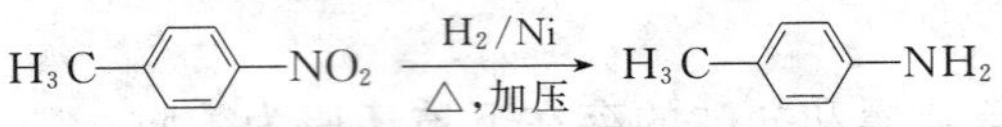

$$H_3C-\!\!\!\!\bigcirc\!\!\!\!-NO_2 \xrightarrow[\triangle,加压]{H_2/Ni} H_3C-\!\!\!\!\bigcirc\!\!\!\!-NH_2$$

催化加氢还原的优点是生产过程可连续化，产品的质量和收率都优于化学还原法，且不产生大量废水和废渣，尤其适用于那些在酸性或碱性条件下易发生变化的硝基化合物。例如：

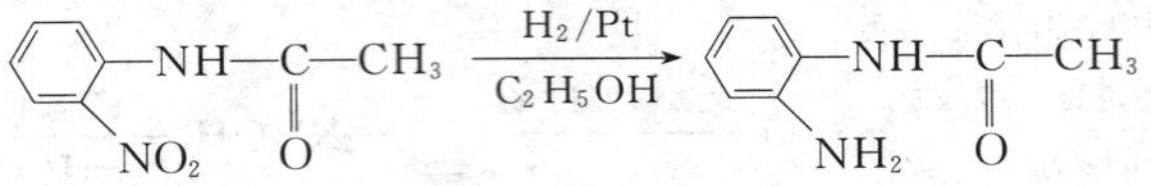

$$\xrightarrow[C_2H_5OH]{H_2/Pt}$$

邻氨基乙酰苯胺（90％）

3. 与亚硝酸的反应

伯硝基烷烃与亚硝酸作用，生成结晶的硝基肟酸。后者溶于氢氧化钠溶液中，得到红色的硝基肟酸钠溶液。

$$RCH_2-NO_2 + HONO \longrightarrow \underset{硝基肟酸}{\underset{\underset{N-OH}{|}}{R-C-NO_2}} \xrightarrow{NaOH} \underset{硝基肟酸钠}{\underset{\underset{N-ONa}{\|}}{R-C-NO_2}}$$

仲硝基烷烃与亚硝酸作用，生成结晶的 N-亚硝基取代的硝基化合物。产物溶于氢氧化钠溶液中，生成蓝色溶液。

$$R_2CH-NO_2 + HONO \longrightarrow \underset{\underset{NO}{|}}{R_2C-NO_2}$$

叔硝基烷烃不与亚硝酸作用。与亚硝酸的反应可用来区别伯、仲、叔三种硝基化合物。

4. 硝基对苯环的影响

硝基是强吸电子基，使苯环（尤其是硝基的邻、对位）电子云密度降低较多，致使苯环上的亲电取代（如卤代、硝化和磺化等）都比较困难，硝基苯不能发生傅-克烷基化和傅-克酰基化反应，被用做这类反应的溶剂。

硝基对其邻位和对位上取代基的化学性质有比较显著的影响。

1）对卤原子活泼性的影响

氯苯分子中氯原子不活泼，将氯苯与氢氧化钠溶液共热到 200 ℃，也不能水解生成苯酚。在氯苯的邻位或对位有硝基时，由于—NO_2 的强吸电子作用，苯环上与氯原子相连的碳原子正电性增强,易被亲核试剂进攻发生亲核取代反应,生成相应的硝基苯酚。

$$O_2N-\!\!\!\bigcirc\!\!\!-Cl \xrightarrow[130\ ℃]{Na_2CO_3} O_2N-\!\!\!\bigcirc\!\!\!-OH$$

$$\bigcirc\!\!\!\!\begin{smallmatrix}Cl\\NO_2\end{smallmatrix} \xrightarrow[130\ ℃]{Na_2CO_3} \bigcirc\!\!\!\!\begin{smallmatrix}OH\\NO_2\end{smallmatrix}$$

$$O_2N\!\!-\!\!\bigcirc\!\!\!\!\begin{smallmatrix}Cl\\NO_2\end{smallmatrix} \xrightarrow[100\ ℃]{Na_2CO_3} O_2N\!\!-\!\!\bigcirc\!\!\!\!\begin{smallmatrix}OH\\NO_2\end{smallmatrix}$$

$$O_2N\!\!-\!\!\bigcirc\!\!\!\!\begin{smallmatrix}Cl\ \ NO_2\\NO_2\end{smallmatrix} \xrightarrow[35\ ℃]{Na_2CO_3} O_2N\!\!-\!\!\bigcirc\!\!\!\!\begin{smallmatrix}OH\ \ NO_2\\NO_2\end{smallmatrix}$$

　　硝基取代的卤苯与其他亲核试剂(如 NH_3、ROH、$ArOH$ 等)也易发生亲核取代反应,得到相应的取代产物。例如:

$$O_2N\!\!-\!\!\bigcirc\!\!\!\!\begin{smallmatrix}Cl\ \ NO_2\\NO_2\end{smallmatrix} +2NH_3 \longrightarrow O_2N\!\!-\!\!\bigcirc\!\!\!\!\begin{smallmatrix}NH_2\ \ NO_2\\NO_2\end{smallmatrix} +NH_4Cl$$

故芳环上卤原子亲核取代反应的活性顺序如下:

$$O_2N\!\!-\!\!\bigcirc\!\!\!\!\begin{smallmatrix}Cl\ \ NO_2\\NO_2\end{smallmatrix} > \bigcirc\!\!\!\!\begin{smallmatrix}Cl\ \ NO_2\\NO_2\end{smallmatrix} > \bigcirc\!\!\!\!\begin{smallmatrix}Cl\\NO_2\end{smallmatrix} \approx \bigcirc\!\!\!\!\begin{smallmatrix}Cl\ \ NO_2\end{smallmatrix} > \bigcirc\!\!\!\!\begin{smallmatrix}Cl\\NO_2\end{smallmatrix} > \bigcirc\!\!\!\!\begin{smallmatrix}Cl\end{smallmatrix}$$

2)对苯酚酸性的影响

　　苯酚具有弱酸性,当苯环上引入硝基时,酸性增强。当硝基处于酚羟基的邻位或对位时,其酸性要比硝基处于间位时增强得更多。羟基邻、对位连的硝基越多,酸性越强。例如:

$$O_2N\!\!-\!\!\bigcirc\!\!\!\!\begin{smallmatrix}OH\ \ NO_2\\NO_2\end{smallmatrix} \quad \bigcirc\!\!\!\!\begin{smallmatrix}OH\ \ NO_2\\NO_2\end{smallmatrix} \quad \bigcirc\!\!\!\!\begin{smallmatrix}OH\\NO_2\end{smallmatrix} \quad \bigcirc\!\!\!\!\begin{smallmatrix}OH\ \ NO_2\end{smallmatrix} \quad \bigcirc\!\!\!\!\begin{smallmatrix}OH\\NO_2\end{smallmatrix} \quad \bigcirc\!\!\!\!\begin{smallmatrix}OH\end{smallmatrix}$$

pK_a　　　　0.38　　　　　4.0　　　　　7.15　　　　7.23　　　　8.40　　　　9.89

3)对芳胺碱性的影响

　　苯胺的碱性是由—NH_2 中 N 上的孤对电子体现的,苯环上连有吸电子基使碱性下降。例如:

$$\bigcirc\!\!\!-NH_2 \quad\quad O_2N\!\!-\!\!\bigcirc\!\!\!-NH_2 \quad\quad O_2N\!\!-\!\!\bigcirc\!\!\!-NH_2$$

pK_b　　　　9.7　　　　　　　　11.5　　　　　　　　13.0

　　当—NO_2 在—NH_2 的间位时,—NO_2 的强吸电子诱导效应(—I),使—NH_2 中 N 上的电子云密度下降,碱性下降;当—NO_2 在—NH_2 的对位时,—NO_2 的强吸电子诱导效应(—I)和吸电子共轭效应(—C),使—NH_2 中 N 上的电子云密度下降得更多,因此碱性下降得更多。

　　另外,芳香羧酸因为硝基的存在容易发生脱羧反应。例如,TNB(1,3,5-三硝基苯,是比

TNT 更为烈性的炸药) 就是通过下列反应制造的：

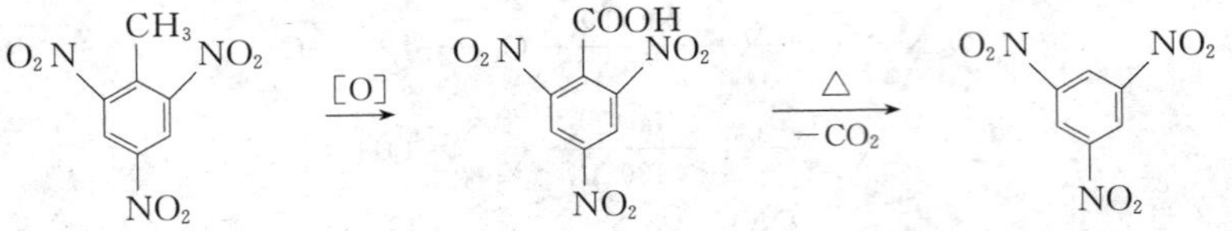

TNT　　　　　　　　　　　　　　　　　　　　　　　　TNB

思考题 11-2　用化学方法区别下列各组化合物。

（1）硝基苯和硝基乙烷　　　　　　　　（2）苯酚和 2,4,6-三硝基苯酚

11.2　胺

胺(amine)广泛存在于生物界,具有重要的生理作用。蛋白质、核酸、含氮激素、抗生素、生物碱等都可看做胺的衍生物,因此,掌握胺的性质与合成方法是研究这些复杂天然产物的基础。

11.2.1　胺的分类和命名

胺是指氨(NH_3)分子中的氢原子被烃基(饱和或不饱和链烃基、脂环烃基、芳烃基)取代而成的一系列衍生物。氮原子上连有 1 个、2 个和 3 个烃基的胺分别称为伯胺(RNH_2)、仲胺(R_2NH)和叔胺(R_3N)。例如：

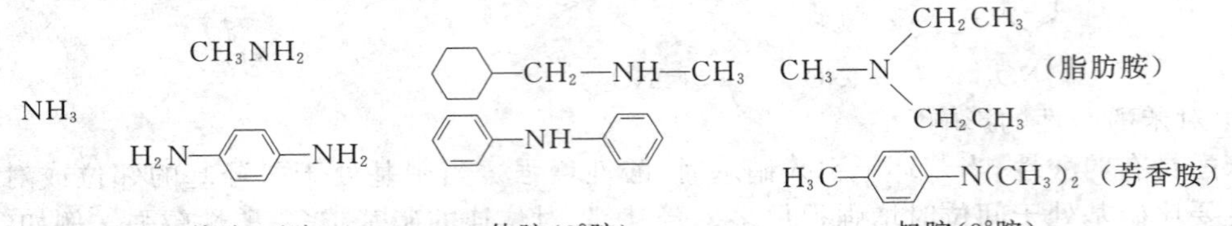

氨　　　　　伯胺(1°胺)　　　　仲胺(2°胺)　　　　叔胺(3°胺)

伯、仲、叔胺中分别含有氨基(—NH_2)、亚氨基(—NH—)和次氨基(—N—)。

胺的这种分类方法与醇、卤代烃不同。伯、仲、叔胺是由 NH_3 分子中氮原子上的氢被烃基取代的个数来确定,而卤代烃和醇的伯、仲、叔分类则是根据卤素或羟基所连接的碳原子的类型而定。例如：

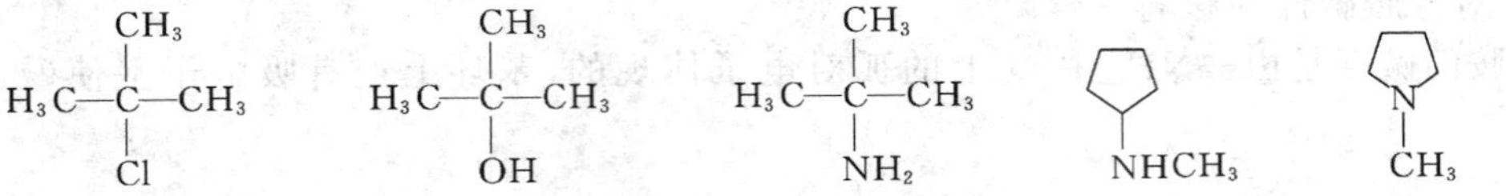

叔卤代烃　　　　　叔醇　　　　　　伯胺　　　　　　仲胺　　　　　叔胺

胺还可根据氮原子所连接烃基的不同,分为脂肪胺(aliphatic amine)和芳香胺(aromatic amine)。氮原子上连接脂肪烃基的胺称为脂肪胺,芳基与氮原子直接相连的胺称为芳香胺。根据分子中所含氨基的数目,又有一元胺、二元胺和多元胺之分。

相应于氢氧化铵和铵盐的四烃基取代物,分别称为季铵碱和季铵盐。

$$R_4N^+OH^-　　　　　　　　R_4N^+X^-$$

季铵碱,4°铵碱　　　　　　　季铵盐,4°铵盐

上述分子中的 4 个 R 可以相同,也可以完全不同;季铵盐中的 X^- 可以是卤素离子,也可以是酸根离子。如果 NH_4^+ 中四个氢原子没有被烃基完全取代,则生成的不是季铵类化合物,而是胺的盐。

$$(CH_3)_4 \overset{+}{N} \ Cl^-$$
氯化四甲铵（季铵盐）

$$(CH_3)_3 \overset{+}{N} H \ Cl^-$$
氯化三甲铵（叔胺盐）

简单胺的命名一般以胺为母体,先写出连于氮原子上相同烃基的数目和名称,再以"胺"字作词尾;如果与氮相连的烃基不相同,则按"优先基团后列出"原则排列烃基。例如:

$(CH_3)_2 CHNH_2$

异丙胺

isopropylamine

$(CH_3 CH_2)_2 NH$

二乙胺

diethylamine

$CH_3 \!-\! N \!-\! CH_2 CH_3$
　　　|
　　$CH(CH_3)_2$

甲乙异丙胺

ethylisopropylmethylamine

$CH_3 CH_2 CHCH_2 CHCH_3$
　　　　|　　　　|
　　　NH_2　　NH_2

2,4-己二胺

2,4-hexanediamine

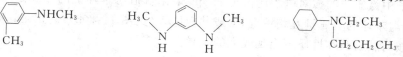

苯胺

aniline

二苯胺

diphenylamine

对-硝基苯胺

p-nitroaniline

β-萘胺

2-naphthylamine

若芳香胺的氮原子上连有脂肪烃基,命名时常以芳香胺为母体,在脂肪烃基名称前标上"N",表示此烃基直接连接在氮原子上(也可按类似方法命名脂肪仲、叔胺)。例如:

N-甲基间甲苯胺

N,3-dimethylaniline

N,N'-二甲基间苯二胺

N,N'-dimethyl-1,
3-phenylene diamine

N-乙基-N-丙基环己胺

N-ethyl-N-propylcyclo-
hexylamine

结构复杂的胺可以烃或其他官能团为母体、氨基为取代基来命名。例如:

$CH_3 CHCH_2 CHCH_3$
　　|　　　　|
　NH_2　　CH_3

2-甲基-4-氨基戊烷

2-amino-4-methylpentane

$(CH_3)_2 N\!-\!\!\bigcirc\!\!-\!CHO$

4-二甲氨基苯甲醛

4-dimethylaminobenzaldehyde

$CH_3 CHCH_2 CH_2 CHCH_3$
　　|　　　　　　|
　$CH_2 NH_2$　　$NHCH_3$

2-氨甲基-5-甲氨基己烷

2-aminomethyl-5-methylaminohexane

季铵盐、季铵碱和胺的盐类的命名类似无机铵类化合物。例如:

$NH_4 Cl$

氯化铵

ammonium chloride

$HOCH_2 CH_2 \overset{+}{N}(CH_3)_3 OH^-$

氢氧化三甲基羟乙基铵(胆碱)

(2-hydroxyethyl) trimethylammonium hydroxide (choline)

$\bigcirc\!\!-\!NH_3^+ Cl^-$ 或 $\bigcirc\!\!-\!NH_2 \cdot HCl$

氯化苯铵、苯胺盐酸盐

(aniline hydrochloride)

$(CH_3 CH_2)_4 N^+ Br^-$

溴化四乙铵

tetraethylammonium bromide

命名胺类化合物时应注意"氨""胺""铵"字的用法。表示基团时用"氨",如氨基、亚氨基、甲氨基（$CH_3 NH\!-\!$）、氨甲基（$H_2 NCH_2\!-\!$）等;表示氨的烃类衍生物时用"胺";表示季铵类化合物或胺的盐时用"铵"。

11.2.2　胺的结构

胺的结构与氨相似,氮原子为不等性 sp^3 杂化,4 个杂化轨道中的 3 个分别与氢或碳原子形成 σ 键,整个分子呈三棱锥形结构,氮原子的另一个 sp^3 杂化轨道被一对孤对电子所占用,且位于棱锥体的顶端,如同第四个基团一样,所以胺分子中的氮原子的结构与碳原子的四面体结构相类似,但不是正四面体。如图 11-3 所示。

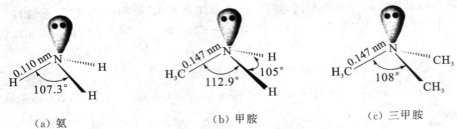

(a) 氨　　　　　　　　(b) 甲胺　　　　　　　　(c) 三甲胺

图 11-3　氨、甲胺和三甲胺的结构

苯胺中的氮原子仍为不等性的 sp^3 杂化,但孤对电子所占据的轨道含有更多 p 轨道的成分。因此以氮原子为中心的四面体比脂肪胺中更扁平一些,H—N—H 键角较大,为 113.9°,H—N—H 所处平面与苯环平面存在一个 39.4°的夹角,并非处于同一平面内(见图 11-4(a))。尽管苯胺分子中氮原子的孤对电子所占据的 sp^3 杂化轨道与苯环上的 p 轨道不平行,但可以共平面,仍能与苯环的大 π 键互相重叠,形成共轭体系(见图 11-4(b))。正是这种共轭体系的形成使芳香胺与脂肪胺在性质上出现较大的差异。

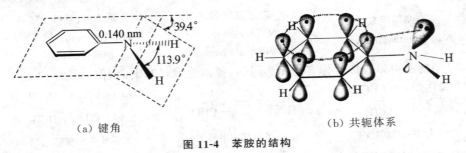

(a) 键角　　　　　　　　　　　　　　　(b) 共轭体系

图 11-4　苯胺的结构

思考题 11-3　1,2,2-三甲基-1-氮杂环丙烷对映体之间的相互转化需要克服 77.4 kJ·mol^{-1} 的能垒,当氮上的甲基换为苯基时,则相互转化的能垒降至 46.8 kJ·mol^{-1},为什么?

氨基连在双键上的烯胺类化合物,与烯醇型的不稳定性类似,容易异构化为较稳定的亚胺类化合物。

$$\overset{|}{C}=\overset{|}{C}-NH_2 \Longrightarrow -\overset{|}{\underset{|}{C}}-\overset{|}{C}=NH$$

但是具有芳香大 π 键的苯胺类化合物较稳定,这是由于有与酚类相似的 p-π 共轭效应。

11.2.3 胺的物理性质

1. 一般物理性质

低级脂肪胺如甲胺、二甲胺、三甲胺和乙胺,在常温下为无色气体,丙胺至十一胺是液体,十一胺以上均为固体。低级胺具有氨的气味(三甲胺有鱼腥气味)。胺和氨相似,为极性分子,除叔胺外,都能形成分子间氢键,所以它们的沸点比相对分子质量相近的烷烃要高。另外,由于氮的电负性比氧小,胺分子间的氢键较醇分子间的氢键弱,所以胺的沸点比相应的醇低。

叔胺不能形成分子间氢键,其沸点与相对分子质量相近的烷烃差不多。而所有的三类胺都能与水形成氢键,因此低级胺(6 个碳原子以下)能溶于水,但随着相对分子质量的增加,其溶解度迅速降低。

芳香胺为高沸点液体或低熔点固体,虽然气味不浓,但毒性较大。例如,苯胺可通过消化道、呼吸道或经皮肤吸收而引起中毒(如大气中苯胺浓度达到 $1\ \mu g \cdot g^{-1}$,人在此环境中逗留 12 h 后会中毒),有些胺如 3,4-二甲基苯胺、β-萘胺、联苯胺等具有致癌作用。

脂肪胺分子的偶极矩比相应的醇小。由于芳胺分子中存在供电子的 p-π 共轭效应,芳香胺分子的偶极矩方向与脂肪胺的相反,大小相近。

$\mu/(10^{-30}\ C \cdot m)$ 4.00(1.2 D)   5.68(1.7 D)   4.34(1.3 D)   9.68(2.9 D)

一些常见胺的物理常数列于表 11-2。

表 11-2 一些胺的物理常数

中 文 名 称	英 文 名 称	结 构 式	熔点/ ℃	沸点/ ℃	溶解度/[g · (100 g(H$_2$O))$^{-1}$]	pK_b (25 ℃)
甲胺	methylamine	CH_3NH_2	−93.5	−6.3	易溶	3.34
二甲胺	dimethylamine	$(CH_3)_2NH$	−93	7.4	易溶	3.27
三甲胺	trimethylamine	$(CH_3)_3N$	−117	3.0	91	4.19
乙胺	ethylamine	$C_2H_5NH_2$	−81	16.6	易溶	3.36
二乙胺	diethylamine	$(C_2H_5)_2NH$	−48	56.3	易溶	3.05
三乙胺	triethylamine	$(C_2H_5)_3N$	−115	89.3	14	3.25

续表

中文名称	英文名称	结　构　式	熔点/℃	沸点/℃	溶解度/[g·(100 g(H₂O))⁻¹]	pK_b (25 ℃)
乙二胺	ethylenediamine	$H_2N(CH_2)_2NH_2$	8.5	117	易溶	4.0*
苯胺	aniline	$C_6H_5NH_2$	−6.3	184	3.7	9.38
N-甲基苯胺	N-methylaniline	$C_6H_5NHCH_3$	−57	196	微溶	9.15
N,N-二甲基苯胺	N,N-dimethylaniline	$C_6H_5N(CH_3)_2$	2.45	194	1.4	8.85
对-甲苯胺	p-methylaniline	$p\text{-}C_6H_4(CH_3)(NH_2)$	44	200	0.7	8.92
对-硝基苯胺	p-nitroaniline	$p\text{-}C_6H_4(NO_2)(NH_2)$	147.5	331.7	0.05	13.00

* $pK_{b2}=7.2$。

思考题 11-4　相对分子质量相同的伯、仲、叔三类脂肪胺的水中溶解度顺序和沸点顺序均为:伯胺＞仲胺＞叔胺。为什么?

2. 光谱性质

胺的红外光谱有 N—H 键和 C—N 键的特征吸收峰。N—H 键的伸缩振动在 $3300\sim3500\ cm^{-1}$,其中伯胺为双峰、仲胺为单峰、叔胺无此峰;弯曲振动在 $1580\sim1650\ cm^{-1}$;摇摆振动在 $666\sim909\ cm^{-1}$。C—N 键的伸缩振动:脂肪胺在 $1020\sim1250\ cm^{-1}$;芳香胺在 $1250\sim1380\ cm^{-1}$,其中芳伯胺在 $1250\sim1340\ cm^{-1}$,芳仲胺在 $1250\sim1350\ cm^{-1}$,芳叔胺在 $1310\sim1380\ cm^{-1}$。图 11-5 为苯胺的红外光谱图。

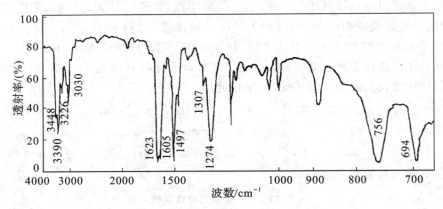

图 11-5　苯胺的红外光谱

3448 cm⁻¹ 和 3390 cm⁻¹ 峰:N—H 伸缩振动 (伯胺);3226 cm⁻¹ 峰:N—H 伸缩振动 (缔合胺);3030 cm⁻¹ 峰:C—H 伸缩振动 (芳环);1623 cm⁻¹ 和 1605 cm⁻¹ 峰:N—H 弯曲振动;1623 cm⁻¹、1605 cm⁻¹ 和 1497 cm⁻¹ 峰:苯环骨架伸缩振动;1307 cm⁻¹ 和 1274 cm⁻¹ 峰:C—N 伸缩振动 (芳胺);756 cm⁻¹ 和 694 cm⁻¹ 峰:一元取代苯环上 C—H 面外弯曲振动

胺的核磁共振谱中,由于氮的电负性比碳大,α-碳原子上质子化学位移在较低场,δ 值为 2.2ppm～2.9ppm。

$$CH_3\text{—}NR_2 \qquad R'CH_2\text{—}NR_2 \qquad R'_2CH\text{—}NR_2$$
$$\delta/ppm \quad\quad 2.2 \qquad\qquad\quad 2.4 \qquad\qquad\qquad\quad 2.8$$

　　β-碳原子上的质子受氮原子的影响较小，δ 值一般为 1.1ppm～1.7ppm。由于形成氢键的程度不同（受样品纯度、溶剂、测量时溶液的浓度和温度等因素的影响），氮原子上质子的化学位移变化较大，δ 值一般为 0.6ppm～3.0ppm。图 11-6 为对甲苯胺的核磁共振谱图。

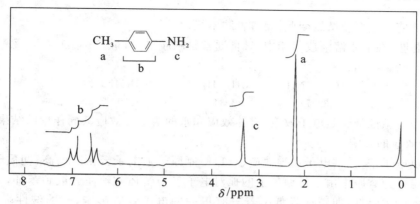

图 11-6　对甲苯胺的核磁共振谱

11.2.4　胺的化学性质

　　胺分子中氮原子上具有的孤对电子使胺具有碱性和亲核性，可发生一系列相应的化学反应。胺是氮元素氧化态最低的含氮有机化合物，能被多种氧化剂氧化。芳香胺中氮与芳环的 p-π 共轭效应使芳环上电子云密度增大，容易发生亲电取代反应。

　　1. 碱性与成盐反应

　　与氨相似，胺分子中氮原子上的孤对电子能接受质子，呈碱性。

$$NH_3 + H_2O \rightleftharpoons NH_4^+ + OH^-$$

$$RNH_2 + H_2O \rightleftharpoons RNH_3^+ + OH^-$$

胺类的碱性强度可用 K_b 或 pK_b 表示：

$$K_b = \frac{[RNH_3^+][OH^-]}{[RNH_2]}, \quad pK_b = -\lg K_b$$

一些常见胺的 pK_b 值列于表 11-2。

　　胺一般为弱碱，可与酸成盐，但遇强碱又重新游离析出。例如：

$$CH_3NH_2 \underset{OH^-}{\overset{HCl}{\rightleftharpoons}} [CH_3NH_3]^+Cl^- \quad （或写做 \quad CH_3NH_2 \cdot HCl）$$

　　　　　　　　　　　氯化甲铵　　　　　　　　　　　甲胺盐酸盐

　　胺与酸形成的盐一般是易溶于水和乙醇的晶体。常常利用胺的盐易溶于水而遇强碱又重新游离析出的性质来分离和提纯胺。

　　胺的碱性强弱与氮原子上电子云密度有关。氮原子上电子云密度越大，接受质子的能力越强，碱性就越强。

　　因为脂肪烃基是供电子基，能提高氮原子上的电子云密度。而芳香胺因氮上孤对电子离域到苯环，降低了氮原子上的电子云密度，因此碱性显著降低。例如：

$$\begin{array}{cccc} & CH_3{-}NH_2 & NH_3 & \text{苯}{-}NH_2 \\ pK_b & 3.34 & 4.76 & 9.38 \end{array}$$

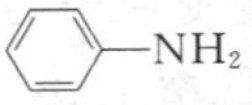

脂肪胺能使红色石蕊试纸变蓝,而芳香胺不能。

对于脂肪胺,在非水溶液或气相中,碱性通常是叔胺 > 仲胺 > 伯胺(> 氨)。但在水溶液中则有所不同。例如:

$$\begin{array}{ccccc} & (CH_3)_2NH & CH_3NH_2 & (CH_3)_3N & NH_3 \\ pK_b & 3.27 & 3.34 & 4.19 & 4.76 \end{array}$$

胺在水中的碱性强弱是电子效应、立体效应和水的溶剂化效应共同作用的结果。

1) 电子效应的影响

烷基是供电子基,其供电子诱导效应($+I$)使氮原子上电子云密度增高,使质子化后的铵离子更趋稳定。芳香胺中由于氮原子上的孤对电子参与苯环共轭而分散到苯环,从而使氮原子结合质子的能力降低,即碱性降低。若只有单一的电子效应影响,胺的碱性强弱顺序为:脂肪叔胺 > 脂肪仲胺 > 脂肪伯胺 > NH_3 > 芳香胺。

2) 溶剂化效应的影响

胺在水溶液中的碱性主要取决于铵正离子稳定性的大小。铵正离子越稳定,胺在水溶液中的离解越偏向于生成铵离子和氢氧根离子的一方。而铵正离子的稳定性大小又取决于它与水形成氢键的机会。伯胺氮上的氢最多,其铵正离子最稳定。

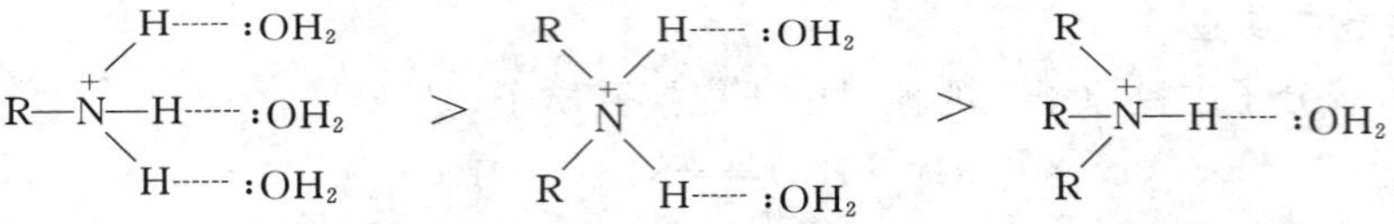

若只有单一的溶剂化效应,胺的碱性强弱顺序为:伯胺 > 仲胺 > 叔胺。

3) 空间效应的影响

胺的碱性表现为胺分子中氮原子上的孤对电子与质子结合,氮原子上连接的基团越多、越大,则对氮原子上孤对电子的屏蔽作用越大,与质子的结合就越不易,碱性就越弱。例如,芳香胺的碱性强弱顺序如下:

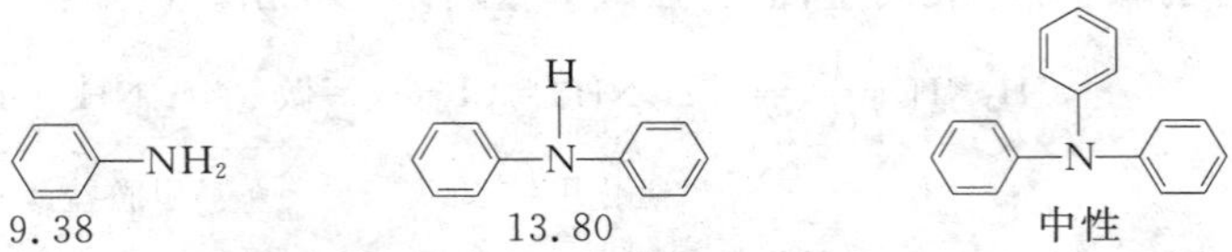

$$\begin{array}{cccc} & \text{苯}NH_2 & \text{(二苯胺)} & \text{(三苯胺)} \\ pK_b & 9.38 & 13.80 & \text{中性} \end{array}$$

随着氮原子上连接的苯基增多,空间位阻增大,再加上共轭效应的影响,胺的碱性显著下降。事实上,苯胺与盐酸等强酸生成的盐在水溶液中只有部分水解,二苯胺与强酸生成的盐在水溶液中则完全水解,三苯胺即使与强酸也不能成盐。

当苯环上有取代基时,取代基的性质以及在苯环上的位置不同,对碱性的影响就不同。例如:

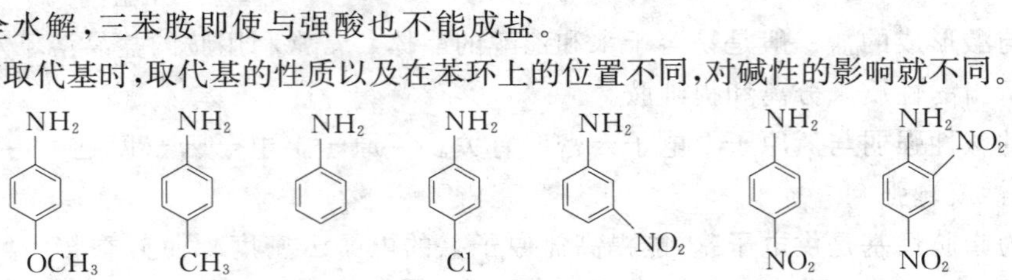

$$\begin{array}{ccccccc} & & & & & & NO_2 \\ NH_2 & NH_2 & NH_2 & NH_2 & NH_2 & NH_2 & NH_2 \\ OCH_3 & CH_3 & & Cl & NO_2 & NO_2 & NO_2 \\ pK_b\ \ 8.66 & 8.92 & 9.38 & 10.48 & 11.53 & 13.0 & 13.82 \end{array}$$

　　水溶液中胺的碱性强弱是多种因素共同影响的结果。各类胺的碱性强弱大致表现出如下顺序：

脂肪仲胺　　脂肪{伯胺 / 叔胺}　　芳香伯胺　　芳香仲胺　　芳香叔胺

强 ←——————————— 碱性 ———————————→ 弱

　　与胺类不同的是，季铵化合物分子中的氮原子已连接四个烃基并带正电荷，不能再接受质子，这类化合物的碱性由与季铵正离子结合的负离子来决定。对于季铵碱，R_4N^+ 与 OH^- 之间是典型的离子键，季铵碱的碱性就表现为 OH^- 的碱性，故季铵碱为强碱(见 11.2.6)。

　　2. 氮上的烃基化反应

　　胺和氨一样可作为亲核试剂与卤代烃等烷基化试剂作用，氨基上的氢原子逐步被烷基取代。

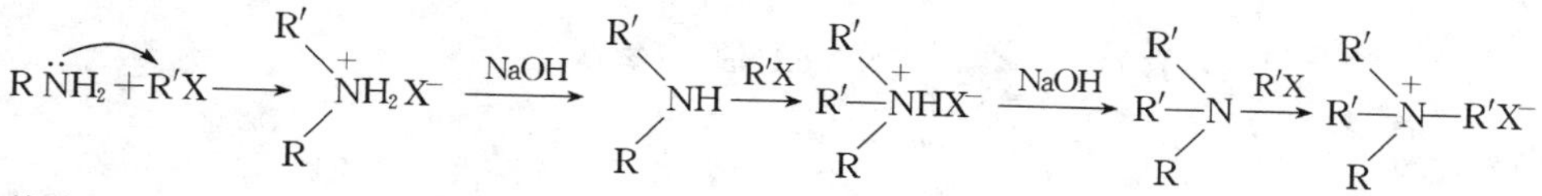

伯胺　　　　　　　　　　　　　　　仲胺　　　　　　　　　　　叔胺　　　季铵盐

最后产物为季铵盐。如 R′ 为甲基，则常称此反应为"彻底甲基化反应"。

　　工业上也可以在加压、加热和无机酸催化下，用甲醇来进行甲基化。例如：

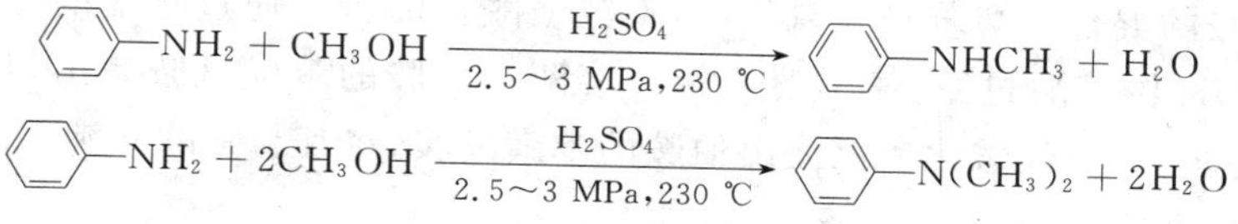

　　3. 氮上的酰基化反应

　　伯胺和仲胺仍像氨一样能与酰卤、酸酐甚至酯等酰基化试剂作用生成酰胺。叔胺氮上没有可以被取代的氢原子，不能起酰基化反应。

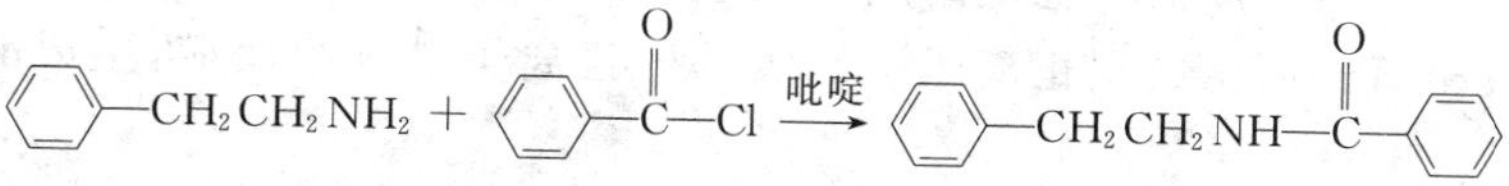

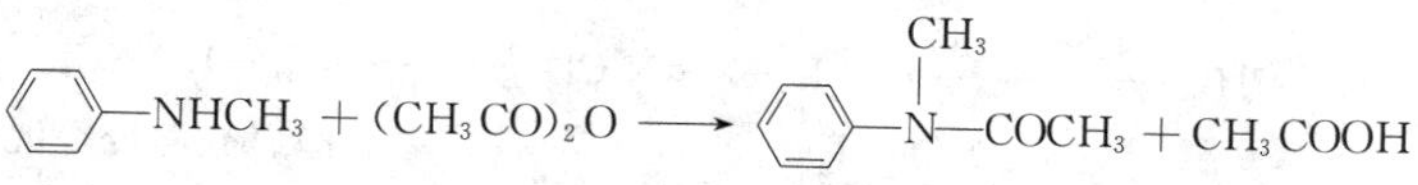

N-甲基乙酰苯胺

　　胺的酰基化反应实际上就是羧酸衍生物的氨解反应(见第 10 章)。生成的酰胺为具有一定熔点的晶体，利用此性质可鉴定胺类。酰胺在酸或碱催化下水解，可以除去酰基恢复氨基，因此常用酰基化反应来保护氨基，以避免芳胺在进行某些反应时氨基被氧化破坏。例如，对氨基苯甲酸的合成：

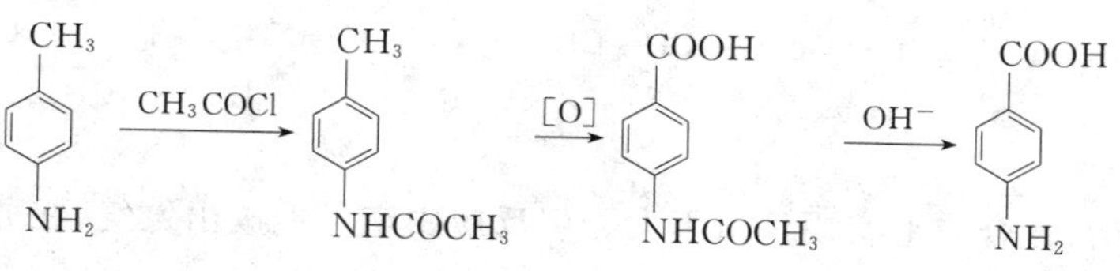

与胺的酰基化反应相似,如用磺酰化试剂(苯磺酰氯或对甲苯磺酰氯)代替酰卤与伯胺或仲胺反应,结果在胺分子中引入了磺酰基,生成相应的磺酰胺,称为胺的磺酰化反应。由伯胺生成的磺酰胺氮上的氢受磺酰基影响呈弱酸性,可与碱成盐而溶于水;仲胺形成的磺酰胺氮上无氢,不与碱成盐而呈固体析出;叔胺不被磺酰化。

$$
\begin{array}{c}
C_2H_5NH_2 \\
\\
(C_2H_5)_2NH
\end{array}
\left]
\xrightarrow{\quad H_3C-\!\!\!\!\bigcirc\!\!\!\!-SO_2Cl \quad}
\left[
\begin{array}{l}
H_3C-\!\!\!\!\bigcirc\!\!\!\!-\overset{O}{\underset{O}{S}}-NHC_2H_5 \downarrow \\
\\
H_3C-\!\!\!\!\bigcirc\!\!\!\!-\overset{O}{\underset{O}{S}}-N(C_2H_5)_2 \downarrow
\end{array}
\right.
$$

$$
\xrightarrow{\text{NaOH}}
\begin{array}{l}
H_3C-\!\!\!\!\bigcirc\!\!\!\!-\overset{O}{\underset{O}{S}}-\bar{N}C_2H_5Na^+ \quad (溶) \\
\\
H_3C-\!\!\!\!\bigcirc\!\!\!\!-\overset{O}{\underset{O}{S}}-N(C_2H_5)_2 \quad (不溶)
\end{array}
$$

常利用此反应来鉴别或分离伯、仲、叔胺,称为兴斯堡(Hinsberg)实验。用于分离时,先将伯胺、仲胺和叔胺的混合物与苯磺酰氯作用,不被磺酰化的叔胺通过蒸馏的方法分离出来,剩下的晶体加 NaOH 溶液后过滤,使不溶于碱性溶液的仲胺的苯磺酰胺滤出,与强酸水溶液共热水解分离出仲胺;溶液经酸化后沉淀出伯胺的苯磺酰胺,将其与强酸共沸水解,分离出伯胺。

4. 与亚硝酸反应

伯、仲、叔胺与亚硝酸的反应各不相同,脂肪胺和芳香胺之间也有差异。由于亚硝酸不稳定,一般在反应过程中由亚硝酸钠和盐酸或硫酸作用制得。

1) 伯胺与亚硝酸反应

脂肪族伯胺与亚硝酸反应,生成极不稳定的脂肪族重氮盐。该重氮盐即使在低温下也会立即自动分解,定量地放出氮气而生成碳正离子。活泼的碳正离子继续起反应,生成醇、烯及卤烃等混合物。

$$
R-NH_2 \xrightarrow{NaNO_2,HCl} [\ R-\overset{+}{N}\!\!=\!\!N\,Cl^-\ ] \longrightarrow N_2\uparrow + R^+ + Cl^-
$$
$$
\qquad\qquad\qquad\qquad\qquad\qquad\qquad\qquad\quad 醇、烯、卤烃等混合物
$$

例如,正丁胺与亚硝酸发生下列反应:

$$
CH_3(CH_2)_3NH_2 \xrightarrow[H_2O,25\,℃]{NaNO_2,HCl} CH_3(CH_2)_3OH + CH_3CH_2\overset{OH}{\overset{|}{C}HCH_3} + CH_3(CH_2)_2CH_2Cl + CH_3CH_2\overset{Cl}{\overset{|}{C}HCH_3}
$$
$$
\qquad\qquad\qquad\qquad\qquad\qquad\quad 25\% \qquad\qquad 13\% \qquad\qquad\qquad 5\% \qquad\qquad\qquad 3\%
$$

$$
+ CH_3CH_2CH\!\!=\!\!CH_2 +
\begin{array}{c} H \\ | \\ C \\ \| \\ C \\ | \\ CH_3 \end{array}
\!\!=\!\!
\begin{array}{c} CH_3 \\ | \\ \\ \\ | \\ H \end{array}
+
\begin{array}{c} H \\ | \\ C \\ \| \\ C \\ | \\ CH_3 \end{array}
\!\!=\!\!
\begin{array}{c} CH_3 \\ | \\ \\ \\ | \\ CH_3 \end{array}
$$
$$
\qquad\qquad 26\% \qquad\qquad\qquad 3\% \qquad\qquad\qquad 7\%
$$

由于产物复杂,在合成上实用价值不大。但反应中定量地放出氮气,在分析测定中有用。

芳香伯胺与亚硝酸在低温（一般为 5 ℃以下）及过量强酸水溶液中反应生成芳香重氮盐，这个反应称为重氮化反应。

$$\text{（苯环）}-NH_2 + NaNO_2 + 2HCl \xrightarrow{0\sim5\ ℃} \text{（苯环）}-\overset{+}{N}\equiv N\ Cl^- + NaCl + 2H_2O$$

氯化重氮苯（重氮苯盐酸盐）

干燥的重氮盐一般极不稳定，受热或震动时容易发生爆炸。因此，重氮盐的制备和使用都要在温度较低的酸性介质中进行。温度升高，重氮盐会逐渐分解，放出氮气。

2）仲胺与亚硝酸反应

脂肪仲胺和芳香仲胺与亚硝酸反应，都是在氮原子上进行亚硝化，生成 *N*-亚硝基化合物。

$$(CH_3CH_2)_2N\!-\!\!H + HO\!-\!NO \longrightarrow (CH_3CH_2)_2N\!-\!NO + H_2O$$

N-亚硝基二乙胺

$$\text{（苯环）}-NHCH_3 + HNO_2 \longrightarrow \text{（苯环）}-\underset{CH_3}{\overset{N=O}{N}} + H_2O$$

N-甲基-*N*-亚硝基苯胺

N-亚硝基胺为中性的黄色油状物或固体，绝大多数不溶于水，而溶于有机溶剂；与稀酸共热时，会水解成原来的仲胺，可用来分离或提纯仲胺。*N*-亚硝基胺类化合物有强烈的致癌作用。

3）叔胺与亚硝酸反应

脂肪叔胺与亚硝酸作用生成不稳定、易水解的盐，若以强碱处理，则重新游离析出叔胺。

$$R_3N + HNO_2 \longrightarrow R_3\overset{+}{N}H\ NO_2^- \xrightarrow{NaOH} R_3N + NaNO_2 + H_2O$$

芳香叔胺与亚硝酸作用时，则发生芳环上的亲电取代反应，生成对亚硝基取代产物。

$$(CH_3)_2N\!-\!\text{（苯环）} + NaNO_2 + HCl \xrightarrow{8\ ℃} (CH_3)_2N\!-\!\text{（苯环）}-NO + H_2O + NaCl$$

N,*N*-二甲基-4-亚硝基苯胺（绿色晶体，熔点为 86 ℃）

在强酸性条件下实际形成的是一个具有醌式结构的橘黄色的盐，只有用碱中和后才会得到翠绿色的 *C*-亚硝基化合物。

$$(CH_3)_2N\!-\!\text{（苯环）}-N=O \underset{OH^-}{\overset{H^+}{\rightleftharpoons}} \left[(CH_3)_2\overset{+}{N}\!=\!\text{（环）}\!=\!N\!-\!OH\right]Cl^-$$

翠绿色　　　　　　　　　　　　　橘黄色

综上所述，可以利用亚硝酸与脂肪族及芳香族伯、仲、叔胺的不同反应来鉴别胺类。

5. 芳环上的亲电取代反应

氨基活化苯环，使苯环上的亲电取代反应比苯更容易进行，新进入的基团主要在氨基的邻位和对位。

1）卤代

芳胺与卤素（通常是氯或溴）容易发生亲电取代反应。例如，在苯胺的水溶液中加入少量溴水，则立即定量生成 2,4,6-三溴苯胺白色沉淀。利用此性质可对苯胺进行定性及定量分析。

$$\text{（苯环）}-NH_2 + 3Br_2\text{（水溶液）} \longrightarrow Br\!-\!\text{（苯环，2,4,6-三溴）}-NH_2\downarrow + 3HBr$$

苯胺与碘作用时,则只能得到一元碘代物。

$$\text{\Large\Phi}—NH_2 + I_2 \longrightarrow I—\text{\Large\Phi}—NH_2$$

如果要制备苯胺的一元溴代物,须将氨基酰化,以降低其对苯环的活化能力。由于乙酰氨基的空间阻碍作用,取代反应主要发生在对位。

$$\text{\Large\Phi}—NH_2 \xrightarrow{(CH_3CO)_2O} \text{\Large\Phi}—NH—\overset{O}{\overset{\|}{C}}CH_3 \xrightarrow[CH_3COOH]{Br_2} Br—\text{\Large\Phi}—NH—\overset{O}{\overset{\|}{C}}CH_3$$

$$\xrightarrow[H^+\ 或\ OH^-]{H_2O} Br—\text{\Large\Phi}—NH_2$$

2) 硝化

苯胺硝化时,因硝酸有较强的氧化作用,故有氧化反应相伴发生。为了避免发生这一副反应,可先将芳胺溶于浓硫酸中,使之成为硫酸氢盐,然后再硝化。—NH$_3^+$ 的生成防止了芳胺的氧化,但—NH$_3^+$ 是钝化芳环的间位定位基,硝化产物主要是间硝基苯胺。

$$\text{\Large\Phi}—NH_2 \xrightarrow{浓\ H_2SO_4} \text{\Large\Phi}—\overset{+}{N}H_3 HSO_4^- \xrightarrow[\triangle]{HNO_3} \underset{}{\overset{NO_2}{\text{\Large\Phi}}}—\overset{+}{N}H_3 HSO_4^- \xrightarrow[OH^-]{H_2O} \underset{}{\overset{NO_2}{\text{\Large\Phi}}}—NH_2$$

若要制备对硝基苯胺,则需要先将苯胺进行氮原子上的酰基化——保护氨基后再硝化。

$$\text{\Large\Phi}—NH_2 \xrightarrow{(CH_3CO)_2O} \text{\Large\Phi}—NH—\overset{O}{\overset{\|}{C}}CH_3 \xrightarrow[H_2SO_4]{HNO_3}$$

$$O_2N—\text{\Large\Phi}—NH—\overset{O}{\overset{\|}{C}}CH_3 \xrightarrow{H_3O^+} O_2N—\text{\Large\Phi}—NH_2$$

若要制备邻硝基化合物,须将酰化后的芳胺经磺化后,再硝化,最后水解去除磺酸基和酰基。

$$\underset{}{\overset{NH_2}{\text{\Large\Phi}}} \xrightarrow{(CH_3CO)_2O} \underset{}{\overset{NHCOCH_3}{\text{\Large\Phi}}} \xrightarrow{H_2SO_4} \underset{SO_3H}{\overset{NHCOCH_3}{\text{\Large\Phi}}} \xrightarrow[H_2SO_4]{HNO_3}$$

$$\underset{SO_3H}{\overset{NHCOCH_3\ NO_2}{\text{\Large\Phi}}} \xrightarrow[\triangle]{H_3O^+} \underset{}{\overset{NH_2\ NO_2}{\text{\Large\Phi}}}$$

3) 磺化

苯胺与浓硫酸作用,首先生成硫酸盐,然后加热脱水,再重排生成对氨基苯磺酸。

$$\text{\Large\Phi}—NH_2 \xrightarrow{H_2SO_4} \text{\Large\Phi}—\overset{+}{N}H_3\ HSO_4^- \xrightarrow[-H_2O]{180\ ℃} HO_3S—\text{\Large\Phi}—NH_2 \rightleftharpoons\ ^-O_3S—\text{\Large\Phi}—\overset{+}{N}H_3$$

这是工业上制备对氨基苯磺酸的方法(烘焙法)。对氨基苯磺酸为白色晶体,以内盐形式存在,在 280～300 ℃分解,难溶于冷水和有机溶剂,较易溶于沸水,是重要的染料中间体和常用的防治麦锈病的农药("敌锈酸")。

6. 胺的氧化反应

无论是脂肪胺还是芳香胺,均容易被氧化。脂肪族伯、仲胺氧化因产物复杂而无合成价值,叔胺用过氧化氢或过氧酸氧化后得到氧化胺。例如:

$$C_{12}H_{25}N(CH_3)_2 + H_2O_2 \longrightarrow C_{12}H_{25}\overset{O^-}{\underset{+}{N}}(CH_3)_2 + H_2O$$

$$\underset{}{\bigcirc}—CH_2N(CH_3)_2 + H_2O_2 \longrightarrow \underset{}{\bigcirc}—CH_2\overset{O^-}{\underset{+}{N}}(CH_3)_2 + H_2O$$

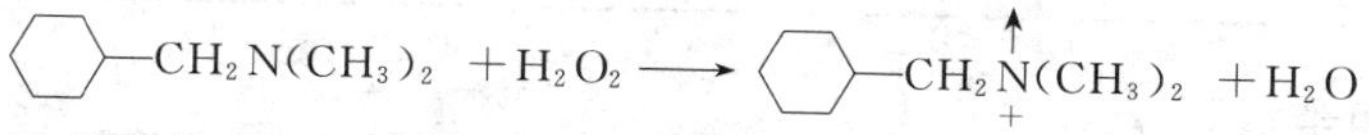

氧化胺是强极性化合物,易溶于水,不溶于苯、乙醚。二甲基十二烷基胺氧化物是性能优良的表面活性剂。具有 β-氢原子的氧化胺,加热时发生消除反应,产生烯烃。

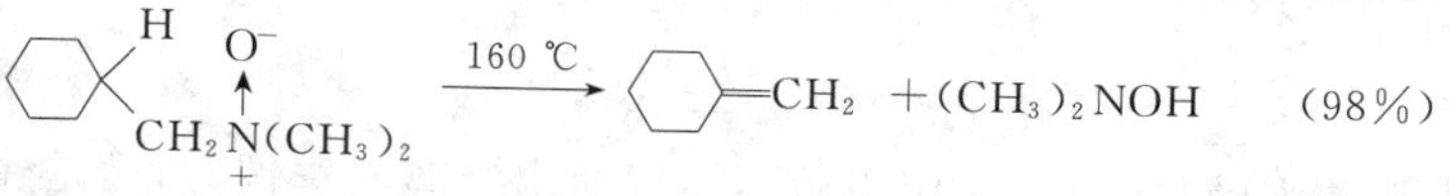

$$\overset{160\ ℃}{\longrightarrow} \underset{}{\bigcirc}=CH_2 + (CH_3)_2NOH \quad (98\%)$$

这一反应称为科普消除(Cope elimination)反应,可用于烯烃的合成以及在化合物上除掉氮。由于反应过程中形成平面的五元环,所以是立体专一性的顺式消除。

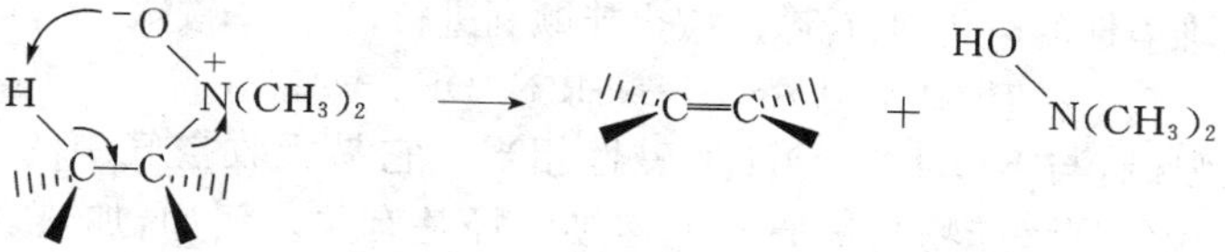

芳香胺,尤其是芳香伯胺,极易被氧化。苯胺放置时,就能因被空气氧化,由无色透明液体逐渐变为黄色、浅棕色以至红棕色。氧化过程复杂,产物也难以分离。若用二氧化锰在稀硫酸中氧化苯胺,则主要生成对苯醌。

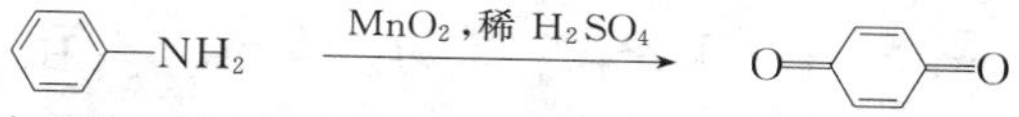

$$\underset{}{\bigcirc}—NH_2 \overset{MnO_2,稀\ H_2SO_4}{\longrightarrow} O=\underset{}{\bigcirc}=O$$

苯环上含吸电子基(如硝基、氰基、磺酸基等)的芳胺较为稳定,N,N-二烷基芳胺和芳胺的盐也较难氧化,往往将芳胺成盐后储存。

11.2.5 烯胺

氨基直接与双键相连的化合物称为烯胺(enamine)。烯胺类似烯醇,通常是不稳定的,容易转变为互变异构体的亚胺(imine)。

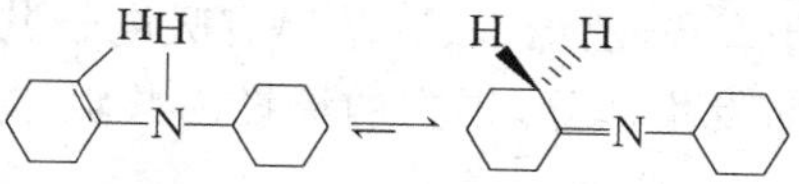

叔烯胺不会发生上述的互变异构现象。制备叔烯胺时通常选用环状仲胺,如四氢吡咯或哌啶。

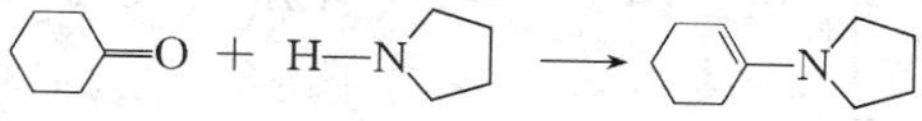

$$\underset{}{\bigcirc}=O + H—N\underset{}{\bigcirc} \longrightarrow \underset{}{\bigcirc}—N\underset{}{\bigcirc}$$

$$N\text{-(1-环己烯基)四氢吡咯}$$

烯胺双键的 β-碳原子具有亲核性,在有机合成中是一种极有用的中间体。例如:

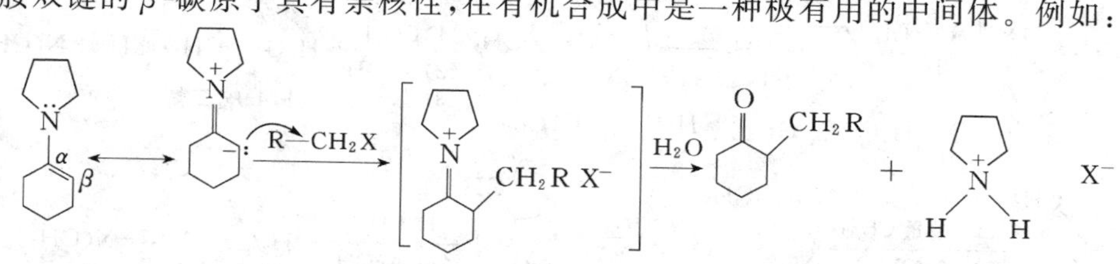

$$R=CH_2=CH—、C_6H_5—$$

思考题 11-5　如何由环己酮和乙酰氯通过烯胺合成 （环己酮上连有 $-\overset{\overset{\displaystyle O}{\|}}{C}-CH_3$ 的结构）？

11.2.6　季铵盐和季铵碱

季铵盐是白色晶体,具有盐的性质,易溶于水,不溶于非极性有机溶剂。季铵盐在加热时分解,生成叔胺和卤代烃。

$$[R_4N]^+X^- \xrightarrow{\triangle} R_3N+RX$$

$R_4N^+Cl^-$ 为强酸强碱盐,与强碱作用后不会置换出游离的季铵碱,而是建立如下平衡:

$$R_4N^+X^- + NaOH \rightleftharpoons R_4N^+OH^- + NaX$$

如果反应在醇溶液中进行,由于碱金属卤化物不溶于醇,反应进行完全。若用湿的氧化银与季铵盐作用,由于生成难溶性的卤化银沉淀,反应也能顺利进行,得到季铵碱。

$$R_4N^+X^- + AgOH \longrightarrow R_4N^+OH^- + AgX\downarrow$$

季铵碱是有机强碱,与 KOH、NaOH 的碱性相当。它易吸收空气中的二氧化碳,易潮解,能溶于水;受热易分解,分解产物与氮原子上连接的烃基有关。例如,加热氢氧化四甲铵,生成甲醇和三甲胺。

$$[(CH_3)_4N]^+OH^- \xrightarrow{\triangle} N(CH_3)_3 + CH_3OH$$

如果分子中有比甲基大的烷基,且具有 β-氢原子,加热时则分解为叔胺和烯烃。例如:

$$HO^- + H{-}CH_2{-}CH_2{-}{}^+N(CH_3)_3 \xrightarrow{\triangle} H_2O + CH_2 = CH_2 + N(CH_3)_3$$

这是由于 OH^- 进攻 β-氢原子,发生消除反应(称为霍夫曼热消除反应)。如果季铵碱分子中可供消除的 β-氢原子类型不止一种,则主要生成双键碳原子上连有较少烷基的烯烃,即氢原子通常是从含氢较多的 β-碳原子上除去,这称为霍夫曼规则(与查依切夫规则相反)。例如:

$$\begin{bmatrix} \overset{\displaystyle H}{|} & \overset{\displaystyle H}{|} \\ CH_3{-}CH{-}CH{-}CH_2 \\ {}^+N(CH_3)_3 \end{bmatrix}OH^- \xrightarrow{\triangle} \underset{95\%}{CH_3CH_2CH=CH_2} + \underset{5\%}{CH_3CH=CHCH_3} + N(CH_3)_3 + H_2O$$

如果某个 β-碳原子上连有苯基、乙烯基、羰基等有吸电子共轭效应的基团,则 β-氢原子的酸性增大,容易接受碱的进攻而发生消除,得到的烯烃因共轭体系的形成而稳定。例如:

$$\begin{bmatrix} C_6H_5{-}CH_2CH_2{-}\overset{\overset{\displaystyle CH_3}{|}}{\underset{\underset{\displaystyle CH_3}{|}}{N}}CH_2CH_3 \end{bmatrix}^+ OH^- \xrightarrow{\triangle} C_6H_5{-}CH=CH_2 + CH_3\overset{\overset{\displaystyle CH_3}{|}}{N}CH_2CH_3 + H_2O$$

利用霍夫曼热消除反应可以测定胺类异构体的结构。例如:

1,4-戊二烯

异戊二烯

季铵盐是一类阳离子表面活性剂,除了具有去污能力外,还具有良好的湿润、起泡、乳化、防腐性能,以及杀菌、防霉作用。例如,溴化二甲基十二烷基苄基铵（$C_6H_5CH_2\overset{+}{N}(CH_3)_2C_{12}H_{25}Br^-$,商品名"新洁尔灭"）和溴化二甲基十二烷基-(-2-苯氧乙基)铵（$C_6H_5OCH_2CH_2\overset{+}{N}(CH_3)_2C_{12}H_{25}Br^-$,商品名"杜灭芬"）既是具有去污能力的表面活性剂,又是具有强杀菌能力的消毒剂。

某些季铵盐或季铵碱,既能溶于水,又能溶于有机溶剂中,可以作为相转移催化剂。在它的作用下,很多不溶于水的有机物与水溶性试剂反应时,能极大地提高反应速度。例如:

$$CH_3(CH_2)_7CH\!=\!CH_2(溶于苯)\xrightarrow[\text{KMnO}_4,\text{H}_2\text{O},40\sim50\,℃]{[CH_3(CH_2)_6CH_2]_3\overset{+}{N}CH_3Cl^-}CH_3(CH_2)_7COOH\qquad(>90\%)$$

11.2.7　胺的制法

1. 硝基化合物还原

将硝基化合物还原可以得到伯胺,这是制备芳胺的常用方法。工业上常用催化加氢还原法,实验室则常用 Zn、Sn 或 $SnCl_2$ 加盐酸、硫酸或乙酸作还原剂。如用 $SnCl_2 + HCl$ 作还原剂,可以避免芳环上的醛基被还原,还可以使多硝基化合物部分还原。例如:

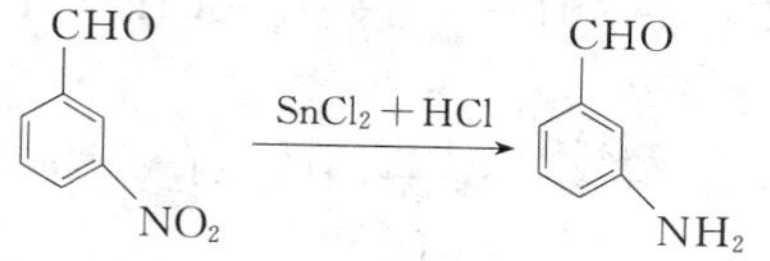

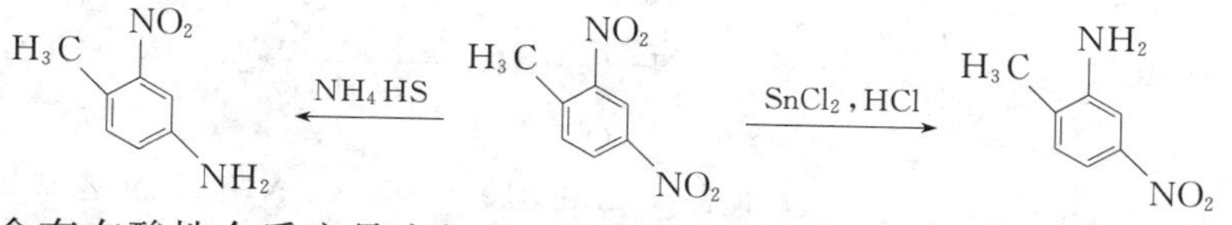

若分子中含有在酸性介质容易水解的基团（如对硝基乙酰苯胺）,则宜用催化加氢法还原。

虽然 α-萘胺可由 α-硝基萘还原制取,但 β-萘胺不用 β-硝基萘来制备,因为萘硝化时几乎得不到 β-硝基萘,故采用间接方法制取 β-萘胺。先以 β-萘磺酸为原料经碱熔法制取 β-萘酚。

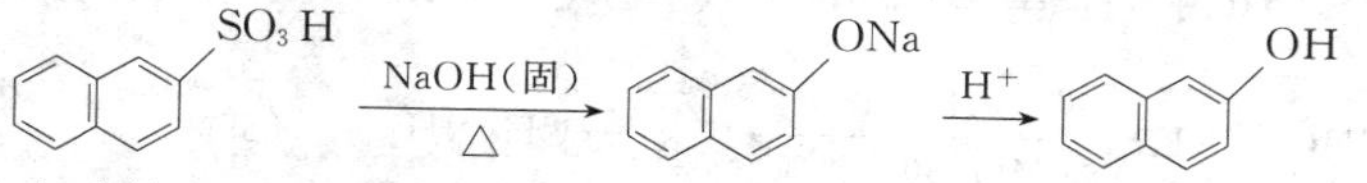

β-萘酚再与含有亚硫酸铵（或亚硫酸氢铵）的氨水在 $90\sim150\,℃$ 发生取代反应生成 β-萘胺。

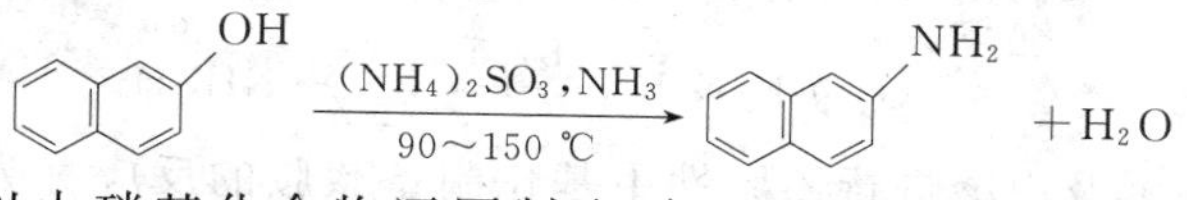

脂肪胺虽然也可以由硝基化合物还原制取,但由于原料不易得到,通常采用其他方法制取。

2. 卤代烃或醇的氨解

卤代烷与氨的水溶液或乙醇溶液作用,首先生成伯胺的氢卤酸盐,再与过量的氨作用,可使伯胺游离出来。

$$R\!-\!X+NH_3\longrightarrow R\!-\!\overset{+}{N}H_3X^-\xrightarrow{NH_3}R\!-\!NH_2+NH_4X$$

伯胺继续和 RX 反应,则生成仲胺、叔胺和季铵盐的混合物。可以利用原料的不同配比及控制反应条件,使其中之一为主要产物,但混合物分离困难使这一方法在应用上受到一定的限制。

卤苯类的氨解要比卤代烷困难得多,只有当苯环上含有硝基等强吸电子基时,芳环上的亲核取代反应才较为容易。例如:

$$O_2N-\underset{\underset{NO_2}{|}}{\bigcirc}-Cl \;+2NH_3 \xrightarrow[170\ ℃]{CH_3COONH_4} O_2N-\underset{\underset{NO_2}{|}}{\bigcirc}-NH_2 \;+NH_4Cl$$

在工业生产中常用醇的氨解来制备脂肪族胺类。这是因为原料来源方便,生产过程中的腐蚀问题不大,所以对生产较为有利。例如,工业上用甲醇氨解法制备甲胺、二甲胺和三甲胺。

$$CH_3OH+NH_3 \xrightarrow[380\sim450\ ℃,5\ MPa]{Al_2O_3} CH_3NH_2 \xrightarrow{NH_3}(CH_3)_2NH \xrightarrow{NH_3}(CH_3)_3N$$

3. 腈、肟和酰胺的还原

腈($RC≡N$)、肟($RCH=NOH$)及酰胺($RCONH_2$)等含 C—N 键的化合物均可用催化加氢或 $LiAlH_4$、Na 加 C_2H_5OH 等化学试剂还原。

$$N≡C-CH_2CH_2CH_2CH_2-C≡N \xrightarrow{H_2/Ni} H_2N-CH_2CH_2CH_2CH_2CH_2CH_2-NH_2$$

$$CH_3(CH_2)_4-\underset{\underset{N-OH}{||}}{C}-CH_3 \xrightarrow[75\sim80\ ℃,6.8\ MPa]{H_2/Ni} CH_3(CH_2)_4-\underset{\underset{NH_2}{|}}{CH}-CH_3$$

$$CH_3(CH_2)_5CH=N-OH \xrightarrow{Na,C_2H_5OH} CH_3(CH_2)_5CH_2-NH_2$$

$$CH_3(CH_2)_{10}-\underset{\underset{}{\overset{O}{||}}}{C}-NHCH_3 \xrightarrow{LiAlH_4} \xrightarrow{H_2O} CH_3(CH_2)_{10}-CH_2-NHCH_3 \qquad (95\%)$$

$$\bigcirc-NHCH_3 \xrightarrow[(2)\ OH^-]{(1)\ CH_3COCl} \bigcirc-\underset{\underset{\overset{||}{O}}{|}}{\overset{\overset{CH_3}{|}}{N}}-C-CH_3 \xrightarrow[(2)\ H_2O]{(1)\ LiAlH_4} \bigcirc-\underset{}{\overset{\overset{CH_3}{|}}{N}}-CH_2CH_3$$

$$\qquad\qquad\qquad N\text{-甲基-}N\text{-乙酰苯胺}\qquad\qquad\qquad N\text{-甲基-}N\text{-乙基苯胺,}91\%$$

4. 醛、酮的氨化还原

醛、酮和氨缩合生成亚胺,再通过催化加氢或化学还原剂可顺利地得到伯胺。

$$CH_3(CH_2)_5CHO+NH_3 \underset{}{\overset{-H_2O}{\rightleftharpoons}} [\ CH_3(CH_2)_5CH=NH\ ] \xrightarrow{H_2\atop Ni} CH_3(CH_2)_5CH_2NH_2$$

$$\bigcirc-CHO+NH_3 \xrightarrow[9\ MPa,40\sim70\ ℃]{H_2/Ni} \bigcirc-CH_2NH_2 \qquad (89\%)$$

若以伯胺或仲胺代替氨,则可分别生成仲胺和叔胺。

$$\bigcirc=O+CH_3NH_2 \xrightarrow{H_2/Ni} \bigcirc-NHCH_3$$

将伯胺、仲胺和甲醛及甲酸进行还原性甲基化制备叔胺的反应称为Eschweilar-Clarke反应。例如:

$$(CH_3)_3C-NH_2+2HCHO+2HCOOH \xrightarrow{100\ ℃}(CH_3)_3C-N(CH_3)_2+2H_2O+2CO_2\uparrow \quad (95\%)$$

$$\qquad\qquad\qquad\qquad\qquad\qquad\qquad 二甲基叔丁基胺$$

$$(CH_3CH_2)_2NH+HCHO+HCOOH \xrightarrow{100\ ℃}(CH_3CH_2)_2NCH_3+H_2O+CO_2\uparrow$$

5. 由羧酸衍生物制备

1) 酰胺的霍夫曼降级(Hoffmann degradation)反应

酰胺与次卤酸钠溶液共热,可得到比原来的酰胺少一个碳原子的伯胺(见10.5)。

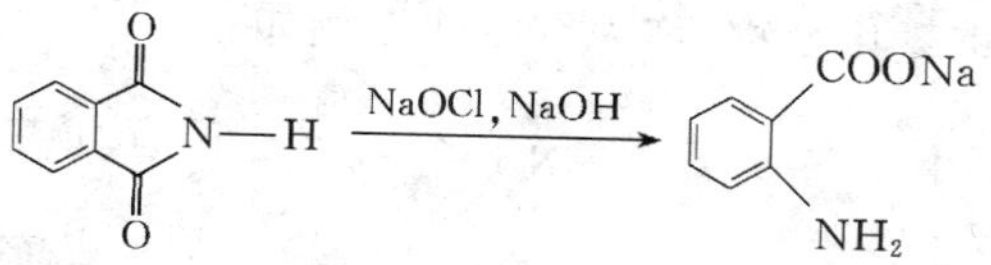

2）盖布瑞尔合成法

邻苯二甲酰亚胺分子中亚氨基上的氢原子受两个酰基的吸电子影响，有弱酸性，可以与碱作用形成盐，后者与卤代烃等反应，生成 *N*-烃基邻苯二甲酰亚胺，水解后得到伯胺，这是合成纯净伯胺的制法，称为盖布瑞尔(Gabriel)合成法。

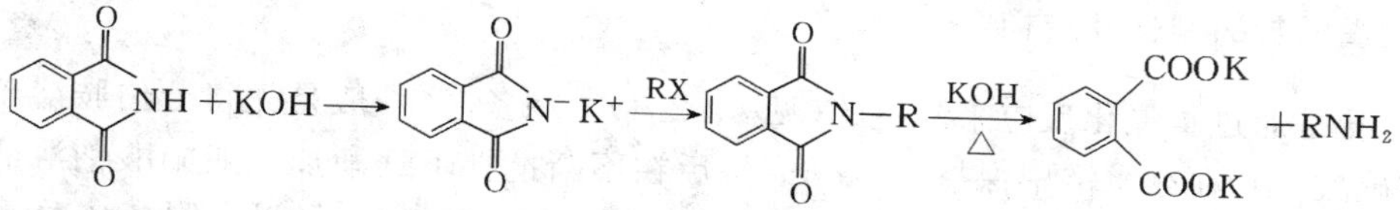

盖布瑞尔反应也可用于 α-氨基酸的合成。

3）克尔提斯反应

酰氯与 NaN_3 反应可制备伯胺。该反应称为克尔提斯(Curtius)反应。

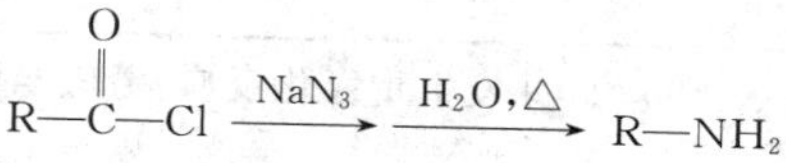

4）施密特(Schmidt)反应

羧酸与 NaN_3 在强酸的存在下反应，生成不稳定的酰基叠氮化合物，后者经加热脱氮、重排、水解，最终得到少一个碳原子的伯胺，胺的收率较高。

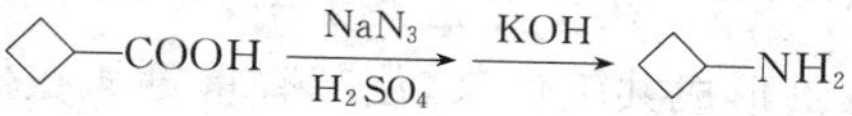

$$CH_3(CH_2)_{16}COOH + NH_3 \xrightarrow{H_2SO_4} CH_3(CH_2)_{15}CH_2NH_2 \quad (96\%)$$

11.3　重氮及偶氮化合物

重氮(diazo)和偶氮化合物(azo compound)分子中都含有—N_2—基团。若—N_2—基团的两端都与烃基相连，则称为偶氮化合物。例如：

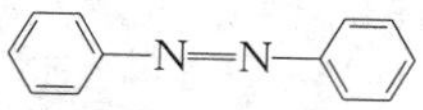

偶氮苯

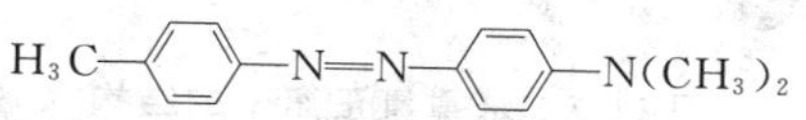

4-甲基-4′-二甲氨基偶氮苯

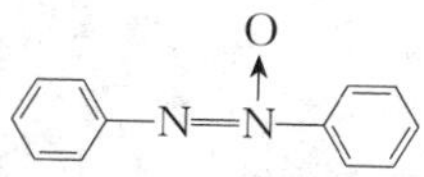

氧化偶氮苯

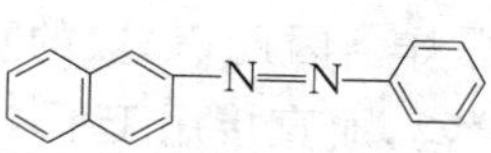

萘-2-偶氮苯

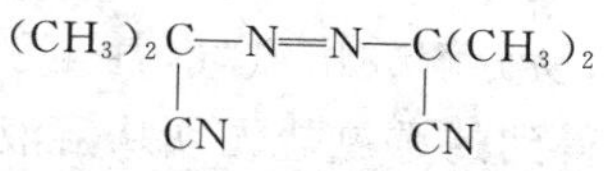

偶氮二异丁腈

$CH_3N{=}NCH_3$

偶氮甲烷

若—N_2—基团的一端与烃基相连，另一端与其他非碳原子相连，则称为重氮化合物。例如：

CH_2N_2

重氮甲烷

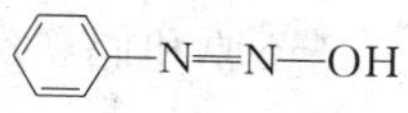

苯重氮酸

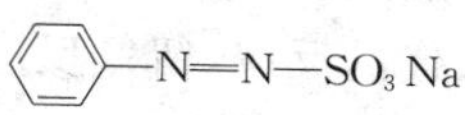

苯重氮磺酸钠

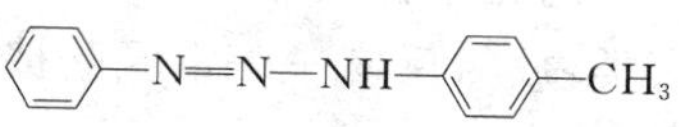

苯重氮氨基对甲苯

还有一类较为重要的重氮化合物,称为重氮盐。例如:

氯化重氮苯　　　　　苯重氮氟硼酸盐　　　　　β-萘基重氮硫酸盐

重氮和偶氮化合物在自然界中极少存在,大都是人工合成产物。芳香重氮化合物在有机合成和分析上有广泛用途,由芳香重氮盐偶合而成的偶氮化合物是重要的精细化工产品,如染料、药物、色素、分析试剂等。

11.3.1　重氮盐的制备及结构

重氮盐是通过重氮化反应来制备的(见 11.2.4)。制备时,一般是先将芳伯胺溶于过量的盐酸(或硫酸)中,在冰水浴中保持 0~5 ℃,然后在不断搅拌下逐渐加入亚硝酸钠溶液直到溶液对淀粉-碘化钾试纸呈蓝色为止,表明亚硝酸过量,反应已完成。例如,制备硫酸重氮苯的反应:

$$\langle\!\!\!\!\!\rangle\!\!-\!NH_2 + NaNO_2 + 2H_2SO_4 \xrightarrow{0\sim5\ ℃} \langle\!\!\!\!\!\rangle\!\!-\!\overset{+}{N_2}HSO_4^- + NaHSO_4 + 2H_2O$$

思考题 11-6　芳香胺在 0~5 ℃ 与 $NaNO_2$-HCl 发生重氮化反应,芳胺与酸的物质的量比一般需要 1:2.5,试加以解释。

重氮盐是离子化合物,具有盐的特点,易溶于水,不溶于有机溶剂。其结构式可表示为 $[ArN\equiv N]^+X^-$ 或简写成 $ArN_2^+X^-$。在重氮正离子中,$C\!-\!\overset{+}{N}\equiv N$ 是直线型结构,氮原子为 sp 杂化,芳环与重氮基中的 π 键形成共轭体系,使芳香重氮盐在低温下、强酸介质中能稳定存在。苯重氮正离子的结构如图 11-7 所示。

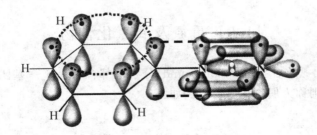

图 11-7　苯重氮正离子的结构

重氮盐的稳定性与它的酸根及苯环上的取代基有关,硫酸重氮盐比盐酸盐稳定,氟硼酸重氮盐($ArN_2^+BF_4^-$)稳定性更高。苯环上连有吸电子基团(如卤素、硝基、磺酸基等)会增加重氮盐的稳定性。干燥的重氮盐不稳定,易分解放出氮气,甚至引起爆炸。因此,一般的重氮化反应需要在低温、酸性水溶液中进行,得到的重氮盐无须从溶液中分离,而直接用于下一步反应。

11.3.2　重氮盐的化学性质及其应用

重氮盐的化学性质非常活泼,可以发生多种化学反应,合成许多有用的产品。其反应可归纳为两大类:放氮反应——重氮基被取代的反应,留氮反应——还原和偶联反应。

1. 放氮反应

带正电荷的重氮基 $-\overset{+}{N}\equiv N$ 有较强的吸电子能力,使 C—N 键极性增强,容易异裂而放出氮气。在不同条件下,重氮基可以被羟基、卤素、氰基、氢原子等取代,生成相应的芳烃衍生物。利用这一反应,可以从芳烃开始合成一系列芳香化合物。

1) 被羟基取代

将重氮盐的强酸性溶液(通常为 $40\%\sim50\%$ 的硫酸溶液)加热,重氮盐即发生水解,生成酚并放出氮气。

$$Ar-\overset{+}{N}\equiv N\ HSO_4^-\ +H_2O\ \xrightarrow[\triangle]{H^+}\ Ar-OH\ +N_2\uparrow+H_2SO_4$$

强酸性条件可以防止未水解的重氮盐和生成的酚发生偶联反应。若用盐酸重氮盐,则常有副产物氯苯生成。

因为经重氮盐制取酚的路线较长,产率也不高,不如通过磺化-碱熔制酚的方法简捷。但是当苯环上有卤素或硝基等取代基时,不易采用碱熔法制酚,可通过重氮盐的途径。例如:

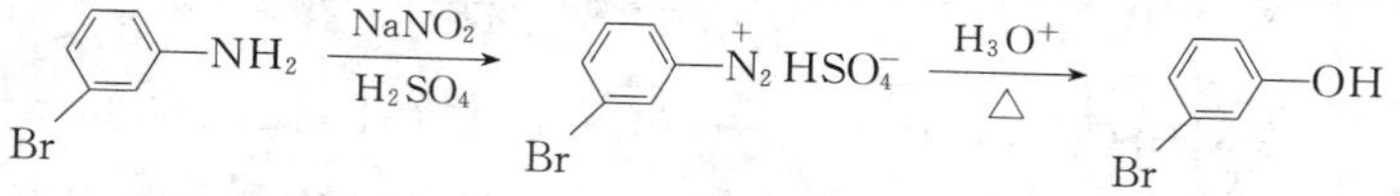

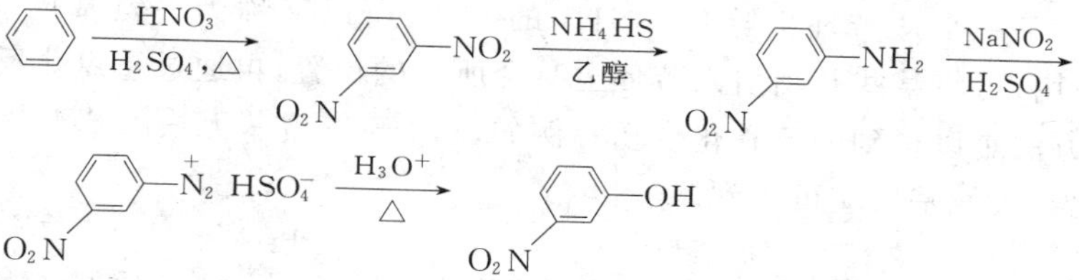

2) 被卤原子取代

重氮盐在氯化亚铜或溴化亚铜催化剂和相应的氢卤酸作用下,其重氮基可被氯或溴原子取代并放出氮气。此反应称为桑德迈尔(Sandmeyer)反应。如改用铜粉作催化剂,则称为盖特曼(Gatterman)反应,收率虽然不及前法,但操作简便。例如:

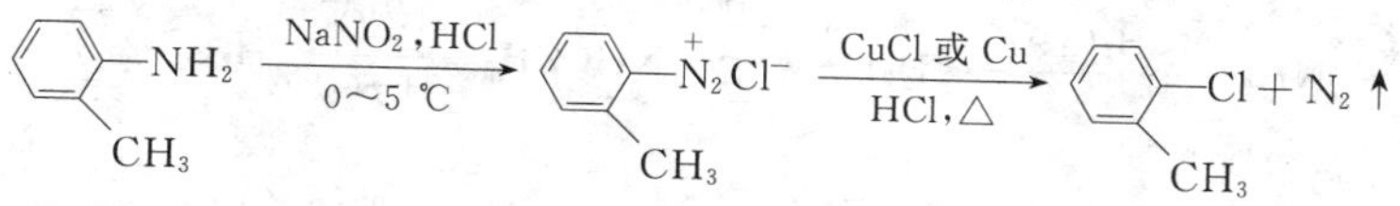

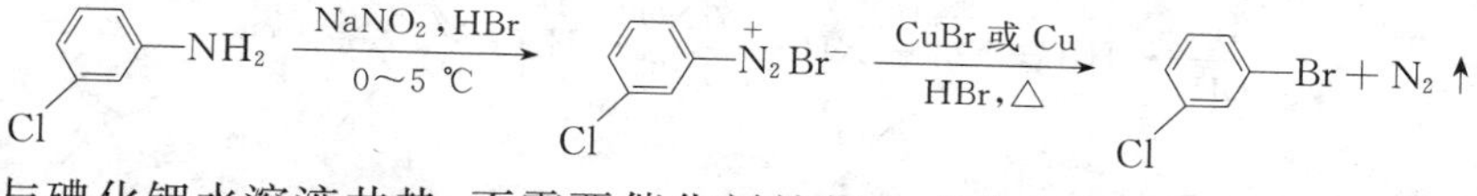

重氮盐与碘化钾水溶液共热,不需要催化剂就能生成收率良好的碘化物。例如:

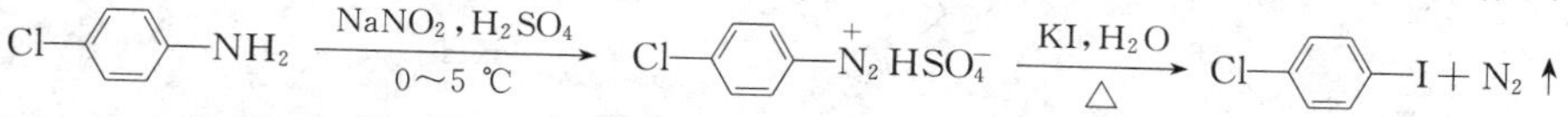

由于 F^- 的亲核性比 Cl^- 和 Br^- 更弱,因此不能采用上述方法制备氟代芳烃。一般是将氟硼酸(HBF_4)加到重氮盐溶液中,得到不溶性的氟硼酸重氮盐沉淀,经分离并干燥后,小心加热使之分解,即可得到芳香氟化物。

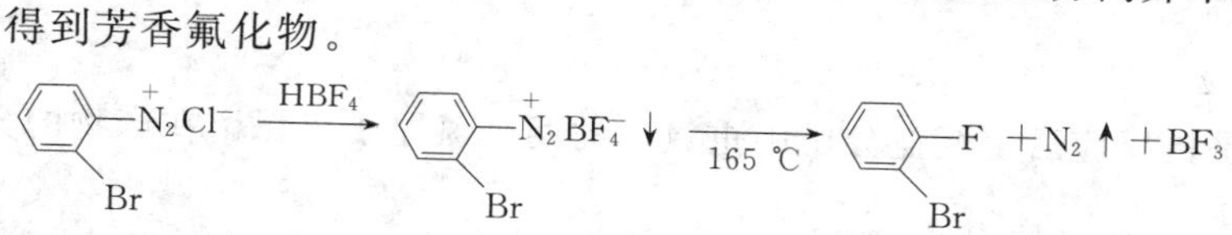

此反应又称为希曼(Schiemann)反应。由于碘化物和氟化物不易直接由芳烃的亲电取代

反应制得,因此重氮盐的取代反应就很有合成价值。

3）被氰基取代

重氮盐与氰化亚铜的氰化钾水溶液作用,重氮基被氰基取代(也称为桑德迈尔反应)。例如:

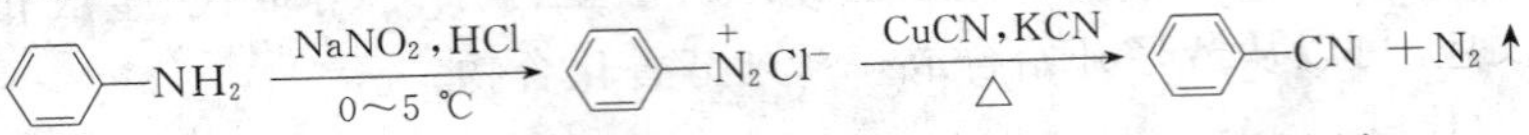

氰基可以通过水解而成羧基,所以可利用此反应合成芳香羧酸。例如,2,4,6-三溴苯甲酸可按如下路线合成:

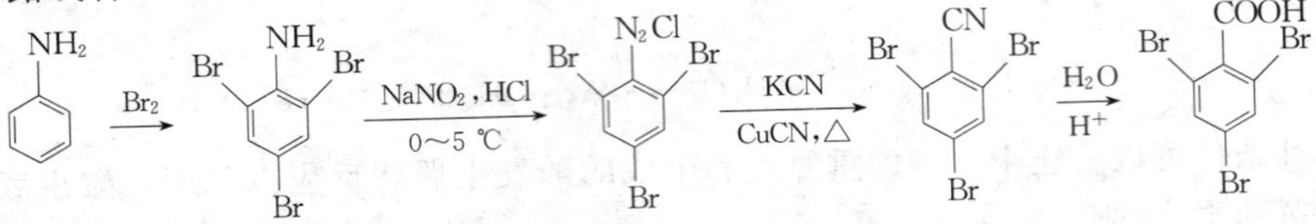

4）被氢原子取代

重氮盐与次磷酸或乙醇等还原剂作用,重氮基被氢原子取代。例如:

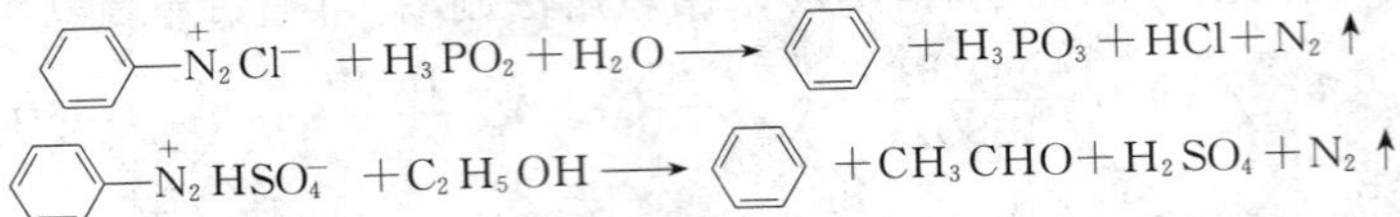

此反应提供了一个从芳环上除去—NH$_2$的方法,所以又称为去氨基反应。利用氨基的"占位、定位"作用,可将某些基团引入芳环上某个所需的位置,再通过重氮化反应去除氨基,合成一些用其他方法难以得到的芳香化合物。例如,1,3,5-三溴苯无法由苯溴代得到,但由苯胺经溴代、重氮化和去氨基反应可得到。

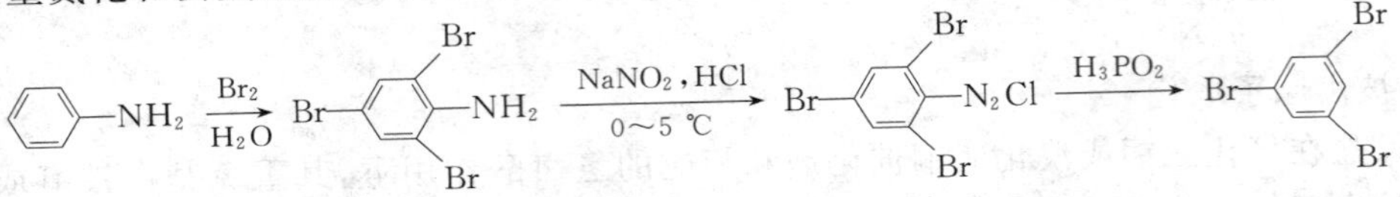

再如,将对甲苯胺转化为间甲苯胺。

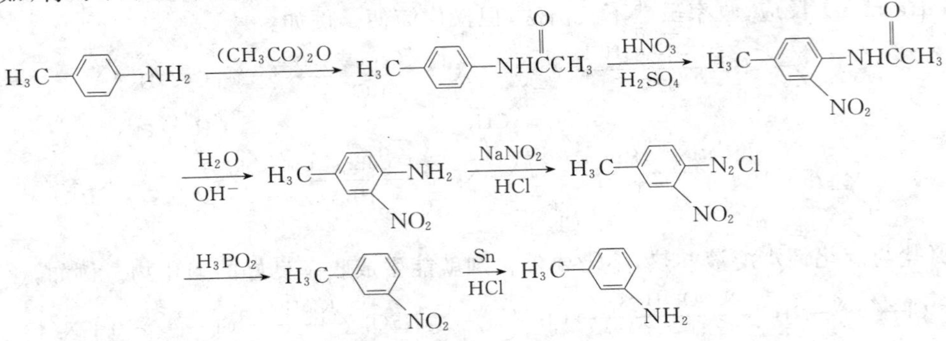

思考题 11-7 设计合成路线,以甲苯为原料合成间溴甲苯。

2. 留氮反应

留氮反应是指反应后重氮盐分子中重氮基的两个氮原子仍保留在产物的分子中。

1）还原反应

在 SnCl$_2$、Zn、Na$_2$SO$_3$、NaHSO$_3$ 等还原剂作用下,芳香重氮盐可被还原为芳基肼。例如:

$$\langle\text{苯环}\rangle-\overset{+}{N_2}\ Cl^- \xrightarrow[\ 0\ ℃\ ]{SnCl_2,HCl} \langle\text{苯环}\rangle-NHNH_2\cdot HCl \xrightarrow{OH^-} \langle\text{苯环}\rangle-NHNH_2$$

$$\text{盐酸苯肼}\qquad\qquad\qquad\qquad\text{苯肼}$$

苯肼是无色液体,沸点为 241 ℃,熔点为 19.8 ℃,不溶于水,在空气中易被氧化而成深黑色。苯肼是常用的肼基试剂,也是合成药物和染料的原料,但毒性较大,使用时应注意安全。苯肼可进一步被还原成苯胺。

$$\langle\text{苯环}\rangle-NHNH_2 \xrightarrow{[H]} \langle\text{苯环}\rangle-NH_2 + NH_3$$

2) 偶合反应

重氮盐与酚或芳胺等化合物反应,由偶氮基—N_2—将两个芳环连接起来,生成偶氮化合物的反应称为偶合反应。

重氮离子的共振结构是两个共振式的杂化体:$Ar-\overset{+}{N}\text{=}\ddot{N}:\longleftrightarrow Ar-\ddot{N}\text{=}\overset{+}{N}:$。共振结构显示重氮基的两个氮原子都带有正电荷。因此偶合反应中重氮基可以看做是以 $Ar-\ddot{N}\text{=}\overset{+}{N}:$ 形式参与反应,属于重氮基进攻芳环的亲电取代反应。由于重氮正离子是较弱的亲电试剂,它只能进攻酚、芳胺等活性较高的芳环,发生亲电取代反应。例如:

$$\langle\text{苯环}\rangle-\overset{+}{N}\text{=}\ddot{N}:\longleftrightarrow \langle\text{苯环}\rangle-\ddot{N}\text{=}\overset{+}{N}: \xrightarrow[0\ ℃,pH=8\sim9]{\langle\text{苯环}\rangle-OH} \langle\text{苯环}\rangle-\ddot{N}\text{=}\ddot{N}-\langle\text{苯环}\rangle-OH$$

对羟基偶氮苯(橘黄色)

$$\langle\text{苯环}\rangle-\overset{+}{N}\text{=}N\ Cl^- + \langle\text{苯环}\rangle-N(CH_3)_2 \xrightarrow[H_2O,0\ ℃,pH=5\sim7]{CH_3COOH,CH_3COONa} \langle\text{苯环}\rangle-N\text{=}N-\langle\text{苯环}\rangle-N(CH_3)_2$$

4-二甲氨基偶氮苯(butter yellow,白脱黄)

参加偶合反应的重氮盐称为重氮组分,酚或芳胺等称为偶合组分。偶合反应通常发生在酚羟基或二甲氨基的对位,当对位被其他取代基占据时,则发生在邻位,一般不发生在间位。例如:

$$\langle\text{苯环}\rangle-\overset{+}{N}\text{=}N\ Cl^- + \langle\text{苯环(HO,CH}_3\text{)}\rangle \xrightarrow{pH=8\sim10} \langle\text{偶氮化合物}\rangle$$

在重氮盐与芳胺的偶合反应中,若芳胺是伯胺或仲胺,则氨基进攻重氮基而生成重氮氨基化合物。例如:

$$\langle\text{苯环}\rangle-\overset{+}{N}\text{=}N\ Cl^- + H_2N-\langle\text{苯环}\rangle \longrightarrow \langle\text{苯环}\rangle-N\text{=}N-NH-\langle\text{苯环}\rangle$$

苯重氮氨基苯(杏黄色)

生成的苯重氮氨基苯与盐酸或少量苯胺盐酸盐一起加热,则发生重排,生成偶氮化合物。

$$\langle\text{苯环}\rangle-N\text{=}N-NH-\langle\text{苯环}\rangle \xrightarrow[30\sim40\ ℃]{C_6H_5NH_2\cdot HCl} \langle\text{苯环}\rangle-N\text{=}N-\langle\text{苯环}\rangle-NH_2$$

对氨基偶氮苯(黄色)

对于重氮组分来说,在重氮基的邻、对位有吸电子基团时,反应活性增强,如 2,4-二硝基苯重氮盐可与苯甲醚偶合,2,4,6-三硝基苯重氮盐甚至可以与 1,3,5-三甲苯偶合。相反,环上具有供电子基的重氮盐偶合能力减弱。

对于偶合组分来说,除了芳环要有足够的亲电取代反应活性和具有能发生偶合反应的位点外,反应介质的酸碱性也非常重要。一般来说,重氮盐与芳胺的偶合反应最佳 pH 值为 5~7。pH<5 时芳胺形成铵盐,带正电荷的氨基($-\overset{+}{N}H_3$、$-\overset{+}{N}H_2R$、$-\overset{+}{N}HR_2$)成为间位定位基和强的钝化基,使芳环上电子云密度降低,不利于重氮正离子的进攻。重氮盐与酚类的偶合反应则在弱碱性溶液中进行得最快,因为酚在弱碱性溶液中以芳氧负离子 Ar—O⁻ 参与反应,此氧负离子是比—OH更强的活化基,有利于重氮离子对芳环的进攻。若在强碱性(pH>10)溶液中,重氮盐转变成重氮酸(diazotic acid)及重氮酸盐(diazoate),就不能起偶合反应了。

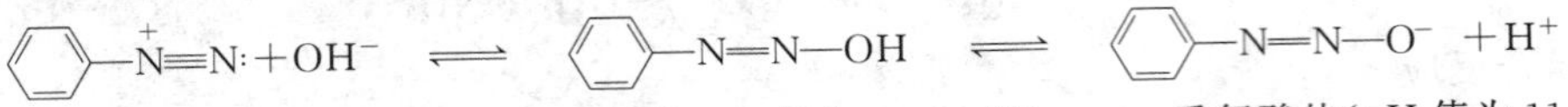

$$\underset{}{\text{C}_6\text{H}_5-\overset{+}{N}=\overset{..}{N}:}+OH^- \rightleftharpoons \text{C}_6\text{H}_5-N=N-OH \rightleftharpoons \text{C}_6\text{H}_5-N=N-O^- +H^+$$

重氮酸(pH 值为 9~10 时) 　　　　重氮酸盐(pH 值为 11~13 时)

重氮盐与萘酚或萘胺发生偶合反应的位置如箭头所示:

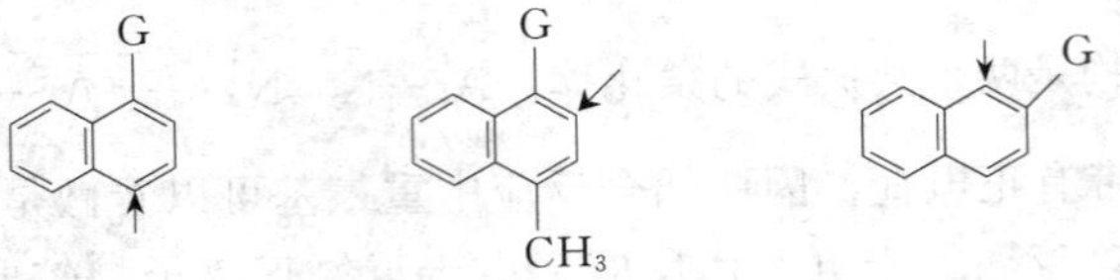

G=—OH、—NH₂、—NHR、—NR₂

思考题 11-8　试解释为什么 7-氨基-2-萘酚在不同 pH 值时发生偶合反应的位置会不同。

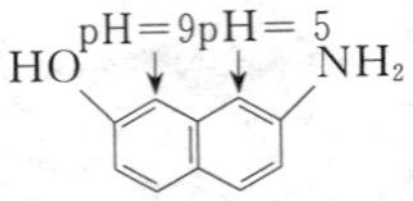

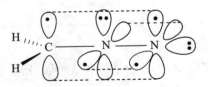

11.3.3　重要的重氮和偶氮化合物

1. 重氮甲烷

重氮甲烷是最简单,又是最重要的脂肪族重氮化合物。它是一个平面型分子,C—N—N 在一条直线上。其结构如图 11-8 所示。

图 11-8　重氮甲烷的结构

通常用共振结构式来表示重氮甲烷的结构:$\overset{-}{\text{C}}\text{H}_2-\overset{+}{N}\equiv N: \longleftrightarrow \text{CH}_2=\overset{+}{N}=\overset{-}{N}$。

从共振结构式看,CH₂N₂ 中 C 带有一对孤对电子,具有碱性和亲核性;重氮甲烷极易脱去一分子 N₂,生成:CH₂,即碳烯(又称卡宾,carbene),因此是个非常活泼的化合物。

1) 重氮甲烷的制备

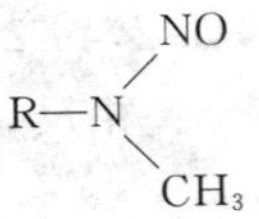

$R-\overset{NO}{\underset{CH_3}{N}}$ 型化合物与碱作用,可得到重氮甲烷,其中 R 可以是烃基、酰基或磺酰基。

例如:

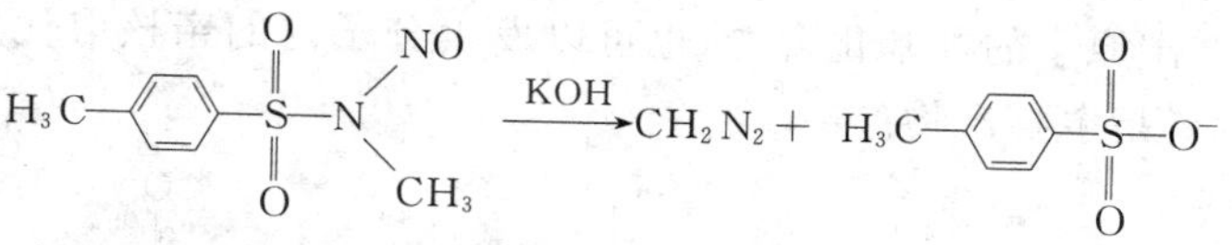

N-甲基-N-亚硝基对甲苯磺酰胺

$$H_3C-\underset{\underset{O}{\parallel}}{\overset{\overset{O}{\parallel}}{S}}-\overset{\overset{NO}{|}}{\underset{\underset{CH_3}{|}}{N}} \xrightarrow{KOH} CH_2N_2 + H_3C-\underset{\underset{O}{\parallel}}{\overset{\overset{O}{\parallel}}{S}}-O^-$$

N-甲基-N-亚硝基对甲苯磺酰胺可由对甲苯磺酰氯为原料来制取。

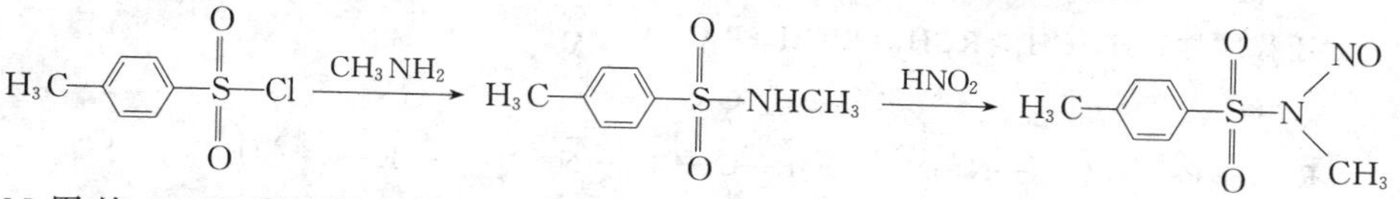

$$H_3C-\underset{\underset{O}{\parallel}}{\overset{\overset{O}{\parallel}}{S}}-Cl \xrightarrow{CH_3NH_2} H_3C-\underset{\underset{O}{\parallel}}{\overset{\overset{O}{\parallel}}{S}}-NHCH_3 \xrightarrow{HNO_2} H_3C-\underset{\underset{O}{\parallel}}{\overset{\overset{O}{\parallel}}{S}}-\underset{\underset{CH_3}{|}}{\overset{\overset{NO}{|}}{N}}$$

以 N-甲基-N-亚硝基脲为原料也可方便地制取重氮甲烷。

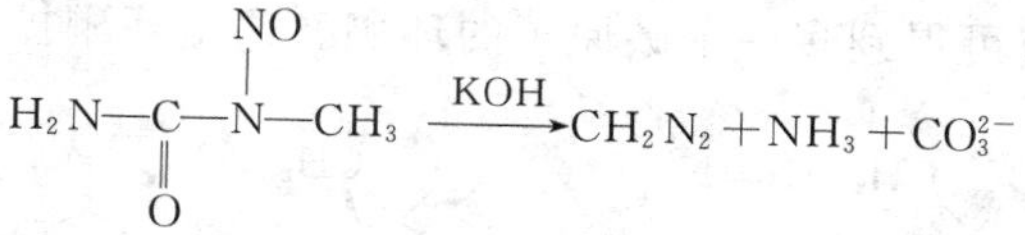

$$H_2N-\underset{\underset{O}{\parallel}}{\overset{}{C}}-\underset{\underset{CH_3}{|}}{\overset{\overset{NO}{|}}{N}} \xrightarrow{KOH} CH_2N_2 + NH_3 + CO_3^{2-}$$

重氮甲烷是有毒的黄色气体,沸点为$-24\ ℃$,纯重氮甲烷容易爆炸,通常在乙醚稀溶液中使用。

2) 重氮甲烷的反应

重氮甲烷分子中的碳原子有碱性,可以从羧酸中接受质子,转变为重氮甲基正离子,随后被亲核性的羧基进攻,脱去 N_2 而生成羧酸甲酯。

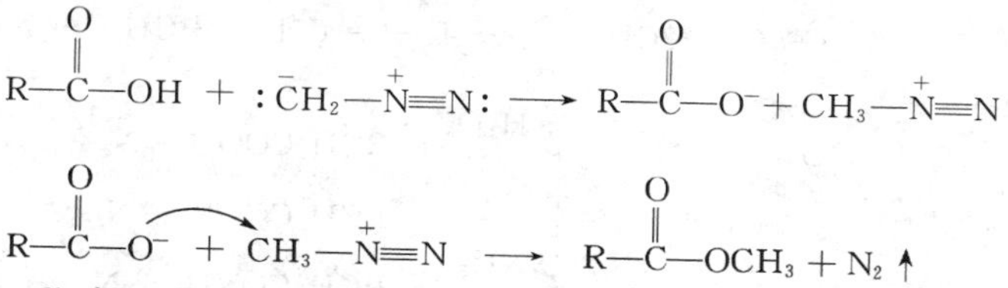

$$R-\overset{\overset{O}{\parallel}}{C}-OH + :\bar{C}H_2-\overset{+}{N}\equiv N: \longrightarrow R-\overset{\overset{O}{\parallel}}{C}-O^- + CH_3-\overset{+}{N}\equiv N$$

$$R-\overset{\overset{O}{\parallel}}{C}-O^- + CH_3-\overset{+}{N}\equiv N \longrightarrow R-\overset{\overset{O}{\parallel}}{C}-OCH_3 + N_2\uparrow$$

该反应主要用于一些贵重羧酸的酯化反应,产率可达 100%。例如:

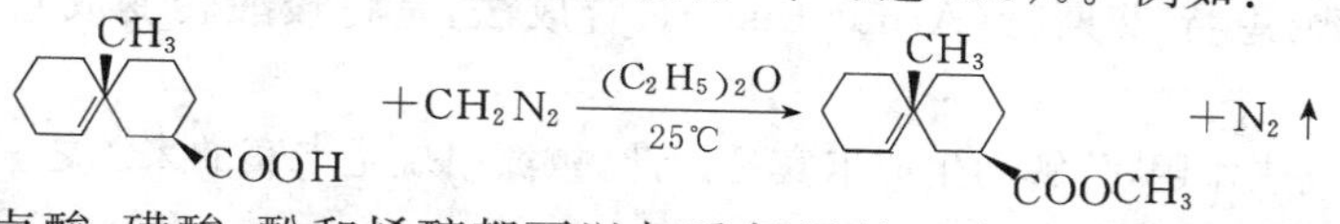

其他酸如氢卤酸、磺酸、酚和烯醇都可以与重氮甲烷反应,分别生成卤甲烷、磺酸甲酯、酚的甲醚和烯醇甲醚。例如:

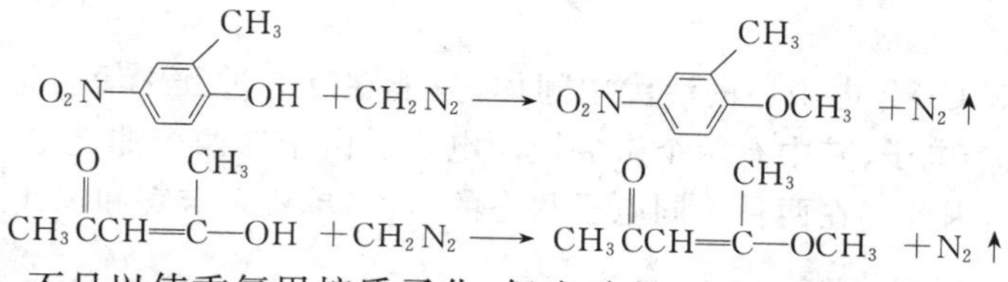

$$CH_3\overset{\overset{O}{\parallel}}{C}CH=\overset{\overset{CH_3}{|}}{C}-OH + CH_2N_2 \longrightarrow CH_3\overset{\overset{O}{\parallel}}{C}CH=\overset{\overset{CH_3}{|}}{C}-OCH_3 + N_2\uparrow$$

醇的酸性太弱,不足以使重氮甲烷质子化,但在路易斯酸催化下,也可以与重氮甲烷反应生成甲基醚。

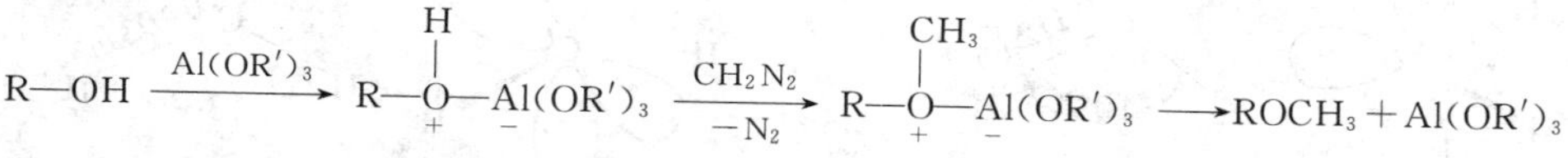

$$R-OH \xrightarrow{Al(OR')_3} R-\underset{+}{\overset{\overset{H}{|}}{O}}-\underset{-}{Al(OR')_3} \xrightarrow[-N_2]{CH_2N_2} R-\underset{+}{\overset{\overset{CH_3}{|}}{O}}-\underset{-}{Al(OR')_3} \longrightarrow ROCH_3 + Al(OR')_3$$

因此,重氮甲烷是一种应用广泛的甲基化试剂。

重氮甲烷具有亲核性,能与醛、酮中的羰基进行亲核加成,反应生成的氧负离子中间体可通过重排生成多一个碳原子的羰基化合物,也可以发生分子内的亲核取代反应生成环氧化合物,在有些反应中后者是主要产物。

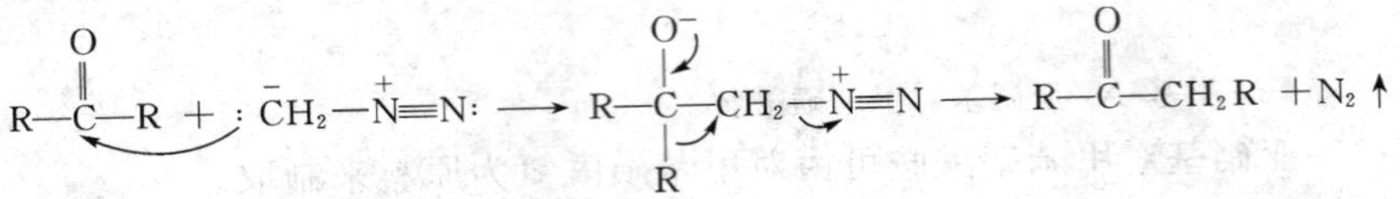

$$R-\overset{\underset{\displaystyle \|}{O}}{C}-R + \ :\bar{C}H_2-\overset{+}{N}\!\equiv\!N: \longrightarrow R-\overset{\underset{\displaystyle |}{O^-}}{C}-CH_2-\overset{+}{N}\!\equiv\!N \longrightarrow R-\overset{\underset{\displaystyle \|}{O}}{C}-CH_2R \ +N_2\uparrow$$

迁移顺序:H>CH₃>RCH₂>R₂CH>R₃C

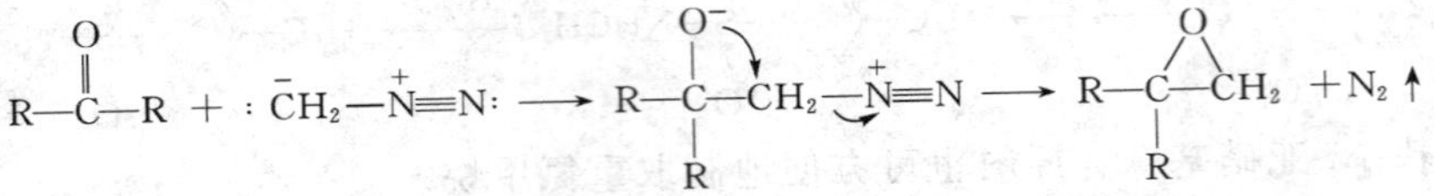

$$R-\overset{\underset{\displaystyle \|}{O}}{C}-R + \ :\bar{C}H_2-\overset{+}{N}\!\equiv\!N: \longrightarrow R-\overset{\underset{\displaystyle |}{O^-}}{\underset{R}{C}}-CH_2-\overset{+}{N}\!\equiv\!N \longrightarrow R-\overset{O}{\underset{R}{C}}\!\!-\!\!CH_2 \ +N_2\uparrow$$

环酮与重氮甲烷反应可得到多一个碳原子的环酮。这是环酮扩环的一种方法。例如:

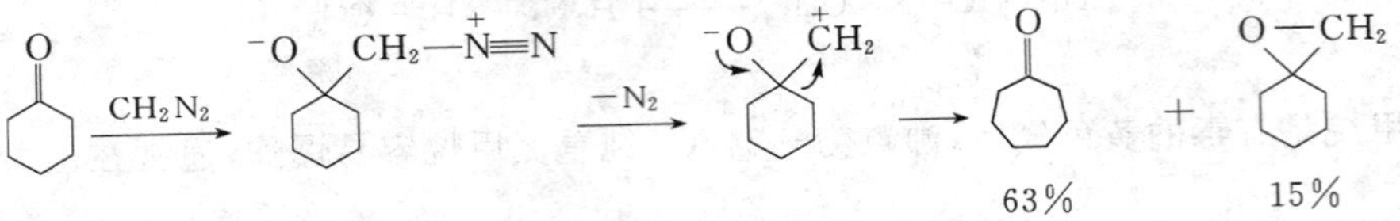

63%　　　　15%

重氮甲烷也能与酰氯作用,生成重氮甲基酮;后者在氧化银催化下与水、醇或氨作用,得到比原来酰氯多一个碳原子的羧酸、酯或酰胺。

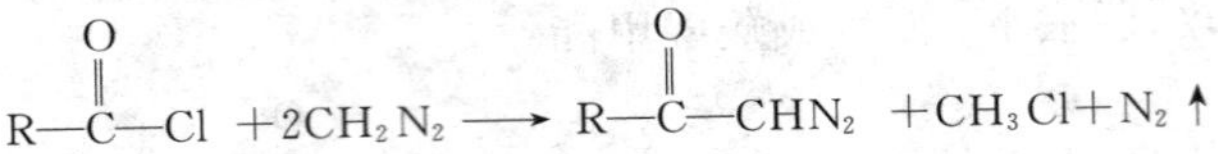

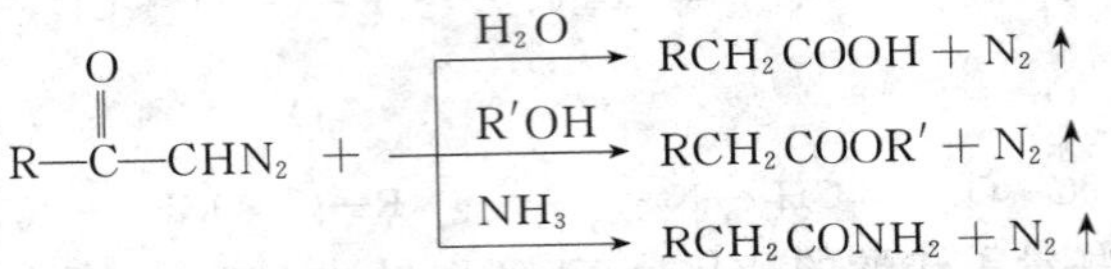

$$R-\overset{\underset{\displaystyle \|}{O}}{C}-Cl \ +2CH_2N_2 \longrightarrow R-\overset{\underset{\displaystyle \|}{O}}{C}-CHN_2 \ +CH_3Cl+N_2\uparrow$$

$$R-\overset{\underset{\displaystyle \|}{O}}{C}-CHN_2 + \begin{cases} \xrightarrow{H_2O} & RCH_2COOH + N_2\uparrow \\ \xrightarrow{R'OH} & RCH_2COOR' + N_2\uparrow \\ \xrightarrow{NH_3} & RCH_2CONH_2 + N_2\uparrow \end{cases}$$

这一反应称为阿恩特-艾斯特(Arndt-Eistert)合成法,是将羧酸转变成它的高一级同系物的重要方法之一。

重氮甲烷受光或热作用,分解而生成卡宾。因此,重氮甲烷是卡宾的来源之一。

$$:\bar{C}H_2-\overset{+}{N}\!\equiv\!N: \longrightarrow \ :CH_2+N_2$$

卡宾

3) 卡宾

卡宾(通式为 R₂C:)是电中性的活泼中间体,只能在反应过程中短暂地存在(约 1 s)。卡宾的碳原子只有六个电子,其中有两个未成键的电子。由于这两个非键电子的自旋方向有相反和相同两种情况,因此存在两种不同电子状态的卡宾:单线态卡宾和三线态卡宾。它们的结构如图 11-9 所示。

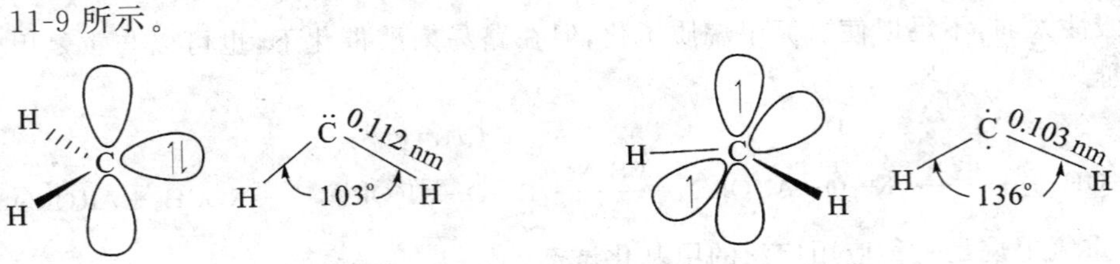

(a) 单线态卡宾　　　　　　　　(b) 三线态卡宾

图 11-9　单线态卡宾和三线态卡宾的结构

　　单线态卡宾(激发态)能量较高,性质更活泼,易失去能量而转变为能量较低的三线态卡宾(基态)。卡宾是缺电子中间体,具有强烈的亲电活性。例如,重氮甲烷在光照或加热时产生的卡宾立即与体系中烯烃加成,生成环丙烷及其衍生物。

$$CH_2N_2 \xrightarrow{\triangle} :CH_2 \xrightarrow{R_2C=CR_2} \begin{array}{c} H \quad H \\ C \\ R_2C \text{—} CR_2 \end{array}$$

　　单线态卡宾与烯烃的加成为顺式协同过程,烯烃的构型保持不变。例如:

$$:CH_2 + \text{顺-2-丁烯} \longrightarrow \text{顺-1,2-二甲基环丙烷}$$

$$:CH_2 + \text{反-2-丁烯} \longrightarrow \text{反-1,2-二甲基环丙烷}$$

　　三线态卡宾与烯烃加成经过双自由基中间体,由于双自由基的碳碳单键能够旋转,所以最终产物有顺式和反式两种异构体。例如:

$$\dot{C}H_2 + \text{顺-2-丁烯} \longrightarrow \text{顺-1,2-二甲基环丙烷} + \text{反-1,2-二甲基环丙烷}$$

　　单线态卡宾还可以插入 C—H 键,发生插入反应。

$$\begin{array}{c} | \\ \text{—C—H} \end{array} + :CH_2 \longrightarrow \begin{array}{c} | \\ \text{—C—CH}_2\text{—H} \end{array}$$

　　例如,丙烷与重氮甲烷在光照下作用,重氮甲烷光分解生成的卡宾(在此条件下一般生成单线态),立即插入丙烷的 C—H 键,生成丁烷和异丁烷。

$$CH_3CH_2CH_3 \xrightarrow[h\nu]{CH_2N_2} CH_3CH_2CH_2CH_3 + CH_3\underset{\underset{CH_3}{|}}{CH}CH_3$$

2. 偶氮化合物

　　偶氮化合物分子中的氮原子为 sp^2 杂化,氮氮双键存在顺反异构。合成得到的偶氮苯主要是热力学稳定的 E 型,在光照下异构化为 Z 型,Z 型加热时又可转化成 E 型。

(E)-偶氮苯(熔点为 68 ℃) 　　　　　　　　　　 (Z)-偶氮苯(熔点为 71.4 ℃)

芳香偶氮化合物可用适当的还原剂还原,氮氮双键断裂,生成两分子芳胺。例如:

$$NaO_3S\text{—}\!\!\!\!\bigcirc\!\!\!\!\text{—N=N—}\!\!\!\!\bigcirc\!\!\!\!\text{—OH} \xrightarrow[\text{或 } Na_2S_2O_4]{SnCl_2, HCl} NaO_3S\text{—}\!\!\!\!\bigcirc\!\!\!\!\text{—NH}_2 + H_2N\text{—}\!\!\!\!\bigcirc\!\!\!\!\text{—OH}$$

该反应用于从生成的芳胺的结构推测原偶氮化合物的构成,或用来合成某些氨基酚或芳胺。

思考题 11-9 某偶氮化合物经过氯化亚锡-盐酸还原,得到了对甲苯胺和对二甲氨基苯胺,试推测原来偶氮化合物的结构,并设计该化合物的合成路线(以苯和甲苯为原料,其他原料任选)。

芳香族偶氮化合物具有高的热稳定性,分子中大的共轭体系使它们具有颜色,可作为染料,因分子中含有偶氮基,故称为偶氮染料,广泛用于棉、毛、丝、麻织品以及塑料、印刷、皮革、橡胶等产品的染色或生物切片的染色;有些偶氮化合物由于颜色随溶液的 pH 值变化而改变,可用做酸碱指示剂。例如,酸性橙 I 常用于染羊毛、蚕丝织物,也可用做生物染色剂;甲基橙则是常用的酸碱指示剂。

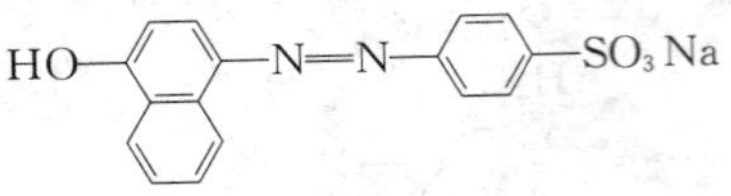

酸性橙 I 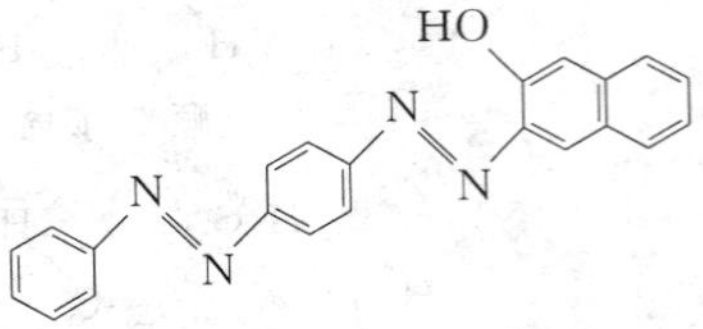　　　　　　　　　　苏丹红Ⅲ(Sudan Ⅲ)

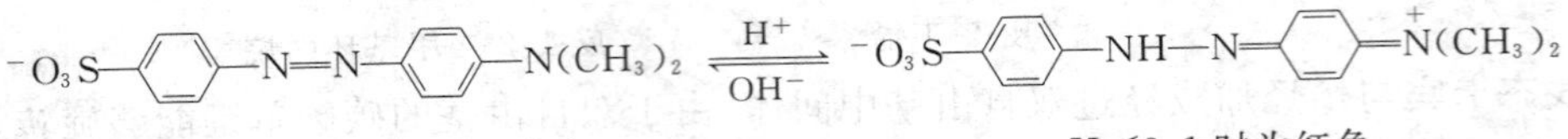

甲基橙　pH>4.4 时为黄色　　　　　　　pH<3.1 时为红色

脂肪族偶氮化合物在加热时分解,生成氮气和自由基;有的可作为自由基反应的引发剂。最常见的引发剂是偶氮二异丁腈,它在 70 ℃左右分解,是甲基丙烯酸甲酯等自由基聚合反应的引发剂。

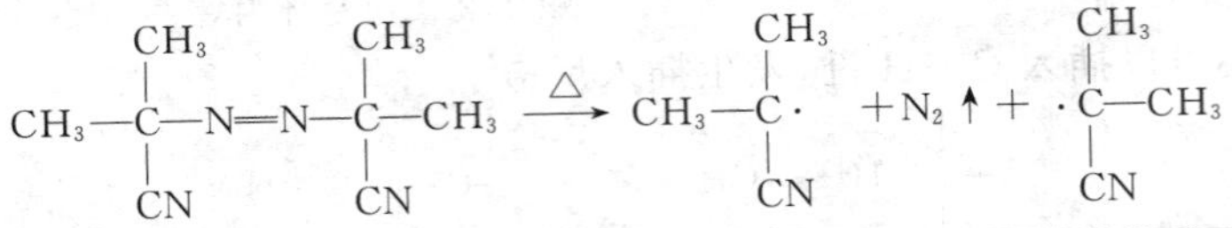

3. 偶氮染料与化合物的颜色

染料是一种可以较牢固地附在纤维上、耐光和耐洗的有色物质,颜色是染料的主要特征之一。偶氮染料的分子中都具有偶氮基—N=N—,这类化合物的颜色与偶氮基结构有关。已知与化合物的发色有密切关系的结构,除了偶氮基以外,还有 亚硝基(—N=O)、硝基(—NO_2)、羰基(C=O)、硫代羰基(C=S)、亚氨基(C=NH)等。这些基团称为生色基。生色基之所以生色,主要是因为它们与共轭体系(如苯环)相结合,降低了分子的激发能,缩小了电子由非键轨道或 π 成键轨道跃迁至 π* 反键轨道即 n→π*、π→π* 的能量。化合物的吸收光波长向长波方向转移,因此使化合物发色或颜色加深。一般认为,苯环结构、醌型结构和共轭多烯的结构也都是重要的生色基,而且认为化合物的发色主要是由于分子结构中有了两个或两个以上生色基的结合导致共轭体系足够的延伸。例如,联苯胺是无色的,当氧化成醌型结构时,扩大了其中的共轭体系,吸收光谱移至可见区而呈现蓝色。

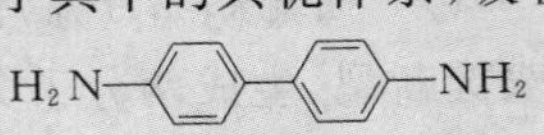

无色 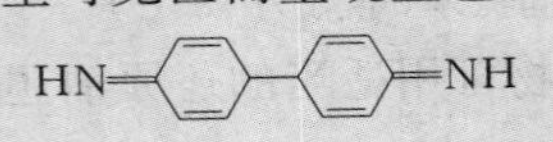　　　　　　　　　　　　蓝色

又如,对苯磺酸偶氮-4-羟基萘呈橙色,若以萘环取代其中的苯环,由于后者的共轭体系较前者延伸了,颜色便加深而呈红色。

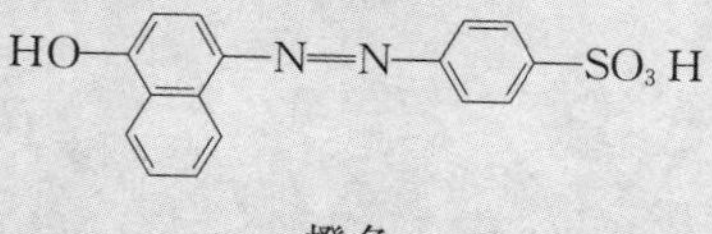

橙色 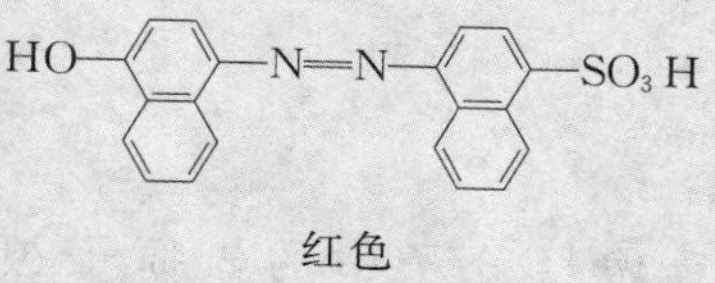　　　　　　　　　　　　　　　　　　　　红色

某些具有未共用电子对的基团如—$\overset{\cdot\cdot}{N}H_2$、—$\overset{\cdot\cdot}{N}HR$、—$\overset{\cdot\cdot}{O}H$、—$\overset{\cdot\cdot}{O}R$,它们本身不是生色基,但若将它们引入具有生色基的共轭体系之后,由于 n-π 共轭效应的产生,缩小了电子由非键轨道跃迁至 $π^*$ 反键轨道即 $n{\rightarrow}π^*$ 的能量,导致生色或颜色加深,故这些基团称为助色基。例如,蒽醌为浅黄色,当在 1 位引入—NH_2 后,1-氨基蒽醌便呈现红色了。

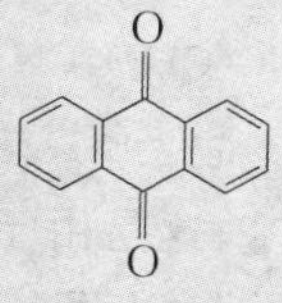

蒽醌(浅黄色) 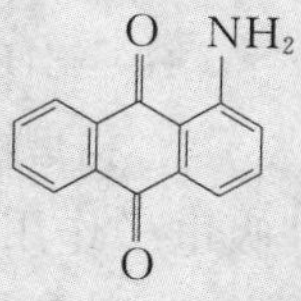　　　　　　　1-氨基蒽醌(红色)

偶氮染料是以分子内具有一个或数个偶氮基为特征的合成染料,它的颜色从黄到黑,而以黄、橙、红、蓝品种最多,色调最为鲜艳。在所有的已知染料中,偶氮染料约占一半以上,广泛应用于棉、毛、丝、麻织品以及塑料、印刷、皮革、橡胶等产品的染色。我国是染料生产大国,常年生产的染料有 11 大类 500 多个品种,年生产能力约 30 万吨,占世界染料总产量的 30% 以上。

研究发现,某些偶氮染料与人体皮肤长期接触后,会逐渐渗入体内,与正常代谢过程中产生的还原性物质作用,偶氮键会被还原断裂,生成致癌性芳香胺类化合物。这些化合物会被人体再吸收,经过类似 N-羟基化、酯化等活化作用,使人体细胞 DNA 发生结构与功能的改变,最终导致癌变。例如,奶油黄曾用于将人工奶油染成黄色,将其掺入饲料中长期喂养大鼠,可引起肝癌。

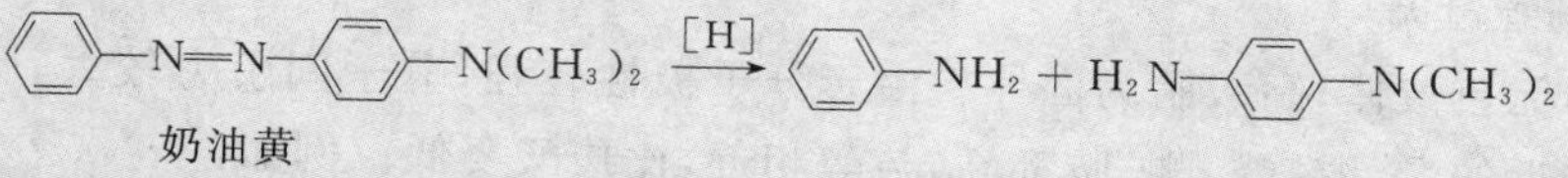

奶油黄

又如,苏丹红系列染料可以造成人类肝细胞的 DNA 突变,显现出可能致癌的特性,故世界上很多国家已明令禁止苏丹红用于食品中。

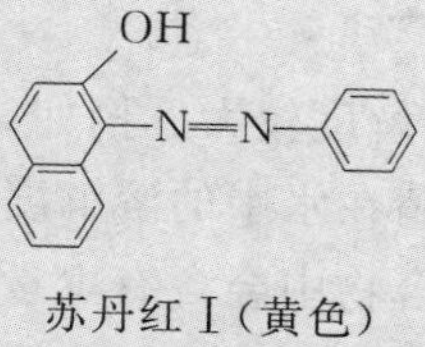

苏丹红Ⅰ(黄色) 　　　苏丹红Ⅱ(橙色) 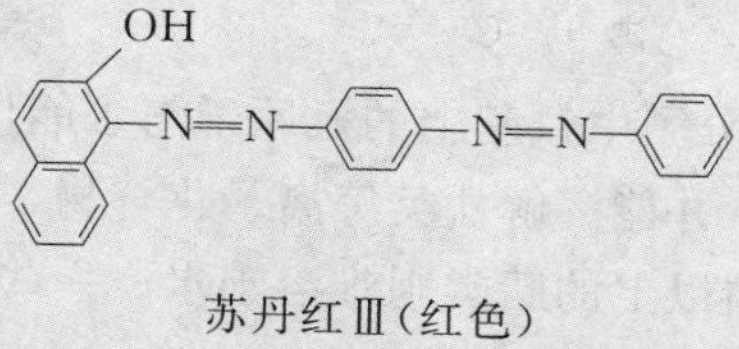　　　　苏丹红Ⅲ(红色)

并不是所有的偶氮染料都是致癌的,只有那些在还原剂存在下,或经日照、高温,或在人体中某些酶的作用下被还原分解成致癌性芳香胺的偶氮染料,才具有致癌作用。

另外,一些偶氮型染料和其代谢产物对-氨基芳香化合物会使人体皮肤过敏,过敏性主要是由于染料活性基与皮肤蛋白质中的氨基或硫醇基发生共价结合。因此,开发无毒、无害的环保型染料以取代当今明令禁用的偶氮染料,正成为研究热点。

11.4　腈、异腈和异氰酸酯

11.4.1　腈

腈可以看做烃分子中的氢原子被氰基取代后的化合物,通式为 $R—C≡N$ 及 $Ar—C≡N$ 。氰基(—CN)是腈的官能团。

腈可由卤代烷氰解或酰胺在强脱水剂(如 P_2O_5)作用下失水制得。

腈的命名与羧酸相似,但要将氰基的碳原子计在主链碳原子数之内,称为某腈。也可将氰基作为取代基,以烃作母体命名。

$$CH_3CH_2CH_2CN \qquad CH_2=CH—CN \qquad NC(CH_2)_4CN$$

丁腈(或氰基丙烷)　　　　丙烯腈　　　　　己二腈　　　　苯甲腈

氰基是一个强极性基团,其吸电子作用仅次于硝基,这是由于氰基的氮原子是 sp 杂化,它以一个 sp 轨道与碳原子的一个 sp 轨道重叠形成 σ 键,另以两个 p 轨道与碳原子的两个 p 轨道形成两个相互垂直的 π 键,氮原子上还有一对孤对电子在 sp 杂化轨道上(见图 11-10)。由于 sp 杂化氮原子的电负性(4.67)很大,π 键容易极化,故腈类是极性较强的化合物。

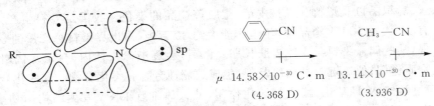

μ 　14.58×10^{-30} C·m　13.14×10^{-30} C·m
　　　　(4.368 D)　　　　　(3.936 D)

图 11-10　腈分子中氰基的结构

1. 腈的物理性质

低级腈为无色液体,高级腈为固体。由于分子极性较强,分子间引力较大,腈的沸点比相对分子质量相近的烃、醚、醛、酮、胺都高,与醇相近,比羧酸要低。例如:

	CH_3CN	$CH_3CH_2CH_3$	$C_2H_5NH_2$	CH_3CHO	C_2H_5OH	HCOOH
相对分子质量	41	44	45	44	46	46
沸点/ ℃	82	−42.2	16.6	21	78.3	100

腈分子中氰基上的氮原子与水能形成氢键,所以低级腈在水中溶解度较大。例如,乙腈与水混溶,并能溶解盐类等离子化合物,常用做溶剂及萃取剂;丙腈、丁腈在水中的溶解度迅速降低,丁腈以上的腈类则难溶于水。一些低级不饱和腈有毒,通常腈化合物中会含有少量毒性较大的异腈(RNC)。

腈的红外特征吸收区与炔烃一样,在 2000～2400 cm^{-1} 处。

2. 腈的化学性质

1) 还原

氰基中有两个 π 键,可用氢化铝锂、金属钠/乙醇或催化加氢使其还原成伯胺。例如:

$$\overset{}{\bigcirc}\!\!-C≡N \xrightarrow{\text{LiAlH}_4} \overset{}{\bigcirc}\!\!-CH_2—NH_2$$

工业上用己二腈催化加氢制得己二胺。

$$N\equiv C(CH_2)_4C\equiv N+4H_2 \xrightarrow[70\sim 90\ ℃,2\sim 3\ MPa]{Ni,C_2H_5OH} H_2NCH_2CH_2CH_2CH_2CH_2CH_2NH_2$$

2）水解

腈与酸或碱的水溶液共沸，水解生成羧酸。例如：

$$\text{C}_6\text{H}_5—CH_2CN +H_2SO_4+H_2O \xrightarrow{130\ ℃} \text{C}_6\text{H}_5—CH_2COOH + NH_4HSO_4$$

$$(CH_3)_2CHCH_2CH_2CN+NaOH+H_2O \xrightarrow{\triangle} (CH_3)_2CHCH_2CH_2COONa+NH_3$$

3）与格氏试剂作用

腈与格氏试剂作用可生成酮，如进一步反应，则最终产物为叔醇。例如：

$$\text{C}_6\text{H}_5—CH_2C\equiv N +CH_3MgBr \longrightarrow \text{C}_6\text{H}_5—CH_2\overset{CH_3}{C}=N—MgBr \xrightarrow{H_2O} \text{C}_6\text{H}_5—CH_2\overset{CH_3}{C}=NH$$

$$\xrightarrow[-NH_3]{H_2O} \text{C}_6\text{H}_5—CH_2\overset{CH_3}{\underset{}{C}}=O \xrightarrow{CH_3MgBr} \xrightarrow{H_3O^+} \text{C}_6\text{H}_5—CH_2\overset{CH_3}{\underset{OH}{C}}CH_3$$

4）α-氢原子的活泼性

氰基的强吸电子效应，使腈的 α-氢原子具有一定的酸性，可以发生缩合反应。例如：

$$\text{C}_6\text{H}_5—CHO + \text{C}_6\text{H}_5—CH_2CN \xrightarrow[C_2H_5OH]{C_2H_5ONa} \xrightarrow[-H_2O]{\triangle} \text{C}_6\text{H}_5—CH=\overset{}{C}—\text{C}_6\text{H}_5 \atop CN$$

$$C_2H_5\overset{O}{\underset{}{C}}—OC_2H_5 +CH_3CN \xrightarrow{NaNH_2} \left[C_2H_5\overset{\ddot{O}:^-}{\underset{CH_2CN}{C}}OC_2H_5 \right] \longrightarrow C_2H_5\overset{O}{\underset{}{C}}—CH_2CN +C_2H_5OH$$

$$CH_3CH_2—C\equiv N + CH_3—\underset{H}{CH}—CN \xrightarrow{Na} CH_3CH_2—\underset{NHCH_3}{C}=\underset{}{C}—CN$$

含有 α-氢原子的腈发生自身的缩合反应，称为索普（Thorpe）反应。

11.4.2　异腈和异氰酸酯

1. 异腈

异腈的通式为 R—NC 及 Ar—NC，官能团为异氰基（—NC）。异腈是腈类的同分异构体，其结构类似于一氧化碳。

$$:C\Longleftarrow O \qquad\qquad :C\Longleftarrow N—R \qquad R:N\vdots\vdots C:$$

异腈可由伯胺、氯仿及氢氧化钠共热制得。

$$R—NH_2+HCCl_3+3KOH \xrightarrow{\triangle} R—NC+3KCl+3H_2O$$

这是伯胺的特征反应，生成的异腈有恶臭，所以这也是伯胺的鉴定方法之一。

异腈的命名以烃作母体，称为异氰基某烃。例如，C_2H_5NC 称为异氰基乙烷。

异腈是具有毒性和恶臭的液体。由于异氰基的碳原子带有未共用电子对，有强烈的供电子作用，对碱相当稳定，但较腈类更容易酸性水解，生成甲酸和比异腈少一个碳原子的伯胺。

例如：

$$R—NC+2H_2O \xrightarrow{H^+} R—NH_2+HCOOH$$

异腈加氢生成甲基仲胺。

$$R—NC+2H_2 \xrightarrow{Ni} R—NH—CH_3$$

将异腈加热到 250～300 ℃时可发生异构化，转变成相应的腈。

$$R—NC \xrightarrow{\triangle} R—CN$$

异腈容易被氧化，生成异氰酸酯。

$$R—NC+HgO \longrightarrow R—N=C=O +Hg$$

2. 异氰酸酯

异氰酸是氰酸的互变异构体，平衡时以异氰酸为主。

$$HO—C≡N \rightleftharpoons O=C=N—H$$

　　　　　氰酸　　　　　　　异氰酸

异氰酸酯的结构通式为 $R—N=C=O$ 及 $O=C=N—Ar$ ，其中以芳香族异氰酸酯较为重要。

异氰酸酯的命名与羧酸酯相似，称为异氰酸某酯。例如：

$$CH_3CH_2CH_2CH_2—N=C=O$$

异氰酸丁酯　　　　　　异氰酸苯酯 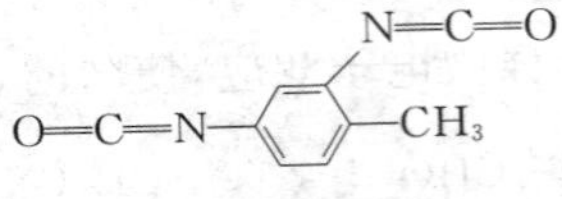　　　　　2,4-二异氰酸甲苯酯
（甲苯-2,4-二异氰酸酯）

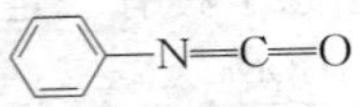

工业上常用芳香伯胺制备异氰酸酯。例如：

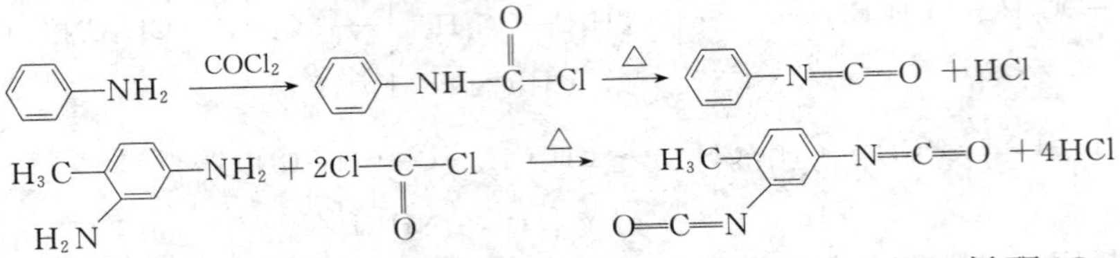

异氰酸酯是难闻的催泪性液体。异氰酸的结构（$O=C=N—$）与乙烯酮（$O=C=CH_2$）相似，分子中的积累双键使其化学性质十分活泼，易与水、醇、胺等具有活泼氢的化合物加成。

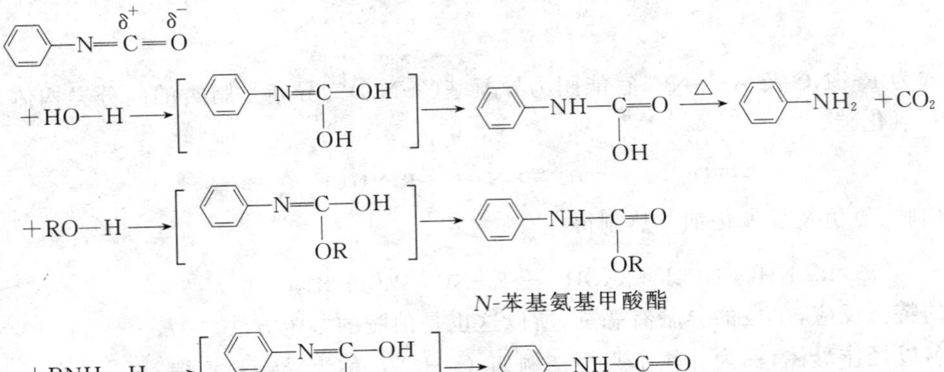

N-苯基氨基甲酸酯

N,N'-二取代脲

$$+RCOO-H \longrightarrow \left[\text{C}_6\text{H}_5-N=C-OH \atop OCOR \right] \longrightarrow \text{C}_6\text{H}_5-NH-C=O \atop OCOR \xrightarrow[-CO_2]{\triangle} \text{C}_6\text{H}_5-NH-C=O \atop R$$

由异氰酸苯酯生成的 N-苯基氨基甲酸酯和 N,N'-二取代脲均为晶体,有一定熔点,上述反应可用于醇、酸、胺等的鉴定。大多数芳基异氰酸酯是合成树脂、涂料、农药、黏合剂的重要原料。例如,甲苯二异氰酸酯(TDI)和二元醇作用,可得到一类重要的高分子化合物——聚氨基甲酸酯(聚氨酯树脂)。

$$n \ \text{(TDI)} + n\ HO(CH_2)_m OH \xrightarrow{\triangle} \text{(聚氨酯)}$$

在聚合过程中添加少量水于二元醇中,则有部分甲苯二异氰酸酯与水反应生成二元胺和 CO_2。

$$\text{(TDI)} + 2H_2O \longrightarrow \text{(二元芳胺)} + 2CO_2 \uparrow$$

在聚合物固化时,CO_2 形成的小气泡保留在聚合物内,使产物呈海绵状,这就是常见的聚氨酯泡沫塑料。而生成的二元芳胺可进一步与甲苯二异氰酸酯反应,有利于聚合物的固化。

习　　题

1. 写出下列化合物的名称或结构式。

(1) $CH_3CH_2CHCH(CH_3)_2$ (NO_2)

(2)

(3) $CH_3CHCH_2CH_2CH_2NH_2$ (NH_2)

(4)

(5) $\left[\text{C}_6\text{H}_5-CH_2\overset{CH_3}{\underset{CH_3}{N}}C_2H_5 \right]^+ OH^-$

(6) $H_3C-\text{C}_6\text{H}_4-\overset{+}{N}(CH_3)_3 Cl^-$

(7) $C_6H_5SO_2NHCH_3$　　(8) 1,2'-偶氮萘　　(9) (R)-仲丁胺

(10) 异氰酸异丁酯　　　(11) 1,4-丁二腈　　(12) 4-氰基-2-硝基重氮苯硫酸盐

2. 写出正丁胺与下列试剂反应的主要产物。

(1) 稀盐酸　　(2) 邻苯二甲酸酐　　(3) 2,4,6-三硝基氯苯　　(4) 苄基氯

(5) 亚硝酸钠+盐酸(低温)　　(6) 过量碘甲烷;然后湿 Ag_2O,加热

3. 写出苯胺与下列试剂反应的主要产物。

(1) 稀盐酸　　　(2) 乙酸酐　　(3) 溴水　　(4) 浓硫酸,180~190 ℃

(5) 对甲苯磺酰氯;KOH 水溶液　　(6) 亚硝酸钠+硫酸

4. 排序并解释下列各化合物的碱性强弱。

(1) $CH_3CH_2CH_2NH_2$、$N≡CCH_2CH_2NH_2$、$(CH_3)_4\overset{+}{N}OH^-$、$CH_3SCH_2CH_2NH_2$

(2)

(3) O_2N—⟨ ⟩—NH_2、　　⟨ ⟩—NH_2、　⟨ ⟩—NH_2、H_3C—⟨ ⟩—NH_2
　　　　　　　　　　　O_2N

(4) ［四氢喹啉 NH 结构］、［四氢异喹啉 NH 结构］、［N,N-二甲基四氢异喹啉鎓 CH_3 N^+ CH_3］ Cl^-、［N,N-二甲基四氢异喹啉鎓 CH_3 N^+ CH_3］ OH^-
　　　　　H

5. 用化学方法鉴别下列各组化合物。

(1) 乙醇、乙醛、乙酸和乙胺　　　　　　　　(2) 乙胺、二乙胺和三乙胺

(3) 环己胺、苯胺、N-甲基苯胺和 N,N-二甲基苯胺　　(4) 苯酚、硝基苯、苯胺

6. 分离下列各组混合物。

(1) $CH_3(CH_2)_3CH_2NH_2$、$CH_3(CH_2)_2CH_2NHCH_3$、$CH_3CH_2CH_2N(CH_3)_2$

(2) ⟨ ⟩—CH_2OH、　H_3C—⟨ ⟩—OH、　⟨ ⟩—CHO、　⟨ ⟩—$COOH$、

H_3C—⟨ ⟩—NH_2

7. 写出氯化重氮苯与下列试剂作用的产物。

(1) H_3PO_2　　　　(2) KI　　　　(3) KCN,CuCN　　　(4) $H_2O,\triangle$

(5) $HBF_4,\triangle$　　　　　　　　(6) β-萘酚(弱碱性溶液)

(7) N,N-二甲基苯胺(弱酸性溶液)　　　(8) Na_2SO_3

8. 完成下列反应式。

(1) $CH_3NO_2 + HCHO(过量) \xrightarrow{OH^-} \xrightarrow{Fe,HCl}$

(2) ［2-甲基-6-乙基哌啶］ $\xrightarrow{过量\ CH_3I} \xrightarrow{湿\ Ag_2O} \xrightarrow{\triangle}$
　　　　H_3C　N　CH_2CH_3
　　　　　　　H

(3) $CH_3CH_2CN \xrightarrow{H_2O,H^+} \xrightarrow{SOCl_2} \xrightarrow{(n\text{-}C_3H_7)_2NH} \xrightarrow[②\ H_2O]{①\ LiAlH_4}$

(4) ［邻苯二甲酸酐］$+2NH_3 \cdot H_2O \longrightarrow \xrightarrow[NaOH]{Br_2} \xrightarrow[0\ ℃]{NaNO_2,HCl} \xrightarrow[\triangle]{Cu,HCl}$

(5) HO_3S—⟨ ⟩—$NH_2 \xrightarrow[0\ ℃]{NaNO_2,H_2SO_4} \xrightarrow{pH=9} HO$—⟨ ⟩—⟨ ⟩—$NH_2$

(6) ［环己烯］ $\xrightarrow[H_2/Pt]{H_2O,H^+} \xrightarrow{KMnO_4} \xrightarrow{NH_3} \xrightarrow{ClSO_3H} \xrightarrow{NaOH}$

9. 解释下列实验现象。

$HOCH_2CH_2NH_2$ $\xrightarrow{1\ mol\ (CH_3CO)_2O,K_2CO_3}$ $HOCH_2CH_2NHCOCH_3$
　　　　　　　　　　　　　　　　　　　　　　　$\uparrow K_2CO_3$
　　　　　　$\xrightarrow{1\ mol\ (CH_3CO)_2O,HCl}$ $CH_3COOCH_2CH_2\overset{+}{N}H_3\ Cl^-$

10. 完成下列转化。

(1) 1,3-丁二烯 ⟶ 己二胺　　　(2) 1-溴丁烷 ⟶ 2-氨基丁烷

（3）丙烯──→甲基丁二酸　　　　（4）丁醇──→丙胺和戊胺

（5）乙烯──→丙腈　　　　　　　　（6）甲苯──→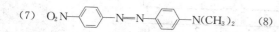

11. 以苯、甲苯或萘为原料，通过重氮盐合成下列化合物。

（1）间硝基甲苯　　　　（2）间溴碘苯　　　　（3）3,5-二溴甲苯

（4）邻苯二胺　　　　　（5）2-溴-4-甲基苯胺　　　（6）2,4,6-三溴苯甲酸

（7）$O_2N-\!\!\!\!\bigcirc\!\!\!\!-N=N-\!\!\!\!\bigcirc\!\!\!\!-N(CH_3)_2$　　　（8）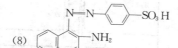

12. 根据下列反应确定某芳香化合物（$C_7H_7NO_2$）及其中间产物的结构。

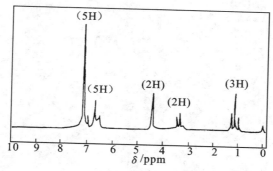

13. 化合物 A 的分子式为 $C_{15}H_{17}N$，溶于强酸，用对甲苯磺酰氯和 KOH 处理后无明显变化。A 的核磁共振谱如图 11-11 所示。写出 A 的构造式。

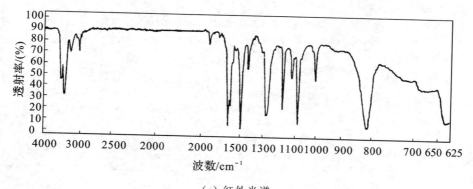

图 11-11　化合物 A（$C_{15}H_{17}N$）的核磁共振谱

14. 将氯苯与混酸作用，对所得产物用 Fe/HCl 还原，经分离得到三个产物 B、C 和 D。其中 B 的红外光谱和核磁共振谱如图 11-12 所示。写出 B 的构造式。C 和 D 应是什么结构？与 B 比较，它们的红外光谱和核磁共振谱图有什么明显的区别？

（a）红外光谱

图 11-12　化合物 B 的红外光谱与核磁共振谱

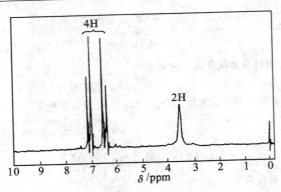

（b）核磁共振谱

续图 11-12

15. 毒芹碱(coniine，$C_8H_{17}N$)是毒芹的有毒成分，其核磁共振谱图没有双峰。毒芹碱与 2 mol CH_3I 反应，再与湿的 Ag_2O 反应，热解产生中间体 $C_{10}H_{21}N$，后者进一步甲基化转变为氢氧化物，再热解生成三甲胺、1，5-辛二烯和 1，4-辛二烯。试推测毒芹碱和中间体的结构。

第 12 章　杂环化合物

在环状有机化合物中,构成环的原子除碳原子外,还含有其他非碳原子,这类化合物总称杂环化合物(heterocyclic compound)。环上除碳以外的原子称为杂原子,常见的杂原子有氧、硫、氮等原子。

内酯、内酰胺、环状酸酐、环醚等环状化合物含有杂原子,但它们的性质与相应开链化合物相似,为便于学习,通常将它们放入相关章节讨论。本章讨论的主要是环比较稳定、具有不同程度的芳香性的杂环化合物。

杂环化合物及其衍生物是有机化合物中数量最庞大的一类,占总数的 40% 以上,其数量仍在迅速增长。

杂环化合物广泛存在于自然界中,如核酸的碱基、植物的叶绿素和生物碱、动物的血红素等,它们在生命过程中起着重要作用。在现有的药物中,杂环化合物也占了相当大的比重。如青霉素、头孢菌素(先锋霉素)、喹喏酮类以及治疗肿瘤的 5-Fu(5-fluorouracil)、喜树碱、紫杉醇等,都是含有杂环的化合物。因此,杂环化合物对生命科学有极为重要的意义。此外,石油、煤焦油中也含有少量的杂环化合物,香料、染料、高分子材料等领域也都涉及杂环化合物。因此,杂环化合物是有机化学领域中的一个重要部分。

12.1　杂环化合物的分类和命名

杂环化合物可根据环的多少,分为单杂环化合物与稠杂环化合物;根据环的大小,分为五元杂环化合物与六元杂环化合物等;根据杂原子数目的多少,分为单杂原子的杂环化合物与多杂原子的杂环化合物;根据所含杂原子的种类,分为氧杂环、氮杂环与硫杂环等。

杂环化合物的命名主要有两种方法。一种是"音译法",即按杂环化合物的英文名称的汉字译音加上"口"偏旁表示。例如:

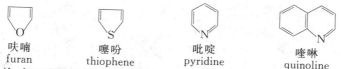

呋喃	噻吩	吡啶	喹啉
furan	thiophene	pyridine	quinoline

音译法较为简单,但不能给出结构上的信息。另一种命名方法则按环的大小和环上杂原子进行命名。如五元杂环可命名为"某杂茂"("茂"字的草字头表示有芳香性,下边的"戊"表示为五元环,"某"为杂原子名称),其中吡咯可称为氮杂茂;或将杂环母核看做碳环母核的衍生物来命名,写出杂原子和碳环的名称,再在中间加"杂"字,有时"杂"字可省略,如吡啶可称为氮杂苯,喹啉可称为 1-氮杂萘等。这种命名法可给出结构上信息,但过于复杂,也不便于与外来文对照。我国目前习惯采用音译法。

当杂环化合物上有取代基时,通常以杂环为母体,对环上原子进行编号。

编号规则如下:从杂原子开始,杂原子编为 1 号,依次为 1,2,…,或与杂原子相邻的碳原子编为 α,依次为 α,β,γ,…。当环上有两个或两个以上相同杂原子时,尽可能使杂原子编号最小;如果其中的一个杂原子上连有氢原子,应从连有氢原子的杂原子开始编号。如果环上有多个不同种类的杂原子,则按 O、S、N 的次序编号。当环上有不同取代基时,编号时遵守次序规则及最低系列原则。例如：

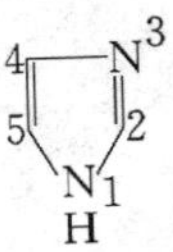

咪唑
imidazole

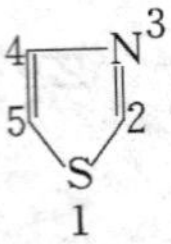

噻唑
thiazole

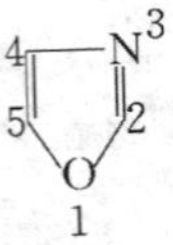

噁唑
oxazole

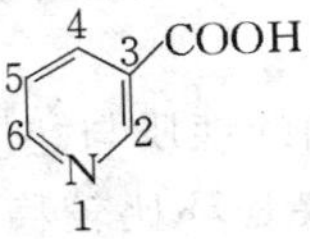

3-吡啶甲酸 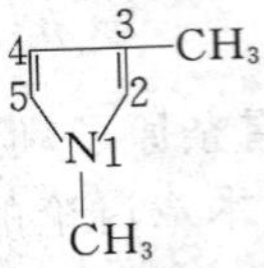　　　1,3-二甲基吡咯 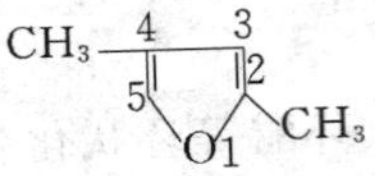　　2,4-二甲基呋喃 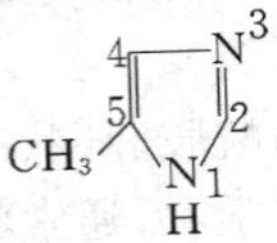　　　5-甲基咪唑

对于不同程度饱和的杂环化合物,命名时不但要标明氢化(饱和)程度,而且要标出氢化的位置。例如：

四氢呋喃 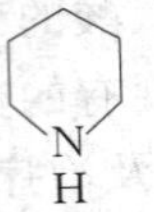　　　　　六氢吡啶 　　　　　2,5-二氢吡咯

稠杂环的编号,一般和稠环芳烃相同,但少数稠杂环另有一套编号次序,如吖啶、嘌呤、异喹啉。

现将一些重要的杂环母体化合物列于表 12-1。

表 12-1　杂环母体化合物的分类与命名

杂环的种类	杂环母体化合物					
五元杂环	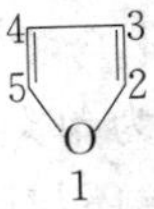 呋喃 furan 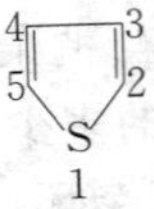	噻吩 thiophene 	吡咯 pyrrole 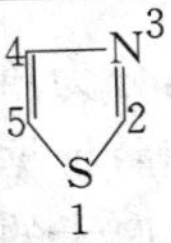	噻唑 thiazole 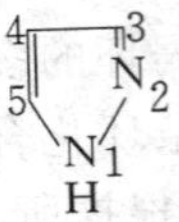	吡唑 pyrazole 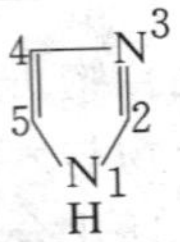	咪唑 imidazole
六元杂环	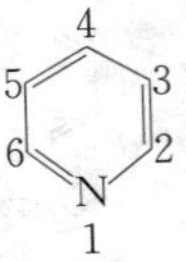 吡啶 pyridine 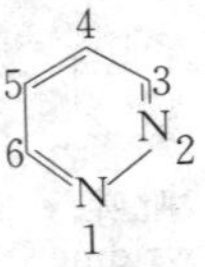	哒嗪 pyridazine 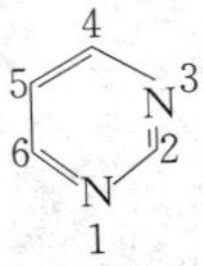	嘧啶 pyrimidine 	吡嗪 pyrazine 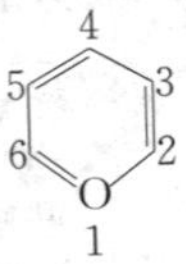	吡喃 pyran	
稠杂环	喹啉 quinoline	异喹啉 isoquinoline	吲哚 indole			
	吖啶 acridine	嘌呤 purine	喋啶 pteridine			

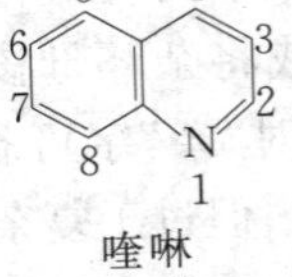

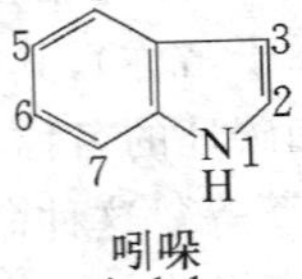

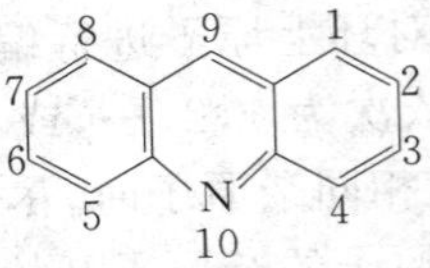

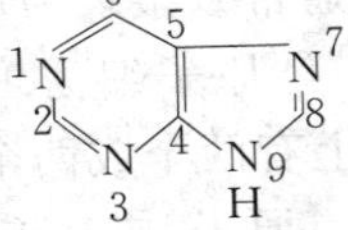

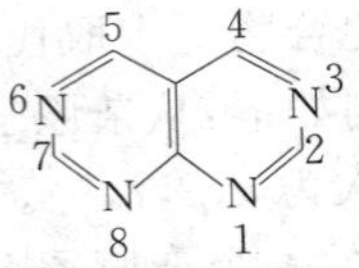

12.2 单杂环化合物的结构与芳香性

12.2.1 五元单杂环化合物

吡咯、呋喃与噻吩是含一个杂原子的五元杂环,它们具有相似的电子结构,处在同一平面上的五个原子均以 sp² 杂化轨道相互连接成 σ 键,四个碳原子各有 1 个电子在 p 轨道上,杂原子有 2 个电子在 p 轨道上,这 5 个 p 轨道都垂直于环所在的平面,形成了一个环形封闭的五原子 6π 电子的共轭体系,符合休克尔(Hückel)的"4n+2"规则,因此具有芳香性。杂原子的第三个 sp² 杂化轨道中,吡咯有一个电子,与氢原子形成 N—H σ 键,呋喃和噻吩为一对未共用电子,见图 12-1。

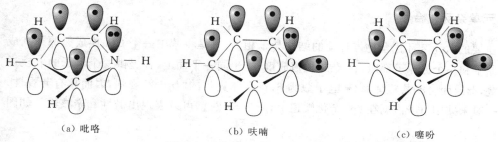

(a) 吡咯　　　　　　(b) 呋喃　　　　　　(c) 噻吩

图 12-1 吡咯、呋喃和噻吩的轨道结构示意图

苯、噻吩、吡咯、呋喃的相对共振能值分别为 150 kJ·mol⁻¹、121 kJ·mol⁻¹、89 kJ·mol⁻¹、66 kJ·mol⁻¹。因此,呋喃、噻吩和吡咯与苯相比芳香性的强弱顺序为:苯>噻吩>吡咯>呋喃。这与杂原子和碳原子的电负性有关,两者相差越小,芳香性越强。这也可从核磁共振位移值测知,芳香性越强的化合物,其邻位质子或碳原子的化学位移值相差越小,苯则为零。噻吩、吡咯、呋喃的化学位移值列于表 12-2。

表 12-2 噻吩、吡咯、呋喃的化学位移值 单位:ppm

	$\delta_{\alpha\text{-H}}$	$\delta_{\beta\text{-H}}$	$\Delta\delta_H$	$\delta_{\alpha\text{-C}}$	$\delta_{\beta\text{-C}}$	$\Delta\delta_C$
噻吩	7.18	6.99	0.19	125.6	127.3	1.7
吡咯	6.68	6.22	0.46	118.2	107.2	11.0
呋喃	7.29	6.24	1.05	143.6	110.4	33.2

由于杂原子上有一对电子参与共轭,电子云密度平均化使得杂原子上的电荷向碳环移动,所以极性降低。在呋喃、噻吩和吡咯中,诱导效应和共轭效应方向相反。呋喃和噻吩分子中由于分别含有氧、硫原子,它们的电负性较大,吸电子的诱导效应大于供电子的共轭效应,因而偶极矩值比相应的饱和化合物小,但方向相同。而吡咯则由于氮原子的供电子共轭效应大于吸电子诱导效应,其偶极矩值比相应的饱和化合物大,但方向相反。

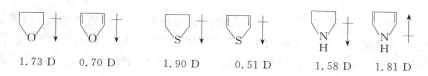

1.73 D　　0.70 D　　1.90 D　　0.51 D　　1.58 D　　1.81 D

呋喃、噻吩和吡咯的键长平均化程度也不一样。分子中键长数据如下：

0.144 nm　0.135 nm　0.137 nm

0.142 nm　0.137 nm　0.171 nm

0.143 nm　0.137 nm　0.138 nm

已知经典的键长数据如下：

C—C　0.154 nm　　C—O　0.143 nm　　C—S　0.182 nm　　C—N　0.147 nm

C=C　0.134 nm　　C=O　0.122 nm　　C=S　0.160 nm　　C=N　0.128 nm

由此可见,五元杂环分子中的键长有一定程度的平均化,但不如苯那样完全平均化,因此芳香性较苯差,有一定程度的不饱和性及环的不稳定性,如芳香性较差的呋喃表现出共轭二烯的性质,可进行双烯加成。同时由于共轭效应,环上电子云密度较苯高,尤其是 α 位,比苯更易发生亲电取代反应。

12.2.2　六元单杂环化合物

吡啶是重要的六元杂环化合物。吡啶的结构与苯相似,只是将苯中一个 CH 换成氮原子。成环的五个碳原子和一个氮原子都以 sp^2 杂化轨道成键,处于同一平面上,各提供一个电子的 p 轨道相互平行重叠,形成闭合的共轭体系,π 电子数为 6,符合休克尔的"$4n+2$"规则,因而具有芳香性。氮原子上的一对未共用电子占据在 sp^2 杂化轨道上,未参与成键,可以表现出碱性和亲核性。如图 12-2 所示。

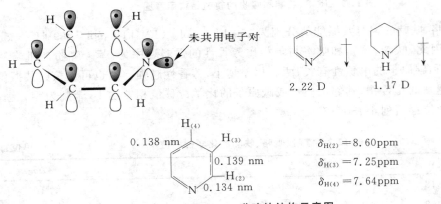

未共用电子对

2.22 D　　　1.17 D

0.138 nm　　$H_{(4)}$　　$H_{(3)}$

0.139 nm

$H_{(2)}$　0.134 nm

$\delta_{H(2)} = 8.60\,ppm$

$\delta_{H(3)} = 7.25\,ppm$

$\delta_{H(4)} = 7.64\,ppm$

图 12-2　吡啶的结构示意图

在吡啶分子中,由于氮原子的电负性较强,杂环碳原子上的电子云密度降低,特别是 α 位和 γ 位降低得更多,因此吡啶环又称为"缺 π 电子"芳杂环。这一作用也使吡啶具有较强的极性,其偶极矩值较大,吡啶的亲电取代反应较苯难发生,且主要进入 β 位,但 α 位和 γ 位可发生亲核取代反应。

12.3　五元杂环化合物

呋喃、噻吩、吡咯是常见的五元杂环化合物。呋喃存在于松木焦油中,遇到被盐酸浸湿过的松木片时呈绿色,此反应称为呋喃的松木反应,可用于鉴定呋喃的存在。呋喃为无色、易挥发液体,沸点为 31 ℃,难溶于水,易溶于乙醇、乙醚等有机溶剂。工业上可用糠醛或糠酸为原料制备呋喃。煤焦油中有少量吡咯和噻吩存在。分馏煤焦油时,噻吩(沸点为 84 ℃)常与苯一起馏出,因此普通的煤焦油中提取到的苯都带有少量(0.5%)的噻吩。由于噻吩比苯易磺化,室温下能生成溶于硫酸的 α-噻吩磺酸,因此常用浓硫酸洗涤的方法从煤焦油中分离得到的苯中的噻吩。噻吩为无色液体,有难闻的臭味。噻吩在浓硫酸的存在下与靛红一起加热后呈现蓝色,反应灵敏,可用于噻吩的检验反应。工业上可用正丁烷(烯)与硫黄混合后高温下反应制备噻吩,实验室可由丁二酸制备。吡咯存在于煤焦油、骨油和石油中,吡咯的松木反应呈红色。吡咯也是无色液体,但易被空气氧化变黑,气味与苯胺相似,沸点为 131 ℃,难溶于水,易溶于乙醇、乙醚。工业上可从呋喃或乙炔与氨作用制得。

12.3.1 五元杂环化合物的化学性质

1. 亲电取代反应

吡咯、呋喃和噻吩分子的 π_5^6 共轭体系,使环上电子云密度增大,其亲电取代反应比苯容易进行,反应活性的强弱顺序为吡咯＞呋喃＞噻吩＞苯,主要发生在电子云密度高的 α 位。环上已有的取代基和杂原子均有定位作用,故二元取代产物较为复杂,与反应条件密切相关。

1) 卤代反应

五元单杂环化合物可与卤素迅速反应,生成卤代产物。例如:

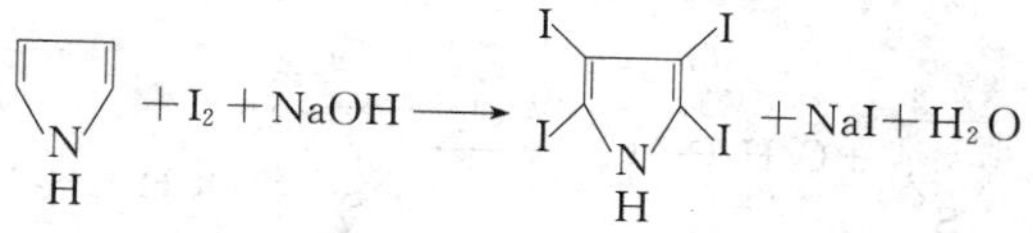

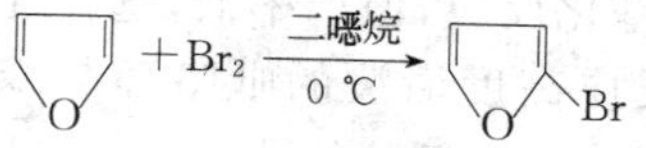

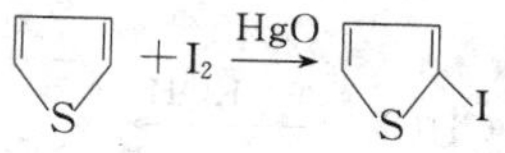

2) 硝化反应

呋喃与吡咯在强酸性条件下易开环形成聚合物;噻吩用混酸硝化时反应剧烈,易发生爆炸,所以不能采用混酸硝化,而是采用缓和硝化试剂——硝酸乙酰酯来进行。

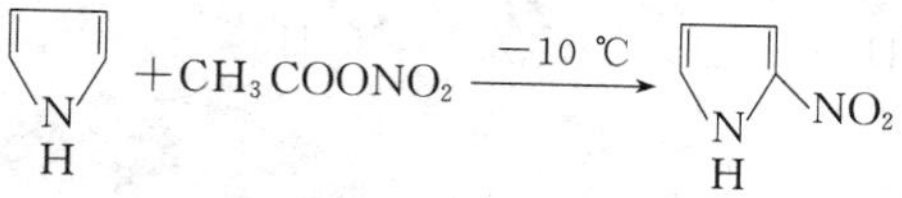

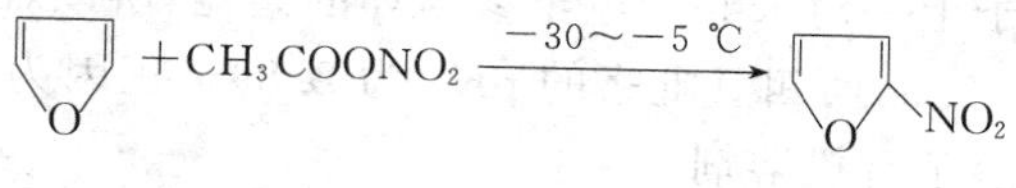

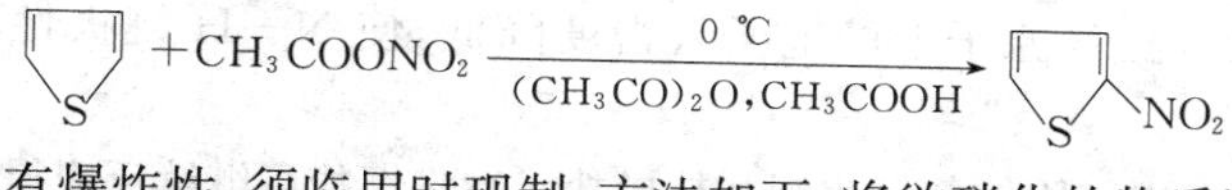

因硝酸乙酰酯具有爆炸性,须临用时现制,方法如下:将欲硝化的物质溶于乙酸酐中,冷却控制温度并滴入硝酸,则按下式生成硝酸乙酰酯,并立即发生硝化反应。

$$(CH_3CO)_2O + HNO_3 \longrightarrow CH_3COONO_2 + CH_3COOH$$

3) 磺化反应

噻吩在室温下可与浓硫酸顺利发生磺化反应;吡咯、呋喃由于反应活性比噻吩要大,对强酸敏感,易开环聚合,所以不能直接用硫酸进行磺化反应,通常采用一种温和的磺化剂——吡啶磺酸。

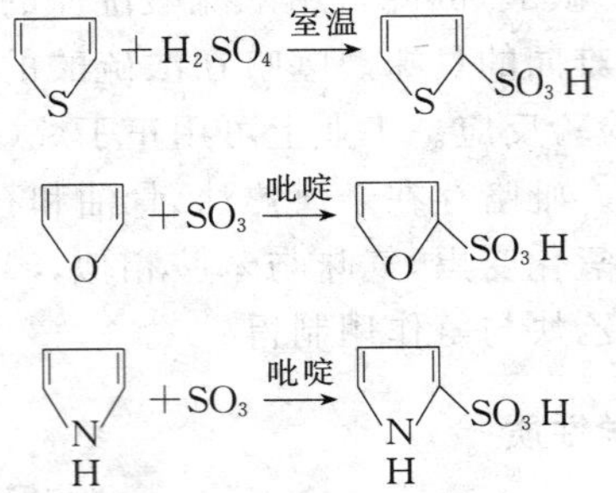

$$\text{(噻吩)} + H_2SO_4 \xrightarrow{\text{室温}} \text{(噻吩)}SO_3H$$

$$\text{(呋喃)} + SO_3 \xrightarrow{\text{吡啶}} \text{(呋喃)}SO_3H$$

$$\text{(吡咯)} + SO_3 \xrightarrow{\text{吡啶}} \text{(吡咯)}SO_3H$$

4) 傅-克酰基化反应

$$\text{(吡咯)} + (CH_3CO)_2O \xrightarrow{150\sim200\ ℃} \text{(吡咯)}COCH_3$$

$$\text{(呋喃)} + (CH_3CO)_2O \xrightarrow{BF_3} \text{(呋喃)}COCH_3$$

$$\text{(噻吩)} + C_2H_5\overset{O}{C}-Cl \xrightarrow{AlCl_3} \text{(噻吩)}COCH_2CH_3$$

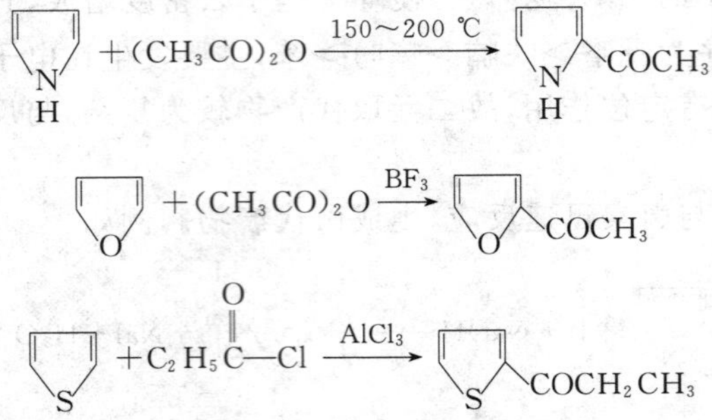

呋喃、噻吩、吡咯也能发生烷基化反应,但产率低,选择性差。

除上述反应外,对亲电取代反应高度活泼的吡咯环与苯酚的性质相似,如可以发生瑞默尔-梯门(Reimer-Timann)反应,可以与重氮盐偶联。

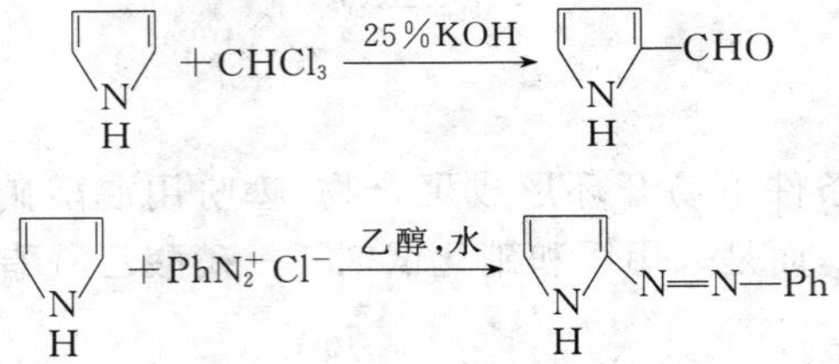

$$\text{(吡咯)} + CHCl_3 \xrightarrow{25\%KOH} \text{(吡咯)}CHO$$

$$\text{(吡咯)} + PhN_2^+Cl^- \xrightarrow{\text{乙醇,水}} \text{(吡咯)}N=N-Ph$$

2. 酸碱性

由于吡咯分子中氮原子上一对未共用电子参与环的共轭,所以难与质子结合,与相应的胺比较,碱性很弱,pK_b 仅为 13.6,而四氢吡咯的 pK_b 为 2.89。正因为如此,吡咯与水难形成氢键,致使它难溶于水,而易溶于有机溶剂。

此外,共轭的结果导致氮原子上的电子云密度降低,使 N—H 键极性增加,表现出弱酸性($pK_a=17.5$)。

吡咯在无水条件下可以与固体氢氧化钾共热成盐。吡咯钾盐可继续反应得到各种 α-取代产物。

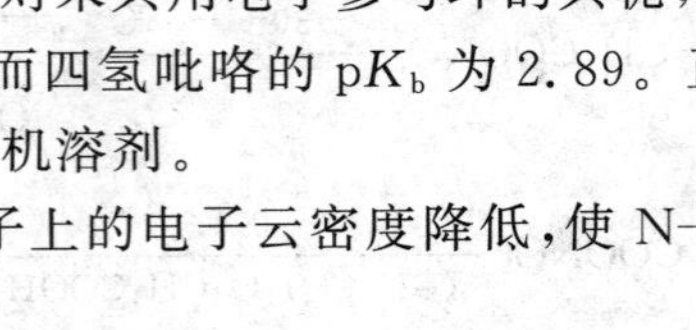

$$\text{(吡咯)} + KOH \xrightarrow{\triangle} \text{(吡咯钾)} + H_2O$$

呋喃中的氧也因参与形成大 π 键而不具备醚的弱碱性。

3. 加氢反应

呋喃、噻吩、吡咯在催化剂存在下都能发生加氢反应，生成相应的四氢化物。噻吩的氢化一般较难，硫原子容易使催化剂中毒，有时可以用 $Na-Hg/C_2H_5OH$ 体系来还原。

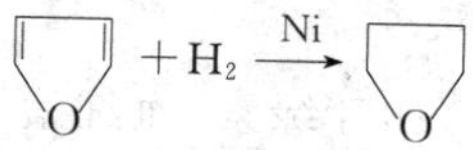

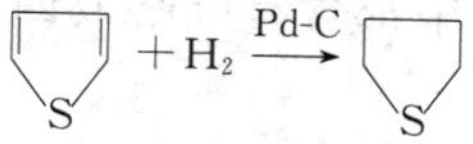

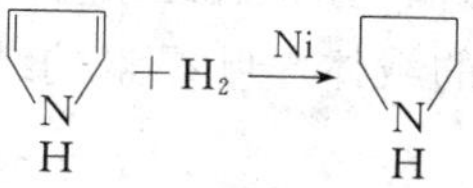

四氢呋喃（THF）是一种常用溶剂，其性质与醚相似，但沸点（67 ℃）高得多，且可溶于水，它还是重要的有机合成原料。四氢吡咯为仲胺，其碱性是吡咯的 10^{11} 倍，在有机合成中有重要用途。四氢噻吩的性质与一般硫醚性质相似。

呋喃和吡咯还表现出一定的共轭二烯的性质，能进行 1,4-加成和狄耳斯-阿尔德反应。

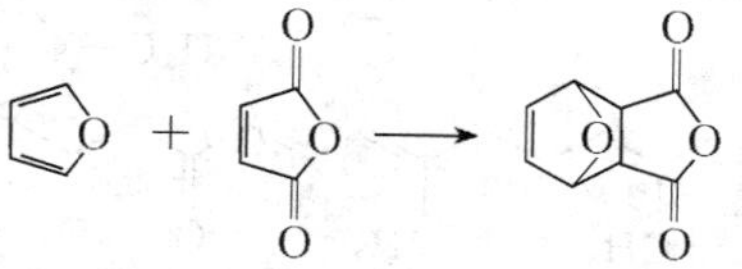

12.3.2　重要的五元杂环化合物及其衍生物

1. 糠醛

糠醛即 α-呋喃甲醛，是呋喃的重要衍生物，因最初是从米糠中得到，故俗称糠醛。工业上除了用米糠制取糠醛外，还可从其他农副产品（如麦秆、玉米芯、甘蔗渣、花生壳、高粱秆、大麦壳等）制取。这些物质中含有戊聚糖，在稀酸（硫酸或盐酸）作用下水解成戊醛糖，进一步脱水环化即得糠醛。

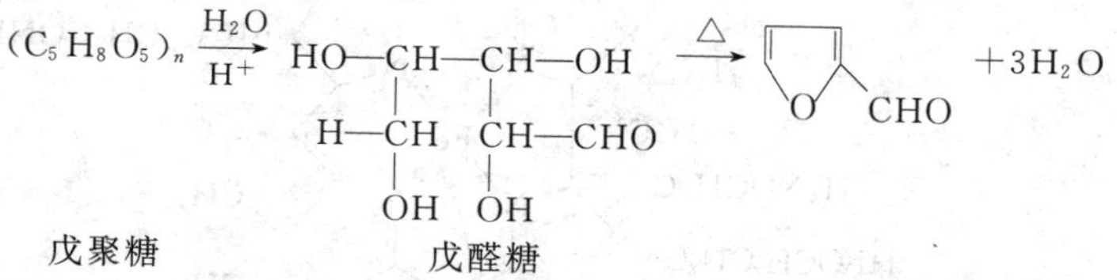

糠醛是无色液体，沸点为 162 ℃，熔点为 -36.5 ℃，可溶于水，并能与醇、醚混溶。糠醛与苯胺在乙酸的存在下显红色，可用于糠醛的检验。

糠醛的化学性质与苯甲醛相似，可发生银镜反应、氧化反应、还原反应、交叉羟醛缩合反应等。

糠醛与乙酸酐在乙酸钠作用下，可发生珀金（Perkin）反应。

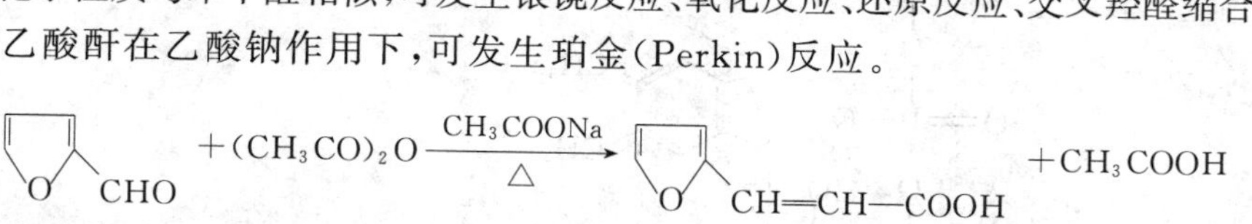

糠醛在浓碱作用下能发生坎尼扎罗反应，生成糠醇及糠酸。

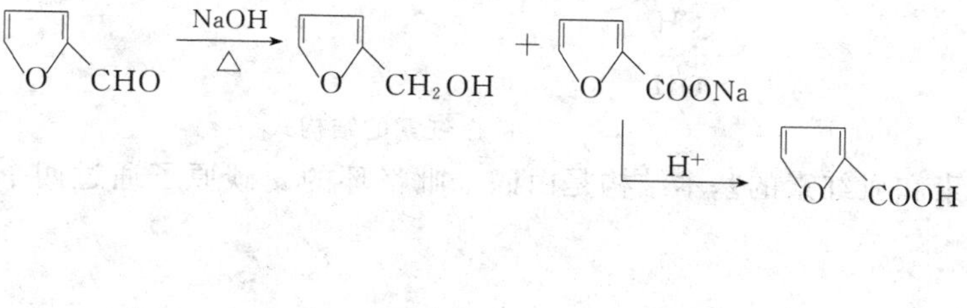

　　糠醛是常用的优良溶剂,也是有机合成的重要化工原料。它与水蒸气在催化剂作用下加热,可脱去醛基制得呋喃,还可用于酚醛树脂、电绝缘材料、药物及其他精细化工产品的制备。其衍生物如糠醇、糠酸、四氢糠醇等都是很好的合成原料。

　　2. 吡咯的衍生物

　　吡咯的衍生物广泛分布于自然界,如叶绿素、血红素都是吡咯衍生物,维生素 B_{12}(Vitamin B_{12})、生物碱、胆红素等天然物质分子中都含有吡咯或四氢吡咯环。它们在动、植物的生理代谢中起着重要的作用。

　　叶绿素是绿色植物中的光合作用催化剂;血红素存在于哺乳动物的红细胞中,与蛋白质结合成血红蛋白,是运输氧和二氧化碳的载体。叶绿素的结构式如下:

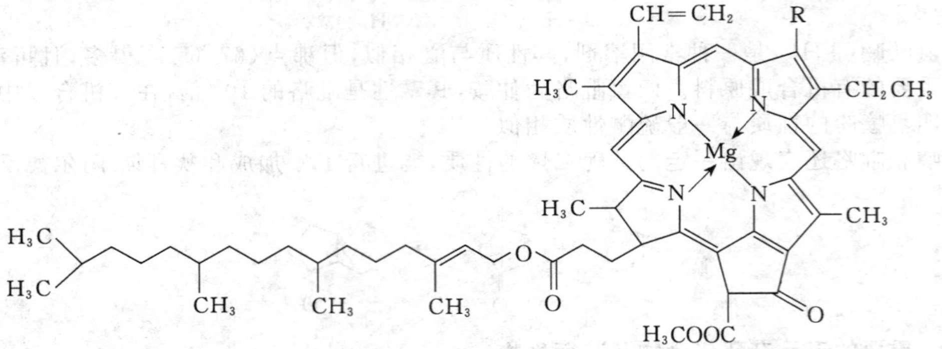

R=CH_3 时为叶绿素 a;R=CHO 时为叶绿素 b

叶绿素的结构式

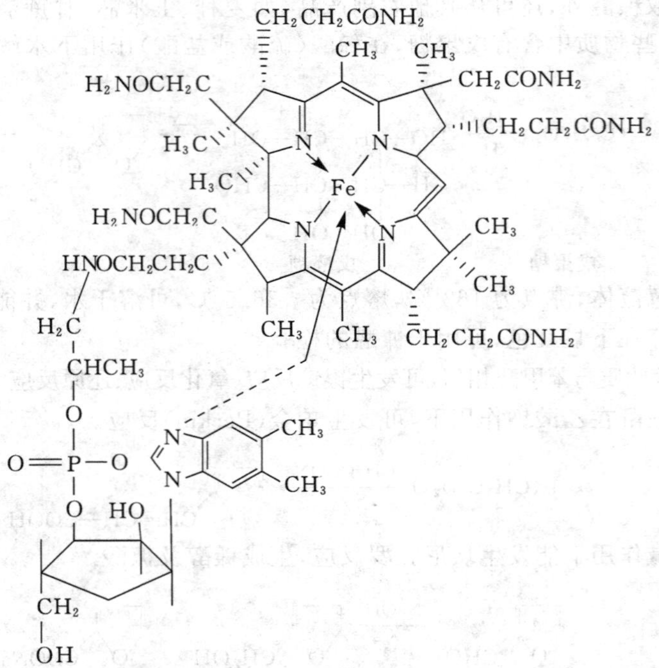

血红素的结构式

叶绿素和血红素的基本结构是由四个吡咯环的 α-碳原子通过四个次甲基(—CH=)相

连而组成共轭体系(称为卟吩),再由卟吩环与不同金属离子配位形成衍生物。

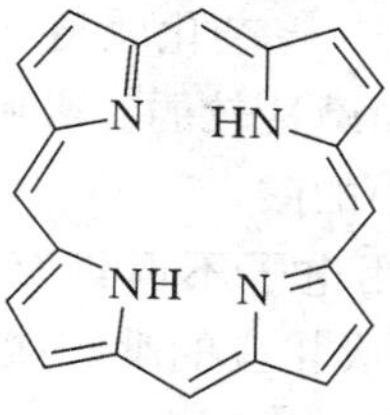

卟吩

3. 噻唑及其衍生物

噻唑是含有氮和硫的五元杂环化合物,在青霉素、维生素 B_1、某些染料和橡胶促进剂的结构中都含有噻唑或氢化噻唑环。噻唑、青霉素、维生素 B_1 的结构式如下:

噻唑 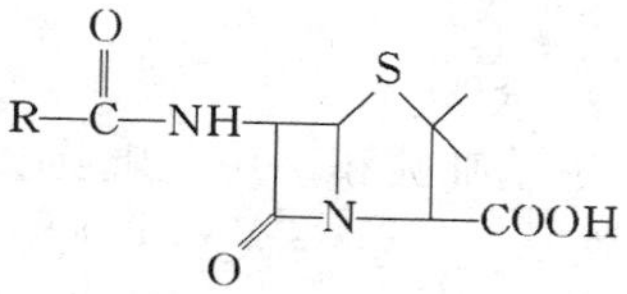　　　青霉素(基本结构) 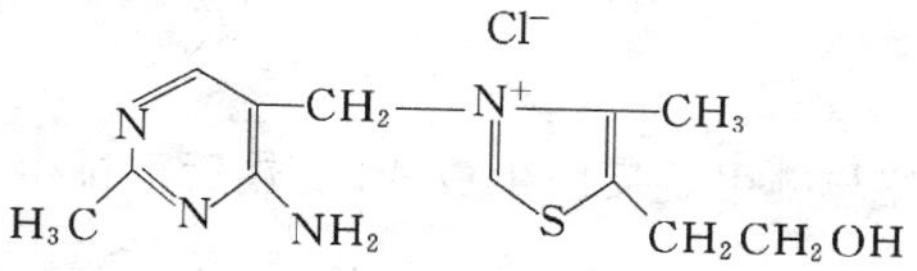　　　　　　　　　　　　　　　　　维生素 B_1

6-氨基青霉素烷酸(6-APA)是青霉素类抗生素的母核结构,它本身抑菌力低,无实用价值,但它的氨基与各种带有不同 R—取代基的酰化试剂作用,即成为一系列半合成青霉素。半合成青霉素分别具有耐酸、耐酶、抗菌谱广、毒副作用低、生物利用度高等特点。

12.4　六元杂环化合物

12.4.1　吡啶

吡啶是重要的六元杂环化合物。吡啶存在于煤焦油中,与它一起存在的还有甲基吡啶。工业上多从煤焦油中提取吡啶。将煤焦油中分馏出的轻油部分用硫酸处理,吡啶生成吡啶硫酸盐而溶于水,用碱中和,吡啶游离出,再蒸馏精制。

吡啶是无色、有臭味的液体,沸点为 115 ℃,熔点为 −36.5 ℃,可溶于水并能与许多有机溶剂混溶,是常用的高沸点溶剂,也是非常重要的有机合成原料。

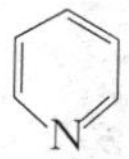

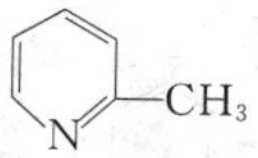

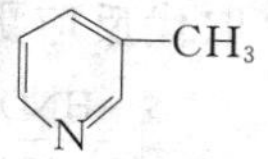

　　　　　　　　吡啶　　　　　α-甲基吡啶　　　　　β-甲基吡啶

沸点　　　115 ℃　　　　　128 ℃　　　　　　144 ℃

由吡啶结构可知,吡啶具有碱性和亲核性,环上可发生亲电和亲核取代反应。

1. 吡啶的碱性和亲核性

吡啶分子中氮原子上的一对未共用电子在 sp^2 杂化轨道上,可接受质子或给出电子,呈现碱性。

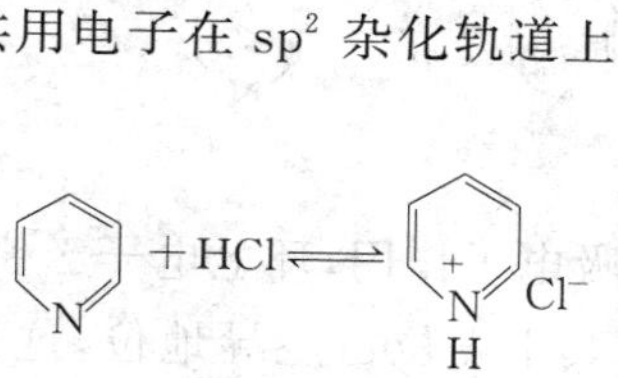

吡啶的 $pK_b=8.81$,碱性比苯胺($pK_b=9.30$)强,比氨(pK_b 为 4.75)和脂肪胺(pK_b 为 3~5)弱,这是由于氮的未共用电子处于 sp^2 杂化轨道上,s 成分较多,电子受原子核束缚较强,给电子倾向较小,较难与质子结合,因而碱性较弱。吡啶容易与无机酸反应成盐。实验室中常利用吡啶的这个性质来洗除反应体系中的酸。

吡啶环中的氮原子上的一对未共用电子不但具有碱性,而且具有亲核性,易与亲电试剂(如三氧化硫、卤代烃、酰卤等)反应,形成相应的吡啶盐。这些吡啶盐大多为很好的固体,是活性强而温和的磺化、烷基化或酰化试剂。

例如,吡啶与三氧化硫结合生成温和的磺化剂(N-磺酸吡啶),可用来磺化对酸不稳定的化合物。

吡啶与碘甲烷反应生成盐,受热后重排生成 α-甲基吡啶和 γ-甲基吡啶。

吡啶与酰氯作用后生成的盐,其酰化能力比酰卤还强。

2. 吡啶的亲电取代反应

吡啶环上发生亲电取代反应的活性较差,远不如苯。吡啶进行卤代、硝化、磺化反应的条件较激烈,产率较低,主要生成 β-取代产物,不会发生傅-克反应。这是因为环中氮原子的吸电子诱导效应使环上电子云密度降低,此外,当亲电试剂与吡啶作用成盐时,吡啶完全转化成正离子,加大了氮的吸电子能力,使环上亲电取代反应更难发生,如果用路易斯酸来催化反应,它们也会和吡啶成盐,使亲电取代反应更难发生。

3. 吡啶的亲核取代反应

由于吡啶环中的氮原子的吸电子作用,环上电子云密度降低,易受强亲核试剂的进攻,在 α 位和 γ 位发生亲核取代反应,其中 α 位占主导地位,这是因为氮原子在 α 位诱导效应较强。

吡啶在亲电取代反应中失去的是质子,而在亲核取代反应中,失去的是氢负离子。

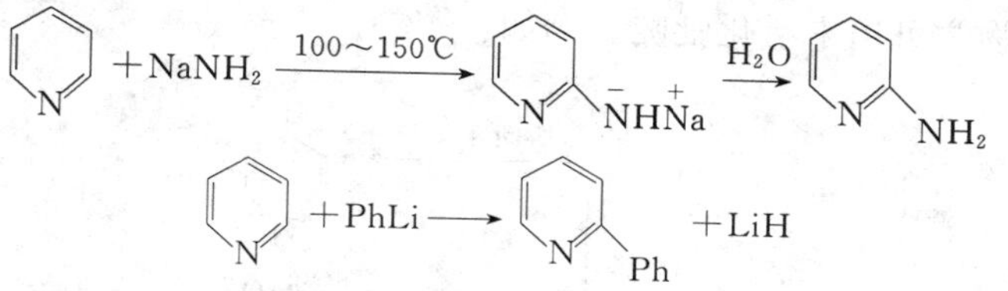

当 α 位或 γ 位有较好的离去基团(如卤素、硝基)时,亲核取代反应更易发生。这与形成的负离子中间体的稳定性有关。当亲核试剂在 α 位或 γ 位进攻时,可形成负电荷在电负性较强的氮原子上的共振极限结构,使共振结构更加稳定。例如:

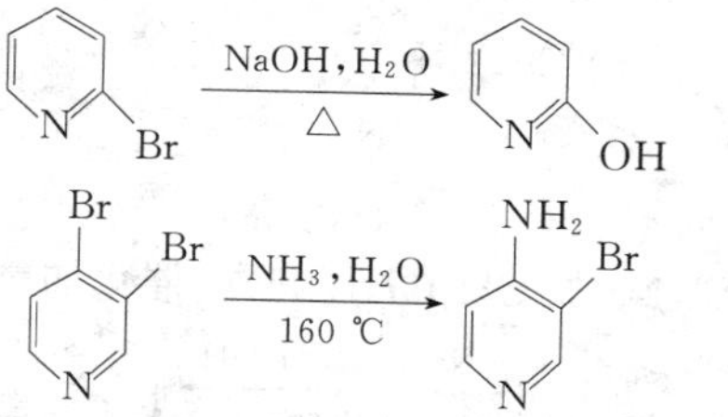

吡啶环上卤素被亲核试剂取代的反应机制是加成-消除机制,反应活性是 γ 位强于 α 位,它们远强于 β 位。

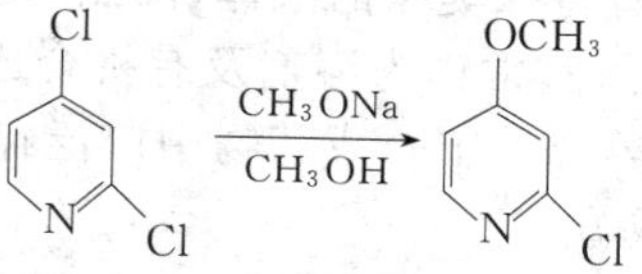

4. 吡啶的氧化与还原反应

吡啶环由于环上电子云密度较低,对氧化剂较苯稳定,不易被氧化剂氧化,但烷基吡啶的侧链易被氧化剂氧化成相应的吡啶甲酸。例如:

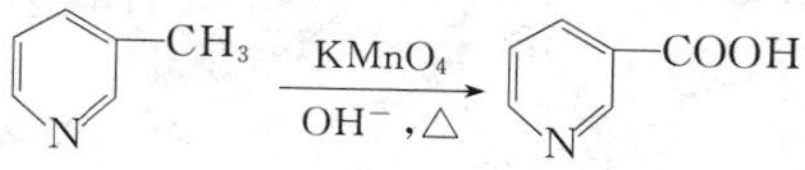

β-吡啶甲酸(烟酸)

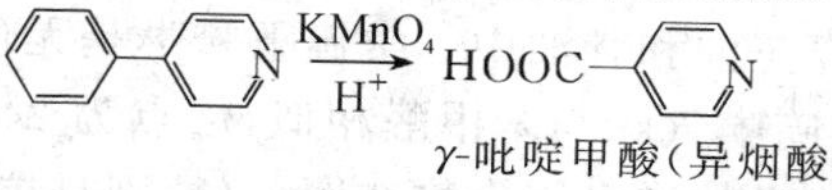

γ-吡啶甲酸(异烟酸)

烟酸是 B 族维生素化合物之一,异烟酸是合成治疗结核病药物异烟肼(雷米封)的中间体。

吡啶与过氧乙酸作用时,可得到在合成上很有用的中间体——吡啶 N-氧化物。

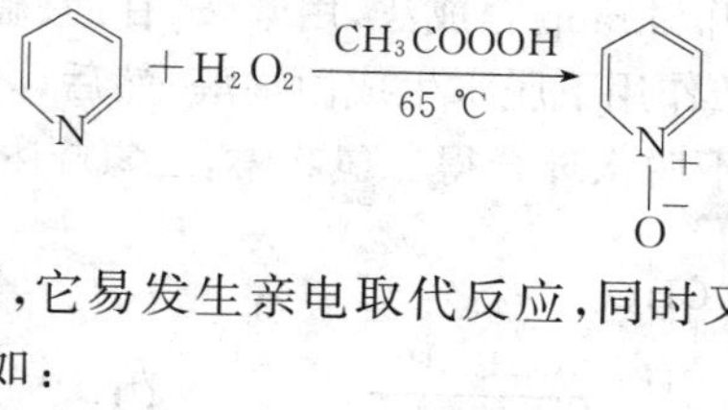

吡啶 N-氧化物与吡啶不同,它易发生亲电取代反应,同时又易发生亲核取代反应,且取代反应都发生在 α 位或 γ 位。例如:

吡啶 N-氧化物用三氯化磷或其他方法处理又可恢复吡啶结构,同时又可加速亲核取代反应,故吡啶 N-氧化物常可用来活化吡啶。例如:

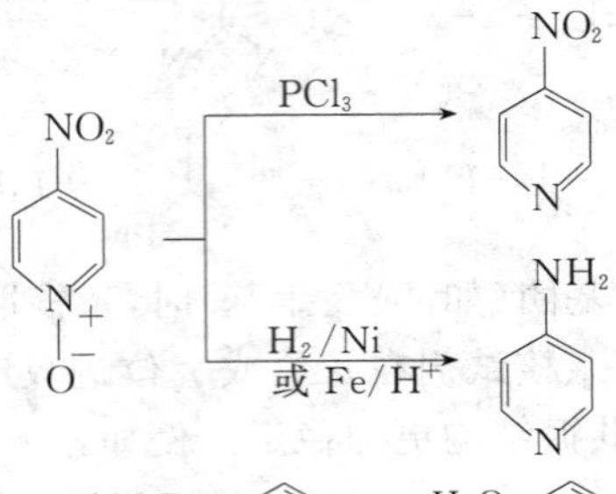

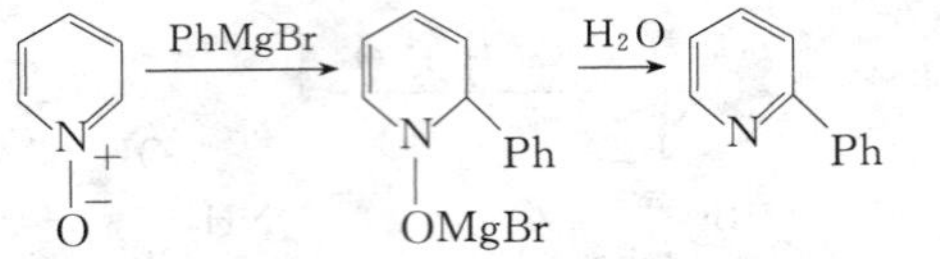

吡啶比苯易还原,用还原剂(Na 加 CH_3CH_2OH)或催化加氢都可使吡啶还原为六氢吡啶。

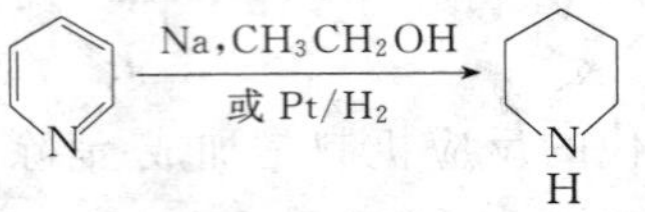

六氢吡啶又称哌啶,是无色、有特殊臭味的液体,沸点为 106 ℃,熔点为 -7 ℃,易溶于水。其性质与脂肪仲胺相似,$pK_a=11.12$,常作为溶剂及有机合成原料。

吡啶和哌啶的衍生物在自然界及人工合成药物中广泛存在。例如,维生素 B_6 及吡啶环系生物碱中的烟碱、毒芹碱和颠茄碱等。

α-甲基吡啶和 γ-甲基吡啶是吡啶的重要衍生物。由于氮原子的吸电子诱导效应,甲基上的氢原子较活泼,可以和羰基化合物发生缩合反应。例如:

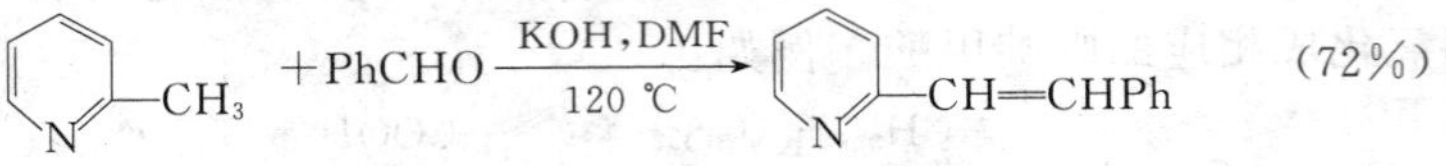

12.4.2　喹啉和异喹啉

喹啉、异喹啉都存在于煤焦油和骨油中。常温下喹啉是无色、油状液体,有恶臭味,气味与吡啶类似,沸点为 238 ℃;异喹啉气味与苯甲醛相似,熔点为 24 ℃,沸点为 243 ℃。它们都难溶于水,易溶于有机溶剂。喹啉的许多衍生物在医药(特别是抗疟类药物)上具有重要意义,此外许多生物碱也是喹啉的衍生物。

喹啉及其衍生物的合成常用 Skraup 合成法,用苯胺、甘油、硫酸和硝基苯共热而制得。其反应过程如下:首先,甘油在浓硫酸作用下脱水生成丙烯醛;然后,丙烯醛与苯胺发生迈克尔加成得 β-苯胺丙醛,其烯醇式在酸催化下脱水环合得二氢喹啉,二氢喹啉被硝基苯氧化脱氢生成喹啉。

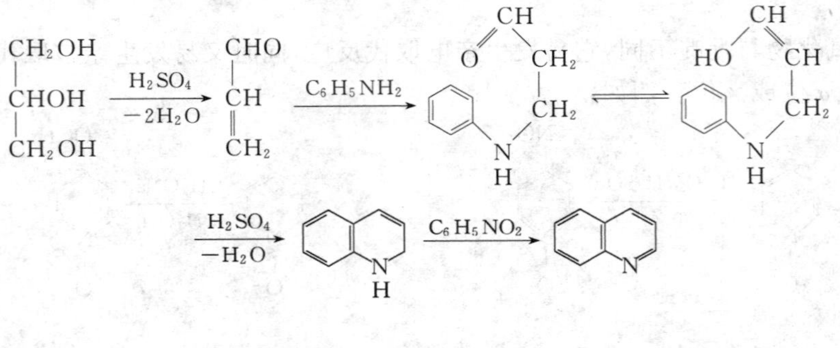

若以不饱和醛、酮代替甘油与取代的苯胺反应,则可制备喹啉衍生物。也可用磷酸或其他酸代替硫酸。例如:

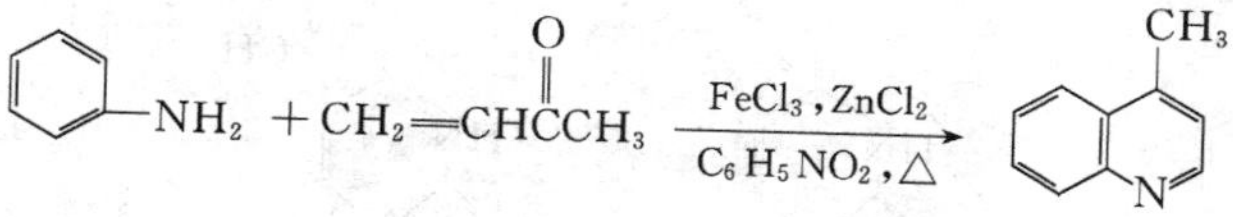

(73%)

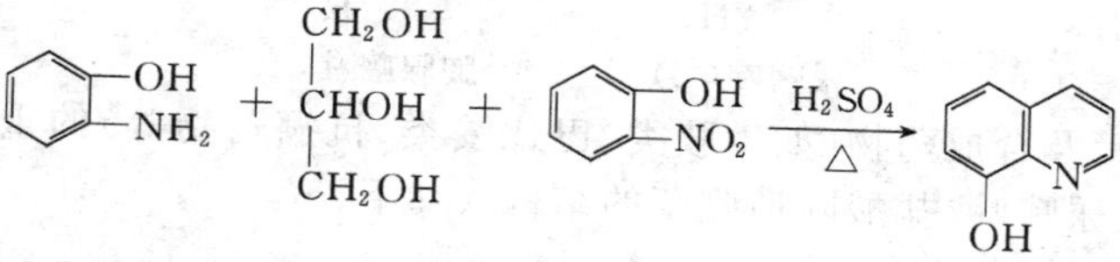

(69%)

喹啉和异喹啉在化学性质上与萘和吡啶相近。由于喹啉和异喹啉分子中的氮原子的电子构型与吡啶中的氮原子相同,所以它们的碱性(喹啉 $pK_b = 9.15$,异喹啉 $pK_b = 8.86$)与吡啶相近。

喹啉和异喹啉的亲电取代反应(如硝化、磺化、溴代等)较吡啶容易进行。通常情况下,亲电试剂总是优先进攻喹啉和异喹啉的苯环部分,主要是取代在 5 位和 8 位。

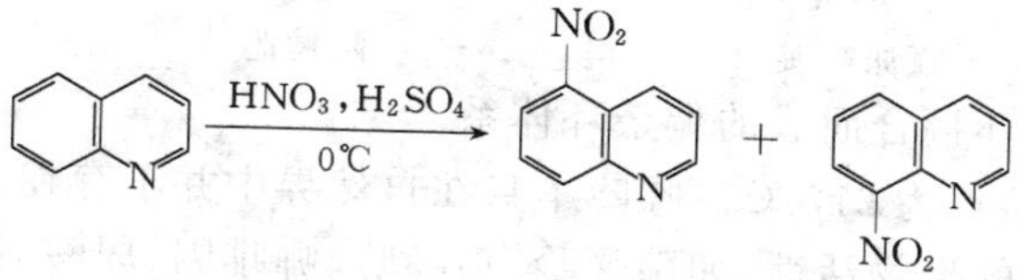

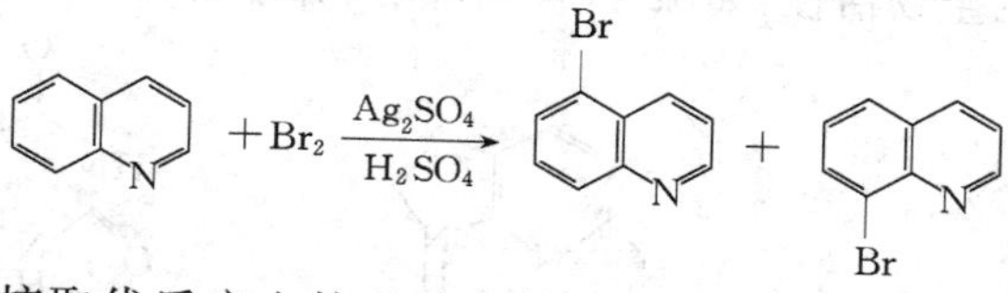

喹啉和异喹啉的亲核取代反应也较吡啶容易进行,喹啉主要取代在 2 位,异喹啉主要取代在 1 位。

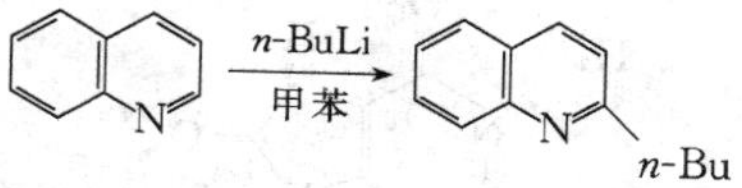

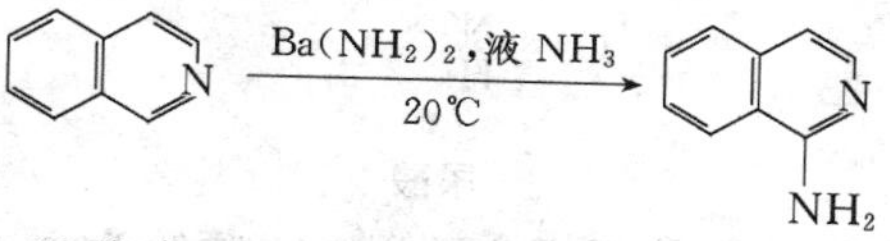

喹啉和异喹啉氧化时,由于吡啶环上电子云密度较低,苯环一侧易被氧化。喹啉氧化生成 2,3-吡啶二甲酸,加热后,α 位上的羧基受环上氮原子的影响易发生脱羧反应,生成 β-吡啶甲酸(烟酸)。例如:

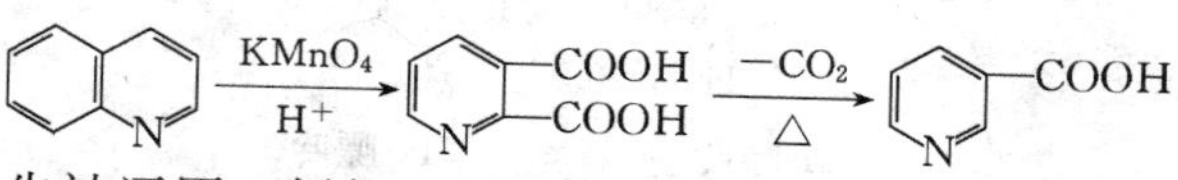

还原时,吡啶环优先被还原。例如:

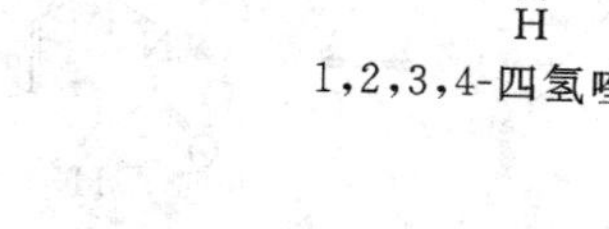

1,2,3,4-四氢喹啉

12.4.3　嘧啶和嘌呤

嘧啶是含有两个氮原子的六元杂环化合物,是无色固体,熔点为 22 ℃,易溶于水,具有碱性($pK_b = 12.7$)，较难发生亲电取代反应。含嘧啶环的化合物广泛存在于生物体中，在生理和药理上具有重要作用，如核酸中的嘧啶碱。

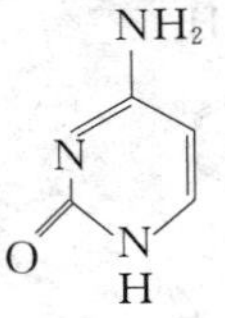

胞嘧啶(C) 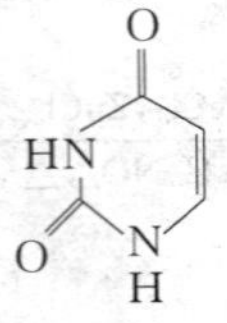　　　　　尿嘧啶(U) 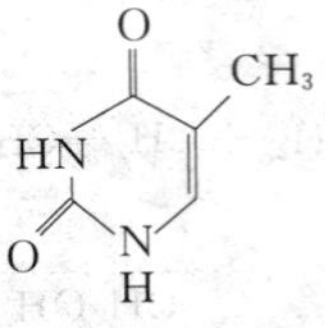　　　　　胸腺嘧啶(T)

嘧啶环也是某些维生素及合成药物(如磺胺类、巴比妥类、抗癌药物等)的重要结构部分。例如，临床治疗癌症药物氟尿嘧啶、盐酸阿糖胞苷的结构式如下：

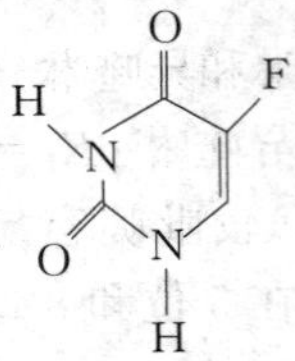

氟尿嘧啶 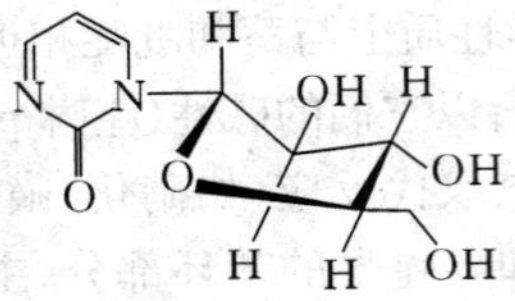　　　　　　　　阿糖胞苷

嘌呤是咪唑和嘧啶环稠合而成的稠杂环体系。

嘌呤是无色晶体，熔点为 217 ℃。嘌呤本身在自然界中并不存在，但它的衍生物广泛分布于动、植物中，具有较强的生物活性，如腺嘌呤、鸟嘌呤、咖啡因、尿酸、茶碱等。

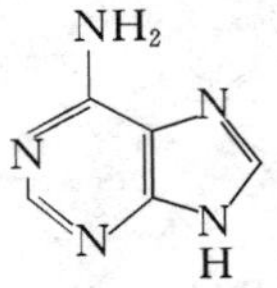

腺嘌呤 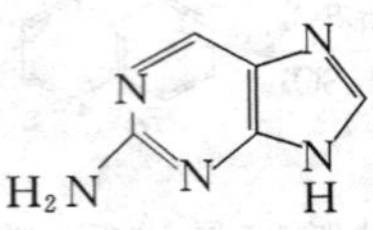　　　　　　　　　黄嘌呤 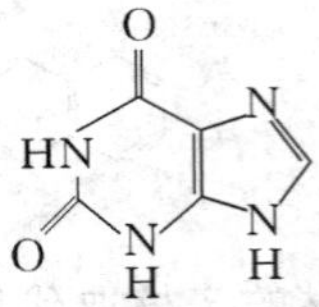　　　　　　　　　鸟嘌呤

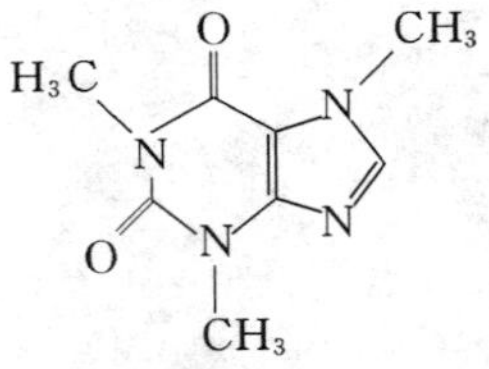

咖啡因 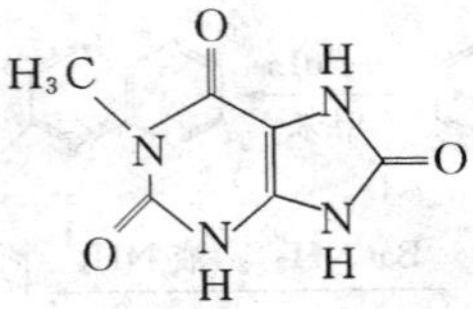　　　　　　　　　尿酸 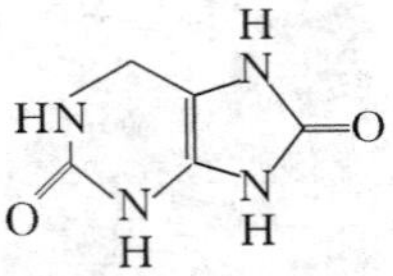　　　　　　　　　　茶碱

嘌呤分子存在互变异构体，平衡体系中主要以 9H-嘌呤为主。

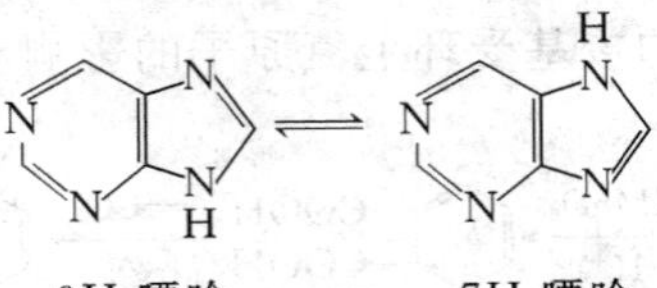

9H-嘌呤　　　　　7H-嘌呤

尿酸是人和高等动物的代谢产物，它具有酮式和烯醇式两种互变异构体。

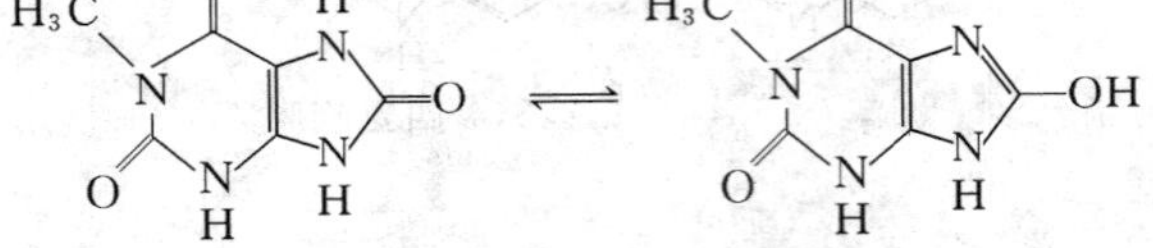

酮式　　　　　　　　　　　烯醇式

在平衡体系中,何种形式占优势,取决于溶液的 pH 值,在生理的 pH 范围内多以酮式为主。

12.5 生 物 碱

12.5.1 生物碱概述

生物碱(alkaloid)是含负氧化态氮原子、存在于生物有机体中的环状化合物,是一种具有多种生物活性的天然有机化合物。自 1806 年德国学者 Sertürner F. W. 从鸦片中分离出吗啡碱后,迄今已从自然界分离出 10000 多种生物碱。

生物碱主要分布于系统发育较高级的植物类。生物碱在植物中的分布较广,主要集中于根、茎、皮、种等部位,含量高低不等。同一植物的生物碱往往来源于同一个前体,其化学结构类似处较多,同科同属中的生物碱也往往属同一种结构类型,但并没有绝对的相关性。现在生物碱的研究主要集中于含有生物碱的新植物资源的发现和从已知含有生物碱的科属植物中寻找已知生物碱的同型体或异构体,同时包括对许多生物碱的生理药理作用及它们的构效关系的研究和全合成技术的开发。

生物碱一般按它的来源命名。例如,从麻黄中提取的生物碱就叫做麻黄碱。

生物碱的主要分类方法有来源分类、化学结构分类等,现主要是按生物合成的前体结合化学结构进行分类。生物的合成前体主要是氨基酸和异戊烯,主要的化学结构如下。

(1) 有机胺类:氮原子不在环结构上的胺类或大环酰胺类。

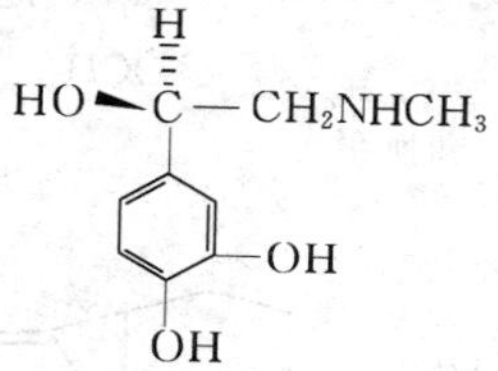

肾上腺素 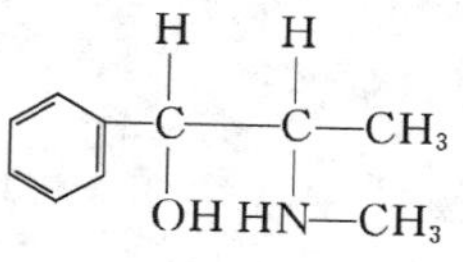　　　　麻黄碱 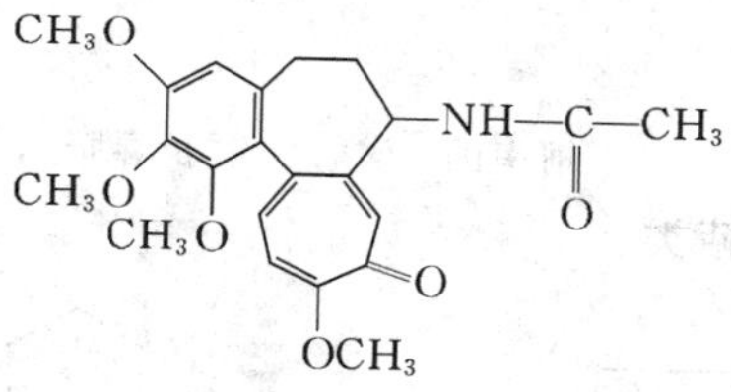　　　　秋水仙碱

(2) 异喹啉和喹啉类。

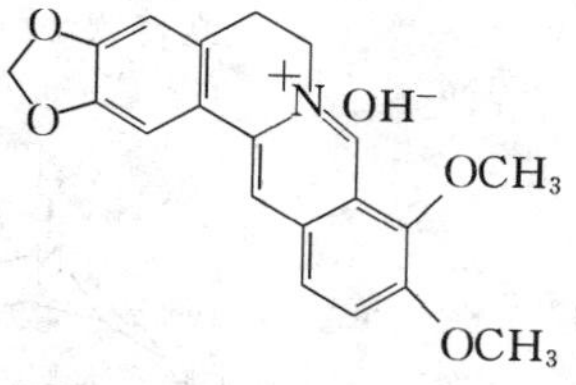

小檗碱 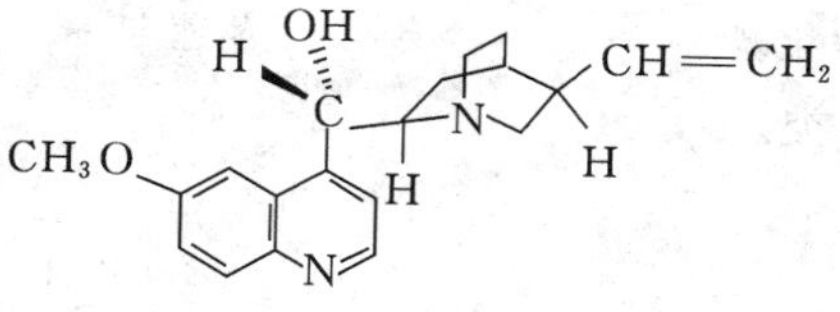　　　　　　　奎宁碱

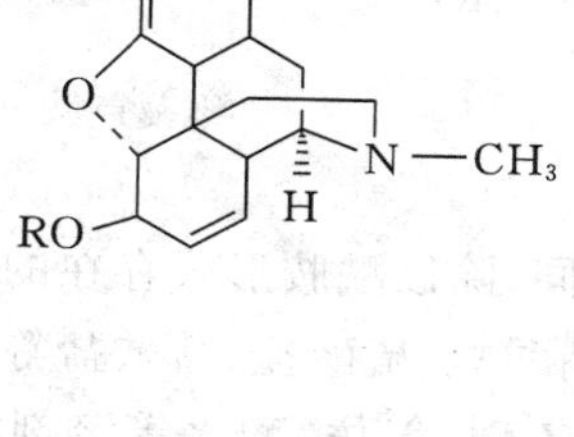

吗啡:R=R′=H
海洛因:R=R′=CH₃CO
可待因:R=CH₃,R′=H

(3) 吡咯烷类。

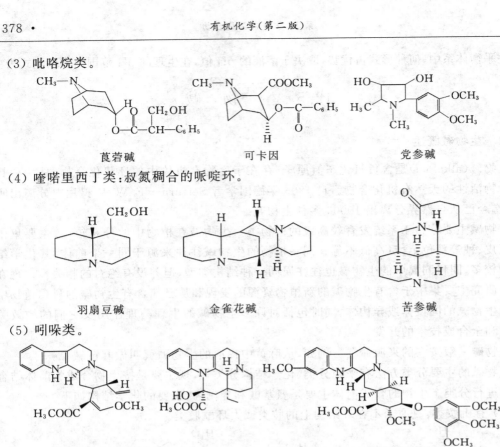

莨菪碱　　　　　　　　　　可卡因　　　　　　　　　　党参碱

(4) 喹喏里西丁类：叔氮稠合的哌啶环。

羽扇豆碱　　　　　　　　　　金雀花碱　　　　　　　　　　苦参碱

(5) 吲哚类。

柯南因　　　　　　　长春胺　　　　　　　　利血平

(6) 萜类。

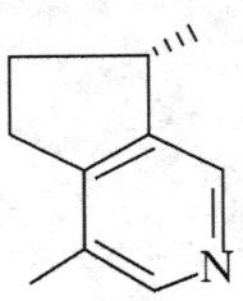

猕猴桃碱 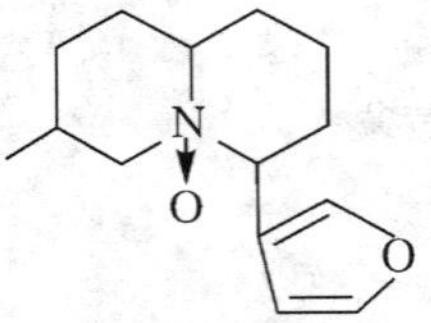　　　　　　　　萍莲定　　　　　　　　　　维特钦

(7) 甾体类。

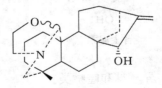

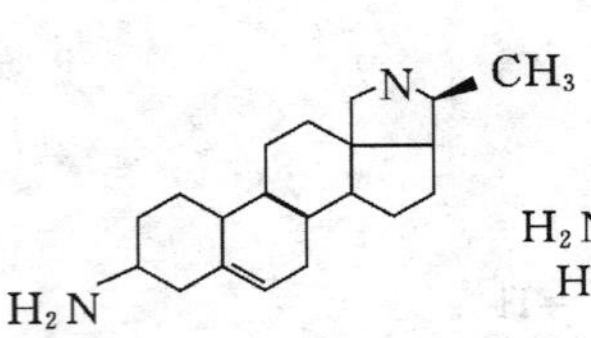

康斯生 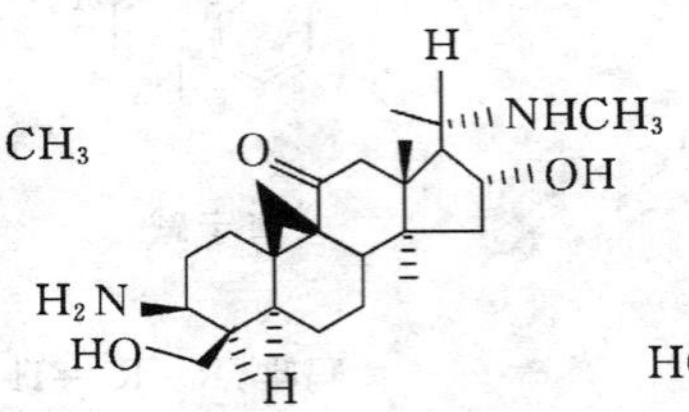　　　　　　环氧黄杨木己素 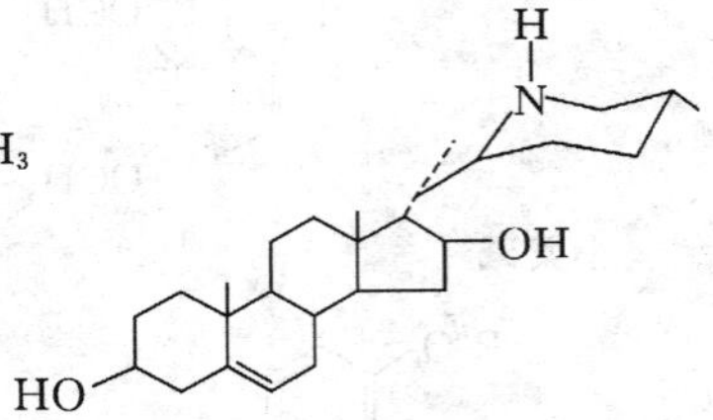　　　　　　　维藜芦胺

许多生物碱不易简单地归入任何一类。

植物体内的生物碱的性质与其存在形态各不相同，除以酰胺形式存在的生物碱外，绝大多数生物碱是以盐的形式存在，如草酸盐、柠檬酸盐、硝酸盐、硫酸盐、盐酸盐等。因此，生物碱的制取是要有针对性地运用各种分离提取方法。常用乙醇、氯仿、酸水等溶剂浸泡、渗滤或加热

提取,然后通过 pH 梯度萃取、离子交换树脂、分步结晶、色谱分析、制备衍生物等手段进行分
离提纯。现在部分生物碱可以直接用化学合成方法制备。

12.5.2　生物碱的通性

　　大多数生物碱为无色的晶体,有明显的熔点,少数为挥发性液体(如烟碱等),能随水蒸气
蒸馏出来而不被破坏。生物碱多具苦味,一般不溶于水,易溶于有机溶剂。生物碱多具有旋光
性,并且旋光性易受溶液的 pH 值、溶剂等因素影响,生物碱的生物活性与其旋光性密切相关。
　　绝大多数生物碱具有胺类或含氮杂环的结构,因而显碱性,分子结构类型不同,碱性强弱
不一,故常被用于生物碱的鉴别分离。
　　除酰胺生物碱外,它们均有碱性,可与无机酸或有机酸作用成盐而溶于水。酚类生物碱有
两性反应,如吗啡既能与酸作用成盐,又能与碱作用成盐,而季铵类生物碱一般可溶于水。

$$\text{生物碱} \underset{\text{(难溶于水)}}{} \xrightarrow[\text{OH}^-]{\text{H}^+} \underset{\text{(易溶于水)}}{\text{生物碱盐}}$$

　　生物碱与许多试剂作用呈现出不同的颜色或产生沉淀,可利用这些试剂来检验生物碱。
但由于此类反应易受杂质的干扰,一般用提纯的生物碱反应才较灵敏、准确。常用的沉淀剂有
碘化汞钾(K_2HgI_4)、碘化铋钾($BiI_3 \cdot KI$)、碘-碘化钾、苦味酸、鞣酸、磷钨酸($H_3PO_4 \cdot 12WO_3 \cdot$
H_2O)、硅钨酸($SiO_2 \cdot 12WO_3 \cdot 4H_2O$)等。

12.5.3　重要的生物碱

　　生物碱广泛应用于医药中,目前应用于临床的生物碱有 100 种以上。例如,麻黄中的麻黄
碱可用于平喘;黄连中的小檗碱(即黄连素)是很好的消炎药品;颠茄中的莨菪碱的外消旋体就
是阿托品,可用做抗胆碱药,具有散瞳、解平滑肌痉挛以及有机磷中毒的解毒等功效等。但也
有一些生物碱具有很强的毒性,即使作为中药使用,用量不当也足以致人死命。另有一些生物
碱则容易使人产生长期的依赖性,成为严重危害人身健康的毒品,如吗啡、可待因。
　　中药阿片(旧称鸦片)是罂粟带籽的蒴果中的一种浆液,在空气中干燥后形成棕黑色黏性
团块。阿片中含 20 种以上的生物碱,其中最重要的是吗啡、可待因和罂粟碱等,尤其是前两者
在临床上应用较多。吗啡及其重要衍生物一般具有以下结构通式:

吗啡:R=R′=H
海洛因:R=R′=CH₃CO
可待因:R=CH₃,R′=H

　　吗啡是阿片中最重要、含量最多的有效成分。其纯品为无色六面短棱锥状晶体,味苦,难
溶于水、醚、氯仿等,较易溶于热戊醇及氯仿与醇的混合溶剂。因分子结构中同时含有叔氮原
子和酚羟基,故为两性化合物。临床用药一般为吗啡的盐酸盐及其制剂。它是强烈的镇痛药
物,其镇痛作用能持续 6 h,还能镇咳,但容易成瘾,一般只为解除晚期癌症病人的痛苦而使
用。正常的大手术病人在三天内也可以小剂量使用。
　　可待因为无色斜方锥状晶体、味苦、无臭。常温下微溶于水,溶于沸水、乙醇等。它的结构
中已不具有酚羟基,故不显两性。临床应用的制剂一般是其磷酸盐,主要作为镇咳剂。其镇咳
和镇痛作用均比吗啡弱,但比吗啡安全,成瘾倾向也较小。

　　海洛因即二乙酰吗啡,为白色柱状晶体或结晶性粉末,难溶于水,易溶于氯仿、苯和热醇,光照或久置易变为淡棕黄色。海洛因不存在于自然界中,其成瘾性为吗啡的 3～5 倍,严禁作为药用,是对人类危害最大的毒品之一。

　　一些常见生物碱列于表 12-3。

表 12-3　几种常见的生物碱

名　称	结　构　式	来源	结构特征、生理作用及功效
麻黄碱 ephedrine	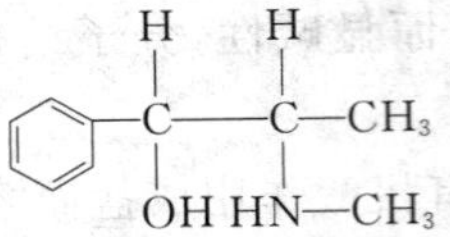	麻黄	脂肪仲胺。 扩张支气管、平喘、止咳、发汗
烟碱 (尼古丁) nicotine	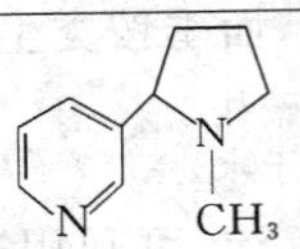	烟草	含吡啶环和四氢吡咯环。 剧毒,人吸烟可发生尼古丁慢性中毒
茶碱 theophylline	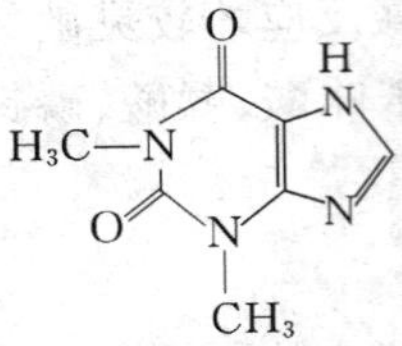	茶叶	嘌呤衍生物。 收敛、利尿。嘌呤环上 7 位 N 上的 H 换为—CH$_3$ 即为咖啡碱,是复方阿司匹林的成分之一
可卡因 cocaine	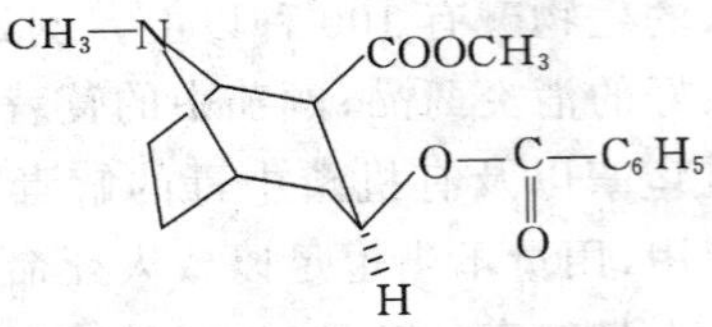	古柯	脂氮杂环、叔胺。 局部麻醉、中枢兴奋、毒品
莨菪碱 hyoscyamine	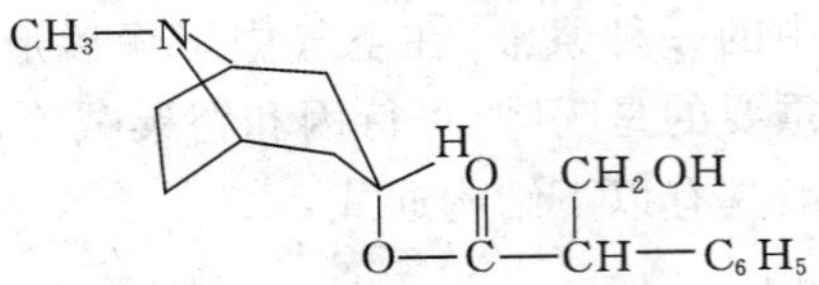	颠茄	脂氮杂环、叔胺。 抗胆碱药,用于治疗平滑肌痉挛、胃及十二指肠溃疡,也可用做有机磷中毒的解毒剂,眼科用于散瞳
小檗碱 (黄连素) berberine	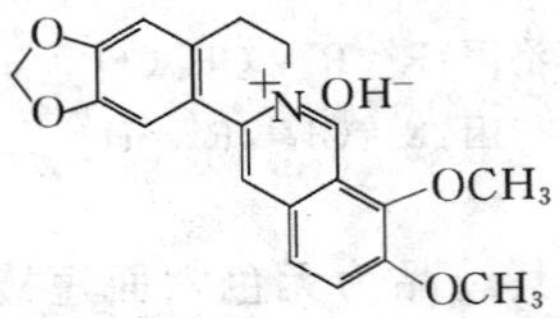	黄连	季铵碱。 抗菌、消炎。治疗肠胃炎、眼结膜炎、化脓性中耳炎、细菌性痢疾等
喜树碱 camptothecine	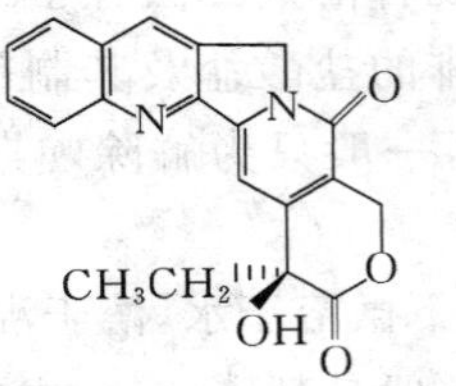	喜树	含酰胺结构。 抗癌,治疗肠癌、胃癌、白血病

续表

名　　称	结　构　式	来源	结构特征、生理作用及功效
奎宁碱 quinine	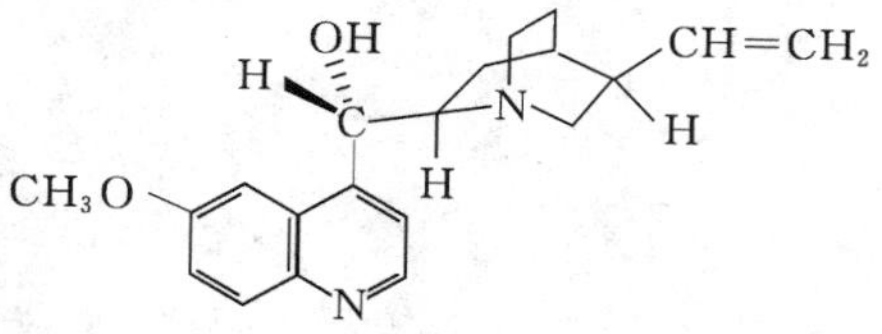	金鸡 纳树	含喹啉环及脂氮杂环。 抗疟疾药,并有退热作用
秋水仙碱 colchicine	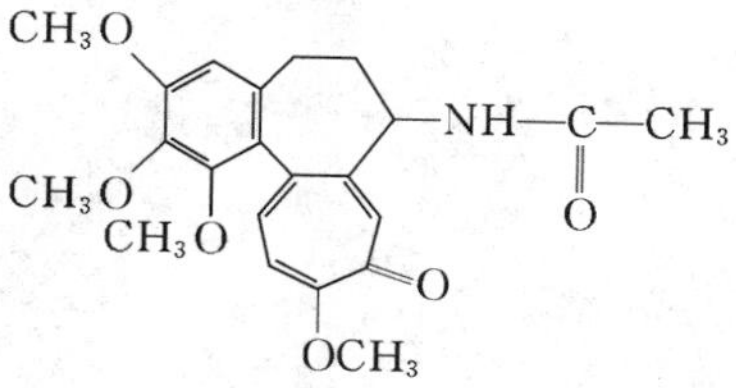	秋水仙	含酰胺结构。 抗肿瘤药、抗痛风药

习　题

1. 命名下列化合物。

(1) 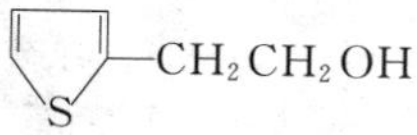 　　(2) 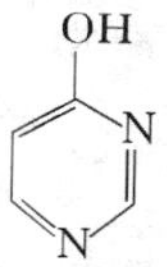 　　(3)

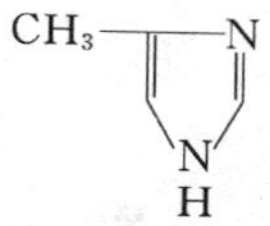

(4) 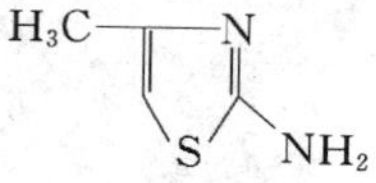 　　(5) 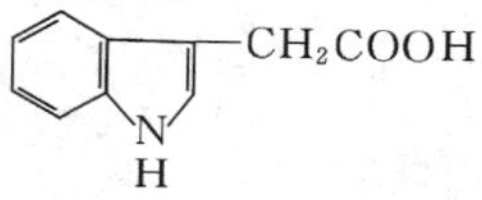 　　(6)

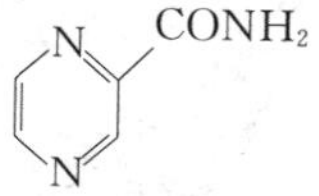

(7) 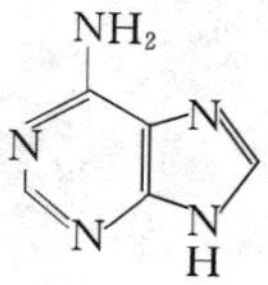 　　(8) 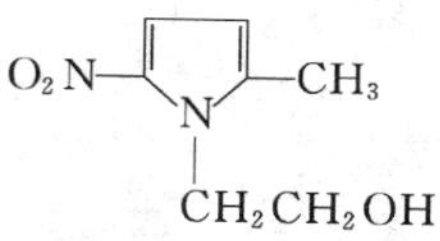 　　(9)

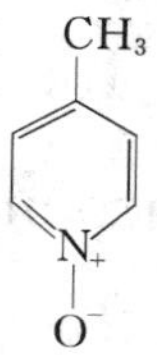

2. 写出下列各化合物的结构式。

(1) 4,6-二甲基-2-吡喃酮　　　　　　　(2) 糠醛

(3) 1-甲基-7-溴异喹啉　　　　　　　　(4) 2-甲基-5-苯基吡嗪

(5) β-吡啶甲酰胺　　　　　　　　　　(6) 4-氯-噻吩-2-羧酸

(7) 溴化 N,N-二甲基四氢吡咯　　　　(8) 尿酸

3. 试比较吡咯与吡啶的结构及主要化学性质。

4. 解释下列现象:

(1) 吡啶的碱性比六氢吡啶弱;

(2) 咪唑的酸、碱性均比吡咯强;

(3) 进行亲电取代反应时,苯并呋喃是 2 位取代产物,而吲哚是 3 位取代产物。

5. 将下列化合物按碱性由强到弱排序。

(1)

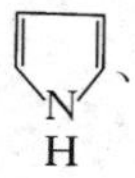

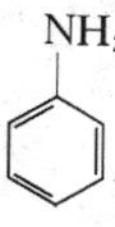

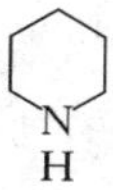

(2)

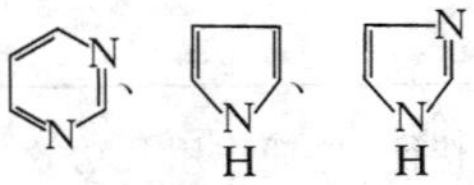

(3) 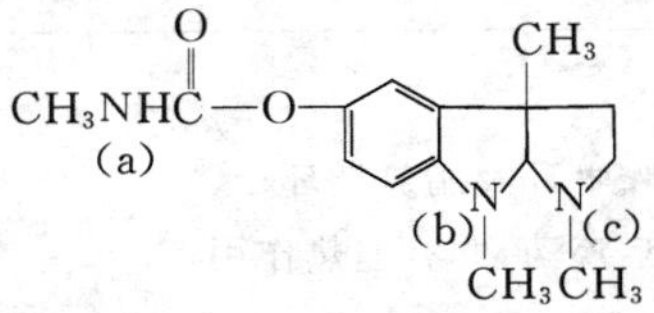 CH₃NHÇ—O—
(a)
(b) | | (c)
CH₃ CH₃

6. 写出下列各反应的主产物的结构和名称。

(1) 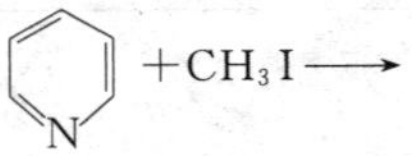 $\bigcirc\!\!\!\!\!\!N$ + CH₃I ⟶

(2) 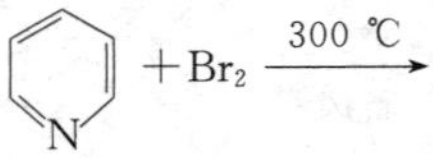 $\bigcirc\!\!\!\!\!\!N$ + Br₂ $\xrightarrow{300\ ℃}$

(3) 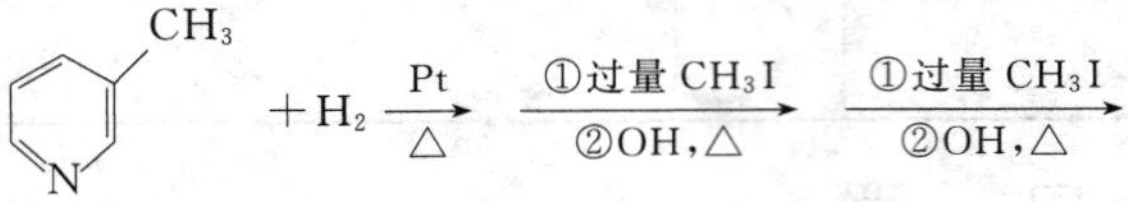 $\bigcirc\!\!\!\!\!\!N$(CH₃) + H₂ $\xrightarrow[\triangle]{Pt}$ $\xrightarrow{①过量 CH_3I}{②OH,\triangle}$ $\xrightarrow{①过量 CH_3I}{②OH,\triangle}$

(4) $\bigcirc\!\!\!\!\!\!N$ + C₆H₅COOOH ⟶ $\xrightarrow{H_2SO_4}$

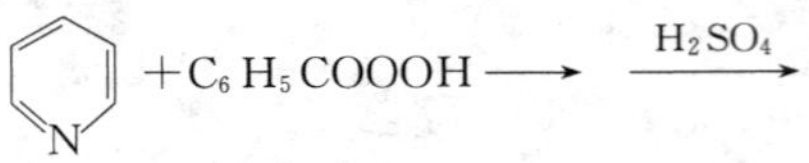

(5) 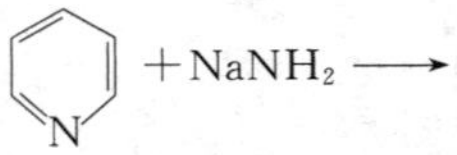 $\bigcirc\!\!\!\!\!\!N$ + NaNH₂ ⟶

(6) 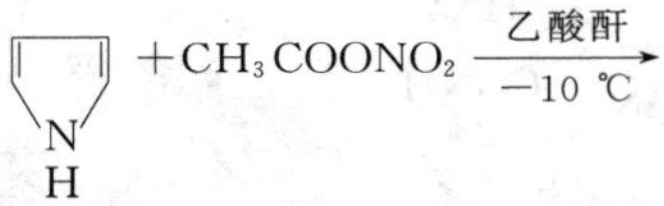 $\bigcirc\!\!\!\!\!\!{NH}$ + CH₃COONO₂ $\xrightarrow{乙酸酐}{-10\ ℃}$

(7) 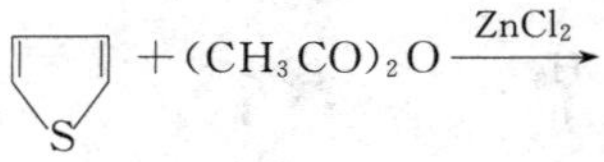 $\bigcirc\!\!\!\!\!\!S$ + (CH₃CO)₂O $\xrightarrow{ZnCl_2}$

(8) 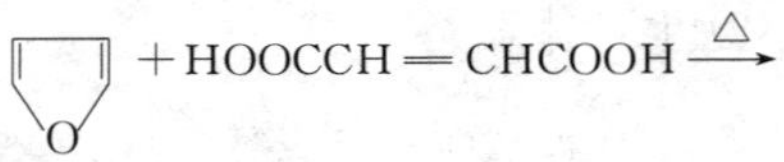 $\bigcirc\!\!\!\!\!\!O$ + HOOCCH=CHCOOH $\xrightarrow{\triangle}$

(9) 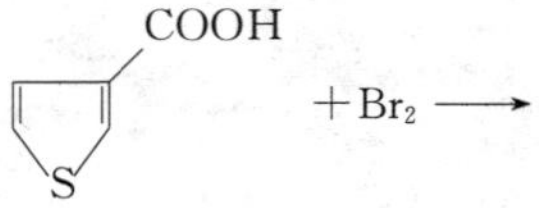 $\bigcirc\!\!\!\!\!\!S$(COOH) + Br₂ ⟶

(10) $\bigcirc\!\!\!\!\!\!O$—CHO $\xrightarrow{Cl_2}$ $\xrightarrow{浓\ NaOH}$

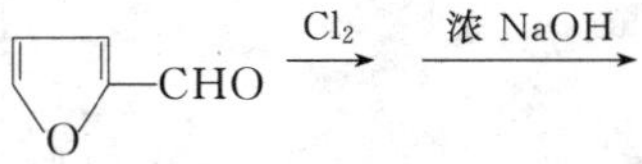

(11) 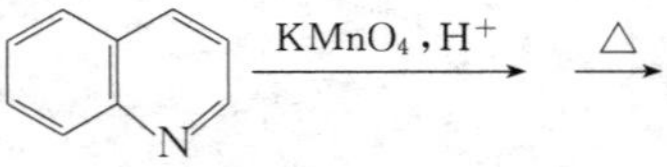 $\bigcirc\!\!\!\bigcirc\!\!\!\!N$ $\xrightarrow{KMnO_4,H^+}$ $\xrightarrow{\triangle}$

(12) 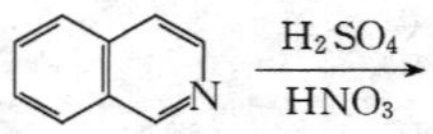 $\bigcirc\!\!\!\bigcirc\!\!\!N$ $\xrightarrow{H_2SO_4}{HNO_3}$

7. 用适当的化学方法除去下列各组混合物中的少量杂质。
(1) 吡啶中少量的哌啶　　(2) 甲苯中少量的吡啶　　(3) 苯中少量的噻吩

8. 完成下列合成。
(1) 糠醛 ⟶ 3-(2′-呋喃基)丙烯酸

(2) 喹啉 ——→ 5-氨基-2-苯基喹啉

(3) 呋喃 ——→ 5-硝基糠醛

(4) 吡啶 ——→ 2-羟基吡啶

(5) 通过还原氨基化反应合成麻黄碱

(6) 用 Skraup 法合成 6-甲基喹啉

(7) 用 Skraup 法合成 2-甲基-8-硝基喹啉

9. 烟碱彻底甲基化后再进行一次霍夫曼降解,生成何种产物?

10. 某杂环化合物 C_6H_6OS 能生成肟,但不能发生银镜反应;它与次溴酸反应生成 2-噻吩甲酸。试推测其结构。

11. 某杂环化合物 $C_5H_4O_2$ 经氧化后生成羧酸 $C_5H_4O_3$,将此羧酸的钠盐与碱石灰作用,转变成 C_4H_4O,该化合物不与钠反应,也无醛和酮的性质。试写出原化合物的结构式。

第13章 糖类化合物

13.1 糖类化合物概述

糖类化合物又称碳水化合物,是一类重要的天然有机化合物,对维持动、植物的生命起着重要的作用。例如,粮食(主要成分是淀粉)、棉、麻、竹(主要成分是纤维素)、蔗糖、果糖、肝糖等都是我们熟悉的糖类。碳水化合物是人类生存的三大营养素之一,除了直接应用于生命活动外,也是许多行业(纺织、造纸、食品、发酵工业等)的原料。在立体化学发展初期,对碳水化合物结构的研究曾极大地推动了立体化学的发展。

早期研究发现,糖类都含有 C、H、O 三种元素,它们的组成都符合通式 $C_m(H_2O)_n$;另外,如果把糖类加热至高温,都会分解放出水分,留下炭黑,这样从组成和实验现象上看,糖类似乎是由 C 和 H_2O 组成的。因此,在化学发展初期,人们把糖类看做碳的水合物,称为"碳水化合物"(carbohydrate)。但是,后来人们逐渐研究发现,实际上,糖类并不是以碳的水合物形式存在;并且,有些糖的组成也不符合 $C_m(H_2O)_n$ 的通式,如鼠李糖的分子式是 $C_6H_{12}O_5$;另外,有的化合物分子式虽然符合上述通式,如甲醛(CH_2O)、乙酸($C_2H_4O_2$)、乳酸($C_3H_6O_3$)等,但其结构和性质与糖类迥然不同,因此它们不属于糖类。由此可以看出,碳水化合物这一名词已不够确切,但是,由于沿用已久,所以现在仍然普遍使用。现在所说的碳水化合物,从结构上看,是一类多羟基醛(酮)及其缩合物和衍生物。

碳水化合物是植物光合作用的产物。植物中的叶绿素吸收日光后被活化,得到的能量经复杂的生化过程将从空气中吸收的二氧化碳和从地下吸收的水分转变成碳水化合物,同时使水氧化,放出氧气。

$$mCO_2 + nH_2O + 太阳能 \xrightarrow{叶绿素} C_m(H_2O)_n + mO_2$$

碳水化合物在植物或动物体内的代谢中,又被氧化成二氧化碳和水,同时放出能量。

$$C_m(H_2O)_n + mO_2 \longrightarrow mCO_2 + nH_2O + 能量$$

这些能量一部分变成热,大部分以别的形式储存在体内,为生命活动所需的各种化合物的生物合成提供能量。因此,碳水化合物是储存太阳能的物质,是人类和动、植物维持生命不可缺少的一类化合物。

碳水化合物占植物干重的 80% 左右,由光合作用所产生的碳水化合物数量极大。工业上利用植物为原料可大量生产蔗糖、淀粉、纤维素、果胶等,再利用这些物质生产出多种产品。所以开发碳水化合物的利用实际上也是开发太阳能的利用。

碳水化合物从结构和性质上可分为三类。

(1) 单糖(monosaccharide):不能再水解的糖,也是最简单的糖,常见的有葡萄糖、果糖等。它们都是无色晶体,易溶于水,有甜味。

（2）低聚糖（oligosaccharide）：完全水解后能生成 2～10 个单糖分子的碳水化合物，最常见的是二糖，如蔗糖、麦芽糖等。低聚糖也易溶于水，有甜味。

（3）多糖（polysaccharide）：水解后能生成 10 个以上单糖分子的碳水化合物，常见的有淀粉、纤维素等，它们一般由 100～300 个单糖组成。多糖大多是无定形固体，都不溶于水，无甜味。

13.2　单糖的结构

单糖根据官能团的不同分为醛糖（aldose）和酮糖（ketose），根据分子中所含碳原子数的不同分为丙糖、丁糖、戊糖、己糖等。

丙糖包括丙醛糖（又称甘油醛）和丙酮糖（又称甘油酮），其中甘油醛含有一个手性碳原子，它有一对对映体，是费歇尔确定相对构型的参照物。

$$
\begin{array}{ccc}
\text{CHO} & \text{CHO} & \text{CH}_2\text{OH} \\
\text{H}-\!\!\!-\text{OH} & \text{HO}-\!\!\!-\text{H} & \text{C}=\!\!\!=\text{O} \\
\text{CH}_2\text{OH} & \text{CH}_2\text{OH} & \text{CH}_2\text{OH}
\end{array}
$$

D-（＋）-甘油醛　　　　L-（－）-甘油醛　　　　甘油酮

随着手性碳原子数的增加，立体异构体的数目也增加。第 4 章已经介绍过，含有 n 个手性碳原子的分子最多有 2^n 个立体异构体。

丁醛糖分子中有 2 个手性碳原子，因此有 4 个立体异构体。两个是 D 构型的赤藓糖和苏阿糖，另两个是 L 构型的赤藓糖和苏阿糖。

戊醛糖分子中有 3 个手性碳原子，应有 8 个立体异构体，即 4 个 D 构型、4 个 L 构型。其中比较熟悉的是核糖，它是 RNA 的主要组成部分；此外，还有阿拉伯糖、木糖和来苏糖。

己糖有己醛糖和己酮糖。己醛糖的结构式如下：

$$
\underset{\text{OH}}{\text{CH}_2}-\overset{*}{\underset{\text{OH}}{\text{CH}}}-\overset{*}{\underset{\text{OH}}{\text{CH}}}-\overset{*}{\underset{\text{OH}}{\text{CH}}}-\overset{*}{\underset{\text{OH}}{\text{CH}}}-\text{CHO}
$$

己醛糖

己醛糖分子中含有 4 个手性碳原子，它应有 $2^4 = 16$ 个立体异构体。现在这 16 个异构体都已得到，并有各自的俗名，表 13-1 列出了 8 个 D 构型的己醛糖，另外还有 8 个 L 构型的己醛糖。天然存在的单糖大多是 D 构型的，其中 D-葡萄糖是最常见的。

己酮糖的构造式如下：

$$
\underset{\text{OH}}{\text{CH}_2}-\overset{*}{\underset{\text{OH}}{\text{CH}}}-\overset{*}{\underset{\text{OH}}{\text{CH}}}-\overset{*}{\underset{\text{OH}}{\text{CH}}}-\underset{\text{O}}{\text{C}}-\underset{\text{OH}}{\text{CH}_2}
$$

己酮糖

分子中含有 3 个手性碳原子，它应有 $2^3 = 8$ 个立体异构体，其中，自然界中存在最多、我们最熟悉的是果糖。

在所有的己糖中，自然界存在量较多、应用最广泛的就是葡萄糖和果糖。

表 13-1　D 构型醛糖

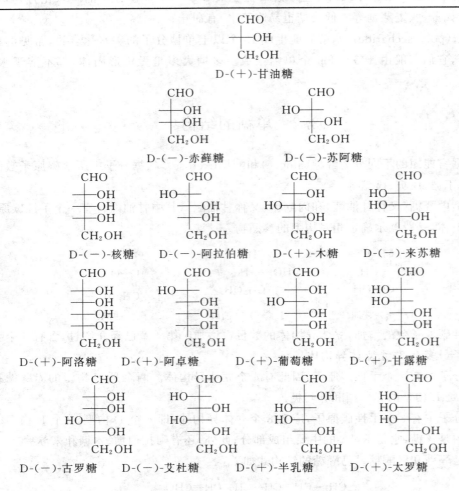

13. 2. 1　葡萄糖的结构

1. 开链式

　　实验证明,天然的葡萄糖是右旋体,分子式为 $C_6H_{12}O_6$,是己醛糖。但是,在化学发展初期,要想证明天然葡萄糖是 16 个己醛糖中的哪一个,就要把葡萄糖分子中四个手性碳原子的构型都一一确定出来,这是一项极不容易的工作。德国化学家费歇尔(Emil Fischer)经过多年的研究,在 19 世纪末才用化学方法确定了天然葡萄糖的构型。

　　费歇尔是当时最著名的化学家,他从 1884 年起,断断续续地花费了 10 年时间,系统地研究了各种糖类,合成了 50 多种糖分子,并确定了许多糖类的构型。其中己醛糖的 16 个旋光异构体中,有 12 个是他确定的。费歇尔也因此荣获了 1902 年度诺贝尔化学奖。

　　费歇尔确定的天然葡萄糖的构型用费歇尔投影式表示如下:

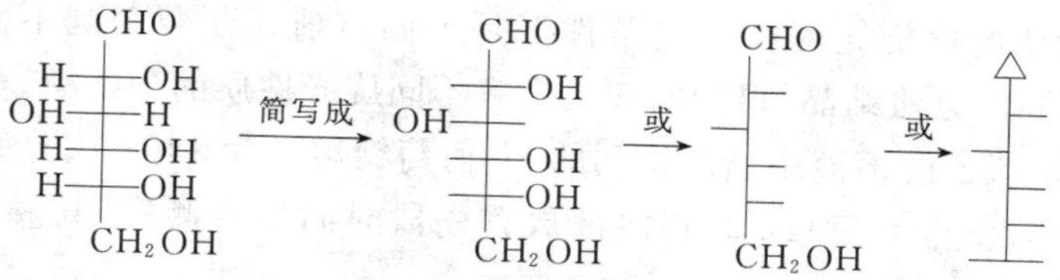

$$\underset{\begin{array}{c}CHO\\H\!-\!OH\\OH\!-\!H\\H\!-\!OH\\H\!-\!OH\\CH_2OH\end{array}}{}\xrightarrow{简写成}\underset{\begin{array}{c}CHO\\-\!OH\\OH\!-\\-\!OH\\-\!OH\\CH_2OH\end{array}}{}或\underset{\begin{array}{c}CHO\\\\CH_2OH\end{array}}{}或\underset{\begin{array}{c}\triangle\\\\\end{array}}{}$$

葡萄糖的构型确定后，它的命名可用 D、L 标记法加俗名，也可用 R、S 标记法加系统命名法。

如果用 D、L 标记法命名，则是将单糖分子中距羰基最远的手性碳原子，即编号最大的手性碳原子的构型与甘油醛相比较，如果与 D-甘油醛构型相同，则该糖为 D 构型，反之为 L 构型。

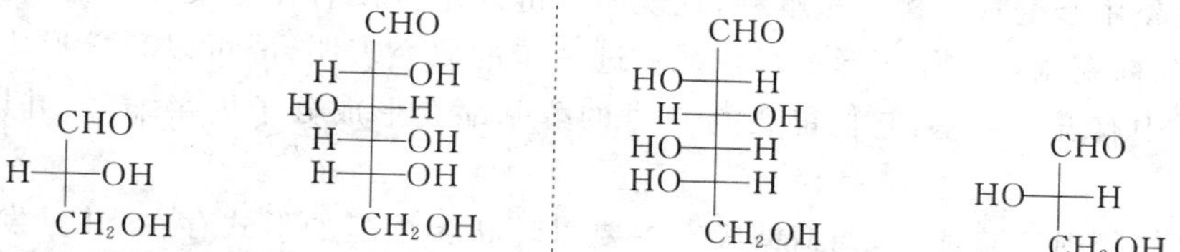

（图：D-(＋)-甘油醛、D-(＋)-葡萄糖、L-(－)-葡萄糖、L-(－)-甘油醛的费歇尔投影式）

如果要用 R、S 标记法，那么，天然葡萄糖的名称应为：($2R,3S,4R,5R$)-2,3,4,5,6-五羟基己醛。可见，用系统命名法虽然精确，但用起来比较麻烦。因此，对糖类化合物一般用 D、L 标记法加俗名来命名。

费歇尔确定的葡萄糖结构用费歇尔投影式表示出来是一条链状的结构，所以叫做开链式结构。开链式结构解释了许多单糖的化学性质。例如，具有醛基，则能发生银镜反应、氧化反应、还原反应等；具有醇羟基，则能发生成酯、成醚的反应。但是随着研究的深入，人们发现葡萄糖的许多性质用上述开链式结构解释不了。例如：

（1）葡萄糖是一个己醛糖，可是在其固体样品的红外光谱、核磁共振谱中没有醛基的特征吸收峰。

（2）醛在干燥的 HCl 催化下，可与两分子甲醇反应生成缩醛。

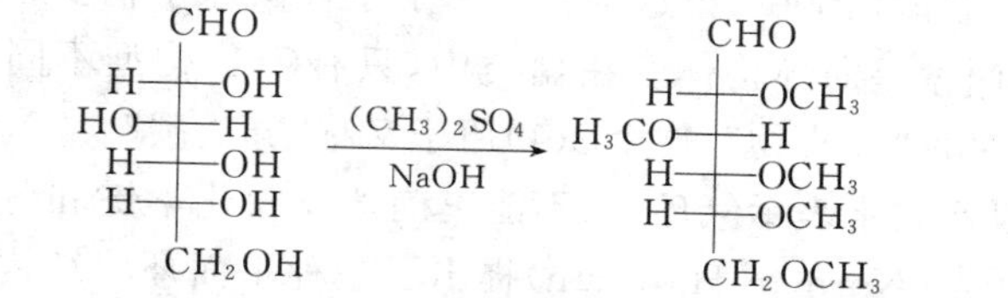

$$R\!-\!CHO + 2CH_3OH \xrightarrow{干\ HCl} R\!-\!CH\!\!\begin{array}{c}OCH_3\\ \\OCH_3\end{array} + 2H_2O$$

但是，葡萄糖只能与一分子甲醇作用，并且生成含一个甲氧基的两种物理性质不同的异构体。

（3）如果葡萄糖主要以开链式存在，那么在碱催化下与 $(CH_3)_2SO_4$ 作用，完全甲基化后，生成的五甲基葡萄糖应该还具有醛的性质。

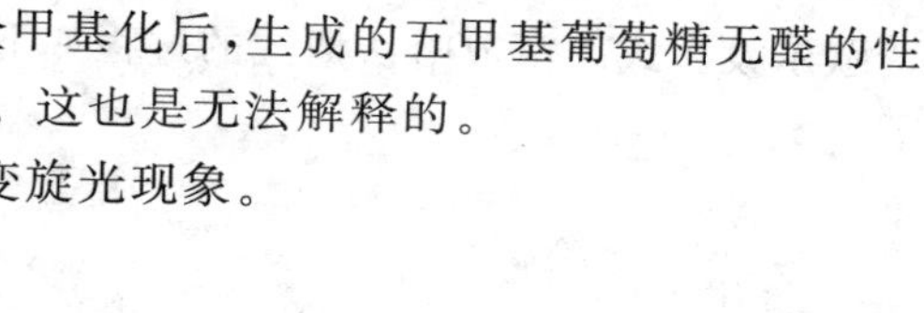

$$\underset{\begin{array}{c}CHO\\H\!-\!OH\\HO\!-\!H\\H\!-\!OH\\H\!-\!OH\\CH_2OH\end{array}}{}\xrightarrow[NaOH]{(CH_3)_2SO_4}\underset{\begin{array}{c}CHO\\H\!-\!OCH_3\\H_3CO\!-\!H\\H\!-\!OCH_3\\H\!-\!OCH_3\\CH_2OCH_3\end{array}}{}$$

可实际上，葡萄糖完全甲基化后，生成的五甲基葡萄糖无醛的性质；且在稀盐酸中水解时，只有一个甲基容易水解掉。这也是无法解释的。

（4）无法解释单糖的变旋光现象。

一般旋光性物质的比旋光度在一定条件下是个固定值。葡萄糖则不然,同样用的是 D-(＋)-葡萄糖,用不同的方法结晶,得到的却是具有不同旋光性质的葡萄糖。

从 50 ℃的温水或乙醇溶液中结晶得到的 D-葡萄糖熔点为 146 ℃(分解),用其新配制的水溶液的比旋光度为$[\alpha]_D^{20}=+112°$。将溶液放置一段时间后再测定,其$[\alpha]_D^{20}$逐渐减少,达到52.7°后不再变化。

从 98 ℃以上的热水溶液或从吡啶中结晶得到的 D-葡萄糖熔点为 150 ℃,用其新配制的水溶液的比旋光度为$[\alpha]_D^{20}=+18.7°$。放置一段时间后再测定,其$[\alpha]_D^{20}$会逐渐增大,达到52.7°后也不再变化。

在糖化学中,把这种新配制的糖溶液比旋光度会发生变化的现象叫做变旋光现象。

变旋光现象用开链式结构无法解释,这说明开链式结构没有完全反映出葡萄糖的真实结构。那么,葡萄糖究竟还以什么形式存在呢?进一步的研究表明,醛可以和醇形成半缩醛,而在葡萄糖分子中有五个羟基,它们能否与自身的醛基缩合形成分子内半缩醛,并以此形式存在呢?

X 射线晶体衍射实验证明,葡萄糖确实主要以环状半缩醛的形式存在,并且发现,醛基主要是与 C(5)上的羟基缩合形成比较稳定的六元环,由于这个六元环中含有一个氧原子,所以就把这种环状结构叫做 δ-氧环式结构或 δ-半缩醛结构。

另外也有少数糖是与 C(4)上的羟基缩合,以五元环形成存在,这种半缩醛叫做 γ-氧环式或 γ-半缩醛式。

2. 氧环式

在葡萄糖中,醛基主要与 δ-羟基缩合形成具有六元环的 δ-氧环式,γ-氧环式较少,无 β-氧环式,这是因为六元环最稳定,五元环稳定性次之,四元环更不稳定。

在形成 δ-氧环式时,由于 δ-羟基可以从羰基的两侧进行,因此新形成的手性碳原子就有两种构型。一种叫做 α 型,其熔点为 146 ℃(分解),$[\alpha]_D^{20}=+112°$;另一种叫做 β 型,其熔点为150 ℃,$[\alpha]_D^{20}=+18.7°$。

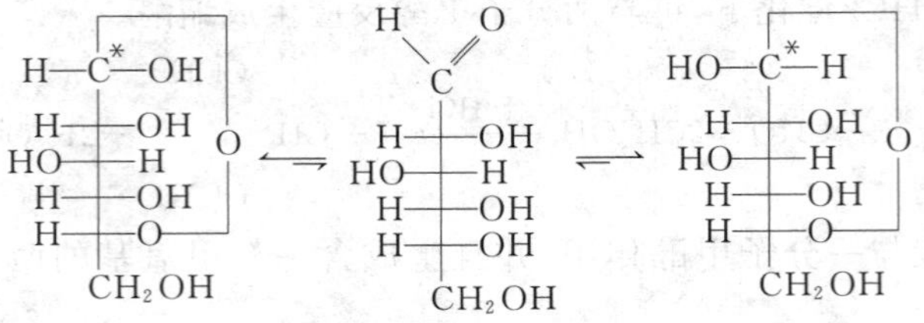

α 型　　　　　　　　　开链式　　　　　　　　　β 型

葡萄糖的 α 型和 β 型是非对映体,它们除了新生成的手性碳原子构型不同外,其他手性碳原子的构型都相同,在立体化学中,把这种只有一个手性碳原子构型不同,其他手性碳原子构型都相同的非对映体叫做差向异构体。在糖类中,只有 C(1)构型不同,其他手性碳原子构型都相同的差向异构体又称"异头物",这个 C(1)原子又称"异头碳"。

但是,用费歇尔投影式来表示氧环式,不能正确地反映化学键和各原子之间的相互位置。为此,英国化学家哈沃斯(Norman Haworth)提出了一种平面环状结构的表示方法,这种环状结构式就称哈沃斯式。将费歇尔投影式改写成哈沃斯式的过程如下:

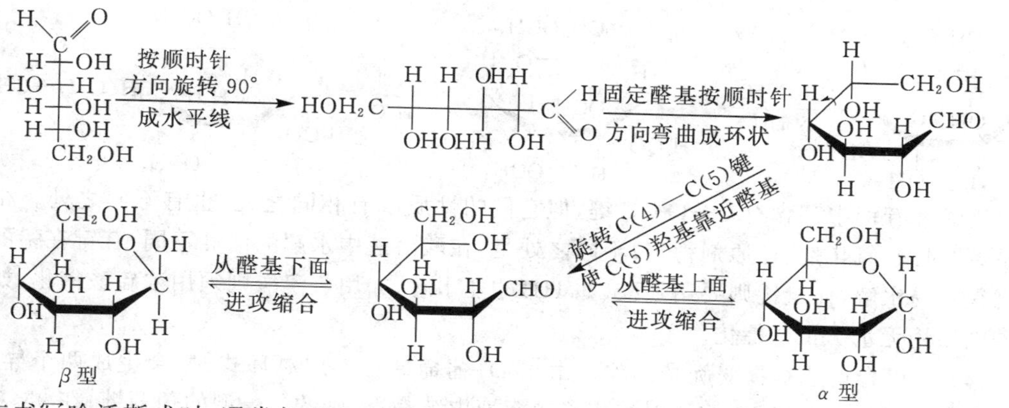

在书写哈沃斯式时,通常把环上的氧原子写在右上角,使碳原子的编号按顺时针方向排列。这样得到的六元环平面在空间上垂直于纸面,即 C(2)、C(3)处于外侧。当不需要标出 C(1)的构型时,D-葡萄糖的氧环式可写成:

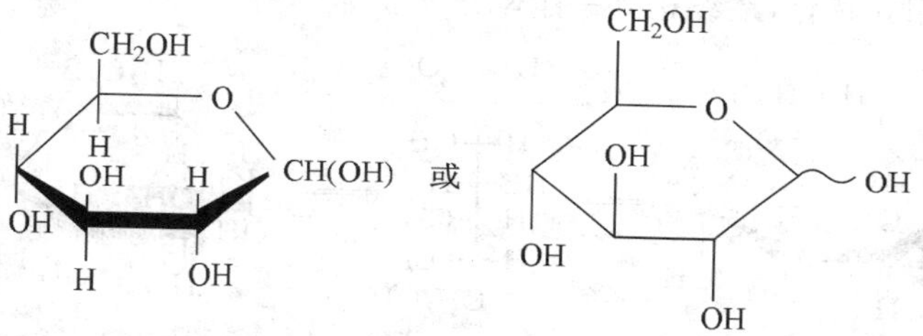

哈沃斯式在结构上与吡喃环相似。在命名时,为了区别开链式、δ-氧环式、γ-氧环式,通常把这种具有六元环结构的单糖称为吡喃糖。例如,上述葡萄糖的两个异头物分别称为 α-D-(+)-吡喃葡萄糖和 β-D-(+)-吡喃葡萄糖。

利用葡萄糖的哈沃斯式可以圆满解释上述用开链式无法解释的现象。

(1) 在葡萄糖晶体中,分子主要以 δ-氧环式存在。由于它是半缩醛,无醛基存在,故在红外光谱、核磁共振谱中,无醛基的特征吸收峰。

(2) 由于是半缩醛,故只能再与一个分子甲醇作用形成缩醛。由于葡萄糖的半缩醛有两种构型,即 α 型和 β 型,所以在形成缩醛时,就形成了构型不同的两种化合物。

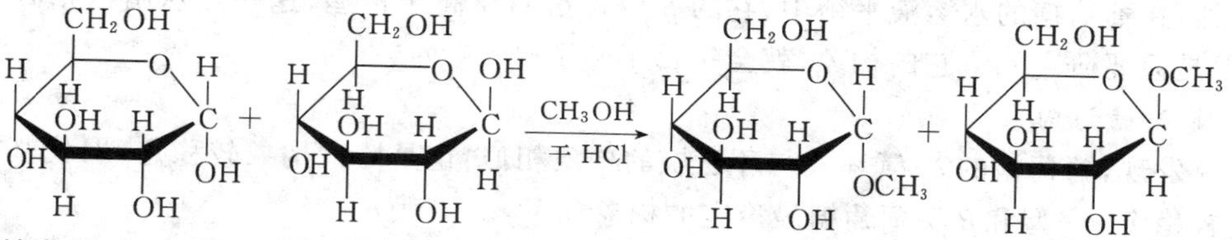

在糖化学中,把半缩醛羟基转化而形成的衍生物称为糖苷(旧称糖甙),半缩醛中的 C(1)原子称为苷原子,半缩醛羟基称为苷羟基,与苷羟基形成苷的非糖物质称为苷元(如上面的甲醇),苷羟基与苷元形成的化学键称为苷键。

(3) 由于葡萄糖主要以 δ-氧环式存在,在完全甲基化后,已无醛基存在,故无醛的性质。另外,形成的五个甲氧基也是不同的,其中四个是由醇羟基形成的醚,其性质和通常的醚一样,较为稳定,不易水解;还有一个甲氧基是由苷羟基形成的,它的性质像缩醛一样,虽然对碱、氧化剂、还原剂稳定,但对酸不稳定,在稀酸水溶液中很容易水解,生成四甲基葡萄糖。四甲基葡萄糖含有苷羟基,在水中能离解成开链式,具有醛的性质。

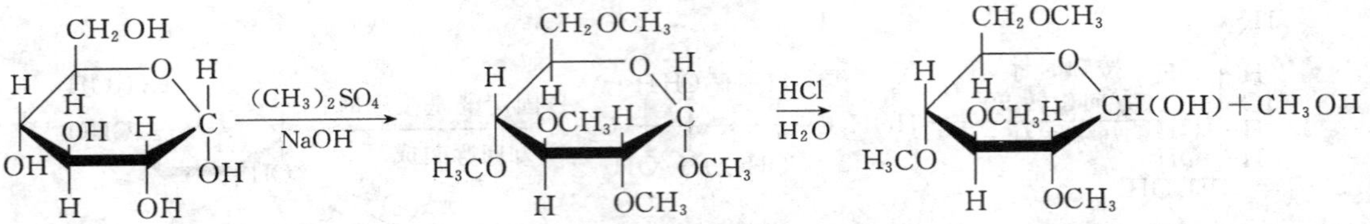

醚键和苷键中都含有 C—O—C 键,但它们的性质既有相同之处,也有不同之处。相同之处是,都对碱、氧化剂、还原剂稳定;不同之处是,在酸溶液中水解的活性不同,苷键在稀酸溶液中就很容易水解,而醚键则要用强酸(如 HI)才能水解,如用氢溴酸则须用浓硫酸催化,如用浓盐酸则须用无水 ZnCl₂ 催化。

(4) 可以合理地解释变旋光现象。由于 D-葡萄糖在形成氧环式时,会生成两个异头物,即 α 型和 β 型。一般在 50 ℃ 的温水或乙醇溶液中结晶,得到的是 α 型的葡萄糖;在 98 ℃ 以上的热水溶液中结晶或从吡啶中结晶得到的是 β 型的葡萄糖。如果将任何一种异头物溶于水中,立即测定其比旋光度,则 α 型为 +112°,β 型为 +18.7°。但如果放置一段时间,两种异头物都会通过开链式而相互转化,最终达到一个动态平衡。

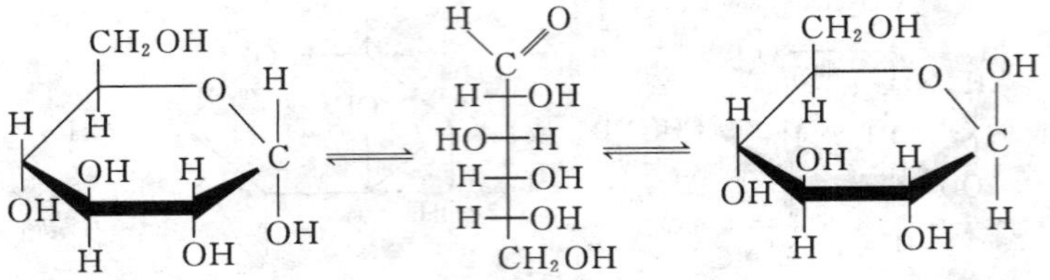

$[\alpha]_D^{20}$	+112°		+18.7°
熔点	146 ℃		150 ℃
平衡时含量(约)	36%	0.01%	64%

平衡时的混合物中,α 型占 36%,β 型占 64%,开链式只有 0.01%。这个平衡混合物的比旋光度才是 +52.7°。因此,两个氧环式与开链式之间的互变异构现象,正是葡萄糖产生变旋光现象的原因所在。

α 型和 β 型并不能直接互变,只能在水溶液中通过开链式才能间接地转化,如果是纯净的固态,两者是不可能互变的。由于两者是非对映体关系,故它们的物理性质是不一样的。

另外,在葡萄糖的水溶液平衡中,它的 β 型含量明显高于 α 型,这一点从哈沃斯式中难以解释,但是只要研究一下它的构象,就会一目了然了。

3. 葡萄糖的构象

研究发现,葡萄糖的 δ-氧环式与环己烷的构象相似,也是椅式构象较稳定,取代基处于平伏键上较稳定。α 型和 β 型葡萄糖最稳定的构象如下:

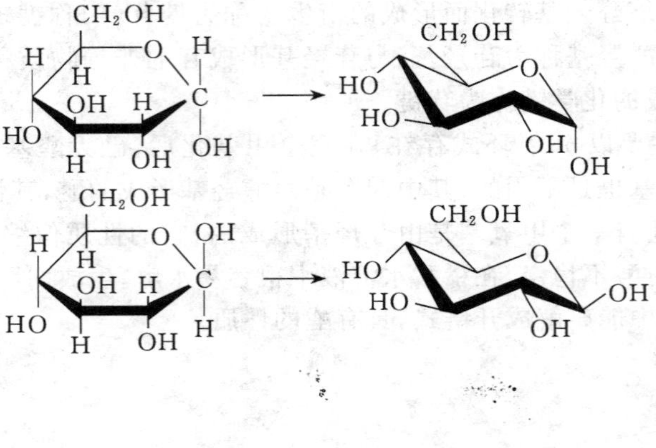

可见，α 型葡萄糖分子中苷羟基处于直立键上，而 β 型葡萄糖分子中，所有的取代基都处于平伏键上，故从构象上看，β 型要比 α 型稳定些，实验测定两者的能量差约为 $25\ kJ \cdot mol^{-1}$。因此，在水溶液中，较稳定的 β 型所占的比例要大些。

13.2.2　果糖的结构

果糖是典型的己酮糖，天然果糖只是八个异构体中的一个，它是 D 构型的，为左旋体，它的开链式用费歇尔投影式表示如下：

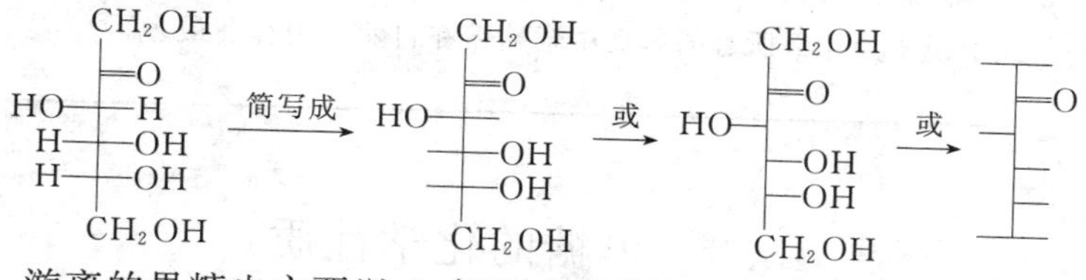

在自然界中，游离的果糖也主要以 δ-氧环式结构存在，称为 D-(一)-吡喃果糖，吡喃果糖同样也有 α 型和 β 型，但与葡萄糖不同的是，它是 C(6)位的羟基与 2 位的酮羰基缩合形成的半缩酮。

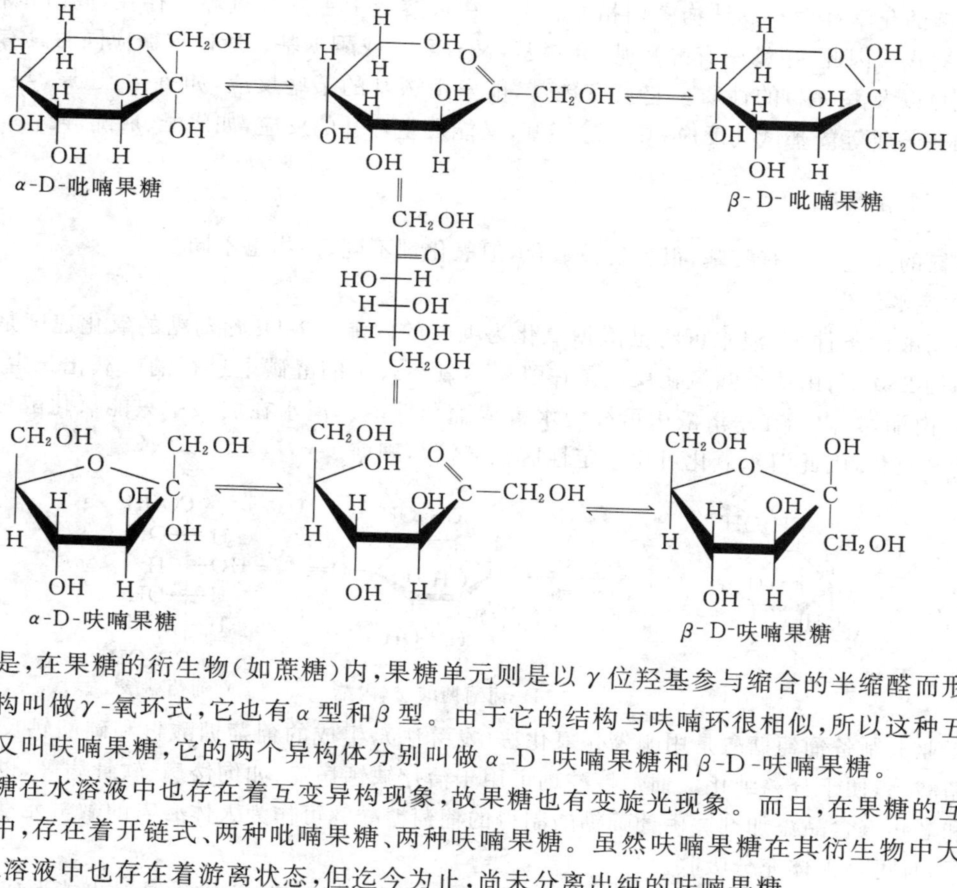

α-D-吡喃果糖　　β-D-吡喃果糖

α-D-呋喃果糖　　β-D-呋喃果糖

但是，在果糖的衍生物（如蔗糖）内，果糖单元则是以 γ 位羟基参与缩合的半缩醛而形成的五元结构叫做 γ-氧环式，它也有 α 型和 β 型。由于它的结构与呋喃环很相似，所以这种五元环的果糖又叫呋喃果糖，它的两个异构体分别叫做 α-D-呋喃果糖和 β-D-呋喃果糖。

果糖在水溶液中也存在着互变异构现象，故果糖也有变旋光现象。而且，在果糖的互变异构平衡中，存在着开链式、两种吡喃果糖、两种呋喃果糖。虽然呋喃果糖在其衍生物中大量存在，在水溶液中也存在着游离状态，但迄今为止，尚未分离出纯的呋喃果糖。

由葡萄糖和果糖的结构可知，在单糖水溶液中，都存在着开链式与氧环式之间的互变异构平衡，所以单糖都有变旋光现象。根据环稳定性大小的一般规律可知，自然界中的单糖以戊糖、已糖较为丰富。由构象的稳定性可知，β-异头物比α-异头物稳定，由于在β-D-吡喃葡萄糖的最稳定构象中，所有的取代基都处于平伏键上，不难理解，单糖中为什么葡萄糖在自然界中存在最多。

思考题13-1　试写出甲基α-D-吡喃葡萄糖苷、β-D-吡喃甘露糖的哈沃斯式和最稳定的构象式。

思考题13-2　试说明苷键和醚键的异同。

思考题13-3　乙基β-D-吡喃葡萄糖苷在酸性水溶液中有变旋光现象吗？为什么？

思考题13-4　从构象式上说明为什么所有的单糖中葡萄糖在自然界中存在最多。

13.3　单糖的化学性质

单糖一般为无色晶体，极易溶解于水，大多数有甜味，有变旋光现象。天然的单糖大多是D构型的。

单糖的化学性质与其结构密切相关。单糖在水溶液中主要以氧环式存在，同时也存在少量的开链式。因此，单糖中有醇羟基、苷羟基，又有醛基或酮羰基。所以单糖应同时具有醇、半缩醛(酮)以及醛(酮)的性质。它具有羰基，能发生羰基的某些反应，如氧化，还原，与HCN、NH_2OH、苯肼等羰基试剂反应；具有醇羟基，又能发生羟基的反应，如成醚、成酯等。

13.3.1　氧化反应

醛糖的开链式含有醛基，很容易被氧化，但氧化剂不同，产物也不同。

1. 溴水氧化

在弱酸性条件下，溴水可将己醛糖氧化为糖酸的内酯。β-D-葡萄糖的氧化速度是α-D-葡萄糖的250倍，由此可知氧化反应是在醛糖的氧环式半缩醛碳上进行的。氧化先生成葡萄糖酸-δ-内酯，δ-内酯在水溶液中可缓慢水解成葡萄糖酸。溴水在弱酸中只能氧化醛糖，而酮糖不能被氧化，因此溴水氧化可用于定性区别醛糖与酮糖。

D-葡萄糖酸-δ-内酯　　D-葡萄糖酸

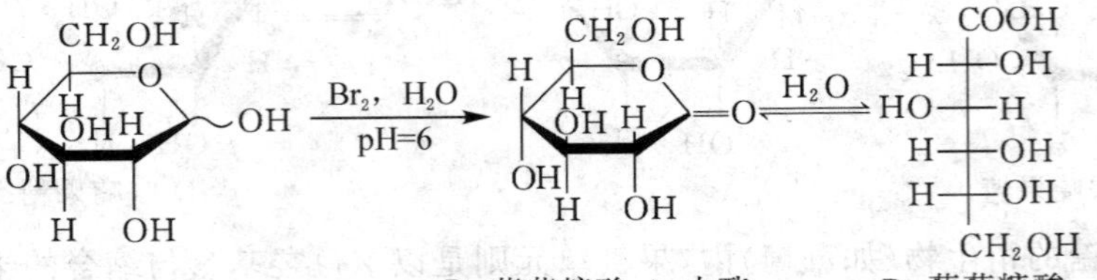

工业上制备葡萄糖酸是用酶催化氧化法(发酵法)，生成的葡萄糖酸再和碳酸钙反应生成葡萄糖酸钙，便于分离纯化。葡萄糖酸钙可用于治疗缺钙病症，如佝偻病、软骨病等，也常用做儿童和老年人食品添加剂。由葡萄糖酸制得的葡萄糖酸锌可作为人体必需的微量元素锌的补充源，而且可被人体充分吸收。

γ-(或δ-)羟基酸加热能形成内酯。而葡萄糖酸是多羟基酸，它在结晶时也能形成γ-内酯或δ-内酯，目前应用广泛的是葡萄糖酸-δ-内酯，可用做调味剂、防腐剂及蛋白凝固剂。它是很好的豆腐凝固剂和良好的食品添加剂。

2. 硝酸氧化

硝酸是较强的氧化剂,能把醛糖的醛基和伯醇基都氧化,生成糖二酸。例如,D-葡萄糖在稀硝酸中加热,即生成葡萄糖二酸。

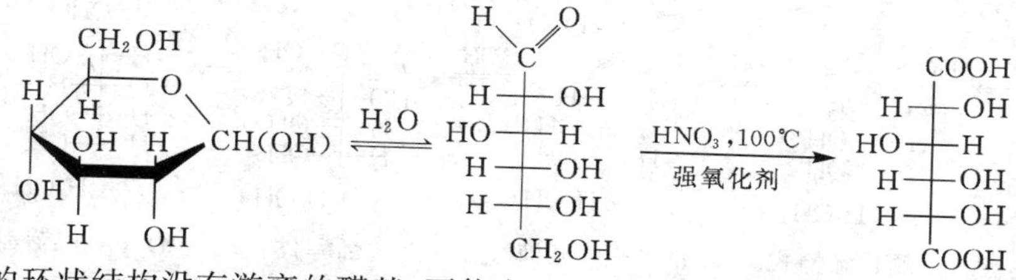

葡萄糖的环状结构没有游离的醛基,不能发生醛基的典型反应。在葡萄糖水溶液中,两种氧环式和开链式同时存在,虽然开链式在平衡混合物中含量很少,但当遇到氧化剂或羰基试剂时,这少量的开链式结构就能与氧化剂或羰基试剂发生反应,由此打破平衡,使氧环式不断向开链式转变,所以葡萄糖水溶液能显示出醛基的特性。

在结构推测中,利用醛糖被硝酸氧化成二酸的反应,可得到一些有用的立体结构信息。有些醛糖(如 D-半乳糖)被硝酸氧化后,得到没有旋光性的糖二酸,说明该二酸分子中有对称面,是个内消旋体。而有些醛糖(如 D-葡萄糖)被硝酸氧化后,得到有旋光性的糖二酸,说明分子内没有对称因素。

3. 高碘酸氧化

具有邻二醇结构或 α-羟基醛(酮)结构的化合物,都可被高碘酸氧化断键,反应常是定量的,每断裂一个 C—C 键消耗 1 分子的高碘酸。

单糖是多羟基醛(酮),因此也能被高碘酸氧化。1 mol D-葡萄糖氧化时,消耗 5 mol 高碘酸,生成 5 mol 甲酸和 1 mol 甲醛。

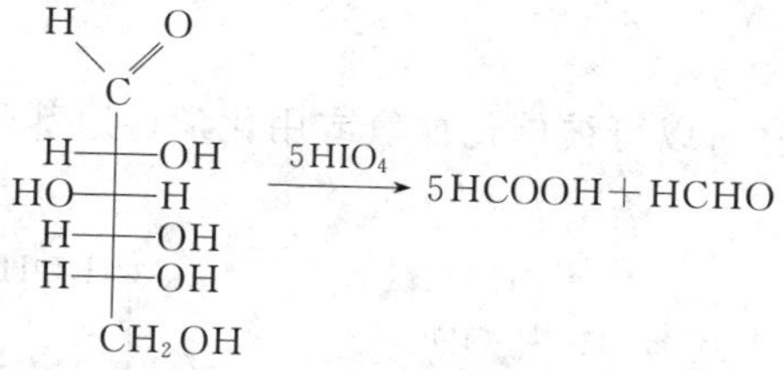

糖苷也可被高碘酸氧化,但只从邻二醇处断键。例如,1 mol 甲基 α-D-吡喃葡萄糖苷消耗 2 mol 高碘酸,同时生成 1 mol 甲酸。

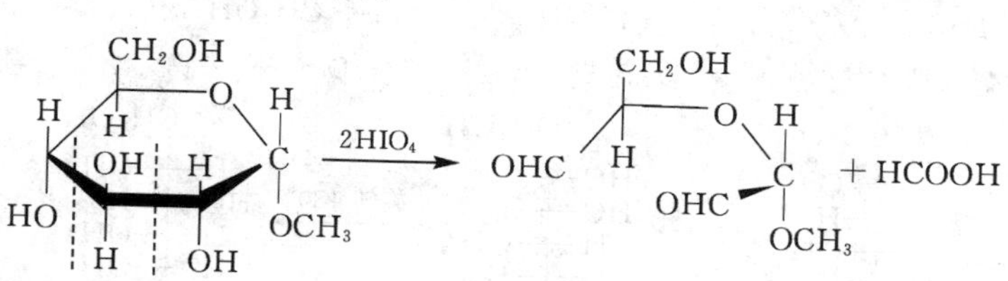

4. 托伦斯试剂和费林试剂氧化

在第 9 章学过,托伦斯试剂和费林试剂都是较温和的氧化剂,只能氧化醛,不能氧化酮。但是,比较特殊的是在糖中,无论是醛糖还是酮糖都能被托伦斯试剂和费林试剂氧化,产生银镜和 Cu_2O 沉淀。

　　醛糖含有醛基,易被氧化;酮糖也能被氧化,因为酮糖是一个 α-羟基酮,而托伦斯试剂和费林试剂都是稀碱溶液。α-羟基酮在稀碱溶液中能够发生酮式-烯醇式互变异构,这种互变异构使酮糖在稀碱溶液中变成了醛糖,然后才被氧化。

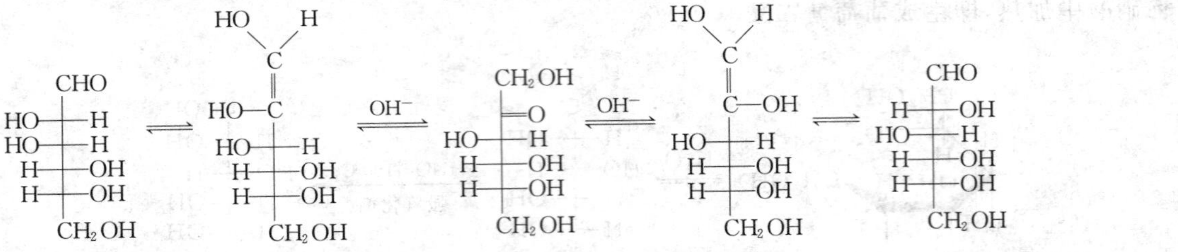

D-(+)-甘露糖　　　顺式烯醇式　　　D-(-)-果糖　　　反式烯醇式　　　D-(+)-葡萄糖

　　在这里,顺式烯醇式转化的醛糖叫做 D-甘露糖,它和 D-葡萄糖是差向异构体。所以单糖在稀碱溶液中,不仅存在着开链式与氧环式的互变异构平衡,而且存在着酮式-烯醇式互变异构平衡。例如,在 D-葡萄糖的稀碱溶液中,除了有 α 型和 β 型 D-葡萄糖(约占 64%)外,还有 31% 变成了 D-果糖,3% 变成了 D-甘露糖。

　　这种在碱性条件下,D-葡萄糖溶液经过烯二醇中间体转化为 D-甘露糖和 D-果糖,生成三种糖的混合物的反应叫做差向异构反应。在碱性条件下,差向异构体的相互转化过程称为差向异构化。

　　综上所述,无论是醛糖还是酮糖,所有的单糖都能被托伦斯试剂和费林试剂氧化。在糖化学中,常把能还原托伦斯试剂和费林试剂的糖叫做还原性糖(reducing sugar),否则叫做非还原性糖(nonreducing sugar)。

　　在碳水化合物中,所有的单糖和大多数低聚糖是还原性糖,多聚糖和部分低聚糖是非还原性糖。

13.3.2　还原反应

　　单糖含有醛基或酮羰基,所以可被催化加氢或用化学还原剂(如 $LiAlH_4$、$NaBH_4$、Na-Hg/H_2O 等)还原。

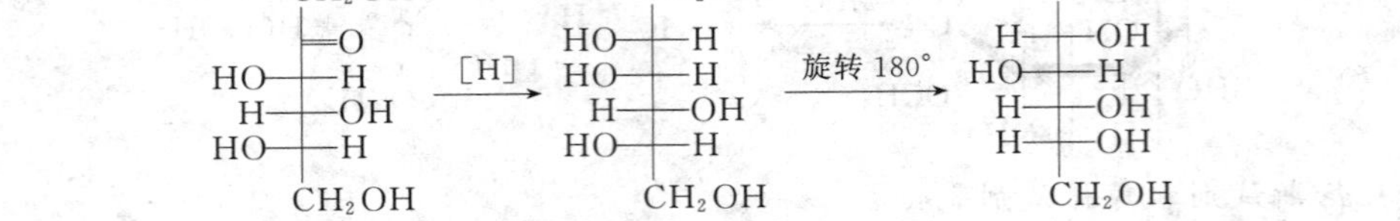

D-(+)-葡萄糖　　　D-葡萄糖醇　　　D-(-)-果糖　　　D-甘露醇

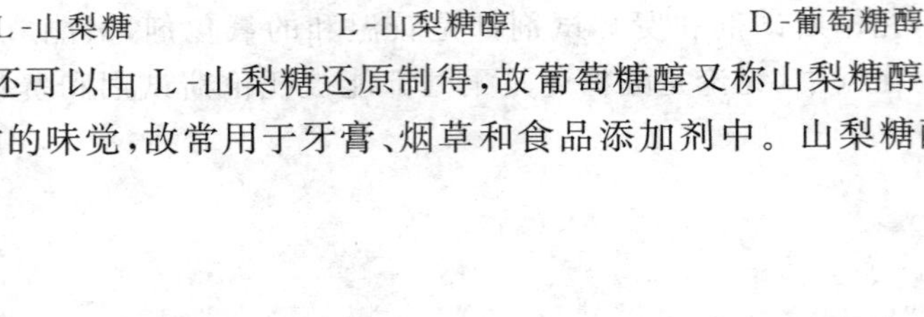

L-山梨糖　　　　　L-山梨糖醇　　　　　D-葡萄糖醇

　　由于葡萄糖醇还可以由 L-山梨糖还原制得,故葡萄糖醇又称山梨糖醇。山梨糖醇和甘露醇都具有凉爽、清甜的味觉,故常用于牙膏、烟草和食品添加剂中。山梨糖醇还可用于表面活性剂司盘和吐温的制备。D-甘露醇是柿霜的主要组分，它具有清肺、利咽、养阴、润燥等功能。

13.3.3　成脎反应

醛、酮可以和苯肼作用生成苯腙，同样，单糖也能和苯肼作用生成腙，但不同的是，醛、酮生成的腙多为晶体，不溶于水，而单糖生成的腙则易溶于水。可是，如果让单糖与过量的苯肼作用，单糖与一分子苯肼作用生成腙后，还可再与两分子苯肼作用，生成不溶于水的黄色晶体，这种产物叫做糖脎，简称脎。

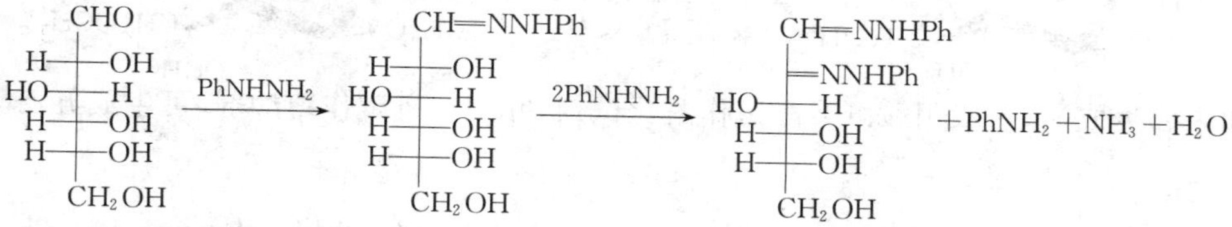
CHO
H OH
HO H
H OH
H OH
CH₂OH
PhNHNH₂
CH=NNHPh
2PhNHNH₂
=NNHPh
+PhNH₂+NH₃+H₂O

D-(+)-葡萄糖　　D-葡萄糖腙　　D-葡萄糖脎

在第二步反应中，两分子苯肼的作用是不同的，一分子苯肼作为氧化剂，把 α-羟基氧化成酮羰基，本身被还原成苯胺，另一分子苯肼用于缩合。

酮糖也能与 3 分子的苯肼作用生成脎。

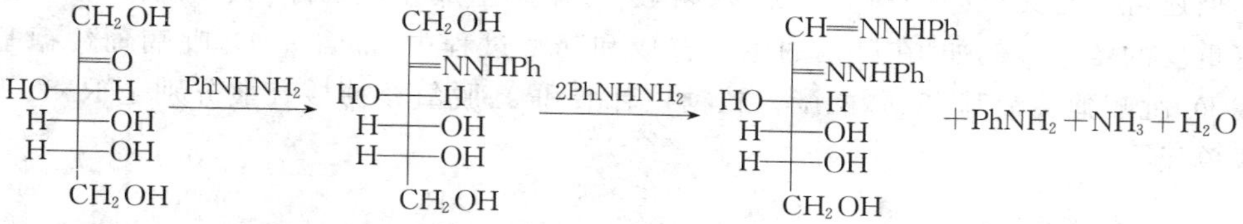
CH₂OH
O
HO H
H OH
H OH
CH₂OH
PhNHNH₂
=NNHPh
2PhNHNH₂
CH=NNHPh
+PhNH₂+NH₃+H₂O

D-果糖　　D-果糖腙　　D-果糖脎

可以看出，成脎反应只发生在 C(1)、C(2) 上，其他碳原子不发生反应，其构型也不受影响，因此，如果只是 C(1)、C(2) 的构型不同，其他碳原子构型都相同的糖，将会生成相同的脎。例如，D-葡萄糖、D-果糖、D-甘露糖，三者都会生成相同的脎。脎和醛、酮中的苯腙类似，都是有固定熔点的晶体，可用于糖的定性鉴定。费歇尔最初就是利用成脎等反应测定糖的结构。

13.3.4　成苷反应

单糖的氧环式是半缩醛或半缩酮，可以再与一分子醇反应生成缩醛或缩酮。例如：

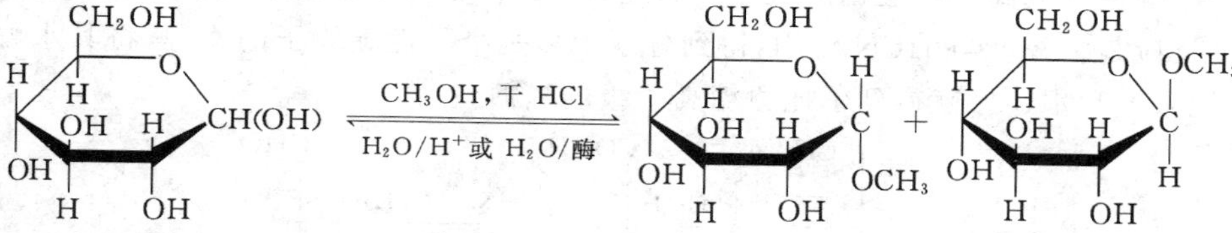
CH₂OH
O
CH(OH)
CH₃OH，干 HCl
H₂O/H⁺或 H₂O/酶
OCH₃
+

这种缩醛或缩酮又称糖苷，在糖苷中，已无苷羟基存在，故它在水中不能再转化为开链式，它的 α 型和 β 型也不能再发生互变异构，因此，也没有变旋光现象。

糖苷的性质和缩醛一样，对碱、氧化剂、还原剂都稳定，所以糖苷不能被托伦斯试剂和费林试剂氧化，也不能与苯肼作用成脎。因此，糖苷是非还原性糖。正因为糖苷的这种特殊的稳定性，糖苷才广泛存在于自然界中，如淀粉、纤维素等都是单糖之间以苷键相连而稳定存在。但是，这种苷键能被稀酸溶液或某些生物酶催化水解。由淀粉制葡萄糖就是利用此原理，过去是用稀盐酸催化水解的，现在则是用淀粉酶和糖化酶催化水解制得的。

13.3.5　成醚、成酯反应

在单糖中,除了苷羟基外,还有醇羟基,但它们一般不与 CH_3OH 和 HCl 作用,如果要醚化,须用活性较强的硫酸二甲酯碱性溶液,或 CH_3I 和 Ag_2O 进行甲基化,氧环式中所有的羟基都被甲基化,生成五甲基糖醚。例如:

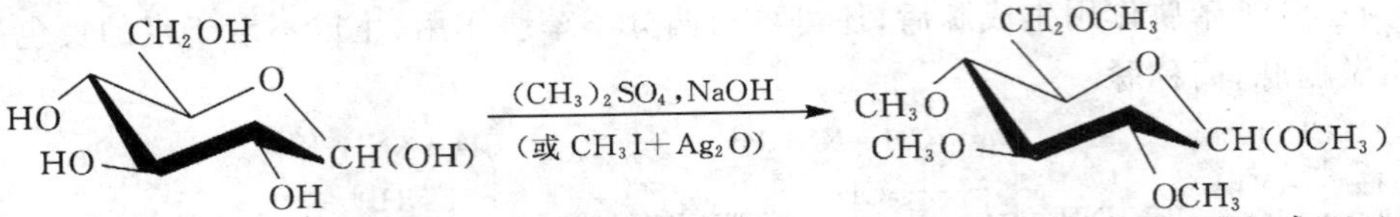

如果要生成酯,一般用酸酐或酰氯作酰化试剂,并用有机碱作缚酸剂,可生成五乙酰基糖。例如:

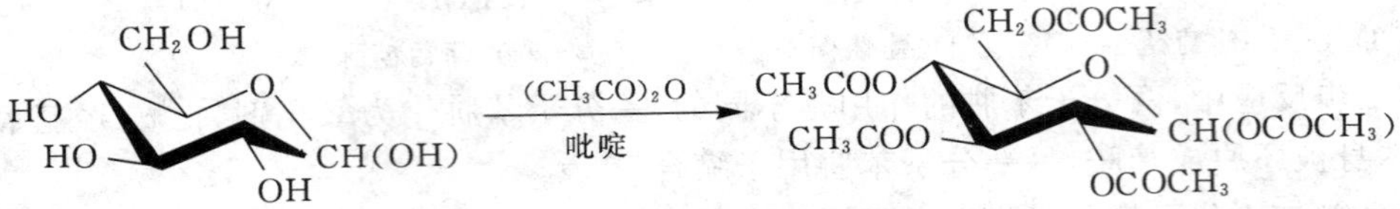

单糖还可以与无机酸(如硝酸、硫酸、磷酸等)作用生成相应的酯,其中磷酸酯在生命活动中具有重要的意义。例如,在肝糖的生物合成和降解过程中,都含 α-D-吡喃葡萄糖基-1-磷酸酯和 D-吡喃葡萄糖基-6-磷酸酯。核糖核苷酸和 2-脱氧核糖核苷酸分别是 RNA 和 DNA 的组成单元。

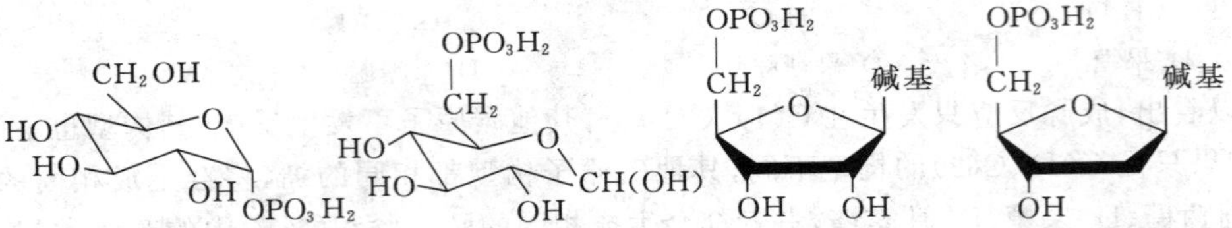

α-D-吡喃葡萄糖　　　　D-吡喃葡萄糖　　　核糖核苷酸　　　2-脱氧核糖核苷酸
基-1-磷酸酯　　　　　基-6-磷酸酯

13.3.6　递升与递降反应

将一个醛糖变成高一级醛糖的过程叫做递升,变为低一级醛糖的过程叫做递降。

递升反应是将醛糖与 HCN 作用,得到分子中多一个手性碳原子的氰醇,将其水解生成糖酸,再用钠汞齐和水还原就得到了比原糖高一级的醛糖。

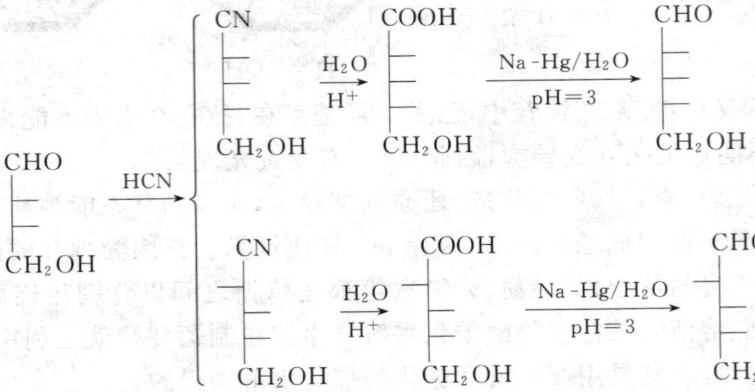

如果按上述过程再进行一个循环的反应,又会得到分子中多一个碳原子的醛糖。

递降反应是先将醛糖氧化生成糖酸钙,然后在三价铁的催化下用过氧化氢氧化,生成不稳定的 α-羰基酸,脱羧后得到低一级的醛糖。

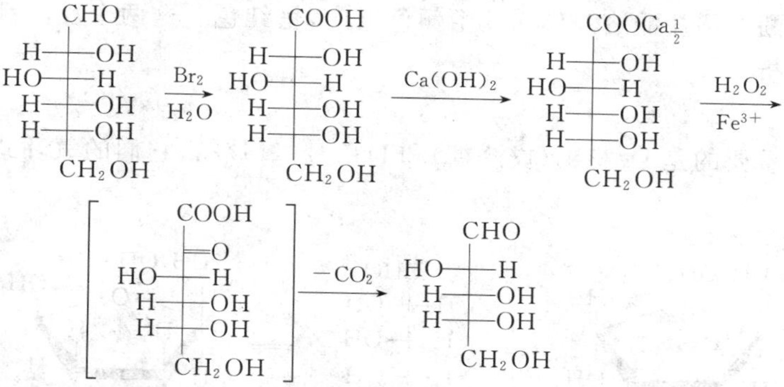

递升、递降反应是研究单糖结构的重要方法。

思考题13-5 写出下列糖分别用硝酸氧化后的产物,并说明它们是否有旋光性。

D-葡萄糖、D-甘露糖、D-半乳糖、D-阿拉伯糖、D-核糖、D-赤藓糖

思考题13-6 试说明酮糖也能还原托伦斯试剂的原因。

13.4　重要的单糖

1. D-葡萄糖

D-葡萄糖(glucose)是自然界中分布最广的己醛糖,天然产物为右旋体,无色或白色结晶粉末,它的甜度为蔗糖的 70%;易溶于水,稍溶于乙醇,不溶于乙醚和烃类。葡萄糖除了以游离的形式存在外,常以多糖或糖苷的形式广布于自然界的水果、花草及种子中,最常见的形式就是淀粉和纤维素。

葡萄糖是人体新陈代谢不可缺少的重要营养物质,在食品中可作为营养剂、甜味剂,常以葡萄糖浆的形式用于点心、糖果的加工中。在医药上作为营养剂,并具有强心、利尿、解毒等功效,用于危、重病人的静脉注射。此外,葡萄糖还是葡萄糖酸钙(锌)、维生素 C、山梨糖醇的生产原料,在印染、制革、镀银工业中常用做还原剂。

葡萄糖的生产方法,工业上是用淀粉在淀粉酶和糖化酶的作用下水解、脱色、浓缩、结晶而得。如果用于食品加工,常是将糖浆纯化、浓缩后直接使用。

2. 果糖

果糖(fructose)是最甜的单糖,其甜度约为蔗糖的 1.5 倍、葡萄糖的 2 倍。

天然果糖为左旋体,广泛存在于水果、蜂蜜和菊粉中。纯品的果糖是由菊粉水解制得的,菊粉是菊科植物根部储藏的碳水化合物,是果糖的高聚物。目前工业用菊粉主要来自菊科植物菊芋(洋姜)。

果糖是白色晶体或结晶粉末,易溶于水,可溶于乙醇和乙醚中,熔点为 102 ℃(分解)。

果糖主要用作甜味剂和营养添加剂,在食品加工中,由于葡萄糖浆的甜度不够,常要加入大量的蔗糖,增加了成本,对健康也不利。现在采取的办法是,葡萄糖浆通过一种转化酶的催

化作用,发生互变异构,使部分葡萄糖转化为果糖,糖浆的甜度就明显提高了,这种转化的糖浆就称为果-葡糖浆。

果糖与 $Ca(OH)_2$ 水溶液作用,生成难溶于水的配合物($C_6H_{12}O_6 \cdot Ca(OH)_2 \cdot H_2O$);果糖还能与间苯二酚的稀盐酸溶液作用发生颜色反应,呈红色。这两个反应都可用于果糖的定性鉴别和定量分析。

3. 五碳糖

五碳糖中较重要的是 D-核糖(戊醛糖)和 D-2-脱氧核糖,它们的氧环式和开链式结构式如下:

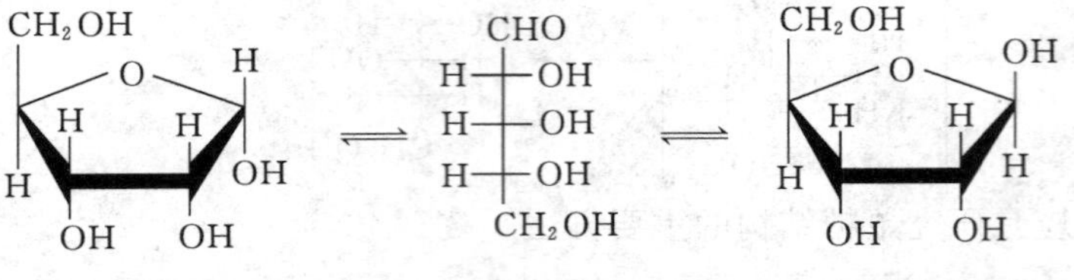

α-D-呋喃核糖   D-核糖 β-D-呋喃核糖

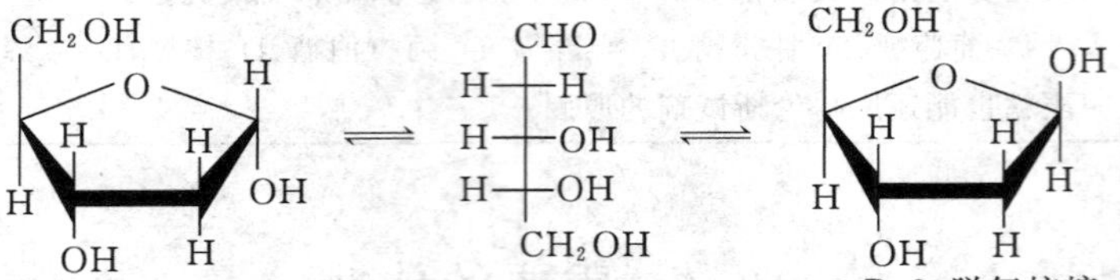

α-D-2-脱氧核糖   D-2-脱氧核糖 β-D-2-脱氧核糖

D-核糖和 D-2-脱氧核糖与某些碱性杂环化合物形成的 β-糖苷在生物化学中叫做核苷,核苷的 5 位羟基与磷酸所形成的酯叫做核苷酸,它们分别是 RNA 和 DNA 的组成单元,在细胞核中起遗传作用。核糖可以从核酸水解得到,是维生素 B_2 的组成部分。

4. 氨基糖

糖分子中除苷羟基外,其他羟基被氨基取代后的化合物称为氨基糖。多数天然氨基糖是己醛糖分子中 C(2)上的羟基被氨基取代后的产物。例如,2-氨基-D-葡萄糖(Ⅰ)和 2-氨基-D-半乳糖(Ⅱ)是许多糖和蛋白质的组成部分,2-乙酰氨基-D-葡萄糖(Ⅲ)是甲壳素的组成单元。甲壳素存在于虾、蟹和某些昆虫的甲壳中,其天然产量仅次于纤维素,其用途正在逐渐得到开发。在抗生素药物链霉素分子中含有 2-甲氨基-α-L-葡萄糖(Ⅳ)。

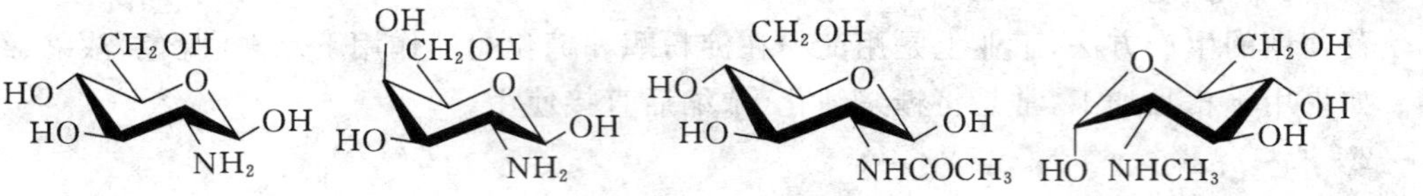

Ⅰ   Ⅱ   Ⅲ   Ⅳ

思考题13-7 最甜的单糖是什么?甲壳素的主要成分是什么?说明它有哪些用途。

13.5 低 聚 糖

由 2~10 个单糖组成的碳水化合物都称为低聚糖。但最常见、最重要的是二糖,二糖是由两个单糖组成,它可看做一分子的单糖的苷羟基与另一分子单糖的醇羟基或苷羟基脱水缩合而成的产物。不同的二糖,其组成和结合方式各不相同,因而其性质也有所不同。

　1. 蔗糖

　　蔗糖是自然界中分布最广的二糖,几乎有光合作用的植物都含有蔗糖,但是,蔗糖在甘蔗和甜菜中含量最高,甘蔗和甜菜也是提取蔗糖的主要原料,蔗糖或甜菜糖的叫法因此而来。

　　实验发现,一分子蔗糖水解后,能生成一分子 D-果糖和一分子 D-葡萄糖。在结构上,它可看做一分子 α-葡萄糖的苷羟基与一分子 β-果糖的苷羟基之间脱水缩合而成的产物。其结构式如下:

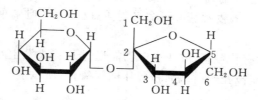

α-D-吡喃葡萄糖单位　　　β-D-呋喃果糖单位

　　在这里,对葡萄糖来讲,是 α-苷羟基形成的苷,这种糖苷是 α-葡萄糖苷,它的苷键类型是 α-1,2-苷键,即 α-葡萄糖 C(1)上的苷羟基与果糖 C(2)上的羟基缩合而成的苷键。这种苷键能被 α-糖苷酶(又称麦芽糖酶)催化水解。如果以葡萄糖为母体,蔗糖又可命名为 β-D-呋喃果糖基 -α-D-吡喃葡萄糖苷。

　　反过来,对果糖来说,它又是 β-果糖的苷羟基形成的苷,所以蔗糖又是 β-果糖苷,它的苷键类型又是 β-2,1-苷键,即 β-果糖 C(2)上的苷羟基与葡萄糖 C(1)上的羟基缩合而成的苷键。这种苷键能被 β-糖苷酶(又称苦杏仁酶)催化水解。如果以果糖为母体,蔗糖又可命名为 α-D-吡喃葡萄糖基 -β-D-呋喃果糖苷。

　　由于蔗糖分子中无苷羟基存在,故在水溶液中不能转化成开链式,不能发生互变异构,因此,无变旋光现象,不能成脎,也不能被托伦斯试剂和费林试剂氧化,所以蔗糖是非还原性糖。

　　蔗糖的 $[\alpha]_D^{20} = +66.5°$,但如果将蔗糖水解后,生成等物质的量的 D-(＋)-葡萄糖和 D-(－)-果糖混合物。

$$蔗糖 \xrightleftharpoons[\text{(转化酶-H}_2\text{O)}]{\text{H}_3\text{O}^+} 葡萄糖 + 果糖$$

$$[\alpha]_D^{20} = +66.5° \qquad \overbrace{\begin{array}{cc} +52° & -92° \end{array}}$$
$$[\alpha]_D^{20} = -20°$$

　　由于 D-(－)-果糖的比旋光度大于 D-(＋)-葡萄糖的比旋光度,因此,水解以后混合物的比旋光度变为－20°。在糖化学中,把这种通过反应使旋光方向发生转化的反应叫做转化反应,生成的混合糖叫做转化糖。

　2. 麦芽糖

　　麦芽糖是淀粉在 α-糖苷酶(又称 α-淀粉酶或麦芽糖酶)作用下水解的产物。植物组织(如麦芽)中所含的麦芽糖也是淀粉水解的中间产物。在大麦芽中含有α-淀粉酶,常用它来催化水解淀粉生成麦芽糖,麦芽糖的名称也由此而来。

　　一分子麦芽糖水解后,生成两分子 D-葡萄糖。在结构上,麦芽糖可以看做一分子葡萄糖的 α-苷羟基与另一分子葡萄糖 4 位的醇羟基脱水缩合而成的产物。其结构式如下:

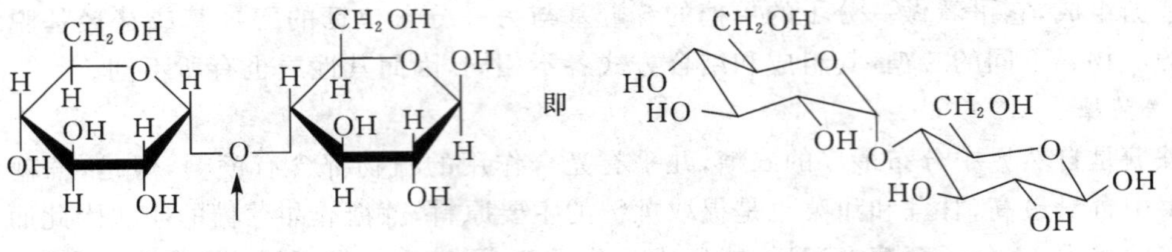

α-1,4-苷键　　　　　　　　　　　　　　　β-麦芽糖

对于麦芽糖来说,是一分子 α-葡萄糖 C(1)上的苷羟基与另一分子葡萄糖 4 位的醇羟基脱水形成的苷,所以麦芽糖是 α-葡萄糖苷,它的苷键类型为 α-1,4-苷键,这种苷键只能被 α-糖苷酶(麦芽糖酶)催化水解。β-麦芽糖又可命名为 4-O-(α-D-吡喃葡萄糖苷基)-β-D-吡喃葡萄糖(以右边的糖为母体)。

由于麦芽糖中仍然含有苷羟基,故在水中仍能通过开链式发生互变异构,有变旋光现象,可以与苯肼作用成脎,也能被托伦斯试剂和费林试剂氧化,所以麦芽糖是还原性糖,具有单糖的化学性质。

3. 纤维二糖

纤维二糖是纤维素部分水解所得的产物,一分子纤维二糖水解后也得到二分子葡萄糖;这种二糖不能被麦芽糖酶催化水解,却能被 β-糖苷酶催化水解,因此纤维二糖不是 α-葡萄糖苷,而是 β-葡萄糖苷,它的结构式如下:

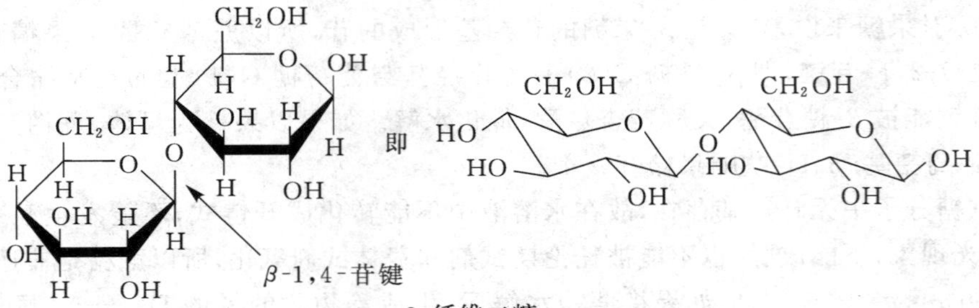

β-1,4-苷键
β-纤维二糖

纤维二糖可看做一分子 β-葡萄糖的苷羟基与另一分子葡萄糖 4 位的醇羟基脱水缩合而成的产物。因此,它是 β-葡萄糖苷,苷键类型为 β-1,4-苷键。

在纤维二糖中,由于另一分子中仍保留一个苷羟基,在固态时,主要以稳定的 β 型存在。但在水溶液中,这个苷羟基也可通过开链式而发生互变异构,所以纤维二糖有变旋光现象,能成脎,能还原托伦斯试剂和费林试剂,是还原性二糖,具有单糖的性质。

β-纤维二糖又可命名为 4-O-(β-D-吡喃葡萄糖苷基)-β-D-吡喃葡萄糖。

纤维二糖和麦芽糖在组成和结构上即有相同之处,又有不同之处。相同之处:①都是由两个葡萄糖组成;②都是 1,4-苷键;③都存在一个游离的苷羟基,都是还原性二糖。不同之处:①一个是 α-葡萄糖苷,另一个是 β-葡萄糖苷;②一个只能被麦芽糖酶催化水解,另一个只能被苦杏仁酶催化水解;③在生理上,一个有甜味,能被人体消化吸收,另一个无甜味,不能被人体消化吸收。

4. 乳糖

乳糖存在于人和哺乳动物的乳汁中,人乳中的含量为 6%～8%。由于其在水中溶解度较小,故呈乳浊液。它是奶酪生产的副产品,工业上蒸发乳清而有乳糖结晶出来。乳糖是白色晶体,没有吸湿性,熔点为 203 ℃(分解)。实验发现,乳糖经水解后得到等物质的量的 D-(＋)-半乳糖和 D-(＋)-葡萄糖,它能被苦杏仁酶催化水解,但不能被麦芽糖酶催化水解,所以它是一个 β-糖苷,成苷的部分是半乳糖单元,它的结构式如下:

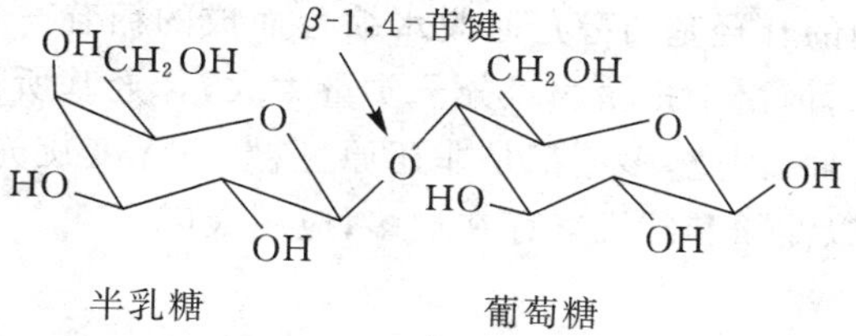

半乳糖　　　　　葡萄糖

可以看出,乳糖是一个 β-半乳糖苷,苷键类型为 β-1,4-苷键,β-乳糖又可命名为 4-O-(β-D-吡喃半乳糖苷基)-β-D-吡喃葡萄糖。

由于葡萄糖单元中仍然存在着游离的苷羟基,故乳糖也是一个还原性二糖,具有单糖的性质。

5. 棉籽糖

棉籽糖(又称蜜三糖)存在于甜菜和棉籽内,在甜菜中含量为 $0.01\% \sim 0.02\%$,当用甜菜制蔗糖时,结晶后的母液是提取棉籽糖的最好原料。棉籽糖为非还原性糖,1 mol 棉籽糖完全水解后生成 1 mol D-半乳糖、1 mol D-葡萄糖和 1 mol D-果糖。如用 α-半乳糖苷酶催化水解,则得到 1 mol D-半乳糖和 1 mol 蔗糖。因此,它是一个三糖,其结构式如下:

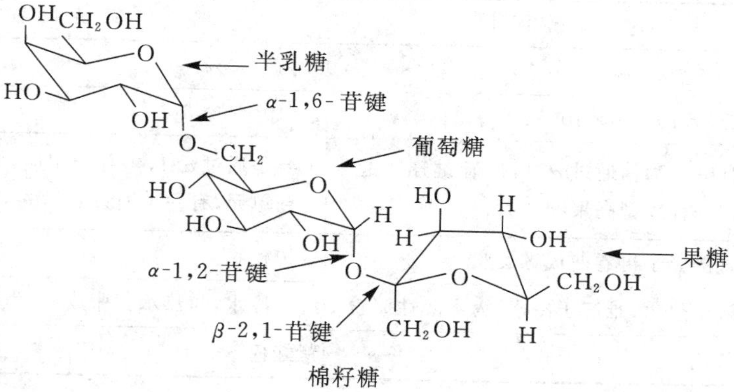

棉籽糖

思考题13-8　指出下列碳水化合物中哪些是非还原性糖。

葡萄糖、果糖、麦芽糖、蔗糖、纤维二糖、乳糖、棉籽糖、甲基 β-D-吡喃葡萄糖苷

思考题13-9　为什么蔗糖既能被 α-糖苷酶催化水解,也能被 β-糖苷酶催化水解?

13.6　多　　糖

多糖是自然界中分布最广的一类天然高分子化合物,有些多糖是构成动、植物体骨干的物质,如纤维素、甲壳素等;有些多糖是动、植物体内的储备养料,如淀粉、肝糖等,当需要时,它们会在有关酶的催化下分解成单糖而被利用。

多糖相对分子质量较大,水解后能生成几百到几千个单糖分子。若水解产物只有一种单糖分子,则这种多糖叫做均聚糖,如淀粉、纤维素都是均聚糖。若水解产物不止一种单糖(有些还含有其他物质),则这种多糖叫做杂(异)多糖,如阿拉伯胶水解后能得到 D-半乳糖、L-阿拉伯糖、L-鼠李糖和葡萄糖酸。

多糖可看做许多单糖的苷羟基与醇羟基脱水缩合而成的糖苷。与单糖不同,尽管在多糖的分子链端仍含有苷羟基,但由于多糖相对分子质量太大,苷羟基所占的比例极低,不足以使托伦斯试剂和费林试剂还原,因此,多糖都是非还原性糖,也无变旋光现象。大多数多糖不溶于水,没有甜味。多糖中以淀粉和纤维素存在最多,应用最广。

13.6.1　淀粉

淀粉是绿色植物光合作用的产物,是植物的主要能量储备,也是人类膳食中碳水化合物的主要来源,因此具有重要的经济价值。

淀粉是无色、无臭、无味的粉状物质,其颗粒的形状和大小根据来源不同而各异。淀粉不是单纯的一种分子,而是由相对分子质量不同的大分子组成的混合物。从结构上看,可分为两大类型,即直链淀粉和支链淀粉,两者在结构上和性质上都有一定的差异。

1. 直链淀粉和支链淀粉的差异

直链淀粉和支链淀粉的差异列于表 13-2。

表 13-2　直链淀粉和支链淀粉的差异

	直 链 淀 粉	支 链 淀 粉
在淀粉中的含量	10%～20%	80%～90%
相对分子质量	$1.5 \times 10^5 \sim 6 \times 10^5$	$1 \times 10^6 \sim 6 \times 10^6$
一级结构	吡喃葡萄糖通过 α-1,4-苷键连接起来的一种线型高聚物	主要是通过 α-1,4-苷键相连,但每隔 20～25 个葡萄糖单元,有一个通过 α-1,6-苷键相连的支链
二级结构	直链分子再卷曲成螺旋状	呈树枝状
水溶性	溶于热水,难溶于冷水,为不溶性淀粉	溶于冷水,与热水膨胀成糊,为可溶性淀粉
遇碘显色	蓝色	紫红色

直链淀粉是 D-吡喃葡萄糖通过 α-1,4-苷键连接起来的线型高分子聚合物。其一级结构如下:

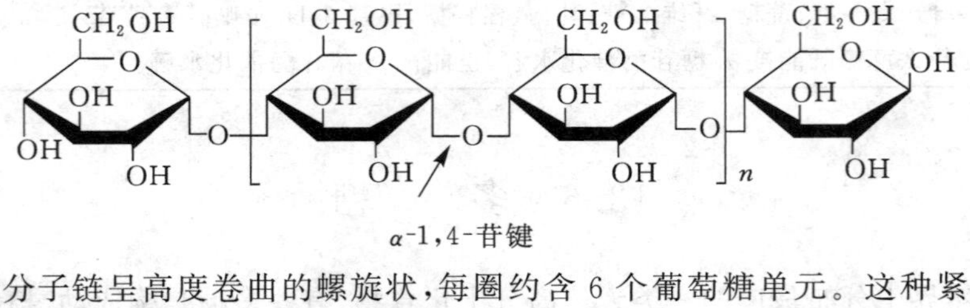

α-1,4-苷键

直链淀粉分子链呈高度卷曲的螺旋状,每圈约含 6 个葡萄糖单元。这种紧密堆集的线圈结构,不利于水分子的接近,故难溶于水,但能溶于热水,称为不溶性淀粉。由于螺旋的孔径正好容下碘分子(见图 13-1),配位与吸附作用使直链淀粉遇碘显蓝色。这个显色反应可用来检验淀粉的存在,也可在碘量法分析中用于指示反应终点。

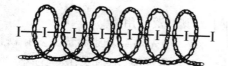

每一圈约含 6
个葡萄糖单元

图 13 -1　直链淀粉的二级结构以及与碘的复合物

在支链淀粉中,D-吡喃葡萄糖主要是通过 α-1,4-苷键相连,但每隔 20~25 个葡萄糖单元,有一个通过 α-1,6-苷键相连的支链,因此,二级结构呈树枝状(见图 13-2)。支链淀粉的一级结构如下:

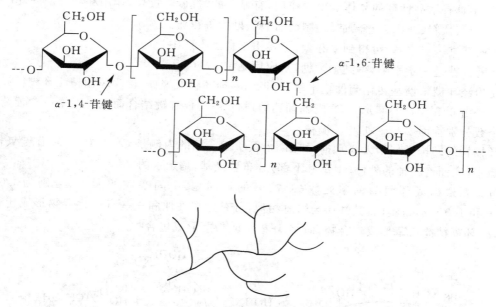

图 13 -2　支链淀粉的二级结构

支链淀粉由于具有高度的分支,容易与水接触,故易溶于冷水,与热水作用膨胀成糊状。由于不能像直链淀粉那样进行规范的配合,支链淀粉遇碘呈紫红色。

直链淀粉和支链淀粉都是无色、无味、无定形的粉状固体,都能在酸性水溶液或 α-淀粉酶催化下水解。

2. 淀粉的水解

淀粉在酸性水溶液或 α-淀粉酶催化下,会逐步水解,先水解成相对分子质量较小的多糖混合物(称为糊精),继续水解,得到麦芽糖和少量的异麦芽糖(通过 α-1,6-苷键相连的二糖),再(在糖酶催化下)继续水解,最终可得 D-(＋)-葡萄糖。

$$\text{淀粉} \xrightarrow[\text{酶}]{H_2O} \text{糊精} \xrightarrow[\text{酶}]{H_2O} \text{麦芽糖} \xrightarrow[\text{酶}]{H_2O} \text{葡萄糖}$$

工业上就是利用这种原理生产麦芽糖(又称饴糖)、葡萄糖及葡萄糖浆。淀粉水解的程度不同,所得糊精的分子大小也不同,当遇碘作用时,分别呈现蓝紫、紫、红、橙等不同颜色。当淀粉完全水解成麦芽糖和葡萄糖时,就没有这种颜色反应。因此,根据水解产物对碘所呈颜色可以判断水解反应的进程。

如果将葡萄糖浆在异构酶催化下,使部分葡萄糖异构化成果糖,就得到甜度更高的果-葡糖浆。

3. 淀粉的应用

淀粉除了作为人类食品外,在工业上有其广泛的用途。

将淀粉在 α-淀粉酶催化下进行低度水解,可先得到麦芽糊精。麦芽糊精的主要性状是流动性好,无异味;溶解性能好,有适当的黏性,耐热性强,不褐变,吸湿性小,不结团;即使在浓厚状态使用,也不会掩盖其他原料的风味;有很好的载体作用,是各种甜味剂、香味剂、填充剂等的优良载体;有很好的乳化作用和增稠作用;有促进产品成型和良好的抑制产品组织结构的作用;成膜性能好,既能防止产品变形,又能改善产品外观;极易被人体消化吸收,特别适宜作为病人和婴幼儿食品的基础原料;对食品饮料的泡沫有良好的稳定效果;有良好的耐酸和耐盐性能;有抑制具有结晶性糖的晶体析出的作用,有显著的"抗砂""抗烊"作用和功能。因此广泛地应用于食品、饮料、纺织、冶金、造纸、制药、饲料、勘探等行业。

将糊精进一步水解,可得到麦芽糖,主要用于食品生产中。

将麦芽糖进一步水解,得到葡萄糖,其应用见 13.4.1。

淀粉经环糊精糖基转化酶催化水解,可得到一种环状低聚糖,称为环糊精。环糊精在一般情况下是由 6、7 或 8 个单元的 D-吡喃葡萄糖通过 α-1,4-苷键结合而成。根据所含葡萄糖单元的个数分别称为 α-、β-和 γ-环糊精。

环糊精的结构类似于无底水桶,如图 13-3 所示。桶的内侧是 C(3)、C(5) 和苷键氧构造,具有疏水(亲油)性;桶的外侧(上部和下部)分布着羟基,是亲水的。

环糊精根据成环葡萄糖单元数(6、7、8)的不同,其中间空腔的大小(分别为 0.6 nm、0.8 nm 和 1.0 nm)也不同,其性质与冠醚相似,可有选择性地和一些有机化合物形成包合物。例如,α-环糊精能与苯形成包合物,而 γ-环糊精能与蒽形成包合物。

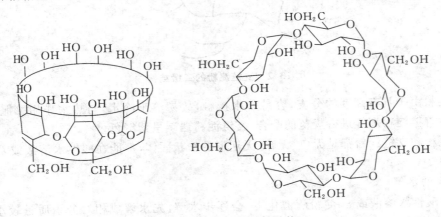

图 13-3　α-环糊精的结构

利用环糊精空腔的大小和内壁与外壁的亲油、亲水性的不同,环糊精在有机合成和药物制剂加工等行业中具有重要的应用价值。在理论上,它还可作为研究酶催化作用的模型。

淀粉在特定酶的催化下,经过发酵、纯化可制得许多有用的有机化工产品,如柠檬酸、乳酸、酒石酸、苹果酸、酒精、丙酮、丁醇、甘油等,目前有些仍是其主要生产方法。将淀粉在催化剂存在下用硝酸氧化,可制得草酸,这与一氧化碳高温高压法相比能耗小、成本低。

将淀粉与乙酸酐、正磷酸盐或三聚磷酸钠反应,得酸变性淀粉;与碱处理,得碱变性淀粉;

在催化剂存在下与双氧水反应,得氧化变性淀粉;与氯乙酸反应,得羧甲基淀粉;与 3 -氯 -2 -羟基丙基三甲基氯化铵等进行醚化反应,可得阳离子淀粉;与乙二醛等多官能团化合物反应,得交联淀粉。用上述方法得到的变性淀粉,具有更好的增稠性、稳定性、黏接性、耐水性等,因而广泛用于食品加工、纸张施胶、纺织上浆、医药加工、油田泥浆稳定等。

淀粉在碱催化下与环氧乙烷作用,得到羟乙基淀粉,取代度在 0.6 以上时可用做代血浆,注入血液中以保持血液的容量,用于治疗失血性休克。

淀粉与高分子单体(如丙烯酰胺、丙烯腈或丙烯酸)接枝共聚,得到具有高吸水性能的材料,其吸水量可达到自身质量的几百倍,因而可用于妇幼保健的卫生巾,也可在农、林业上用于抗旱保水。

生物降解薄膜可由淀粉(或变性淀粉)与聚乙烯醇或低密度聚乙烯等加工而成,用于农用地膜或食品包装袋,它们在垃圾或土壤中细菌作用下,在短期内即可自行分解,无须进行人工清理,避免了环境污染。

思考题 13 -10　试用化学方法鉴别下列碳水化合物。
葡萄糖、果糖、蔗糖、半乳糖酸、淀粉

13.6.2　纤维素

纤维素是植物的主要组成部分,也是分布最广的一种多糖,其相对分子质量比淀粉还大。在植物中,纤维素是和木质素(一种含羟基、甲氧基和芳环的复杂物质,其组成和结构尚不清楚)、半纤维素(多聚戊糖和多聚己糖的混合物,相对分子质量比纤维素小)、油脂、无机盐等同时存在。材料的来源不同,纤维素的质量分数和相对分子质量也不同,见表 13 -3。

表 13 -3　不同来源含纤维材料中纤维素的质量分数和相对分子质量

来　源	纤维素的质量分数/(%)	相对分子质量/ 万
棉花	>90	约 57
亚麻	80	约 184
木材	40～60	9～15

纤维素也是由 D -葡萄糖组成,但在一级结构中,葡萄糖之间是以 β -1,4 -苷键结合在一起的直链型分子,相邻葡萄糖单元相互扭转 180°;其二级结构(见图13 -4)是由多条分子长链相互扭曲成绳状结构的纤维束,长链之间通过氢键缔合在一起,中间还夹杂着木质素等物质。纤维素的结构如下:

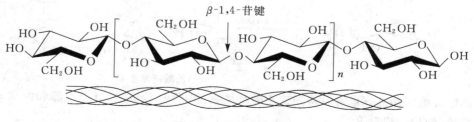

图 13-4　纤维素的结构

由于纤维链之间结合比较紧密,水分子难以进入纤维束中间与苷键作用,因此,纤维素比淀粉更难以水解,一般要在强酸或稀酸中加热、加压才能水解。水解过程中,先得到纤维四糖、三糖、二糖,最终是葡萄糖。由于纤维素水解条件苛刻,得率低,成本高,因此它的水解应用受到限制。

在生理上,纤维素只能被纤维素酶(又叫 β-糖苷酶)催化水解,不能被淀粉酶催化水解,由于人体内无这种酶,所以纤维素不能作为人的营养品。但在食草动物(如牛、羊)的消化系统中含有这种酶,故这些动物可以用草作为营养来源。

纤维素除了直接用于纺织和造纸外,经再生、衍生等改性处理,可得到性能更好、应用更广泛的材料。

(1)铜氨人造丝。纤维素可溶于铜氨溶液(氢氧化铜的氨溶液)中,如果将这种溶液从一个细孔中喷到稀酸中,就又形成纤维素细丝,称为铜氨人造丝。其性能优于原纤维和黏胶纤维。

(2)黏胶人造丝。木浆或棉短绒用氢氧化钠溶液处理,纤维素中的部分羟基形成钠盐,后者再与 CS_2 反应生成纤维素黄原酸酯的钠盐,其碱溶液为黏稠状,很像胶水,然后将其通过细孔挤压到稀硫酸、硫酸钠和少量硫酸锌的溶液进行水解,得到黏胶人造丝。若将其通过狭缝压入酸性凝固液中,则生成薄膜状,称为玻璃纸,亦即赛璐玢。

(3)硝酸纤维。纤维素与浓混酸反应,分子中的醇羟基都可发生酯化,最多可形成三硝酸纤维素酯。

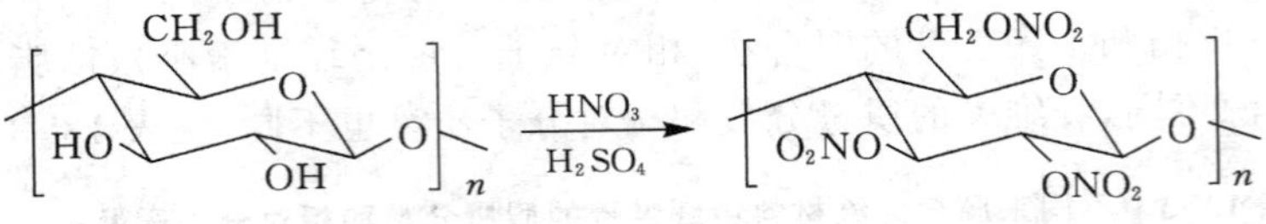

三硝酸纤维素酯

根据混酸的组成和反应时间的不同,纤维素酯化的程度也不同。如果平均每个葡萄糖单元有 2.1～2.5 个硝基(N 的质量分数在 11% 左右),所得的产物易燃、不易爆,称为胶棉,可用于制胶片、喷漆,与樟脑等一起加热得到坚韧的塑料赛璐珞,是制备乒乓球、钢笔杆和玩具等的原料。如果平均每个葡萄糖单元有 2.5～2.7 个硝基(N 的质量分数在 13% 左右),所得的产物易燃、有爆炸性,称为火棉,可用于制火药。

(4)乙酸纤维。纤维素与乙酸酐和硫酸作用,分子中的羟基可发生乙酰化反应,最多可形成三乙酸纤维素酯。

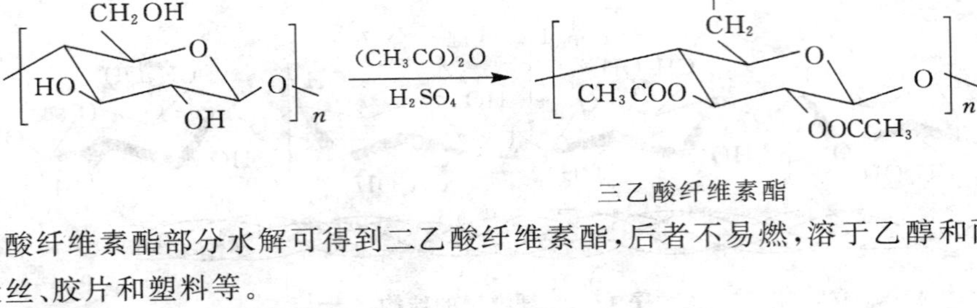

三乙酸纤维素酯

三乙酸纤维素酯部分水解可得到二乙酸纤维素酯,后者不易燃,溶于乙醇和丙酮,可用于制造人造丝、胶片和塑料等。

（5）纤维素醚。纤维素在氢氧化钠溶液中与卤代烷反应生成纤维素醚。最常见的有甲基纤维素、乙基纤维素等。如果在碱溶液中与氯乙酸作用,在羟基上引入羧甲基,生成羧甲基纤维素钠（简称 CMC）。

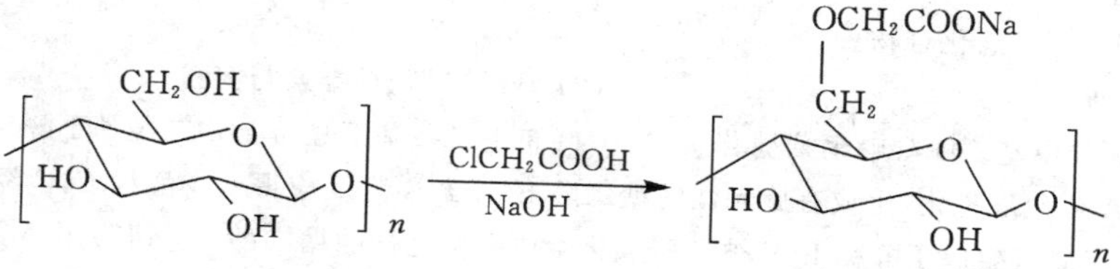

羧甲基纤维素钠

CMC 是白色粉状物,对热、光相当稳定,在水中能形成透明的黏性胶状物质。大量用做油田钻井泥浆处理剂,在纺织、印染工业上可代替淀粉用于上浆,在造纸、医药和食品工业用做增强剂、黏合剂、增稠剂、胶体保护剂等。

习　题

1. 写出下列各对糖开链式结构的费歇尔投影式,并说明它们之间的关系（对映体、非对映体或差向异构体）。
   （1）D-果糖和 L-果糖　　　　　　　（2）D-葡萄糖和 D-甘露糖　　　　　（3）D-半乳糖和 D-阿洛糖
2. 写出下列糖的哈沃斯式和最稳定构象式。
   （1）α-D-吡喃葡萄糖　　　　　　　（2）β-D-呋喃果糖
   （3）甲基 β-D-吡喃半乳糖苷　　　　（4）2-乙酰氨基 β-D-吡喃葡萄糖
3. 写出下列二糖的哈沃斯式,并指出其苷键类型。
   （1）蔗糖　　　　　　（2）β-麦芽糖　　　　　　（3）β-纤维二糖　　　　　（4）β-乳糖
4. 写出 β-D-吡喃葡萄糖与下列试剂反应的产物。
   （1）Br_2 水　　　　　　（2）HNO_3　　　　　　　（3）$Ag(NH_3)_2OH$　　　　　（4）$Na-Hg(H_2O)$
   （5）$3PhNHNH_2$　　　　（6）CH_3OH,干 HCl　　　（7）$(CH_3)_2SO_4$,$NaOH$　　　（8）$(CH_3CO)_2O$,吡啶
5. 写出下列各步反应的主要产物。

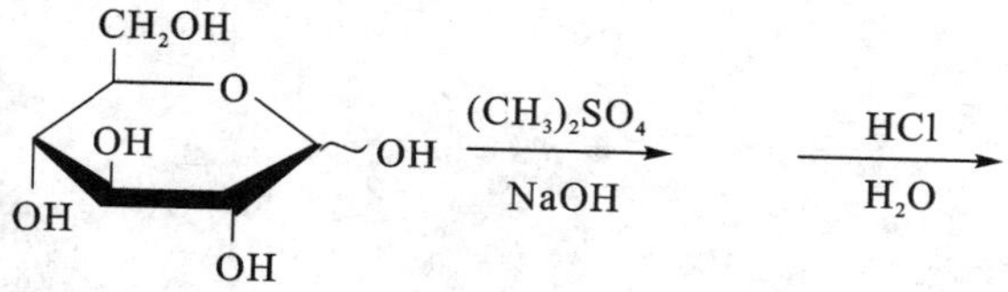

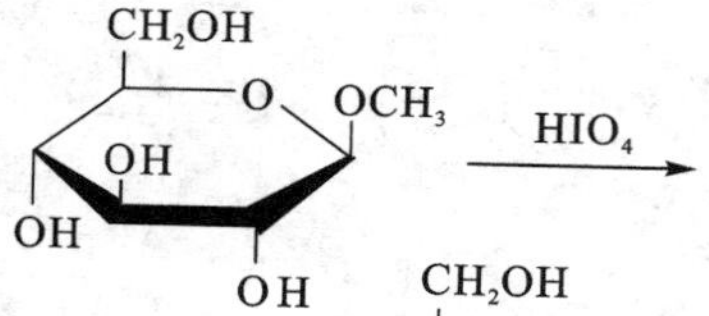

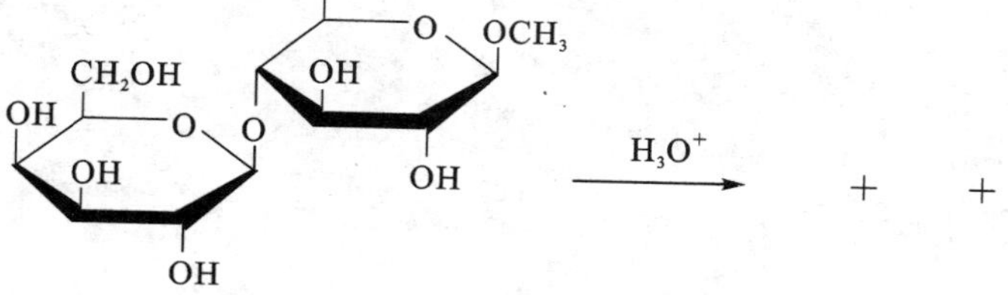

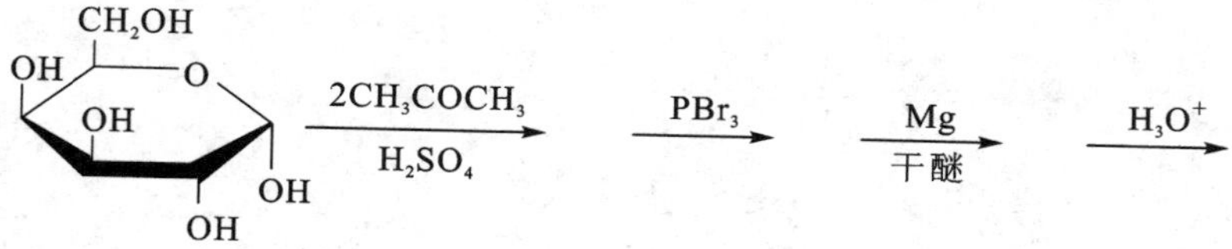

(5)

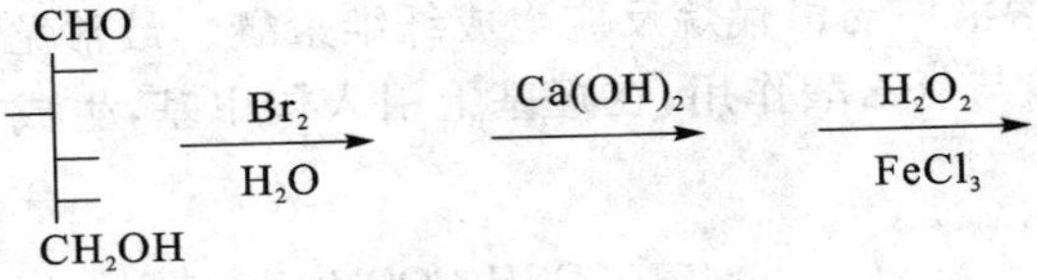

$$\underset{\text{CH}_2\text{OH}}{\overset{\text{CHO}}{|}} \quad \xrightarrow[\text{H}_2\text{O}]{\text{Br}_2} \quad \xrightarrow{\text{Ca(OH)}_2} \quad \xrightarrow[\text{FeCl}_3]{\text{H}_2\text{O}_2}$$

6. 用化学方法鉴别下列各组化合物。

(1) 蔗糖与麦芽糖

(2) 纤维二糖、纤维素与淀粉

(3) 葡萄糖、果糖与甲基 β-D-吡喃葡萄糖苷

(4) 3,4-二羟基丁醛与 2,4-二羟基丁醛

7. 一种 D-己醛糖 A 用硝酸氧化,生成有旋光性的糖二酸 B,A 经递降反应得一戊醛糖 C,C 经还原得有旋光性的糖醇 D。D 经降解生成丁醛糖 E,E 被硝酸氧化生成有旋光性的糖二酸 F。请写出 A～F 的费歇尔投影式。

8. A、B、C 都是 D-己醛糖,A 和 B 用 NaBH₄ 还原,生成相同的具有旋光性的糖醇,但 A 和 B 与过量苯肼作用,得到不同的脎。B 和 C 用 NaBH₄ 还原得到不同的糖醇,但能生成相同的脎。试写出 A、B、C 的费歇尔投影式。

第14章 氨基酸、蛋白质和核酸

蛋白质(protein)和核酸(nucleic acid)是结构复杂、功能特异、参与生命活动的重要的生物活性大分子。蛋白质是生命的物质基础,几乎参与生物体内的所有生命活动。蛋白质是 α-氨基酸(amino acid)以肽键(peptide bond)结合而成的高聚物,蛋白质多肽链中氨基酸的种类、数目和排列顺序决定蛋白质的空间结构,从而决定了蛋白质的各种生理功能;氨基酸是蛋白质基本成分;肽(peptide)是氨基酸分子间脱水后以肽键相互结合的物质,肽不仅构成相对分子质量更大的蛋白质,还能在生物体内以游离态存在,在生命活动中起着重要作用。

核酸是遗传的物质基础,在生物体的生长、繁殖、遗传、变异和转化等生命现象中,核酸起着决定性的作用。

14.1 氨 基 酸

14.1.1 氨基酸的分类、命名与结构

1. 氨基酸的分类

氨基酸为取代羧酸,是羧酸分子中烃基上的氢原子被氨基取代的产物。根据氨基酸的结构和性质,氨基酸有多种不同的分类。

(1) 根据氨基酸中氨基和羧基在分子中相对位置的不同,可分为 α-,β-,γ-,$\cdots$,ω-氨基酸。

$$\underset{\underset{NH_2}{|}}{RCHCOOH} \qquad \underset{\underset{NH_2}{|}}{RCHCH_2COOH} \qquad \underset{\underset{NH_2}{|}}{RCHCH_2CH_2COOH}$$

$$\alpha\text{-氨基酸} \qquad\qquad \beta\text{-氨基酸} \qquad\qquad\qquad \gamma\text{-氨基酸}$$

由蛋白质完全水解生成的氨基酸均为 α-氨基酸。

(2) 根据氨基酸中烃基结构的不同,可分为脂肪氨基酸、芳香氨基酸和杂环氨基酸。

(3) 根据氨基酸中羧基和氨基的数目的不同,可分为中性氨基酸(分子中氨基和羧基数目相等)、碱性氨基酸(碱性基团多于羧基)和酸性氨基酸(羧基多于氨基)。

此外,还可根据氨基酸侧链烃基的极性,将氨基酸分为非极性氨基酸(非极性侧链,具有疏水性)、非离解的极性氨基酸(其侧链中含有羟基、巯基、酰胺基等极性基团,但它们在生理条件下不带电荷,具有一定的亲水性)、带负电荷的氨基酸(酸性氨基酸)、带正电荷的氨基酸(碱性氨基酸)等。

2. 氨基酸的命名

氨基酸可采用系统命名法命名,将氨基作为取代基,但天然氨基酸更常用的是根据其来源和特性所得的俗名。例如,甘氨酸是因具有甜味而得名的,天冬氨酸最初是从天冬的幼苗中发现的。常见的由蛋白质水解的 α-氨基酸的名称、结构及中、英文缩写符号见表 14-1。

3. 氨基酸的构型

蛋白质水解所得 α-氨基酸除甘氨酸外,其他氨基酸分子中的 α-碳原子均为手性碳原子,

都有旋光性。氨基酸的构型通常采用 D、L 标记法。构成蛋白质的有旋光性的氨基酸其 α-碳原子的构型均与 L 型甘油醛相同，都属 L 构型。含多个手性碳原子的氨基酸，其构型通常以离羧基最近的手性碳原子的构型来表示。

若用 R、S 法标记，则除半胱氨酸为 R 构型外，其余皆为 S 构型。

$$
\begin{array}{ccc}
\text{CHO} & \text{COO}^- & \text{COO}^- \\
\text{HO}\!-\!\!-\!\text{H} & \text{H}_3\text{N}^+\!-\!\!-\!\text{H} & \text{H}_3\text{N}^+\!-\!\!-\!\text{H} \\
\text{CH}_2\text{OH} & \text{CH}_2\text{SH} & \text{H}\!-\!\!-\!\text{OH} \\
& & \text{CH}_3
\end{array}
$$

L-甘油醛　　　　　　L-半胱氨酸　　　　　　L-苏氨酸
(S)-2,3-二羟基丙醛　　(R)-2-氨基-3-巯基丙酸　　(2S,3R)-2-氨基-3羟基-丁酸

表 14-1　常见的 α-氨基酸及其性质

名　称	中文缩写	英文缩写	结　构　式	pI	$[\alpha]_D^{25}$
非极性氨基酸					
甘氨酸（α-氨基乙酸） Glycine	甘	Gly G	$\text{CH}_2\!-\!\text{COO}^-$ $\ \ \ \overset{\scriptstyle +}{\text{NH}}_3$	5.97	
丙氨酸（α-氨基丙酸） Alanine	丙	Ala A	$\text{CH}_3\!-\!\text{CH}\!-\!\text{COO}^-$ $\ \ \ \ \ \overset{\scriptstyle +}{\text{NH}}_3$	6.02	+8.5
缬氨酸 （β-甲基-α-氨基丁酸）* Valine	缬	Val V	$(\text{CH}_3)_2\text{CH}\!-\!\text{CHCOO}^-$ $\ \ \ \ \ \ \ \overset{\scriptstyle +}{\text{NH}}_3$	5.97	+13.9
亮氨酸 （γ-甲基-α-氨基戊酸）* Leucine	亮	Leu L	$(\text{CH}_3)_2\text{CHCH}_2\!-\!\text{CHCOO}^-$ $\ \ \ \ \ \ \ \overset{\scriptstyle +}{\text{NH}}_3$	5.98	−10.8
异亮氨酸 （β-甲基-α-氨基戊酸）* Isoleucine	异亮	Ile I	$\text{CH}_3\text{CH}_2\text{CH}\!-\!\text{CHCOO}^-$ $\ \ \ \ \ \text{CH}_3\ \ \overset{\scriptstyle +}{\text{NH}}_3$	6.02	+11.3
蛋（甲硫）氨酸 （α-氨基-γ-甲硫基戊酸）* Methionine	蛋	Met M	$\text{CH}_3\text{SCH}_2\text{CH}_2\!-\!\text{CHCOO}^-$ $\ \ \ \ \ \ \ \overset{\scriptstyle +}{\text{NH}}_3$	5.75	−8.2
苯丙氨酸 （β-苯基-α-氨基丙酸）* Phenylalanine	苯丙	Phe F	C₆H₅$\text{CH}_2\!-\!\text{CHCOO}^-$ $\ \ \ \ \ \overset{\scriptstyle +}{\text{NH}}_3$	5.48	−35.1
脯氨酸 （α-四氢吡咯甲酸） Proline	脯	Pro P	环状结构 $\overset{\scriptstyle +}{\text{N}}\!-\!\text{COO}^-$	6.48	−85.0
非离解的极性氨基酸					
丝氨酸 （α-氨基-β-羟基丙酸） Serine	丝	Ser S	$\text{HOCH}_2\!-\!\text{CHCOO}^-$ $\ \ \ \ \ \overset{\scriptstyle +}{\text{NH}}_3$	5.68	−6.8
苏氨酸 （α-氨基-β-羟基丁酸）* Threonine	苏	Thr T	$\text{CH}_3\text{CH}\!-\!\text{CHCOO}^-$ $\ \ \ \text{OH}\ \ \overset{\scriptstyle +}{\text{NH}}_3$	5.60	−28.3
半胱氨酸 （α-氨基-β-巯基丙酸） Cysteine	半胱	Cys C	$\text{HSCH}_2\!-\!\text{CHCOO}^-$ $\ \ \ \ \ \overset{\scriptstyle +}{\text{NH}}_3$	5.07	+6.5

续表

名　　称	中文缩写	英文缩写	结　构　式	pI	$[\alpha]_D^{25}$
天冬酰胺 (α-氨基丁酰胺酸) Asparagine	天胺	Asn N	$H_2N-\overset{O}{\overset{\|}{C}}-CH_2\overset{}{CHCOO^-}\\ \underset{\overset{+}{N}H_3}{}$	5.41	−5.4
谷氨酰胺 (α-氨基戊酰胺酸) Glutamine	谷胺	Gln Q	$H_2N-\overset{O}{\overset{\|}{C}}-CH_2CH_2\overset{}{CHCOO^-}\\ \underset{\overset{+}{N}H_3}{}$	5.65	+6.1
酪氨酸(α-氨基-β- 对羟苯基丙酸) Tyrosine	酪	Tyr Y	$HO-\langle\ \rangle-CH_2-\overset{}{CHCOO^-}\\ \underset{\overset{+}{N}H_3}{}$	5.66	−10.6
色氨酸(α-氨基-β- (3-吲哚基)丙酸)* Tryptophan	色	Trp W	$CH_2\overset{}{CH}-COO^-\\ \underset{\overset{+}{N}H_3}{}$	5.89	−31.5
酸性氨基酸					
天冬氨酸 (α-氨基丁二酸) Aspartic acid	天	Asp D	$HOOCCH_2\overset{}{CHCOO^-}\\ \underset{\overset{+}{N}H_3}{}$	2.98	+25.0
谷氨酸(α-氨基戊二酸) Glutamic acid	谷	Glu E	$HOOCCH_2CH_2\overset{}{CHCOO^-}\\ \underset{\overset{+}{N}H_3}{}$	3.22	+31.4
碱性氨基酸					
赖氨酸 (α,ω-二氨基己酸)* Lysine	赖	Lys K	$^+NH_3CH_2CH_2CH_2CH_2\overset{}{CHCOO^-}\\ \underset{NH_2}{}$	9.74	+14.6
精氨酸 (α-氨基-δ-胍基戊酸) Arginine	精	Arg R	$H_2N-\overset{\overset{+}{N}H_2}{\overset{\|}{C}}-NHCH_2CH_2CH_2\overset{}{CHCOO^-}\\ \underset{NH_2}{}$	10.76	+12.5
组氨酸(α-氨基-β- (4-咪唑基)丙酸) Histidine	组	His H	$CH_2\overset{}{CH}-COO^-\\ \underset{\overset{+}{N}H_3}{}$	7.59	−39.7

注:带"*"的氨基酸为必需氨基酸,是人体内不能合成,必须依靠食物获得的氨基酸。

14.1.2 氨基酸的来源及制法

1.蛋白质水解

蛋白质在酸、碱或酶的作用下水解可得各种氨基酸的混合物,通过层析分离、离子交换和电泳等实验技术的分离,可得纯的 α-氨基酸。如味精调味品谷氨酸钠即是面粉中的蛋白质——面筋——酸性水解,再分离出的。

2. α-卤代酸氨解

α-卤代酸与过量氨作用可生成 α-氨基酸。

$$\underset{\underset{Br}{|}}{CH_3CHCOOH} + NH_3 \longrightarrow \underset{\underset{NH_2}{|}}{CH_3CHCOOH} + NH_4Br$$

3. 盖布瑞尔合成法

用盖布瑞尔(Gabriel)合成法取代 α-卤代酸的氨解,可得到收率较高、易于分离的氨基酸。

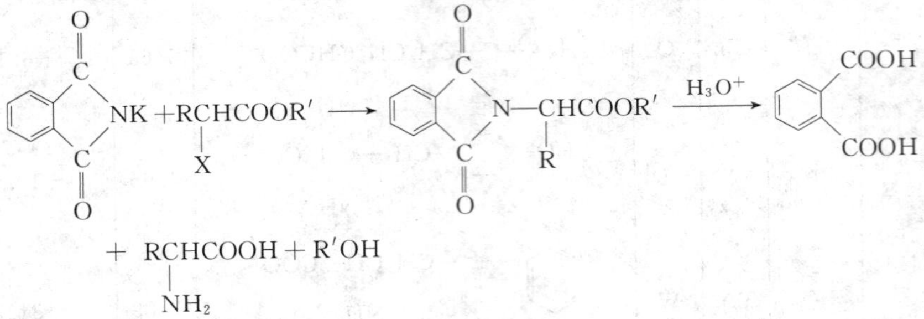

4. 斯特雷克合成法

醛与氨和氢氰酸作用,再水解可得到 α-氨基酸,该反应称为斯特雷克(Strecker)合成法。若用氯化铵和氰化钾的水溶液与醛酮作用也可得到相同的产物。

$$RCHO + NH_3 \Longrightarrow RCH{=}NH + H_2O \xrightarrow{HCN} \underset{\underset{NH_2}{|}}{RCHCN} \xrightarrow{H_3O^+} \underset{\underset{NH_2}{|}}{RCHCOOH}$$

例如,酪氨酸的制备:

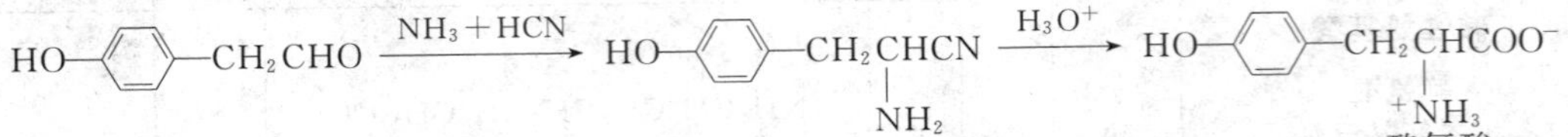

通过有机合成制备的氨基酸通常是外消旋体,需要拆分,才能得到有生物活性的 L-氨基酸。

14.1.3　氨基酸的性质

氨基酸分子中既含有碱性的氨基,又含有酸性的羧基,一般以内盐形式存在,可用通式表示如下:

$$\underset{\underset{{}^+NH_3}{|}}{R{-}CH{-}COO^-}$$

因而氨基酸表现出盐类化合物的特性。α-氨基酸为无色晶体,具有较高的熔点(一般在 200~300 ℃)。氨基酸大多有一定的分解点,往往在熔化时发生分解。一般能溶于水,易溶于强酸、强碱溶液,难溶于乙醚、氯仿等有机溶剂。除甘氨酸外,可以用测定比旋光度的方法测定其他氨基酸的纯度。

思考题14-1　能用测熔点的方法鉴定氨基酸吗?

氨基酸分子中含有羧基、氨基和侧链烃基官能团,氨基酸具有羧基、氨基和侧链烃基上官能团的典型性质,同时由于羧基与氨基的相互影响,氨基酸表现出一些特殊的性质。

1. 两性离解和等电点

氨基酸两性离子既能与酸作用形成阳离子,也能与碱作用形成阴离子,具有两性化合物的特性。氨基酸水溶液在不同的 pH 值时,可以以两性离子、阳离子、阴离子三种形式存在,并且相互转化达到动态平衡。

$$\underset{\underset{\text{阴离子}(pH > pI)}{}}{\overset{}{\text{R}-\text{CH}-\text{COO}^-}}\underset{\overset{}{\text{NH}_2}}{} \xrightleftharpoons[\text{OH}^-]{\text{H}^+} \underset{\underset{\text{两性离子}(pH = pI)}{}}{\overset{}{\text{R}-\text{CH}-\text{COO}^-}}\underset{\overset{}{\text{NH}_3^+}}{} \xrightleftharpoons[\text{OH}^-]{\text{H}^+} \underset{\underset{\text{阳离子}(pH < pI)}{}}{\overset{}{\text{R}-\text{CH}-\text{COOH}}}\underset{\overset{}{\text{NH}_3^+}}{}$$

氨基酸的荷电状态取决于溶液的 pH 值,利用酸或碱适当调节溶液的 pH 值,可使氨基酸的酸性离解与碱性离解的程度正好相等,阳离子和阴离子数目相当,氨基酸主要以偶极离子的形式存在。若将此时溶液置于电场中,氨基酸既不移向正极,也不移向负极,相当于电中性状态,这种状态下的溶液的 pH 值称为该氨基酸的等电点(isoelectric point),以 pI 表示。当溶液的 pH 值小于 pI 时,氨基酸主要以阳离子的形式存在,带正电荷,在电场中向负极移动;溶液的 pH 值大于 pI 时,氨基酸主要以阴离子形式存在,带负电荷,在电场中向正极移动。

各种氨基酸由于组成和结构不同,其等电点也不同。氨基酸由于羧基的酸性离解略大于氨基的碱性离解,中性氨基酸在纯水中呈微酸性,须加酸抑制酸性离解,使阴、阳离子数目相当,因此其 pI 略小于 7,一般在 5.0~6.5,酸性氨基酸的 pI 在 2.7~3.2,而碱性氨基酸的 pI 在 7.5~10.7。常见氨基酸的等电点见表 14-1。

利用氨基酸等电点的不同,可以分离、提纯和鉴定不同氨基酸。氨基酸在等电点时主要呈现内盐结构,溶解度最小,易从溶液中析出,可将氨基酸进行分离。此外在某一 pH 值的缓冲溶液中,各种氨基酸所带的电荷不同,它们在电场中,移动的方向和速率不同,因此可利用电泳分离或鉴定不同的氨基酸,或通过离子交换来达到分离不同氨基酸的目的。

思考题14-2 如何分离甘氨酸、赖氨酸和谷氨酸?

---

2. 与亚硝酸反应

除脯氨酸外,α-氨基酸分子中的氨基具有伯胺的性质,能与亚硝酸反应定量放出氮气,测定反应中所产生氮气的体积,可计算出氨基酸的含量,此方法称为 Van Slyke 氨基氮测定法,常用于氨基酸与多肽的定量分析。

$$\underset{\overset{|}{\text{NH}_2}}{\text{R}-\text{CHCOOH}} + \text{HNO}_2 \longrightarrow \underset{\overset{|}{\text{OH}}}{\text{R}-\text{CH}-\text{COOH}} + \text{N}_2\uparrow + \text{H}_2\text{O}$$

3. 受热反应

氨基酸受热后,发生脱水或脱氨反应,产物因与氨基和羧基的相对位置不同而异。

α-氨基酸受热,分子间相互脱水,形成六元环的交酰胺,后者在浓盐酸作用下保留一个酰胺键,打开另一个酰胺键形成二肽。

$$2\underset{\overset{|}{\text{NH}_2}}{\text{RCHCOOH}} \xrightarrow{\triangle} \text{交酰胺} \xrightarrow[\triangle]{\text{HCl}} \underset{\overset{|}{\text{R}}}{\text{H}_2\text{NCHCONHCHCOOH}}\underset{\overset{|}{\text{R}}}{}$$

β-氨基酸受热,易发生分子内消除,形成 α,β-不饱和羧酸。

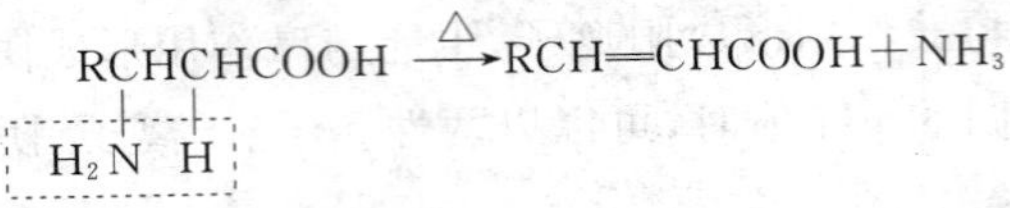

$$RCHCHCOOH \xrightarrow{\triangle} RCH=CHCOOH + NH_3$$
$$\underset{H_2N\ H}{}$$

γ 或 δ-氨基酸受热时,分子内氨基与羧基作用脱水,生成 γ 或 δ-内酰胺。例如:

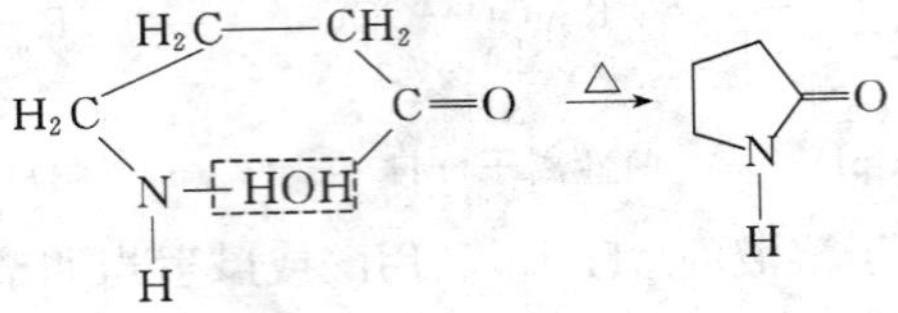

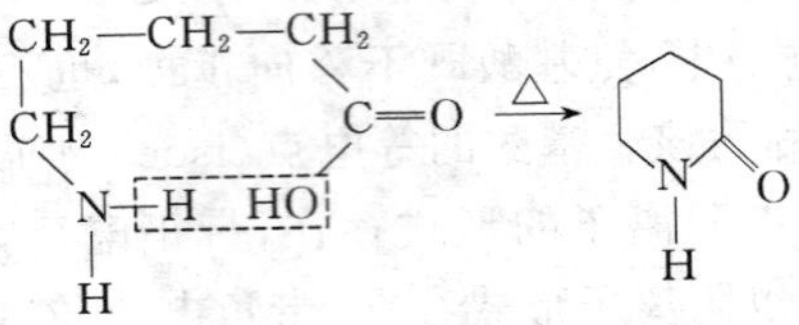

4. 与茚三酮的显色反应

α-氨基酸与水合茚三酮溶液共热,能生成蓝紫色物质。

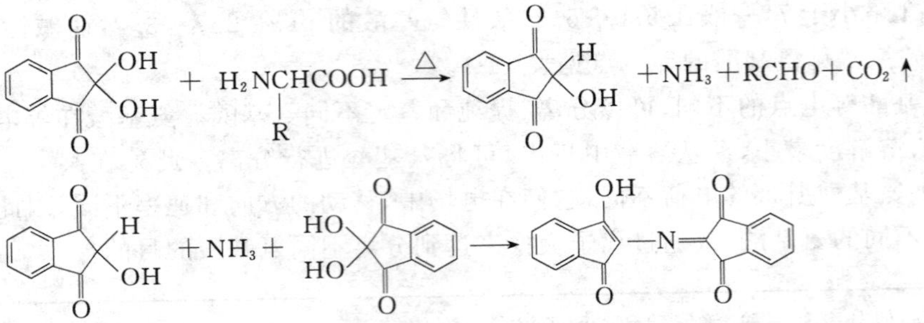

罗曼氏紫

在 20 种 α-氨基酸中,脯氨酸与茚三酮反应显黄色,而 N-取代的 α-氨基酸以及 β-氨基酸、γ-氨基酸等不与茚三酮发生显色反应。

对蓝紫色溶液进行比色分析或从产生的 CO_2 的量可对 α-氨基酸进行定量分析,该显色反应也常用于氨基酸和蛋白质的定性鉴定及标记,可在层析、电泳等实验中应用。

14.2 肽

14.2.1 肽的基本结构

肽是氨基酸之间通过酰胺键连接而成的一类化合物,肽分子中的酰胺键(—CO—NH—)称为肽键,其平面结构如图 14-1 所示。

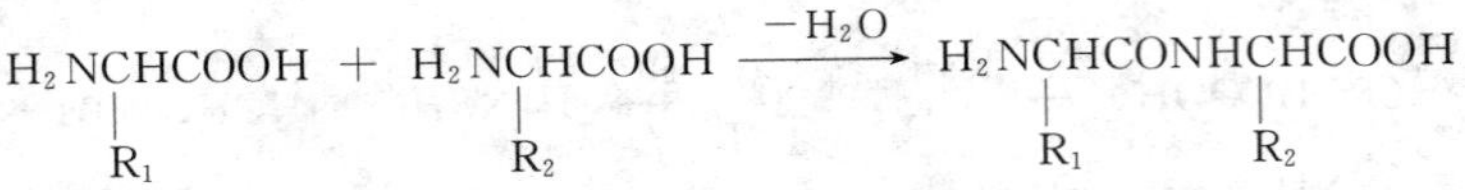

$$H_2NCHCOOH + H_2NCHCOOH \xrightarrow{-H_2O} H_2NCHCONHCHCOOH$$
$$\underset{R_1}{}\qquad\qquad \underset{R_2}{}\qquad\qquad\qquad \underset{R_1}{}\qquad \underset{R_2}{}$$

一分子氨基酸的羧基与另一分子中的氨基之间脱水缩合形成二肽,二肽分子中仍含有

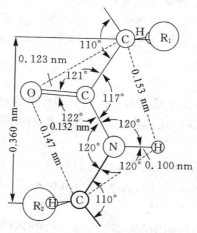

图 14-1　肽键的平面结构

自由的羧基和氨基，它可以继续与氨基酸缩合成为三肽，同样依次形成四肽、五肽……多肽、蛋白质等。十肽以下的称为寡肽（oligopeptide），十肽以上称为多肽（polypeptide），通常将相对分子质量在 10000 以上的多肽称为蛋白质。

$$\underset{R_1}{H_3NCHCO}-NH-\underset{R_2}{CHCO}-NH-\underset{R_3}{CHCO}-NH-\underset{R_4}{CHCO}\cdots NH-\underset{R_n}{CHCOO^-}$$

氨基酸形成肽后在肽链中的每个氨基酸单元 $\left(\begin{array}{c}-HN-CH-CO-\\ |\\ R\end{array}\right)$ 称为氨基酸残基（amino acid residue）。在肽链的一端保留着未结合的 $—NH_3^+$，称为 N 端，通常写在左边，该氨基酸称为 N 端氨基酸；在肽链的另一端保留着未结合的$—COO^-$，称为 C 端，通常写在右边，该氨基酸称为 C 端氨基酸。

肽的命名方法是以含 C 端的氨基酸为母体，把肽链中其他氨基酸作酰基取代，按它们在肽链中的排列顺序由左至右逐个写在母体名称前。在大多数情况下，多肽使用缩写式，用表16-1 中的英文三字母或单字母表示，连接氨基酸残基的肽键用"－"或"·"表示。例如：

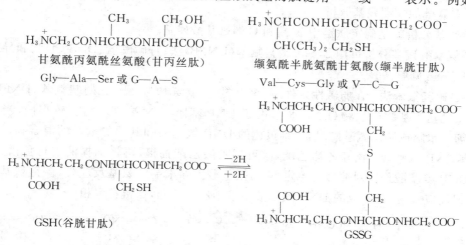

GSH 简称谷胱甘肽,分子中所含巯基易被氧化成二硫键,形成二硫键连接的双分子形式的产物,此产物称为氧化型谷胱甘肽(GSSG),其还原后可恢复还原型谷胱甘肽。在生物体内,GSH 主要是通过氧化还原反应起电子传递作用及解毒等生理作用。

14.2.2　多肽

多肽一般是 10 个以上氨基酸形成的肽链。多肽是生命不可缺少的物质,确定多肽的结构对揭示生命是非常重要的。要研究肽及肽组成的蛋白质,首先必须测定肽的结构。

1. 多肽结构测定

肽的结构不仅取决于组成肽链的氨基酸种类和数目,而且与肽链中各氨基酸残基的排列顺序有关。例如,由甘氨酸和丙氨酸组成的二肽,可有两种不同的连接方式。

$$\overset{+}{H_3}NCH_2CONHCHCOO^- \qquad \overset{+}{H_3}NCHCONHCH_2COO^-$$

甘氨酰丙氨酸(甘丙肽)　　　　　　丙氨酰甘氨酸(丙甘肽)

同理,由 3 种不同的氨基酸可形成 6 种不同的三肽,由 4 种不同的氨基酸可形成 24 种不同的四肽,如果肽链中有 n 种不同的氨基酸则可形成 $n!$ 种不同的多肽。

测定多肽结构的一般顺序是首先确定组成多肽的氨基酸种类和数目,然后再确定肽链中氨基酸的排列顺序。

1) 多肽的组成

用超离心法、渗透法或 X 衍射等物理方法测定多肽的相对分子质量,再通过元素分析确定分子式。

将多肽在 6 mol·L^{-1} 盐酸中加热使其彻底水解,得到各种游离氨基酸的混合物,经层析分离,茚三酮显色,再与已知氨基酸比较,可以鉴别各种氨基酸的存在;通过比色法可测定氨基酸的相对含量,则可得知多肽中各种氨基酸残基的相对数目。或通过氨基酸分析仪以确定其成分,再经相对分子质量的测定计算出各种氨基酸分子的数目。

2) 氨基酸的排序

多肽中氨基酸的排列顺序的测定可将末端残基分析与部分水解法结合进行。

(1) 多肽链的末端残基分析。

末端残基分析就是确定肽链中 N 端和 C 端氨基酸残基。

N 端氨基酸残基分析可用 2,4-二硝基氟苯(DNFB)法、丹磺酰氯(DNS-Cl)法和异硫氰酸苯酯法(Edman 降解法)等。

2,4-二硝基氟苯法:在弱碱性条件下,多肽链 N 端氨基与 2,4-二硝基氟苯(DNFB)反应生成 N-二硝基苯基肽衍生物(DNP-肽),由于 DNP 基团与 N 端氨基结合较牢固,当用酸将 DNP-肽彻底水解成游离氨基酸时,可得黄色的 DNP-氨基酸和其他氨基酸的混合物。由于混合物只有 DNP-氨基酸能溶于乙酸乙酯,故可用乙酸乙酯抽提,再将抽提液进行色谱分析,用标准的 DNP-氨基酸作为对照即可鉴定 N 端氨基酸。除末端的氨基反应外,侧链氨基也可有此反应,但反应较慢,且生成的 DNP-氨基酸不溶于乙酸乙酯,保留在水相。

$$\xrightarrow[\triangle]{\substack{DNFB \\ HCl, H_2O}} O_2N-\underset{NO_2}{\underset{|}{\overbigcirc}}-NHCHCOOH \ + \ H_3\overset{+}{N}CHCOOH \ + \cdots$$

$$\underset{R}{\quad} \qquad \underset{R_1}{\quad}$$

DNP-氨基酸

丹磺酰氯(5-二甲氨基萘磺酰氯)法：丹磺酰氯是一种荧光试剂，能与多肽的 N 端氨基反应生成 DNS-多肽，经水解得到的 DNS-氨基酸在紫外光下有强烈的黄色荧光，灵敏度比 DNFB 法高 100 倍，且水解后 DNS-氨基酸不需要抽提，可直接用纸层析或薄层层析加以鉴定。丹磺酰氨基酸的结构式如下：

$$(CH_3)_2N-$$

$$SO_2NHCHCOOH$$
$$\underset{R}{|}$$

异硫氰酸苯酯法：瑞典科学家 Edman P. 用异硫氰酸苯酯与多肽 N 端氨基生成取代硫脲，然后用盐酸选择性地将 N 端残基以苯基乙内酰硫脲的形式水解下来并进行鉴定，而肽链的其余部分则可完整地保留。

$$C_6H_5NCS + H_2NCHCO-NH-CHCO\sim \xrightarrow{\text{碱}} C_6H_5\overset{H}{N}-\overset{S}{C}-HNCHCO-NH-CHCO\sim$$

$$\xrightarrow{HCl, H_2O} C_6H_5-\underset{\underset{O}{\overset{||}{C}}}{N}\underset{\underset{CHR}{}}{NH} \ + \ H_3\overset{+}{N}-CHCO\sim$$

缩短后的肽链 N 端残基可继续用此法分析，重复操作可将次生肽从 N 端降解从而分析整个肽链。Edman P. 也据此制造出蛋白质自动顺序分析仪，可精确测定多达 60 个氨基酸以下的多肽结构，此法称为 Edman 降解法。

C 端氨基酸残基分析常采用羧肽酶催化水解法和肼解法等。

羧肽酶催化水解法：羧肽酶是一类肽链外切酶，专一地从肽链的 C 端开始逐个降解，释放出氨基酸。被释放的氨基酸数目与种类随反应时间而变化。因此，只要按一定时间间隔测定水解液中各氨基酸的浓度，即可推知肽链中氨基酸从 C 端开始的排列顺序，但肽链氨基酸残基超过 6 个时，可靠性变差。

$$-NHCHCONHCHCOOH \xrightarrow{\text{羧肽酶}} -NHCHCOOH + H_2NCHCOOH$$
$$\underset{R'}{|} \qquad \underset{R}{|} \qquad\qquad\qquad \underset{R'}{|} \qquad\qquad \underset{R}{|}$$

羧肽酶水解法是目前最有效的、最常用的测定 C 端残基的方法。

肼解法：多肽链和过量的无水肼在 100 ℃温度下加热反应，不在 C 端的氨基酸都转变为氨基酸酰肼，再与苯甲醛作用，生成不溶于水的苯腙衍生物分离，C 端氨基酸得以鉴定。

$$H_2NCHCO—NH—CHCO \cdots NH—CHCOOH$$
$$\quad\quad | \quad\quad\quad\quad\quad | \quad\quad\quad\quad\quad |$$
$$\quad\quad R_1 \quad\quad\quad\quad\quad R_2 \quad\quad\quad\quad\quad R_n$$

$$\Big\downarrow H_2NNH_2$$

$$H_2NCHCO—NHNH_2 + H_2NCHCO—NHNH_2 + \cdots + H_2N—CHCOOH$$
$$\quad\quad | \quad\quad\quad\quad\quad\quad\quad\quad\quad | \quad\quad\quad\quad\quad\quad\quad\quad\quad\quad |$$
$$\quad\quad R_1 \quad\quad\quad\quad\quad\quad\quad\quad\quad R_2 \quad\quad\quad\quad\quad\quad\quad\quad\quad\quad R_n$$

氨基酸酰肼

$$\Big\downarrow C_6H_5CHO$$

$$C_6H_5CH=NCHCONHN=CHC_6H_5 + C_6H_5CH=NCHCONHN=CHC_6H_5 + \cdots$$
$$\quad\quad\quad\quad | \quad\quad\quad\quad\quad\quad\quad\quad\quad\quad\quad\quad\quad\quad | $$
$$\quad\quad\quad\quad R_1 \quad\quad\quad\quad\quad\quad\quad\quad\quad\quad\quad\quad\quad\quad R_2$$

苯腙衍生物

（2）部分水解。

在实际应用中，用逐步切除末端残基的方法来测定多肽中全部氨基酸残基的顺序是难以实现的，因为不仅反应步骤多，会产生消旋化，而且水解液中物质愈多，对鉴定的干扰愈大，达到一定程度后，鉴定将无法进行下去。

故测定多肽链中氨基酸顺序，一般采用部分水解法，将大分子的肽链用酸或酶部分水解成小肽片段，然后再结合末端残基分析法加以鉴定。不同的蛋白酶酶切肽链的不同部位。例如，胰蛋白酶能专一性地水解精氨酸或赖氨酸的羧基肽键，糜蛋白酶可水解芳香族氨基酸的羧基肽键，内切酶谷氨酸蛋白酶可内切甘氨酸和天冬氨酸羧基肽键，内切酶脯氨酸蛋白酶专切脯氨酸羧基肽键，内切酶赖氨酸蛋白酶专切赖氨酸羧基肽键等。当有足够的小碎片被鉴定以后，再进行组合、排列对比，就可能得出整个肽链中各氨基酸残基的排列顺序。如以简单的三肽甘-丙-丝为例，当部分水解可生成两个二肽，即甘-丙及丙-丝，分离后末端分析则可确定甘-丙-丝三肽结构。

思考题 14-3　已知某肽由天冬氨酸、谷氨酸、组氨酸、苯丙氨酸、缬氨酸组成，部分水解得到小肽为缬-天冬 ＋ 谷-组 ＋ 苯丙-缬 ＋ 天冬-谷，试写出该肽的氨基酸残基的排列顺序。

---

2. 多肽的合成

多肽和蛋白质具有十分重要的生物活性，是生命中不可缺少的物质，多肽合成是生命科学中重要的有机合成。

1）传统合成方法

要合成与天然多肽相同的化合物，必须将具有光学活性的氨基酸按照一定的顺序在指定的羧基和氨基之间连接成一定长度的肽链。为了防止非指定的羧基和氨基之间的连接，在合成时，须对氨基和羧基进行保护，反应完成后再定量地除去保护基，同时还不能影响分子中的其他部位特别是肽键部分；合成反应中还要注意氨基酸侧链上的官能团在成肽反应前后不受影响。此外，若具有光学活性的氨基酸外消旋化反应，则会对分离提纯带来较大困难。

氨基可以通过与氯甲酸苄酯（PhCH$_2$OCOCl）的酰化反应加以保护，成肽后可由催化氢化或在乙酸中用冷的 HBr 水解还原分解出氨基。

例如，合成甘氨酰丙氨酸，若直接用甘氨酸与丙氨酸脱水缩合，则可得到四种二肽，若对氨基加以保护后再进行反应，可得所要求的二肽。

$$PhCH_2OCOCl + NH_2CH_2COOH \longrightarrow PhCH_2OCO—NHCH_2COOH \xrightarrow{SO_2Cl}$$

$$PhCH_2OCO—NHCH_2COCl \xrightarrow{\underset{NH_2CHCOOH}{CH_3}} PhCH_2OCO—NHCH_2CO—NHCHCOOH \overset{CH_3}{|}$$

$$\xrightarrow{H_2/Pd} PhCH_3 + CO_2 + NH_2CH_2CO—\overset{CH_3}{\underset{|}{N}}HCHCOOH$$

用氯甲酸叔丁酯可以作同样处理,在酸性条件下水解得游离氨基。

$$(CH_3)_3COCOCl + \ NH_2\overset{R}{\underset{|}{C}}HCOOH \longrightarrow (CH_3)_3COCO—NH\overset{R}{\underset{|}{C}}HCOOH$$

$$\xrightarrow{\underset{NH_2CHCOOH}{R'}} (CH_3)_3COCO—NH\overset{R}{\underset{|}{C}}HCO—NH\overset{R'}{\underset{|}{C}}HCOOH$$

$$\xrightarrow{CH_3COOH} (CH_3)_2C=CH_2 + CO_2 + NH_2\overset{R}{\underset{|}{C}}HCO—NH\overset{R'}{\underset{|}{C}}HCOOH$$

当分子中有多个氨基时,可分别用氯甲酸苄氯、氯甲酸叔丁酯作用,或以邻苯二甲酸酐作为保护剂反应生成邻苯二甲酰亚胺,再进行处理,利用不同的分解方法保留某个肽键或保护基。

羧基可通过生成酯形成酯键保护。常见的如甲酯、乙酯等。由于酯键比酰胺键易水解,可在稀碱催化下水解除去保护基。

氨基酸侧链上其他官能团可采用类似的方法进行保护和分解。例如,对巯基、羟基可将其转化为苄硫和苄基醚,反应后氢解除去苄基的保护。

反复使用以上方法,每次形成一个肽键,可以将不同氨基酸按一定顺序连接起来。但由于反应是在溶液中进行,每步反应产物都要进行分离精制,消耗大量溶剂,产率也随肽链的增长而降低。

2) 多肽固相合成法

20 世纪 60 年代,Merrified R. B. 发明了快速、定量、连续合成多肽的方法——多肽固相合成法。该方法主要是在不溶性的苯乙烯和对苯二乙烯共聚树脂(P)表面进行氯甲基化(P—CH_2Cl),它和一个已用叔丁氧甲酰基(BOC)或苄氧甲酰基(Q)保护氨基的氨基酸作用时,苄基氯反应生成苄酯并接在树脂上,再用酸解除保护,然后该树脂与另一氨基被保护的氨基酸在固相上的游离氨基缩合剂(二环己基碳二亚胺,DCC)作用下缩合反应生成肽键,得到挂在树脂上的氨基被保护的二肽,脱去 N 端保护基,可得游离二肽。重复以上操作,直至得到所需的多肽,最后用氢溴酸或三氟乙酸处理,将肽链从树脂(P)上解脱下来。上述形成肽键的反应是在液相中进行,但反应底物是接到固体上的,故称为固相合成法。

$$P—CH_2Cl + HOOCCHRNH—Q \longrightarrow P—CH_2OOCCHRNH—Q \xrightarrow[\text{除去 } N\text{-保护基}]{HBr}$$

$$P—CH_2OOCCHRNH_2 \xrightarrow[\text{接氨基保护的氨基酸}]{DDC} P—CH_2OOCCHRNHCOCHR'NH—Q$$

$$\xrightarrow[\text{除去 } N\text{-保护基}]{HBr} P—CH_2OOCCHRNHCOCHR'NH_2 \xrightarrow[\text{脱去 } P—CH_2Br]{\text{重复上述操作} \cdots \cdots \ HBr} 多肽$$

多肽固相合成法已应用于自动化仪器操作。由于该合成法中形成肽键的反应在液相中进行,而均相反应又是接在固体上,可以使用过量的试剂,因此反应迅速、有效,多余的试剂、溶剂及副产物易于洗脱除去,该法有着操作简单、合成速度快、收率高的特点。Merrified R. B. 创立多肽固相合成法,并首先用此法合成出世界上第一种人工合成蛋白质,对遗传工程和新药物的发展作出重大贡献,他因此获得 1984 年的诺贝尔化学奖。但由于该合成法中生成的多肽在最后一步完成后才能进行分离提纯,而且得到的多肽中混有缺少一个或多个氨基酸的杂质肽,因此其分离纯化操作难度较大,纯化困难。

目前还常用基因工程的手段合成多肽,用较大的肽经过一系列酶催化降解产生所需的多肽。但对于肽链长度小于 20 个氨基酸的多肽,常常通过化学合成方法得到。

14.3　蛋　白　质

蛋白质是一类结构复杂的含氮的生物高分子化合物,是生物体内组成细胞的基础物质,并在生命活动过程中起着决定性作用。

14.3.1　蛋白质的分类、组成与性质

1. 蛋白质的分类

蛋白质结构复杂,有多种分类方法。一般是根据蛋白质的分子形状、溶解度、化学组成和功能等进行分类。

按分子形状可把蛋白质分为纤维状蛋白质和球状蛋白质。纤维状蛋白质的分子形状类似于细棒状纤维,根据其在水中溶解度的不同,可分为可溶性纤维状蛋白质和不溶性纤维状蛋白质,可溶性纤维状蛋白质如血纤维蛋白原等,不溶性纤维状蛋白质如弹性蛋白、胶原蛋白、角蛋白和丝心蛋白等。球状蛋白质的分子类似于球形或不规则椭圆形,往往溶于水和稀盐酸,如血红蛋白、肌红蛋白、卵清蛋白和大多数的酶。

按化学组成可把蛋白质分为简单蛋白质和结合蛋白质两类。简单蛋白质,如血清蛋白、角蛋白、组蛋白等,水解后的最终产物是 α-氨基酸;结合蛋白,如核蛋白、糖蛋白、脂蛋白等,由单纯蛋白和非蛋白质部分(称为辅基,常见的有糖、核酸等)结合而成。

根据功能可把蛋白质分为活性蛋白质和结构蛋白质。活性蛋白质是指一切在生命运动中具有生物活性的蛋白质及其前体,如酶蛋白、转运蛋白、运动蛋白、保护和防御蛋白、激素蛋白、受体蛋白、营养和储存蛋白以及毒蛋白等。结构蛋白是指一类担负着生物保护或支持作用的蛋白质,如角蛋白、弹性蛋白和胶原蛋白等。

思考题 14-4　举例说明蛋白质的分类。

2. 蛋白质的组成

通过元素分析可知,蛋白质的组成元素主要是 C、H、O、N 四种,此外大多数含有 S,少数含有 P、Fe、Zn 、Cu、Mn,个别蛋白质还含有 I 或其他元素。一般的蛋白质中主要元素的质量分数为:C50%～55%,O20%～23%,H6%～7%, N15%～17%,S0%～3%。

由于生物组织中绝大部分氮元素来自蛋白质,而非蛋白质物质的含氮量约为蛋白质的含氮量的 1%,因此可将生物组织中的含氮量看做全部来自蛋白质,而且各种来源的蛋白质中 N 的质量分数相当接近,平均约为 16%,即每克氮相当于 6.25 g 蛋白质,因此只要测定生物样品

中 N 的质量分数,就可计算出其中蛋白质的大致含量。

3. 蛋白质的性质

蛋白质分子的基本组成单位是氨基酸,但它是复杂结构的大分子,存在多个官能团,官能团之间相互作用,因此蛋白质既具有与氨基酸相似的理化性质,又具有一些自身特有的性质。

1) 两性离解和等电点

蛋白质分子中有未结合的氨基、羧基等极性基团,因此,蛋白质和氨基酸一样,也是两性物质,在不同的 pH 值下,可离解为阳离子和阴离子。蛋白质的带电状态与溶液的 pH 值有关。

$$P \overset{NH_2}{\underset{COO^-}{\diagup}} \quad \underset{OH^-}{\overset{H^+}{\rightleftharpoons}} \quad P \overset{NH_3^+}{\underset{COO^-}{\diagup}} \quad \underset{OH^-}{\overset{H^+}{\rightleftharpoons}} \quad P \overset{NH_3^+}{\underset{COOH}{\diagup}}$$

阴离子(pH > pI)　　　　两性离子(pH = pI)　　　　阳离子(pH < pI)

在 pH 值等于等电点(pI)时,蛋白质所带的正、负电荷数相等,净电荷为零,在电泳池中不会移向任何一极。一些常见蛋白质的等电点列于表 14-2。

表 14-2　一些常见蛋白质的等电点

蛋　白　质	pI	蛋　白　质	pI
丝蛋白(蚕)	2.0～2.4	胰岛素(牛)	5.30～5.35
胃蛋白酶(猪)	2.75～3.00	血红蛋白	6.7～7.07
卵清蛋白(鸡)	4.55～4.9	肌球蛋白	7.0
血清白蛋白(牛)	4.6	细胞色素 C	9.8～10.3
血清白蛋白(人)	4.64	溶菌酶	11.0
白明胶(动物皮)	4.7～5.0	鱼精蛋白	12.0～12.4

在 pH 值不同于等电点的溶液中,蛋白质带有电荷,在电场中可向不同的电极移动,因此可通过电泳法分离和鉴定蛋白质。此外在 pH 值等于等电点时,蛋白质的溶解度最小,可调节溶液的 pH 值,将不同等电点的蛋白质从溶液中析出分离。

思考题 14-5　在下列 pH 值下电泳,蛋白质将向哪一极移动?

(1)卵清蛋白,pH=5.0　　(2)牛血清蛋白,pH=7.0　　(3)溶菌酶,pH=7.0

2) 胶体性质

蛋白质是高分子化合物,相对分子质量很大,其分子直径一般在 1～100 nm,故蛋白质具有胶体溶液的典型性质,如布朗运动、丁铎尔效应、电泳现象、不能透过半透膜等。

蛋白质的水溶液是一种比较稳定的亲水溶胶。蛋白质在水溶液中可吸引水分子在它的表面形成水化膜,水化膜可遏制蛋白质颗粒的凝聚沉淀;蛋白质分子表面的可离解基团,在适当的 pH 值下,能带有相同的净电荷,与周围的带有相反电荷的离子构成稳定的双电层。这两种因素使蛋白质能形成稳定的胶体溶液,其稳定性与粒子大小、电荷及水化程度有关系。若加入脱水剂、电解质和调节溶液的 pH 值,两种稳定因素消失,胶体结构受到破坏,蛋白质会凝聚成块,可利用这个性质分离提纯蛋白质。

利用蛋白质溶液的黏度较大、扩散速度慢、不能透过半透膜的特点,可用半透膜分离纯化蛋白质。这种方法称为透析法。此外,还可利用超速离心机使大小不同的蛋白质分步沉降,从而达到分离蛋白质的目的，超速离心法还可用于测定蛋白质的相对分子质量。

3）盐析

在蛋白质溶液中加入一定浓度的强电解质盐，如$(NH_4)_2SO_4$、Na_2SO_4、$NaCl$、$MgSO_4$等，蛋白质从溶液中析出，这种作用称为盐析。盐析作用的实质是高浓度的强电解质破坏蛋白质分子表面的水化膜，同时电解质离子中和蛋白质所带的电荷，蛋白质的稳定因素被消除，使蛋白质分子相互碰撞而凝聚沉淀。若结合调节溶液的 pH 值至蛋白质的等电点，效果将会更好。

蛋白质盐析所需盐的最小量称为盐析浓度。各种蛋白质的水化程度及所带电荷不同，发生沉淀时所需的盐析浓度也不同。利用此特性可用不同浓度的盐溶液使蛋白质分段析出，此操作方法称为分段盐析。

用盐析沉淀得到的蛋白质，其分子内部结构未发生变化，可保持原有的生物活性，经过透析法或凝胶层析法除去盐后，便可获得较纯的蛋白质。

4）蛋白质的变性

蛋白质受到某些物理因素（如加热、高压、紫外线、X 射线、超声波、强烈搅拌等）或化学因素（如强酸、强碱、重金属盐、氧化剂、生物碱试剂和其他一些有机溶剂等）的作用，蛋白质的理化性质或生物活性发生改变，这种现象称为蛋白质的变性。

蛋白质变性后，分子的空间结构及形状发生改变，这样使得蛋白质原有的理化性质或生物活性发生改变，如溶解度降低、黏度增加、易被蛋白酶水解、酶失活等。

蛋白质的变性作用在实际生活中的应用很多。例如，豆腐就是大豆蛋白质的浓溶液加热加盐而成的变性蛋白凝固体；在重金属盐中毒急救时，可给患者吃大量乳品或蛋清，其目的就是使乳品或蛋清中的蛋白质在消化道中与重金属离子结合成不溶解的变性蛋白质，从而阻止重金属离子被黏膜吸收，最后设法将沉淀从肠胃中洗出；临床工作中经常用高温、紫外线或乙醇进行消毒，使细菌和病毒因蛋白质变性而失去其致病性及繁殖能力；用放射线同位素杀死癌细胞等。

5）蛋白质的颜色反应

蛋白质分子中有不同的氨基酸，可以和不同的试剂作用产生特殊的颜色反应（见表14-3），利用这些反应可以鉴别蛋白质。

表 14-3　蛋白质的颜色反应

反 应 名 称	试 剂	颜 色	反应有关基团
缩二脲反应	$CuSO_4$ 的碱性溶液	紫红色至蓝紫色	两个或两个以上相邻的肽键
茚三酮反应	茚三酮	蓝紫色	游离氨基
米隆（Millon）反应	硝酸汞，硝酸	白色沉淀，加热变成红色	酚羟基
蛋白黄反应	浓硝酸及氨水	黄色至橙黄色	苯环
乙酸铅反应	强碱及乙酸铅	黑色沉淀	含硫基团
乙醛酸反应	乙醛酸及浓硫酸	紫红色	吲哚基
坂口反应	次氯酸钠或次溴酸钠	红色	胍基

14.3.2　蛋白质的结构

蛋白质的结构非常复杂。蛋白质肽链中不同的氨基酸的排列产生构造异构,同时氢键、疏水作用力、范德华力等作用使得一条或多条肽链有不同的空间结构产生构型和构象异构。不同的异构组成不同的蛋白质分子。为了表示其不同层次的结构,常将蛋白质结构分为一级、二级、三级和四级结构。

1. 蛋白质的一级结构

蛋白质分子的一级结构(primary structure)是指多肽链中氨基酸残基的连接方式和排列顺序。它是蛋白质的基本结构,决定蛋白质的性质及生物活性。肽键是一级结构中主要的化学键,另外在两条肽链之间或一条肽链的不同位置之间也存在其他类型的化学键,如二硫键、酯键等。任何特定的蛋白质都有其特定的氨基酸残基顺序。例如,牛胰岛素就是由 A 和 B 两条多肽链共 51 个氨基酸残基组成,A 链含有 11 种共 21 个氨基酸残基,B 链含有 16 种共 30 个氨基酸残基。A 链内有一链内二硫键,A 链和 B 链通过两个二硫键相互连接。牛胰岛素的一级结构如下:

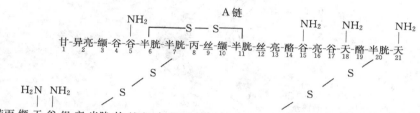

牛胰岛素的一级结构

蛋白质的一级结构是其空间构象的基础,因此测定蛋白质的氨基酸顺序有重要意义,目前可使用氨基酸自动分析仪和肽链氨基酸顺序自动测定仪来进行测定,简便迅速。

2. 蛋白质的二级结构

蛋白质分子的肽链不是走向随机的松散结构或烃类化合物的线型结构,而是盘曲和折叠成有规则的空间构象,这就是蛋白质的二级结构(secondary structure)。二级结构包括 α-螺旋、β-折叠、β-转角、Ω 环形和无规卷曲等基本类型,氢键是二级结构稳定存在的重要因素。二级结构是蛋白质复杂构象的基础。

(1) α-螺旋(α-helix)。在 α-螺旋(见图 14-2)中,多肽链的各肽键平面按顺时针方向旋转形成右手螺旋,轴心距为 0.5 nm。所有肽键为反式,氨基酸的侧基伸向螺旋外侧,每隔 3.6 个氨基酸残基上升一圈,每圈轴向升高 0.54 nm,每个氨基酸残基轴向升高 0.15 nm。螺旋之间依靠每个氨基酸残基的 N—H 键中的氢原子与后面第四个氨基酸残基的 C ═O 双键中的氧原子之间形成氢键,方向与螺旋轴大致平行。由于肽链中的每个氨基酸都参与形成氢键,故保持了 α-螺旋结构的稳定性。此外,主链结构中伸向外侧的 R 基团的形状、大小以及带电状态对 α-螺旋结构的形成和稳定性都有影响。

(2) β-折叠(β-pleated sheet)。β-折叠(见图 14-3)是蛋白质分子肽链较为伸展的一种构象,相连肽链或一条肽链的若干肽段平行排列,以 α-碳原子为旋转点,依次折叠成锯齿状结构,氨基酸残基侧链 R 基交替地位于片层的上方和下方,并且均与片层相垂直,多肽链间或肽

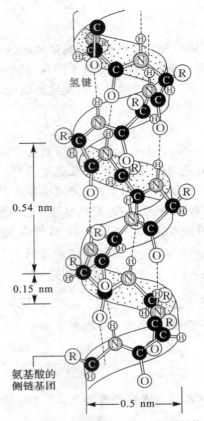

氢键

0.54 nm

0.15 nm

氨基酸的
侧链基团

←— 0.5 nm —→

图 14-2　蛋白质分子中的 α-螺旋结构

段间以 N—H 键中的氢原子与 C=O 键间的氧原子形成的氢键维持构象。β-折叠有两种类型:一种是平行 β-折叠,肽链的排列从 N 端到 C 端为同一方向;另一种是反平行 β-折叠,一条肽链从 N 端到 C 端,另一条则刚好相反。从能量上看,反平行 β-折叠结构比较稳定。

　　α-螺旋和 β-折叠结构是蛋白质分子中局部肽链有规则的结构单元。

　　(3) β-转角(β-turn)。在蛋白质分子的多肽链中出现氨基酸残基的 C=O 键的氧原子与其后第三个氨基酸残基的 N—H 键的氢原子形成的氢键构成 180° 的回折转角,这就是 β-转角。β-转角连接二级结构单元,对确定肽链的走向起决定作用。除 β-转角外,还有 γ-转角和 π-转角,它们与 β-转角不同之处在于氢键位置不同。γ-转角的氢键是相邻氨基酸残基之间形成氢键,π-转角是氨基酸残基与第五个残基形成的氢键。蛋白质分子中的 β-转角结构如下式所示:

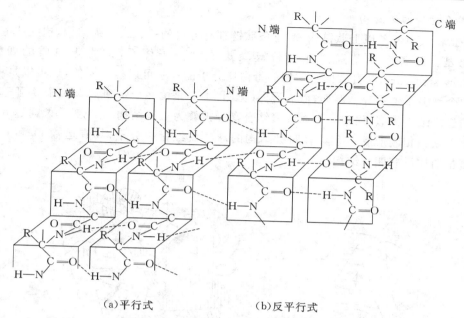

(a)平行式　　　　　　　　　　　(b)反平行式

图 14-3　蛋白质分子中的 β-折叠结构

（4）Ω 环形。在肽链的某些片段中，由不超过 16 个残基形成的环状肽段，因其外形与希腊字母"Ω"相似，故称为 Ω 环形。Ω 环形肽段之间只形成一个氢键，可看成 β-转角的延伸。

此外，二级结构中还包括无规卷曲（random coil）。它是在肽链的某些肽段中，由于氨基酸残基的相互影响，破坏了氢键的连续，使肽键平面不规则排列，形成了自由卷曲构象，称为无规卷曲。

蛋白质的二级结构是由组成肽链的氨基酸决定的，不同的氨基酸由于存在结构差异，形成的二级结构有所不同。

3. 蛋白质的三级结构

蛋白质的三级结构（tertiary structure）是指一条多肽链通过盐键、氢键、二硫键、疏水键、范德华力及配位键的作用，在二级结构的基础上进一步折叠所形成的在三维空间的整体排列。蛋白质的三级结构实质是由氨基酸排列顺序决定的，是多肽链主链上各个单键旋转自由度受到限制的总结果。这些限制包括肽键的平面性质、C_α—C 和 C_α—N 键旋转限度、亲水基和疏水基的数目和位置、带正（负）电荷的 R 基的数目和位置、介质等因素，这些因素与维持三级结构的各种作用力密切相关。肌红蛋白分子的三级结构如图 14-4 所示。

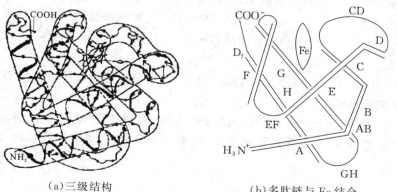

(a)三级结构　　　　　　　　　　（b）多肽链与 Fe 结合

图 14-4　肌红蛋白分子的三级结构

4. 蛋白质的四级结构

许多蛋白质由两条以上肽链构成,每条肽链都有各自的一、二、三级结构,这些肽链称为蛋白质的亚基。由各个亚基通过非共价键聚集成大分子体系,即为蛋白质的四级结构(quaternary structure)。具有四级结构的蛋白质分子的亚基可以是相同的,也可以是不同的,数目从两个到上千个不等。例如,血红蛋白(见图 14-5)是由 2 个 α-亚基和 2 个 β-亚基组成,2个亚基的三级结构相似,均与一个血红素结合盘旋折叠为三级结构,4 个亚单位通过 8 个离子键两两交叉紧密相嵌形成一个具有四级结构的球状血红蛋白分子,具有运输 O_2 和 CO_2 的功能。单链蛋白质没有四级结构。

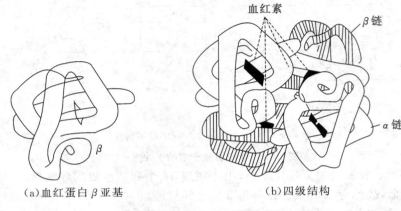

(a)血红蛋白 β 亚基　　　　　　(b)四级结构

图 14-5　血红蛋白分子的四级结构

14.4　核　　酸

核酸是一类存在于细胞核和细胞质中,承担生物遗传信息的储存、传递和表达,具有重要生物活性的生物大分子。因其最初是从细胞核中分离出来的酸性物质,所以称为核酸。

核酸根据分子中所含戊糖的种类可分为脱氧核糖核酸(deoxyribonucleic acid,DNA)和核糖核酸(ribonucleic acid,RNA)。DNA 主要存在于细胞核和线粒体内,是生物遗传的主要物质基础,它携带遗传信息,决定细胞和个体的基因类型。RNA 存在于细胞质(约占 90%)和细胞核内(约占 10%),它直接参与细胞内 DNA 遗传信息表达,即蛋白质的生物合成。

根据在蛋白质合成过程中所起的作用不同,RNA 又分为三类。

(1)核蛋白体 RNA(ribosomal RNA,rRNA)。又称核糖体 RNA,是核蛋白的主要成分。它是蛋白质合成场所,参与蛋白质合成的各种成分最终必须在核蛋白体上将氨基酸按特定顺序合成多肽链。

(2)信使 RNA(messenger RNA,mRNA)。它是合成蛋白质的直接模板,在蛋白质合成时,控制氨基酸排列顺序。

(3)转运 RNA(transfer RNA,tRNA)。它是蛋白质的合成中氨基酸的载体。它将mRNA 携带的遗传密码翻译成氨基酸信息,并将相应氨基酸转运到核糖体上进行蛋白质合成。

14.4.1　核酸的组成

核酸的基本组成单元是核苷酸,核苷酸经水解可得等物质的量的戊糖、磷酸和含氮碱基。

核酸→核苷酸┬→磷酸
　　　　　　└→核苷┬→戊糖:核糖、脱氧核糖
　　　　　　　　　　└→碱基:嘌呤碱、嘧啶碱

两类核酸的基本化学组成列于表 14-4。

表 14-4　DNA 和 RNA 的基本化学组成

化 学 组 成	DNA	RNA
酸	磷酸	磷酸
戊糖	D-2-脱氧核糖	D-核糖
嘌呤碱	腺嘌呤、鸟嘌呤	腺嘌呤、鸟嘌呤
嘧啶碱	胞嘧啶、胸腺嘧啶	胞嘧啶、尿嘧啶

1. 戊糖

核酸中的戊糖有两种,即 β-D-核糖和 β-2-D-脱氧核糖,β-D-核糖存在于 RNA 中,而 β-2-D-脱氧核糖存在于 DNA 中。

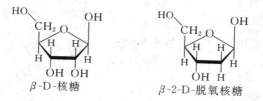

β-D-核糖　　　　　　β-2-D-脱氧核糖

2. 碱基

构成核苷酸的碱基有两类:嘌呤碱和嘧啶碱。主要有五种碱基。

腺嘌呤(A)　　鸟嘌呤(G)　　胞嘧啶(C)　　尿嘧啶(U)　　胸腺嘧啶(T)

两类碱基可发生酮式-烯醇式互变,在生理条件下或者酸性和中性介质中,它们均以酮式为主。

RNA 和 DNA 中所含的嘌呤碱基相同,都含有腺嘌呤和鸟嘌呤;所含的嘧啶碱基不同,两者都含有胞嘧啶,RNA 含有尿嘧啶不含胸腺嘧啶,DNA 恰好相反,含有胸腺嘧啶不含尿嘧啶。

思考题 14-6　写出尿嘧啶和腺嘌呤的烯醇式结构式。

3. 核苷

戊糖(核糖和 2-脱氧核糖)C(1)上的 β-半缩醛羟基与嘌呤碱 9 位或嘧啶碱 1 位氮原子上的氢原子脱水缩合而成的氮苷,称为核苷(nucleoside)。

核苷按其戊糖的不同,分为脱氧核糖核苷和核糖核苷。核苷命名时,碱基放在核苷的前面,如腺嘌呤核苷(简称腺苷)、胞嘧啶脱氧核苷(简称脱氧胞苷)。此外核苷戊糖上的碳原子的编号为次位编号,以区别于碱基上原子的编号。

在 DNA 中常见的 4 种脱氧核糖核苷的结构式及名称如下:

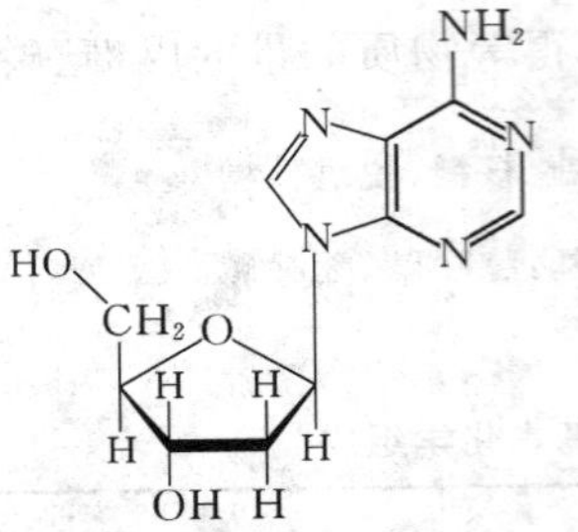

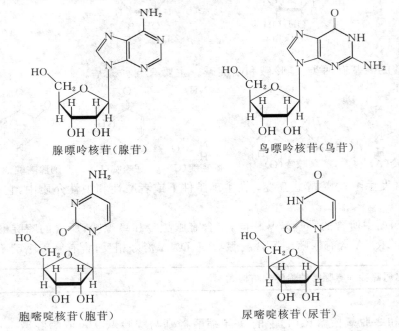

腺嘌呤脱氧核苷(脱氧腺苷) 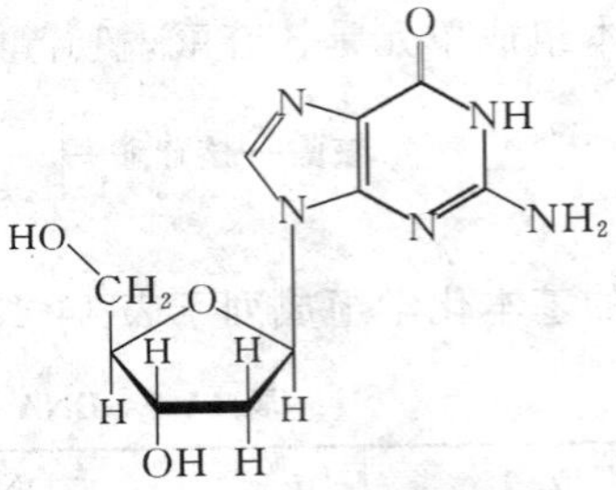　　　　　　　鸟嘌呤脱氧核苷(脱氧鸟苷)

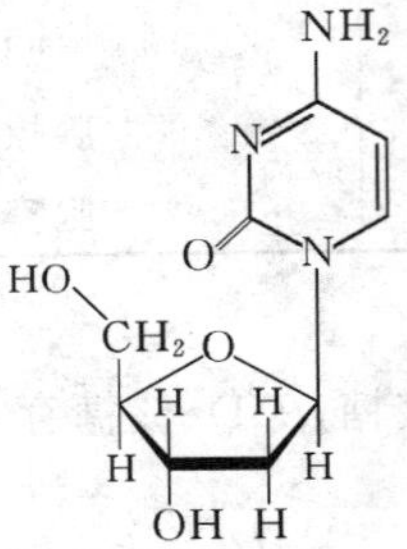

胞嘧啶脱氧胞苷(脱氧胞苷) 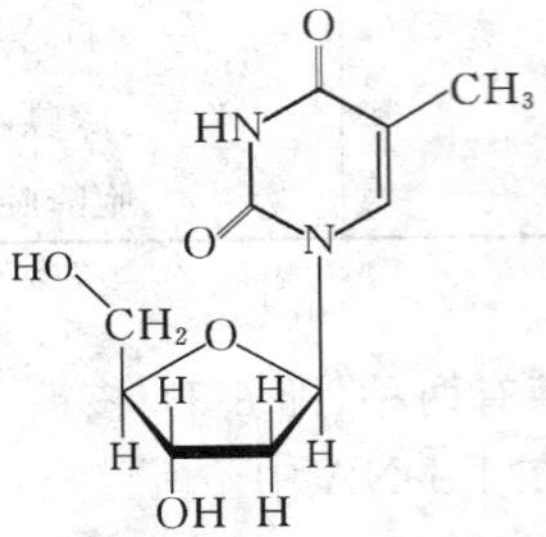　　　　　　胸腺嘧啶脱氧核苷(脱氧胸苷)

RNA 中常见的 4 种核苷的结构式及名称如下:

腺嘌呤核苷(腺苷)　　　　　　　　　鸟嘌呤核苷(鸟苷)

胞嘧啶核苷(胞苷)　　　　　　　　　尿嘧啶核苷(尿苷)

核苷中的碱基平面几乎垂直于戊糖平面。

4. 核苷酸

核苷酸(nucleotide)是核苷分子中的核糖或脱氧核糖的 3′ 位或 5′ 位的羟基与磷酸所生成的酯。生物体内核苷酸主要是 5′-磷酸酯。核苷酸的命名要包括糖基和碱基的名称,同时要标出磷酸连在戊糖上的位置。例如,腺苷酸是腺苷核糖 5′-羟基与磷酸成酯,则命名为腺苷-5′-磷酸(adenosine-5′-phosphate)或腺苷一磷酸(adenosine monophosphate,AMP);脱氧胞苷酸又叫脱氧胞苷-5′-磷酸或脱氧胞苷一磷酸(deoxycytidine monophosphate,dCMP)等。

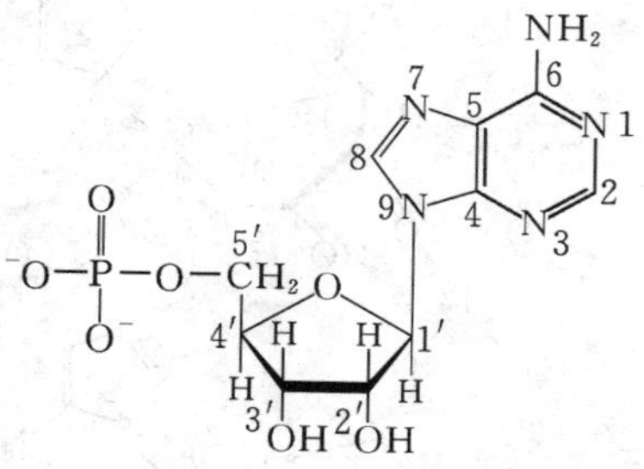

腺苷酸 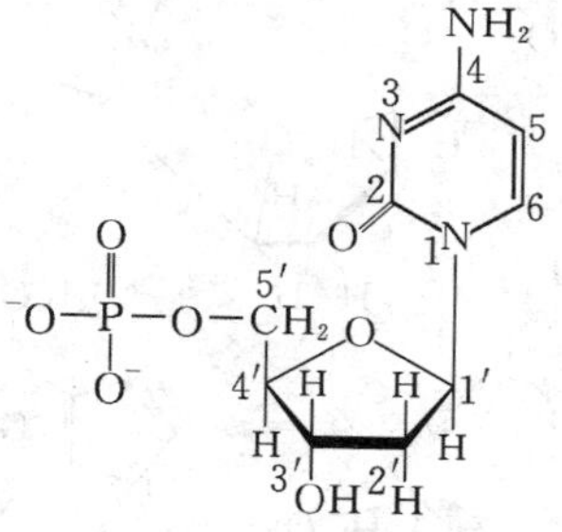　　　　　　　　　　　脱氧胞苷酸

组成 DNA 的核苷酸有脱氧腺苷酸、脱氧鸟苷酸、脱氧胞苷酸和脱氧胸苷酸,组成 RNA 的核苷酸有腺苷酸、鸟苷酸、胞苷酸和尿苷酸。

核苷酸的磷酸还可进一步与一分子或两分子磷酸形成酸酐,如腺苷二磷酸(ADP)和腺苷三磷酸(ATP)。腺嘌呤核苷酸的结构如下式所示:

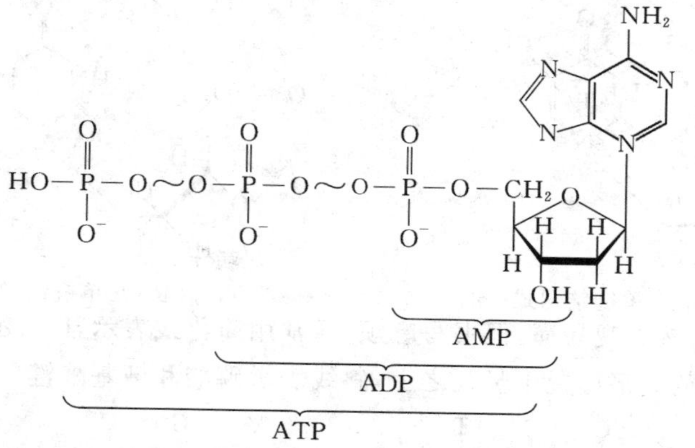

思考题 14-7　试写出胞苷酸和脱氧鸟苷酸的结构式。

14.4.2　脱氧核糖核酸和核糖核酸

多个核苷酸通过 3′,5′-磷酸二酯键连接构成的、没有分支的线型链状聚合物,称为多聚核苷酸,核酸为大相对分子质量的多聚核苷酸。由脱氧核糖核苷酸聚合而成的为脱氧核糖核酸(DNA),由核糖核苷酸聚合而成的为核糖核酸(RNA)。

核酸的结构非常复杂,分为一级结构和空间结构。

1. DNA 和 RNA 的一级结构

核酸分子中不同碱基的核苷酸的排列顺序为核酸的一级结构。它由前一个核苷酸的 3′位羟基与下一个核苷酸的 5′位磷酸之间形成的 3′,5′-磷酸二酯键连接,因此是没有分支的线型大分子。DNA 和 RNA 单链结构可用下列结构式表示:

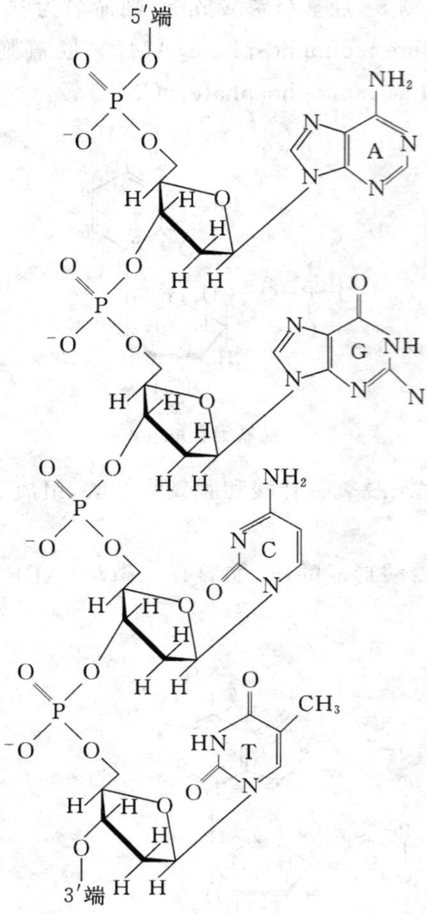

DNA 单链结构式 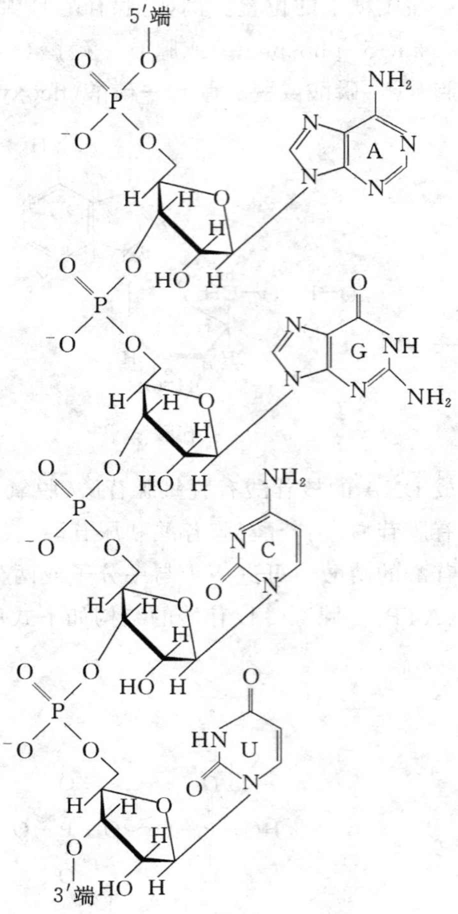　　　　　　　　　RNA 单链结构式

用结构式表示虽然直观易懂,但书写麻烦,通常用简化式表示,P 表示磷酸,竖线表示戊糖基,表示碱基的相应英文字母置于竖线之上,斜线表示磷酸和糖基酯键。

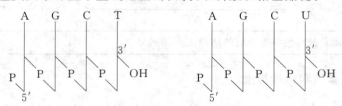

DNA 单链结构简化式　　　　　　　RNA 单链结构简化式

还可用更简单的字符表示,如上面 RNA 和 DNA 的片段可表示如下:

DNA　　5′PAPGPCPT-OH 3′或 5′AGCT 3′

RNA　　5′PAPGPCPU-OH 3′或 5′AGCU 3′

根据核酸的书写规则,应从 5′端到 3′端。

核酸中,核糖(脱氧核糖)和磷酸共同构成骨架结构,但不参与信息储存和表达。DNA 和 RNA 对遗传信息的携带与表达是通过核苷酸中的碱基排列顺序变化来实现的。

2. DNA 二级结构

1953 年,美国生物学家 Watson E. S. 和英国生物学家 Crick F. H. C. 根据 DNA 结晶的 X 衍射图谱和分子模型,提出了著名的 DNA 分子的双螺旋结构模型,这是人类在分子水平上认识生命现象所取得的重大突破。他们因此获得 1962 年的诺贝尔生理学或医学奖。

DNA 双螺旋结构如图 14-6 所示。

DNA 分子由两条核苷酸单链组成,它们围绕同一轴心沿反向平行盘旋形成右手双螺旋结构。亲水的脱氧核糖基和磷酸基位于双螺旋的外侧,而碱基朝向内侧。一条链的碱基与另一条链的碱基通过氢键结合成对。碱基环的平面与螺旋轴垂直,糖基环平面与碱基环平面约成 90°角。碱基配对始终是腺嘌呤(A)与胸腺嘧啶(T)配对,形成两个氢键(A═T),鸟嘌呤(G)与胞嘧啶(C)配对,形成三个氢键(G≡C)。这些碱基间互相匹配的规律称为碱基互补规律或碱基配对规律。

在双螺旋结构中,双螺旋直径为 2 nm,相邻两个碱基对平面间的距离为 0.34 nm,每 10 对碱基组成一个螺旋周期,因此双螺旋的螺距为 3.4 nm。碱基间的疏水作用可导致碱基堆积,这种堆积力维系着双螺旋的纵向稳定,碱基对间的氢键维系着双螺旋的横向稳定。

从外观上看,DNA 的双螺旋分子中存在一个大沟和一个小沟。这是因为碱基对并没有充满双螺旋的空间,而碱基对的方向性,使得碱基对占据的空间不对称。

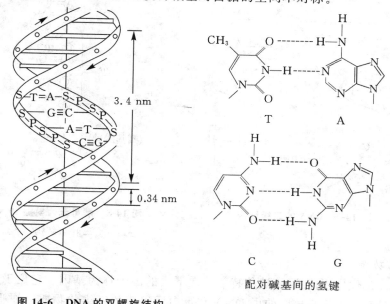

图 14-6　DNA 的双螺旋结构

这些沟对 DNA 和蛋白质的相互识别是非常重要的,因为只有在沟内才能觉察到碱基的顺序。

由碱基互补规律可知,当 DNA 分子中一条多核苷酸链的碱基序列确定后,即可确定另一条互补的多核苷酸链的碱基序列。这就决定了 DNA 控制遗传信息从母代传到子代的高度保真性。

3. RNA 的二级结构

大多数天然 RNA 以单链形式存在,但在单链的许多区域可发生自身回折,形成发夹式结构;在回折区内,有碱基配对,主要是 A═U 与 G≡C 配对。配对的多核苷酸链(占 40%～70%)形成双螺旋结构,不能配对的碱基则形成突环,如图 14-7 所示。

　　tRNA、mRNA 和 rRNA 的功能不同,它们的二级结构也有差异。已发现的 tRNA 的二级结构非常相似,形状都类似于三叶草,称为三叶草结构,该结构进一步折叠、卷曲便形成了三级结构。图 14-8 为酵母苯丙氨酸 tRNA 的三叶草结构。在 tRNA 中,碱基配对不像在 DNA 中那样严格,有时 C 与 U 可以配对,但结合力不如 G 与 C 那样牢固。

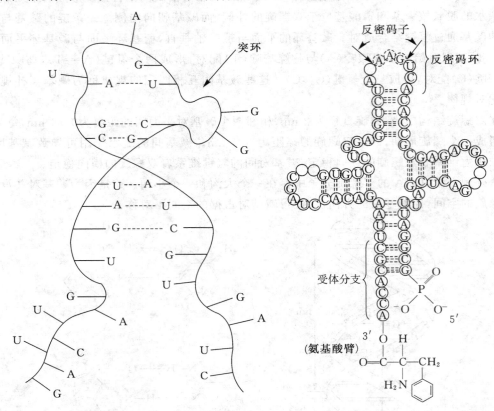

图 14-7　RNA 的二级结构　　　　　**图 14-8　酵母苯丙氨酸 tRNA 的**
三叶草结构

4. 核酸的功能

　　生物的特征是代代相传的,把遗传特征传递下去的因子称为基因。它位于细胞核内染色体中。染色体是存在于细胞核内的由 DNA 和蛋白质组成的纤维状物质。细胞分裂时,染色体分裂,基因也进行完全复制,一个 DNA 分子可以有上万个基因。染色体 DNA 复制与细胞分裂关系密切。复制完成后,细胞分裂,分裂结束后,又开始新的复制,这个过程复杂可靠,保证了生物物种的稳定性和延续性。在基因复制过程中,DNA 的双螺旋结构在储存信息和指导蛋白质合成中都起到了关键作用。如图 14-9 所示,它既能自身复制,合成与之完全相同的另一 DNA 分子,同时也能控制细胞中其他部分以特定方式合成所需的蛋白质。

　　由于 DNA 两条链之间有准确的碱基配对关系,在细胞分裂时,两条螺旋的多核苷酸链之间的氢键断裂,DNA 双链从一端"拆开",然后每条链分别作为模板合成新的互补链,形成两条与原来母链完全相同的子链。无论以哪一条单链作为模板,每个子代分子的一条链来自亲代 DNA,另一条链则是新合成的,这种复制方式称为半保留复制。

按着半保留复制的规律,子代 DNA 保留了母代 DNA 所有的遗传信息。这种遗传信息通过转录、翻译的过程来表达,决定着细胞的代谢类型和生物特性。

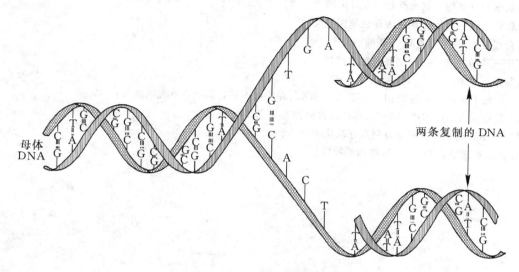

图 14-9　DNA 自我复制图

有机体内蛋白质的生物合成是在 RNA 指导下完成的。经研究得知,DNA 在细胞核中首先合成 mRNA。该合成是以拆开的 DNA 双螺旋中的一条多核苷酸链作为模板,按碱基配对规律形成一个 mRNA 分子,只是用尿嘧啶(U)代替了胸腺嘧啶(T),核糖代替了脱氧核糖。因此,合成出的 mRNA 中碱基的排列顺序完全被 DNA 中遗传信息所控制,这就是 mRNA 将细胞核内 DNA 的碱基顺序(遗传信息),按照碱基互补的原则转录的过程。在酶作用下合成的 mRNA 与 DNA 的另一条多核苷酸链分离,再转移至细胞质中通过 rRNA 与核糖体结合。根据碱基配对原则,mRNA 召集一系列与之配对的 tRNA,并通过 tRNA 翻译成氨基酸信息,并将相应的氨基酸转运到核蛋白体上进行蛋白质的合成。由此可见,蛋白质合成中各种氨基酸是由 tRNA 转运的,各种 tRNA 的顺序是受 mRNA 作用翻译过来的,而 mRNA 的信息又是从 DNA 转录下来的,所以 DNA 在蛋白质的生物合成中起着模板的作用。

DNA 的复制过程极为复杂,而遗传信息从 mRNA 分子中传递至蛋白质的过程比 DNA 的复制和转录过程更为复杂,因为复制和转录都只是在一个共同的碱基配对上进行的。一个碱基的变化,会给生物体系带来严重的变化和后果,它可以改变其原有的生物功能,导致变异和疾病。

习　　题

1. 写出下列化合物的结构。
　(1) 亮氨酸　　　　(2) 谷氨酸　　　　(3) 缬氨酰-半胱氨酸　　　　(4) 甘氨酸-酪氨酸-丙氨酸
2. 写出丙氨酸与下列试剂反应的产物。
　(1) $NaNO_2 + HCl$　　　(2) NaOH　　　(3) HCl　　　(4) CH_3CH_2OH ,H^+
　(5) $(CH_3CO)_2O$　　　(6) $C_6H_5CH_2OCOCl$　　　(7) 2,4-二硝基氟苯

（8）丹磺酰氯

3. 用化学方法区别下列各组化合物。

　　（1）甘氨酸和丙氨酸　　　（2）酪氨酸、色氨酸和赖氨酸　　　（3）苹果酸和谷氨酸

4. 某三肽完全水解时生成甘氨酸和丙氨酸两种氨基酸，该三肽若用 HNO_2 处理后再水解，得到 2-羟基乙酸、丙氨酸和甘氨酸。试推测此三肽可能的结构式。

5. 选择合适原料用盖布瑞尔法合成苯丙氨酸。

6. 试合成甘氨酰-苯丙氨酰-丙氨酸。

7. 写出三磷酸腺苷（ATP）彻底水解的产物。

8. 解释下列现象：

　　（1）胰岛素和鱼精蛋白的 pI 分别为 5.3 和 10，在纯水中将它们混合有混浊现象；

　　（2）消毒用的乙醇浓度为 75％，过浓或过稀都不好。

9. 蛋白质多肽链中氨基酸的排列顺序取决于什么？

10. 什么因素维系着 DNA 二级结构的稳定？

第15章 周环反应

15.1 周环反应的理论

15.1.1 周环反应的定义及其特点

环状化合物可通过不同的方法合成,前面所学到的成环反应一般是通过离子型、自由基型或卡宾等反应历程完成的。本章所讨论的成环反应不属于上述反应历程,而是由含一个或多个不饱和键(如双键或三键)的化合物通过协同反应完成的,反应过程中无离子或自由基中间体生成,而是经由环状过渡态,这种反应称为周环反应(pericyclic reaction)。它主要包含三类反应:电环化反应、环加成反应和 σ 键迁移重排反应。以前学过的狄耳斯-阿尔德反应就属于环加成反应,它是制备六元环化合物的一种重要方法。

周环反应有其特殊的反应规律。首先,它一般是在加热或光的作用下进行,溶剂极性大小对反应的影响很小或几乎没有影响;其次,反应产物具有很强的立体选择性;再者,反应过程中成键和断键同时发生,即通过环状过渡态协同进行。周环反应的这些特殊规律曾使化学家感到是一个很棘手的问题,多年来把它作为反应机理的朦胧区,有人甚至称它为无机理反应。有机化学家伍德沃德(Woodward R. B.)和霍夫曼(Hoffmann R.)在系统地研究了许多周环反应的基础上,提出了用分子轨道对称性来说明周环反应的过程,预言周环反应的产物,后来的实验事实都支持了他们的预言。1965 年,伍德沃德和霍夫曼正式提出了著名的化学反应分子轨道对称性守恒原理。这一原理是近代理论有机化学和量子化学的重要成就之一,代表了化学理论的重大进展。使用这一原理无须进行复杂的计算,只要考察反应物和产物的轨道对称性质,就可以说明和预言各种电环化反应、环加成反应和 σ 键迁移重排反应中产物的立体化学,并且可以正确地预见某些反应的条件:是加热还是光辐射。

15.1.2 分子轨道对称性守恒原理

伍德沃德和霍夫曼所阐明的分子轨道对称性守恒原理如下:当反应物与产物的分子轨道对称性一致时,反应易于发生;不一致时,反应难于发生。也就是说,在一步反应中,分子总是倾向于循着保持其轨道对称性不变的方式发生反应,并得到轨道对称性不变的产物。对称性一致时的反应途径又称为对称性允许途径,对称性不一致时的反应途径又称为对称性禁阻途径。

分子轨道的对称性是相对某一对称元素而言的。在周环反应中,常用的对称元素是对称面 m 和二重对称轴 C_2。若某一分子轨道具有 m 或 C_2 对称元素,它是对称的(symmetry,简写为 S);不具有任一对称元素的分子轨道是不对称的(asymmetry,简写为 A)。在共轭体系中描述分子轨道的对称性一般只考虑 π 分子轨道,而对 σ 键分子轨道不予考虑,因为前者在反应中起重要作用。图 15-1 描述了含二个到六个碳原子的共轭体系 π 分子轨道的对称性。

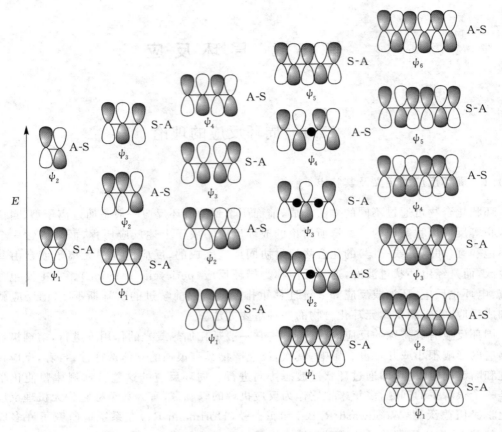

图 15-1　$C_2 \sim C_6$ 共轭体系的 π 分子轨道图

图 15-1 中 S-A 表示分子轨道的对称性,前面的字母对 m 而言,后面的字母对 C_2 而言。某些含奇数碳原子共轭体系分子轨道中的黑点表示该原子不参与组合分子轨道。

由图 15-1 可以归纳出几条一般的规律,它们对于应用分子轨道对称性守恒原理分析周环反应是很重要的:①对于任何含有共轭体系分子的一组 π 分子轨道,随着轨道能量的增加,终端原子 p 轨道叶瓣的波函数符号是交替变化的;②随着每一组分子轨道能量的增加,分子轨道对中央对称面 m(垂直于纸面)以对称(S)和不对称(A)交替变化,而对二重对称轴 C_2(通过轨道中点垂直于纸面)以不对称(A)和对称(S)交替变化;③没有一个分子轨道可以同时对 m 和 C_2 都是对称的或都是反对称的。

应用分子轨道对称性守恒原理分析周环反应的方法主要有三种:能量相关图法,它由英国的 Longuet Higgins H. C. 提出;休克尔-莫比斯法(Hückel-Mobis method);前线轨道法,它由日本的福井谦一提出。第一种方法论证简洁,逻辑严密,但比较复杂;第二种方法是应用芳香性和非芳香性概念判断周环反应进行的方式、反应的途径及反应结果;第三种方法直观、简单,可用来解释常见的周环反应,缺点是不够全面。本章着重应用前线轨道法分析周环反应可能发生的途径及反应结果。

15.1.3　前线轨道理论

前线轨道是指分子的最高占有轨道(highest occupied molecular orbital,简称为 HOMO)

和最低空轨道（lowest unoccupied molecular orbital，简称为 LUMO），前线轨道法又称为
HOMO-LUMO 法。

　　前线轨道理论认为，分子在化学反应过程中起决定作用的是反应物分子的前线轨道。因
此，在考虑对称性时，只考虑前线轨道的对称性。例如，丁二烯分子有四个 π 轨道，即 ψ_1、ψ_2、
ψ_3 和 ψ_4，按能量高低顺序排列如图 15-2 所示。根据能量最低原理和保里不相容原理，丁二烯
处于基态时，ψ_1 和 ψ_2 两个成键轨道各有两个电子占据着，它们是占有轨道，其中 ψ_2 能量较高，
所以 ψ_2 是最高占有轨道（HOMO）；ψ_3 和 ψ_4 两个反键轨道中没有电子，它们是空轨道，其中 ψ_3
能量较低，所以 ψ_3 是最低空轨道（LUMO）。ψ_2 和 ψ_3 就是丁二烯基态时的前线轨道。

　　在 HOMO 中能量较高的电子离核最远，受核的束缚最小，最容易离去；LUMO 是空轨道
中能量最低的，最容易接受电子。因此，在分子发生化学反应时，前线轨道起关键作用。当两
个反应物分子互相接近时，电子从一个分子的 HOMO"流入"另一分子的 LUMO，引起有关化
学键的断裂或形成，从而发生化学反应。只有当 HOMO 和 LUMO 的对称性守恒时，反应才
是允许的，否则是禁阻的。这里所指的对称性守恒主要是指 HOMO 的 p 轨道两瓣与 LUMO
的 p 轨道两瓣的位相一致，也就是 HOMO 的正的一瓣与 LUMO 的正的一瓣相互作用，或
HOMO 的负的一瓣与 LUMO 的负的一瓣相互作用，反应才可能发生。当参加反应的分子只
有一个共轭体系时，例如电环化反应，则只需要考虑 HOMO 就可以了。

　　下面将用前线轨道理论来讨论电环化反应、环加成反应和 σ 键迁移重排反应的途径和立
体化学。

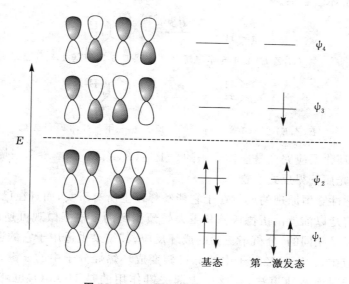

图 15-2　1,3-丁二烯的 π 分子轨道

15.2　电环化反应

　　在加热或光照下，共轭烯烃异构化形成环烯烃或其逆反应——环烯烃开环变成共轭烯烃，
都称为电环化反应。例如，丁二烯与环丁烯、己三烯与环己二烯之间的转变：

　　反应中丁二烯或己三烯的一个 π 键消失,余下的双键迁移了位置,两端碳原子间形成一个新的 σ 键。无论是开环还是闭环,反应都通过环状过渡态协同进行,这种正、逆反应都经过相同过渡态的性质就是微观可逆性。

　　按照多烯烃参与反应的 π 电子数目,可将电环化反应体系分为两类:$4n$ 体系和 $4n+2$ 体系。丁二烯为 $4n$ 体系,己三烯为 $4n+2$ 体系。两种反应体系的反应条件和立体化学都有所不同。

15.2.1　含 $4n+2$ 个 π 电子的体系

　　在开链的己三烯分子中,终端的两个亚甲基与其他碳原子处于共平面状态。而在环己二烯分子中,两个亚甲基形成了环的一部分,它们不再与其他碳原子共平面,这说明由己三烯异构化为环己二烯时,终端亚甲基必须旋转离开共平面才能形成新的 σ 键。

　　原则上,这种旋转有两种可能的方式:一种是绕着两根键沿同一方向旋转,叫做顺旋运动;另一种是绕着两根键沿相反方向旋转,叫做对旋运动。不同的旋转运动对己三烯本身并不产生立体化学异构体,而对取代的己三烯就导致不同的立体异构体。以 (E,Z,E)-2,4,6-辛三烯化合物为例,如果两端基团对旋,产物为顺-5,6-二甲基-1,3-环己二烯,而它的顺旋产物则为反-5,6-二甲基-1,3-环己二烯。

(E,Z,E)-2,4,6-辛三烯　　　　顺-5,6-二甲基-1,3-环己二烯

(E,Z,E)-2,4,6-辛三烯　　　　反-5,6-二甲基-1,3-环己二烯

　　实验证明,电环化反应完全是立体专一的。上述 (E,Z,E)-2,4,6-辛三烯在加热条件下得到顺式产物,而在光照下得反式产物。

　　分子轨道对称性守恒原理的成就在于它能解释以上所有事实,而且在已知的例子中,大多数是在事实被弄清楚以前就由伍德沃德和霍夫曼预测到的。根据微观可逆原理,正反应和逆反应所经过的途径是相同的,分析辛三烯的成环反应,其结果也适用于它的逆反应——开环反应。在电环化反应中,共轭烯烃分子中的 π 键转变成环烯烃分子中的 σ 键,因此,必须考虑 π 轨道的对称性。按照前线轨道法,在反应中起关键作用的是 HOMO,也就是要求着重分析 HOMO 的对称性,并且,正是这个轨道中的电子将形成键而使之闭环。

　　电环化反应若以热反应进行,则只与分子的基态有关。取代己三烯基态时的 HOMO 为 ψ_3,见图 15-1。根据分子轨道对称性守恒原理,协同反应中从反应物到产物轨道的对称性保持不变。这样,当辛三烯分子中 C(2) 和 C(7) 的 p 轨道变成环己二烯分子中的 sp^3 轨道,其对称性保持不变,p 轨道的波函数为(+)的一瓣仍变成 sp^3 轨道的波函数为(+)的一瓣。从图 15-3 可以看出,在对旋时,(E,Z,E)-2,4,6-辛三烯 C(2) 上的 p 轨道波函数为(+)的一瓣始终接近 C(7) 上 p 轨道上波函数符号相同的一瓣,它们重叠成键。随着 p 轨道逐渐变成 sp^3 轨道,重叠

程度增加。最后 π 键断裂，σ 键形成，两者协同进行，反应物顺利变成产物。因此，对旋是轨道对称性允许的途径。在顺旋时，C(2)上 p 轨道波函数为（＋）的一瓣始终接近 C(7)上 p 轨道波函数符号相反的一瓣，与分子轨道对称性守恒原理不一致，轨道不能重叠成键。因此，顺旋是轨道对称性禁阻的途径。

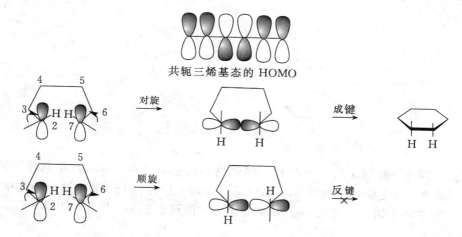

图 15-3　(E,Z,E)-2,4,6-辛三烯的热电环化反应

如何解释(E,Z,E)-2,4,6-辛三烯进行光电环化反应时产生相反的立体化学呢？共轭三烯吸收光以后，转变成图 15-1 所示的激发态，其中有一个电子从 ψ_3 迁移到 ψ_4，这样 ψ_4 变成 HOMO，这里的电子就成为成键电子。在 ψ_4 中，两端碳原子的相对对称性与 ψ_3 相反，顺旋运动使同符号的瓣接近成键，是轨道对称性允许的途径。而对旋运动使符号相反的瓣接近成键，是轨道对称性禁阻的途径。因此，产物的立体化学不同于热电环化反应，如图 15-4 所示。

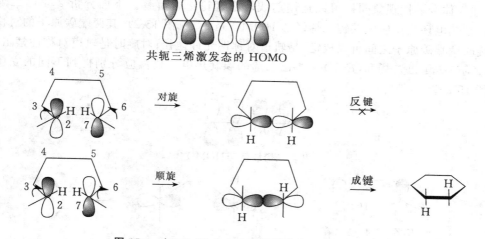

图 15-4　(E,Z,E)-2,4,6-辛三烯的光电环化反应

其他含 $4n+2$ 个 π 电子的体系的轨道对称性与 2,4,6-辛三烯相似，因此电环化反应可归纳为以下的选择规律：含 $4n+2$ 个 π 电子的体系的电环化热反应按对旋方式进行，光反应按顺旋方式进行。

15.2.2　含 $4n$ 个 π 电子的体系

在加热条件下,顺-3,4-二甲基环丁烯开环产生 (Z,E)-2,4-己二烯,而反-3,4-二甲基环丁烯开环产生不同的异构体 (E,E)-2,4-己二烯,反应完全是立体专一性的。

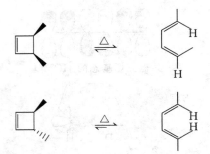

根据微观可逆原理, (Z,E)-2,4-己二烯热电环化应当得到顺-3,4-二甲基环丁烯, (E,E)-2,4-己二烯热电环化应当得到反-3,4-二甲基环丁烯。可是 (Z,E)-2,4-己二烯光电环化得到反-3,4-二甲基环丁烯, (E,E)-2,4-己二烯光电环化得到顺-3,4-二甲基环丁烯。

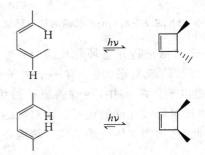

上述立体专一性现象同样可以运用前线轨道理论进行解释。下面分析 2,4-己二烯的成环反应,在热电环化反应中共轭二烯烃的 HOMO 是 ψ_2(见图 15-2),其两端碳原子的对称性不同,顺旋时两端碳原子之间可以成键,是轨道对称性允许途径;对旋时是轨道对称性禁阻途径。因此, (Z,E)-2,4-己二烯和 (E,E)-2,4-己二烯的顺旋热电环化反应分别得到不同的立体异构体(见图 15-5)。

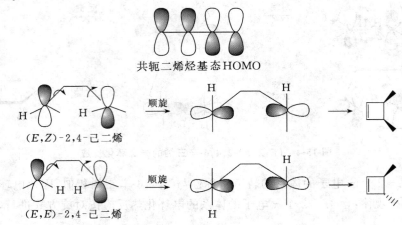

图 15-5　2,4-己二烯的热电环化反应

在光电环化反应中,分子处于激发态,ψ_3 是 HOMO,其两端碳原子的对称性相同,这样,对旋是轨道对称性允许途径,顺旋是轨道对称性禁阻途径,结果产生了不同于热反应的立体化学现象(见图 15-6)。

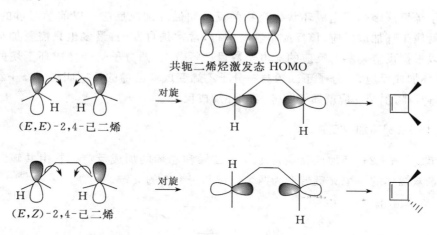

图 15-6 2,4-己二烯的光电环化反应

其他 π 电子数为 $4n$ 的共轭多烯烃的轨道对称性与 2,4-己二烯相似,因此,可以归纳为以下的选择性规律:含有 $4n$ 个 π 电子的共轭体系发生电环化反应,加热条件下按顺旋方式进行,光照条件下按对旋方式进行。

上述得到的选择性规律适用于其他电环化反应。(E,Z,Z,E)-二甲基辛四烯的热环化反应的唯一产物是反-二甲基环辛三烯。因为它是含 $4n$ 个 π 电子的体系,热反应时,只有顺旋才是对称性允许途径。

有时,热电环化和光电环化反应联系在一起可得到有趣的结果。

综上所述,电环化反应的立体化学取决于多烯烃中双键的数目与反应条件(加热还是光照)。由于当多烯烃中 π 电子对的数目增加时,HOMO 中两个末端碳原子的相对对称性有规则地变换,而且基态的 HOMO 中的对称性常常与激发态中的相反,因此,$4n$ 个 π 电子的共轭体系,其热化学反应按顺旋方式进行,光化学反应按对旋方式进行。$4n+2$ 个 π 电子的共轭体系,进行的方式则正好与上述相反。一般称这为伍德沃德-霍夫曼规则,见表 15-1。

表 15-1 电环化反应规则

π 电子数	反应条件	旋转方式
$4n$	热	顺旋
	光	对旋
$4n+2$	热	对旋
	光	顺旋

15.3　环加成反应

两分子烯烃或多烯烃生成环状化合物的反应叫做环加成反应。以前学习过的狄耳斯-阿尔德反应就属于环加成反应,该反应很容易进行,常常是自发的,最多也只需要加热。环加成反应也可以根据反应物参与反应的 π 电子数目进行分类:两分子烯烃变成环丁烷的反应叫做 $[2\pi+2\pi]$ 环加成反应;一分子丁二烯与一分子乙烯变成环己烯的反应叫做 $[4\pi+2\pi]$ 环加成反应。狄耳斯-阿尔德反应就属于 $[4\pi+2\pi]$ 环加成反应。

15.3.1　$[4\pi+2\pi]$环加成反应

最简单的 $[4\pi+2\pi]$ 环加成反应是 1,3-丁二烯和乙烯的加成反应。它由共轭二烯烃的两个 π 键和亲双烯体的一个 π 键转变为两个 σ 键和一个新的 π 键。

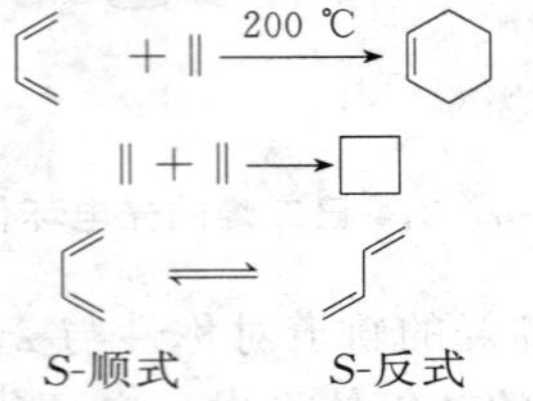

S-顺式　　　　S-反式

热反应很容易进行,光反应难以进行。大量实验事实证明,狄耳斯-阿尔德反应空间定向性很强,二烯烃应具有 S-顺式构象,然后与亲双烯体发生顺式加成反应。

狄耳斯-阿尔德反应的立体定向性还表现在另一方面,环加成按内型(endo)而不是按外型(exo)进行的,也就是亲双烯体中任何其他不饱和基团倾向于位于靠近二烯烃中新发展出来的双键处。

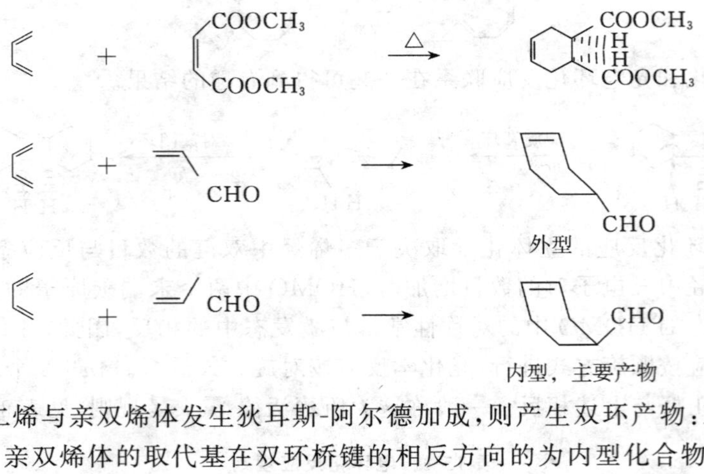

外型

内型,主要产物

例如,环戊二烯与亲双烯体发生狄耳斯-阿尔德加成,则产生双环产物:双环[2,2,1]-5-庚烯-2-羧酸甲酯。亲双烯体的取代基在双环桥键的相反方向的为内型化合物,在同一边的为外型化合物。

为什么狄耳斯-阿尔德反应是一种热反应呢?这可以应用前线轨道理论进行分析。以丁二烯和乙烯反应为例,环加成时,如果丁二烯分子和乙烯分子面对面接近,只有丁二烯分子的 HOMO 和乙烯分子的 LUMO 或者是丁二烯分子的LUMO和乙烯分子的 HOMO 可以重叠成键,是轨道对称性允许的(见图 15-7)。反应物的 HOMO 中含有两个电子,它必须和另一反应

内型,主要产物　　　外型

物的 LUMO 空轨道重叠成键。电子从 HOMO 流向 LUMO,从而发生成键。

(a)丁二烯的 HOMO(ψ_2)+
乙烯的 LUMO(ψ^*)

(b)丁二烯的 LUMO(ψ_3)+
乙烯的 HOMO(ψ)

图 15-7　对称性允许的[4π+2π]热环加成反应

　　上述协同反应中,连到一组分上去的两根键都是在双键的同一面上形成的,这种过程为同面的(suprafacial),用下标 s 表示。若两根键是在双键的相反两面上形成的,则这个过程称为异面的(antarafacial),用下标 a 表示。[4π+2π]环加成反应是同面过程,可表示为[4π_s+2π_s]。

同面　　　　　异面

　　为什么狄耳斯-阿尔德反应有利于生成内型产物呢？在形成内型产物的过渡态中,二烯烃分子的 π 轨道体系可以与亲双烯体分子的 π 轨道体系相互接近,它们之间的轨道相互作用使过渡态能量降低。例如,环戊二烯与丁烯二酸酐的环加成反应：

　　在狄耳斯-阿尔德反应中,当双烯体带有供电子基团,亲双烯体的双键上连有吸电子基团时,不仅能使反应变得容易进行,而且主要生成邻对位产物,这叫邻对位加成规律。

　　含有 $\diagdown C{=}O$ 、—N=O、—N=N— 键的化合物也可以作为亲双烯体发生[4π+2π]环加成反应。

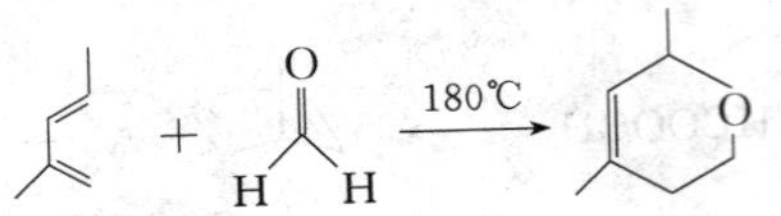

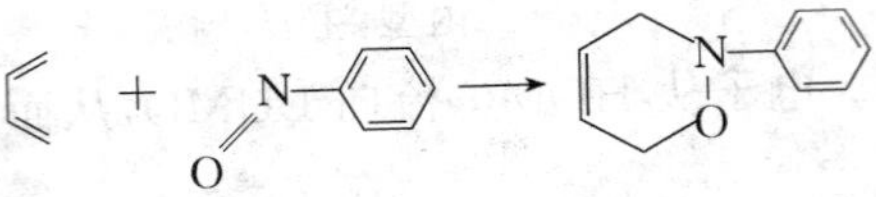

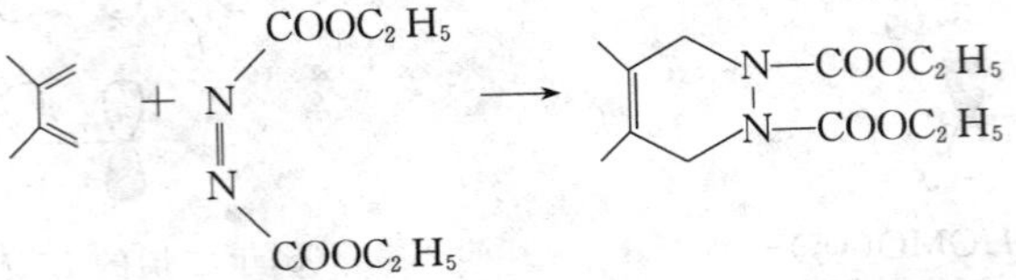

分子中含有 $\overset{+}{A}=\overset{}{B}-\overset{-}{\underset{..}{C}}$ 或 $\overset{+}{\underset{..}{A}}-\overset{}{B}=\overset{-}{\underset{..}{C}}$ 型结构的化合物称为1,3-偶极分子,常见的有重氮

化物($\overset{+}{\underset{..}{N}}=\overset{}{N}-\overset{-}{C}R_2$)、叠氮化物($\overset{+}{\underset{..}{N}}=\overset{}{N}-\overset{-}{\underset{..}{N}}R$)等,这类化合物具有4个π电子的三轨道体

系(相当于烯丙基负离子),它们很容易在加热条件下与亲双烯体进行[4π+2π]环加成反应,
生成五元杂环化合物,因此这类环加成反应又称为1,3-偶极加成反应。

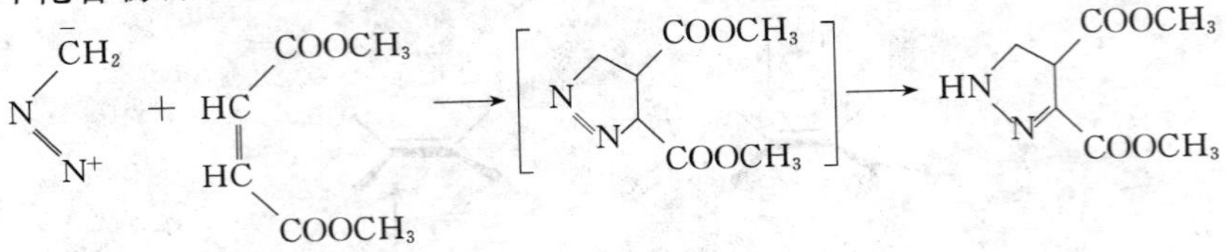

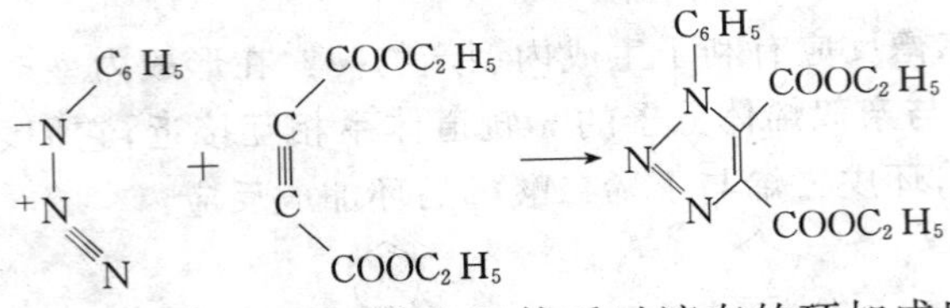

还有一些含有较高级的[4nπ+2π]环状电子体系过渡态的环加成反应,例如:

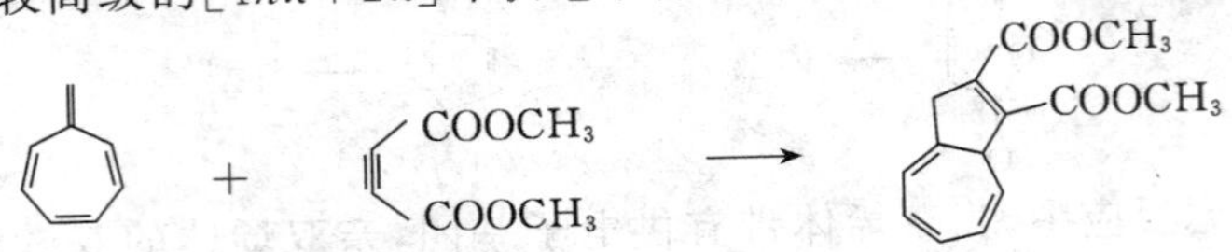

15.3.2 [2π+2π]环加成反应

乙烯的二聚反应是最简单的[2π+2π]环加成反应。在加热条件下,一个乙烯分子的 HOMO
与另一乙烯分子的 LUMO 面对面地同面接近重叠。然而,它们的对称性相反,相互作用是反键
的,不能发生协同反应,是轨道对称性禁阻的(见图 15-8(a))。如果在光照作用下,一个激发态分
子的 HOMO 与另一基态分子的 LUMO 面对面地接近重叠,它们的对称性相同,因而是轨道对称
性允许的(见图 15-8(b))。

实验事实与上述理论推测完全符合。例如,(Z)-2-丁烯在光照作用下,生成1,2,3,4-四甲
基环丁烷的两种异构体。

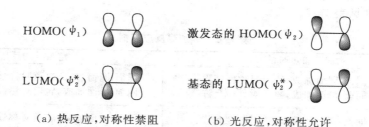

HOMO(ψ_1)　　　　　　激发态的 HOMO(ψ_2)

LUMO(ψ_2^*)　　　　　　基态的 LUMO(ψ_2^*)

（a）热反应，对称性禁阻　　　（b）光反应，对称性允许

图 15-8　乙烯二聚反应的对称性

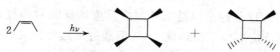

轨道对称性禁阻的含义是指协同反应进行时所需的活化能很大，但不排除反应按照其他途径（如自由基历程）进行的可能性。某些[2π+2π]热环加成反应在一定条件下以双自由基历程进行。

$$2 \quad \overset{\cdot}{\diagup}\text{CN} \xrightarrow[\text{加压}]{\triangle} [\ \text{NCCHCH}_2\text{CH}_2\overset{\cdot}{\text{CHCN}}\ ] \longrightarrow$$

[2π+2π]的同面热电环化反应虽然是轨道对称性禁阻的，然而，如果一个组分是同面的，另一个组分是异面的，那么热电环化反应是能够发生的（见图 15-9(a)）。可是从几何的观点看，这种同面-异面过程对乙烯分子来说是不可能的（见图 15-9(b)）。

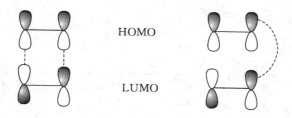

HOMO

LUMO

（a）同面-同面对称性禁阻　　　（b）同面-异面对称性允许

图 15-9　[2π+2π]的热电环化反应

只有当生成的环足够大时，这种过程在几何上也成为可能。例如，1,1'-二（环庚叉基）-2,2',4,4',6,6'-六烯和四氰乙烯发生环加成反应，得到反式产物。

按同样的原理，对具有 $4n+2$ 环状过渡态的加成反应，同面-异面的光化学过程是轨道对称性允许的。

综上所述，环加成反应有两种类型。一种是[2π+2π]环加成，其 π 电子总数为 $4n$（$n=1$，2，…），在加热条件下，同面-异面加成轨道对称性允许；在光照条件下，同面-同面加成轨道对称性允许。另一种是[4π+2π]环加成，其 π 电子总数为 $4n+2$（$n=1,2,\cdots$），在加热条件下，同面-同面加成轨道对称性允许；在光照条件下，同面-异面加成轨道对称性允许。环加成的伍德沃德-霍夫曼规则见表 15-2。

表 15-2　环加成反应规则

π 电子数	加热时的反应	光照时的反应
$4n$	同面-同面加成,轨道对称性禁阻; 同面-异面加成,轨道对称性允许	同面-同面加成,轨道对称性允许; 同面-异面加成,轨道对称性禁阻
$4n+2$	同面-同面加成,轨道对称性允许; 同面-异面加成,轨道对称性禁阻	同面-同面加成,轨道对称性禁阻; 同面-异面加成,轨道对称性允许

　　环加成反应是可逆的,这些逆反应遵循环加成反应同样的对称性规则。环戊二烯放置时能自发经狄耳斯-阿尔德反应形成二聚环戊二烯,但通过加热分解又可再生出环戊二烯。利用可逆反应还可以合成一些用别的方法难以合成的化合物。

15.4　σ 键迁移重排反应

　　原子或基团在 π 骨架内带着它的 σ 键从一个碳原子上迁移到另一个碳原子上,称为$[i, j]$ σ 键迁移重排反应。

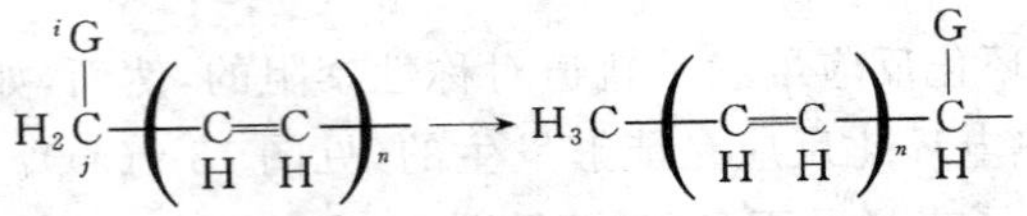

　　上式中的标号$[i, j]$表示 σ 键迁移后所连接的两个碳原子位置,i、j 的编号分别从作用物中以 σ 键连接的两个原子开始,如下所示:

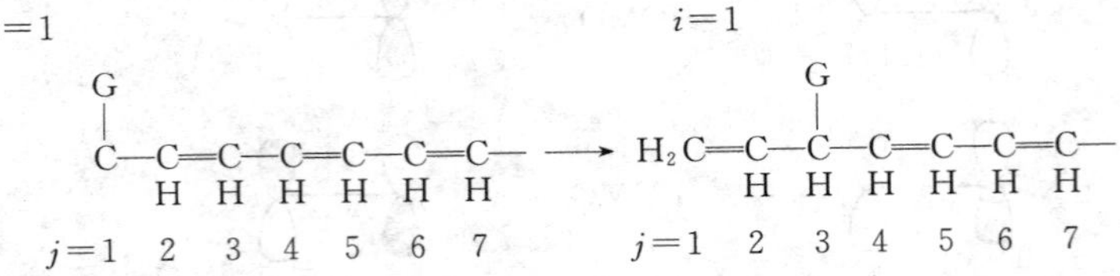

[1,3]迁移

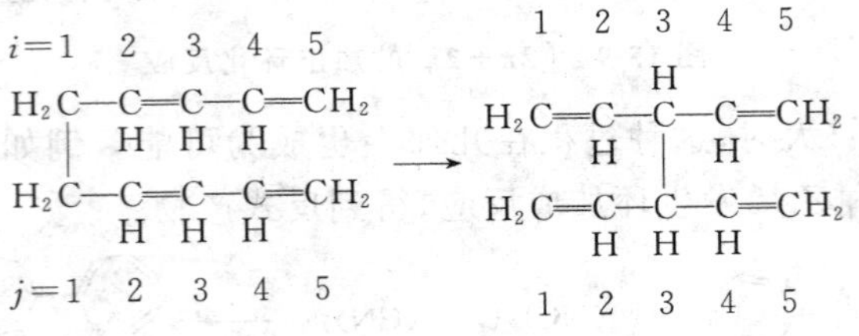

[3,3]迁移

[1,3]迁移

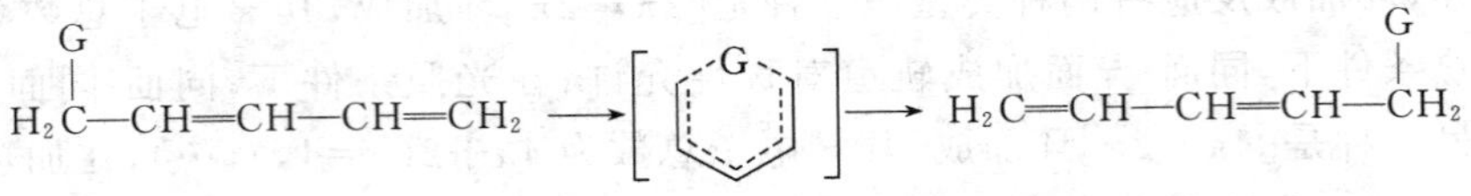

[1,5]迁移

σ键迁移重排反应中伴随有 π 键的迁移,它和一般重排反应不同,σ键迁移过程中不存在任何通常的正离子、负离子和自由基等中间体,它是通过协同反应即环状过渡态来实现的。也就是说,旧的 σ 键破裂、新的 σ 键生成和 π 键的移动是协同进行的。在反应过渡态中,迁移基团与迁移起点、迁移终点都键合着。

15.4.1　氢原子的迁移反应

氢原子的迁移反应是 σ 键迁移重排反应中最简单的例子,它是通过协同反应来实现的。为了便于理解,可以假定 C—H 键破裂后生成氢原子和烯丙基型自由基,迁移反应中的过渡态就是由氢原子轨道和烯丙基型自由基轨道之间重叠而成。如果是[1,3]迁移,则自由基为烯丙基;[1,5]迁移为戊二烯基;[1,7]迁移为庚三烯基;以此类推。在过渡态中,氢原子和自由基都以 HOMO 发生重叠,每个 HOMO 都只被一个电子所占据,重叠以后,就有一对电子。烯丙基型自由基的 HOMO 与 π 骨架中碳原子的数目有关,从图 15-10 可以看到,从 C(3) 到 C(7),两端碳原子的对称性有规律地交替变化。

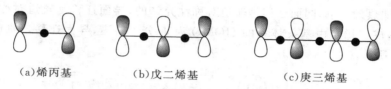

（a）烯丙基　　　　（b）戊二烯基　　　　（c）庚三烯基

图 15-10　烯丙基型自由基的 HOMO

从立体化学上看,氢的迁移反应可以分为两种类型:一种叫做同面迁移(suprafacial shift)反应,迁移前后的 σ 键在共轭平面的同一侧;另一种叫做异面迁移(antarafacial shift)反应,迁移前后的 σ 键在共轭平面的两侧。在迁移反应中,氢原子的 s 轨道与两端碳原子的 p 轨道重叠形成具有三中心键的过渡态,究竟允许同面迁移还是异面迁移,这就必须涉及氢原子的 s 轨道与自由基两端碳原子的 p 轨道的对称性。

在加热条件下,氢原子发生[1,3]σ 键迁移时,有两种迁移方式,如图 15-11 所示。对于同面迁移,烯丙基两端碳原子轨道的对称性不同,氢原子的 s 轨道不能在同一边同时和 C(1) 和 C(3) 的 p 轨道重叠,氢原子的[1,3]同面迁移是轨道对称性禁阻的。氢原子的[1,3]异面迁移是轨道对称性允许的,然而要求 π 骨架扭曲,这样过渡态活化能很大。因此,氢原子的[1,3]异面迁移在几何上是不可能的。

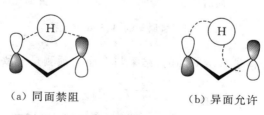

（a）同面禁阻　　　　（b）异面允许

图 15-11　加热条件下氢原子的[1,3]σ 键迁移

在光照条件下,烯丙基自由基的 HOMO 为 ψ_3,此时,氢原子的[1,3]同面迁移是轨道对称性允许的,氢原子的[1,3]异面迁移却是轨道对称性禁阻的,如图 15-12 所示。

（a）同面允许　　　　　　　　（b）异面禁阻

图 15-12　光照条件下氢原子的[1,3]σ 键迁移

下面的反应为氢原子的[1,3]同面迁移,在光照下容易进行。

CH₃COO —— $\xrightarrow{h\nu}$ —— CH₃COO

不难看出,若体系多一个 π 键,氢原子迁移变为[1,5]σ 键迁移,情形应该与[1,3]σ 键迁移恰恰相反。在加热条件下,同面迁移是轨道对称性允许的,异面迁移是轨道对称性禁阻的,而在光照条件下,戊二烯自由基 π 体系的 HOMO 为 ψ_4 分子轨道,异面迁移是轨道对称性允许的,如图 15-13 所示。

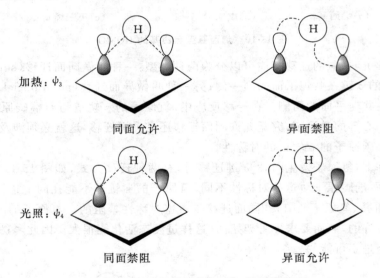

加热：ψ_3　　　　同面允许　　　　　　　　异面禁阻

光照：ψ_4　　　　同面禁阻　　　　　　　　异面允许

图 15-13　氢原子的[1,5]σ 键迁移

氢原子的[1,5]σ 键迁移是众所周知的,结果与上面的预测是一致的。例如:

D₂ —— $\xrightarrow{\triangle}$ —— CD₂H

下面的反应中,5-甲基-1,3-环戊二烯进行了两次[1,5]σ 键迁移,首先重排为 1-甲基-1,3-环戊二烯,然后重排为 2-甲基-1,3-环戊二烯。

对较大的 π 骨架来说,同面和异面迁移从几何上看都是可能的,迁移反应的立体化学只与轨道对称性有关。例如,[1,7]氢原子迁移是异面的,在几何上是可行的;[1,9]氢原子迁移是同面的。对光化学反应来说,结果恰好与热反应相反。

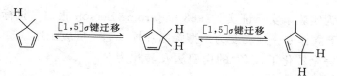

15.4.2　碳原子的迁移反应

上面讨论了氢原子的迁移，它只受到一个 s 轨道交叠的限制，但是碳原子参加的迁移，情况就比较复杂。除了涉及氢原子迁移时的同面或异面成键问题外，还有碳原子轨道是以原有的一瓣去成键，还是以不成键的另一瓣去形成新键的问题。和碳原子上原有的一瓣成键，这时迁移基团的构型保持不变，如图 15-14 所示。

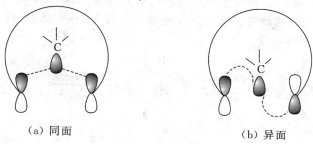

（a）同面　　　　　　　　　　（b）异面

图 15-14　碳原子的 σ 键迁移（构型保持）

若碳原子以不成键的另一瓣去成键，即碳原子上 p 轨道的两个位相不同的瓣与 π 骨架两端成键，结果使迁移基团的构型发生转化，如图 15-15 所示。

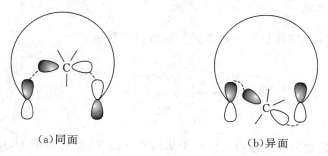

（a）同面　　　　　　　　　　（b）异面

图 15-15　碳原子的 σ 键迁移（构型翻转）

对于[1,3]和[1,5]迁移来说，几何形状有效地阻止了异面迁移，于是讨论只限于同面迁移。这样可以作出预测：[1,3]迁移伴有构型转化，[1,5]迁移构型保持不变，如图 15-16 所示。

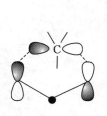

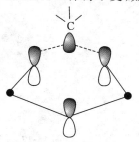

（a）同面，翻转，允许　　　　　　　　（b）同面，保持，允许

图 15-16　碳原子的[1,3]σ 键迁移（构型翻转），[1,5]σ 键迁移（构型保持）

这些预测都已为实验事实所证实。1968 年 Jerome Berson 报道了氘标记的二环[3,2,0]-2-庚烯在加热条件下立体专一地转变为外型降冰片烯。这个反应是通过[1,3]迁移而进行的,迁移基团中的构型完全转化了,C(7)的构型从 R 转化为 S。

1970 年,Kloosterzied H. 报道了非对映的顺-6,9-二甲基螺环[4,4]-1,3-壬二烯重排成二甲基二环[4,3,0]-壬二烯的研究。这些反应完全是立体专一的,是通过[1,5]迁移进行的,迁移基团中的构型完全保持不变。

15.4.3 [3,3]σ 键迁移

最简单的[3,3]σ 键迁移是 1,5-己二烯的科普重排反应。

$$i=1 \quad 2 \quad 3$$

上述反应可以假定为 σ 键破裂生成两个烯丙基自由基,在它们的 HOMO 中,两端碳原子的 p 轨道符号相同,可以相互重叠成键。两个 C(1)之间的键开始破裂的同时,两个 C(3)之间的键开始形成,其过渡态是轨道对称性允许的,几何形状也是可能的,如图 15-17 所示。

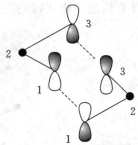

图 15-17　[3,3]σ 键迁移,轨道对称性允许

科普重排与其他周环反应的特点一样,具有高度的立体选择性。例如,3,4-二甲基 1,5-己二

烯分子中有两个手性碳原子,它的内消旋体发生科普重排后主要生成(Z,E)-2,6-辛二烯(占
99.7%),只有少量副产物(Z,Z)-2,6-辛二烯和(E,E)-2,6-辛二烯,说明反应的过渡态为椅式,是
符合芳香性的休克尔体系。

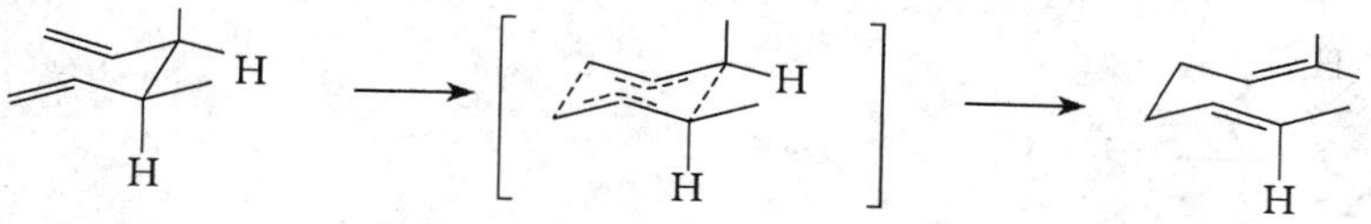

克莱森重排也是通过[3,3]σ键迁移实现的。例如,苯基烯丙醚的克莱森重排是一种有碳
氧键参加的[3,3]σ键迁移反应。

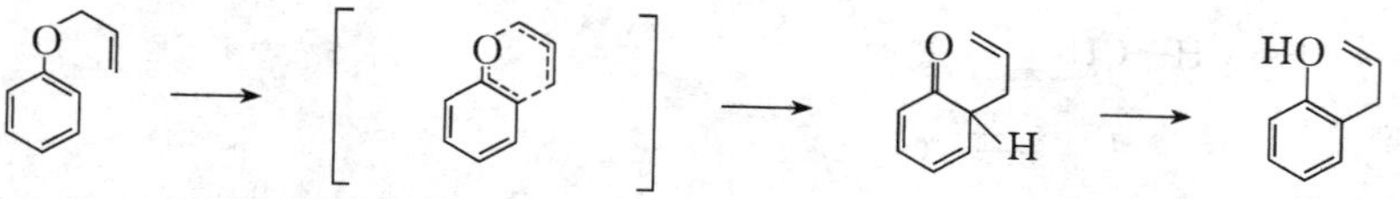

在克莱森重排中,如果苯基烯丙醚的两个邻位都被占据,则烯丙基迁移到对位上,并且仍以
α-碳原子与苯环相连接。说明对位重排是分步进行,烯丙基先迁移至邻位,然后迁移至对位。

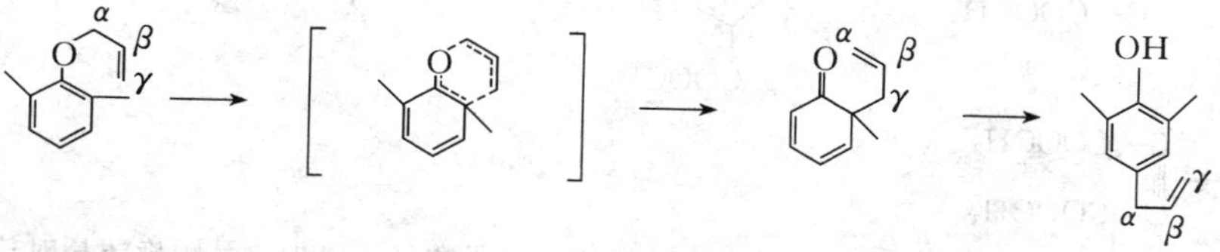

乙烯基烯丙醚也可以发生克莱森重排反应。

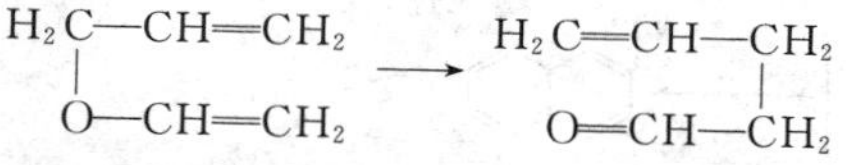

从上面的讨论可知,应用前线轨道理论来解释周环反应的优点是简单、直观,但也有一定
的局限性,因为它只考虑前线轨道,而且只考虑了前线轨道两端的对称性,显然这是不全面的。
在实际的反应过程中,整个分子轨道都在发生变化。

最后必须强调的是,轨道对称性效应是在协同反应中观察到的。伍德沃德和霍夫曼制定
的一些规则只适用于协同反应,并且是指它们进行时的相对难易程度。一个轨道对称性禁阻
的反应只是一个很难发生协同机理的反应,只要在能量变化上可行,它也可能通过非协同的机
理进行,例如通过两性离子或双自由基中间体等。

习　　题

1. 完成下列反应。

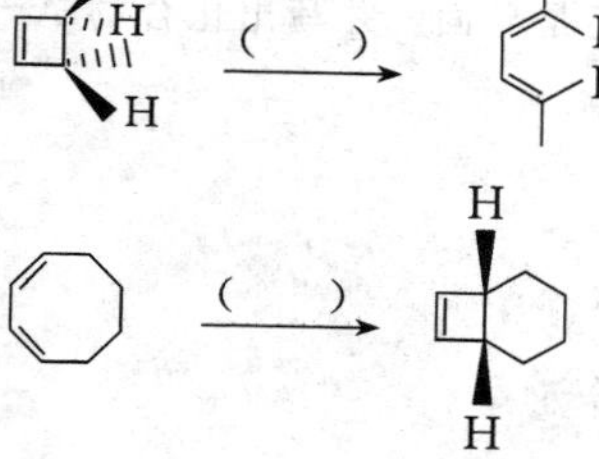

(3)

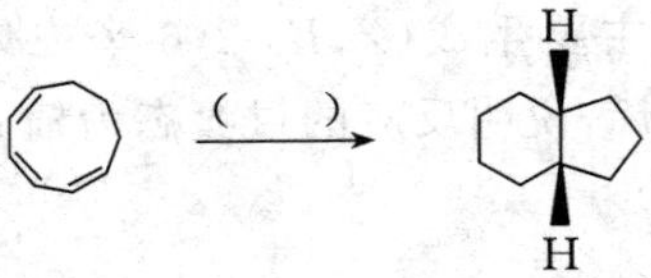

(4)

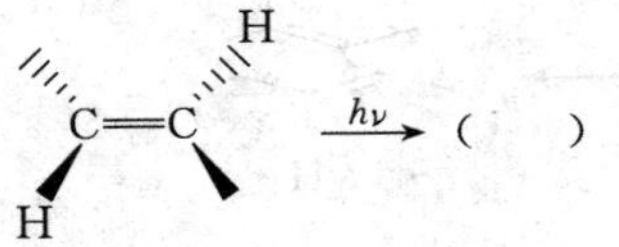

(5)

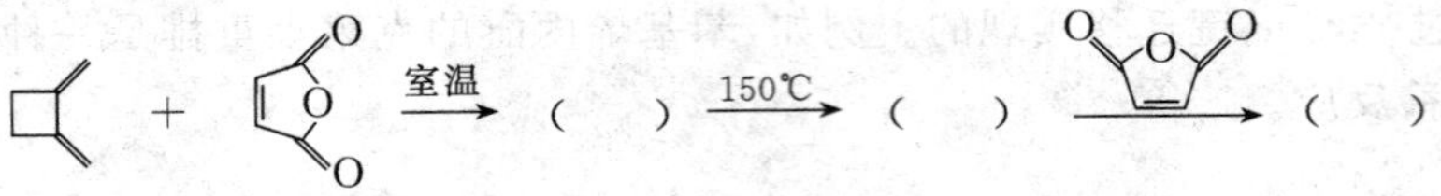

(6)

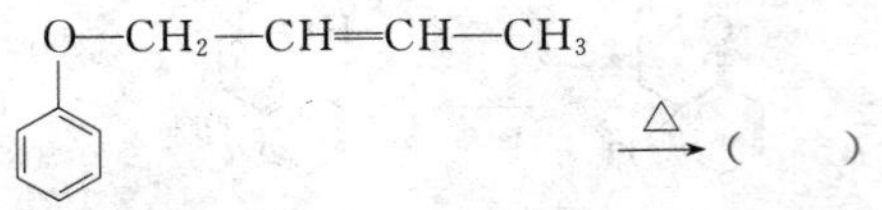

2. 用前线轨道理论解释下列反应在加热条件下,反应(1)是可以发生的,反应(2)是不能发生的。

(1)

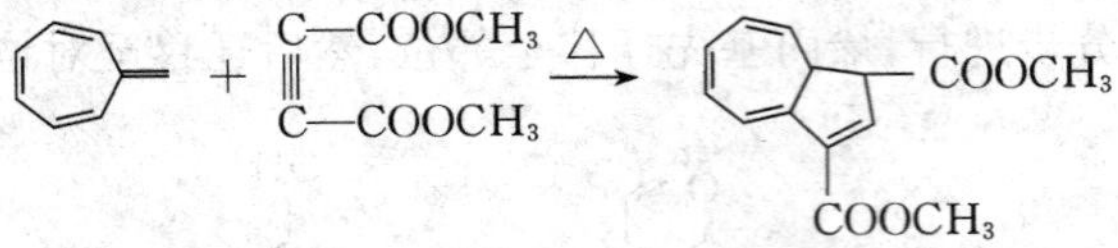

(2)

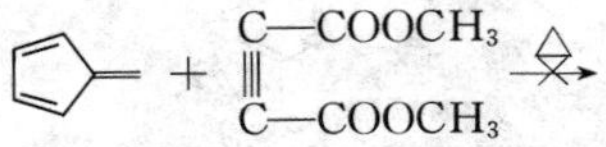

3. 下列各个例子中发生了什么协同反应?反应体系中的 π 电子数目是多少?是顺旋还是对旋?是同面还是异面?

(1)

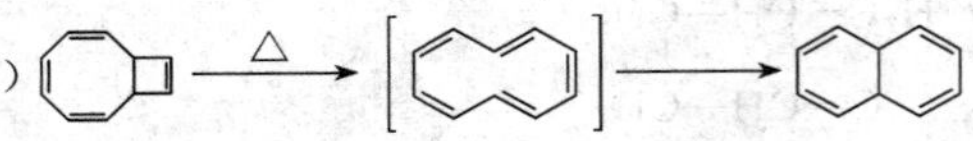

(2)

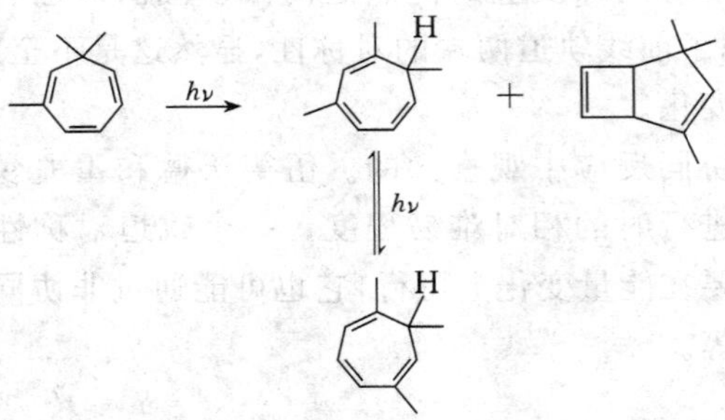

(3)

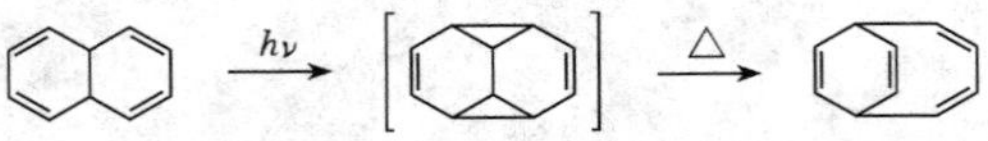

4. 试说明下列各步反应体系中 π 电子的数目,是顺旋还是对旋,是同面还是异面。并写出化合物 A~F 的结构。

(1) 电环化闭环:

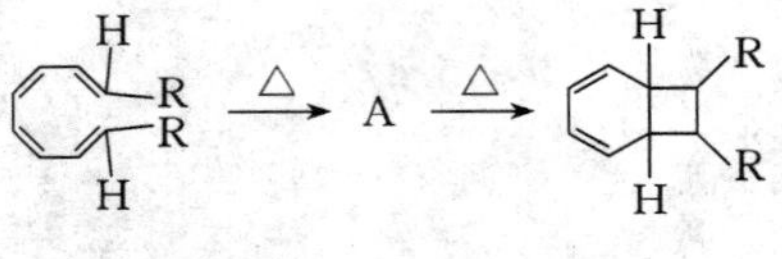

（2）[1,5]H 迁移,电环化开环：

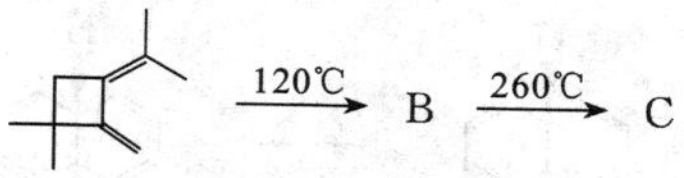

（3）三个电环化闭环：

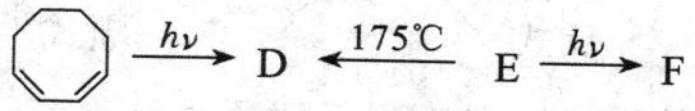

5. 乙烯与丁二烯在 175 ℃ 及高压下反应,得到以下产物:环己烯（占 85%）,4-乙烯基-1-环己烯（占 12%）及乙烯基环丁烷（占 0.02%）。写出反应式,并指出为何乙烯基环丁烷的产率极低。

6. 为何双环庚三烯在光照和加热条件下的产物不同？

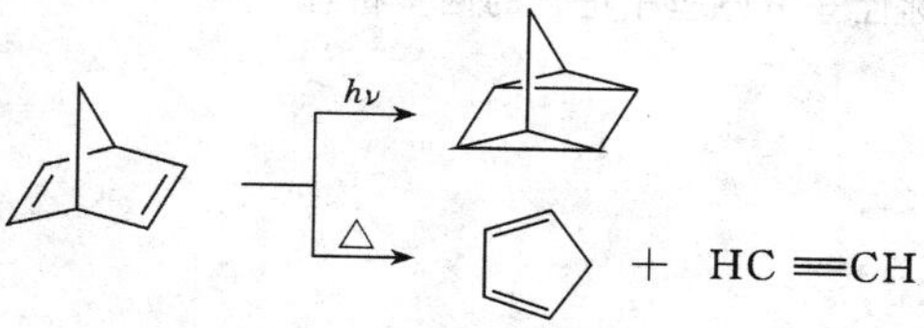

7. 下列重排得到产物 A 和 B,它们是如何产生的？画出分子轨道的变化。

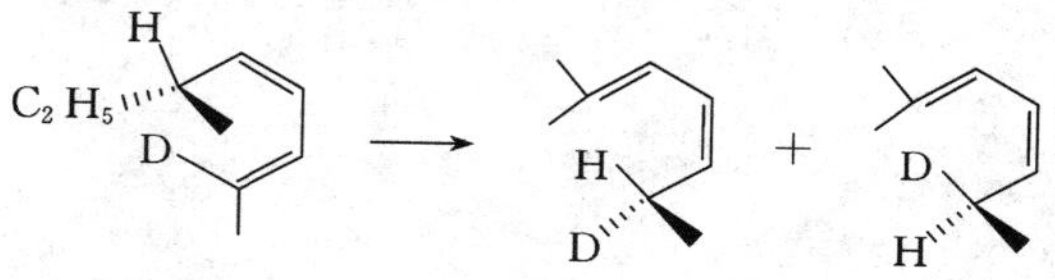

8. 解释下列重排反应。

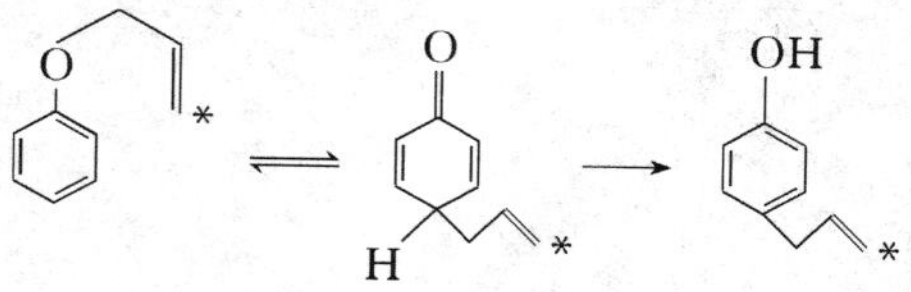

9. 解释下列反应机理。

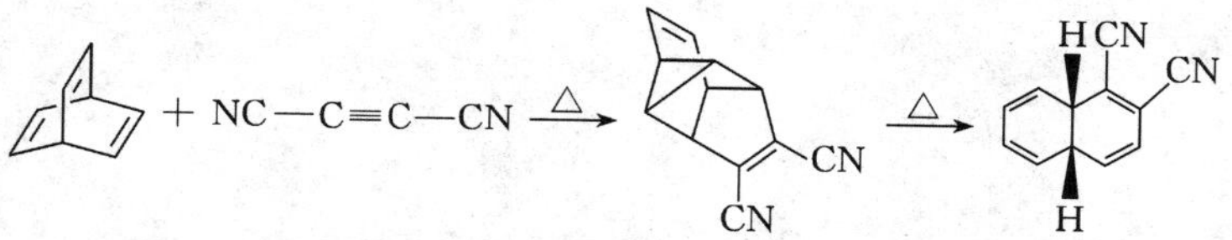

10. 你能否设计实验证实下列的分子确实已发生了重排？

11. 1,3-偶极与亲偶极试剂的环加成反应在杂环合成中很有应用。请完成下列各反应,并指出反应的类型。

（1）$CH_3C≡CCOOCH_3 + CH_2N_2 \xrightarrow[0℃]{乙醚} (\qquad)$

（2）

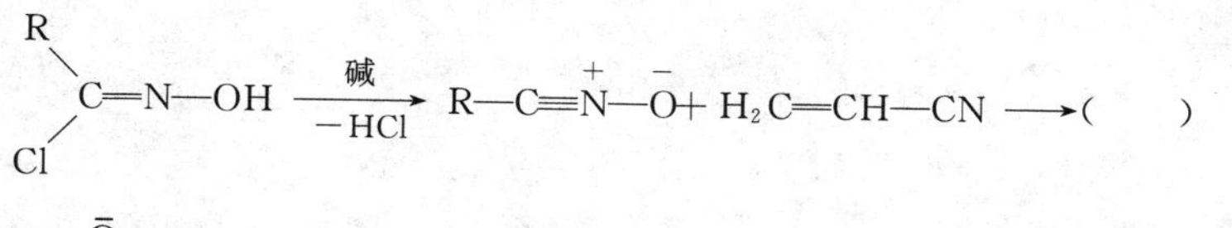

（3）

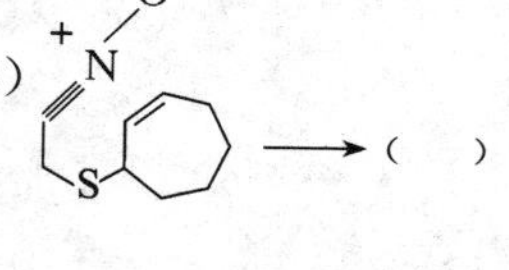

12. 反式氢化萘在室温下光解可以转变成顺式氢化萘：

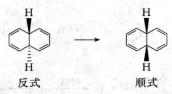

可是当反式氢化萘在−190 ℃温度下光解时,则检测不到顺式氢化萘。只有在−190 ℃温度下光解反式氢化萘后,逐步升温至室温,然后再冷却到−190 ℃,这样才能得到顺式氢化萘。如果不是这样,而是在−190 ℃温度下将低温光解混合物还原,则形成环癸烷,将室温下光解得到的混合物还原后只生成痕量环癸烷。试针对这个转变提出与分子轨道对称性守恒原理相符合的两步机理。

第 16 章　有 机 合 成

　　有机合成设计就是研究如何设计、选择与最后确定有机化合物的合成路线,是有机化学工作者为待合成的化合物——目标化合物拟定合成方案,先于有机合成的具体实践,设计可能的合成路线,它对有机合成的成败具有决定性作用。

　　1996 年,P. A. Wender 教授提出:"一种理想的合成是用简单的、安全的、环境友好的、资源有效的操作,快速、定量地把廉价、易得的起始原料转化为天然或设计的目标分子。"

　　有机合成工业可分为基本有机合成工业与精细有机合成工业。其中基本有机合成工业生产基本有机化工原料,如乙炔、乙烯、苯、汽油、乙醇、甲醛、乙酸等,其特点如下:① 产品品种较少,单品种产量大;② 产品价格相对较低。精细有机合成工业生产合成药物、农药、香料、表面活性剂、助剂等,其特点如下:① 产品产量相对较低,品种较多,质量要求较高;② 产品合成过程中,操作比较复杂、细致;③ 产品价格较高,附加值较大。

　　在有机合成发展的初期,人们致力于在实验室中合成自然界中已知的化合物,或对自然界提取的化合物进行修饰、合成;其后主要进行不存在或未知的化合物的合成;现在和将来则是主要依据理论的指导,设计出可能具有优异性能或重大理论意义的化合物并进行合成。

　　一种化合物可由多种合成路线合成。在设计与合成中要科学地、综合地考察各种路线的利弊,择优而用。

　　设计合成路线时应注意以下几个原则。

　　(1) 收率高。有机化合物分子结构复杂,这导致化学反应不局限于某一特定部位,常伴有副反应发生,使主要产物收率降低。要尽量选择副反应较少的合成路线。

　　(2) 合成路线短。反应路线长短直接关系到产品成本,一个每步产率都是 90% 的十步合成,全过程总产率仅为 35%;一个每步产率都是 90% 的五步合成,全过程总产率仅为 59%。而且,路线长导致反应周期延长,操作步骤复杂,设备增加。

　　(3) 原料、试剂易得,具有丰富的来源。最好立足于本国,毒性小,溶剂可回收。

　　(4) 力求采用易于实现的反应条件(如室温、常压)和反应设备,对反应设备无特殊要求。

　　(5) 能耗低。

　　(6) 原子经济性高。"三废"少、环境污染小。

16.1　分子的拆分

16.1.1　逆合成法

　　逆合成(retrosynthesis)法指的是在设计合成路线时,从产物回推出原料的方法。它是由 E. J. Corey 提出并发展起来的。其基本思路就是将一个复杂的目标分子,通过逆推法,使其由繁到简逐级地分解成若干简单的合成,然后反过来形成由简到繁的复杂分子合成路线。

　　在合成较为复杂的化合物时,往往感到无从下手,这时可将这个分子按一定的、可行的反应逆过程将其拆分为较小分子。

例 16-1 合成分析:

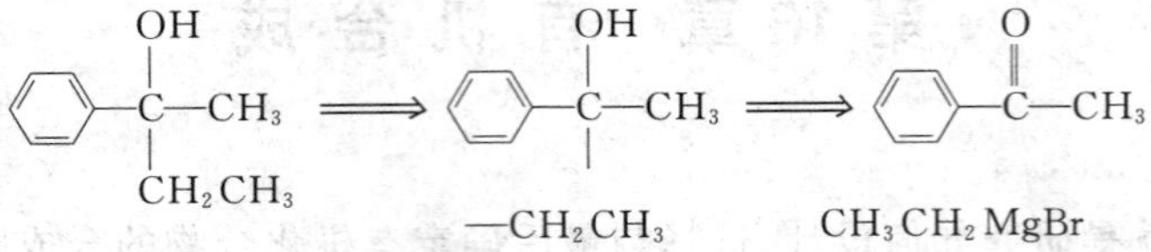

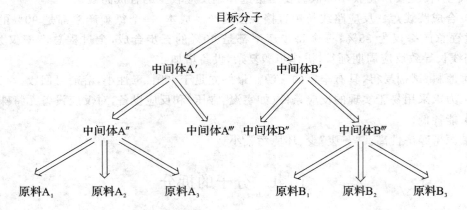

2-苯基-2-丁醇　　　　　　　合成子　　　　　　　等价试剂

只要拆分合理,顺过来就可以合成出欲合成的目标分子。

下面是切断法的一些术语。

切断:将分子中一个(或两个)键切断,使分子转变成一种可能的原料。它是化学反应的逆过程。用 ⟹ 来表示。

合成子:在切断时所得出的概念性的分子碎片,通常是离子等。

等价试剂:合成子的等价物质。例如,CH_3I 是合成子 CH_3^+ 的等价试剂。

目标分子(target molecule):打算合成的分子。用 TM 来表示。

官能团转换(FGI,functional group interconversion):把一个官能团换写成另一个官能团,以使切断成为可能的一种方法。它是化学反应的逆过程,用 $\xrightarrow{\text{FGI}}$ 表示。

将一个分子拆分可能有多种方法,合成这个分子也就可能有多种路线,在合成中要选择合成步骤少、产率高、原料易得的路线。上例中的目标分子也可以进行如下拆分:

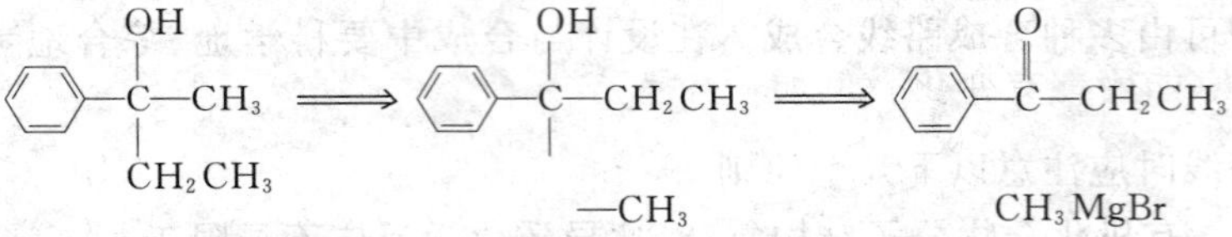

对一个复杂的分子可能有多种拆分方法:

目标分子

中间体A′　　　　　　　中间体B′

中间体A″　　　中间体A‴　中间体B″　　　中间体B‴

原料A₁　　原料A₂　　原料A₃　　　　原料B₁　　原料B₂　　原料B₃

16.1.2　分子结构变化的分类

一般来说,分子主要包含骨架和官能团两部分,在合成过程中这两部分有变与不变两种可能。合成过程中的分子结构变化有下列四种类型。

(1)骨架和官能团都没有变化。在反应中,分子的骨架和官能团类型都没有变化,改变的只是官能团的位置。例如:

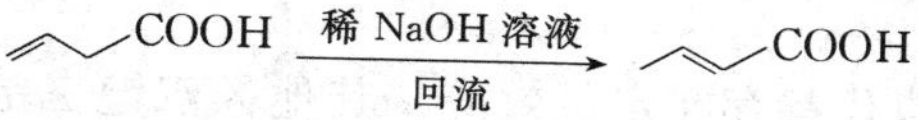

$$\text{（烯烃）} \xrightarrow[170℃]{\text{KOH 醇溶液}} \text{（二烯烃）}$$

$$\text{COOH} \xrightarrow[\text{回流}]{\text{稀 NaOH 溶液}} \text{COOH}$$

（2）骨架不变而官能团变化。骨架不发生变化,官能团在反应前后发生变化,这在合成反应中是常见的。例如：

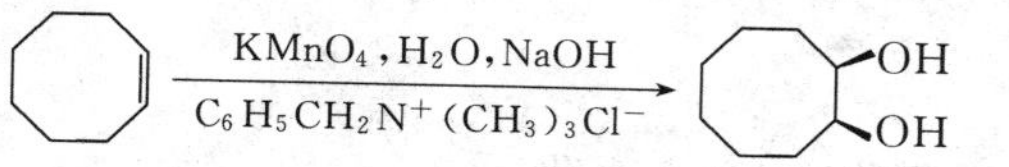

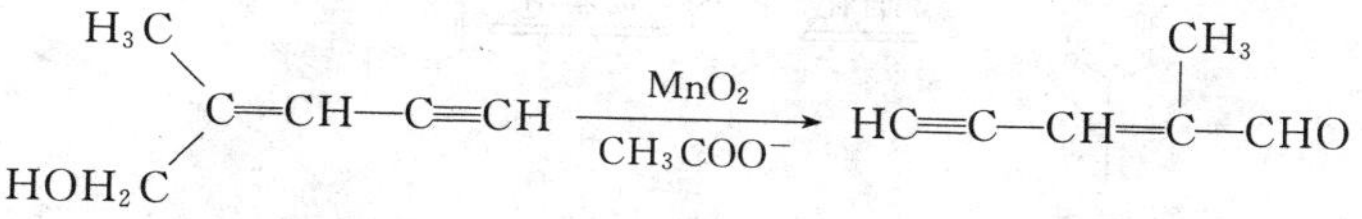

$$\text{（环辛烯）} \xrightarrow[C_6H_5CH_2N^+(CH_3)_3Cl^-]{KMnO_4,\,H_2O,\,NaOH} \text{（环辛二醇）} \quad (50\%)$$

$$\xrightarrow[CH_3COO^-]{MnO_2} \quad (35\%)$$

$$\xrightarrow[\text{煮沸}]{Na_2Cr_2O_7,\,H_2O,\,H_2SO_4} \quad (86\%)$$

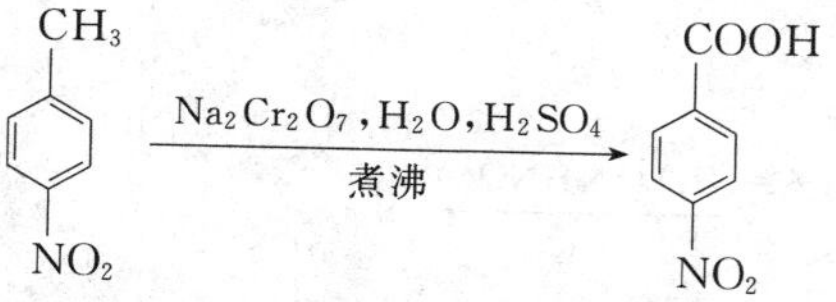

（3）骨架变化而官能团不变。环己酮与重氮甲烷的作用即属此类。

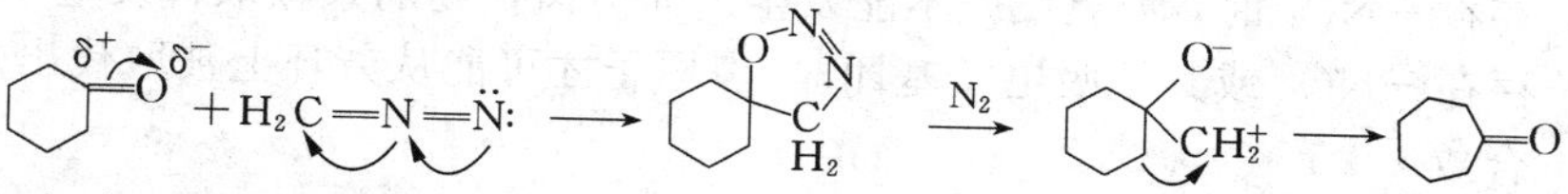

（4）骨架与官能团都有变化。例如：

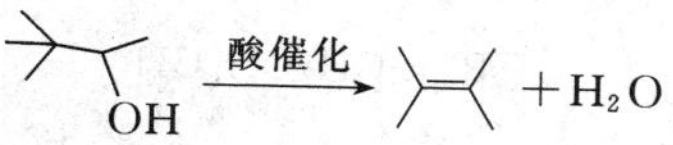

$$\xrightarrow{\text{酸催化}} \quad + H_2O$$

$$H_3C-CHO \xrightarrow{\text{碱}} H_3CCH(OH)CH_2CHO$$

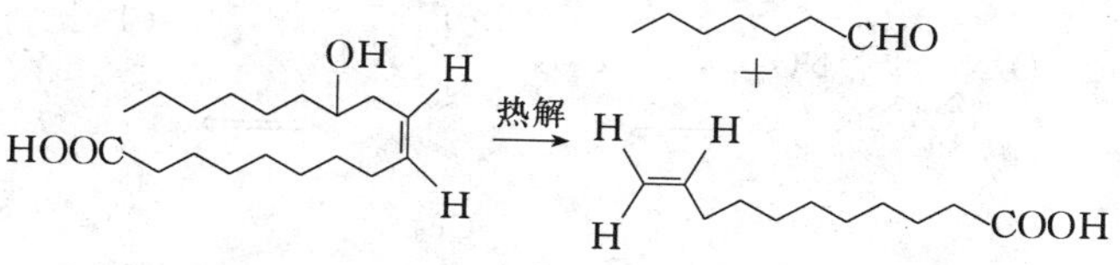

这类反应往往是合成中最常见的反应。

16.1.3　分子拆分方法的选择

确定分子拆分的先后顺序时,须考虑以下几个方面。

（1）正确定位,拆分时要考察基团间的相互影响,找出能使之正确定位的基团,保留、拆分另一基团。

例 16-2　合成分析：

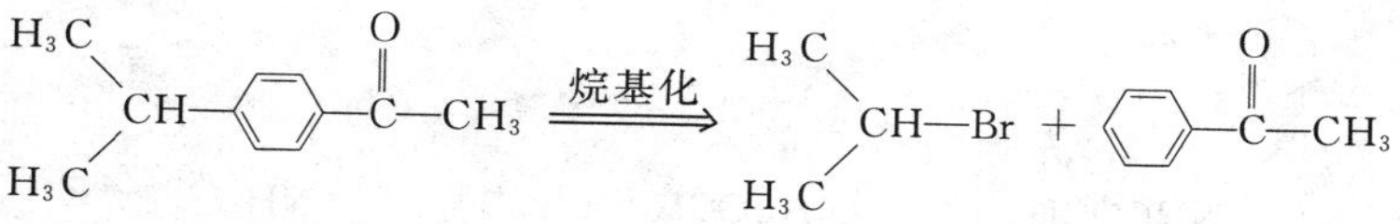

菖蒲香酮

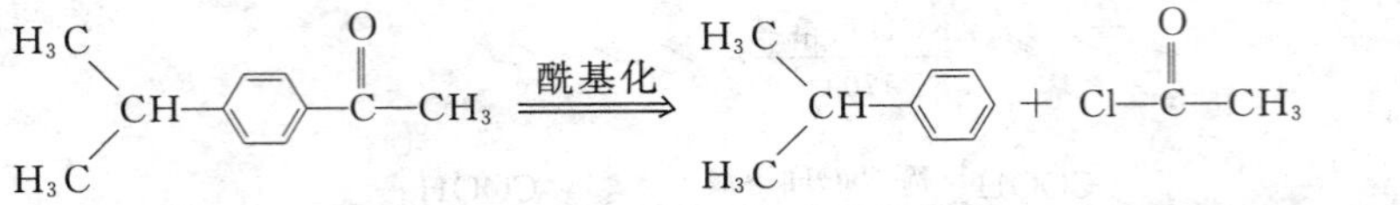

$$\text{(异丙基)苯乙酮} \xrightarrow{\text{酰基化}} \text{异丙苯} + Cl-\overset{\overset{\displaystyle O}{\|}}{C}-CH_3 \qquad (正确定位)$$

在芳环上的亲电、亲核取代都存在定位效应。其他像双键三键加成、共轭双键加成、活泼 α-氢原子的反应等也都存在定位效应。

（2）先切断使反应钝化的基团，以使反应能够顺利发生或提高反应产率。

例 16-3 合成分析：

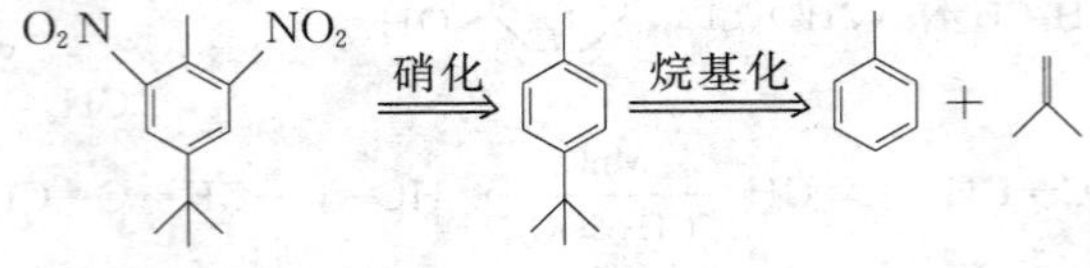

$$麝香 \xrightarrow{\text{硝化}} (叔丁基甲苯) \xrightarrow{\text{烷基化}} 甲苯 + 异丁烯$$

合成路线：

$$甲苯 + 异丁烯 \xrightarrow[\text{傅-克烷基化}]{AlCl_3} (对叔丁基甲苯) \xrightarrow{H_2SO_4,\ HNO_3} (麝香产物)$$

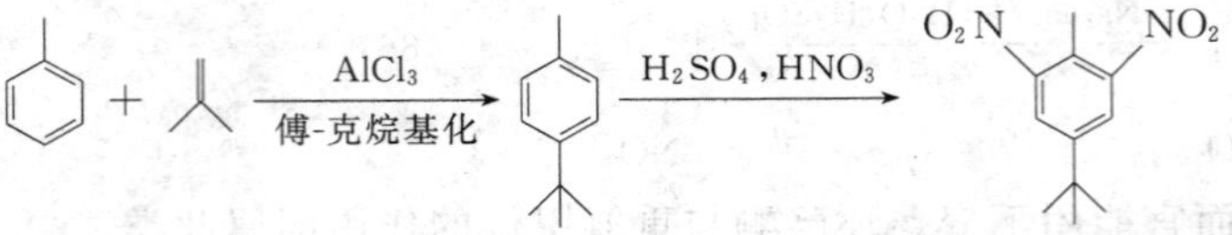

当芳环上存在 $-NO_2$ 时，傅-克反应不能发生。而芳卤代物的亲核取代反应中只有当卤素的邻位和对位存在 $-NO_2$ 或其他吸电子基团时，卤原子才可能从芳环上被取代出来。

例 16-4 合成

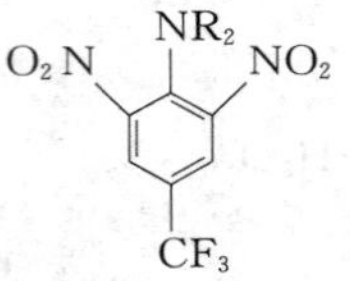

$$（三氟拉灵结构）\qquad R: -CH_2CH_2CH_3$$

合成分析：三氟拉灵（芽前除草剂，Lilley 公司生产）

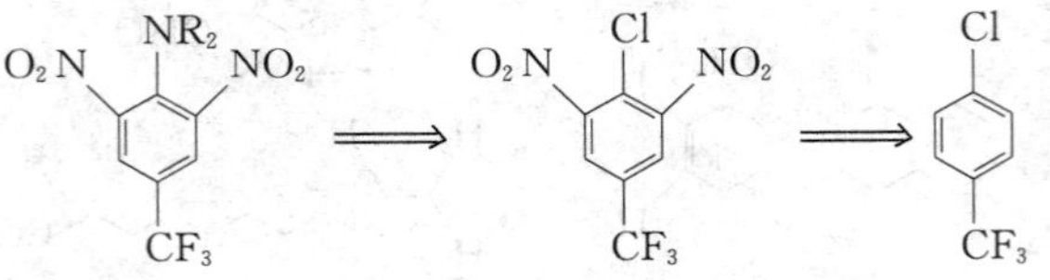

$$（产物）\Longrightarrow （氯代中间体）\Longrightarrow （对氯三氟甲苯）$$

合成路线：

$$（对氯三氟甲苯） \xrightarrow[HNO_3]{H_2SO_4} （二硝基氯代物） \xrightarrow[HN(CH_2CH_2CH_3)_2]{\text{碱}} N(CH_2CH_2CH_3)_2 （三氟拉灵）$$

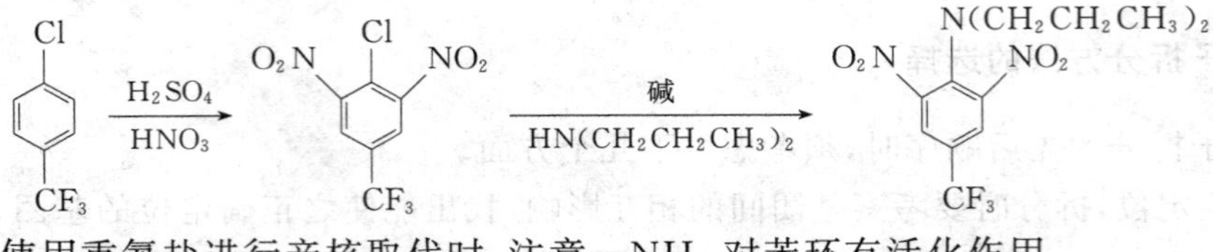

（3）在使用重氮盐进行亲核取代时，注意 $-NH_2$ 对苯环有活化作用。

例 16-5

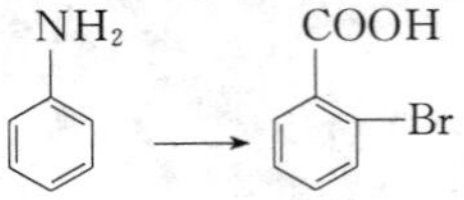

$$苯胺(NH_2) \longrightarrow （邻溴苯甲酸 COOH, Br）$$

合成路线：

$$苯胺 + (CH_3CO)_2O \longrightarrow （乙酰苯胺 NHCOCH_3） \xrightarrow{Br_2} （邻溴乙酰苯胺 NHCOCH_3, Br） \xrightarrow{H_3O^+,\ 回流} （邻溴苯胺 NH_2, Br）$$

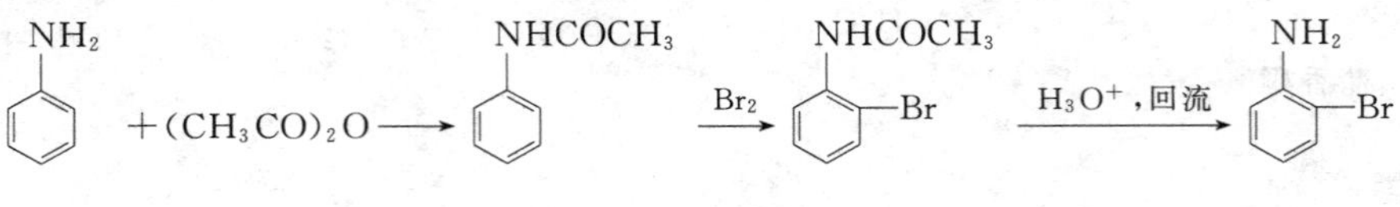

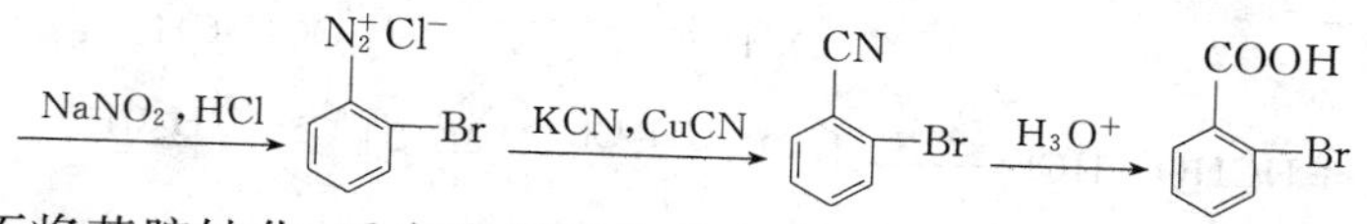

$$\xrightarrow{\text{NaNO}_2,\text{HCl}} \quad \xrightarrow{\text{KCN,CuCN}} \quad \xrightarrow{\text{H}_3\text{O}^+}$$

如果不将苯胺钝化，反应难停留在单取代阶段。

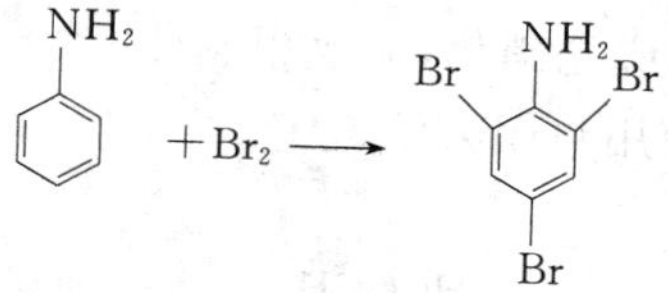

$$+\text{Br}_2 \longrightarrow$$

（4）不能直接定位合成时，考虑引入定位基。

例 16-6

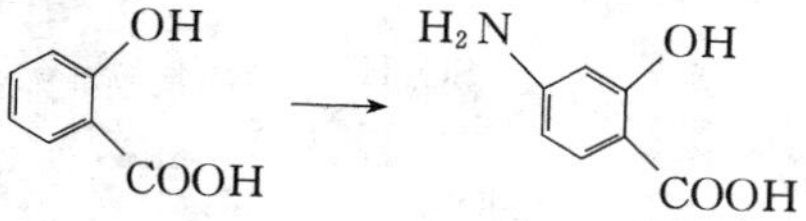

合成分析：

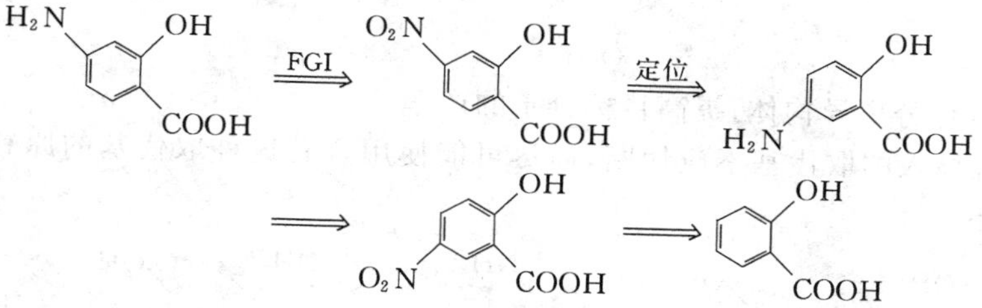

$$\xRightarrow{\text{FGI}} \quad \xRightarrow{\text{定位}}$$

$$\Longrightarrow \quad \Longrightarrow$$

合成路线：

$$\xrightarrow{\text{H}_2\text{SO}_4,\text{HNO}_3} \quad \xrightarrow{\text{Fe,HCl}}$$

$$\xrightarrow{\text{(CH}_3\text{CO)}_2\text{O}} \quad \xrightarrow{\text{H}_2\text{SO}_4,\text{HNO}_3} \xrightarrow{\text{H}_3\text{O}^+} \xrightarrow[\text{②H}_3\text{PO}_2]{\text{①NaNO}_2,\text{HCl}}$$

$$\xrightarrow{\text{Sn,HCl}}$$

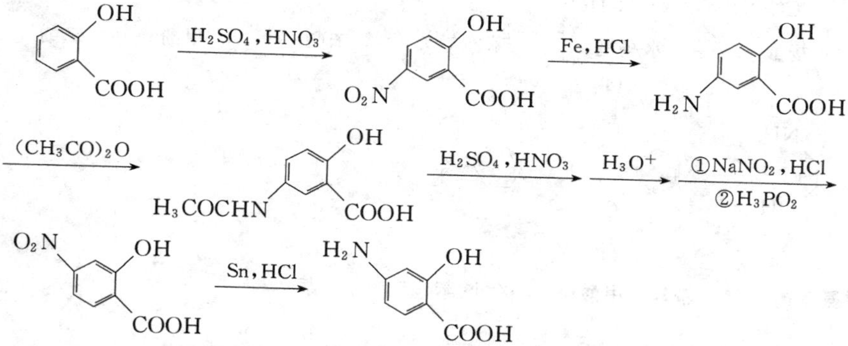

（5）避免使用会导致在分子其他部位发生不必要反应的程序。

例 16-7 合成分析：

a 方案

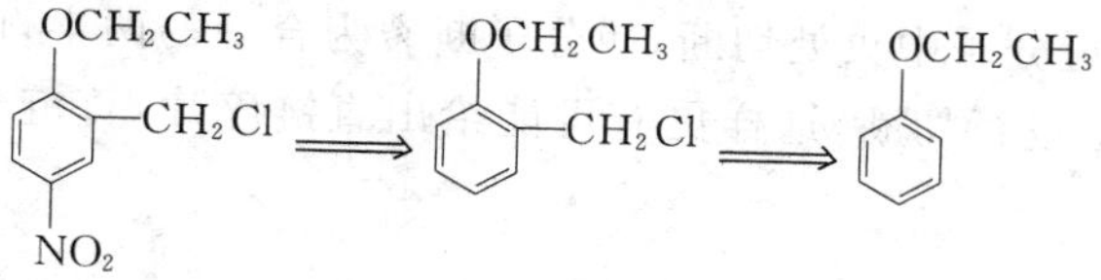

$$\Longrightarrow \quad \Longrightarrow$$

b 方案

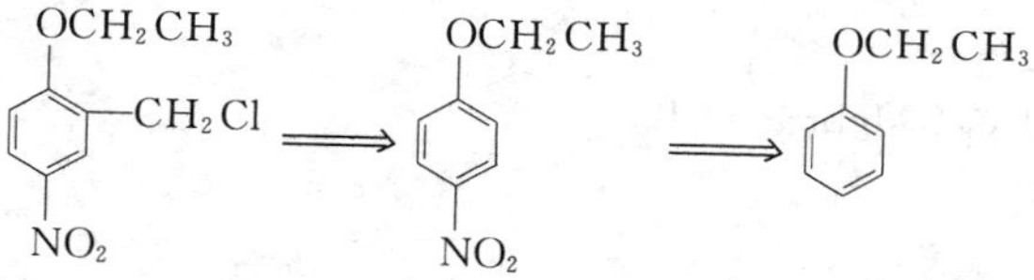

$$\Longrightarrow \quad \Longrightarrow$$

按 a 方案合成：

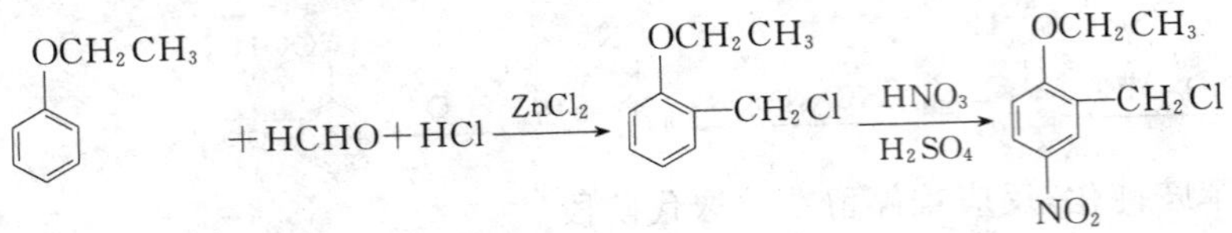

a 方案在硝化时易被氧化,故应先硝化,后氯甲基化。

(6) 涉及邻对位取代时,可使用封闭方法。

例 16-8　合成路线:

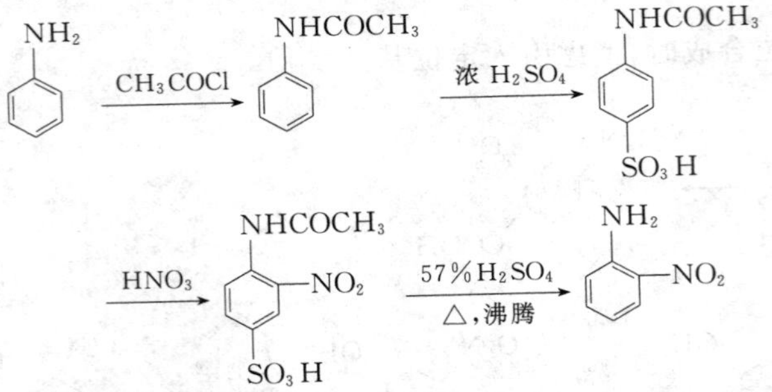

这样可以避免分离异构体,提高目标分子的产率。

(7) 有些难导入的取代基不应切断,而尽可能使用含有这种取代基的原料。常直接作为原料的物质如下:

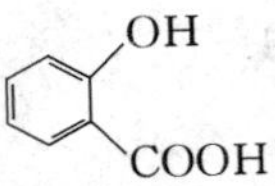

水杨酸 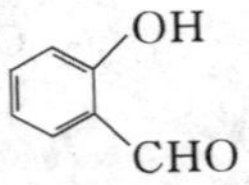　　水杨醛 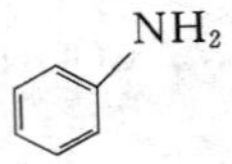　　苯胺 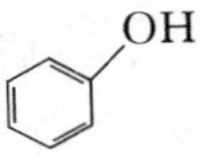　　苯酚 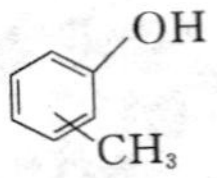　　甲酚 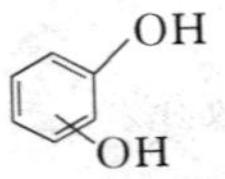　　二酚

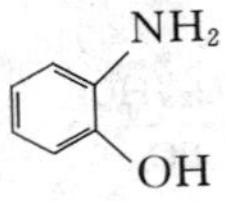

氨基酚 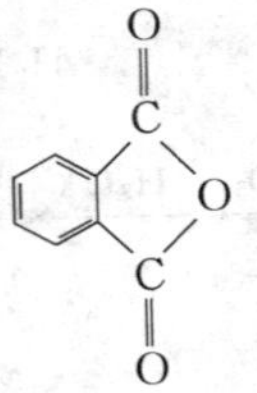　　邻苯二甲酸酐 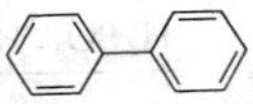　　联苯 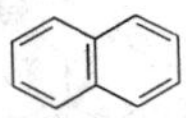　　萘

16.1.4　分子拆分部位的选择

对于一个复杂的分子,可从各处进行拆分,究竟从何处拆分才更为合理,有下面几点共识。

(1) 最大限度地简化。在接近分子中央处切断,使分子断裂为合理的两半,而不是从边上切去几个无所谓的原子;在支点上进行切断,这样更有可能给出直链碎片,直链分子往往是易得的原料。

例 16-9　合成分析:

a 方案 $\Longrightarrow$ CH$_3$CH$_2$MgBr + OHC

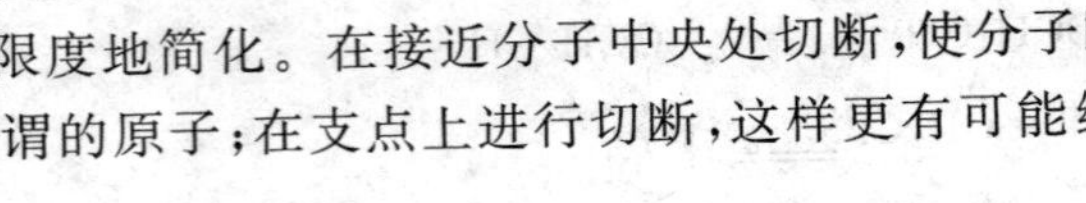

b 方案 $\Longrightarrow$ CH$_3$CH$_2$CHO + BrMg

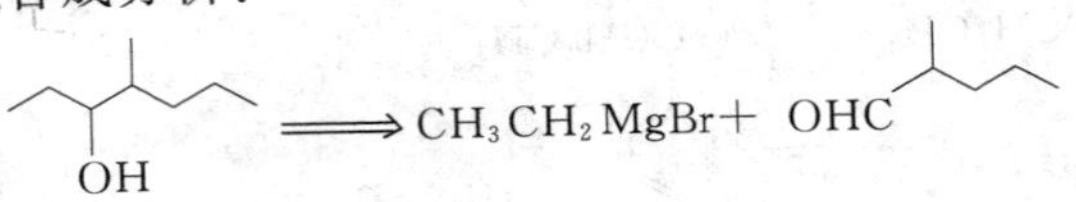

（2）对称性原则。对称地拆分,可使用较少种类的原料,又可避免选择性问题。

例 16-10　合成分析：

$$\text{(结构式)} \Longrightarrow CH_3COOC_2H_5 + 2\ \text{(异戊基)}MgBr$$

$$\xrightarrow{FGI} \text{(异戊醇)}OH \xrightarrow{\text{支点}} \text{(异丙基)}MgBr + \triangle^O$$

（3）向可用的起始原料拆分。在拆分中向给定的原料或易得的原料拆分。

例 16-11　由丙酮和二碳以下的有机物制备。

合成分析：

$$\text{(结构式)} \xrightarrow{\text{对称}} \text{(结构式 ①、②)}$$

① $H_3C-\underset{\underset{Br}{}}{\overset{\overset{CH_3}{|}}{C}}-CH_2-\overset{\overset{O}{||}}{C}-CH_3 \xrightarrow{FGI} H_3C-\underset{\underset{OH}{}}{\overset{\overset{CH_3}{|}}{C}}-CH_2-\overset{\overset{O}{||}}{C}-CH_3$$

$$\Longrightarrow H_3C-\overset{\overset{O}{||}}{C}-CH_3 + H_3C-\overset{\overset{O}{||}}{C}-CH_3$$

② $H_3C-\overset{\overset{O}{||}}{C}-CH_2-COOC_2H_5 \Longrightarrow H_3C-\overset{\overset{O}{||}}{C}-OC_2H_5 + H_3C-\overset{\overset{O}{||}}{C}-OC_2H_5$

合成路线：

$$2\ H_3C-\overset{\overset{O}{||}}{C}-OC_2H_5 \xrightarrow{CH_3CH_2ONa} H_3C-\overset{\overset{O}{||}}{C}-CH_2-COOC_2H_5 \quad ②$$

$$2\ H_3C-\overset{\overset{O}{||}}{C}-CH_3 \xrightarrow{OH^-} H_3C-\underset{\underset{OH}{}}{\overset{\overset{CH_3}{|}}{C}}-CH_2-\overset{\overset{O}{||}}{C}-CH_3 \xrightarrow{PBr_3} H_3C-\underset{\underset{Br}{}}{\overset{\overset{CH_3}{|}}{C}}-CH_2-\overset{\overset{O}{||}}{C}-CH_3 \quad ①$$

$$①+② \xrightarrow{CH_3CH_2ONa} \text{(产物结构式)}$$

（4）在双键上切断。双键之处,往往是前步反应官能团所在之处,也就是说往往是前步反应之处。

例 16-12　合成分析：

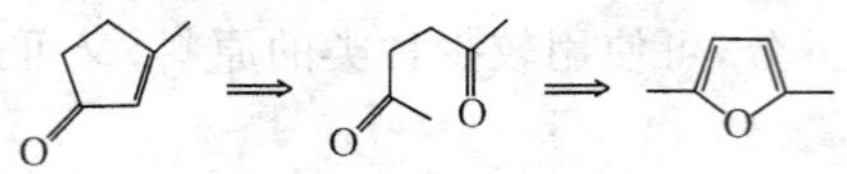

合成路线:

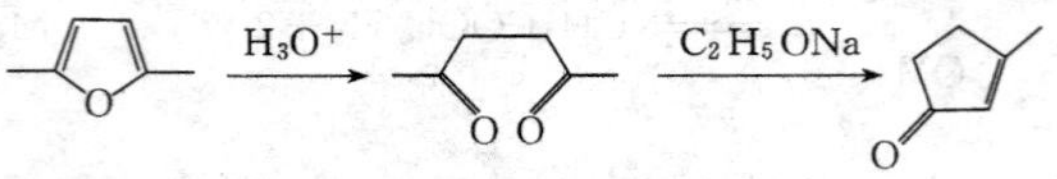

（5）从杂原子处切断。杂原子常常容易在反应过程中引入。

例 16-13 合成

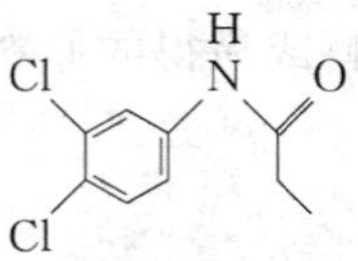

丙氯苯胺(用做稻田除草剂)

合成分析:

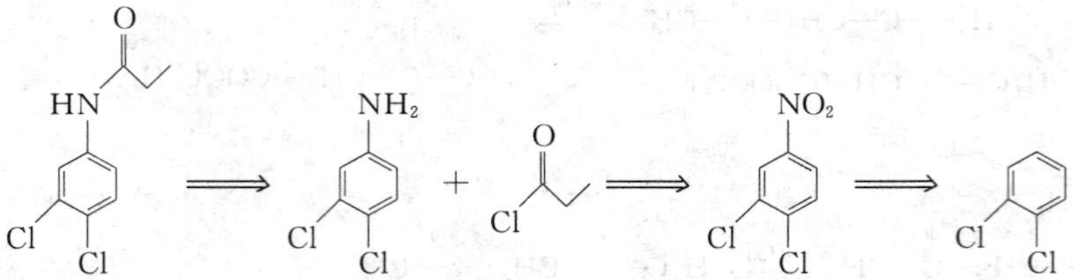

合成路线:

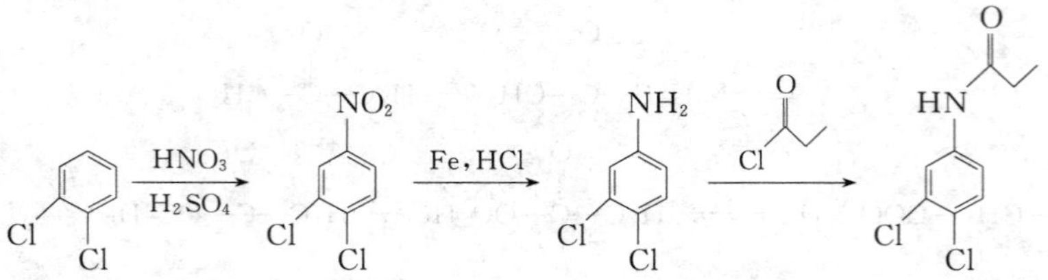

例 16-14 合成

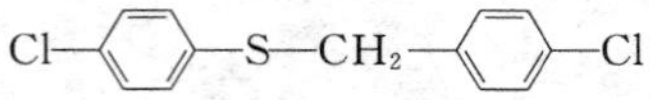

氨苯杀(杀螨剂,能杀死螨、壁虱、蛆等)

合成分析:

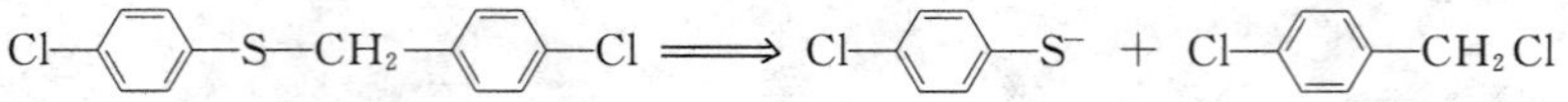

合成路线:

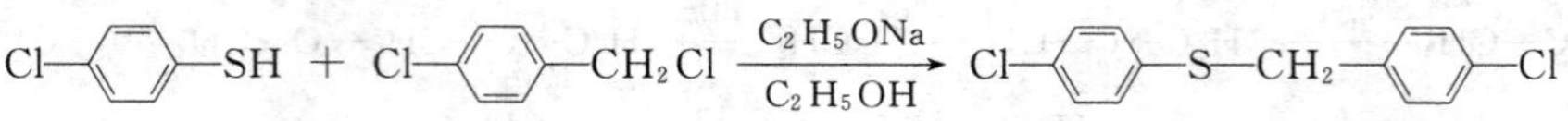

（6）从环上切断。

例 16-15 合成分析:

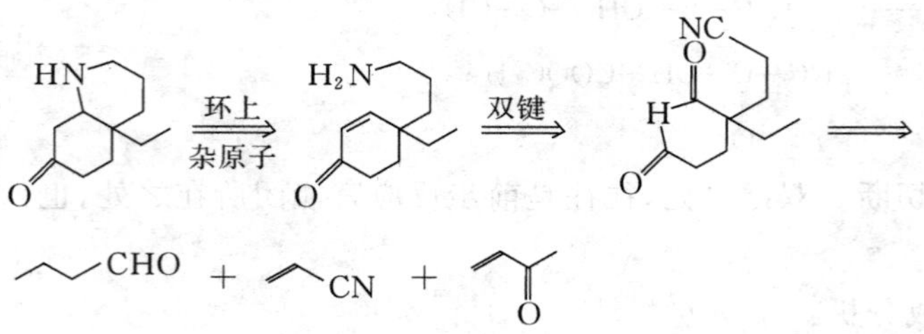

合成路线：

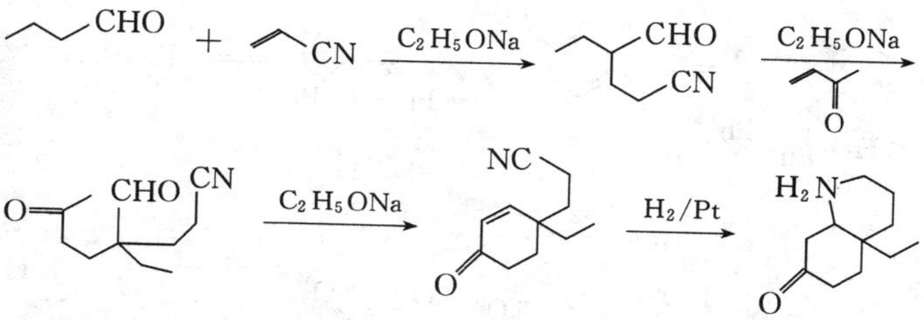

思考题 16-1 拆分合成下列化合物。

(1)

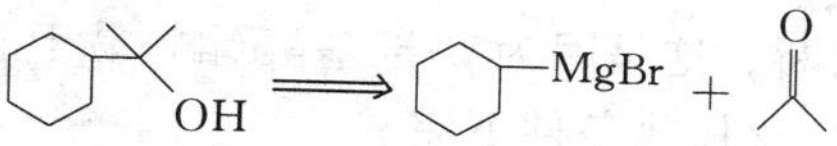

(2)

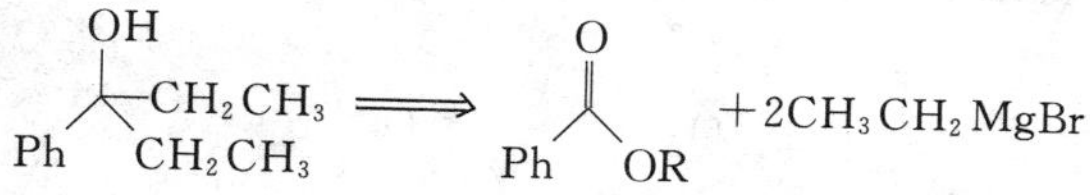

16.2 各类特定结构化合物的拆分与合成

16.2.1 β-羟基、羰基化合物和 α,β-不饱和化合物

β-羟基、羰基化合物可由醇醛缩合反应来制备。脱去一分子水后，可得 α,β-不饱和羰基化合物。

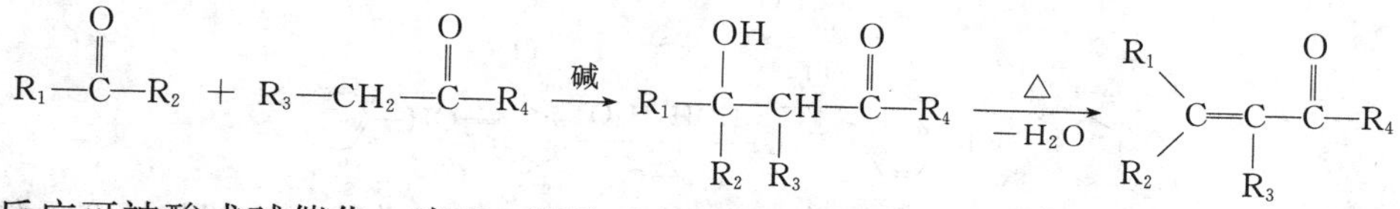

此反应可被酸或碱催化。当 R_3 是强吸电子基团时，有利于反应的进行。

因此，可将 β-羟基、羰基化合物进行如下拆分：

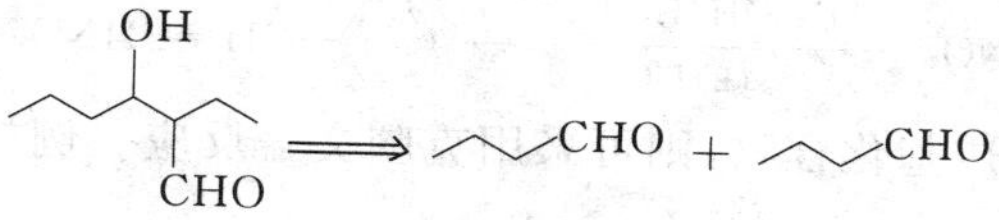

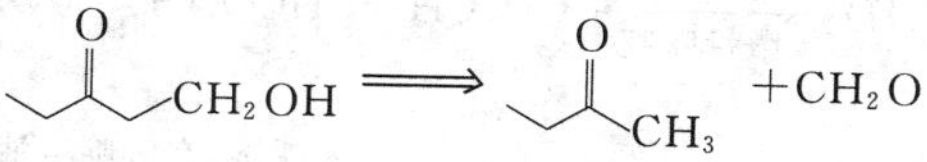

例 16-16 合成分析：

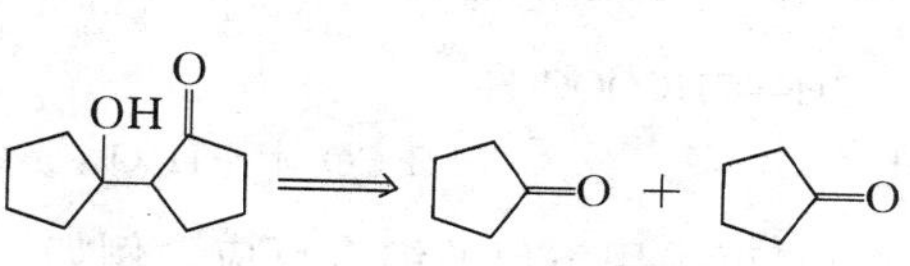

合成路线：

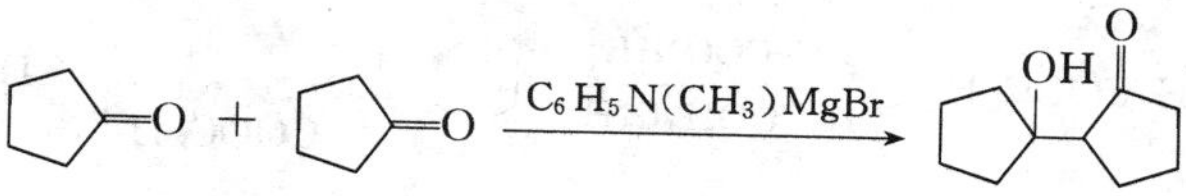

例 16-17 合成分析：

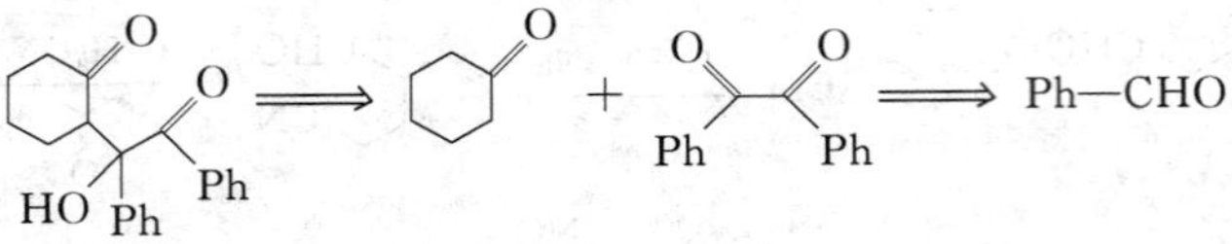

合成路线：

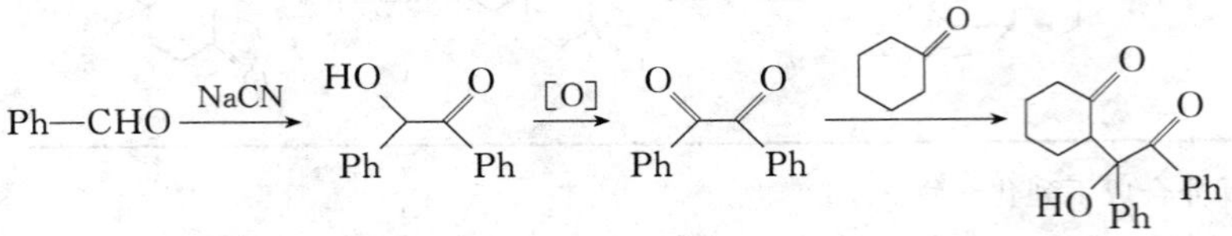

对于 α,β-不饱和羰基化合物，可以从双键处切断。这是因为 β-羟基醛(酮)易于脱水而生成 α,β-不饱和醛(酮)。这种脱水反应可在酸或碱催化加热条件下完成。

例 16-18 合成分析：

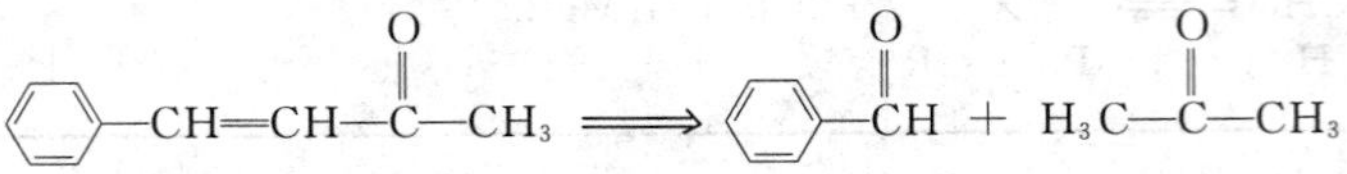

合成路线：

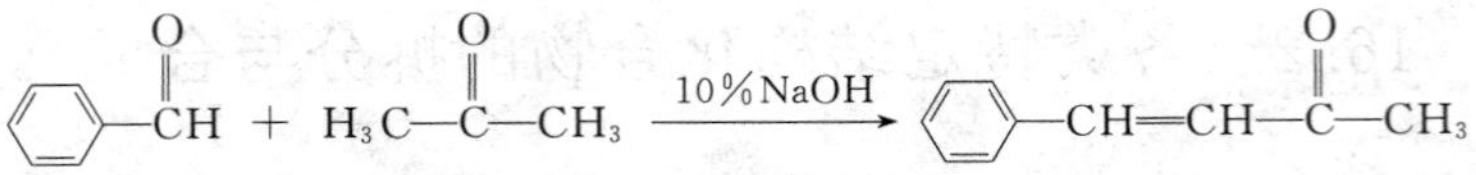

克莱森-施密特(Claisen-Schmidt)反应：在比较浓的氢氧化钠(钾)水溶液为催化剂时，芳醛和含有两个 α-氢原子的脂肪族醛、酮缩合，形成 α,β-不饱和羰基化合物的反应。例如：

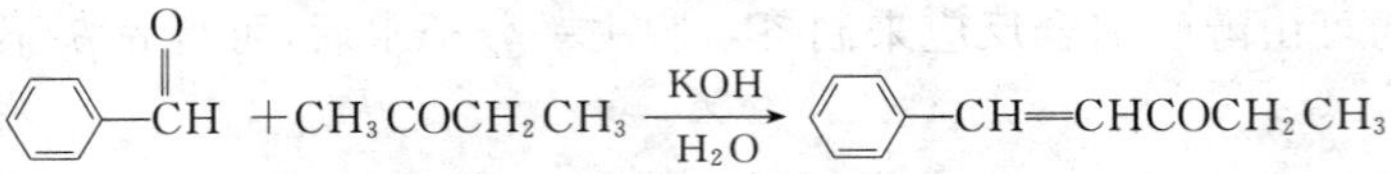

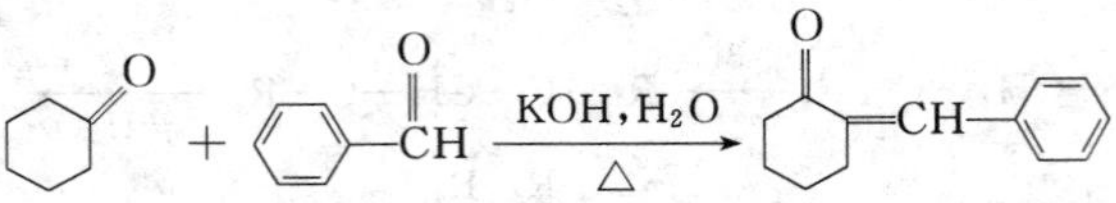

克莱森-施密特反应也包括碱性作用下芳醛与含有活泼甲基化合物之间的缩合。例如：

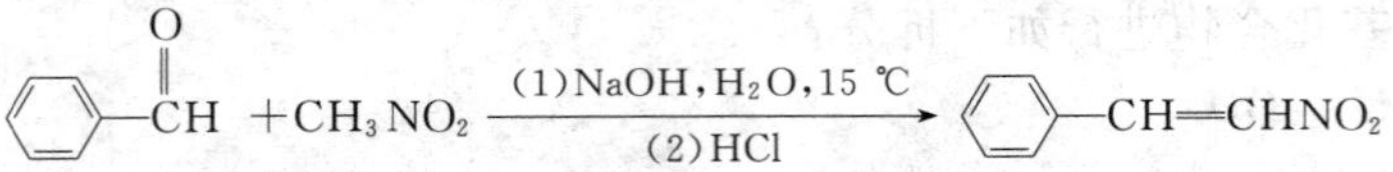

若要合成 α,β-不饱和羧基化合物，则可采用克脑文盖反应。例如：

$$CH_3CHO + CH_2(COOH)_2 \xrightarrow[\text{微量哌啶}]{\text{吡啶}} CH_3CH\!=\!CHCOOH + CO_2\uparrow + H_2O \quad (60\%)$$

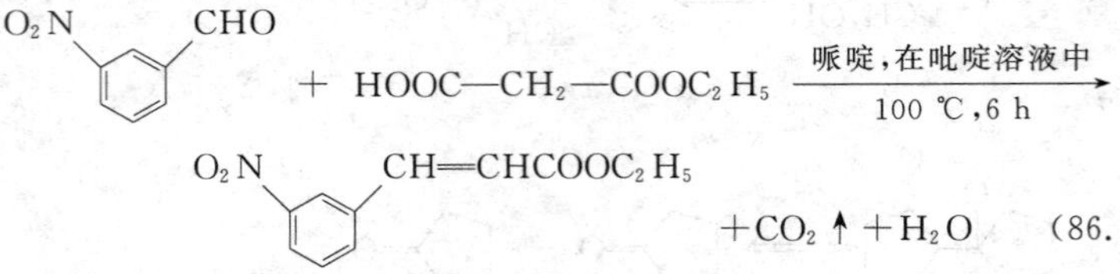

$$+CO_2\uparrow + H_2O \quad (86.5\%)$$

如欲合成 α,β-不饱和氰化物，可采用类似的缩合反应。例如：

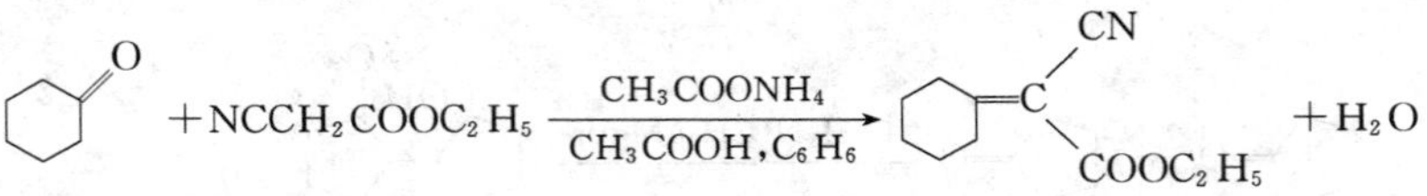

珀金反应：芳醛和含有两个 α-氢原子的脂肪族酸酐在碱催化下的缩合反应。例如：

$$C_6H_5CHO+(CH_3CO)_2O \xrightarrow[175\sim180\ ^\circ C]{CH_3COOK} C_6H_5CH{=}CHCOOH + CH_3COOH \quad (60\%\sim64\%)$$

例 16-19　轻度镇静剂奥森米特的合成。

合成分析：

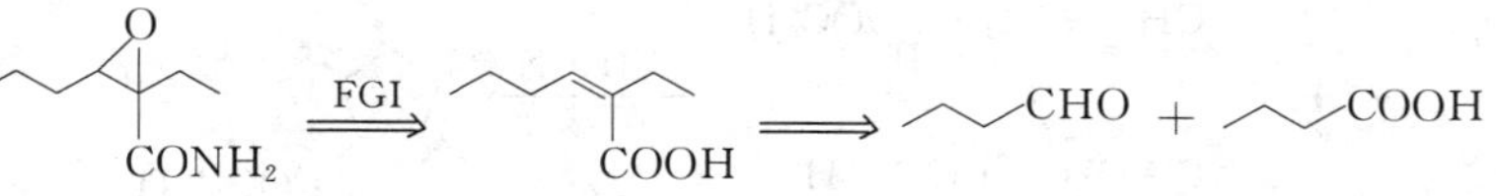

合成路线：

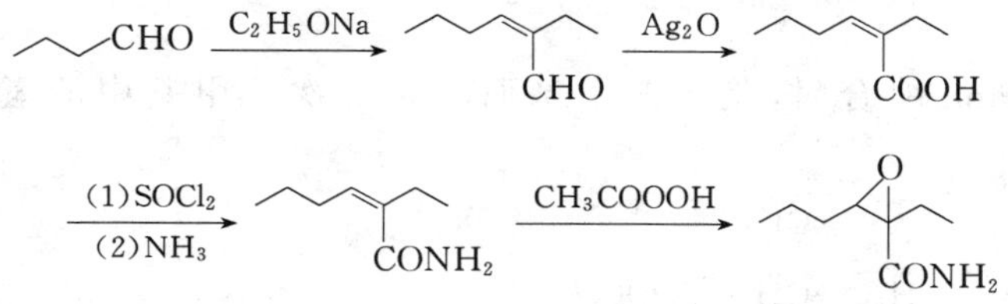

思考题 16-2　拆分合成下列化合物。

(1) 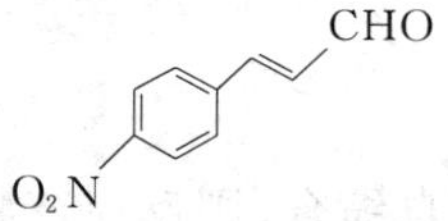　　(2) 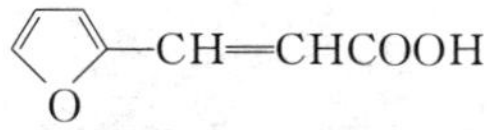

16.2.2　1,3-二羰基化合物

克莱森缩合反应是制备 1,3-二羰基化合物的重要反应。例如：

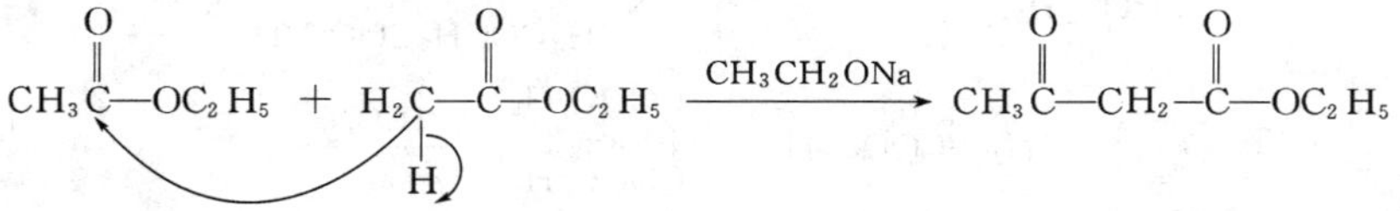

其反应机理如下：

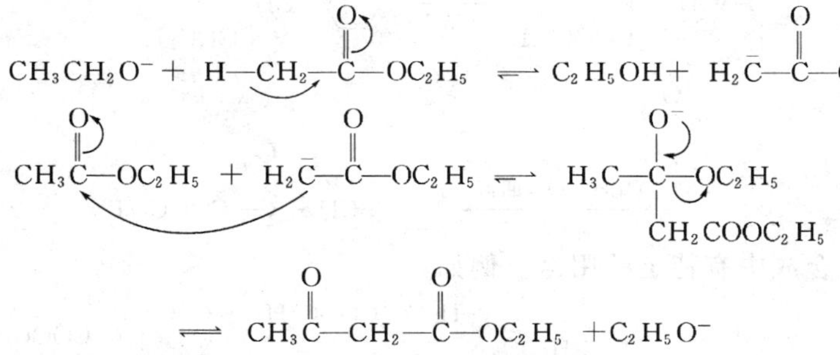

根据克莱森缩合的特点，1,3-二羰基化合物可进行如下拆分：

$$R_1{-}CH_2{-}\overset{O}{\overset{\|}{C}}{-}\underset{R_2}{\underset{|}{CH}}{-}\overset{O}{\overset{\|}{C}}{-}OC_2H_5 \Longrightarrow R_1{-}CH_2{-}\overset{O}{\overset{\|}{C}}{-}OC_2H_5 + R_2{-}CH_2{-}\overset{O}{\overset{\|}{C}}{-}OC_2H_5$$

根据反应物的不同，克莱森缩合反应有以下几种情况。

1. 相同酯之间的缩合

如前面讲过的乙酰乙酸乙酯的合成。

2. 分子内的酯缩合

有的酯分子内可发生缩合,例如:

$$H_2C \begin{array}{c} CH_2-CH_2-COOC_2H_5 \\ \\ CH_2-CH_2-COOC_2H_5 \end{array} \xrightarrow{C_2H_5ONa} \text{(环戊酮-2-羧酸乙酯)}$$

此反应只能合成四元环以上的化合物,尤以五元、六元环最好,称为 Dieckmann 缩合或环化。

在发生 Dieckmann 缩合时,是 α-亚甲基而不是 α-次亚甲基中的氢原子被酰基置换。例如:

$$\begin{array}{c} CH_3 \\ | \\ H_2C-CH-COOC_2H_5 \\ \\ H_2C-CH_2-COOC_2H_5 \end{array} \xrightarrow{C_2H_5ONa} \text{(3-甲基环戊酮-2-羧酸乙酯)}$$

3. 酯的交叉缩合

如果两种不同的酯都有 α-氢原子,并在反应条件下能够发生自缩合,则反应产物可有四种,因而在合成意义上不大。如果一种有 α-氢原子,另一种无 α-氢原子,并在反应条件下不能发生自缩合,则产物虽有两种,但有一种是主要的。例如:

$$\begin{array}{c} COOC_2H_5 \\ | \\ COOC_2H_5 \end{array} + CH_3COOC_2H_5 \longrightarrow \begin{cases} C_2H_5COOCOCH_2COOC_2H_5 \\ CH_3COCH_2COOC_2H_5 \end{cases}$$

$$\text{C}_6\text{H}_5-CH_2-COOC_2H_5 + \begin{array}{c} COOC_2H_5 \\ | \\ COOC_2H_5 \end{array} \xrightarrow{C_2H_5ONa}$$

$$\text{C}_6\text{H}_5 \begin{array}{c} COOC_2H_5 \\ | \\ CH \\ | \\ C-COOC_2H_5 \\ \| \\ O \end{array} \xrightarrow[175\ ℃]{\triangle} \text{C}_6\text{H}_5 \begin{array}{c} COOC_2H_5 \\ | \\ CH \\ | \\ CH \\ COOC_2H_5 \end{array}$$

$$\downarrow 10\%\ H_2SO_4, 回流$$

$$\text{C}_6\text{H}_5-CH_2-\overset{O}{\underset{\|}{C}}-COOC_2H_5$$

此类反应在有机合成中有特定的用途。例如:

$$\begin{array}{c} COOC_2H_5 \\ | \\ COOC_2H_5 \end{array} + CH_3COOC_2H_5 \xrightarrow{C_2H_5ONa} \begin{array}{c} H_2C-COOC_2H_5 \\ | \\ C-COOC_2H_5 \\ \| \\ O \end{array} \xrightarrow{\triangle} H_2C \begin{array}{c} COOC_2H_5 \\ \\ COOC_2H_5 \end{array}$$

引入酯基

$$HCOOC_2H_5 + CH_3COOC_2H_5 \xrightarrow{C_2H_5ONa} OHC-CH_2-COOC_2H_5$$

引入醛基

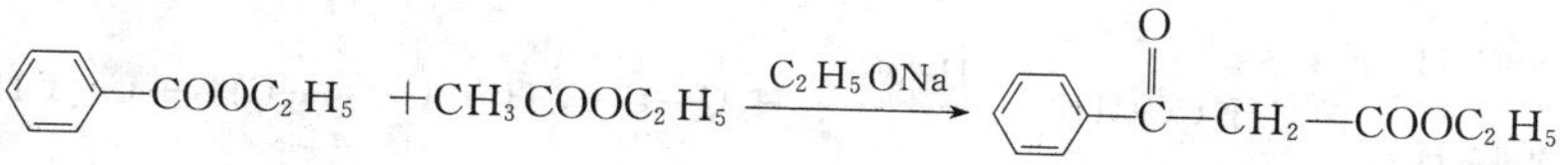

$$\text{C}_6\text{H}_5\text{—COOC}_2\text{H}_5 + \text{CH}_3\text{COOC}_2\text{H}_5 \xrightarrow{\text{C}_2\text{H}_5\text{ONa}} \text{C}_6\text{H}_5\text{—CO—CH}_2\text{—COOC}_2\text{H}_5$$

引入苯甲酮基

例 16-20 合成分析：

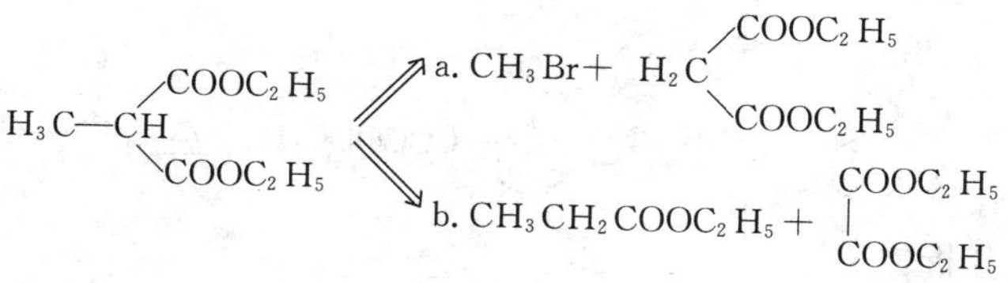

$$\text{H}_3\text{C—CH}\begin{array}{l}\text{COOC}_2\text{H}_5 \\ \text{COOC}_2\text{H}_5\end{array} \Longrightarrow \begin{cases} \text{a. CH}_3\text{Br} + \text{H}_2\text{C}\begin{array}{l}\text{COOC}_2\text{H}_5 \\ \text{COOC}_2\text{H}_5\end{array} \\[2mm] \text{b. CH}_3\text{CH}_2\text{COOC}_2\text{H}_5 + \begin{array}{l}\text{COOC}_2\text{H}_5 \\ | \\ \text{COOC}_2\text{H}_5\end{array} \end{cases}$$

合成路线：

a. $\text{H}_2\text{C}\begin{array}{l}\text{COOC}_2\text{H}_5 \\ \text{COOC}_2\text{H}_5\end{array} \xrightarrow{\text{C}_2\text{H}_5\text{ONa}} \text{NaHC}\begin{array}{l}\text{COOC}_2\text{H}_5 \\ \text{COOC}_2\text{H}_5\end{array} \xrightarrow{\text{CH}_3\text{Br}} \text{H}_3\text{C—CH}\begin{array}{l}\text{COOC}_2\text{H}_5 \\ \text{COOC}_2\text{H}_5\end{array}$

b. $\text{CH}_3\text{CH}_2\text{COOC}_2\text{H}_5 + \begin{array}{l}\text{COOC}_2\text{H}_5 \\ | \\ \text{COOC}_2\text{H}_5\end{array} \xrightarrow{\text{C}_2\text{H}_5\text{ONa}} \begin{array}{l}\text{H}_3\text{C—CH—COOC}_2\text{H}_5 \\ | \\ \text{C—COOC}_2\text{H}_5 \\ \| \\ \text{O}\end{array}$

$$\xrightarrow{130\sim150\ ^{\circ}\text{C}} \text{H}_3\text{C—CH}\begin{array}{l}\text{COOC}_2\text{H}_5 \\ \text{COOC}_2\text{H}_5\end{array} \qquad (97\%)$$

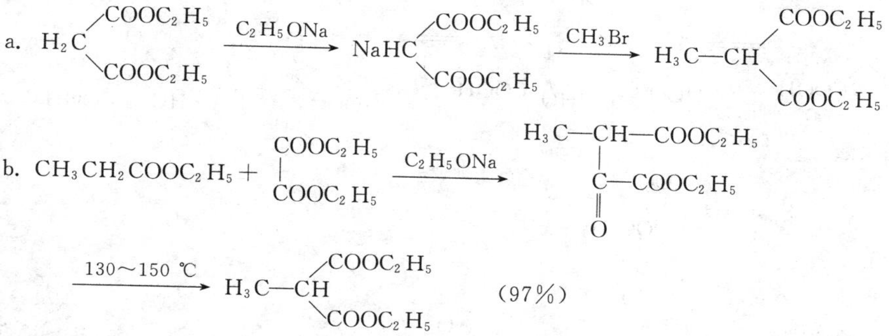

例 16-21 合成分析：

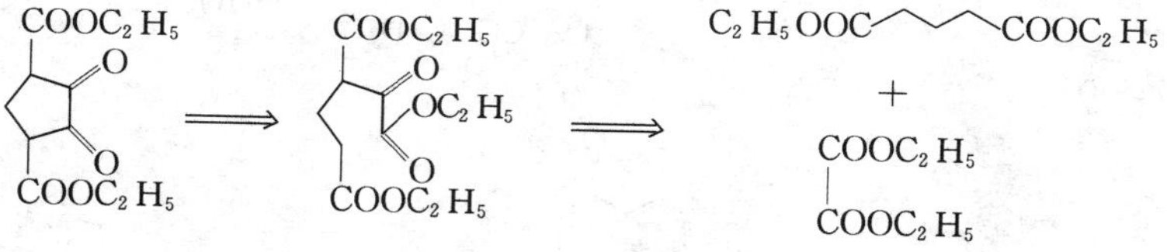

合成路线：

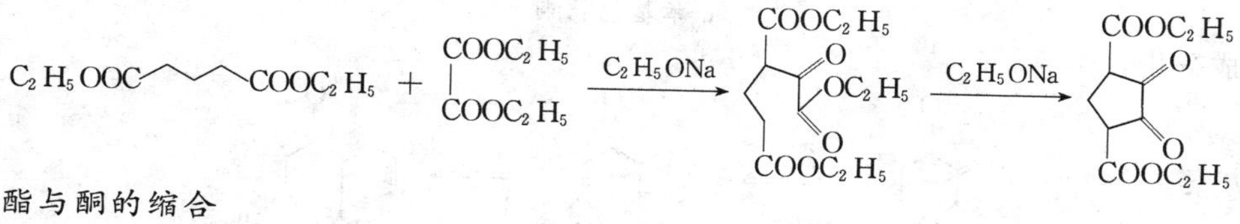

4. 酯与酮的缩合

许多酮可以和酯发生缩合反应。$\text{CH}_3\text{COCH}_2\text{R}$ 型酮，当同甲酸酯反应时，主要以 α-亚甲基参加反应；同其他酯反应时，主要以 α-甲基参加反应。例如：

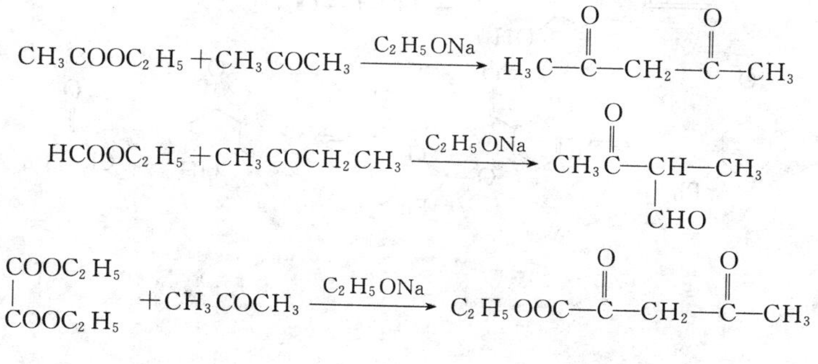

$$\text{CH}_3\text{COOC}_2\text{H}_5 + \text{CH}_3\text{COCH}_3 \xrightarrow{\text{C}_2\text{H}_5\text{ONa}} \text{H}_3\text{C—C—CH}_2\text{—C—CH}_3 \quad (\text{O, O})$$

$$\text{HCOOC}_2\text{H}_5 + \text{CH}_3\text{COCH}_2\text{CH}_3 \xrightarrow{\text{C}_2\text{H}_5\text{ONa}} \begin{array}{l}\text{CH}_3\text{C—CH—CH}_3 \\ \phantom{\text{CH}_3\text{C—}}| \\ \phantom{\text{CH}_3\text{C—}}\text{CHO}\end{array}$$

$$\begin{array}{l}\text{COOC}_2\text{H}_5 \\ | \\ \text{COOC}_2\text{H}_5\end{array} + \text{CH}_3\text{COCH}_3 \xrightarrow{\text{C}_2\text{H}_5\text{ONa}} \text{C}_2\text{H}_5\text{OOC—C—CH}_2\text{—C—CH}_3 \quad (\text{O, O})$$

$$\begin{matrix}COOC_2H_5\\|\\COOC_2H_5\end{matrix}+2CH_3COCH_3\xrightarrow{C_2H_5ONa}H_3C-\overset{O}{\overset{\|}{C}}-CH_2-\overset{O}{\overset{\|}{C}}-\overset{O}{\overset{\|}{C}}-CH_2-\overset{O}{\overset{\|}{C}}-CH_3$$

$$2\begin{matrix}COOC_2H_5\\|\\COOC_2H_5\end{matrix}+CH_3COCH_3\xrightarrow{C_2H_5ONa}C_2H_5OOC-\overset{O}{\overset{\|}{C}}-CH_2-\overset{O}{\overset{\|}{C}}-CH_2-\overset{O}{\overset{\|}{C}}-COOC_2H_5$$

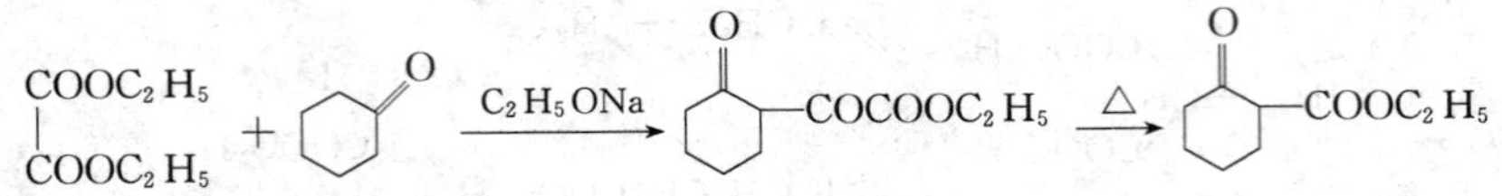

例 16-22　合成分析：

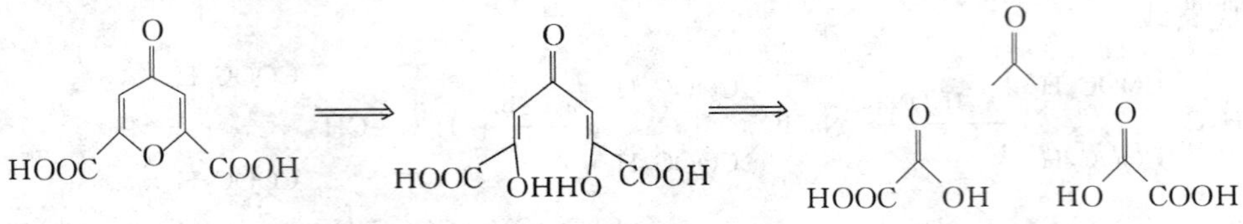

白屈菜酸

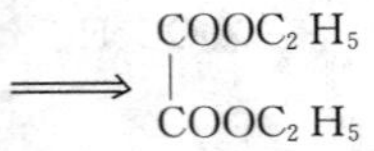

合成路线：

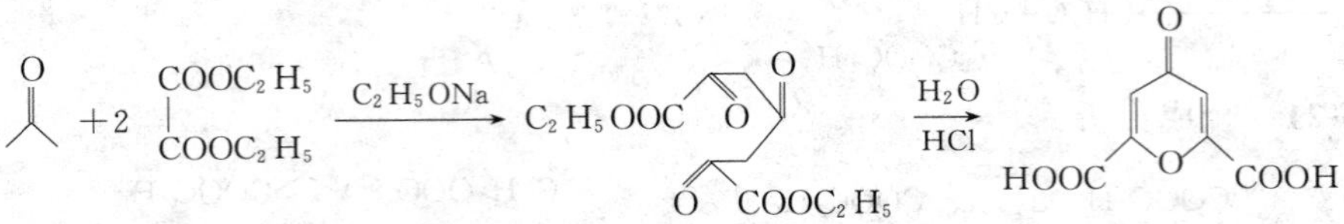

例 16-23　合成

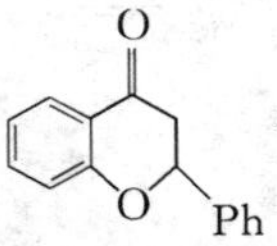

α-苯基色满酮

合成分析：

a 方案

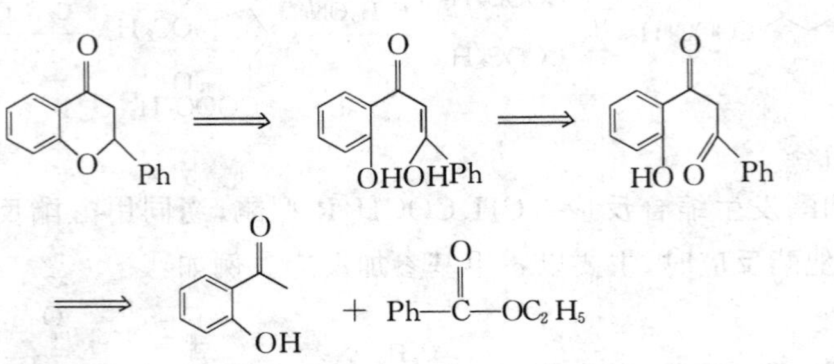

b 方案

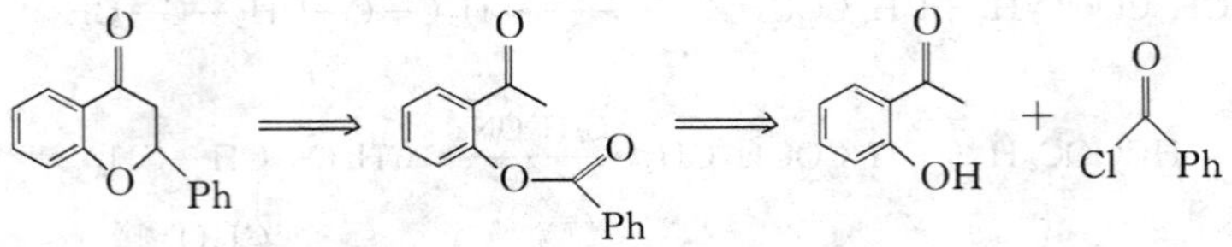

合成路线：

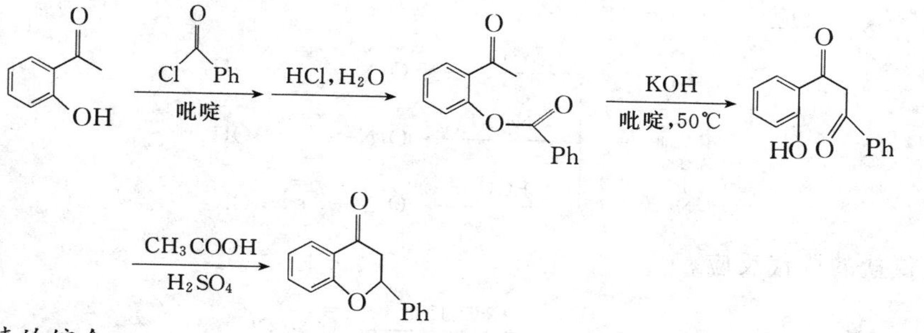

5. 酯与腈的缩合

酯与腈缩合生成 α-酮腈。例如：

$$H_3C-\overset{O}{\overset{\|}{C}}-OC_2H_5 + C_6H_5-CH_2-CN \xrightarrow{C_2H_5ONa} H_3C-\overset{O}{\overset{\|}{C}}-\underset{C_6H_5}{\underset{|}{CH}}-CN$$

$$\xrightarrow{C_2H_5OH, H^+} H_3C-\overset{O}{\overset{\|}{C}}-\underset{C_6H_5}{\underset{|}{CH}}-COOC_2H_5$$

例 16-24　合成分析：

$$C_6H_5-\overset{O}{\overset{\|}{C}}-\underset{CH_2CH_2CH_2CH_3}{\underset{|}{CH}}-COOC_2H_5 \Longrightarrow C_6H_5-\overset{O}{\overset{\|}{C}}-OC_2H_5 + \begin{matrix} H_2C-CN \\ | \\ H_2C-CH_2CH_2CH_3 \end{matrix}$$

合成路线：

$$C_6H_5-\overset{O}{\overset{\|}{C}}-OC_2H_5 + \begin{matrix} H_2C-CN \\ | \\ H_2C-CH_2CH_2CH_3 \end{matrix} \xrightarrow{C_2H_5ONa} C_6H_5-\overset{O}{\overset{\|}{C}}-\underset{CH_2CH_2CH_2CH_3}{\underset{|}{CH}}-CN$$

$$\xrightarrow{C_2H_5OH, H^+} C_6H_5-\overset{O}{\overset{\|}{C}}-\underset{CH_2CH_2CH_2CH_3}{\underset{|}{CH}}-COOC_2H_5$$

16.3　芳香化合物的制备

1. 芳香化合物的重要反应

(1) 亲电取代反应。

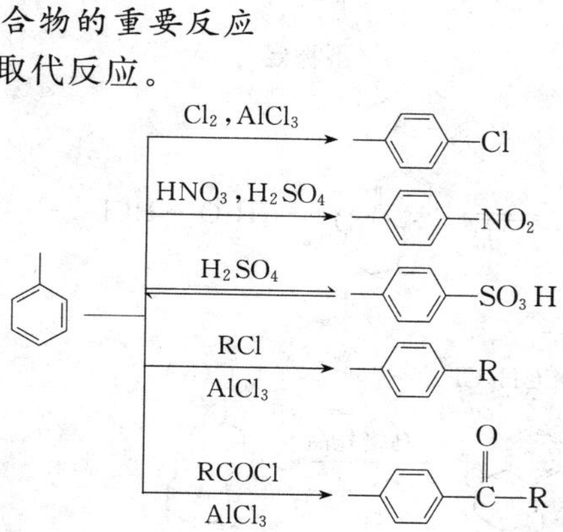

（2）亲核取代反应。

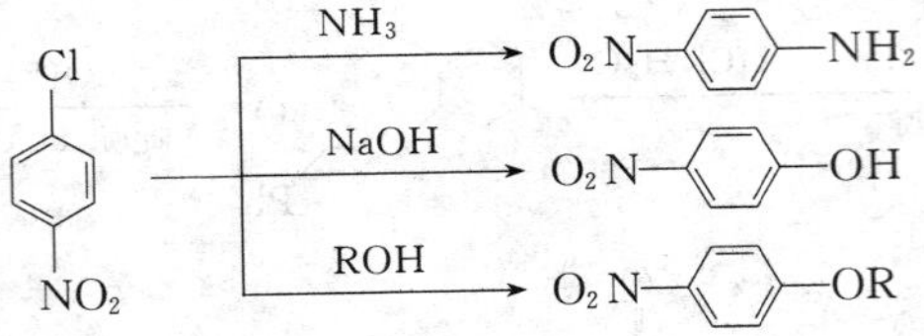

（3）重氮盐的取代反应。

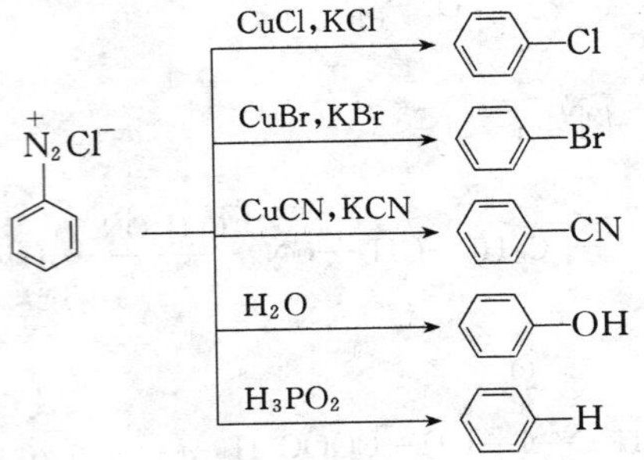

2.烷基芳烃的制备

利用傅-克烷基化反应制备，例如：

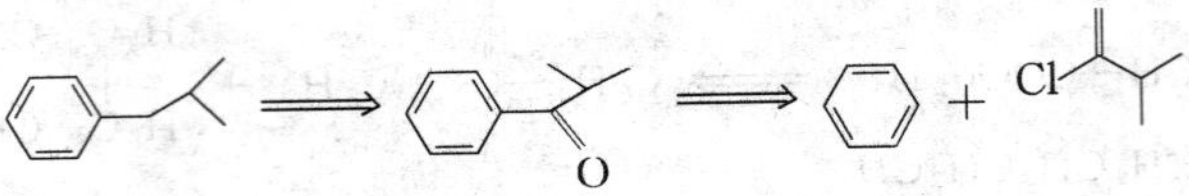

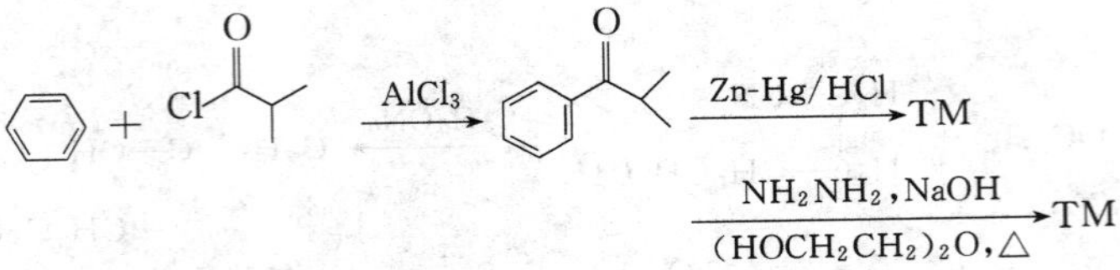

3.芳香醛的制备

例 16-25　合成分析：

a 方案

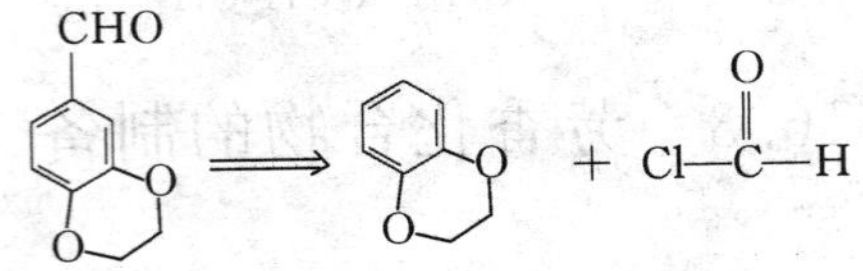

不稳定

b 方案

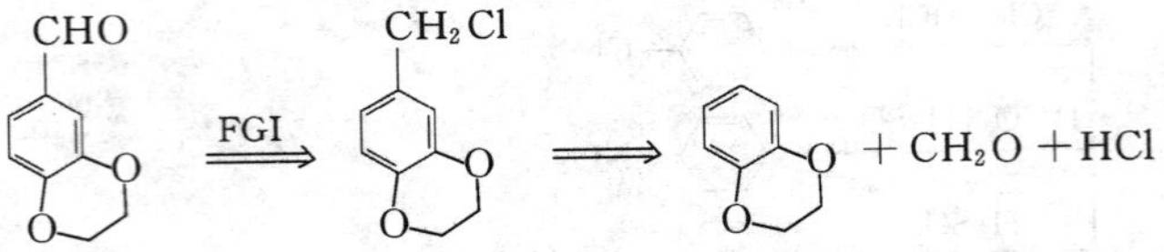

合成路线：

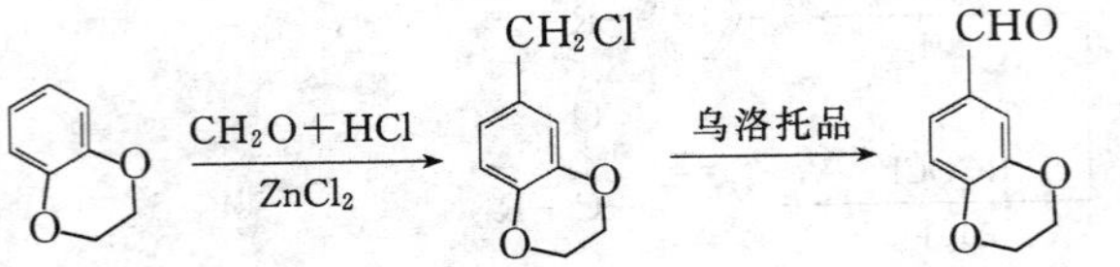

4. 取代酚的制备

例 16-26 合成分析：

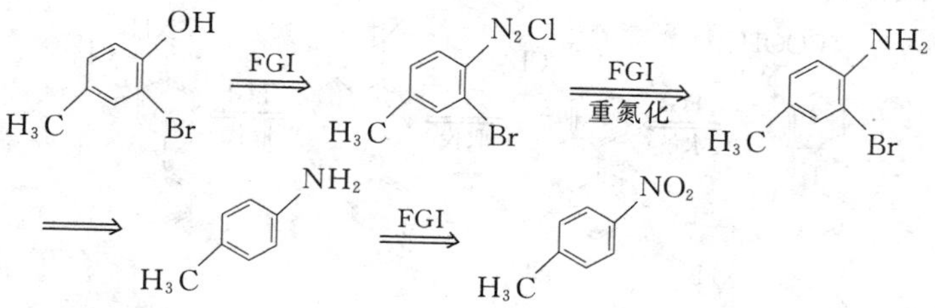

合成路线：

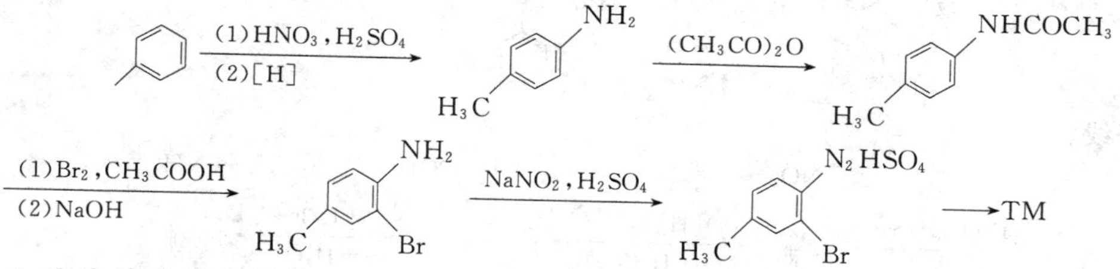

5. 取代芳香胺的制备

例 16-27 合成分析：

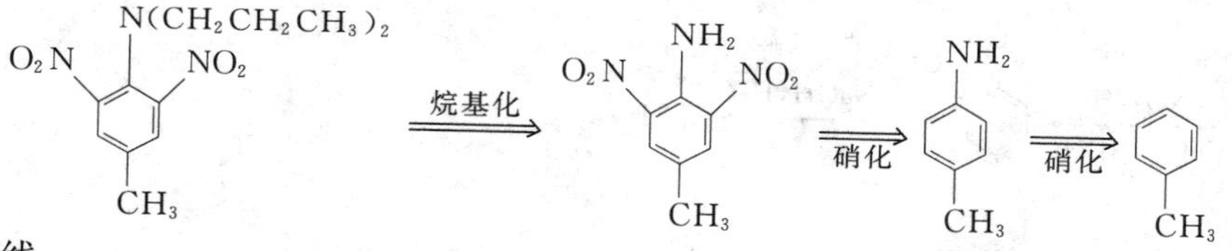

合成路线：

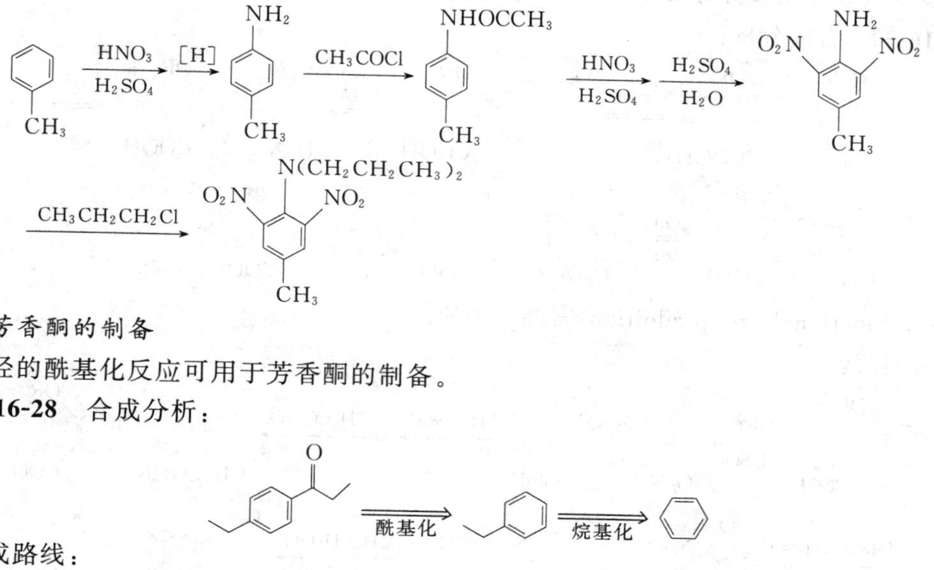

6. 芳香酮的制备

芳烃的酰基化反应可用于芳香酮的制备。

例 16-28 合成分析：

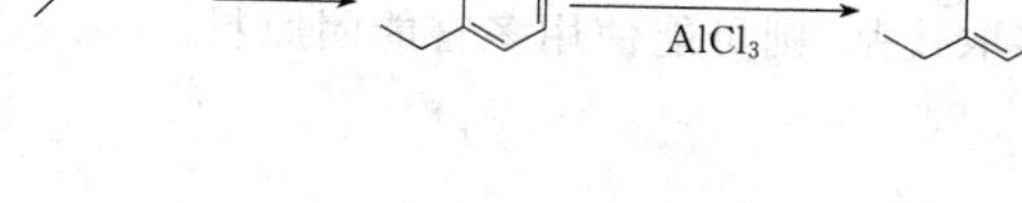

合成路线：

7. 芳香羧酸的制备

例 16-29　合成分析：

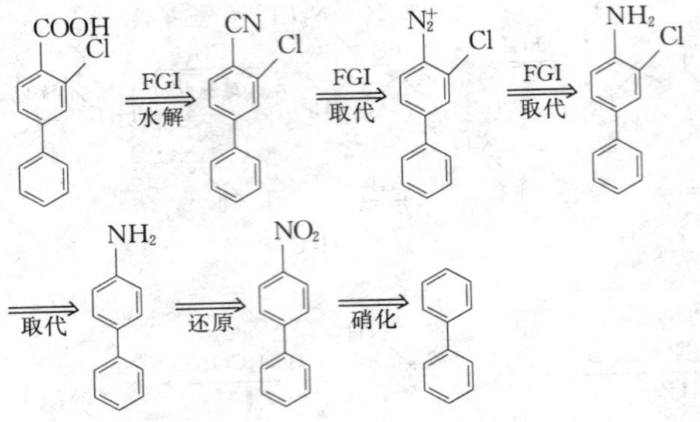

合成路线：

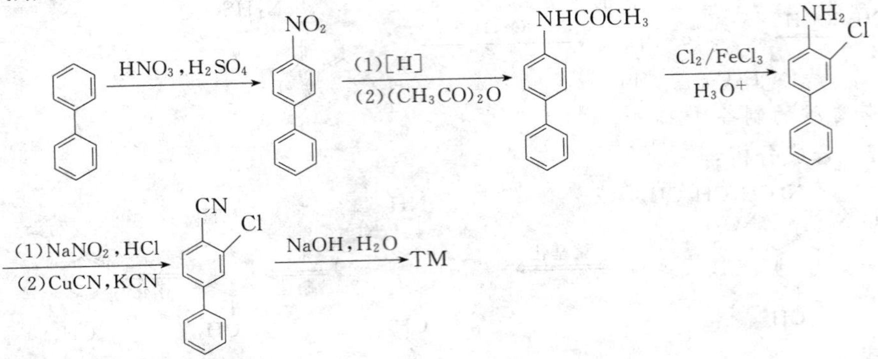

8. 多取代芳香化合物的制备

例 16-30　合成分析：

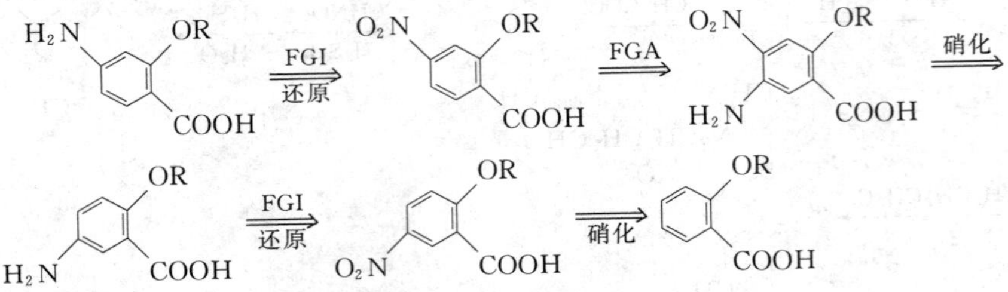

FGA：functional group addition，官能团增加。

合成路线：

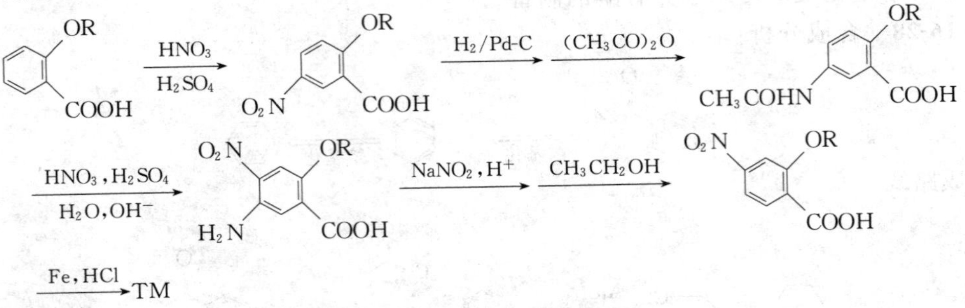

如目标分子中含有多取代基，则可能使用多官能团原料。

习　　题

1. 拆分并合成下列化合物。

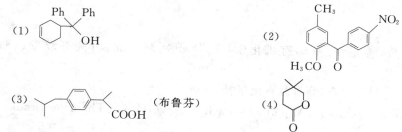

(1)

(2)

(3)　　　　　　　　　　（布鲁芬）

(4)

2. 以苯为原料合成下列化合物（其他原料任选）。

(1)

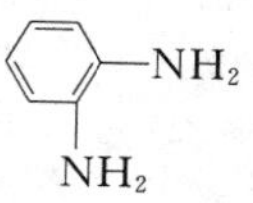

(2)

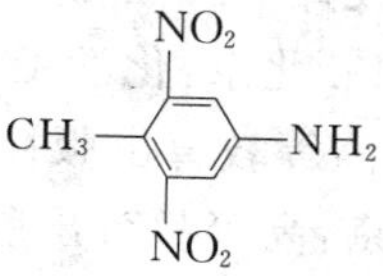

(3)

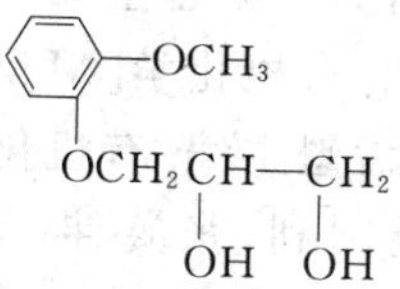

(4)

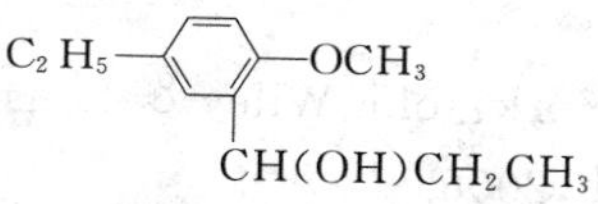

(5)

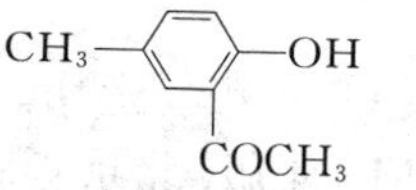

3. 以甲醇、乙醇为主要原料，用丙二酸酯法合成下列化合物。

(1) α-甲基丁酸　　　　　　(2) 正己酸　　　　　　　(3) 3-甲基己二酸

(4) 1,4-环己烷二甲酸　　　　(5) 环丙烷甲酸

4. 以甲醇、乙醇及无机试剂为原料，经乙酰乙酸酯合成下列化合物。

(1) 3-乙基-2-戊酮　　　　　(2) α-甲基丙酸　　　　(3) γ-戊酮酸

(4) 2,7-辛二酮　　　　　　　(5) 甲基环丁基甲酮

5. 以苯、甲苯和一个或两个碳的有机物为原料合成下列化合物。

(1)

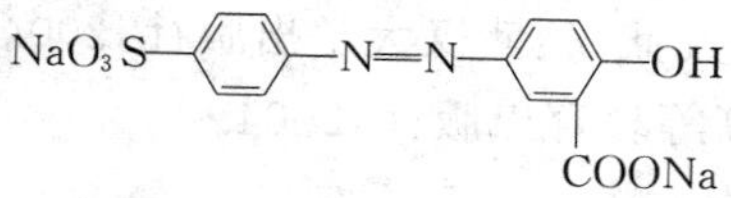

(2)

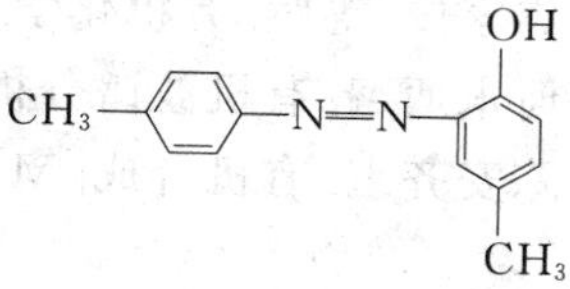

参 考 文 献

[1] 邢其毅,徐瑞秋,周政,等主编. 基础有机化学(上、下册)[M]. 北京:高等教育出版社,2001.

[2] 徐寿昌主编. 有机化学[M]. 北京:高等教育出版社,2005.

[3] John Mcmurry. Organic Chemistry[M]. 6th ed. Pacific Grove,C. A. :Thomson Brooks/Cole. 2004.

[4] 袁履冰主编. 有机化学[M]. 北京:高等教育出版社,2002.

[5] 魏荣宝,阮伟祥,梁娅主编. 有机化学[M]. 北京:化学工业出版社,2005.

[6] 陈洪超主编. 有机化学[M]. 2版. 北京:高等教育出版社,2005.

[7] 赵建庄,田孟魁主编. 有机化学[M]. 北京:高等教育出版社,2006.

[8] 聂剑初,吴国利,张翼伸,等合编. 生物化学简明教程[M]. 3版. 北京:高等教育出版社,2002.

[9] Stuart Warren. Designing Organic Synthesis[M]. New York:John Wiley & Sons. 1983.

[10] 汪晓兰主编. 有机化学[M]. 4版. 北京:高等教育出版社,2006.

[11] 裴文主编. 高等有机化学[M]. 杭州:浙江大学出版社,2006.

[12] 东北师范大学,等合编. 有机化学(上、下册)[M]. 2版. 北京:高等教育出版社,1988.

[13] 蒋硕健,丁有骏,李明谦编. 有机化学[M]. 北京:北京大学出版社,1996.

[14] (美)Jie Jack Li 著. 有机人名反应及机理[M]. 荣国斌译. 上海:华东理工大学出版社,2004.

[15] 宋兆成,李秋荣主编. 有机化学[M]. 哈尔滨:哈尔滨工业大学出版社,2003.

[16] 钱旭红,高建宝,焦家俊,等编. 有机化学[M]. 北京:化学工业出版社,2004.

[17] 孟令芝,龚淑玲,何永炳编. 有机波谱分析[M]. 2版. 武汉:武汉大学出版社,2004.

[18] 黄培强,靳立人,陈安齐编. 有机合成[M]. 北京:高等教育出版社,2004.